RICHARD J. MULLINS
マリンス有機化学（下）
― 学び手の視点から ―

磯部寛之・北村　充・草間博之
山　下　誠・吉戒直彦 訳

東京化学同人

Authorized translation from the English language edition, entitled **ORGANIC CHEMISTRY: A LEARNER-CENTERED APPROACH, 1st Edition** by **RICHARD J. MULLINS**, published by Pearson Education, Inc., Copyright © 2021 Pearson Education, Inc.

All rights reserved. No part of this book may be reproduced or transmitted in any form or by any means, electronic or mechanical, including photocopying, recording or by any information storage retrieval system, without permission from Pearson Education, Inc.

JAPANESE language edition published by **TOKYO KAGAKU DOZIN CO., LTD.**, Copyright © 2024.

本書は Pearson Education, Inc. から出版された英語版 RICHARD J. MULLINS 著 ORGANIC CHEMISTRY: A LEARNER-CENTERED APPROACH, 1st Edition の同社との契約に基づく日本語版である．Copyright © 2021 Pearson Education, Inc.

全権利を権利者が保有し，本書のいかなる部分も，フォトコピー，データバンクへの取込みを含む一切の電子的，機械的複製および送信を，Pearson Education, Inc. の許可なしに行ってはならない．

本書の日本語版は株式会社東京化学同人から発行された．Copyright © 2024.

カバー・表紙イラスト：ARGUS PHOTOGRAPHER/Shutterstock.com

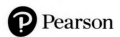

要 約 目 次

上 巻

1. 有機化学への招待
2. 一般化学とのつながり：電子を見つけよう
3. アルカンとシクロアルカン：
　　　　性質と立体配座解析
4. 酸と塩基/電子の流れ
5. 化学反応解析：熱力学と速度論
6. 立体異性：空間における原子の配置
7. 有機化学における
　　　　グリーンケミストリーの基本
8. アルケンI：性質と求電子付加反応
9. アルケンII：酸化と還元
10. アルキン：求電子付加反応と酸化還元反応
11. ハロアルカン（ハロゲン化アルキル）の
　　　　性質と合成：ラジカル反応
12. 置換反応と脱離反応：
　　　　ハロゲン化アルキルの反応
13. アルコール，エーテルとその関連化合物：
　　　　置換反応と脱離反応
14. 構造の同定I：赤外分光法と質量分析法
15. 構造の同定II：核磁気共鳴分光法

下 巻

16. 有機化学における金属
17. カルボニル基への付加反応：
　　　　アルデヒドとケトン
18. 求核アシル置換反応I：カルボン酸
19. 求核アシル置換反応II：カルボン酸誘導体
20. エノラート：カルボニル基への付加と置換
21. 共役系I：安定性と付加反応
22. 共役系II：ペリ環状反応
23. ベンゼンI：芳香族の安定性と置換反応
24. ベンゼンII：芳香環の影響を受ける反応
25. アミン：構造・反応・合成
26. アミノ酸・タンパク質・ペプチド合成
27. 炭水化物・核酸・脂質
28. 合成ポリマー

目　　次

16. 有機化学における金属 721

はじめに 721
16・1　有機金属化合物: 概要 722
16・2　C−X の還元 723
　16・2・1　有機リチウム試薬 725
　16・2・2　Grignard 試薬 725
　16・2・3　有機リチウム試薬の反応と
　　　　　　Grignard 試薬の反応 726
　化学はここにも 16-A　Grignard 反応 ... 731
16・3　カルベン 731
　16・3・1　カルベンの生成: α脱離 733
　16・3・2　カルベンの生成: ジアゾメタン ... 733
　16・3・3　カルベンの生成:
　　　　　　Simmons-Smith 反応 734
　化学はここにも 16-B　シクロプロパン化 ... 735
16・4　遷移金属触媒を用いたカップリング ... 736
　16・4・1　触媒サイクル: 一般的な考え方 ... 736

16・4・2　根岸カップリング 740
16・4・3　Stille カップリング 742
16・4・4　鈴木カップリング 743
化学はここにも 16-C　鈴木カップリング ... 745
16・4・5　薗頭カップリング 746
16・4・6　遷移金属触媒を用いたカップリング:
　　　　　　おわりに 747
16・5　Gilman 試薬/有機クプラート 748
　16・5・1　Gilman 試薬のクロスカップリング ... 749
　16・5・2　Gilman 試薬による
　　　　　　エポキシドの開環 751
16・6　オレフィンメタセシス 753
化学はここにも 16-D
　　再生可能原材料からの石油製品 757
むすびに 758
第 16 章のまとめ 758

17. カルボニル基への付加反応: アルデヒドとケトン 765

はじめに: NAD$^+$ 765
17・1　アルデヒドとケトンの紹介 767
　17・1・1　物　性 767
　17・1・2　アルデヒドとケトンの命名法 ... 768
　17・1・3　アルデヒドとケトンの合成 ... 769
　17・1・4　カルボニル化合物の分子軌道 ... 771
17・2　カルボニル基の共鳴構造 771
　17・2・1　共鳴構造の重要性: より深い分析 ... 772
　17・2・2　双性イオンの共鳴構造と反応性 ... 773
　化学はここにも 17-A　二日酔いの化学（その1） ... 774
17・3　カルボニル基への求核付加反応 ... 775
　17・3・1　求核性の異なる求核剤と
　　　　　　カルボニル化合物との反応 ... 775
　17・3・2　相対的な求核性の高さ 777
17・4　アルデヒドとケトンの反応性を比較する ... 778
　17・4・1　求電子剤としての反応性:
　　　　　　立体的・電子的要因 778

17・4・2　塩基としての反応性:
　　　　　　立体的・電子的要因 780
17・5　アルデヒドやケトンへの
　　　　炭素求核剤の付加 781
　17・5・1　Grignard 試薬 781
　17・5・2　有機リチウム試薬 783
　17・5・3　アセチリドイオン 784
　17・5・4　シアン化物イオン 785
　17・5・5　付加反応の立体化学 787
17・6　Wittig 反応 789
　17・6・1　Wittig 反応と立体選択性 ... 790
　化学はここにも 17-B　改良型 Wittig 反応 ... 791
17・7　アルデヒドやケトンへの
　　　　酸素求核剤の付加 792
　17・7・1　水の付加: 水和物の形成 ... 793
　17・7・2　アルコールの付加:
　　　　　　ヘミアセタールの生成 795

17・7・3　アルコールの付加:
　　　　アセタールの生成 ……………… 797
17・7・4　アセタール生成の反応機構を
　　　　詳しく見てみよう ……………… 800
17・7・5　保護基としてのアセタール …… 802
17・8　アルデヒドやケトンへの
　　　窒素求核剤の付加 ………………… 804
17・8・1　アンモニア（NH₃）の付加:
　　　　イミンの生成 …………………… 805
化学はここにも 17-C
　　アミノ酸からエネルギーをつくり出す … 806
17・8・2　第一級アミン（RNH₂）の付加:
　　　　イミンの生成 …………………… 808
17・8・3　第二級アミン（R₂NH）の付加:
　　　　エナミンの生成 ………………… 809

17・8・4　アミン付加の pH 依存性 ……… 811
17・8・5　すべてをまとめる:
　　　　アミンの付加のまとめ ………… 813
17・9　還　元 …………………………… 814
17・9・1　水素化 ………………………… 815
化学はここにも 17-D
　　エナンチオ選択的水素化反応 ……… 816
17・9・2　ヒドリド還元 ………………… 817
化学はここにも 17-E　高速ボールミル …… 820
化学はここにも 17-F　自然界の還元剤 …… 821
17・9・3　徹底的な還元: Wolff-Kishner 還元 … 821
17・10　アルデヒドとケトンの酸化 …… 822
化学はここにも 17-G　二日酔いの化学（その2） … 824
むすびに ………………………………… 825
第 17 章のまとめ ……………………… 826

18.　求核アシル置換反応 I: カルボン酸 ……………………………………………………………… 834

はじめに ………………………………… 834
18・1　カルボン酸の一般構造 ………… 835
18・1・1　カルボン酸誘導体の構造 …… 835
18・2　カルボン酸の命名法 …………… 836
18・2・1　環状化合物の命名 …………… 837
18・2・2　複数の官能基をもつ場合の命名 … 837
18・2・3　ポリカルボン酸の命名 ……… 837
18・2・4　カルボン酸の慣用名 ………… 838
18・3　カルボン酸の分子軌道図 ……… 838
18・4　カルボン酸の物理的性質 ……… 838
18・4・1　カルボン酸のスペクトル …… 839
18・4・2　カルボン酸の酸性度 ………… 841
18・5　カルボン酸の合成 ……………… 843
18・5・1　以前に取上げたカルボン酸の合成 … 843
18・5・2　以前に取上げた反応の部分的変更 … 843
18・5・3　CO₂ への Grignard 試薬の付加反応 … 845
18・5・4　アルキルベンゼン類のクロム酸酸化 … 847
化学はここにも 18-A
　　安息香酸の生合成と工業的合成について ……… 848
18・6　カルボン酸の反応: 酸塩基反応 … 849
18・6・1　カルボン酸の抽出 …………… 849

化学はここにも 18-B
　　防腐剤の安息香酸ナトリウム ……… 851
18・7　カルボン酸の反応: 求核アシル置換反応 …… 851
18・7・1　求核性アシル置換の
　　　　一般的な反応機構 …………… 852
18・7・2　Fischer エステル化 ………… 855
18・7・3　LiAlH₄ による還元 …………… 858
18・7・4　有機リチウムの付加 ………… 863
18・7・5　酸塩化物の生成 ……………… 865
化学はここにも 18-C
　　安息香酸ナトリウムの代謝 ………… 868
18・8　カルボン酸のその他の反応 …… 868
18・8・1　ジアゾメタンを用いたエステル合成 … 868
18・8・2　カルボキシラートイオンによる
　　　　Sₙ2 反応を用いたエステル合成 … 870
18・8・3　アルケン付加によるエステル合成 … 871
18・8・4　β-ケト酸の脱炭酸反応 ……… 872
化学はここにも 18-D　ベンゼンの前駆体？ ……… 874
むすびに ………………………………… 874
第 18 章のまとめ ……………………… 875

19.　求核アシル置換反応 II: カルボン酸誘導体 ……………………………………………………… 883

はじめに ………………………………… 883
19・1　カルボン酸誘導体の一般構造 … 884
19・2　カルボン酸誘導体の命名 ……… 886
19・3　カルボン酸誘導体の分子軌道図 … 887
19・4　カルボン酸誘導体の物理的性質 … 887

19・4・1　カルボン酸誘導体の
　　　　分光分析 ………………………… 888
19・5　カルボン酸誘導体の合成: 概論 … 891
19・6　カルボン酸誘導体の反応:
　　　求核アシル置換反応 …………… 891

19・6・1　汎用反応機構 18A:
　　　　　求核性の高い求核剤との反応 ……… 892
19・6・2　汎用反応機構 18B:
　　　　　酸性条件下での求核性の低い
　　　　　求核剤との反応 892
19・6・3　カルボン酸誘導体の相対的な反応性 … 894
化学はここにも 19-A　ペプチド結合 …………… 896
19・7　官能基の相互変換 ……………………… 898
19・7・1　水との反応: カルボン酸の合成 …… 898
19・7・2　アルコールとの反応:
　　　　　エステルの合成 904
19・7・3　アミンとの反応: アミドの合成 …… 908
化学はここにも 19-B　無駄を省く …………… 909
化学はここにも 19-C　細菌の細胞壁をつくる … 911
19・7・4　カルボキシラートイオンとの反応:
　　　　　酸無水物の合成 912
19・7・5　カルボン酸誘導体の合成 ………… 914
化学はここにも 19-D
　　　トランスペプチダーゼの不可逆的な阻害 … 916

19・8　カルボン酸誘導体の還元 ……………… 917
19・8・1　アルコール/アミンへの
　　　　　還元: LiAlH$_4$ 917
19・8・2　アルデヒドへの還元 …………… 921
19・9　有機金属化合物とカルボン酸誘導体 …… 924
19・9・1　アルコールへの反応:
　　　　　エステル + Grignard 試薬 ………… 925
19・9・2　ケトンを生成する反応:
　　　　　クプラートと酸塩化物 ………… 926
19・10　ニトリルの反応 ……………………… 928
19・10・1　水和/加水分解 …………………… 929
19・10・2　有機リチウム試薬と
　　　　　　Grignard 試薬の付加 ………… 931
19・10・3　アルデヒドへの還元 ………… 931
19・10・4　アミンへの還元 ………………… 932
化学はここにも 19-E　細菌の反撃! …………… 934
むすびに ……………………………………… 935
第 19 章のまとめ ……………………………… 935

20. エノラート: カルボニル基への付加と置換 ……………………………………………………… 945

はじめに ……………………………………… 945
20・1　α 炭素の化学 ………………………… 947
20・2　エノール ……………………………… 947
20・2・1　エノールの反応 ………………… 948
20・2・2　酸触媒によるアルドール反応 …… 951
20・3　エノラート …………………………… 954
20・3・1　現代のアルドール反応 ………… 957
20・3・2　古典的な塩基触媒による
　　　　　アルドール反応 958
20・3・3　交差アルドール反応 …………… 962
化学はここにも 20-A
　　　アルドール反応におけるアトムエコノミー … 964
化学はここにも 20-B
　　　アルドール反応によるスクロースの合成 … 966
20・3・4　分子内アルドール反応 ………… 966
20・4　Claisen 縮合 ………………………… 969
化学はここにも 20-C　Claisen 縮合 ………… 973

化学はここにも 20-D
　　　生体系における Claisen 縮合 ………… 973
20・4・1　交差 Claisen 縮合 ……………… 974
20・4・2　Dieckmann 縮合
　　　　　（分子内 Claisen 縮合） ………… 975
20・5　活性メチレンのアルキル化 …………… 978
20・5・1　アセト酢酸エステルと
　　　　　マロン酸エステルの合成 ………… 980
20・6　エナミン …………………………… 983
化学はここにも 20-E　有機分子触媒 ………… 985
化学はここにも 20-F
　　　Claisen 縮合/アルドール反応 ………… 986
20・7　特別テーマ: アトルバスタチンの
　　　　　合成におけるエノラートの反応 …… 986
むすびに ……………………………………… 988
第 20 章のまとめ ……………………………… 989

21. 共役系 I: 安定性と付加反応 ……………………………………………………………………… 999

はじめに ……………………………………… 999
21・1　共役系: 概要 ………………………… 1000
21・1・1　共役アルケン …………………… 1001
21・1・2　共役カルボニル ………………… 1001
21・1・3　共役した反応中間体 …………… 1002

21・2　共役系における安定性の向上 ………… 1002
21・2・1　共役アルケン …………………… 1002
21・2・2　共役カルボニル ………………… 1003
21・2・3　共役した反応中間体 …………… 1004
21・3　共役アルケンの分子軌道図 …………… 1006

21・3・1　安定性への影響 ················ 1012
21・3・2　紫外-可視（UV-vis）分光法への
　　　　　影響 ······················· 1014
21・3・3　アリル系の分子軌道 ············ 1017
化学はここにも 21-A　日焼け止め ·········· 1017
21・4　共役系の求電子付加反応 ·············· 1018
21・4・1　ブタジエンへの 1,2-付加反応と
　　　　　1,4-付加反応 ················· 1018
化学はここにも 21-B　色あふれる世界 ········ 1023

21・5　共役カルボニルへの求核付加 ·········· 1023
21・5・1　α,β-不飽和カルボニルに対する
　　　　　1,2-付加と 1,4-付加 ············ 1024
21・5・2　Michael 反応 ················· 1027
21・5・3　Robinson 環化 ················ 1029
21・5・4　クプラートの付加 ·············· 1031
むすびに ····························· 1032
第 21 章のまとめ ······················· 1033

22. 共役系 II：ペリ環状反応 ···································· 1040

はじめに ····························· 1040
22・1　ペリ環状反応：概要 ················ 1041
22・2　フロンティア分子軌道理論 ··········· 1043
22・3　Diels-Alder 付加環化反応 ············ 1044
化学はここにも 22-A
　　ディールス・アルドラーゼの推定 ········ 1047
22・3・1　協奏性の意味するところ #1：
　　　　　s-シス立体配座の必要性 ········· 1049
22・3・2　協奏性の意味するところ #2：
　　　　　ジエノフィルの立体特異性 ······· 1051
22・3・3　協奏性の意味するところ #3：
　　　　　ジエンの立体特異性 ············ 1051
22・3・4　協奏性の意味するところ #4：
　　　　　ジエンとジエノフィルの
　　　　　相対立体化学 ················· 1053

化学はここにも 22-B
　　ディールス・アルドラーゼ，決着 ········ 1055
22・3・5　協奏性の意味するところ #5：
　　　　　位置選択性 ··················· 1055
化学はここにも 22-C
　　エナンチオ選択的 Diels-Alder 反応 ······· 1058
22・4　その他のペリ環状反応 ·············· 1059
22・4・1　[2+2]付加環化反応 ············ 1059
22・4・2　電子環状反応 ················· 1060
22・4・3　シグマトロピー転位
　　　　　（Cope 転位/Claisen 転位） ······· 1064
むすびに ····························· 1067
第 22 章のまとめ ······················· 1068

23. ベンゼン I：芳香族の安定性と置換反応 ························ 1074

はじめに ····························· 1074
23・1　ベンゼンの発見：非常に安定な分子 ···· 1075
23・2　芳香族性 ······················· 1076
23・2・1　安定性 ····················· 1077
23・2・2　芳香族性に関する Hückel 則 ······ 1078
23・2・3　さまざまな芳香族分子 ··········· 1079
化学はここにも 23-A　多環式芳香族炭化水素 ··· 1080
23・3　反芳香族性 ····················· 1083
23・3・1　不安定性 ··················· 1083
23・3・2　Hückel/Breslow 則：
　　　　　反芳香族性の規則 ·············· 1084
23・4　芳香族と反芳香族の分子軌道 ·········· 1085
23・5　ベンゼン誘導体の命名法 ············· 1088
23・5・1　芳香族化合物の慣用名 ··········· 1088
23・5・2　IUPAC 命名法 ················ 1089
23・5・3　芳香環上の位置 ··············· 1090
化学はここにも 23-B　in vitro から in vivo へ ··· 1090
23・6　ベンゼンの置換反応 ················ 1091

23・7　芳香族求電子置換反応：概要 ·········· 1092
化学はここにも 23-C　アゾ色素の合成 ········ 1093
23・7・1　ハロゲン化 ·················· 1093
23・7・2　ニトロ化 ··················· 1094
23・7・3　スルホン化 ·················· 1095
23・7・4　Friedel-Crafts アルキル化 ········ 1096
23・7・5　Friedel-Crafts アシル化 ········· 1099
23・8　芳香族求電子置換における位置選択性 ···· 1102
23・8・1　電子供与基は芳香環の活性化基で
　　　　　あり，オルト-パラ配向基である ···· 1104
23・8・2　電子求引基は芳香環の不活性化基で
　　　　　あり，メタ配向基である ········· 1106
23・8・3　ハロゲンは芳香環の不活性化基で
　　　　　あり，オルト-パラ配向基である ···· 1108
23・8・4　置換ベンゼンの合成 ············ 1110
化学はここにも 23-D
　　スルファニルアミドの合成 ············ 1111
23・9　芳香族求核置換反応 ················ 1112

23・9・1　付加/脱離機構	1112	23・10・2　パラジウム触媒を用いるハロゲン化	
23・9・2　ベンザイン経由の反応機構	1115	アリールのカップリング	1119
23・10　その他の置換反応	1117	むすびに	1120
23・10・1　ジアゾニウムイオン	1117	第23章のまとめ	1121

24. ベンゼンⅡ：芳香環の影響を受ける反応　1128

はじめに	1128	24・2・4　合成反応におけるフェノール：	
24・1　ベンゼンが隣接することで反応性に		酸化	1139
変化がもたらされる	1129	24・3　ベンジル位の臭素化	1142
24・1・1　ベンジルアニオンの安定性	1129	化学はここにも 24-B　電気化学的キノン合成	1144
24・1・2　ベンジルラジカルの安定性	1130	24・4　ベンジル位での置換	1144
24・1・3　ベンジルカチオンの安定性	1130	24・4・1　S_N1 反応	1145
24・2　フェノール	1131	24・4・2　S_N2 反応	1146
24・2・1　フェノールの酸性度	1132	24・5　側鎖の酸化	1147
化学はここにも 24-A		化学はここにも 24-C	
ビタミンEによる脂質の保護	1134	シトクロム P450 による薬物代謝	1149
24・2・2　合成反応におけるフェノール：		24・6　ベンジルエーテルの水素化分解	1150
Williamson エーテル合成	1135	むすびに	1151
24・2・3　合成反応におけるフェノール：		第24章のまとめ	1152
Kolbe 反応によるサリチル酸の			
合成	1138		

25. アミン：構造・反応・合成　1160

はじめに：大うつ病性障害	1160	25・6　アミンの一般的な合成	1180
25・1　アミンの一般構造	1162	25・6・1　アシル化/還元：概要	1180
25・2　アミンの命名	1162	25・6・2　還元的アミノ化	1181
25・2・1　アミンの分類	1162	化学はここにも 25-C　セルトラリンの合成	1183
25・2・2　アミンの命名法	1163	25・6・3　ニトロ基の還元	1184
25・3　アミンの分子軌道図	1164	25・6・4　Buchwald-Hartwig アミノ化	1185
25・4　アミンの特性	1164	25・7　アミンの反応	1186
25・4・1　アミンの分光法	1166	25・7・1　酸塩基反応	1186
25・4・2　アミンの塩基性	1168	25・7・2　これまでに学んだアミンの反応	1188
25・5　第一級アミンの合成	1173	化学はここにも 25-D	
25・5・1　アンモニアのアルキル化：問題点	1173	TCA の一種であるアモキサピンの合成	1189
化学はここにも 25-A		25・7・3　Hofmann 脱離	1190
S_N2 による抗うつ剤の合成	1175	25・7・4　Cope 脱離	1193
25・5・2　ニトリルの還元	1175	25・7・5　HONO を用いた	
化学はここにも 25-B		ジアゾニウムイオンの生成	1195
ニトリルの還元によるシタロプラムの合成	1176	むすびに：大うつ病性障害	1200
25・5・3　アジドの還元	1177	第25章のまとめ	1200
25・5・4　Gabriel アミン合成	1178		

26. アミノ酸・タンパク質・ペプチド合成　1209

はじめに	1209	26・1・2　アミノ酸の立体化学	1210
26・1　アミノ酸の一般構造	1210	26・2　標準アミノ酸	1212
26・1・1　アミノ酸の側鎖	1210	26・3　アミノ酸の酸塩基反応	1213

26・3・1 双性イオンの構造 ……… 1213	26・6・1 分 類 ……… 1231
26・3・2 等電点 ……… 1214	26・6・2 ペプチド結合の強さ ……… 1232
26・3・3 電気泳動 ……… 1216	26・7 タンパク質の構造 ……… 1233
26・3・4 pK_a 値の乖離 ……… 1217	26・7・1 一次構造 ……… 1233
26・4 アミノ酸の合成 ……… 1218	26・7・2 二次構造 ……… 1234
26・4・1 還元的アミノ化 ……… 1218	26・7・3 三次構造 ……… 1235
26・4・2 α-ハロカルボン酸のアミノ化 ……… 1219	26・7・4 四次構造 ……… 1236
26・4・3 Gabriel マロン酸エステル合成 ……… 1221	化学はここにも 26-B
26・4・4 Strecker 合成 ……… 1222	マムシ毒からのリード化合物 ……… 1236
26・5 アミノ酸の反応 ……… 1224	26・8 タンパク質分析: サンプル（試料）……… 1237
26・5・1 Fischer エステル化 ……… 1224	26・9 ペプチド合成 ……… 1244
26・5・2 アミンのアシル化 ……… 1225	26・9・1 液相合成 ……… 1244
26・5・3 アミノ酸の光学分割 ……… 1227	26・9・2 固相合成 ……… 1246
26・5・4 ニンヒドリン ……… 1228	化学はここにも 26-C
26・6 タンパク質: 概要 ……… 1229	ペプチドを模した阻害剤 ……… 1250
化学はここにも 26-A	むすびに ……… 1251
血圧の体液性調節 ……… 1230	第 26 章のまとめ ……… 1251

27. 炭水化物・核酸・脂質 ……… 1257

はじめに ……… 1257	化学はここにも 27-B
27・1 炭水化物: 概要 ……… 1258	インフルエンザウイルスの出口 ……… 1288
27・2 単 糖 ……… 1259	27・8 核 酸 ……… 1289
27・2・1 アルドースとケトース: Fischer 投影式 ……… 1259	27・8・1 RNA の構造単位 ……… 1290
	27・8・2 DNA の構造単位 ……… 1291
27・2・2 単糖の立体化学 ……… 1262	27・8・3 塩基対合と二重らせん ……… 1293
27・3 環状の単糖 ……… 1264	27・8・4 DNA 複製 ……… 1295
27・3・1 単糖の投影式: フラノース ……… 1265	27・9 分子生物学のセントラルドグマ ……… 1296
27・3・2 単糖の投影式: ピラノース ……… 1266	化学はここにも 27-C
27・3・3 アノマー ……… 1267	DNA のアルキル化 ……… 1299
27・4 単糖の反応: 合成 ……… 1268	27・10 脂質: 概要 ……… 1300
27・4・1 グリコシド形成: アセタール合成 ……… 1268	27・11 トリグリセリドと脂肪酸 ……… 1301
27・4・2 糖のアルキル化 ……… 1271	27・11・1 脂肪酸の性質と命名 ……… 1303
27・4・3 糖のアシル化 ……… 1273	27・11・2 トリグリセリドの生合成 ……… 1305
27・4・4 アセタールの形成 ……… 1274	27・12 トリグリセリドの反応 ……… 1310
27・5 単糖の反応: Fischer による グルコースの構造決定 ……… 1275	27・12・1 水素化で脂肪をつくる ……… 1310
	27・12・2 けん化で石けんをつくる ……… 1312
27・5・1 実験1: 硝酸による酸化 ……… 1275	27・12・3 エステル交換反応で バイオディーゼル燃料を つくる ……… 1313
27・5・2 実験2: Ruff 分解 ……… 1276	
27・5・3 実験3: Kiliani-Fischer 合成 ……… 1277	
27・5・4 実験4: 両端の置換基の交換 ……… 1280	27・13 テルペン ……… 1315
27・6 二 糖 ……… 1281	27・14 ステロイド ……… 1318
化学はここにも 27-A	27・14・1 重要なステロイド ……… 1318
インフルエンザウイルスが 細胞内に侵入する仕組み ……… 1283	27・14・2 ステロイドの生合成 ……… 1319
	27・15 プロスタグランジン ……… 1323
27・6・1 二糖の合成 ……… 1284	27・15・1 重要なプロスタグランジン ……… 1323
27・7 多 糖 ……… 1286	27・15・2 プロスタグランジンの生合成 ……… 1324

化学はここにも 27-D
　　プロスタグランジン合成阻害による鎮痛 ………… 1326

むすびに ……………………………………………… 1326
第 27 章のまとめ ………………………………………… 1327

28. 合成ポリマー ………………………………………… 1331

はじめに ………………………………………………… 1331
28・1　ポリマー: 概要 ………………………………… 1333
28・2　ポリマーの表記と命名 ……………………… 1333
28・3　ポリマーの分類 ………………………………… 1335
　28・3・1　反応形式 ………………………………… 1335
　28・3・2　連鎖重合と逐次重合 ………………… 1336
　28・3・3　構　造 …………………………………… 1336
　28・3・4　物　性 …………………………………… 1337
28・4　付加重合ポリマー …………………………… 1338
　28・4・1　カチオン重合（求電子付加） ……… 1339
　28・4・2　アニオン重合（求核付加） ………… 1343
　28・4・3　ラジカル重合 ………………………… 1345
化学はここにも 28-A　固体担体上での反応 ……… 1348
28・5　縮合ポリマー（求核アシル置換） ………… 1349

　28・5・1　ポリアミド …………………………… 1350
　28・5・2　ポリエステル ………………………… 1352
化学はここにも 28-B　生分解性ポリマー ………… 1354
　28・5・3　ポリカルボナート …………………… 1355
　28・5・4　ポリウレタン ………………………… 1356
化学はここにも 28-C　グリーンポリウレタン …… 1357
28・6　その他のポリマー …………………………… 1358
　28・6・1　エポキシ樹脂 ………………………… 1358
　28・6・2　開環メタセシス重合（ROMP） …… 1360
　28・6・3　遷移金属触媒による重合 …………… 1363
28・7　ブロックコポリマー ………………………… 1365
むすびに ………………………………………………… 1367
第 28 章のまとめ ………………………………………… 1368

付　録

　A.　問題解決のためのヒント ……………………… 1371
　B.　命名法（概要） ………………………………… 1372
　C.　歪　み ………………………………………… 1374
　D.　pK_a 値 ……………………………………… 1375
　E.　結合解離エネルギー ………………………… 1379
　F.　一般的な官能基とその反応性 ……………… 1380
　G.　酸化還元について …………………………… 1381
　H.　問題の解き方 ………………………………… 1382

　I.　分光法 …………………………………………… 1387
　J.　反応座標図 …………………………………… 1392
　K.　官能基の構築法 ……………………………… 1393
　L.　C−C 結合形成反応 ………………………… 1397
　M.　重要な式 ……………………………………… 1398
　N.　一般的な記号 ………………………………… 1401
　O.　結合長 ………………………………………… 1402

和文索引 ……… 1405
欧文索引 ……… 1423
掲載図・引用文出典 …………………………………………………………………………………………………… 1431

16

有機化学における金属

はじめに

　第10章では，小さな分子から大きな分子を合成する考え方を導入した．有機合成で決定的に重要なのは，逆合成戦略と，炭素–炭素結合を形成可能とするたくさんの反応が詰め込まれたツールボックスである．有機化学では金属の使用が不可欠となっている．金属を用いることで，高度に官能基化された基質を用いても，選択的に新しい炭素–炭素結合を形成できるためである．

　第14章と第15章では，分析技術（IR，NMR，MS）を用いて未知の化合物を同定する方法を学んだ．複雑な例として，天然物のクラシンAの構造決定を取上げた（化学はここにも 15-B）．クラシンAは，多くの海洋天然物の源である糸状藍藻 *Lyngbya majuscula* から単離された．ここでいう"天然物"とは，生物がさまざまな理由（自己防衛，廃棄物処理，偶然など）により生産する二次代謝物（タンパク質，DNA，RNAなどと異なり，生命に必須ではない化合物）をさす．初期の分析では，クラシンAには細胞毒性があり，さまざまな細胞株に対して増殖抑制活性があることが確認され，抗がん剤としての可能性が示された．

学習目標

▶ Grignard 試薬と有機リチウム試薬を用いた反応の生成物を決定できる．

▶ カルベンの反応を評価できる．

▶ 鈴木カップリング，薗頭カップリング，Stille カップリング，根岸カップリングを比較検討できる．

▶ クロスカップリングを解析できる．

▶ メタセシス反応の生成物を予測できる．

▶ 触媒としてのパラジウムの使用を評価できる．

クラシンA

　有機化学の重要な研究分野の一つに，天然物合成がある．［私も大好きだ］クラシンAが単離・同定された後，この分子は多くの天然物化学者の合成標的となった．なぜ自然界で生産される分子を，実験室で合成する必要があるのだろうか．第16章では，その疑問に答え，さらにその過程で，有機金属反応がクラシンAのような分子の合成に威力を発揮することを紹介する．

　ここまで見てきたように，有機化学とは，おもに炭素，水素，酸素，窒素を含む化合物の研究である．となると意外に思うかもしれないが，有機合成の分野では，無機反応剤の使用が基本である．特に，**有機金属化学**（organometallic chemistry）は，選択的で，高収率，そしてグリーンな方法を数多く登場させ，新しい C−C 結合の形成を可能としてきた．この章で紹介する反応機構は，これまでに見てきたものとは異なるし，後に登場する反応とも関連しないものが多い．しかし，現代の有機合成の状況を捉えるた

自然界で見出される物質の合成は，おそらく有機化学の他のどの分野の活動よりも，この科学の現状とその力量を測る目安になるだろう．
— ROBERT BURNS WOODWARD
（1965 年ノーベル化学賞受賞）

16. 有機化学における金属

めには，有機化学の初年次教科書の中にも有機金属化学の一般的理解を載せるべきだろう．具体的な内容の前に，まずは，現在の理解度を評価し，第16章を理解するために必要となる題材を確認しよう．

理解度チェック

> **アセスメント**
>
> **16・1** (i) 次の各結合について，図2・20のPaulingの電気陰性度の値に基づき，結合の双極子モーメントの方向を示せ．(ii) 部分正電荷を帯びている原子はどれか．(iii) 部分負電荷を帯びている原子はどれか．
>
> (a) C−Cl (b) C−Mg (c) C−O (d) C−Li (e) C−Sn
> (f) C−F (g) C−B (h) C−S (i) C−Zn
>
> **16・2** pK_a 値を用いて，以下の酸塩基反応の平衡定数を計算せよ．
>
> (a) H−C≡C−H + ⁻NH₂ ⇌ H−C≡C⁻ + NH₃
> $pK_a = 25$ (アルキニルプロトン) $pK_a = 38$
>
> (b) CH₄ + H⁻ ⇌ ⁻CH₃ + H₂
> $pK_a = 50$ $pK_a = 36$
>
> **16・3** 第一級アルコールから第一級ハロゲン化アルキルへの変換のための反応剤（試薬）を提案せよ．
>
> HO⌒⌒ —[?]→ Br⌒⌒
>
> **16・4** 以下に示した形のパラジウムの酸化状態を答えよ．
>
> (a) Pd/C (b) AcO−Pd−OAc
> (c) Pd(PPh₃)₄ (d) H₃C−Pd−Br

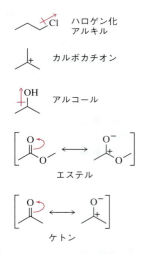

図16・1 求電子的な炭素をもつ官能基

16・1 有機金属化合物：概要

有機金属反応剤（organometallic reagent，有機金属試薬ともいう）の必要性を理解するためには，まず，ほとんどの反応において，電子豊富な求核剤が電子不足の求電子剤を攻撃することで，新しい結合が形成されていることを認識しなければならない．アルケンやアルキンの場合は例外的で，中性な炭素上のπ電子を利用して求核性の低い求核剤として攻撃するが，有機化合物において多くの炭素は求電子剤である．たとえば，これまで学んできた官能基では，炭素に電気陰性度の高い原子（F, Cl, Br, O, N）が結合している．こうした電気陰性度の高い原子はC−Xσ結合を分極させ，より電気陰性度の低い炭素が部分正電荷を帯び，求電子性になる（図16・1）．

これらの炭素が求電子的であるので，新たな炭素−炭素結合を形成する［有機合成の最重要課題だね］ためには，求核的な炭素種を用いればよいということになる．この章で学ぶ有機金属反応剤（図16・2）は，まさにそれを可能にしてくれる．炭素に金属（M）を結合させるとC−M結合が分極し，金属よりも電気陰性度の高い炭素が部分負電荷を帯び，求核性をもつようになる．これ以降では，有機金属反応を単純化して学ぶために，C−M結合はイオン性であり，炭素が負電荷を帯びていると考えることにする．［ここではこのように考えることとするけど，電気陰性度の差から，これらのC−M結合の一部は極性共有結合であることはわかってるね．§2・3・4を見返してみよう］

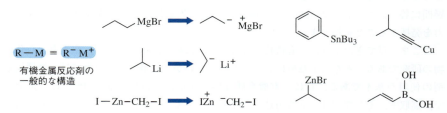

図16・2 求核的な炭素をもつ有機金属反応剤　"≡"という記号は"〜と等価"，"〜と同一"を意味する．

16・2　C−Xの還元　　723

16・1のまとめ

- 有機金属反応剤（R−M）の金属に結合している炭素は求核性である.

16・2　C−Xの還元

　この本の中で，初めて有機金属反応剤に出会ったのは，第10章のアセチリドイオンの反応である．図16・3に示すように，アセチレンのプロトン（$pK_a = 25$）を脱プロトンすることで得られるナトリウムアセチリドは，専門的にいえば有機金属反応剤である．C−Na結合がイオン性であるかのように反応するが，共有結合として描くことも可能である．共有結合の形では，図16・2に示した有機金属反応剤の一般式（R−M）と一致する．ここでRは炭化水素，Mは金属を表している．

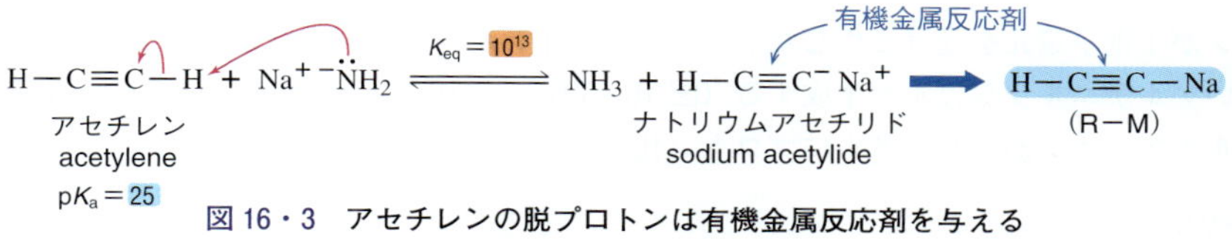

$$\text{H}-\text{C}\equiv\text{C}-\text{H} + \text{Na}^+ \; {}^-\ddot{\text{N}}\text{H}_2 \underset{}{\overset{K_{eq}\,=\,10^{13}}{\rightleftharpoons}} \text{NH}_3 + \text{H}-\text{C}\equiv\text{C}^- \, \text{Na}^+ \quad\Longrightarrow\quad \text{H}-\text{C}\equiv\text{C}-\text{Na}$$

有機金属反応剤

アセチレン　acetylene　$pK_a = 25$　　　ナトリウムアセチリド　sodium acetylide　　（R−M）

図16・3　アセチレンの脱プロトンは有機金属反応剤を与える

　アセチレンのプロトンはpK_aが25なので，脱プロトンによるアセチリドイオンの生成が可能となる．アルキニルプロトンは，ナトリウムアミドNaNH_2や水素化ナトリウムNaHなどの強塩基により脱プロトンできる．このように，脱プロトンするためにはそのプロトンのpK_aが低い必要があるため，酸塩基反応による有機金属の生成には制限がある．この反応でメチルナトリウムNaCH_3をつくろうとした場合を考えてみよう（図16・4）．メタンのpK_aは50なので，水酸化物イオン，ナトリウムアミド，水素化ナトリウムのいずれもメタンCH_4を脱プロトンするのに十分な塩基性がない.

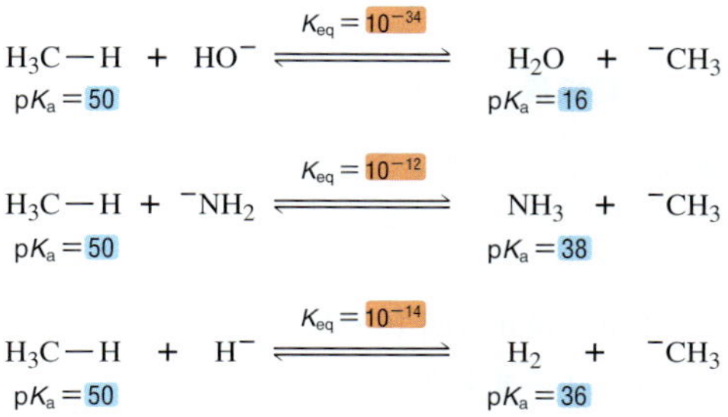

$$\text{H}_3\text{C}-\text{H} + \text{HO}^- \underset{}{\overset{K_{eq}\,=\,10^{-34}}{\rightleftharpoons}} \text{H}_2\text{O} + {}^-\text{CH}_3$$

$pK_a = 50$　　　　　　　　　　　　　　$pK_a = 16$

$$\text{H}_3\text{C}-\text{H} + {}^-\text{NH}_2 \underset{}{\overset{K_{eq}\,=\,10^{-12}}{\rightleftharpoons}} \text{NH}_3 + {}^-\text{CH}_3$$

$pK_a = 50$　　　　　　　　　　　　　　$pK_a = 38$

$$\text{H}_3\text{C}-\text{H} + \text{H}^- \underset{}{\overset{K_{eq}\,=\,10^{-14}}{\rightleftharpoons}} \text{H}_2 + {}^-\text{CH}_3$$

$pK_a = 50$　　　　　　　　　　　　　　$pK_a = 36$

図16・4　メタンを十分に脱プロトンできる塩基は存在しない

　アルカンを脱プロトンしてカルボアニオンをつくることはできないため，別の方法を探さなければならない．§13・11・1で紹介したWilliamsonエーテル合成（図16・5）

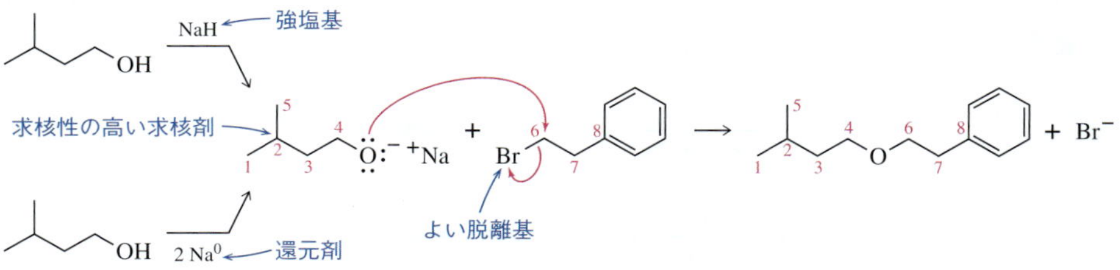

図16・5　Williamsonエーテル合成はアルコキシドとハロゲン化アルキルの間でのS_N2反応である

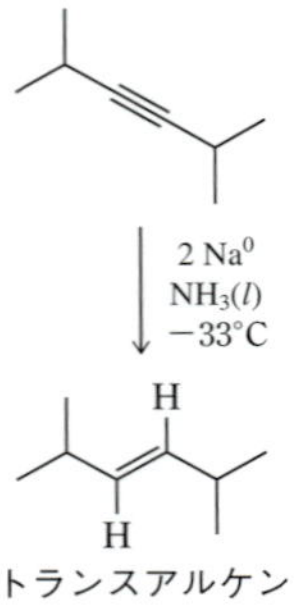

724   16. 有機化学における金属

図16・6 溶解金属によるアルキンの還元はトランスアルケンを与える

では，必要なアルコキシドをつくる方法が二つあった．一つ目は，強塩基（NaHなど）を用いてアルコールを脱プロトンする方法であり，二つ目は，強い還元剤（多くの場合，金属ナトリウム Na^0）を利用して，分極したO−H結合を還元する方法である．

図16・6に示すように，金属ナトリウムは同様の方法でアルキンをトランスアルケンに還元する．この反応については，§10・6・3で詳しく学んだ．

図16・5と図16・6の反応はいずれも，カルボアニオンのつくり方を理解するための例であり，共通項がある．第一に，これらの反応は1電子移動によって起こるもので，片羽矢印によって記述できる．[第5章と第11章のラジカル反応を見てみよう] 第二に，それぞれの反応は，還元可能な結合（O−Hσまたは C−Cπ）に電子を与えることから始まる．アルコールが1電子還元を受けると，アルコキシドが生成するとともに水素原子が生じる．これが2個目の電子を受け入れてヒドリド（H^-）が生成すると，アルコールを脱プロトンして2当量目のアルコキシドを生じる（図16・7a）．または，アルキンが1電子還元を受けて生じたラジカルアニオンがプロトン化されると，電荷をもたないアルケニルラジカルが生成する（図16・7b）．これが2個目の電子を受け入れるとカルボアニオンが生じ，さらにプロトン化されるとトランスアルケンが生成する．

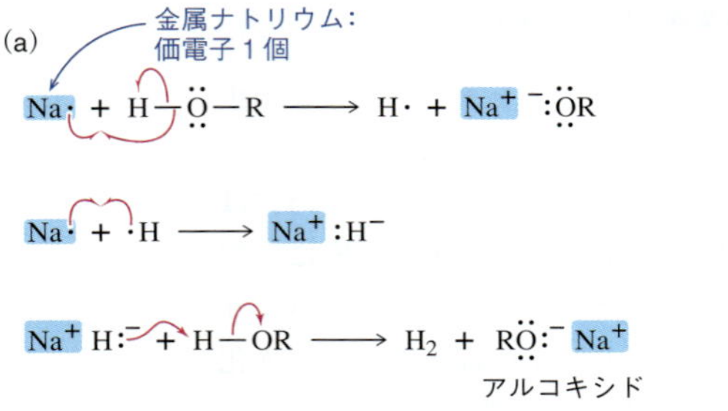

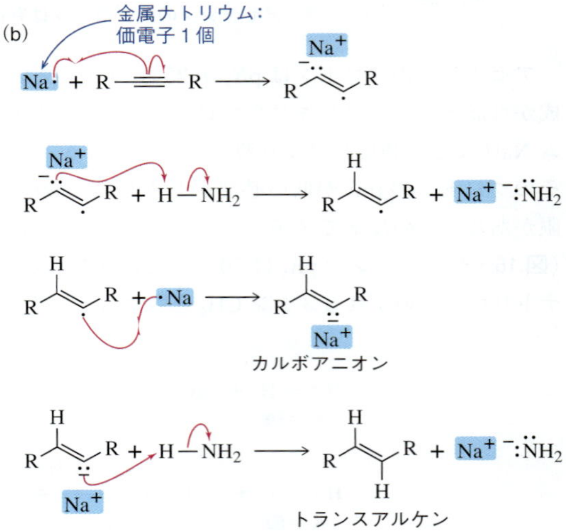

図16・7 金属ナトリウムを用いる還元の反応機構
（a）O−H結合の切断は安定なアルコキシドを与える．（b）弱いC−Cπ結合の還元は最初にラジカルアニオンを与え，反応の停止によりトランスアルケンを与える．

O−Hσ結合の最初の1電子還元（図16・7）では，電気陰性度の高い原子に電子対と負電荷が残ることで安定なアニオンができる．すなわち，このアルコキシドの安定性が，O−Hσ結合を還元可能にしている．このことから，C−X結合を還元的に切断する際には，より電気陰性度の高いXのアニオン X^- が安定になる必要がある．では，どんなXが安定な X^- を与えるだろうか？ Xが塩素，臭素，ヨウ素のようなハロゲンの場合，C−X結合は反応性の高い金属（MgやLiが一般的: 図16・8）によって還元される．これらの反応については，次項で詳しく説明する．これらの反応の結果，C−M結合，すなわち有機金属反応剤が生成する．

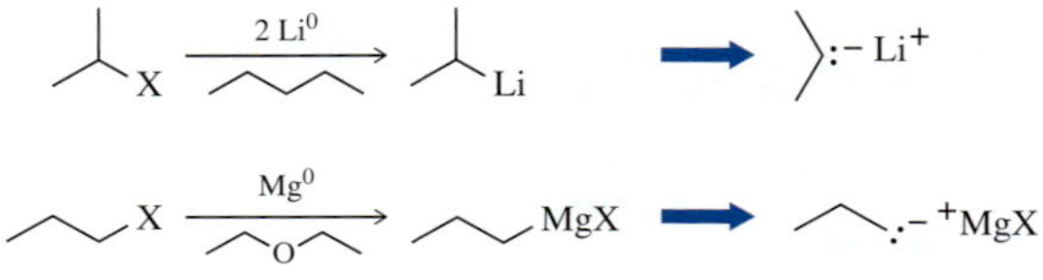

図16・8 マグネシウムやリチウムによるC−X結合の還元は有機金属反応剤を与える

16・2・1 有機リチウム試薬

有機リチウム試薬(organolithium reagent)は通常，図 16・9 のように，ヨウ化アルキルと 2 当量のリチウム (Li) を反応させることでつくられる．リチウムは周期表でナトリウム (Na) のすぐ上に位置しており，強い還元剤である．Li 原子は貴ガスの電子配置をとろうとすることで，ただちに電子を放出して Li^+ となる．最初の電子はヨウ素を攻撃し，C−I 結合を均等開裂（ホモリシス）させ，炭素ラジカルとヨウ化物イオン (I^-) を形成する．ヨウ化物イオンは，その大きな原子サイズと貴ガスの電子配置により非常に安定化されたアニオンであり，これを形成することがこの反応の原動力である．ここで同時に生成した炭素ラジカルがさらに 2 個目の電子を受取り，カルボアニオンが生成する．有機リチウム試薬の反応を説明する際には，対カチオンのリチウムイオンは重要ではないが，リチウムイオンの一つはカルボアニオンと結合し，もう一つはヨウ化物イオンと結合することになる．

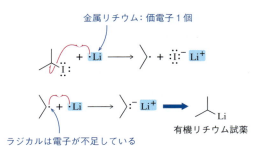

図 16・9　Li による C−I 結合の還元は有機リチウム試薬を与える

得られる有機リチウム試薬は非常に強い塩基であるため（§16・2・3），これらの反応剤（試薬）はペンタンのような不活性な非プロトン性溶媒中で調製される．

16・2・2　Grignard 試薬

ハロゲン化有機マグネシウムの生成は，有機リチウム試薬の生成とほぼ同じである（図 16・10）．ハロゲン化有機マグネシウムは，その発明者であるフランスの化学者，Victor Grignard にちなんで **Grignard 試薬**（グリニャール）(Grignard reagent) とよばれている．有機リチウム試薬との唯一の違いは，マグネシウム (Mg) が 2 族元素であるため，2 個の電子を失った際に貴ガスの電子配置になることである．そのため，必要となるマグネシウム原子は 1 個だけである．マグネシウムが C−Br 結合を還元する際は，最初の電子が臭素を攻撃して C−Br 結合をホモリシス開裂させ，炭素ラジカルと臭化物イオン (Br^-) を生成する．臭化物イオンは，その大きな原子サイズと貴ガスの電子配置により非常に安定化されたアニオンであり，これを形成することがこの反応の原動力であ

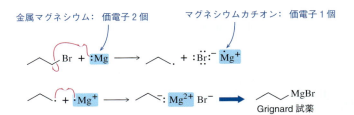

図 16・10　Mg による C−Br 結合の還元はハロゲン化有機マグネシウム (Grignard 試薬) を与える

る．ここで同時に生成した炭素ラジカルがさらに2個目の電子を受取り，カルボアニオンが生成する．Grignard 試薬の反応を説明する際には，対カチオンのマグネシウムイオンは重要ではないが，Mg^{2+} イオンは負電荷をもつカルボアニオンおよび臭化物イオンと結合している．

得られる Grignard 試薬は非常に強い塩基であるため（§16・2・3），これらの反応剤はジエチルエーテルやテトラヒドロフランなどの不活性で無水の非プロトン性溶媒中で調製される．

16・2〜16・2・2のまとめ

- ハロゲン化アルキル，アルケニル，アリールの還元は，有機リチウム試薬やGrignard 試薬の調製に用いられる．

16・2・3　有機リチウム試薬の反応とGrignard 試薬の反応

有機リチウム試薬や Grignard 試薬は，炭素と金属との間にイオン結合をもつと考えることができる．一般に金属は炭素よりも電気陰性度が低いため，このイオン結合では炭素が負に，金属が正に帯電している．これらの反応剤はカルボアニオンであるため非常に反応性が高く，強い塩基または求核性の高い求核剤として反応する．有機リチウム試薬と Grignard 試薬は，対カチオン（Li^+ または Mg^{2+}）が異なるだけで，ほぼすべての状況で同じ反応を示す．この二つの有機金属化合物の選択は，調製の容易さや反応剤の入手のしやすさに基づいて行われることが多い．一般的には，より反応性の低いマグネシウム金属を用いた Grignard 試薬の方がより簡単かつ安全に調製できるが，単純な構造の有機リチウム試薬はより多くの種類が販売されている．

a. 酸との反応　有機リチウム試薬や Grignard 試薬を調製すると，カルボアニオンの生成に成功したことになる．ヨウ化メチル CH_3I からメチルリチウム CH_3Li を生成する例を考えてみよう．メチルアニオン（CH_3^-）は非常に強い塩基であり，その共役酸であるメタン（CH_4）の pK_a は 50 である．実際に，アルキルアニオンは第4章で調べたなかで最も強い塩基である．[表4・5で確認してみよう] 強塩基であるこれらの反応剤は，弱酸性のプロトンとさえも迅速かつ良好に反応する（図 16・11）．このような理由から，有機リチウム試薬や Grignard 試薬の調製や反応には，水（$pK_a = 16$）やエタノール（$pK_a = 16$）などの典型的な溶媒は使用できない．代わりに，それぞれペンタンやエーテルが用いられる．

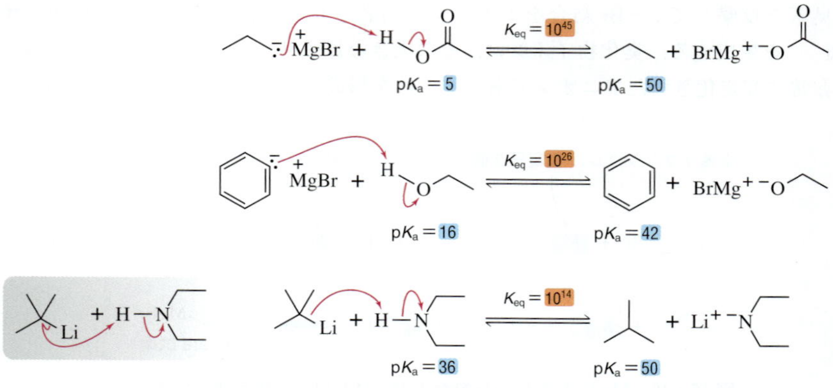

図 16・11　有機リチウム試薬および Grignard 試薬は酸の強弱を問わず脱プロトンできる

16・2 C−Xの還元　727

アセスメント

16・5　以下の酸塩基反応(a), (b)の K_{eq} を計算せよ.

(a)

$$\text{CH}_3\text{CH}_2\text{CH}_2\text{CH}_2\text{—Li} + \text{H}_2\text{O} \rightleftharpoons \text{（ブテン）} + \text{HO}^- \text{Li}^+$$

(b)

ベンジル—MgBr

$+$

$\text{H—C}\!\equiv\!\text{C—}$

$\rightleftharpoons$

トルエン

$+$

$\text{BrMg}^+ \ {}^-\text{C}\!\equiv\!\text{C—}$

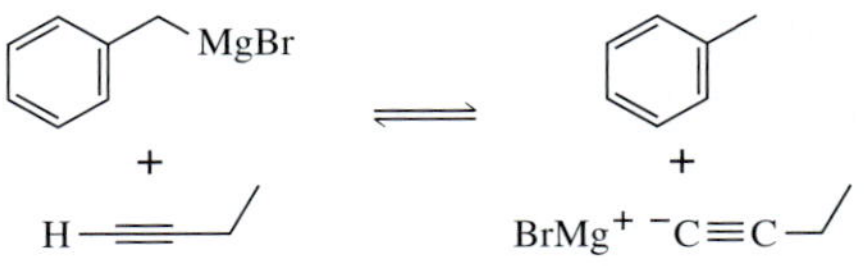

16・6　重水の存在下で以下の反応を行い, Grignard試薬を調製したときの生成物を示せ.

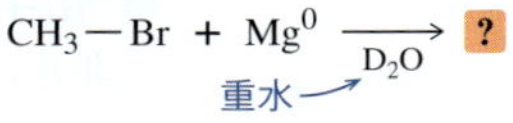

$$\text{CH}_3\text{—Br} + \text{Mg}^0 \xrightarrow[\text{重水}]{\text{D}_2\text{O}} \boxed{?}$$

16・7　以下のヒドロキシ基をもつケトンを有機リチウム試薬と反応させたときに生じる生成物を示せ. [有機リチウム試薬とケトンの反応については, §16・2・3(e)および第17章で説明するよ]

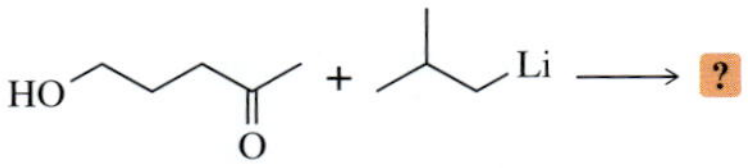

$$\text{HO}\text{—CH}_2\text{CH}_2\text{—C(=O)—} + \text{（有機リチウム）}\text{—Li} \longrightarrow \boxed{?}$$

---

b. エポキシドとの反応　エポキシド（§13・13）は特殊なエーテルで, 歪んだ3員環構造をもっているため, 求核性の高い求核剤と反応する. 結果として, 求核性の高い求核剤である有機リチウム試薬やGrignard試薬は, 最も立体障害の少ない炭素でエポキシドを $\text{S}_\text{N}2$ 的に開環させる. 図16・12にいくつかの例を示す. もう一度言うが, これらの反応剤は強塩基なので, 酸性プロトンがない状態で反応を行わなければならない. そのため, ジエチルエーテル, *tert*-ブチルメチルエーテル, テトラヒドロフランなどがこれらの反応の一般的な溶媒である. アルコールの生成を完結させるためには, エポキシドの開環によって生じるアルコキシドイオンを酸により後処理し, 反応を停止させる必要がある. [有機リチウム試薬またはGrignard試薬の付加は, 覚えておくべき反応集に載せておくべき鍵反応だよ. なぜそこまで特別だと思う？]

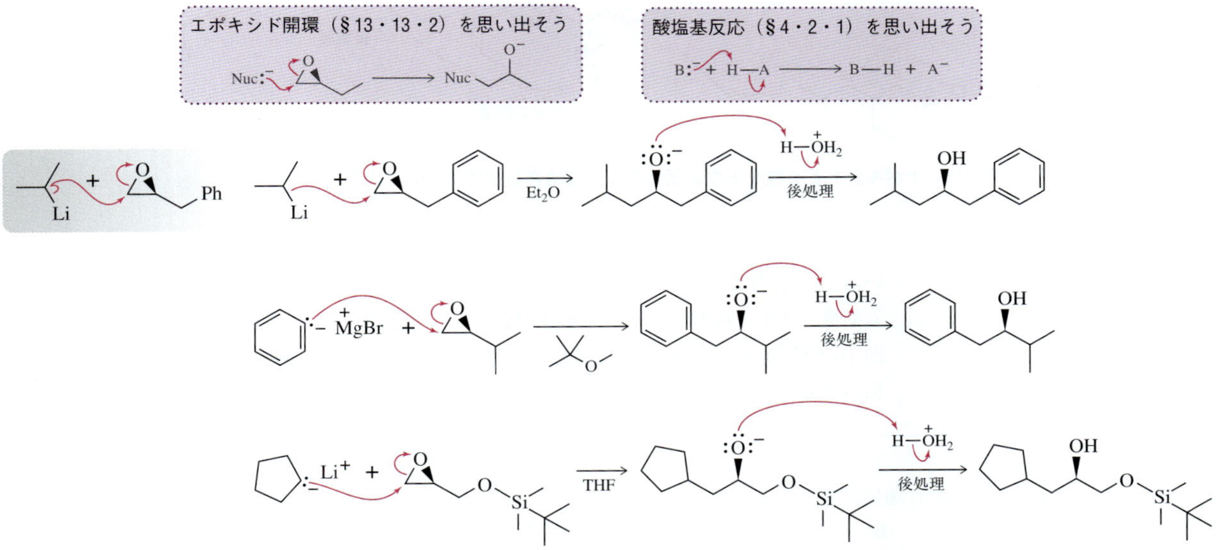

図16・12　有機リチウム試薬およびGrignard試薬はエポキシドと良好に反応する

第10章で述べたように, 有機合成の重要な目的の一つは, 新しい C−C σ 結合を形成することである. こうした反応がなければ, 二つの小さな有機分子を組合わせること

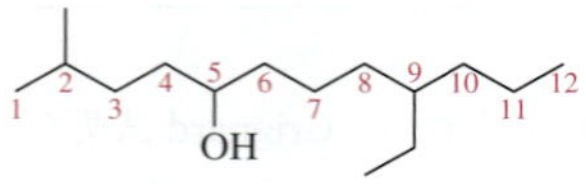

9-エチル-2-メチルドデカン-5-オール

図16・13 "化学者のように考える"ことで，このアルコールを合成しよう

ができず，図16・13に示したアルコールのように，より大きな炭素骨格をつくることはできない．

■ 化学者のように考えよう

非常に求核性の高い求核剤がエポキシドに付加して3員環が開環する場合，エポキシドの求核剤の攻撃を受けなかった側の炭素上には酸素が残る．[図16・12の反応を振り返って，これが正しいことを確認しよう] 図16・14では，一般的な求核剤（Nu⁻）を例として，この考え方を説明している．求核剤がエポキシドのC1に付加して新しい結合を形成すると，アルコキシドイオンの形で，酸素がC2上に残る．

化学者のように考えて，学んだばかりの反応がどのように9-エチル-2-メチルドデカン-5-オールの多様な合成法に使われるかを見てみよう．

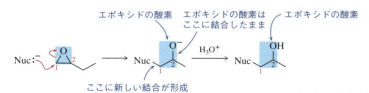

図16・14 エポキシドへの求核付加反応は置換基の少ない炭素上で起こり，酸素原子は反対側のエポキシドの炭素に結合したままとなる

長いアルキル鎖の途中にヒドロキシ基をもつアルコールを合成する際，エポキシドと有機リチウム試薬の組合わせには二つの可能性がある．図16・13に示した9-エチル-2-メチルドデカン-5-オールについて，その二つの組合わせを考えてみてほしい．答えは，炭素鎖の番号を使ってよい．[図16・15の答えを見る前にまずは自分でやってみよう]

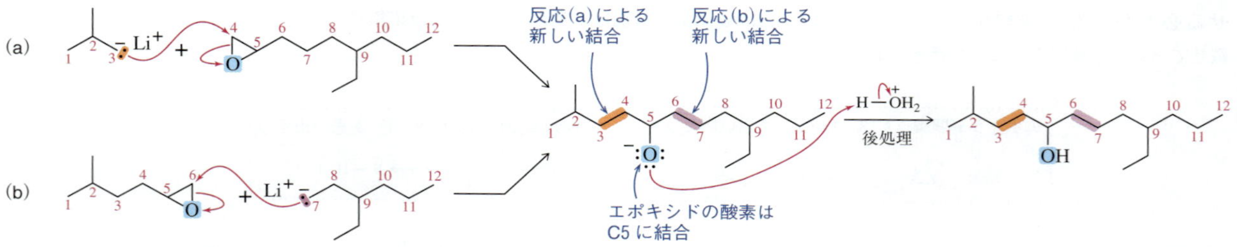

図16・15 エポキシドと有機リチウム試薬の二つの組合わせは同じアルコールを与える

どのようなエポキシドを使うにしても，エポキシドの酸素は最終的にC5に結合している必要がある．このことは，図16・15(a)のエポキシドの場合であれば，有機リチウム試薬がC4を攻撃し，C3−C4結合を新たに形成することを意味している．あるいは，図16・15(b)のエポキシドの場合であれば，有機リチウム試薬はC6を攻撃し，C6−C7結合を新たに形成することとなる．■

アセスメント

16・8 以下のエポキシドへの付加反応の生成物を示せ．

(a) 1. Li⁰, ペンタン 2. エポキシド 3. H₃O⁺ 処理

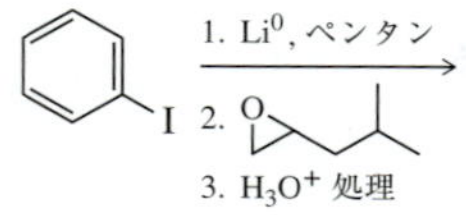

(b) 1. Mg⁰, THF 2. エポキシド 3. H₃O⁺ 処理

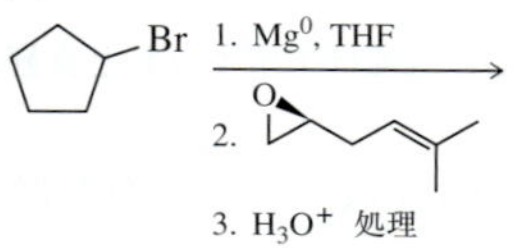

16・9 エポキシドへの付加はS_N2反応で起こるが，次の反応ではエポキシドの立体化学が保持される．なぜだろうか．

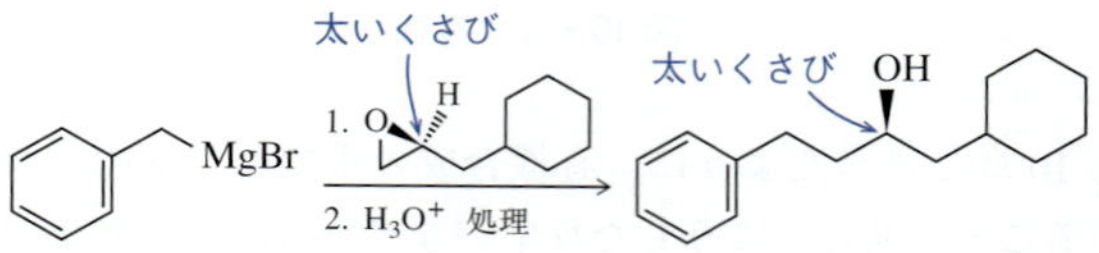

16・10 逆方向に考え，図示したアルコールの合成経路を設計せよ．エポキシドと Grignard 試薬の組合わせは，2 組考えられる．

16・11 図のように，エポキシドを用いて，有機リチウム試薬を付加させ，酸により後処理をしたが，出発物質であるエポキシアルコールしか得られなかった．なぜだろうか．目的の分子を生成するためには，どのように反応を修正すればよいか．[ヒント：§13・14を振り返ってみよう]

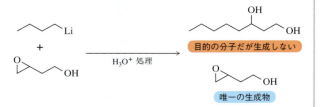

c. ケトンやアルデヒドとの反応　ケトンとアルデヒドの反応性については，第 17 章で詳しく学ぶこととなる．ケトンやアルデヒドへの付加反応は，有機リチウム試薬や Grignard 試薬の最も重要な反応の一つであるので，ここでもふれておく．[これを今ここで学ぶ必要があるのかどうかは先生に聞いてみよう] 有機リチウム試薬や Grignard 試薬が求核性の高い求核剤であることはすでに学んでいるので，まずはアルデヒドやケトンが求電子剤である理由を考えよう．電気陰性度の高い酸素があるので，カルボニル基 (C=O) の電子は酸素原子側に偏っており，炭素は部分正電荷を帯びる．さらに，カルボニル基には，酸素が負電荷，炭素が正電荷をもつような第二の共鳴構造を描くことができる (図 16・16)．この共鳴構造は有効で意味があり，**双性イオン共鳴構造**とよばれる．この共鳴構造は，カルボニル化合物の反応性全般の基礎となるもので，第 17 章で詳しく説明する．ある官能基で第二の共鳴構造が反応性を決定することが多いということは，図 16・16 右に示したアセトンの電子密度分布から確認できる．青色部分は，中央の炭素が非常に電子不足であることを示している．

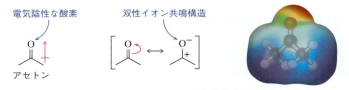

図 16・16　カルボニル炭素は求電子的である

図 16・17 に示すように，溶液中，求核性の高い Grignard 試薬（本質的にはカルボアニオン）が，アルデヒドのカルボニル基の中心炭素を容易に攻撃する．攻撃を受けると，C=O 結合のπ電子はより電気陰性度の高い酸素に押しやられ，アルコキシドイオ

図 16・17　Grignard 試薬のケトンへの求核攻撃からは，どちらの共鳴構造からも，酸処理後，アルコールが得られる

730 16. 有機化学における金属

ンが最初の生成物として生成する. このアルコキシドイオンがプロトン化されること
で, アルコールが生成する. 双性イオン共鳴構造は, カルボニル基のこうした反応性を
予測するうえで重要である. 双性イオンを描いてみると, 求核剤がこの共鳴構造に攻撃
することで, 同じ生成物が得られるような反応が描ける. カルボニル基の構造は中性形
と双性イオン形の中間なので, 図に示した二つの共鳴構造に対する求核剤の攻撃は同一
のものなのである.

　カルボニル基の反応については第17章でより詳しく説明するが, ここでは有機リチ
ウム試薬やGrignard試薬とケトンやアルデヒドを用いてC–C結合を形成することは,
有機合成に非常に有効な手段であることを認識してほしい. いくつかの例を図16・18
に示す.

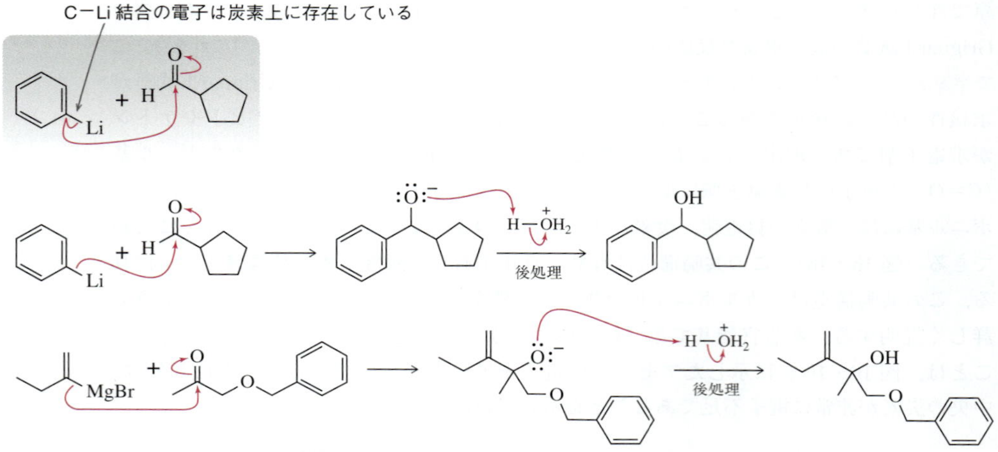

C–Li 結合の電子は炭素上に存在している

図 16・18　有機リチウムと Grignard 試薬がアルデヒドやケトンと反応する例

16・2・3のまとめ

• 有機リチウム試薬と Grignard 試薬は反応性が似ており, "強い塩基" あるいは, "エ
ポキシド, アルデヒド, ケトンなどに対する求核剤" として反応する.

アセスメント

16・12　以下のアルデヒドおよびケトンへの付加反応の生成
物を示せ.

(a)

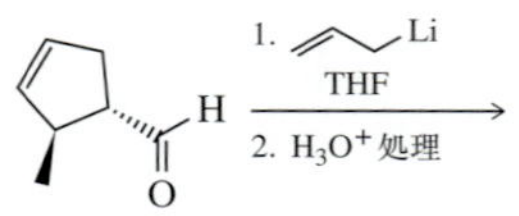

1. ⟋⟍Li
   THF
2. H_3O^+ 処理

(b)

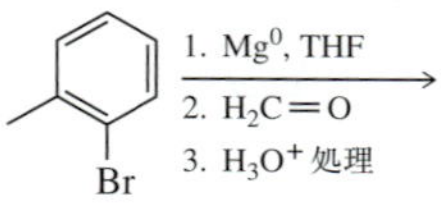

1. Mg^0, THF
2. $H_2C=O$
3. H_3O^+ 処理

(c)

1. CH_3MgBr
   THF
2. H_3O^+ 処理

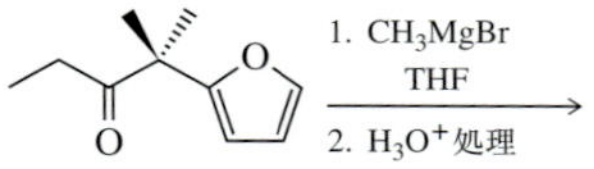

16・13　アルデヒドやケトンへの有機金属反応剤の付加は,
汎用性の高いC–C結合形成反応である. アセスメント
16・12の各反応では, どの種類のアルコール(第一級, 第
二級, 第三級)が生成するか答えよ.

16・14　次のアルコールが得られるケトンと Grignard 試薬
を示せ. また, その方法は一つだけだろうか.

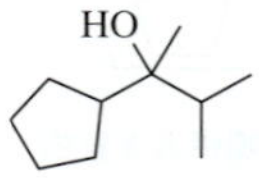

16-A 化学はここにも（天然物の合成）

Grignard 反応

クラシン A が発見された当初は，抗がん剤としての可能性を示す細胞増殖阻害活性などの重要な生物活性が見いだされた．この化合物は微小管に結合し，紡錘体の正常な形成を阻害することで，細胞の増殖を抑制することが見いだされた．この作用機序は，構造的に似ていない化合物と類似していたこともあり，さらなる生物学的試験のために，この化合物の量的供給が期待された．しかし，Lyngbya majuscula は，わずかな量しかクラシン A を生産できないため，合成化学者がこれを合成して提供する必要があった．上手くすれば，最終的な医薬品の製造にも十分な量を供給することにもなる．［天然物合成の理由 1：生物学的研究のための物質をより多く確保するため］Grignard 反応は，C–C 結合形成での最も重要な反応の一つであり［特に第 17 章では］，クラシン A の C3–C4 結合の形成に用いられた（図 16・19）．キラル分子の存在下，第二級アルコールの単一のエナンチオマーが生成した．第 6 章で学んだことを思い出してほしいのだが，キラルな環境では，一方の面からの攻撃がより速く進行し，光学活性な生成物が得られる．

図 16・19 キラルな環境での Grignard 試薬のアルデヒドへの付加は，クラシン A の C3–C4 結合を立体選択的に形成する

アセスメント
16・15 図 16・19 の反応の反応機構を示せ．立体化学は無視してよい．

16・3 カルベン

第 8 章と第 9 章を通じてのテーマは，アルケンへの求電子付加だった．アルケンに付加する求電子剤の一つがカルベンであり，アセスメント 8・79 で初めて紹介した（第 8 章のまとめ参照）．

アセスメント
16・16 ［アセスメント 8・79(e) と同じ設問だよ］ カルベンの一つであるメチレンを用いたシクロヘキセンのシクロプロパン化について，巻矢印を用いた反応機構を示せ．そして，その結果を合理的に説明せよ．

カルベンがどんなものか，アセスメント 16・16 を解いて思い出そう．後で一緒に解こう．

アセスメント 16・16 の解説

今まで扱ったことのない反応剤に関する反応機構の問題を解くには，まずアルケンとカルベンに固有な反応性を確認することが重要となる．第 8 章と第 9 章で学んだことから，アルケンは求核剤であると考えられる．このことは，カルベンが求電子剤であることを示唆しているが，先に進む前に確認しておこう．図 16・20 に CH_2 の Lewis 構造を示す．二つの水素が結合しており，中心の炭素には電子対が一つあるはずである．この構造を分析すると，炭素は電子不足であり，sp^2 混成の平面三角形型で，空の p 軌道をもっていることがわかる．言い換えれば，このカルベンは非共有電子対をもっているにもかかわらず，求電子的なのである．この形のカルベンは，一つの軌道の中に 2 電子が対になっていることから，**一重項カルベン**（singlet carbene）とよばれている．

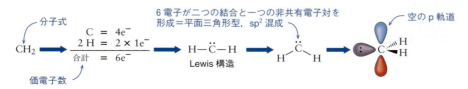

図 16・20 カルベンを分析すると，優れた求核剤であることがわかる

この反応が第 8 章，第 9 章のアルケンへの付加反応に類似していることがわかったので，最初の段階は，アルケンの π 電子によるカルベンの空の p 軌道への攻撃に違いないということになる．[反応はそこで止まるかな？] 図 16・21 に示すように，アルケンの攻撃によって生じる中間体には，カルボカチオンとカルボアニオンという二つの反応性の高い化学種があり，さらにその二つが近接している．そのため，中間体の生成後すぐにカルボアニオン上の非共有電子対がカルボカチオンの空の p 軌道を攻撃し，シクロプロパンの二つ目の C–C σ 結合が生じる．

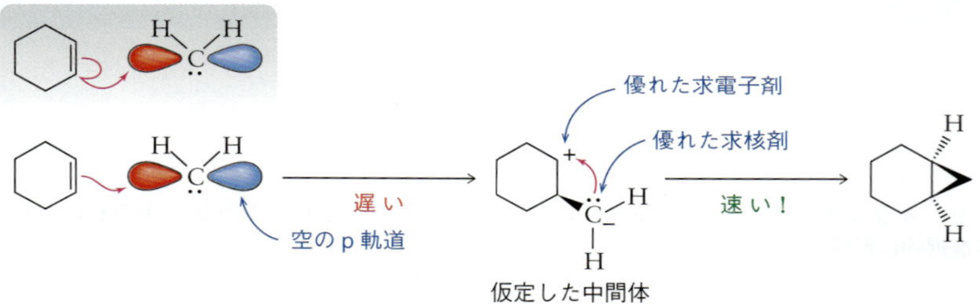

図 16・21 カルベン付加の段階的機構

第 8 章と第 9 章で学んだように，最初の遅い反応の後に，速い分子内反応が続くと，反応は全体として協奏的となることを思い出そう．つまり，正しい反応機構（図 16・22）では，π 結合がカルベンの C1 を攻撃しながら，カルベン上の非共有電子対が C2 を攻撃することとなる．

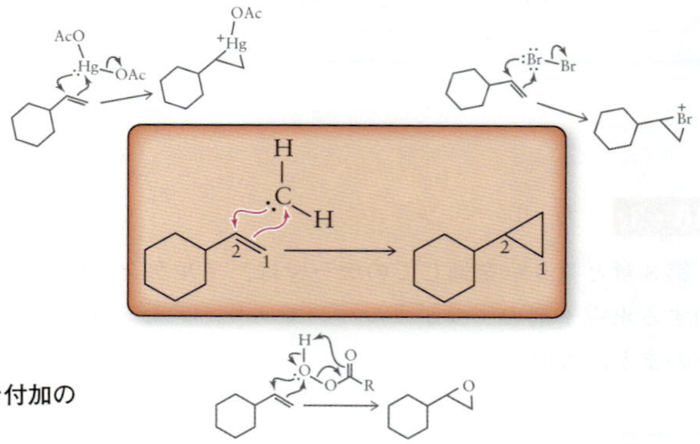

図 16・22 カルベン付加の協奏的機構

カルベンを形成するための一般的な方法は三つあり，すべて互いに関連している．二つの非有機金属的な方法（§16・3・1 と §16・3・2）を学ぶと，Simmons–Smith 反応（Grignard 試薬の形成のような有機金属的な反応，§16・3・3）の理解が深まる．

16・3 カルベン　733

16・3・1　カルベンの生成: α脱離

　一つ目のカルベン生成反応は，図16・23に示すように，塩基性条件下でのクロロホルムのα脱離を利用したものである.

$$HCCl_3 + KOt\text{-}Bu \longrightarrow {:}CCl_2 + KCl + t\text{-}BuOH$$
クロロホルム　　　　　　　　ジクロロカルベン

図16・23　α脱離を介したカルベンの生成

　α脱離はこれまでに見たことのない反応だが，第12章で学んだ，より一般的なβ脱離（E2反応）と類似している. 図16・24と図16・25に，これらの反応を並べたので，その共通点を見つけられるだろう. ハロゲン化アルキルのE2脱離は協奏的な反応だが，段階的な反応として，C1からプロトンが脱離し，隣のC2（β炭素ともいう；よってβ脱離とよぶ）からハロゲン化物イオンが自発的に脱離するという過程を想像することも可能である. この2本の矢印を描いただけでは，生成物は，C1にカルボアニオン，C2にカルボカチオンを含む分子ということになってしまう. この奇妙な分子には，より寄与の大きな共鳴構造としてアルケンがある. このように分析すると，β脱離でハロゲン化物イオンが脱離する駆動力は，負に帯電した分子が電気的に中性になることとなる. [E2脱離の反応機構はこのようなものではないよね. この描像はα脱離をより理解しやすくするための見方にすぎないんだ]

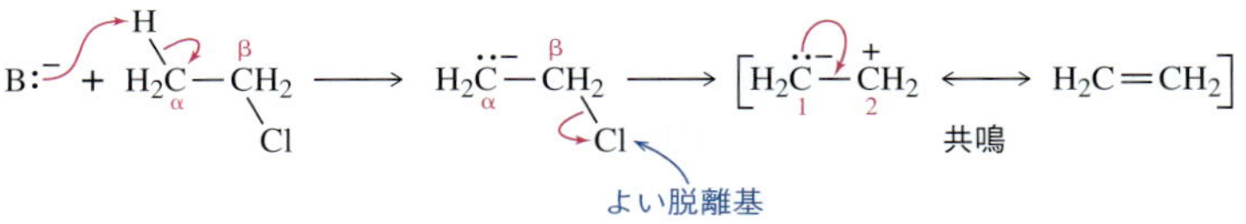

図16・24　E2脱離の別の見方

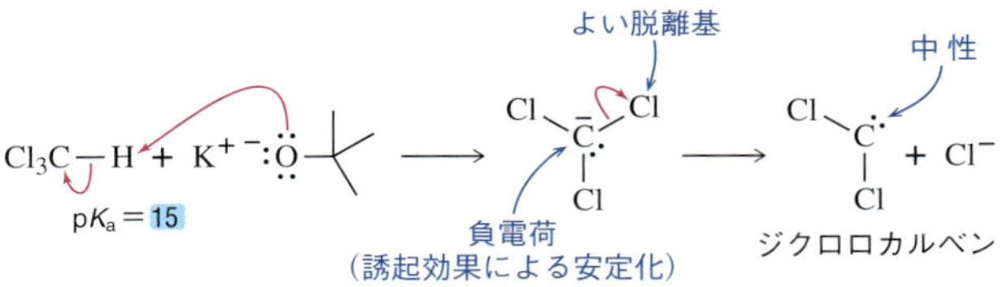

図16・25　α脱離の反応機構

> **アセスメント**
> **16・17**　以下の脱離工程のエントロピー値の正負を推定せよ.
>

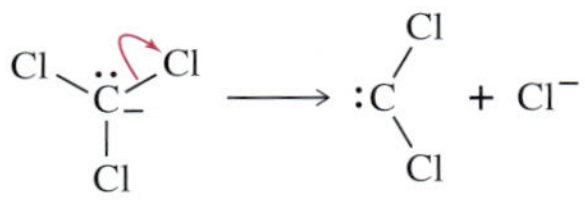

　このように，最初の脱プロトンによりカルボアニオンを生成した後，ハロゲンの脱離により中性の分子になる過程がβ脱離だと捉えれば，α脱離とほぼ同じものとなる. クロロホルム $CHCl_3$ の pK_a は約15であり，脱プロトンすることで三つの電子求引性塩素原子で安定化されたカルボアニオンを生成できる. この中間体は図16・24に示したアニオン性中間体に類似している. β脱離の駆動力がカルボアニオンを電気的に中性にすることであったならば，このアニオン性中間体も同じような経路を経て中性になることができる. 唯一の違いは，この中間体には隣接する炭素に脱離基がないため，ハロゲン化物イオンがアニオン性炭素そのものから脱離することである. 脱離基がアニオン性炭素と同じ炭素から離れることから，この過程は**α脱離**（α-elimination）とよばれる.

16・3・2　カルベンの生成: ジアゾメタン

　カルベンを生成する二つ目の方法は，図16・26に示すように，ジアゾメタン CH_2N_2 の熱分解を利用することである. カルベンは§16・3・1のα脱離と同じ形式で生成す

734   16. 有機化学における金属

る．ジアゾメタンの最も大きな寄与をもつ共鳴構造は末端の窒素上に負電荷をもつもの
だが，負電荷が炭素に非局在化した第二の共鳴構造を描くことができる．この共鳴構造
では，N_2 が結合した炭素上に負電荷があり，N_2 はおそらく，ここまで学んだなかでも
最も優れた脱離基である．わずかに加熱するだけで，気体窒素が α 脱離を経て脱離し，
エントロピー的に有利な工程によりカルベンが生じる．

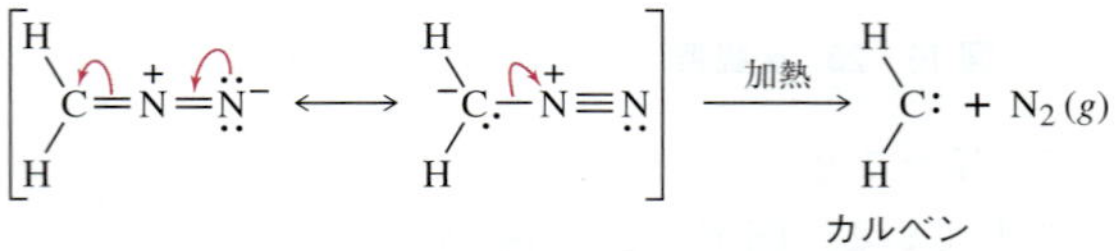

図 16・26　ジアゾメタンの熱分解はカルベンと気体窒素を与える

16・3・3　カルベンの生成: Simmons–Smith 反応

最後に登場するのが **Simmons–Smith 反応**（Simmons–Smith reaction）である．α
脱離によりカルベンを与えるアニオンを生成するには酸性プロトンが必要である
（§16・3・1）．酸性プロトンがない場合，どのようにすればカルボアニオンを生成でき
るだろうか？［§16・2 で行ったことを思い出そう］溶解金属（ここでは亜鉛）を用いて，
ジヨードメタン CH_2I_2 の C–I 結合を還元すると，Simmons–Smith 試薬とよばれるもの
ができる．有機リチウム試薬や Grignard 試薬の生成と同様の反応機構で，この反応で
は亜鉛が二つの電子を放出して Zn^{2+} になることで始まる（図 16・27）．最初の電子は
ヨウ素を攻撃して C–I 結合を均等開裂（ホモリシス）させ，ヨウ化物イオンと炭素ラ
ジカルを生成する．炭素ラジカルは 2 個目の電子の攻撃を受け，カルボアニオンが生成
する．溶液中では，カルボアニオン，Zn^{2+} カチオン，ヨウ化物イオンが会合し，
Simmons–Smith 試薬である ICH_2ZnI を形成する．

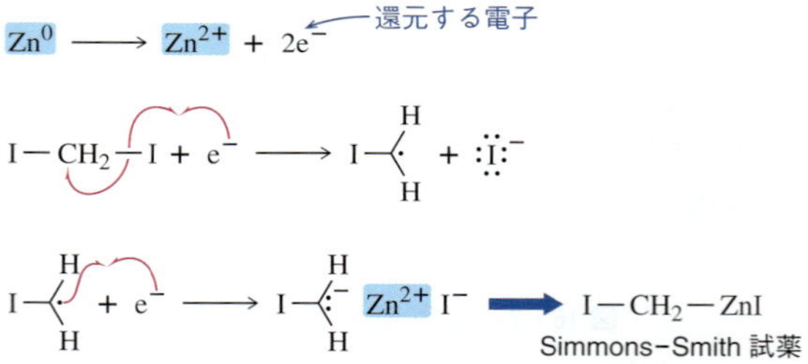

図 16・27　Simmons–Smith 試薬が生成する反応機構は有機リチウム試薬や
Grignard 試薬の生成の反応機構に似ている

自発的に分解してカルベンになる可能性はあるものの，Simmons–Smith 試薬は安定
である．この反応剤が反応するのは，アルケンの存在下でのみとなる．反応機構的には
アセスメント 16・16 で学んだカルベンの反応と似ており，π 結合が C1 から Simmons–
Smith 試薬の炭素を攻撃することで，ヨウ素が脱離し，同時に C–Zn 結合の電子が C2
を攻撃してシクロプロパンを形成する（図 16・28）．

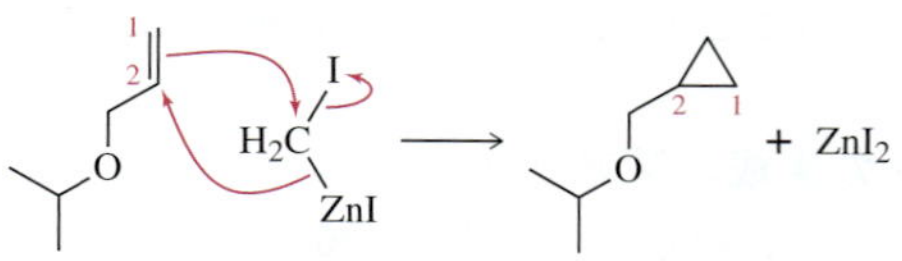

図 16・28　Simmons–Smith シクロプロパン化の反応機構

16・3 カルベン　735

16・3のまとめ

　カルベンは，α脱離，ジアゾメタンの分解，Simmons-Smith試薬の生成により発生する．これらは，アルケンと反応してシクロプロパンを生成する．

アセスメント

16・18 ここで取上げた反応剤によるシクロプロパン化は，いずれも立体特異的である．(a) この事実に基づくと，反応機構についてどのようなことがわかるか．(b) シクロプロパン化の反応座標図を描け．

16・19 逆向きに考えることで，以下のシクロプロパンが，クロロアルカンからどのように合成できるか答えよ．

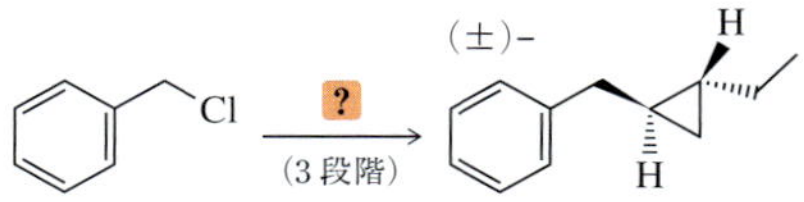

16・20 以下の反応の生成物を予想せよ．

(a)

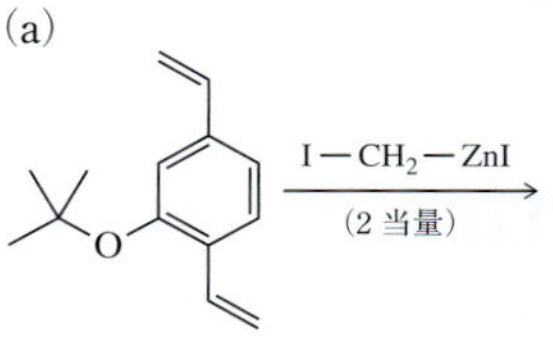

$$I-CH_2-ZnI$$
（2当量）

(b)

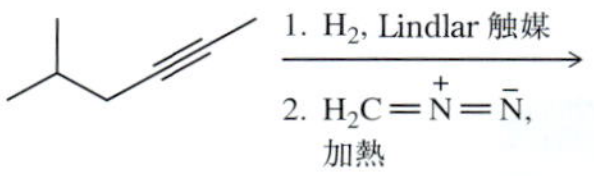

1. H_2, Lindlar 触媒
2. $H_2C=\overset{+}{N}=\overset{-}{N}$, 加熱

(c)

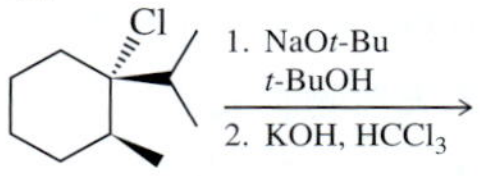

1. NaOt-Bu t-BuOH
2. KOH, HCCl$_3$

16-B　化学はここにも（天然物の合成）

シクロプロパン化

　クラシンAが初めて単離されたとき，その構造はさまざまな最先端分光法によって推定された（化学はここにも 15-A〜15-D 参照）．これらの方法は，存在する官能基や炭素骨格の結合順を特定するには優れているものの，相対立体配置や絶対立体配置を決定することはさらに難しい．天然物であるクラシンAには七つの立体中心があり（図16・29），同じ炭素骨格をもつ立体異性体が $2^7 = 128$ 個存在するが，これらの立体異性体のなかで，実際のクラシンAの構造は一つのみである．注目すべき生物学的活性があったため，クラシンAの相対立体配置と絶対立体配置を完全に決定することが重要だった．[天然物合成の理由2: 完全な構造決定のため]

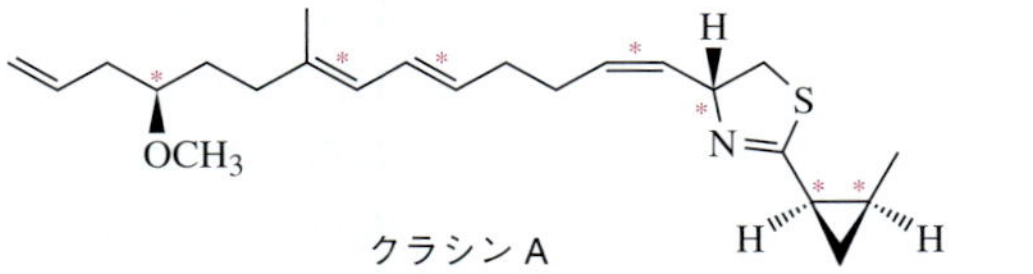

　クラシンAのC17-C20フラグメントのシクロプロパン部位は，Simmons-Smith シクロプロパン化を用いて合成され

図16・29　7個の立体中心をもつ化合物には128個の立体異性体が存在する　図示したジアステレオマーがクラシンAの構造である（それぞれの立体中心は＊で示してある）．

た．キラルな添加剤を用いて Simmons-Smith 試薬がアルケンの上面にくるようにすることで，シクロプロピル基が置換したアルコールの単一のエナンチオマーのみが形成された（図16・30）．

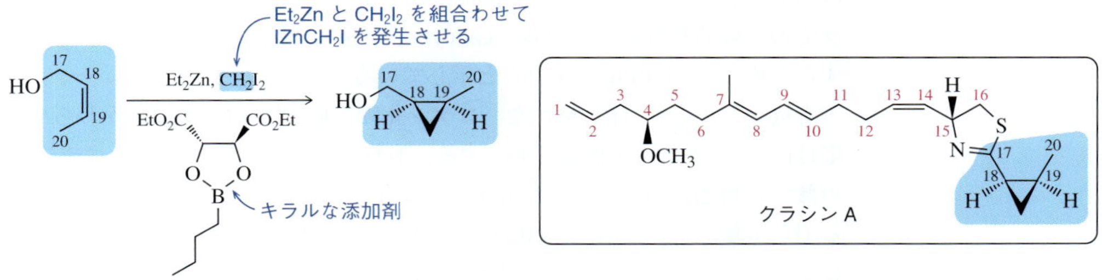

図16・30　キラルな環境でのシクロプロパン化は単一のエナンチオマーを与える Et_2Zn と CH_2I_2 を組合わせて $IZnCH_2I$ を発生させる

アセスメント

16・21 図 16・30 に示す反応においてシクロプロパン化試薬として IZnCH$_2$I を用いた場合の反応機構を描け．

16・22 合成によってクラシン A の立体化学を決定するためには，C17-C20 フラグメントのシクロプロパン部位のすべての立体異性体を調製する必要があったはずである．図 16・30 の反応をどのように変更すれば，ここに示した他の立体異性体を生成できるだろうか．[立体選択性（第 6 章）と立体特異性（第 8 章）の概念を考えてみよう]

16・4 遷移金属触媒を用いたカップリング

新しい C-C 結合をつくるうえで，**遷移金属**（transition metal）を触媒とするカップリング反応ほど信頼できる方法はほとんどない．遷移金属触媒の存在下で有機金属反応剤と有機ハロゲン化物を用いれば，事実上あらゆる C-C 結合をつくることができる．最近の天然物合成では，遷移金属触媒が重要な役割を果たさないものを探すのは難しい．[化学はここにも 16-C を参照しよう]

残念なことに，遷移金属の化学を理解する必要があるため，遷移金属の触媒反応は複雑である．充填された d 軌道と空の f 軌道をもつため遷移金属の化学は奇妙に感じられるのだ．ときには，理解できずに，丸暗記で済ませてしまうこともある．[そんなことをして何になる？]

単に暗記するなんてことを避けるべく，§16・4・1～16・4・6 では，反応を簡潔にして，理解できるようにしている．これ以降では，まずは反応の実際の反応機構を示し，その後，巻矢印表記法により，これまでに学んだ反応と関連づけることにする．これらのカップリング反応の触媒として，さまざまな遷移金属が使えるが，ここではパラジウムに注目する．

歴史的には，電子の巻矢印表記法は無機化学者や有機金属化学者には使用されてこなかったけど，この表記法を使うことでこれらの反応に対する理解は深まるんだ．ただし，"本物"の有機金属化学者は，その図をみて，"うーん，ちょっと違うかな"と言うかもしれない．

16・4・1 触媒サイクル：一般的な考え方

これから学ぶ 4 種の反応には，いくつもの共通点がある．[こうした共通点を探すことで，新しい反応をより深く理解することができるんだ] まず，これらの反応は，二つの有機フラグメントが結合してより大きな分子になることから，**カップリング反応**（coupling reaction）とよばれている．4 種のいずれの反応（根岸，Stille，鈴木，薗頭）も，有機ハロゲン化物（R-X）が有機金属反応剤（R-M：R は有機分子，M は金属）と結合する．また，これらの反応はすべて，テトラキス（トリフェニルホスフィン）パラジウム Pd(PPh$_3$)$_4$ などの**パラジウム**（palladium）によって触媒される．これらのカップリング反応の一般的な**触媒サイクル**（catalytic cycle）を図 16・31 に示す．なお，図を簡単にするために，Pd(PPh$_3$)$_4$ を Pd^0 と示している．

有機金属反応剤（R-M）やハロゲン化物（R-X）の種類にかかわらず，これらの反応は図 16・31 に示す機構で進行する．有機ハロゲン化物の 0 価のパラジウム（Pd^0）への**酸化的付加**（oxidative addition）により，2 価のハロゲン化有機パラジウムが得られる（段階❶）．ここで，有機金属反応剤（R-M）による**トランスメタル化**（transmetallation）により，二つの C-M 結合をもつ 2 価のジオルガノパラジウムが生成する（段階❷）．最後の段階（段階❸）では，**還元的脱離**（reductive elimination）が起こり，新しい C-C σ 結合をもつカップリング生成物が得られる．重要なことは，この最後の段階で 0 価

のパラジウムが再生されるので，このサイクルを再び繰返すことができるということである．以下，酸化的付加，トランスメタル化，還元的脱離だけが繰返される．[洗い，すすぎ，脱水の繰返しみたいな感じ…だね]

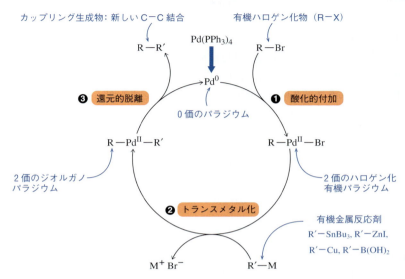

図16・31 有機金属反応剤と有機ハロゲン化物のカップリング反応の触媒サイクル

図16・31には電子の流れを示す巻矢印がなかったことに気がついたかな．これは，有機金属化学者が触媒サイクルを描くときのやり方なんだ．三つの段階（酸化的付加，トランスメタル化，還元的脱離）は単純で，初心者にとって暗記しやすそうだよね．暗記して悪いことはないけど，それじゃあ当然，満足できないよね．

では，それぞれの段階の詳細を見ていこう．単純化しすぎになるかもしれないが，反応機構や概念をここまで学んできた化学と関連づけて説明してみることとする．[つまり，初年次の有機化学者の言葉に置き換えてみよう]

1. R–X のパラジウムへの酸化的付加　パラジウムは遷移金属なので，そこから面白い化学が登場する．今ここで学んでいることに関連する特徴は，パラジウムがいくつかの安定な酸化状態をもつことである．[化学はここにも 13-A に登場した Cr(Ⅳ) と Cr(Ⅲ) を覚えてるかな] 重要な酸化状態は，0価と2価の二つである．Pd(PPh₃)₄ では，パラジウムの酸化状態は0である．

酸化的付加を表すのに二つの方法が考えられるが，どちらもすべてを物語るわけではないので，どちらも単なる提案にすぎない．しかし，この反応をこれまでに学んだ反応と類似した方法で分類することで，反応がどのように起こりうるかを想像できるようになる．

S_N2 反応の場合：パラジウムは，水銀と同様に，"非共有電子対"のように作用できる d 電子をもつ．[第8章のオキシ水銀化を参照しよう] Pd(PPh₃)₄ のパラジウムが非共有電子対を使ってハロゲン化アルキルに S_N2 的な反応を行ったとすると（図16・32），生成物はカチオン性の有機パラジウム種と負に帯電したハロゲン化物イオンとなる．臭素は優れた脱離基であることを考えると，これは理に適っている．続いて脱離したハロゲ

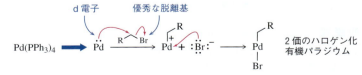

図16・32 "S_N2 反応"として描いた酸化的付加

ン化物イオンが，正電荷を帯びたパラジウムを攻撃することが予想される．［負が正を攻撃する］その結果どうなるかって？ 酸化数 +2 となったパラジウムを含んだハロゲン化有機パラジウムが生成する．ハロゲン化物イオンがパラジウムを攻撃できるのは，パラジウムには第 2 周期元素にはない空の d 軌道があり，余分な電子対を受入れることができるためである．

ラジカル反応の場合： パラジウムのもつ d 電子は，1 電子化学，つまりラジカルがかかわる化学にも使える．C−Br 結合は比較的弱く，ラジカル反応を起こす．パラジウムが臭化アルキルを一電子還元すると，C−Br 結合が均等開裂（ホモリシス）し，新しい Pd−Br 結合と炭素ラジカルが生成する．この炭素ラジカルが"パラジウムラジカル"と結合して，ハロゲン化有機パラジウム(II)が生成する（図 16・33）．

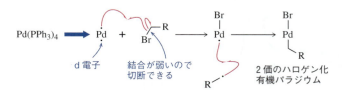

図 16・33　ラジカル反応として描いた酸化的付加

用いる有機ハロゲン化合物によっては，これらの酸化的付加反応の表し方はどちらも正しいかもしれないし，逆にどちらもまったくの的外れかもしれない．もしかしたら，どちらかの反応を協奏的にした反応かもしれないし，二つの表し方を組合わせたものかもしれないが…答えはわからない．［知らないことは悪いことではないよ．それが研究における問いを生むのだから］しかし，ここが重要な点なのだが，どちらの可能性も，これまでに学んだ反応機構に基づいているので見覚えがあるだろう．見覚えがあるために，何が起こっているのかを理解できたのであれば，ここでの目的は達成している．

2. トランスメタル化　　図 16・31 に戻ってみると，トランスメタル化の段階を，これまで学んだことと関連づけるのは簡単だろう．有機リチウム試薬や Grignard 試薬について学んだ際，イオン性と極性共有結合の度合いに差はあるものの，炭素−金属結合は正電荷を帯びた金属に負電荷を帯びた炭素が結合していると考えられると述べた．また，カルボアニオンが求核性の高い求核剤であることも理解している．となると，トランスメタル化の段階は，要は単に求核性の高い求核剤によるパラジウム上でのハロゲンの置換反応なのである．この説明は，S_N2 反応のような形式なのである（図 16・34）．

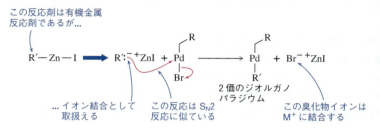

図 16・34　S_N2 反応として描いたトランスメタル化

3. 還元的脱離　　還元的脱離は酸化的付加の逆だと考えるのが一番わかりやすい．［その名前からも，わかるよね］そのため，図 16・35 に示すように，ジオルガノパラジウムは 2 回の均等開裂（ホモリシス）によって両方のアルキル基を失い，Pd(PPh₃)₄ を再生しながら二つの炭素ラジカルを生成する．この二つの炭素ラジカルが出会い，新しい

C−Cσ結合をつくる．この過程で，パラジウムの酸化数は+2から0になって還元されているため，還元的脱離とよばれる．

図16・35　段階的なラジカル反応として描いた還元的脱離

RBrがR'Mと反応する際，R−R'のみが生成する．もし，図16・35のようにジオルガノパラジウムが分離して二つのラジカルが生成すると，同じラジカルどうしが結合したR−RとR'−R'も生成する可能性がある．しかし，このような化合物は観測されないので，協奏的にラジカルが結合して新しいC−Cσ結合が生成するような巻矢印表記法を考えるのが合理的である（図16・36）．

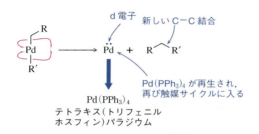

図16・36　協奏的ラジカル反応として描いた還元的脱離

還元的脱離が酸化的付加の逆であるならば，段階1と段階3が可逆的ではないという理由はあるのだろうか？ よく考えてみると，Br⁻，Br・，R⁺，R・の安定性と，R−Br結合の相対的な弱さから，段階1はおそらく可逆的である（図16・37）．しかし，トランスメタル化がいったん起こると，段階3では非常に安定なC−Cσ結合が生成する．この結合の安定性により，段階3はおそらく不可逆である．

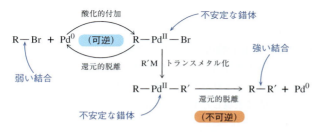

図16・37　酸化的付加と還元的脱離の可逆性

図16・32～図16・37と，その間にある説明の目的は，これらの反応がどのように起こるのか（かなりの部分は詳細不明）を伝えることではない．むしろこれらの図は，複雑な反応であっても，こうした過程を駆動する化学反応性を理解できるようになっていることを示そうとしたものなのだ．図16・38は，図16・31を有機化学の"言語"により再構成したものである．

図 16・38 遷移金属触媒カップリング反応の触媒サイクルを有機化学的に翻訳したもの [この単純化した触媒サイクルでは,異なる金属や配位子を使用することで反応の結果が大きく変わるということを無視しているよ]

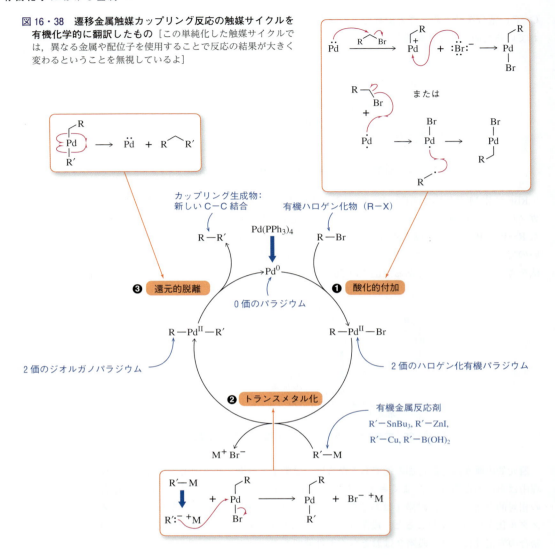

有機化学者は,簡略化して反応を呼称する方法として,反応の発見者の名前を使うんだ*.ここでは名前に囚われないようにして,反応機構に注目すると次の四つの反応が同じようなものであることに気がつくよ.

*[訳注] これ以降の人名反応では,原著に沿った単一の人名を用いた表記を採っている.一方で,一般に有機化学者は(専門家であればあるほど)反応の発見・開発者の複数の氏名を用いた呼称を用いることも多い.人名反応に別の呼称がある場合には訳注に記載するので参考にしてほしい.

16・4・1のまとめ

- 有機金属/有機ハロゲン化合物のカップリング反応に関する触媒サイクルは,常に三つの段階からなる: 酸化的付加,トランスメタル化,還元的脱離である.これらの反応では有機金属反応剤が含まれるので,通常の巻矢印表記法は,これらの反応における電子の動きを近似的に表現したものとなる.

16・4・2 根岸カップリング

根岸カップリング (Negishi coupling) は,遷移金属触媒による有機ハロゲン化物とハロゲン化有機亜鉛の反応である.図 16・39 に示すように,この反応は §16・4・1 で述べたものと同じ経路をたどる.C−Br σ結合が Pd に酸化的付加した後,ハロゲン化有機パラジウムが生成し,パラジウムは +2 価の酸化状態になる.続いて,ハロゲン化有機亜鉛によりトランスメタル化が起こり,ジオルガノパラジウムが生成する.還元的

脱離により，二つの有機フラグメントが結合して新しいC–Cσ結合が生成するとともに，Pd(PPh₃)₄（酸化状態0のPd）が再生し，触媒サイクルでひき続き使用される．

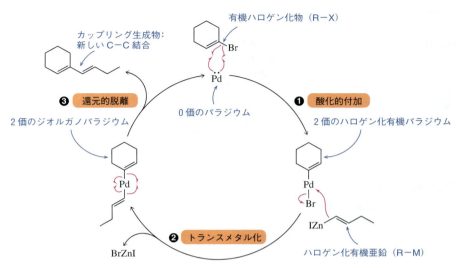

図16・39　根岸カップリングの触媒サイクル［簡単にするためPPh₃配位子は省略しているよ］

根岸カップリングのいくつかの例を図16・40に示す．短くて強いC–F結合はパラジウムのカップリング反応では簡単には反応しない（図16・40a）．両親媒性分子PTS（polyoxyethanyl α-tocopheryl sebacate）を用いれば，水の存在下で根岸カップリングを行い，新しいsp²–sp³のC–C結合を形成することができる（図16・40b）［§7・2・5で用いた両親媒性分子を思い出そう］．パラジウムカップリング反応では，ハロゲンの代わりに他の優れた脱離基を用いることができる．たとえば，図16・40cは分極したC–X結合としてトシル酸エステルを使用した反応である．［§13・7・1を参照しよう］重要なことは，これらのカップリング反応は，反応物から生成物までアルケンの立体化学がZに保持される立体特異的反応だということである．この結果は，すべてのパラジ

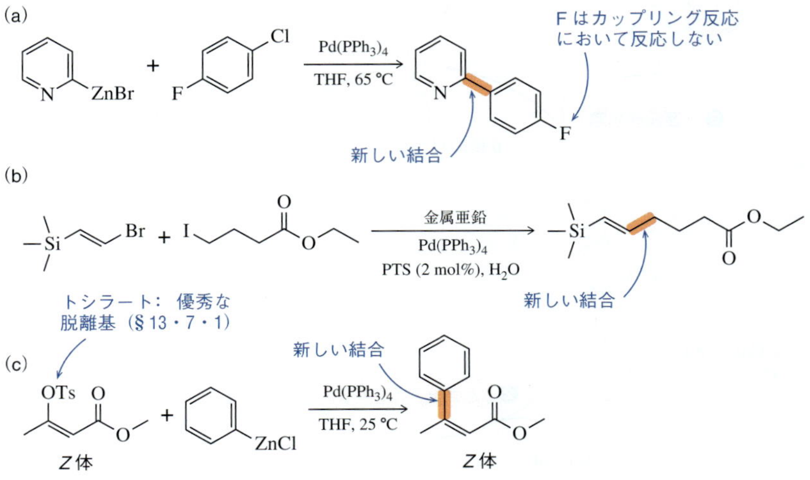

図16・40　ハロゲン化アルキルとハロゲン化有機亜鉛の間での根岸カップリングの例

ウムカップリング反応が協奏的反応機構で進行し，より熱力学的に安定な生成物に異性化するような反応経路が存在しないことを示している．

> **アセスメント**
>
> **16・23** 以下の根岸カップリング反応の生成物を示せ．
>
> (a), (b), (c) [反応式]
>
> **16・24** 反応を逆に考え，青矢印で示した結合をつくるために必要な，有機亜鉛ハロゲン化物と有機ハロゲン化物を示せ．それぞれ二つの可能性があるはずである．
>
> (a), (b) [構造式]

§16・4・2で学んだばかりだから，見たことある感じだろう．

16・4・3 Stille カップリング

Stille カップリング（Stille coupling）*は，遷移金属触媒による有機ハロゲン化物と有機スズ試薬（スタンナンともよばれる）の反応である．図 16・41 に示すように，この反応は §16・4・1 で述べたものと同じ経路をたどる．C−Br σ 結合が Pd に酸化的付加した後，ハロゲン化有機パラジウムが生成し，パラジウムは +2 価の酸化状態になる．つづいて，有機スズ試薬とのトランスメタル化が起こり，ジオルガノパラジウムが生成する．還元的脱離により，二つの有機フラグメントが結合して新しい C−C σ 結合が生成するとともに，Pd(PPh$_3$)$_4$（酸化状態 0 の Pd）が再生し，触媒サイクルでひき続き使用される．

*［訳注］Stille カップリングは，右田-小杉-Stille カップリングとも称される．最初の論文は次の通りである： Kosugi, M.; Sasazawa, K.; Shimizu, Y.; Migita, T., *Chem. Lett.* **1977**, *6*, 301-302. および，Milstein, D.; Stille, J. K., *J. Am. Chem. Soc.* **1978**, *100*, 3636-3638.

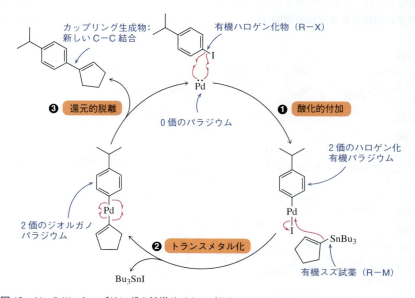

図 16・41 Stille カップリングの触媒サイクル ［簡単にするため PPh$_3$ 配位子は省略しているよ］

16・4　遷移金属触媒を用いたカップリング　　743

Stille カップリングのいくつかの例を図 16・42 に示す．根岸カップリングと同様に，単一の立体化学をもつアルケンに対して Stille カップリングを行うと，立体化学が保持される（図 16・42a, b）．トリフラート（$CF_3SO_3^-$）は，トシラートと同様に，パラジウムカップリング反応において，ハロゲンの代わりに使用できる優れた脱離基である．C−Sn 結合は，よりイオン性の高い C−Zn 結合に比べて安定性が高く，分子内 Stille カップリングが効率的に進行する（図 16・42c）．Stille カップリングの金属（M）成分としては，トリブチルスズをトリメチルスズで代用することもできる（図 16・42c）．グリーンケミストリーの観点から見ると，この反応は触媒的であるという利点はあるが，毒性のある有機スズ試薬を使用するため，産業規模での Stille カップリングの活用例は限られている．

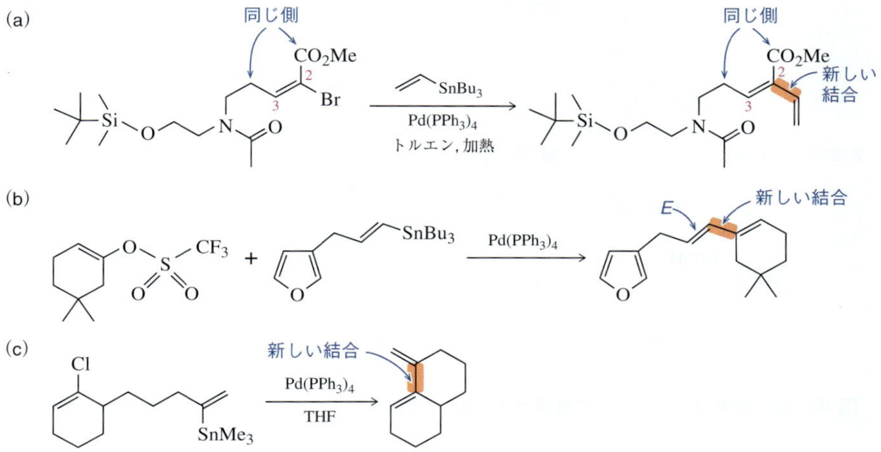

図 16・42　ハロゲン化アルキルと有機スズ化合物の間での **Stille** カップリングの例

アセスメント

16・25　以下の Stille カップリング反応の生成物を示せ．

(a)

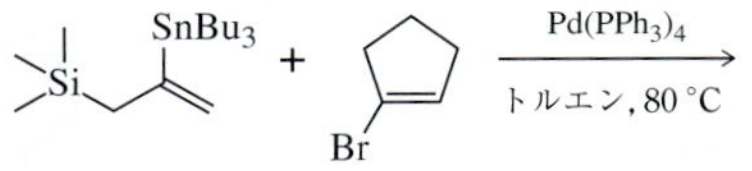

(b)

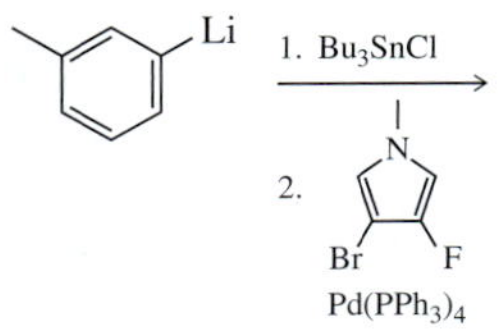

(c)

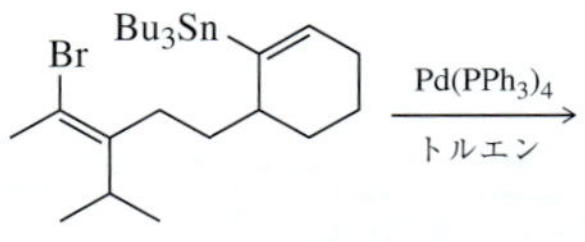

16・26　反応を逆に考え，青矢印で示した結合をつくるために必要な，有機スズ試薬と有機ハロゲン化物を示せ．それぞれ二つの可能性があるはずである．

(a)

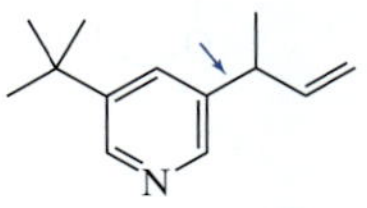

(b)

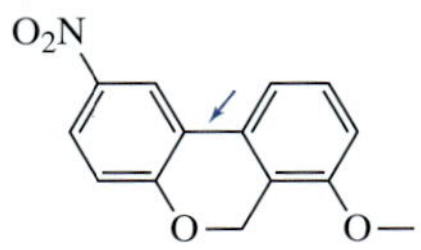

16・27　図 16・42（a）では，C2−C3 アルケンが反応により E から Z になっている．これでも立体化学が保持されていると考えられるのはなぜか．

16・4・4　鈴木カップリング

　鈴木カップリング（Suzuki coupling）[*]は，遷移金属触媒による有機ハロゲン化物とボロン酸の反応である．図 16・43 に示すように，この反応は §16・4・1 で述べたものとほぼ同じ経路をたどるが，鈴木カップリングには塩基が必要なため，少し追加の段階を含む．C−Br σ 結合が Pd に酸化的付加した後，ハロゲン化有機パラジウムが生成し，パラジウムは +2 価の酸化状態になる．つづいて，Pd に結合した臭化物イオンが *tert*-

[*]［訳注］鈴木カップリングは，鈴木–宮浦カップリングとも称される．最初の論文は次の通りである：Miyaura, N.; Suzuki, A., *J. Chem. Soc., Chem. Commun.* **1979**, 866–867.

ブトキシドイオンで置換される．その後，ボロン酸由来の活性ボロナートによるトランスメタル化が起こり，ジオルガノパラジウムが生成する．還元的脱離により，二つの有機フラグメントが結合して新しいC-Cσ結合が生成するとともに，Pd(PPh$_3$)$_4$（酸化状態0のPd）が再生し，触媒サイクルでひき続き使用される．

> さあもう一度．もし冗長に感じるようなら，もう理解してきているということだろうね．

*[訳注] 現在では鈴木カップリングの反応機構の理解がさらに進んでおり，ここに示された反応機構は誤解を招くと考える研究者もいる．特にトランスメタル化の段階には，いくつか別の機構が提唱されている．たとえば，ハロゲン化有機パラジウム(II)が活性ボロナートと反応する機構や，ハロゲン化有機パラジウム(II)が tBuOK と反応した後にボロン酸と反応する機構などである．なお，活性ボロナートはいくつかの構造が提唱されている．受講している講義内ではどのように理解するのがよいか担当の教員に相談してみよう．興味のある人は関連する論文を見てみるのもよいだろう（Lennox, A. J. J., Lloyd-Jones, G. C., *Angew. Chem. Int. Ed.* **2013**, *52*, 7362-7370.）.

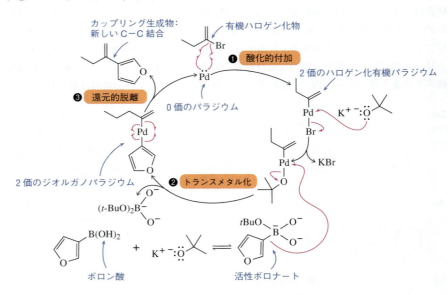

図 16・43　鈴木カップリングの触媒サイクル* [簡単にするためPPh$_3$ 配位子は省略しているよ]

鈴木カップリングのいくつかの例を図16・44に示す．鈴木カップリングは，ボロン酸が環境に優しいことから，Stille カップリングに比べ，特に有用である．このため，工業的合成へのスケールアップも可能となる．ボロン酸を活性化するために1当量の塩基を必要とするが，C-B結合の反応性が低いため，鈴木カップリングは水中で行うことができる．鈴木カップリングを用いると，sp^2 炭素とsp^3 炭素の間に新しいC-C結合をつく

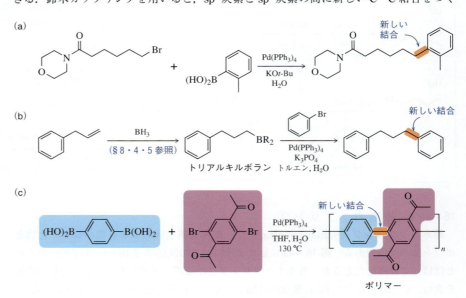

図 16・44　有機ハロゲン化物と有機ホウ素化合物の間の鈴木カップリングの例

16・4 遷移金属触媒を用いたカップリング　　745

ることができる（図16・44a, b）．この章にはそれ以前に学んだ化学がいくつも登場するが，アルケンのヒドロホウ素化によるトリアルキルボランの生成がここに登場する．[§8・4・5を参照しよう] トリアルキルボランは，鈴木カップリング反応においてボロン酸の代わりに用いることができる（図16・44b）．また，鈴木カップリング反応は重合反応にも用いることができる（図16・44c）．[重合反応については第28章で詳しく紹介するね]

アセスメント

16・28 以下の鈴木カップリング反応の生成物を示せ．

(a)

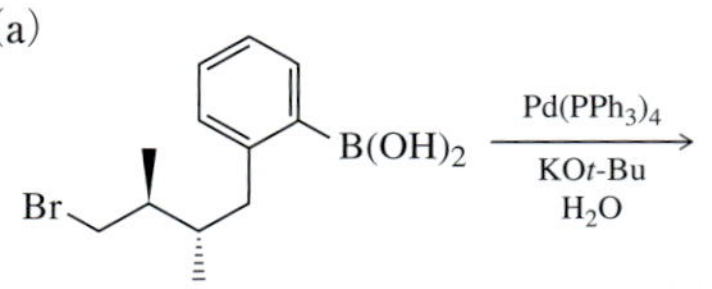

$$\xrightarrow[\substack{KOt\text{-}Bu \\ H_2O}]{Pd(PPh_3)_4}$$

(b)

$$\xrightarrow[\text{トルエン/H}_2\text{O}]{Pd(PPh_3)_4}$$

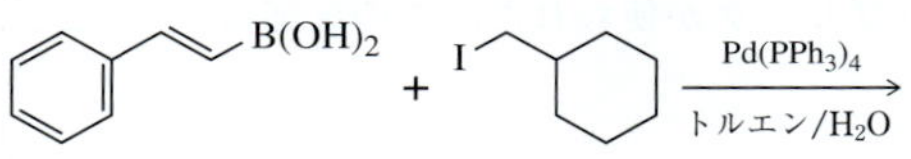

16・29 左の出発物質を用いて，右の分子の合成を提案せよ．[その際，第8章，第10章で学んだ化学と鈴木カップリングを使うこと]

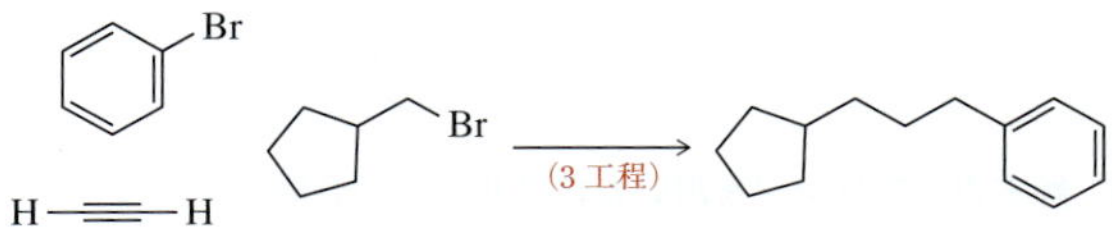

16-C　化学はここにも（天然物合成）

鈴木カップリング

　天然物合成はそれ自体が価値ある目標だが，時には，目的実現のための手段でもある．その目的とは，新しい有機合成により分子を生み出すというものであり，それが最大の価値をもたらすことがある．英語のことわざに "Necessity is the mother of invention.（必要は発明の母）" があるが，特定の製品や解決法を必要とすることこそが，創造に必要な変革をもたらす駆動力となるという意味である．ある結合を形成するための新しい反応は，その結合を必要とする分子が存在することで初めて発明される．これが天然物合成の最大の価値である．もし，化学者が既存の技術で実現できる分子だけを合成していたら，新しい反応は生まれず，数多くの化合物がつくられることはない．自然界から標的分子（天然物）がもたらされるために，化学者は新しい反応を発明せざるをえないのである．[天然物合成の理由3: 有用な新反応を開発する基礎となるため]

　クラシンAの主要な炭素骨格であるC1-C13フラグメントは，鈴木カップリングを鍵反応とすることで組立てられた（図16・45）．パラジウム触媒を用いて，アルケニルボロナートとヨウ化アルケニルをカップリングさせ，C8-C9のσ結合をつくった．通常のボロン酸の代わりにボロナートを用いているが，反応は§16・4・4で述べたものと変わらない．

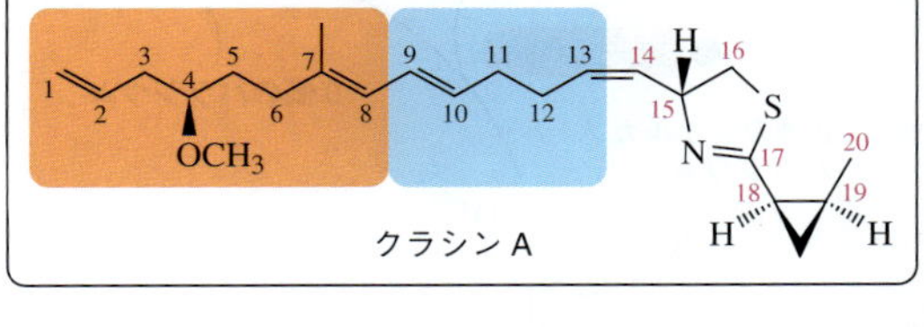

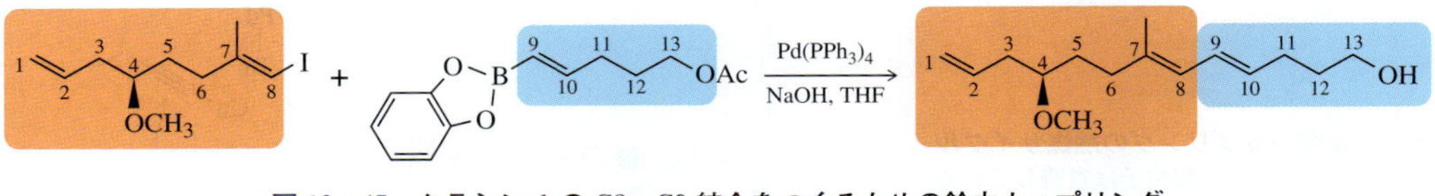

図16・45　クラシンAのC8-C9結合をつくるための鈴木カップリング

クラシンの研究は，がん治療や細胞増殖抑制剤の反応機構についての理解を深めたが，現時点では実際の薬にはつながっていない．実際の製品に直接結びつかないような有機合成の努力には，あまり価値がないという誤った見方もあるかもしれない．

天然物合成の本質的な価値は，それが後にもたらす効果を見ずして正確に判断することはできない．ロサルタンの例を考えてみよう．これはアンギオテンシンⅡ受容体拮抗薬（化学はここにも 26-B）であり，高血圧治療薬としてニューロタンの商品名で販売されている．ロサルタンの合成には，図 16・46 に示す鈴木カップリングが使われた．この反応は，天然物合成において"発明の母"が見いだされたものであるが，ロサルタンの工業的製造にも応用できることが見いだされた．2017 年には，この薬がジェネリック医薬品として 5100 万回を超え処方された．つまり，天然物合成は重要な研究分野であり続ける．今日，天然物合成のために開発された反応に，明日，とても重要な用途が見つかるかもしれないのだ．

> **アセスメント**
> 16・30 図 16・45 の鈴木カップリングの反応機構を示せ．

図 16・46 鈴木カップリングを用いたロサルタンの合成

16・4・5 薗頭カップリング

薗頭カップリング（Sonogashira coupling）*は，遷移金属触媒による有機ハロゲン化物と銅アセチリドの反応である．図 16・47 に示すように，この反応は §16・4・1 で述べたのと同じ経路をたどる．C-Br σ 結合が Pd に酸化的付加した後，ハロゲン化有機パラジウムが生成し，パラジウムは +2 価の酸化状態になる．その後，銅アセチリドによるトランスメタル化が起こり，ジオルガノパラジウムが生成する．還元的脱離により，二つの有機フラグメントが結合して新しい C-C σ 結合が生成するとともに，Pd(PPh₃)₄（酸化状態 0 の Pd）が再生し，触媒サイクルでひき続き使用される．

さあ最後だよ．もしかするとすでに読んだことがあると感じるかもしれないね．§16・4・2～16・4・4 の文章とほとんど同じだからね．

*〔訳注〕 薗頭カップリングは，薗頭-萩原カップリングとも称される．最初の論文は次の通りである：Sonogashira, K.; Tohda, Y.; Hagihara, N., *Tetrahedron Lett.* **1975**, *16*, 4467-4470.

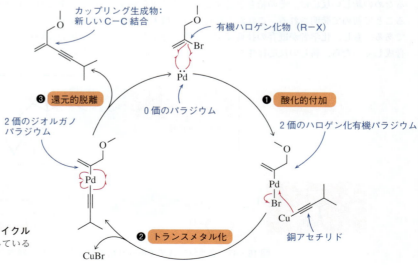

図 16・47 薗頭カップリングの触媒サイクル
[簡単にするため PPh₃ 配位子は省略しているよ]

16・4 遷移金属触媒を用いたカップリング　747

実験的には，**図16・48** に示す反応により，触媒量のハロゲン化銅(I)（CuI など）の存在下で，末端アルキンとジイソプロピルアミンを反応させると，銅アセチリドが生成する．pK_a 値（第10章参照）から考えると，ジイソプロピルアミンはアセチレンを完全に脱プロトンするために十分な塩基性をもたないが，Le Châtelier の原理によって反応が完結するために十分な量の銅アセチリドが生成する．図16・47 に示した触媒サイクルの過程では，銅(I)塩が CuBr として再生され，次のアセチリドイオンと反応する．

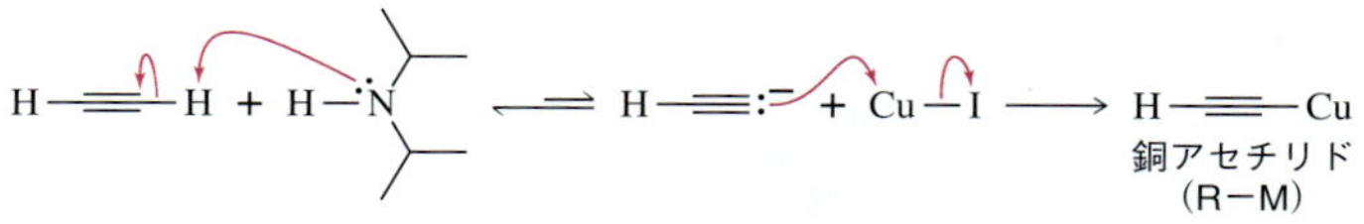

図16・48　脱プロトンによる銅アセチリドの生成

図16・49 に薗頭カップリングの二つの例を示す．薗頭反応はすべて，銅アセチリドを用いるので，§16・4・2〜§16・4・4 で紹介したパラジウムカップリング反応に比べると，この反応の適用範囲は限定的である．しかし，薗頭カップリングは，パラジウムカップリング反応と同じように，単一の立体化学をもつアルケンとのカップリングでは，立体特異的となる（図16・49a）．

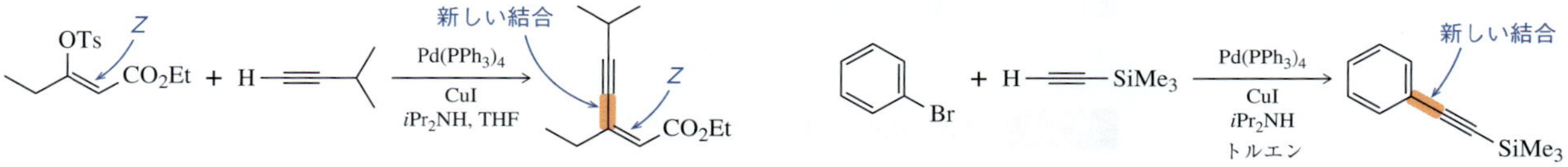

(a)

(b)

図16・49　有機ハロゲン化物と銅アセチリドの間での薗頭カップリングの例

アセスメント

16・31　以下の薗頭カップリング反応の生成物を示せ．

(a)

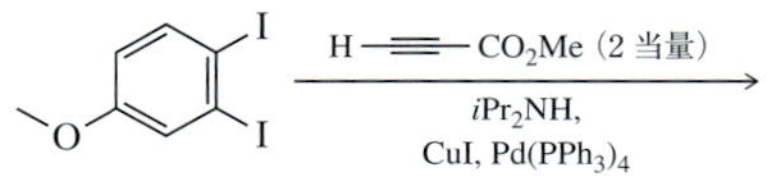

(b)

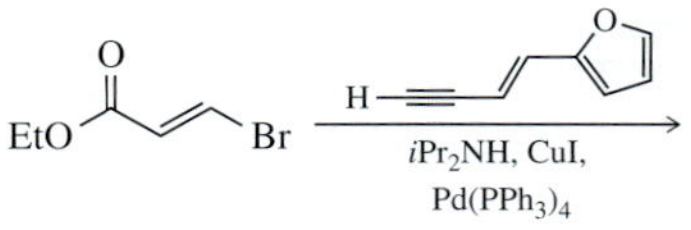

16・32　アルコールの保護基として用いられるトリメチルシリル（TMS）基は，末端アルキンの保護基としても用いることができる．TMS-アセチレンを用いて，薗頭カップリングにより二つのハロゲン化アリールを連結する方法を示せ．
[ヒント: TMS-アセチレンの脱保護は，H_2O 中 KF を用いて行うことができるよ]

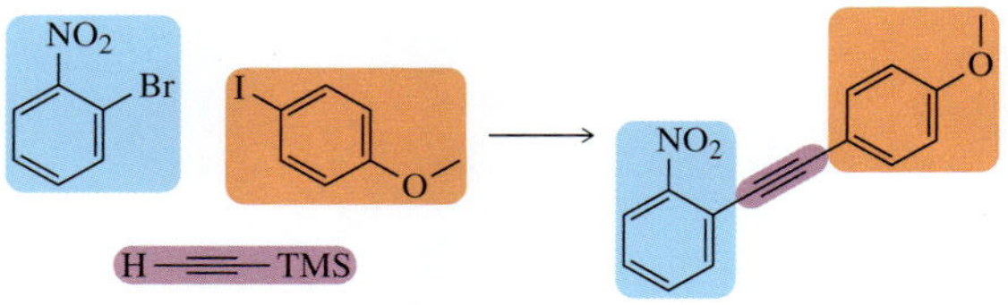

16・4・6　遷移金属触媒を用いたカップリング: おわりに

遷移金属触媒を用いたカップリング反応のなかには，それぞれ入替えて使えるようなものもあるが，出発物質の入手のしやすさや反応剤の調製のしやすさに応じて選択することが多い．いずれにせよ，**表16・1** にこれらの反応をまとめてあるので，直接比較してみるとよい．

表 16・1　遷移金属触媒カップリング反応のまとめ　　いずれも Pd(PPh₃)₄ を使用.

反　応	有機金属	ハロゲン化アリール	生成物
根岸カップリング	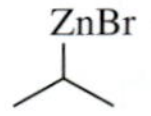 ZnBr〔有機亜鉛〕	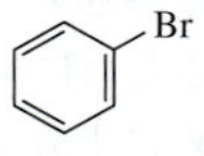 Br	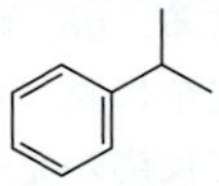
Stille カップリング	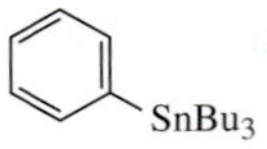 SnBu₃〔有機スズ〕	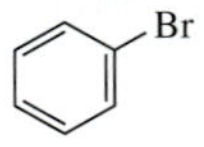 Br	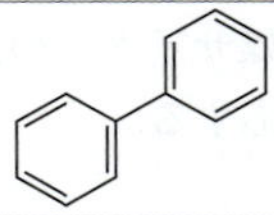
鈴木カップリング	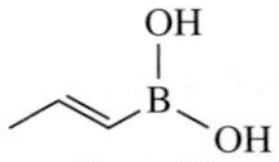 B(OH)₂〔ボロン酸〕	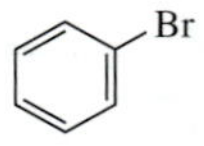 Br	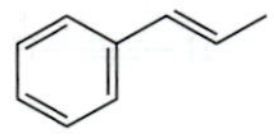
薗頭カップリング	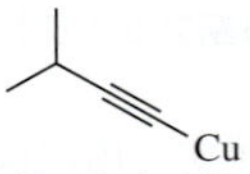 Cu〔銅アセチリド〕	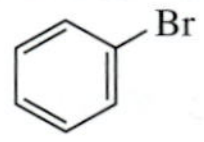 Br	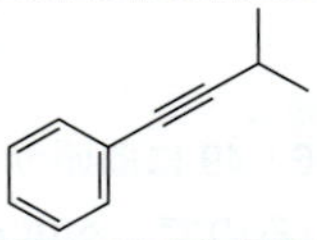

16・4・2〜16・4・6のまとめ

根岸〔RZnBr〕，Stille〔RSnBu₃〕，鈴木〔RB(OH)₂〕，薗頭〔R−C≡C−Cu〕カップリングは，同じの反応機構で進行し，その機構はパラジウム触媒によるカップリング反応において一般的なものである．

16・5　Gilman 試薬/有機クプラート

1950 年代半ば，現代有機金属化学が発展するなか，その先駆者である Henry Gilman（ギルマン）が，彼の名を冠することになる反応剤である有機クプラートのリチウム塩を発見した．この **Gilman 試薬**（Gilman reagent）は，2 当量の有機リチウム試薬と銅(I)塩（大概は CuI）を反応させることにより調製される（**図 16・50**）．負の形式電荷を銅上にもつ**クプラート**（cuprate）は，中性の有機銅試薬に比べて反応性が高い．Gilman 試薬は，対応する Grignard 試薬を用いても同様に生成することができ，その際の違いは対カチオンが異なるのみである．

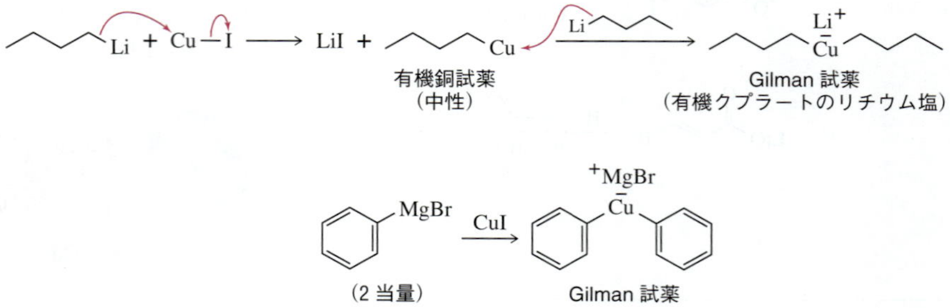

図 16・50　CuI と 2 当量の有機リチウム試薬または Grignard 試薬により Gilman 試薬が生成する

Gilman 試薬は，C−C 結合形成に非常に有用である．この本では，有機クプラートの反応を四つ紹介する．この四つの反応は**表 16・2**に示すが，このうち，クロスカップリングとエポキシドの開環を，この第 16 章で説明する．酸塩化物の置換は §19・9・2 で，共役付加は §21・5・4 で詳解する．

16・5 Gilman 試薬/有機クプラート　749

表 16・2　**Gilman 試薬（有機クプラート）の反応**

反 応	例	参照
クロスカップリング	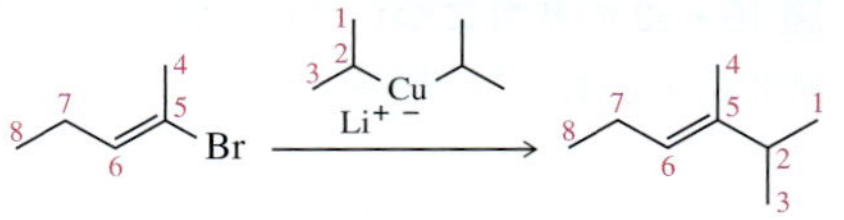	§16・5・1
エポキシドの開環	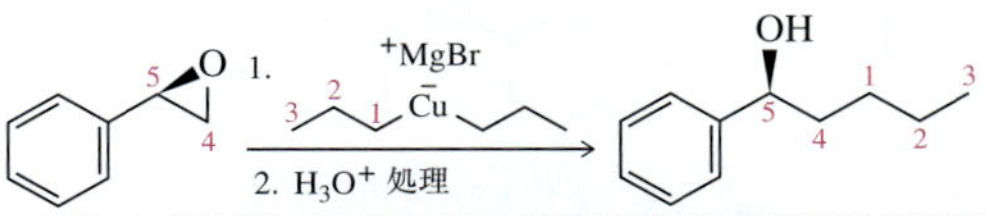	§16・5・2
酸塩化物の置換	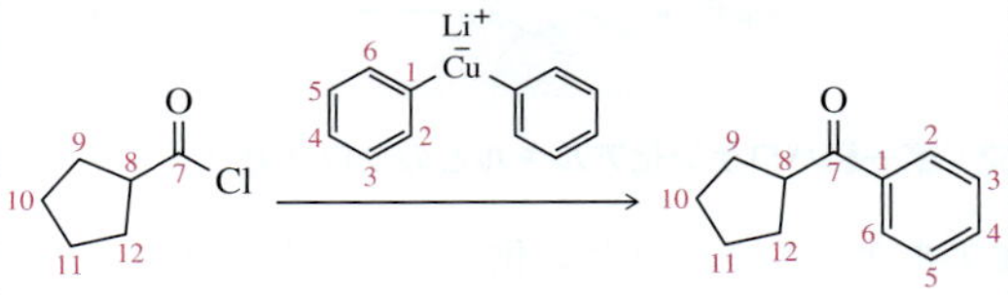	§19・9・2
α,β-不飽和カルボニル化合物への共役付加	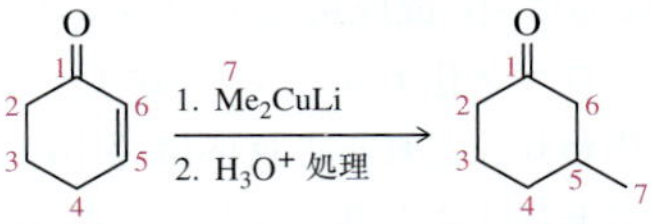	§21・5・4

16・5・1　Gilman 試薬のクロスカップリング

　Gilman 試薬とハロゲン化アルキル，アルケニル，アリールとのクロスカップリングは，パラジウムを必要としない点を除けば，§16・4 のパラジウム触媒によるカップリング反応と非常によく似ている．三つのクロスカップリングの例を図 16・51 に示す．

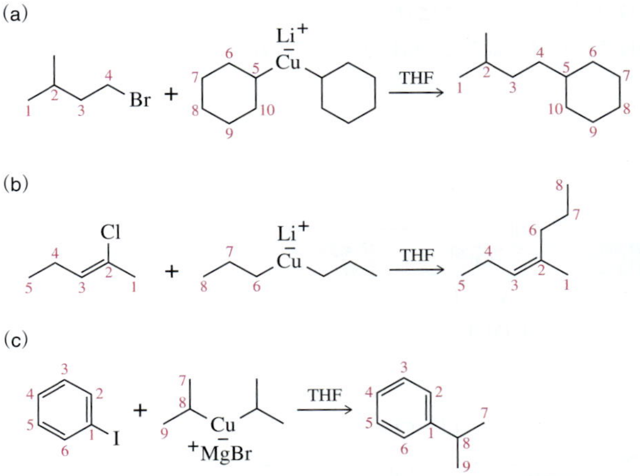

図 16・51　**有機クプラートの（a）ハロゲン化アルキル，（b）ハロゲン化アルケニル，（c）ハロゲン化アリールとのクロスカップリング反応**

　有機クプラートのクロスカップリングの反応機構は単純ではない．反応機構が基質に依存するということに加え，いまだに議論の対象となっているためである．いずれにしても，これから述べる反応機構の違いは，クプラートが何と反応するか，しないかをのちほど私たちが理解するうえで重要であり，詳しく吟味する価値はある．[図 16・51 を見返して，示された三つの反応の反応機構を想像してみよう]

　クプラートと第一級ハロゲン化アルキルのカップリング反応による新しい C−C σ 結

750　16. 有機化学における金属

*[訳注] 近年の研究によると，有機クプラートは銅原子の求核性が高く，S_N2 反応などの求核反応においてはクプラート内の銅原子が求電子剤と反応するものと考えられている．クプラート（$R_2Cu^-\cdot M^+$）と有機ハロゲン化物（$R'-X$）の反応は一般式として次のように描き，求核反応（酸化的付加）の第一段階と還元的脱離反応の第二段階からなっていると理解するとよい．

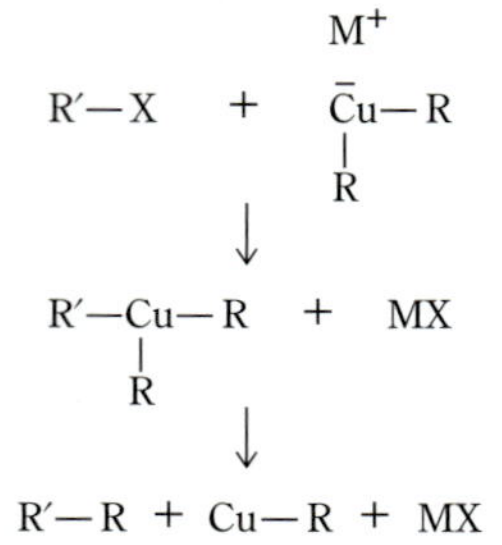

$$R'-X \quad + \quad \overset{M^+}{\underset{\underset{R}{|}}{\bar{C}u-R}}$$

$$\downarrow$$

$$\underset{\underset{R}{|}}{R'-Cu-R} \quad + \quad MX$$

$$\downarrow$$

$$R'-R \quad + \quad Cu-R \quad + \quad MX$$

なお，この一般式に従って，図16・52，16・53，19・74をそれぞれ描き直してみよう．還元的脱離の反応機構の詳細は関連する図21・50を参照するとよい．より詳細な反応機構に興味のある人は，関連する論文を見てみるのもよいだろう（Yoshikai, N.; Nakamura, E. *Chem. Rev.* **2012**, *112*, 2339–2372）．

合生成を考えてみよう．これまでC-M結合はイオン性であり，負の電荷が炭素上にあると考えていたが，この考え方に基づけば，この反応はS_N2反応としての特徴をすべて備えている．図16・52の基質については，図示したようにS_N2反応で進行していることを示唆する研究結果がある*．

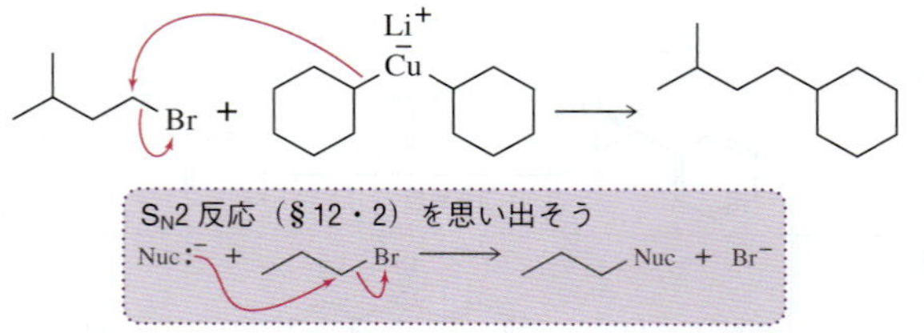

図16・52　第一級ハロゲン化アルキルとのクロスカップリングは S_N2 反応で進行する

ハロゲン化アルケニルやハロゲン化アリールとのクロスカップリングはどうだろうか？　第12章で，S_N2反応はsp^3混成炭素上のみで起こることを学んだ．そのため，ハロゲン化アルケニルやハロゲン化アリールのsp^2 C-X結合では，図16・52のような反応は起こらない．その代わり，これらの反応は§16・4で説明したのと同様に，酸化的付加と還元的脱離を経て進行すると考えられる．図16・53(a) に示すように，クプラートはC-I結合に酸化的付加すると同時にヨウ化物イオンを脱離してCu$^+$からCu^{3+}になる．つづいて協奏的な還元的脱離が起こり，新しいC-C結合が生成すると同時に，不活性で中性の有機銅試薬が生成する．図16・53(b) では，反応中，出発物質であるハロゲン化アルケニルの立体化学が保持される立体特異性が見られることから，還元的脱離が協奏的に進行していることが示唆されている．重要なことは，有機リチウム試薬やGrignard試薬では酸化的付加/還元的脱離というような化学反応は起こらないため，このようなクロスカップリングは進行しないということである．[一見関係のあるような有機金属試薬の反応性が異なることを目にするのはこれが初めての機会だけど，こうした例は今後も出てくるよ]

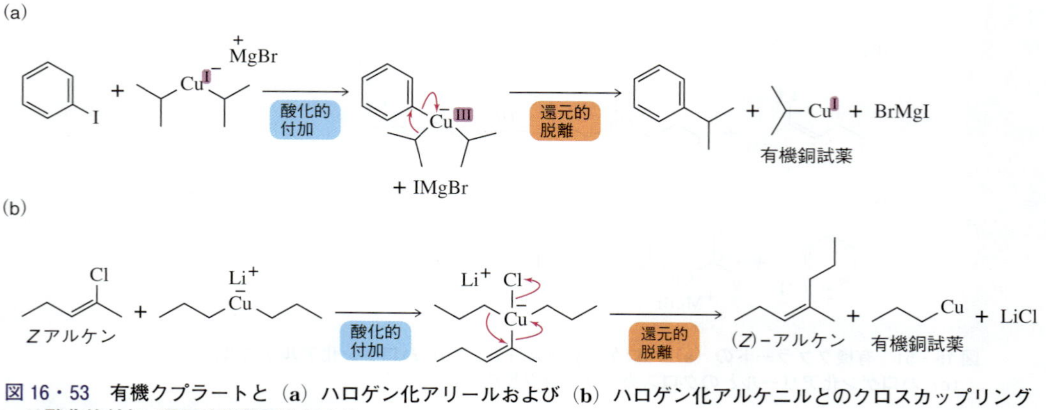

(a)

(b)

図16・53　有機クプラートと (a) ハロゲン化アリールおよび (b) ハロゲン化アルケニルとのクロスカップリングは酸化的付加/還元的脱離で進行する

図16・50では，有機クプラートの合成には2当量の有機リチウムまたはGrignard試薬が必要であることを学んだ．しかし，これまで見てきた例では，クロスカップリング反応においてアルキル基は一つしか移動していなかった．転位させるアルキル基が小さくて安価な場合ならば，この反応の問題はアトムエコノミーの低下という点だけである．では，図16・54のように，二つの大きなフラグメント間に新しいC-C結合

16・5 Gilman 試薬/有機クプラート　751

を形成する場合はどうだろうか？ ここで生じる問題は，シアン化物イオンのような**ダミー配位子**（dummy ligand）を用いることで解決できる．ここでいうダミー配位子とは，銅と強く結合してクロスカップリング反応の際に移動できない配位子のことである．このように CuCN を使えば，必要となる有機リチウムは1当量で済むようになり，時間と材料を節約しながら廃棄物を減らすことで，アトムエコノミーを最大限に発揮できるようになった．[§7・2・1と§7・2・2を復習しよう][これ以降では，RCuCNLiと R_2CuLi は同じ反応をするものと考えてよいからね]

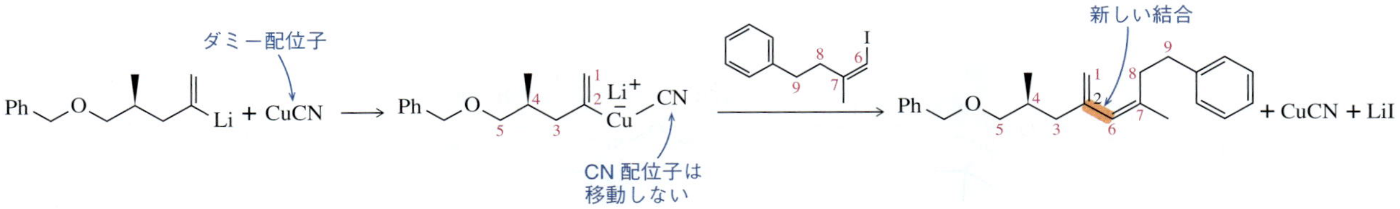

図 16・54 シアン化物イオンのようなダミー配位子の使用により2当量目の有機リチウムは不要になる

アセスメント

16・33 以下の有機クプラートによるクロスカップリングの生成物を示せ．

(a)

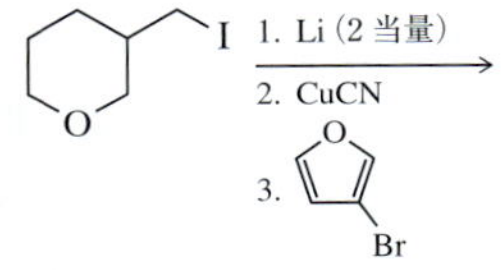

(b)

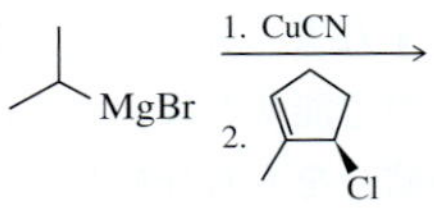

(c)

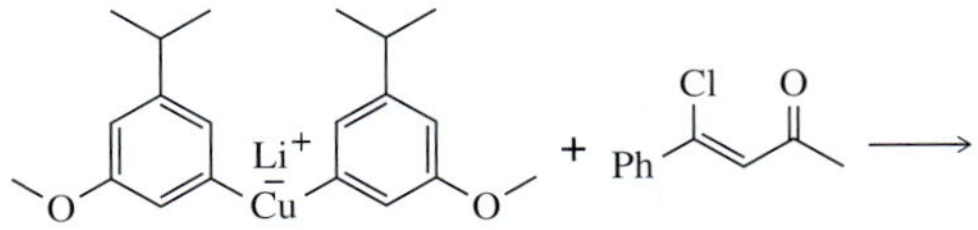

16・34 図示された立体化学的な結果に基づいて，この反応が S_N2 機構では進行していないと，どのようにすれば説明できるだろうか．

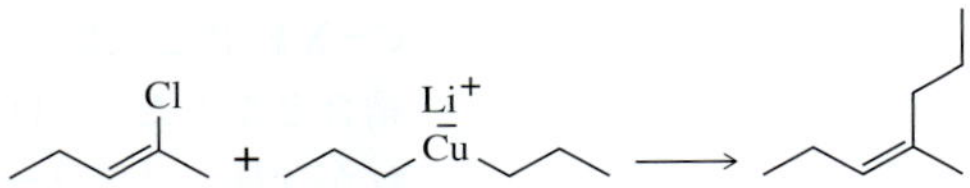

16・35 示された二つの反応剤を出発物質として，下記の分子の合成経路を提案せよ．クプラートを用いるクロスカップリングを鍵段階とすること．[この合成を完成させるには，第13章で学んだ反応が必要だね]

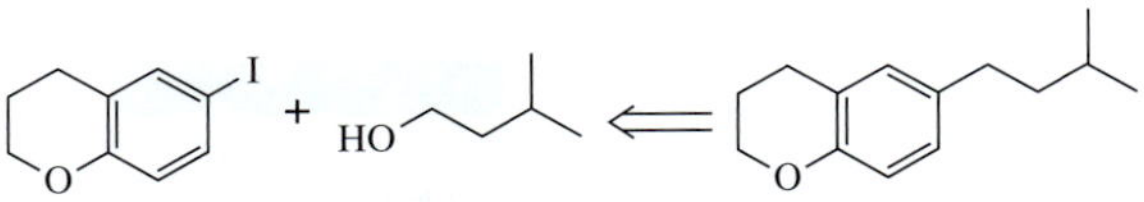

16・5・2　Gilman 試薬によるエポキシドの開環

　第13章と§16・2・3では，有機リチウム試薬と Grignard 試薬によるエポキシドの開環反応を学んだ．[図 16・12まで戻って，これらの反応を振り返ってみよう]エポキシドは非環状エーテルとは異なり，その大きな歪みにより反応しやすくなっていることを思い出そう．Gilman 試薬は，有機リチウム試薬や Grignard 試薬と同様に，**図 16・55**に示すように，最も置換されていない炭素を攻撃してエポキシドを開環する．反応機構的には，S_N2 反応と似たような形で反応が進行し，炭素求核剤が最も立体障害の少ない炭素に電子対を供与する．この反応は，Grignard 試薬，有機リチウム試薬，Gilman 試薬のいずれであっても，同じ反応機構でエポキシドが開裂するが，このような例はまれである．[確認しておくと，Grignard 試薬と有機リチウム試薬の反応機構は同じものだけど，（今回の例を除けば）Gilman 試薬の反応機構は別なんだ]では，この三つの反応剤が同じ反応機構で同じ反応をするのならば，学生がエポキシドを開環したい場合，有機リチウム試薬，Grignard 試薬，Gilman 試薬のどれを選べばよいのだろうか？ これは通常，その反

応剤が購入できるかどうか，調製できるかどうか，を考慮して決める．つまるところ，研究室で実際に研究に携わるようになってから，その判断ができるようになるはずだ．[今のところ，どちらかを選ばなくてはならない理由はまずないけど，アセスメント 16・37 でそうした状況の例に出会うよ]

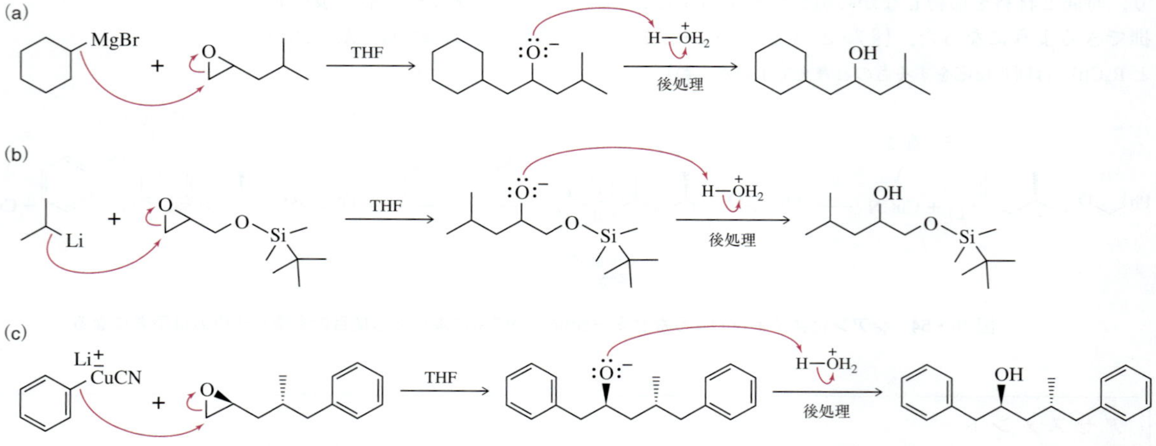

(a), (b), (c) の反応スキーム

図 16・55　有機クプラートによるエポキシドの開環反応は S_N2 機構で進行する

　この先へ向けて，ここまでをまとめると，クプラートはクロスカップリングにより C−X 結合と反応し，大きく歪んだ 3 員環の C−O 結合とも反応する．これらの C−X 結合と歪んだ C−O 結合はいずれも，分極した比較的弱い結合である（図 16・56）．これが今後，クプラートが特定の官能基と反応するかどうかを判断するための重要な指標になる．クプラートは，強い結合をもち分極した官能基（アルデヒド，ケトン，エステル）とは反応しない．一方，分極した弱い結合（α, β-不飽和カルボニルや酸塩化物など）は，クプラートとの反応により容易に切断される．[まだここではこれらの反応のことは気にする必要はないよ．いずれこの先で出会うことになるからね]

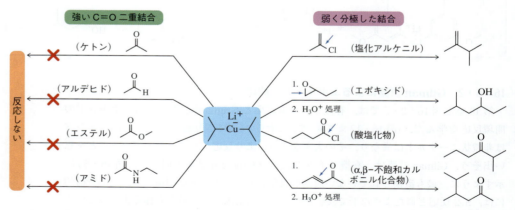

図 16・56　クプラートは分極した弱い結合（有機ハロゲン化物，エポキシド，酸塩化物，α, β-不飽和カルボニル化合物）と反応するが，アルデヒドやケトンとは反応しない

16・5 のまとめ

　有機クプラート（Gilman 試薬）は，有機ハロゲン化物とクロスカップリングを起こしたり，エポキシドを開環させる求核剤として反応する．

アセスメント

16・36 以下のエポキシド開環反応の生成物を示せ.

(a)

(b)

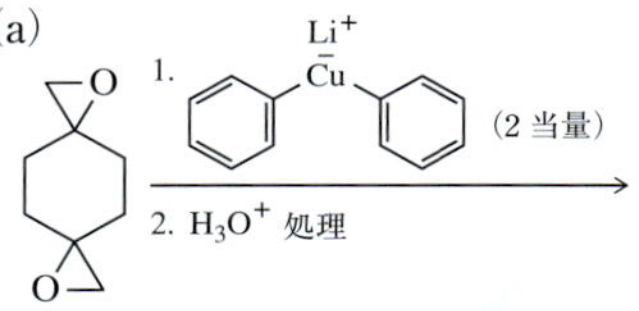

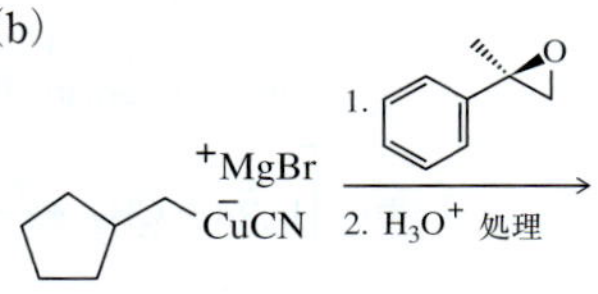

16・37 以下の反応は，有機金属反応剤のうちクプラートのみが生成物のアルコールを与える例である．同じ反応を Grignard 試薬や有機リチウム試薬で行った場合の問題点は何か．

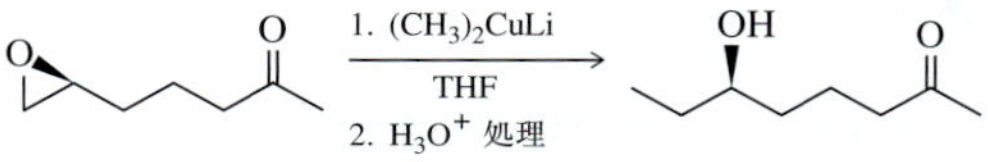

16・6 オレフィンメタセシス

オレフィンメタセシス（olefin metathesis,“オレフィン”はアルケンの別名）は，重要な C=C 二重結合形成反応であり，この反応では，二つの C=C 二重結合が切断され，新しく二つの C=C 二重結合が再生する．［一般化学で学んだ複分解あるいはメタセシスとよばれた反応は，AB + CD → AD + BC という形だったことを覚えているかな］この反応を触媒するのは，遷移金属カルベン錯体である．最も一般的な触媒は，Grubbs 型ルテニウム触媒と Schrock 型モリブデン触媒の二つであり，図 16・57 に示してある．これらの触媒は，その発見者である Robert Grubbs（グラブス）と Richard Schrock（シュロック）の名前を冠したもので，2 人は 2005 年のノーベル化学賞を Yves Chauvin と共同で受賞している．

図 16・58 はクロスメタセシスの例で，二つの異なるアルケンが反応して，新しい二重結合により連結される．この反応を簡単に理解するために，配位子をすべて除いた略式の Grubbs 触媒（$L_nRu=CHR$）のみを考えることにする．［この反応は複雑で，これまでに学んだ反応と関連づけながら，ゆっくりとていねいに分析していかなければならないんだ．とりあえず，図 16・58 で色分けしたから，新しい結合の位置を確認しよう］

Grubbs 触媒（$L_nRu=CHR$）

Schrock触媒（$L_nMo=CHR$）

図 16・57 オレフィンメタセシスに用いられる Grubbs 触媒および Schrock 触媒

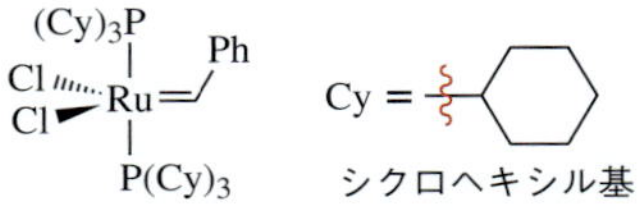

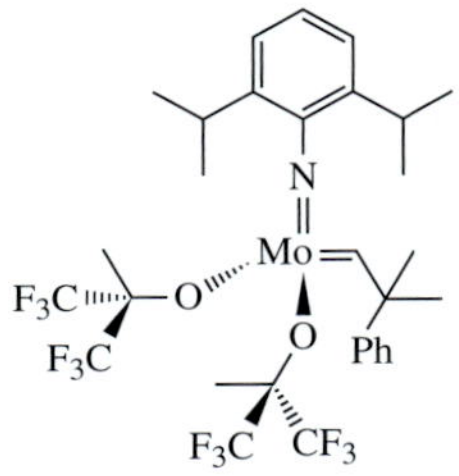

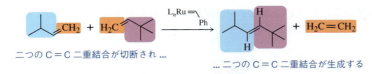

図 16・58 Grubbs 触媒を用いたクロスメタセシス

分析を始めるにあたり，まずカルベノイドとは何かを理解しなければならない．**カルベノイド**（carbenoid）とは，基本的には，金属と結合しているがカルベンのような反応性を示す分子である．Simmons–Smith 試薬（カルベノイド）がカルベンのように反応するのと同じように，Grubbs 触媒のルテニウムカルベノイドも同様の反応性を示す（図 16・59）．つまり，§16・3 で学んだような協奏的な反応性が期待できる

754　16. 有機化学における金属

ということになる.

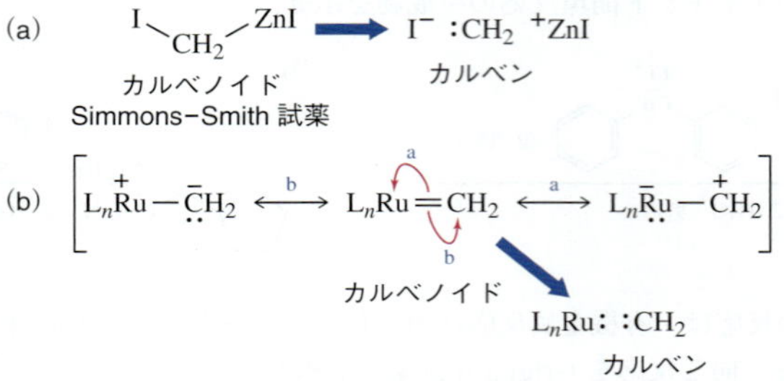

(a) カルベノイド
Simmons–Smith 試薬

カルベン

(b) カルベノイド

$L_nRu::CH_2$
カルベン

図 16・59　ルテニウムカルベノイド（b）の反応性は Simmons–Smith 試薬（a）の
ものと同様である

　カルベンと同様に，カルベノイドも求電子的な性質をもつ．その結果として，ルテニ
ウムカルベノイドはアルケンと反応する．しかし，この反応は，ここまででは目にした
ことのない経路をたどる．アルケンと Grubbs 触媒が衝突すると，[2+2]付加環化反応
が起こり，メタラシクロブタンとよばれる新しい4員環が得られる．[付加環化反応は第
22 章で詳しく学ぶよ] [2+2]という表記は，2電子が2組，組合わさることで，図 16・
60 にあるように，エテンと Grubbs 触媒間での協奏反応が進行することを示している．
4員環は不安定なので，逆反応である開環反応により，出発物質が再生する.

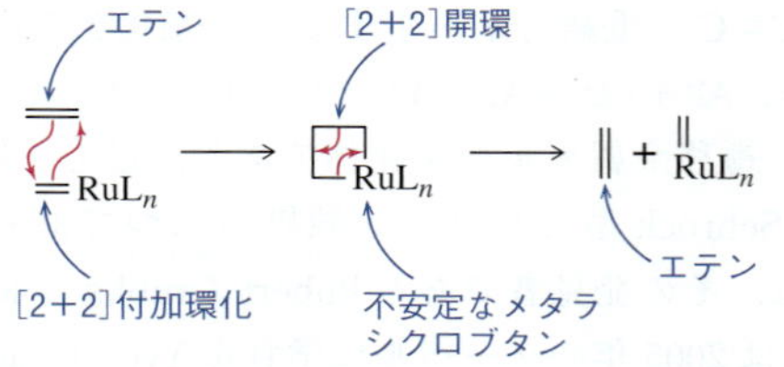

エテン　　　　　[2+2]開環

[2+2]付加環化　　　不安定なメタラ　　　エテン
　　　　　　　　シクロブタン

図 16・60　アルケンはルテニウムカルベノイドと可逆的に反応して[2+2]付加環化する

　[2+2]反応は可逆的であるため，メタセシス反応は熱力学的支配で起こり，いくつか
のメタラシクロブタンがかかわる平衡に至ることで，最も安定な化合物が主生成物とし
て得られる．たとえば図 16・61 では，二つの一置換アルケンから始まり，二置換アルケ
ンとエテンが生成する．気体であるエテンが生成することはエントロピー的に有利な
過程であり，この反応は図示したように負の ΔG をもつ．さらに，エテンが気体として
溶液外に出ることで，Le Châtelier の原理により，反応が生成物側に偏ることとなる.

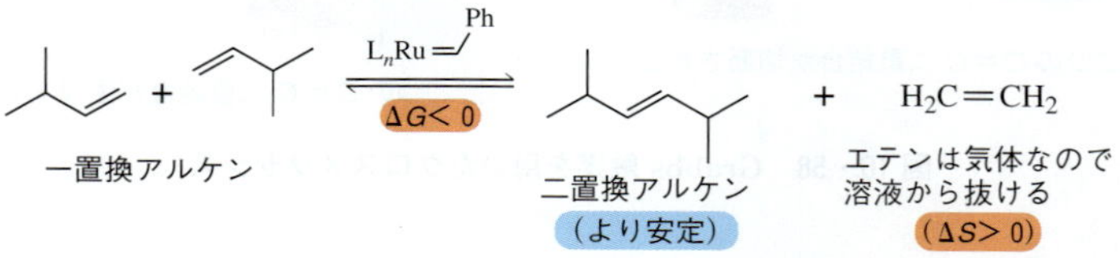

一置換アルケン　　　　$\Delta G < 0$　　二置換アルケン　　　＋　　$H_2C=CH_2$
　　　　　　　　　　　　　　　　（より安定）　　　　　　エテンは気体なので
　　　　　　　　　　　　　　　　　　　　　　　　　溶液から抜ける
　　　　　　　　　　　　　　　　　　　　　　　　　（$\Delta S > 0$）

図 16・61　二置換アルケンとガスの生成は反応を熱力学的に生成物側へ偏らせる

　反応機構の全体像を図 16・62 に示す．この反応は，アルケンが触媒と反応すること
で触媒活性種であるルテニウムカルベノイドが生成する開始段階から始まる．そして，
アルケンの一つとの可逆的な[2+2]付加環化の後，[2+2]開環反応が進行する．その

結果，ルテニウムが出発物質であるアルケンの一つに取込まれるとともに，副生成物のエテンが生成する．二つ目のアルケンとの間で2回目の[2+2]付加環化が起こり，さらなる[2+2]開環反応を経て，より安定な二置換アルケンが反応生成物として得られる．この際，触媒活性種は再生され，再度触媒サイクルに入る．

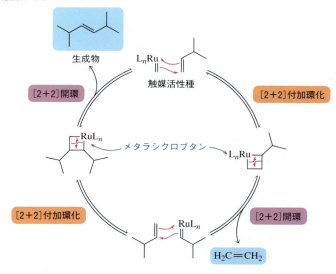

図 16・62　オレフィンメタセシスの触媒サイクル　(a) 開始段階は触媒活性種を生成する．(b) 触媒サイクルは熱力学支配条件で，より安定な生成物を与える．

オレフィンメタセシスは可逆反応であり，二置換アルケンが1種類しかできない場合には，反応の信頼性は高い．しかし，図 16・63 にあるように，二つの異なるアルケンが反応に用いられることがある．このタイプの反応は，二つの異なるアルケンが組合わされるため，**クロスメタセシス**（cross-metathesis）とよばれる．アルケンを化学量論的な比率で用いた場合，三つの可能な二置換アルケンはすべて同程度の安定性であるため，生成物の生成比は統計的な比率となる*．

最近の発展で，クロスメタセシスも高効率で高収率になってきているんだけど，ここでは扱いきれないんだ．

*［訳注］安定性に差がないことから生成物の比が，衝突確率のみで決まっている．A−AとB−Bがそれぞれ1生成する際，A−BとB−Aもそれぞれ1生成するが，A−BとB−Aは同一生成物であるため総和で2生成することとなる．

図 16・63　クロスメタセシスは同程度の安定性をもつ二置換アルケンを統計的な比で与える

メタセシス反応の最も素晴らしい利用法は，新しい環を合成することであろう．**閉環メタセシス**（ring-closing metathesis）とよばれるこの反応は，同一分子内の二つの末端アルケンを組合わせて，さまざまな大きさの環をつくるものである．一例を図 16・

756　16. 有機化学における金属

64 に示す．閉環メタセシスもまた熱力学支配の反応ではあるが，図16・61のメタセシス反応よりも有利な反応である．この反応では一つの分子から二つの分子が生成し，そのうちの一つは気体であるため，エントロピー的に有利となる．また，二つの一置換アルケンから新たに二置換アルケンが生成するため，エンタルピー的にも有利となる．この二つの要素の組合わせにより，ΔGは大きく負の値となり，反応が非常に有利（$K_{eq} \gg 1$）となる．

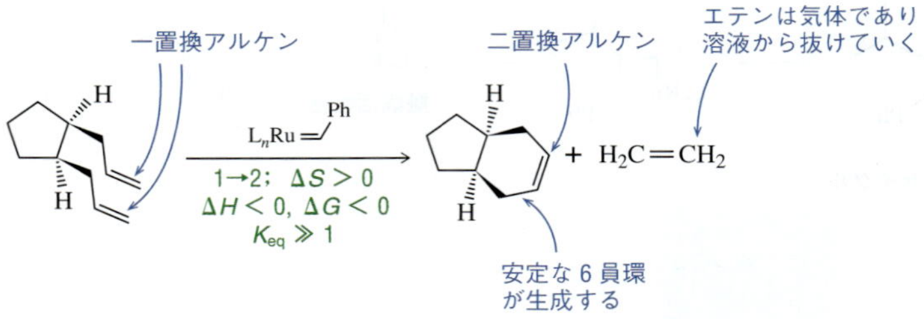

図16・64　閉環メタセシス反応

16・6 のまとめ

　オレフィンメタセシスは，二つのアルケンを組合わせて新しいC=C結合をつくる反応であり，この反応では，より小さなアルケンが取除かれる．アルケンのクロスメタセシスと閉環メタセシスには，Grubbs触媒とSchrock触媒のどちらも使用することができる．

アセスメント

16・38　以下のオレフィンメタセシスの生成物を示せ．二つの異なるアルケンを用いる場合，主生成物となるクロスメタセシス生成物のみを示すこと．

(a)

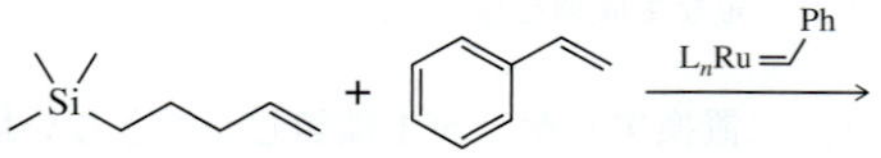

(b)

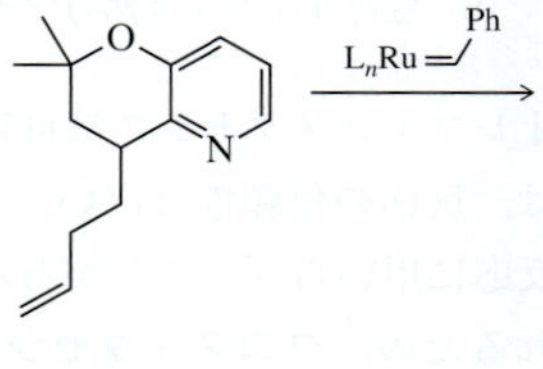

(c)

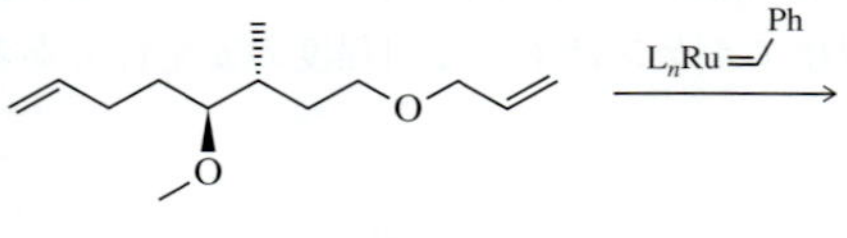

16・39　以下の化合物が得られるオレフィンメタセシスに用いるアルケンの組を示せ．

(a)　　　　　　　　　　(b) 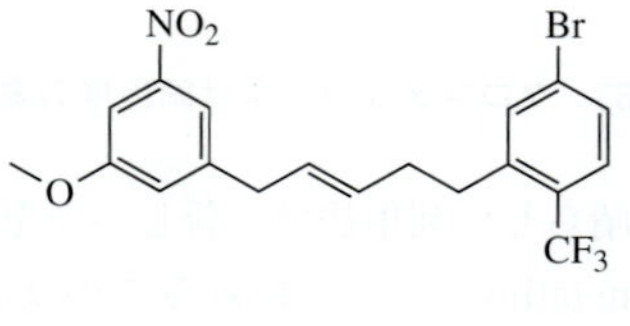　　　　　　　　　　(c)

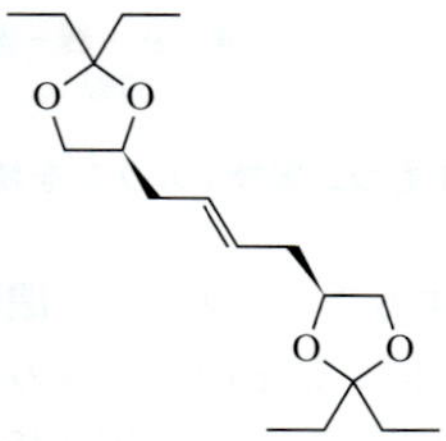

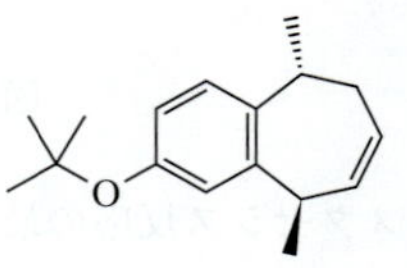

16・6　オレフィンメタセシス　　757

16-D　化学はここにも（グリーンケミストリー）

再生可能原材料からの石油製品

　§7・2・7（グリーンケミストリーの章の一部）では，有機分子の原料に再生可能原材料を使用することの重要性について学んだ．再生可能原材料として人気があるのは，天然の植物と植物油である．残念ながら，こうした植物油はその組成のために，用途が限られてしまうことが多い．再生可能原材料を有用な化学物質に変える例としては，植物油や動物性脂肪をバイオディーゼル燃料に変換するものがある（図 16・65）．

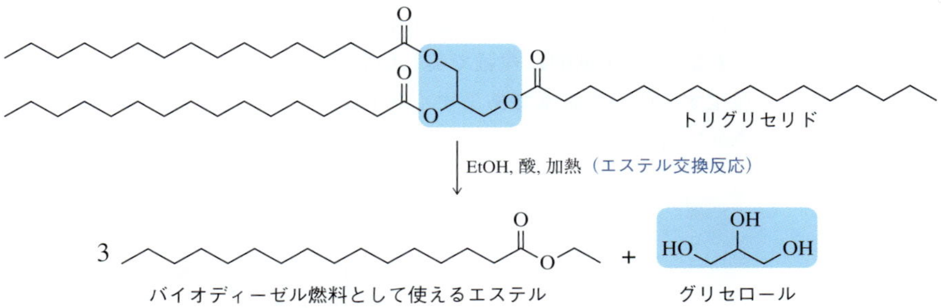

図 16・65　動物性脂肪と植物油のトランスエステル化はバイオディーゼル燃料に使用できる長鎖のエステルとグリセロールを与える

　再生可能な植物油から生産できる化合物を多様化することを目的に，Elevance Renewable Sciences 社は，メタセシス技術を用いて，触媒的で（GCP 9）低圧・低温の（GCP 6）プロセスを開発し，環境負荷を低減しながら不飽和植物油を有用なアルケンや特殊化学品に変換することに成功した．図 16・66 に示すように，植物油とブタ-1-エンのクロスメタセシスにより分子鎖が短くなった油が得られ，これをトランスエステル化（§19・7・2）すると，新規の C_{10} および C_{12} 不飽和エステルが得られる．さらに，このクロスメタセシスの段階では，通常，石油資源からしか得られないアルケンが生成し，この技術の有用な副産物となる．同社はこの技術により 2012 年にグリーンケミストリーチャレンジ賞を受賞した．

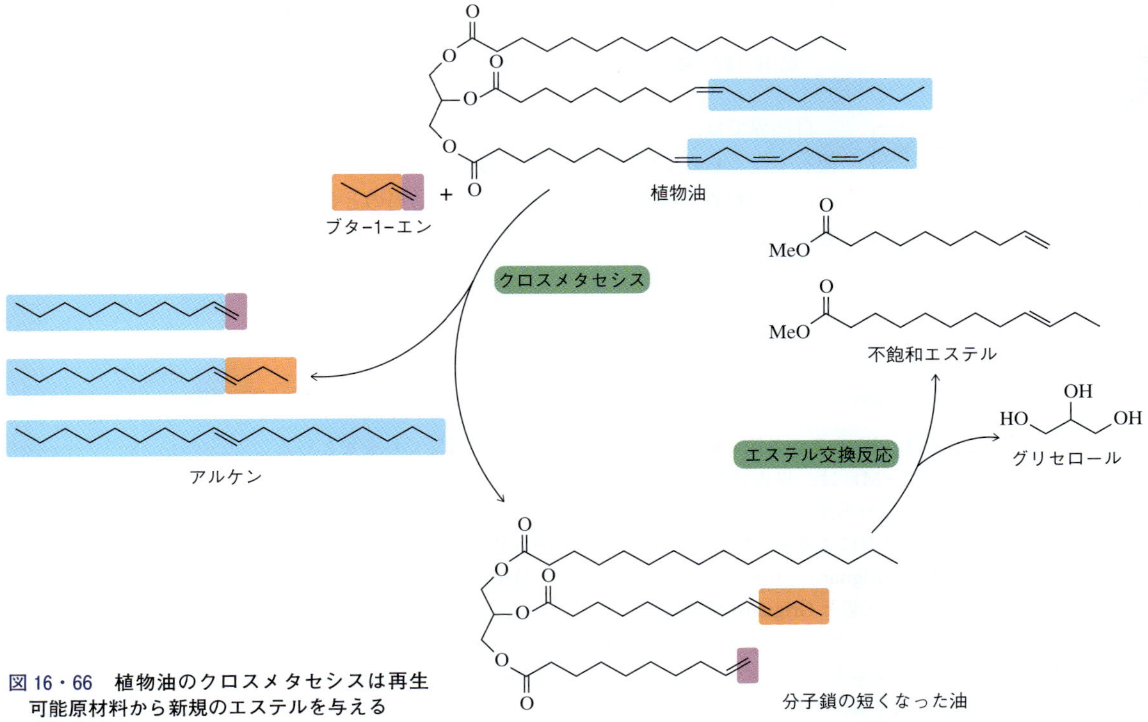

図 16・66　植物油のクロスメタセシスは再生可能原材料から新規のエステルを与える

758   16. 有機化学における金属

むすびに

　天然物合成は，有機化学の研究に多くの革新をもたらした．実際，ここまでにこの本で学び，またこれから学ぶ反応の多くは，天然物を合成する研究に関連して発明されたようなものである．クラシンAの合成における有機金属反応の活用はその一例である．

　最後に一言．多くの人が，天然物の合成は科学であると同時に芸術であると考えている．もちろん科学的な原理が反応の発明に至るのだが，そこには芸術的な側面があるのだ．美しい建物のために，建築家が新しい建築法の追求に触発されるように，美しい分子は，化学者を新しい合成法の追求に駆り立てるのだ．［そう，美しい分子というものが存在するんだ］圧倒的に複雑で美しい分子の例として，渦鞭毛藻 *Gambierdiscus toxicus* が産生する強力な毒素であるマイトトキシン（図 16・67）がある．［炭素数が 3 個以下の分子からの合成経路を考えられるかな...］

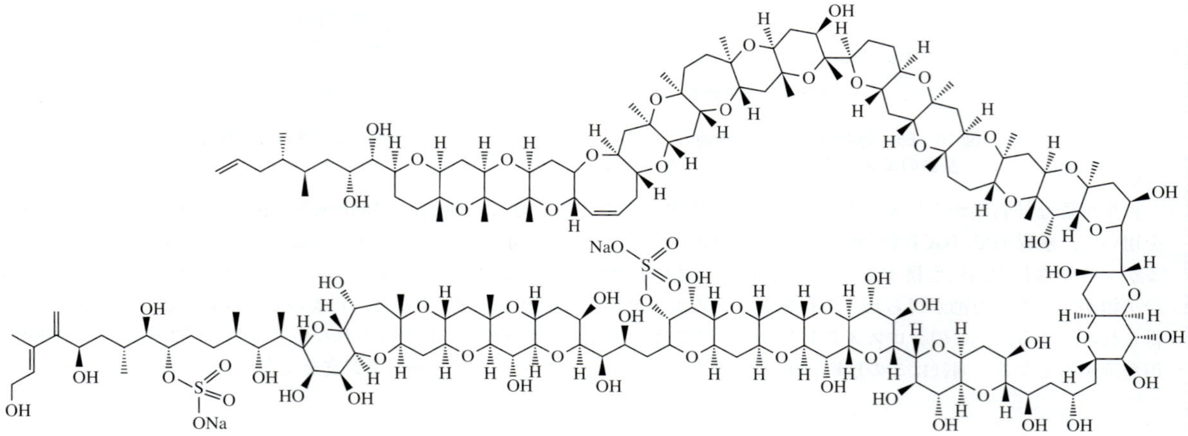

図 16・67　猛毒の天然物マイトトキシンの印象的な構造

　自然界では，合成化学者とは違い，こうした美しく複雑な分子が複雑な細胞内装置を使ってつくられていることを考えると，同じくらい効率的な方法で分子をつくるというのは，きわめて挑戦的である．そして，結局のところ，それを達成したときの満足感こそが全合成に挑もうと思わせる糧になっているのかもしれない．

> 天然物に触発されたかどうかは別として，第 17〜20 章では天然物合成に利用できる多くの重要な反応を学ぶ．さあ先へ進もう．

第16章のまとめ

重要な概念　〔ここでは，第 16 章の各節で取扱った重要な概念（反応は除く）をまとめる〕

§16・1: 有機金属反応剤（R−M）は，炭素に部分負電荷が付与され，C−C 結合形成反応での求核剤として有用である．

§16・2: リチウムとマグネシウムによる C−X 結合の還元は，それぞれ有機リチウム試薬と Grignard（有機マグネシウム）試薬を生成する．有機リチウム試薬と Grignard 試薬はいずれも強塩基性であり，エポキシド，ケトン，アルデヒドなどに対して求核性の高い求核剤として反応する．エポキシドはその歪みによって求核攻撃を受けやすくなっており，ケトンやアルデヒドは炭素上の部分正電荷によって良好な求電子剤となっている．

§16・3: カルベンは求核剤（非共有電子対）と求電子剤（空の p 軌道）の特徴をもつ中間体である．α 脱離，ジアゾメタンの分解，ジヨードアルカンの金属亜鉛による処理などによりカルベンが生成できる．カルベンはアルケンと反応してシクロプロパンを与えるが，その反応機構は第 8 章ですでに学んだ．

§16・4: 遷移金属触媒によるカップリングは，ハロゲン化アルケニルまたはハロゲン化アリールと，さまざまな有機金属反応剤との間に C−C 結合を形成する際に用いられる．反応はす

べてパラジウムによって触媒されるが，用いる有機金属反応剤に基づいて命名される：根岸カップリング〔RZnBr〕，Stille カップリング〔RSnBu₃〕，鈴木カップリング〔RB(OH)₂〕，薗頭カップリング〔R−C≡C−Cu〕である．これらの反応の触媒サイクルはほぼ同じで，Pdへの C−X 結合の酸化的付加，有機金属反応剤によるトランスメタル化，そして還元的脱離による新しい C−C 結合生成とパラジウム(0)触媒の再生からなっている．

§16・5: Gilman 試薬（有機クプラート）は，有機リチウム試薬や Grignard 試薬と銅(I)塩の反応によって調製される．

Gilman 試薬はハロゲン化アルキル，ハロゲン化アリール，またはハロゲン化アルケニルとクロスカップリングを起こし，最も立体障害の少ない炭素を攻撃してエポキシドを開環する．

§16・6: オレフィンメタセシスは二つのアルケンを組合わせて二つの新しいアルケンを生成する反応である．この反応をうまく使えば，二つの小さなアルケンから，より大きなアルケンが得られる．Grubbs 触媒（L$_n$Ru＝CHR）と Schrock 触媒（L$_n$Mo＝CHR）は，クロスメタセシスや閉環メタセシスによる環の形成に用いることができる．

重要な反応と反応機構

1. 有機リチウムの生成（§16・2・1）　1番目のリチウム原子がヨウ化物に1電子を供与し，ヨウ化物イオン，炭素ラジカル，リチウムカチオンを生成する．2番目のリチウム原子が電子不足のラジカルに電子を供与し，その結果，カルボアニオンが形成される．

【一般式】【具体例】【反応機構】

2. Grignard 試薬の生成（§16・2・2）　マグネシウム原子が臭化物に1電子を供与し，臭化物イオン，炭素ラジカル，マグネシウム（Mg$^+$）カチオンが生成する．マグネシウムカチオンが，電子不足のラジカルに2個目の電子を供与し，その結果，カルボアニオンが形成される．

【一般式】【具体例】【反応機構】

3. 有機リチウム試薬とエポキシド（§16・2・3）　第12章の S$_N$2 反応で学んだように，求核性の高い求核剤はエポキシドの最も立体障害の少ない炭素を直接攻撃する．その後の酸処理によりアルコールが生成する．有機リチウムを Grignard 試薬に置き換えても，まったく同じ反応が起こる．

【一般式】【具体例】【反応機構】

4. Grignard 試薬とアルデヒド/ケトン (§16・2・3)　求核性の高い求核剤は，求電子的なカルボニル炭素を攻撃し，π電子を酸素に押し出す．これによりアルコキシドイオンが生成し，続く2段階目の酸処理によりアルコールが生成する．Grignard 試薬を有機リチウムに置き換えても，まったく同じ反応が起こる．

【一般式】　　　　　　　　　　　　　　　　　　　　　**【具体例】**

【反応機構】

5. カルベンとアルケン (§16・3)　求核性と求電子性を併せもつカルベンは，アルケンと反応してシクロプロパンを生成する．アルケンのπ電子がカルベンを攻撃すると同時に，カルベンの非共有電子対が生じるカルボカチオンを攻撃する．[この反応機構は，第8章，第9章で学んだものと同じようなものだね]

【一般式】　　　　　　　　　**【具体例】**　　　　　　　　　**【反応機構】**

[Simmons–Smith 試薬]　　　　　　[その他のカルベン]

6. カルベンの形成 (§16・3)　カルベンは，α脱離反応により生成し，その過程では優れた脱離基が負電荷をもった炭素から脱離する．Simmons–Smith 反応では，亜鉛がジヨードアルカンに対して2電子を供与することでアニオンが生成する．この反応は，Grignard 試薬の生成に類似している．

【反応機構】　　　　　　　　　　　　　　　　　　　　　　　　**【反応機構】**

【反応機構】

[Simmons–Smith 反応]

7. 遷移金属触媒によるカップリング (§16・4)

　Pd(PPh$_3$)$_4$ を触媒として用いると，有機ハロゲン化物は，有機スズ (Stille)，有機亜鉛 (根岸)，有機ボロン酸 (鈴木)，銅アセチリド (薗頭) とカップリングする．この四つの反応はすべて，酸化的付加，トランスメタル化，還元的脱離を含む触媒サイクルによって進行する．

【一般式】

$$R-M + R'-X \xrightarrow{Pd(PPh_3)_4} R-R' + MX$$

【具体例】

第16章のまとめ 761

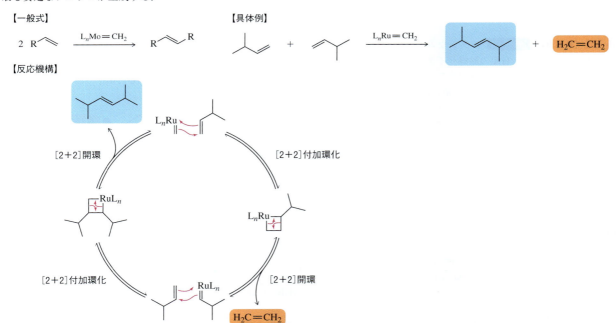

8. オレフィンメタセシス（§16・6）　ルテニウムカルベノイドやモリブデンカルベノイドを用いると，アルケンを組合わせて新しいC＝C結合を形成できる．この触媒サイクルは，一連の可逆的な[2+2]付加環化反応と[2+2]開環反応からなり，最終的に最も安定なアルケンが生成する．

アセスメント〔●の数で難易度を示す（●●●●＝最高難度）〕

16・40（●●●）　図示した有機ハロゲン化物を以下の条件で反応させた場合に生じる生成物を示せ．(i) PhZnBr, Pd(PPh$_3$)$_4$; (ii) PhB(OH)$_2$, Pd(PPh$_3$)$_4$; (iii) PhSnBu$_3$, Pd(PPh$_3$)$_4$; (iv) Cu−C≡C−CH$_3$, Pd(PPh$_3$)$_4$; (v) 1. Mg^0, 2. PhCHO, 3. H$_3$O$^+$（処理）; (vi) 1. 2 Li^0, 2. オキシラン, 3. H$_3$O$^+$（処理）; (vii) 1. H$_2$C=CHSnBu$_3$, Pd(PPh$_3$)$_4$, 2. ICH$_2$ZnI; (viii) 1. 2 Li^0, 2. CuI (0.5 当量), 3. BrCH=CH$_2$.

16・41（●●） 図の分子は，製薬会社においてクロスカップリングを用いて合成された．青い矢印で示した結合をつくるのに使用できる前駆体を提案せよ．[正解はいくつかあるよね]

(a) (b)

16・42（●●） Grignard 反応に適した溶媒は次のうちどれか．理由も述べよ．[ヒント：カルボニル基は優れた求電子剤だね（第17章参照）]

16・43（●●●） 振り返り　ある化学者が，下記の反応によるジオール生成に失敗した．(a) この反応が描いてある通りには進行しなかった理由を述べよ．(b) ジオールを得るために，どのように反応条件を変更すればよいか．[複数の工程が必要かもしれないね]

16・44（●●●） 先取り　ある化学者が，下記の反応によるアルコール生成に失敗した．(a) この反応が描いてある通りには進行しなかった理由を述べよ．(b) 目的の生成物を得るために，どのように反応条件を変更すればよいか．[一般論として答えればよいよ．解決方法は第17章で学ぼう]

16・45（●●●） 先取り　パラジウムカップリング反応は，右記の触媒サイクルに従って，アミンの合成に使用することができる．この触媒サイクルを基に，以下の反応の生成物を予測せよ．[この反応については，第25章で詳しく説明するよ]

(a)

(b)

16・46（●●●●） 細胞増殖作用をもつ天然物であるラウリマリドの合成は，いくつか知られており，右に示すような経路が使用されている．各合成段階の生成物の構造を示せ．(c) の回答に基づいて，ラウリマリドのどの部分が合成されたかを特定せよ．[反応のうち二つはこの章で，もう一つは第13章で学んでるね]

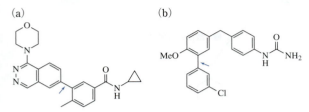

第16章のまとめ　763

先取り　第28章では，第16章の反応を利用して長鎖ポリマー（多量体）をつくる方法を学ぶ．長鎖ポリマーの合成は，2方向に反応できる官能基をもったモノマー（単量体）を使って行われることが多く，また，第16章の反応剤が触媒量で用いることが可能なため実現できる．アセスメント16・47〜16・49は，後に学ぶ化学の予告編である．

16・47（●●）　連続的な Stille カップリング反応により，以下のポリマーが合成される反応機構を示せ．［モノマーが三つ組込まれるまでの機構を示せばよいよ］

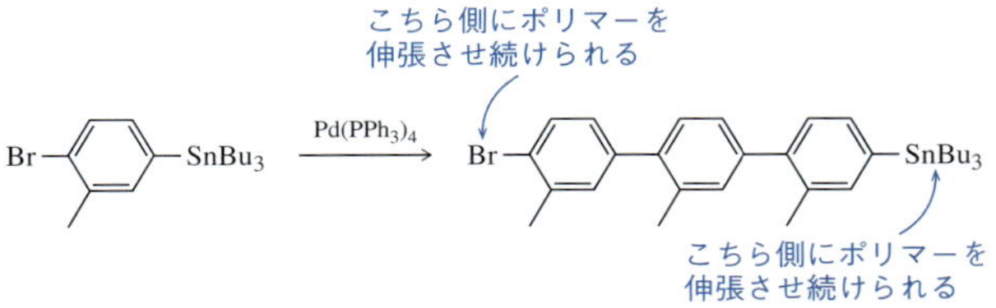

16・48（●●）　次の鈴木カップリング反応から得られるポリマーの構造を示せ．［それぞれのモノマーが最大3個ずつ組込まれた構造を生成物としよう］

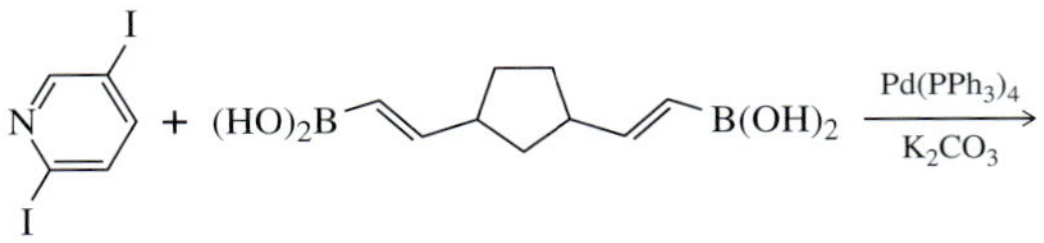

16・49（●●●）　ポリマーは，開環メタセシス重合（ROMP）によってつくることができ，その反応はオレフィンメタセシスと似た反応機構で進行する．以下の重合反応の反応機構を示せ．

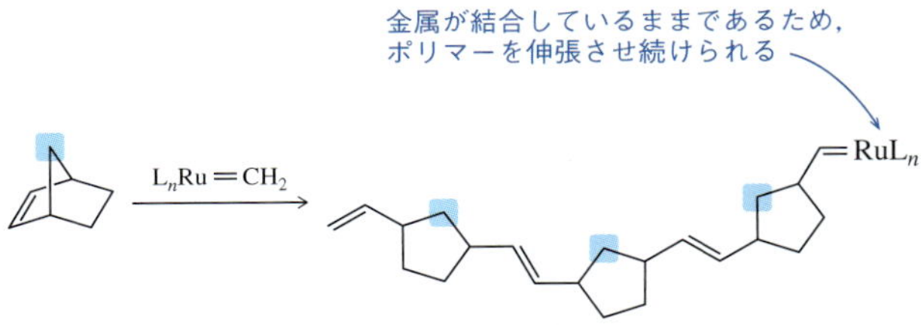

先取り　Heck 反応は，C−C 結合を形成する一般的な反応で，第16章で学んだものと同じパラジウム触媒を使用する．アセスメント16・50〜16・54に取組むことで，Heck 反応の反応機構を学ぼう．

16・50（●）　臭化アリールを Pd^0 に酸化的付加させると，2価のパラジウム中間体ができる．この化学種におけるパラジウム原子は，求核剤と求電子剤のどちらになるだろうか．

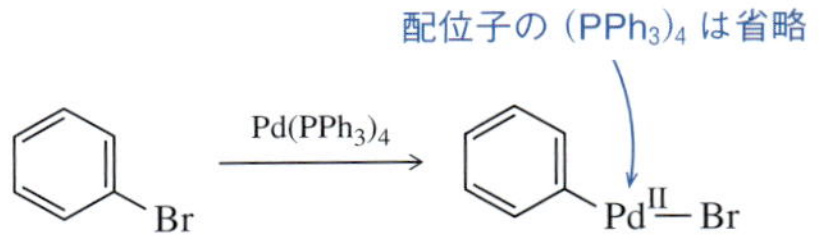

16・51（●●）　(a) 下記の新しい C−C σ結合と C−Pd σ結合の形成を合理的に説明できる1段階の協奏的な反応機構を巻矢印を用いて描け．(b) この反応機構は求電子的なアルケン付加反応に似ているが，炭素とパラジウムの付加位置を合理的に説明せよ．

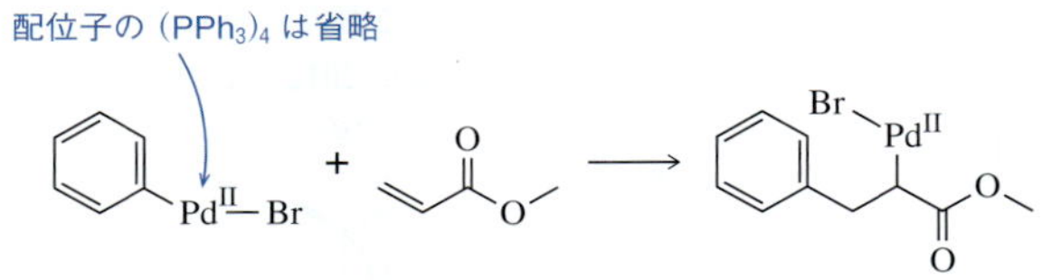

16・52（●●●）　アルキルパラジウム種は β–ヒドリド脱離とよばれる反応を起こすことがあり，その機構は以下で示される．この反応で得られる生成物を示せ．

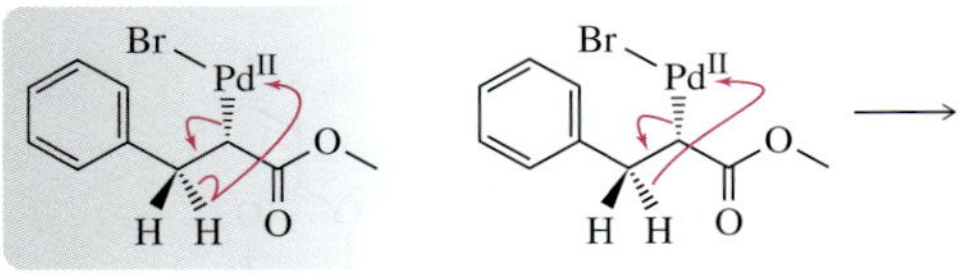

16・53（●●●）　Heck 反応の混合物中，Pd^0 は，添加された塩基により再生される．その反応機構は §16・3 で述べたカルベンの形成に類似している．この反応の反応機構を描け．

$$Et_3N + H-Pd^{II}Br \longrightarrow Et_3\overset{+}{N}H \ Br^- + Pd^0$$

16・54（●●●●）　次の Heck 反応の生成物を示せ．

(a)

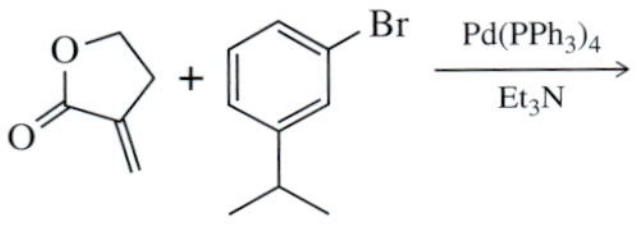

(b)

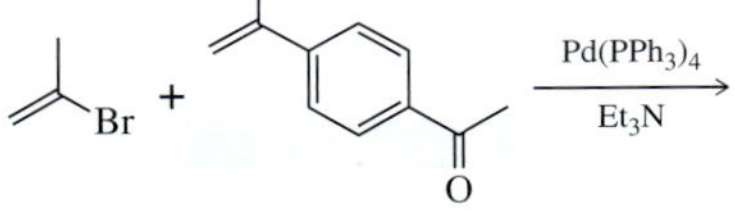

(c)

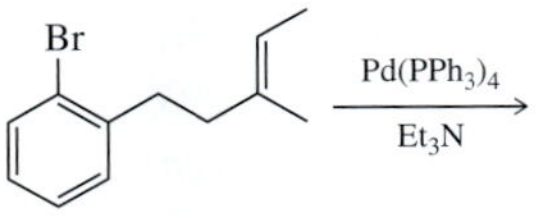

16・55（●●●●）　**先取り**　第23章で，クプラートが α,β–不飽和ケトンの β 炭素に付加すること学ぶが，その反応機構はアセスメント16・54の Heck 反応のものと似ている．この共役付加反応とよばれる反応の生成物を予想せよ．

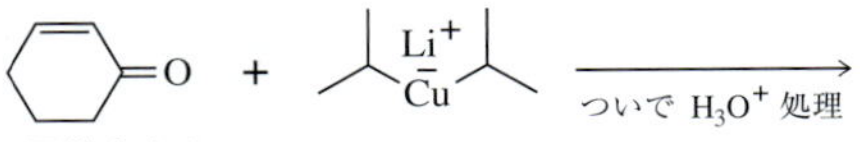

α,β–不飽和ケトン　ついで H_3O^+ 処理

16・56（●●●）　高血圧の治療薬であるロサルタンの製造には，鈴木カップリングが用いられた．この反応の生成物を示せ．

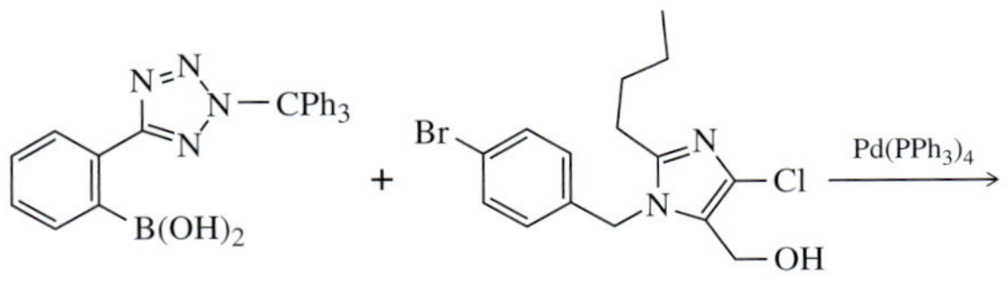

764   16. 有機化学における金属

16・57（●●●●） 最近の論文から 最近，有機リチウム試薬を用いた以下の中間体の合成が報告された．使用されたと考えられる出発物質の組を示せ（*Org. Lett.* **2012**, *14*, 4666）.

16・58（●●） 次の化学変換は，薬物耐性株への対処薬剤であるシラスタチンの合成の初期段階に使用される．この段階で用いられる可能性のある反応剤を示せ.

16・59（●●●） 含窒素複素環は，特に安定なカルベンを形成し，有機金属化学の配位子としてよく用いられる．なぜこのカルベンは安定なのだろうか．［分子軌道図を描くとよいだろう］

16・60（●●●●） ある大学院生が以下の化学変換を試みたが，目的生成物の収率は低かった．どのような副生成物が生成したか.

16・61（●●●） 最近の論文から 次の化学変換は(−)‒イグジグオリドの合成に用いられた．この反応の名称と使用した反応剤を示せ（*Org. Lett.* **2015**, *17*, 4651）.

16・62（●●●●） 最近の論文から (−)‒イグジグオリドの合成は，アセスメント 16・61 で得られた生成物から，2 工程を経て完成した．この合成を完成させるための反応剤を示せ（*Org. Lett.* **2015**, *17*, 4651）.［一つの反応はこの章で学んで，もう一つの反応は第 10 章で学んでるね］

17

カルボニル基への付加反応
アルデヒドとケトン

はじめに：NAD$^+$

　カルボニル基の化学は，生体系で最も重要である．たとえば，アルデヒドやケトンの酸化と還元は，多くの代謝経路で重要な役割を果たしている．デヒドロゲナーゼ（脱水素酵素）は，遷移状態を安定化させて反応の活性化エネルギーを低下させ，反応速度を高めることで，これらの反応を触媒する．

　こうした重要な生化学反応を行うために，酵素はしばしば補酵素を利用する．酵素の活性化に不可欠な非タンパク質である補酵素の多くは，小さな有機分子である．より重要な補酵素の一つは，ニコチンアミドアデニンジヌクレオチド（NAD$^+$）であり，ビタミンのナイアシンを用いて生化学的に合成される（図17・1）．デヒドロゲナーゼは，NAD$^+$を補酵素として用いて，基質から水素（H$_2$）を除去または付加する触媒反応を行う．

　酸化剤と還元剤を兼ねるこの補酵素には，NAD$^+$とNADHという二つの反応型がある．この二つの型を相互に変換することで，NAD$^+$の化学は成り立っており，反応する基質に応じて変化する．

　第17章では，アルデヒドとケトンの反応性の化学について学び，その過程で，アルコールデヒドロゲナーゼ（飲酒による二日酔いの要因），アルデヒドデヒドロゲナーゼ（二日酔いを軽減する），グルタミン酸デヒドロゲナーゼ（細胞のエネルギー生成を助ける），乳酸デヒドロゲナーゼ（激しい運動による筋肉痛の要因とされ，現在はがん化学療法の標的となっている）の活性について調べてみる．

学習目標

▶ アルデヒドとケトンのIUPAC名を決定できる．
▶ アルデヒドとケトンの合成反応の分析ができる．
▶ アルデヒドとケトンの反応性を比較できる．
▶ カルボニル基への付加反応（Grignard試薬，有機リチウム試薬，シアン化物試薬の反応を含む）を評価できる．
▶ カルボニル基への付加反応の立体化学を評価できる．
▶ Wittig反応の生成物を予測できる．
▶ アセタール形成反応を分析できる．
▶ カルボニル基への求核剤の付加を評価できる．
▶ カルボニル基の還元反応の生成物を決定できる．
▶ カルボニル基の酸化反応の生成物を決定できる．

飛べないなら走ればいい，走れないなら歩けばいい，歩けないなら這えばいい，何をするにしても前に進まなければならない．
—— MARTIN LUTHER KING JR.

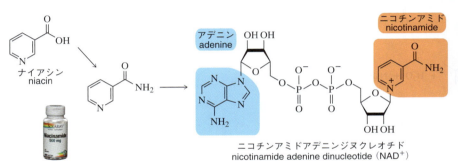

図17・1　NAD$^+$は生物学的酸化還元反応に用いられる重要な補酵素だ

有機化学の世界を旅している君の現在地と，ゴールまでの残りの道程を記録しておくとよいだろう．進捗状況の反応座標図（図17・2）を見ると，君の旅は約75%完了している．［きっとよい気分だよね］

第17章〜第20章を学ぶことで次に取組むべき化学分野である"生化学"についてもよいスタートを切れるよ．生体系の化学は，カルボニル基の化学に大きく影響されるんだ．そのことを念頭に，アセスメント17・1〜17・5で，既に習った概念の理解度をチェックしよう．

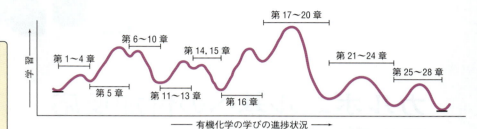

図17・2 反応座標図で見る有機化学の学びの過程　第17〜20章は最も活性化エネルギーの高い山だが，はるかに安定な位置で終わるだろう．

理解度チェック

アセスメント

17・1 それぞれのケースで，より求核性の高い求核剤を丸（○）で囲め．

(a) N≡C⁻ と H₂O　　(b) ＞OH と ＞NH₂

(c) ＼NH₂ と ⁻CH₃　　(d) ＞OH と ＞O⁻

17・2 以下の反応が酸化か還元か(有機分子に何が起こるかに基づいて)識別せよ．

(a) シクロヘキセン誘導体 →(H₂/Ni)→ シクロヘキサン誘導体

(b) PhC(O)CH₃ →(1. NaOH, I₂ ; 2. H₃O⁺処理)→ PhCOOH

(c) (CH₃)₂C(Br)CH₂CH₃ →(NaOH)→ アルケン + H₂O + NaBr

(d) CH₃CH=CHCH₂CH₃ →(1. OsO₄ ; 2. NaHSO₃)→ (±)-ジオール

17・3 どちらのカルボニル基がより高い波数で振動すると思われるか．その理由も説明せよ．

(a) CH₃COCl と CH₃COCH₃

(b) CH₃CHO と HC(O)N(CH₃)H

(c) CH₂=CHCOCH₃ と CH₃CH₂COCH₃

(d) PhCOCF₃ と PhCOCH₃

17・4 アセスメント17・3で用いた分析に基づいて，どちらのカルボニル化合物が求核剤と速く反応するか予想せよ．

(a) CH₃COCl と CH₃COCH₃

(b) CH₃CHO と HC(O)N(CH₃)H

(c) CH₂=CHCOCH₃ と CH₃CH₂COCH₃

(d) PhCOCF₃ と PhCOCH₃

17・5 アセトフェノンの可能なすべての共鳴構造を示せ．

複数の構造

17・1 アルデヒドとケトンの紹介

アルデヒドとケトンは，炭素原子と酸素原子の二重結合からなる**カルボニル基**（carbonyl group）⟩C＝O をもつ不飽和分子の二つの分類である（**表 17・1**）．［その他のカルボニル化合物については第 18 章で説明するね］

表 17・1 カルボニル化合物の共通分類

分 類	一般的な分子式	分 類	一般的な分子式
ケトン	R–C(=O)–R′	アルデヒド	R–C(=O)–H
カルボン酸	R–C(=O)–OH	酸塩化物	R–C(=O)–Cl
エステル	R–C(=O)–O–R′	アミド	R–C(=O)–NH₂

カルボニル基が二つの炭素の間にある場合，その混成にかかわらず，その分子は**ケトン**（ketone）RCOR とよばれる（**図 17・3**）．**アルデヒド**（aldehyde）RCHO は，カルボニル基が炭素と水素で挟まれている．最も単純なカルボニル化合物であるホルムアルデヒドは，二つの水素で置換されている．

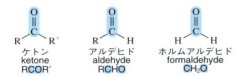

図 17・3 ケトンとアルデヒドの関係［カルボニル基は■で塗りつぶしてあるよ］

17・1・1 物 性

アルデヒドやケトンの融点と沸点は，分子量の近いアルカンとアルコールの中間に位置する（**表 17・2**）．アルデヒドとケトンは，極性の高い C＝O 結合の強い双極子–双極子相互作用により，対応するアルカンよりも融点と沸点が高くなる．一方，アルデヒドやケトンは，アルコールよりも融点や沸点が低い．これは，アルコールは水素結合の受容と供与が可能であるのに対し，アルデヒドとケトンは水素結合の受容のみが可能であることに起因する．

表 17・2 アルデヒドおよびケトンの沸点と融点は分子量の近いアルコールとアルカンの中間である

化合物（分類）	ペンタン（アルカン）	ブタナール（アルデヒド）	ブタン-2-オン（ケトン）	ブタン-1-オール（アルコール）
構造式	～～	～CHO	～C(=O)～	～～OH
分子量（g/mol）	72.15	72.11	72.11	74.12
沸点（℃）	36.1	74.8	79.6	117.7
融点（℃）	－129.8	－96.9	－86	－89.8

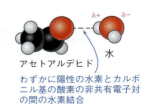

わずかに陽性の水素とカルボニル基の酸素の非共有電子対の間の水素結合

アルデヒドやケトンは水から水素結合を受け入れることができるので，低分子のアルデヒドやケトンは水に溶ける．しかし，分子量の大きなアルデヒドやケトンは，非極性

768　17. カルボニル基への付加反応

の炭素鎖をもつため，この水素結合が阻害される．その結果，高分子量のアルデヒドや
ケトンは水に溶けなくなる．最も小さい非水溶性アルデヒドはオクタナールである（**表
17・3**）．

表 17・3　分子量の増加に伴うアルデヒドの溶解度　分子量の大きいアルデヒドは水に不溶．

アルデヒド	構造式	分子量 (g/mol)	水溶性 (g/100 g H_2O)	アルデヒド	構造式	分子量 (g/mol)	水溶性 (g/100 g H_2O)
ホルムアルデヒド（メタナール）		30.0	混和	ペンタナール		86.1	4
アセトアルデヒド（エタナール）		44.1	混和	ヘキサナール		100.2	1
プロパナール		58.1	16	ヘプタナール		114.2	0.1
ブタナール		72.1	7	オクタナール		128.2	不溶

17・1・2　アルデヒドとケトンの命名法

アルデヒドとケトンの命名に関する
IUPAC の命名規則を**表17・4**にまとめ
た．これらの規則に沿って，右の二つの
化合物を命名する．

表 17・4　アルデヒドおよびケトンの IUPAC 命名規則

1. 主鎖（カルボニル炭素を含む最長の炭素鎖）が命名の根源となる．完全な飽和分子の場合，-an- という接中語を用い，-e の接尾語はケトンでは -one に，アルデヒドでは -al に置き換える	9 炭素の主鎖 ノナノン nonanone	6 炭素の主鎖 ヘキサナール hexanal
2. カルボニル炭素が最小となるように主鎖に番号をふる．これによりアルデヒドはカルボニル炭素の位置番号が必ず 1 になるため，名称の中で特定する必要がない	~~ノナン-6-オン　nonan-6-one~~ ノナン-4-オン　nonan-4-one	~~ヘキサン-6-アール　hexan-6-al~~ 不要　ヘキサン-1-アール　hexan-1-al ヘキサナール　hexanal
3. 主鎖の置換基の命名は以前と同様に行う	メチル	クロロ エチル
4. 基本的な IUPAC 命名規則に従ってアルファベット順に名前を書く．置換基とカルボニル基（ケトンの場合のみ）の位置を示すために番号を使う	3,6-ジメチルノナン-4-オン 3,6-dimethylnonan-4-one	3-クロロ-4-エチルヘキサナール 3-chloro-4-ethylhexanal

アルデヒドやケトンの多くは，他の官能基を含んでいる．IUPAC 命名規則では，鎖に番号をつける場合，カルボン酸とカルボン酸誘導体のみがアルデヒドとケトンよりも優先される（表 17・5）．

表 17・5　IUPAC 命名法における化合物種類の優先順位

化合物種類	優先度	化合物種類	優先度
酸	1（最優先）	ケトン	7
エステル	2	アルコール	8
酸塩化物	3	アミン	9
酸無水物	3	チオール	10
アミド	4	アルケン，アルキン	11
ニトリル	5	アルカン	-
アルデヒド	6	ハロゲン化アルキル，エーテル	（最下位）

アルデヒドを含む多官能基分子の名前は -al（アール）で終わり，その分子がアルデヒドであることを示す一方，他の官能基はすべて置換基として命名される．同一分子内にアルデヒドとケトンが存在する場合，置換基名の oxo-（オキソ）はケトンの位置を示している．図 17・4 にその例を示す．

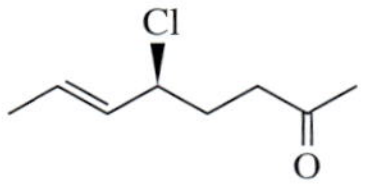

(5S,6E)-5-クロロオクタ-6-エン-2-オン
(5S, 6E)-5-chlorooct-6-en-2-one

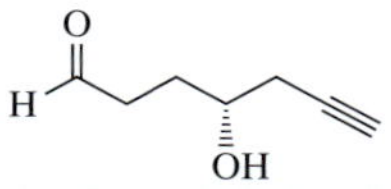

(4R)-4-ヒドロキシヘプタ-6-イナール
(4R)-4-hydroxyhept-6-ynal

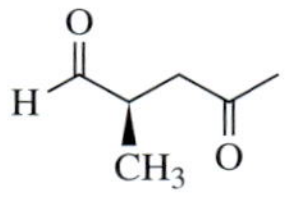

(2R)-2-メチル-4-オキソペンタナール
(2R)-2-methyl-4-oxopentanal

図 17・4　多官能基アルデヒドおよびケトンの IUPAC 名

アセスメント

17・6　以下のアルデヒドとケトンを命名せよ．

(a) 　(b) 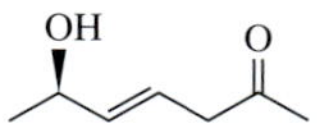 　(c) 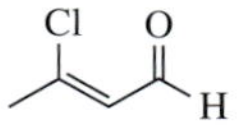 　(d)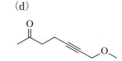

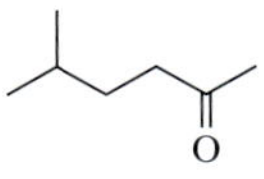

17・7　与えられた名前に対応する構造式を示せ．
(a) (R)-5-クロロシクロヘキサ-2-エノン　　(b) (2E,6R)-6,7-ジヒドロキシ-7-メチルオクタ-2-エン-4-オン
(c) (S)-1-ブロモ-3-メチルヘキサ-5-イン-2-オン　　(d) (E)-4-オキソペンタ-2-エナール

17・1・3　アルデヒドとケトンの合成

アルデヒドやケトンの反応はまだ学習していないが，表 17・6 を見て，以前に習ったもののうちアルデヒドやケトンの合成に使える反応を思い出そう．これらの反応は，アルデヒドやケトンが関わる合成ではいつも重要となるだろう．[第 10 章で作成を始めた反応シートに記載されているはずだね]

表 17・6 アルデヒドやケトンを合成する方法

アルキンのヒドロホウ素化-酸化（§10・9・5）

アルキンのヒドロホウ素化は逆 Markovnikov 型の位置選択性に従って進行し，末端アルケニルボランを与える．アルケニルボランの酸化は塩基性条件下，エノールを与え，これがより好ましいアルデヒド形へと互変異性化する．ヒドロホウ素化-酸化は対称な内部アルキンおよび末端アルキンからそれぞれケトンおよびアルデヒドを合成する効果的な方法である

アルキンのオキシ水銀化（§10・9・4）

アルキンのオキシ水銀化は Markovnikov 則に従い，位置選択的に進行してエノールを与え，これが熱力学的により安定なケトンへと互変異性化する．この反応は対称な内部アルキンおよび末端アルキンからケトンを合成する効果的な方法である

第一級アルコールの酸化（§13・9）

第一級アルコールの Swern 酸化はアルデヒドを合成する効果的な方法である

第二級アルコールの酸化（§13・9）

クロロクロム酸ピリジニウム（PCC）による第二級アルコールの酸化は，毒性に気をつけないとならないものの，ケトンを合成するための効果的な手法である．同じ結果が得られる酸化剤はほかにもある

アルケンのオゾン分解（§9・1・7）

アルケンと高酸化性ガスのオゾンとの反応によりオゾニド中間体が形成される．この中間体を還元すると新たな二つのカルボニル基（アルデヒドおよび/またはケトン）を与え，全体として元のアルケンの両炭素に酸素をくっつけた形になる

アセスメント

17・8 以下のアルデヒド/ケトン合成の生成物を予測せよ．

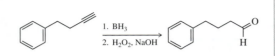

17・9 以下の合成を完了するために必要な反応剤（試薬）または反応物を予測せよ．

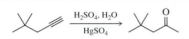

17・1・4 カルボニル化合物の分子軌道

カルボニル化合物の分子軌道図は，アルデヒドとケトンの化学を理解するのに役立つ．C=O 二重結合は，sp^2 混成の炭素原子と sp^2 混成の酸素原子の間に σ 結合と π 結合をもっている（図 17・5）．酸素の非共有電子対も sp^2 混成の原子軌道にある．ホルムアルデヒドの C−H σ 結合は，炭素の sp^2 軌道と水素の 1s 軌道の結合によって形成される．

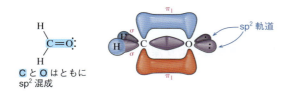

図 17・5 ホルムアルデヒドの分子軌道図

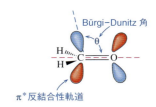

図 17・6 π* 反結合性軌道の位置によりカルボニル基への求核的攻撃の方向が説明できる

π* 反結合性軌道は，C−O π 結合と同一平面内にあり，π 結合を通る軸に対して 107°の角度〔**Bürgi–Dunitz 角**（Bürgi–Dunitz angle）〕をなしている（図 17・6）．有機化学の上級者は，この π* の位置により，求核剤とカルボニル化合物との反応を合理的に説明している．［S$_N$2 反応での求核剤も反結合性軌道に付加するんだったね（§12・3・1）］

17・2 カルボニル基の共鳴構造

カルボニル基は，二つの共鳴構造の組合わせとして表現するのが最適である（図 17・7）．電気陰性の酸素に π 電子を移動させると，負の電荷を帯びた酸素と正の電荷を帯びた炭素の共鳴構造が生じる．この構造は，**双性イオン**（zwitterion）共鳴構造とよばれる．全体として中性分子ではあるものの，二つの相反する形式電荷をもつためである．より電気陰性度が低い炭素に電子を押し出すことは好ましくないため，共鳴を考察する際，電子を逆の方向に移動させるべきではない．［§2・8・2 の共鳴構造の描き方のルールを振り返り，こうした考え方を復習しよう］

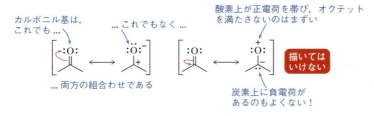

図 17・7 カルボニル化合物の双性イオン共鳴構造は酸素に負電荷を，炭素に正電荷をもつ

中性の共鳴構造は，電荷の分離を最小にしつつ，共有結合の数が最も多く，完全にオクテットを満たしているため（図 17・8a），寄与が最も大きいものだと考えられる（§2・8・3）．双性イオン共鳴構造は，共有結合の数が一つ少なく，電荷が分離し，炭素がオクテットを満たしていない．しかし，双性イオンの共鳴構造は寄与は少ないが，分極した C−O π 結合を説明するうえで，非常に重要な役割を果たす．カルボニル化合物の電子密度分布（図 17・8b）を見ると，炭素と酸素の間で電子が不均等に共有されていることがよくわかる（双性イオン共鳴構造で予測されるのと同じである）．

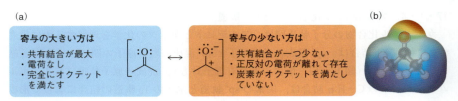

図 17・8 寄与する共鳴構造 (a) 寄与の少ない方（双性イオン）から，(b) カルボニル化合物の電子密度分布を予測できる．

17・2・1 共鳴構造の重要性: より深い分析

カルボニル基の C＝O 二重結合は，極性が高いうえに，短く，非常に強い結合である．アルケンを学習した章では，二つの原子間の π 結合は，同じ原子間の σ 結合よりも弱いことを見てきた．しかし，カルボニル基の場合はそうではない．C−O π 結合のエネルギーは 356〜397 kJ/mol と推定され，C−O σ 結合の解離エネルギーは平均して 368 kJ/mol 程度である．[C−C π 結合のエネルギーを 272 kJ/mol と推定したことを思い出そう] この推定範囲の下限では，C−O π 結合は C−O σ 結合と同程度の強さであり，上限では，C−O π 結合は C−O σ 結合よりもわずかに強い．

C＝C 二重結合と C＝O 二重結合を比較すると，カルボニル基の結合がより強いことがよくわかる（図 17・9）．予想通り，より強い C＝O 結合は著しく短い（0.011 nm）．

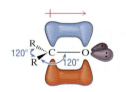

	長さ	エネルギー
ケトンの C＝O 結合	0.123 nm	745 kJ/mol (178 kcal/mol)
アルケンの C＝C 結合	0.134 nm	611 kJ/mol (146 kcal/mol)

図 17・9 カルボニル基の二重結合はアルケンの二重結合よりも短くて強い

その他の化学的性質から，C＝O 結合の特性を知ることができる．ホルムアルデヒドの双極子モーメント（μ）は測定可能であり，似たような分子であるエテン，メタノール，クロロメタンなどと比較することができる（図 17・10a）．Cl と O は電気陰性度が近いものの，ホルムアルデヒドはクロロメタンよりも格段に極性が高い．最後に，構造的に近い分子であるアセトン（207 ppm）と 2-メチルプロペン（142 ppm）の中心炭素の ^{13}C NMR スペクトルを見てみよう（図 17・10b）．tert-ブチルカルボカチオン（320 ppm）や共鳴安定化されているベンジルカルボカチオン（244 ppm）と比較すると，カルボニル炭素は 2-メチルプロペンの中心炭素よりも共鳴安定化されたカルボカチオンに似ていることがわかる．[この章を読み終えた後は，化学シフトの意味するところを理解していれば，これらの値はすべて忘れても構わないよ]

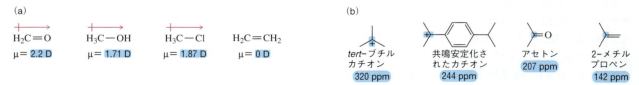

図 17・10 双性イオン共鳴構造で説明できるカルボニル化合物の性質 (a) ホルムアルデヒドは予想よりも極性が高い．(b) ケトンの ^{13}C NMR は予想よりも非遮蔽されている．

では，なぜこれらのデータを検討するのだろうか．この本をはじめ，ほぼすべての化学書で，カルボニル化合物は，二つの共鳴構造の組合わせであり，中性共鳴構造がおもに寄与していると記載されている．しかし，データが示唆しているのは，カルボニル基が，炭素と電気陰性な原子との間の単純な共有結合とは合致しない性質をもっているということである．つまり，中性の共鳴構造から予想されるよりも，結合が強く，短く，極性が高い（炭素がより遮蔽されていない）ということである．[ここから少し話しがおかしな方向に進んでいくんだけど，ついてきてね] 中性の共鳴構造が主要な構造ではないとしたらどうだろうか．むしろ双性イオンの共鳴構造が主要で，カルボニル化合物は共鳴によって安定化されたカルボカチオンと考えるのがよいのかもしれない．C−Oのπ結合は，実はイオン性のπ結合なのかもしれない．[イオン性のπ結合って？] この不可思議な考え方によれば，カルボニル基は共有結合性のσ結合でできているが，π結合は負の電荷をもつ酸素と正の電荷をもつ炭素との間の**イオン結合**（ionic bond）ということになる．この共鳴構造は Lewis のオクテット則に沿っておらず，正直なところ，カルボニル化合物を双性イオンとして描くことには違和感があるが，この考え方は特性や反応性の理解を深めるのに役立つ．[カルボニル化合物を双性イオンとして考えることで，何が得られるのか気になるよね．続きを読もう]

17・2・2　双性イオンの共鳴構造と反応性

カルボニル化合物の反応はほぼすべて，双性イオンの共鳴構造の観点から理解するのがより簡単である．その理由を理解するために，有機化学の第二のルールである"負が正を攻撃する"に戻ってみよう．つまり，求核剤は求電子剤を，Lewis 塩基は Lewis 酸を，というように，負が正を攻撃するのである．この法則を適用する際の課題は，電荷を特定することである．電荷は，空のp軌道や反結合性軌道にあるかもしれないし，部分電荷や形式電荷として存在するかもしれない．

ここまでの知識に基づいて考えると，アセトンは求核剤（例: 水酸化物イオン）や求電子剤（例: H$^+$）とどのように反応するだろうか．まず最初に，アセトンの中性の共鳴構造を用いて考えてみよう（**図 17・11**）．[考える前に先を読まないでね]

では次に，双性イオンについても共鳴構造を用いて同じことをしてみよう（**図 17・12**）．[有機化学を学ぶ初日だったとしても，負の水酸化物イオンが正を帯びた炭素と結合すると答えられたよね．それからプロトンは負を帯びた酸素と結合するともね]

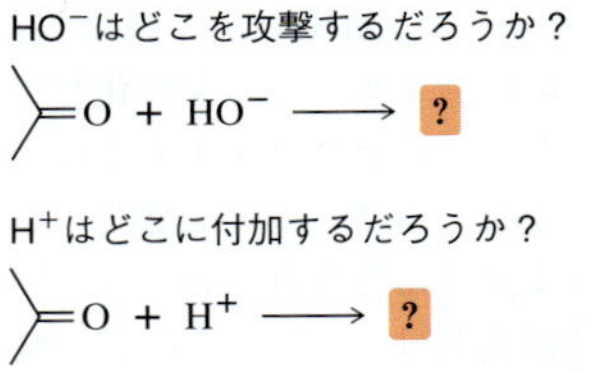

HO$^-$はどこを攻撃するだろうか？

H$^+$はどこに付加するだろうか？

図 17・11　中性の共鳴構造を用いてカルボニル基の反応性を予測する

HO$^-$はどこを攻撃するだろうか？　　　H$^+$はどこに付加するだろうか？

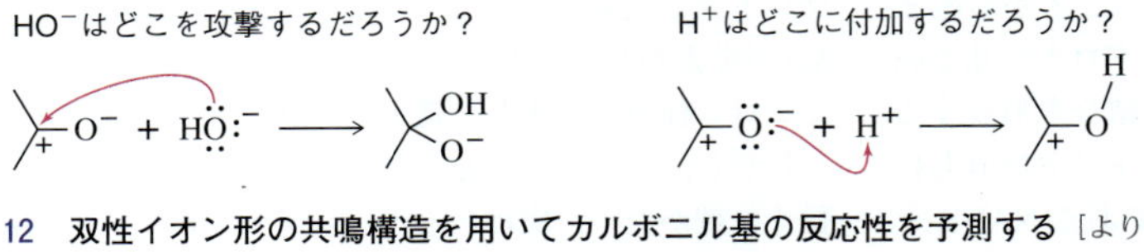

図 17・12　双性イオン形の共鳴構造を用いてカルボニル基の反応性を予測する [より簡単？]

簡単に言えば，寄与が大きくとも小さくとも，双性イオンの共鳴構造は，カルボニル基の反応性を予測しやすくするのである．いずれどこか[有機の試験，DAT や MCAT とか]で，未知の反応剤とカルボニル基の反応について問われることがあるだろう．そんなとき，どうすればよいかって？双性イオンの共鳴構造を描くこと．そのうえで，何がどうなるかについて考えればよい．[多くの学生が双性イオンを描くだけでひらめくんだ]双性イオン共鳴構造によって説明できる性質や，問題解法のうえでの有用性を見てきたので，この共鳴構造は"寄与の少ない共鳴構造"と見下してしまうには，あまりにも重要すぎるということがわかったことだろう．

アセスメント

17・10 上述のことは，寄与の少ない共鳴構造が分子の反応性を明らかにするとも言い換えられる．寄与の少ない共鳴構造を用いて，次の反応での位置選択性を，どのように説明できるか答えよ．

(a) 求核剤 が付加する場所

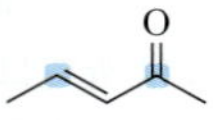

(b) 求電子剤 が付加する場所

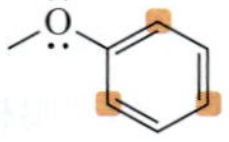

(c) H⁺ が付加する場所

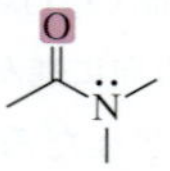

17-A 化学はここにも（生化学）

二日酔いの化学（その 1）

人体は，エタノールや他の有害なアルコールを除去する際，NAD⁺とアルコールデヒドロゲナーゼ（ADH）という酵素を用い，アルコールを酸化してアセトアルデヒドを生成する．有害なアルコールは発酵しつつある食品に含まれていたり，腸内細菌によって生じるが，ADH は，これらを代謝するために進化したと考えられる．アルコール飲料の消費者のために，エタノールをアセトアルデヒドに酸化すべく，肝臓内の ADH は相当な時間を費やしている．

反応機構的には，ADH は，NAD⁺補酵素を酸化過程の一部で用いている（図 17・13）．この酵素反応は，まず，エタノールと NAD⁺が酵素の活性部位に結合することから始まる．次に，活性部位の塩基がエタノールのヒドロキシ基を脱プロトンし，電子が移動して新たな C–O π結合を形成するとともに，ヒドリドが追い出される．このヒドリドは直ちに近くの NAD⁺に供与され，NAD⁺の還元型である NADH となる．NAD⁺が酸化剤ならば，NADH は還元剤ということになるのだろうか．［この化学についてはこの章の後半で説明するよ］

図 17・13 酵素によるエタノール酸化の反応機構

第 13 章で学んだクロムの酸化反応と比較することで，この新しい生化学反応の反応機構を理解することができる（図 17・14）．クロム酸の存在下では，酸化はまずクロム酸エステルを形成することで始まり，それに伴ってヒドロキシ基のプロトンが失われる．このとき，水（または溶液中の他の塩基）が炭素から水素を除去して π結合を形成し，脱離基としてクロム種を追い出し，還元型のクロムを生成する．

しかし，エタノールをこの方法で除去することのご利益は長くは続かない．実はアセトアルデヒドはエタノール単体よりも人体にとって有害なのである．

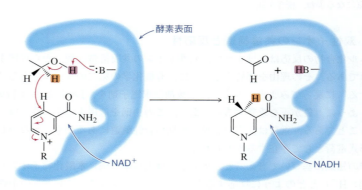

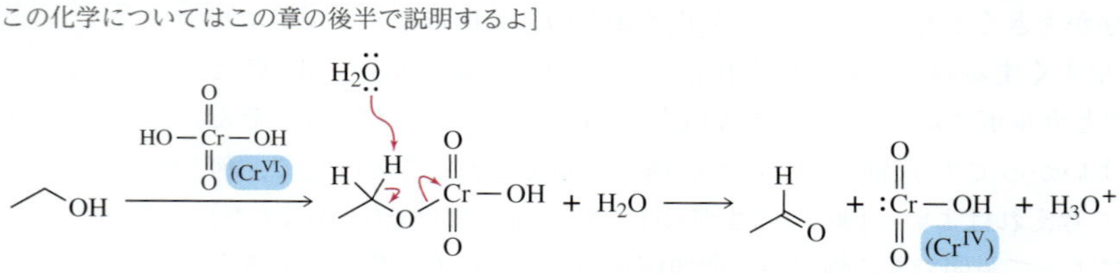

図 17・14 クロム酸によるアルコール酸化の反応機構は図 17・13 の反応機構と類似している

17・3 カルボニル基への求核付加反応

カルボニル化合物の**求核付加反応**（nucleophilic addition）は，この章の主題である．これらの反応は初めて目にするものばかりだが，これまでに学んできた付加反応とたくさんの共通点があることに気がつくことだろう．たとえば，§8・4・1で学習した付加反応（アルケンであるプロペンが水和してプロパン-2-オールになる）と，アルデヒドが関与する求核付加反応（アセトアルデヒドが水和してエタン-1,1-ジオールになる）を比較してみよう．いずれの反応も，水の付加，C−HとC−O結合の形成，O−Hσ結合とC−Xπ結合の切断が起こっている（図17・15）．

図17・15 プロペンとアセトアルデヒドの水和は似ている

> **アセスメント**
> 17・11 以下の付加反応で切断された結合と形成された結合を特定せよ．(a) エントロピー的に，この反応は有利か．(b) エンタルピー的に，この反応は有利か．［定性的にね］(c) 全体としてこの反応は有利か．

17・3・1 求核性の異なる求核剤とカルボニル化合物との反応

この章の課題は，これまでの章にも増して，学ぶべき新しい反応の数が多いことにある．成功の鍵となるのは，反応がどのように<u>概念的に</u>結びついているかを学ぶことである．こうした学び方はすでに始めており，単純なカルボニル基への付加反応を理解する過程から着手してきた．さらに，この章での反応はすべて，次の二つに分類される．

   (1) 求核性の高い求核剤との反応
   (2) 求核性の低い求核剤との反応

この分類は，第12章（S_N1 と S_N2，E1 と E2）で見たことがあり，第18章でも再び登場する．反応によって生成物は異なるが，反応の始まり方は同じである．あとは，なぜそのように反応が終わるのかを理解すればよいだけである．

a. 求核性の高い求核剤との反応（塩基性条件）：反応機構 17A　最初に紹介するのは，求核性の高い求核剤とアルデヒドやケトンとの付加反応である．求核性の高い求核剤はすばやく反応し，部分正電荷をもつだけの原子をも攻撃する．すなわち求核性の高い求核剤は，正電荷をもつ中間体の生成を待ってから反応することはない．［S_N2 反応の反応機構での同様の理由を思い出そう］その結果，求核剤はカルボニル炭素に付加し，電子を酸素に押しやり，アルコキシドイオン中間体を形成する．通常，このアルコキシドイオン中間体は，酸による反応停止処理の段階でプロトン化される．図17・16に示すカルボニル炭素へのGrignard試薬の付加は，求核性の高い求核剤の反応機構の代表例である．

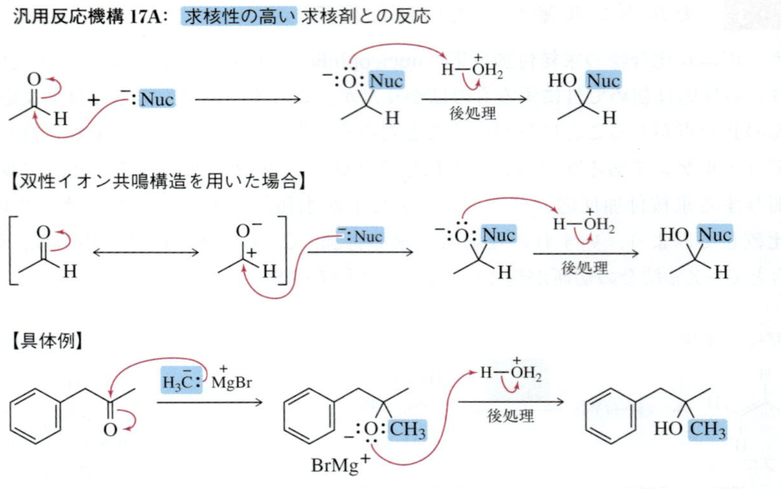

17. カルボニル基への付加反応

汎用反応機構 17A: 求核性の高い 求核剤との反応

【双性イオン共鳴構造を用いた場合】

【具体例】

図 17・16　汎用反応機構 17A: 求核性の高い求核剤の付加反応は中性のカルボニル炭素と速やかに進行する

この章では，図 17・16 のプロセスを "汎用反応機構 17A" とよぶ.

b. 求核性の低い求核剤との反応（酸性条件）: 反応機構 17B　　アルデヒドやケトンと求核性の低い求核剤との反応は，求核性の高い求核剤との反応よりも遅くなる. 求核性の低い求核剤とは，非共有電子対を供与する原子が中性の場合である（§17・3・2）. このような求核剤（H_2O，CH_3OH など）は，置換反応において中性分子と直接反応（S_N2）することはない. その代わり，S_N1 機構によってのみ反応する. つまり，反応の前に完全なカルボカチオン（より反応性の高い中間体）が生成される必要がある. 求核性の低い求核剤がカルボニル化合物と反応する際には，反応性の高いカルボカチオンを生成するために，カルボニル酸素をプロトン化する段階が必要となり，最終的に生じたカルボカチオンが求核性の低い求核剤によって攻撃される（図 17・17）. 水の付加が，求核性の低い求核剤の一般的な反応の例である. 求核性の低い求核剤の場合，中性の生成物を得るためには，最後に脱プロトンの段階が必要となる.

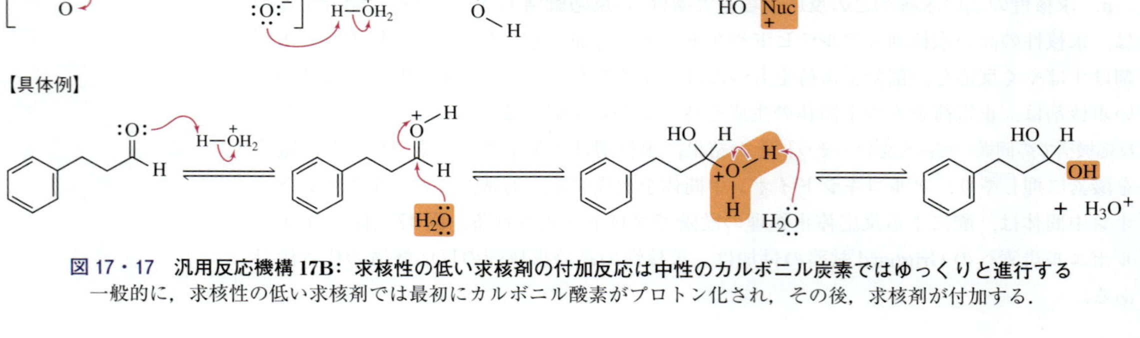

汎用反応機構 17B: 求核性の低い 求核剤との反応

【双性イオン共鳴構造を用いた場合】

【具体例】

図 17・17　汎用反応機構 17B: 求核性の低い求核剤の付加反応は中性のカルボニル炭素ではゆっくりと進行する
一般的に，求核性の低い求核剤では最初にカルボニル酸素がプロトン化され，その後，求核剤が付加する.

この章では，図17・17のプロセスを"汎用反応機構17B"とよぶ．

17・3・2 相対的な求核性の高さ

カルボニル基への付加反応の反応機構は，攻撃する求核剤の求核性の高さに依存するため，求核性を評価する方法が必要となる．[これまでのように] pK_a 値を用いることで，カルボアニオン（CH_3^-），アルコール（CH_3OH），アミン（CH_3NH_2）という三つの重要な求核剤の相対的な求核性を評価することができる．

相対的な求核性を調べるために，三つともカルボニル化合物と反応してアルコキシドイオンを生成する場合を仮定してみよう（共役酸の $pK_a = 16$）．ここから，第一段階の生成物が反応物よりも安定か，安定でないかを判断することができる．ここでは pK_a 値を使用しているが，これらは酸塩基反応ではない．これまで何度も行ってきたように，両側の塩基の共役酸の pK_a 値を使って，有利な方向を知ることができる．[共役酸の pK_a 値が大きい塩基の方が安定性が低いことを思い出そう]

図17・18 に示したメチルアニオン（カルボアニオン）の場合，反応は非常に不安定な塩基（共役酸 CH_4; $pK_a = 50$）から比較的安定な塩基（共役酸 iPrOH; $pK_a = 16$）へと進行する．エントロピーを無視すると，これは非常に急速な下降反応である．このように，カルボアニオンの求核性は非常に高く，最強の求核剤の一つであり，汎用反応機構17Aによってアルデヒドやケトンに付加する．

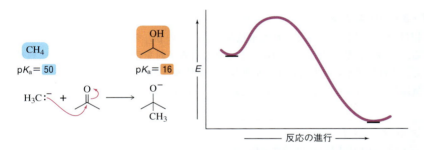

図17・18 反応性の高いメチルアニオンのカルボニル炭素への付加は有利な反応であり，速やかに起こる

メタノール（共役酸 $CH_3OH_2^+$; $pK_a = -1.7$）の場合，反応は非常に不利［上り坂］になる（図17・19）．これは定性的にも理解できる．負電荷を帯びたアルコキシドイオン（共役酸 iPrOH; $pK_a = 16$）が，メタノールの中性酸素よりも安定性が低いためである．このように，中性酸素は求核性の低い求核剤と考えられ，汎用反応機構17Bによってのみ反応する．

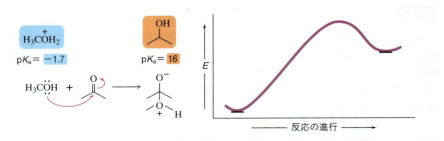

図17・19 求核性の低い中性の求核剤であるメタノールのカルボニル炭素への付加は不利な反応であり，ゆっくりと起こる

最後に，代表的なアミンの求核性を見てみよう．窒素を含むメチルアミンの求核性は，中性の酸素とカルボアニオンの中間にある（図 17・20）．このことは，反応がアミン（共役酸 CH$_3$NH$^+$；pK_a = 10）からアルコキシドイオン（共役酸 *i*PrOH；pK_a = 16）になるときの pK_a の値からも見てとれる．§17・8・4 で説明するが，直接付加はわずかに不利なため［少しだけ上り坂］，窒素求核剤は汎用反応機構 17A で付加することができるが，酸が存在する場合は汎用反応機構 17B でより速く付加することができる．［どんなときでも，いずれの分類にも当てはまらない反応が一つはあるようだね．pK_a 値を見れば，少なくとも，理屈はわかるよね］

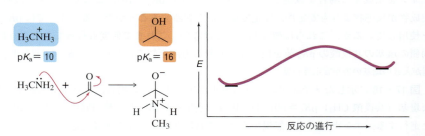

図 17・20 アミンは中程度の求核性をもつ求核剤であり，中性条件ではカルボニル炭素への直接的な攻撃はやや不利な反応である

17・3・2 のまとめ

- 相対的な求核性は，与えられた求核剤の共役酸の pK_a を用いて評価することができる．一般に，負の電荷をもつ原子から非共有電子対を供与する求核剤は求核性が高く，中性原子から非共有電子対を供与する求核剤は求核性が低い．窒素はわずかに電気陰性で，容易に電子を共有するため，アミンは中間的な強さをもつと考えられる．

> **アセスメント**
> 17・12 以下の求核剤の求核性を高，低，または中間に分類せよ．また，その求核剤の反応は，カルボニルに直接付加するか，あるいはカルボカチオンが生じるのを待つかのいずれとなるか答えよ．
>
> (a) CH$_3$CH$_2$CH$_2$CH$_2$MgBr (b) CH$_3$CH$_2$COOH (c) Na$^+$ $^-$CN (d) (CH$_3$CH$_2$)$_3$N

17・4 アルデヒドとケトンの反応性を比較する

この章で学んだ反応は，アルデヒドとケトンの両方で起こるが，その反応速度は異なることが多い．（求核剤との反応において）アルデヒドとケトンでは，どちらが求電子剤としてより速く反応するだろうか．また，（プロトンを奪う際）アルデヒドとケトンでは，どちらがより強い塩基として速く反応するだろうか．次項では，これらの質問に対する答えを説明する．

17・4・1 求電子剤としての反応性：立体的・電子的要因

相対的な反応性を評価するには，立体的な要因と電子的な要因の両方を考慮する必要

がある．図17・21に示すように，ケトンはカルボニル炭素に二つの大きな置換基が結合しているため，アルデヒドよりも立体障害が大きい．その結果，求核剤はアルデヒドのカルボニル炭素の方が近づきやすく，アルデヒドはケトンよりも反応性が高い．ホルムアルデヒドは，水素以外の置換基をもたないため，最も反応性の高いカルボニル化合物である．

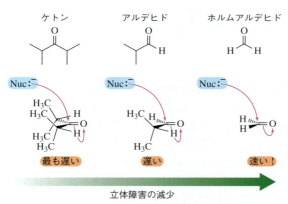

図17・21 立体障害が減るにつれ，カルボニル炭素への求核付加は速くなる

電子的な要因は，双性イオンの共鳴構造を調べることで最も合理的に説明できる．双性イオン共鳴構造では，ケトンのカルボカチオンは，二つのアルキル基による超共役によって安定化されている．一方，アルデヒドのカルボカチオンは，一つのアルキル基のみによって安定化される（図17・22）．そのため，アルデヒドの方が求電子性の高い求電子剤となり，求核剤との反応が速くなる．ホルムアルデヒドは，水素のみが結合しているため，安定化する超共役効果がなく，求核剤と最も速く反応する．

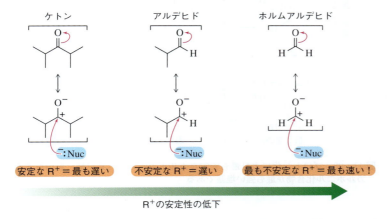

図17・22 双性イオンの共鳴構造におけるカルボカチオンの安定性が低いほど，求核付加の速度が増す

17・4・1のまとめ

- アルデヒドはケトンに比べて立体障害が少ないため，求核剤による攻撃を受けやすい．それに加え，アルキル基が一つ少ないことから，アルデヒドの双性イオン共鳴構造は，ケトンの対応する双性イオン共鳴構造よりも安定性が低く，反応性が高い．このため，アルデヒドはさらに求核剤に攻撃されやすくなる．

アセスメント

17・13 各組のカルボニル化合物のうち，求核性の高い求核剤とより速く反応すると思われるものを選べ．

(a) ／ (b) ／ (c) の構造式

17・4・2 塩基としての反応性：立体的・電子的要因

アルデヒドやケトンはカルボニル炭素の置換基から離れたところでプロトン化するため，立体的な要因による反応性の違いはほとんどない．しかし，電子的な要因の反応性への影響は大きい．酸素の塩基性は，生じる酸の安定性を比較することで評価することができる．プロトン化されたケトンは二つのアルキル基からの超共役によって安定化されるが，プロトン化されたアルデヒドは一つのアルキル基によって安定化される（図17・23）．ケトンの共役酸はより安定なため，ケトンの酸素はより求核性（塩基性）があることになる．

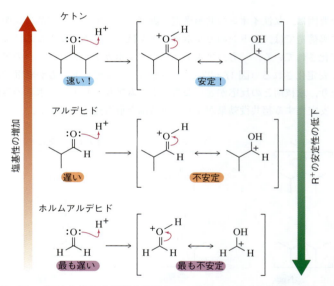

図17・23 プロトン化により最も安定なカルボカチオン（共役酸）を形成するカルボニル化合物が最も強い塩基である

アセスメント

17・14 H$^+$と最も速く反応すると予想されるカルボニル化合物を各組から選べ．選んだ理由を説明せよ．

(a) ／ (b) ／ (c) の構造式

17・15 ここに示した二つのケトンは，比較的同じ速度でプロトン化される．立体的な違いが明らかなのになぜそうなるのか説明せよ．

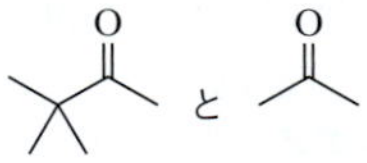

17・5 アルデヒドやケトンへの炭素求核剤の付加

炭素求核剤の付加について学ぶ前に，代表的なケトンであるアセトンにメタンを付加する際の平衡定数（K_{eq}）を，ΔG を見積もることで推定しよう（図17・24）．この反応の ΔH と ΔS に基づいて，ΔG はどのような値になるだろうか？

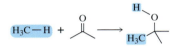

図 17・24 アセトンへのメタンの付加は ΔH に基づけば有利であるが，反応性が合わないため，反応は起こらない

アルケンの付加反応（§8・2）との類似性から，メタンのアセトンへの付加は有利な過程であるはずである．形成される結合と切断される結合の結合解離エネルギーに基づけば，この反応は発熱的である．それにもかかわらず，カルボニル化合物は典型的な求電子剤であり，メタンはまったく酸性ではないので，この反応は描かれているとおりには進まない．アルデヒドやケトンを用いて C–C 結合を形成するには，求電子的なカルボニル化合物と反応する強力な求核剤が必要となる．

アルデヒドやケトンへの炭素求核剤の付加は，汎用反応機構 17A に従う（図17・25）．不安定なカルボアニオンは中性のカルボニル炭素に直接付加し，アルコキシドイオンを形成する．このアルコキシドイオンを酸処理すると，アルコールが生成物として得られる（図17・24参照）．これ以降の炭素求核剤の付加の例は，基本的には同じ反応機構である．唯一の違いは，カルボニル化合物と反応させる前の求核剤を調製する方法である．

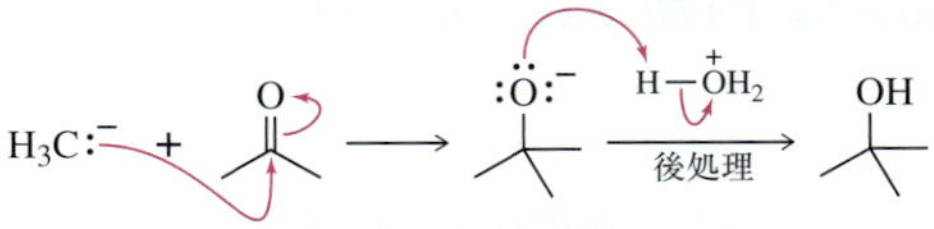

図 17・25 炭素求核剤の付加は汎用反応機構 17A により進行する

カルボニル炭素に付加する炭素求核剤を学ぶ際には，二つの重要な点に注目しよう．

- 反応剤がどのように調製され，どのように反応するのかを学ぼう．求核性の高い求核剤がカルボニル炭素に付加し，生じるアルコキシドイオンがプロトン化されるという，同じテーマが何度も繰返されていることに気づくだろう．
- この反応により C–C σ 結合を形成し，多種多様な生成物をつくることが可能である．登場する求核剤ごとに，用いるカルボニル化合物に応じて，第一級，第二級，第三級のアルコールをつくることができる．

ここでは，Grignard 試薬，有機リチウム試薬，アセチリドイオン，シアン化物イオンといった炭素求核剤について詳しく見てみよう．

17・5・1 Grignard 試薬

カルボアニオンをつくる最も論理的な方法は，酸塩基反応を利用することである（図17・26）．しかし，メタンのようなアルカンは単純に脱プロトンするには酸性度が弱す

ぎる．表4・5のpK_a値を見ると，アルカンを脱プロトンできるほど強い塩基はない．しかし，§16・2を思い出そう．カルボアニオンは，有機ハロゲン化物とマグネシウムとの間のC−X結合の還元を経た反応によりGrignard試薬をつくることで生成できる．

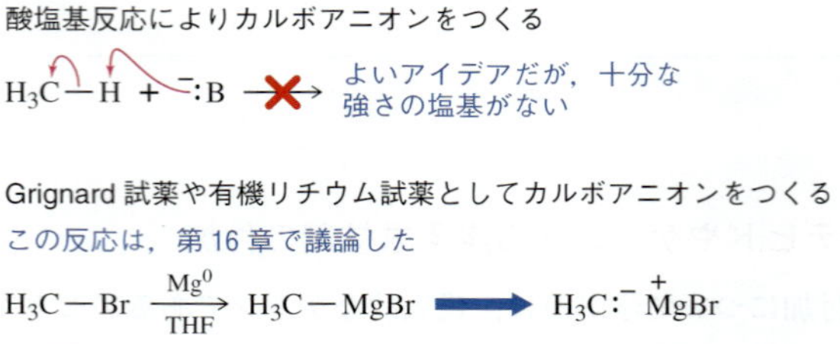

酸塩基反応によりカルボアニオンをつくる

$$H_3C-H \;+\; :B \;\;\times$$ よいアイデアだが，十分な強さの塩基がない

Grignard試薬や有機リチウム試薬としてカルボアニオンをつくる
この反応は，第16章で議論した

$$H_3C-Br \xrightarrow[\text{THF}]{Mg^0} H_3C-MgBr \;\longrightarrow\; H_3C:^- \; ^+MgBr$$

図 17・26　Grignard 試薬は C−X 結合の還元により形成される

　Grignard 試薬は強力な求核剤で，カルボニル炭素に速やかに付加し，汎用反応機構 17A を介して直接攻撃する（図 17・27）．［双性イオン共鳴構造を用いて反応機構を示すこともできるよ］付加後，臭化マグネシウムのカチオンがアルコキシドイオンとくっつく．アルコキシドイオンをプロトン化するとアルコールが生成する．

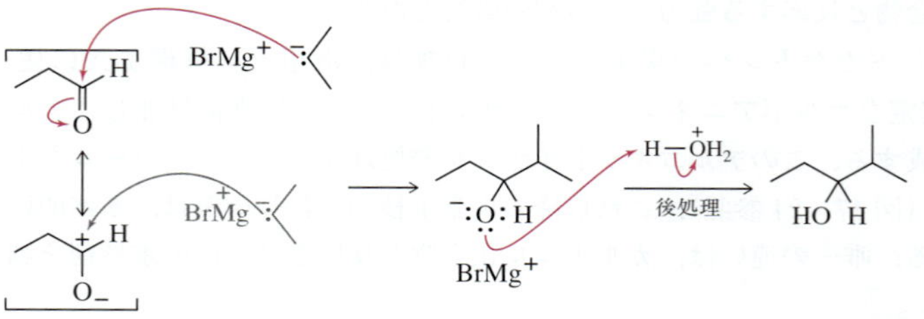

図 17・27　Grignard 試薬は非常に求核性の高い求核剤であるため，汎用反応機構 17A に従い反応する

　Grignard 試薬とアルデヒド/ケトンの反応では多様な構造が得られるため（表 17・7），合成化学者のツールボックスの中で重要なツールとなっている．［§10・7 の反応シートを思い出そう］

表 17・7　Grignard 試薬とアルデヒド/ケトンとの反応　新しい C−C 結合の形成を伴ってさまざまなアルコールが得られる．

生 成 物	反 応	説 明
第一級アルコール	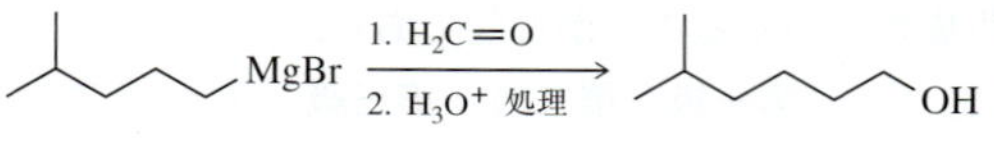 1. $H_2C=O$　2. H_3O^+ 処理	Grignard 試薬をホルムアルデヒドに付加すると，第一級アルコールが得られる
第二級アルコール	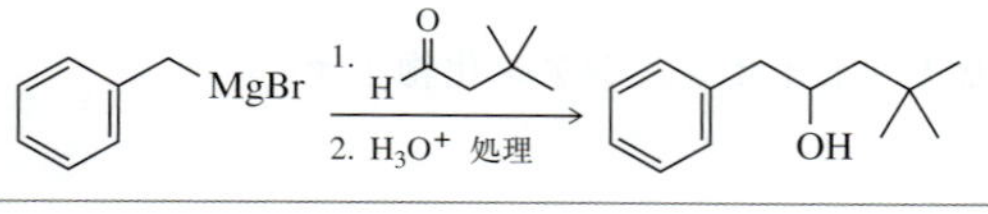 1.　2. H_3O^+ 処理	アルデヒドと Grignard 試薬との反応により，第二級アルコールが得られる
第三級アルコール	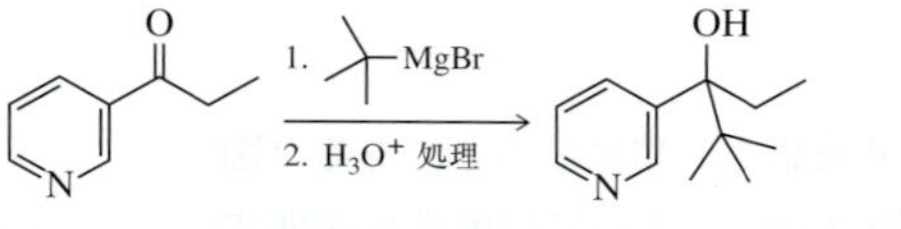 1.　2. H_3O^+ 処理	ケトンはアルデヒドよりもゆっくりと反応するが，Grignard 試薬はそれでもすぐに付加するので第三級アルコールが得られる

アセスメント

17・16　以下の Grignard 試薬の付加反応の生成物を予測せよ．

(a)
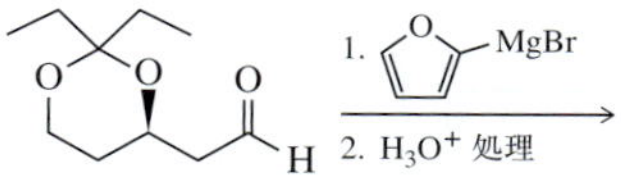
MgBr
1.
2. H_3O^+ 処理

(b)
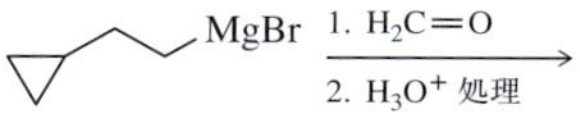
MgBr
1. $H_2C{=}O$
2. H_3O^+ 処理

(c)
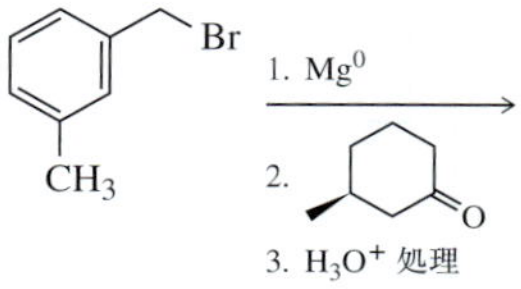
Br
CH_3
1. Mg^0
2.
3. H_3O^+ 処理

17・17　ある学生が，次の“生成物を予測せよ”という問題を解く際に，よくある間違いとして，ここに示すような答えを描いてしまった．この反応が描かれているようには進行しない理由を説明せよ．

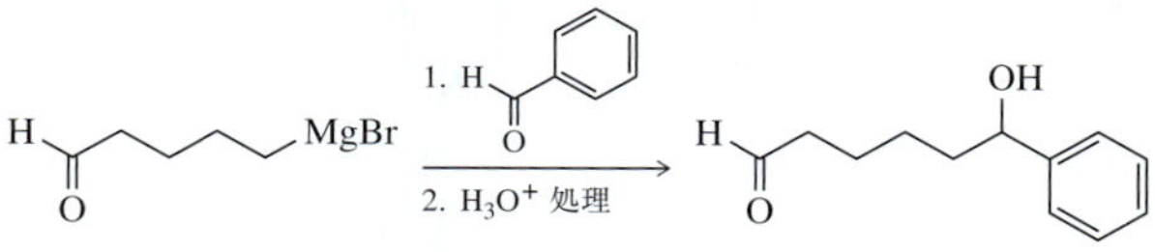
MgBr
1.
2. H_3O^+ 処理
OH

17・5・2　有機リチウム試薬

こちらも §16・2 で登場した有機リチウム試薬は，Grignard 試薬と似たような反応をするので，どちらの試薬を選んでも同じ反応機構で同じ生成物ができる（表 17・8）．［どの反応剤を使うかは，有機金属反応剤の入手のしやすさで決めるんだ］強力な求核剤であるため図 17・28 に示すように，この反応は汎用反応機構 17A に従っており，カルボニル基への求核付加の後に酸処理が行われる．

表 17・8　有機リチウム試薬とアルデヒド/ケトンの反応　新しい C−C 結合の形成を伴ってさまざまなアルコールが得られる．

生成物	反応	説明
第一級アルコール	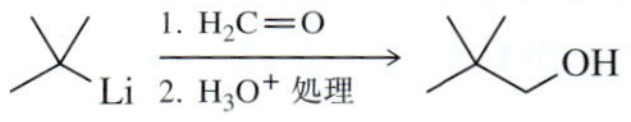	有機リチウム試薬をホルムアルデヒドに付加すると，第一級アルコールが得られる
第二級アルコール	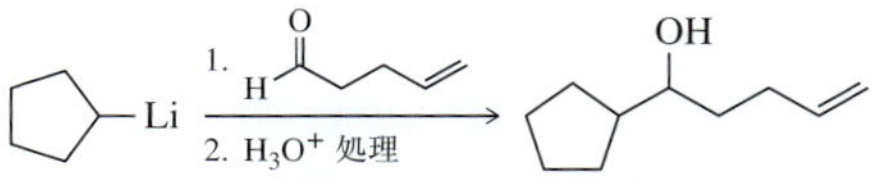	アルデヒドと有機リチウム試薬との反応により，第二級アルコールが得られる
第三級アルコール	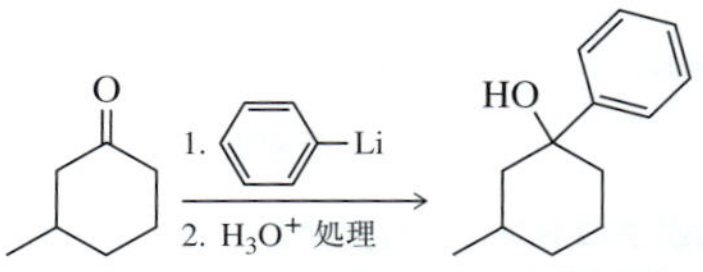	ケトンはアルデヒドよりもゆっくりと反応するが，有機リチウム試薬はそれでもすぐに付加するので第三級アルコールが得られる

2 Li^0
ペンタン
この反応は第 16 章で議論した

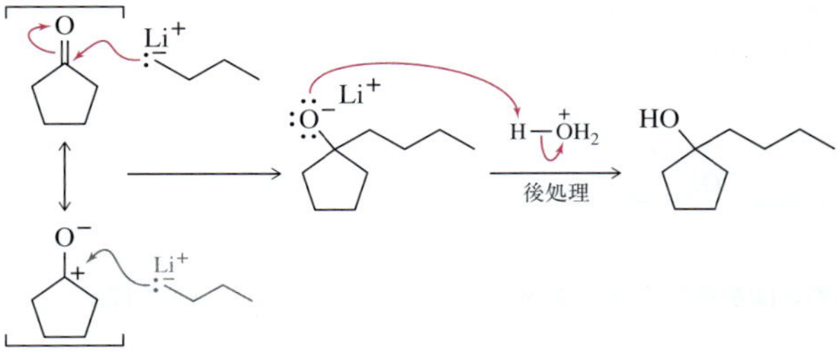
後処理

図 17・28　有機リチウム試薬は非常に求核性の高い求核剤であるため，汎用反応機構 17A に従い反応する

784   17. カルボニル基への付加反応

アセスメント

17・18 以下に示す分子の完全な合成を可能にする有機リチウム試薬を提案せよ.

(a)

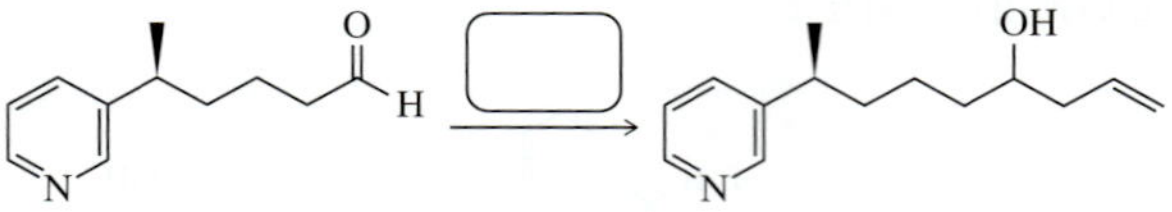

(b)

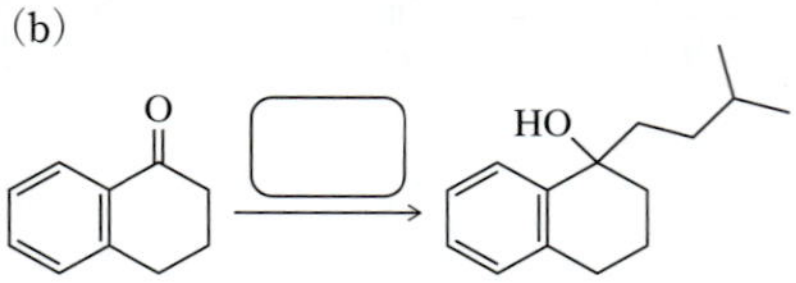

(c)

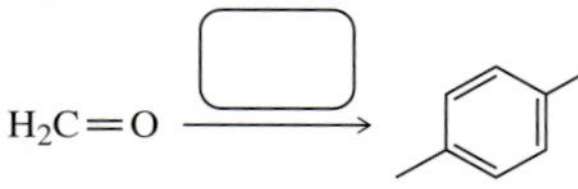

$H_2C=O \longrightarrow$

17・19 以下に示す各アルコールを合成するために使用され

る可能性のあるカルボニル化合物と有機リチウム試薬を提案せよ. [正解は複数あるよ]

(a)

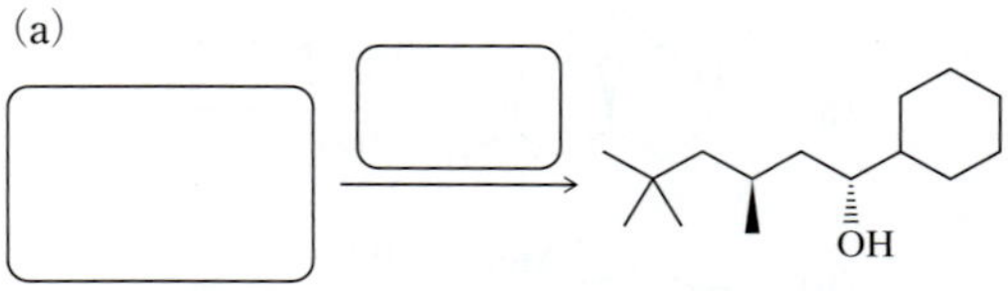

(b)

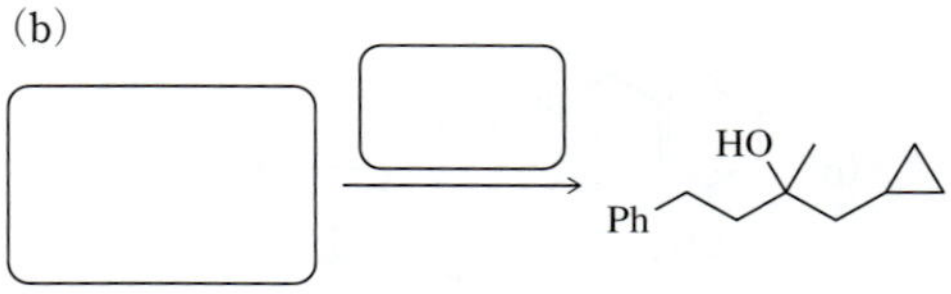

(c)

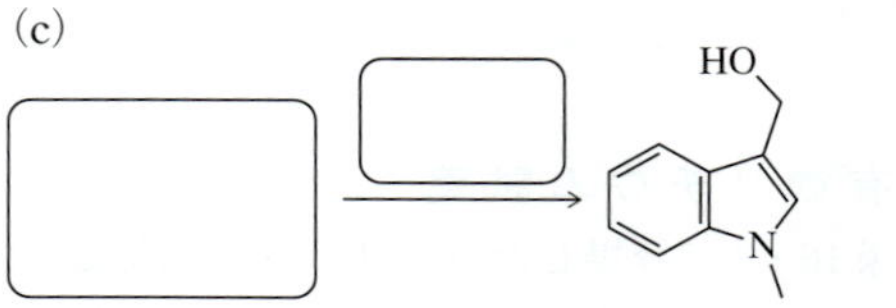

17・5・3 アセチリドイオン

§10・5で S_N2 反応に用いたアセチリドイオンは，炭素–炭素結合の形成を可能にしたことを思い出してほしい. アルキンの脱プロトンによって生成するアセチリドイオン（図 17・29a）は，Grignard 試薬ほどの反応性はない. しかし，反応に関わる塩基の共役酸の相対的な pK_a 値に基づくと［これまで何度も行ってきた分析だね］，アセチリドイオンの付加は有利な反応であることがわかる（図 17・29b）.

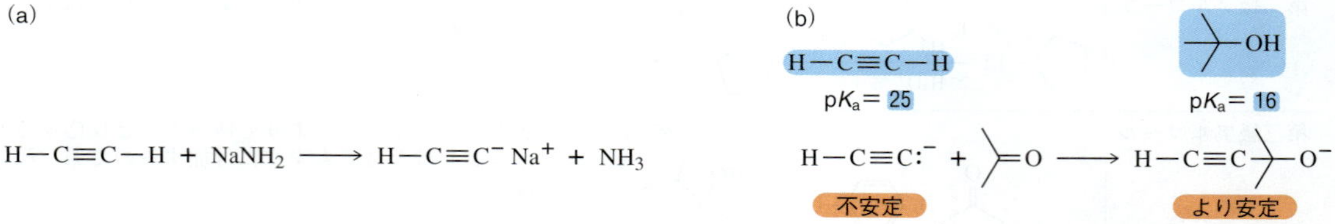

(a)

$$H-C \equiv C-H + NaNH_2 \longrightarrow H-C \equiv C^- Na^+ + NH_3$$

(b)

$H-C \equiv C-H$
$pK_a = 25$

$\searrow-OH$
$pK_a = 16$

$H-C \equiv C:^- + \diagup=O \longrightarrow H-C \equiv C-\diagup-O^-$

不安定   より安定

図 17・29 アセチリドイオンは（a）末端アルキンの脱プロトンにより生成し，（b）カルボニル炭素を攻撃するのに十分な反応性がある

求核性の高い求核剤であるアセチリドイオンは，汎用反応機構 17A によって直接付加する（図 17・30）. これらの反応は同じテーマを少し変えただけなので，表 17・9 に示した機構や生成物はもう見慣れたものになっているはずである.［もしそうじゃなかったら，見返して同じものを繰返し示しているだけだということを確認しよう］

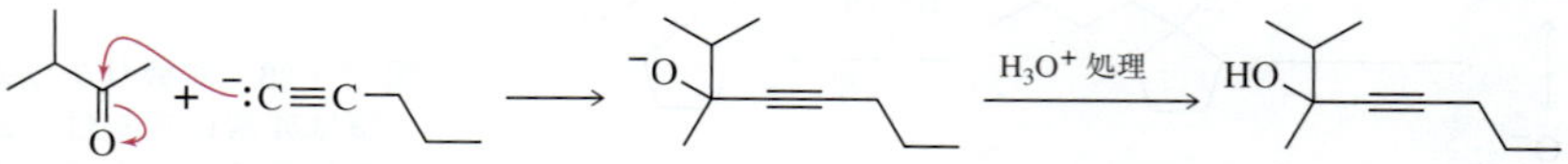

H_3O^+ 処理

図 17・30 アセチリドイオンは求核性の高い求核剤であるため，汎用反応機構 17A に従い反応する

表 17・9 アセチリドイオンとアルデヒド/ケトンの反応　新しい C−C 結合の形成を伴ってさまざまなアルコールが得られる.

生成物	反応	説明
第一級アルコール		アセチリドイオンをホルムアルデヒドに付加すると，第一級アルコールが得られる
第二級アルコール		アルデヒドとアセチリドイオンとの反応では，第二級アルコールが得られる
第三級アルコール		ケトンとアセチリドイオンとの反応では，第三級アルコールが得られる

> **アセスメント**
> **17・20** 以下の生成物を得るために使用可能なアセチリドイオンとカルボニル化合物を提案せよ．
> (a) オクタ-4-イン-3-オール　　(b) 2,6-ジメチルヘプタ-3-イン-2-オール
> (c) 5-フェニルヘキサ-2-イン-1-オール

17・5・4　シアン化物イオン

表 17・10 によると，安定性（共役酸の pK_a 値に基づく）の観点から，シアン化物イオンはここまで学習したなかで最も求核性の低い求核剤である．求核性の低い求核剤を使った場合，どのような影響があるだろうか．また，付加反応は可能だろうか．

表 17・10　いくつかの求核剤の共役酸の pK_a 値．シアン化物イオンはこれまで学習したどの炭素求核剤よりも弱い

反応剤	求核剤	共役酸	pK_a
$H_3C-MgBr$	H_3C^-	CH_4	約 50
H_3C-Li	H_3C^-	CH_4	約 50
$Na^+\ ^-C\equiv CH$	$^-C\equiv CH$	$H-C\equiv CH$	25
NaCN	^-CN	HCN	10

Grignard 試薬の付加に似た反応を想像してみてほしい．つまり，求核剤がまず付加し，次に生成物を酸処理することを想像しよう（図 17・31）．共役酸の pK_a 値を用いると，この反応は安定なシアン化物イオンから始まり，付加後に安定性の低いアルコキシドイオンを生成することがわかる．したがって，この反応を実施したとしてもうまく進まない．

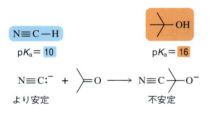

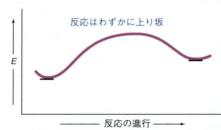

図 17・31　シアン化物イオンの付加は上り坂であり不利だ

pK_a の差は6と小さいことから，（不利ではあるが）可逆的に付加が起こり，いくらかのアルコキシドイオンが生成する．逆方向では，アルコキシドイオンの非共有電子対が押し戻されることで，より安定なシアン化物イオンをはじき出す（図17・32）．［この種の反応は第18章で学習するよ］

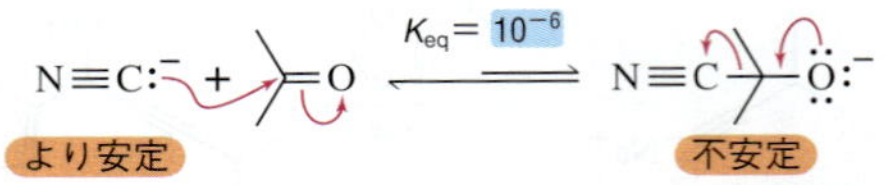

$$N\equiv C:^- \; + \; \diagup{=}O \quad \underset{}{\overset{K_{eq}=\;10^{-6}}{\rightleftharpoons}} \quad N\equiv C-\diagdown{}-\overset{\cdot\cdot}{\underset{\cdot\cdot}{O}}:^-$$

より安定　　　　　　　　　　　　　　　　不安定

図17・32　逆反応であるシアン化物イオンの脱離が有利だ

　このやや不利な可逆反応の平衡を生成物側に偏らせることはできるだろうか．Le Châtelier の原理によれば，反応物をさらに加えるか，生成物を取除くことで，平衡を生成物側に移行させることができる．したがって，シアン化物イオンの付加は，化学量論量より少ない量のシアン化物と等量のシアン化水素を使うことで達成できる．このようにすれば，アルコキシドイオンがシアン化水素を速やかに脱プロトンする第二の平衡反応が起こる（図17・33）．アルコキシドイオンを平衡状態から取除くと，第一の反応が右に偏り，反応全体でみると**シアノヒドリン**（cyanohydrin）の生成が有利になる．

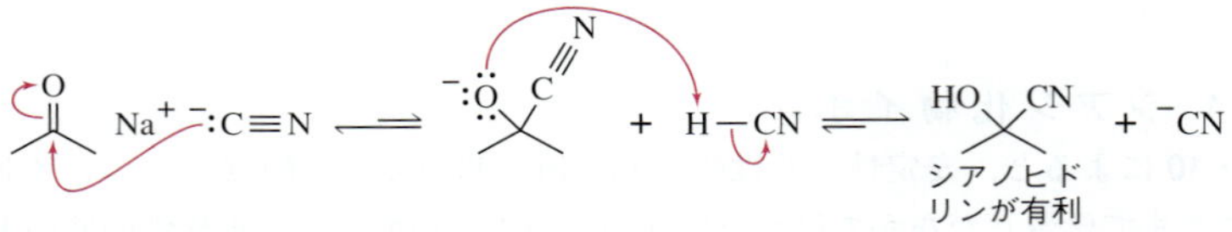

図17・33　シアン化物イオンは改良型の汎用反応機構17Aに従い反応する　シアン化物イオンは負電荷をもつが求核性が低い求核剤であるため，平衡を生成物側に偏らせるためには，プロトンがあらかじめ溶液中に存在する必要がある．

　表17・11を見ると，この反応で調製できるシアノヒドリンの種類の多さに改めて気づく．この反応は，求核性の低い求核剤の効果的な使い方を示す初めての例である．汎用反応機構17Aと同じではあるが，目的とする生成物の方へ平衡を偏らせるために反応条件を変えている．［アルコールのような求核性の低い求核剤が汎用反応機構17Bで反応するのは，この理由によるものなんだ（まだ続くよ）］

表17・11　NaCN/HCN とアルデヒド/ケトンの反応　新しいC−C結合の形成を伴ってさまざまなシアノヒドリンが得られる．

生成物	反応	説明
第一級シアノヒドリン	 $H_2C{=}O$ + NaCN $\xrightarrow{HCN}$ HO―CH₂―C≡N　グリコロニトリル	工業的に重要な中間体であるグリコロニトリル（EDTA前駆体）は，ホルムアルデヒドとNaCN/HCNを反応させると得られる
第二級シアノヒドリン	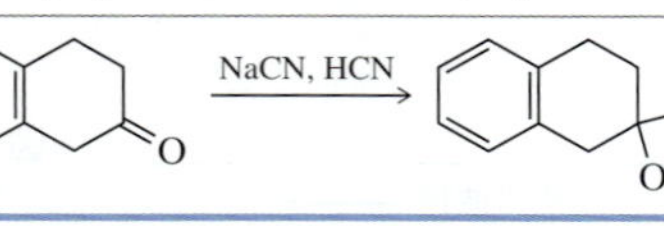	アルデヒドへのNaCN/HCNの付加により，第二級シアノヒドリンが得られる
第三級シアノヒドリン		ケトンとNaCN/HCNとの反応では，第三級シアノヒドリンが得られる

アセスメント

17・21 以下のシアン化物の付加反応の生成物を予測せよ．

(a), (b), (c) の反応式

17・22 以下のシアノヒドリンを生成するために NaCN/HCN と反応させるカルボニル化合物を提案せよ．

(a), (b) の反応式

17・23 以下のカルボニル基への付加反応での生成物として，ラセミ混合物と一つの立体異性体に偏りのある混合物のいずれが得られるか答えよ．それぞれの反応について，可能な立体異性体の構造を二つ描け．

(a), (b) の反応式

ここで扱った反応について立体選択性の予測をしていたかな？ いずれにしてもアセスメント 17・23 を一緒に解いてみよう．

17・5・5 付加反応の立体化学

S_N2 反応の立体化学を学んだときと同様に，反結合性軌道の位置は，カルボニル基への付加反応の立体化学的な結果を決定するうえで重要な役割を果たす．

アセスメント 17・23 の解説

付加反応の立体化学的な結果を予測するには，反応する官能基の形状を調べ，遷移状態が一方からの攻撃に有利であるかどうかを判断する必要がある．この反応は汎用反応機構 17A で進行することがわかっているので，カルボニル炭素への直接付加が特徴である．この炭素は sp^2 混成のため，平面的な構造をしている．求核剤がカルボニル炭素を攻撃するとき，電子は π^* に付加し，次のような軌跡（**Bürgi–Dunitz 角**）を描く（図 17・34）．

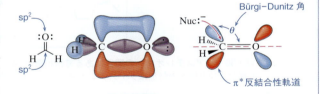

図 17・34 求核剤は Bürgi–Dunitz 角に沿って π^* に付加する

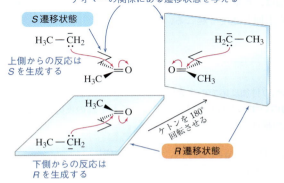

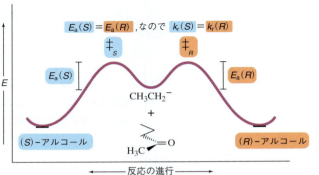

したがって，ラセミ混合物が生成する

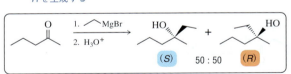

図 17・35 エナンチオマーの関係にある遷移状態 アキラルなカルボニル基の上側および下側への付加によりエナンチオマーができる．その結果，ラセミ混合物が生成する．

アセスメント 17・23(a) では，上から攻撃すると (S)-アルコールが得られ，下から攻撃すると (R)-アルコールが得られる．図 17・35 に示すように，詳しく調べるとこれらはエナンチオマーの関係にある遷移状態であることがわかる．エナンチオマーの関係にある遷移状態は安定性が等しい (§6・6) ため，活性化エネルギー，反応速度が等しく，(R)- と (S)-3-メチルヘキサン-3-オールを含むラセミ混合物が生成する．

アセスメント 17・23(b)(図 17・36) では，平面状のケトンの上からの付加で (1R,2S)-アルコールが得られる．反対側からの攻撃は (1S,2S)-遷移状態と表され，(1S,2S)-アルコールが得られる．[自分で確かめたかな] これらはジアステレオマーの関係にある遷移状態であるため，活性化エネルギー，速度が等しくない．その結果，一方のジアステレオマーがより多く含まれる混合物が生成する．

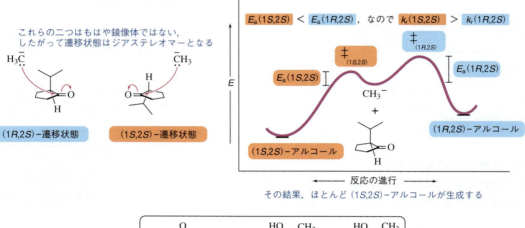

図 17・36 ジアステレオマーの関係にある遷移状態　キラルな（ラセミ体でない）化合物におけるカルボニル基の上側および下側への付加はジアステレオマーを与える．その結果，一つのジアステレオマーが優先的に生成する．

17・5・5 のまとめ

- アルデヒドやケトンへの付加は，可能な二つの遷移状態がエナンチオマーの関係にある場合にのみ，どちら側からも同じ速度で起こる．

> **アセスメント**
>
> **17・24** 以下のカルボニル基への付加反応での生成物として，ラセミ混合物と一つの立体異性体に偏りのある混合物のいずれが得られるか答えよ．それぞれの反応について，可能な立体異性体の構造を二つ描け．

17·6 Wittig反応 789

17·6 Wittig 反 応

Wittig 反応（Wittig reaction）は汎用性の高い合成ツールだが，その反応機構はこれまでに学んだものとは異なる［そしてちょっと複雑なんだ］（**図17·37**）．この反応は基本的には二重置換反応の一つである．隣合った原子上に相反する電荷をもつ分子である**リンイリド**（ylide）と，アルデヒドあるいはケトンの間で進行する．この反応で形成されるのは，二つの新しい炭素－炭素結合，すなわち一つのσ結合と一つのπ結合，である．

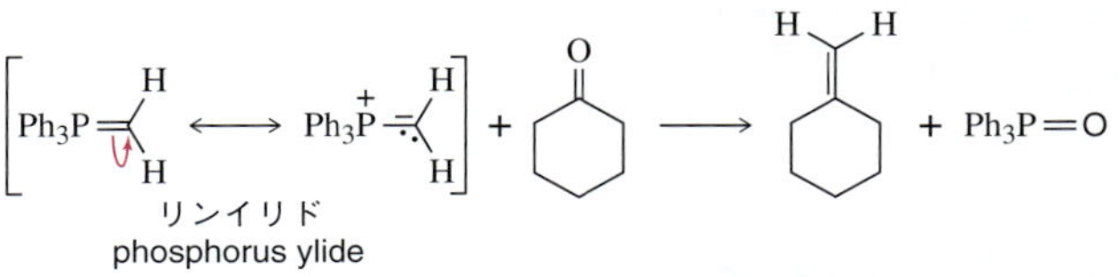

図 17·37　Wittig 反応 の 全 貌

新しい反応機構を丸暗記するのではなく，**表17·12**で，すでによく知っている反応機構と段階的に比較してみよう．［こうやって各段階を納得しながら進めれば，反応機構全体もそこまで複雑には感じないよね］

表 17·12　**Wittig 反応の段階的な反応機構**

段 階	反 応
1. 強力な求核剤がカルボニル基の求電子性炭素に直接付加する（§17·3）．リンイリドはしばしばC＝P二重結合をもつ中性分子のように表されるが，双性イオンで表す方がよい．すなわち，負電荷を帯びた炭素と隣接する正電荷を帯びたリンからなるイリドの形である．イリドは強力な求核剤であり，非共有電子対がカルボニル炭素を攻撃し，汎用反応機構 17A に従い C－O π結合が切断される	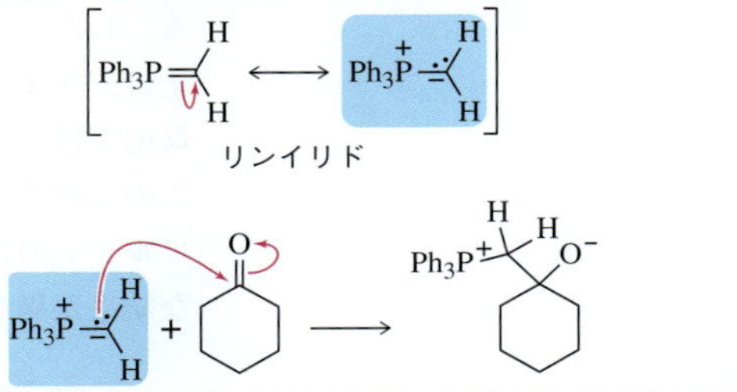
2. リンが関与する反応では多くの場合，強い P－O 結合が形成されることが，その駆動力となる（§13·7·4）．生じたアルコキシドイオンが正電荷をもつリンを攻撃し，**オキサホスフェタン**として知られる中間体である，P－O 結合を含む4員環を形成する．リンは第3周期の元素であるため，空の d 軌道をもち，これが酸素から供与される電子を受入れる．比較的不安定な4員環の形成が有利なことから新たな P－O 結合がいかに強いかがわかる．分子内反応であることからこの段階は前段階の求核付加よりもずっと速い	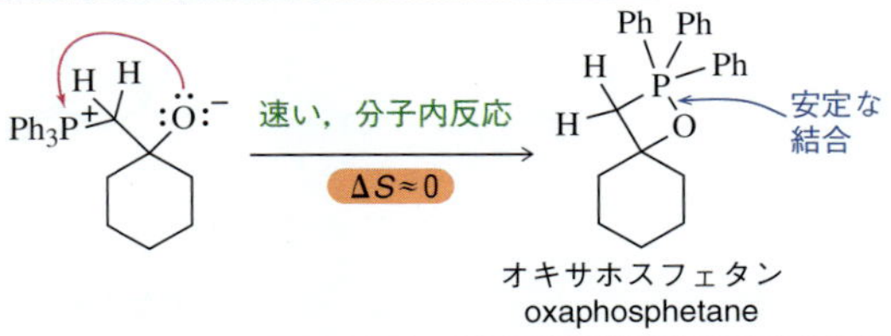
3. 4員環は不安定である（§3·6）．不安定な環構造は，エントロピー的に有利な過程である分解反応を経て二つの新しい分子を与える．この反応機構は閉環メタセシス（§16·6）の際に見たものと似ている	
4. P－O 単結合よりも強い唯一の結合は P＝O 二重結合のみである（§13·7·4）．二つのσ結合が二つのπ結合に変わるのは一般的には好ましくないが，そのうちの一つが P－O π結合の場合は好ましい過程となる．要するに，エンタルピー的に好ましく，環の歪みを解消し，エントロピーが増加するので最終段階が進行する	

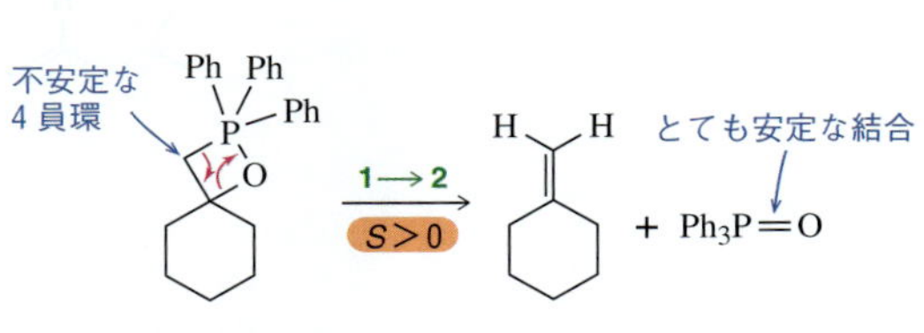

二重置換反応［一般化学で学んだ用語だね］（**図17·38**）として，カルボニル化合物はC1上の酸素とリンが結合したアルキル基とを交換し，その過程で新しいC＝C二重結合を形成する．Wittig 反応で新しいC＝C二重結合が形成される様子は，視覚的にオゾン分解（§9·1·7）の逆を連想させることにお気づきだろうか．［こうした手がかりは，Wittig 生成物を予測する際に役立つよね］

790   17. カルボニル基への付加反応

図 17・38　Wittig 反応全体は本質的に二重置換反応である

アセスメント

17・25　以下の Wittig 反応の生成物を予測せよ.

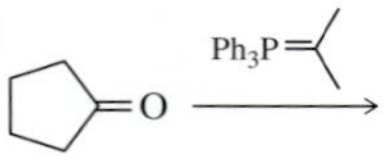

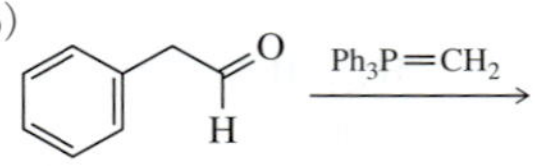

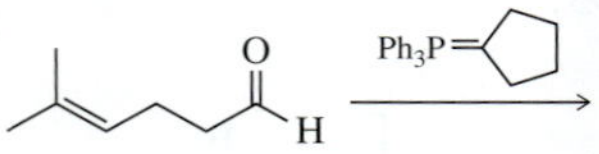

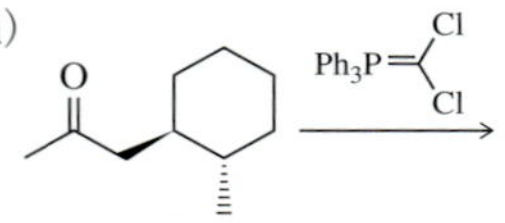

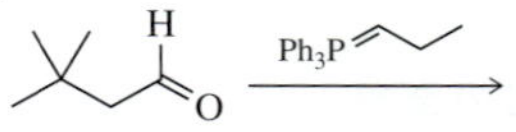

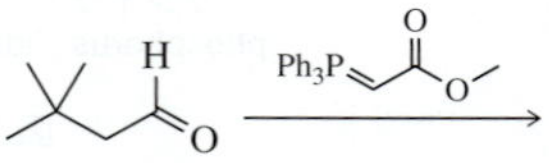

17・6・1　Wittig 反応と立体選択性

　アルデヒド(または非対称ケトン)と C1 に異なる置換基をもつイリドを反応させると，ジアステレオマーの関係にある二つのアルケンが生成物として得られる可能性がある．しかし，こうした場合でも，唯一の生成物が得られることがほとんどである．たとえば，アセスメント 17・25(e)と(f)の反応を考えてみよう（**図 17・39**）．(e)の Wittig 反応では，より安定性の低いシスアルケンあるいは (Z)–アルケンのみがおもに生成するのに対し，(f)の Wittig 反応では，より安定性の高いトランスアルケンあるいは (E)–アルケンのみがおもに生成する．同じアルデヒドを用いながら，このように立体化学的な結果が異なるのは，イリドの違いに由来すると考えられる．

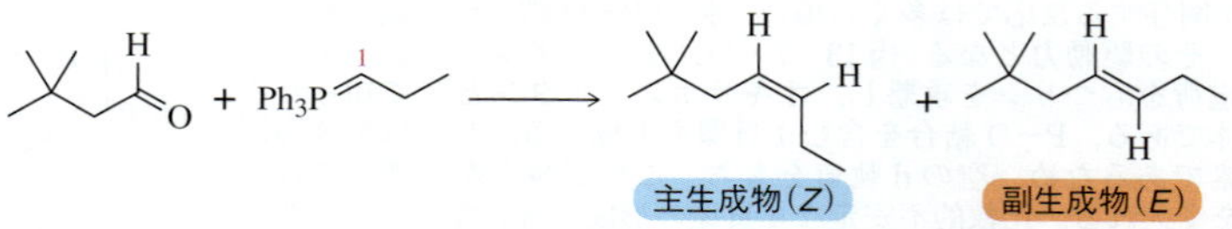

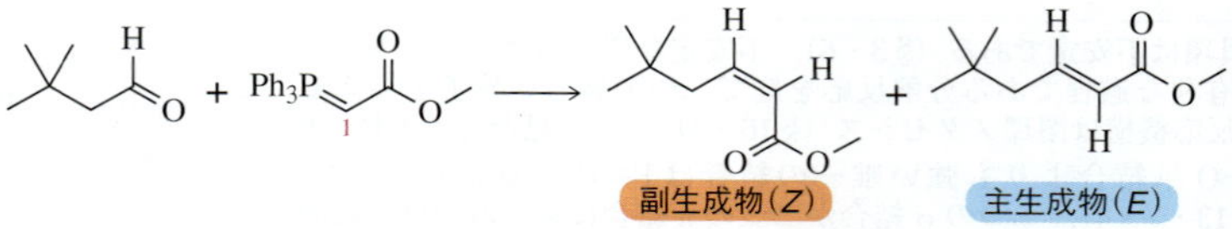

図 17・39　Wittig 反応の立体選択性

　(e)と(f)のイリドの安定性の違いが，これらの反応の立体化学的な結果を決定する．双性イオン共鳴構造では，(f)のイリドの負電荷は共鳴によって安定化されている（**図 17・40**）．この**安定イリド**（stabilized ylide）は，よりゆっくりと反応し，生成物として (E)–アルケンを与える．(e)での共鳴によって安定化されていないイリド，すなわち**不安定イリド**（nonstabilized ylide）はより求核性の高い求核剤である．このイリドは，すばやく反応し，安定性の低い(Z)–アルケンを生成する．この違いの理由はよくわかっておらず，現在の有機化学の研究テーマとなっている．しかし，最低限，Wittig の結果

17・6 Wittig 反応　791

を予測するのに役立つ一般則がある．安定イリドは安定なアルケンを生成し，不安定
（安定化されていない）イリドは不安定な（より安定性の低い）アルケンを生成する．

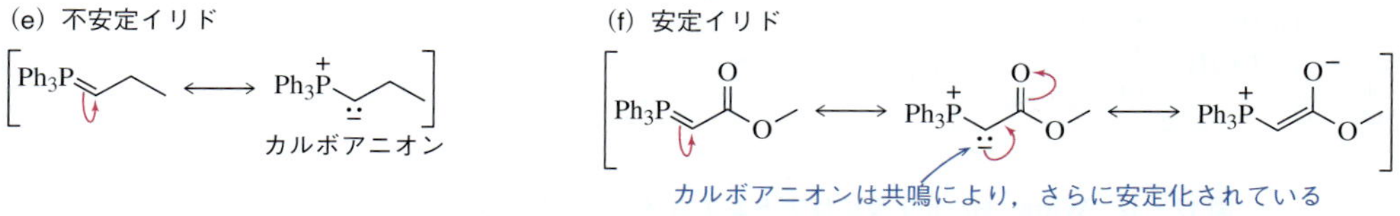

(e) 不安定イリド

$$[Ph_3P \overset{+}{\longleftrightarrow} Ph_3\overset{+}{P}]$$

カルボアニオン

(f) 安定イリド

カルボアニオンは共鳴により，さらに安定化されている

図 17・40　安定イリドは共鳴安定化されたアニオンをもつイリドである

アセスメント

17・26　以下のアルケンを得るのに適切なカルボニル化合物
と Wittig 試薬を提案せよ．
(a) (E)-7-メチルノナ-4-エン-3-オン
(b) (Z)-2-フェニルヘキサ-3-エン
(c) cis-ヘプタ-2-エン

17・27　ここに示したような安定イリドは，ケトンとの反応
が起こらない．なぜそうなるのかを答えよ．

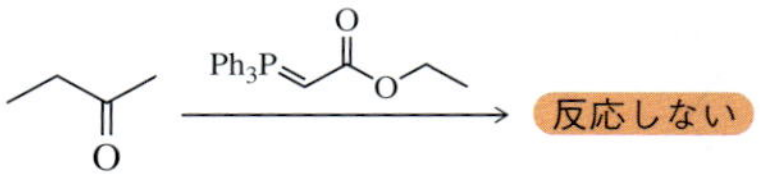

反応しない

17・28　次の(a)～(d)の Wittig 反応の生成物を，立体化学
的な結果を必ず明記して予測せよ．

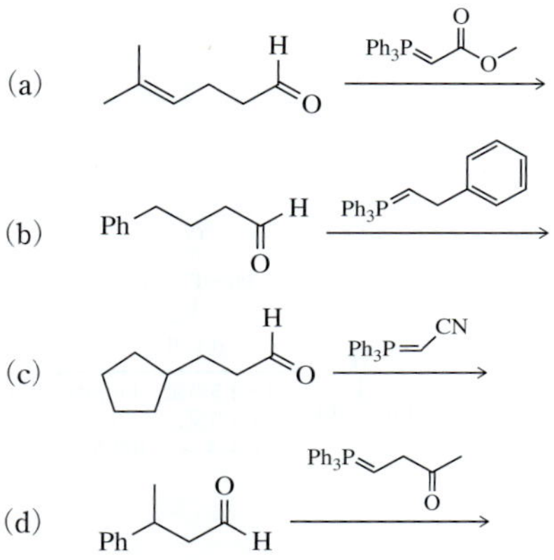

(a)

(b)

(c)

(d)

17-B　化学はここにも（グリーンケミストリー）

改良型 Wittig 反応

　1979 年に Georg Wittig がノーベル化学賞を受賞した Wittig 反応は，合成化学者にとって非常に重要なツールである．さまざまなアルケンを立体選択的に合成できるこの反応は，数多くの重要な合成において中心的な役割を果たしている．

　この反応の欠点は，アトムエコノミーが低いことであり，かなりの量の**トリフェニルホスフィンオキシド**（triphenylphosphine oxide）O＝PPh₃ の廃棄物が発生する．図 17・41 に示すように，分子量 162.19 の目的物をつくるためには，440.48 の出発物質が必要である．残りの 278.29 は単なる廃棄物である．

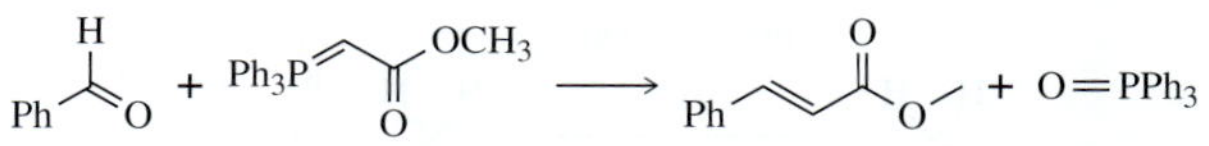

	化学式:	C_7H_6O	$C_{21}H_{19}O_2P$		$C_{10}H_{10}O_2$	$C_{18}H_{15}OP$
	分子量:	106.12	334.35		162.19	278.29

440.48

(162.19/440.48)(100%) ＝ 37%

図 17・41　Wittig 反応はアトムエコノミーが低い

　この反応で 907 kg（約 1 t）の目的物（製薬業界では標準的な量）ができるとすると，1556 kg のトリフェニルホスフィンオキシドの廃棄物が発生することになる．このため，反応による環境負荷を低減するような Wittig 反応の改良が切実に求められている．

　Wittig-Horner 反応（図 17・42）では，トリフェニルホスホニウムの代わりにホスホン酸エステルを用いる．脱プロトンされたホスホン酸塩が Wittig 反応と同様の反応機構でアルデヒドと反応し，その過程でより安定な (E)-アルケンを生成する．

792   17. カルボニル基への付加反応

水溶性の副生成物であるホスホン酸塩（トリフェニルホスフィン PPh_3 よりも原子量が小さい）は，水で洗浄することで除去される.

図 17・42　Wittig–Horner 反応はアトムエコノミーがわずかによい

　もう一つのユニークな方法は，ホスフィンを化学量論量より少ない量で使用し，反応の進行に合わせて再生する方法である．ジフェニルシラン Ph_2SiH_2 は，図 17・43 の触媒サイクルにしたがって，修飾されたホスフィンオキシドを Wittig 反応で使用するホスフィンに還元する．化学量論量のシランの使用に伴う廃棄物は別の問題をひき起こすが，少なくとも環境に優しい方向への一歩である.

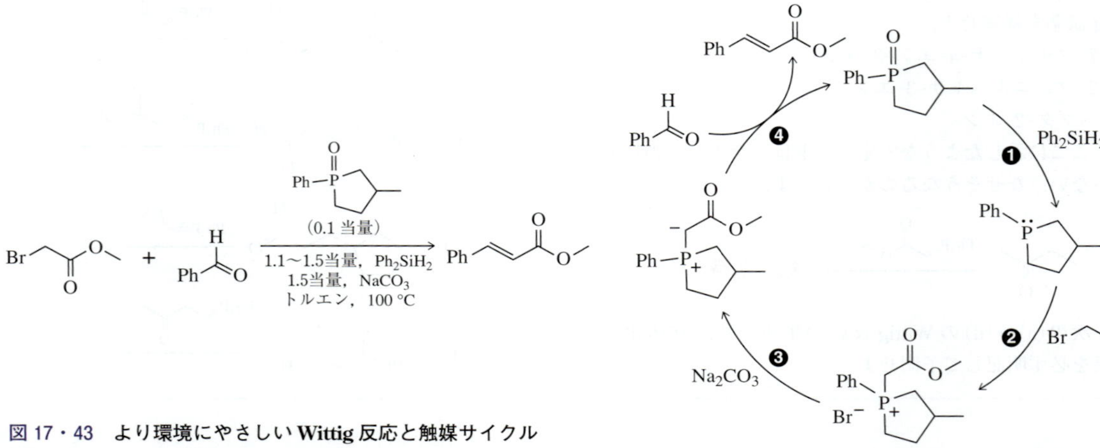

図 17・43　より環境にやさしい Wittig 反応と触媒サイクル

17・7　アルデヒドやケトンへの酸素求核剤の付加

　酸素求核剤の付加については，以前，アルコールの酸化という観点から議論した（§13・9）．クロム酸を使うと，第一級アルコールの酸化がカルボン酸まで進んでしまうことを思い出してほしい．これはクロム酸の酸化力の強さによるものと思われがちだが，実際には反応混合物中に水が存在することで**水和物**が形成されるためである（図17・44）.

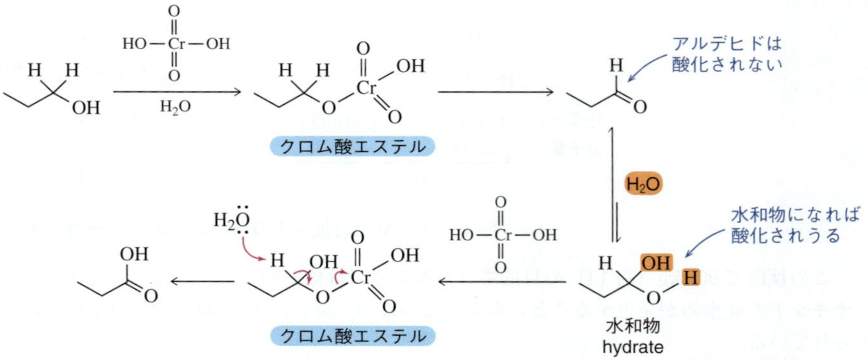

図 17・44　クロム酸の使用により水和物となったアルデヒドのみが酸化されうる
[§13・8 を思い出そう]

17・7　アルデヒドやケトンへの酸素求核剤の付加　793

§17・7では，求核性の低い酸素求核剤がアルデヒドやケトンへと付加する反応について，熱力学支配下にあるこれらの反応の反応機構と駆動力に重点を置いて検討する.
[たとえば，図 17・44 の水和物の形成もその一つだね]

17・7・1　水の付加: 水和物の形成

図 17・44 で明らかにしたように，水和物の形成とは単にアルデヒドやケトンに 1 分子の水が付加することである. したがって，この反応は以前のカルボニル基への付加反応（図 17・45）と同様の方法で調べることができる. いつものように，ΔG の関数である K_{eq} は，ΔS と ΔH を考慮することで見積られる. すべての付加反応と同様に，二つの分子から一つの分子を生成することはエントロピー的に不利である（$\Delta S < 0$）. ΔH を見積るためには，切断された結合と形成された結合を特定し，それぞれのエネルギーを概算する. 定性的には，O–H σ 結合の強さは分子の種類によらず同程度であり，C–O π 結合は C–O σ 結合よりもわずかに弱いと仮定する. このように仮定すると，この反応はわずかに右に有利になる（$\Delta H < 0$）. 実験的には，アルデヒドと水の平衡混合物は，99%のアルデヒドと 1%の水和物からなる. このことから，エントロピー項がより重要であることで反応が左側に有利となっていることが確認できる. [最後の 2 文を読み直してみよう. 水和物は好ましくないのに，水和物ができることで酸化が進むんだよね. これはどういうことかな?]

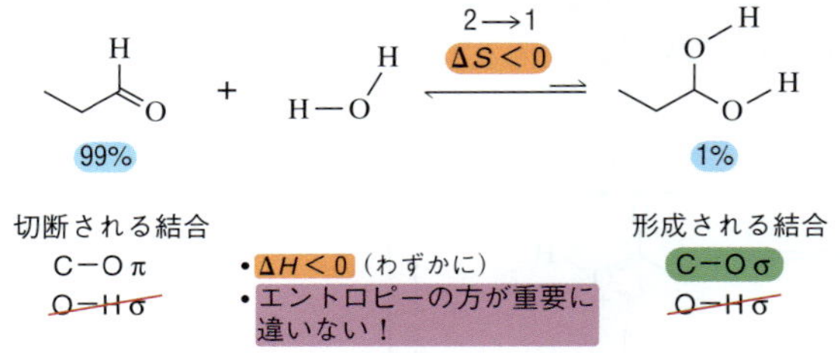

図 17・45　アルデヒドへの水の付加は，反応全体が有利になるには ΔH の効果だけでは不十分である

これは Le Châtelier の原理の一例である（図 17・46）. 少しでも水和物分子が存在すれば，クロム酸エステルの形成により水和物分子が平衡状態から取除かれる. これにより，アルデヒドがすべて酸化されるまで，水和物の形成が右に偏る.

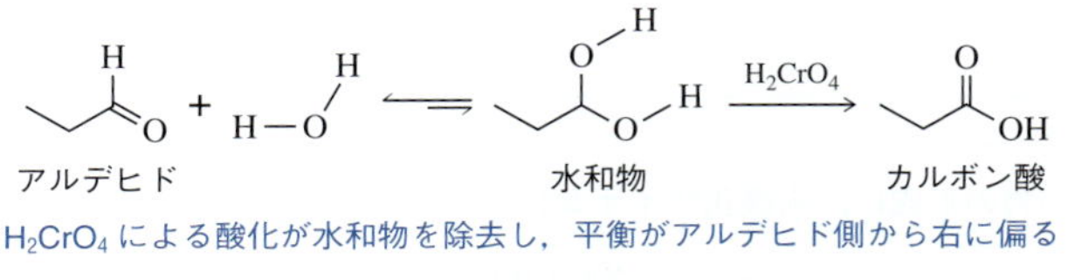

H₂CrO₄ による酸化が水和物を除去し，平衡がアルデヒド側から右に偏る

図 17・46　Le Châtelier の原理により，不利な水の付加が酸化反応では進行する

カルボニル基への水の求核付加は，さまざまな理由から汎用反応機構 17A では進行しない. 求核性の低い求核剤である水のカルボニル炭素への直接付加は非常に時間がかかる. 二つの中性分子が反応して反対の電荷をもつ一つの分子になることは，エントロピーとエンタルピーの両方の観点から好ましくない. 求核剤の観点から見ると，この反

アセスメント

17・29　右側の化合物の方が水和物形成に有利な理由を説明せよ.

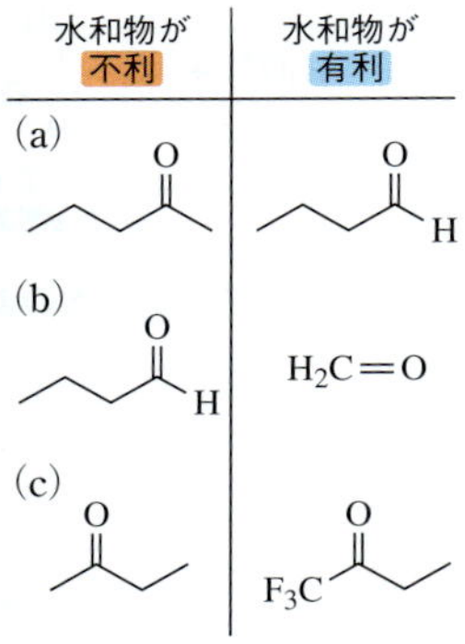

応は水（共役酸 H_3O^+, $pK_a = -1.7$）で始まり，アルコキシドイオン（共役酸 ROH, $pK_a = 16$）で終わる．したがって，この反応は非常に遅い反応である（図 17・47）．

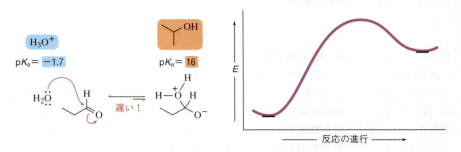

図 17・47 中性のカルボニル炭素への水の付加は遅く，不利な反応である

図 17・47 の分析は，求核性の低い求核剤による攻撃の前にカルボニル酸素のプロトン化が必要な理由を説明している．水は電子対を共有することを嫌うため，非常に求電子性の高い求電子剤のみを攻撃する．カルボニル酸素をプロトン化すると，カルボニル炭素に正電荷のある共鳴構造をもつオキソニウムイオンができる．この求電子性の高い求電子剤を水がプロトンを伴って攻撃する．最後に酸性のプロトンが取除かれ，水和物が生成する．H_3O^+ が再生されることから，これが酸触媒による反応であることがわかる．［触媒は反応速度を上げるけど，反応からは変化せずに回収されることを思い出そう］図 17・48 は，触媒反応と無触媒反応を反応座標図で比較することで，酸がいかに反応速度を増加させるかを示している．

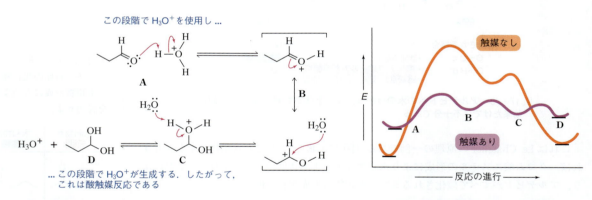

図 17・48 （水のような）求核性の低い求核剤が中性のカルボニル炭素へ付加する反応の速度は酸触媒の使用により増加する

> **アセスメント**
> 17・30 水和物の形成は，水酸化物イオンによっても触媒される．
>
> (a) この反応の反応機構を提案せよ．
> (b) 作成した反応機構の反応座標図を描け．
> (c) これは汎用反応機構 17A または 17B のどちらで起こるか．
> (d) 酸触媒と塩基触媒による水和物生成反応では，どちらの方が K_{eq} が大きいか．

17・7・2 アルコールの付加：ヘミアセタールの生成

先ほど学んだように，水はカルボニル酸素がプロトン化された後にのみ付加し，水和物を生成するが，水和物は平衡で微量しか生成しない．水和物がさらに反応することで平衡が偏るが，水和物は不安定なので生成物として単離することはできない．分析を進めていくと，なぜ水和物の方が不利なのか，という同じ問題にいつも戻ってくるようだ．

この場合の答えは，エントロピー（不利）がエンタルピー（やや有利）に勝るということである．この概念を確実に理解するために，図 17・49 のように酸触媒による付加反応で，水をメタノールに置き換えたときにどうなるかを考えてみよう．［この先を読む前に，図 17・49 の反応の分析をしてみよう］

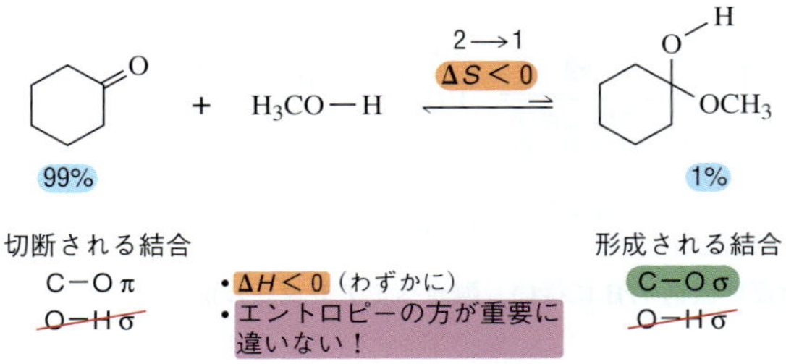

図 17・49 ケトンへのアルコールの付加は ΔH については有利だが，ΔS は有利でない

お察しの通り，基本的に変化はない．この本のなかで登場する反応ではいつでも，水がすることは，アルコールも同じようにする．今回の場合も同様である．この反応は，他の付加反応と同様，エントロピー的に不利である．もう一度言うが，ΔH はわずかに有利になる．結果的には，ΔS の再勝利が実験的に確認され，平衡のケトン側が有利になる．

メタノールとブタン–2–オンの平衡混合物に含まれる微量成分には，特別な名前がついている．ヒドロキシ基があるのでアルコールのように見える．炭素が二つ結合した酸素を含んでいることから，エーテルのようにも見える．しかし，どちらでもない．ヒドロキシ基とアルコキシ基が同じ炭素に結合している分子を**ヘミアセタール**（hemiacetal）とよぶ．

このように命名法が強調されることはあまりないが，その違いを認識することは重要である．アルコールやエーテルは，ヘミアセタールとはまったく異なる反応を示す．したがって，ヘミアセタールの存在にただちに気がつくことは非常に重要である．一般式 RO–C–OH（R は任意のアルキル基を表す）は，その分子がヘミアセタールであることを示す視覚的な手掛かりとなる．

ヘミアセタールは見過ごしがちなので，すぐにアセスメントで取組んでみよう．アルコールだと思うものを見たら，"それともヘミアセタールか"と自問してみよう．これはいずれ役立つことになるよ．

アセスメント

17・31 次の各分子に含まれるヘミアセタール部位を特定せよ．これらの分子は，平衡反応において有利な生成物となるほど安定していない可能性がある．

(a)　(b) 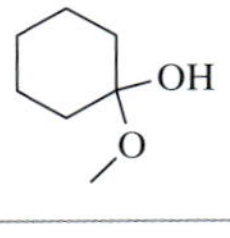　(c) 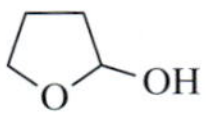　(d) 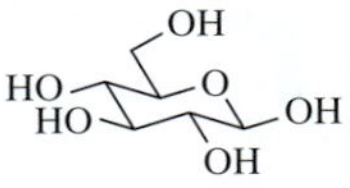　(e)

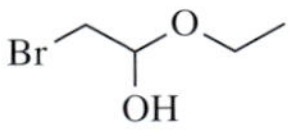

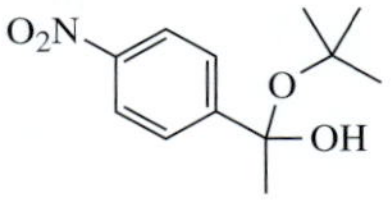

796   17. カルボニル基への付加反応

図 17・50 は，ヘミアセタールの生成が水の付加と同じ反応機構で進むことを示している．段階 1 では，プロトン化によってカルボニル基が活性化され，段階 2 で求核性の低い求核剤であるメタノールの攻撃を受ける．段階 3 では，プロトンが除去されてヘミアセタールが生成し，酸触媒が再生される．ここでも，（酸性条件下でより速く生成するにもかかわらず）ヘミアセタールはまだ有利ではない．反応を不利にする ΔS の寄与が大きいためである．[触媒は反応速度を上げることはできても，平衡の偏りを変えることはできないことを忘れないでおこう]

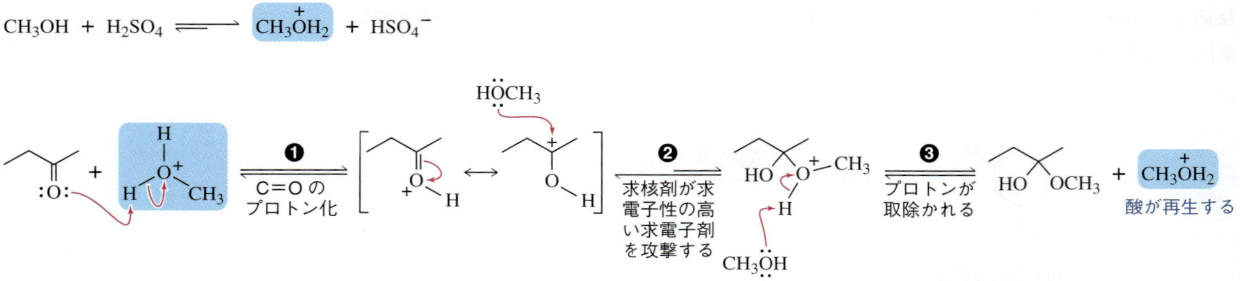

$$CH_3OH + H_2SO_4 \rightleftharpoons CH_3\overset{+}{O}H_2 + HSO_4^-$$

図 17・50 ケトンの水和と同様，汎用反応機構 17B に従い，酸がヘミアセタール形成を触媒する

アセスメント

17・32 以下に示すヘミアセタール生成の反応機構を示せ．[(c)だけは描かれているとおりに有利である]

(a)

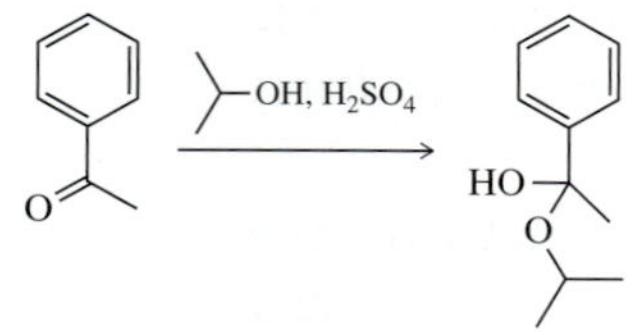

(b)

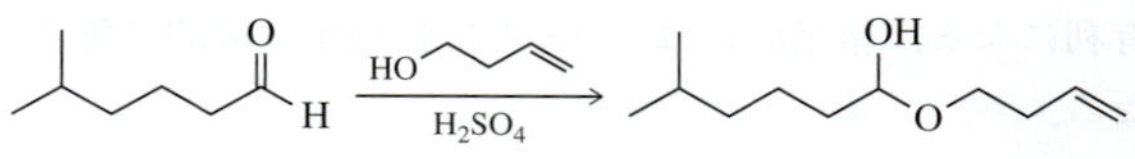

(c)

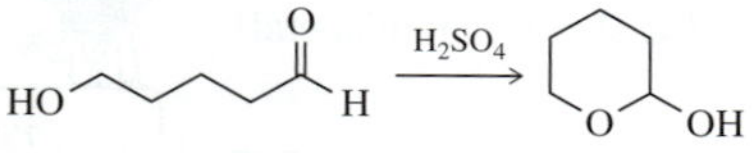

これまで見てきた酸素求核剤の最初の二つ，すなわち CH_3OH と H_2O の付加反応は，不利な反応である．[なので，反応シートに記載する必要はなかったよね] 実際には進行しない反応の反応機構を学ぶことに意味はあるのだろうか．実は，安定なヘミアセタールは存在し，その多くは生物学的に重要である．たとえば，グルコースは環状形と鎖状形の間で平衡を保っている（**図 17・51**）．[閉環するにはどのような反応が起こるか．鎖状形にはどのような官能基が存在するかな？ 環の中の官能基は？] この反応では単純に，アルコール

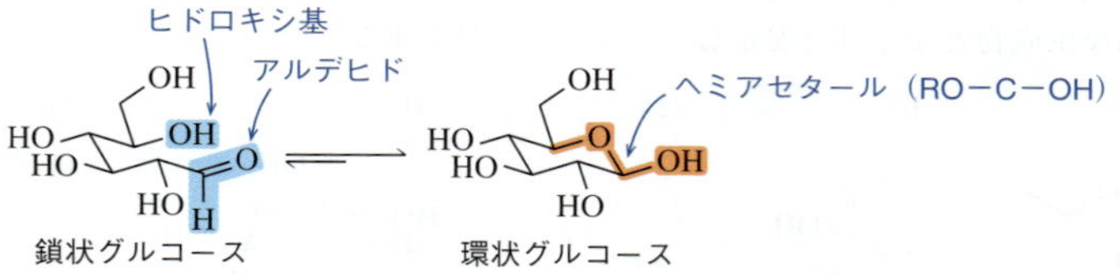

図 17・51 糖は環状のヘミアセタール形で存在する

17・7 アルデヒドやケトンへの酸素求核剤の付加　797

がアルデヒドに分子内で付加してヘミアセタールを形成するにすぎない．ヘミアセタール形成の反応機構はもう描けるだろう．実際，アセスメント 17・32(c)でやったはずだ．そして，以前に学習したどの場合とも違って，ここではヘミアセタールが平衡の有利な側になっている．〔理由は何だと思う？〕

　ヒドロキシ基を取除くことで，この反応の分析はよりシンプルになる．これまでのすべてのヘミアセタール形成反応と同様に，$\Delta H < 0$ である．だが，ここでは一つの分子が反応して一つの分子になる．分子内反応であるため，$\Delta S \fallingdotseq 0$ となり，この場合は最終的にエンタルピーが勝り，ヘミアセタール形成が有利になる（**図17・52**）．ヘミアセタール（環状形）は鎖状形に比べて回転の自由度が低い．この**回転エントロピー**（rotational entropy）の損失は，分子の変化，すなわち**並進エントロピー**（translational entropy）よりも重要度が著しく低い．そのため，回転エントロピーは無視できることが多い．

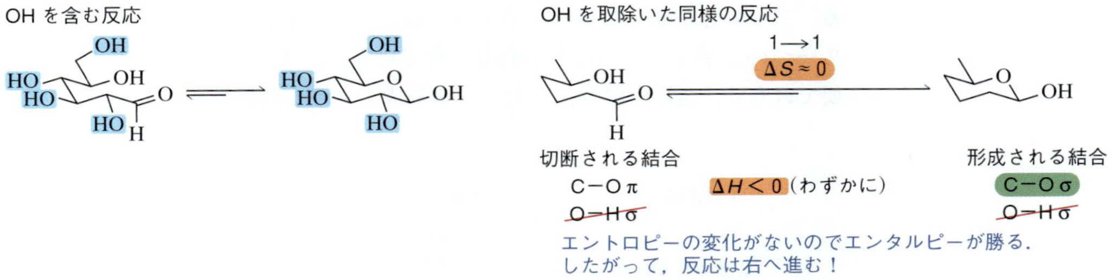

図 17・52　ヘミアセタールの分子内形成は $\Delta S \fallingdotseq 0$ である

アセスメント

17・33　次の環状ヘミアセタールのうち，生成時の K_{eq} が最も高いと予想されるものはどれか．その理由も述べよ．

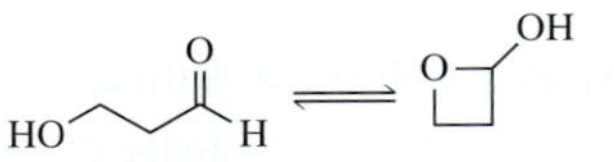

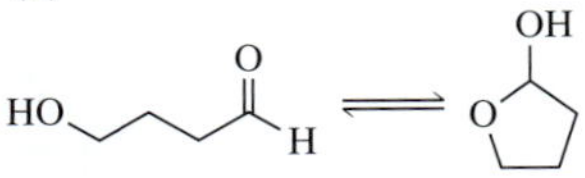

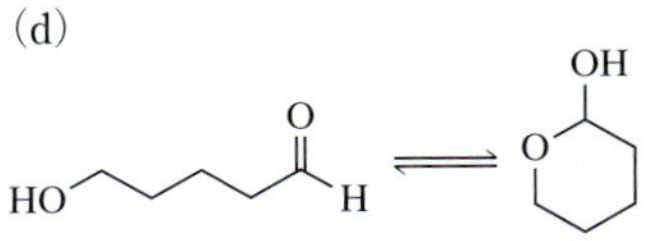

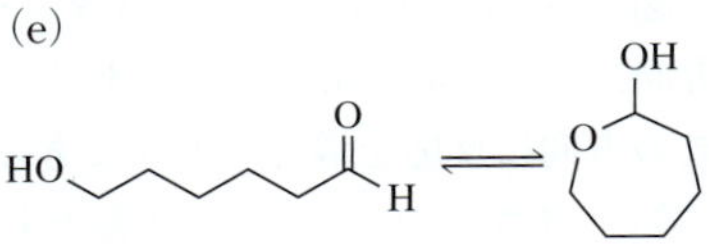

17・34　次の環状ヘミアセタールのうち，生成時の K_{eq} がより高いと思われるものはどちらか．その理由も述べよ．

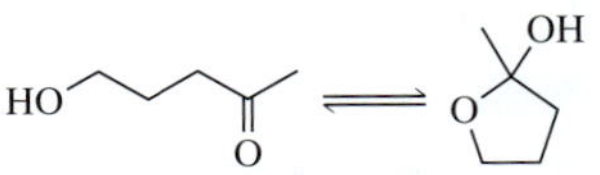

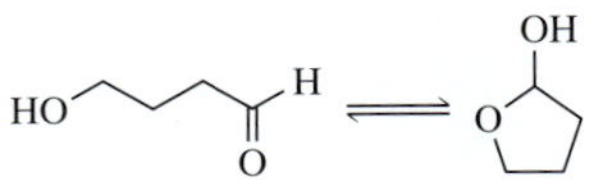

17・7・3　アルコールの付加：アセタールの生成

　非環状のヘミアセタールは単離することができないが，ケトンやアルデヒドから**アセタール**（acetal）に至る経路での中間体である（**図17・53**）．アセタールは，有機化学の学生がよくエーテルと間違える官能基である．同じ炭素から二つのアルコキシ基が出ているアセタール（RO-C-OR）は，エーテルと比べて反応性が大きく異なる．〔ついに，

798   17. カルボニル基への付加反応

ヘミアセタールの名前の由来がわかるよ —— つまりケトンとアセタールの中間的な存在なんだ]

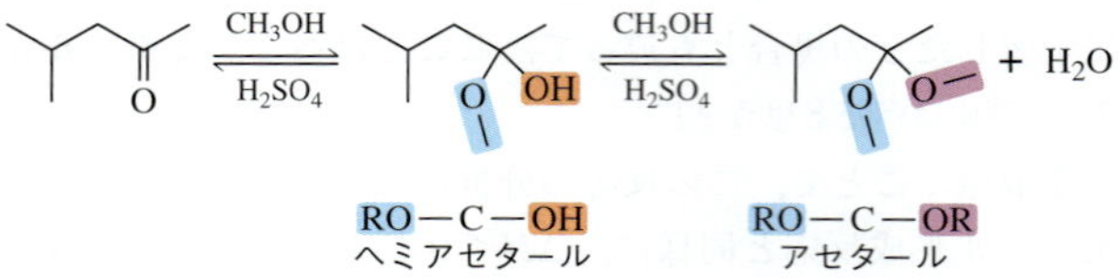

図 17・53　アルコールとカルボニル化合物は反応してアセタールを生成する

　ヘミアセタールや水和物とは異なり，アセタールは単離することができる．［なぜそうなるのか，エントロピーとエンタルピーの競合を考えてみよう］C−O π 結合よりも C−O σ 結合の方が安定性が高いため，この反応の ΔH は有利である（図 17・54）．さらに，水の中の O−H 結合は特に安定している．エントロピー的には，この反応は三つの分子から二つの分子を生成することになり，これがヘミアセタール形成との重要な違いである．三つの分子から二つの分子をつくることは，不利なことではあるが，二つの分子から一つの分子をつくるほど不利なことではない．このため，ここでは ΔS はそれほど重要ではなく，ΔH が勝り，アセタール形成がやや有利になる．

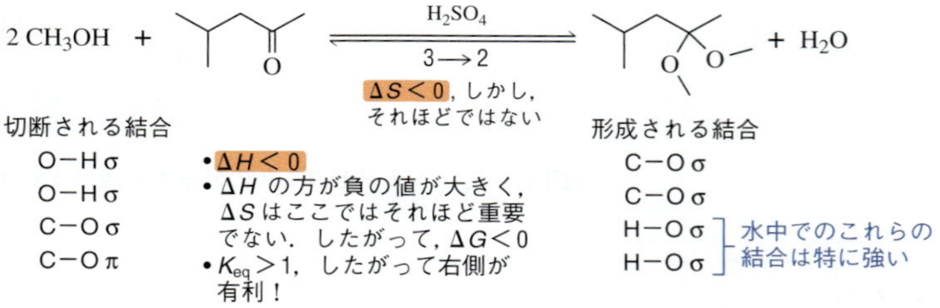

図 17・54　ΔS がそれほど負ではないとき，ΔH が最も重要となり，
アセタール形成は有利な反応となる

　この反応が合成上有用である理由は，熱力学的な微妙な違いだけではない．副産物として水が生成するので，Le Châtelier の原理を使って平衡の方向を操作することができる．図 17・55 に示すように，メタノールを加えたり，水を取除いたりすると，反応は右方向に進む．同じように，メタノールを抜いたり，水を加えたりすることで，ケトン生成の方向に反応を導くことができるはずである．［反応混合物中のメタノールを過剰にするにはどうすればよいかな．水分を除去するにはどうすればよいかな］

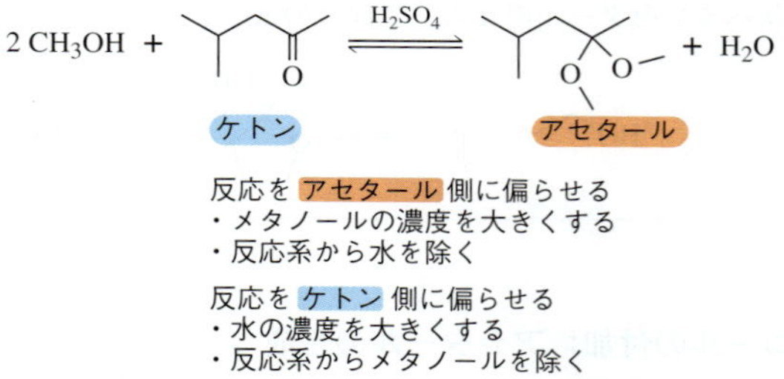

図 17・55　アセタール形成は目的物によってどちら側にも偏らせることができる

　実験的には，ケトンをメタノール（溶媒）に溶解し，大過剰となるようにする．水を抜いて平衡を変えるのはより手間がかかる．沸点が 64 ℃ のメタノールは，水よりも先

に沸騰してしまう．そのため，蒸留では水を選択的に除去することができない．モレキュラーシーブ（molecular sieve）を反応混合物に加えれば，メタノール/水の混合物から水を除去することができる．モレキュラーシーブとは，水を閉じ込めるのに最適な大きさの孔をもつビーズ状の物質である．

水とアルコールが混じり合わない場合，水の除去に **Dean–Stark 装置**（Dean–Stark apparatus）を用いる（図17・56）．アルコールと水は，低沸点の**共沸混合物**（azeotrope）を形成する．共沸混合物とは個々の化合物（ここでは水とアルコール）が単体で沸騰する温度よりも，低い温度で沸騰する混合物のことである．結果として，蒸気には水とアルコールの両方が含まれる．この蒸気を冷却し，別のトラップに凝縮する．トラップの中では，水（より密度の大きい液体）が底に沈み，アルコールが反応フラスコに戻る．こうして水を取除くことで，平衡がアセタール側に偏る．

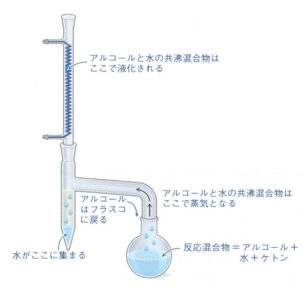

図17・56　Dean–Stark 装置は反応液からの水の除去を容易にする

■ 化学者のように考えよう

化学者が複雑な反応機構を理解するまでの過程は，教科書で学ぶころには忘れ去られていることがある．ここで取上げた反応機構は，これまでに学んだことを基に考えれば理解できるが，過去においては，そう簡単なものではなかった．たとえば，アセタールの生成は，かつてはよくわかっていなかった．その反応機構を解き明かすために，実験が工夫されたのである．どのように進められたのかを考えるために，まずは酸触媒によるジメチルアセタールの生成機構を別紙に描き出してみよう（図17・57）．［ヘミアセタールがどのように生成するのかはすでに知っているので，あと半分というところまできているよ］

化学者がどのようにしてアセタールの反応機構を解明したか，一緒に考えてみよう．

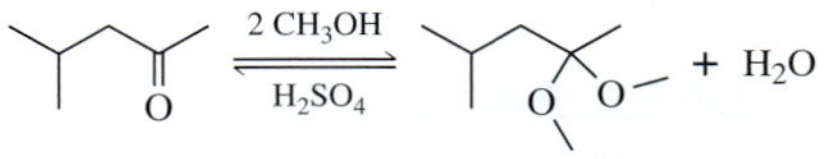

図17・57　先に進む前にアセタール形成の反応機構を提案しよう

［自分の考えで反応機構を描いたかな？　この練習を最大限に活用するために，何かしらは自分で考えてみた方がよいよ］

800　　17.　カルボニル基への付加反応

　　ヘミアセタールの生成過程は知っているので，反応機構はヘミアセタールから始めよう．これまでに扱ってきた化学に基づけば，アセタール生成には，二つの経路の可能性が考えられるだろう．S_N2 反応と S_N1 反応である．

可能性 1: S_N2 反応	可能性 2: S_N1 反応
S_N2 反応（第 12 章）では，ヘミアセタールのヒドロキシ基がプロトン化されたメタノールのヒドロキシ基を置換する可能性がある．プロトンが失われると，アセタールと酸触媒が生成する（図 17・58）	あるいは，プロトン化されたヘミアセタールのヒドロキシ基が水として脱離し，カルボカチオンを生成する可能性がある．次に，カルボカチオンに対するメタノールの攻撃に続いて，プロトンが除去されてアセタールが生成する（図 17・59）

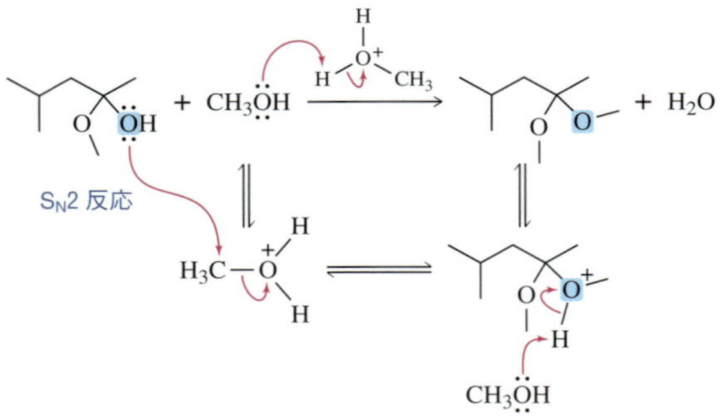

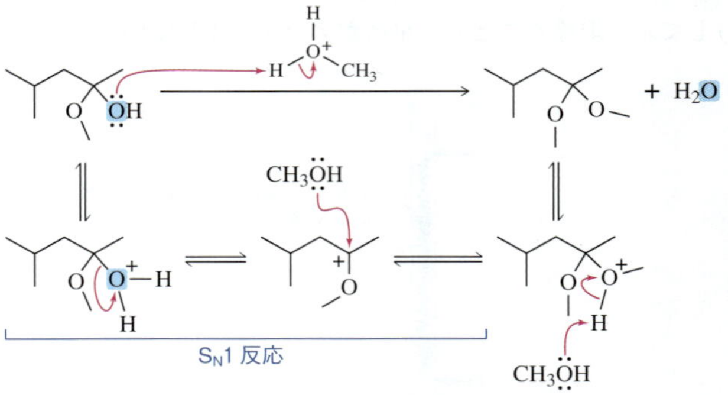

図 17・58　S_N2 機構によるヘミアセタールからアセタールへの変換　　図 17・59　S_N1 機構によるヘミアセタールからアセタールへの変換

　　この二つの反応機構のうち，どちらが正しいだろうか．反応は最もエネルギーの低い経路をたどることを思い出そう．［そしてそうした経路は一つしかないね］正しい経路を明らかにするために，化学者はケトンの酸素を ^{18}O で標識するかもしれない．この標識は反応機構を変えるものではないが，^{18}O を検出して ^{16}O と区別することができる．標識されたケトンを標識されていないメタノールと反応させると，反応が完了した後は水のみに標識が検出される（図 17・60）．この実験観察は，反応経路の選択にどのように影響するだろうか．

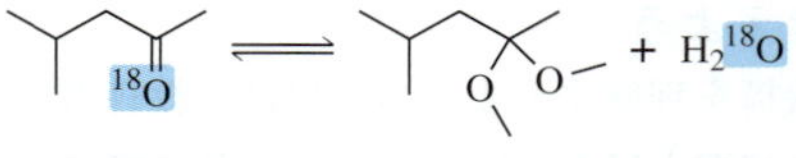

図 17・60　^{18}O で標識したケトンの場合，^{18}O で標識された水が生成した

　　二つの反応機構を振り返ってみると，可能性 2 だけが ^{18}O で標識された水を生成する．こうして，化学者が反応機構を決定する方法の一つを学ぶことができた．そして，同様に大切なこととして，アセタール生成の反応機構を知ることができた．［反応機構についてはまだ続くよ...］

17・7・4　アセタール生成の反応機構を詳しく見てみよう

　　"化学者のように考えよう"に描かれている実験では，なぜ可能性 2 が最良なのかについては何も書かれていない．溶液中では，どちらのヒドロキシ基（メタノールまたはヘミアセタール）も同じように有利にプロトン化することができる．プロトンはおそらく，塩基から塩基へと無作為に移動している．そして，どちらの経路が有利かは，"次

の"反応のうちどちらが速いかということで決まる．S_N2反応では，遷移状態で二つの分子が一つになる必要がある．S_N1反応は，脱離基があればよいだけで，一つの分子から二つの分子が形成される．一般的に，二つの分子間の衝突は脱離基の脱離よりも遅く，安定性の高いカルボカチオンが生成する場合は特に遅い．図 17・61 に示すように，水の脱離によって形成されたカルボカチオンは，結合している酸素の共鳴によって安定化される．

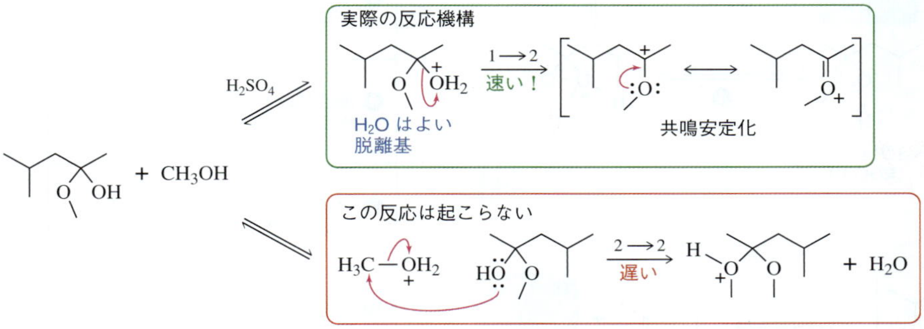

図 17・61 共鳴安定化されたカルボカチオンの形成は S_N2 反応よりも速い

以上のことから，アセタール生成の反応機構は図 17・62 に示すとおりである．逆反応の反応機構は図 17・63 のようになる．微視的可逆性の原理によれば，反応はどちらに進んでも同じ反応機構で進行するが，この二つの図はそれを示している．

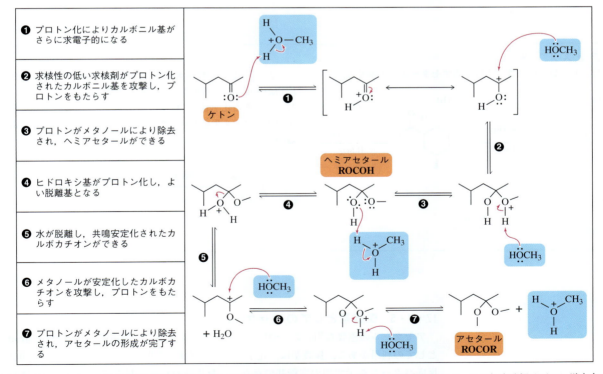

図 17・62 アセタール形成の汎用反応機構　微視的可逆性の原理によると，アセタール形成とアセタールの加水分解は互いに逆方向の反応機構である．反応の方向は使用される反応条件に依存し，特定の方向へ反応を駆り立てるために Le Châtelier の原理に頼る．

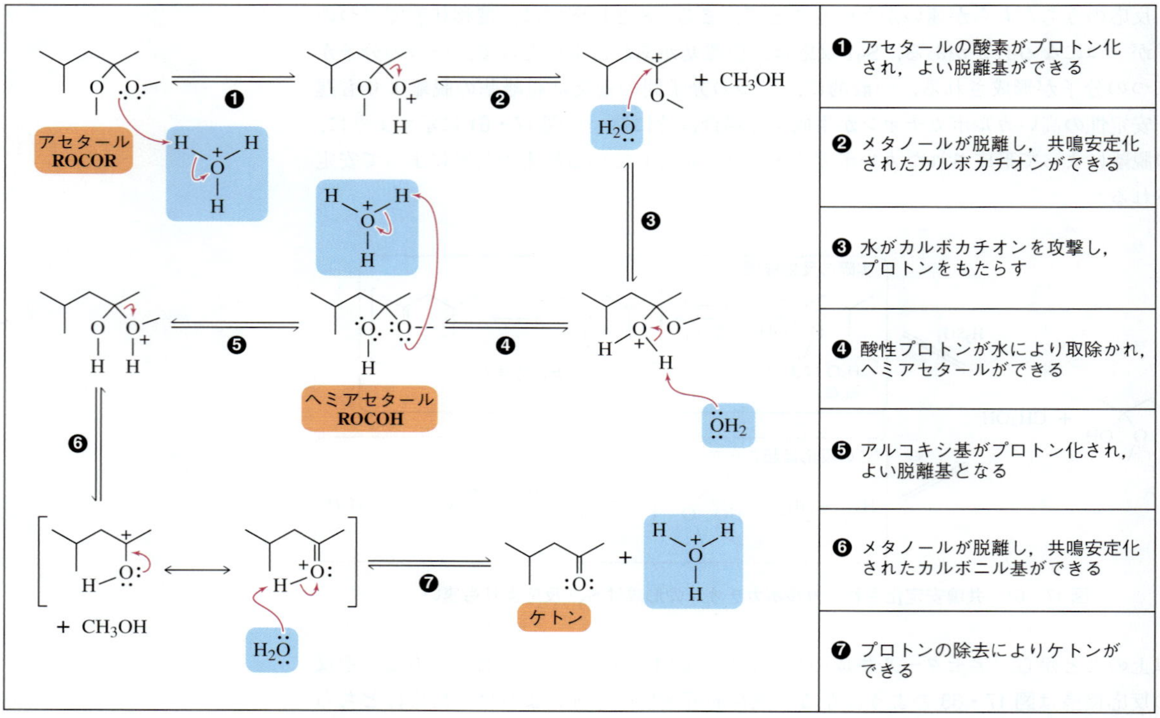

802　17. カルボニル基への付加反応

❶	アセタールの酸素がプロトン化され，よい脱離基ができる
❷	メタノールが脱離し，共鳴安定化されたカルボカチオンができる
❸	水がカルボカチオンを攻撃し，プロトンをもたらす
❹	酸性プロトンが水により取除かれ，ヘミアセタールができる
❺	アルコキシ基がプロトン化され，よい脱離基となる
❻	メタノールが脱離し，共鳴安定化されたカルボニル基ができる
❼	プロトンの除去によりケトンができる

図 17・63　アセタールの加水分解の汎用反応機構　微視的可逆性の原理によると，アセタール形成とアセタールの加水分解は互いに逆方向の反応機構である．反応の方向は使用される反応条件に依存し，特定の方向へ反応を駆り立てるために Le Châtelier の原理に頼る．

アセスメント

17・35　以下の条件で生成するアセタールを予測せよ．

(a)

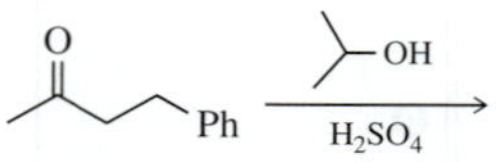

(b)

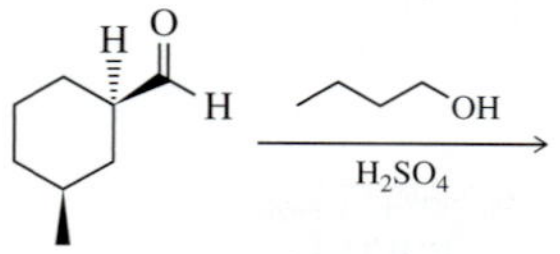

(c)

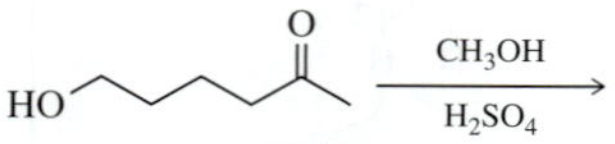

17・36　前述のアセスメント 17・35(a)〜(c)で予測した生成物が生成する合理的な反応機構を提案せよ．

17・37　ある化学者が ^{18}O で標識したエタノールを用いて以下のアセタール生成を行った．反応の最後に ^{18}O はどこにあるか．

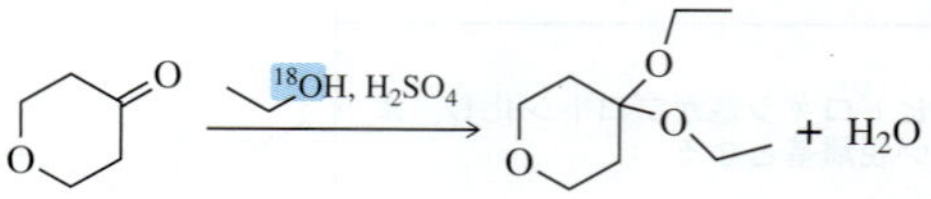

17・7・5　保護基としてのアセタール

アセタールの重要な用途の一つに，アルデヒドやケトンの**保護基**（protecting group）としての利用がある．保護基は，化学者がある官能基を用いて反応を行う際に，同様の反応パターンを示す別の官能基の存在下で反応を行いたい場合に必要となる．[§13・14 のアルコールの保護基の学習を思い出そう]

17・7 アルデヒドやケトンへの酸素求核剤の付加　803

アセスメント 17・17 の解説

アセスメント 17・17（§17・5・1）では，カルボニル炭素への求核付加による Grignard 試薬を用いた反応で期待した生成物が得られない理由を説明するよう求められた．［このアセスメントをもう一度見てから読み進めよう］

これまで学んできたほとんどの分子は官能基を一つだけもっていた．いくつかの反応を覚えようとするときには，特に分子の中の一つの官能基に注目する傾向があるかもしれない．その結果，図 17・64 の反応は，Grignard 試薬とアルデヒドの反応であり，他の官能基は存在しないというように，頭の中で単純化されてしまう．他の官能基が反応しないことを前提にしすぎて，明らかな反応性を見落としてしまうのである．他の反応性のない官能基のなかから重要なものを "見る" ことは貴重なスキルである．

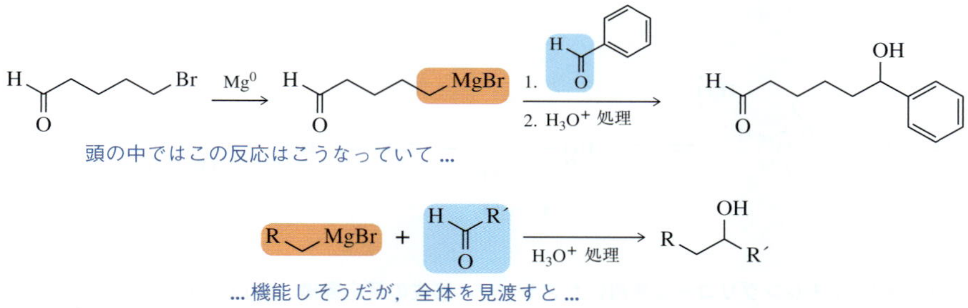

図 17・64　一見すると，Grignard 試薬を用いることで期待したアルコールができそうだ

このことを念頭に置いて，Grignard 試薬に含まれる他の官能基が何か全体を見てみよう（図 17・65）．この分子には，Grignard 試薬と求電子性のアルデヒドの両方が含まれている．分子内反応の方が分子間反応よりも速いので，この分子は Grignard 試薬としては役に立たないことがわかる．

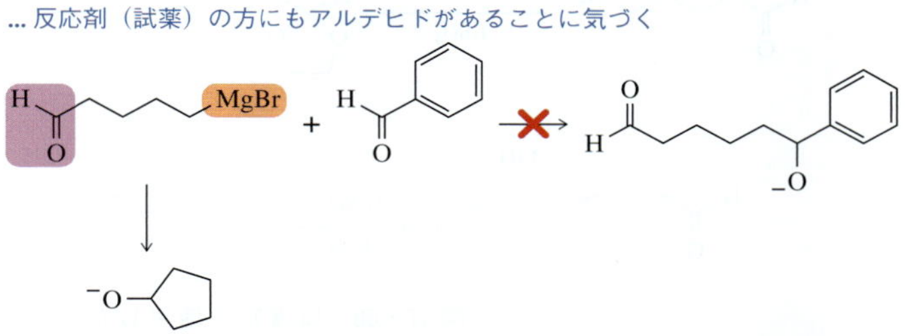

図 17・65　反応の全体を見る（ズームアウトする）としばしば違う展望が見えてくる

Grignard 試薬をつくる前に，アルデヒドを反応性のない官能基に変換する必要がある（保護基が必要である）．カルボニル炭素への Grignard 試薬の付加後，この官能基をアルデヒドに戻す必要がある（保護基を外さなければならない）．アルデヒドを出発物質として，反応性のない官能基を可逆的に形成する反応はあるのだろうか．もちろん，ある！

可逆性のため，アセタールは理想的なカルボニル基の保護基となる．また，アセタールは強塩基性の条件下でも反応性がなく，加水分解によって容易に除去できる．一般的にアルデヒドやケトンの保護にはエチレングリコール $HOCH_2CH_2OH$ が用いられる（図 17・66）．エチレングリコールからアセタールを生成する反応では，エントロピーの寄与は大きくない（2 分子→2 分子なので，$\Delta S \fallingdotseq 0$）．

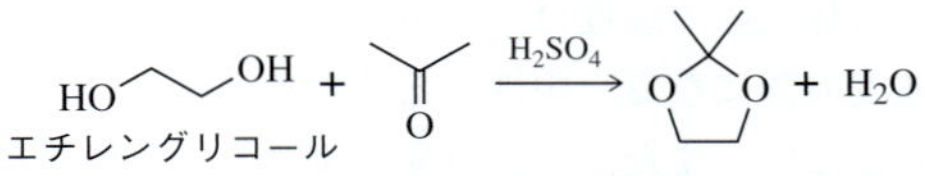

図 17・66　エチレングリコールは有利なアセタール形成によりカルボニル基を保護する

反応機構的には，この反応は図17・62と同じように進行する．唯一の違いは，最後のアルコールの付加段階で，図17・62では分子間反応だが，図17・67では分子内反応となり，5員環が生成する．

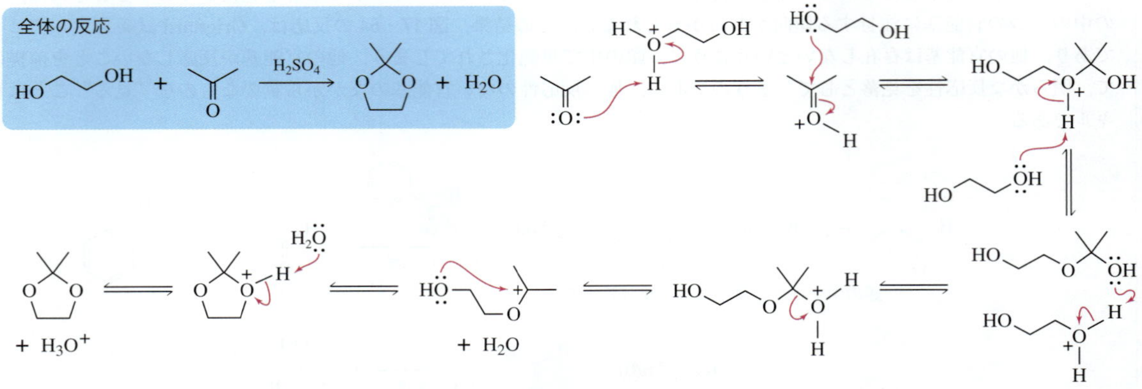

図17・67 エチレングリコールを用いたアセタール形成の反応機構　図17・62の反応機構と類似している．

全体の合成過程（図17・68）では，Grignard試薬を調製する前に，ブロモアルデヒドをアセタールとして保護し，求核付加の後，酸処理する．酸触媒条件下で脱保護すると，最終的にアルデヒドが生成する．

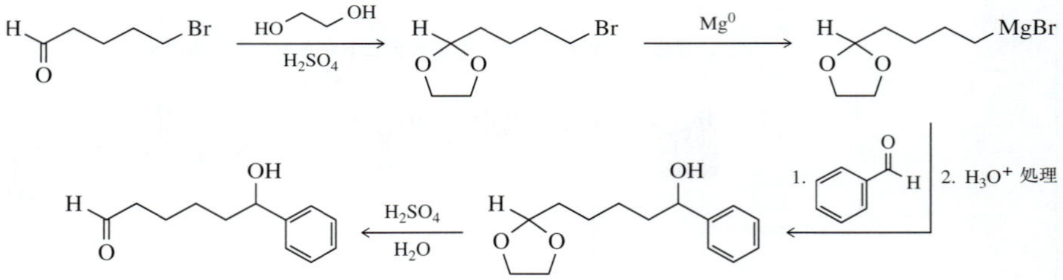

図17・68 保護基を使用した合成経路

アセスメント

17・38 ある化学者が，アセチリドを用いたアルキル化法を用いてここに示すアルキニルケトンの生成を試みたが，失敗に終わった．目的の生成物を得るためには，この方法をどのように改良すればよいだろうか．

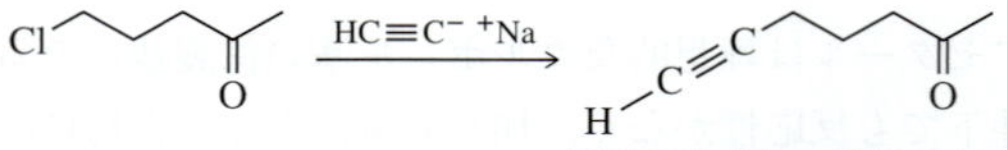

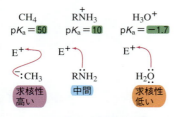

図17・69 中性の窒素求核剤の求核性は負電荷の炭素と中性の酸素の中間の強さである

17・8　アルデヒドやケトンへの窒素求核剤の付加

中性な窒素求核剤の付加反応の速度は，負電荷を帯びた炭素の付加反応の速度と中性な酸素の付加反応の速度の間になる．中性であるために，カルボアニオンほどは電子対を供与する傾向が高くはない．また，窒素は酸素よりも電気陰性度が低いため，窒素求核剤は，酸素求核剤よりも電子対を供与しやすい傾向にある（図17・69）．このため，

17・8 アルデヒドやケトンへの窒素求核剤の付加　805

窒素求核剤が付加する際，汎用反応機構 17A と 17B のいずれも可能性があるということになり，反応機構的には興味深い状況となる．

17・8・1　アンモニア（NH₃）の付加：イミンの生成

カルボニル基にアンモニアが付加すると，新しい官能基である**イミン**（imine）が形成される（図 17・70）．反応全体としては，アンモニアが水に置き換わり，カルボニル酸素がアンモニアからの窒素に置き換わることになる．

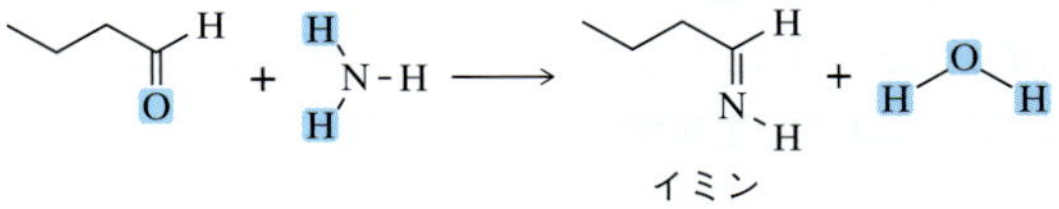

図 17・70　アンモニアの付加によりイミンを形成する

反応機構的には，酸の存在下では，反応はカルボニル酸素のプロトン化から始まり，活性化された求電子剤が生成する（図 17・71）．アンモニアは，三つの水素をもち込みながらプロトン化されたカルボニル酸素に電子対を供与する．次に，酸性のプロトンが過剰なアンモニアによって窒素から取除かれる．このようにして形成された中間体は，以前学んだ水の付加で形成された水和物と類似している．水和物が不安定であるように（ケトンに戻ってしまう），この類似の中間体も不安定である．しかし，今回の場合では，反応は順調に進行し，新しい化合物を生成する．

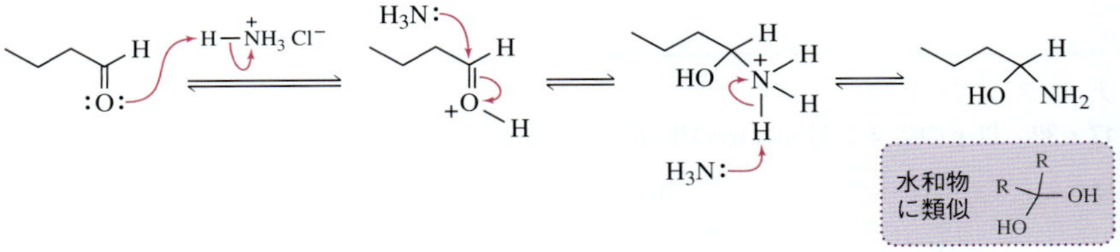

図 17・71　アンモニアは水和物形成と似た方法でアルデヒド/ケトンと反応する

ヒドロキシ基がプロトン化されることで水が生成する．水が脱離することで，共鳴安定化されたカルボカチオンが生成する．この時点で図 17・72 に示した二つの反応が進

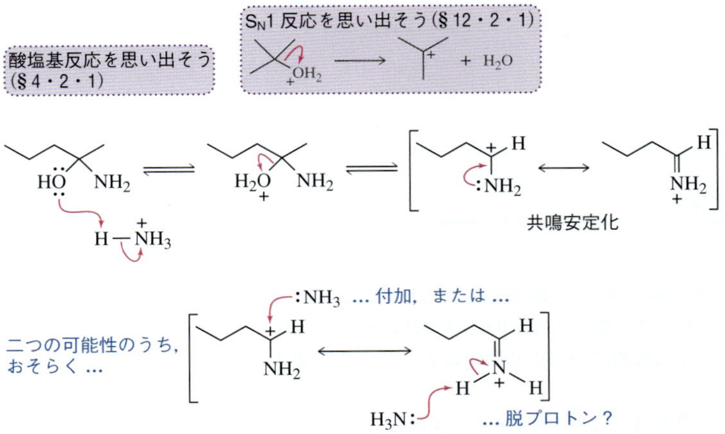

図 17・72　共鳴安定化されたカルボカチオンの形成により求核攻撃または脱プロトンが可能となる

行する可能性がある．

- 可能性 1: 二つ目のアンモニアの求核付加
- 可能性 2: 脱プロトンによる中性のイミンの生成

［可能性 2 の方が有利なんだけど，なぜかな？ どうして脱プロトンでイミンを生成する方が，二つ目の付加よりも有利なのかな？］

二つの反応過程を比較することが，答えを理解するための最善策となる．以前にもやったように（§13・7 参照），脱プロトンの方が反応速度が速い（E_a が低い）ことがわかっている．また，$\Delta S \fallingdotseq 0$（2 分子→2 分子）で熱力学的にも有利であると考えられる．このためイミンは高収率で生成する（図 17・73）．

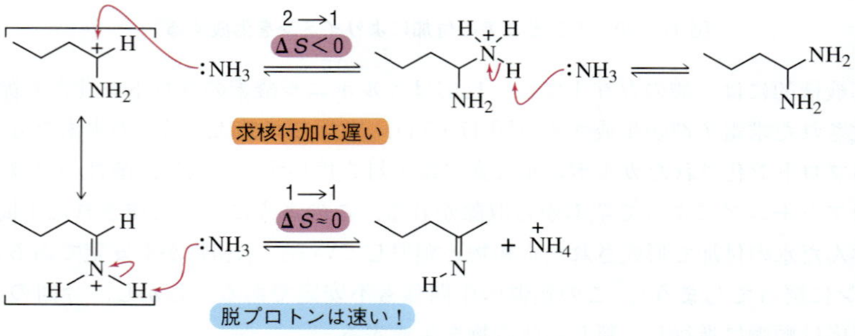
2 ⟶ 1
ΔS＜0
:NH3
NH2
求核付加は遅い
1 ⟶ 1
ΔS≈0
+ NH4
脱プロトンは速い！

図 17・73　脱プロトンは求核攻撃よりも速くて有利だ

アセスメント

17・39　以下のアミン付加反応の生成物を予測せよ．

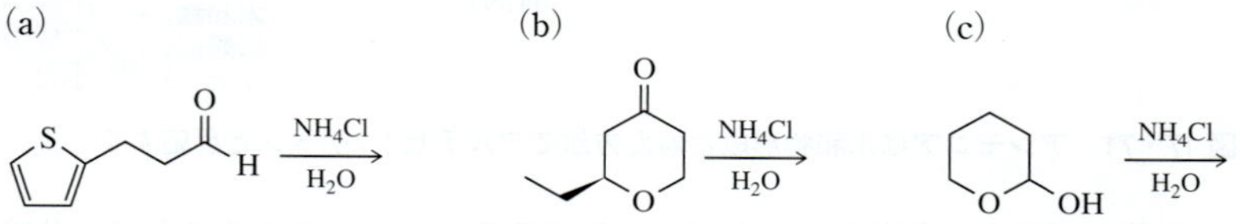
(a)
(b)
(c)
NH4Cl
H2O
OH

17・40　イミンの生成は可逆的である．どうすれば平衡がケトン側に偏るのだろうか．

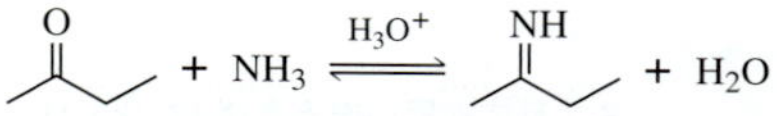
H3O+
+ NH3
NH
+ H2O

17-C　化学はここにも（生化学）

アミノ酸からエネルギーをつくり出す

クエン酸回路（citric acid cycle）〔または Krebs（クレブス）回路（Krebs cycle）〕は，細胞がエネルギーを生成するための 9 段階の経路である（図 17・74）．この経路上の分子の多くは，他の生物学的プロセスに乗っ取られてしまうため，中間体を補充するための二次的な方法が必要になる．そのような二次的経路により回路に入ってくる中間体の一つが，2-オキソグルタル酸である．

通常，クエン酸回路の脱炭酸反応によって生成する 2-オキソグルタル酸は，グルタミン酸の脱アミノ反応によっても生成する（図 17・75）．脱アミノ反応では，NAD^+が補酵素として利用される．

17・8 アルデヒドやケトンへの窒素求核剤の付加　807

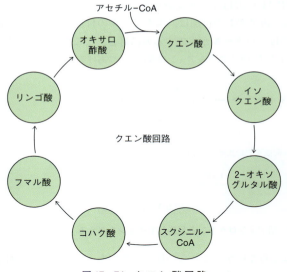

図 17・74　クエン酸回路

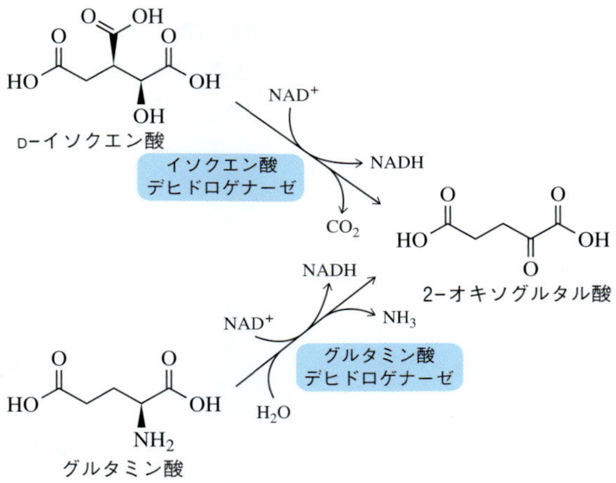

図 17・75　グルタミン酸の脱アミノによる 2-オキソグルタル酸の生成

　この過程は，グルタミン酸デヒドロゲナーゼの活性部位にグルタミン酸と NAD^+ が結合することから始まる（"17-A 化学はここにも"での説明と同様）．図 17・76 に示すように，アミノ基の水素が脱プロトンされると，電子が流れ込んで C−N π 結合が形成されるとともに，隣接する NAD^+ にヒドリドが供与される．

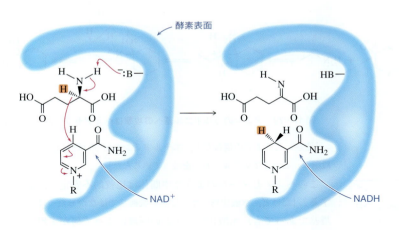

図 17・76　酵素によるアミン酸化の反応機構

　イミンは水性環境では 2-オキソグルタル酸に平衡化し，クエン酸回路で使用される．イミンの加水分解（図 17・77）は，§17・8・1 で説明したイミン生成とは逆の反応機構［微視的可逆性の原理を思い出そう］で進行する．

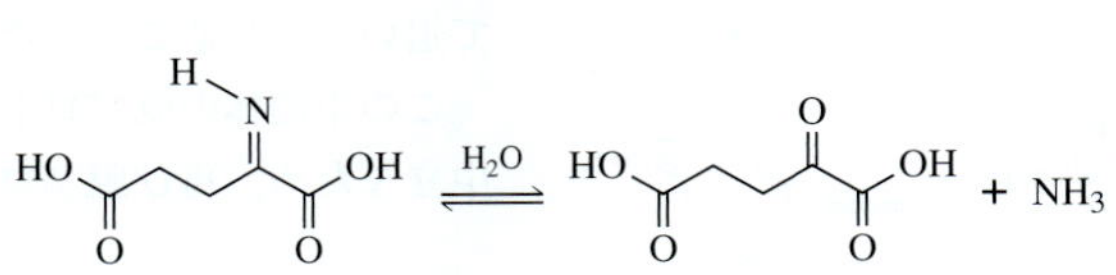

図 17・77　イミンの加水分解

アセスメント

17・41　図 17・77 に示したイミンの加水分解の反応機構を説明せよ．

808   17. カルボニル基への付加反応

17・8・2 第一級アミン（RNH_2）の付加: イミンの生成

アルデヒドやケトンへの第一級アミンの付加は，エタノールの付加に似ている（図17・78）．エタノールの付加ではアセタールが生成するのに対し，ここではイミンができる．［異なる反応性につながるエタノールとエチルアミンの違いを一つあげるとしたら何かな？］

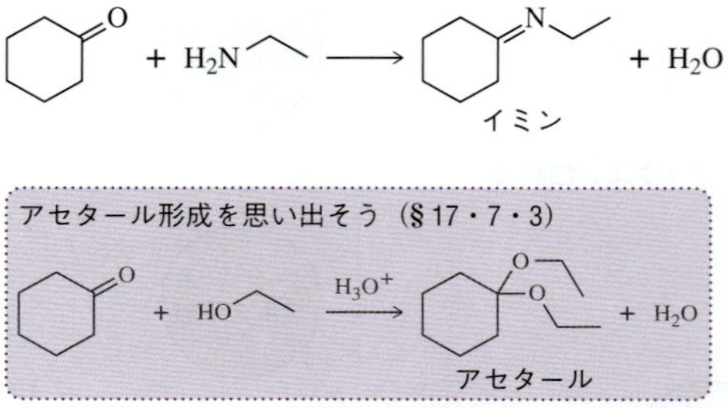

アセタール形成を思い出そう（§17・7・3）

図17・78　第一級アミンはケトンと反応してイミンを与える

酸がない場合 —— 忘れてはならないが，これらの反応は酸があってもなくても可能である —— 求核性の窒素がカルボニル基の求電子性の炭素を直接攻撃する（汎用反応機構17A）．この中間体は酸性（$R_2NH_2^+$）と塩基性（RO^-）の両方をもつため，一連のプロトン移動を経て，先に見たヘミアセタールに似た分子である**ヘミアミナール**（hemiaminal）を与える（図17・79）．

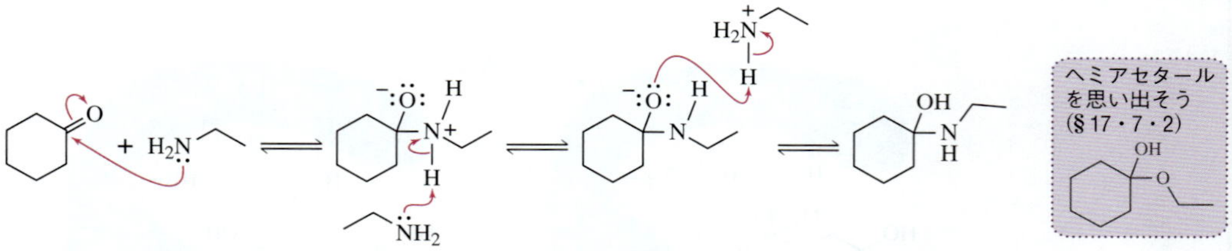

ヘミアセタールを思い出そう（§17・7・2）

図17・79　アミンのカルボニル基への攻撃はヘミアセタール形成に似ている

［注意: ここまでの情報だと，エチルアミンの付加は理にかなっているはずだね．だけど，次の段階が，これまでの"ルール"を破っているんだ］

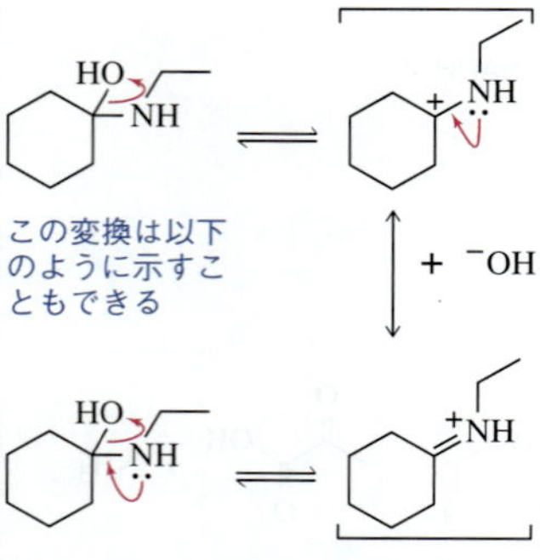

このヘミアセタールのような中間体は比較的不安定で，水酸化物イオンを失って分解する．［だけど，水酸化物イオンは悪い脱離基ではなかったっけ？］水酸化物イオンが悪い脱離基であっても，水酸化物イオンの脱離によって何が実現されるのかをよく見てほしい（図17・80）．すなわち，高度に共鳴安定化されたカルボカチオンが形成されるのだ．その結果，水が自力で出て行くのではなく，実際には窒素の非共有電子対の供与によって追い出されることになるのである．

この中間体の脱プロトンは求核攻撃に比べて立体障害が少なく，エントロピー的にも中立なため，再び脱プロトンが求核攻撃よりも有利となる．溶液中で最も強い塩基であ

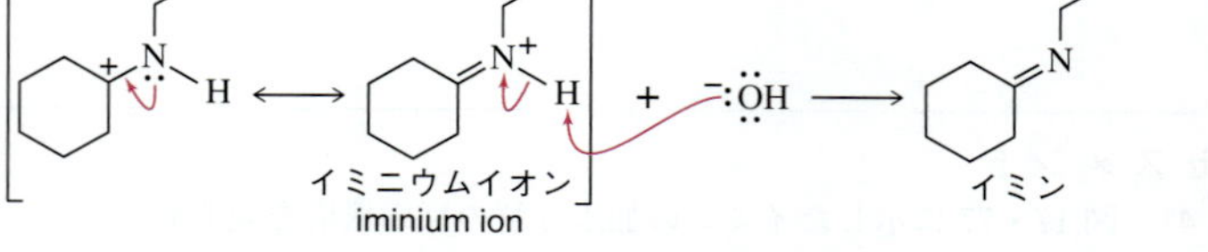

この変換は以下のように示すこともできる

図17・80　水酸化物イオンは押し出されない限り，それほどよい脱離基ではない

イミニウムイオン
iminium ion

イミン

図17・81　脱離後，水酸化物イオンは速やかにプロトンを奪い，イミンができる

17・8 アルデヒドやケトンへの窒素求核剤の付加　809

る水酸化物イオンがイミニウムイオンを脱プロトンし，イミンを生成すると考えられる（図17・81）．

　水酸化物イオンは脱離基としてはどうだろうか．以前（§13・7・2と§17・7）は，水酸化物イオンはプロトン化された後（つまり，よりよい脱離基である水になった後）にのみ脱離した．つまり水酸化物イオンが脱離しやすいように変化することで，速くて有利な反応が進行した．一方，今回の場合，水酸化物イオンは，電子供与性の窒素によって追い出されている．この過程は遅い反応かもしれないが，水酸化物イオンがすぐにプロトン化されるために，有利な過程となる．

アセスメント

17・42　次のイミンをつくるのに使用できるアミンとアルデヒド/ケトンを提案せよ．

(a)

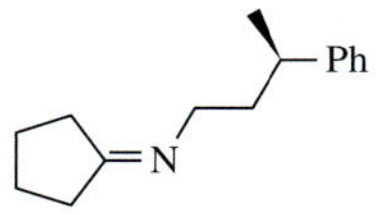

(b)

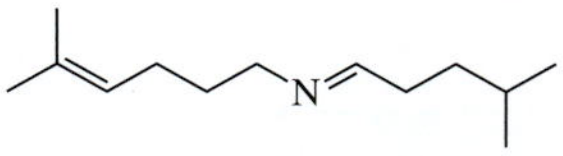

(c)

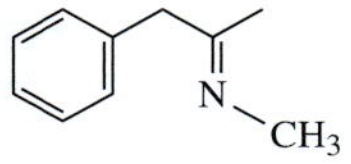

(d)

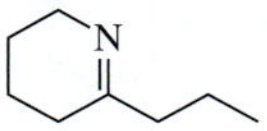

17・43　水素原子（H）を重水素原子（D）に置き換えたアミンを用いてイミン生成反応を行った場合，重水素原子は生成物のどこに入るか．

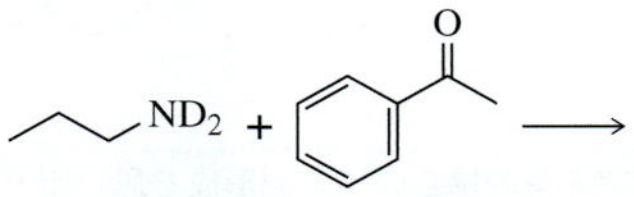

17・44　イミンの生成は可逆的であり，水を加えることでケトン側に寄せることができる［Le Châtelierの原理］．この反応の酸触媒下での反応機構を示せ．

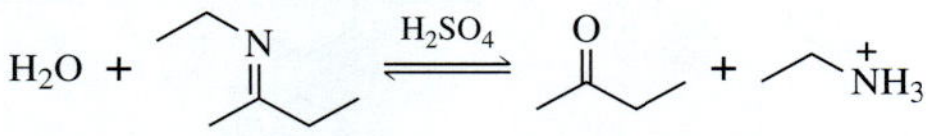

$$H_2O + \text{（イミン）} \xrightleftharpoons{H_2SO_4} \text{（ケトン）} + \text{アミン}\overset{+}{N}H_3$$

17・8・3　第二級アミン（R₂NH）の付加：エナミンの生成

　アンモニアの付加および第一級アミンの付加のどちらにおいても，反応の過程で，酸素は新しいO−H結合を二つ形成することで，水分子を生成する．反応全体としては

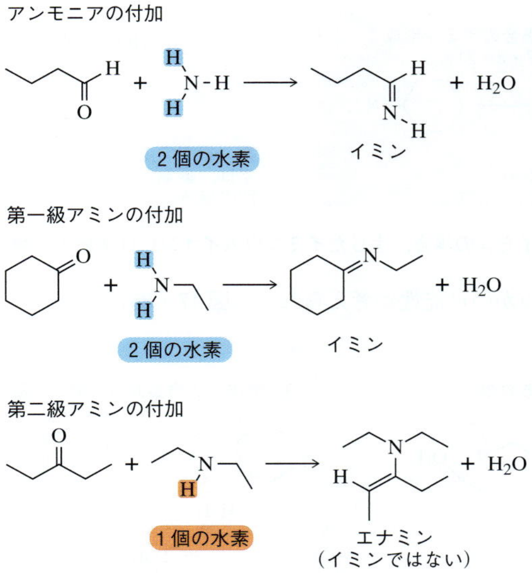

アンモニアの付加

2個の水素　　　イミン

第一級アミンの付加

2個の水素　　　イミン

第二級アミンの付加

1個の水素　　　エナミン（イミンではない）

図17・82　異なるアミンのアルデヒド/ケトンへの付加の比較

(触媒を無視すると)，これらの水素はアミンに由来する．[本当かどうか確認しよう] 第二級アミンにはN-H結合が一つしかないので，異なる反応結果が予想される．第二級アミンとカルボニル基の反応では，**エナミン**（enamine）が生成する．この官能基は中性の窒素がアルケンの炭素に単結合でつながった構造となっている．図17・82はこれら三つの反応を比較したものである．

図17・83では，第二級アミンの付加が第一級アミンの付加と反応機構的には似ていることを示している．求核性の窒素がまずカルボニル基の炭素を攻撃する．続く一連の酸塩基反応により，中性のヘミアセタールのような中間体が得られる．再び，窒素が電子対を供与し，水酸化物イオンを放出する．

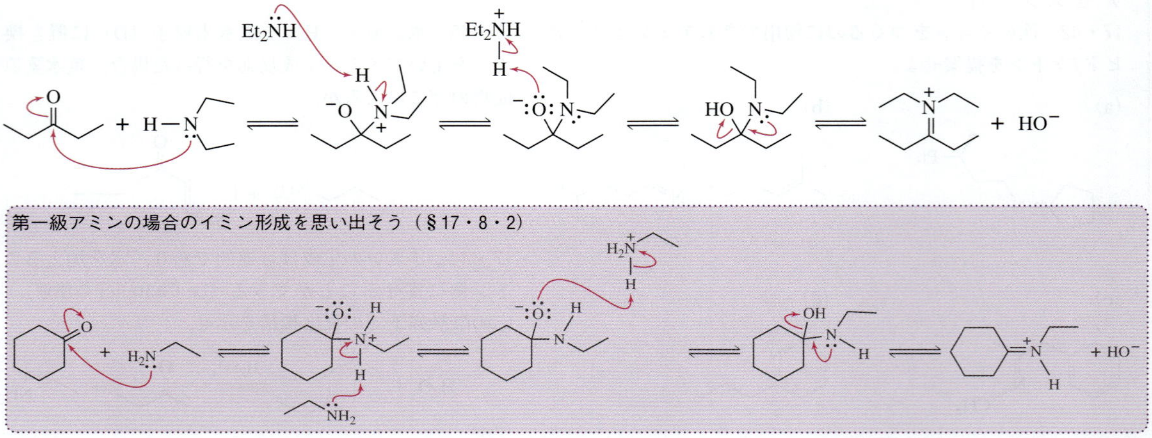

図17・83 第二級アミンと以前学んだ第一級アミンの付加の比較

ここまでは，アンモニアや第一級アミンの反応と同じである．以前の反応では，次の段階で正電荷を帯びた窒素の脱プロトンが進む．ここでの窒素は，正電荷を帯びているものの，脱離すべきプロトンをもっていない（図17・84）．

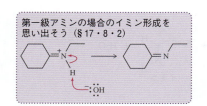

第二級アミンから形成したイミニウムイオンでは，窒素上にプロトンがない．だが，どこか別の場所にないか？

図17・84 第二級イミンの場合，生じたイミニウムイオンには窒素上に酸性のプロトンがない

この後は，いくつかの可能性が考えられる（図17・85）．

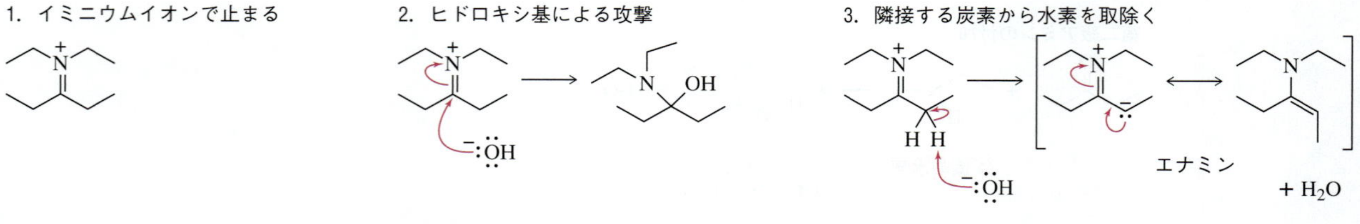

1. イミニウムイオンで止まる

2. ヒドロキシ基による攻撃

3. 隣接する炭素から水素を取除く

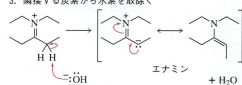

図17・85 イミニウムイオンがもつ三つの可能性

17・8 アルデヒドやケトンへの窒素求核剤の付加　811

1. 反応が**イミニウムイオン**（iminium ion）で止まる．［帯電した分子が単離されることはほとんどないので，その可能性は低いよね］

2. 水酸化物イオンがイミニウムイオンの炭素を攻撃して，電子対を窒素に戻す．［これは，前段階の逆反応だし可能性も低いね］

3. 水酸化物イオンが，イミニウムイオンに隣接する炭素からプロトンを引抜く．［これが実際に起こっていることなんだ］

　α炭素（α-carbon）が脱プロトンされると，中性の共鳴構造により安定化されたカルボアニオンが生成する．共鳴構造中で最も寄与が大きい，中性の構造として出てくるのがエナミン官能基である．

　多くの第二級アミンがカルボニル基とエナミンを形成する．アルケンが2種類生成する可能性がある場合，この反応は熱力学支配であるために，常により安定なエナミンを与える（**図 17・86**）．二つのアルケンがジアステレオマーの関係（*E/Z*）の場合でも同様である．

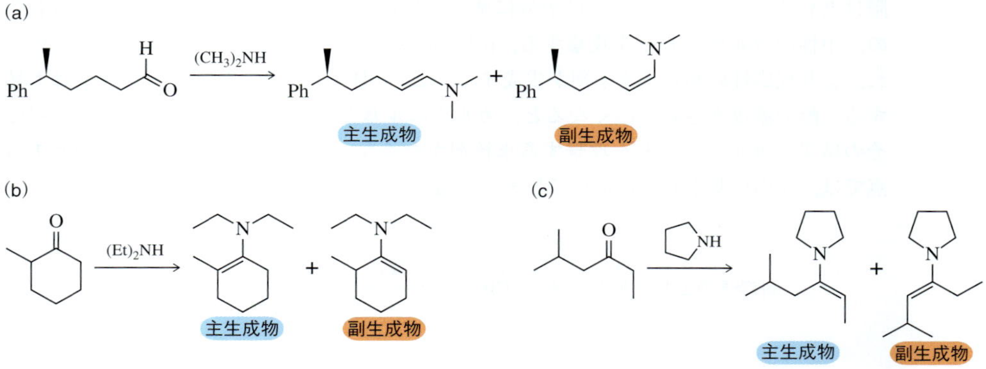

(a)

(b)　　　　　　　　　　　　　　　　　　　　(c)

図 17・86　エナミン形成は熱力学的に制御される

アセスメント

17・45　以下に示すアミンとカルボニル基の反応で形成されるエナミンを予測せよ．

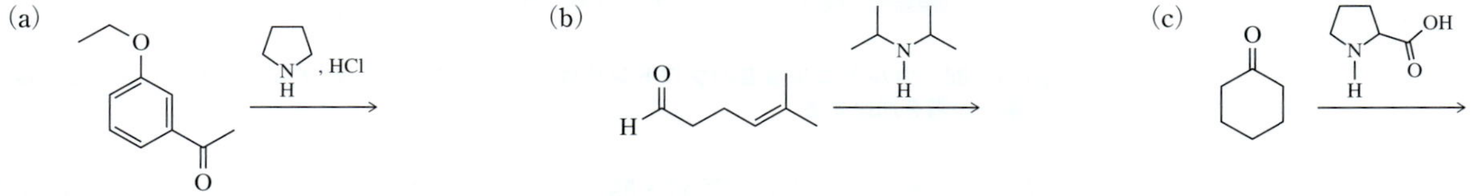

(a)　　　　　　　　　　　(b)　　　　　　　　　　　(c)

17・46　図 17・86 の各反応の主生成物と副生成物を合理的に説明せよ．

17・8・4　アミンの付加の pH 依存性

　必然ではないが，酸があるとアミンの付加は速くなる．しかし，その程度はどうだろうか．また，このことから反応機構について何がわかるだろうか．酸を少し加えることで速度が上がるのであれば，酸をより多く加えると速度がさらに上がるのだろうか．

　メチルアミンの付加速度がいくつかの酸濃度で調べられている（**図 17・87**）．pH が 8 から 4 に下がると（つまり酸の濃度が高くなると），反応速度は上がる．しかし，pH 4 を超えて酸を追加すると，反応が遅くなることがわかった．これはなぜだろうか．［前

節までの観点から反応機構の各段階を考えてみよう．酸によって速度が上がるのはどの段階かな．また，どの段階が遅くなるかな]

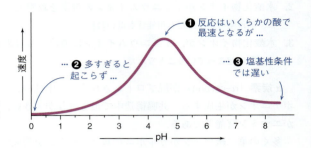

図 17・87 アミンの付加は低いpHでは遅く，高いpHでは停止し，pH＝4付近で最も速くなる

議論を簡単にするために，イミンの生成は，アミンの付加の第一段階と，脱水の第二段階の組合わせだと考えよう．そして，二つの段階それぞれについて，図 17・87 の曲線の観測点で起こることを考えてみよう．わずかに塩基性の点（pH＝8）で，第一段階は進行する．メチルアミンは十分に強い求核剤であるため，ゆっくりではあるものの，中性のカルボニル基を攻撃する．pH＝4の点では，カルボニル基はプロトン化され，より反応性の高い求電子剤が生成する．このpHでは，第一段階の反応速度は上昇する．酸の濃度がさらに濃くなると，カルボニル基とアミンの両方がプロトン化され，その結果，カルボニル基を攻撃する求核剤がなくなってしまう．すなわち，pH＝1の点では，反応は基本的に停止してしまう（図 17・88）．

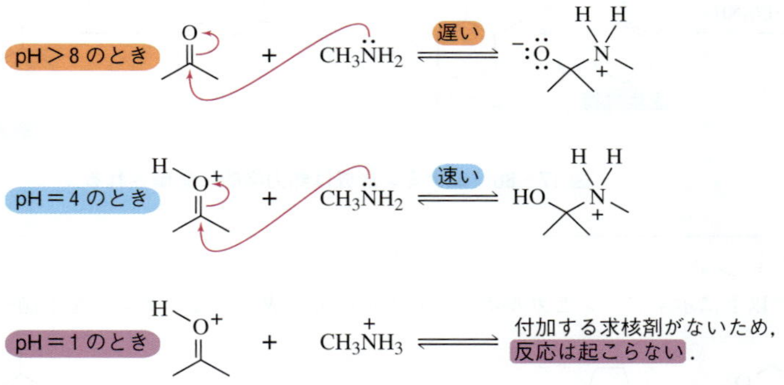

図 17・88 カルボニル酸素のプロトン化は，すべてのアミンがプロトン化されないうちは，第一段階を加速する

イミン生成の第二段階（図 17・89）では，ヒドロキシ基の脱離が問題となる．弱酸性の溶液（pH＝4）では，ヒドロキシ基はプロトン化されるので，よりよい脱離基と

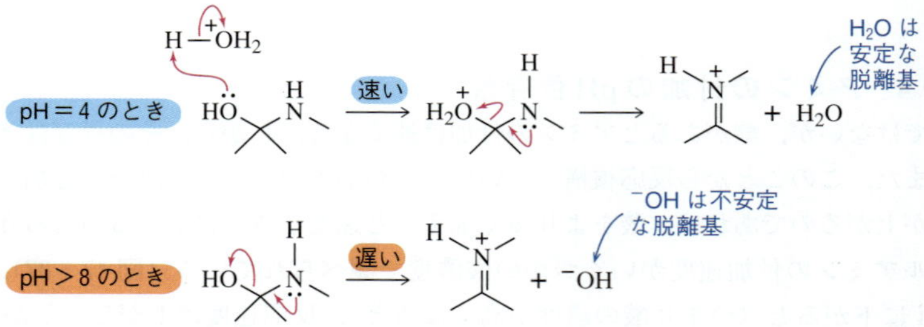

図 17・89 ヒドロキシ基のプロトン化は第二段階の速度を上げる

17・8　アルデヒドやケトンへの窒素求核剤の付加　　813

なる．一方，塩基性溶液（pH＞8）では，ヒドロキシ基をプロトン化して脱離させる
プロトンが存在しない．そのため，ヒドロキシ基は水酸化物イオンとしてよりゆっくり
と脱離する．

17・8・4のまとめ ▮▮

- イミン形成は pH＝4 付近で最速となる．この pH では，ヒドロキシ基の脱離を助け
  るのに十分なプロトンが存在するが，すべてのアミンがプロトン化されて求核性を
  失ってしまうほどではない．

17・8・5　すべてをまとめる：アミンの付加のまとめ

　3 種類のアミン（NH_3，第一級アミン，第二級アミン）の求核置換反応をまとめて眺
め，さらに第三級アミンの置換反応について考えてみるとよいだろう．［まだ第三級アミ
ンについては見てなかったからね］いずれの場合も $\Delta S \fallingdotseq 0$ なので，π 結合（C＝N または C
＝C）の形成が原動力となる．**表 17・13** は，アミンの付加から始まるこれらの反応が
どのように関連しているかを示している．

表 17・13　アミンの付加のまとめとそれぞれ異なる生成物ができる理由

アミンの種類とその付加様式	反応
NH_3 のアルデヒドまたはケトンへの付加はイミンを与える	
$EtNH_2$（第一級アミン）のアルデヒドまたはケトンへの付加はイミンを与える	
Et_2NH（第二級アミン）のアルデヒドまたはケトンへの付加は，窒素上に水素が一つしかないためエナミンを与える	
Et_3N（第三級アミン）のアルデヒドまたはケトンへの付加は，窒素上に水素がないため反応しない	

　表 17・13 にあるように，少なくとも一つの水素をもつアミンは，カルボニル化合物
と反応する．ほとんどの場合，付加は窒素に結合している置換基とは無関係である．**表
17・14** に，イミン形成に使用されるアミン誘導体の例を示す．この表の反応は，かつ
て未知化合物の同定に用いられていたものである．しかし，現代では分光法が登場した
ことで，こうした使用法が活用されることは少なくなっている．

17. カルボニル基への付加反応

表 17・14 アミンはイミン形成によりケトンやアルデヒドを誘導体に変換するのに使用できる

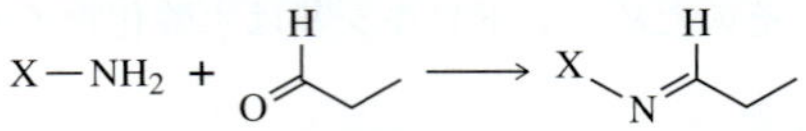

反応剤		生成物	
名称	構造	名称	構造
ヒドラジン	H_2N-NH_2	ヒドラゾン	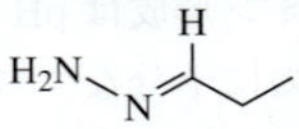
ヒドロキシルアミン	$HO-NH_2$	オキシム	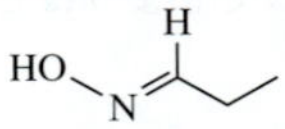
フェニルヒドラジン	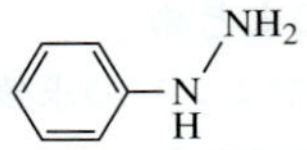	フェニルヒドラゾン	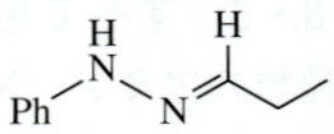
2,4-ジニトロフェニルヒドラジン	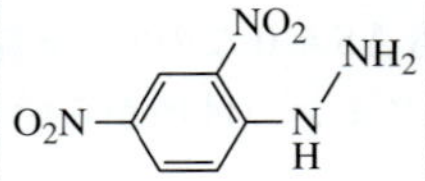	2,4-ジニトロフェニルヒドラゾン	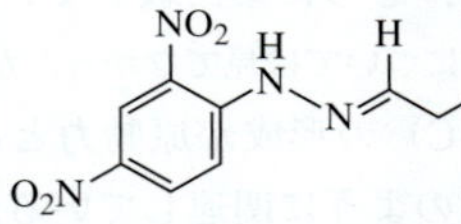
セミカルバジド	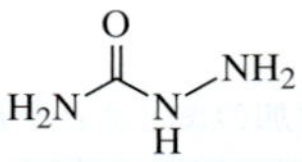	セミカルバゾン	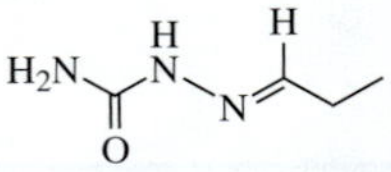

アセスメント

17・47 以下の反応で生成するであろうアルデヒド/ケトン誘導体を予測せよ.

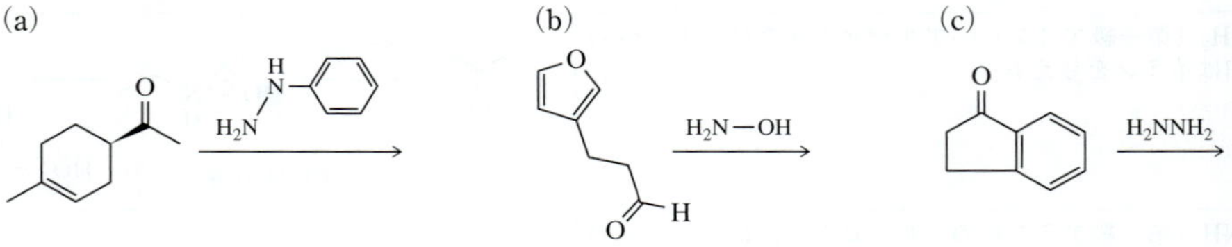

(a) (b) (c)

17・48 セミカルバジドには三つの窒素原子が含まれているが，以下の反応ではそのうちの一つだけがカルボニル基を攻撃する．残りの二つの窒素原子は，なぜこの反応に関与しないのだろうか．

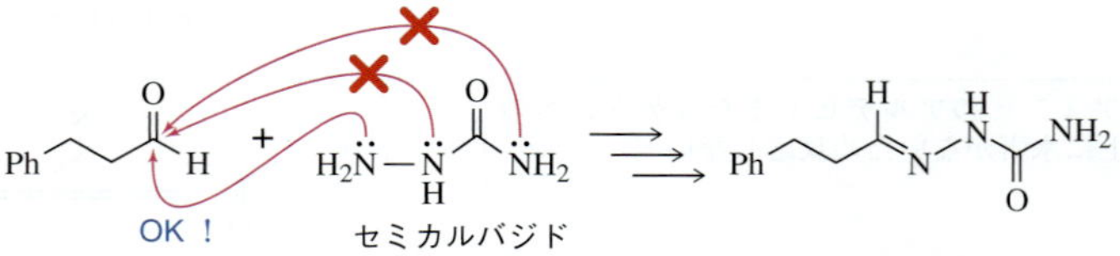

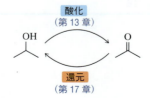

図 17・90 アルコールとケトン/アルデヒドは異なる酸化状態にある

17・9 還 元

§13・9では，アルコールの酸化によるケトンやアルデヒドの生成を取上げた．カルボニル化合物の還元によりアルコールを生成するという，逆に進行する反応が必要となる場合もある（図 17・90）．こうした便利な合成ツールについて，この節では，水素化反応，ヒドリド還元，そして，Wolff-Kishner還元について，詳しく取上げる．最後の人名反応は，カルボニル基を完全に除去する際に用いる反応である．

17・9・1 水素化

還元とは，しばしば"反応全体として，分子に H_2 が付加すること"と表現される．§9・2で，H_2 とパラジウム触媒を用いて C−C π結合の還元を学んだことを思い出そう．この反応は，アルデヒドやケトンに対しても有効である．σ結合一つとπ結合一つを犠牲にして，新しいσ結合を二つ形成するためである（表17・15）．アルケンの水素化反応と同様に，遷移金属触媒の一方の面からカルボニル基への水素の協奏的な付加が起こる（図17・91）．［アルケンと比較して，水素の付加は有利かな？］

表17・15　アルデヒドおよびケトンの水素化により，それぞれ第一級および第二級アルコールの合成が可能となる

生成物	反応	説明
第一級アルコール	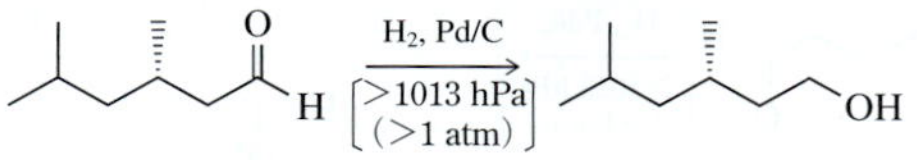	高圧化でのアルデヒドの水素化により第一級アルコールができる
第二級アルコール	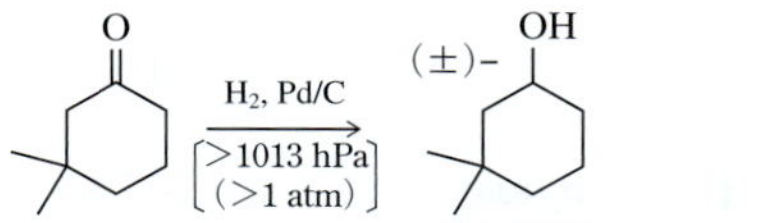	第二級アルコールはケトンの水素化により生じる．キラルな環境でない場合，ラセミ混合物が生成する

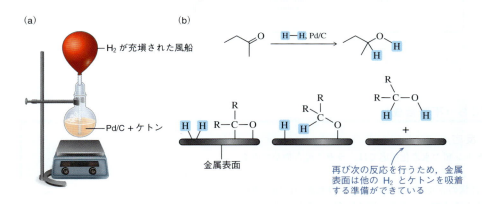

図17・91　ケトンの水素化はアルケンの水素化の反応機構と似ている

　アルケンの水素化とカルボニル化合物の水素化のどちらがより有利なのか実験的に検証することができる．§9・2で，アルケンの水素化での ΔH は，おおよそ $-113\,\mathrm{kJ/mol}$ だと学んだ．この値は，切断される結合と形成される結合の総和に基づいている（図17・92）．C−O π結合の方が相対的に安定性が高いことに基づいて考えてみよう．カルボニル化合物の還元は，アルケンの還元に比べてより有利だろうか，あるいは不利だろうか．［先に進む前に自分で考えてみよう］

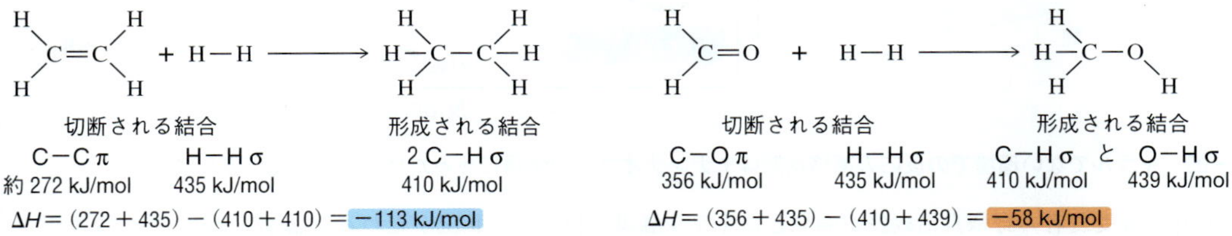

図17・92　ケトンの水素化はアルケンの水素化ほど有利でない

C−Oπ結合は，C−Cπ結合よりも強い．したがって，その切断のためにはより多くのエネルギーが必要となる．結果として，反応前後のΔHは，C−Cπ結合の切断の方が大きな負の値となる．言い換えれば，カルボニル化合物の水素化はアルケンの水素化よりも不利である．このため，カルボニル化合物の還元には，より高いH_2圧力と高温が必要となる．この反応性の低下がもたらす結果については，§17・9・2で説明する．

アセスメント
17・49 以下に示す水素化反応の生成物を予測せよ．

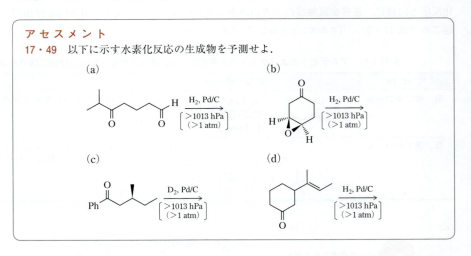

17-D 化学はここにも（不斉合成）

エナンチオ選択的水素化反応

キラルな環境でない場合，ケトン類の水素化反応では，ラセミ混合物が生成する．

§6・6で述べたように，平面状のカルボニル基の上面への水素の付加生成物は，下面への付加生成物のエナンチオマーとなる（図17・93）．これらのエナンチオマーの関係にある遷移状態は活性化エネルギーが同じであるため，同じ速度で進行し，ラセミ混合物が生成する．

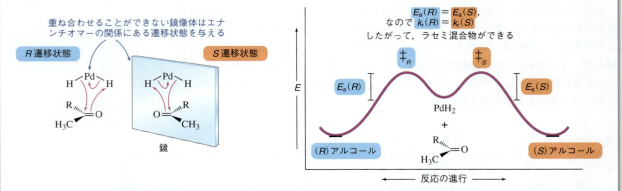

図17・93 キラルでない環境での反応の遷移状態はエナンチオマーの関係にあるため，反応速度が等しい

しかし，ノーベル化学賞受賞者の野依良治教授が開発したキラル触媒を使うと，状況が変わる（図17・94）．純粋なエナンチオマーを触媒とすると，二つの遷移状態はジアステレオマーの関係となる．生成物のエナンチオマーの生成速度には差

が生じることとなり，エナンチオ選択性が発現する．

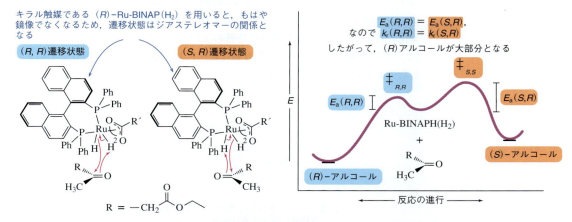

図 17・94　キラルな環境での反応はジアステレオマー遷移状態となり，反応速度が異なる

こうした触媒系は汎用性が高く，触媒のエナンチオマーを選択することで，アルコールのエナンチオマーのどちらかを選んで生成することができる（図 17・95）．

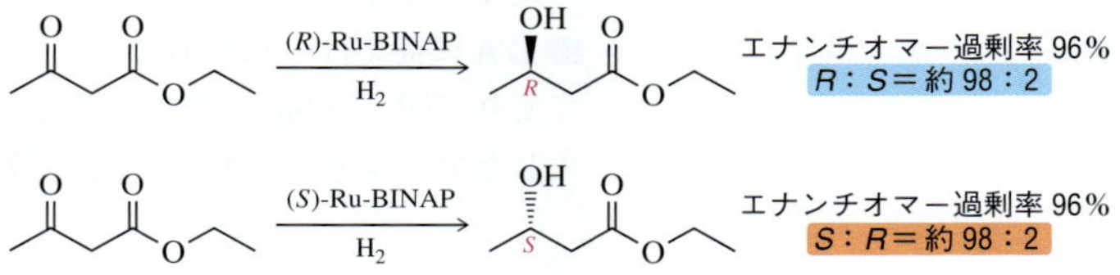

図 17・95　立体化学の異なる触媒に変えると立体配置が逆のアルコールが生成する

17・9・2　ヒドリド還元

カルボニル基は，**ヒドリド還元**（hydride reduction）とよばれる反応によっても還元できる．

■ 化学者のように考えよう

アセスメント 17・49(d)では，ケトンの水素化反応の生成物を予測する問題を出題した．この例では，同一分子内にアルケンが存在していた．この場合，ケトンの水素化のために水素圧を上げると，どちらの π 結合もともに還元されてしまう（図 17・96a）．C–C π 結合の方が C–O π 結合よりも容易に還元されてしまうことから，ケトンの存在下では，アルケンを選択的に還元することしかできない（図 17・96b）．

化学者のように考えて，このような反応剤がどのように編み出されたのか考えてみよう．

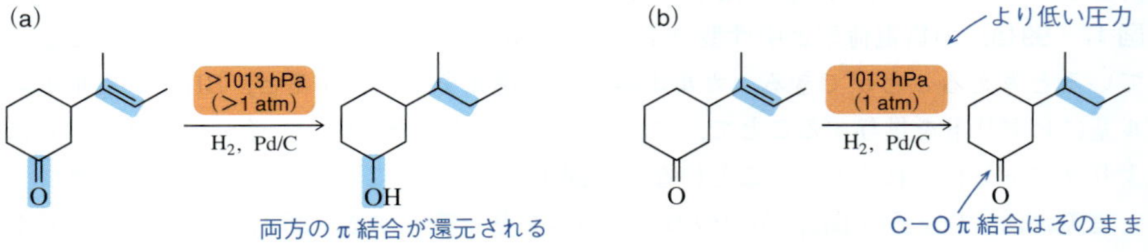

図 17・96　ケトンの選択的水素化は不可能である　（a）高圧下ではアルケンとカルボニル基の両方が還元される．（b）低圧下ではアルケンのみが還元される．

818   17. カルボニル基への付加反応

　　合成化学者としては，アルケンの存在下でケトンを還元する方法が欲しいところだ．
[これから合成しようとしている有望そうな殺虫剤の構造に，アルコールとアルケンを揃えなけれ
ばならないとしたらどうする？] そのための新しい反応剤を設計するためには，カルボニ
ル化合物とアルケンの本質的な反応性の違いを認識しなければならない（図 17・97）．
（この章に登場したカルボニル化合物は往々にして求電子剤で，第8章や第9章で登場
したアルケンは往々にして求核剤だった）

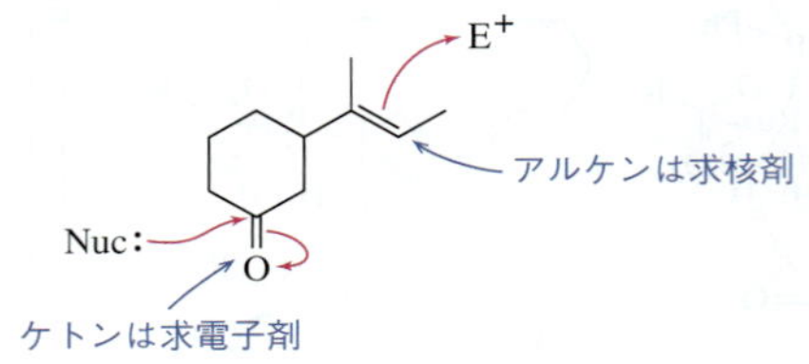

図 17・97　求核的な還元剤は求電子的なカルボニル基を
選択的に還元するはずだ

　　還元反応は，全体としてケトンの炭素と酸素それぞれに水素を付加する．汎用反応機
構 17A に従えば，求核的なヒドリド（H⁻）は，カルボニル基に選択的に反応するはず
であり（図 17・98），それによって C−O の π 電子は酸素上に押し出される．こうして
生じたアルコキシドイオンを酸で処理すれば，第二級アルコールが生成する．

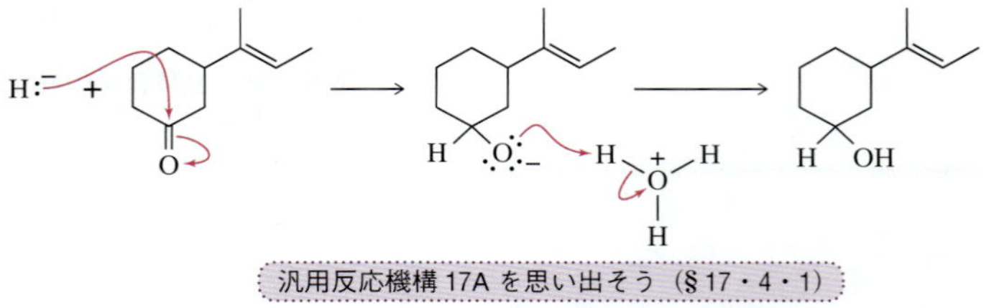

汎用反応機構 17A を思い出そう（§17・4・1）

図 17・98　求核的な還元剤を用いたアルケン存在下でのカルボニル基の選択的還元の仮説　　H⁻ は
たいてい，塩基として反応し，求核剤とはならないため，これはあくまで仮説である．

　　この反応には水素化ナトリウム NaH が適しているように思うかもしれないが，この
反応剤は塩基としてしか働かない．カルボニル化合物を求核的な条件下で還元するため
には，**水素化ホウ素ナトリウム**（sodium borohydride, sodium tetrahydroborate）$NaBH_4$
や**水素化アルミニウムリチウム**（lithium aluminium hydride）$LiAlH_4$ を用いる．
　　ホウ素とアルミニウムは価電子が6個のときに安定となるオクテット則の例外である
ことを思い出そう．[その状態で中性だからね] ホウ素とアルミニウムはまた，オクテッ
ト則を満たしていても安定である．[H と He 以外のすべての元素は，価電子が8個のときに
安定だからね] その結果，水素化ホウ素ナトリウムと水素化アルミニウムリチウムは，
図 17・99（a）の負電荷型と中性型（すなわち，ボランとアルマン*）の間で平衡となっ
ていると考えることができる．カルボニル基の還元を単純化すると，BH_4^- がカルボニ
ル基にヒドリドを供与することで，アルコキシドイオンを生成し，それがエタノールに
よりプロトン化されるということになる（図 17・99b）．[これは汎用反応機構 17A だね]
　　実際には，1分子の BH_4^- が四つのカルボニル基を還元する（図 17・99c）．ヒドリド
を供与した後，BH_4^- は BH_3（ボラン）となる．ボランは，価電子を六つもち，sp^2 混
成に空の p 軌道をもっていることから，優れた Lewis 酸である．このため，アルコキ

*[訳注]　原著では AlH_3 の名称とし
てアラン（alane）が使用されている
が，翻訳では 2005 年以降に IUPAC
で推奨されているアルマン（alumane）
を用いた．

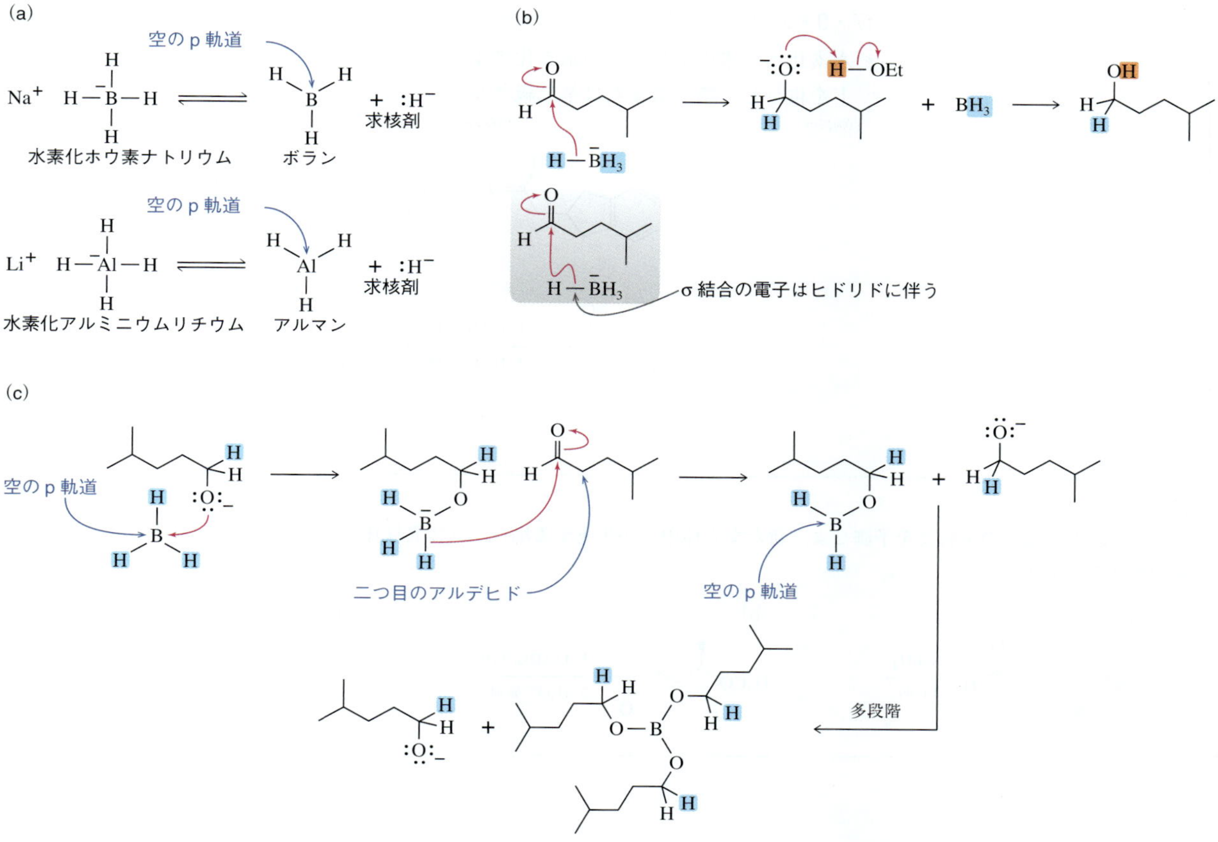

17・9 還　　元　　819

図 17・99　カルボニル基のヒドリド還元　（a）水素化アルミニウムリチウムおよび水素化ホウ素ナトリウムはヒドリド供与体である．（b）還元の反応機構は汎用反応機構 17A で進行すると考えられており，エタノールが酸性プロトンの供給源となる．（c）水素化ホウ素がひき続き発生するため，1 分子の NaBH$_4$ が四つのカルボニル基を還元できる［§8・4・5 のアルケンへのボランの付加を思い出そう］

シドは，プロトンを引抜くことなくボランと反応する．［この過程は，将来，選択的な還元反応剤を設計する際に重要となるよ］この反応が進行することで，新しいヒドリド還元剤（ROBH$_3^-$）が生成する．この反応剤は，二つ目のアルデヒドを還元することが可能である．この過程は 1 分子の水素化ホウ素が最大四つのカルボニル基を還元するまで続く．

　水素化アルミニウムリチウムも似たような反応をするが，より反応性が高い（図 17・100）．そのため，還元は非プロトン性溶媒中，低温（−78 ℃）で行われる．溶媒中には H$^+$ がない条件で用いるため，ヒドロキシ基を形成するための酸処理が必要となる．

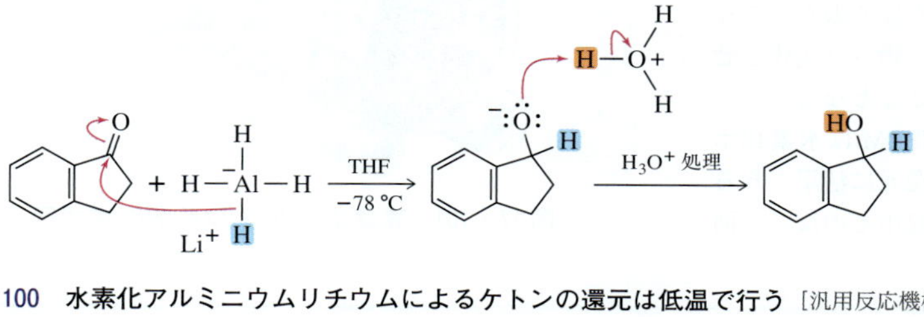

図 17・100　水素化アルミニウムリチウムによるケトンの還元は低温で行う［汎用反応機構 17A］

17・9・2のまとめ

- 水素化ホウ素ナトリウムや水素化アルミニウムリチウムは，カルボニル炭素にヒドリドを供与し，第一級または第二級アルコールを生成する．

（第一級アルコールおよび第二級アルコールの生成反応例）

アセスメント

17・50 以下の反応の生成物を予測せよ．新たな立体中心が生成する場合，立体異性体の等量混合物が生成すると予想されるかどうかも示せ．

(a), (b), (c) の反応式

17-E　化学はここにも（グリーンケミストリー）

高速ボールミル

ほとんどの反応は，反応物と反応剤を溶解させる溶媒によって促進される．溶媒は，反応物と反応剤を衝突させ，新しい生成物を形成させている．有害となりうる溶媒廃棄物で環境を汚染させないように，化学者はこの問題の解決策を模索している．解決策の候補には，再生溶媒，再生可能資源からの溶媒，あるいは無溶媒反応条件の開発などがある．

溶媒がない場合，分子どうしの衝突回数が減る．**高速ボールミル**（high-speed ball milling, HSBM）とよばれる新しい技術は，溶媒のない状態でこの衝突を促進するものである．HSBM（図17・101）では，有機反応物を入れた容器の中に金属製のボールベアリングを入れ，それを高速で振る．こうすることで，固体反応剤でさえも非晶質混合物へと変化させられるだけの力が生まれ，反応が進行することとなる．

まだ開発の初期段階ではあるものの，HSBM は水素化ホウ素ナトリウムによるカルボニル化合物の還元に活用できることが見いだされている．その収率は，溶媒中での反応と同等となっている．

図17・101　高速ボールミル反応の模式図

17-F 化学はここにも（生化学）

自然界の還元剤

第5章では，正反対の反応機構を経て，酵素が反応をどちらの方向にも触媒することを学んだ（§5・2・5の微視的可逆性の原理を参照）．デヒドロゲナーゼが酸化剤になる例はすでにいくつか見てきたので，還元剤にもなることにはあまり驚かないだろう．

乳酸デヒドロゲナーゼ（lactate dehydrogenase, LDH）は還元酵素の一例である．LDHは，ピルビン酸を乳酸に還元する反応を触媒するが，これは嫌気呼吸での重要な反応である（図17・102）．激しい運動に伴う痛みは，酷使された筋肉での乳酸の蓄積が原因とされている．

反応機構的には，LDHはNADH（NAD^+の還元型）を補酵素として使用する（図17・103）．活性部位にピルビン酸とNADHが結合すると，NADHはヒドリドをカルボニル炭素に受け渡す．このアルコキシドイオンがプロトン化されるとアルコールが生成する．この過程でNAD^+が再生する．［この反応と他のヒドリド還元剤を用いる反応との類似性に注意しよう．この反応は，デヒドロゲナーゼの酸化機構（"化学はここにも 17-A" 参照）とちょうど逆の反応だよ］

図17・102 乳酸デヒドロゲナーゼはケトンをアルコールに還元できる

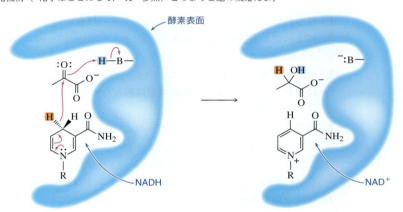

図17・103 酵素還元の反応機構

17・9・3 徹底的な還元：Wolff–Kishner 還元

新しい反応を開発する大きな目的は，合成上のツールとして用いるためである．ときには，ある分子からカルボニル基を完全に除去しなければならない状況が生じることがある．アリールケトンからアルキルベンゼンへの変換はそうした状況の一例であり，**Wolff–Kishner 還元**（Wolff–Kishner reduction）によって実現される．

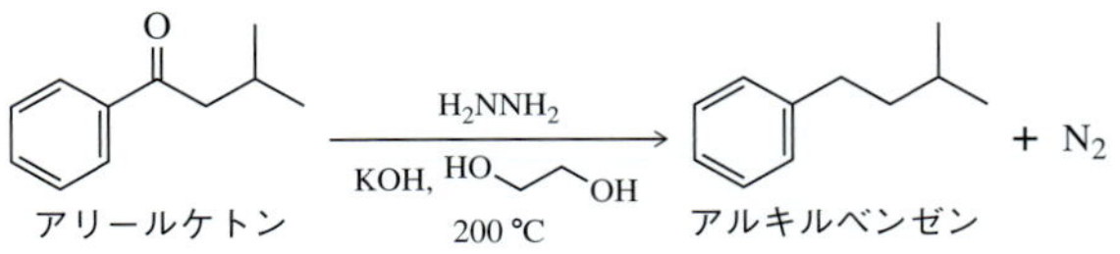

安定なカルボニル基を完全に除去するには，どんな活性化の障壁も乗り越えられるような過酷な条件（高温，高圧，高濃度の塩基）が必要である．そのため，ここで紹介する反応機構は他に類を見ないものとなっている．［この機構を描けるようになる必要があるかどうかは，先生と相談してみよう］この反応は四つの主要段階（図17・104）を経て進行するが，そのうち二つはおなじみのものである．

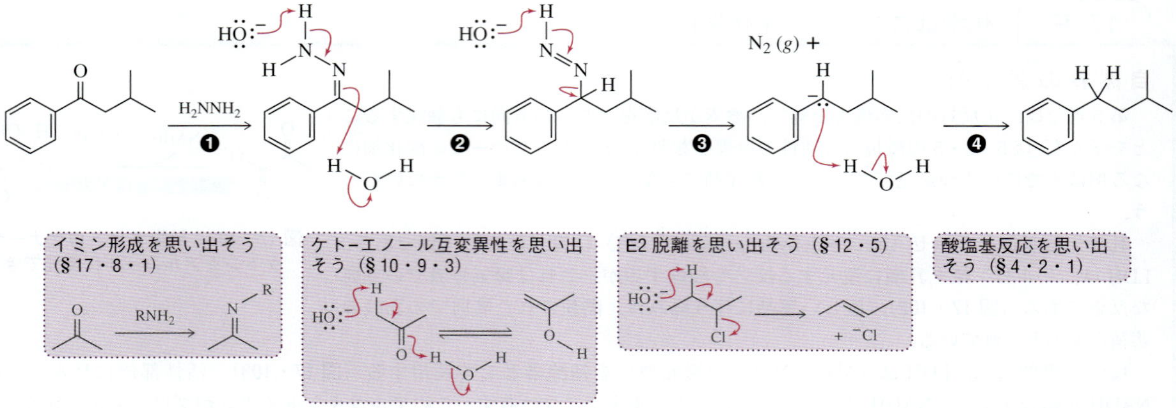

822　17.　カルボニル基への付加反応

図 17・104　Wolff-Kishner 還元の機構は 4 段階からなり，そのうち 2 段階は他のところで見てきたものだ

1. はじめに，ヒドラジン H_2NNH_2 とケトンの縮合が起こり，標準的なイミン形成機構によってヒドラゾンが生成する．[ヒドラゾンは表 17・14 の特殊なイミンの一つであることを思い出そう]

2. 強塩基と極度の加熱によって，互変異性化が起こる．二重結合が C＝N から N＝N に変わったことに加え，末端窒素にあった水素が炭素に移る．[§10・8・3 のケト-エノール互変異性化反応を思い出そう]

3. 最後に，新しい反応過程として，N≡N の三重結合が形成され，この過程でカルボアニオンが押し出されてくる．カルボアニオンが脱離基になることはほとんどないが，この反応は脱離反応に似ている．[E2；12・5 だね] この反応の原動力は，安定な N_2 の生成と，気体の生成に伴う正のエントロピーである．

4. 単純な酸塩基反応により反応が完了する．

アセスメント

17・51　以下のアルデヒド/ケトンの Wolff-Kishner 還元によって予想される生成物を示せ．

(a)

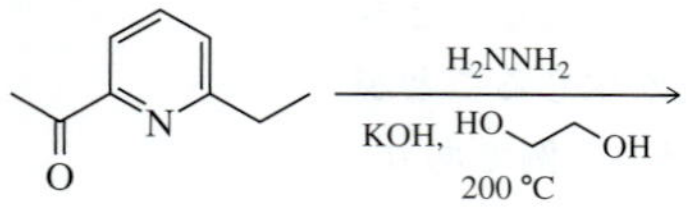

(b)

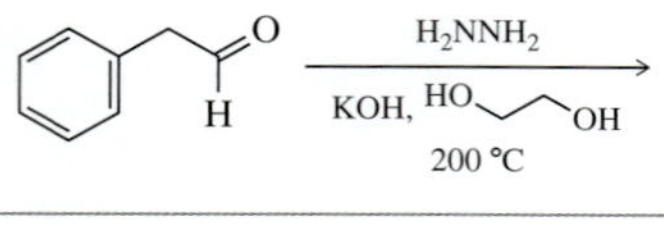

17・52　重水素化した水と重水素化したエチレングリコールを用いて Wolff-Kishner 還元を行った場合に予想される生成物を示せ．

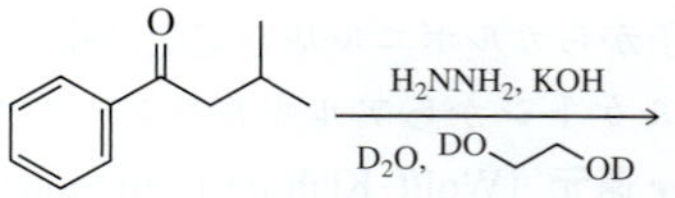

17・10　**アルデヒドとケトンの酸化**

　ケトンをさらに酸化することは可能であるものの，簡単ではない．ケトンの炭素には水素が結合していないので（第 13 章で述べた酸化しやすい条件），ケトンの酸化にはかなり厳しい条件が必要となる．シクロヘキサノンからのアジピン酸の製造工程は，工業的に用いられているケトンの酸化反応の例である（**図 17・105**）．アジピン酸はナイロン

ポリマーの前駆体であるため，この反応により年間 25 億キログラムが生産されている．

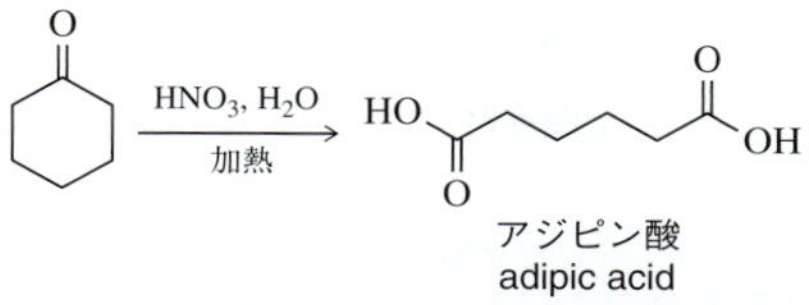

図 17・105 アジピン酸の工業的合成は酸化剤として硝酸を使用する

この節の残りの部分ではアルデヒドの酸化を扱うが，すでにこれまで学んでいることを復習することとなる．

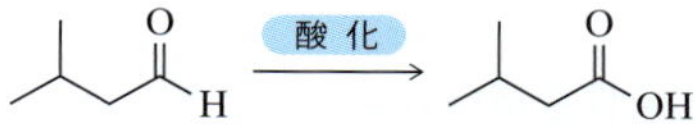

クロム酸（chromic acid）H_2CrO_4 は，アルデヒドを酸化する最も単純な方法である（図 17・106）．クロム酸は水溶液中で使用されるため，平衡により常に少量のアルデヒドの水和物が存在している（第一段階，§17・7・1）．この水和物がクロム酸と反応して（第二段階），クロム酸エステルを形成し，これが脱離することで新しい C−O π 結合が形成される（第三段階）．

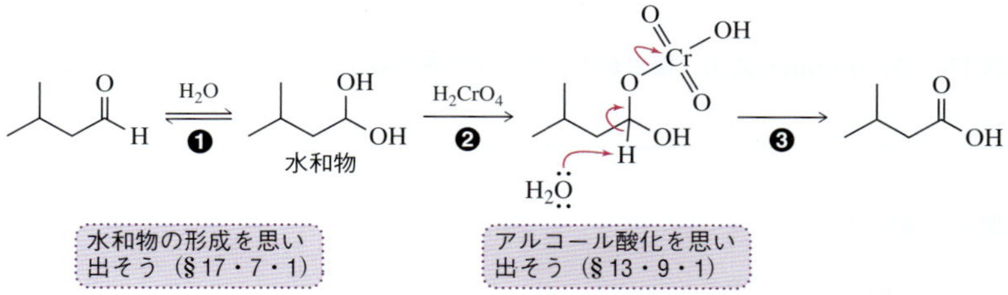

水和物の形成を思い出そう（§17・7・1）

アルコール酸化を思い出そう（§13・9・1）

図 17・106 アルデヒドのクロム酸酸化

H_2CrO_4 は非常に毒性が強いため，アルデヒドをカルボン酸に酸化するために H_2CrO_4 を使用することはほとんどない．代わりに，アルデヒドの穏和な酸化に使用される最も一般的な反応剤系は，亜塩素酸 $HClO_2$ の緩衝溶液である．この条件でのアルデヒドの酸化は，**Pinnick 酸化**（Pinnick oxidation）とよばれている（図 17・107）．

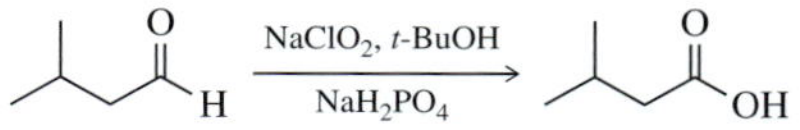

図 17・107 **Pinnick 酸化は有毒なクロム酸の使用を避ける**

Pinnick 酸化の反応機構は，クロム酸の場合とは異なるが，各段階は他のところで見てきた反応と類似している（図 17・108）．アルデヒドがプロトン化されると，より求電子的なカルボニル化合物が生成する（第一段階，汎用反応機構 17B，§17・3・1）．次に亜塩素酸アニオンが求核剤として反応し，この求電子性の高い求電子剤を攻撃する（第二段階，汎用反応機構 17B，§17・3・1）．最後に，元のアルデヒド水素が協奏的な 6 電子環状遷移状態で脱離し，新しい C−O π 結合と次亜塩素酸 HClO を与える（第三段階，図 17・106 の第三段階と同様）．［協奏的な 6 電子環状遷移状態については，第 20 章で説明するね］

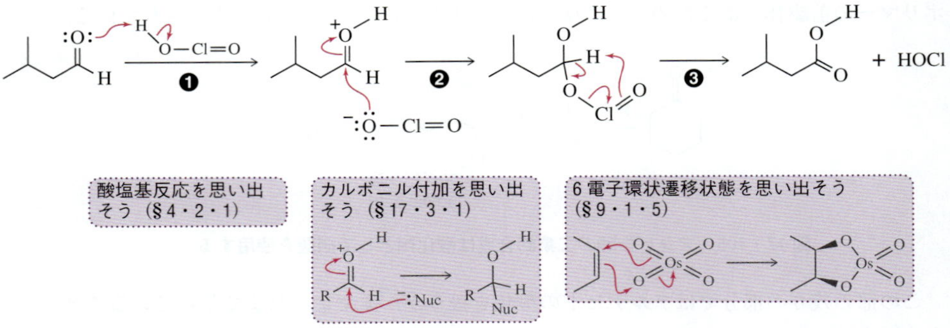

824   17. カルボニル基への付加反応

図 17・108　亜塩素酸の使用は発がん性のクロム酸化剤の使用よりも環境に優しい

　このように穏やかな反応条件を用いることができるため，官能基を多くもったアルデヒドであっても，特に副反応をひき起こすことなく，効率的にカルボン酸に酸化することができる（**図 17・109**）．

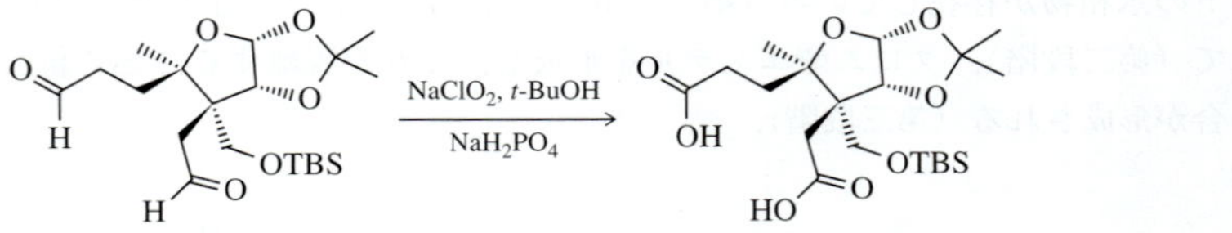

図 17・109　Pinnick 酸化は穏やかで，他の官能基存在下でもアルデヒド選択的である

アセスメント

17・53　以下の Pinnick 酸化反応の生成物を予測せよ．

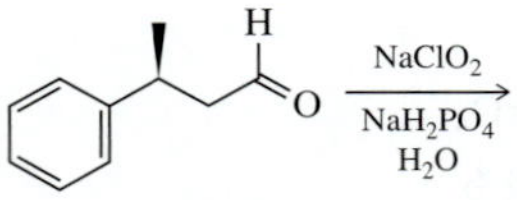

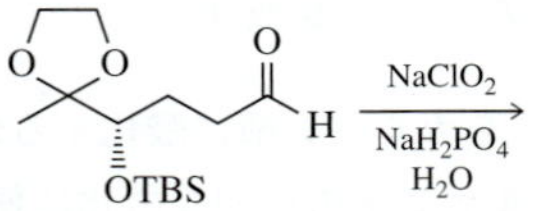

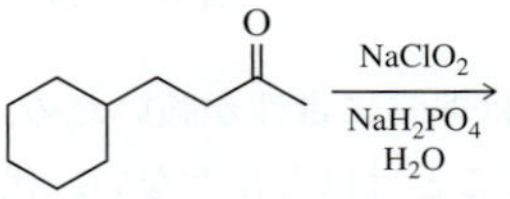

17・54　酸化反応の際には，必ず還元も起こる．Pinnick 酸化では何が還元されるか．

17-G　　化学はここにも（生化学）

二日酔いの化学（その 2）

　"化学はここにも 17-A"で，**アルコールデヒドロゲナーゼ**（alcohol dehydrogenase, ADH）が体内のエタノールを除去することを紹介した．ADH はエタノールをアセトアルデヒドに酸化するが，このアセトアルデヒドはエタノールそのものよりも毒性が強い物質であった．アセトアルデヒドをはじめとした有害なアルデヒドを除去するためには，さらに酵素が必要となる．こうした反応を行う酵素は**アルデヒドデヒドロゲナーゼ**（aldehyde dehydrogease, ALDH）とよばれる．ここでも，補酵素 NAD^+ が酸化反応を補助する．

　酢酸への酸化は，活性部位にアセトアルデヒドと NAD^+ が結合することで始まる（**図 17・110**）．側鎖の硫黄が求核攻撃を行うと，共有結合した複合体ができる．［溶液中でのアルデヒド酸化に必要な水和物のようなものだね］アルコールデヒドロゲナーゼ（"化学はここにも 17-A"参照）と同じ経路で，活性部位の塩基がヒドロキシ基を脱プロトンする．これにより電子が流れ出して新しい $C-O$ π結合を形成し，近くの NAD^+ にヒドリドを供与する．酸化により新たに生じ，酵素に結合した状態のチオエステルは，第 18 章で紹介する

反応によって切断される．酢酸は無毒で水溶性であるため，簡単に体外に排出される．

　生理的には，アルコールを大量に摂取した後に気分が悪くなるのは，脳内にアセトアルデヒドが蓄積されるためである．肝臓では，エタノールをアセトアルデヒドに酸化する反応の方が，アセトアルデヒドを酢酸に酸化する反応よりも速く効率的に進行する．エタノールを多量に摂取すると，アルデヒドデヒドロゲナーゼの働きが追いつかなくなり，二日酔いの症状が続くこととなる．

　アセトアルデヒドはまた，アルコール摂取時の顔色を変化させる．地域によっては多くの人が不活性型のALDHの遺伝子をもっている．こうした人たちは，アルコールを少量でも摂取すると上気して赤ら顔になる．これは，エタノールの酸化によって生じたアセトアルデヒドを酸化できないためである．

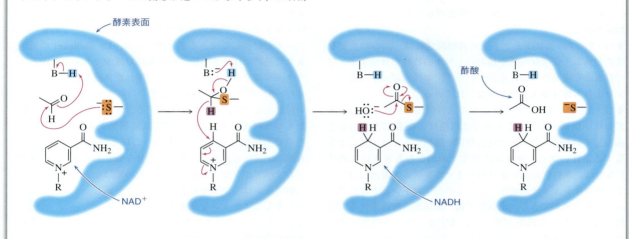

図 17・110　生物学的なアセトアルデヒドの酢酸への酸化

むすびに

　カルボニル基の化学は，合成上の有用性が非常に高く，私たちがつくることのできる分子の多様性を広げてくれる．同様に重要なことは，カルボニル化学の基礎的な理解が生化学の講義の基礎となることである．たとえば，カルボニル基の化学の重要な概念の多くは，NAD^+を使用するデヒドロゲナーゼの化学に関わっている．この理解に基づくことで，こうした酵素を阻害する多くの医薬品が開発されている．

　デヒドロゲナーゼを阻害する薬の例としては，慢性アルコール中毒の治療薬であるジスルフィラムがある．アルデヒドデヒドロゲナーゼ（ALDH）を阻害し，アセトアルデヒドの酸化を防ぐことで，少量のアルコールでも患者は体調が悪くなる．最初の一杯で二日酔いの症状が現れることとなる．すぐに嫌な応答が起こることで，患者は最初の一杯を飲むのを控えるようになる．研究によると，ジスルフィラムを服用した患者の成功率（完全な禁酒）は50％とされている．

　同様に，がん細胞のエネルギー生成が健康な細胞とは異なるという観察に基づいて，乳酸デヒドロゲナーゼが抗がん剤の標的として浮上してきている．Warburg効果（ワールブルク）として知られているが，腫瘍細胞は，酸素レベルが好気的呼吸に十分であっても，嫌気的にエネルギーを生成する．乳酸デヒドロゲナーゼは嫌気呼吸に重要な役割を果たしているため（"化学はここにも 17-F" 参照），その阻害は将来の化学療法の標的として期待されている．非常に初期の段階ではあるが，ジクロロ酢酸は，この細胞増殖抑制の機序に基づいて臨床試験に入った分子の一つである．

第17章のまとめ

重要な概念 〔ここでは，第17章の各節で取扱った重要な概念（反応を除く）をまとめる〕

§17・1: アルデヒド（RCHO）とケトン（RCOR）は，C=O二重結合をもつ不飽和化合物である．これらの化合物は，極性があり，水素結合の受容体であるが，水素結合の供与体ではないため，中程度の沸点や融点をもつ．アルデヒドとケトンは，カルボニル炭素のsp^2混成により，平面三角形構造をもつ．C－O π結合は，炭素のp軌道と酸素のp軌道が重なることで形成される．

§17・2: アルデヒドとケトンの共鳴混成には，二つの重要な構造がある．化学反応性や他のいくつかの特性が双性イオン形で最もよく説明されるにもかかわらず，中性の形式が双性イオン形よりも寄与が大きいとみなされている．

§17・3: アルデヒドやケトンへの求核付加反応には二つの重要な反応機構がある．この章では汎用反応機構 17A と 17B と表現しているが，どちらの反応機構を選択するかは，反応を実施する条件による．強塩基性条件下の例となる汎用反応機構17A では，求核性の高い求核剤がまずカルボニル炭素に付加してアルコキシドイオンを生成し，これがプロトン化されてアルコール生成物ができる．求核性の低い求核剤の酸性条件下での例となる汎用反応機構 17B では，まずカルボニル酸素がプロトン化され，求核攻撃が開始される．

§17・4: アルデヒドはケトンよりも立体障害が少ないため，求核付加反応において反応性が高い．また，アルデヒドの双性イオン共鳴構造のカルボカチオンは，ケトンの双性イオン共鳴構造よりも安定性が低い．同様の理由で，ケトンはアルデヒドよりもカルボニル酸素のプロトン化が速い．

§17・5: Grignard 試薬，有機リチウム試薬，アセチリドイオン，シアン化物イオンなどの炭素求核剤は，汎用反応機構 17Aで付加する．カルボニル基は平面であるため，上からも下からも同じ速度で攻撃され，新たな立体中心が形成され，ラセミ混合物が形成される．

§17・6: Wittig 反応とは，リンのイリドとアルデヒドやケトンを反応させて，新たな炭素-炭素二重結合を形成することである．この反応は非常に安定なリン-酸素二重結合が形成されることが駆動力となる．安定イリド，つまり共鳴によって安定化されたイリドを使うと，(E)-アルケンが優先的に生成する．不安定イリドを用いると，(Z)-アルケンのみが生成する．

§17・7: 中性の酸素求核剤は，汎用反応機構 17B により，酸性条件下でのみアルデヒドやケトンに付加する．2当量のアルコールが付加してできるアセタールは，Le Châtelier の原理により可逆的に生成する．この生成は可逆的であることから，アセタールはアルデヒドやケトンの優れた保護基となる．

§17・8: アンモニアや第一級アミンのアルデヒドやケトンへの付加反応では，イミンが生成する．アミンは中程度の求核性をもつ求核剤であるため，汎用反応機構 17A または 17B のどちらでも付加することができる．これらの反応は pH＝4 が最も速い．反応速度を上げるのに十分な酸があるが，求核性アミンのすべてがプロトン化されるほどの酸はないためである．第二級アミンは，アルデヒドやケトンと反応し，イミニウムイオンを介してエナミンを生成する．

§17・9: アルデヒドやケトンは，水素化によって還元することができるが，C－O π結合の方が強いため，対応するアルケンよりも高い水素圧が必要である．カルボニル化合物は，水素化ホウ素ナトリウムや水素化アルミニウムリチウムを用いて還元することもできる．水素化ホウ素ナトリウムや水素化アルミニウムリチウムは，汎用反応機構 17A によって求電子性のカルボニル炭素にヒドリドを供与する．カルボニル化合物は Wolff–Kishner 還元のような激しい還元条件下で完全にアルカンに還元することができる．

§17・10: アルデヒドは，アルデヒドの水和物が存在する場合にのみ，カルボン酸に酸化される．一般的には有毒なクロム試薬を用いて行われることが多いが，次亜塩素酸を用いれば，環境的により安全な酸化反応となる．

重要な反応と反応機構

1. Grignard 試薬の付加（§17・5・1）　　Grignard 試薬（求核性の高い求核剤）は汎用反応機構 17A で反応する．カルボアニオンが求電子的なカルボニル炭素を攻撃し，π電子が酸素に押し出されてアルコキシドイオンが生成し，これを第二段階で酸処理することでアルコールが得られる．Grignard 試薬の付加は，第一級，第二級，第三級アルコールの合成に用いることができる．

第17章のまとめ　827

2. 有機リチウムの付加（§17・5・2）　　有機リチウム試薬は Grignard 試薬と同様，汎用反応機構 17A で付加する求核性の高い求核剤である．カルボアニオンは求電子的なカルボニル炭素を攻撃し，電子が酸素に押し出されてアルコキシドイオンが生成し，つづいて第二段階で酸処理によりアルコールが生成する．有機リチウム試薬は，第一級，第二級，第三級アルコールの合成に使用できる．

【一般式】　　　　　　　　　　　　　　　　　　　　　　　　　　【具体例】

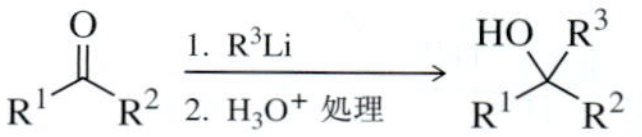

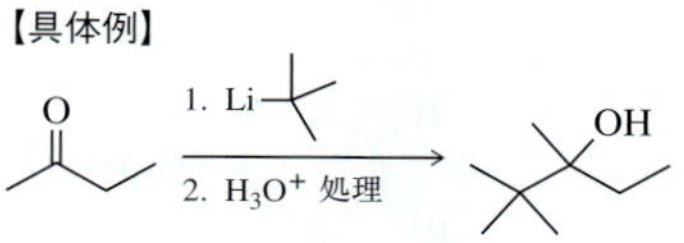

【反応機構】

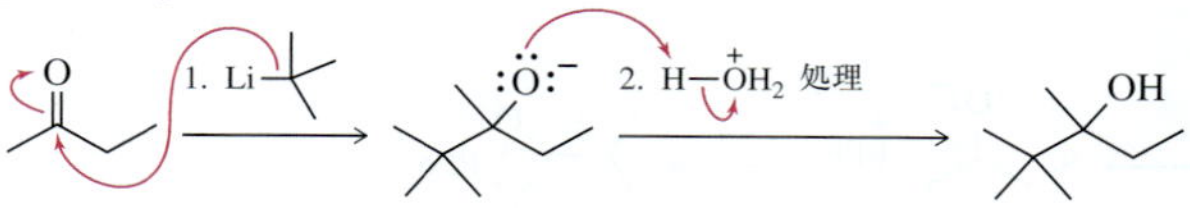

3. アセチリドイオンの付加（§17・5・3）　　末端アルキンの脱プロトンによって生成するアセチリドイオンは，求核性の高い求核剤として汎用反応機構 17A により付加する．アセチリドイオンは求電子的なカルボニル炭素を攻撃し，電子が酸素に押し出されてアルコキシドイオンが生成し，これが第二段階で酸処理によりアルコールを生成する．アセチリドイオンの付加反応は，第一級，第二級，第三級アルコールの合成に用いることができる．

【一般式】　　　　　　　　　　　　　　　　　　　　　　　　　　【具体例】

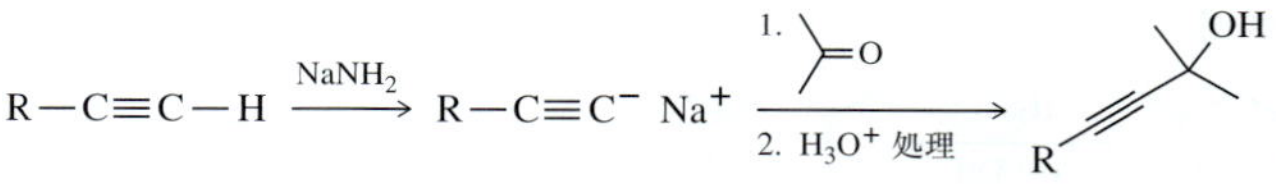

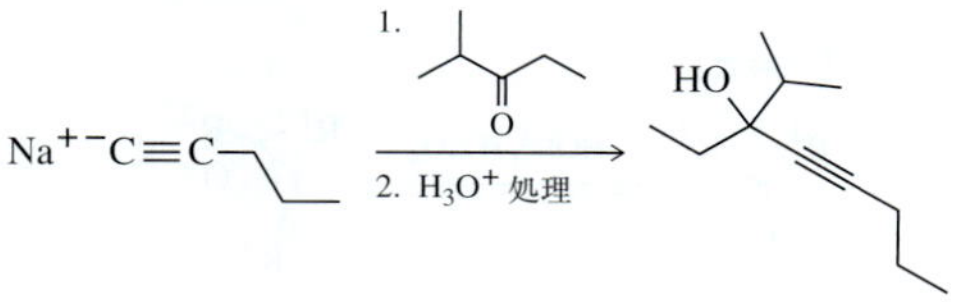

【反応機構】

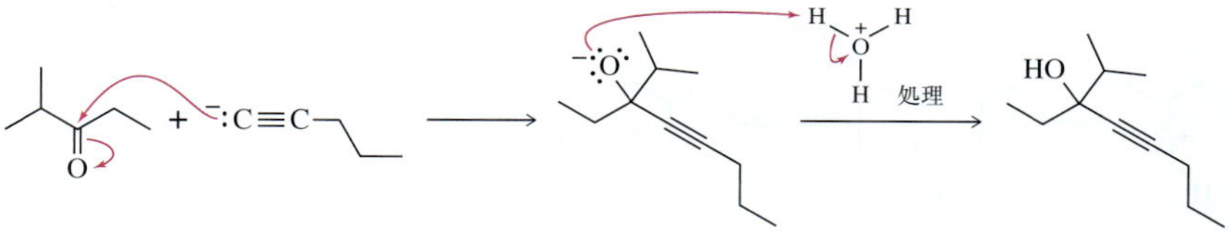

4. シアン化物イオンの付加（§17・5・4）　　シアン化物イオン（比較的弱い負電荷をもつアニオン）は汎用反応機構 17A によって付加する．アルコキシドイオンの生成は不利なため，反応はシアン化水素が存在する際に完了する．アルコキシドイオンがただちにプロトン化され，結果としてシアノヒドリンが生成するためである．

【一般式】　　　　　　　　　　　　【具体例】

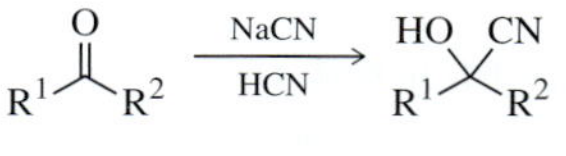

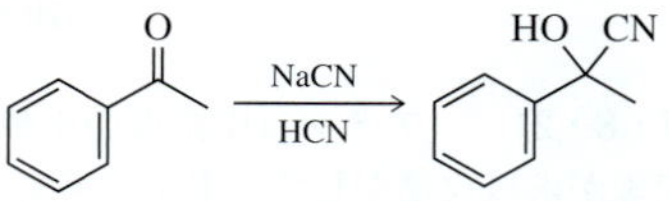

【反応機構】

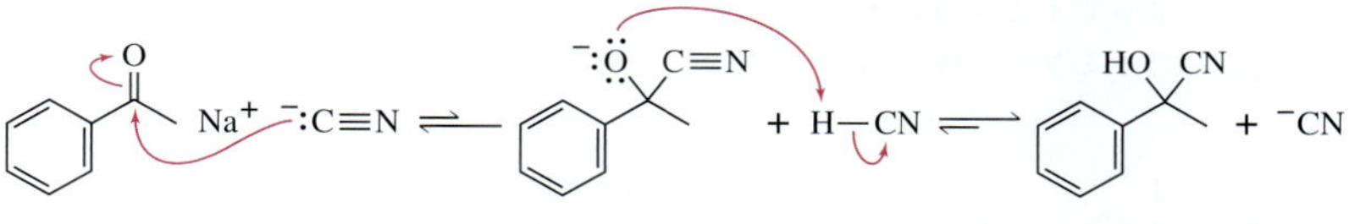

5. Wittig 反応（§17・6）　　Wittig 反応は，非常に安定な P＝O 二重結合の形成を駆動力として，リンのイリドとアルデヒドやケトンが反応してアルケンを生成する．イリドのカルボアニオンが求電子的なカルボニル炭素を攻撃し，電子が酸素に押し出され

828　17. カルボニル基への付加反応

てアルコキシドイオンが生成し，これが正電荷をもつリン原子を攻撃することで4員環を形成する．この環を分解すると，新しい
アルケンとトリフェニルホスフィンオキシド $PPh_3=O$ が得られる．安定イリドでは(E)-アルケンが優先的に生成し，不安定イリ
ドでは(Z)-アルケンが優先的に生成する．

【一般式】　　　　　　　　　　　　　　　　　　　　　　　【具体例】

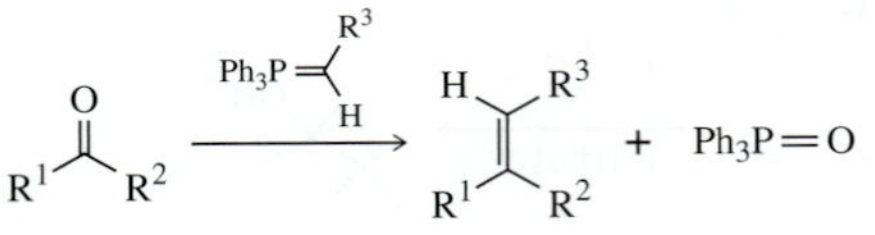

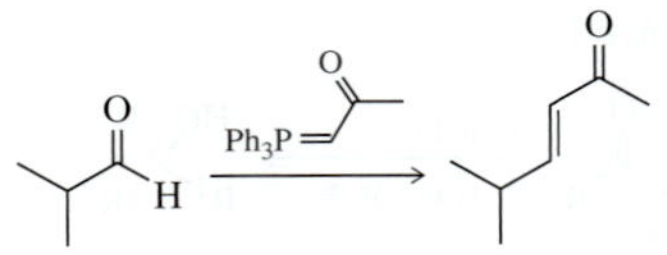

【反応機構】

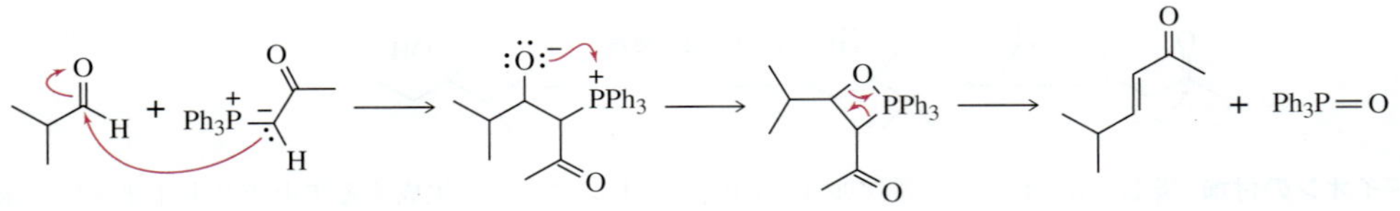

6. アセタールの形成（§17・7・1）　　求核性の低い求核剤であるアルコールは，汎用反応機構 17B によってカルボニル炭素に付
加するが，この反応機構では攻撃の前にカルボニル酸素がプロトン化される必要がある．プロトン化されたカルボニル基にアル
コールが攻撃すると，最終的にはヘミアセタールとなる．S_N1 反応とも捉えられる機構で，ヘミアセタールは酸性条件下で反応し，
アセタールを生成する．

【一般式】　　　　　　　　　　　　　　　　　　　　　　　【具体例】

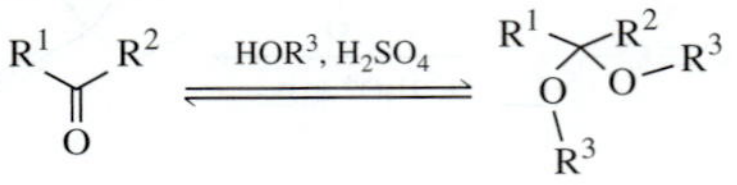

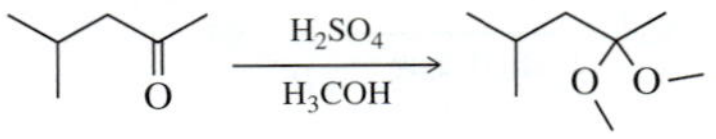

【反応機構】

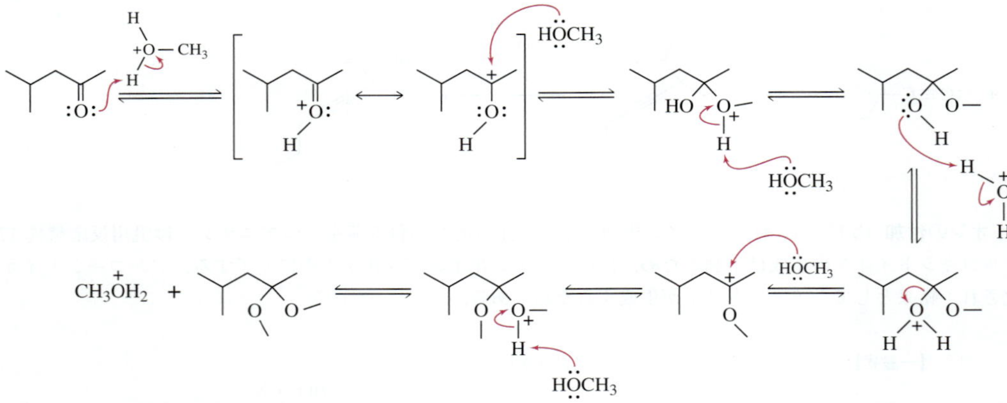

7. イミンの形成（§17・8・1，§17・8・2）　　アミン（中強度の求核剤）は汎用反応機構 17A または 17B で付加することができ
る．求電子性のカルボニル炭素に窒素が求核攻撃をして，電子が酸素に押し出される．一連のプロトン移動の結果，ヘミアミナー
ルが形成される．アミンの非共有電子対に押し出されて，水酸化物イオンが脱離し，イミニウムイオンの C=N 二重結合が形成さ
れる．脱離した水酸化物イオンによってイミニウムイオンが脱プロトンすると，中性のイミンになる．アンモニアや第一級アミン
は，アルデヒドやケトンと反応してイミンを生成する．

【一般式】　　　　　　　　　　　　　　　　　　　　　　　【具体例】

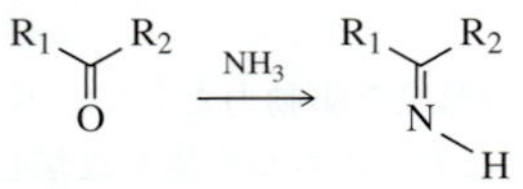

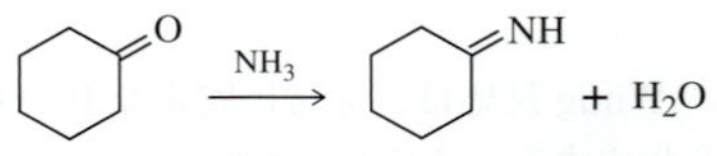

【反応機構】

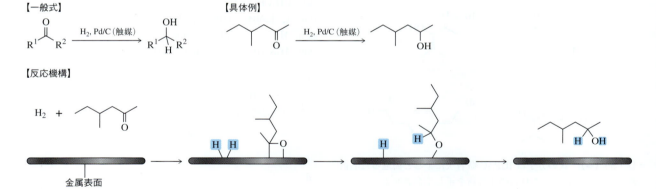

8. エナミン形成（§17・8・3） 第二級アミン（中強度の求核剤）は汎用反応機構 17A または 17B で付加することができる．この反応は第一級アミンと同じ経路で進行し，イミニウムイオンを形成する時点で分岐する．窒素には酸性プロトンが結合していないので，脱離した水酸化物イオンが代わりにイミニウムのα位の炭素からプロトンを除去し，結果としてエナミンが形成される．

9. 水素化（§17・9・1） アルデヒドやケトンは，C−Oπ結合にH$_2$が協奏的にシン付加することで還元される．アルケンの水素化と機構的には似ているが，C−Oπ結合はC−Cπ結合よりも強いので，このプロセスでカルボニル化合物を還元するには，より高圧の水素が必要となる．

10. ヒドリド還元（§17・9・2） 求核性還元剤である水素化ホウ素ナトリウム NaBH$_4$ や水素化アルミニウムリチウム LiAlH$_4$ を用いると，カルボニル基を還元することができる．これらの還元剤は求電子性のカルボニル炭素にヒドリドを供与し，π電子が酸素に押し出されてアルコキシドイオンが生成し，これが第二段階で酸処理によりアルコールを与える．両者は同じ変換を行うが，LiAlH$_4$ は NaBH$_4$ よりも強い還元剤である．

17. カルボニル基への付加反応

【反応機構】

11. Wolff-Kishner 還元（§17・9・3）　Wolff-Kishner 還元はカルボニル化合物をアルカンに完全に還元する反応である．この複雑な反応機構は，まずヒドラジンでイミンを生成することから始まる．互変異性化により，新しい C–H σ 結合の一つが形成される．窒素ガスの脱離によりアニオンが生成し，これを酸処理することによって二つ目の C–H σ 結合が形成される．

アセスメント〔●の数で難易度を示す（●●●●＝最高難度）〕

17・55（●）　IUPAC 命名規則に従って，以下のアルデヒドとケトンを命名せよ．

(a)　　　　　　　　　　(b)

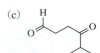

(c)　　　　　　　　　　(d)

17・56（●）　次の分子は IUPAC 命名法によると間違った名前がつけられている．これらの化合物を正しく命名せよ．
(a) 3-オキソ-5-メチルヘキサン-2-オール
(b) (R)-6-ブロモ-7-オキソヘプタン-2-オン
(c) 1-クロロ-3-メチルヘプタン-7-オン
(d) (E)-2-メチルヘキサ-2-エン-6-アール

17・57（●）　以下に示すアルデヒドとケトンを次の条件で反応させたときに生じる生成物を示せ．
(i) 1. PhMgBr, THF, 2. H$_3$O$^+$（酸処理）
(ii) 1. EtLi, ペンタン, 2. H$_3$O$^+$（酸処理）
(iii) NaCN/HCN　　(iv) Ph$_3$P=CHCH$_2$CH$_3$
(v) Ph$_3$P=CHCO$_2$Et　　(vi) EtOH, H$_2$SO$_4$
(vii) HOCH$_2$CH$_2$OH, H$_2$SO$_4$
(viii) NH$_3$　　(ix) CH$_3$CH$_2$CH$_2$NH$_2$, HCl
(x) (CH$_3$CH$_2$)$_2$NH　　(xi) NaBH$_4$, EtOH
(xii) 1. LiAlH$_4$, THF, 2. H$_3$O$^+$（酸処理）
(xiii) H$_2$〔>1013 hPa（>1 atm）〕, Pd/C, 加熱
(xiv) H$_2$NNH$_2$, KOH, HOCH$_2$CH$_2$OH.

(a)　　　　　(b)　　　　　(c)

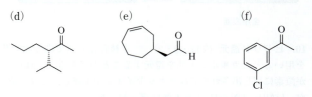

(d)　　　　　(e)　　　　　(f)

(g)　　　　　(h)

第 17 章のまとめ　　831

17・58（●）　次の合成を完了するために必要な反応剤を空欄に記入せよ.

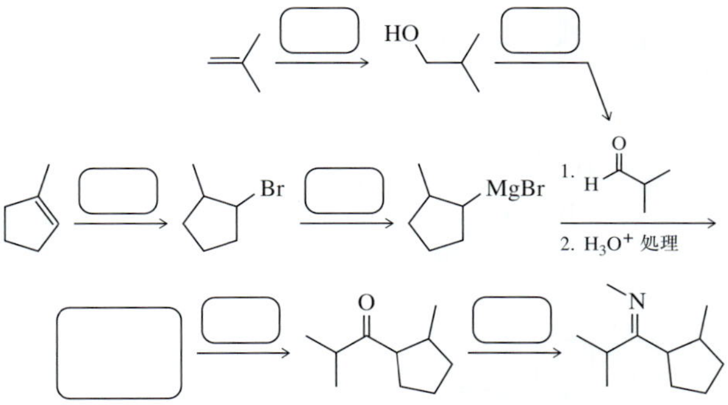

17・59（●）　アセスメント 17・57 に示した(a)の分子と(i)～(xiv)の反応剤との反応の反応機構を巻矢印を使って示せ.

17・60（●●）　ブタ-3-エン-2-オンの分子軌道図を描け.

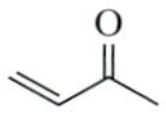

17・61（●●●）　スピロケタールをつくる以下の環化反応の反応機構を説明せよ.

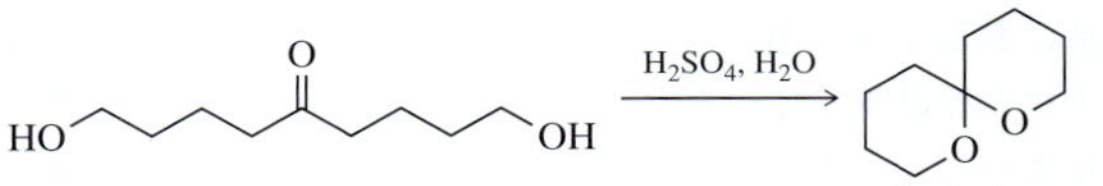

17・62（●●●）　以下に示すホルムアルデヒドとハロゲン化アルキルを唯一の炭素源として，以下のアルコールの合成せよ.

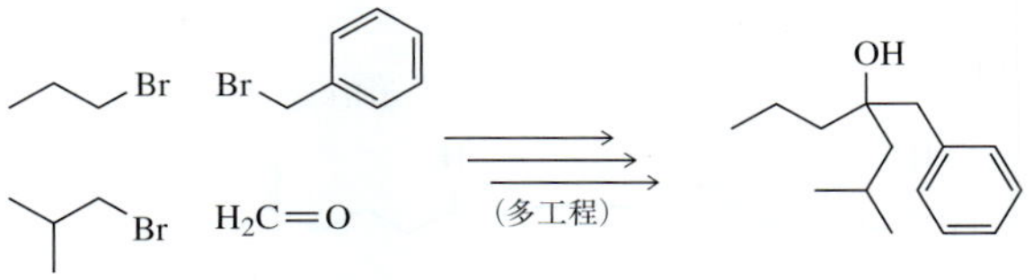

17・63（●●●）　とある状況を想像してみよう. ある日，君は指導教員の部屋に意気揚々と向かった. ハロゲン化アルキル（下記参照）の合成が完了したことを報告しに行ったのだ. ところが悲しいかな，指導教員は，君の合成したブロモアルカンが目的物よりも 1 炭素短いことを指摘した. こんなあり得ない失敗を，なんとか挽回しなければならない. 合成法を提案せよ.

君がつくった化合物　　（多工程）　　君が必要とする化合物

17・64（●●）　カルボニル基への Grignard 試薬の付加生成物を酸処理する代わりに，ハロゲン化アルキルを直接加えることでエーテルが得られる. このプロセスの生成物を予測し，その反応機構を示せ.

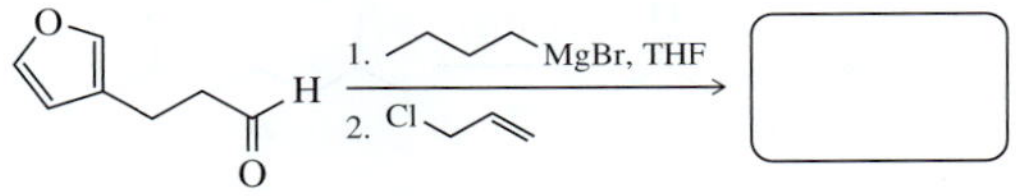

17・65（●●）　次の合成を完了するために必要な反応剤を空欄に記入せよ.

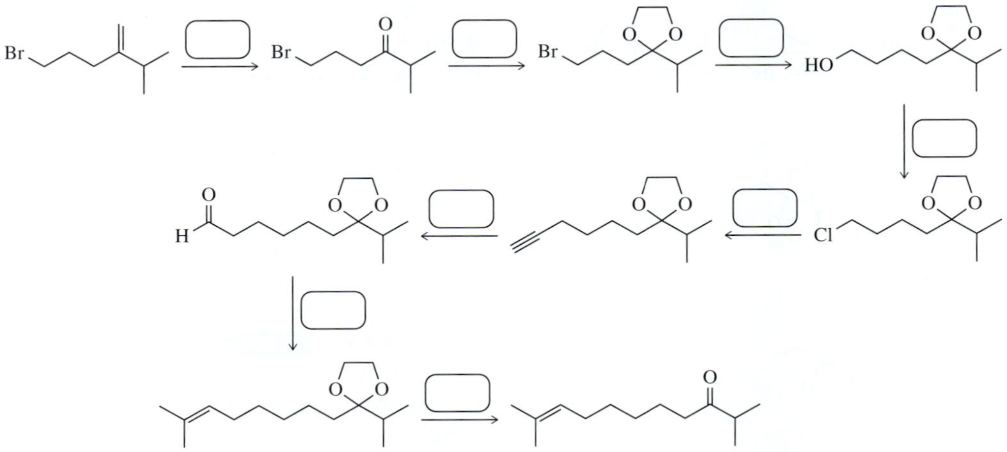

832 17. カルボニル基への付加反応

17・66(●●●) 下図の左側の分子から始めて，右側の分子を合成するための，保護基の使用を含む合成経路を提案せよ．

(a)

(b)

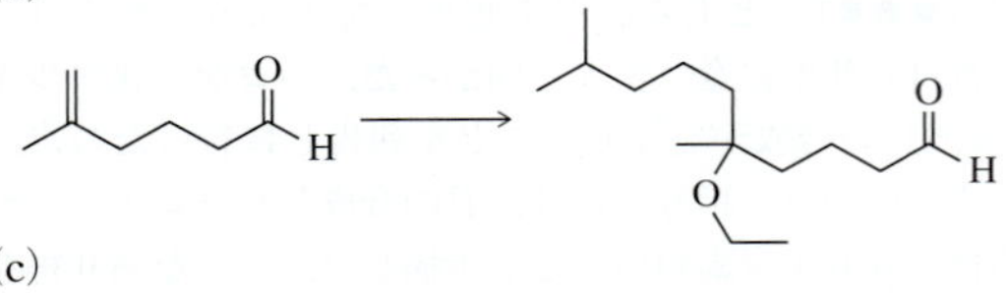

(c)

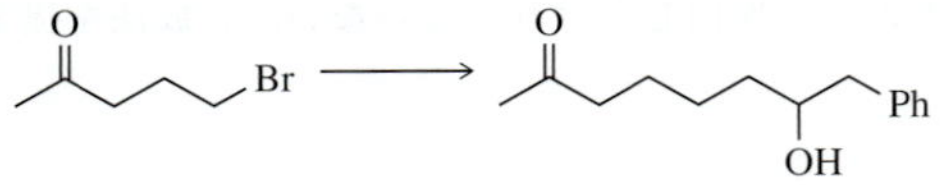

(d)

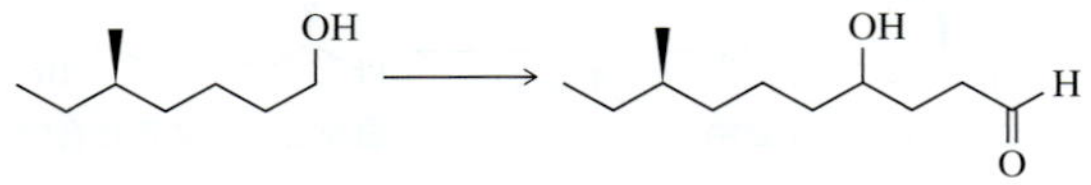

17・67(●●●●) §17・9・1で説明したように，アルケンはケトンの存在下で選択的に水素化できる．仮にそうではなかったとしたら，**B**から**A**を生成するために保護基戦略をどのように利用するかを提案せよ．

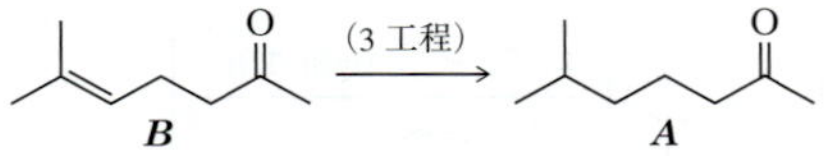

（3工程）

B → **A**

17・68(●●●) §17・7・5でエチレングリコールがケトンやアルデヒドの保護基として適していることを学んだ．同様の理由で，1,2-ジオールの保護基としてケトンがよく用いられる．次に示す保護基戦略について，生成物を予測し，その反応機構を示せ．また，保護基を除去するための反応を示せ．

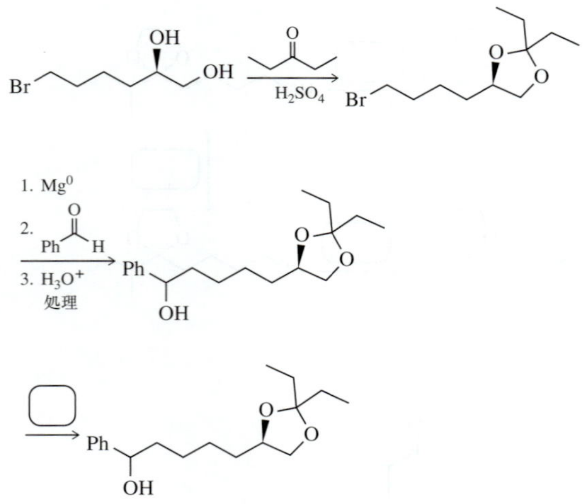

1. Mg⁰
2. PhCHO
3. H₃O⁺
処理

17・69(●●●) 左側の分子から始めて右側の分子を合成せよ．

(a)

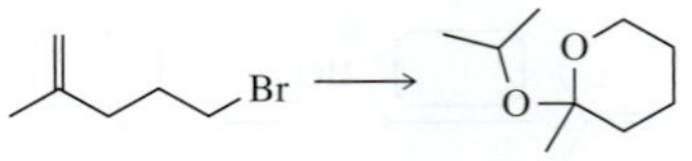

(b)

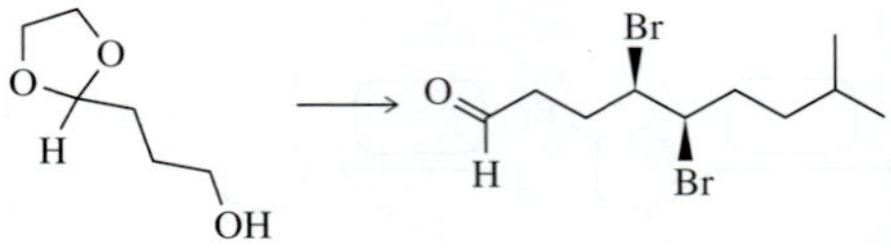

(c)

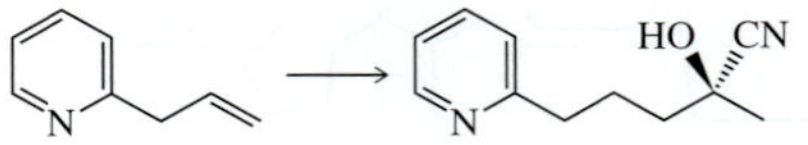

17・70(●●●●) ケトンを ^{18}O で標識した水に溶かすと，^{18}O がケトンに取込まれる．この観察結果を説明する反応機構を示せ．

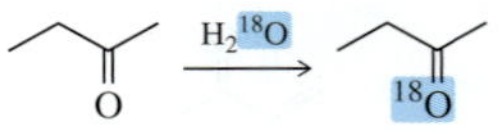

$H_2^{18}O$

17・71(●●●●) 有機実験室でこぼれたものを掃除するときによく使われる方法は，アセトンで洗い流し，ペーパータオルで拭くことである（ただし，必ずしも賢明とは限らない）．実話：ある学部生が大規模な還元のために水素化アルミニウムリチウムを計量していたところ，実験台にかなりの量をこぼしてしまった．その学生はアセトンとペーパータオルでこぼれた液を拭き取り始めたが，すぐに火災が発生し，研究室の天井近くまで火が届いた．一般的な掃除方法であるにもかかわらず，なぜこのような火災が発生したのだろうか．[火はすぐに消火でき，被害もなかったよ．今考えれば当たり前なんだけど，その場にいた皆は，貴重な教訓を得たんだ]

17・72(●●●●) **先取り** 第18章では，カルボン酸誘導体と求核剤の反応について詳しく説明する．そこでは，カルボン酸誘導体の一つである酸塩化物とGrignard試薬を反応させ，第三級アルコールを得ている．Grignard試薬がアルデヒドやケトンと反応する方法に基づいて，この多段階の反応の反応機構を示せ．[ヒント：**A**を与える反応は，（直接置換ではなく）酸塩化物からの2段階の反応だよ]

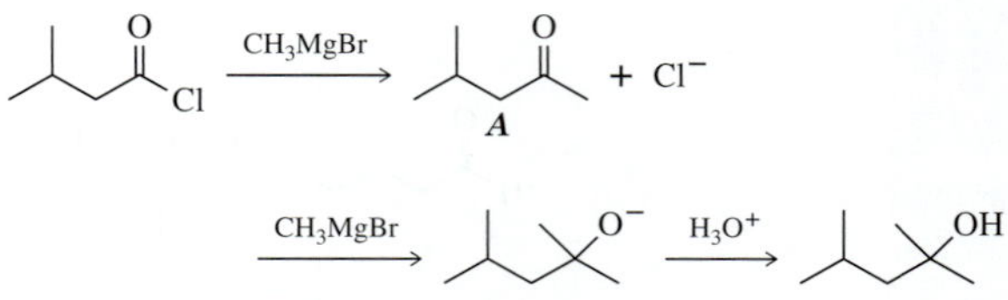

CH_3MgBr → **A** + Cl^-

CH_3MgBr → O^- → H_3O^+ → OH

17・73(●●●) **先取り** 2番目に寄与の大きい共鳴構造はその分子の官能基がどのように反応するかを予測するのに役立つことが多い．それをふまえると，エナミンは CH_3-Cl のような優れた求電子剤とどのように反応するだろうか．

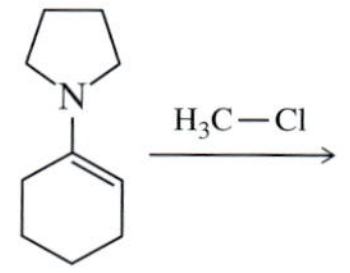

第 17 章のまとめ　833

17・74（●●●）　**先取り**　アセスメント 17・73 で得られた生成物は，反応混合物に H_2O を加えた場合，どのように反応するか．この反応の反応機構を提案せよ．

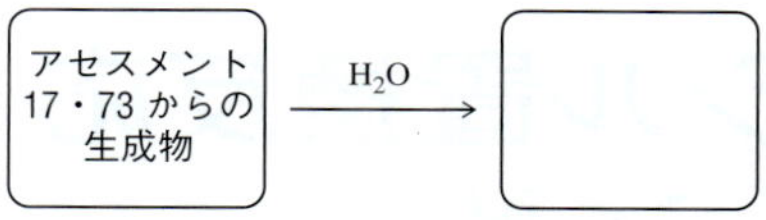

17・75（●●●）　Wolff–Kishner 還元の問題点の一つは，C=O 二重結合を二つとも除去するために，激しい条件を必要とすることである．Mozingo 反応は，悪臭を放つものの，この還元を穏和な条件で実施するために開発された．ケトンと 1,3-プロパンジチオールからのチオケタールの生成が最初の段階である．チオケタールの C–S σ 結合は比較的弱いため，ニッケル触媒により水素化分解が可能となる．チオケタール生成の反応機構を示せ．

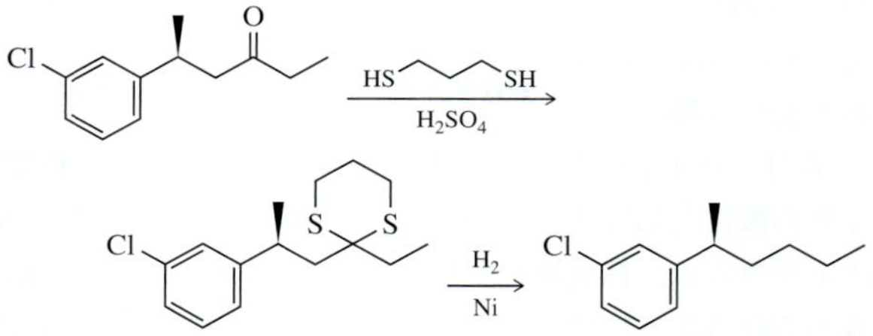

17・76（●●●）　この第 17 章では，カルボニル基の炭素は求電子剤となることがほとんどだった．1,3-プロパンジチオール（アセスメント 17・75 参照）を用いることで，カルボニル基の極性を逆転させ，カルボニル炭素を求核剤として反応させることができる．この一連の反応における各工程の反応

機構を示せ．

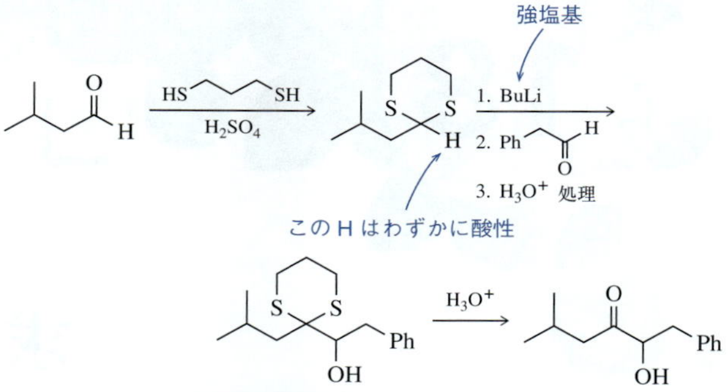

17・77（●●●）　**先取り**　還元的アミノ化は，アミンを合成する際によく用いられる方法であり，この章で学んだ二つの反応を活用する．この 2 段階反応の反応機構を示せ．［$NaCNBH_3$ は，$NaBH_4$ と似たようなものなんだ］

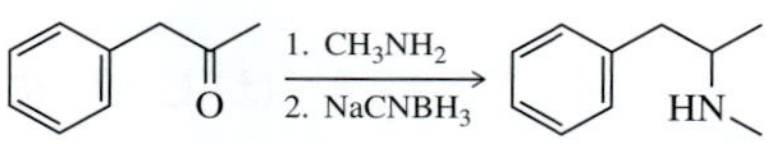

17・78（●●●）　**先取り**　以降の章では，求核剤の存在下で第二級アミンとホルムアルデヒドを組合わせることで，新しい C–C 結合を形成する方法を紹介する．この汎用反応機構を示せ．

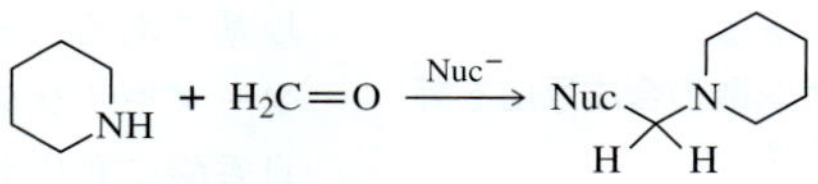

17・79（●●）　**先取り**　第 20 章で，α,β-不飽和ケトンは C4 が求電子的であることを示す．この観察結果を合理的に説明せよ．

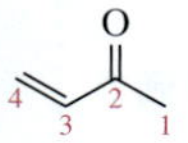

18

求核アシル置換反応 I
カルボン酸

学習目標
- カルボン酸の名称と構造を相互に関連づけられる．
- カルボン酸の分子軌道を解析できる．
- カルボン酸の物理的性質を比較できる．
- カルボン酸の合成反応を評価できる．
- カルボン酸を非極性・非酸性化合物から分離する方法を決定できる．
- 求核アシル置換反応の生成物を予測できる．
- カルボン酸の反応を評価できる．
- 脱炭酸反応を分析できる．

当時 14 歳の Nathan Zohner は，一酸化二水素 (DHMO) の厳密な管理，あるいは全面的な禁止を求める嘆願書への署名を呼びかけた…声を掛けられた人のうち，実に 86% が水 (H_2O) を環境から追放することに賛成したのだ．もしかすると，火星の水は本当はこんなふうにしてなくなったのかもしれない．もしかすると，火星の水は本当はこんなふうにしてなくなったのかもしれない．

— Neil deGrasse Tyson

はじめに

最近，ある人気レストランチェーンの広告で，"安息香酸ナトリウムを本来あるべき場所に戻した．90 kg の花火の中に"というものがあった．安息香酸ナトリウムは，ここ第 18 章で取上げる官能基，カルボン酸の一つである安息香酸の共役塩基である．安息香酸ナトリウムは，100 年以上前から使用されている食品保存料で，ソーダやサラダドレッシングなどの酸性食品によく使われており，酸性条件下では，安息香酸に変化する．安息香酸ナトリウムは，抗真菌薬として作用することで食品の保存性を高め，より長期間安全に食べられるようにする．この章では，安息香酸ナトリウムの物語と，安息香酸ナトリウムを排除することを軸としたマーケティング戦略がなぜ間違っているのかを説明する．

第 17 章 "カルボニル基への付加反応" の化学から，第 18 章および第 19 章のカルボニル基上での置換反応の化学へと移るにあたって，これまでに学んだことのすべてが，今これから学ぼうとすることにとって重要であることを肝に銘じよう．これら三つの章では，いずれもカルボニル基 (C=O) が重要な官能基となっている．では，付加反応と置換反応の違いはどこにあるのだろうか．その違いは脱離基である．要するに，第 18 章と第 19 章では，第 12 章 (S_N1/S_N2 反応について説明した) と第 17 章 (カルボニル基への付加反応) で学んだ言葉を組合わせている．このことを認識するのは，これらの章の内容を理解するのに役立つはずである．[すでに知っていることを思い出すのは大事だから，まずアセスメント 18・1〜18・6 をやってみよう]

理解度チェック

アセスメント

18・1 以下の分子それぞれについて，共鳴構造をあと二つ描け．

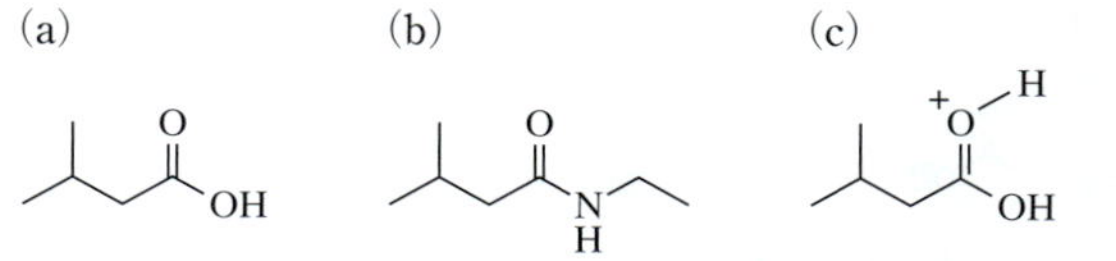

(a)　(b)　(c)

18・2 以下の分子を，C＝O 赤外伸縮振動の振動数の低いものから高いものへと順に並べよ．

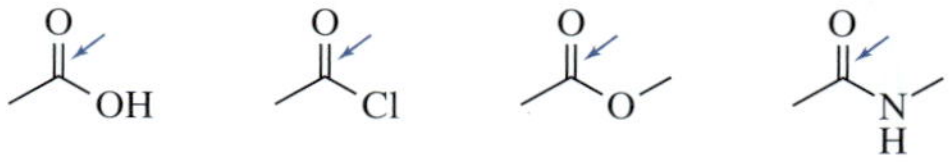

18・3 以下の反応において，ΔS は 0 より大きいか，小さいか，または等しいか．

(a)

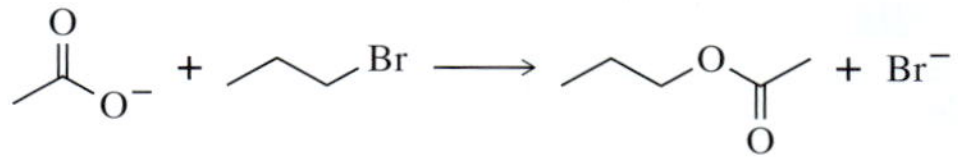

(b)

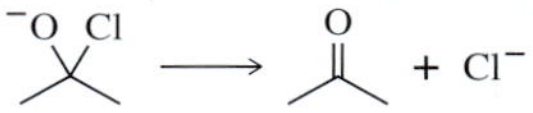

(c)

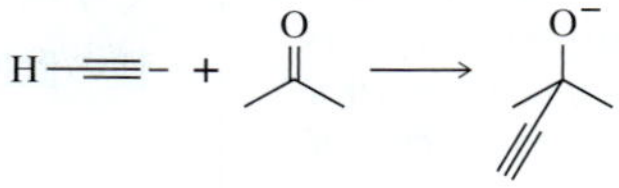

18・4 以下の酸塩基反応の K_{eq} を計算せよ．どちらの側が有利で，それはなぜか．

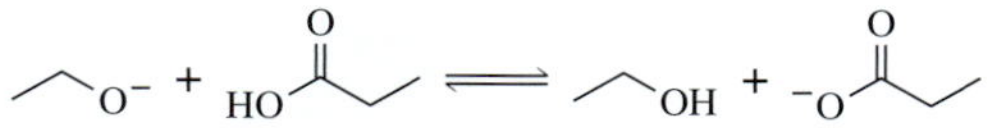

18・5 指示された原子の酸化数を計算せよ．

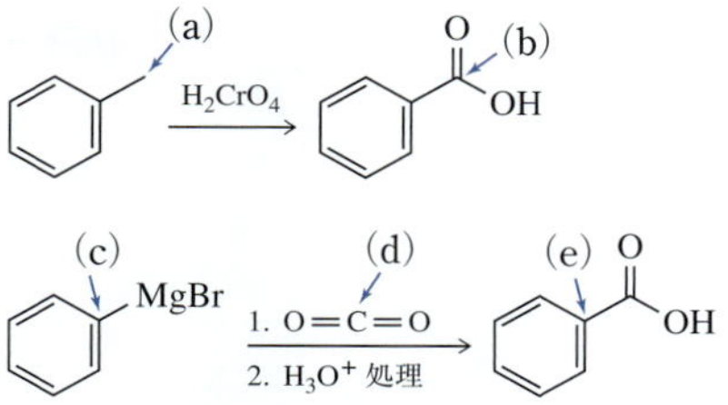

18・6 ある可逆反応について，一つの方向の反応機構を知ることによって，逆方向の反応機構がどのようにわかるか．反応座標図を使って説明せよ．

18・1 カルボン酸の一般構造

カルボン酸 (carboxylic acid) RCO_2H とは，**カルボキシ基** (carboxy group) がアルキル基（酢酸など）または水素（ギ酸）に結合した分子のことである．カルボキシ基は，同じ炭素に結合した C＝O 二重結合（**カルボニル**）と OH（**ヒドロキシ**）の組合わせである（図 18・1）．

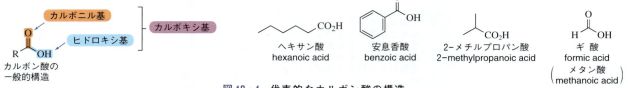

図 18・1　代表的なカルボン酸の構造

18・1・1 カルボン酸誘導体の構造

カルボン酸には，図 18・2 に示すような**カルボン酸誘導体** (carboxylic acid derivative) がある．これらの分子は，カルボン酸と同じ酸化状態にあり，カルボン酸とそれぞれの反応剤（試薬）との縮合反応の生成物と考えることができる．［これらは実際の反応ではなく，第 19 章で詳しく説明されている分類方法にすぎないんだ］**酸塩化物** (acid chloride) は仮想的にはカルボン酸と塩酸が縮合して生成した化合物と捉えられる．**エステル** (ester) は酸とアルコールの仮想的な縮合生成物，**酸無水物** (acid anhydride)

これらの誘導体の化学は，§18・7で紹介するカルボン酸の化学と密接に関連していて，第19章で詳しく説明するよ．

は二つのカルボン酸の縮合生成物，**アミド**（amide）はカルボン酸とアミンの縮合生成物である．**ニトリル**（nitrile）は実質的に第一級アミドの脱水体である．ニトリルを除くすべての化合物は，アルキル基に結合したカルボニル基と，アルキル基よりも電気陰性の置換基を特徴とする．

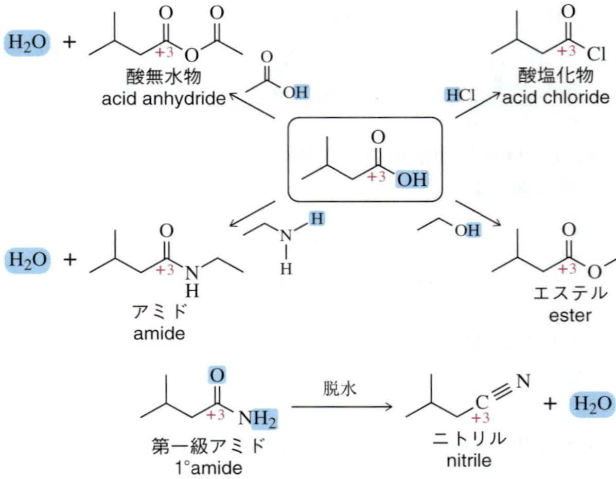

図 18・2　仮想的な縮合反応の生成物としてのカルボン酸誘導体　カルボン酸と同様に，すべてのカルボン酸誘導体のカルボニル炭素は＋3の酸化数をもつ．［これらは実際の反応ではないよ］

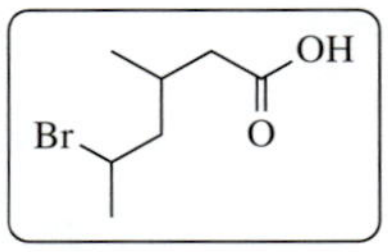

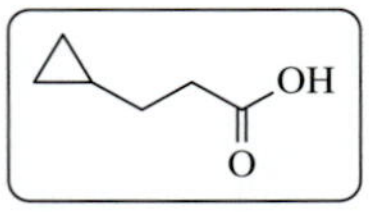

18・2　カルボン酸の命名法

カルボン酸の命名に関する IUPAC の規則を**表 18・1** にまとめた．この規則に従えば，例示した二つのカルボン酸を命名することができる．

表 18・1　IUPAC 命名法におけるカルボン酸の命名規則

1.	主鎖はカルボキシ炭素を含む最長の炭素鎖であり，母体化合物名を構成する．分子が完全に飽和している場合，接中語 -an- が用いられ，接尾語 -e が -oic acid に置き換えられる	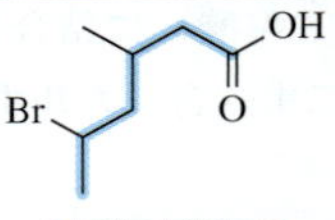 6炭素の主鎖 ヘキサン酸	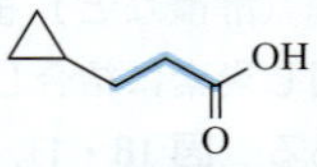 3炭素の主鎖 プロパン酸
2.	主鎖は，カルボキシ炭素が最も小さい番号をもつように番号づけする．カルボキシ炭素は常に1位であるため，その位置は化合物名中に示されない	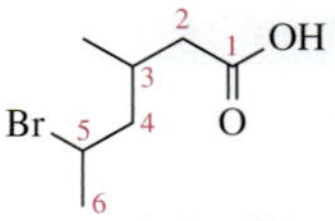 ~~1-~~ヘキサン酸 ヘキサン酸	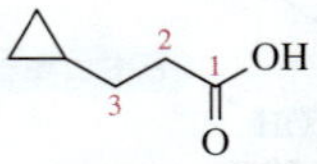 ~~1-プロパン酸~~ プロパン酸
3.	主鎖上の置換基は，以前と同様に命名する．小員環は主鎖上の置換基として命名する	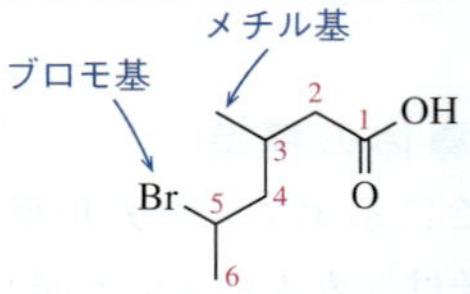 ブロモ基／メチル基	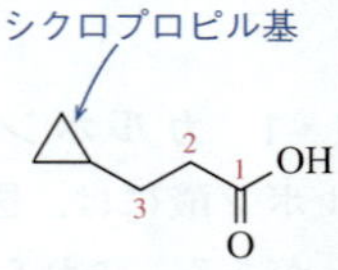 シクロプロピル基
4.	化合物名は標準的な IUPAC のアルファベット順の規則に従い，置換基の位置を番号を使って示しながら記述する	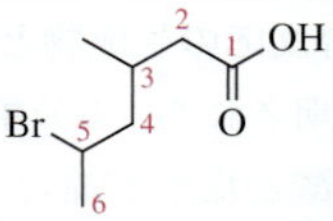 5-ブロモ-3-メチルヘキサン酸	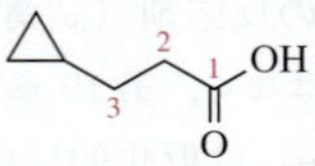 3-シクロプロピルプロパン酸

18・2・1 環状化合物の命名

環上にカルボキシ基をもつカルボン酸の命名には特に注意する必要がある。環はシクロアルカンとして命名され，最後に"カルボン酸"という言葉がつけられる（シクロアルカンの名称＋"カルボン酸"はすべて１語である*）。カルボキシ基と結合した環内の炭素は，置換基に番号をつけるときには常に１位と指定される（図18・3）。

*[訳注] これは化合物名を英語で記載するときに重要であり，"cycloalkanecarboxylic"のように１語として，スペースを挟んで"acid"をつける。

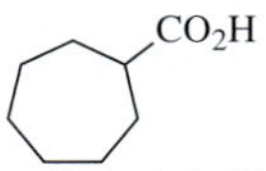

シクロヘプタンカルボン酸
cycloheptanecarboxylic acid

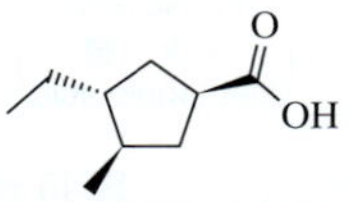

(1S,3R,4R)-3-エチル-4-メチルシクロペンタンカルボン酸
(1*S*,3*R*,4*R*)-3-ethyl-4-methylcyclopentanecarboxylic acid

図 18・3 環に結合したカルボン酸の IUPAC 命名法

18・2・2 複数の官能基をもつ場合の命名

IUPAC 命名法では，カルボン酸はすべての官能基のなかで最も高い優先順位をもっている（表18・2）。多官能性（複数の官能基をもつ）のカルボン酸の名前は"〜酸(-oic acid)"で終わり，その分子がカルボン酸であることを示す。その他の官能基はすべて，図18・4に示すように，置換基として名前がつけられる。

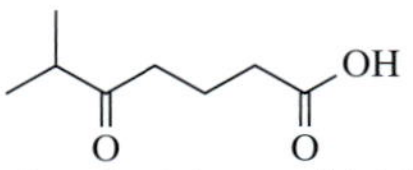

6-メチル-5-オキソヘプタン酸
6-methyl-5-oxoheptanoic acid

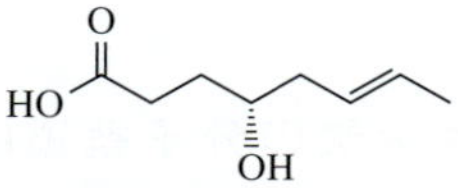

(4R,6E)-4-ヒドロキシオクタ-6-エン酸
(4*R*,6*E*)-4-hydroxyoct-6-enoic acid

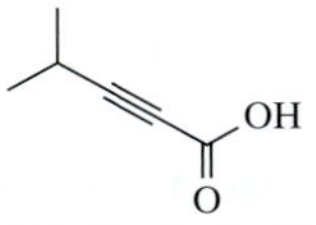

4-メチルペンタ-2-イン酸
4-methylpent-2-ynoic acid

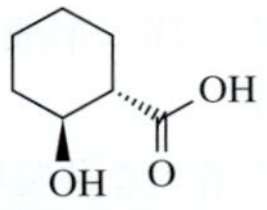

(1S,2S)-2-ヒドロキシシクロヘキサンカルボン酸
(1*S*,2*S*)-2-hydroxycyclohexanecarboxylic acid

図 18・4 いくつかの多官能性カルボン酸の IUPAC 名

表 18・2 IUPAC の命名における化合物種類の優先順位

化合物種類	優先順位
酸	1（最高）
エステル	2
酸塩化物	3
酸無水物	3
アミド	4
ニトリル	5
アルデヒド	6
ケトン	7
アルコール	8
アミン	9
チオール	10
アルケン，アルキン	11
アルカン	―
ハロゲン化アルキル，エーテル	（最低）

18・2・3 ポリカルボン酸の命名

二つ以上のカルボキシ基をもつ分子は，カルボキシ基の数を示すために"-酸(-oic acid)"に付随して接頭語〔二 (di-)，三 (tri-)，四 (tetra-) など〕を使って命名される（図18・5）。両方のカルボン酸が主鎖の末端を占めることになるので，カルボキシ基の位置を示す必要はない。

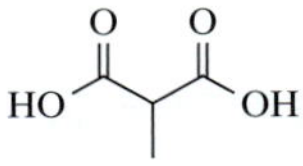

この炭素鎖は，置換基に対して最も小さい番号が割り当てられるように，番号づける

2-メチルプロパン二酸
2-methylpropanedioic acid

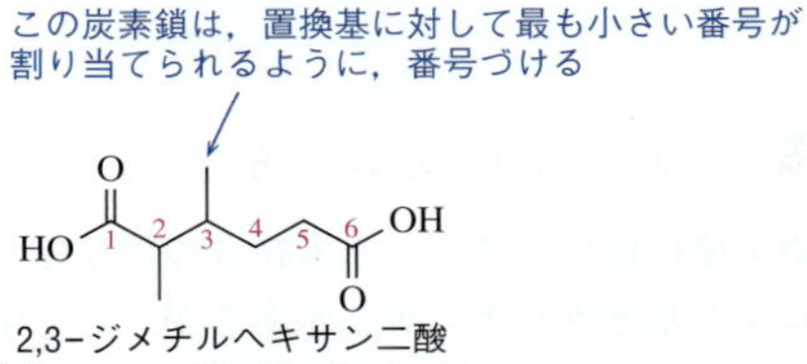

2,3-ジメチルヘキサン二酸
2,3-dimethylhexanedioic acid

図 18・5 ポリカルボン酸の命名

18・2・4 カルボン酸の慣用名

多くのカルボン酸は，その慣用名でよばれている．いくつかの例を図18・6に示す．

酢 酸
acetic acid
$\left(\begin{array}{c}\text{エタン酸}\\\text{ethanoic acid}\end{array}\right)$

ギ 酸
formic acid
$\left(\begin{array}{c}\text{メタン酸}\\\text{methanoic acid}\end{array}\right)$

安息香酸
benzoic acid

乳 酸
lactic acid
$\left(\begin{array}{c}(S)\text{-2-ヒドロキシプロパン酸}\\(S)\text{-2-hydroxypropanoic acid}\end{array}\right)$

図 18・6 カルボン酸の慣用名

アセスメント

18・7 以下のカルボン酸を命名せよ．

(a)

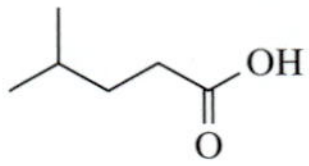

(b)

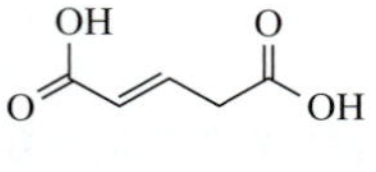

(c)

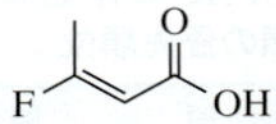

(d)

18・8 与えられた名称に対応する構造を描け．

(a) $(2E,5R)$-3,5-ジメチルヘプタ-2-エン-6-イン酸
(b) $(1S,3R)$-3-メチルシクロヘキサンカルボン酸
(c) $(2R,3R)$-2,3-ジヒドロキシブタン二酸
(d) $(9Z,11E)$-オクタデカ-9,11-ジエン酸

18・3 カルボン酸の分子軌道図

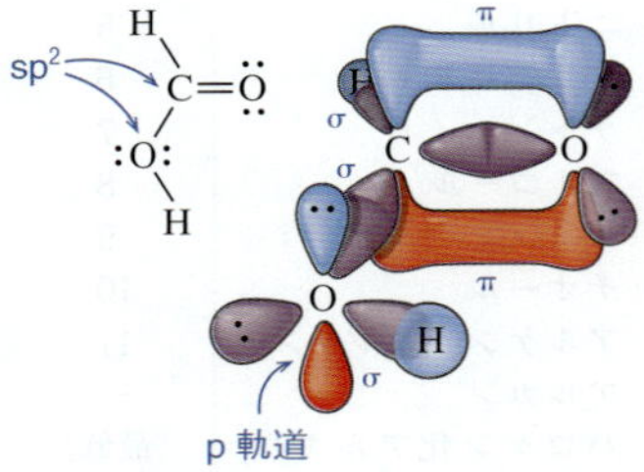

図 18・7 ギ酸の分子軌道図

他のカルボニル化合物と同様に，カルボン酸の C=O 結合は，sp^2 混成の炭素原子と酸素原子の間の σ 結合と π 結合を特徴とする（図17・5）．C−OH 結合は sp^2 混成の中央炭素と sp^2 混成酸素の間に形成される．中央の炭素のまわりの結合角度はすべて約 120° である（図18・7）．

カルボン酸は三つの有効な共鳴構造で表すことができる（図18・8）．O(2) 上の非共有電子対は，系全体に非局在化しており（共鳴によって示される），隣接する C−O π 結合と並んだ p 軌道に位置しなければならない．その結果，両方の酸素が sp^2 混成になる．このような共鳴構造がカルボン酸の反応性の要因となっている．

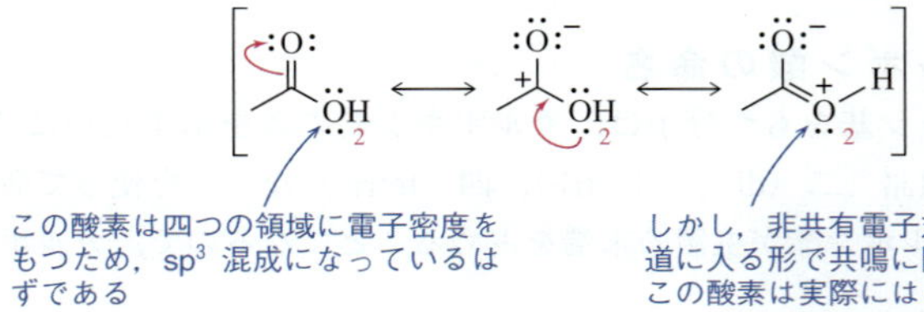

この酸素は四つの領域に電子密度をもつため，sp^3 混成になっているはずである

しかし，非共有電子対の一つが p 軌道に入る形で共鳴に関与するため，この酸素は実際には sp^2 混成である

図 18・8 カルボン酸は共鳴を示すため，両方の酸素が sp^2 混成となっている

アセスメント

18・9 エタン酸（酢酸）の分子軌道図を描け．

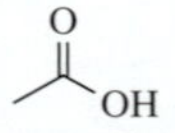

エタン酸

18・10 指示された窒素原子それぞれの混成を示せ．

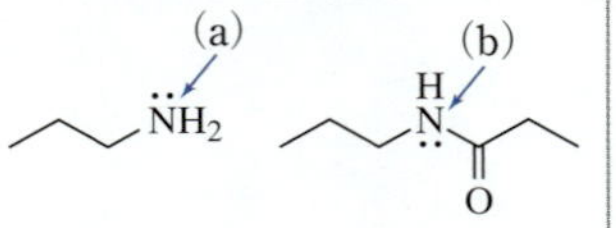

(a) (b)

18・4 カルボン酸の物理的性質

カルボン酸は極性が高く，水素結合の供与体でもあり受容体でもある．カルボン酸にはヒドロキシ基とカルボニル基があるが，対応するアルデヒドやアルコールとは大きく異なる性質をもつ．カルボン酸は，水と水素結合を形成しやすいため，より水に溶けやすい．純粋なカルボン酸は，互いに水素結合を形成しやすいため，沸点や融点はより高

くなる（表18・3）．

表18・3　アルコール，アルデヒド，カルボン酸の性質の比較

化合物	融点（℃）	沸点（℃）	水溶性（g/L H$_2$O）
ブタン-1-オール	−89.8	117.7	73
ブタナール	−96.9	74.8	7.6
ブタン酸	−5.1	163.8	完全に混ざる

　カルボン酸の水溶性は，アルキル鎖の炭素数が増えるほど低下し，ドデカン酸（C$_{12}$）では計測できないほどになる．そこまでくると，カルボキシ基と水との水素結合によって得られる安定性は，大きな非極性鎖が水に溶解することによる不利なエントロピーを克服するには不十分である．[水溶性については，§11・3・3と§13・3・2だね] さらに，大きな非極性鎖はカルボキシ基と水の間の水素結合を立体的に阻害する（表18・4）．

表18・4　より大きなカルボン酸はより強い分子間力〔より高い融点（mp）と沸点（bp）〕をもち，水により溶けにくい

IUPAC名	慣用名	分子式	融点（℃）	沸点（℃）	水溶性（g/100 g H$_2$O）
メタン酸	ギ酸（formic acid）	HCOOH	8	101	∞（混和可能）
エタン酸	酢酸（acetic acid）	CH$_3$COOH	17	118	∞（混和可能）
プロパン酸	プロピオン酸（propionic acid）	CH$_3$CH$_2$COOH	−21	141	∞（混和可能）
ブタン酸	酪酸（butyric acid）	CH$_3$(CH$_2$)$_2$COOH	−6	163	∞（混和可能）
ペンタン酸	吉草酸（valeric acid）	CH$_3$(CH$_2$)$_3$COOH	−34	186	3.7
ヘキサン酸	カプロン酸（caproic acid）	CH$_3$(CH$_2$)$_4$COOH	−4	206	1.0
オクタン酸	カプリル酸（caprylic acid）	CH$_3$(CH$_2$)$_6$COOH	16	240	0.7
デカン酸	カプリン酸（capric acid）	CH$_3$(CH$_2$)$_8$COOH	31	269	0.2
ドデカン酸	ラウリン酸（lauric acid）	CH$_3$(CH$_2$)$_{10}$COOH	44	—	不溶
テトラデカン酸	ミリスチン酸（myristic acid）	CH$_3$(CH$_2$)$_{12}$COOH	54	—	不溶
ヘキサデカン酸	パルミチン酸（parmitic acid）	CH$_3$(CH$_2$)$_{14}$COOH	63	—	不溶
オクタデカン酸	ステアリン酸（stearic acid）	CH$_3$(CH$_2$)$_{16}$COOH	72	—	不溶

18・4・1　カルボン酸のスペクトル

　カルボン酸の赤外スペクトルは，3300から2500 cm^{-1}の範囲にある幅広いO−H伸縮振動の吸収によって特徴づけられる（図18・9）．これは，アルコールと同様に，分子間および分子内の広範な水素結合の結果である．すべてのカルボニル化合物およびカルボン酸誘導体に特徴的なC＝O伸縮振動の吸収は1710 cm^{-1}付近にある．通常の脂肪

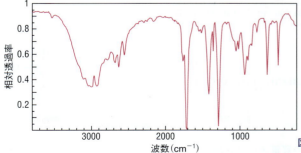

図18・9　酢酸の赤外スペクトル

族ケトンの吸収（1715 cm^{-1}）と比較すると，この値はヒドロキシ基の誘起効果（電子求引性）と共鳴効果（電子供与性）とが相殺された結果である．［復習には§14・3・6を参照しよう］

カルボン酸の^{1}H NMRスペクトルは，カルボキシ水素に対応する幅広い一重線を11 ppm付近に示す（図18・10）．この信号はしばしば広すぎてベースラインと混ざってしまい，NMRによる同定の信頼性を下げる．カルボニル基のα位水素は，カルボニル基の誘起効果とC−Oπ結合の環電流の結果，2〜3 ppmの範囲で現れる．カルボキシ基の炭素は175 ppm付近に現れるが，これはすべてのカルボン酸誘導体と同様であり，アルデヒドやケトン（200 ppm）に比べてやや遮蔽されている．

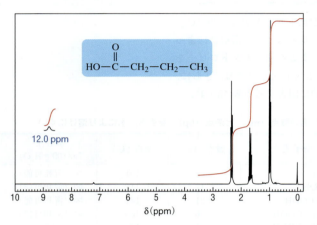 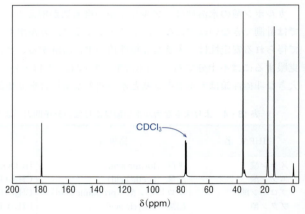

図18・10　ブタン酸の^{1}Hおよび^{13}C NMRスペクトル

脂肪族カルボン酸は，質量スペクトルにおいて二つの異なるフラグメンテーションパターンを示す．脂肪族カルボン酸は，McLafferty転位を起こしてm/z 60のフラグメントを生成し，これはしばしばスペクトルの基準ピークとなる（図18・11）．長鎖のカルボン酸は，一般的にβ炭素からアルキル基を失い，m/z 73の共鳴安定化されたフラグメントを生成する．

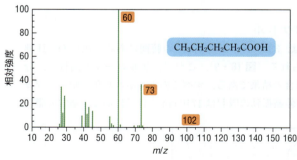

図18・11　ペンタン酸の質量スペクトル

18・4 カルボン酸の物理的性質　841

18・4・2 カルボン酸の酸性度

　カルボン酸はその名の通り，酸性である．酢酸の pK_a 値は 4.7 であり，それはすなわち弱塩基を用いた場合でさえ，**カルボキシラートイオン**（carboxylate ion）が平衡混合物のかなりの部分を占めることを意味する（図 18・12）．

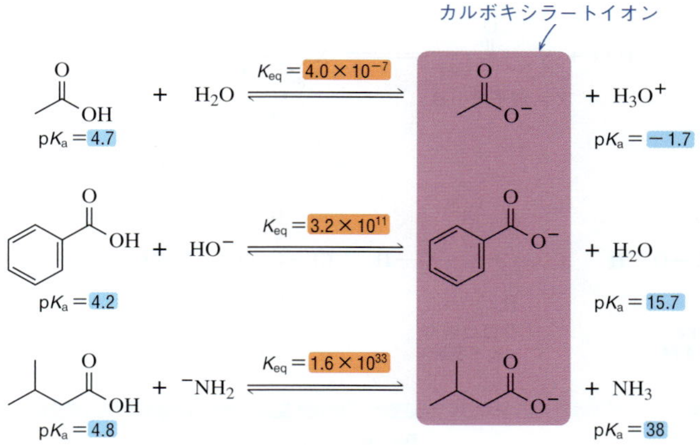

カルボキシラートイオン

$$K_{eq} = 4.0 \times 10^{-7}$$

$pK_a = 4.7$ 　　　$pK_a = -1.7$

$$K_{eq} = 3.2 \times 10^{11}$$

$pK_a = 4.2$ 　　　$pK_a = 15.7$

$$K_{eq} = 1.6 \times 10^{33}$$

$pK_a = 4.8$ 　　　$pK_a = 38$

図 18・12　カルボン酸は強塩基でも弱塩基でも脱プロトンできる
[K_{eq} 値の計算については §4・3・3 を参照しよう]

　カルボン酸はアルコールの約 10^{11} 倍酸性である．アルコール（$pK_a \fallingdotseq 16$）を脱プロトンすると，酸素 1 個に負電荷が局在するアルコキシドイオンが生成する．カルボキシラートイオンの負電荷は，共鳴によって二つの酸素に非局在化する．この非局在化により，カルボン酸（$pK_a \fallingdotseq 5$）の共役塩基の安定性が向上する．図 18・13 の反応座標図に示すように，カルボン酸の脱プロトンはアルコールの脱プロトンよりも有利である．

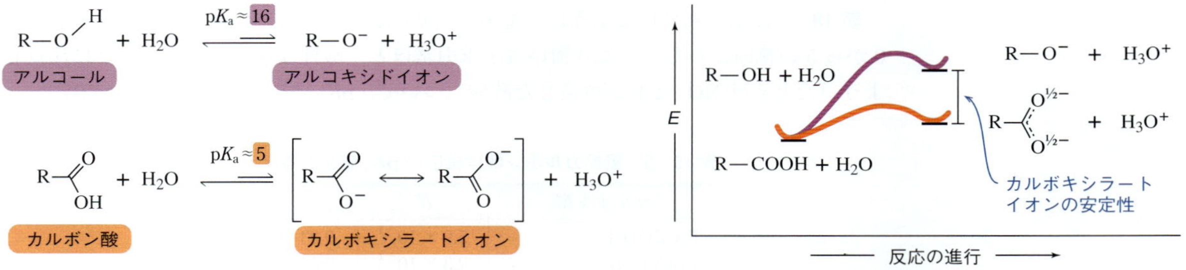

$$pK_a \approx 16$$

アルコール　　　　　アルコキシドイオン

$$pK_a \approx 5$$

カルボン酸　　　　　カルボキシラートイオン

カルボキシラートイオンの安定性

反応の進行

図 18・13　カルボン酸の脱プロトンは，アルコールの脱プロトンに比べて反応座標図の"上り坂が緩やか"，つまり，より小さなエネルギーで起こる

　カルボン酸が酸性なのは，誘起効果によって電子求引性を示すカルボニル基が，酸性のヒドロキシ基に隣接するためでもある（図 18・14）．電子不足のカルボニル炭素は電子密度を自分の方に引寄せ，静電ポテンシャルマップに示されているように，酸性の水素に大きな部分正電荷を生じさせる．カルボン酸二量体が強い水素結合を形成するのも，同じ考え方によって説明できる（図 18・15）．

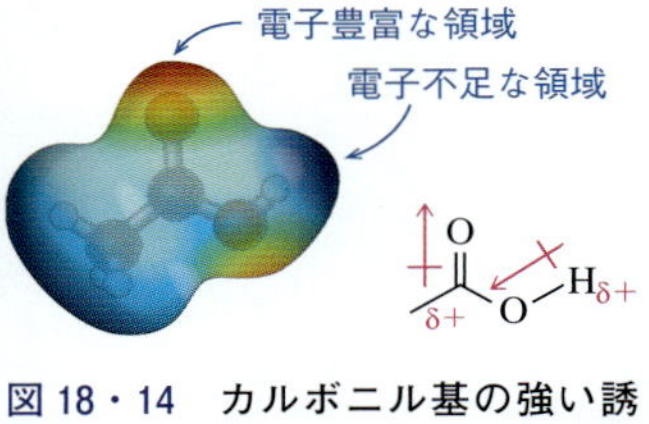

電子豊富な領域
電子不足な領域

図 18・14　カルボニル基の強い誘起効果によって，カルボン酸のプロトンは電子不足になり，したがって非常に酸性度が高くなる

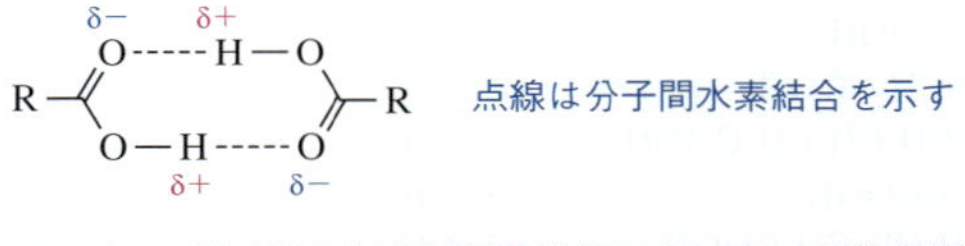

点線は分子間水素結合を示す

図 18・15　カルボン酸は分子間水素結合によって二量体を形成する

18. 求核アシル置換反応 I

一連のカルボン酸のなかで標準的な pK_a 値（およそ5）から外れるものは，誘起効果を用いて説明することができる．近接した電子求引基は，カルボキシラートイオンの近くに部分的な正電荷を誘起する（図 18・16）．この静電相互作用は，共役塩基の負電荷を安定化し，元の酸をより酸性にする．

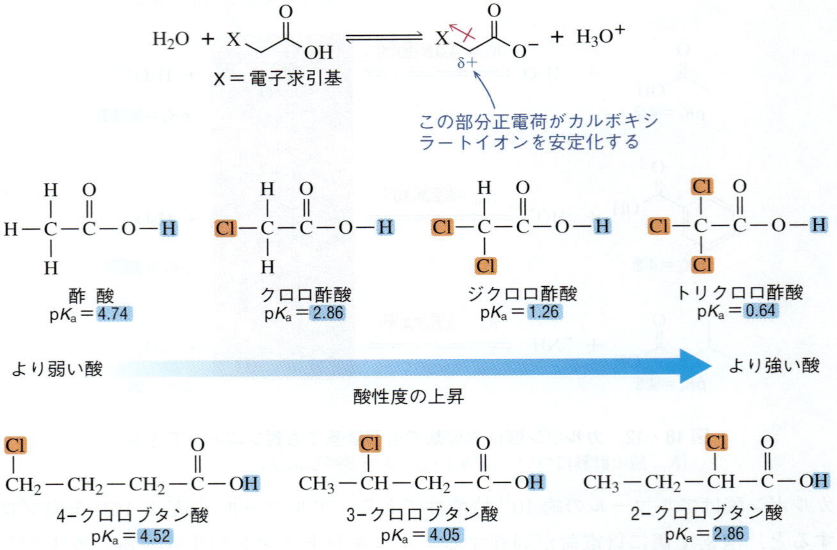

$$H_2O + X \overset{O}{\underset{}{\overset{\shortparallel}{C}}} OH \rightleftharpoons X \overset{O}{\underset{\delta+}{\overset{\shortparallel}{C}}} O^- + H_3O^+$$

X = 電子求引基

この部分正電荷がカルボキシラートイオンを安定化する

酢 酸
$pK_a = 4.74$

クロロ酢酸
$pK_a = 2.86$

ジクロロ酢酸
$pK_a = 1.26$

トリクロロ酢酸
$pK_a = 0.64$

より弱い酸 → より強い酸

酸性度の上昇

4-クロロブタン酸
$pK_a = 4.52$

3-クロロブタン酸
$pK_a = 4.05$

2-クロロブタン酸
$pK_a = 2.86$

図 18・16　隣接した電子求引基は誘起効果によってカルボン酸の酸性度を上げる

誘起効果による pK_a の低下効果は，より多くの電子求引基が加わるか，または電子求引基がカルボン酸のより近くに位置することによって増強される．

表 18・5 に示されているように，電子求引基の影響により，置換カルボン酸の pK_a は 0 から 5 の範囲にわたる．より強い電子求引基ほど，酸性度を増加させることに注意しよう（たとえば NO_2 と F が置換した酢酸について，pK_a はそれぞれ 1.68 と 2.59）．

表 18・5　置換カルボン酸は幅広い pK_a 値をとる

カルボン酸	K_a	pK_a	
F_3CCOOH	5.9×10^{-1}	0.23	より強い酸
Cl_3CCOOH	2.3×10^{-1}	0.64	
$Cl_2CHCOOH$	5.5×10^{-2}	1.26	
O_2N-CH_2COOH	2.1×10^{-2}	1.68	
$NCCH_2COOH$	3.4×10^{-3}	2.46	
FCH_2COOH	2.6×10^{-3}	2.59	
$ClCH_2COOH$	1.4×10^{-3}	2.86	
$CH_3CH_2CHClCOOH$	1.4×10^{-3}	2.86	酸
$BrCH_2COOH$	1.3×10^{-3}	2.90	性
ICH_2COOH	6.7×10^{-4}	3.18	度
CH_3OCH_2COOH	2.9×10^{-4}	3.54	の
$HOCH_2COOH$	1.5×10^{-4}	3.83	上
$CH_3CHClCH_2COOH$	8.9×10^{-5}	4.05	昇
$PhCOOH$	6.46×10^{-5}	4.19	
$PhCH_2COOH$	4.9×10^{-5}	4.31	
$ClCH_2CH_2CH_2COOH$	3.0×10^{-5}	4.52	
CH_3COOH	1.8×10^{-5}	4.74	
$CH_3CH_2CH_2COOH$	1.5×10^{-5}	4.82	より弱い酸

18・5 カルボン酸の合成 843

> **アセスメント**
>
> **18・11** 図 18・12 で平衡定数がどのように計算されるかを示せ.
>
> **18・12** 各組の中で，より酸性のカルボン酸を選べ．選んだ理由も述べよ．
>
> (a), (b), (c), (d) の構造式 と
>
> **18・13** アミドとアミンは，どちらも非共有電子対をもつ窒素を含んでいる．どちらの窒素がより強い塩基であると予想されるか.
>
> プロピルアミン と プロピオンアミド
>
> **18・14** 安息香酸が非常に強い酸にさらされたとき，どちらの酸素が最初にプロトン化されると予想されるか．
>
>
> 安息香酸
>
> **18・15** カルボン酸とカルボキシラートイオンでは，どちらがより水に溶けやすいと予想されるか．その理由も述べよ．
>
> オクタン酸 と オクタン酸イオン

18・5 カルボン酸の合成

18・5・1 以前に取上げたカルボン酸の合成

カルボン酸の合成については，以前も説明した．[第 10 章で作成した"カルボン酸の合成"の反応シートで確認しよう] そのための酸化反応を**表 18・6** に示す．これらの反応のなかで最も有用なのは第一級アルコールとアルデヒドの酸化反応である．

表 18・6 以前に学んだカルボン酸の合成

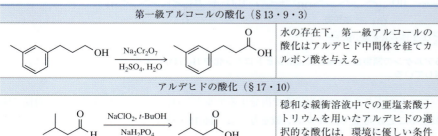

> カルボン酸の合成は四つの項に分けて説明されているよ．§18・5・1 では，以前に学んだカルボン酸が生成する反応を取上げる．§18・5・2 は，以前に見た反応のうち，条件を少し変えるとカルボン酸が生成するもので構成されているんだ．§18・5・3 では新しいカルボン酸の合成を説明して，§18・5・4 では次章以降で学ぶカルボン酸の合成反応を少し先取りするよ．これらの反応を全部，君の反応シートにしっかりと書き留めておこう．

18・5・2 以前に取上げた反応の部分的変更

以前学んだ反応のなかには，異なる基質に適用したり，あるいは以前示した反応条件から少し変更した条件で実行したりすると，カルボン酸の合成を可能にするものがいくつかある．この項ではそれらについて説明する．

844 18. 求核アシル置換反応 I

a. アルケンまたはアルキンの $KMnO_4$ 酸化

以前の方法（§9・1・5）	カルボン酸をつくるには
 穏和な酸化剤	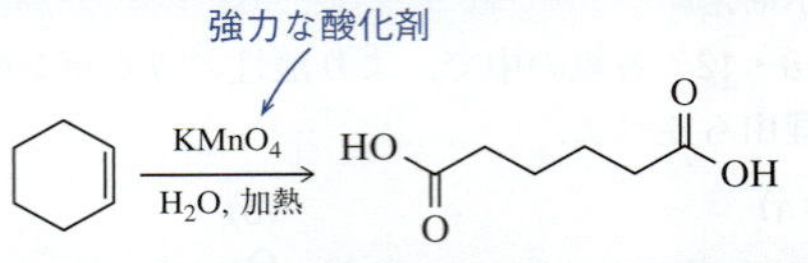 強力な酸化剤

異なる結果をもたらすにもかかわらず，強力な酸化剤である過マンガン酸カリウム $KMnO_4$ は，四酸化オスミウムと構造が似ている（**図18・17**）．したがって，$KMnO_4$ による酸化の反応機構も似ている．環状のマンガン酸エステルの形成は，同じ協奏的な6電子環状遷移状態を経て起こる．低温ではジオールを単離することができるが，過酸化のため副生成物が生じ，OsO_4 を用いた反応によるジオール合成に比べて収率が低い．高温では，環状生成物が分解し，別の6電子環状遷移状態を経て二つのアルデヒドが生成する．生じたアルデヒドは，水と強力な酸化剤の存在下で，水和物を経てカルボン酸に変換される．代わりにケトンが生成される場合は，それ以上の酸化は起こらない．[この最後の酸化は，第13章と第17章のクロム酸酸化と同じだよ]

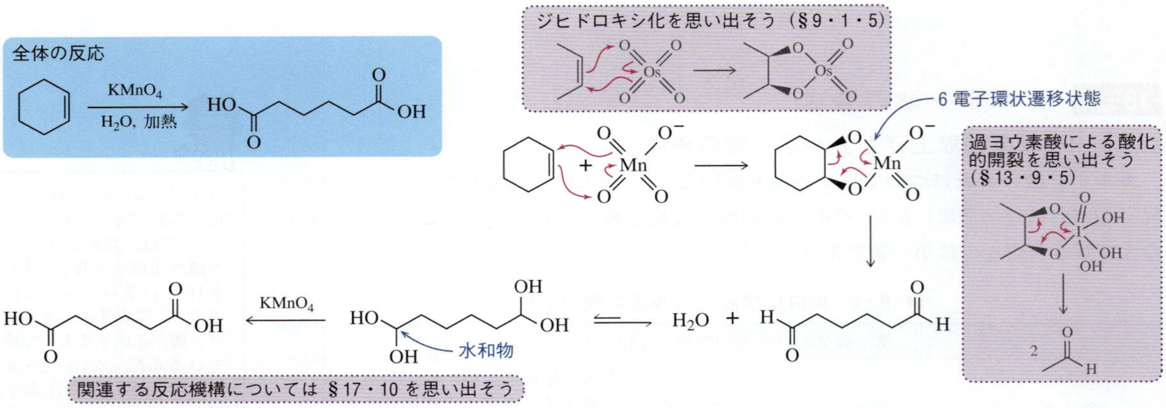

図18・17 $KMnO_4$ によるアルケンの開裂は，OsO_4 によるジヒドロキシ化や H_2CrO_4 によるアルデヒドの酸化など，以前に学んだ反応に類似している

アルケンよりも高い酸化状態で出発するアルキンは，ジケトン中間体を経て同様に開裂することが可能で，カルボン酸を与える（**図18・18**）．ジケトンの水和物は，おそら

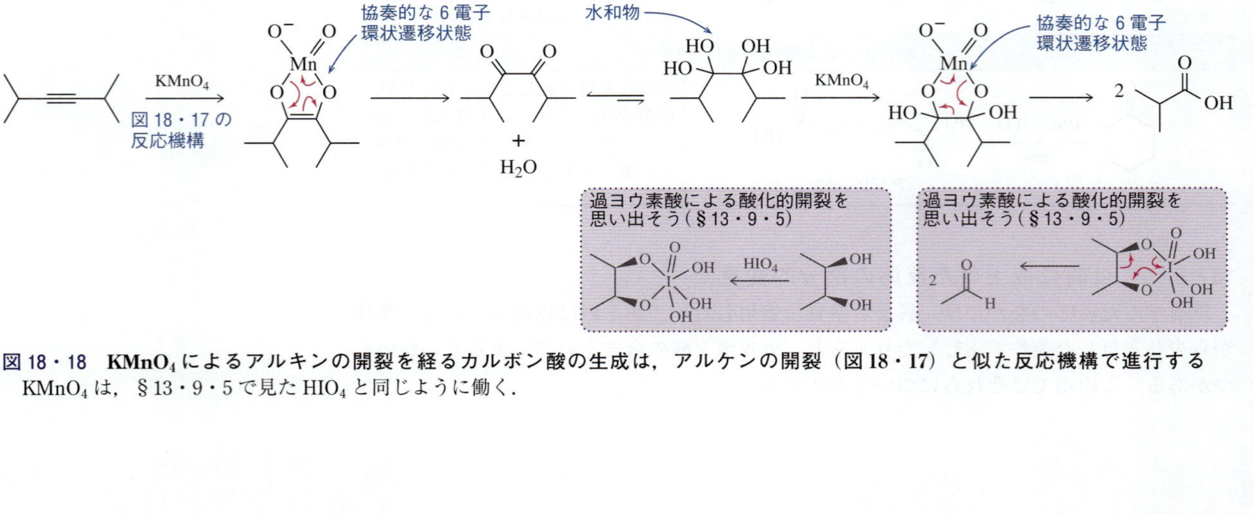

図18・18 $KMnO_4$ によるアルキンの開裂を経るカルボン酸の生成は，アルケンの開裂（図18・17）と似た反応機構で進行する $KMnO_4$ は，§13・9・5で見た HIO_4 と同じように働く．

く §13・9・5の過ヨウ素酸による開裂反応に似た反応機構で開裂すると考えられる．

十分に解明されているわけではないが，図18・17と図18・18に示した反応機構は，これまでに学んだ反応に基づくと，妥当なものである．

b. アルケンのオゾン分解（と酸化的な後処理）

以前の方法（§9・1・7）	カルボン酸をつくるには
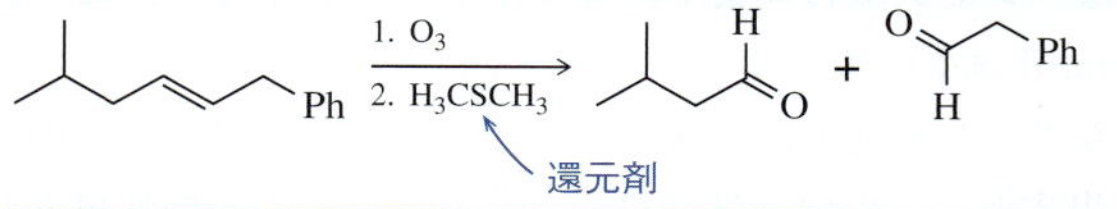 アルケン →(1. O₃, 2. H₃CSCH₃) アルデヒド + アルデヒド（還元剤）	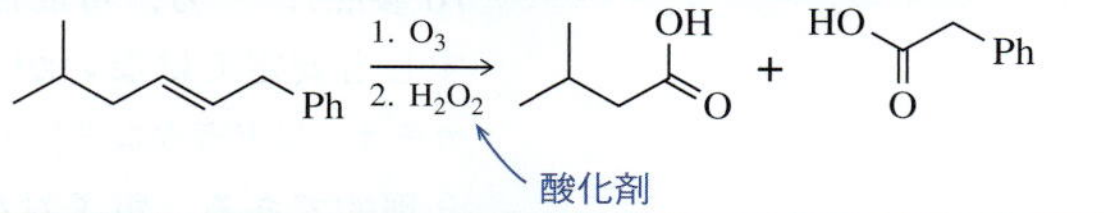 アルケン →(1. O₃, 2. H₂O₂) カルボン酸 + カルボン酸（酸化剤）

§9・1・7でアルケンのオゾン分解が複雑な反応機構で進行し，不安定なオゾニドが生成したことを思い出そう．ジメチルスルフィド（還元剤）による後処理は，オゾニドを二つのアルデヒドへと還元する．このオゾニドを過酸化水素（酸化剤）で処理すると，代わりに二つのカルボン酸が生成する（図18・19）．

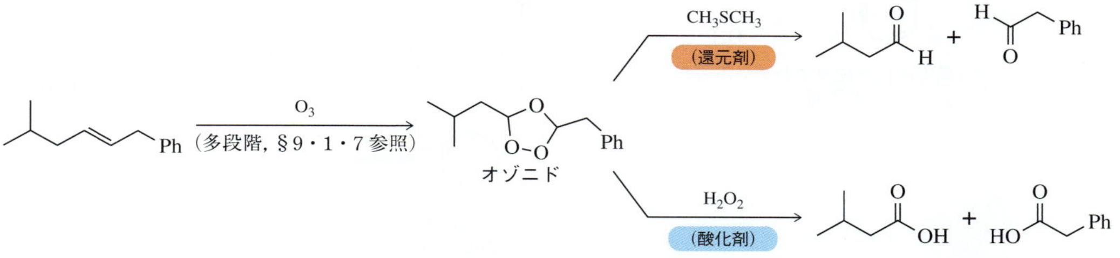

図18・19 アルケンのオゾン分解に酸化的処理を組合わせるとカルボン酸が生成する

18・5・3 CO₂へのGrignard試薬の付加反応

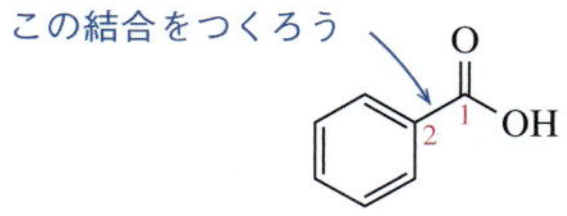

表18・6［§18・5の冒頭］に示した酸化反応は，完全な炭素骨格がすでに整っている場合にカルボン酸を合成するのに有用である．しかし，カルボン酸を望みの生成物として得るにあたって，分子を炭素1個分拡張しなければならない場合がある．

この結合をつくろう

■ 化学者のように考えよう

二つの基 R^1 と R^2 の間に新しい結合をつくるには二つの方法がある．R^1 が求核剤となって求電子剤の R^2 を攻撃する方法と，R^2 が求核剤となって R^1 を攻撃する方法である．[ラジカルが関与する可能性も妥当であることを示す研究はあるけど，ここではそれを除外しているよ] 今回のケースに当てはめると，仮想的なフェニルカルボカチオンのC2が，カルボニル炭素であるC1のカルボアニオンによって攻撃されることを想定できる（これが図18・20の可能性1）．あるいは，フェニルアニオンのC2がC1のカルボカチオンを攻撃することもありうる（これが図18・20の可能性2）．[これら二つの可能性のうち，どちらがより合理的に見えるだろう？]

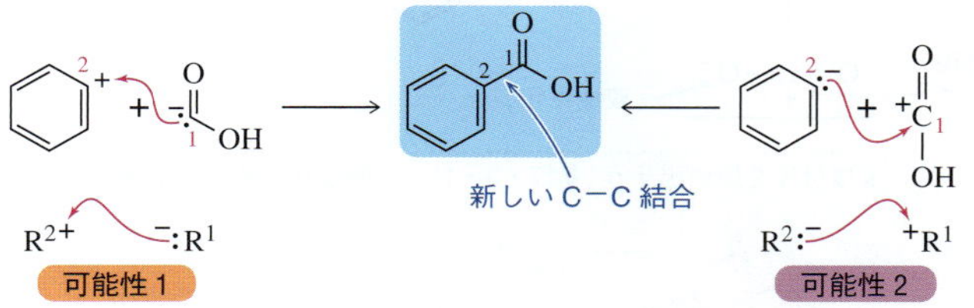

> 安息香酸のC1-C2結合をつくるという目的のために，化学者のように考えて，第17章で見た反応がどのように役立つのかを見てみよう．

図18・20 新しい炭素-炭素結合をつくるための二つの可能な方法（ラジカル反応を除く）

図 18・20 の思考実験は，あくまで解決に向けて頭を働かせるために意図したものにすぎないが，私たちがここで考えた仮想的な中間体は，同等ではない．つまり，どちらか一方がより優れているのである．可能性 1 では，ベンゼン上にカルボカチオンがある．以前（第 12 章）に，アルケニルカルボカチオンは不安定なので，ハロゲン化アルケニルは S_N1 反応を起こせないと学んだ．さらに，通常のカルボニル基の極性と逆になることを意味するカルボニルアニオンもありえなさそうである（アセスメント 17・76 参照）．一方，可能性 2 ではベンゼン環の炭素上にカルボアニオンがあり，これは必ずしも安定ではないが，Grignard 試薬のカルボアニオンに似ている．［可能性 2 のカルボカチオンはどうかな？］カルボカチオン求電子剤の共鳴構造を考えると，可能性 2 の方が合理的である．電子対を押し出すと，この分子はプロトン化された形の二酸化炭素 CO_2 のようであり，存在しうる構造であるといえる（**図 18・21**）．

(a) 可能性 1
OH
両方の化学種がきわめて不安定
（つくるのが困難）
(b) 可能性 2
共鳴安定化
プロトン化された CO2
+ H+
MgBr
この化学種はきわめて不安定だが，
Grignard 試薬として調製可能

図 18・21　仮想的な炭素–炭素結合形成反応における中間体の安定性の比較　(a) 可能性 1 は，二つの中間体が不安定なため考えにくい．(b) 可能性 2 は，中間体がつくれる程度には安定なので妥当である．

このような思考過程から，この変換を実行しうる方法が見えてくる（**図 18・22**）．カルボニル基を先にプロトン化してから，Grignard 試薬を攻撃させることはできない．［なぜか？ Grignard 試薬は強酸によってクエンチされるからなんだ］しかし，Grignard 試薬は強力な求核剤であるため，中性のカルボニル基［双性イオンの形で示すことができるね：第 17 章参照］を容易に攻撃することができる．攻撃を受けると，C−O π 結合の電子が酸素に押し出され，カルボキシラートイオンを与える．カルボキシラートイオンを酸で後処理すると安息香酸が生成し，分子を炭素 1 個分伸長したことになる．［これで新しい炭素–炭素結合をつくったということになる．それはいつだってすごいことなんだ］

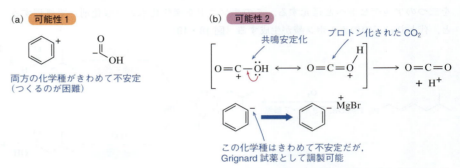

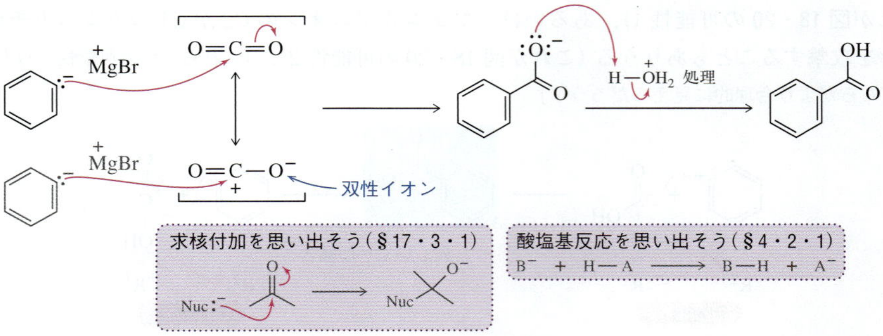

MgBr
MgBr
双性イオン
H−OH2 処理
OH
求核付加を思い出そう（§17・3・1）
Nuc
酸塩基反応を思い出そう（§4・2・1）
B− + H−A ⟶ B−H + A−

図 18・22　CO_2 への Grignard 試薬の付加は炭素鎖が伸長したカルボン酸を与える

18・5 カルボン酸の合成　847

　実験的には，Grignard 試薬の調製は，THF やエーテルなどの非プロトン性極性溶媒中で行われる．生成した溶液に二酸化炭素（多くの場合，ドライアイスを使用）を吹き込み，付加が起こった後に酸で後処理する．この反応は，さまざまな Grignard 試薬を用いて行うことができる（図 18・23）．

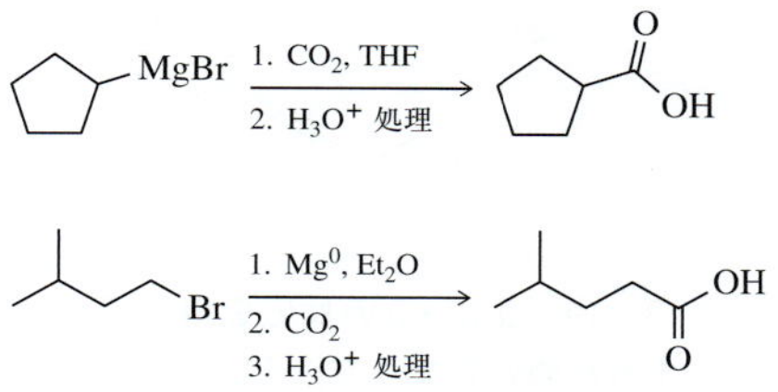

図 18・23　CO$_2$ への Grignard 試薬の付加の例

アセスメント

18・16　以下の反応の生成物を予測せよ．

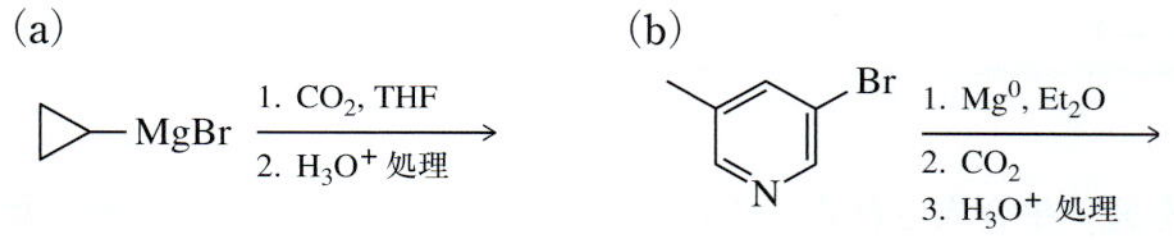

(a)

(b)

18・17　以下に示すアルケンから出発して，右のカルボン酸を合成せよ．

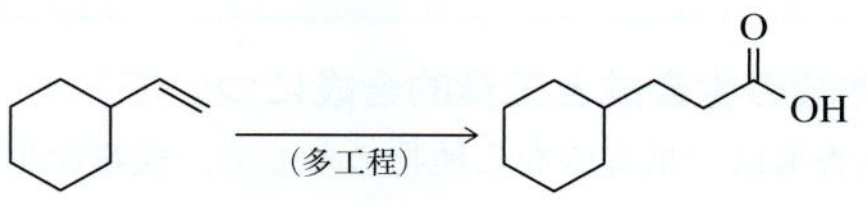

18・5・4　アルキルベンゼン類のクロム酸酸化

　アルキルベンゼン類の側鎖は，高温のクロム酸水溶液や塩基性の過マンガン酸カリウムで処理することにより，カルボン酸に酸化される．たとえば，トルエンを酸化すると安息香酸になる（図 18・24）．

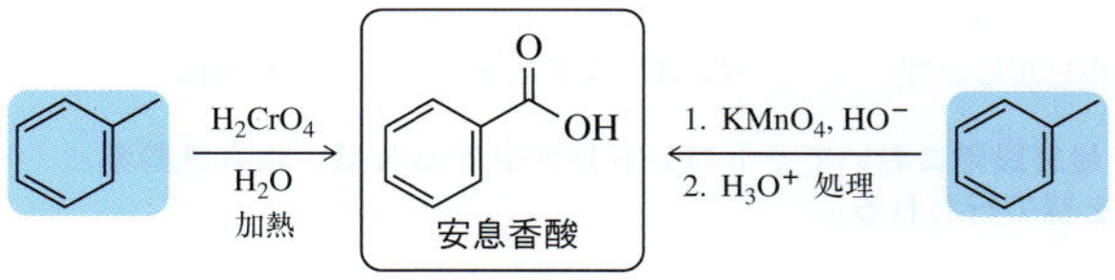

図 18・24　トルエンの安息香酸への酸化

　この反応の機構はよくわかっていない．第 24 章で説明する理由によって，反応はおそらくベンジル基の炭素上でのラジカルの生成を経て進行する．ベンゼン環に隣接し，C−H 結合をもつアルキル基は，これらの条件下で酸化される（図 18・25）．［アセスメント 18・18 および 18・19 は，§18・5 のすべての内容をカバーしているよ］

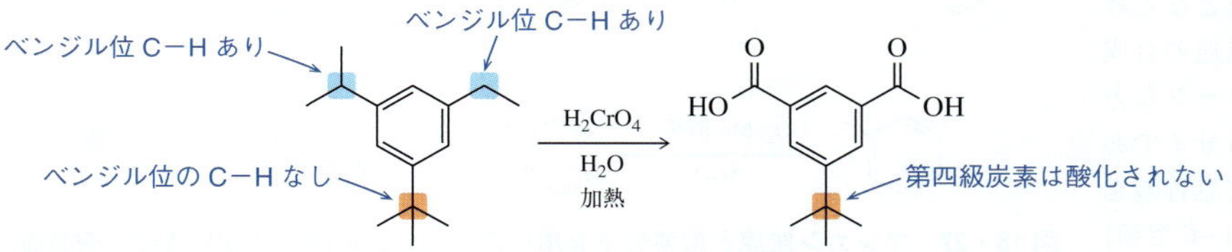

図 18・25　アルキルベンゼンの酸化はベンジル位に水素がある場合にのみ起こる

848   18. 求核アシル置換反応 I

アセスメント

18・18　以下の各変換を行うのに最適な反応剤を示せ.

(a)

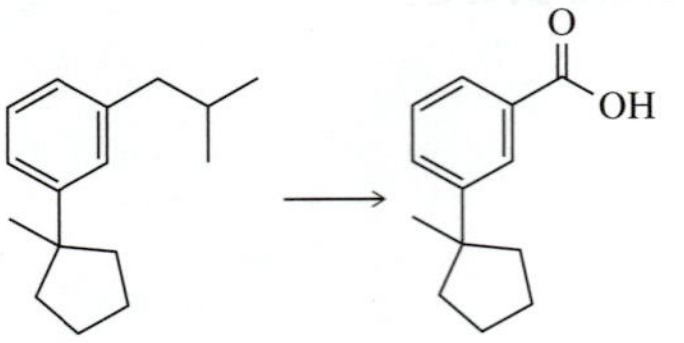

(b)

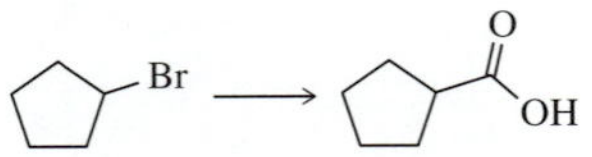

(c)

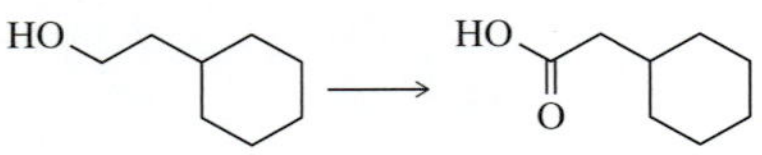

(d)

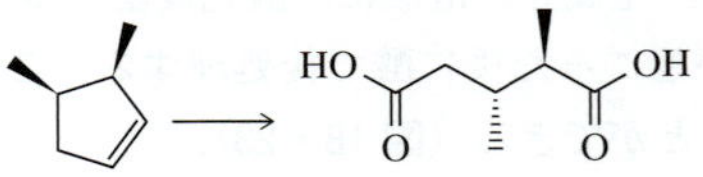

(e)

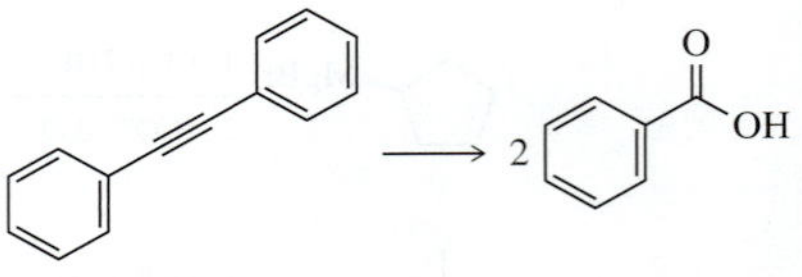

18・19　§18・5の反応を用いて，以下のカルボン酸を合成するための異なる方法を五つ提案せよ.

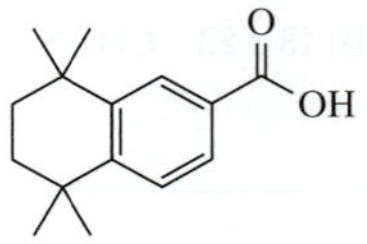

18-A　化学はここにも（グリーンケミストリー）

安息香酸の生合成と工業的合成について

　安息香酸は，果実のなる植物の多くで，複雑な生化学的経路を経て生合成される. そのうちの一つの経路はシキミ酸から始まり（図18・26），16段階の酵素反応がプラスチド（色素体），サイトゾル（細胞質基質），ミトコンドリアで進行する. 最後のベンズアルデヒドの安息香酸への変換は，§17・10や§18・5で説明した酸化反応と似ている. この変換は，ミトコンドリアにおいて，酸化還元酵素の一種であるベンズアルデヒドデヒドロゲナーゼによって触媒される. これらは以前，NAD^+依存性酵素によるアルコール類の酸化についての議論でふれた.［化学はここにも 17-A 参照］

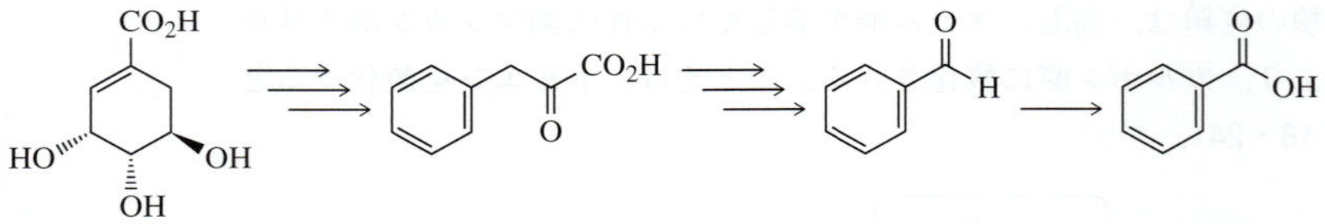

シキミ酸　　　　フェニルピルビン酸　　　　ベンズアルデヒド　　　　安息香酸

図 18・26　安息香酸の生合成は，最終段階においてミトコンドリア中でのNAD^+依存性酵素によるベンズアルデヒドの酸化を経て行われる

　安息香酸の現代的な合成法は，グリーンケミストリーの力を示している. 図18・27に示すように，トルエンと高温のクロム酸（§18・5・4参照）を反応させることで合成が可能である. しかし，クロム酸は特に毒性が強く，がんをひき起こすことが知られている.［化学はここにも 13-A 参照］トリクロロトルエンと水酸化カルシウムを触媒となる鉄塩の存在下で反応させる方法は，前述の合成法よりは（反応剤の面では）ややグリーンな方法だが，環境面で大きな問題のある分子であるクロロベンゼン類に汚染された安息香酸を生成してしまう.［化学はここにも 11-C 参照］現在の合成法では，分子状酸素［環境に無害

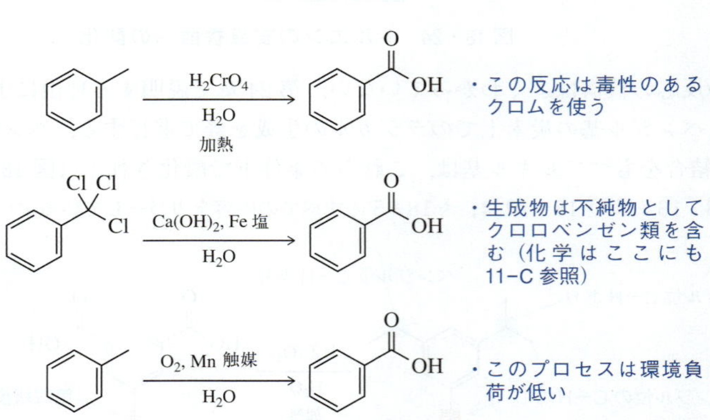

・この反応は毒性のあるクロムを使う

・生成物は不純物としてクロロベンゼン類を含む（化学はここにも11-C 参照）

・このプロセスは環境負荷が低い

図 18・27　マンガン触媒と酸素分子を用いたトルエンの酸化は安息香酸と安息香酸ナトリウムの工業生産に利用されているグリーンなプロセスである

18・6 カルボン酸の反応: 酸塩基反応　849

で再生可能]と触媒量の［素晴らしい！］マンガン塩［無毒］を用いてトルエンを酸化する．このプロセスをさらにグリーンなものにするおそらく唯一の方法は，現在は石油を原材料として生産されているトルエン［化学はここにも 3-B 参照］の再生可能な供給源を見つけることだろう．［ぜひ取組んでね！］

18・6 カルボン酸の反応: 酸塩基反応

§18・4・2で学んだように，カルボン酸が中程度の酸性（$pK_a = 5$）であることを思い出そう．カルボン酸の最も一般的な反応は，カルボキシラートイオンをつくる単純な酸塩基反応である．この反応は，他の酸塩基反応と同様に，電子豊富な塩基がプロトンを引抜き，電気陰性な酸素へ電子を押し出すことで進行する．このようにして得られたカルボキシラートイオンは，第一級または第二級のハロゲン化アルキルとのS_N2反応（§18・8・2）をはじめとするさまざまな反応に用いることができる．

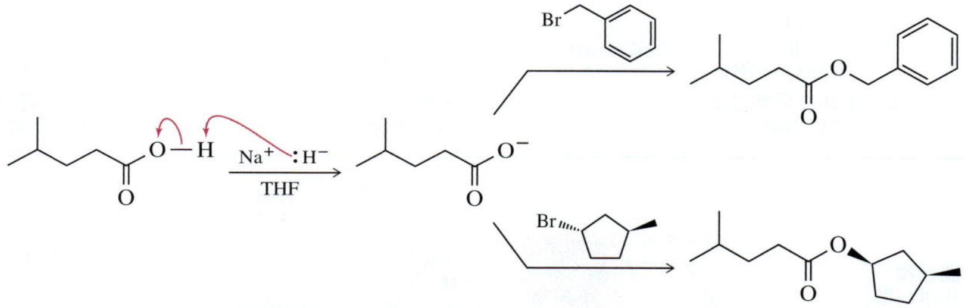

18・6・1 カルボン酸の抽出

カルボン酸が酸性であることから，カルボン酸を非極性で非酸性の化合物から分離する実験手順を設計することができる．当然のことながら，不溶性のカルボン酸は，脱プロトンによって水に溶けやすくなる．溶解度が 0.2 g/100 g H_2O のデカン酸を考えてみよう（図 18・28）．水酸化ナトリウムで脱プロトンすると，得られるデカン酸ナトリウムは水に 50 倍も溶けやすくなる（10 g/100 g H_2O）．ここで新たに生成されたナトリウムカルボキシラートは，極性のイオン塩である．

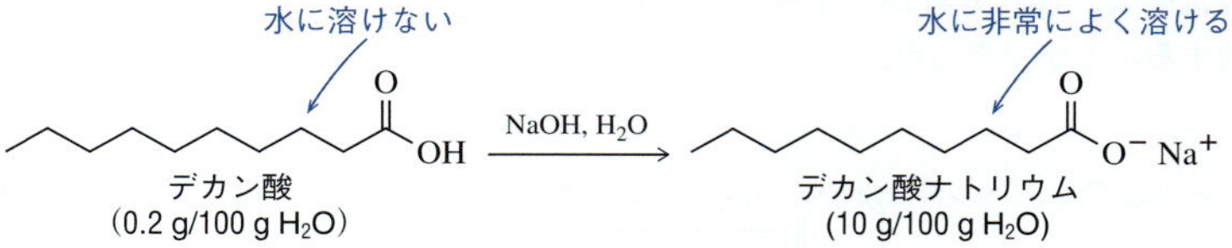

図 18・28　カルボン酸の脱プロトンは水溶性を向上させる

それでは，カルボン酸である安息香酸と中性の非極性化合物であるナフタレン（図 18・29では"有機不純物"と示されている）の混合物をどのように分離するかを考えてみよう．［これはありふれた実験で，君もすでに学生実験で経験済みかもしれないね］カルボン酸が中性の場合，どちらの化合物も有機溶媒（ジエチルエーテル）に非常によく溶ける．このジエチルエーテルを水酸化ナトリウムの水溶液で抽出すると，脱プロトンされたカルボン酸塩は，比重の大きい水層に優先的に移動する．この層を分離すると，二つの溶液が得られる．一つはエーテル中にナフタレンを含み，もう一つは水中に安息香酸

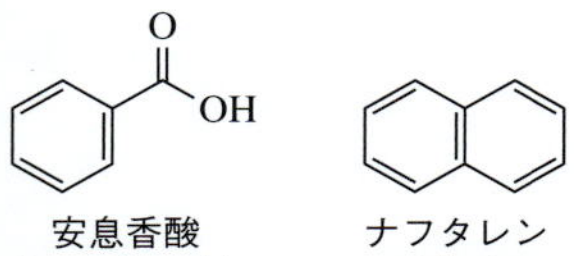

安息香酸　　ナフタレン
benzoic acid　naphthalene

アニオンを含む．塩基性の水層を酸性にすると，安息香酸（水に溶けない）が再生する．ジエチルエーテルを加えると，安息香酸はジエチルエーテル層に移動する．層を分離し，エーテルを蒸発させると，純粋な安息香酸が得られる．

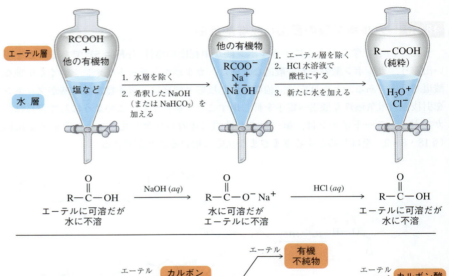

図 18・29 酸塩基抽出による中性化合物からのカルボン酸の分離

アセスメント

18・20 酸触媒によるエステルの加水分解（§18・7・2, §19・7・1）は，同量のカルボン酸とアルコールを生成する．(a) この二つの生成物を分離するためのフローチャートを設計せよ．(b) 分離後，赤外分光法を用いてカルボン酸とアルコールをどのように区別することができるか．

18・21 LiAlH₄ 還元（§19・8・1）を行った後，ジエチルエーテル中にはアミン生成物とともに，少量の未反応のアミドが溶解していることがわかった．どのようにしてエーテルからアミンを取出すことができるか．

18-B 化学はここにも（食品化学）

防腐剤の安息香酸ナトリウム

安息香酸ナトリウム
sodium benzoate

植物や果物に含まれる安息香酸ナトリウムは，1909年以来，食品保存料として使用されてきた．食品保存料は，細菌や真菌の繁殖を最小限に抑えることで食品の保存期間を延ばし，調理や輸送のコストを削減することで消費者の負担を減らす．完全には解明されていないが，最近，安息香酸ナトリウムの防腐剤としての作用機序は，安息香酸イオンと安息香酸の間の酸塩基平衡の結果であると提唱されている（図18・30）．安息香酸ナトリウムは酸性食品によく使われ，食品中ではプロトン化された形（安息香酸）で存在する．細菌はイオン化した安息香酸を吸収することができない．平衡が安息香酸側に偏っている酸性条件下（pH＜4.7）でのみ，安息香酸を吸収することができる．pHが6〜7のサイトゾルに入ると，平衡は再びイオン化した安息香酸イオンに偏る．細菌は安息香酸イオンを除去することができないため，安息香酸が蓄積し，サイトゾルの酸性化がひき起こされる（図18・31）．この酸性化が安息香酸のサイトゾルからの除去を助け，細菌の成長を遅らせる原因になっていると考えられている．この仮説は興味深いものではあるが，最近の研究により疑問が投げかけられており，さらなる検討が必要である．

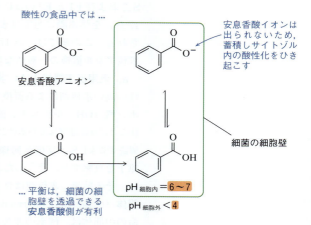

図18・30 安息香酸アニオンと安息香酸の平衡の偏りは溶液の pH に依存する

図18・31 ある仮説によると，細菌のサイトゾルにおける安息香酸塩の蓄積とそれによるサイトゾルの酸性化は細菌増殖を抑制する

18・7 カルボン酸の反応：求核アシル置換反応

カルボン酸類の重要な反応に，**求核アシル置換反応**（nucleophilic acyl substitution）がある．簡単に言うと，この反応は，求核剤によるアシル（またはカルボニル）炭素上での置換である．カルボン酸の場合は，カルボニル炭素に結合しているヒドロキシ基を求核剤が置換する．この反応はカルボン酸に限ったことではなく，カルボン酸誘導体の反応を取上げる第19章でより重要になる．

図18・32 に示すように，求核アシル置換反応では，最終的に求核剤によって脱離基

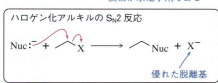

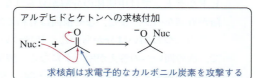

図18・32 カルボン酸とカルボン酸誘導体の求核アシル置換は S_N2 反応とカルボニル基への付加対応の特徴を備えている

つまり、求核アシル置換の反応機構をしっかりと理解することで、第19章の内容が頭に入りやすくなるんだ。

（X）が置換されることになる．[S_N2 反応はこのように説明したよね] 第17章では，求核剤がアルデヒドやケトンのカルボニル炭素を攻撃して，π電子を酸素へと押し出すことを学んだ．カルボン酸やカルボン酸誘導体（第19章参照）の脱離基がカルボニル炭素に結合していることを考えると，これらの反応は S_N2 反応とカルボニル基への付加反応の両方の特徴をもっているといえる．

18・7・1 求核性アシル置換の一般的な反応機構

私たちはこれまで，反応を大きく二つに分類してきた．すなわち，(1) 求核性の高い求核剤を用いる反応と，(2) 求核性の低い求核剤を用いる反応である．これは，S_N1 と S_N2 および E1 と E2 の反応機構（第12章）や，アルデヒドやケトンへの求核付加（第17章）を学ぶ際に当てはまった．カルボン酸やカルボン酸誘導体の反応も同様に分類される．この章では，第17章と同様の呼称を用いて，反応する求核剤の強さによって求核アシル置換の一般的な反応機構がどのように異なるかを検討する．

a. 汎用反応機構 18A：求核性の高い求核剤との反応　　第一の反応タイプは，求核性の高い求核剤による置換である．図 18・33 では，一般的な脱離基 X を用いて，カルボン酸（OH）やカルボン酸誘導体のさまざまな脱離基を表している．[カルボン酸誘導体ごとに反応速度は変わるけど，反応の経路は同じなんだ．この速度の違いについては第19章で解説するよ] S_N2 反応と同様に，求核性の高い求核剤は速く反応し，部分正電荷をもつ原子を攻撃する．そうした求核剤は，完全にカチオン性の中間体が生成するのを待たない．その結果，求核剤はカルボニル炭素に付加し，電子を酸素へと押し出し，**四面体中間体**（tetrahedral intermediate）とよばれるアルコキシドイオンを生成する．この短寿命の中間体は，酸素の非共有電子対の流れ込みによって C–O π 結合を再形成し，脱離基を追い出すことで分解する．反応全体として2段階であることにちなんで，これを**付加・脱離機構**（addition/elimination mechanism）という．エトキシドイオンと酸塩化物の置換反応（第19章で紹介する）は，この反応機構の代表的なものである．[後述するように，カルボン酸は通常，求核性の高い求核剤とはこの機構で反応しないんだ]

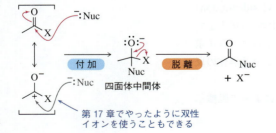

図 18・33 求核性の高い求核剤の付加は，中性のカルボン酸誘導体に対してすばやく進行する　求核性の高い求核剤は付加によって四面体中間体を生成し，それが分解して新しい生成物を与える．これを第18章と第19章を通して汎用反応機構 18A とよぶ．

求核性の低い求核剤を用いた反応［話の流れはわかっていると思うけど］に進む前に，求核性の高い求核剤を用いた反応と，関連するアルデヒドやケトンの反応との比較を行っておくべきである．比較により得られる二つの問いに答える必要がある．まず，アルデヒドやケトンでは中間体の分解が見られなかった（第17章）のに，なぜ今回はその段階が有利なのか．また，なぜ前回は有利ではなかったのか．

この二つの問いは分かちがたく結びついている．つまり，最初の問いに答えることで，次の問いへの答えが明らかになる．酸塩化物にエトキシドイオンを加えてできる四面体中間体を考えてみよう（図 18・34）．酸素の非共有電子対が流れ込むと，反応のエ

18・7　カルボン酸の反応：求核アシル置換反応　　853

ネルギー的には三つのよいことが起こる．[ボールは坂を転がり降りる]　まず，強い C−O
π 結合が再形成される．[いいね]　次に，安定な脱離基である塩化物イオンが脱離する．
[なおいいね]　そして，一つの分子が二つに，つまり $\Delta S > 0$ になる．[最高だ！]

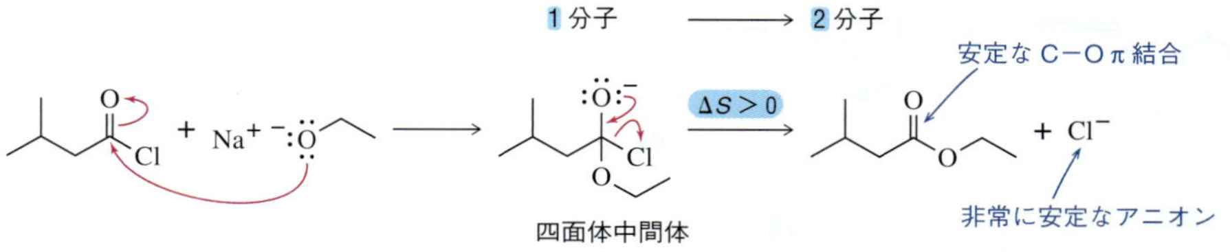

図 18・34　四面体中間体の分解は，安定な結合の生成（C−O π 結合），安定な脱離基（Cl⁻）の
脱離，有利なエントロピー変化（1 分子から 2 分子なので $\Delta S > 0$）のため有利である

　求核剤がケトンやアルデヒドに付加しても，反応がそこで止まってしまうため，"四
面体中間体"とはよばない（**図 18・35**）．これは，ケトンへの求核攻撃後の脱離基とし
ては，アルキルアニオン（非常に悪い脱離基）しか考えられないからである．同様に，
アルデヒドへの求核攻撃では，ヒドリドアニオン（これも非常に悪い脱離基）が唯一の
可能な脱離基になる．[このようなひどい脱離基は決して脱離しないよ！]　C−O π 結合の再
形成や有利なエントロピーという潜在的な利得があるにもかかわらず，それは決して起
こりえない．

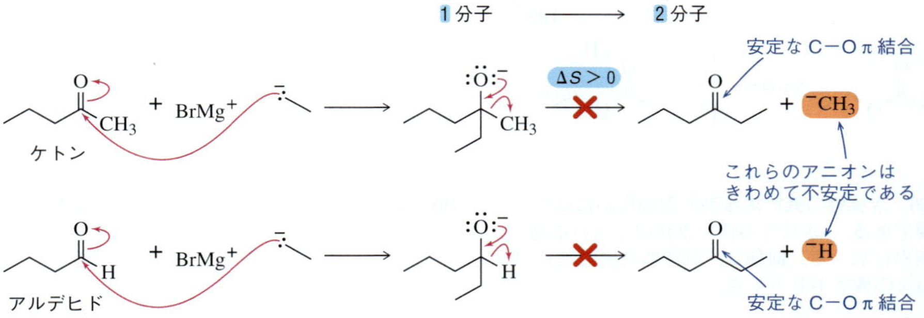

図 18・35　四面体中間体の分解は，安定な結合の生成（C−O π 結合）とエントロピー変化
（1 分子から 2 分子なので $\Delta S > 0$）に関しては有利となっているが，優れた脱離基がな
いと起こらない

b. 汎用反応機構 18B：求核性の低い求核剤との酸性条件下での反応　カルボニル
基は，求核性の低い求核剤に対しては，求核性の高い求核剤に対するよりもゆっくりと
反応する．これまでの章と同様に，求核剤は，非共有電子対を供与する原子が中性（電
荷をもたない）の場合，弱いと考えられる（§17・3・2）．[ただしアルキルアミン（RNH_2,
R_2NH など）を除く．これらは強い中性の求核剤と考えられるよね．アミンの S_N2 反応を思い出
そう]　このタイプの求核剤（H_2O, CH_3OH など）は，中性の（電荷をもたない）カルボ
ン酸やカルボン酸誘導体とは直接反応しない．代わりに，プロトン化によって形成され
た完全なカルボカチオン（より反応性の高い中間体）が求核剤による攻撃の口火を切る
（**図 18・36**）．求核性の低い求核剤はプロトンをもっているため，脱プロトンが起こり，
中性の（電荷をもたない）四面体中間体を与える．酸性環境下では，脱離基は脱離する前
にプロトン化され，共鳴安定化されたカルボカチオンが生成する．脱プロトンにより，
新しいカルボン酸誘導体が生成する．Fischer エステル化（§18・7・2 で述べる反応）

はこの反応機構の代表的なものである．

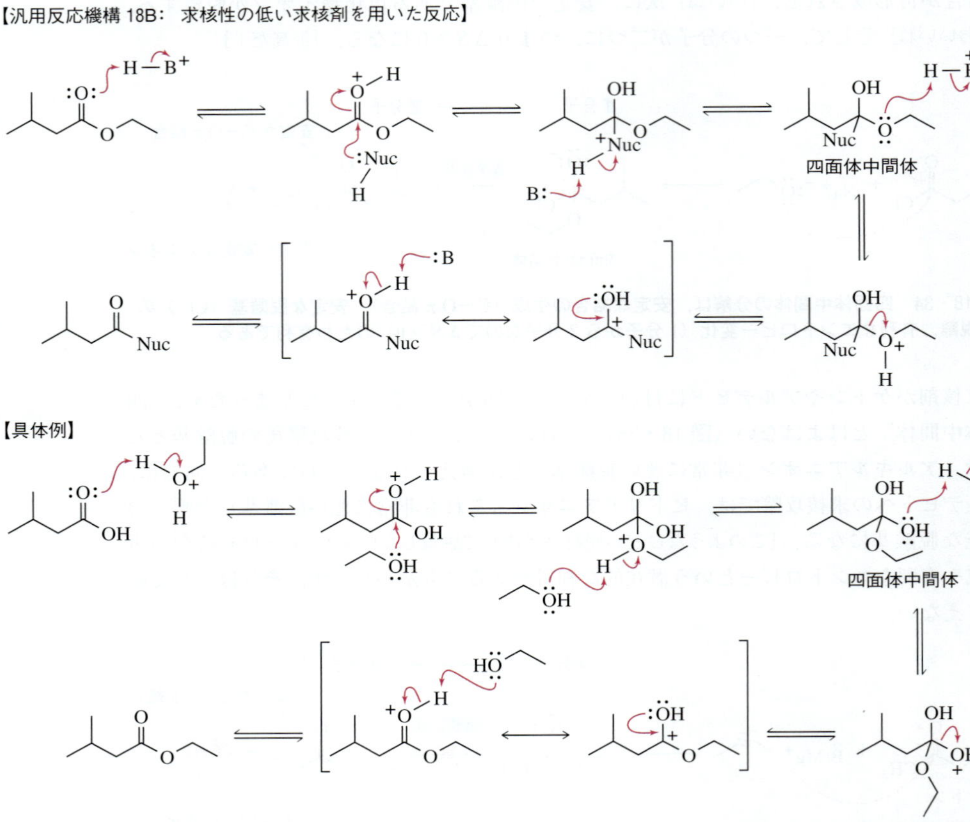

【汎用反応機構 18B：求核性の低い求核剤を用いた反応】

図 18・36 求核性の低い求核剤の置換反応にはカルボニル酸素のプロトン化による反応中間体の生成が必要である　求核性の低い求核剤を用いる場合，カルボニル酸素のプロトン化が先立ち，そして求核剤が付加する．同様に，脱離基は脱離前にプロトン化される．これを第 18 章と第 19 章を通して汎用反応機構 18B とよぶ．

上に示した汎用反応機構 18B は，六つの段階があり，汎用反応機構 18A に比べて手間がかかり，かなり複雑に見えるが，実はそうではない（図 18・37）．汎用反応機構 18A の付加・脱離は，"四面体中間体に至る求核付加，生成物へ至る脱離"と要約でき

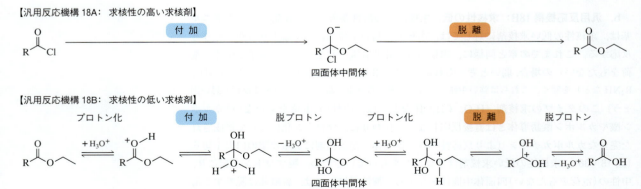

図 18・37　汎用反応機構 18A と 18B を比較すると，その違いは汎用反応機構 18B において追加のプロトン化/脱プロトンの段階が二つずつ（計四つ）加えられているだけであることがわかる

る．汎用反応機構 18B においてこれに対応する付加・脱離は，"プロトン化，求核付加，四面体中間体に至る脱プロトン，プロトン化，脱離，生成物へ至る脱プロトン"と要約される．つまり，汎用反応機構 18B の四つの余分な段階は，単に酸塩基反応である．この観察から，2 番目の重要なポイントが明らかになる．汎用反応機構 18B で起こる反応のほとんどは，最後の段階で酸性のプロトンが生成するため，酸によって触媒される．最後に，求核剤が弱いため，これらの反応は可逆的であり，Le Châtelier の原理によって一方向に促進される．[これは，アセタールの生成（§17・7・4）と汎用反応機構 18B で起こる反応の間に見られる多くの類似点の一つなんだ]

18・7・2　Fischer エステル化

最初に学ぶ求核アシル置換は，**Fischer エステル化**（Fischer esterification）である．1895 年に Emil Fischer（フィッシャー）によって発見されたこの反応では，カルボン酸が，アルコールと酸触媒で処理されることによってエステルに変換される．[名前からして何をする反応なのかがよくわかるよね？　合成に必要なときに備えて覚えやすいよね]

求核性の低い求核剤を用いた反応について予想される通り，Fischer エステル化は汎用反応機構 18B で起こる（図 18・38）．カルボニル基のプロトン化が起こり，正電荷を帯びた［そしてより反応性の高い］求電子剤ができる．エタノールは，プロトンをもったままこのカルボカチオンに付加する．それに伴い酸性となったこのプロトンが除去されることで，四面体中間体の形成が完了する．ヒドロキシ基のプロトン化によって，よい脱離基であるオキソニウムイオンが生成する．[よい脱離基は何をする？　脱離するんだ]水が脱離するとカルボカチオンが生成し，これが脱プロトンされてエステルの形成が完了し，酸触媒が再生される．

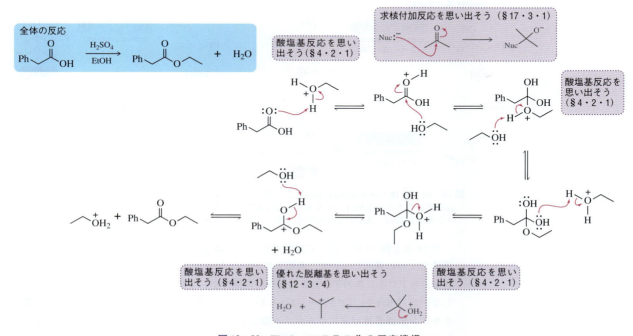

図 18・38　Fischer エステル化の反応機構

856   18. 求核アシル置換反応 I

図18・38の分析は，§17・7・4におけるアセタール生成の説明の仕方と密接に関連している．[反応機構については，図17・62を振り返ろう] 図18・39（反応機構の矢印を削除したもの）によると，アセタール生成とFischerエステル化では最初の五つの段階が共通しており，カルボニル炭素に結合しているメチル基（アセタール生成）とヒドロキシ基（エステル化）が異なるだけである．第五段階でカルボカチオンが形成されると，二つの経路は分岐する．

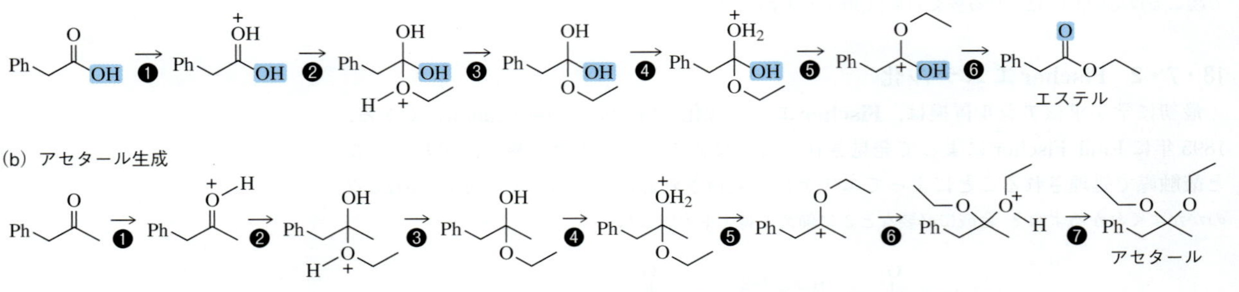

(a) Fischerエステル化

(b) アセタール生成

図18・39 Fischerエステル化とアセタール生成（§17・7・3）の反応経路の直接比較

> このようなケースをどこで以前見たかというと，たとえば§17・8を振り返ってみよう．アミンとケトンの組合わせが，なぜアセタールではなくイミンを与えるかを説明したよ．

なぜこれらの経路は第五段階の後に分岐するのだろうか（図18・39）．[中間体に何か違いはあるかな？] これは，エントロピーが反応の結果にどのように影響するかを示す例である．エステル化の場合，カルボカチオン中間体には酸性のプロトンがあり，これを除去して中和することができる．すべての酸塩基反応と同様に，これはエントロピー的に中立（有利）で，立体障害がない（速い）．アセタール生成の経路には，そのような酸性プロトンは存在しない．したがって，付加反応がカルボカチオンを安定化する唯一の経路であり，最終的にはアセタール生成に至る（図18・40）．

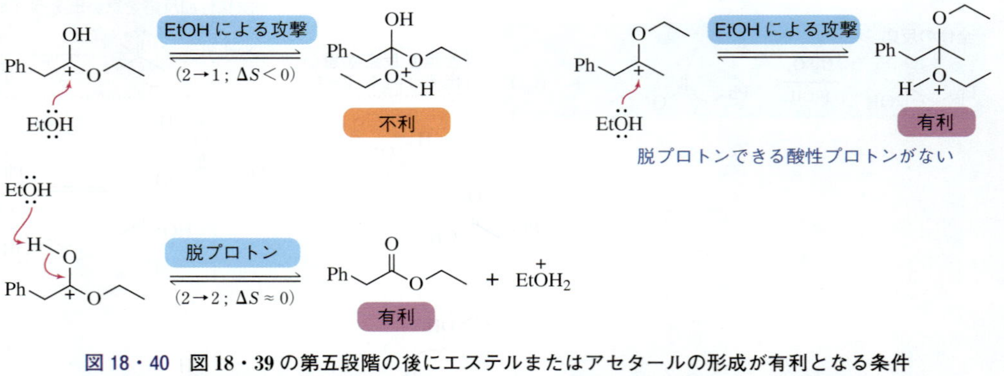

図18・40 図18・39の第五段階の後にエステルまたはアセタールの形成が有利となる条件
(a) 脱プロトンが求核付加より有利となる場合，エステルが生成する．(b) 引抜けるプロトンがない場合，求核付加が有利となり，アセタールが生成する．

第18章と第19章を通して説明する概念に関連していることなので，ここでこの反応機構の二つの側面について，考察しておいた方がよいだろう．第一に，Fischerエステル化は，ヒドロキシ基のアルコキシ基への置換だが，なぜ単純にヒドロキシ基をプロトン化しないのだろうか．[アルコールをよりよい脱離基に変換する際に行ったように] カルボン酸やカルボン酸誘導体は常にカルボニル酸素でプロトン化されるが，それはカルボニル酸素のプロトン化によって生じる共役酸が共鳴によって安定化されるからである．それに比べ

18・7 カルボン酸の反応：求核アシル置換反応　857

て，プロトン化したヒドロキシ基には，安定化のための追加の手段がない（図 18・41）．

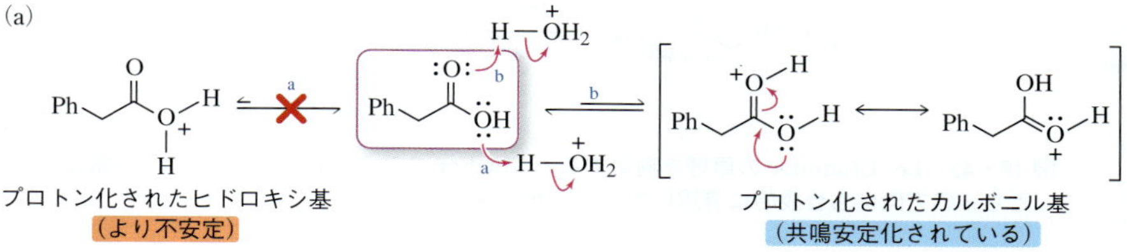

(a)

プロトン化されたヒドロキシ基
（より不安定）　　　　　　　　　　　プロトン化されたカルボニル基
　　　　　　　　　　　　　　　　　　（共鳴安定化されている）

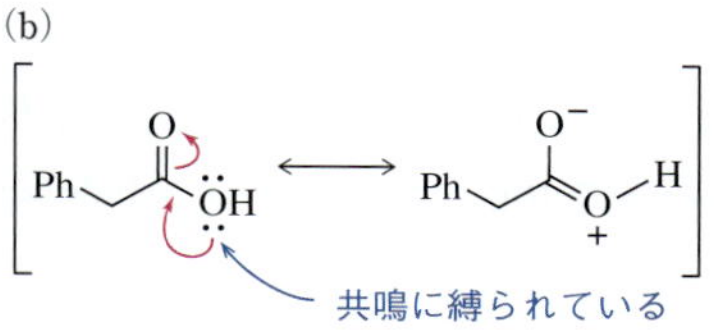

(b)

共鳴に縛られている

図 18・41　プロトン化はカルボニル酸素上で優先的に起こる　なぜなら (a) 共役酸がより安定化されており，(b) ヒドロキシ基の非共有電子対は共鳴によって縛られているからである．

第二に，四面体中間体を形成した後，どちらのヒドロキシ基がプロトン化されるのだろうか．それぞれをプロトン化して得られる共役酸は，同等の安定性をもつ．強酸の存在下では，すべてのヒドロキシ酸素とアルコキシ酸素にプロトン化のチャンスがある（図 18・42）．［ランダムな衝突により，プロトンは何百万回と移動することになるんだ］したがって，この段階は，平衡の有利な側，あるいは，反応を後押しするように実験条件が設計されている側へと促進される（Le Châtelier の原理）．これまで説明してきた例では，アルコキシ酸素をプロトン化すると，カルボン酸に戻ることになる．どちらかのヒドロキシ基がプロトン化されると，いずれの場合も水分子が脱離できるため，エステルが生成する．

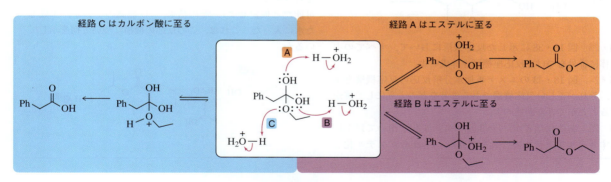

図 18・42　どの位置をプロトン化しても同じくらい安定な共役酸になる．したがって，プロトン化の位置は平衡の有利な側によって決まる　経路 A〜C のそれぞれについて，完全な反応機構は図 18・38 を参照．

要するに，Fischer エステル化反応は可逆的であり，平衡の有利な側によって結果が決まる．エステル化やエステル加水分解（エステル化の逆）はどちらも有用な反応だが，アセタール生成を特定の方向に向かわせるのと同じ戦略を用いることができる（§17・7・4 参照）．Le Châtelier の原理を利用して，アルコールを加えたり，水を取除いたりすることで，反応をエステルに向かわせることができる．水分はモレキュラーシーブを用いて除去することができる（§17・7・3）．水と混じり合わないアルコールを用いてエステルを生成する場合は，図 17・56 の Dean-Stark 装置を使用することができる．代わりに，水を加えたり，(通常)揮発性の高いアルコールを除去したりすることで，平衡をカルボン酸側に戻すこともできる（図 18・43）．

最後の二つの段落で説明した化学的な推論と分析は，第 19 章でも何回か出てくるので，しっかりと理解しておこう．

分光法から

この平衡の生成物は（どちらの側でも），赤外スペクトルに O−H 伸縮振動の吸収（3300〜2500 cm^{-1}）がある（カルボン酸）かない（エステル）かによって，容易に確かめられる．

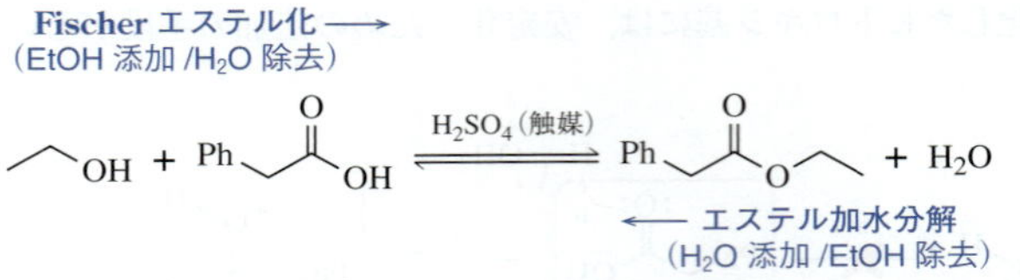

図 18・43 Le Châtelier の原理を利用すると Fischer エステル化/エステル加水分解はどちらの方向にも合成的に有用にすることができる

18・7・2 のまとめ

- Fischer エステル化とは，酸触媒によるカルボン酸のエステルへの変換である．求核性の低い求核剤を用いた反応であるため，汎用反応機構 18B で進行し，Le Châtelier の原理を用いてどちらの方向にも促進できる．

アセスメント

18・22 以下の反応の生成物を示せ．

(a) (b) 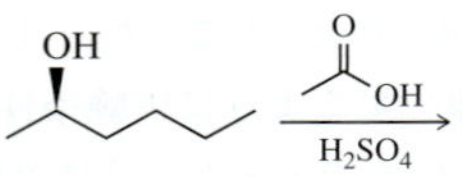 (c)

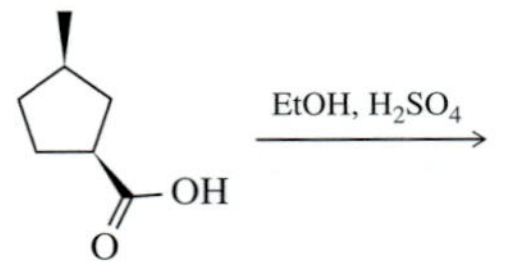

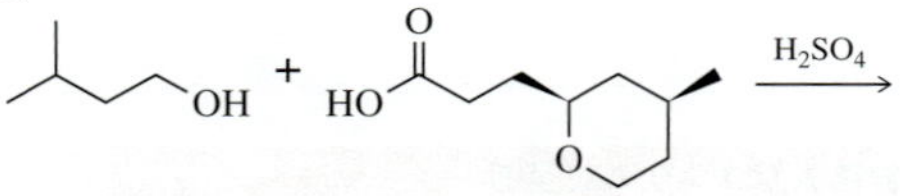

18・23 図 18・38 に示した反応機構において，すべての中間体に番号をつけて反応座標図を作成せよ．

18・24 図 18・43 のエステル加水分解反応の反応機構を示せ．それが正しい反応機構であることをどのようにして確かめることができるか述べよ．

18・25 ある化学者が，Fischer エステル化を用いて以下に示すメチルエステルの合成を試みた．Fischer エステル化を含む反応が起こったが，目的の生成物は単離されなかった．単離された生成物を予想せよ．

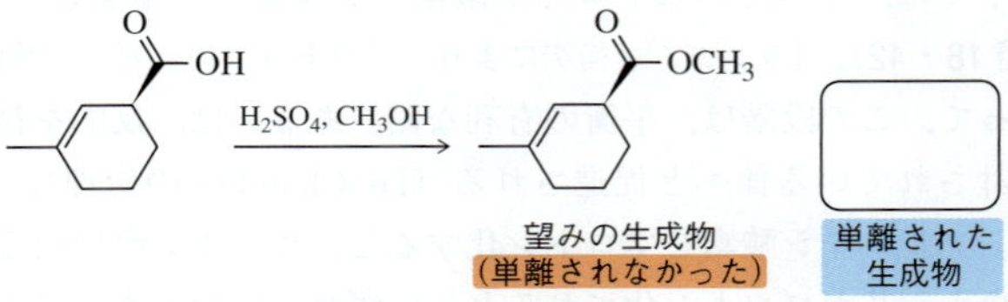

望みの生成物（単離されなかった）　単離された生成物

18・26 ある化学者が，図のような Fischer エステル化反応を行う前に，カルボニル酸素だけを ^{18}O で置換した（それが可能だと仮定せよ）．その結果，^{18}O 標識の半分が，生成した水に入った．これは，この反応の機構について何を示しているか．

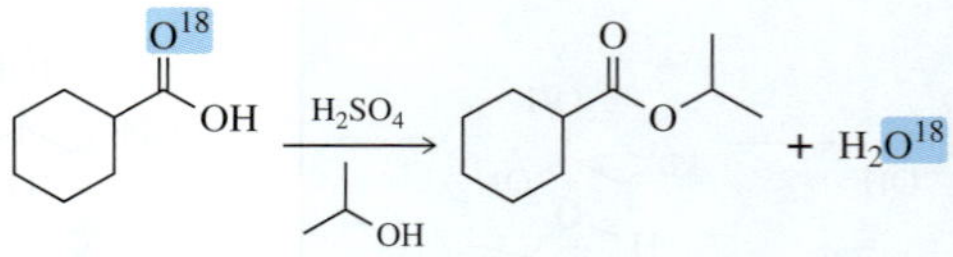

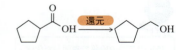

18・7・3 LiAlH₄ による還元

カルボン酸の中心炭素は +3 の酸化状態にある．そのため，第一級アルコール（酸化状態が −1）に還元するのに適した基質となる．第 17 章では，水素化ホウ素ナトリウム $NaBH_4$ と水素化アルミニウムリチウム（LAH）$LiAlH_4$ という二つの求核性還元剤を紹介したが，カルボン酸を還元するのは片方だけである．［どちらだと思う？］

反応剤を選ぶには，カルボン酸の相対的な反応性を評価する必要がある．第 17 章では，アルデヒドとケトンの反応性を，双性イオン共鳴構造とカルボカチオンの安定化/不安定化の度合によって比較した．ケトンは，(超共役によって) 安定化をもたらすアルキル基を余分にもつため，アルデヒドよりも反応性が低い．図 18・44 のカルボン酸を用いた同様の分析によると，カルボカチオンは，結合した酸素からの共鳴によって安定化されることがわかる．したがって，カルボン酸は比較的反応性の低い求電子剤であ

18・7 カルボン酸の反応: 求核アシル置換反応 859

り, 強い還元剤が必要となる. [NaBH$_4$ と LiAlH$_4$ はどっちが強い?]

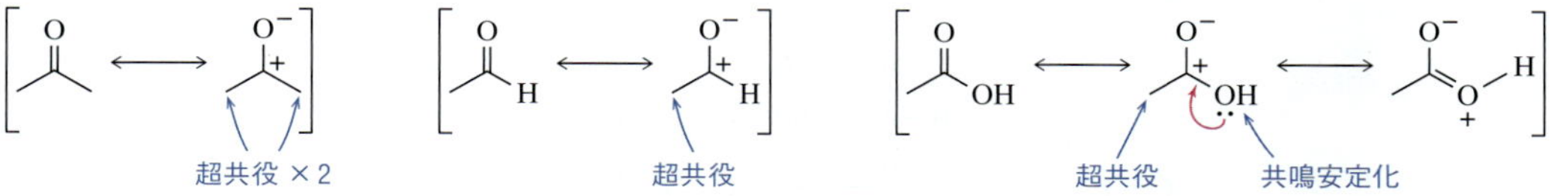

図 18・44 **カルボン酸は比較的弱い求電子剤である** なぜなら, 双性イオン形のカルボカチオンがヒドロキシ酸素の非共有電子対の供与による共鳴によって安定化されているからである.

　カルボン酸を還元するには水素化ホウ素ナトリウムでは力不足なので, 水素化アルミニウムリチウムを使わなければならない. 求核性が高いためにカルボン酸を還元できるということは, この反応の反応機構の説明が複雑になるということでもある. 大局的に見れば, この反応機構は基本的に汎用反応機構 18A, すなわち求核性の高い求核剤を用いた求核アシル置換反応について予測されるものである. [この反応機構は, 消化しやすいように 1 段階ずつ図示しているよ]

　通常, 反応機構を示すときには, 対カチオンやその他の無機化学種を無視する. 今回はそれには当たらず, 図 18・45 は, これら他の化学種の反応機構における重要性を示している. 求核性の高い求核剤は強い塩基でもあるので, LiAlH$_4$ はまず塩基として反応し, カルボキシラートイオンを形成する (図 18・45). [このため, LiAlH$_4$ は必ず THF のような非プロトン性極性溶媒中で用いられるんだ]

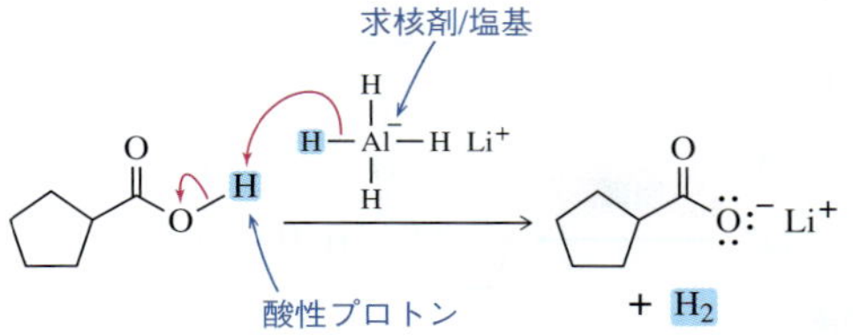

図 18・45 **水素化アルミニウムリチウムは塩基として働き, カルボキシラートを形成する**

　カルボキシラートイオンを形成した後, 提案されている反応機構によると, アルマン AlH$_3$ がカルボニル炭素にヒドリドを供与すると同時に, 酸素とアルミニウムの間に強い結合が形成される (図 18・46). ボランのアルケンへの付加 (§8・4・5) を思い起こさせるこの段階は, 四面体の中間体を形成するための求核剤の**付加**を意味する. その後, 酸素上の非共有電子対が流れ込むことで, π結合が再形成され, 脱離基が追い出されて (**脱離**), アルデヒドが形成される. この二つの段階は, 汎用反応機構 18A, すなわち求核性の高い求核剤を用いた求核アシル置換と同じである.

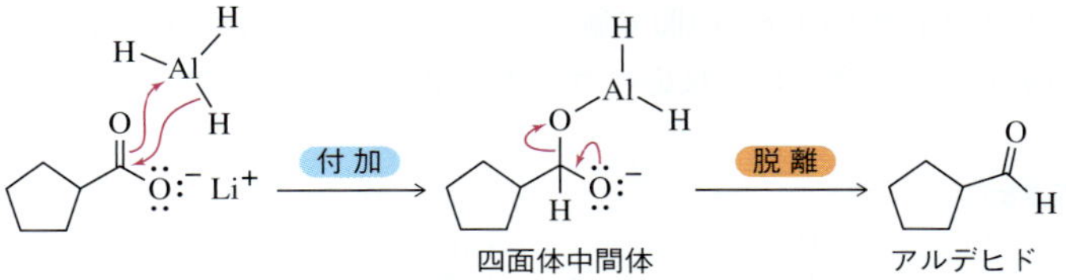

図 18・46 **還元は非常に求核性の強いヒドリドの付加/脱離によって起こる**
　(汎用反応機構 18A).

　生じたアルデヒドは, 汎用反応機構 17A (求核性の高い求核剤のカルボニル付加) に従い, LiAlH$_4$ によって還元される. ヒドリドがカルボニル炭素に移動し, π電子を酸素

860　**18. 求核アシル置換反応 I**

へ押し込む（図 18・47）．アルコキシドイオンは強酸の添加により中和・後処理される．
[もしこの反応を忘れてしまっていたら，§17・9・2を振り返ろう]

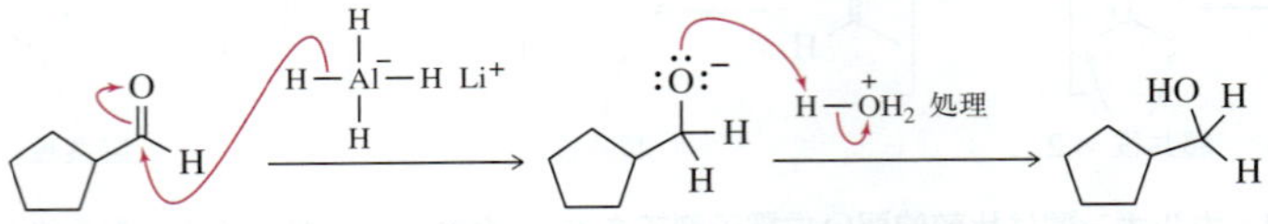

図 18・47　アルデヒドは汎用反応機構 17A によって第一級アルコールへとさらに還元される
（§17・9・2参照）

分光法から

反応がアルデヒドで止まれば，新しい ^{1}H NMR シグナルが 9〜10 ppm に見られるのに対し，第一級アルコールは 3〜4 ppm に新しいシグナルを与える．

　全体的な反応機構を図 18・48 に示す．複雑ではあるが，本質的には，カルボン酸誘導体への求核性の高い求核剤の付加/脱離（汎用反応機構 18A）に先立って酸塩基反応が起こり，後にはカルボニル炭素への求核剤の付加（汎用反応機構 17A）が続くということである．

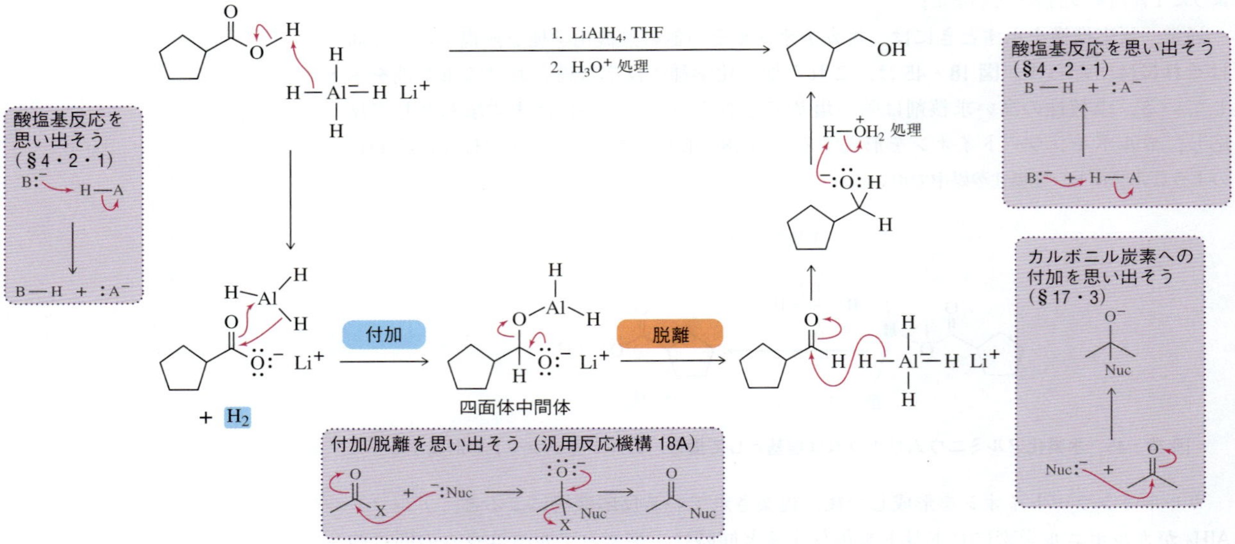

図 18・48　カルボン酸の **LiAlH$_4$** による還元の反応機構のまとめ

　アルデヒドがアルコールに至る途中の中間体となっているので，"この反応はアルデヒドで止まることはないのだろうか"と思うかもしれない．それはつまり，反応性官能基（アルデヒド）が別の反応性官能基（カルボン酸）の存在下で形成されると，"次に何が起こるのか？"という問いである．紙の上でどのように表現するかにかかわらず，実際の反応では何十億もの分子の間で衝突が起こっている．1分子のカルボン酸が還元された後の溶液には，多くの未反応のカルボン酸と1分子のアルデヒドが含まれてい

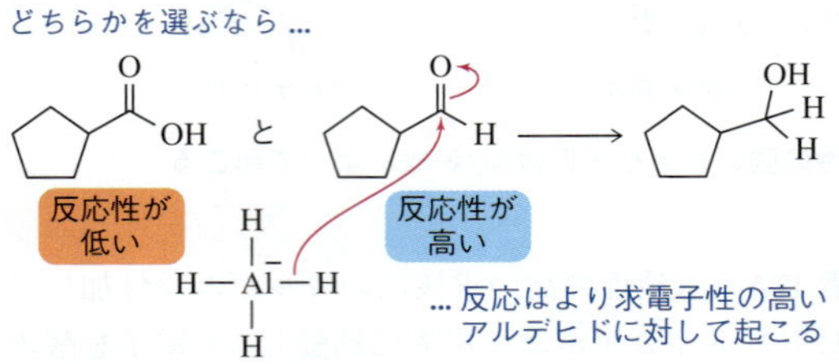

どちらかを選ぶなら …

… 反応はより求電子性の高い
アルデヒドに対して起こる

図 18・49　アルデヒドはより反応性が高いため，カルボン酸の還元はアルデヒドでは決して止まらない

る．アルデヒドはカルボン酸よりも反応性が高いので（図 18・49），優先的に還元される．その結果，LiAlH$_4$ を用いたカルボン酸の還元は，アルデヒドで止まることはない（図 18・49）．［§19・8・1 の 雑談 5 で同じ問題に出会うことになるよ］第一級アルコールを得ることが目的であれば問題ないが，合成化学者として，このような反応を利用してアルデヒドを合成したいとしたらどうだろうか．［この問題のスマートな解決法については第 19 章を見てみよう］

18・7・3 のまとめ

- LiAlH$_4$ は特に強力な還元剤であり，カルボン酸の中心炭素に二つのヒドリドを付加することで，カルボン酸を第一級アルコールに変換する．この反応は，汎用反応機構 18A に修正を加えた機構で進行する．

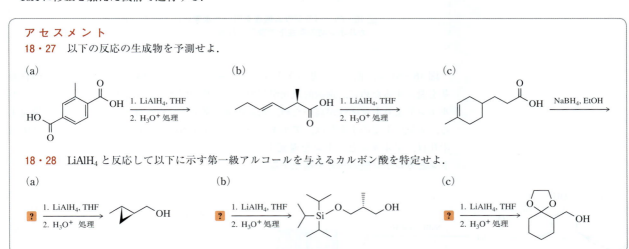

アセスメント
18・27 以下の反応の生成物を予測せよ．

18・28 LiAlH$_4$ と反応して以下に示す第一級アルコールを与えるカルボン酸を特定せよ．

a. 選択的還元　ここまでで，三つの主要なカルボニル還元剤を学んだ．LiAlH$_4$，NaBH$_4$，H$_2$/Pd（§17・9）である．これらの還元剤は，アルデヒド，ケトン，カルボン酸，アルケン，アルキンの還元に用いられてきた．表 18・7 は各反応剤によって還元される官能基をまとめている．これで，選択的還元，すなわちある官能基を別の官能基の存在下で還元することについて考えられるようになった．

表 18・7　代表的な還元剤とそれらが還元する官能基

還元剤	還元される官能基
LiAlH$_4$	アルデヒド，ケトン，カルボン酸
NaBH$_4$	アルデヒド，ケトン
H$_2$/Pd〔1013 hPa（1 atm）〕	アルケン，アルキン
H$_2$/Pd〔＞1013 hPa（1 atm）〕	アルケン，アルキン，アルデヒド，ケトン

アセスメント
18・29 どうすればカルボン酸の存在下でアルケンを還元できるだろうか．

アセスメント 18・29 を一緒にやってみよう．

862　18. 求核アシル置換反応 I

> **アセスメント 18・29 の解説**
>
> 　アセスメント 18・29 では，カルボン酸を還元せずにアルケンを還元することが求められている．表 18・7 によると，カルボン酸を還元する反応剤は LiAlH₄ だけである．さらに，水素化だけが（NaBH₄ や LiAlH₄ ではなく）アルケンを還元する．したがって，選択的な還元は，還元剤として H₂/Pd を用いることで達成できる（図 18・50）． 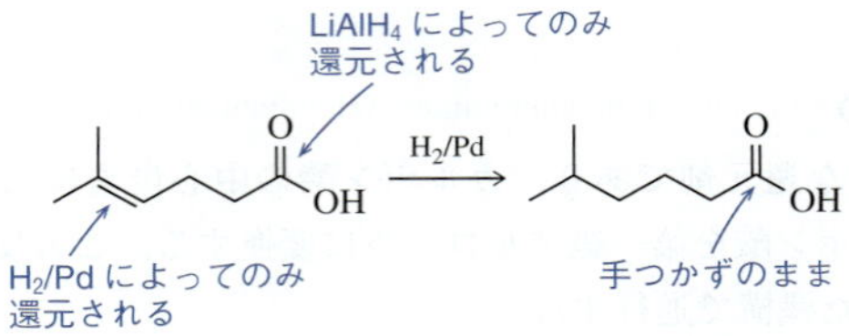
>
> LiAlH₄ によってのみ
> 還元される
>
> H₂/Pd によってのみ
> 還元される
>
> 手つかずのまま
>
> **図 18・50　パラジウム触媒を用いた水素化によって，アルケンは**
> **カルボン酸の存在下で還元される**

　図 18・51 は，他の官能基（ケトン，アルキン，カルボン酸）の存在下で単一の官能基を還元するために，選択的還元がどのように利用できるかを示している．ケトンはカルボン酸よりも反応性が高いため，水素化ホウ素ナトリウムはケトンを選択的に還元する．大気圧下での水素化は，アルキンのみを還元するのに適した還元力がある．高圧水素化は，アルキンとケトンを還元する．同様に，より強い還元剤である LiAlH₄ は，ケトンとカルボン酸の両方を還元する．

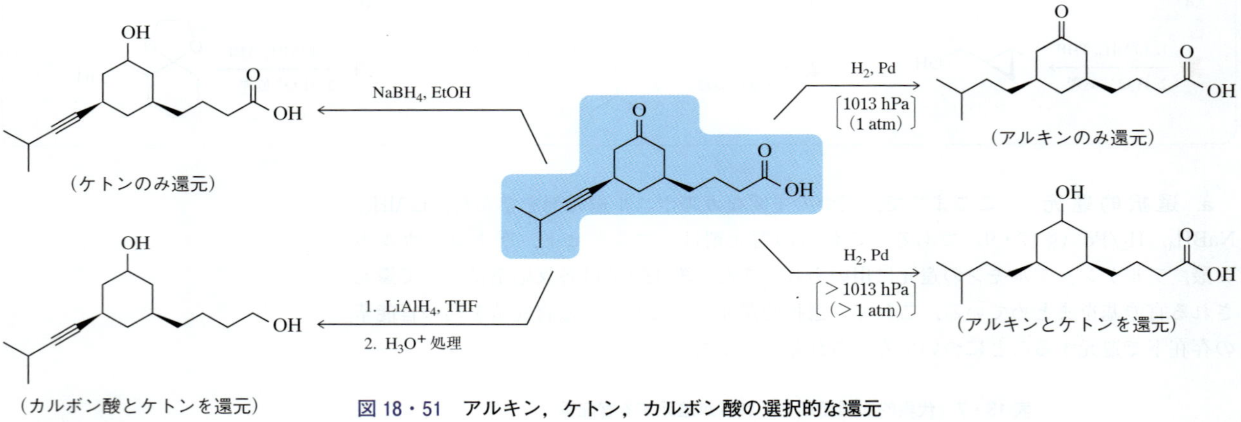

（ケトンのみ還元）

NaBH₄, EtOH

H₂, Pd
[1013 hPa（1 atm）]

（アルキンのみ還元）

1. LiAlH₄, THF
2. H₃O⁺ 処理

（カルボン酸とケトンを還元）

H₂, Pd
[> 1013 hPa（> 1 atm）]

（アルキンとケトンを還元）

図 18・51　アルキン，ケトン，カルボン酸の選択的な還元

アセスメント

18・30　左の反応物を右の生成物に変換するのに必要な反応剤を示せ．

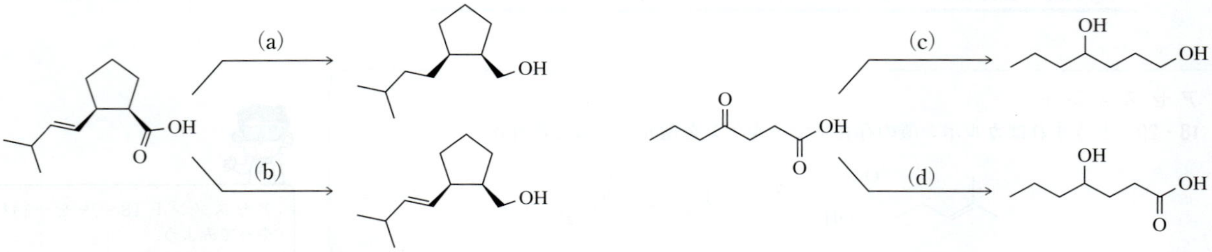

(a)

(b)

(c)

(d)

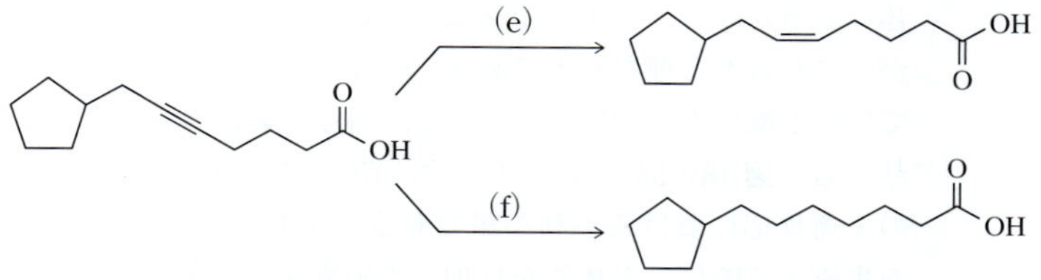

18・7 カルボン酸の反応: 求核アシル置換反応　　863

18・31 図18・51では，アルデヒド/ケトンの存在下でカルボン酸を還元する方法が示されていなかった．アルデヒドは常にカルボン酸よりも先に還元されることをふまえ，以下の変換を達成するための多段階戦略を提案せよ．

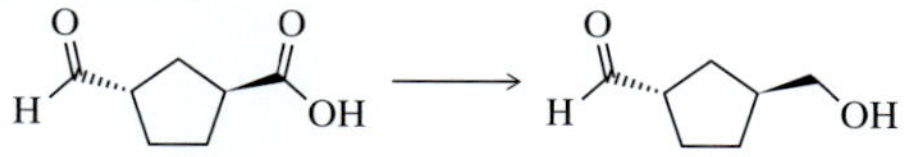

18・7・4　有機リチウムの付加

　この節で取上げる3番目の求核アシル置換反応は，有機リチウム試薬とカルボン酸との反応である．この反応にはある問題があるが，それはカルボン酸1当量に対して有機リチウム試薬を2当量使用することで克服される．**図18・52**の2当量のフェニルリチウムとブタン酸（酪酸）の反応は，この置換反応の代表的な例である．

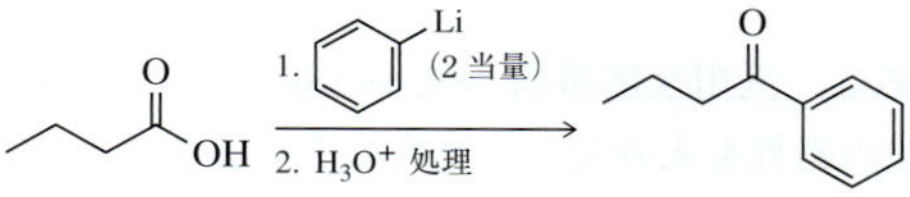

図18・52　有機リチウム試薬とカルボン酸の反応はケトンを与える

　一見，ヒドロキシ基がフェニル基に置き換わっただけのように見えるが，ことはそれほど単純ではない．これも付加/脱離機構の一例だが，そのことに気づくには注意深く見なければならない．$LiAlH_4$と同様，有機リチウム試薬は非常に強い塩基である．脱プロトンは求核付加よりも速いので，有機リチウムによるカルボン酸の脱プロトンが最初に起こり，カルボキシラートイオンを形成する（**図18・53**）．［これが，生成物に取込まれない1当量の有機リチウムだよ］カルボキシラートイオンは負の電荷を帯びているので，求電子性の乏しい求電子剤である．しかし，有機リチウム試薬は非常に強力な求核剤である．そこで，除去できるプロトンがない状態では，カルボニル炭素に求核付加が起こるのである．［メモ: 付加反応！］その結果として，おそらくリチウムカチオンの配位によって安定化されているジアニオンが形成される．

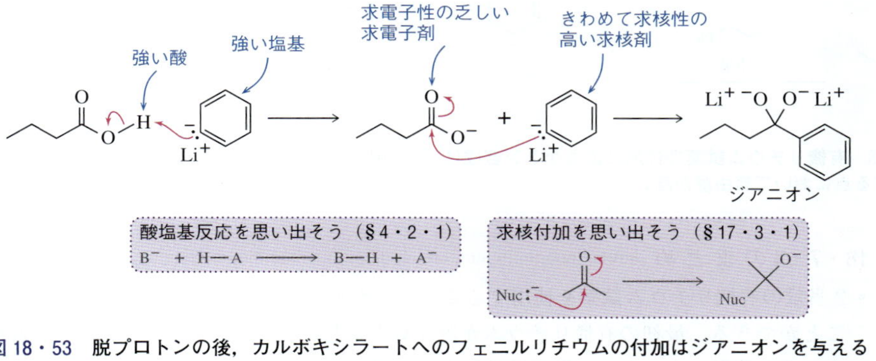

図18・53　脱プロトンの後，カルボキシラートへのフェニルリチウムの付加はジアニオンを与える

　普通の状況では，カルボン酸またはカルボン酸誘導体への付加の後には，四面体中間

体の分解が続く．ジアニオンでこれが起こるためには，O^{2-} が脱離しなければならないが，これは不合理な考えである．それよりむしろ，ジアニオンは溶液中に留まり，やがて反応が酸によって停止されると，同じ炭素に二つのヒドロキシ基が結合した化合物を与える（図 18・54）．[この化合物，前にどこで見た？] これはケトン水和物で，ケトンとの平衡反応における不利な側である．[§17・7・1を見て復習しよう] 水和物からケトンを生成する際に，全体的な付加・脱離機構のうちの脱離の段階が起こる．[酸性条件下で水和物からケトンが生成する反応機構を描けるかどうか確認しよう]

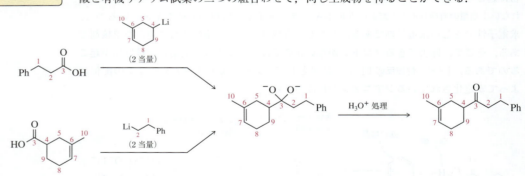

図 18・54 ジアニオンのプロトン化は水和物を与え，これが平衡によってより安定なケトンになる　これが付加/脱離機構の脱離段階に相当する．

要するに，この反応は，汎用反応機構 18A や 18B に代表される標準的な付加・脱離機構を踏襲しつつ，他の過程も入り混じったものと考えることができる．これは，**脱プロトン/求核付加/酸処理/脱離**がひと続きになったものと考えてよいだろう．[図 18・53 と図 18・54 を見返すと，この表現が悪くないことがわかるよ]

ここでは有機リチウムの 1 当量がまるまる無駄になるため，この反応はアトムエコノミーが低く，"グリーン"テストには不合格となる．[第 19 章では，この問題を新しい方法で解決するよ] このような制限はあるが，この反応は，望みのケトンをつくる際に二つの方法を提供し，合成上の自由度を高めてくれる．図 18・55 に示すように，カルボン酸と有機リチウム試薬の二つの組合わせで，同じ生成物を得ることができる．

避けられるミスを犯さないように，炭素には必ず番号をつけよう．

図 18・55 有機リチウム試薬の付加によるケトン合成は，一つのケトンをつくるのに 2 通りの方法を提供する点において自由度が高い

18・7・4のまとめ

- 2 当量の有機リチウム試薬を使用することで，カルボン酸塩の低い反応性を克服することができる．最初の有機リチウムが脱プロトンした後，2 当量目の有機リチウムがカルボン酸塩のカルボニル炭素に付加する．酸処理と水の脱離によってケトンが得られる．

18・7 カルボン酸の反応: 求核アシル置換反応　865

アセスメント

18・32 以下の反応の生成物を予測せよ．

(a), (b), (c) の構造式

18・33 下記のケトンをつくるのに使用できる有機リチウム試薬とカルボン酸を示せ．答えはそれぞれについて二つある．

(a) (b)

18・34 アセスメント 18・33(b) で提案したケトンをつくる二つの方法のうち，どちらがよいか．また，それはなぜか．

18・35 生成物を予測する問題を解いているときに，ある学生が下に示すような間違った答えを出した．この学生はどのような間違いを犯したのだろうか．

18・7・5 酸塩化物の生成

[ここから先の文章は，これまでに聞いたことがある内容に似ているはずだ．よく注意して，どこで聞いた内容か確かめよう] 前の二つの項では，カルボン酸を置換反応に用いる際の問題点を明らかにした．つまり，求核性の高い求核剤はカルボン酸を脱プロトンしてしまい，結果として生じるカルボキシラートイオンはあまりよい求電子剤ではない (図 18・56)．さらに，カルボン酸の置換反応を試みるにあたって，水酸化物イオンは脱離能の低い脱離基である．[第 13 章の会話を思い出そう]

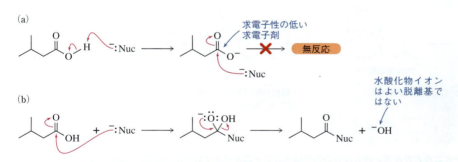

図 18・56 カルボン酸は置換反応にあまり適した基質ではない　なぜなら，(a) 求核性の高い求核剤は脱プロトンを起こしてしまい，(b) 水酸化物イオンはよい脱離基ではないからである．

これら二つの問題によって，第 19 章のカルボン酸誘導体の合成は込み入ったものになる．だから，化学者のように考えて，両方の問題を解決できるかどうかを事前に確認しておかないといけないよ．

■ 化学者のように考えよう

解決策は，ヒドロキシ基のような問題点のない置換基 (X) を見つけることである．そのような置換基は，よい脱離基であり，酸性のプロトンをもたないことが必要である．[第 13 章でも同じ話をしたのを覚えている？] 図 18・57 において，これらの条件を満たす X 基 (または原子) ならば，もともとカルボン酸であったものを求核性の低い求核

剤が置換することを可能にするはずである．[X は何だろう？]

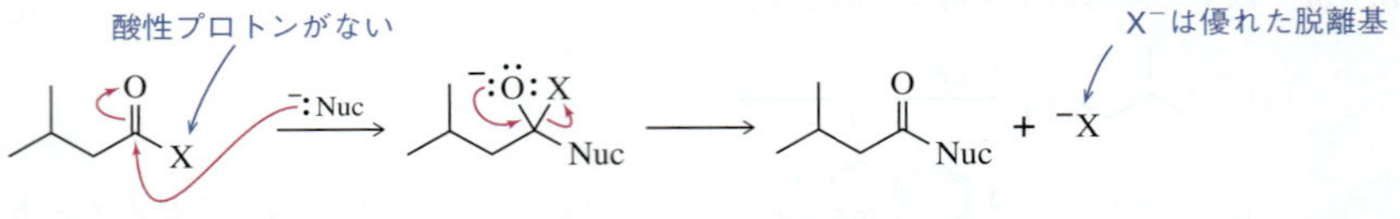

図 18・57 X が酸性プロトンをもたず優れた脱離基であれば，置換は速く有利となるはずである

図 18・58 カルボン酸の酸塩化物への変換は有用な反応のはずである

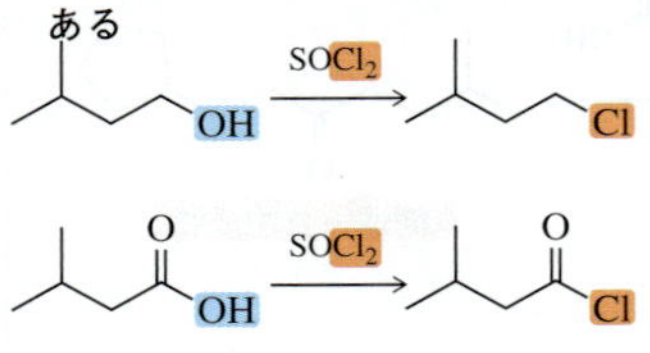

第 13 章では，アルコールをクロロアルカンに変換することで，置換反応と脱離反応の両方により適した基質をつくることができた．塩素は優れた脱離基であり，強塩基に供与するプロトンをもたない．つまり，理想的な脱離基なのである．**図 18・58** に示したこの"新しい"官能基は酸塩化物とよばれる．[ここで問題：どうやってこれをつくる？]

[これまでの章，特に第 13 章とのつながりを認識することが重要だよ．そこから，可能な解決策を考えてみよう] アルコールをクロロアルカンに変換するために，第 13 章で塩化チオニル $SOCl_2$ を使ったことを思い出そう．将来研究室に入って，塩化チオニルとカルボン酸を混ぜてみれば，確かに塩化チオニルが最適な反応剤だということがわかるだろう（**図 18・59**）．■

図 18・59 塩化チオニルはアルコールをハロゲン化アルキルへ（§13・7・3），カルボン酸を酸塩化物へと変換する

> **アセスメント**
> **18・36** 図 18・59 の生成物の赤外スペクトルにどのような吸収がなければ，カルボン酸が酸塩化物に完全に変換されたことになるだろうか．

酸塩化物の生成は，二つの異なる付加/脱離機構を経て進行する（図 18・60）．まず，カルボニル酸素が求電子的な硫黄原子を攻撃し，S−O π 結合を切断して，スルホキシド版の四面体中間体を形成する．[S=O 結合は C=O 結合と同じように振舞うと想像しよう] 酸素上の電子対の流れ込みによって S−O π 結合が再形成し，塩化物イオン（Cl^-）が脱離する．カルボン酸のプロトンは，元よりさらに酸性になっており，塩化物イオンによって取除かれる．

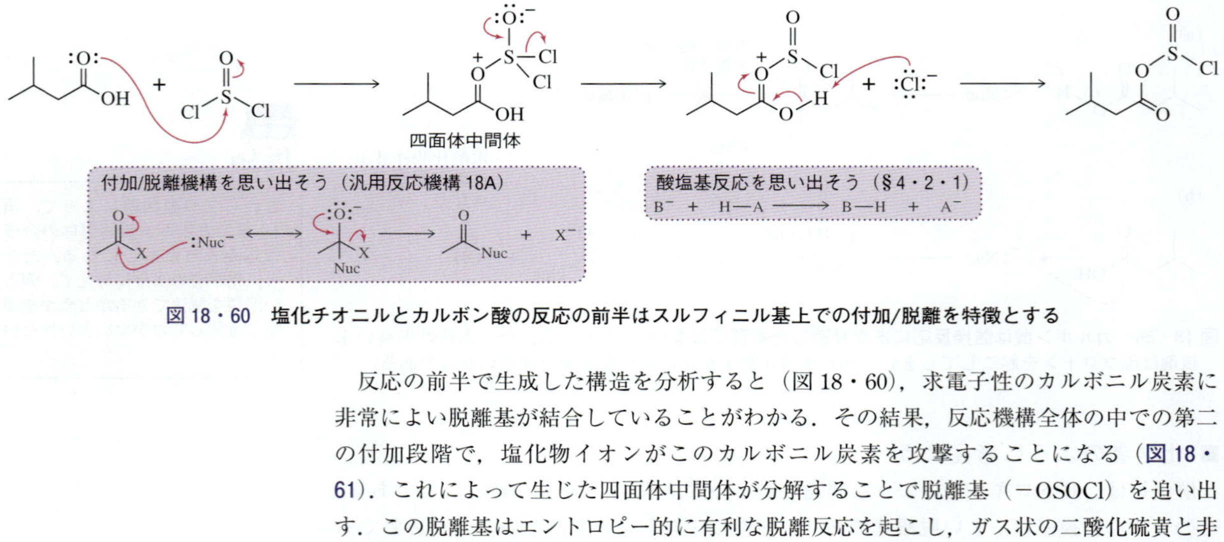

図 18・60 塩化チオニルとカルボン酸の反応の前半はスルフィニル基上での付加/脱離を特徴とする

反応の前半で生成した構造を分析すると（図 18・60），求電子性のカルボニル炭素に非常によい脱離基が結合していることがわかる．その結果，反応機構全体の中での第二の付加段階で，塩化物イオンがこのカルボニル炭素を攻撃することになる（**図 18・61**）．これによって生じた四面体中間体が分解することで脱離基（−OSOCl）を追い出す．この脱離基はエントロピー的に有利な脱離反応を起こし，ガス状の二酸化硫黄と非常に安定な塩化物イオンを生成する．これら二つの生成物の生成が，反応全体の駆動力となる．[この反応機構と図 13・22 の反応機構の類似性に注目しよう]

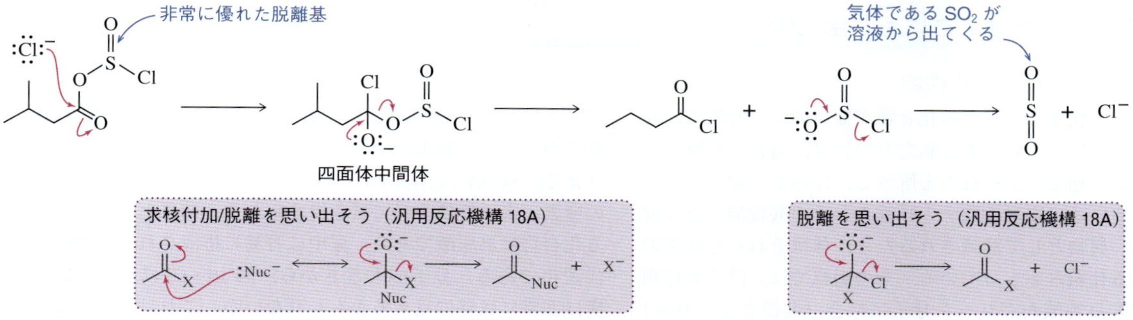

18・7 カルボン酸の反応：求核アシル置換反応　867

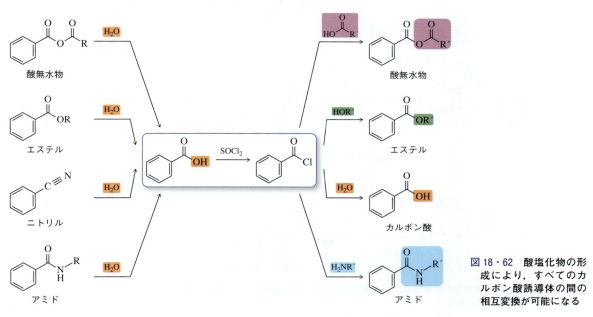

図 18・61　塩化チオニルとカルボン酸の反応の後半はカルボニル基上での付加/脱離および反応全体の駆動力となるエントロピー的に有利な SO₂ ガスの生成を特徴とする

第 19 章では，求核アシル置換反応（求核性の高い求核剤と求核性の低い求核剤，汎用反応機構 18A と 18B）によるカルボン酸誘導体の相互変換に焦点を当てている．すべてのカルボン酸誘導体は，加水分解によってカルボン酸に変換することができ，すべてのカルボン酸誘導体は酸塩化物から合成することができる．このように，カルボン酸から酸塩化物への変換（図 18・62）は，第 19 章の化学の要となる反応である．[これらの反応の仕組みについては，まだ気にする必要はないからね]

図 18・62　酸塩化物の形成により，すべてのカルボン酸誘導体の間の相互変換が可能になる

アセスメント

18・37　以下に示す酸塩化物の合成に必要なカルボン酸と反応剤を示せ．

(a)　(b)　(c)

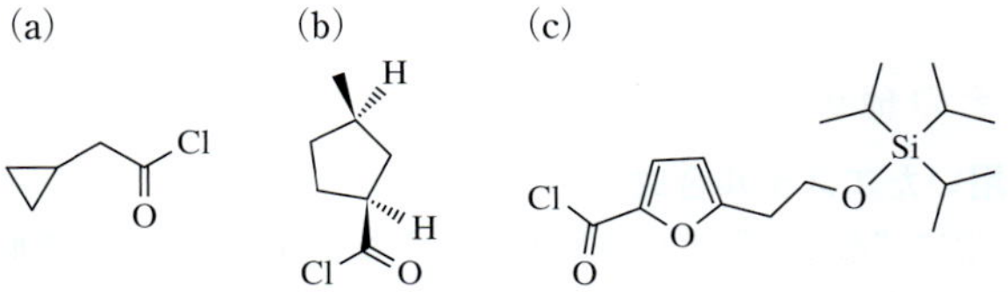

18・38　カルボン酸から酸臭化物を合成するのに適した反応剤は何だと思うか．[第 13 章が参考になるかもしれない]

18・39　3 工程で左のアルケンから右の酸塩化物を合成せよ．

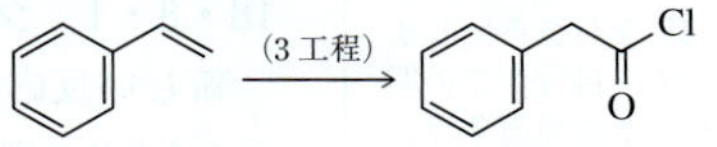

18-C 化学はここにも（生化学）

安息香酸ナトリウムの代謝

私たちが消化するすべての化合物が健康的で，有用で，安全であるとは限らないため，私たちの体は，通常，肝臓での生化学反応を通じて，それらを解毒し，体内から除去する方法をもっている．安息香酸ナトリウムとその共役酸である安息香酸は，異物として認識されるため，体はそれらを効率的に排除する仕組みをもっている．その過程では，酵素の作用によって安息香酸がグリシン分子に結合（共役とよばれる）して，馬尿酸を生成する（図18・63）．この反応は，この章で学習した反応と多くの共通点がある．まず，安息香酸ナトリウムはATP［大きな分子だよ］によってリン酸化される．リン酸の結合によって，安息香酸の酸素は，はるかに優れた脱離基に変わる．［聞き覚えがある？］リン酸イオンが，HSCoA［これも巨大な分子］の硫黄が結合することによって置換され，酸素の代わりに硫黄がついたエステルであるチオエステルを与える．SCoA［これもよい脱離基］は，グリシン（アミノ酸）の窒素による置換を経て置き換えられる．結果として得られる化合物は馬尿酸であり，尿中に容易に排泄される水溶性の代謝物である．分子の大きさから，図18・63に示す反応機構は非常に難解に見えるかもしれないが，これはすべてここまでで見てきた化学である．カルボン酸を酸塩化物に変換すると，置換反応を起こしやすくなる．同様に，カルボン酸をリン酸化し，さらにチオエステルに変換するのも，酸を置換に対して活性化している．［第19章では，実験室で安息香酸から馬尿酸を合成する方法を具体的に紹介するね］

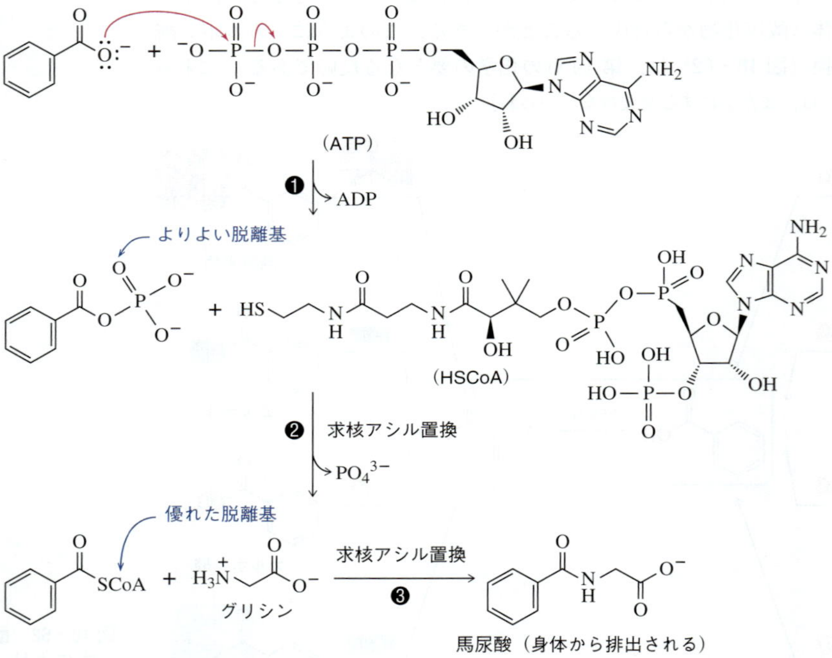

図 18・63 馬尿酸の酵素触媒による合成はカルボン酸の活性化にひき続く2回の求核アシル置換反応を特徴とする

> **アセスメント**
> 18・40 図18・63のステップ❷と❸の反応機構を提案せよ．

合成になぜ代替経路が必要なのかを理解するために，さっきのアセスメント18・25をおさらいしよう．そこに戻って，自分がこの問題にどう取組んだかを見直そう．

18・8 カルボン酸のその他の反応

18・8・1 ジアゾメタンを用いたエステル合成

新しい反応を学ぶ際には，常に"なぜか"という疑問がつきまとう．［なぜエステルをつくるための別の方法が必要なのだろう？］

アセスメント 18・25 の解説

アセスメント 18・25 では，エステル化が起こっているにもかかわらず，期待していた生成物が主生成物として単離されなかった理由を聞いた（図 18・64）．

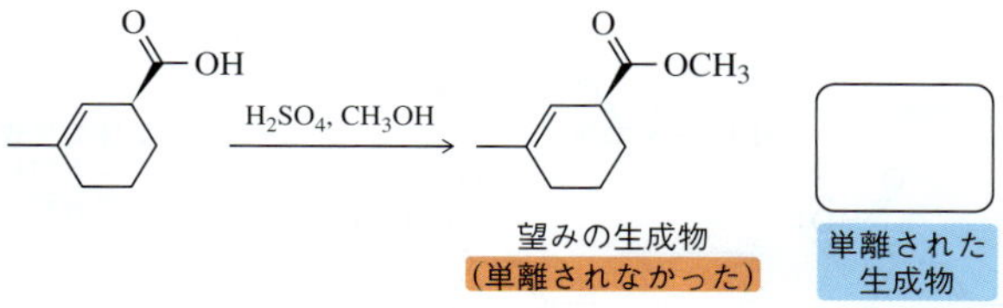

図 18・64　望みの生成物の代わりにどのような生成物が得られるか？

これは，視野が狭いと，分子の他の反応点を見逃してしまうという，よくある例である．確かにカルボン酸は，酸の存在下でアルコールと反応してエステルを形成する．[だけど，他にどんな官能基がある？] しかしこの分子にはアルケンもあり，それは第 8 章や第 13 章で学んだように，強酸およびアルコールと反応してエーテルを形成する（図 18・65）．[分子を分析するときは，反応可能なすべての部位を見ることが大切なんだ]

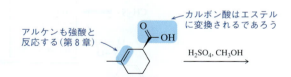

図 18・65　すべての官能基を分析する　アルケンも強酸と反応する．

ここからは，アルケンがどのように反応するかの反応機構を描くだけで，生成物を予測することができる．2 回の反応の後，最終的に得られる生成物はエステルとエーテルの両方を含んでいる（図 18・66）．

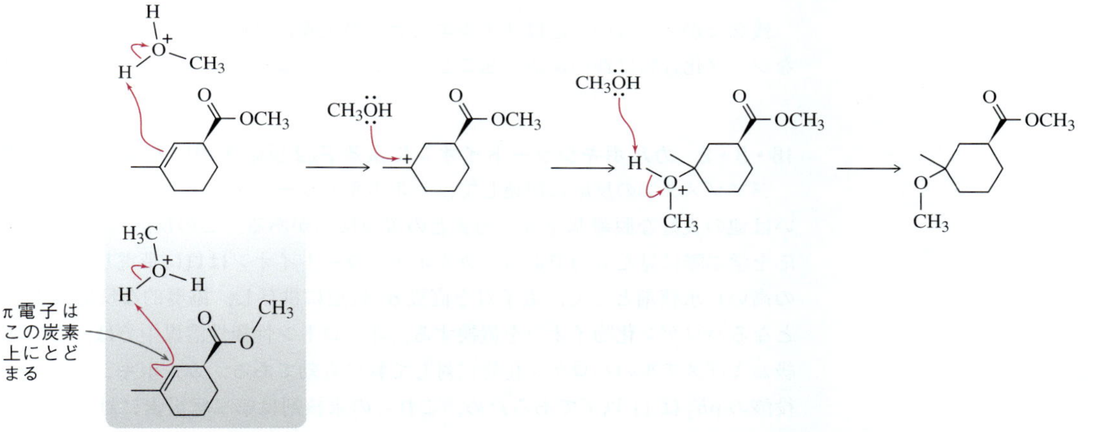

図 18・66　生成物はエステル（カルボン酸から）とエーテル（アルケンから）の両方を含む

アセスメント 18・25 の結果は，中性，あるいは塩基性の条件下で進むエステル形成反応の必要性を示している．エステル形成のほとんどは，OH 基全体を OR 基で置き換えることに焦点を当ててきた．カルボン酸の酸性を考慮すると，別の有効な戦略は H を R で置換することである（図 18・67）．

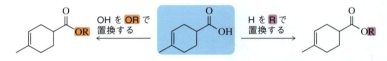

図 18・67　アルキル基による水素の置換はエステル形成のための実行可能な戦略である

ジアゾメタン（diazomethane）CH_2N_2 は，この変換を可能にする反応剤である．この反応は，まず酸性プロトンを脱プロトンしてカルボキシラートイオンをつくるところ

870   18. 求核アシル置換反応 I

から始まり，そこで同時にメチルジアゾニウム化合物を形成する（図 18・68）．立体障害のないメチル基と優れた脱離基（N_2）をもつメチルジアゾニウムは，理想的な S_N2 反応の基質である．カルボキシラートイオンによる S_N2 反応を経る置換は，生成した窒素ガスがただちに反応容器から出ていくため，エントロピー的にも有利である．

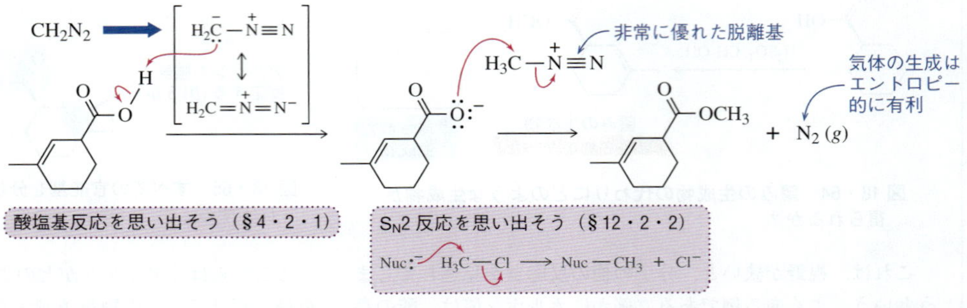

図 18・68　ジアゾメタンは中性条件下でカルボン酸をエステルに変換する　酸塩基反応に続いて S_N2 反応が起こる．

　　残念ながら，この反応はメチルエステルの生成に限られている．なぜなら，より大きなジアゾ化合物は他の反応を起こしうるからである（アセスメント 18・42 参照）．

18・8・2　カルボキシラートイオンによる S_N2 反応を用いたエステル合成

　　ジアゾメタンの反応に関連して，カルボキシラートイオンとハロゲン化アルキルあるいは他の良好な脱離基をもつ基質との置換反応がある．この反応は，第 12 章で S_N2 反応を学ぶ際に見たものである．カルボキシラートイオンは負に帯電した（つまり求核性の高い）求核剤として，電子対を直接 σ^* 軌道に供与し，協奏的な反応によって脱離基となるハロゲン化物イオンを置換する．非プロトン性極性溶媒中では，この反応は第一級およびメチルのハロゲン化物に対して特に有効である．カルボキシラートイオンの共役酸の pK_a は 11 以下であるため，これらの求核剤は第二級炭素に対しても脱離ではなく置換を起こす．脱離基が立体中心にある場合，反応は立体化学の反転を伴って進行する（図 18・69）．

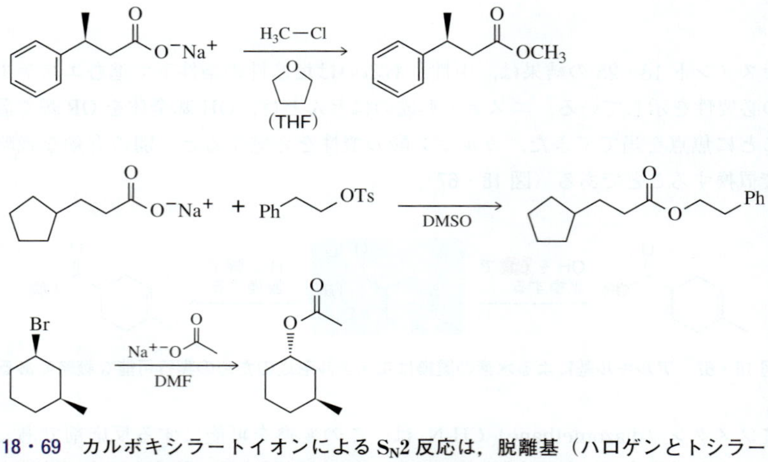

図 18・69　カルボキシラートイオンによる S_N2 反応は，脱離基（ハロゲンとトシラート）が置換したメチル，第一級，第二級の炭素上で起こる

18・8 カルボン酸のその他の反応　871

アセスメント

18・41 以下の反応の生成物を予測せよ.

(a)

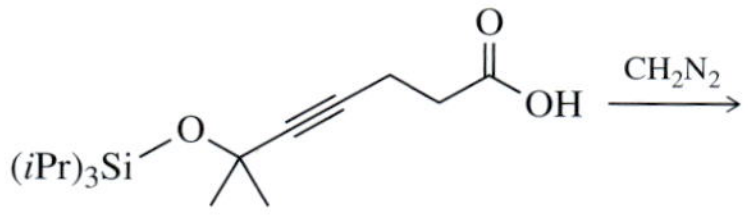

(iPr)₃Si-O... CH₂N₂ →

(b)

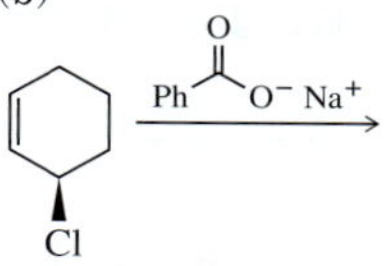

Ph-C(=O)-O⁻ Na⁺ + （シクロヘキセン-Cl）→

(c)

HO... CH₂N₂ →

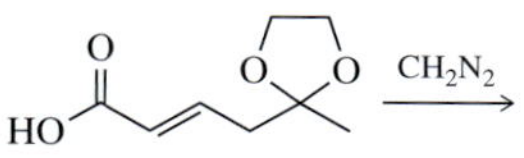

(d)

1. NaH
2. Cl... →

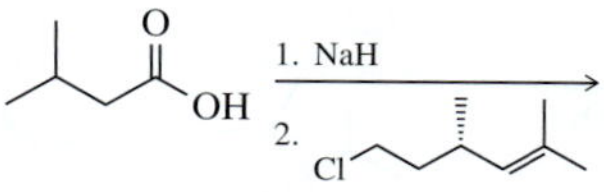

18・42 ある化学者がジアゾエタンを使ってエチルエステルをつくろうとした. 反応終了後, 元のカルボン酸, エテン, および窒素だけが得られた. これらの生成物を説明する反応機構を, 巻矢印を用いて提案せよ.

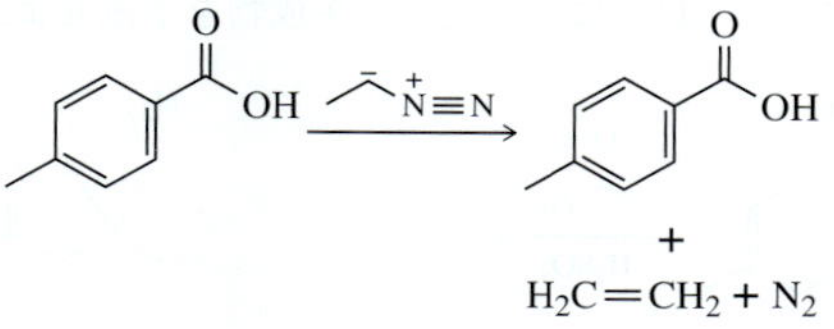

（反応式: トルイル酸 + CH₂-N⁺≡N → トルイル酸 + H₂C=CH₂ + N₂）

18・8・3 アルケン付加によるエステル合成

§18・8・1と§18・8・2では, カルボン酸の酸素が, 脱プロトン後に S$_N$2 反応を起こし, C−O σ結合を形成して新しいエステルを与えることを見た. [図18・69を振り返ろう] もう私たちは, 新しい反応を開発する際に, "S$_N$2 機構でできるなら, S$_N$1 反応でもできるのではないか?" と考えられるようになっている. 答えは, 特に図18・70のように, 一般論としてカルボン酸がカルボカチオンと反応するという意味では, その通りである.

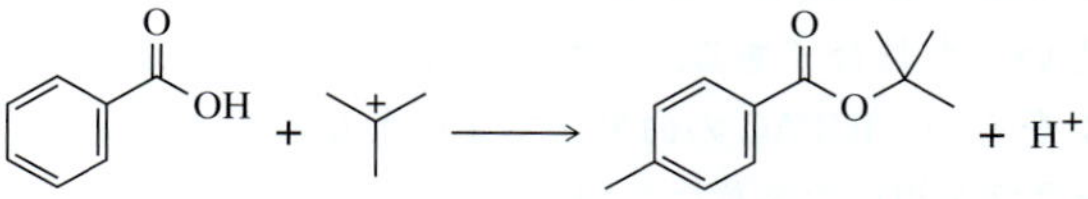

図 18・70　カルボン酸とカルボカチオンは新しいC−O σ結合の形成を経てエステルを生成する

実際のところ, この反応は S$_N$1 機構を用いて行われることはあまりないが, 別の方法で発生させたカルボカチオン中間体を利用して達成できる. カルボカチオンは, S$_N$1 機構の代わりにアルケンと強酸の反応によって生成する（§8・4参照）. このカルボカ

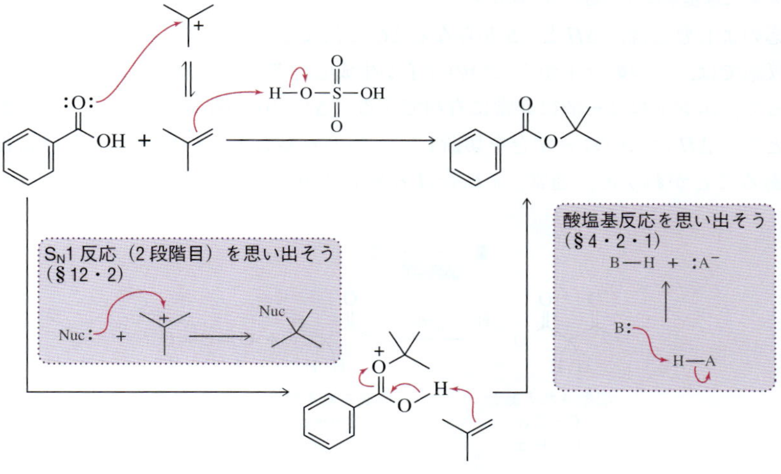

図 18・71　カルボン酸を求核剤とするアルケンへの付加（第8章参照）はエステルを与える

チオンは，カルボニル酸素によって攻撃される．新たに形成された中間体は酸性プロトンをもち，おそらく別のアルケン分子によって脱プロトンされ，次のカルボン酸分子がエステル化されることになる．この反応は酸性のプロトンによって始まり，酸性のプロトンを生成するので，酸によって触媒される（図18・71）．

アセスメント

18・43 以下に示す反応の生成物を予測せよ．

18・44 以下に示すエステルをつくるための組合わせとして適切なカルボン酸とアルケンを提案せよ．

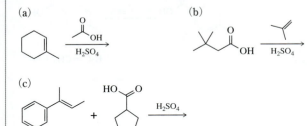

18・45 図18・71の反応機構の反応座標図を示せ．律速段階はどこか．

18・8・4 β-ケト酸の脱炭酸反応

第18章で最後に取上げるのは，**β-ケト酸**（β-keto acid）の熱による脱炭酸反応である．この名称は，ある炭素の特定の官能基からの距離をギリシャ文字で指定する慣例に基づいている．カルボン酸の場合，カルボン酸の炭素に直接結合している炭素が"α"，その次が"β"，といった具合である．したがって，β-ケト酸は，カルボン酸から2番目の炭素にケトンをもつ．IUPACの命名法で1位となるカルボン酸の炭素は，この慣用名ではギリシャ文字を用いた名称はない．

図18・72のβ-ケト酸の脱炭酸反応は複雑な反応である．そもそも，これはこの章で学んだ反応の一般的な分類には当てはまらない．さらに，この反応はこれまであまり見たことのない反応機構で起こる．しかし，第20章で説明するように，この反応は合成のツールボックスにおいて非常に重要な反応である．そこで，これまで見てきたものとの共通点に注目して学習してみよう．まず，この反応のどこが有利かを考えてみよう．[そのためには基本に立ち返ろう…何かアイデアは？]

反応のよし悪しは，ΔH と ΔS からなる ΔG で決まる．[第5章を参照しよう] まず，脱炭酸反応では，一つの分子から二つの分子が生成し，そのうちの一つは気体である．したがって，エントロピー的に非常に有利である（$\Delta S > 0$）．図18・73のように水素を示すことで，ΔH は二つのσ結合を切断して一つのσ結合と一つのπ結合を形成した結果であることがわかる．通常，π結合はσ結合より相当弱いが，これはC-Oπ結合

（約 356 kJ/mol）であり，C–C σ 結合（約 368 kJ/mol）とほぼ同じ強さである．したがって，エントロピー的な駆動力とあわせて，この結合の組換えは，活性化エネルギーは高いものの（だからこそ加熱が必要），有利な反応となる．

β-ケト酸は通常，二つのカルボニル基を同じ方向に向けて描かれるが［単なる慣習］，カルボン酸の OH がケトンの酸素の近くにある立体配座を取って存在することの方が多い（図 18・74）．この立体配座は，酸性プロトンとケトンの間に形成される水素結合によって有利となる．この構造から，協奏的な6電子環状遷移状態〔**芳香族遷移状態**（aromatic transition state）ともよばれる〕によって反応が起こり，二酸化炭素 CO_2 とエノールを与える．エノールについては第 20 章で詳しく学ぶが，これは以前に，平衡によってより安定なケトンにすぐに戻る分子として見たことがある．［エノールについては，§10・8・3 に戻って復習しよう］

第 21 章では，芳香族遷移状態の活性化エネルギーが低い理由を説明するよ．

図 18・74 **β-ケト酸の熱による脱炭酸の反応機構**　芳香族遷移状態を伴う協奏的な反応を含む．

前に見たように，協奏的な反応は，段階的な反応として考えてみることで，より理解しやすくなることがある（図 18・75）．これにより，個々の電子対の動きを合理的に説明することができる．しかし，図 18・74 に示すように，β-ケト酸の脱炭酸反応は間違いなく協奏的である．［図 18・75 は，あくまでも図 18・74 を理解する手助けのためのものだからね．必ず，必ず，反応機構は協奏的に示そう］この仮想的な反応機構は，カルボキシ基からケトンへのプロトンの移動から始まる．プロトン化されたケトンについては，正電荷が炭素上にある共鳴構造を描くことができる．［第 17 章で同じことをたくさんやったよね］この双性イオン構造では，電子の豊富なカルボキシラートイオンの近くに電子不足な炭素がある．このカルボカチオンが C–C σ 結合の電子を引きつけ，最終的には結合を切断して，エノールおよび CO_2 の共鳴混成体を与えるということになる．

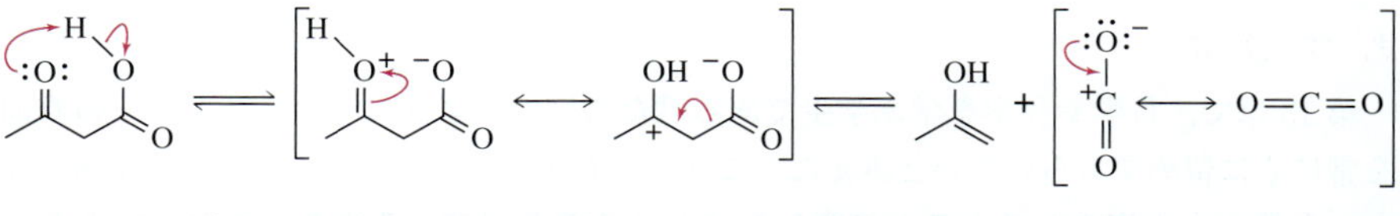

図 18・75 **脱炭酸の仮想的な段階的機構**　図 18・74 の協奏的反応機構を理解するのに役立つ．［誤解のないように言うけど，あくまで反応機構は協奏的なんだ］

今，この反応から学んでおくべきことは二つある．第一に，後で必要になるので，君の合成ツールボックス［反応シート］に入れておこう．第二に，この反応は，協奏的な6電子環状遷移状態（芳香族遷移状態）をとれる場合にのみ可能ということである．

18・8・4 のまとめ

- β-ケト酸は，6電子環状遷移状態が関与する反応機構で熱による脱炭酸を起こす．この反応は，第 20 章で学ぶ合成において特に有用である．

アセスメント

18・46 以下の反応の生成物を予測せよ.

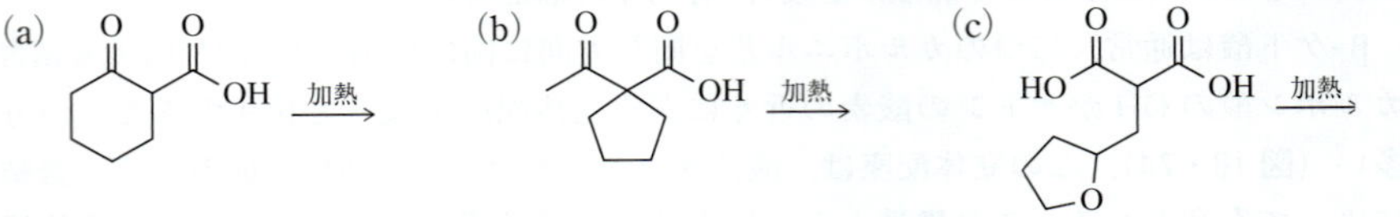

(a) 加熱 →   (b) 加熱 →   (c) 加熱 →

18・47 α–ケト酸と γ–ケト酸の脱炭酸反応は不可能である. それはなぜか.

加熱 → 無反応

α–ケト酸　α-keto acid

加熱 → 無反応

γ–ケト酸　γ-keto acid

18-D　化学はここにも（食品化学）

ベンゼンの前駆体?

　1993年, アスコルビン酸（ビタミンC）と安息香酸を銅塩の存在下で混合すると, 安息香酸がラジカル的に脱炭酸し, ベンゼンを生成することが確認された. この反応は §18・8・4 で学んだ脱炭酸反応とは異なるが, 巻矢印を使っ た反応機構で描くことができる（図18・76）. カルボン酸の水素の引抜きによって, カルボキシルラジカルが生成する. そしてカルボキシルラジカルが分解して, 二酸化炭素とフェニルラジカルを生成する. フェニルラジカルが溶液中の水素源から水素を引抜くことで, ベンゼンの生成が完了する.

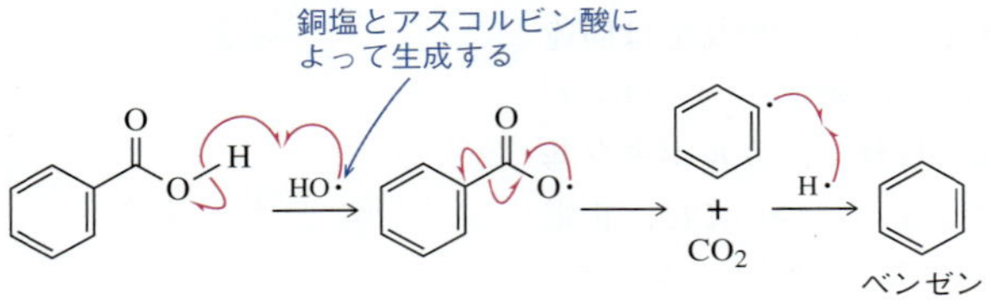

　この反応は, 冷蔵庫の棚に置かれている一般的なソーダ缶の中と同じように, 低温で光がない条件下では比較的遅い. しかし, これまでにときどき, ソーダ中に微量のベンゼンが検出されている. ベンゼンは発がん性物質であることがわかっていることから問題は大きく, これらの発見により, 安息香酸ナトリウムをソーダの食品保存料として使用しないよう求める声が高まっている.

図18・76　ラジカルが仲介する安息香酸の脱炭酸はアスコルビン酸と銅塩によって触媒される

む す び に

　第13章で, 科学や化学を学ぶ学生である君たちには, グリーンケミストリーの原則を常に心に留めてもらいたいと訴えた. これは, 君が化学者であろうと, 医師であろうと, 企業, 小売店やレストランに責任を負わせることができる単なる消費者であろうと, 変わらない. しかし, 安息香酸ナトリウムについては, この章の序文でふれた広告をふまえて見直してみよう. 20世紀初頭から, 安息香酸ナトリウムは, 米国農務省が実施したヒトへの投与試験で無害であることが確認されていた. 米国食品医薬品局は, 安息香酸ナトリウムに GRAS ステータスを与え続けており, 1973年にはこれを再確認した. GRAS ステータスとは, その化合物が食品添加物として "一般的に安全であると認められている（generally recognized as safe）" ことを意味する. GRAS 物質特別委員会（SCOGS）の報告では, "現在のレベルで使用された場合, 食品成分としての安息香酸および安息香酸ナトリウムが一般大衆に危険を及ぼすことを示す証拠は, 入手可能な情報の中にはない" と述べられている. さらに, "影響のみられない最大量は, 現在使用されている安息香酸ナトリウムを最も多く含む食品のみで個人の食事を構成した場合に消費

される量の約90倍である"とされている．要するに，安息香酸ナトリウムは花火にも含まれるようなものだが，現在のレベルでの使用に伴うリスクは実質的にないと思われる．

しかし，安息香酸ナトリウムから発がん性物質であるベンゼンが生成することについてはどうだろうか．それは確かに起こることだが，有害なレベルではない．451種類の飲料を対象とした最近の調査では，ベンゼンの平均濃度は欧州連合の飲料水規制値である $1\,\mu g/L$ を下回っていた．乳児用のニンジンジュースだけが許容できないレベルだったが，これは微生物を除去するために高い温度で加熱したことによるとされた．重要なのは，"毒になるかどうかは摂取量で決まる"ということである．また，安息香酸ナトリウムから発生するベンゼンの量は非常に少ないことから，複数の研究が"食品はベンゼン曝露の重要な経路ではない"と結論づけている．ベンゼンの曝露量は，ガソリンを入れるときに車の横に立っているときや，混雑した街中を歩いているときの方がはるかに多いのである．

では，おさらいしよう．安息香酸ナトリウムは，果物，ベリー類，牛乳，チーズ，香辛料に含まれている．［安息香酸ナトリウムを使用していないと宣伝しているレストランでも，こうしたものはすべて提供しているよね］私たちの体は，摂取した安息香酸ナトリウムと安息香酸を馬尿酸に変換することで，速やかに排泄する方法をもっている．米国食品医薬品局は安息香酸ナトリウムの安全性を認めており，それは毒性についての最新の研究も同様である．では，なぜレストランは安息香酸ナトリウムを広告のキャッチフレーズに使うのだろう？ 答えは単純だ．消費者を脅して，自分たちの食べ物がより優れていて，より汚染されておらず，より混じり気がないものであること，つまり"ケミカルフリー"であると信じさせるためだ．［そのことを少し考えてみよう］

このような広告は，環境保護，持続可能性，そしてグリーンケミストリーを追求する運動にとって危険なものである．食品保存料の危険性を誇張することは，飲料水に含まれる六価クロムが安全だと示唆したり（第13章），予防接種が自閉症の原因になると主張したり，気候変動に人間は関与していないと主張したりするのと同じくらい危険である．私たち科学者が科学の知識を駆使して，利益追求のために環境を破壊している企業，政府および個人に立ち向かうことは非常に重要である．しかし，同じように，利益を追求するために恐怖を煽る戦術を用いたり，真の科学を無視したりする企業にも反対しなければならない．

さて，演説はこれくらいにして，第19章ではいよいよカルボン酸をさまざまな誘導体に変換する方法を見ていこう．ちなみに，化学者がどうやって馬尿酸をつくるのかを紹介するという約束は忘れてないからね．

第18章のまとめ

重 要 な 概 念〔ここでは，第18章の各節・項で取扱った重要な概念（反応を除く）をまとめる〕

§18・1： カルボン酸は，カルボキシ（カルボニルとヒドロキシ）基が水素またはアルキル基と結合したものである．カルボン酸誘導体は，カルボン酸と同じ酸化状態にあり，カルボン酸と他の反応剤との縮合反応によって形成されると考えることができる．

§18・2： 非環状のカルボン酸を命名する際には，他の官能基があっても，カルボキシ基は常に最も小さい番号を付与される．

§18・3： カルボン酸の中心炭素は sp^2 混成である．カルボン酸では共鳴が可能なため，両方の酸素が sp^2 混成となっている．

§18・4： カルボン酸は，優れた水素結合の供与体および受容体であり，しばしば二量体として存在する．その結果，カルボン酸は非常に水に溶けやすく，高い融点と沸点をもつ．カルボン酸は，赤外スペクトルの $3300\sim2500\,cm^{-1}$ の間にある幅広の吸収帯と，^1H NMRスペクトルの 11 ppm 付近にあるカルボン酸水素を示す幅広なピーク（広がりすぎてしばしば見えないほど）によって特定される．カルボン酸は，質量分析計において McLafferty 転位を起こす．カルボン酸はその名の通り酸性であり，酢酸の pK_a はおよそ5である．カルボン酸には，誘起効果によって pK_a が 0.2 ほどまで低くなるものもある．

§18・5： カルボン酸は，アルケンやアルキンの（$KMnO_4$ や O_3 を用いる）酸化，Grignard 試薬と CO_2 との反応，アルキルベンゼンのクロム酸酸化など，これまでに学んだ反応に修正を加えることによって合成することができる．

876   18. 求核アシル置換反応 I

§18・6: カルボン酸を脱プロトンすると，置換反応に有効に利用できる良好な求核剤が生成する．中性の有機化合物を含む混合物からのカルボン酸の抽出は，脱プロトンによって水に溶けやすいカルボキシラートイオンをつくることで可能になる．

§18・7〜18・7・1: カルボン酸およびカルボン酸誘導体の求核アシル置換反応には二つの重要な反応機構がある．この章では汎用反応機構 18A と 18B と示しているが，どちらの反応機構が関与するかは反応条件に依存する．強塩基性条件下で典型的な汎用反応機構 18A では，まず求核性の高い求核剤がカルボニル炭素に付加して，四面体のアルコキシドイオン中間体を形成し，これが分解して良好な脱離基が追い出され，C−O π 結合が再形成される．酸性条件下で求核性の低い求核剤を用いる場合，典型的な汎用反応機構 18B では，最初にカルボニル

酸素がプロトン化されることで求核剤の攻撃が始まり，その後，2 回目のプロトン移動を経て，四面体中間体を形成する．その後，プロトン化，脱離，そして最後の脱プロトンという一連の反応を経て，カルボニル基が再形成される．

§18・7・2〜18・7・5: さまざまな求核アシル置換反応により，カルボン酸は，エステル（Fischer エステル化；H_2SO_4 と ROH を用いる），第一級アルコール（$LiAlH_4$ を用いる），ケトン（2 当量の RLi を用いる），酸塩化物に変換される（$SOCl_2$ を用いる）．

§18・8: Fischer エステル化ができない場合，カルボン酸はジアゾメタンとの反応やカルボキシラートイオンの S_N2 反応によってエステルに変換される．β-ケト酸の脱炭酸反応では，6 電子環状遷移状態を経て，CO_2 とケトンが生成する．

重要な反応と反応機構

1. $KMnO_4$ によるアルケンの酸化（§18・5・2）　　アルケンの酸化は，アルケンと OsO_4 の反応に類似した反応機構で起こる．過酷な条件のため，反応は過マンガン酸エステルの分解（6 電子環状遷移状態を経由）を経て，二つのカルボニル化合物を与える．さらに酸化が進むことで，カルボン酸が生成する．

【一般式】　　　　　　　　　　　　　　　　　　　　　【具体例】

2. $KMnO_4$ によるアルキンの酸化（§18・5・2）　　アルキンの酸化は，アルケンと OsO_4 の反応に類似した反応機構で起こる．過酷な条件のため，反応は過マンガン酸エステル（**A**）（6 電子環状遷移状態を経由）の分解を経て，ジケトンを与える．ジケトンが水和するとジオールが生成し，これが反応して第二の過マンガン酸エステル（**B**）を与える．この過マンガン酸エステル（**B**）が分解することで，二つのカルボン酸が生成する．

【一般式】　　　　　　　　　　　　　　　　　　　　　【具体例】

3. アルケンのオゾン分解と酸化的な後処理（§18・5・2）　　非常に反応性の高い酸化性ガスであるオゾンは，3 段階のプロセスで 1,2-二置換アルケンの σ 結合と π 結合の両方を酸化的に切断し，まず 5 員環のオゾニドを生成する．反応性の高いオゾニドは過酸化水素を作用させると酸化され，1,2-二置換アルケンの元の炭素それぞれの位置にカルボン酸を生成する．［オゾン分解の反応機構は §9・1・7 に記載されているよ］

第18章のまとめ　877

【一般式】

R—R′ の構造 → O_3 ／ ついで H_2O_2 → R—COOH ＋ R′—COOH

【具体例】

→ O_3 ／ ついで H_2O_2 →

【反応機構】

→ O_3 §9・1・7 → → H_2O_2 →

4. CO_2 への Grignard 試薬の付加（§18・5・3）　　Grignard 試薬（求核性の高い求核剤）が汎用反応機構 17A で反応する．カルボアニオンが CO_2 の求電子性炭素を攻撃し，π電子を酸素へ押し出す．生成したカルボキシラートイオンは，次の段階で酸処理され，カルボン酸を与える．

【一般式】

R—MgBr 　1. CO_2 ／ 2. H_3O^+ 処理 → R—COOH

【具体例】

→ 1. CO_2 ／ 2. H_3O^+ 処理 →

【反応機構】

→ →

5. アルキルベンゼンのクロム酸酸化（§18・5・4）　　ベンジル基は，ベンジル炭素上に水素がある限り，カルボン酸へと酸化される．その反応機構はよくわかっていない．

【一般式】

→ H_2CrO_4, H_2O ／ 加熱 →

【具体例】

→ H_2CrO_4, H_2O ／ 加熱 →

6. カルボン酸の酸塩基反応（§18・6）　　カルボン酸は，共役酸が $pK_a > 5$ となる塩基によって容易に脱プロトンされる．

【一般式】

R—COOH 　B^- → R—COO$^-$ ＋ B—H

【具体例】

→ ^-OH, H_2O → ＋ H_2O

【反応機構】

→ →

7. Fischer エステル化（§18・7・2）　　Fischer エステル化は，酸触媒によるカルボン酸のエステルへの変換である．この反応は汎用反応機構 18B で進行し，カルボン酸のプロトン化がアルコールの攻撃に先行する．その後の2回のプロトン移動（脱プロトンとプロトン化）を経て，水が脱離して共鳴安定化されたカルボカチオンを与える．最後の脱プロトンで中性のエステルが生成する．

【一般式】

R—COOH 　R′OH, H_2SO_4 → R—COOR′ ＋ H_2O

【具体例】

→ EtOH, H_2SO_4 → ＋ H_2O

878   18. 求核アシル置換反応 I

【反応機構】

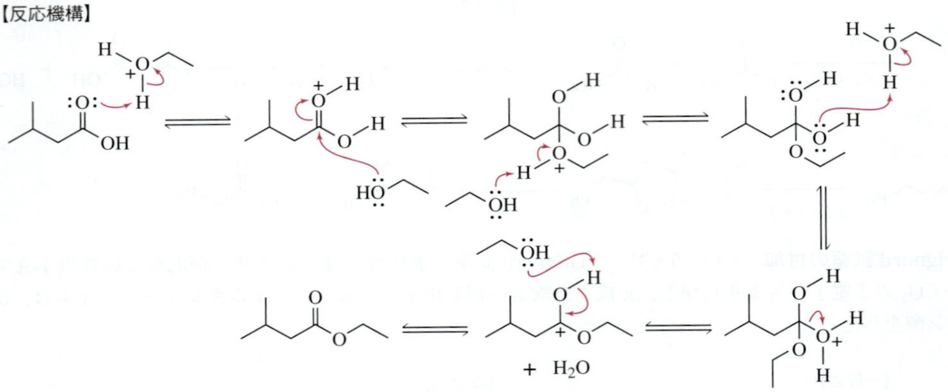

8. LiAlH₄ によるカルボン酸の還元（§18・7・3）　LiAlH₄ によるカルボン酸の還元は，ヒドリドによる酸の脱プロトンで水素ガスを生成することから始まる．生じたカルボキシラートイオンは AlH₃ と反応して四面体中間体を与え，これが分解してアルデヒドが生成する．このアルデヒドは，汎用反応機構 17A によってさらに還元され，プロトン化の後，第一級アルコールを与える．

【一般式】　　　　　　　　　　　　　**【具体例】**

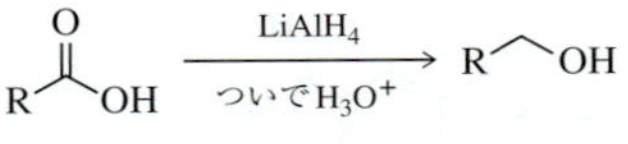

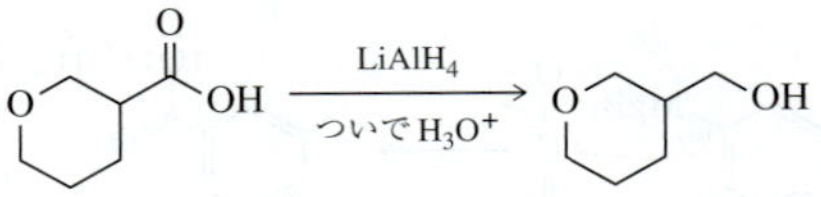

【反応機構】

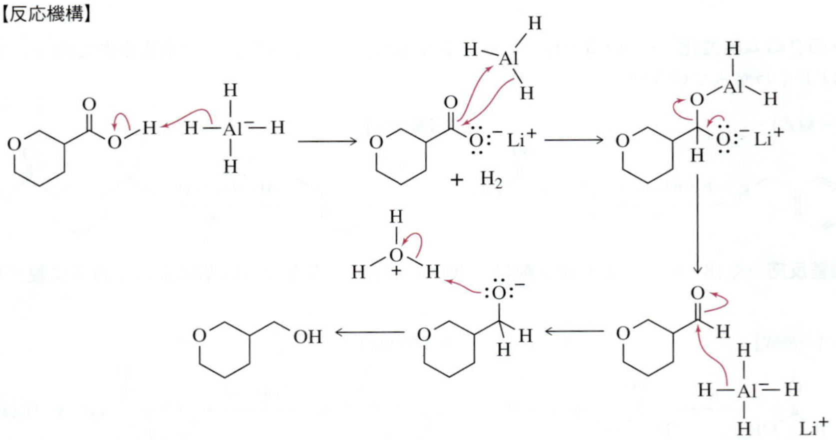

9. カルボン酸への有機リチウム試薬の付加（§18・7・4）　1 当量目の有機リチウム試薬は，強塩基としてカルボン酸を脱プロトンし，カルボキシラートイオンを形成する．このカルボキシラートイオンは求電子性の低い求電子剤であるにもかかわらず，求核性の高い有機リチウム試薬によって攻撃され，ジアニオンを形成する．このジアニオンのプロトン化によって，水が脱離してケトンが生成する．

【一般式】　　　　　　　　　　　　　**【具体例】**

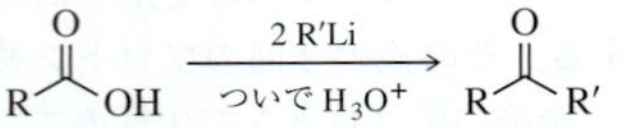

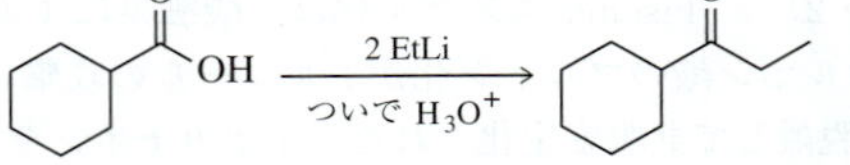

【反応機構】

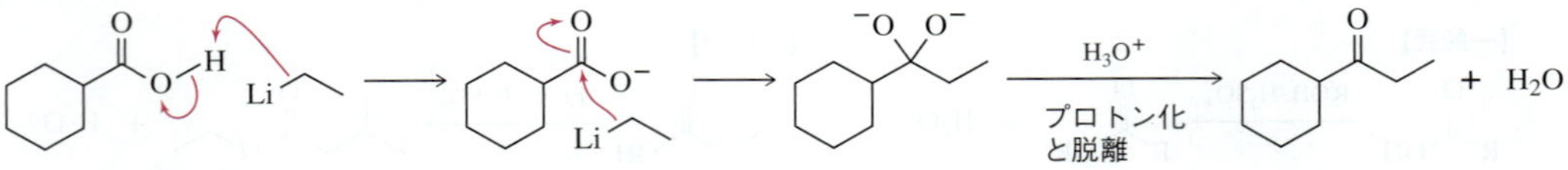

第18章のまとめ　879

10. 塩化チオニルとカルボン酸の反応（§18・7・5）　求電子性の高い $SOCl_2$ がカルボン酸のカルボニル酸素に攻撃され，塩化物イオンを生成する．塩化物イオンが酸性プロトンを脱プロトンすることで，活性種の形成が完了する．塩化物イオンは中心のカルボニル炭素を攻撃し（汎用反応機構18A），四面体中間体を与える．四面体中間体が分解し，$C-O\pi$ 結合（酸塩化物）を再形成しながら，優れた脱離基を追い出す．

【一般式】　　　　　　　　　　　　　【具体例】

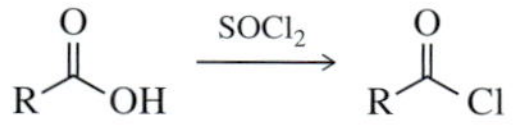

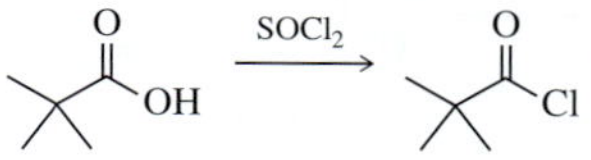

【反応機構】

$+\ SO_2\,(g)\ +\ Cl^-$

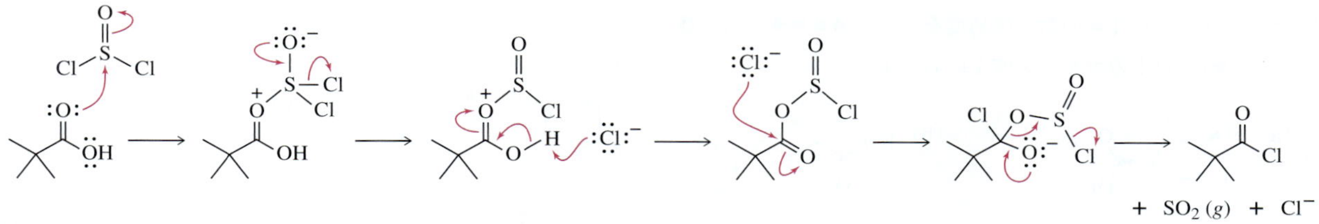

11. ジアゾメタンによるエステル形成（§18・8・1）　ジアゾメタンはカルボン酸を脱プロトンして求核性のカルボキシラートイオンとメチルジアゾニウムイオンを与える．生じた求核性のカルボキシラートイオンがメチルジアゾニウムイオンを S_N2 機構で攻撃し，新しい $C-O\sigma$ 結合と N_2（優れた脱離基）が生成する．

【一般式】　　　　　　　　　　　　　【具体例】

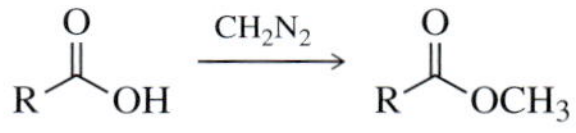

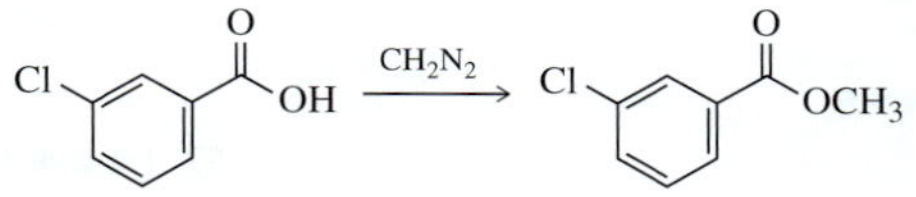

【反応機構】

$+\ N_2\,(g)$

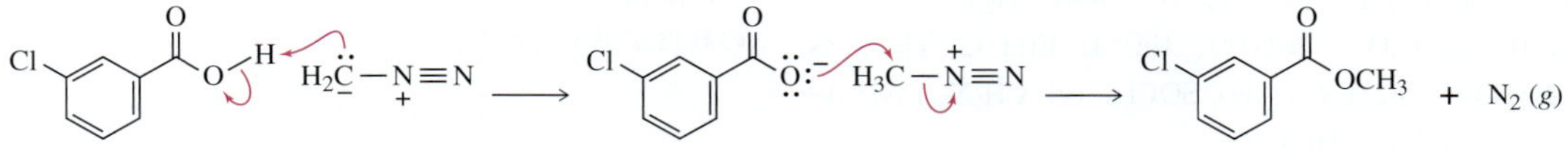

12. 酸触媒によるカルボン酸のアルケンへの付加（§18・8・2）　アルケンを強酸でプロトン化すると，カルボカチオンが生成する．カルボン酸はプロトンをもったままそのカルボカチオンを攻撃する．この酸性プロトンが最後の段階で取除かれることで，触媒が再生し，エステルが生成する．

【一般式】　　　　　　　　　　　　　　　　【具体例】

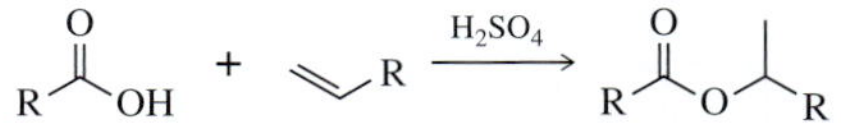

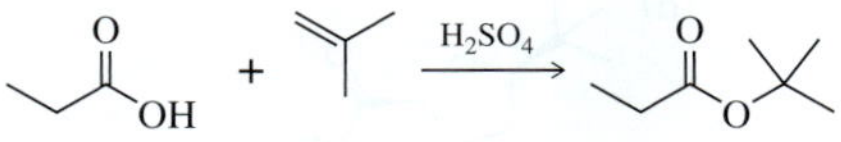

【反応機構】

（さらに反応する）

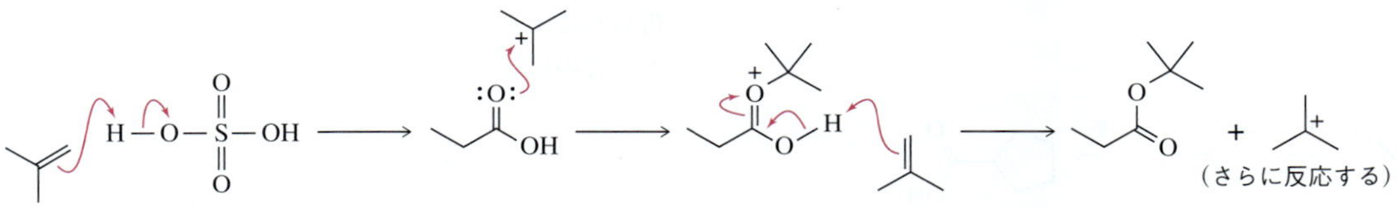

13. β-ケト酸の脱炭酸（§18・8・3）　β-ケト酸は，6電子環状遷移状態を経て，熱による脱炭酸を起こし，エノールと二酸化炭素を与える．生じたエノールは，熱力学的により有利なケトンへと互変異性化する．

880 18. 求核アシル置換反応 I

【一般式】

$$\underset{R}{\overset{O\quad O}{\parallel\quad\parallel}}\text{C-CH}_2\text{-C-OH} \xrightarrow{\text{加熱}} \underset{R}{\overset{O}{\parallel}}\text{C-CH}_3 + CO_2\,(g)$$

【具体例】

（フリル基の β-ケト酸）$\xrightarrow{\text{加熱}}$（フリルアセトン）$+ CO_2\,(g)$

【反応機構】

加熱

$+\ CO_2\,(g)$

互変異性化

アセスメント〔●の数で難易度を示す（●●●●＝最高難度）〕

18・48（●） 以下のカルボン酸を命名せよ.

(a)

(b)

(c)

(d)

18・49（●●） 以下のカルボン酸は誤って命名されている. 正しい名前を示せ.
(a) 2-ヘプタンカルボン酸
(b) 6-ブロモシクロヘキサンカルボン酸
(c) 1-カルボン酸, 5-ヘキサノン

18・50（●●） 次のカルボン酸を以下の条件で反応させた場合に生じる生成物を予測せよ. (i) EtOH, H_2SO_4, (ii) 1. $LiAlH_4$, THF, 2. H_3O^+（酸処理）, (iii) 1. EtLi（2 当量）, ペンタン, 2. H_3O^+（酸処理）, (iv) $SOCl_2$, (v) CH_2N_2, (vi) 1-メチルシクロヘキセン, H_2SO_4.

(a)

(b)

(c)

(d)

18・51（●●） 以下の合成を完成させるために必要な反応剤を空欄に記入せよ.

(a)

(b)

18・52（●●●） ^{18}O 標識したエタノールを Fischer エステル化反応に用いた場合, 生成物中の酸素 a と b のどちらが標識されるか.

18・53（●●●●） カルボン酸を ^{18}O 標識した水に溶かすと, ゆっくりと時間をかけて ^{18}O がカルボン酸に完全に取込まれる. 酸性条件下では, このプロセスはより速く起こる. これらの観察結果を合理的に説明せよ.

18・54（●●●） 振り返り 第 13 章では, アルコールをよりよい脱離基に変換するために, 塩化 p-トルエンスルホニルを利用した. スルホン酸をスルホン酸塩化物に変換するために利用できそうな反応剤を提案せよ.

18・55（●●●） $LiAlD_4$ を使ってカルボン酸を還元した場合, 得られるアルコールには何個の重水素原子が取込まれるか. また, その反応機構を示せ.

1. $LiAlD_4$, THF
2. H_3O^+ 処理

18・56（●●●） カルボン酸を生成する反応のうち, 一つだけが新しい C−C 結合の形成を伴うものであった. それはどの

反応か.

18・57（●●●）　エステル生成反応として学んだ三つの反応のうち、以下の各分子を合成するために利用できるのは一つだけである。（a）〜（c）について、利用できるのはどの反応か。選んだ理由も述べよ。

(a)

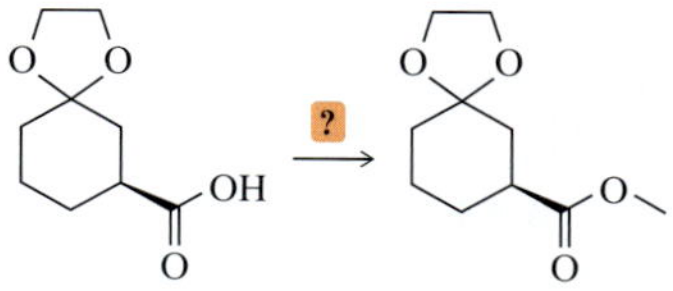

(b)

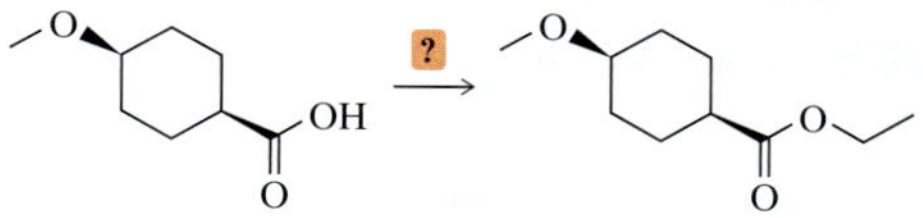

(c)

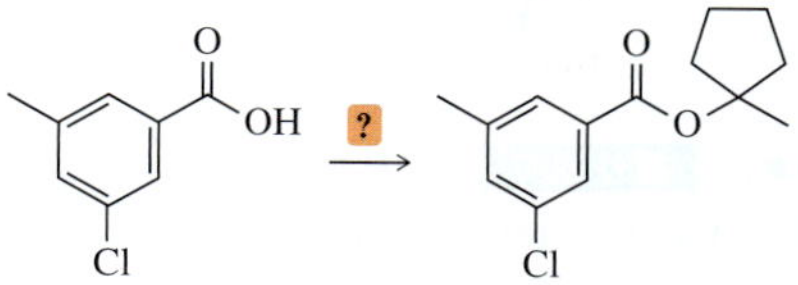

18・58（●●）　次の各化合物を以下の還元条件に付したときの生成物を予測せよ。(i) 1. LiAlH$_4$, 2. H$_3$O$^+$, (ii) NaBH$_4$, EtOH, (iii) H$_2$, Pd/C〔1013 hPa（1 atm）〕, (iv) H$_2$, Pd/C〔5065 hPa（5 atm）〕, (v) H$_2$, Lindlar 触媒.

(a)　　　　　　　　(b)

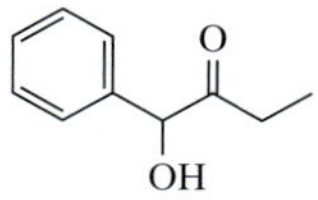

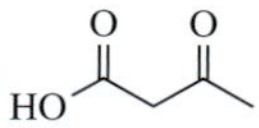

(c) 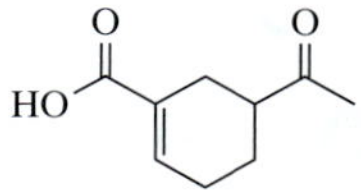　　　　　　　　(d)

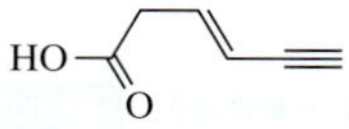

18・59（●●●●）　ある化学者が以下の反応順序を試みたところ、目的の生成物は得られなかった。（a）なぜか。理由を述べよ。（b）問題の解決策を提案せよ。〔第13章の章末にまとめられている化学を考えよう〕

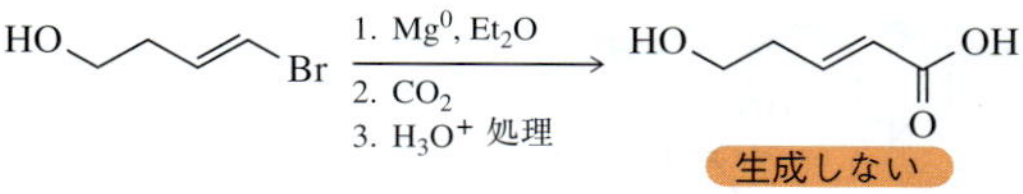

HO　　　　　Br　　1. Mg^0, Et$_2$O　　HO　　　　　OH
　　　　　　　　　2. CO$_2$
　　　　　　　　　3. H$_3$O$^+$ 処理　　　　　生成しない

18・60（●●●●）　衣類や食品保存容器に使われるポリマーである PET は、以下のオリゴマー構造をもっている。その合成に利用できる二つの分子と反応条件を提案せよ。

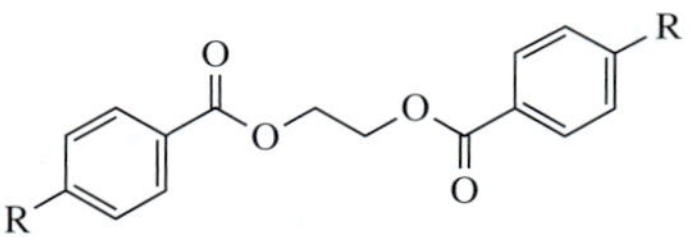

18・61（●）　安息香酸とジシクロヘキシルカルボジイミド（DCC）の酸塩基反応の生成物を示せ。〔DCC の中で最も塩基性の高い原子はどれか？〕

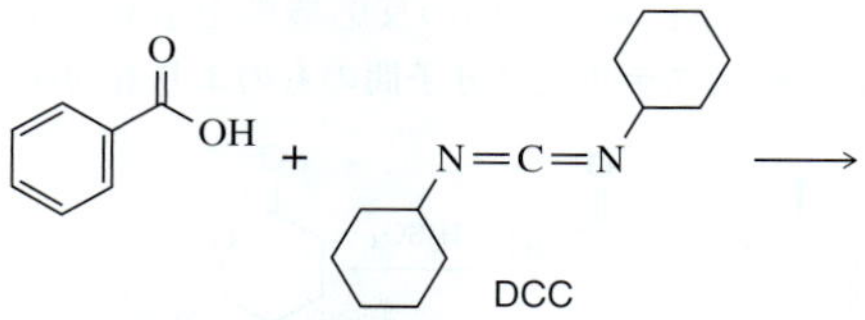

18・62（●●）　アセスメント 18・61 で得られた生成物から図のような中間体が生成することを合理的に説明する反応機構を、巻矢印を使って提案せよ。

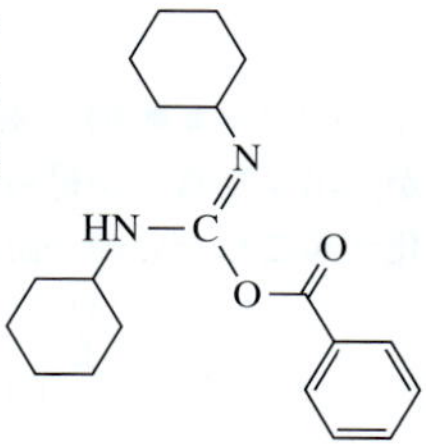

18・63（●●●●）　アセスメント 18・62 で示した中間体は、第18章で手短に見て、第19章で詳しく学ぶ酸塩化物と同様に、活性化されたカルボン酸と考えられる。この中間体を求核性のアミンと反応させると、図のようなアミドが生成する。この反応の反応機構を提案せよ。〔この反応は、アミンが強い求核剤として働く求核アシル置換反応だよ〕

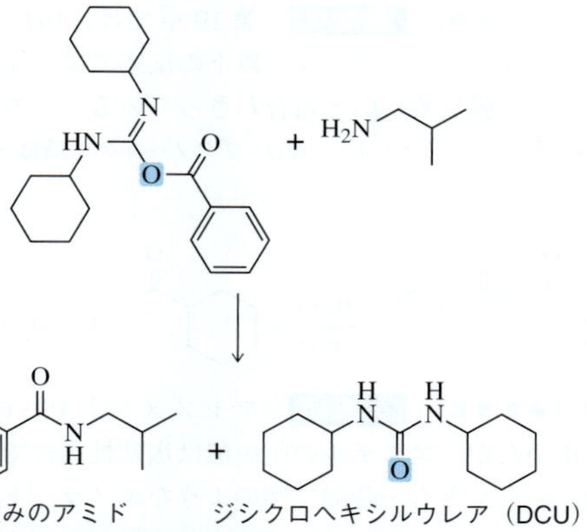

望みのアミド　　　　ジシクロヘキシルウレア（DCU）

18・64（●●）　**グリーンケミストリー**　　アセスメント 18・61〜18・63 で取上げた反応の全体的なアトムエコノミーを計算せよ。〔反応の全体像は以下の通り〕この計算に基づいて、これは "グリーン" な反応だといえるか。

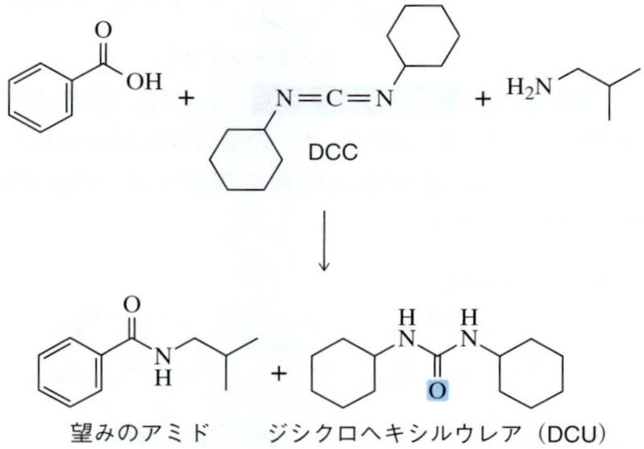

望みのアミド　　　　ジシクロヘキシルウレア（DCU）

18. 求核アシル置換反応 I

18・65（●●●●） Fischer エステル化は分子内で行うことができる．（a）以下に示す反応の反応機構を示せ．（b）なぜ分子内の Fischer エステル化は分子間のものより有利なのか．

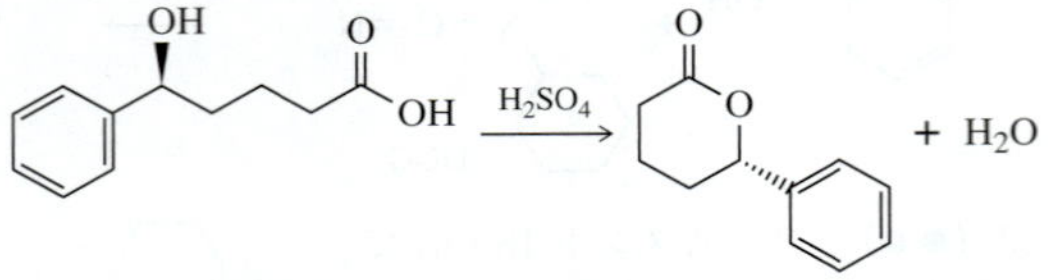

18・66（●●●●） ある昔の大学院生が以下の反応を試みたが，出発物質しか得られなかった．なぜこの条件ではエステル化が起こらないのか説明せよ．

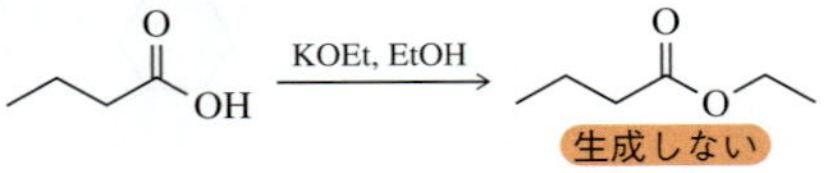

18・67（●●） 脱炭酸反応により以下の生成物を与える β–ケト酸を示せ．

(a)　　　　　(b) 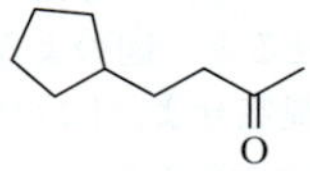　　　　　(c)

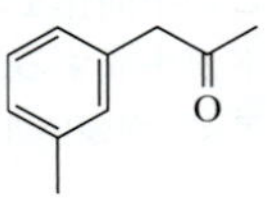

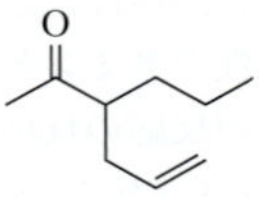

18・68（●●●●） 先取り　第 19 章では，*tert*–ブチルエステルの加水分解について学ぶ．以下の反応では，加水分解がこの章で学んだ脱炭酸反応と組合わさっている．この反応の反応機構を提案せよ．[ヒント: *tert*–ブタノールの生成は S_N1 反応で進むんだ]

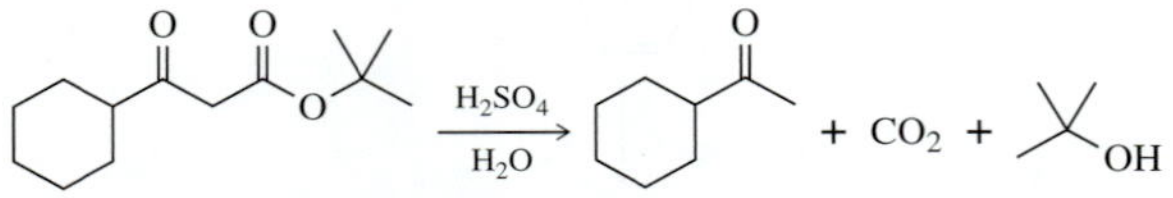

18・69（●●●●） 先取り　アセスメント 18・68 では酸性条件を用いたが，エステルの脱炭酸は塩基性条件でも行うことができ，少なくとも一時的に図のようなエノラート生成物を与える．[エノラートの化学については第 20 章で詳しく学ぶよ] この反応の機構を提案せよ．[ヒント: クロロメタンの生成は S_N2 反応で進むんだ]

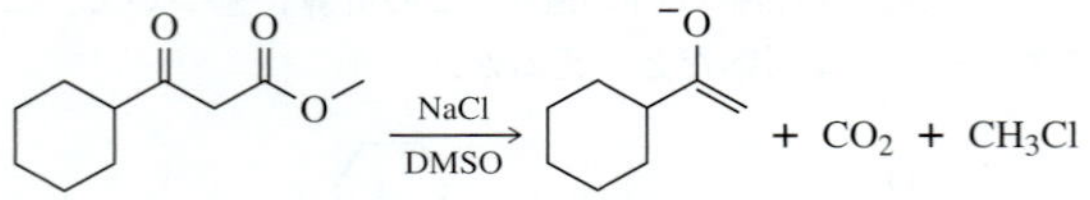

エノラートイオン

18・70（●●●●） 最近の論文から　下記は，家畜に使われる動物用医薬品であるハロフジノンの全合成に用いられた変換である．この変換に必要な反応剤を提案せよ（*Org. Process Res. Dev.*, **2019**, *23*, 990）．

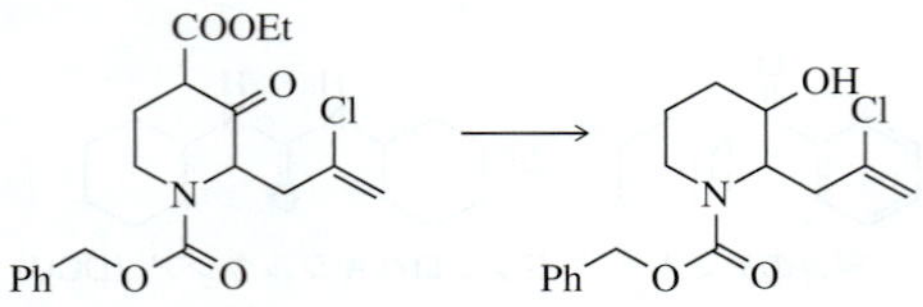

18・71（●●●●） 振り返り　脱炭酸は，熱による次亜臭素酸アシルの開裂によってブロモアルカンを合成するのにも利用できる．以下に示す反応の両方の段階の反応機構を示せ．[この脱炭酸はラジカル機構で進行するんだ．必ず反応機構に開始段階と成長段階が含まれるようにしよう]

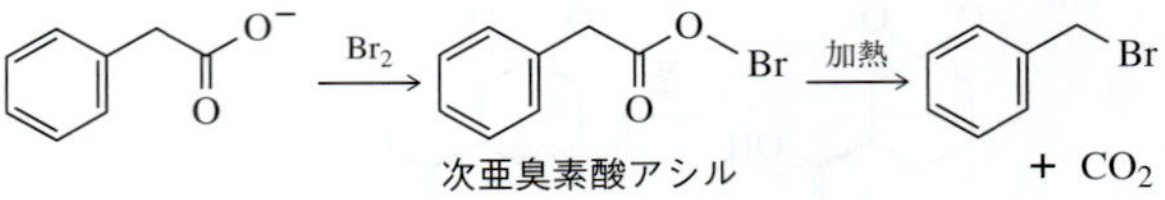

次亜臭素酸アシル　　　　　　　　+ CO_2

18・72（●●●●） （a）以下に示す分子内 Fischer エステル化の生成物を予測せよ．（b）この反応の機構を提案せよ．

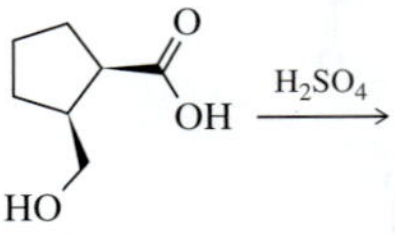

18・73（●●） 振り返り　求核アシル置換の反応機構（汎用反応機構 18A および 18B）を学んだ今，第 13 章の以下の反応の反応機構はよりよく，より正確な形で描くことができる．図示されたクロロアルカンとトシラートの生成機構を描け．

(a)

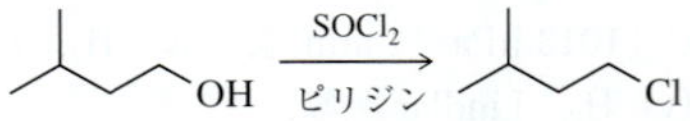

(b)

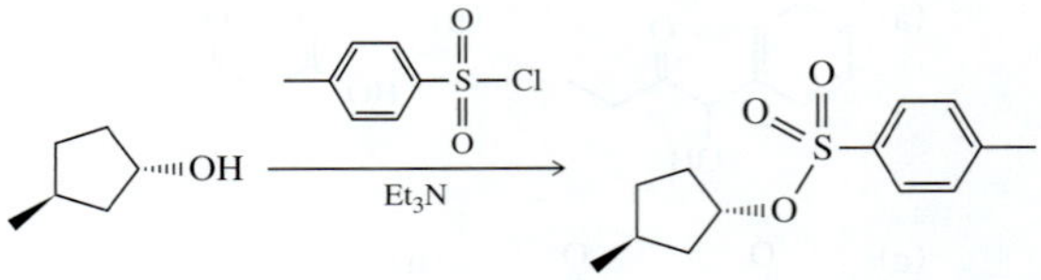

18・74（●●●） 最近の論文から　（a）結核の治療薬として期待されているジヒドロピリドマイシンの合成に用いられる，以下の 2 段階を要する変換の反応剤を提案せよ．（b）どのようにして，C2 のキラル中心が単一のエナンチオマーとして合成されたと考えられるか（*ACS Med. Chem. Lett.*, **2013**, *4*, 264）．

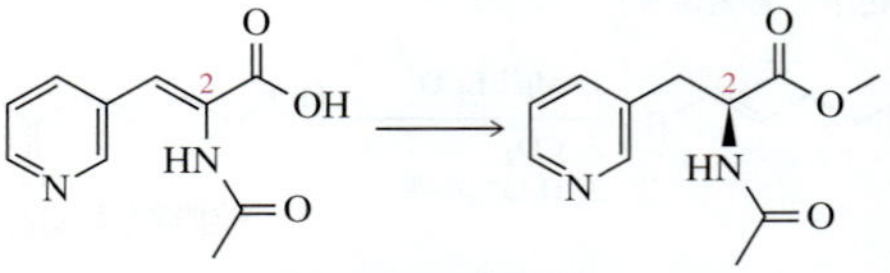

18・75（●●●●） 最近の論文から　チクングニア熱やデング熱を治療するための潜在的な薬剤候補の合成に利用された以下の反応について，巻矢印を用いた反応機構を提案せよ（*Org. Lett.*, **2017**, *19*, 1156）．

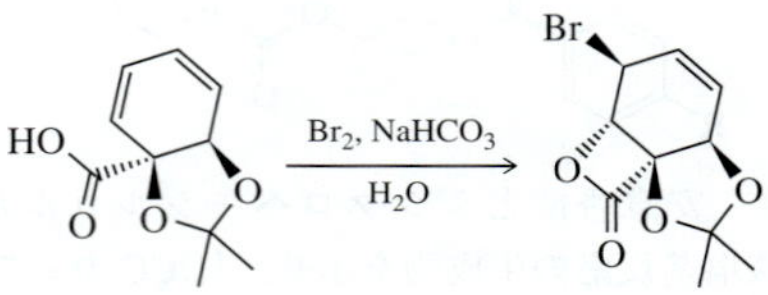

求核アシル置換反応 II
カルボン酸誘導体

はじめに

人間と細菌は非常に密接な関係にある．最近の研究では，私たちの体の中には人間の細胞よりも細菌の細胞の方が多く存在していることが明らかになった．この驚くべき状態は，細菌の細胞が人間の細胞よりもずっと小さいことで可能となっている．細菌が，感染症の原因となる病原体に対する最初の防御ラインを形成し，炭水化物や脂肪酸の消化を助け，さらには外敵に対する免疫反応を調整することを考えれば，細菌が多く存在することは決して悪いことではない．しかし，細菌の中には病原性をもつものもあり，肺炎，髄膜炎，結核などの病気の原因となる．

"抗生物質"という言葉が正式につくられたのは 1942 年のことだが，古代にはカビの生えたパン（抗菌作用のある微細な菌類を保有している）が傷や感染症の治療に使われていた．1640 年には薬理学の教科書にカビを使った治療法が記載されている．現在，抗生物質を含む抗菌薬はその作用機序により静菌性のものと殺菌性のものに分類される．静菌性の抗生物質は，細菌の成長を止め，人間の免疫系が"追いついて"細菌を倒すことができるようにする．たとえば，サルファ剤（第 23 章で紹介する）は，細菌のDNA 合成や繁殖に必要な栄養素である葉酸を細菌が合成するのを阻害することによって作用するため，静菌性である．

ここ第 19 章で紹介する殺菌性の抗生物質は，細菌を直接殺す．β-ラクタム系抗生物

学習目標

▶ 酸塩化物，酸無水物，エステル，アミド，ニトリルの構造を比較できる．
▶ カルボン酸誘導体の物理的性質とスペクトルの特徴を説明できる．
▶ カルボン酸誘導体の反応を分析できる．
▶ 官能基変換反応を分析できる．
▶ カルボン酸誘導体の還元反応を分析できる．
▶ 有機金属化合物を用いたカルボン酸誘導体の反応の生成物を予測できる．
▶ カルボン酸誘導体としてのニトリル類とその反応を分析できる．

ペニシリン系

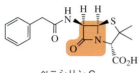

ペニシリンG

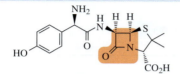

アモキシシリン（商品名：アモキシル）

セファロスポリン/セファマイシン系

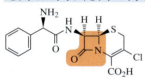

セファクロル（商品名：ケフラール）

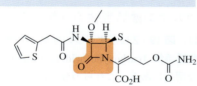

セフォキシチン（商品名：メフォキシル）

図 19・1 β-ラクタム系抗生物質

884   19. 求核アシル置換反応 II

自由に至る歴史はまた，抵抗の歴史でもある．
そして"細菌が"自由に至ろうとする歴史は，"抗生物質への"抵抗の歴史である．
— WOODROW WILSON
(2段落目は細菌版に改変)

質は，Alexander Fleming（フレミング）によって偶然発見されたもので，殺菌性であり，ペニシリン系，セファロスポリン系，セファマイシン系などがある．これらの抗生物質は，その構造に不可欠な β-ラクタムとよばれるアミドを含む4員環にちなんで命名された（図19・1）．これらの抗生物質は，細菌の細胞壁の形成を担う酵素であるペプチドグリカントランスペプチダーゼを不活性化することで作用する．

　カルボン酸誘導体とその反応性の学習を通して，β-ラクタム系抗生物質の物語を学ぶ．この物語は，医薬品化学者，医師，あるいは単に博識な市民としての君にとって重要なものになるだろう．

　第19章（全4部からなるカルボニル基の学習の第3部）では，第18章で紹介した求核アシル置換反応をひきつづき学んでいく．多くの新しい反応が登場するが，この章の大部分は復習のように感じられるはずだ．意図的にもそうした形にしてある．新しい文脈で教材を"再学習"することで，いざというときにその知識を思い出しやすくなる．ちなみに，第19章の知識は，生化学の講義や，大学院入試など，さまざまな場面で再び登場するだろう．そのため，有機化学の文脈だけでなく，将来的な意義という観点からも，この教材をしっかりと学ぶ必要がある．[β-ラクタム系抗生物質の話はそのためのよい教材となるよ]

基礎がしっかりしていないと新しいことは学べない．だから，まずは前に学んだことを復習しよう．

理解度チェック

アセスメント

19・1 次の陰イオンを，潜在的な脱離基としての安定性に基づいて順位づけせよ（1＝最も安定，5＝最も不安定）．その理由も述べよ．

19・2 求核性の高い求核剤に対しては，ケトンとエステルのどちらが反応しやすいと予測されるか．その理由も述べよ．

19・3 次のトランスエステル化反応で形成される結合と切断される結合を特定せよ．[手助けのため，結合を色分けしているよ] この分析に基づくと，どちらが平衡の有利な側であると予想されるか．

19・4 次の反応は可逆的である．平衡を右に偏らせるにはどうしたらよいか．また，左に偏らせるにはどうか．

19・5 第17章では，反応は汎用反応機構 17A と 17B によって起こるものとして特徴づけられた．第18章では，反応は汎用反応機構 18A と 18B によって起こるものと特徴づけられた．(a) 汎用反応機構 17A と 17B の違いは何か．(b) 汎用反応機構 18A と 18B の違いは何か．(c) 汎用反応機構 17A と 18A の共通点は何か．(d) 汎用反応機構 17B と 18B の共通点は何か．

19・6 a と b のどちらの塩基性原子が最もプロトン化されやすいか．理由とともに答えよ．

19・1　カルボン酸誘導体の一般構造

　この章では，図19・2 に示す五つのカルボン酸誘導体について学ぶ．
　カルボン酸誘導体（carboxylic acid derivative）は，その名の通り，第18章のカルボン酸と密接な関係にある．これらの分子は，カルボン酸と同じ酸化状態の炭素をもち，さまざまなカルボン酸縮合反応の生成物と考えることができる．図19・3 は，カルボン

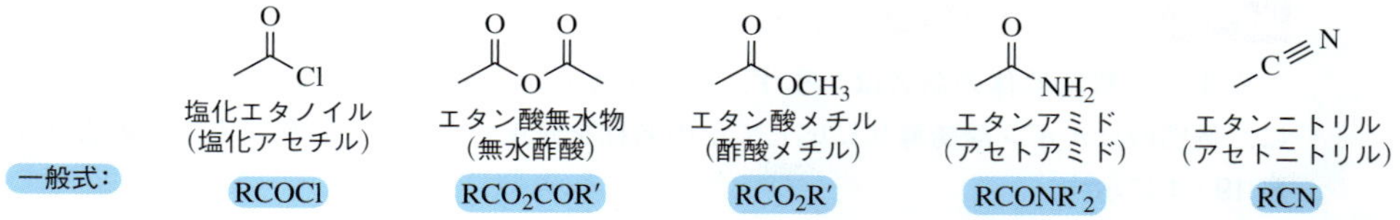

塩化エタノイル
(塩化アセチル)
エタン酸無水物
(無水酢酸)
エタン酸メチル
(酢酸メチル)
エタンアミド
(アセトアミド)
エタンニトリル
(アセトニトリル)
一般式:
RCOCl
RCO2COR′
RCO2R′
RCONR′2
RCN

図 19・2 カルボン酸誘導体

酸とさまざまな反応剤（試薬）との間のいくつかの仮想的な縮合反応を示しており，それぞれの矢印の上に該当する反応剤が示されている．たとえば，**酸塩化物**（acid chloride）は，カルボン酸と HCl の仮想的な縮合生成物である．**ニトリル**（nitrile）は，本質的には脱水したアミドである．ニトリル以外のすべての化合物は，アルキル基と電気陰性な置換基に結合したカルボニル基を特徴とする．［図 19・3 は実際の反応を示したものではなく，この章で詳しく説明するように，それらを分類する方法を示したものだよ］

酸無水物
酸塩化物
アミド
エステル
脱水
第一級アミド
ニトリル

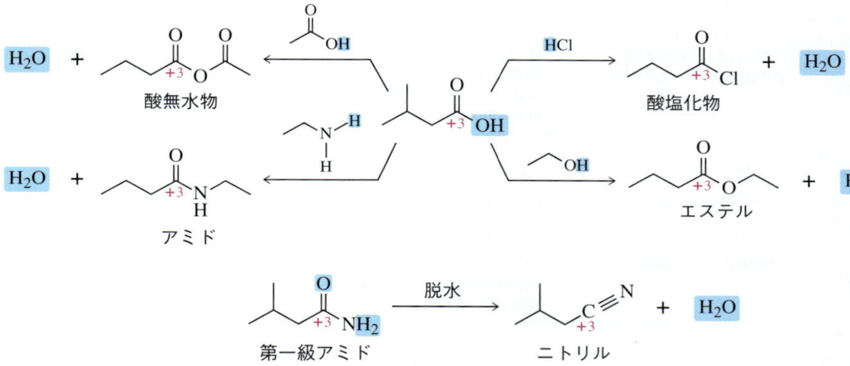

図 19・3 縮合反応の仮想的な生成物としてのカルボン酸誘導体 カルボン酸と同様に，すべて+3 の酸化状態の炭素をもつ．

ラクトン
ラクタム
R(CO)OR′
R(CO)NR′2
R と R′ は環内でつながっている

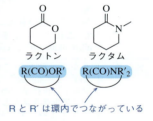

図 19・4 環状のエステルとアミドはそれぞれラクトンとラクタムとよぶ

環状エステルは**ラクトン**（lactone），環状アミドは**ラクタム**（lactam）とよばれる（図 19・4）．

19・1 のまとめ

- カルボン酸と同じ酸化状態の炭素をもつ酸塩化物，酸無水物，エステル，アミド，ニトリルは，カルボン酸誘導体とみなされる．

アセスメント

19・7 次のうち，カルボン酸誘導体と考えられるものはどれか．

(a)
(b)
(c)

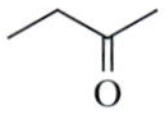

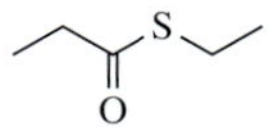

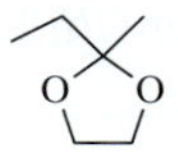

(d)
(e)
(f)

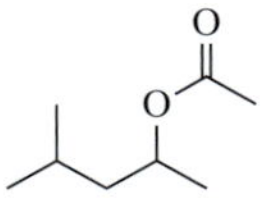

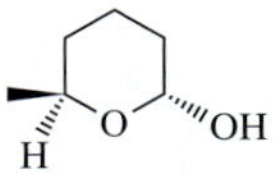

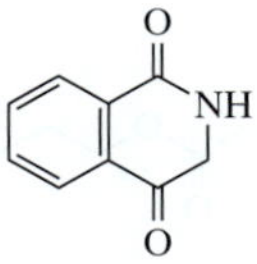

19・8 第 13 章では，塩化 *p*-トルエンスルホニルの化学について紹介した．塩化スルホニルは，どのような官能基の誘導体か．

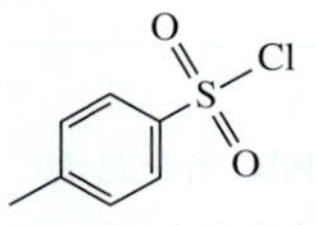

塩化 *p*-トルエンスルホニル

19・2 カルボン酸誘導体の命名

カルボン酸誘導体の命名は，まず，分子をカルボン酸であるかのように命名し，次に，個別のカルボン酸誘導体に応じてその名称を修正することから始まる．その方法を表 19・1 に示す．

表 19・1　カルボン酸誘導体の命名規則　まずカルボン酸として命名し，それを適宜修正する必要がある．

官能基	規則	例
酸塩化物	カルボン酸として命名し，"-oic acid" を "-oyl chloride" で置き換える	塩化 3-メチルブタノイル　3-methylbutanoyl chloride ／ 塩化ベンゾイル　benzoyl chloride ／ 塩化(2E,4R)-4-メチルヘキサ-2-エノイル　(2E,4R)-4-methylhex-2-enoyl chloride
酸無水物	対称の場合，"-oic acid" を "-oic anhydride" で置き換える．非対称の場合，酸無水物の両側をカルボン酸のように命名し，"acid" をそれぞれから除き，アルファベット順に並べて "anhydride" をつける	プロパン酸無水物　propanoic anhydride ／ イソブタン酸プロパン酸無水物　isobutanoic propanoic anhydride ／ (S)-2-メチルブタン酸プロパン酸無水物　(S)-2-methylbutanoic propanoic anhydride
エステル	1. 酸素に結合した置換基を "-yl" で終わる置換基として命名する 2. カルボニル基側をカルボン酸として命名し，"-oic acid" を "-oate" で置き換える 3. これらの名前を組合わせて，alkyl alkanoate と表記する	エタン酸プロピル　propyl ethanoate ／ (S)-4-メチルヘキサン酸シクロヘキシル　cyclohexyl (S)-4-methyl hexanoate ／ ペンタン酸 (S)-1-メチルプロピル　(S)-1-methylpropyl pentanoate
アミド	カルボン酸として命名し，"-oic acid" を "-amide" で置き換える．窒素上に置換基がある場合，それらはアルキル基として命名し，イタリックの "N-" の後に置いて窒素に結合していることを示す	2-メチルブタンアミド　2-methylbutanamide ／ N-メチルベンズアミド　N-methylbenzamide ／ N,N-ジイソプロピルエタンアミド　N,N-dipropylethanamide
ニトリル	カルボン酸として命名し，"-oic acid" を "-e nitrile" で置き換える	プロパンニトリル　propanenitrile ／ 4-エチルヘキサンニトリル　4-ethylhexanenitrile ／ (1R,3S)-3-メチルシクロペンタンニトリル　(1R,3S)-3-methyl cyclopentanenitrile

19・2 のまとめ

- カルボン酸誘導体の命名は，まず分子をカルボン酸として命名し，個別の誘導体に応じて適切な修正を加えることから始まる．

アセスメント

19・9　次の分子の IUPAC 名を記せ．

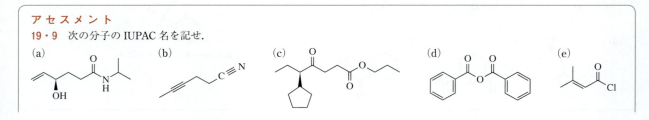

19・10 与えられた名称に対応する分子構造を示せ．
(a) 安息香酸プロパン酸無水物
(b) 塩化(S)-4-フェニルオクタノイル
(c) (3R,5R)-5-クロロ-3-イソプロピルシクロヘプチル-1-エンニトリル
(d) シクロプロピル (3S,5E)-3,5-ジメチルヘプタ-4-エノエート
(e) (R)-N,N-ジエチル 5-シクロヘキシル-3-メトキシペンタンアミド

19・3　カルボン酸誘導体の分子軌道図

図 19・5 にホルムアミドの分子軌道図を示す．これをすべてのカルボン酸誘導体の代表として論じる．アミドの C=O 結合は，sp² 混成の炭素と酸素の間の σ 結合および π 結合を特徴とする．C-NH₂ 結合は，sp² 混成の中央炭素と sp² 混成の窒素の間に形成される．中心炭素まわりの結合角はすべて約 120° である．

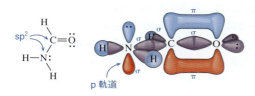

図 19・5　ホルムアミドの分子軌道図

カルボン酸誘導体は，図 19・6 のエステルとアミドのように，二つの有効な共鳴構造で表すことができる．そのうちの一つの共鳴構造では，カルボニル炭素に結合している原子に非共有電子対が存在するため，この原子は sp² 混成になっており，1 個の非共有電子対が p 軌道に存在している．2 個目，3 個目の非共有電子対がある場合，これらは sp² 混成軌道に存在する．共鳴による安定性の向上が，原子価殻電子対反発（VSEPR）理論に基づいて予想される混成との違いのおもな原因となっている．また，これらの共鳴構造は，この章で紹介する反応性の説明にもなっている．

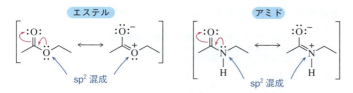

図 19・6　カルボン酸誘導体には共鳴構造が描けるため，カルボニル基に結合した原子は sp² 混成であることがわかる

19・3 のまとめ

- カルボン酸誘導体のカルボニル基に結合している電気陰性の原子は，カルボニル基との共鳴に関与するため，sp² 混成である．

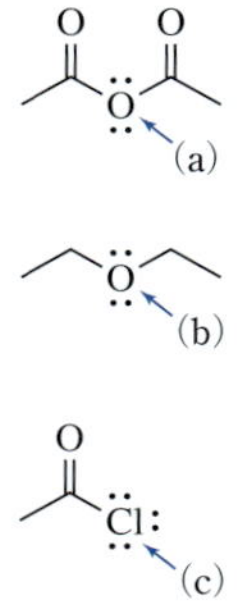

19・4　カルボン酸誘導体の物理的性質

カルボン酸誘導体とカルボン酸の物理的性質を表 19・2 に比較して示す．カルボン酸が水素結合の供与体および受容体の両方として水素結合が可能であるのとは異なり，酸塩化物，酸無水物，エステル，ニトリルは水素結合の受容体でしかない．そのため，そ

> **アセスメント**
> 19・11　指示された原子の混成状態を示せ．

れらは水に溶けにくく，より低い温度で沸騰・融解する．それに比べて，無置換のアミドは水素結合の形成に利用できる水素を二つもっている．そのため，対応するカルボン酸よりも高い温度で沸騰・融解する．

表 19・2　カルボン酸誘導体の物理的性質とその対応するカルボン酸との比較

	ブタン酸	塩化ブタノイル	無水酢酸	プロパン酸メチル	ブタンアミド	ブタンニトリル
融点（℃）	−5.1	−89	−73.1	−88	115	−112
沸点（℃）	163.8	102	139.8	80	216	118
水溶性（g/L H₂O）	完全に混和	分解	26，分解	72	163	0.33

アミドの物理的性質は，窒素に結合したアルキル基の数に依存する．窒素に非極性のアルキル基が加わるごとに，分子はより親油性になり，水素結合に関与できる水素が一つなくなる．表 19・3 は，この概念を説明するよい例となる．1 個目のメチル基を加えると，分子量や分子の大きさが増えるにもかかわらず，沸点はわずかしか上がらない．2 個目のメチル基を加えると，アミドは水素結合の受容体としてのみ働くため，沸点が大幅に下がる．

表 19・3　アミドにおける水素結合は高い沸点と融点の原因となる

	プロパンアミド	N-メチルプロパンアミド	N,N-ジメチルプロパンアミド
分子量	73.1	87.1	101.5
沸点（℃）	213	217	174

19・4・1　カルボン酸誘導体の分光分析

カルボン酸誘導体の赤外スペクトルは，ニトリルを除いてすべて 1715 cm⁻¹ 付近の

表 19・4　カルボン酸誘導体の重要な赤外吸収

化合物	波数（cm⁻¹）	結合
塩化アセチル	約 700 約 1785	$C_{(sp^2)}-Cl$ C＝O
無水酢酸	約 1050 約 1800 約 1740	C−O C＝O（対称伸縮振動） C＝O（非対称伸縮振動）
酢酸メチル	約 1050 約 1250 約 1735	$C_{(sp^3)}-O$ $C_{(sp^2)}-O$ C＝O
アセトアミド	約 1000 約 3300 約 1685	$C_{(sp^2)}-N$ N−H C＝O
アセトニトリル	約 2200	C≡N

強い C＝O 伸縮を特徴とする．ニトリルは 2200 cm^{-1} 付近に特徴的な C≡N 伸縮を示す．
表 19・4 に，各カルボン酸誘導体について最も単純なものの特徴的な赤外吸収を示す．

C＝O 伸縮振動の吸収が現れる位置は，共鳴と誘起効果から予測することができる（表 19・5）．［これは，第 14 章で初めて赤外分光法を学習したときの復習だよ］第 14 章と第 17 章を振り返って，カルボニル基の双性イオン構造が，その反応性や物理的性質を説明することを思い出そう．酸塩化物の場合は，誘起効果による電子求引が支配的である．C－Cl 結合は長く，軌道の重なりが少ないため，塩素の共鳴による電子供与能力は低くなる．塩素の電子求引効果によってカルボニル炭素の正電荷が大きくなることで，カルボニル炭素は負電荷を帯びた酸素をより強固に縛りつけるようになり，結果として振動数が大きくなる．その対極［スペクトルの反対側！］にあるのがアミドである．電気陰性度の低い窒素は誘起効果が弱く，それによって共鳴効果が勝る．双性イオン共鳴構造のカルボニル炭素上の正電荷は安定化され，酸素はより緩く縛られ，振動数は小さくなる．

表 19・5　C＝O 伸縮の振動数（波数）は，双性イオン形のカルボニル構造であるカルボカチオンに対する誘起効果と共鳴安定化効果によって合理的に説明できる

官能基	構造的な影響	説　明	波数（cm^{-1}）
酸塩化物	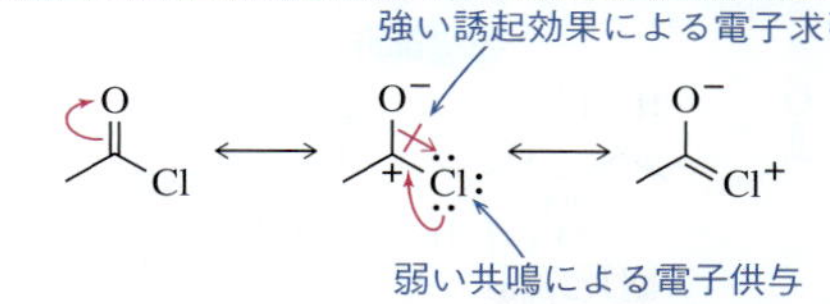 強い誘起効果による電子求引 ／ 弱い共鳴による電子供与	強い誘起効果による電子求引（$\bar{\nu}$を増加） 弱い共鳴による電子供与（$\bar{\nu}$を減少）	1785
酸無水物	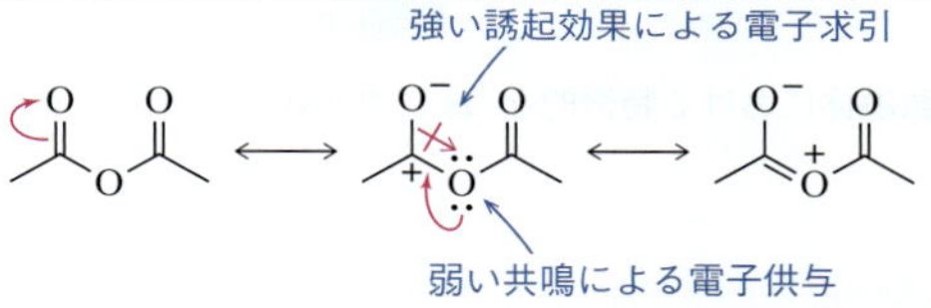 強い誘起効果による電子求引 ／ 弱い共鳴による電子供与	強い誘起効果による電子求引（$\bar{\nu}$を増加） 弱い共鳴による電子供与（$\bar{\nu}$を減少）	1800 と 1740
エステル	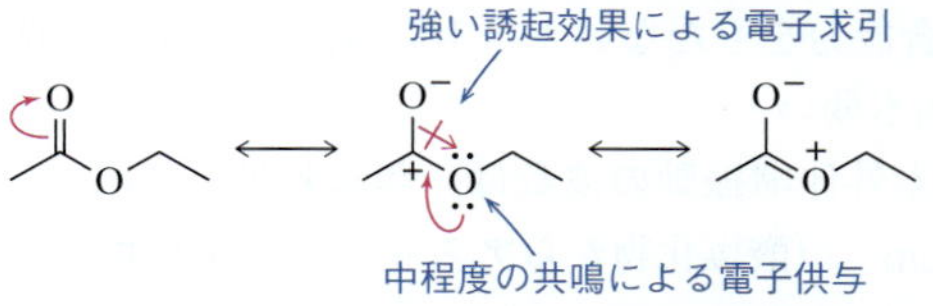 強い誘起効果による電子求引 ／ 中程度の共鳴による電子供与	強い誘起効果による電子求引（$\bar{\nu}$を増加） 中程度の共鳴による電子供与（$\bar{\nu}$を減少）	1735
アミド	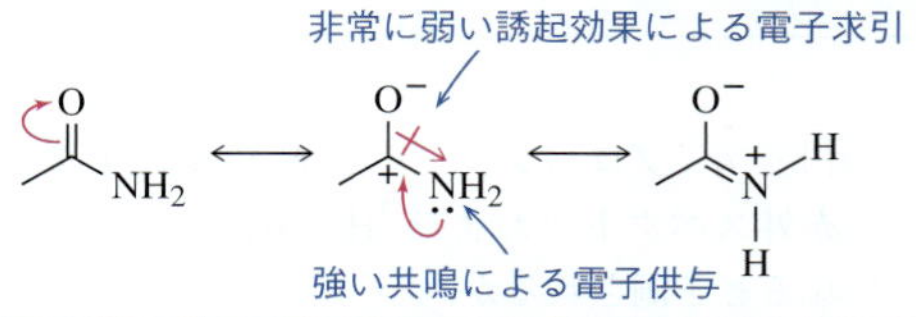 非常に弱い誘起効果による電子求引 ／ 強い共鳴による電子供与	非常に弱い誘起効果による電子求引（$\bar{\nu}$を増加） 強い共鳴による電子供与（$\bar{\nu}$を減少）	1685

酸無水物とエステルはどのように区別すればよいのだろうか（図 19・7）．どちらもカルボニル炭素に，誘起効果により電子求引性だが，共鳴効果により電子供与性である酸素が結合している．では，両者は同じ振動数で伸縮するのだろうか？　そうではない．エステルの酸素は，双性イオンの共鳴構造の正電荷に向かって，一方向にしか電子対を供与できない．一方，酸無水物の中心の酸素は，二方向に電子対を供与することができる．これにより，共鳴による電子供与効果が半分になるため，酸無水物ではエステルの場合に比べて誘起効果がより大きく勝る．［このことが酸無水物とエステルの反応性にどう影響するかな？］

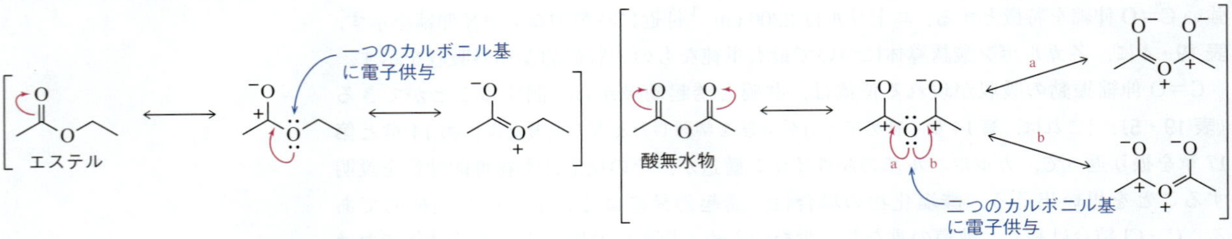

890   19. 求核アシル置換反応 II

図 19・7　酸無水物における共鳴は二つのカルボニル基に均等に分散されるため，その伸縮振動の振動数を下げる効果は弱まる

^{1}H NMR では，すべてのカルボン酸誘導体に特徴的なシグナルが 2～3 ppm（α 炭素上の水素）の間に現れる（図 19・8）．エステルにはさらに，4.2 ppm 付近にアルコキシ基の水素に相当するシグナルがある．この水素は，結合しているカルボニル基の共鳴による電子求引のため，アルコールやエーテル（3～4 ppm）に比べて遮蔽されていない．カルボニル炭素はアルデヒドやケトン（約 200 ppm）よりも低い 175 ppm 付近に ^{13}C シグナルを示す．ニトリルの炭素は C≡N 三重結合で遮蔽されており，118 ppm 付近にシグナルを与える．

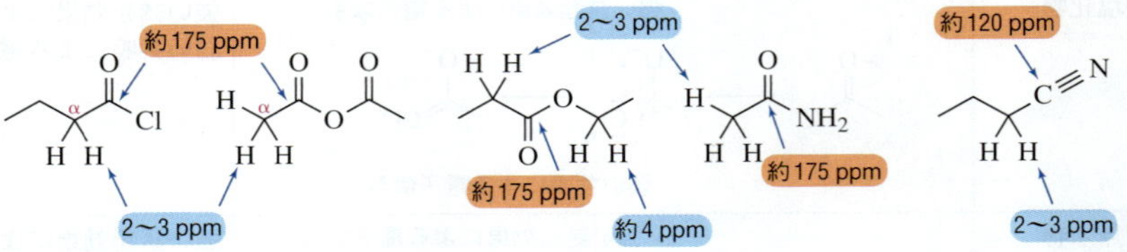

図 19・8　カルボン酸誘導体における特徴的な ^{1}H シグナル（■で示す）と ^{13}C シグナル（■で示す）

19・4 のまとめ

• カルボン酸の水素結合能力をもたないカルボン酸誘導体は，一般的に水に溶けにくく，分子間の相互作用も弱い．
• カルボン酸誘導体の赤外伸縮振動の波数は，誘起効果と共鳴の累積効果によって，1785 cm^{-1} から 1685 cm^{-1}（酸塩化物からアミド）まで減少する．

アセスメント

19・12　酸塩化物と酸臭化物の C=O は，どちらがより高い波数で赤外吸収すると予測されるか．理由とともに答えよ．

酸塩化物　と　酸臭化物

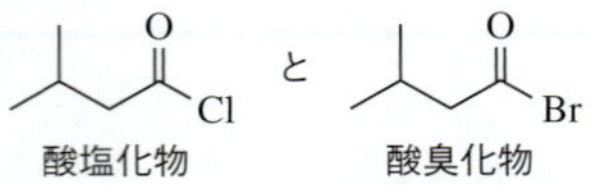

19・13　エステルとチオエステルの C=O は，どちらがより高い波数で赤外吸収すると予測されるか．理由とともに答えよ．

エステル　と　チオエステル

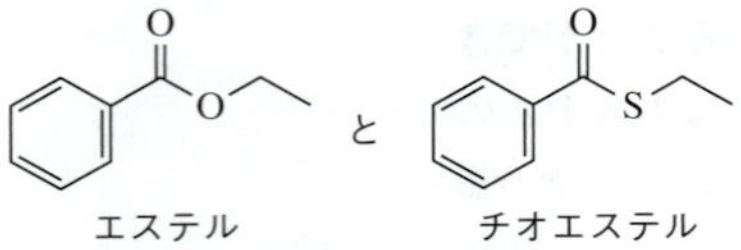

19・14　プロパンアミドと N,N-ジエチルプロパンアミドの赤外スペクトルおよび ^{1}H NMR スペクトルはどのように異なると予測されるか．

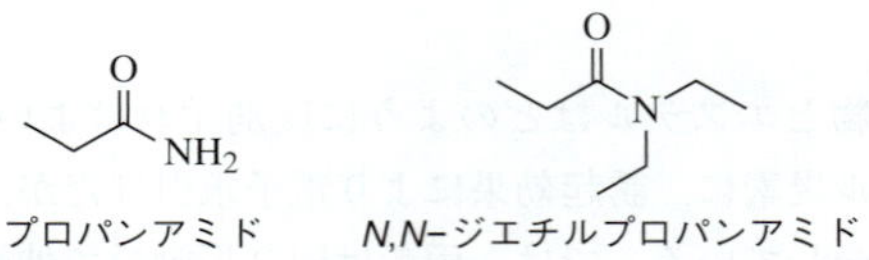

プロパンアミド　　N,N-ジエチルプロパンアミド

19・5 カルボン酸誘導体の合成：概論

カルボン酸誘導体の合成は，それらの反応を学ぶことによって最もよく理解できる．なぜなら，あるカルボン酸誘導体が別のカルボン酸誘導体をつくるために利用されることが多いからである．図19・9は，それぞれのカルボン酸誘導体がどのようにして合成できるかの一例を示している．反応性の順位と，下り坂の方法の方が上り坂の方法よりも多いことに注意しよう．[理にかなっているよね？]

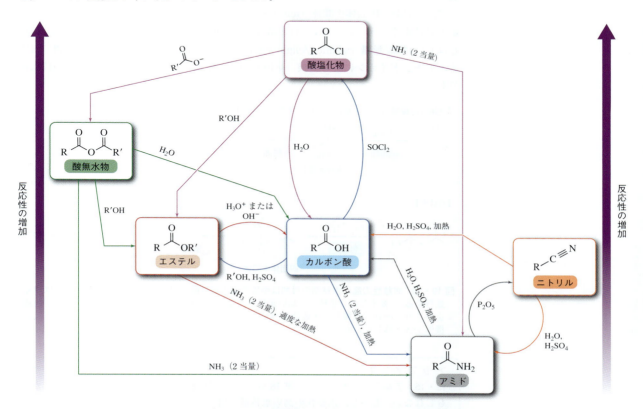

図19・9 他のカルボン酸誘導体の変換によるカルボン酸誘導体の合成

19・5のまとめ

- 反応性の高い（より不安定な）誘導体から反応性の低い（より安定な）誘導体を合成する（酸塩化物からアミドをつくるなど）方が効率的である．

19・6 カルボン酸誘導体の反応：求核アシル置換反応

これまでは，反応を大きく二つに分類していた．すなわち，(1) 求核性の高い求核剤を用いる反応と，(2) 求核性の低い求核剤を用いる反応である．この分類は S_N1 と S_N2 や E1 と E2（第12章），アルデヒドやケトンへの求核剤の付加（第17章），そしてカルボン酸の反応（第18章）に対して当てはまった．カルボニル炭素に脱離基が結合している点においてのみ異なるカルボン酸誘導体の反応も，同様に分類されるはずである．第18章で用いた名称（汎用反応機構18Aと汎用反応機構18B）を用いて，次項では，反応する求核剤の求核性の高さによって**求核アシル置換**（nucleophilic acyl substitution）の機構がどのように異なるかを見ていく．[再度，復習しても損はないよ]

一つの誘導体から別の誘導体へ進む経路がたくさんあるから，図19・9を見たら最初は途方に暮れてしまうかもしれないね．でも，少し時間をかけてこの図を眺めてみよう．この章で新しい分類の反応が登場するたびに，この図が形を変えて登場するよ．ここからの数節に取組んでから眺めれば，図19・9からの威圧感は少なくなるはずだ．

19・6・1 汎用反応機構 18A: 求核性の高い求核剤との反応

　最初の反応形式は，カルボン酸誘導体への求核性の高い求核剤の付加である．**図19・10**では，任意の脱離基を表すために一般的な脱離基 X を用いている．[カルボン酸誘導体ごとに反応速度は変わるけど，反応機構は同じなんだ．この速度の違いについては §19・6・3で学ぶよ] 求核性の高い求核剤は，部分的に正電荷をもつ原子を攻撃して速やかに反応する．この場合，求核剤はカルボニル炭素に直接付加し，π電子を酸素へと押し出して，短寿命の**四面体中間体**（tetrahedral intermediate）を生成する．酸素上の非共有電子対はすぐに元に戻って C−O π結合を再形成し，よい脱離基を追い出す．これは，しばしば**付加/脱離**（addition/elimination）機構とよばれる．[なぜ?] 酸塩化物に対するエトキシドイオンによる置換（§19・7・2で学ぶ反応）は，この反応機構の代表例である．

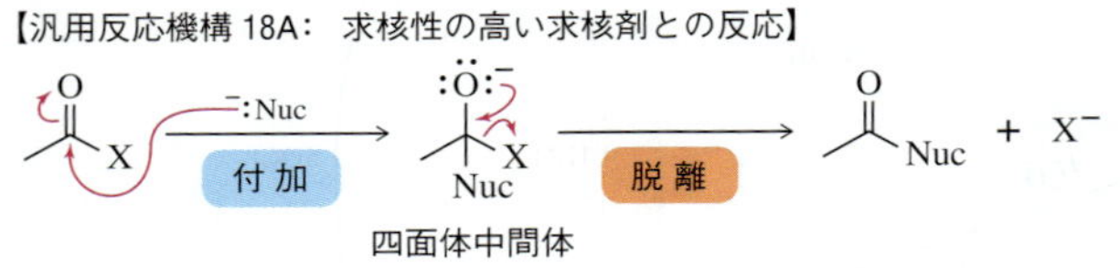

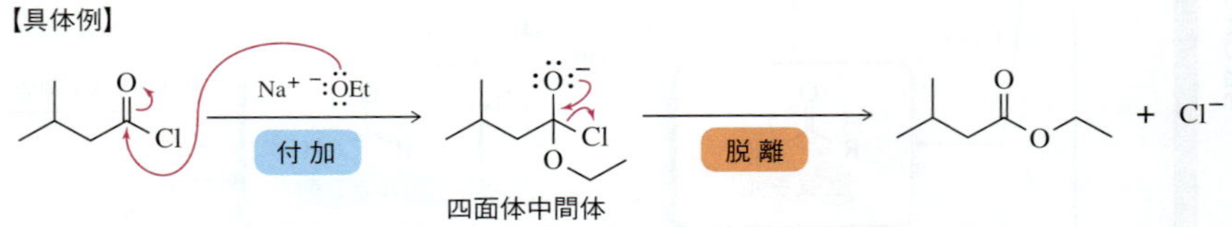

【汎用反応機構 18A: 求核性の高い求核剤との反応】

【具体例】

図 19・10　求核性の高い求核剤の付加は中性のカルボン酸/カルボン酸誘導体に対してすばやく進行する　要するに，求核性の高い求核剤はまず，カルボニル炭素に付加して四面体中間体をつくり，それが分解して生成物を与える．これを第 18 章および第 19 章を通して汎用反応機構 18A と称している．

アセスメント

19・15　アルデヒドやケトン（第18章）は，付加/脱離機構を経て反応すると思うかもしれない．しかし，求核性の高い求核剤を用いたとき，求核付加が唯一の結果となる．それはなぜか．

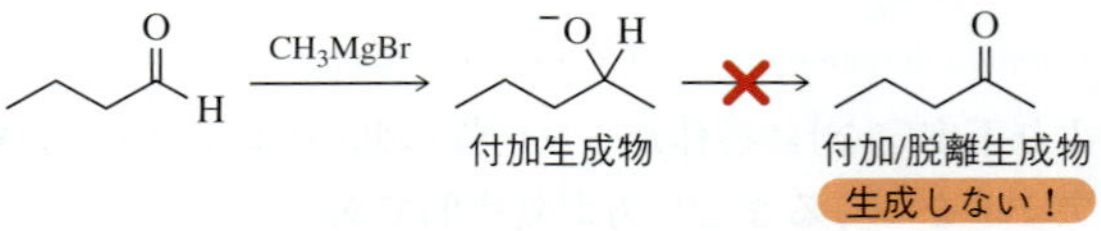

19・6・2　汎用反応機構 18B: 酸性条件下での求核性の低い求核剤との反応

　H_2O，CH_3OH など，電子対を供与する原子が中性である求核性の低い求核剤（§17・3・2）は，求核性の高い求核剤に比べて反応が遅く，中性のカルボン酸誘導体とはすぐには反応しない．カルボニル酸素のプロトン化によって形成されたカルボカチオン（より反応性の高い中間体）が求核剤による攻撃の口火を切る（**図19・11**）．求核性の低い求核剤はプロトンを保持したまま反応するので，脱プロトンの段階が起こることで，中性の四面体中間体を与える．酸性条件下で，脱離基はプロトン化された後，脱離してカチオンを形成する．脱プロトンにより，新しいカルボン酸誘導体が生成する．エステルへの水の付加（§19・7・1で学ぶ反応）は，この反応機構の代表的なものである．

19・6　カルボン酸誘導体の反応：求核アシル置換反応　　893

【汎用反応機構 18B：　求核性の低い求核剤との反応】

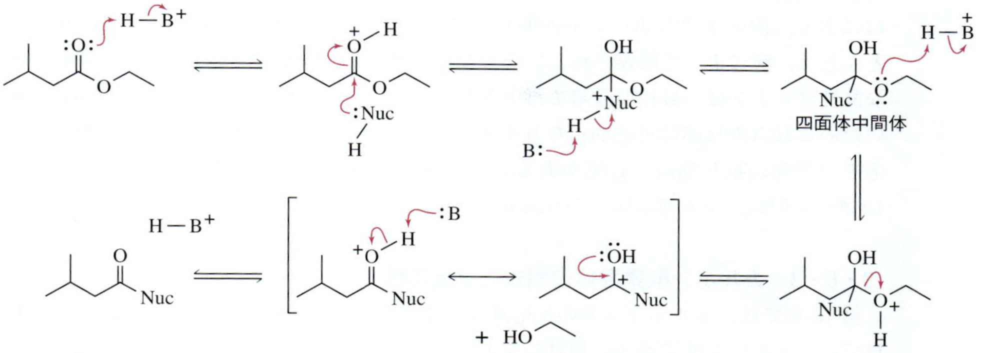

【具体例】

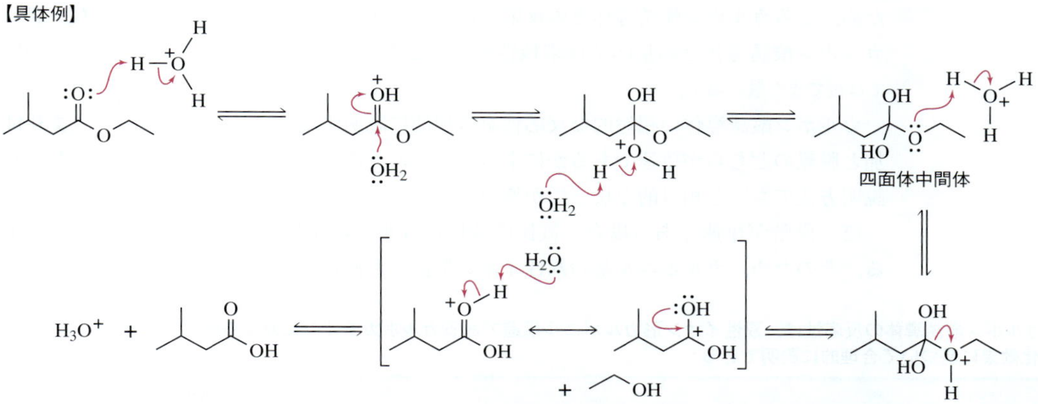

図 19・11　求核性の低い求核剤の置換反応には，カルボニル基のプロトン化によって反応性の高い中間体を形成する必要がある　　要するに，求核性の低い求核剤を用いた場合，まずカルボニル基がプロトン化され，そして求核剤が付加する．同様に，脱離基は脱離する前にプロトン化される．これを第 18 章および第 19 章を通して汎用反応機構 18B と称している．

　汎用反応機構 18A（求核性の高い求核剤）と 18B（求核性の低い求核剤）を比較するにあたり（図 19・12），いくつかの重要なポイントにふれておくべきだろう．6 段階もあるため，汎用反応機構 18B ははるかに複雑に見えるが，実際にはそうではない．汎

【汎用反応機構 18A：　求核性の高い求核剤】

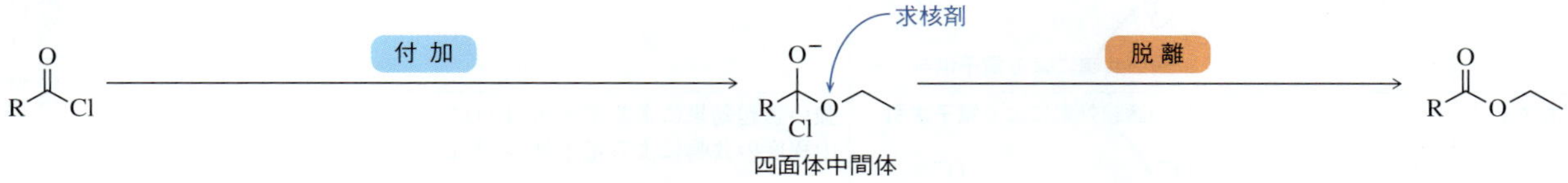

【汎用反応機構 18B：　求核性の低い求核剤】

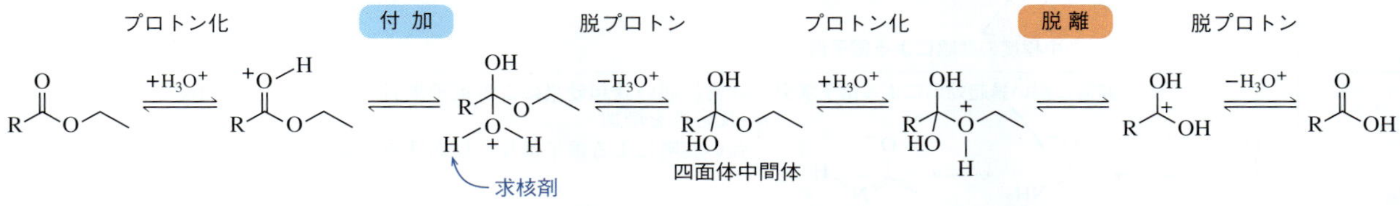

図 19・12　汎用反応機構 18A と 18B の比較　　反応機構 18B はプロトン化と脱プロトンの段階が 2 回ずつ追加された点においてのみ異なっていることがわかる．

用反応機構 18B の余分な 4 段階は，単に酸塩基反応である．[自分で確かめよう] この観察により，次の重要なポイントが明らかになる．汎用反応機構 18B で起こる反応のほとんどは，酸によって触媒される．なぜなら，カルボニル基をプロトン化するのに必要な酸性プロトンは，最後の段階で再生されるからである．最後に，求核剤の求核性が低いためこれらの反応は可逆的になりやすく，その場合，Le Châtelier の原理を使って反応を一方向に推し進める必要があることが多い．[第 18 章で学んだ反応の一つは，ここ第 19 章で学ぶ反応と正反対だね．どの反応だと思う？]

19・6・3　カルボン酸誘導体の相対的な反応性

第 18 章では，カルボキシ基の反応速度は求核剤の求核性にのみ依存していた．第 19 章では，カルボン酸誘導体の相対的な求電子性が同じように反応速度に影響する．そのため，あるカルボン酸誘導体との反応では求核性が低いとみなされる求核剤でも，別のカルボン酸誘導体との反応では求核性が高いとみなされることがある．[このことについては後でまた触れるよ]

カルボン酸誘導体の相対的な反応性を合理的に説明するには，二つの段階，つまり付加と脱離のどちらが律速であるかによって二つの方法がある．幸運なことに，どちらの説明方法でも同じ相対的な反応性が導かれる．

第一段階が律速である場合，置換の速度はカルボニル炭素の求電子性によって決まる．そのため，カルボニル基の双性イオン形構造が置換基によって安定化される度合い

表 19・6　カルボン酸誘導体の反応性は，双性イオン形カルボニル構造であるカルボカチオンに対する誘起効果と共鳴安定化効果に基づいて合理的に説明できる

官能基	構造的な影響	説明	カルボニル基の伸縮振動の波数 (cm^{-1})
酸塩化物	強い誘起効果による電子求引　弱い共鳴による電子供与	強い誘起効果による電子求引（反応性を増加）弱い共鳴による電子供与（反応性を減少）	1785
酸無水物	強い誘起効果による電子求引　弱い共鳴による電子供与	強い誘起効果による電子求引（反応性を増加）弱い共鳴による電子供与（反応性を減少）	1800 と 1740
エステル	強い誘起効果による電子求引　中程度の共鳴による電子供与	強い誘起効果による電子求引（反応性を増加）中程度の共鳴による電子供与（反応性を減少）	1735
アミド	非常に弱い誘起効果による電子求引　強い共鳴による電子供与	非常に弱い誘起効果による電子求引（反応性を増加）強い共鳴による電子供与（反応性を減少）	1685

反応性の増加

によって，相対的な反応性が合理的に説明される（表 19・6）．酸塩化物の塩素は誘起効果により電子密度を引きつけることで，カルボニル炭素により大きな正電荷を生じさせ，酸塩化物を最も反応性の高いカルボン酸誘導体にする．酸無水物は，酸素原子の誘起効果と，中央の酸素の共鳴による電子供与能が半分であること（§19・4・1，図19・7参照）により，2番目に反応性が高い．エステルは，酸素の誘起効果および完全な共鳴による電子供与能のため，3番目となる．そして最後に，窒素の強力な電子供与能により，アミドは最も反応性の低いカルボン酸誘導体となる．[これを読んで，カルボン酸誘導体の赤外スペクトルにおける C=O 伸縮振動の波数をどのように合理的に説明したかを思い出したはずだよね]

相対的な反応性を理解する 2 番目の方法は，脱離基の能力によってカルボン酸誘導体を比較することである（図 19・13）．[律速なのはどの段階？] 脱離基の共役酸の pK_a 値を比較すると，安定性の順序は，$Cl^- > RCOO^- > RO^- > H_2N^-$ であることがわかる．この分析は，厳密に言えば，第二段階が遅く，律速段階であるというまれなケースにしか適用できない．なぜなら，その段階で脱離が起こるからである．しかし，この分析は表19・6における反応性の分析と一致しているので，カルボン酸誘導体の相対的な反応性を覚えるための 2 番目の方法となる．

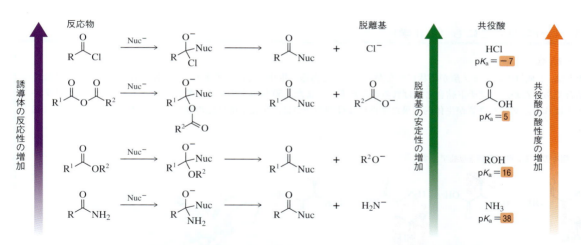

図 19・13　カルボン酸誘導体の反応性は，脱離基の安定性を考慮することによって合理的に説明できる

19・6 のまとめ

- 求核性の高い求核剤を用いた場合，求核アシル置換はカルボン酸誘導体への直接攻撃によって進行し，四面体中間体を形成する（汎用反応機構 18A）．この四面体中間体は分解してカルボニル基を再生し，高～中程度までの脱離能をもつ脱離基を追い出す．
- 求核性の低い求核剤を用いる場合，求核アシル置換の開始には，まずカルボン酸誘導体のプロトン化が必要となる（汎用反応機構 18B）．汎用反応機構 18A と 18B を分けるものは，一連のプロトン移動だけである．
- カルボン酸誘導体の相対的な反応性は，カルボニル炭素に対する誘起効果と共鳴の累積効果に応じて変化する．反応性の順序は，高いものから低いものへと順に，酸塩化物＞酸無水物＞エステル＞アミドである．

アセスメント

19・16 置換基効果は，反応の速度を考えるうえでの助けになるだけでなく，反応の相対的な好ましさ/自発性を議論する際にも活用できる．§9・6で取上げた，反応性を合理的に説明する二つの方法のうち，"酸塩化物は，アミドに比べてより自発的に水と反応する"という記述を説明するのに最適なのはどちらか．

19・17 求核アシル置換反応では，エステルとチオエステルのどちらがより反応性が高いと予想されるか．理由とともに答えよ．

19・18 イミドはアミドと近縁関係にある．求核アシル置換反応において，どちらがより反応性が高いと予想されるか．理由とともに答えよ．

19-A 化学はここにも（生化学）

ペプチド結合

ペプチドは，2個以上のアミノ酸が鎖状につながったものである．生化学では，アミドのC−N結合は二つのアミノ酸をつなぐ結合であるため，ペプチド結合とよばれることが多い．また，50個以上のアミノ酸からなる大きなペプチドはタンパク質とよばれる．タンパク質が生体内で果たす重要な役割の一つは，生化学的反応の触媒である酵素の役割である（図19・14）．

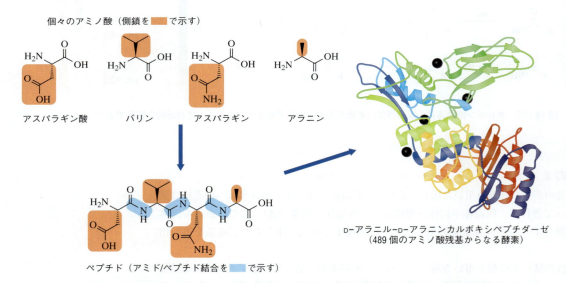

図19・14 酵素はペプチド結合の安定性のため，動的だがある程度固定された3次元構造をもつ

ペプチド結合は，多糖鎖間に架橋を形成し，ペプチドグリカンとよばれる構造分子をつくることによって，細菌の細胞壁に剛性と安定性を与えるのにも重要である．図19・15は，ペプチド架橋によって連結された多糖鎖を構成する，交互に並んだ N-アセチルムラミン酸 MurNAc と N-アセチルグルコサミン GlcNAc の残基を示している．

19・6 カルボン酸誘導体の反応：求核アシル置換反応　897

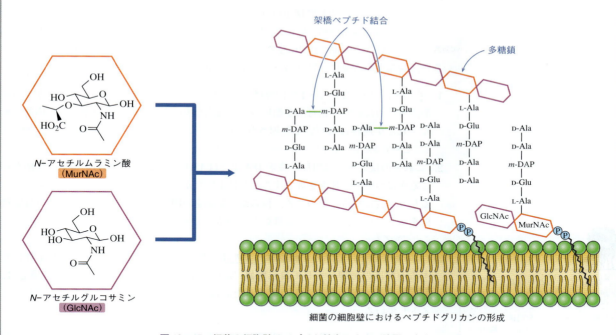

図 19・15　細菌の細胞壁はペプチド結合によって強固になっている

　進化の観点から見ると，アミド（またはペプチド）結合は，二つの理由からこれらの重要な役割に適している．窒素は強い電子供与性によってC=N結合を含む共鳴構造を形成するため，アミド結合は非常に強い結合である．この結合の強さが，酵素の構造を維持しているのである．また，この共鳴構造は，C-N結合まわりの回転を制限する．π結合はp軌道の重なりを必要とすることを思い出そう．この必要な軌道の配列を保ったアミド結合の立体配置は二つしかない［どの二つだろう？］（図 19・16）．二つの立体配置の間の回転には，高い活性化障壁を乗り越えなければならない．なぜなら，それが起こるためにはC-N結合のπ結合性が一時的に失われざるを得ないからである．このような回転の制限は，酵素がその形状を維持するのに役立っており，その結果として触媒活性が特定の基質に制限されるのである．

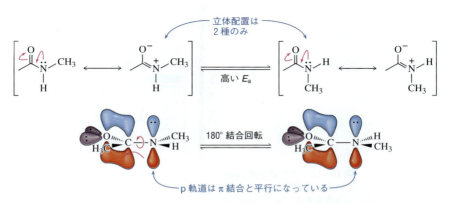

図 19・16　アミドにおける共鳴はペプチド結合を強固にし，C-N結合まわりの回転を抑制する

19・7　官能基の相互変換

前述したように，そして図19・9に示したように，カルボン酸/カルボン酸誘導体の合成は，他のカルボン酸/カルボン酸誘導体からの官能基の相互変換によって実現されることが多い．この節では16もの［でも実のところは二つだけ］新しい反応を紹介しているが，読み進める前に，以下の三つの注意事項をよく理解しておこう．

1. §19・7・1〜§19・7・4の内容は，おもに二つの方法で構成されている．カルボン酸誘導体の反応性の相対的な順位づけを強固なものとするため，攻撃する反応剤と形成される生成物に基づいて整理されている．［この内容は，各誘導体の反応ごとに整理することもできるし，そうしてみるべきだ．反応シートを使ってやってみよう］
2. これらの反応は，汎用反応機構 18A または 18B で起こる．どちらの機構で反応が起こるかについて，理由を理解することは重要だが，毎回反応機構を示すのは場所をとるし，冗長になる．そのため，何らかの概念を説明するために必要なときだけ反応機構を示している．［そして，文章やアセスメントの中で，いくつか反応機構を描くよう求めることにするね］
3. この節で取上げる新しい概念は，カルボン酸誘導体の相対的な反応性，反応性に対する溶解度の影響，そして**自己触媒**（autocatalysis）などである．これらの概念は，雑談 の形式で，各概念を説明するためにこの章の中から一つの例を選んでハイライトしている．

なお，ニトリルの化学については別の節を立てて解説する．というのも，カルボン酸誘導体でありながら，ニトリルの反応性はよりアルデヒドやケトンの反応性に近いためである．

"雑談"だからといって，重要性が低いわけではないよ．このように分けて取上げることで，一般的な概念であることを明確にしようとしているんだ．登場した場所での議論を越えて，一般的に適用できる概念だからね．新しい概念を学んだら，ほかに適用できる場があるかどうか探してみよう．

19・7・1　水との反応: カルボン酸の合成

水とカルボン酸誘導体の反応は，それぞれカルボン酸を生成する（図19・17）．水（求核性の低い求核剤）はすべてのカルボン酸誘導体と直接反応するわけではない．この項は，本来ならば反応しない二つの分子が反応するために，どのように反応条件を変えればよいかを理解するのに役立つだろう．

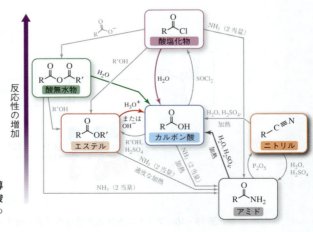

図 19・17　カルボン酸誘導体と水の反応はカルボン酸を生成する　［ニトリルについては§19・10を参照］

a. 水と酸塩化物　図19・18に示すように，低分子量の酸塩化物は汎用反応機構18Aによって水と反応する．水がカルボニル炭素に直接攻撃することで，四面体中間体

が形成される．四面体中間体は分解して塩化物イオン（水よりも優れた脱離基）を追い出す．水は攻撃の際にプロトンを保持したまま入ってくるので，このとき酸性になっている．したがって，最後の酸塩基反応が起こり，カルボン酸を与える．

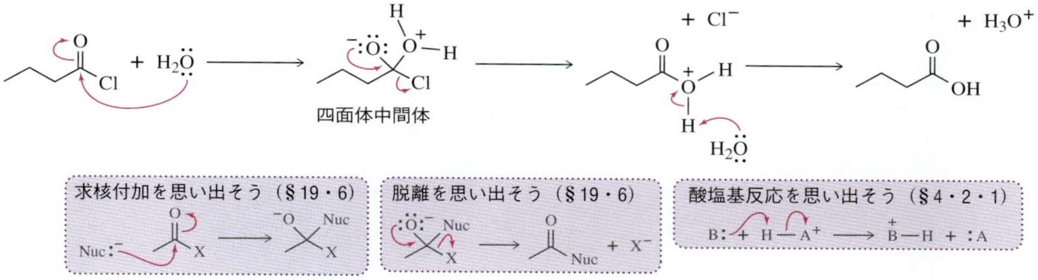

図19・18 水は小さな酸塩化物と汎用反応機構 18A によって反応する

[直前の段落をもう一度読もう] ここで二つの問題がある．まず，水は汎用反応機構 18B で反応するはずの求核性の低い求核剤ではないのか？ 次に，なぜ低分子の酸塩化物とわざわざ指定されているのか？ 分子量が反応性にどう関係するのだろう？ [よく質問してくれた！]

雑談1 求核剤の相対的な強さ　第 12 章では S_N1 反応と S_N2 反応を比較した際に，第 17 章ではアルデヒドとケトンの相対的な反応性を比較した際に求核性の強さについて考えた．これらの場合では，求核剤はほぼ絶対的な意味で求核性が高いか低いかによって分類されていた．しかし，反応性は常に相対的なものである．たとえば，水は中性の（電荷をもたない）ケトンを攻撃するには求核性が低すぎる．しかし，ケトンをプロトン化すれば，水は喜んでその電子対を共有する．求電子剤をより求電子的にすることによって，水はそれ自体で攻撃するのに十分なだけの求核性をもつことになる．図 19・19 の例は，この項を通して出てくる概念を示している．つまり，求電子剤が十分に高い求電子性をもっていれば，求核性の低い求核剤でさえも汎用反応機構 18A によって反応するということである．酸塩化物は最も反応性の高いカルボン酸誘導体であり，水があたかも求核性の高い求核剤であるかのように反応するほどの反応性がある．

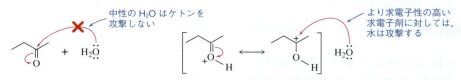

図19・19 求核剤としての能力は反応相手である求電子剤の求電子性に依存する

雑談2 反応性と溶解性　官能基の反応性を学ぶとき，学生は分子の残りの部分を無視してしまうことがある．[§13・14 の保護基についての話を思い出そう] 小さな酸塩化物は水中で反応するが，大きな非極性の酸塩化物は反応しないのはなぜだろうか？ [何かアイデアは？] 分子が大きくなり，より無極性になると，水への溶解度が低下し，最終的に水相と有機相に分離する．このとき，水分子と有機分子の衝突は相境界においてのみ起こる．官能基が変わらなくても，衝突の頻度ははるかに少なくなる（図 19・20）．

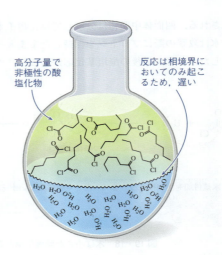

図 19・20　高分子量で非極性の酸塩化物は,水に溶けないためゆっくりと反応する

大きな酸塩化物をより速くカルボン酸に変換するには,水酸化物イオン(より求核性の高い求核剤)が利用できる(図 19・21).分子間の衝突は依然として相境界に制限されているが,この場合はそれぞれの衝突が,より反応につながりやすい.[Arrhenius 式の頻度因子 A を覚えている?]　図 19・21 では,水酸化物イオンを用いた場合,酸処理が必要になることに注意しよう.[なぜだろう?]

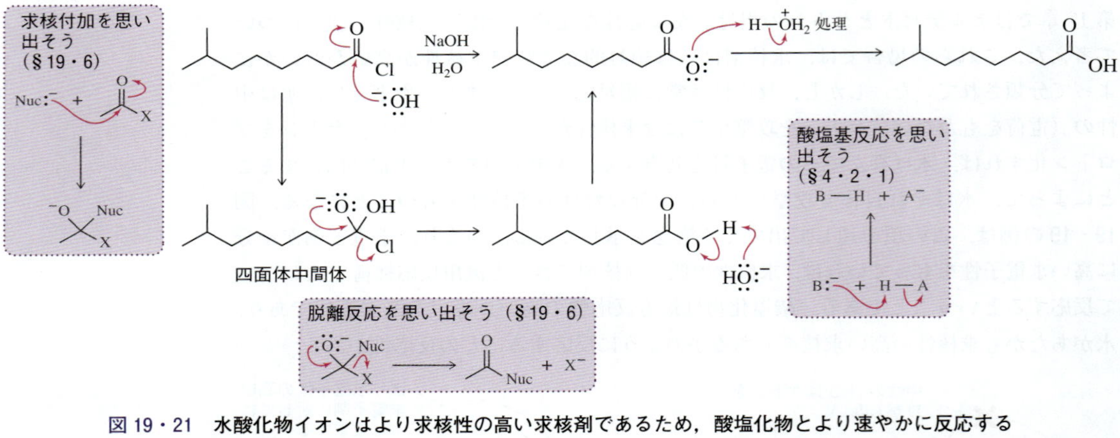

図 19・21　水酸化物イオンはより求核性の高い求核剤であるため,酸塩化物とより速やかに反応する

b. 水 と 酸 無 水 物　酸無水物は酸塩化物のように反応する.したがって,低分子量の酸無水物は水に溶け,すぐに反応する(図 19・22 a).高分子量の酸無水物の場合は,塩基性あるいは酸性の条件下で反応が速くなる(図 19・22 b).

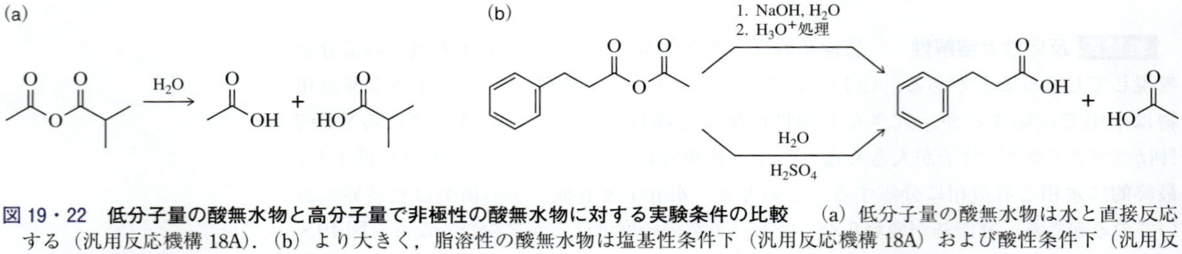

図 19・22　低分子量の酸無水物と高分子量で非極性の酸無水物に対する実験条件の比較　(a) 低分子量の酸無水物は水と直接反応する(汎用反応機構 18A).(b) より大きく,脂溶性の酸無水物は塩基性条件下(汎用反応機構 18A)および酸性条件下(汎用反応機構 18B)でより速やかに反応する.

c. 水とエステル　エステルは非常に安定なため，水（求核性の低い求核剤）とは反応しない．その代わり，酸の存在下ならばエステルの加水分解が，汎用反応機構 18B を経て起こる．［この反応，前にどこで見たかな？ ヒント: 反応を両方の進行方向に沿って眺めてみよう］エステル加水分解（図 19・23）は，Fischer エステル化の逆である．［前に戻って，図 18・38 の Fischer エステル化と比較してみよう］したがって，カルボニル酸素のプロトン化が起こり，正電荷を帯びた［そしてより反応性の高い］求電子剤を与える．水は，このカルボカチオンに対してプロトンを保持したまま付加する．酸性になったこのプロトンが取除かれ，四面体中間体の形成が完了する．アルコキシ基のプロトン化によって，優れた脱離基が形成される．［優れた脱離基は何をする？ 脱離する］エタノールの脱離によりカルボカチオン様の中間体が生成し，この中間体が脱プロトンされてカルボン酸の生成が完了し，酸触媒が再生する．

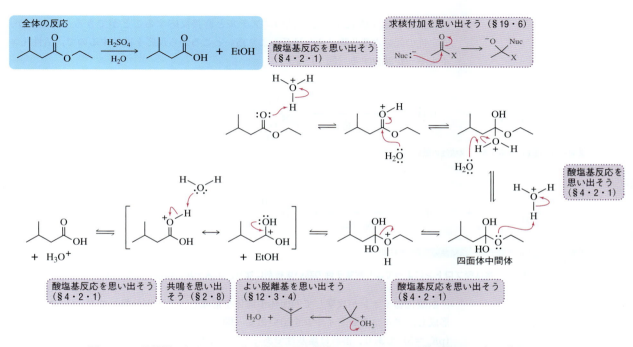

図 19・23　酸触媒によるエステル加水分解の反応機構は Fischer エステル化（図 18・38）の逆である

■ **化学者のように考えよう**

　根本的な問題は，エステルが安定すぎて水と反応しないことである．エステルのプロトン化は，その求電子性を高める．このことは，反応の仮想的な第一段階の反応座標図の上に示すことができる．中性の（電荷をもたない）エステルと水は反応の活性化エネルギーが高い．エステルのプロトン化はそのエネルギーレベルを上げ，活性化障壁を小さくする．反応は丘のより高いところで始まるので，水による攻撃が速くなる（図 19・24）．

　求電子剤に変化を加えることによって，反応速度が向上した．それでは，求核剤を変えるとどうだろう？［どうすれば水がより求核性の高い求核剤になるだろう？ 読み進める前に考えよう］中性の（電荷をもたない）求核剤は反応性が低いが，負に帯電した求核剤は，一般的により反応性が高い．水酸化物イオン（水よりずっと求核性の高い求核剤）は，

酸触媒はエステルの求電子性を高め，求核性の低い求核剤である水が攻撃できるようにした．エステルの加水分解には，他にも方法があるだろうか？ 一緒に考えてみよう．

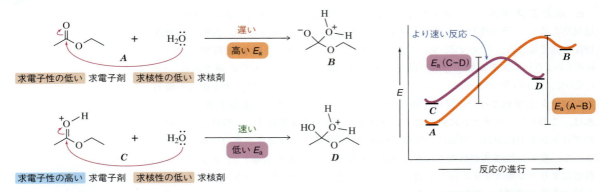

図 19・24　エステルはプロトン化によってより求電子性の高い求電子剤になり，水との反応速度が増す

汎用反応機構 18A によって中性のエステルと直接反応することができる．繰返すが，安定性の低い水酸化物イオンは丘のより高いところから反応を開始するので，活性化エネルギーが減少する（図 19・25）．

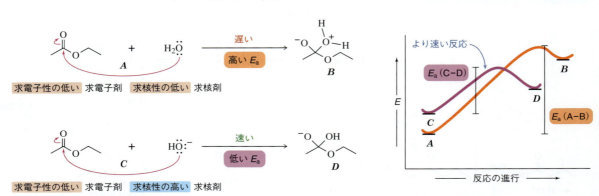

図 19・25　水は脱プロトンによってより求電子性の高い求核剤になり，エステルとの反応速度が増す

水酸化物イオンが攻撃して四面体中間体を形成し，これが分解して C−O π 結合を再形成し，アルコキシドイオンを追い出す（図 19・26）．この反応の生成物はカルボン酸（$pK_a = 5$）であり，溶液は塩基性であるため，カルボン酸はただちに脱プロトンされる．したがって，この方法でカルボン酸をつくるには，最後に酸処理する必要がある．この

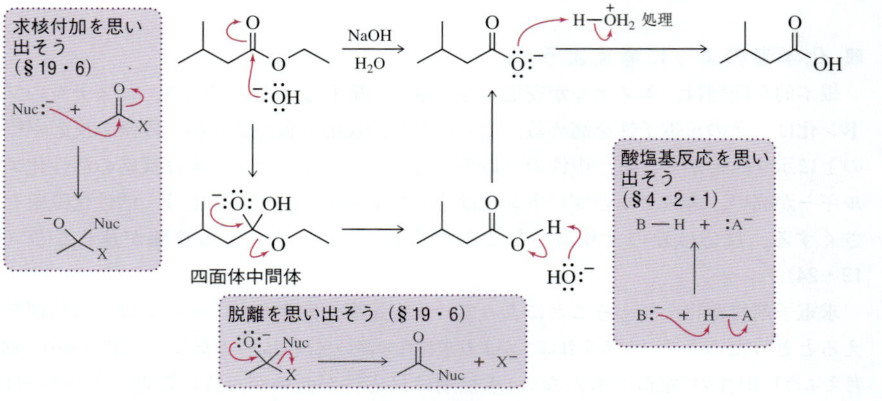

図 19・26　塩基性条件下のエステル加水分解（けん化）の反応機構

19・7 官能基の相互変換　903

プロセス全体，つまりエステルの塩基性加水分解は**けん化**（saponification）とよばれる.

　　[酸（H^+）の添加と塩基（HO^-）の添加がどちらも加水分解を速くするなら，両方を添加するのはどうだろう？ 残念だけど，両者は単に結合して水になってしまう．しかし，酵素はまさにこれを行うことができるんだ．化学はここにも 19–C を読んでみよう] ■

　　図 19・27 の四面体中間体の行く末をさらに詳しく見てみよう．電子対が元に戻るにあたっては，二つの可能な脱離基，すなわち水酸化物イオン（HO^-）とエトキシドイオン（EtO^-）がある．これらの共役酸（それぞれ H_2O と $EtOH$）の pK_a は，ともに 16 程度である．つまり，これらの脱離基は同程度の脱離能をもつ．水酸化物イオンが脱離すると，反応は出発物のエステルに戻るが，エトキシドイオンが脱離すると，カルボン酸が形成される．このカルボン酸は [すばやくかつ有利な形で] 脱プロトンされる．この脱プロトンの工程が反応を完結させる段階となり，この反応を実効的には不可逆なものとする．[これと同じ原理が，第 20 章の Claisen 縮合でも働いているよ]

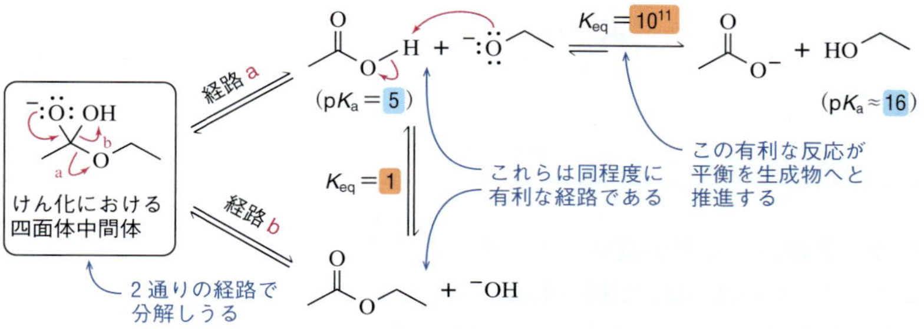

図 19・27　得られたカルボン酸の脱プロトンが有利であるため，反応は完結へと推進される

d. 水とアミド　　最も反応性の低いカルボン酸誘導体であるアミドの加水分解には，より過酷な条件が必要となる．この反応は酸あるいは塩基を加えるだけではなく，通常，反応を完了させるために加熱する．繰返しになるが，塩基を用いる場合は，カルボン酸を生成するために最後の酸処理が必要となる（**図 19・28**）.

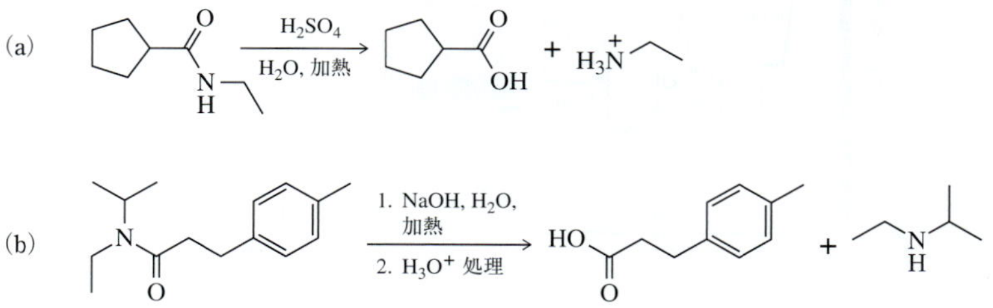

図 19・28　**(a)** 酸あるいは **(b)** 塩基を用いたアミドの加水分解には加熱が必要である
[これらの反応の機構を自分で描いてみよう]

19・7・1のまとめ

- 水とカルボン酸誘導体との反応は，カルボン酸を生成する.
- 水溶性の酸塩化物や酸無水物は，十分に求電子的なため pH 中性の水と直接反応する．酸塩化物，アルデヒド，エステルおよびアミドが水に不溶な場合，加水分解をそれなりの効率で進めるためには，酸性あるいは塩基性条件が必要となる.

アセスメント

19・19 酸触媒による加水分解・Fischer エステル化が可逆的だと考えたとき, (a) カルボン酸または (b) エステルをつくるために, この反応にどう手を加えたらよいか.

19・20 次の各加水分解反応の反応機構を示せ. 酸または塩基があるかどうか, あるいはそのどちらもないかどうかに十分注意を払うこと.

(a)

(b)

(c)

19・21 反応座標図を用いて, 図 19・27 に示されているけん化反応の結果を決定するうえでの脱プロトンの重要性を合理的に説明せよ.

19・22 けん化の名前は, 石けんをつくるために何世紀にもわたって使われてきた手法に由来している. 灰汁(木灰から浸出した NaOH または KOH)と動物性油脂を反応させると, 石けんができる. これらの石けんの構造を予測せよ.

19・7・2 アルコールとの反応: エステルの合成

水とアルコールの違いは, 2個の水素のうちの1個の代わりにアルキル基がついていることだけなので, アルコールとカルボン酸誘導体の反応は, 前節の反応と似ている. これらの反応が起こると, エステルが形成される(図19・29).

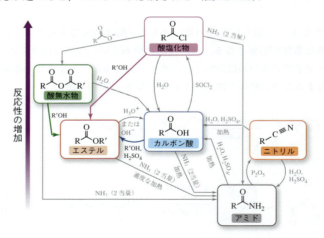

図 19・29 カルボン酸誘導体とアルコールの反応はエステルを生成する

a. ROH と酸塩化物 水と同様, エタノールは求核性の低い求核剤であり, 非常に求電子的な酸塩化物と汎用反応機構 18A で反応する. [雑談 1 を参照しよう]アルコールの溶媒は水よりも極性が低いため, 水中条件において出くわした溶解性の問題は, ここでは関係しない. そして生成物の生成を促進するために酸あるいは塩基を加える必要はないが, どちらかを加えれば反応は速くなる. 図 19・30 に示した反応機構では, 反応の最後に酸が生成する.

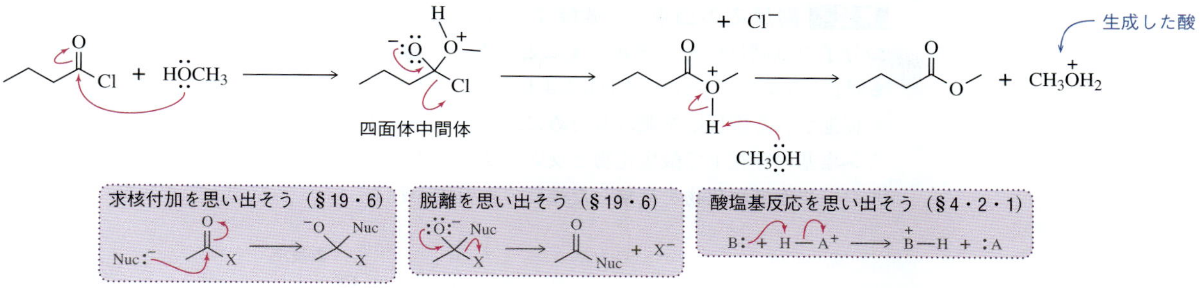

図 19・30 エタノール（およびすべてのアルコール）は酸塩化物と汎用反応機構 18A によって反応する

雑談 3 自己触媒 酸塩化物のエステル化では最終段階で酸が生成する（図 19・30 参照）．この反応が起こるたびに，pH は少しずつ下がる．酸は酸塩化物とアルコールの反応を促進するのに必要ではないが，酸塩化物をプロトン化してより求電子的にすることで，反応を触媒することができる．酸が存在する場合，反応は汎用反応機構 18B（図 19・31a）によって起こる．反応の開始に使われたプロトン 1 個に対して，プロトン 2 個が生成し，pH がさらに低下する（図 19・31b）．反応が進むごとに，より多くの触媒が生成し，反応が加速される（図 19・31c）．この反応は，反応の生成物（この場合は新たに生成した 1 個のプロトン）が反応自体を触媒する**自己触媒**（autocatalysis）作用を示している．

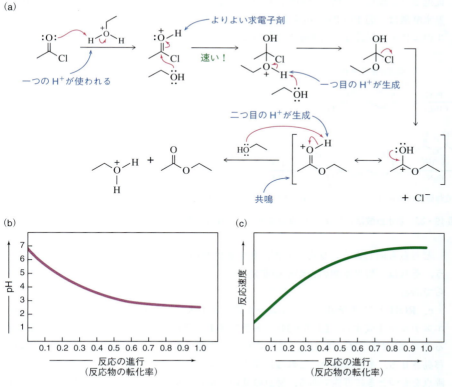

図 19・31 アルコールと酸塩化物の反応は自己触媒的である (a) 反応を開始する 1 個のプロトンにつき 2 個のプロトンが生成する．反応の進行にしたがって，(b) pH が下がり，(c) 反応速度が増加する．

雑談 4 副反応の回避　強酸は反応速度を上げるだけでなく，酸に弱い官能基をもつ分子では副反応をひき起こすことがある（**図 19・32**）．［アセスメント 13・23 の解説でも同じようなシナリオに出くわしたよね．そのときは，この問題をどう解決したんだっけ？］酸で促進される副反応を避けるために，アルコールはしばしば中性の（電荷をもたない）アミン塩基の存在下で酸塩化物と反応させる．この塩基はかなり弱いので，プロトンはアルコールが酸塩化物を攻撃した後にのみ引抜かれる．

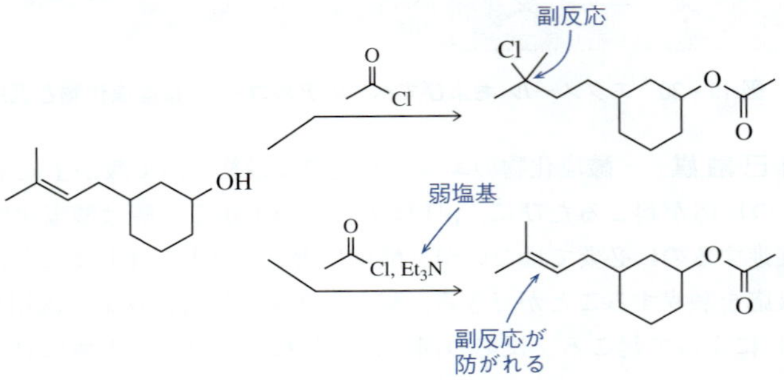

図 19・32　中性の（電荷をもたない）アミン塩基は酸によって促進される副反応を抑制するために用いられる

b. ROH と酸無水物　酸無水物はやはり酸塩化物と同じように反応をする．酸で促進される副反応を防ぐために，中性の（電荷をもたない）アミン塩基が用いられる．無水酢酸は，**図 19・33** に示すようにアルコールの保護に用いられる．第一級アルコールのエステル保護は，立体障害のために第二級アルコールの保護よりも有利である．

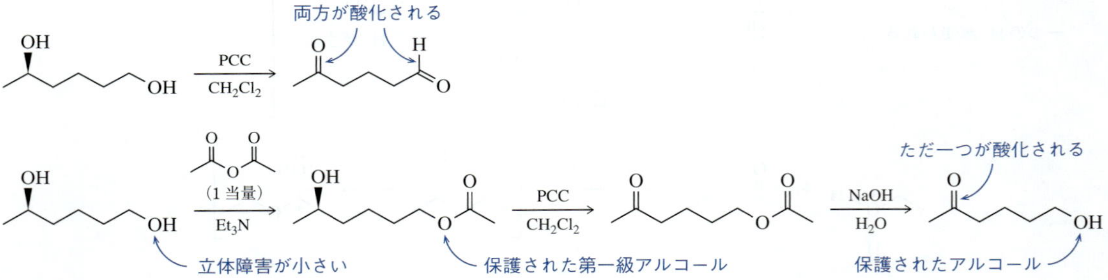

図 19・33　無水酢酸はアルコールをエステルとして保護するのによく用いられる

　どちらも同じように反応するが，化学者はたいてい酸塩化物ではなく酸無水物を使う．それは，酸無水物の方がやや安定なので（図 19・9），取扱いや保管がしやすいからである．

c. ROH とエステル　アルコールによるエステルの求核アシル置換は，単に別のエステルを生成する（**図 19・34**）．**トランスエステル化**（transesterification）とよばれるこの反応は，$\Delta G \fallingdotseq 0$（$K_{eq} \fallingdotseq 1$）である．この平衡は，Le Châtelier の原理を用いて移動させる．多くの場合，これは出発物のアルコールが生成物のアルコールよりも高い沸点をもつときに可能である．沸点の低いアルコールが蒸発し，平衡を生成物側へと移動させる．酸性あるいは塩基性のどちらの条件も利用できる．［実のところ，これらの反応はエステル自体が一連の合成の最終生成物でないと意味がないんだ．これは，アルコキシ基はエステルの反応性を劇的に変化させないからだね．アセスメント 19・40 と 19・44 では，この原理

19・7　官能基の相互変換　　907

をさらに詳しく説明しているよ]

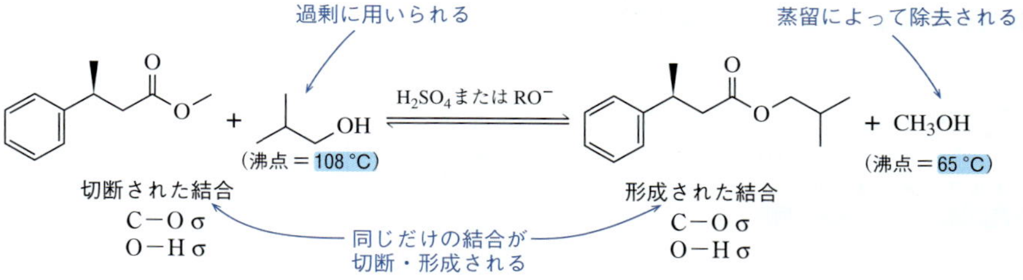

図 19・34　アルコールを用いたエステルの置換は，反応のいずれの側も ΔG に関して有利とならないため，Le Châtelier の原理によって推進される必要がある

d. ROH とアミド　　アミドは一般的にアルコールとの反応性が低いため，アミドからエステルを合成しようとすると，通常は複数の段階が必要になる．［図 19・35 の合成をどうやるかについて，何か考えは？　この問題は §19・7・5 でまた出てくるよ］

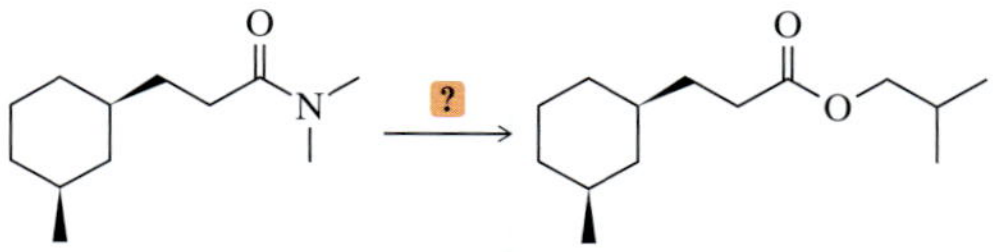

図 19・35　アミドをエステルに変換するにはどうしたらいいか？
まず自分で考えてから，§19・7・5 を見よう．

19・7・2のまとめ

- アルコールとカルボン酸誘導体の反応は，エステルを生成する．
- 酸塩化物と酸無水物は，十分に求電子性があるため pH 中性のアルコールと直接反応するが，酸で促進される副反応の発生を防ぐためには弱塩基が必要となる．トランスエステル化には酸性または塩基性の条件が必要である．アルコールとアミドの反応は実用的な反応ではない．

アセスメント

19・23　それぞれの組について，より速い反応を選べ．

(a)

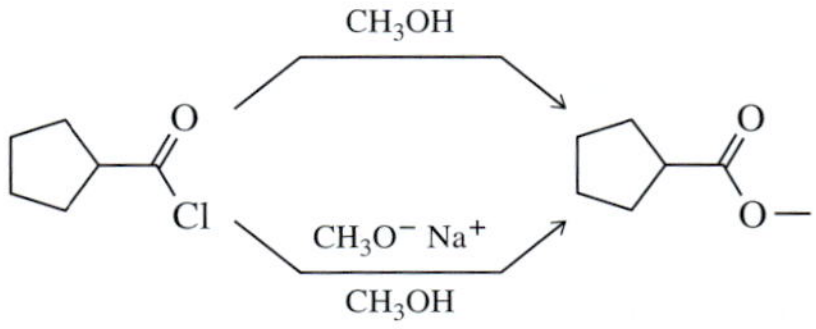

(b)

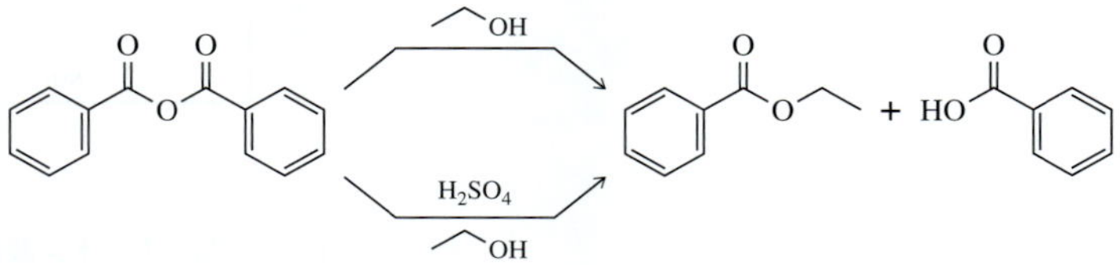

19・24　ある化学者が，右図のシクロヘキセンを水和して 1,4-シクロヘキサンジオールを合成しようと試みたが失敗した．(a) 実際の生成物が形成される反応機構を示せ．(b) 保護基として塩化アセチルを用いることで，目的の生成物の形成を可能にする経路を提案せよ．

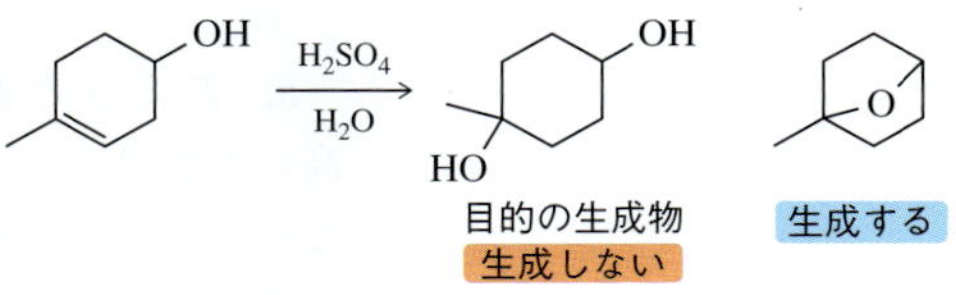

19・25 第三級アミン（トリエチルアミンなど）やピリジンは，求核アシル置換反応の弱塩基として一般的に用いられる．なぜ第二級や第一級のアミンは用いられないのだろうか．

トリエチルアミン（*N,N*-ジエチルエタンアミン）（第三級）　ピリジン　ジエチルアミン（第二級）　エチルアミン（第一級）

19・26 図示されたトランスエステル化反応を効率的に行うことはできない．それはなぜだろうか．エステル **A** からのエステル **B** の合成を可能にする2段階または3段階の合成法を提案せよ．

19・27 次の反応の生成物を予測せよ．[求核剤と求電子剤が反応の矢印のまわりのさまざまな位置に配置されているけど，これは学生がよくつまずく点なんだ]

(a), (b), (c), (d)

19・7・3 アミンとの反応: アミドの合成

アミンは水やアルコールよりも求核性の高い求核剤であるため，アミンはカルボン酸誘導体と容易に反応してアミドを与える（図 19・36）．

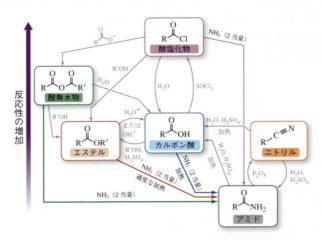

図 19・36 カルボン酸誘導体とアミンの反応はアミドを生成する

a. アミンと酸塩化物 水やアルコールとは異なり，アミンは中程度に求核性の高い求核剤である．[§17・8 のアミンのアルデヒドおよびケトンとの反応を思い出そう] そのため，アミンは求電子性の高い酸塩化物と，汎用反応機構 18A にしたがってより容易に反応する．この反応により酸が生成し（図 19・37），この酸は溶液中の未反応のアミ

19・7 官能基の相互変換　909

ンによりただちに脱プロトンされる．1当量が置換，1当量が脱プロトンを行うため，2
当量のアミンが必要となる．2当量目のアミンは通常，廃棄物として処理される．

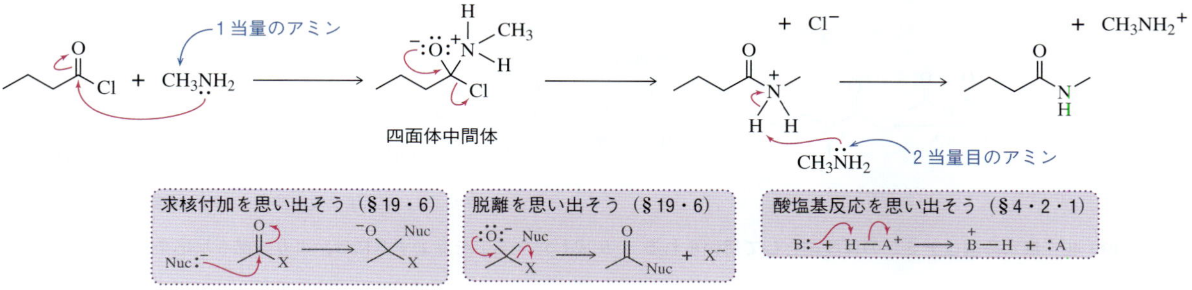

図 19・37　アミンは酸塩化物と汎用反応機構 18A によって反応する　酸塩化物を完全にアミドへと変換するには2当量の
アミンが必要である．

　アンモニア，第一級および第二級アミンは酸塩化物とアミドを形成することができる
（図 19・38）．しかし，第三級アミンは，取除けるプロトンがないため，アミドを形成
しない．[アセスメント 19・25 の答えを考慮して，このことを納得できるかな？]

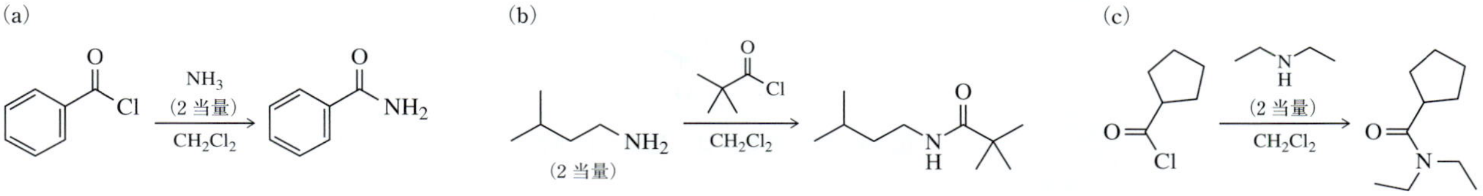

図 19・38　(a) アンモニア，(b) 第一級アミン，(c) 第二級アミンは酸塩化物と反応してアミドを形成する

19-B　化学はここにも（グリーンケミストリー）

無駄を省く

　アミンが小さく，安価で，市販されているものであれば，
2当量を使っても構わない．しかし，そうでない場合はどう
だろうか？ 図 19・39 のアミンの合成に，14 工程と2年間
の大学院生活が必要だとしたらどうだろう？ 君はこの貴重
な材料の半分を廃棄物として捨てるだろうか？[真面目な話，
君は合成終盤の材料はどんなものであれ失いたくないはずだよね．

絶対に] しかし，プロトンを除去するためにはやはり塩基が
必要である．[酸塩化物を攻撃しないけど，生成する酸性の水素を
脱プロトンする非求核性の塩基はどこで手に入るかな，考えはあ
る？] トリエチルアミンはこれに最適である．実際，アミン
と酸塩化物の反応は，たいてい中性の（電荷をもたない）第
三級アミン塩基を2当量目のアミンとして用いて行われる．

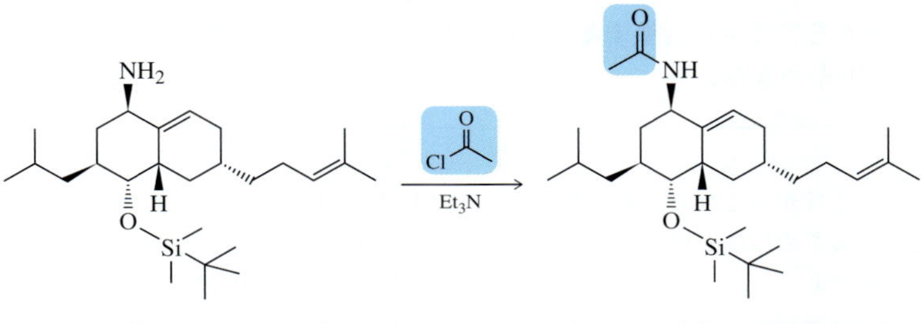

図 19・39　弱いアミン塩基（Et$_3$N）を用いると，求核剤のアミンは1当量しか消費されないことになる
Et$_3$N は2当量目のアミンとして働く．

b. アミンと酸無水物　酸無水物は，やはり酸塩化物と同様に反応する．１当量のアミンを無駄にしないために，中性のアミン塩基が利用される．図 19・40 に示すように，無水酢酸はアミンの保護に一般的に用いられる．

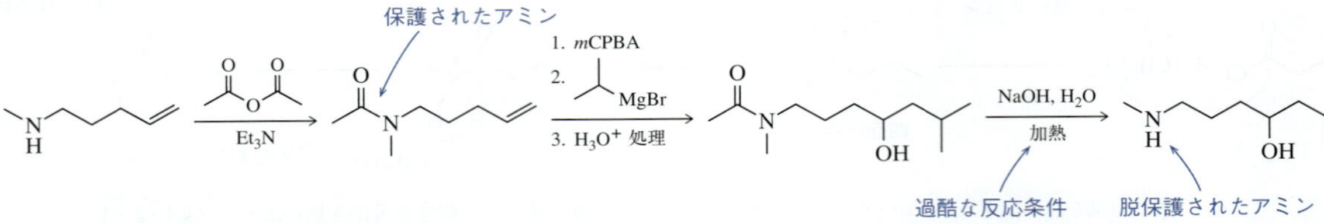

図 19・40　**無水酢酸はアミンの保護剤として用いられる**　生成したアミドを除去するには，より過酷な反応条件が必要となる．

c. アミンとエステル　エステルは一般的に非常に安定なため，常温（25 ℃）ではアミンと反応しない．適度に加熱すると，汎用反応機構 18A を経て置換が起こる（図 19・41）．また，酸触媒を加えることはできない．なぜなら，酸は単に塩基性のアミンをプロトン化してしまうからである．この反応は難しいので，エステルからアミドへの変換は通常，多段階の経路を経て行われる．[§19・7・5 参照]

図 19・41　**アミンは，穏やかに加熱した場合にのみエステルと反応する**

d. アミンとアミド　アミンとアミドの反応は，アミドの反応性が低いため不可能である．あるアミドを別のアミドから合成したい場合，複数の段階が必要である．[図 19・42 の変換はどうすれば実行できるかな？ この反応は §19・7・5 で学ぶよ]

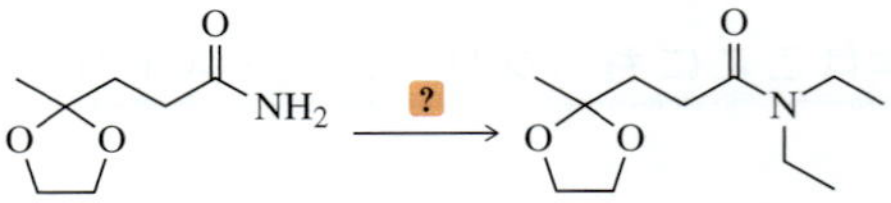

図 19・42　**アミドを別のアミドへと変換するにはどうしたらいいか？**　まず自分で考えてから，§19・7・5 を見よう．

19・7・3のまとめ

- アミンとカルボン酸誘導体の反応は，アミドを生成する．
- 酸塩化物と酸無水物は，十分に求電子性があるためアミンと直接反応するが，反応を完結させるためには２当量目のアミンが必要である．エステルをアミドに変換するには中程度の加熱が必要である．あるアミドから別のアミドへの直接的な変換は実質的に行うことができない．

アセスメント

19・28　アミンは中程度に塩基性があるため，酸触媒は求核アシル置換反応の速度を上げるためには有用ではない．アミンと硫酸の反応の K_{eq} を計算せよ．

$$\text{R-NH}_2 + H_2SO_4 \rightleftharpoons \text{R-}\overset{+}{N}H_3 + HSO_4^-$$

19・29　トランスエステル化では $\Delta G = 0$ なので，Le Châtelier の原理を使って反応をどちらかの方向に偏らせることができる（図 19・34）．トランスアミド化の場合も $\Delta G = 0$ であるが，アミドを別のアミドに直接変換することはできない（図 19・42）．どのような反応パラメーターがこの反応を妨げているのだろうか．

19・7 官能基の相互変換　　911

19・30 アジドは，第25章で紹介するトリフェニルホスフィンを用いた反応を用いてアミンへと還元することができる．図に示すアミンは，生成するとすぐに，加熱せずとも環化して環状アミド（ラクタム）を与える．(a) 第二段階の反応機構を示せ．(b) この反応は，他のアミンとエステルとの反応に比べて，なぜ効率的なのだろうか．

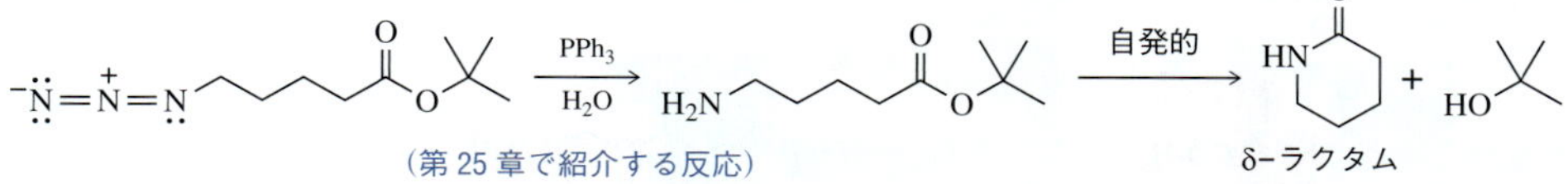

（第25章で紹介する反応）　　δ-ラクタム

19・31 以下の反応の生成物を予測せよ．[反応によって求核剤と求電子剤の位置がまちまちになっているので，つまずくかもしれないね]

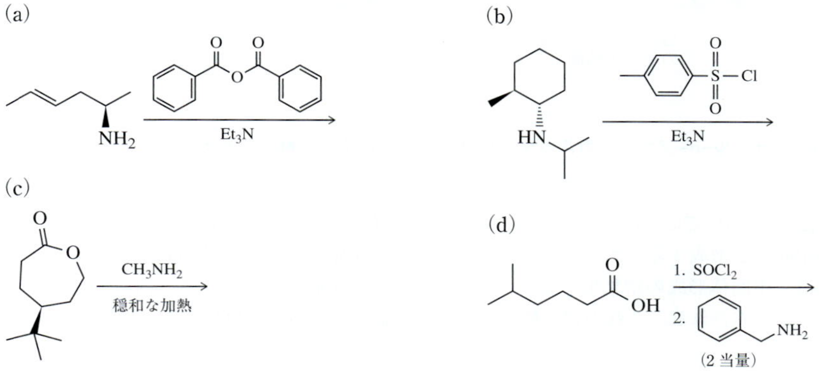

(a)

(b)

(c)

(d)

19-C　化学はここにも（生化学）

細菌の細胞壁をつくる

　細菌の細胞壁は，二つの異なるペプチドグリカンのペプチド領域が架橋された結果，強固になっている．この反応の全体（図 19・43）はトランスアミド化であり，ペプチドグリカン 2（図では PG2）の末端アミノ基がペプチドグリカン 1（PG1）の末端のアミノ酸（アラニン）を置換する．アミドは求電子性が低く，アミンは脱離基になりにくいので，この反応は溶液中ではきわめて遅い．細菌は，D-アラニル–D-アラニンカルボキシペプチダーゼという酵素を使ってこれを行う．この酵素は，あるペプチド（アミド）結合を別のペプチド結合と交換することから，トランスペプチダーゼとして知られている．

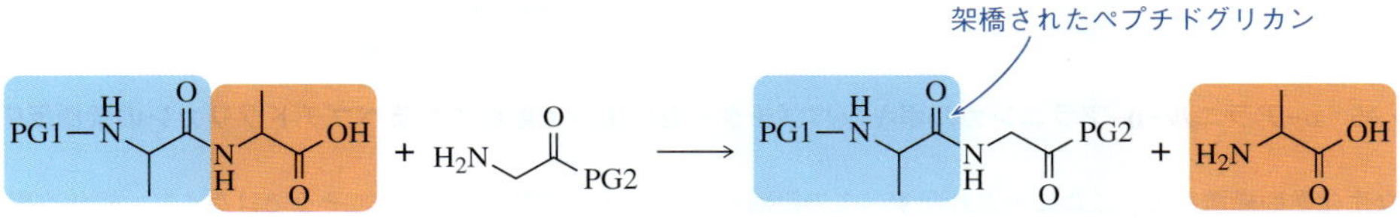

架橋されたペプチドグリカン

図 19・43　D-アラニル–D-アラニンカルボキシペプチダーゼによって触媒される反応の全体はトランスアミド化である

　この反応機構を二つの部分に分けて考えてみよう．前半（図 19・44）では，比較的反応性の低いアミドが，より反応性の高いカルボン酸誘導体であるエステルに変換される．ペプチドグリカン 1 のアミドは，正電荷を帯びた活性部位の残基と相互作用し，より求電子的になる．同時に，塩基がアルコールをより強いアルコキシドの求核剤に変える．最後に，プロトン化の後に四面体中間体が分解して，アミンを脱離基として追い出す．これらの二つの段階の結果，酵素に結合したエステル（ペプチドグリカン 1）が生成し，遊離アミノ酸のアラニンが放出される．

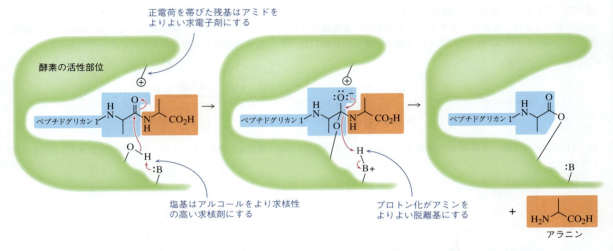

図 19・44 D-アラニル-D-アラニンカルボキシペプチダーゼによって触媒されるペプチドグリカンの架橋反応の前半

後半の反応機構（図 19・45）では，ペプチドグリカン 2 がペプチドグリカン 1 に結合する．アミンが酵素に結合したエステルを攻撃し，四面体中間体を形成する．エステルはここでも正電荷を帯びた活性部位の残基によって活性化される一方，隣接する活性部位の塩基は，中間体形成の結果生じるアンモニウムイオンを脱プロトンする．四面体中間体の分解によって架橋されたペプチドグリカンが形成される．これが切り離されることによって，活性部位は空き，再びこの変換を行うことになる．

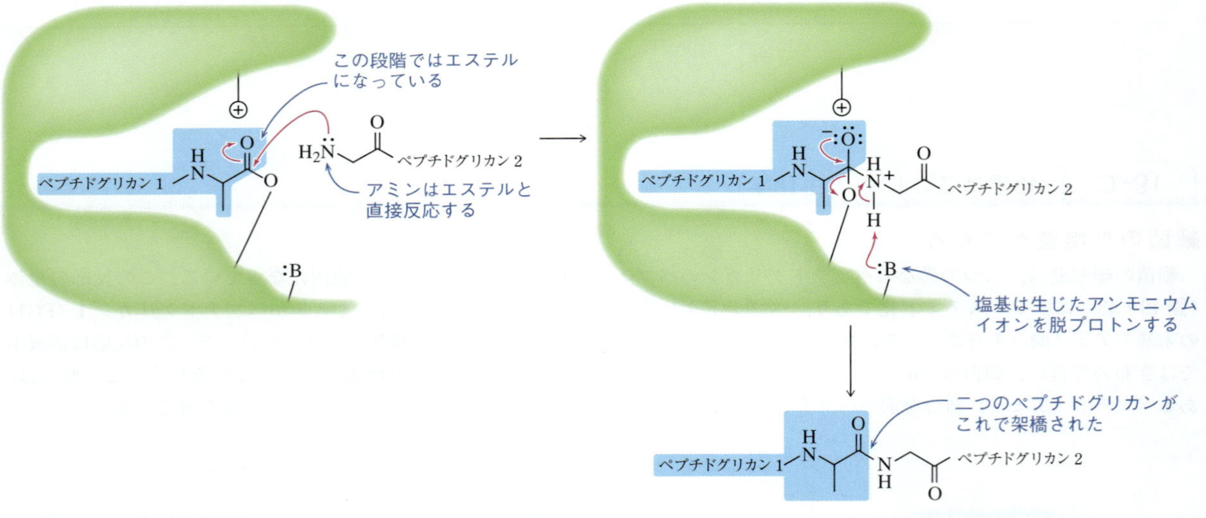

図 19・45 D-アラニル-D-アラニンカルボキシペプチダーゼによって触媒されるペプチドグリカンの架橋反応の後半

［これは複雑な生化学的機構だよ．ここに示されたすべての段階を知っている必要はないんだ．そうではなくて，求核攻撃，四面体中間体，脱離基の脱離など，見覚えのある段階に注目しよう．そして，酵素がいかにして遅い反応を速くしているかに畏敬の念を抱くのを忘れずに！］

19・7・4　カルボキシラートイオンとの反応: 酸無水物の合成

酸無水物の合成は，酸塩化物とカルボキシラートイオンを反応させることで最も効率的に行うことができる（図 19・46）．［なぜそうなのか，読み進める前に考えよう］

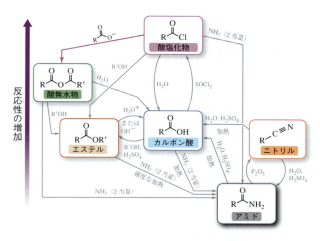

図 19・46 カルボン酸誘導体と酸塩化物の反応は酸無水物を生成する

　少し立ち止まって図 19・46 を見直してみよう．酸塩化物は，酸無水物よりも反応性の高い唯一のカルボン酸誘導体であり，そのため酸無水物は酸塩化物から簡単につくることができる．一方，エステルやアミドは，酸無水物よりも安定である．エステルやアミドから酸無水物へ行くのは，ポテンシャルエネルギー的に上り坂になる．［ボールは坂を転がり下りるだね］また，共鳴安定化したカルボキシラートイオンは，負電荷を帯びているとはいえ求核性の低い求核剤であり，塩化物イオンを置換する程度の力しかない．この反応（図 19・47）は汎用反応機構 18A で進行する．

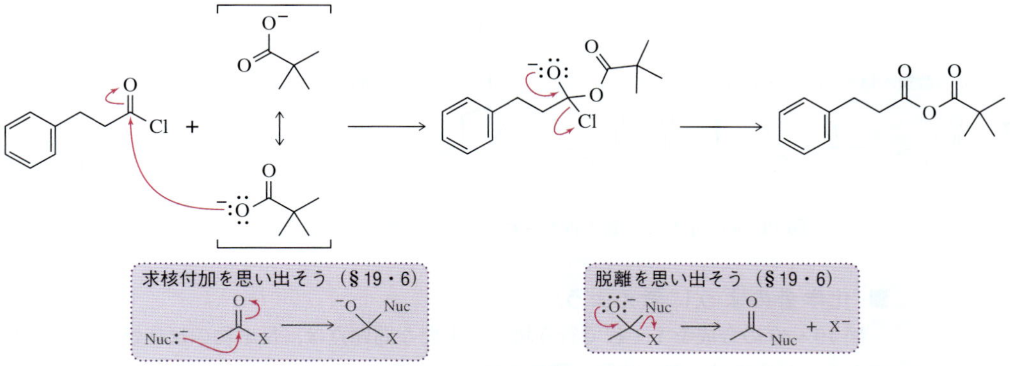

図 19・47 カルボキシラートイオンは酸塩化物と汎用反応機構 18A によって反応する

　繰返しになるが，エステルやアミドを直接酸無水物に変えることはできない．エステルやアミドから酸無水物をつくるには，通常，複数の段階が必要である．［どうすれば図 19・48 の変換を実行できるかな，何か考えは？ §19・7・5 でこれらを検討するよ］

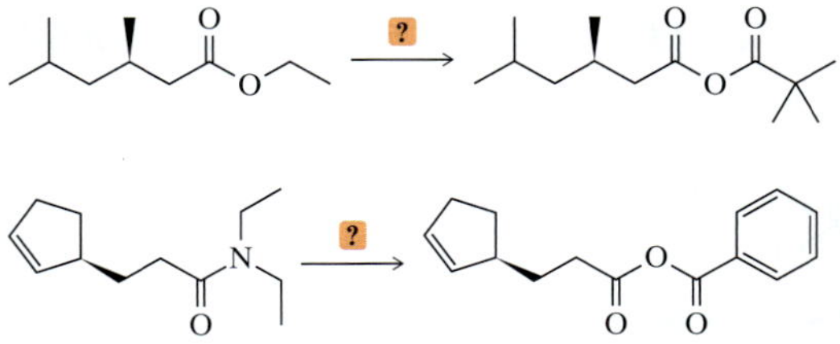

図 19・48 エステルまたはアミドを酸無水物に変換するにはどうしたらいいか？　まず自分で考えてから，§19・7・5 を見よう．

19・7・4のまとめ

- カルボキシラートイオンと酸塩化物の反応は酸無水物を与える．酸塩化物は，反応性の低い，共鳴安定化されたカルボキシラートイオンが求核剤として反応する唯一のカルボン酸誘導体である．

アセスメント
19・32 以下の反応の生成物を予測せよ．

(a)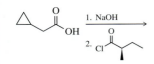

(b)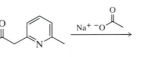

(c)

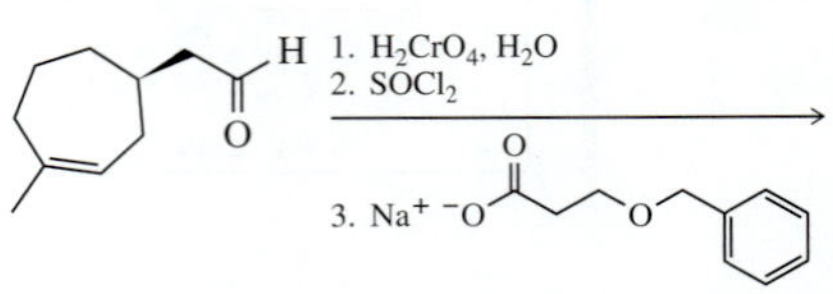

19・7・5 カルボン酸誘導体の合成

ついに，§19・7・5にたどりついた．ここに至るまでに先立って，より難しい合成について推測を働かせる4度の機会を設けた．これらの"難しい"合成は，図19・49にまとめられている．

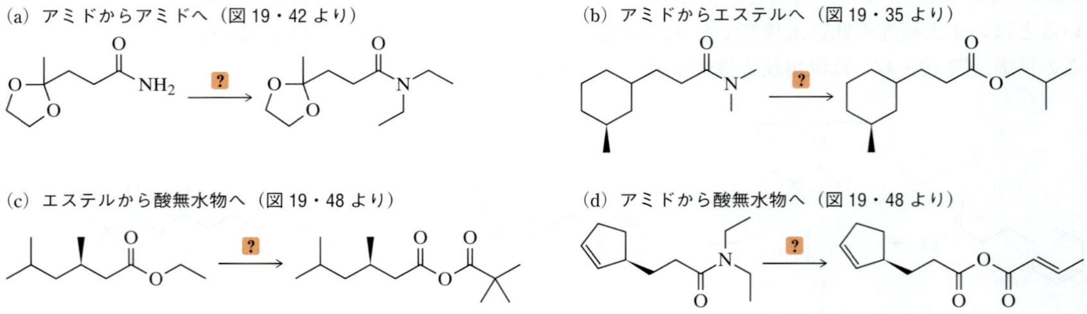

(a) アミドからアミドへ（図19・42より）　　(b) アミドからエステルへ（図19・35より）

(c) エステルから酸無水物へ（図19・48より）　(d) アミドから酸無水物へ（図19・48より）

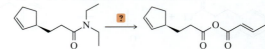

図19・49 前節で困難とみなされた，多段階を要する合成

■ 化学者のように考えよう

化学者のように考えて，カルボン酸誘導体を合成するための一般的な戦略を開発できるかどうか考えてみよう．

図19・49の合成を1工程で行う場合の主要な問題点は，反応物の反応性が低いことである．反応性は，酸塩化物，酸無水物，エステル，アミドの順に低下することを思い出そう．§19・7・1から§19・7・4までの反応で最も効率がよかったものは，安定性の低い（反応性の高い）カルボン酸誘導体から安定性の高い（反応性の低い）カルボン酸誘導体へと，反応性が下がっていくものがほとんどであった．

生成物の反応性が低いほど反応が効率的に進むという考え方は，けっして新しいものではない．[第1章で学んだね] この考え方が，いまここで図19・49の合成を行うためのヒントになる．反応性の丘の"てっぺん"，つまり酸塩化物へとたどり着く必要がある

図19・50 カルボン酸はSOCl₂を用いて酸塩化物へと変換される

19・7 官能基の相互変換　915

のだ．[それを可能にする反応はあるかな？] 第18章で，カルボン酸が**塩化チオニル**(thionyl chloride) SOCl$_2$ と反応して酸塩化物を形成したことを思い出そう（図19・50）．[この反応は第19章で重要になると請け合ったけど，その理由がわかったね]　■

幸いなことに，§19・7・1では，すべてのカルボン酸誘導体は，過酷な条件（たとえば，酸，塩基，および/または加熱）を必要とする場合こそあれ，カルボン酸へと加水分解できることを示した．したがって，ここでの解決策は，最初にカルボン酸へと変換し，続いてそれを酸塩化物に変換することにある．するともう丘の頂上にいるのだから，適切な反応剤を使えば他のどのような誘導体もつくることができる．[表19・7の例をよく見て，アセスメント19・33でいくつか自分で練習しよう]

表 19・7　多段階の合成には，反応性の低い出発物から反応性の高い誘導体をつくり，反応性の丘の頂上までたどり着く必要がある

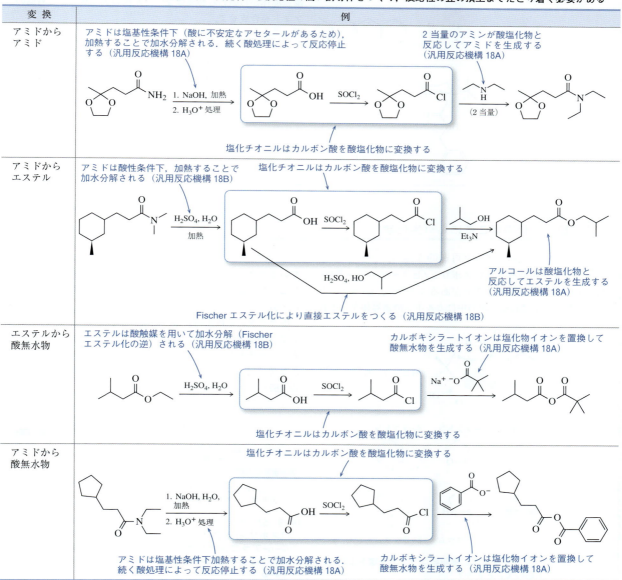

19・7・5のまとめ

- 一般的に，カルボン酸誘導体の合成では，後々の反応がすべて下り坂になるように，いったん反応性の丘を登る必要がある．SOCl₂ を用いたカルボン酸の酸塩化物への変換は，この点で最も重要な反応である．

アセスメント

19・33 左の分子から始めて，右のカルボン酸誘導体を合成せよ．

(a)

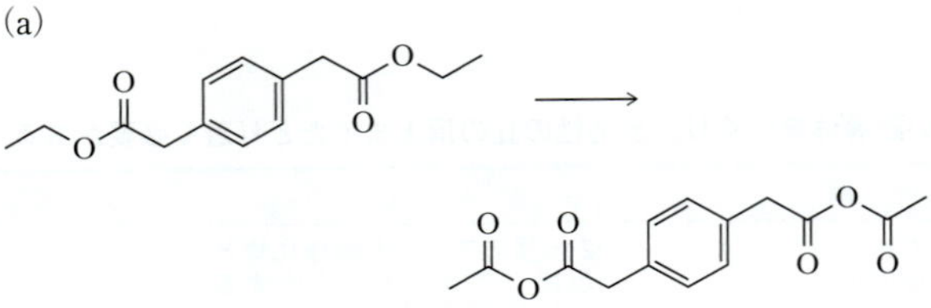

(b)

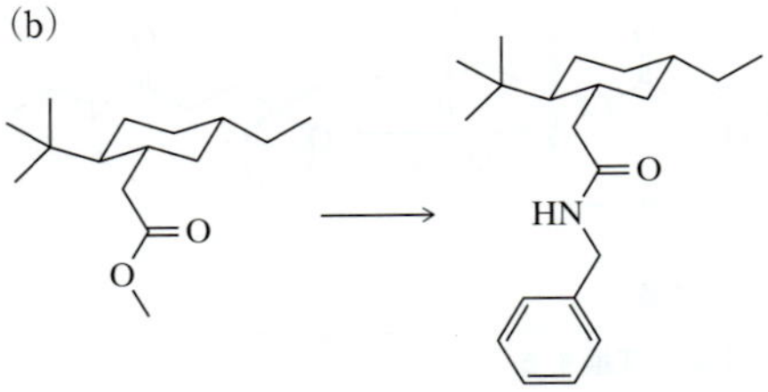

(c)

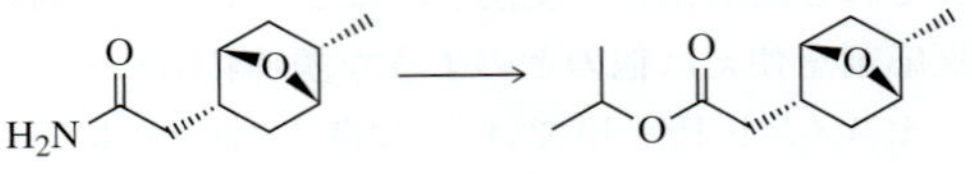

19・34 カルボン酸誘導体の合成は，必ずしも別のカルボン酸誘導体から始める必要はない．左側のアルケンから右側のアミドを合成せよ．

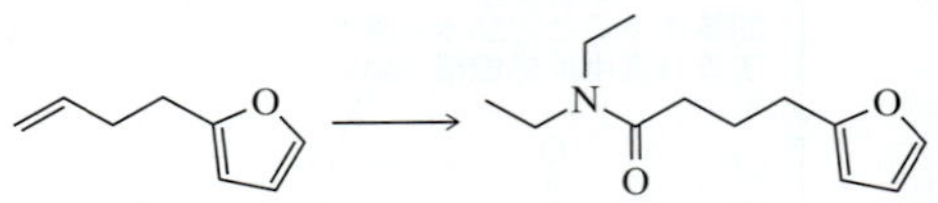

19-D 化学はここにも（生化学）

トランスペプチダーゼの不可逆的な阻害

ペニシリン系やセファロスポリン/セファマイシン系は，構造の中心に 4 員環のアミドがあることから，β-ラクタム系抗生物質とよばれる．環の中にカルボン酸誘導体が含まれている場合，環の大きさを示すためにギリシャ文字が用いられる．4 員環は β，5 員環は γ，6 員環は δ と命名される（図 19・51）．

β-ラクタム系抗生物質は，細菌の細胞壁に含まれるペプチドグリカンの D-アラニル-D-アラニンと構造が似ているため，ペプチドグリカンの架橋酵素である D-アラニル-D-アラニンカルボキシペプチダーゼの優れた阻害剤となる（図 19・52）．［化学はここにも 19-C を参照］酵素の活性部位は，

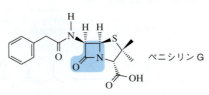

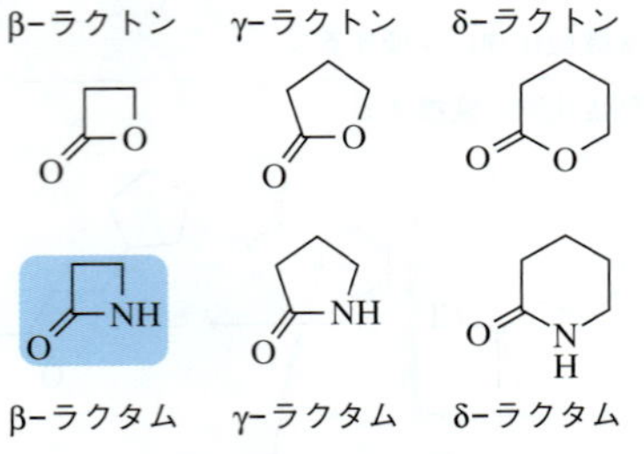

図 19・51 ギリシャ文字の接頭語はラクトン環およびラクタム環の大きさを表す

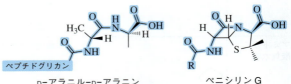

図 19・52 ペニシリン G とすべてのペニシリン系およびセファロスポリン/セファマイシン系抗生物質はすべて，D-アラニル-D-アラニンカルボキシペプチダーゼの基質であるペプチドグリカンの D-アラニル-D-アラニンに構造的に類似している

アミド（ペプチド）結合の回転が抑制されているため，やや硬い構造をもっていることを思い出そう．[化学はここにも 19-A を参照] 活性部位は通常，それが触媒する反応の基質だけと結合する．そのため，基質に似た薬はよい阻害剤となる．

多くの薬は可逆的に酵素を阻害するが，β-ラクタム系抗生物質は D-アラニル-D-アラニンカルボキシペプチダーゼと不可逆的に結合することで作用する（図19・53）．活性部位では，この章の主題である特徴的な求核アシル置換によって，アルコールがラクタム環と反応する．アミドは通常反応性が低いが，歪んだ4員環を開くことがこの反応の駆動力となる．薬が結合すると，酵素はもはやペプチドグリカンのさらなる架橋を触媒することができなくなり，細胞壁を安定化させることができなくなり，細菌は死滅してしまう．

人間の細胞は細胞壁をつくらないので，私たちは D-アラニル-D-アラニンカルボキシペプチダーゼをもたない．このように，β-ラクタム系抗生物質は，細菌の細胞機構以外は決して狙わない薬なのである．[なぜこれが薬としてよいことなのかな？ 副作用が少ないからだ！]

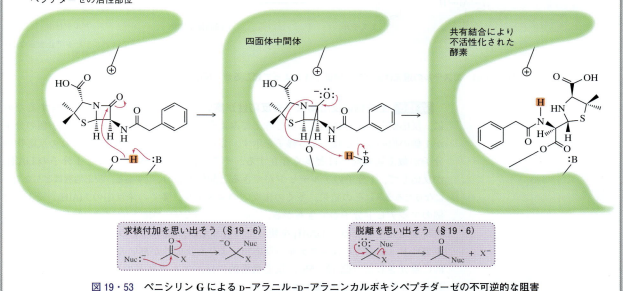

図19・53 ペニシリン G による D-アラニル-D-アラニンカルボキシペプチダーゼの不可逆的な阻害

19・8　カルボン酸誘導体の還元

カルボン酸は，酸化状態が +3 のカルボニル炭素を含んでいる．そのため，第一級アルコールやアミン（アミドの場合）へと還元するのに適した基質である．この節では，合成上最も有用な反応であるエステルとアミドの還元を中心に説明する．

19・8・1　アルコール/アミンへの還元：$LiAlH_4$

水素化アルミニウムリチウム（lithium aluminum hydride）$LiAlH_4$ は，すべてのカルボン酸誘導体を還元する．この項では，それぞれのカルボン酸誘導体を個別に扱うが，共通する類似点，特に反応機構を認識できるよう記述している．[雑談 を見てみよう]

a. $LiAlH_4$ とエステル　$LiAlH_4$ は汎用反応機構 17A によってアルデヒドとケトンを還元する（図19・54）．図19・54 に示すように，ケトンをエステルに置き換えた場合，最初に生成したアルコキシドイオンがここでは四面体中間体であり，これはメトキ

918 19. 求核アシル置換反応 II

シドイオンを脱離基として追い出しながら分解してアルデヒドを与える. [しかし, 反応はここで止まらないんだ. その理由は？]

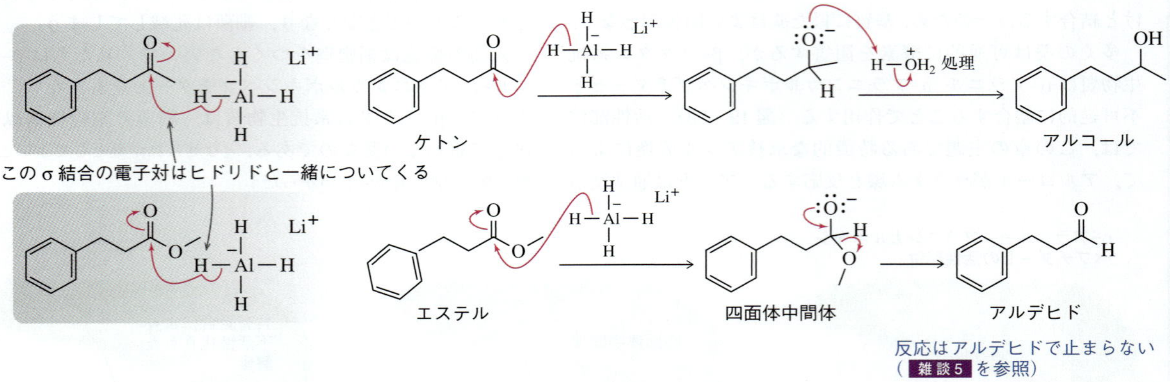

図19・54 エステルの還元は汎用反応機構 18A によって起こるが, 反応はアルデヒドで止まらない

雑談5 **生成物は反応物よりも反応性が高い** 次に何が起こるかを理解するために, 反応がどのように起こるかを考えてみよう. 反応を描くとき, 私たちは1個の分子が1個の他の分子と反応する様子を示す. しかし反応溶液中には, それぞれの反応物の分子が数え切れないほど多く存在する. そこで, 1分子のエステルと1分子の $LiAlH_4$ が反応して, 1分子のアルデヒドができると想像しよう. [すると, 反応溶液はどんなふうになるだろう？] その結果, 多くの未反応のエステル, 多くの未反応の $LiAlH_4$, そして1個のアルデヒド分子ができあがる. [次にどのような反応が起こるだろう？] 私たちはエステルを還元するために $LiAlH_4$ を使ったつもりだが, 化学はその通りには進まない. アルデヒド (生成物) はエステル (反応物) よりも反応性が高いので, アルデヒドが優先的に還元される (**図 19・55**). 反応機構的には, アルデヒドの還元は §17・9・2 で示したように(汎用反応機構 17A によって)起こる.

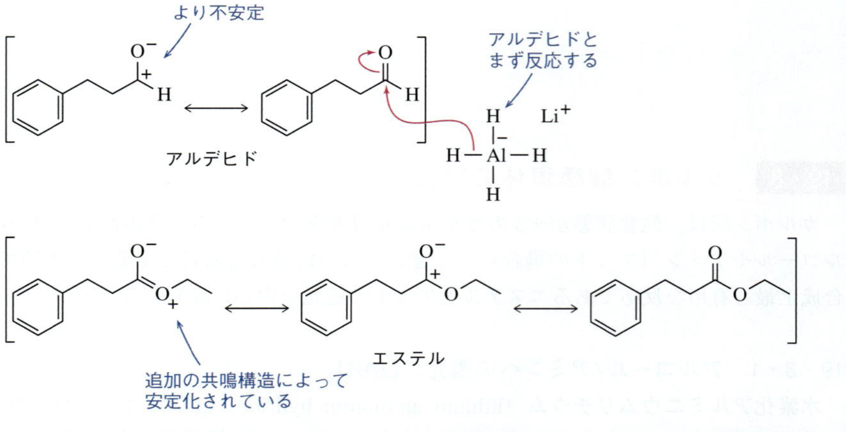

図19・55 より反応性の高いアルデヒドは常に, 共鳴安定化されたエステルより先に還元される

したがって, エステルの還元はアルデヒドで止まりえない. なぜなら, 生成するすべてのアルデヒドは出発点のエステルよりも反応性が高いからである. 反応の生成物が反応

物よりも反応性が高いというこの考え方は，今後また出てくる．［すぐに！］エステル還元の反応機構の全体を図19・56に示す．これは単に，求核アシル置換（汎用反応機構18A）と続く求核付加（汎用反応機構17A）の組合わせである．

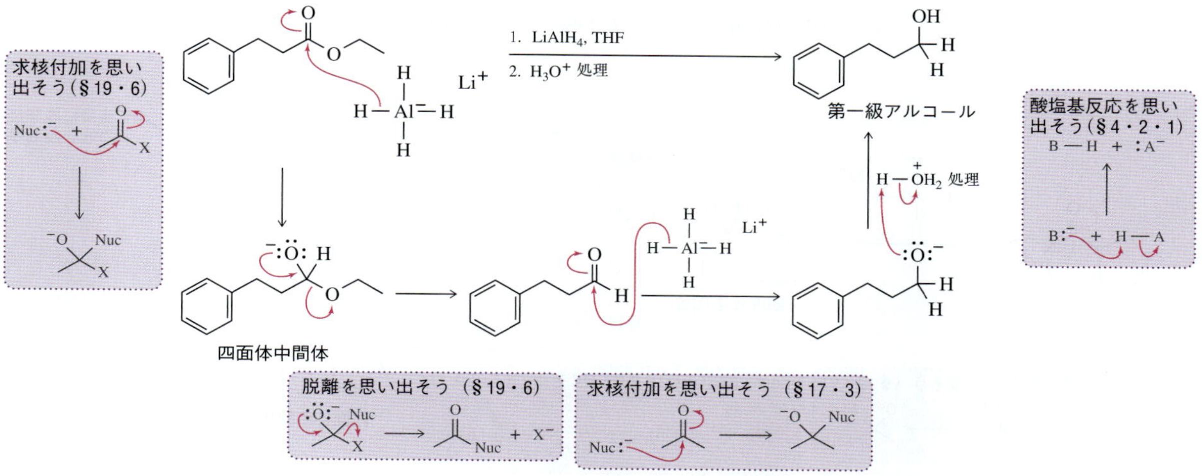

図19・56　LiAlH₄によるエステル還元の反応機構の全体

b. LiAlH₄と酸塩化物および酸無水物　水素化アルミニウムリチウムを用いた酸塩化物の第一級アルコールへの還元は，詳細に議論するほど重要ではない．一般的に，カルボン酸とエステルは酸塩化物よりも安価で簡単につくることができる．酸塩化物からアルコールをつくろうとする場合，通常，まずカルボン酸から酸塩化物をつくることになる．したがって，カルボン酸を直接還元する方がよいのである．図19・57は，エステルの還元と同じ反応機構で酸塩化物が反応する例を示す（復習には図19・56を参照）．酸無水物の還元も同様の理由で合成上の有用性は低いが，同じ反応機構で第一級アルコールを与える．

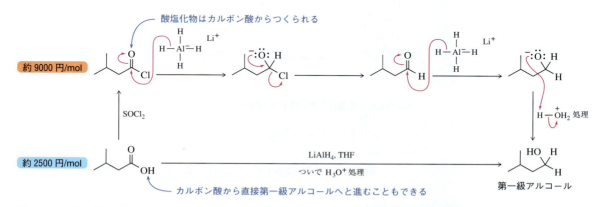

図19・57　酸塩化物は第一級アルコールへと還元されるが，通常はカルボン酸を直接還元する方が持続可能性と経済性の面で理にかなっている

c. LiAlH₄とアミド　LiAlH₄を用いたアミドの還元は，アミドイオン（R₂N⁻）が脱離能の低い脱離基であるため，酸塩化物と比べて若干異なる経路で進む（図19・58）．第19章の他の反応と同様に，求核性のヒドリド（H⁻）がカルボニル炭素に付加

して四面体中間体を形成する．通常，四面体中間体は分解してC−Oπ結合を再形成するが，窒素アニオンは非常に脱離能の低い脱離基であるため，これは非常に遅いプロセスとなる．その代わりに，四面体中間体はそのまま残り，Lewis酸のアルマンAlH₃と反応する．アルマンは，AlH₄⁻がヒドリドをアミドに供与した際に形成されたものである．[AlH₃は，第8章で学んだLewis酸であるBH₃によく似ているんだ]

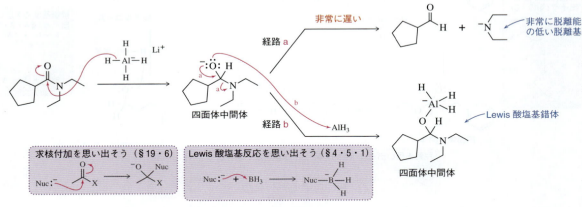

図 19・58 アミドへのヒドリド付加は安定な四面体中間体を与え，それは分解せずにアルマンと反応して Lewis 酸塩基錯体を形成する

このLewis酸塩基錯体は，§17・8でイミンとエナミンの形成を学んだ際に見たものと同様の反応を起こす．窒素の非共有電子対がオキシアルミナートイオンを脱離基として追い出し，C−Nπ結合を形成する．この脱離基は，三つの水素が結合し，負電荷を帯びたアルミニウムをもつため，強い還元剤である．[AlH₄⁻にとてもよく似ているよね？] これがイミニウム炭素にヒドリドを供与し，π電子を生成するアミンの窒素へと押し出す（図19・59）．

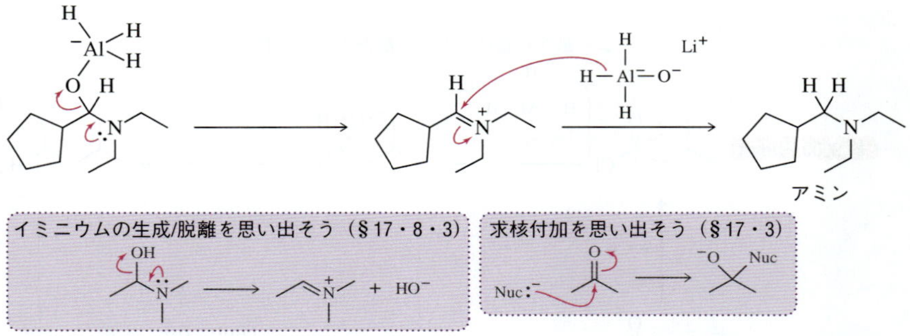

図 19・59 イミニウムイオンが生成し，続いてアミンへの還元が起こる

19・8・1のまとめ

- 酸塩化物，酸無水物，エステルのヒドリド還元（LiAlH₄またはNaBH₄．エステルの場合はLiAlH₄のみ）により，アルコールが生成する．アミドはLiAlH₄によってアミンへと還元される．ヒドリド還元剤の選択は，カルボン酸誘導体の相対的な求電子性に基づいて行う．

アセスメント

19・35 次のアルコールの生成は，いずれも＋3 の酸化状態の炭素を含んだ四つの異なる官能基の還元によって起こりうる．それらを示せ．

4 分子（いずれも＋3 の酸化状態の炭素を含む）

1. LiAlH₄, THF
2. H₃O⁺ 処理

19・36 次の還元の生成物を予測せよ．

(a) 1. LiAlH₄, THF / 2. H₃O⁺ 処理

(b) 1. LiAlH₄, THF / 2. H₃O⁺ 処理

(c) 1. LiAlH₄, THF / 2. H₃O⁺ 処理

(d) 1. LiAlH₄, THF / 2. H₃O⁺ 処理

19・37 無水安息香酸の水素化アルミニウムリチウムによる還元の反応機構を示せ．

1. LiAlH₄, THF
2. H₃O⁺ 処理
（2 当量）

19・38 次の多段階合成反応の生成物を予測せよ．

1. H₂CrO₄, H₂O
2. SOCl₂
3. NH₂ (2 当量)
4. LiAlH₄, THF

19・8・2 アルデヒドへの還元

§19・8・1では，カルボン酸誘導体（アミドを除く）は，LiAlH₄と反応して第一級アルコールを生成することを見てきた．

■ 化学者のように考えよう

LiAlH₄ がエステルをアルコールにまで還元するのはなぜだろうか（図 19・60）．まず，LiAlH₄ には供与できる四つのヒドリド（H⁻）があることに注目しよう．つまり，1：1 の化学量論比で用いても，ヒドリドが過剰に存在することになる．次に，LiAlH₄ は非常に強い還元剤である．そして最後に，エステルはアルデヒドに比べて反応性が著しく低い．その結果，アルデヒドは，いったん生成すると出発物のエステルに優先して選択的に還元される．[読み進める前に，これらの問題がそれぞれどのように解決できるか考えてみよう]

> アルデヒドの中間体で止めたいとしたらどう？ なにか手を思いつく？ 化学者のように考えて，そのための方法を開発してみよう．

分光法から

LiAlH₄ による過剰還元を見つけた化学者は，赤外スペクトルに（アルコールの）O−H 伸縮に対応する 3300 cm⁻¹ 付近の幅広い吸収が存在すること，そしてアルデヒドの C=O 伸縮に対応する 1730 cm⁻¹ 付近の鋭い吸収がないことに気づいただろう．

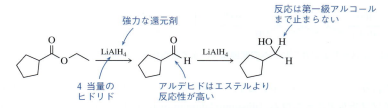

図 19・60 エステルの還元をアルデヒドで止めることが難しい理由

よりよい還元剤は，一つのヒドリドしかもたないはずである．図 19・61 に示すように，三つのヒドリドを他の置換基で置き換えると，ただ一つのヒドリドを含む還元剤になる．

LiAlH₄ の反応性を抑えるためには，なぜそれが非常に高い反応性をもつのかを考えなければならない．AlH₄⁻ イオンは非常に不安定な負電荷をもっている．[なぜか？] それは，中性の（電荷をもたない）AlH₃ になるためにヒドリドを供与したがるからであ

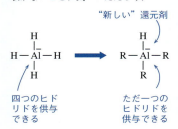

図 19・61 三つのヒドリドを異なる置換基で置き換えることで，この"新しい"還元剤はただ一つのヒドリドを供与できるようになる

る．電子求引性の置換基を三つ導入すれば，負電荷を安定化させられるはずである．図 **19・62** に示す，立体障害のある *tert*-ブトキシ基は電子求引性の酸素を含んでおり，この目的のために使われる．

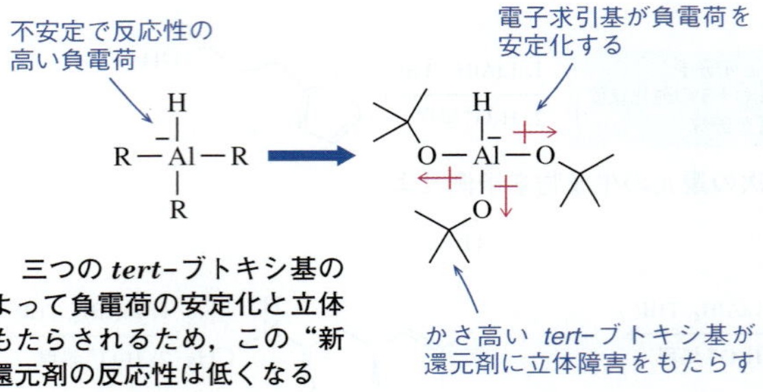

図 **19・62** 三つの *tert*-ブトキシ基の導入によって負電荷の安定化と立体障害がもたらされるため，この "新しい" 還元剤の反応性は低くなる

最後に，アルデヒドはエステルよりもはるかに反応性が高い．[これが当てはまらない別のカルボン酸誘導体で使えそうなものはあるだろうか？] 最も反応性の高いカルボン酸誘導体である酸塩化物は，アルデヒドよりもはるかに反応性が高い（図 **19・63**）．したがって，反応が進み，両方の官能基が存在する場合，酸塩化物が先に還元される．

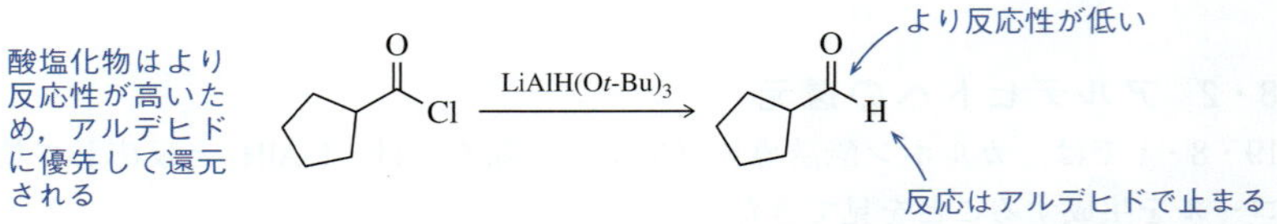

図 **19・63** 酸塩化物はアルデヒドより反応性が高いため，反応はアルデヒドで止まるようになる

　結論として，単一のヒドリドイオンを含む，より安定で，より反応性が低く，より立体障害のある還元剤と非常に反応性の高い酸塩化物を反応させることによって，カルボン酸誘導体をアルデヒドへと還元することができる．しかし，エステルそのものをアルデヒドに変換したい場合はどうすればよいのだろうか．いま知っている方法では，カルボン酸への加水分解と塩化チオニルによる処理の2段階を経て，まずエステルを酸塩化物へと変換しなければならない（図 **19・64**）．

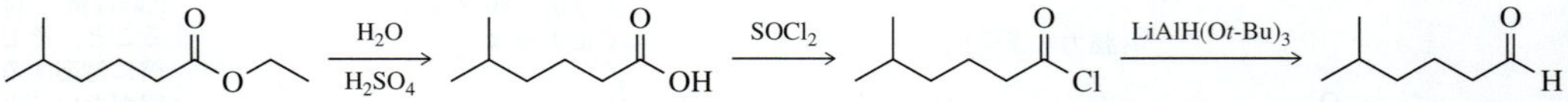

図 **19・64** エステルのアルデヒドへの変換には，まず酸塩化物への変換が必要である

　実を言うとエステルのアルデヒドへの直接変換は，低温下，ジクロロメタン中で**水素化ジイソブチルアルミニウム**（diisobutylaluminum hydride）DIBAl-H を用い [これまでに見たなかで最もクールな反応を経て]，水で後処理することによってできる（図 **19・65**）．

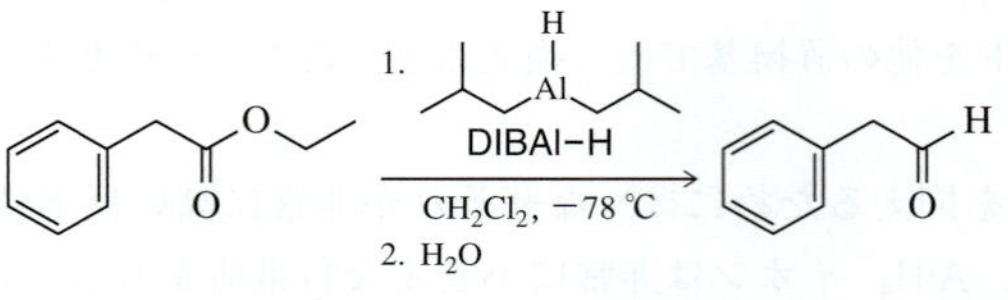

図 **19・65** **DIBAl-H** を用いたエステルのアルデヒドへの直接変換

19・8　カルボン酸誘導体の還元　923

この反応を十分に理解するためには，まず DIBAl-H（図 19・66）が他のヒドリド還元剤である NaBH$_4$ や LiAlH$_4$ とは違うことを認識することである．負電荷をもたない DIBAl-H には，少なくともそのままでは，ヒドリドを供与しなければならない理由がない．［DIBAl-H がヒドリド供与体でないとすると，それは何だろう？　図 19・66 の構造を注意深く見て，予想される反応性について考えてみよう］三つの結合をもつ中性の（電荷をもたない）アルミニウムは，完全なオクテットには 2 電子足りない．このアルミニウムは電子不足で，sp^2 混成であり，空の p 軌道をもつ．これまでに学んだなかで最も近い類似物質は，ボラン BH$_3$ またはアルマン AlH$_3$ であり，これらの二つの分子は，強い Lewis 酸として振舞う．

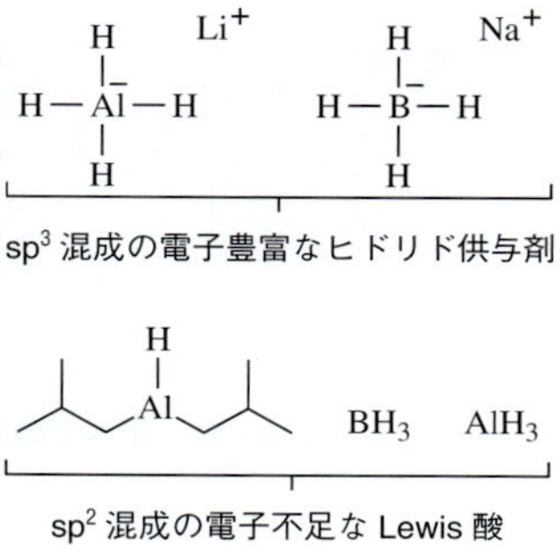

そのため，エステルと DIBAl-H の最初の遭遇は，Lewis 酸塩基反応として起こる．カルボニル酸素がアルミニウムの空の p 軌道に電子対を供与し，Lewis 酸塩基錯体を形成する（図 19・67）．［図 19・67 の錯体をよく見よう．次に何が起こるかな？］

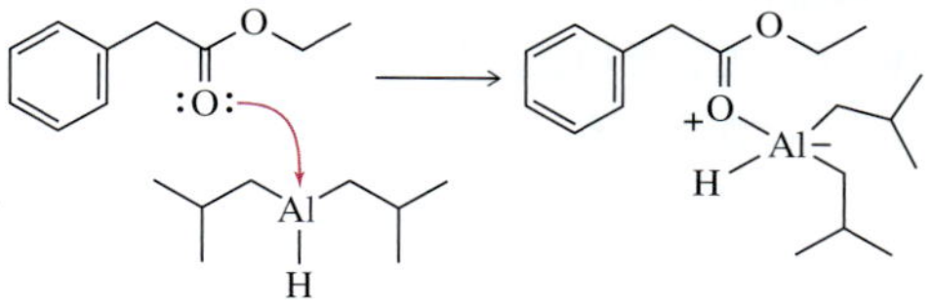

sp^3 混成の電子豊富なヒドリド供与剤

sp^2 混成の電子不足な Lewis 酸

図 19・66　DIBAl-H は還元剤というよりもむしろ Lewis 酸である

図 19・67　DIBAl-H とエステルは Lewis 酸塩基錯体を形成する

［ここからが面白いところだ！］この Lewis 酸塩基錯体を形成することで，図 19・68 の共鳴構造が示すように，かなり反応性の低いエステルを非常に求電子性の高い求電子剤に変換したことになる．同様に，アルミニウムはいまや負電荷をもち，より求核性の高いヒドリドの供給源となる．求核性のヒドリド源が求電子性の炭素のすぐ近くにあるため，分子内でのヒドリド移動が起こり，四面体中間体とみなすことのできる中間体を与える．

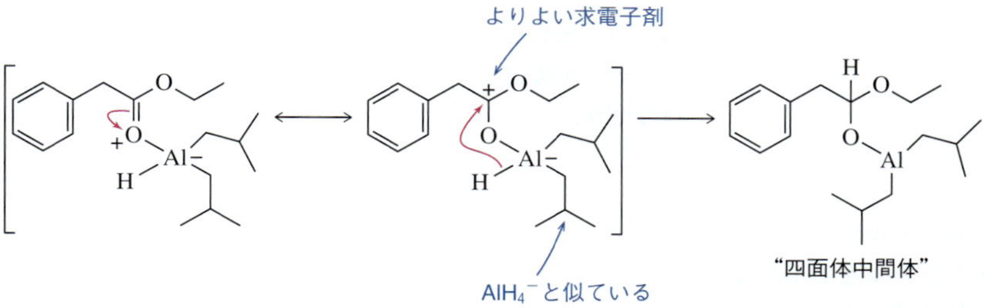

よりよい求電子剤

AlH$_4^-$ と似ている

"四面体中間体"

図 19・68　Lewis 酸塩基錯体中でのヒドリド移動がカルボニル炭素を還元する

実のところ，図 19・68 の"四面体中間体"は，特に低温においては非常に安定である．実際，この中間体は，残りのエステル分子が同じ中間体へと変換される間，そのまま残る．［これはどの官能基に似ているかな？　ヒント：第 17 章で学んだ官能基だよ］二つの酸素が結合した炭素はアセタールに最もよく似ている．アセタールは，水中に置かれた場合を除いて，一般的に安定な官能基である．以前取上げたアセタールの加水分解とは（アルミニウムがあるため）反応機構的に異なるが，この中間体は，エステルがすべて還元された後の反応に水を加えると加水分解される（図 19・69）．DIBAl-H はアルデヒドも還元できるが，ここでは 1 当量の DIBAl-H しか加えていない．よって，新しいアルデヒドを還元するための DIBAl-H はまったく残っていない．

924 19. 求核アシル置換反応 II

アセタールを
思い出そう
（§17・7・3）

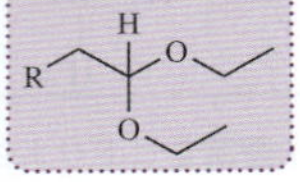

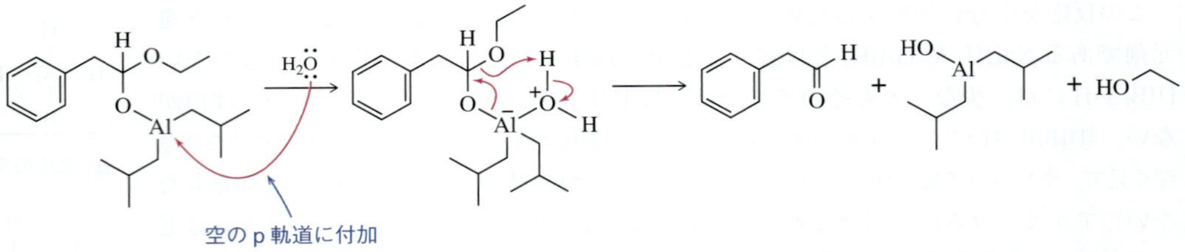

空の p 軌道に付加

図 19・69 すべての **DIBAl–H** が消費された後，錯体を加水分解することでアルデヒドが最終生成物として得られる

19・8・2 のまとめ

- 反応性の高いアルデヒドの酸化状態で還元を止めるには，反応条件を巧みに制御する必要がある．反応性の低いヒドリド還元剤 LiAlH(Ot-Bu)$_3$ で 1 当量のヒドリドを供与することにより，酸塩化物をアルデヒドへと変換することができる．DIBAl–H を用いて安定した錯体を形成し，その後，水による後処理を行うことで，エステルをアルデヒドへと変換することができる．

アセスメント

19・39 次の反応の生成物を予測せよ．

(a)

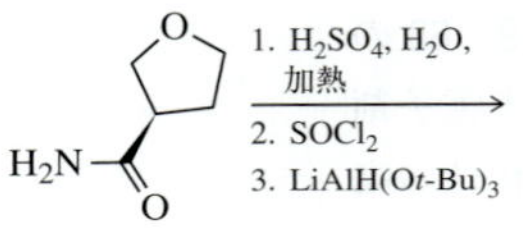

1. H$_2$SO$_4$, H$_2$O,
   加熱
2. SOCl$_2$
3. LiAlH(Ot-Bu)$_3$

(b)

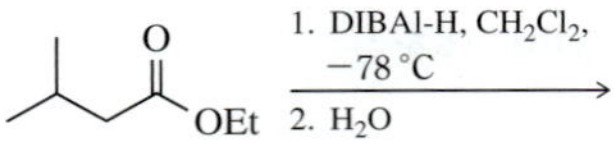

1. DIBAl-H, CH$_2$Cl$_2$,
   −78 °C
2. H$_2$O

(c)

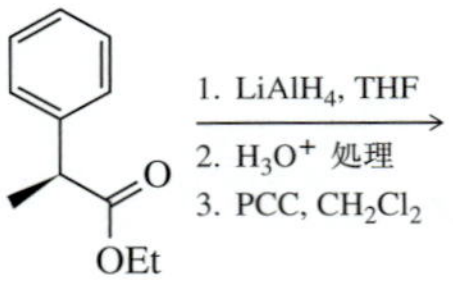

1. LiAlH$_4$, THF
2. H$_3$O$^+$ 処理
3. PCC, CH$_2$Cl$_2$

19・40 次の(a), (b)に示した二つのエステルは，アルコキシ基だけが異なる．(i) これらのエステルを DIBAl–H と反応させたときに得られる生成物を予測せよ．(ii) (i)の答えに基づくと，このような手順の反応において，一方のエステルから別のエステルへと変換する必要があるだろうか．

(a)

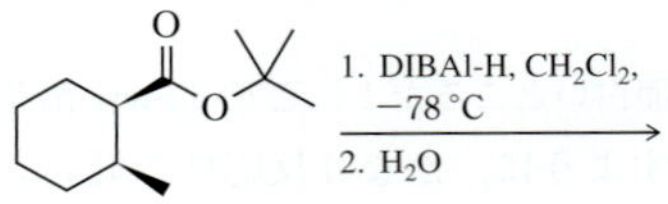

1. DIBAl-H, CH$_2$Cl$_2$,
   −78 °C
2. H$_2$O

(b)

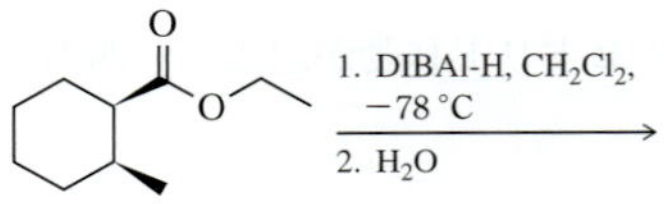

1. DIBAl-H, CH$_2$Cl$_2$,
   −78 °C
2. H$_2$O

19・41 エステルが DIBAl–H のアルミニウムを攻撃した際，カルボニル酸素がアルコキシ酸素よりも優先的に攻撃したのはなぜか．

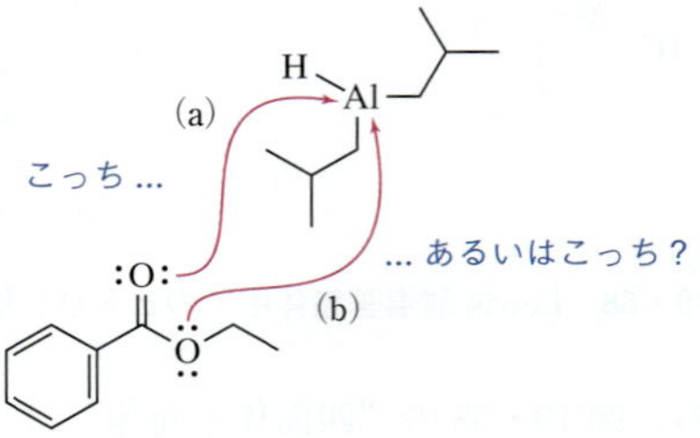

こっち …

(a)

… あるいはこっち？

(b)

19・9 有機金属化合物とカルボン酸誘導体

カルボン酸誘導体は，**Grignard 試薬**（Grignard reagent）や**有機リチウム試薬**（organo-lithium reagent）などの有機金属化合物と反応する．しかし，そこに進む前にアセスメント 19・42 に取組もう．

19・9 有機金属化合物とカルボン酸誘導体

アセスメント
19・42 ある化学者がエステルと臭化フェニルマグネシウムを反応させて図に示すケトンを合成しようと試みたが，叶わなかった．(a) 実際に得られた生成物を示せ．(b) 反応の成功を確認するために，赤外分光法をどのように利用できるか述べよ．

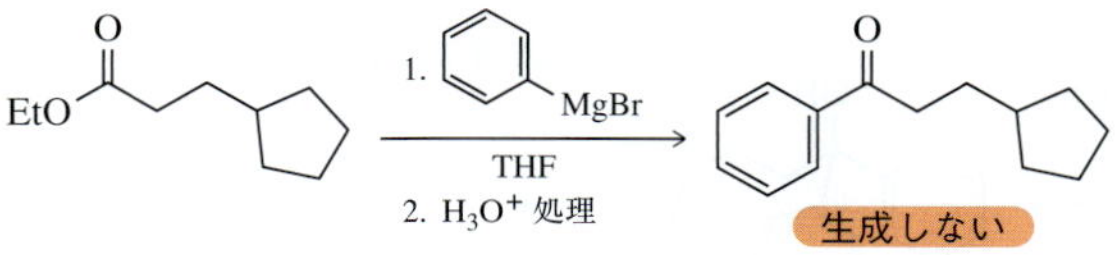

Grignard 試薬とエステルの反応の結果は，アセスメント 19・42 (a)の解説で議論されているよ．以下の内容を最大限に生かすためにも，まず自分でしっかりと考えておこう．

19・9・1 アルコールへの反応：エステル＋Grignard 試薬

アセスメント 19・42 の解説

Grignard 試薬は，エステルと反応するのに十分求核性の高い求核剤である．非常に反応性が高いので，汎用反応機構 18A によって反応すること，つまりカルボニル炭素を直接攻撃して［第 17 章においてそうだったように］四面体中間体を形成することが予想される（図 19・70）．この四面体中間体の分解によって，エトキシドイオンが脱離基として追い出され，ケトンが生成するはずである．しかし，アセスメント 19・42 は，ケトンはこの反応の生成物ではないと明らかに述べている．では，ここで示したことの代わりに，あるいはそれに加えて，何が起こるのだろうか．［わからない場合は，§19・8・1 をざっと読み返してヒントを探そう］

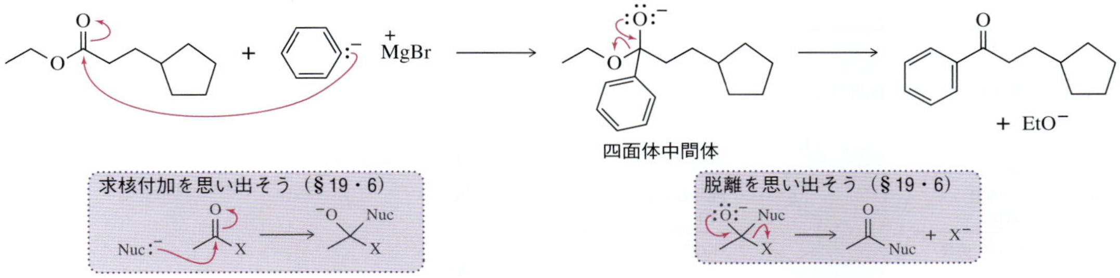

図 19・70 Grignard 試薬は汎用反応機構 18A によってエステルの置換を起こす

反応がどのように起こるのか，もう一度考えてみよう．ここまで示したのは，1 分子の Grignard 試薬と 1 分子のエステルとの反応である．最初の 1 分子のケトンが生成したとき，溶液中にはまだ無数の Grignard 試薬分子が存在している．ケトンとエステルの競合では，ケトンの方がより求電子的なので，Grignard 試薬は，今度は汎用反応機構 17A によってただちにケトンを攻撃し，アルコキシドを与える（図 19・71）．［これに聞き覚えがある？ §19・8・1 の 雑談5 を参照しよう］このように，反応に参加するエステル 1 分子につき，2 分子の Grignard 試薬が消費され，1 分子のアルコキシドイオンが生成する．この反応の後，アルコキシドイオンは酸処理され，第三級アルコールを与える．

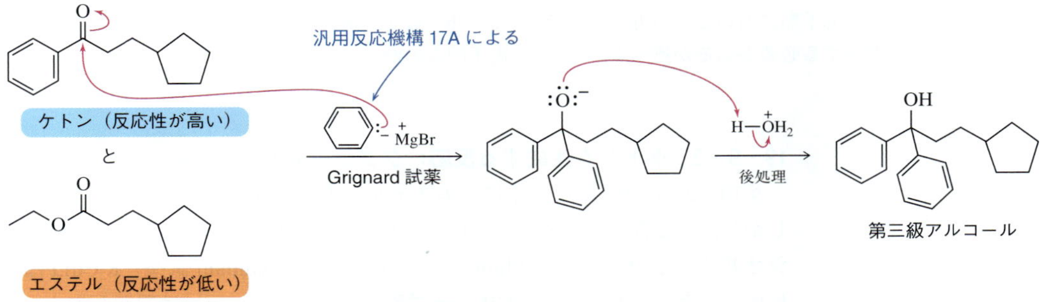

図 19・71 次のエステル分子が反応するより先に，より反応性の高いケトンが反応する

926   19. 求核アシル置換反応 II

　エステルと Grignard 試薬を 1：1 の化学量論比で用いると，エステルの半分は第三級アルコールに変換され，残りの半分は未反応のままとなる．これもまた，各エステル分子が 2 分子の Grignard 試薬を消費するためである．合成化学者は，達成可能な最高収率が 50% である反応を好まないので，この反応は通常，2 当量の Grignard 試薬を用いて行われる．これにより，エステルが 100% 消費され，第三級アルコールを 100% の収率で得ることが可能になる（図 19・72）．

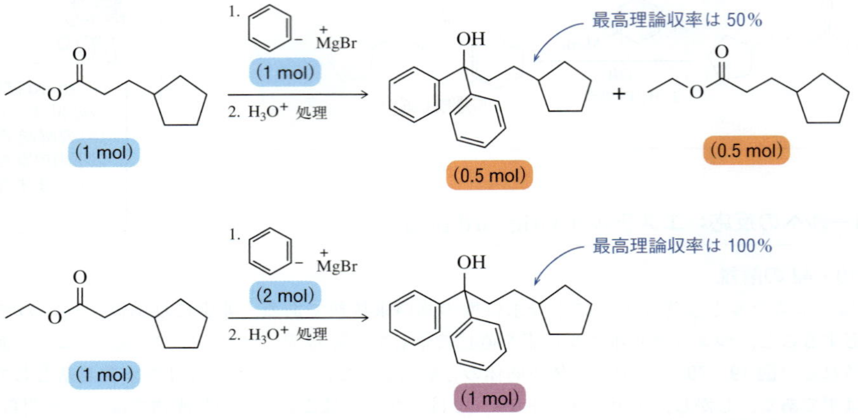

図 19・72　第三級アルコールをできる限り高い収率で得るため，エステルは通常 2 当量の Grignard 試薬と反応させる

アセスメント

19・43　次の反応の生成物を予測せよ．

(a)

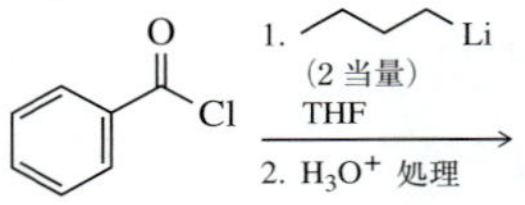

(b)

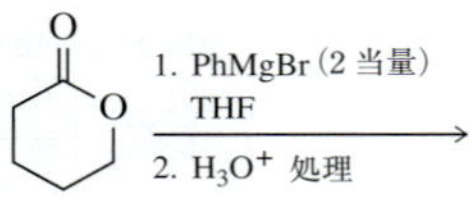

(c)

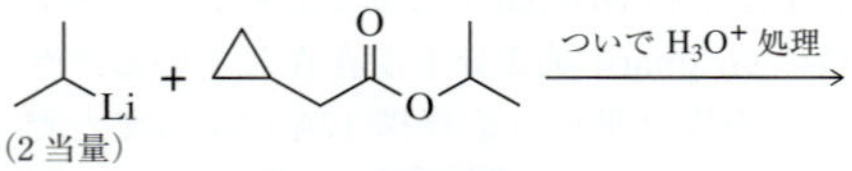

19・44　ここに示した二つのエステルは，アルコキシ基のみが異なっている．(i) これらのエステルと Grignard 試薬を反応させたときに得られる生成物を予測せよ．(ii) (i) の答えに基づくと，このような反応手順において，一方のエステルから別のエステルへと変換する必要があるか述べよ．

(a)

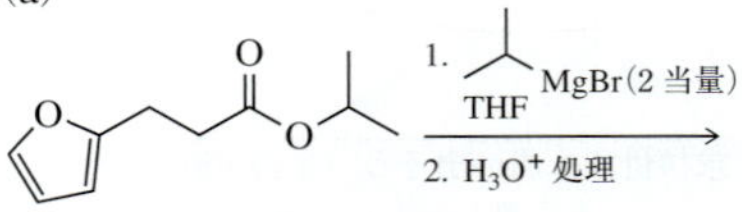

(b)

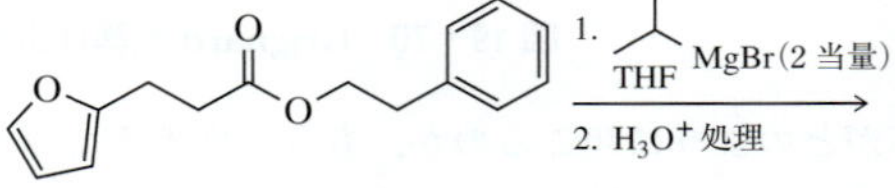

19・45　左のアルケンから第三級アルコールをつくるための多段階合成法を提案せよ．

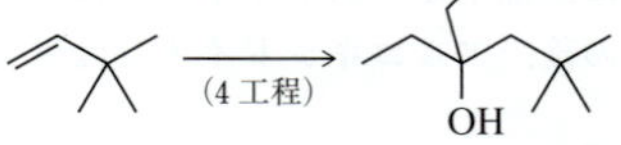

19・46　なぜケトンはエステルよりも反応性が高く，より求電子的なのか．

19・9・2　ケトンを生成する反応：クプラートと酸塩化物

　§19・9・1で学んだように，エステルと有機金属の反応は，ケトンで止まらない．しかし，もし合成化学者がそうしたいと思ったらどうだろうか．実のところ，**リチウムジオルガノクプラート**（lithium diorganocuprate, Gilman 試薬）R_2CuLi は酸塩化物と反応してケトンを与える．**Gilman 試薬**（Gilman reagent）は還元しやすい結合をもつ分子としか反応しないことを §16・5 から思い出そう．そのような結合のうち最も一般

19・9　有機金属化合物とカルボン酸誘導体　　927

的なものは C−X 結合（X はハロゲン）である．図 19・73 の反応機構により，この反応の生成物を予測すること（そしてこの反応をこの章のほとんどの反応と関連づけること）ができる．

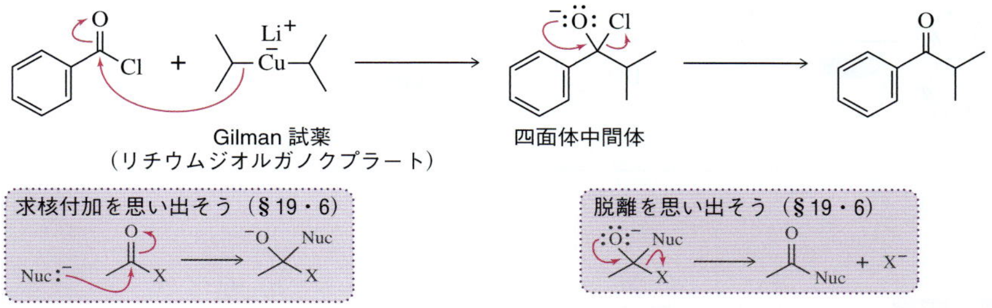

図 19・73　**Gilman 試薬と酸塩化物の反応の反応機構**　このおおよその反応機構によって，この反応を以前に学んだ反応と関連づけ，生成物を予測することが可能になる．

　図 19・73 のような形式的な反応機構はこの章の内容を一通り押さえるうえでは十分だが，なぜ反応がケトンで止まるのかを理解するには，Gilman 試薬がどのように反応すると考えられているかを簡単に復習する必要がある．［これの詳しい取扱いについては §16・5 を参照しよう］Gilman 試薬は，Grignard 試薬や有機リチウム試薬のような有機金属化合物だが，電子不足の部位に電子対を供与するというような，単に求核性の高い求核剤ではない．そうではなく，還元されやすい結合が存在する場合にのみ反応する．推定される反応機構は，C−Cl 結合へのクプラートの酸化的付加を含む．これにより生成した錯体は還元的脱離によって，ケトンの新しい C−C 結合を形成する．ケトンもアルデヒドも還元されやすい結合（共役した C＝C または C−X）をもたないので，クプラートはそれらとは反応しない．以上をまとめた図 19・74 の反応機構は，Gilman 試薬と酸塩化物の反応がケトンで止まる理由を示している．

分光法から

　酸塩化物のケトンへの変換は，カルボニル基の ^{13}C NMR シグナルが約 175 ppm から約 200 ppm にシフトすることによって確認できる．

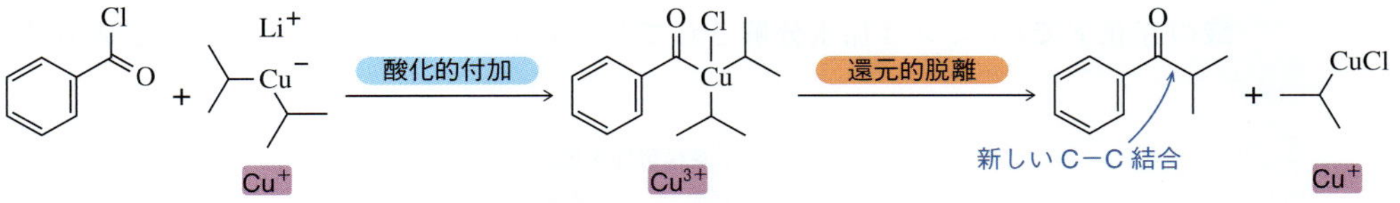

図 19・74　**Gilman 試薬と酸塩化物の有機金属化学的な反応機構**[*]　この反応機構は，Gilman 試薬が酸塩化物と反応してケトンを与える理由を説明している．

19・9 のまとめ

• Grignard 試薬と有機リチウム試薬は，より反応性の高いケトンの段階で止まることができず，エステルと 2 回反応して第三級アルコールを生成する．ケトンの段階で止める最も効果的な方法は，酸塩化物をクプラートと反応させることである．

[*]［訳注］第 16 章の p.750 の訳注で取上げた有機クプラートの一般的な反応様式を参照して，図 19・74 を描き直してみよう．

アセスメント

19・47　次の反応の生成物を予測せよ．

(a)

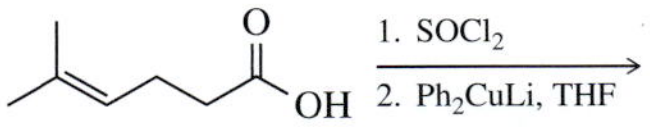

(b)

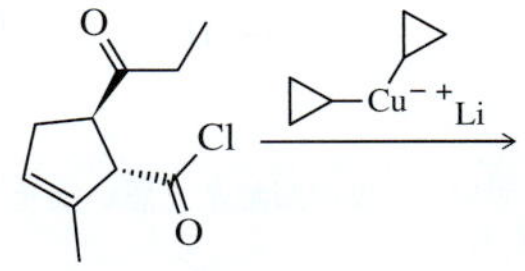

(c)

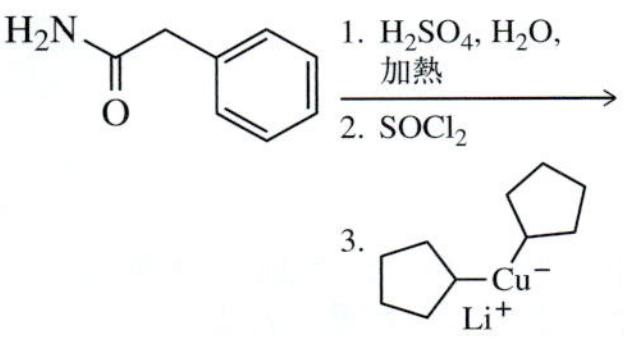

19・48 左の反応物を右の生成物に変換する，クプラート試薬を含む合成工程を立案せよ．理想的な工程数は下に示してある．

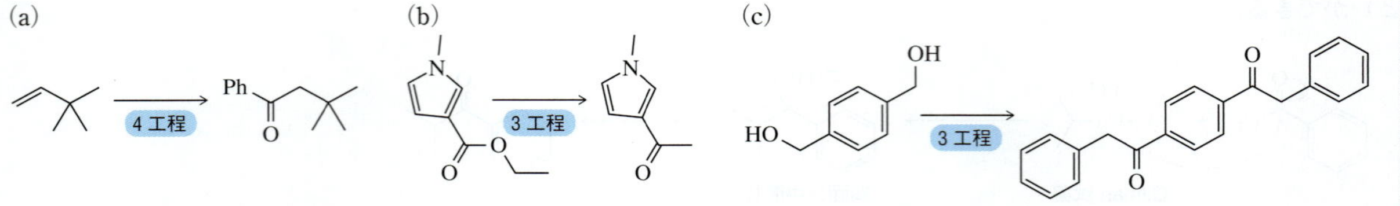

(a) [4工程] (b) [3工程] (c) [3工程]

19・10 ニトリルの反応

ニトリルの中心炭素は，カルボン酸と同じ+3の酸化状態をもつ．そのため，ニトリルはカルボン酸誘導体とみなされる．しかし，脱離基がないので，ニトリルは置換ではなく求核付加反応を起こす．したがって，この節の反応は，第17章で学んだ求核付加反応と密接な関係がある（図19・75）．両者の大きな違いは，ニトリルの付加反応の結果として，アルコールではなく**イミン**（imine）が生成することである．

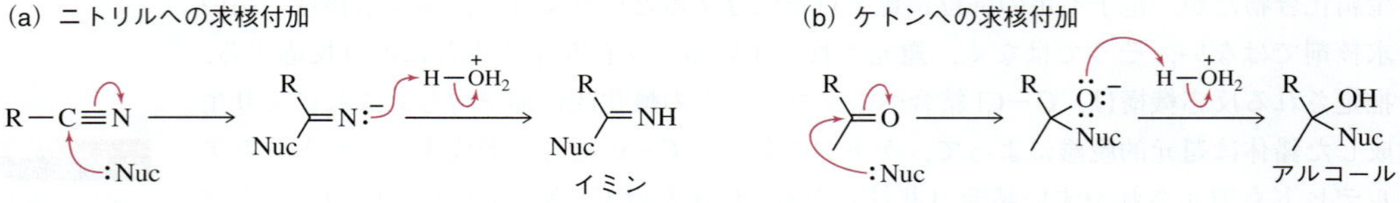

(a) ニトリルへの求核付加   (b) ケトンへの求核付加

図19・75　ニトリルへの求核付加はアルデヒドとケトンへの求核付加に類似している

このイミンが最終生成物中に残ることはほとんどない．その代わりに（多くの場合，酸の存在下で）イミンは加水分解されてケトンを与える．図19・76の反応機構は，

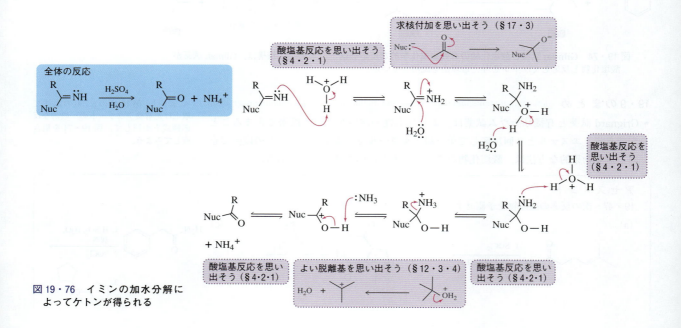

図19・76　イミンの加水分解によってケトンが得られる

§17・8で学んだイミン生成反応の逆である．[図19・76の反応機構と§17・8・1を比較して，これらが確かに互いに逆であることを確認しよう]

19・10・1 水和/加水分解

ニトリルの水和・加水分解は，反応条件に応じて，アミド（室温での水和）またはカルボン酸（加熱による加水分解）を与える（図19・77）．

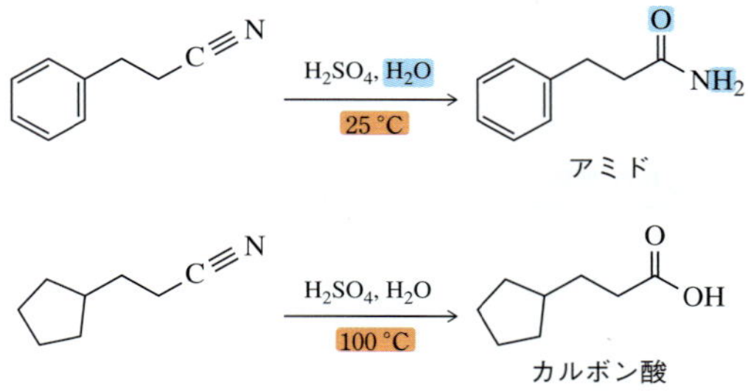

図19・77　室温下でのニトリルの水和は無置換のアミドを生成する．
より高温下でのニトリルの水和はカルボン酸を生成する

アルデヒドやケトンに比べ，ニトリルは比較的求電子性の低い求電子剤である．そのため，求核性の低い求核剤である水と反応するためには，プロトン化が必要となる（図19・78）．プロトン化後，水は自らのプロトンを保持したまま攻撃して，C≡Nπ結合を切断する．その結果生じる酸性プロトンの脱プロトンによって，二重結合した炭素にOH基が結合した中間体が得られる．[これに似た中間体をこれまでどこで見かけたっけ？] エノールと同様に，この中間体は互変異性化して，より安定なC＝O結合を与える．反応機構的には，窒素のプロトン化に続いてヒドロキシ基の脱プロトンが起こり，無置換のアミドが形成される．

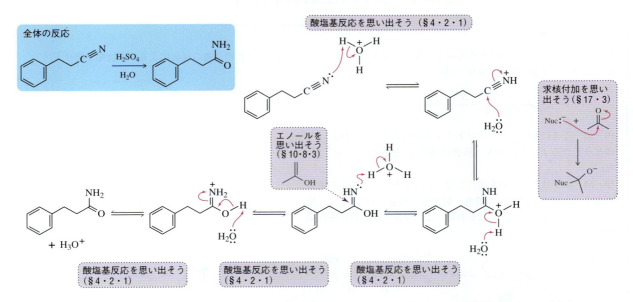

図19・78　ニトリルの水和はまずエノールに類似した中間体を与え，それが互変異性化して無置換のアミドを形成する

930 19. 求核アシル置換反応 II

図 19・78 の生成物であるアミドは，加水分解を受けて酸になりうる．また，§19・7・1 で，アミドは安定であるため，そのカルボン酸への変換には加熱が必要であったことを思い出そう．図 19・79 に示すように，その反応機構は，まずカルボニル酸素のプロトン化によって，アミドがより求電子的になることから始まる．水の攻撃に続いて脱プロトンが起こり，四面体中間体を与える．アミンがプロトン化されることで，アンモニアとして脱離できるようになる．生じたカチオンからのプロトンの除去により，カルボン酸が生成する．

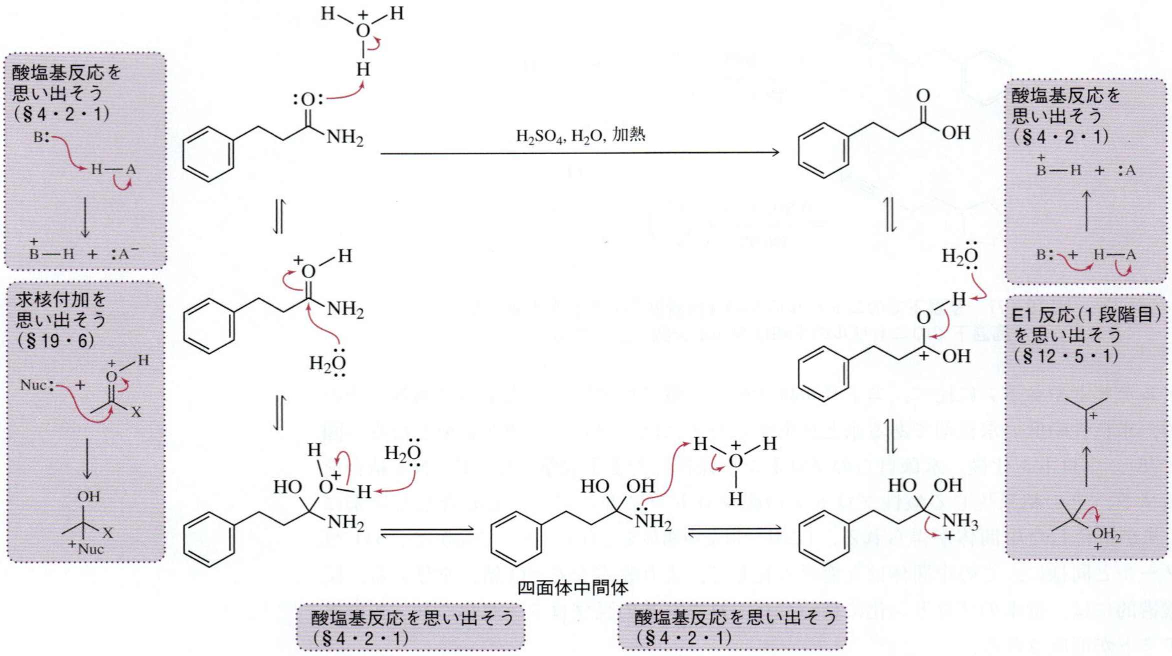

図 19・79　アミドを水中で加熱するとカルボン酸が得られる

アセスメント

19・49　ハロゲン化アルキルからニトリルを合成するにはどうしたらよいだろうか（復習には第 12 章を参照）．

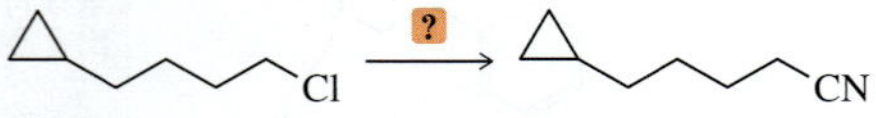

19・50　ここに示したシアノヒドリンを合成するにはどうしたらよいだろうか（復習には第 17 章を参照）．

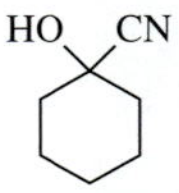

19・51　ニトリルの水和を逆にして，アミドからニトリルを調製することができる．これは通常，脱水剤である P_2O_5 を用い，塩基とともに加熱することで行われる．この反応の反応機構を提案せよ．

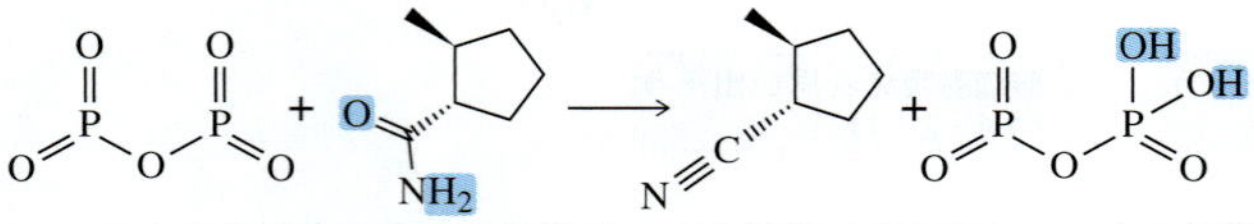

19・52　次の一連の反応による生成物を予測せよ．

(a) 1. NaCN, THF　2. H_2SO_4, H_2O

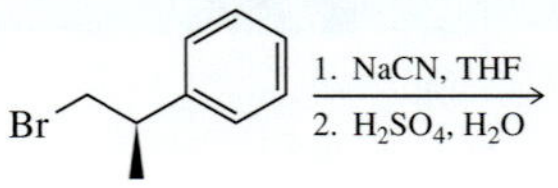

(b) 1. H_2SO_4, H_2O, 加熱　2. $SOCl_2$　3. $Li^+\ Cu^-$

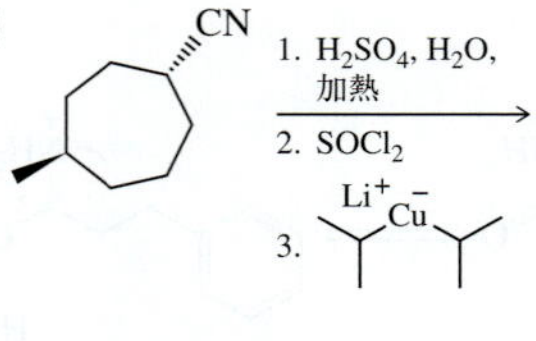

(c) H_2SO_4, H_2O　加熱

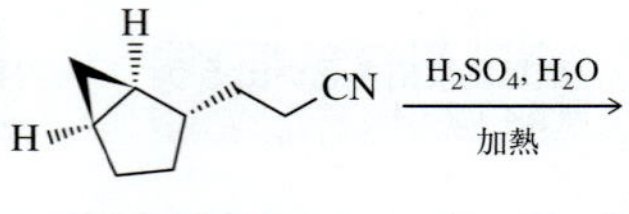

19・10　ニトリルの反応　931

19・10・2　有機リチウム試薬と Grignard 試薬の付加

　ニトリルのプロトン化の後にしか付加を起こさない，水のような求核性の低い求核剤と異なり，Grignard 試薬や有機リチウム試薬はニトリルに直接付加し，生じたイミドイオンを酸処理した後にイミンを与える（**図 19・80**）．反応機構的には，この反応はアルデヒドとケトンへの求核付加を学んだときに見られた汎用反応機構 17A に最も密接に関係している．酸性水溶液による後処理において，イミンが加水分解されてケトンを与える．この反応は，C−C 結合を形成することができ，カルボン酸誘導体から直接ケトンをつくるためのさらなる方法を提供する．

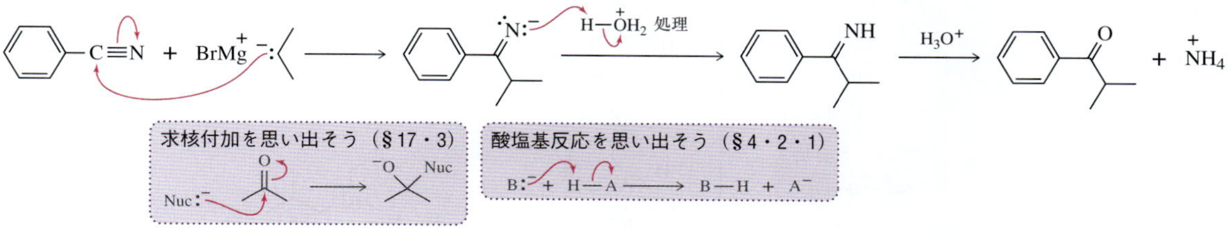

図 19・80　Grignard 試薬のニトリルへの付加によるケトンの合成　最初のイミン中間体は図 19・76 の反応機構によってケトンへと加水分解される．

アセスメント

19・53　次の一連の反応による生成物を予測せよ.

(a)
1. NaCN, THF
2. Li, THF
3. H_3O^+

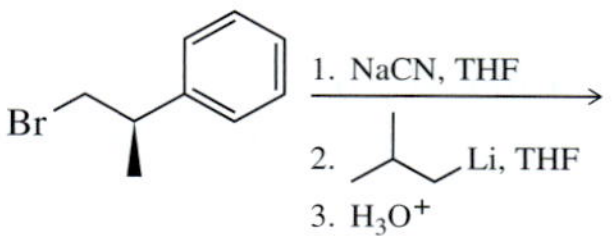

(b)
1. MgBr, THF
2. H_2SO_4, H_2O

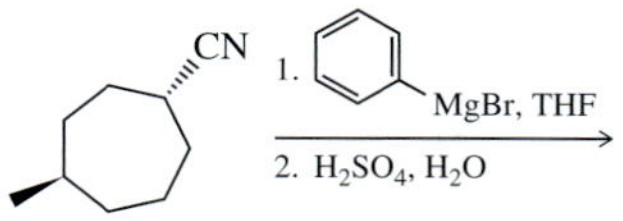

19・54　アミドから始まる，二つの異なる経路が同じ化合物を与える．この二つの経路の生成物を示せ．

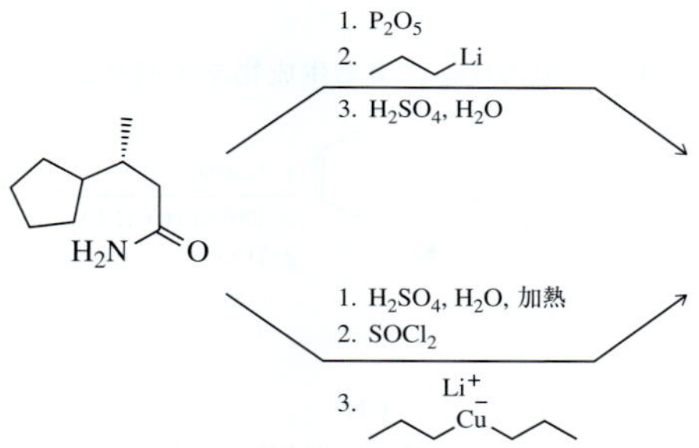

1. P_2O_5
2. Li
3. H_2SO_4, H_2O

1. H_2SO_4, H_2O, 加熱
2. $SOCl_2$
3. Li^+ Cu^-

19・55　次のケトンをつくるのに用いられるニトリルと有機金属試薬を示せ．両方のケトンについて，可能な答えは 2 通りある.

(a)
ニトリル ＋ 有機金属試薬 ⟶

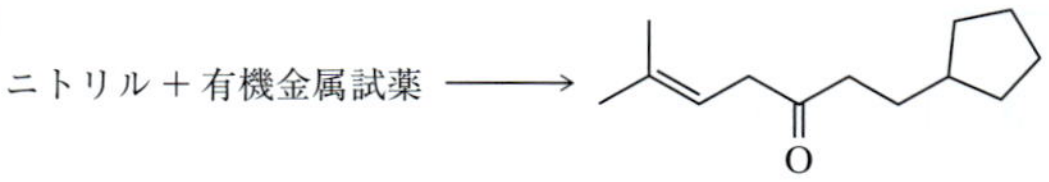

(b)
ニトリル ＋ 有機金属試薬 ⟶

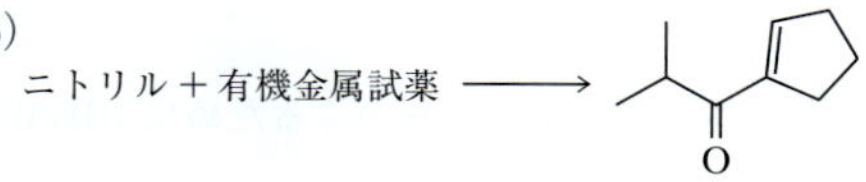

19・10・3　アルデヒドへの還元

　ニトリルは，DIBAl–H を用いてアルデヒドへと還元できる（**図 19・81**）．反応機構的にはエステルの還元（§19・8・2）と同様，この反応は，窒素がアルミニウムの空の p 軌道に非共有電子対を供与することから始まる．[DIBAl–H は還元反応を行うけど，それ自身は Lewis 酸であることを思い出そう] この Lewis 酸塩基錯体の形成は，求電子剤の求電子性を高めると同時に還元剤を形成する反応のもう一つの例 [§19・8・2 参照] と

932   19. 求核アシル置換反応 II

なっている．アルミニウムからの分子内ヒドリド移動により，C−N π 結合の一つが切断され，イミノアルミニウム種を形成する．この中間体を水で処理すると，N−Al 結合が加水分解され，その後，生じたイミンは図 19・76（§19・10）に示す反応機構によってアルデヒドへと加水分解される．

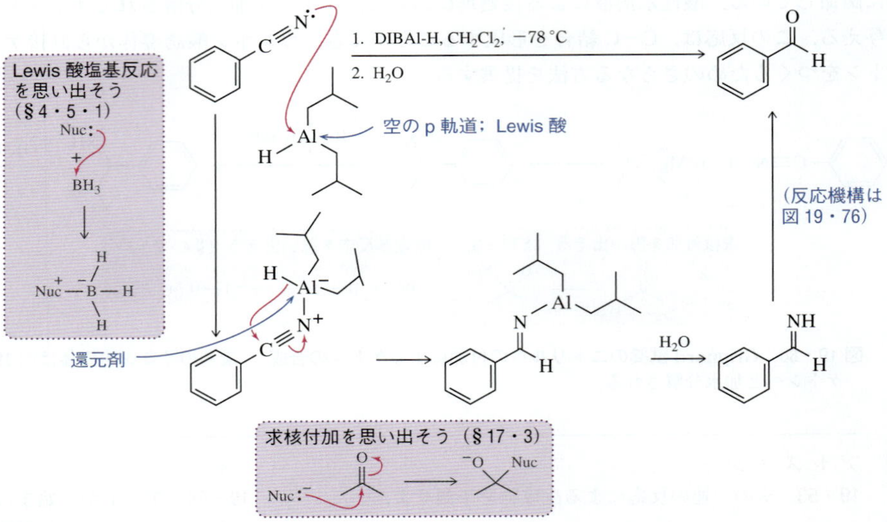

図 19・81　**DIBAl–H によるニトリルの還元は DIBAl–H によるエステルの還元に類似している**

Lewis 酸塩基反応を思い出そう（§4・5・1）

求核付加を思い出そう（§17・3）

アセスメント

19・56　次の一連の反応による生成物を予測せよ．

(a)

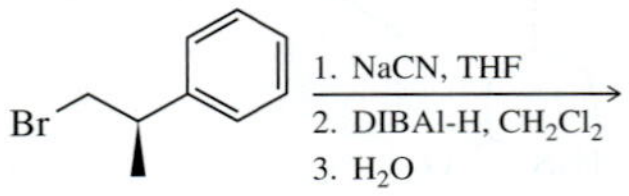

1. NaCN, THF
2. DIBAl-H, CH₂Cl₂
3. H₂O

(b)

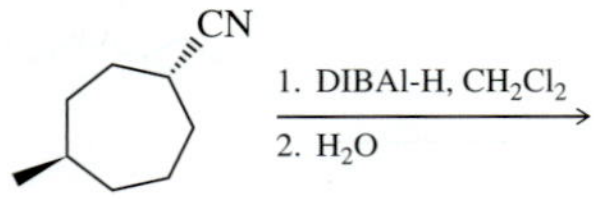

1. DIBAl-H, CH₂Cl₂
2. H₂O

19・57　アミドを出発点とする，三つの異なる経路が同じ化合物を与える．この三つの経路の生成物を予測せよ．

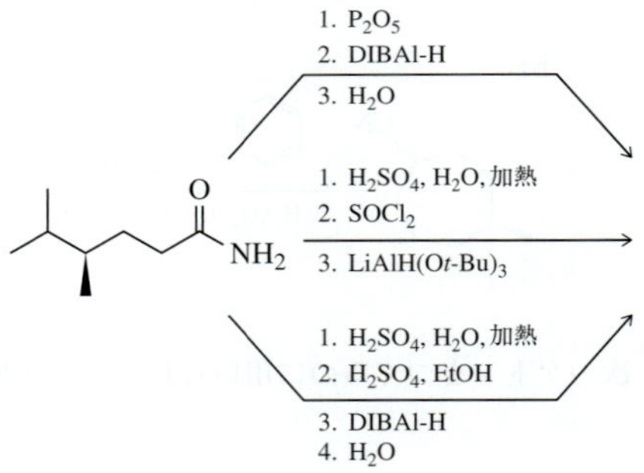

1. P₂O₅
2. DIBAl-H
3. H₂O

1. H₂SO₄, H₂O, 加熱
2. SOCl₂
3. LiAlH(Ot-Bu)₃

1. H₂SO₄, H₂O, 加熱
2. H₂SO₄, EtOH
3. DIBAl-H
4. H₂O

19・58　次のアルデヒドをつくるために DIBAl–H と反応させるべきニトリルを示せ．

(a)　ニトリル
1. DIBAl-H
2. H₂O

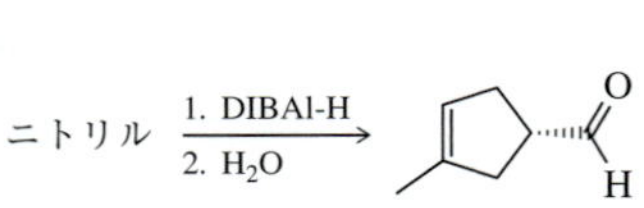

(b)　ニトリル
1. DIBAl-H
2. H₂O

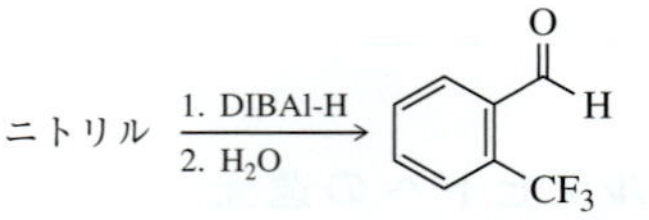

19・10・4　アミンへの還元

LiAlH₄（強力な還元剤）を用いると，ニトリルはアミンへと還元される（図 19・82）．実際の反応機構はやや複雑だが，これは基本的にはニトリル炭素への 2 当量のヒ

ドリドの付加であり，それによって二つのC−Nπ結合をそれぞれ切断する．アミンの水素は，酸処理の段階で導入される．このように，この反応は，汎用反応機構17Aによって起こるケトンやアルデヒドの還元とよく似ているが，それが2回起こっていることになる．

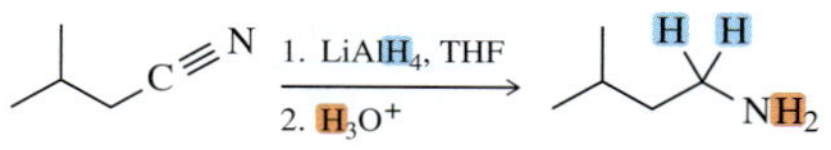

図19・82　LiAlH$_4$によるニトリルの還元は2回の求核付加（汎用反応機構17A）を経て起こる

汎用反応機構17Aと同様に，ヒドリドはニトリル炭素に直接供与され，それによってC−Nπ結合が切断される一方，アルマンAlH$_3$が形成される．負電荷を帯びた窒素は強いLewis塩基であるため，Lewis酸であるAlH$_3$はここで重要である．空のp軌道への電子対の供与により［DIBAl–Hによるエステルやニトリルの還元反応で見られたのと同様だね．§19・8・2および§19・10・3をもう一度見返してみよう］，Lewis酸塩基錯体の形成が速やかに起こる．もう一度汎用反応機構17Aと似たような形で，アルミニウムから炭素への分子内ヒドリド移動が二つ目のC−Nπ結合を切断する．生じたアミドの酸処理に続き，水による後処理によってアルミニウムがプロトンで置き換えられる（図19・83）．

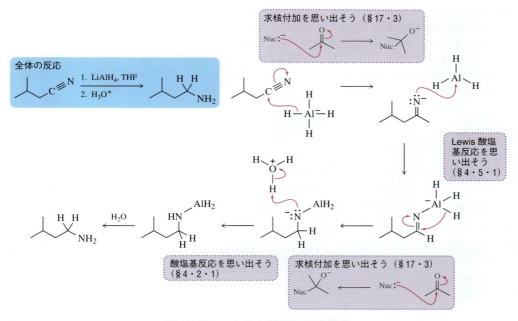

図19・83　ニトリル還元の反応機構

19・10のまとめ

- ニトリルはカルボン酸誘導体でありながら脱離基をもたないため，アルデヒドやケトンと同様に付加反応を起こす．合成上有用な変換としては，アミドやカルボン酸への加水分解〔H$_3$O$^+$（加熱）〕，ケトンへの変換（RMgBrまたはRLi），アルデヒドへの還元（DIBAl–H），アミンへの還元（LiAlH$_4$）がある．

934   19. 求核アシル置換反応 II

アセスメント

19・59 次の一連の反応による生成物を予測せよ.

(a)

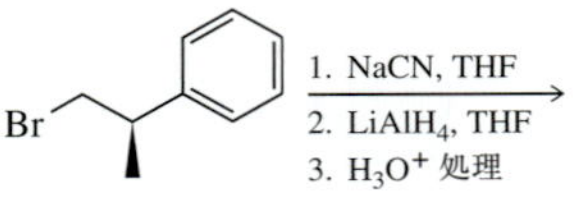

1. NaCN, THF
2. LiAlH₄, THF
3. H₃O⁺ 処理

(b)

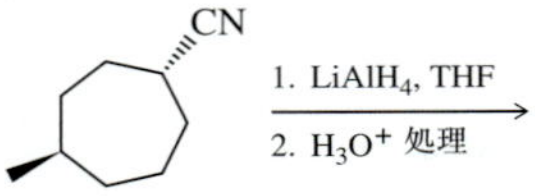

1. LiAlH₄, THF
2. H₃O⁺ 処理

19・60 二つの異なるカルボン酸誘導体の LiAlH₄ による還元が, 図のようなアミンを与える. これらのカルボン酸誘導体を特定せよ.

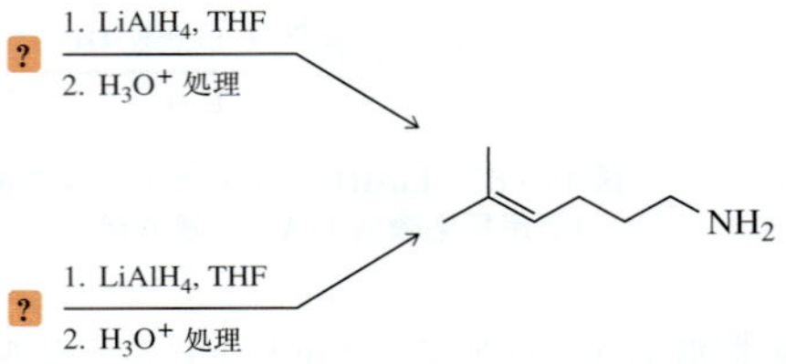

19-E   化学はここにも（生化学）

細菌の反撃！

　自分の生存を妨げているものがあれば, それを破壊しようとするだろう. 同じように, 現在生きている細菌は, β-ラクタム系抗生物質が標的酵素である D-アラニル-D-アラニンカルボキシペプチダーゼに到達する前に破壊する酵素（β-ラクタマーゼ）を進化させながら, 多くの β-ラクタム系抗生物質に対する耐性を発達させてきた. β-ラクタマーゼは, この章で学んだのと同じ反応機構で薬を分解する. 図19・84に示すように, ペニシリン G の加水分解は, D-アラニル-D-ア

ラニンカルボキシペプチダーゼが阻害される反応機構と同じように, 共有結合したエステルの形成を経て進行する.［化学はここにも 19-C 参照］しかし, この場合, 共有結合したエステルはカルボン酸へと加水分解されることで, 酵素は別のペニシリン分子を不活性化できるようになる.

　［繰返すけど, 図19・84の複雑さにとらわれてはいけないよ. それよりも, ここ第19章で学んだ化学が利用されていることに注目しよう］

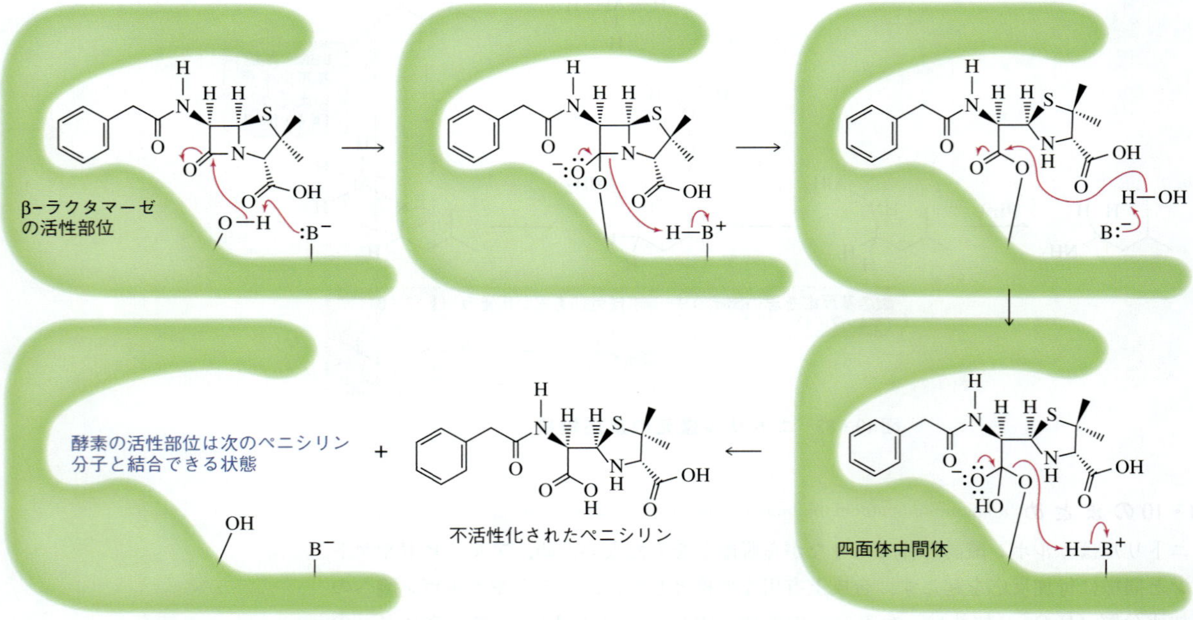

図19・84　薬を分解する β-ラクタマーゼによるペニシリン G の加水分解

"細菌との戦い"では，創薬化学者がD-アラニル-D-アラニンカルボキシペプチダーゼを阻害する分子（β-ラクタム系抗生物質）を開発して先手を打った．これに対し細菌は，β-ラクタム系抗生物質を破壊するためにβ-ラクタマーゼをつくり出すことで応じた．[創薬化学者としては，次にどうすべきだろう？] 今度は，創薬化学者が，薬を破壊するβ-ラクタマーゼの阻害薬を発明し，β-ラクタム系抗生物質と一緒に投与することで，抗生物質が標的に届くようにした．図 19・85 に示したβ-ラクタマーゼ阻害剤の一例はクラブラン酸であり，これはオーグメンチンという商品名のもと，アモキシシリンと併用されている．クラブラン酸は，D-アラニル-D-アラニンカルボキシペプチダーゼを阻害しない．アモキシシリンの分解を阻害するだけなのである．[戦いは続く…お前の番だ，細菌！]

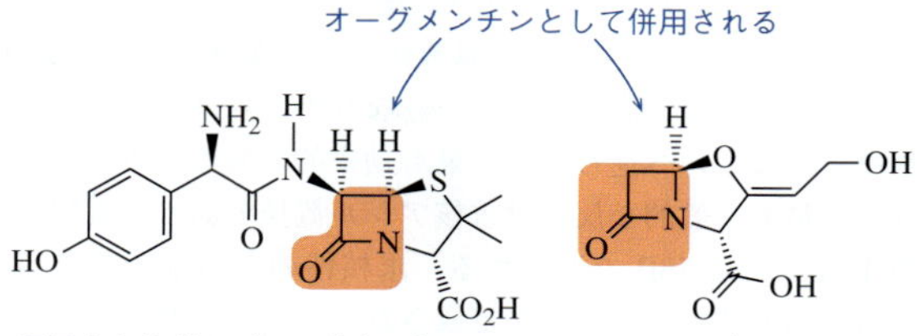

図 19・85 アモキシシリンとクラブラン酸の併用はアモキシシリンの分解を防ぎ，細菌細胞壁の生合成を阻害できるようにする

むすびに

20 世紀半ば，1960 年のノーベル医学・生理学賞の共同受賞者である Frank MacFarlane Burnet 卿は，抗生物質の黄金時代の到来による感染症の撲滅を思い描いた．しかし，その後，細菌は抗生物質に対する耐性を獲得した．より多くの抗生物質が，ときには不用意に使用されるにつれて，細菌は最も強い薬に対してさえも耐性をもつようになった．抗生物質耐性が集団に定着するために必要なのは，一つの細菌がランダムな突然変異の結果として生き残ることだけである．この生き残った細菌は，それを殺そうとしたどんな薬に対しても耐性をもち，あっという間に子孫をつくる．そして今度は，それらが DNA の中に受継いだこの突然変異を伝えていくことになる．

そのため，私たちは細菌性疾患を克服するどころか，有効な抗生物質の選択肢が尽きてしまうかもしれないという危険な状況に陥っている．これは，[将来的には] 君たちも含めた多くの人々や業界の協力による解決が必要な問題である．新しい作用機序をもつ抗生物質を開発する[有機化学者の手で！] ために，民間および公的な研究資金を投入する必要がある．医師は，患者が要求しても抗生物質を過剰に処方しないようにする必要がある．農産業は，可能な限り家畜への抗生物質の使用を避ける必要がある．そして最後に，一般市民は処方された用量を完全に服用し，未使用の抗生物質を適切に廃棄することで貢献できる．

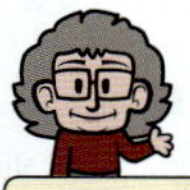

でも，君たちが抗生物質を発明したり処方したりする立場になる前に，エノールとエノラートの求核付加反応と置換反応を学んで，カルボニル基の反応の旅を終える必要があるね．さあ行こう！

第 19 章のまとめ

重要な概念 〔ここでは，第 19 章の各節で取扱った重要な概念（反応を除く）をまとめる〕

§ 19・1〜19・3: カルボン酸誘導体は，カルボン酸と同じ酸化状態にあり，カルボン酸から仮想的な縮合反応によって合成することができる．重要なカルボン酸誘導体は，酸塩化物，酸無水物，エステル，アミド，ニトリルである．各カルボン酸誘導体の命名は，対応するカルボン酸の名前から始めて，それに適切な修正を施すことにより行う．分子軌道図において，カルボニル基に結合しているヘテロ原子は sp^2 混成であるため，その電子対は共鳴によりカルボニル酸素へと非局在化することができる．

§ 19・4: 第一級および第二級アミドを除いて，カルボン酸誘導体は水素結合供与体として働けないため，対応するカルボン酸よりも弱い分子間相互作用をもつ．カルボン酸誘導体のカルボニル伸縮振動の振動数（波数）は，双性イオン共鳴構造におけるカルボカチオンが，結合した置換基によって安定化または不安定化される度合いによって決まる．赤外スペクトルにおいて観測される吸収を波数の大きい順に並べると，酸塩化物

936   19. 求核アシル置換反応 II

（約 1785 cm^{-1}），酸無水物（約 1800/1745 cm^{-1}），エステル（約 1745 cm^{-1}），アミド（約 1685 cm^{-1}）となる．

§19・5〜19・6: カルボン酸誘導体は相互変換が可能であり，それは最も不安定（高エネルギー）なものから最も安定（低エネルギー）なものへ進む場合に最も効率的である．カルボン酸誘導体の最も一般的な反応は求核アシル置換であり，汎用反応機構 18A または 18B で進行する．求核性の高い求核剤を用いる場合，四面体中間体が直接形成された後，脱離基が追い出されてカルボニル基が再生する（汎用反応機構 18A）．求核性の低い求核剤を用いる場合，四面体中間体を形成し，脱離基を追い出して新たなカルボン酸誘導体を生成するためには，一連の酸塩基反応が必要である（汎用反応機構 18B）．カルボン酸誘導体の反応性は，酸塩化物，酸無水物，エステル，アミドの順に低下する．

§19・7: カルボン酸誘導体は，加水分解（水と反応）してカルボン酸を生成する．また，アルコールと反応してエステルを，アミンと反応してアミドを生成する．酸塩化物はカルボキシラートと反応して酸無水物を生成する．カルボン酸誘導体の反応性が低下するにしたがって，反応を完結させるためにはより過酷な条件（酸，塩基，および/または熱など）が必要になる．SOCl$_2$ を用いた酸塩化物の合成は，反応性の丘の頂点への回帰を可能とし，それによってより安定なカルボン酸誘導体のすべてを容易に調製することができる．

§19・8: カルボン酸誘導体の還元には，四つの反応剤，すなわち NaBH$_4$，LiAlH$_4$，LiAlH(O*t*–Bu)$_3$，DIBAl–H が利用される．LiAlH$_4$ は，アミンを与えるアミドを除いて，すべてのカルボン酸誘導体と反応してアルコールを生成する．DIBAl–H は，安定な錯体の形成を経てエステルをアルデヒドへと還元する．LiAlH(O*t*–Bu)$_3$ は，1 当量のヒドリドを供与することで，非常に反応性の高い酸塩化物をアルデヒドへと還元する．

§19・9: Grignard 試薬と有機リチウム試薬は，エステルに 2 回付加して第三級アルコールを与える．カルボン酸誘導体からケトンを合成するには，酸塩化物とクプラートの反応が必要である．クプラートは Grignard 試薬や有機リチウム試薬とは異なる機構で反応し，生成したケトンとは反応しない．

§19・10: ニトリルもカルボン酸誘導体である．ニトリルは良好な脱離基をもたないため，その反応性はアルデヒドとケトンの反応に類似している．付加反応を利用して，ニトリルは水和されてアミドに，加水分解されてカルボン酸に，還元されてアミンまたはアルデヒドに，Grignard 試薬や有機リチウム試薬との反応によってケトンに変換することができる．

重要な反応と反応機構

1. 求核アシル置換: 汎用反応機構 18A（§19・6〜§19・7）　　求核性の高い求核剤（$^-$Nuc）のカルボン酸誘導体に対する置換反応．第一段階では，求核剤が攻撃して，カルボニル酸素に負電荷をもつ四面体中間体を形成する．この四面体中間体は，酸素上の電子対が押し戻されることでよい脱離基を追い出しながら分解し，カルボニル基を再生する．

2. 求核アシル置換: 汎用反応機構 18B（§19・6〜§19・7）　　求核性の低い求核剤（Nuc）のカルボン酸誘導体に対する置換反応．プロトン化によって，カルボニル基が求核攻撃に対して活性化される．求核攻撃の結果生じた生成物の脱プロトンが，中性の（電荷をもたない）四面体中間体を与える．再度のプロトン化により良好な脱離基が生じ，これは最終的に電子対の押し込みによって追い出され，プロトン化されたカルボニル中間体を再形成する．最後の脱プロトンによって可逆的な反応機構が完成するが，これは多くの場合，Le Châtelier の原理を用いて反応完結へと推進される．

　[汎用反応機構 18B は，単に汎用反応機構 18A に，より求電子性の高い求電子剤とよりよい脱離基をつくるために必要な四つの酸塩基段階を加えたものであることに留意しよう．この後のいくつかの反応は，同じ反応機構で進行するよ]

【反応機構】

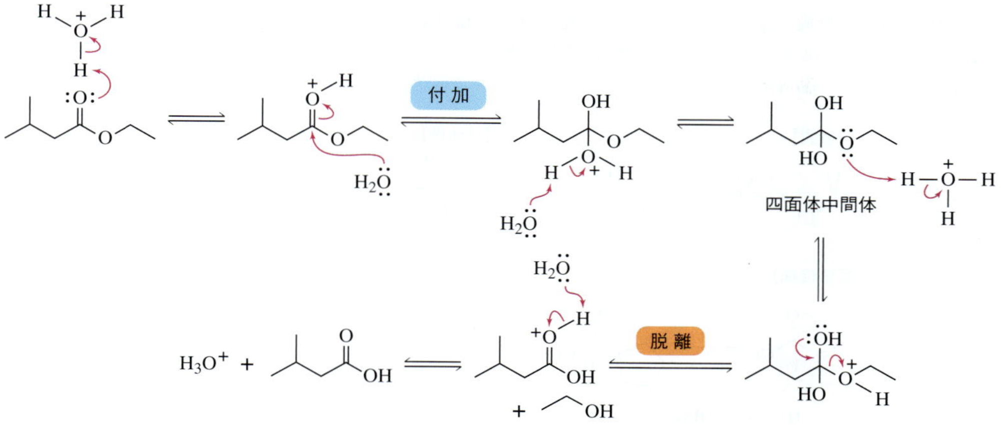

3. アルコールへの還元: LiAlH$_4$（§19・8・1）　2当量のヒドリドが別々の段階でカルボニル炭素に付加し，アミドとニトリルを除くすべてのカルボン酸誘導体を第一級アルコールへと還元する．汎用反応機構18Aによって進行し，ヒドリドの付加が四面体中間体を生成，それが脱離基の脱離とともに分解してアルデヒドを与える．このアルデヒドは，続いて2番目のヒドリドの付加により還元される．その後の酸処理によって，第一級アルコール生成物が得られる．

【一般式】　　　　　　　　　　　　　　　　　【具体例】

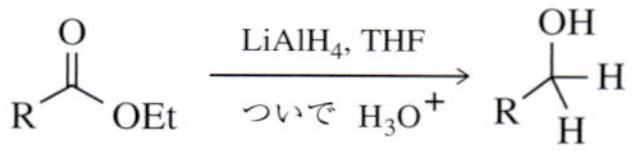

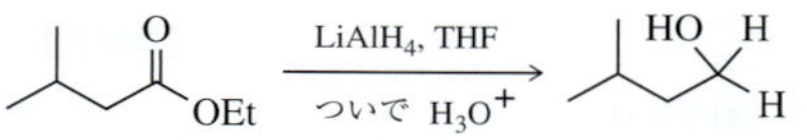

【反応機構】

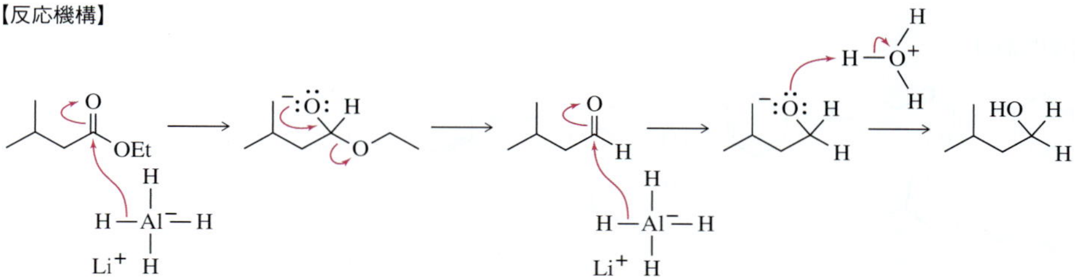

4. アミンへの還元: LiAlH$_4$（§19・8・1）　2当量のヒドリドが別々の段階でカルボニル炭素に付加し，アミドをアミンへと還元する．汎用反応機構18Aによって進行し，ヒドリドの付加により安定な四面体中間体が生じる．この中間体のアルコキシドイオンがLewis酸であるAlH$_3$（アルマン）に電子対を供与し，よい脱離基を形成する．脱離基であるオキシアルミナートイオンが，窒素の非共有電子対の押し込みによって追い出され，イミニウムイオンが生成する．続いて，このイミニウムイオンが2当量目のヒドリドによって還元され，アミンを与える．

【一般式】　　　　　　　　　　　　　　　　　【具体例】

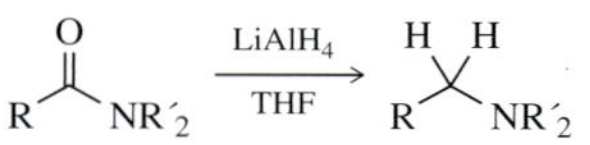

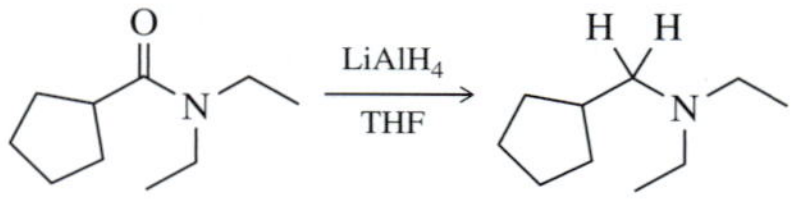

【反応機構】

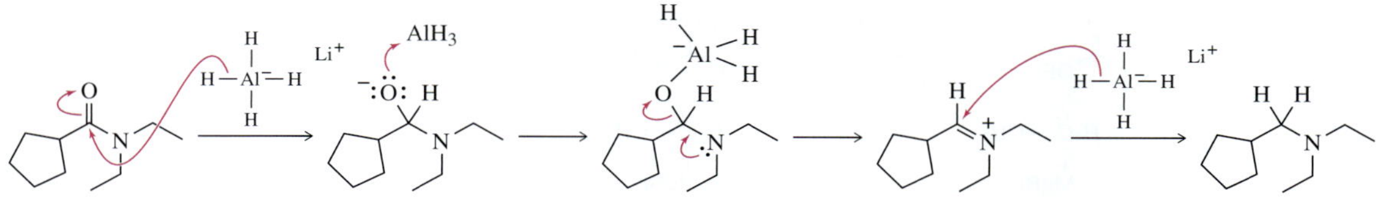

5. アルデヒドへの還元: LiAlH(Ot–Bu)₃（§19・8・2）　　酸塩化物にのみ有効で，1当量のヒドリドが汎用反応機構18Aを経て反応する．四面体中間体の形成に続いて，カルボニル基の再生と塩化物イオンの脱離が起こり，アルデヒドを与える．2回目の還元は起こらない．それは，アルデヒドの反応性が酸塩化物に比べて低いことに加えて，LiAlH(Ot–Bu)₃が1当量のヒドリドしかもたないことによる．

【一般式】

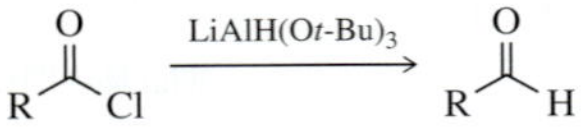

【具体例】

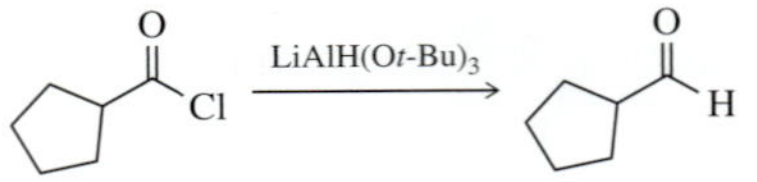

【反応機構】

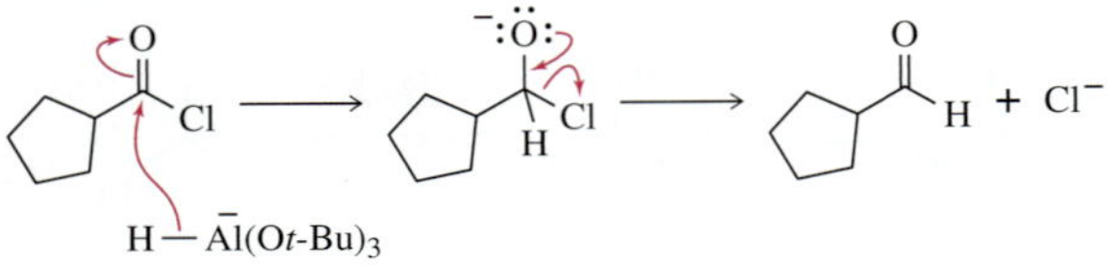

6. アルデヒドへの還元: DIBAl–H（§19・8・2）　　エステルを用い，Lewis酸によって促進されるこの反応は，一部手直しした汎用反応機構18Bによって起こる．カルボニル酸素とDIBAl–Hの間のLewis酸塩基反応は，エステルをより求電子的にすると同時に，アルミニウム上に形式負電荷を生じさせる．その結果，アルミニウムからカルボニル炭素へのヒドリド移動が起こり，安定した中間体を与える．この中間体は，水と反応すると分解してアルデヒドを形成する．この時点でDIBAl–Hがすべて消費されているため，その後のアルデヒド還元は不可能である．

【一般式】

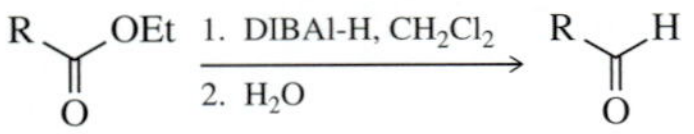

【具体例】

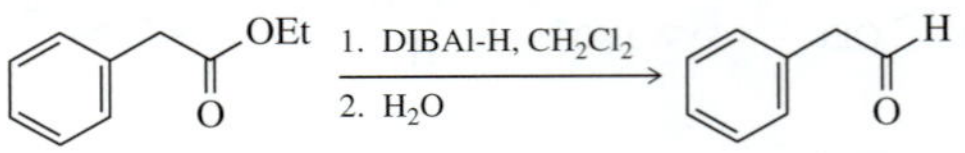

【反応機構】

これは加水分解
（図19・69参照）

安定な錯体

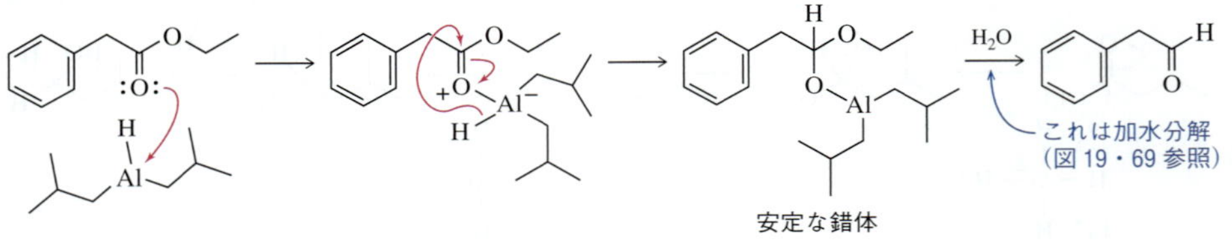

7. Grignard試薬とエステル（§19・9・1）　　汎用反応機構18Aによって進行し，求核性の高い求核剤の付加によって四面体中間体が生じる．アルコキシドイオンが追い出されて四面体中間体が分解し，ケトンを与える．このケトンは出発点のエステルよりも反応性が高いため，すぐにGrignard試薬と反応して第三級アルコキシドイオンを生成する．このアルコキシドイオンをプロトン化すると，第三級アルコールが得られる．この反応は有機リチウム試薬を用いた場合も同じように起こる．

【一般式】

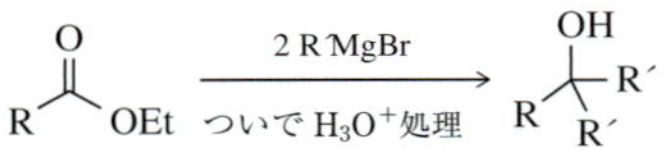

【具体例】

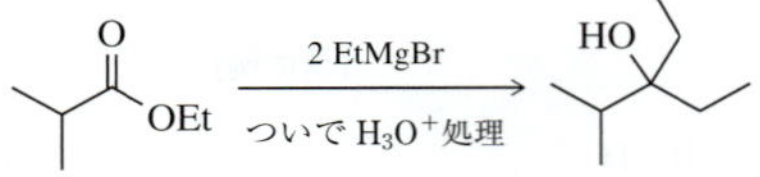

【反応機構】

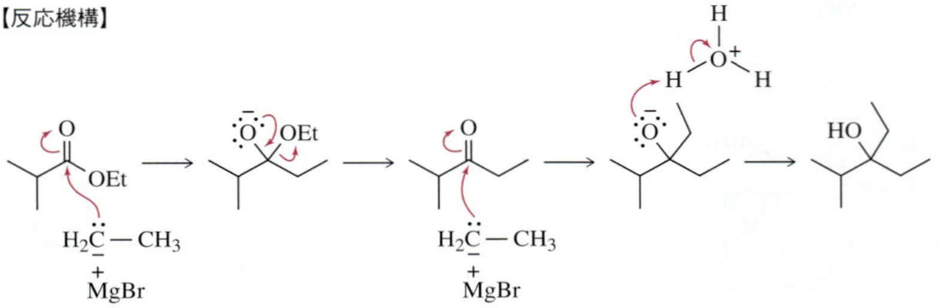

第19章のまとめ　939

8. クプラートと酸塩化物（§19・9・2）　酸塩化物はクプラートとまったく異なる反応機構で反応し，カルボン酸誘導体からのケトンの直接的な合成を可能にする．C−Cl 結合へのクプラートの酸化的付加に続いて，還元的脱離が起こり，新しい C−C 結合を与える．類似の反応機構が第16章で説明されているが，形式的には汎用反応機構18A で起こるものと表現できる．

【一般式】　　　　　　　　　　　　　　【具体例】

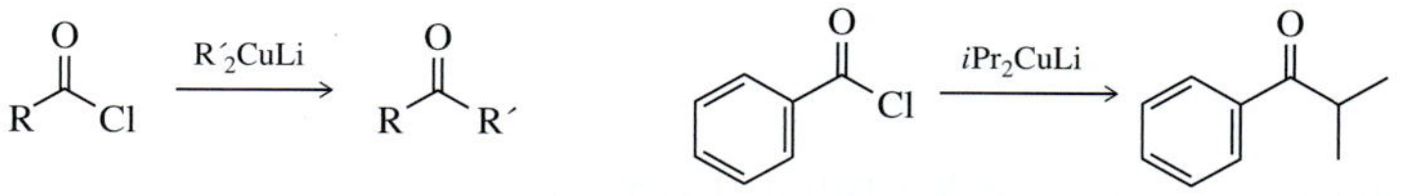

【反応機構】

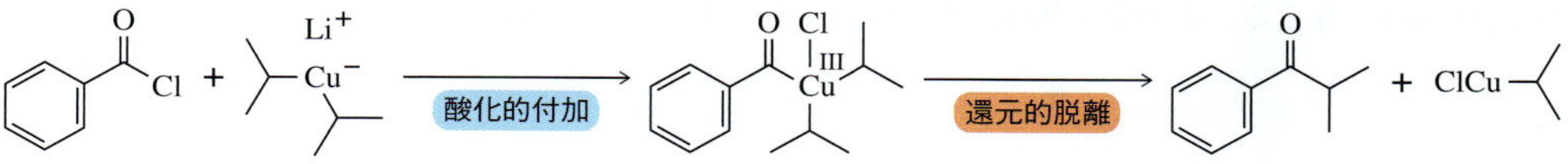

【形式的な反応機構】

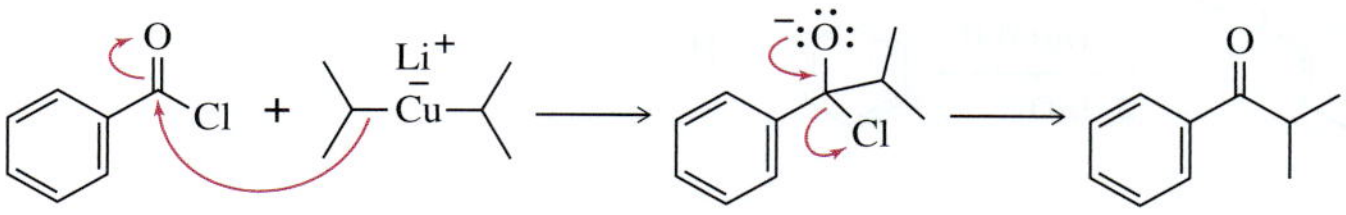

9. ニトリルの水和反応（§19・10・1）　アルデヒドやケトンの反応と同様に，ニトリルの水和は付加反応によって起こる．水（求核性の低い求核剤）がニトリル炭素を攻撃できるようになるには，ニトリル窒素のプロトン化が必要である．2段階を経る酸素から窒素へのプロトンの移動によって，アミドが生成する．加熱条件下では，生成したアミドの加水分解が起こり，カルボン酸を与える．この反応機構は§19・7・1で説明されている．

【一般式】　　　　　　　　　　　　　　【具体例】

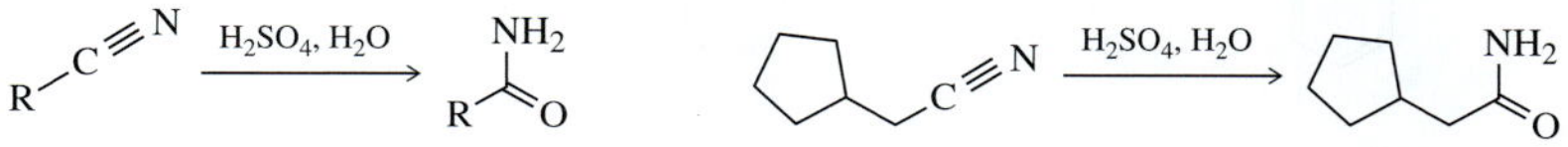

【反応機構】

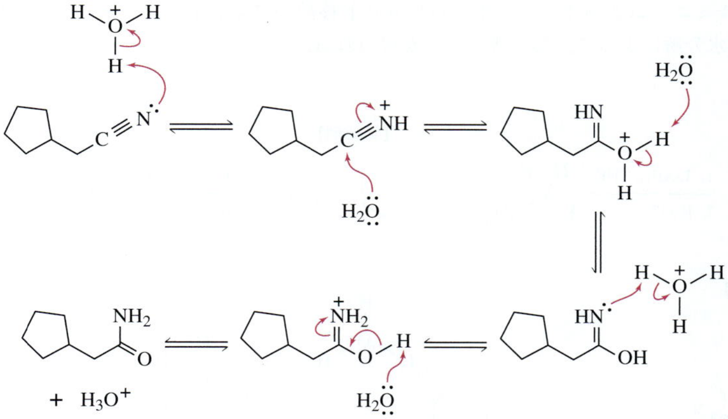

10. ニトリルと Grignard 試薬（§19・10・2）　求核性の高い求核剤である Grignard 試薬は，ニトリルに直接付加する．酸処理した後，中性の（電荷をもたない）イミンが加水分解されてケトンを与える．

【一般式】　　　　　　　　　　　　　　【具体例】

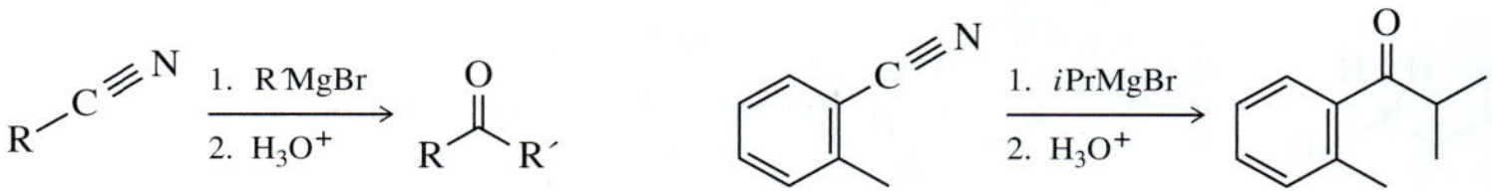

940　**19. 求核アシル置換反応 II**

【反応機構】

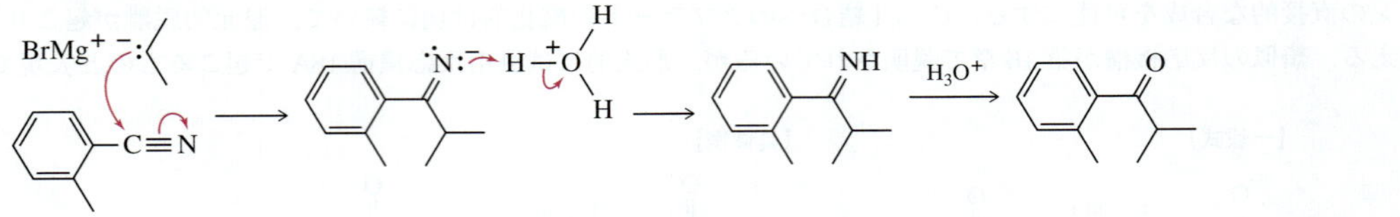

11. ニトリルの還元: DIBAl-H（§19・10・3）　　ニトリル窒素と DIBAl-H の間の Lewis 酸塩基反応が，ニトリルをより求電子的にすると同時に，アルミニウム上に形式負電荷を生じさせる．その結果，アルミニウムからニトリル炭素へのヒドリド移動が起こり，安定な中間体を与える．この中間体は，水と反応するとイミンを形成し，続いてイミンはアルデヒドへと加水分解される．

【一般式】　　　　　　　　　　　　　　　【具体例】

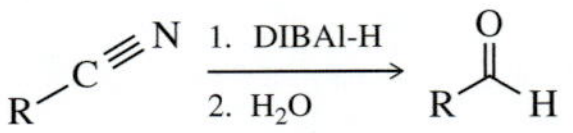

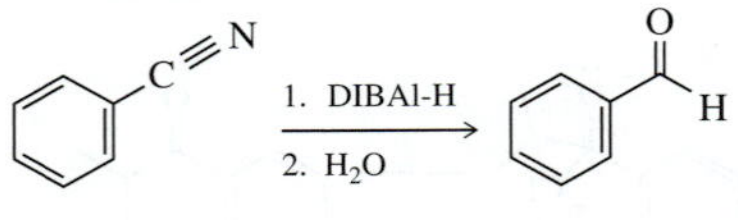

【反応機構】

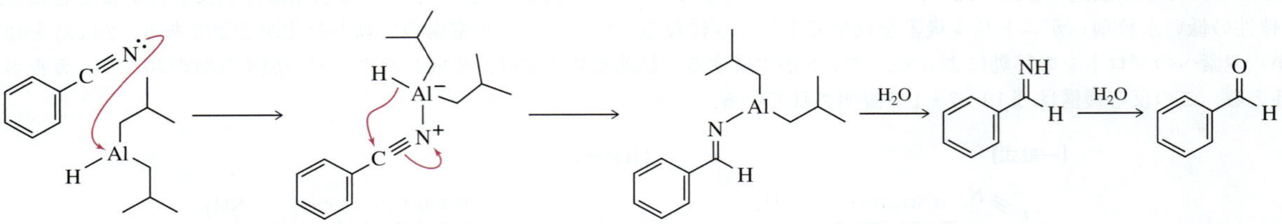

12. ニトリルの還元: LiAlH₄（§19・10・4）　　高い求核性をもつヒドリドの付加に続いて，窒素上の電子対が Lewis 酸であるアルマン AlH₃ に供与される．アルミニウムからイミン炭素へのヒドリド移動がアミドイオンを生成し，それが酸処理の段階でプロトン化される．生じた錯体の加水分解によって，第一級アミンが得られる．

【一般式】　　　　　　　　　　　　　　　【具体例】

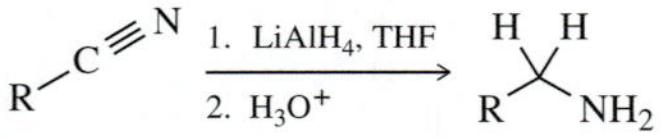

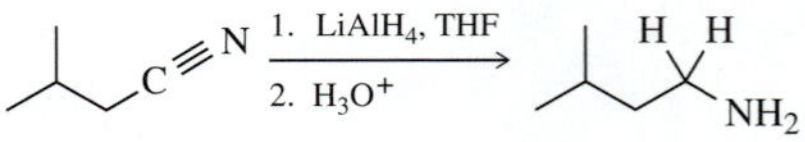

【反応機構】

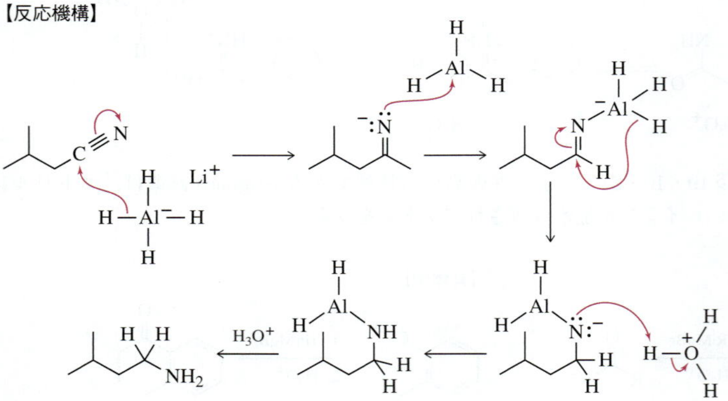

第19章のまとめ

アセスメント〔●の数で難易度を示す（●●●●＝最高難度）〕

19・61（●●） 第18章から，私たちの体は安息香酸ナトリウムを馬尿酸に変換して排出していることを思い出そう．有機化学者はこの変換をどのように行うだろうか．［馬尿酸にはどのような官能基があるかな］

19・62（●●） 振り返り 第9章では，mCPBAを使ってアルケンからエポキシドを合成した．カルボン酸からmCPBAを合成するにはどうしたらよいか．［ヒント：まず酸塩化物をつくろう］

19・63（●●） 酸塩化物の還元はあまり役に立たない．(a) 酸塩化物がどのようにつくられるかを考えて，なぜ有用な反応ではないかを答えよ．(b) この反応がどのように起こるか，その反応機構を示せ．［LiAlH₄とエステルについて見たのとよく似ているはずだよ］

19・64（●●●） この章には，酸処理の段階を必要とするカルボキシラートイオンの生成が出てきた．この章での定義によると，カルボキシラートイオンは厳密にはカルボン酸の誘導体である．カルボキシラートイオンの反応性を含めるには，図19・9をどのように修正したらよいだろうか．

19・65（●●●） 先取り 第23章では，アニリンの場合のように，アミノ基は共鳴によって結合したベンゼン環に電子を供与することを示す．アニリンを無水酢酸と反応させると，得られる官能基は，なお電子供与性ではあるものの，その度合いは低くなる．(a) 反応による生成物を示し，(b) 電子供与性が低下した理由を説明せよ．

19・66（●） 先取り 第25章では，フタルイミドが水酸化物イオンによって脱プロトンされることで，以下の反応に示すように S_N2 反応における良好な求核剤となることを示す．なぜフタルイミドのプロトンは非常に酸性なのか．

19・67（●●●） 先取り 第23章ではサルファ剤について説明するが，そのなかの一つにスルファニルアミド（スルホンアミドという官能基をもつ）がある．スルホン酸からスルホンアミドを合成するための2工程の反応を提案せよ．［これらの官能基名が，第18，19章で学んだ官能基名とどう対比できるか注目しよう］

19・68（●●●） ある化学者が N,N-ジメチルアセトアミドと N,N-ジメチルホルムアミドの入った小瓶の区別がつかなくなってしまった．それぞれの小瓶に入っている化合物の正体を確実に決定するために，赤外分光法はどのように利用できるだろうか．［アルデヒドとケトンの赤外スペクトルの違いについて考えてみよう（第14章）］

19・69（●●） 実験室のエアコンが停止した日，ある化学者が，ニトリルの加水分解反応をカルボン酸まで促進するのに十分なだけの熱を周囲の空気がもたらすだろうと仮説を立てた．得られた生成物の赤外スペクトルに基づくと，この仮説は正しかっただろうか．

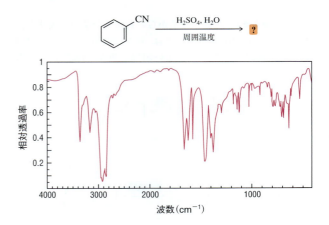

19・70（●●●●） 次のスキームは，示された反応で生成した化合物のスペクトルによって，その有機生成物の構造式を置き換えたものである．分光学と反応性に関する知識に基づいて，分子（b），（d），（f）と，反応剤（a），（c），（e）を特定せよ．

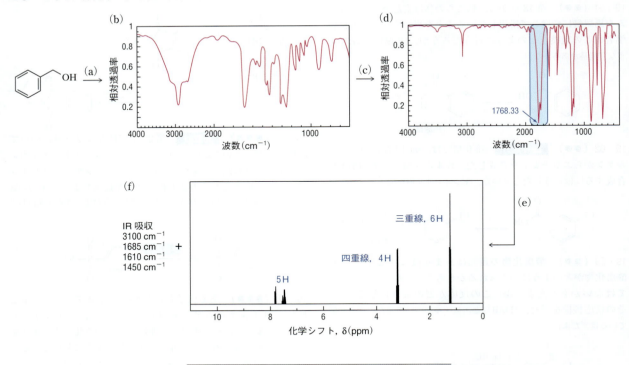

19・71（●●●） ある化学者が，第一級アルコールの生成を予想して次のような脱保護を行ったところ，代わりに新しいラクトンが得られた．(a) 反応機構の全体を示し，(b) より大きなラクトンの生成を合理的に説明せよ．

19・72（●●●） 左側の分子からの右側の分子の合成法を提案せよ．［これらの合成に必要なのは，第19章で取上げた官能基変換だけだよ．理想的な工程数を示しているけど，複数の可能性があるかもしれない］

19・73（●●●●） 左側の分子からの右側の分子の合成法を提案せよ．［アセスメント19・72とは異なり，これらの合成は以前の章で学んだ反応を必要とするんだ．炭素に番号をつけて考えよう］

19・74（●●●●） 　先取り　酸塩化物からアミドへの変換と，ひき続くアミンへの還元をここに示している．この反応になぞらえて，ケトンからアミンを合成するにはどうしたらよいだろうか．［第17章で学んだ反応を検討する必要があるだろう］

19・75（●●●●） 　DIBAl-H を用い，THF を溶媒としてエステルを還元すると，還元はアルデヒドでは止まらない．この結果を説明せよ．［THF がどのように安定な錯体に干渉するかを考えてみよう］

19・76（●●●） 　DIBAl-H は，エステルを還元するだけでなく，直接アルデヒドにさらすとアルデヒドを還元する．これがどのように起こるか反応機構を提案せよ．

19・77（●●●） 　環状酸無水物を水素化アルミニウムリチウム LiAlH$_4$ で還元した後，酸性水溶液で処理すると環状エステル（ラクトン）が得られる．この反応の反応機構を提案せよ．［ヒント：最初に還元生成物を予想して，次にエステル化の過程を考えよう］

19・78（●●●●） 　アセスメント 19・77 の答えを考慮して，酸無水物を（LiAlH$_4$ の代わりに）2 当量の MeMgBr に付した後，同様の酸処理を行った場合に予想される生成物を示せ．

19・79（●●●●） 　§19・10・1 ではニトリルの水和反応で第一級アミドが生成することを示した．逆に，第一級アミドの脱水反応ではニトリルが得られる．このプロセスにジクロロリン酸エチルと DBU（塩基）を用いる反応の反応機構を示せ．［第17章で，リンは酸素に対して強い親和性があることを学んだよね］

ベンズアミド　　ジクロロリン酸エチル　　DBU

ベンゾニトリル

19・80（●●●） 　振り返り　アセスメント 18・61〜18・63 において，アミドをつくるためのカルボン酸とアミンのカップリング剤としての DCC の利用を示した．（a）この反応の反応機構を提案せよ．（b）このプロセスの利用は，さらなる誘導体化に先立ってカルボン酸を酸塩化物に変換することと，どのような点で似ているだろうか．

DCC

目的のアミド　　　　ジシクロヘキシル尿素（DCU）

19・81（●●●） 　DCC は，カルボン酸からアミドやエステルを合成するのに利用できる．この手法を利用した次の反応の生成物を予測せよ．

(a)

(2 当量)

DCC

DCC

(b)

(2 当量)

DCC

DCC

19・82（●●●）先取り 第26章では，ポリマー樹脂に結合した伸長中のペプチド鎖に，DCCを使ってアミノ酸モノマーを結合させることもできることを紹介している．次の反応の生成物を予測せよ．[見慣れないところは無視して，これは単にアミンとカルボン酸の反応であることに注目しよう]

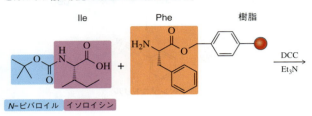

19・83（●●●）先取り 第25章では，アルデヒドが還元的アミノ化反応を起こすことを紹介する．この反応は，第17章のイミン生成とこの章のアミドの還元の組合わせという特徴がある．還元的アミノ化の反応機構を提案せよ．[$NaBH_3CN$ は $NaBH_4$ に類縁の反応剤にすぎないんだ]

19・84（●●●）先取り 第28章では，求核アシル置換を利用して，ポリマー"ケブラー"を合成できることを示す．ケブラーは，既知の材料のなかで最も強い材料の一つであるため，防弾チョッキの材料として利用されている．ケブラーの生成機構を提案せよ．

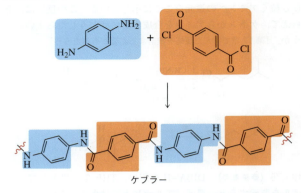

19・85（●●●）先取り 第28章では，酸塩化物に似たホスゲンが，ビスフェノールAをポリカーボネートポリマーに変換するのに用いられることを示す．下図のように，二つのビスフェノールA分子がカップリングする反応機構を提案せよ．

20

エノラート
カルボニル基への付加と置換

はじめに

米国疾病対策センターによると，米国では 4 人に 1 人が心臓病で死亡しており，男性，女性を問わず，ほとんどの民族で死因の第 1 位となっている．心臓病は，また，故人を悼む個人や家族の重荷となるばかりではなく，米国経済の重荷ともなっており，治療費，薬代，生産性の低下などにより毎年 1000 億ドル以上の負担となっている．冠状動脈性心臓病の進行には，コレステロールが大きく関わっている．心臓の動脈の内壁にLDL コレステロールが蓄積すると，その状況を改善するために白血球がその部分に集積する．コレステロールの継続的な蓄積と免疫系の反応により，動脈壁に血流を制限するプラークが形成される．プラークが破裂すると，血栓が急速に形成され，最終的に冠動脈が閉塞して心筋梗塞（心臓発作）となる．

コレステロール値が高いのは，通常，その人の食生活や運動習慣に原因があるとされているが，人体のコレステロールの半分以上は，図 20・1 に示した経路により肝臓でつくられている．食事や運動だけでは十分ではなく，薬を使ってコレステロール値をコントロールすることもある．幸いなことに，生合成されるコレステロール量を決定づける

学習目標
▶ エノールとアルケンを比較できる．
▶ アルドール反応の一般的な反応機構の分析ができる．
▶ アルドール反応の分析ができる．
▶ 古典的条件と現代的条件での交差アルドール縮合の比較ができる．
▶ 分子内アルドール反応の分析ができる．
▶ Claisen 縮合とその類縁反応の分析ができる．
▶ アセト酢酸エステル合成反応とマロン酸エステル合成反応の分析ができる．
▶ エナミン合成反応の反応機構の説明ができる．

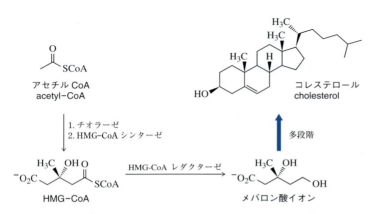

図 20・1 コレステロールは心臓病の主要因である　HMG-CoA の還元がコレステロール生合成の鍵段階であるため，HMG-CoA レダクターゼを阻害する薬剤は血流中のコレステロール量を減らす．これにより，心臓発作につながる LDL コレステロールのプラークの蓄積を制限する．

946   20. エノラート

想像は人の常，発明は神の業
　　—ことわざ（化学者用に加工済み）

段階は，20 段階からなるコレステロール生合成経路の最初の方に位置している．スタチン系薬は，β-ヒドロキシ-β-メチルグルタリル CoA（HMG-CoA）の酵素による還元を阻害することにより，体内で生成されるコレステロールの量を減らすことに成功している．

　エノラートを用いた反応は，コレステロールのような複雑な分子の合成に有用であり，生体系にも広く存在する（"化学はここにも" 20-B 参照）．この章では，有機化学に関する目標を達成することに加えて，生化学的な反応機構の知識が，社会に貢献する医薬品の合成にどのように影響するかを見ていこう．

　現代の有機化学者は，"どんな変換にもそれを達成する反応剤（試薬）がある"，"どんな分子でも合成できる"，"分子はいつでも有機化学者の意のままに曲げられる" という前提で仕事をしている．[実際はそんなことないよね] この本の中でも，分子が思い通りに反応しない場面をたくさんみてきた．[ボールは下り坂を転がるけど，必ずしも希望するところにはたどり着かないよね] 特に，熱力学的に制御された反応が，化学者の思いとは関係なく，最も低いポテンシャルエネルギーをもつ状態に到達する場合がそうである．同じような低いポテンシャルエネルギーの状態がいくつかあると，複雑な混合物ができてしまう．エノールやエノラートとカルボニル基との反応は，最適な反応剤が入手できなかったため，初期の研究では特に制御が難しかった．したがって，初期の化学者は，最もポテンシャルエネルギーの低い生成物が目的の分子になるように，システムを"騙す"必要があった．この章では，初期の有機化学者がどのようにして反応を操作し，思い通りになるように仕向けていたかを見ていこう．反応剤や化学原理の捉え方の現代での姿を知っている立場からみると，初期の有機化学者がこうした基礎をもたずして成し遂げてきたことに驚嘆するばかりである．そして，初期の有機化学者の問題解決法を学ぶことは，私たち自身の問題解決戦略を発展させてくれる．その戦略は，将来，有機化学の研究室，医師の診察室などさまざまな場所で役立つことだろう．

　合成化学者は，炭素–炭素結合を形成する新しい反応を学ぶことを常に楽しみにしている．[この先を読み続けたくなるように，念のため…] 第 20 章では，そのためのいくつかの方法を紹介する．カルボニル基に関する四つの章の最後となるこの章では，カルボニル基の存在によって可能となる化学反応について学んでいく．特に，カルボニル基に直接結合している炭素である "α炭素" で起こる反応をみていくことになる（図 20・2）．この反応を見ていく前に，理解の助けとなるいくつかの概念の理解度をチェックしよう．

図 20・2　α 炭素はカルボニル基に直結している炭素である [特別視する理由はすぐにわかるよ]

理解度チェック

アセスメント
20・1　アセチレンと臭化ベンジルおよび，その他の無機反応剤を用いて，以下に示すアルケンの合成法を提案せよ．

20・2　次の反応の生成物を示せ．

(a) 1. Na——H
　　ついで H$_3$O$^+$ 処理
　　2. (sia)$_2$BH
　　3. NaOH, H$_2$O$_2$

(b) 1. Na—≡—isopropyl
　　ついで H$_3$O$^+$ 処理
　　2. H$_2$, Pd/C

(c) 1. Na——H
　　ついで H$_3$O$^+$ 処理
　　2. HgSO$_4$, H$_2$O
　　3. TBAF

20・3 次の変換を行うための反応剤と条件を示せ．

(a), (b)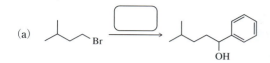

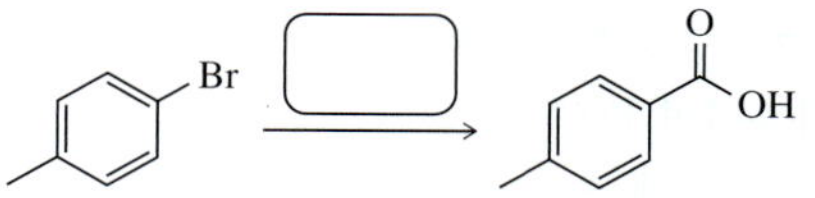

20・4 酸性および塩基性条件下でのケト-エノール互変異性化について，巻矢印を用いて反応機構を示せ．

(a), (b)

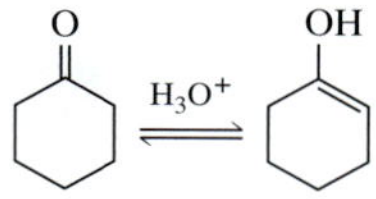

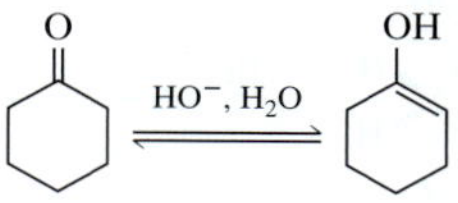

20・5 通常，ケト形はエノール形よりも安定しているが，ここに示す分子のエノール形は実際にはより安定している．この観察結果を説明せよ．

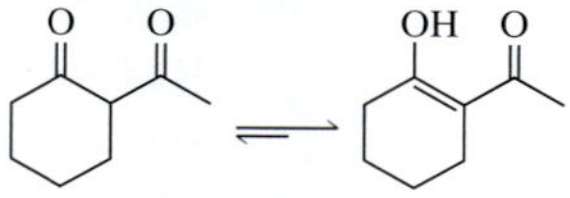

20・6 次の反応の生成物を示せ．

(a), (b)

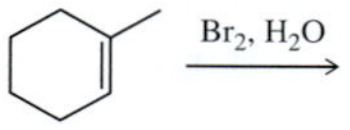

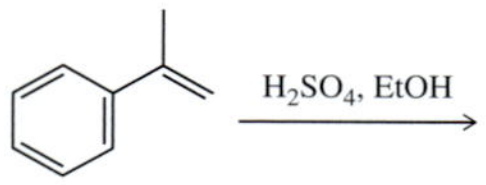

20・1 α炭素の化学

この章では，カルボニル基のα炭素の官能基化に焦点を当てる．図20・3(a)には，多岐にわたる可能性が示してある．それぞれの変換では，水素が官能基に置換されている．これらの反応が，α炭素に求核性をもつエノールとエノラートという二つの化学種を仲介して起こることを示す最初の手がかりである（図20・3b）．［エノールまたはエノラートを形成するためには，α水素が除去されなければならないよね］

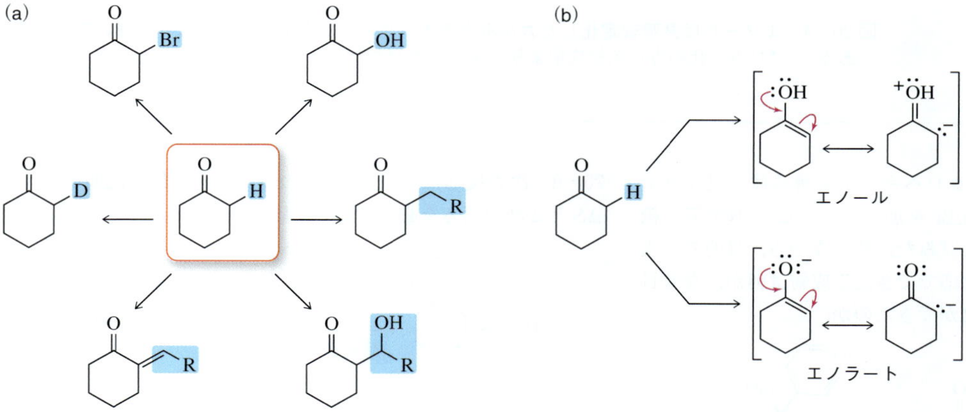

図20・3 α炭素での反応は，(a) さまざまな新しい分子の形成を可能にし，(b) エノールおよびエノラート中間体を経て進行する

20・2 エノール

エノール(enol)は新しい官能基なので，まずはアルケンと比較してみよう．［第8章，第9章参照］アルケンはおもに求核剤として反応し，求電子性の高い求電子剤にC–Cπ電子を供与する．エノールは，アルケンにヒドロキシ基が結合したものと考えればよ

い．HBr を用いたアルケンとエノールの反応の比較を図 20・4 に示す．まず注目すべき違いは，エノールに HBr を付加すると，共鳴と超共役によって安定化されたカルボカチオンが生成することである．アルケンの付加によって生じるカルボカチオンは，超共役によってのみ安定化される．こうした理由から，エノールはより求核性の高い求核剤となる．アルケン付加の第二段階では，臭化物イオンがカルボカチオンと反応してブロモアルカンを生成する．エノールの付加反応の第二段階では，臭化物イオンがカルボカチオンを攻撃して 1-ブロモシクロペンタノールを形成するか，または臭化物イオンが塩基として作用して酸性プロトンを引抜いてシクロペンタノンを形成する．通常，脱プロトンの方が求核攻撃よりも速く，今回もそうなっている．さらに，この脱プロトンは，エントロピー的にも，安定な C−O π 結合の形成するという点でも有利に働く．
[この反応機構は，§10・8・3 とアセスメント 20・4(a) で見たことがあるね]

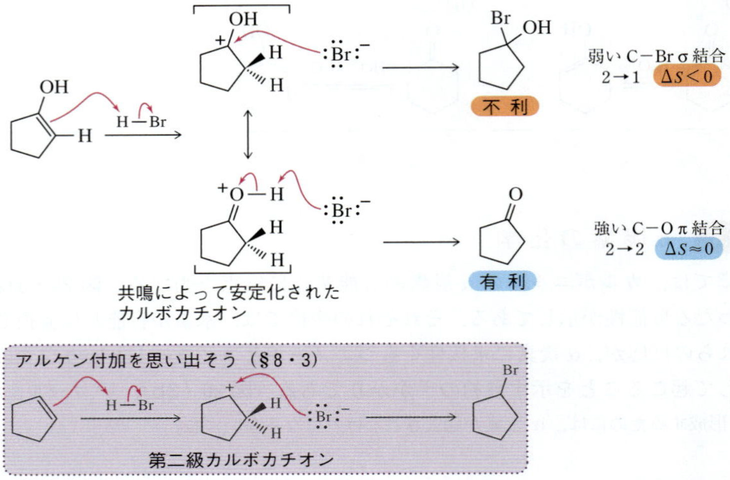

図 20・4　エノールは共鳴安定化したカルボカチオンができるためアルケンよりも強い求核剤である　プロトン化の方が求核攻撃よりも速くて有利なためケトンが優先的にできる．

アセスメント

20・7　ある化学者が，シクロヘキサノン誘導体に臭化フェニルマグネシウム C_6H_5MgBr を加えて，ここに示す第三級アルコールを生成しようと試みた．残念ながら，目的の生成物はできなかった．この反応でできた生成物は何か．なぜ目的物ではなく，その生成物ができたのか．

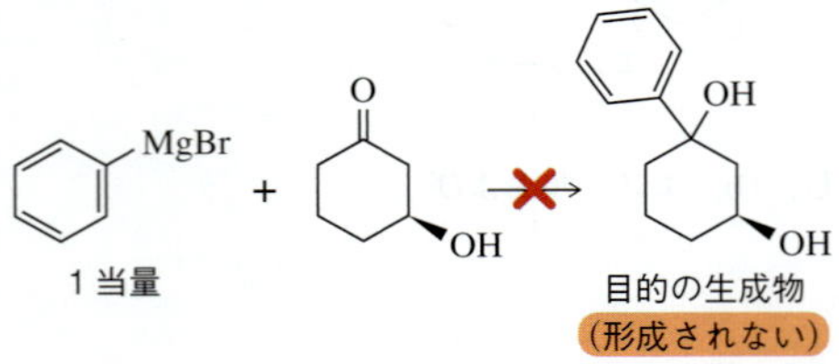

20・8　次の反応について，K_{eq} の違いを合理的に説明せよ．ΔS と ΔH の両方を必ず考慮してほしい．

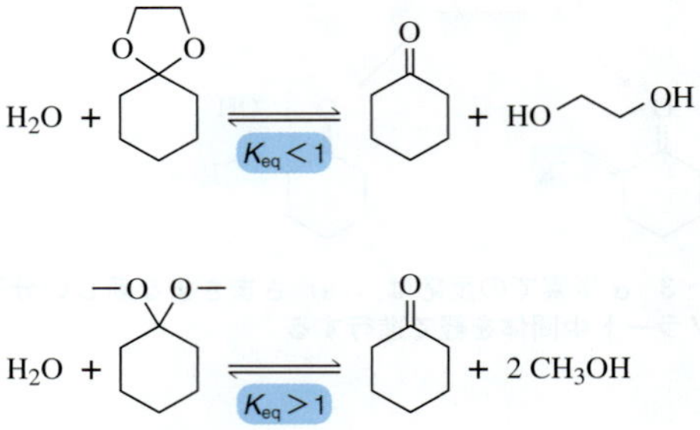

20・2・1　エノールの反応

§10・8・3 でアルキンの水和に関して学んだように，ケトンはケト–エノール互変異

20·2 エ ノ ー ル   949

性の平衡において有利な側であることを思い出そう．エノールは平衡状態で不利な側であるにもかかわらず，ケトン/アルデヒドの**α置換**（α–substitution）はエノール形を経由して進行する．アセスメント 20·4 で示した反応機構でいったん生成したエノールは，どんな求電子剤であっても存在しさえすれば反応する．

a. 重水素置換　図 20·5 は，NMR の有用な溶媒である d^6–アセトンの重水素置換による調製方法を示している．ケト–エノールの平衡反応は，DCl および D_2O の存在下で起こり，**α水素**（α hydrogen）を水素の同位体である重水素と置換する．平衡に至る際，溶液中に多く存在する求電子剤は D_3O^+ である．そのため，エノールが D_3O^+ を攻撃する可能性は H_3O^+ を攻撃する可能性よりも統計的に高くなり，すべての α 水素が重水素に置き換わるまで続く．

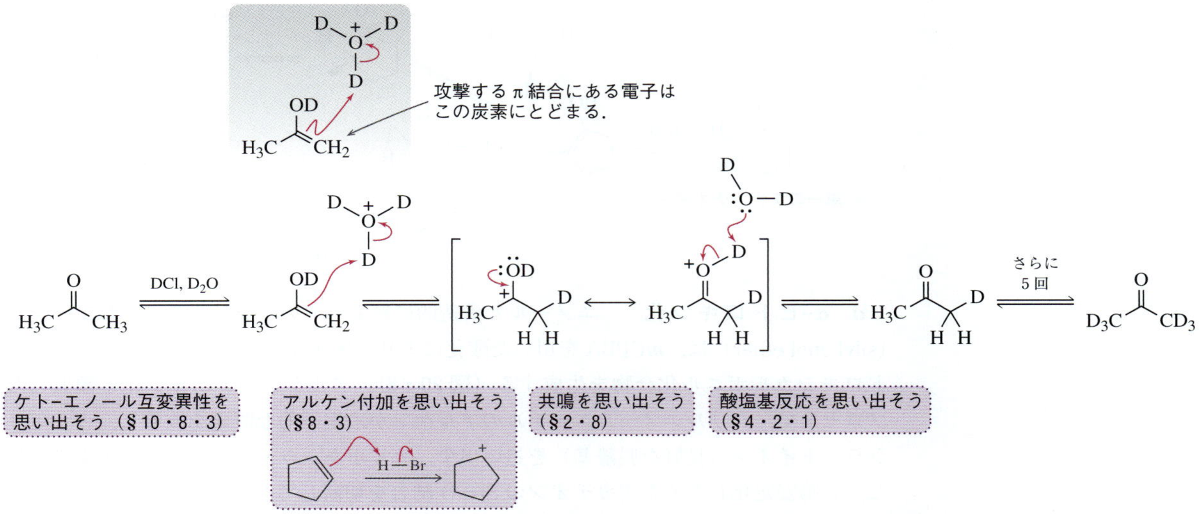

攻撃する π 結合にある電子はこの炭素にとどまる．

ケト–エノール互変異性を思い出そう（§10·8·3）

アルケン付加を思い出そう（§8·3）

共鳴を思い出そう（§2·8）

酸塩基反応を思い出そう（§4·2·1）

図 20·5　エノールの D_3O^+ への攻撃により重水素交換が起こる

b. α–臭素化　エノールの反応を利用して，α–ブロモケトンを合成することができる（図 20·6）．酢酸を触媒とした平衡条件下でエノールが生成し，その後，エノールの π 結合が臭素を攻撃することで，共鳴安定化されたカルボカチオンが生成する．アルケンと Br_2 を反応させた場合，第二級カルボカチオンよりも安定なブロモニウムイオンが生成する．しかし，エノールの反応では，カルボカチオンが共鳴安定化を受けるためにブロモニウムイオンを生成する必要がなくなる．最後に，先と同様に，臭化物イオンによる脱プロトンが，求核攻撃よりも速く優先的に進行する．

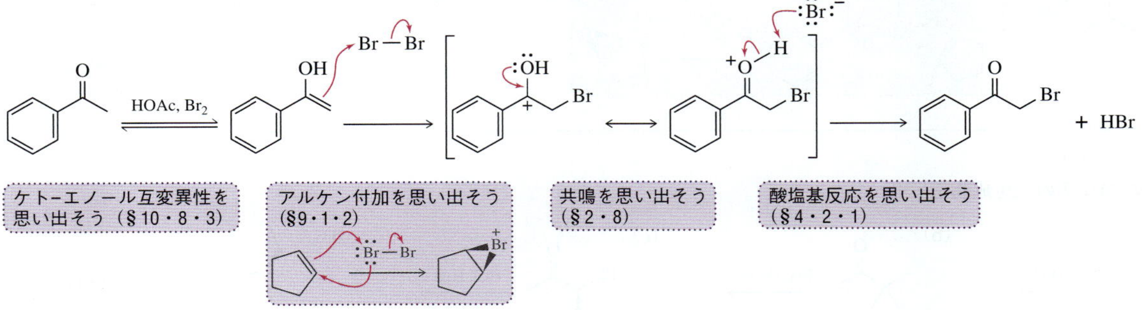

ケト–エノール互変異性を思い出そう（§10·8·3）

アルケン付加を思い出そう（§9·1·2）

共鳴を思い出そう（§2·8）

酸塩基反応を思い出そう（§4·2·1）

図 20·6　エノールの Br_2 への攻撃により α 位の臭素化が起こる

c. ラセミ化 エノールの反応がすべて生産的であるとは限らない．たとえば，(S)-2-メチルシクロペンタノンを単一のエナンチオマーとして生成したとする（図20・7）．ケト形はエノール形よりも安定であるが，酸が存在するとエノールの生成が触媒される．いったん生成すると，出発物質の立体化学は失われる．ケトンを再生する際，エノールは平面状のアルケンのどちらの面からも同じ割合で溶液からプロトンを引抜き，エナンチオマーの関係にある二つの遷移状態を経てラセミ混合物を生成する．
[立体化学という観点では，好ましくない結果だけど，これは§10・8・3で学んだ酸触媒によるケト-エノール互変異性だね]

図20・7 ケト-エノール互変異性により光学純度が失われる

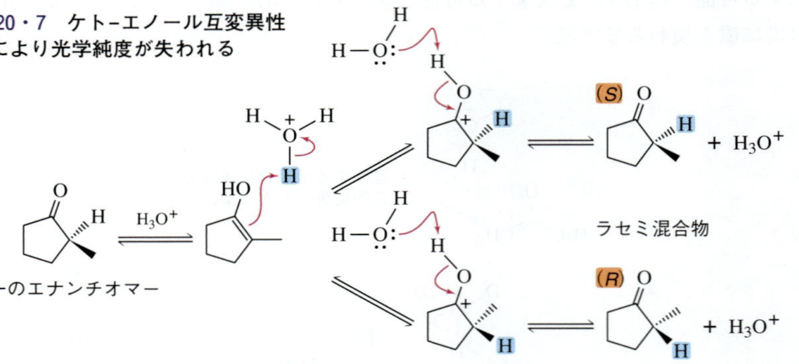

d. α-ヒドロキシ化 エノールと構造的に類似している**シリルエノールエーテル**（silyl enol ether）は，mCPBAを用いた酸化により，興味深い生物学的特性をもつα-ヒドロキシカルボニル化合物を生成する（図20・8）．アルケンのエポキシ化と類似したプロセスで，シリルエノールエーテルのアルケンが求電子的な酸素を攻撃し，カルボキシラートイオン（良好な脱離基）を追い出す．カルボキシラートイオンはケイ素を攻撃し，共鳴安定化したカルボカチオンのSi—O結合を切断してケトンを生成する．

図20・8 シリルエノールエーテルの酸化によりα-ヒドロキシカルボニル化合物を与える
[これはエポキシド中間体を経て進行することが証明されているよ]

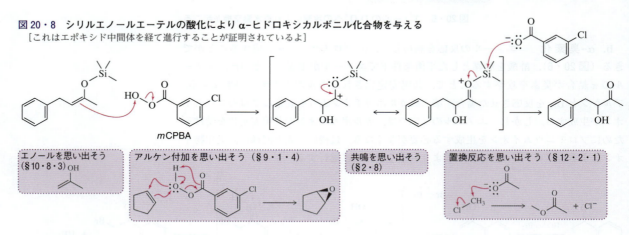

アセスメント
20・9 次の反応の主生成物を示せ．

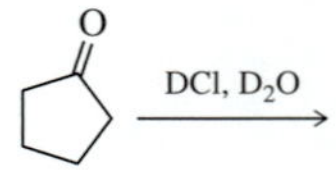

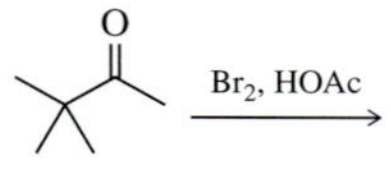

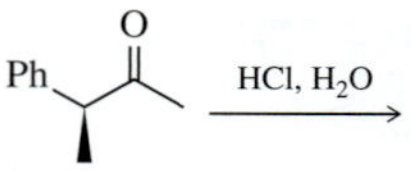

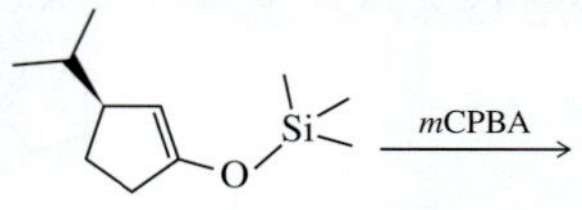

20・2・2 酸触媒によるアルドール反応

アセスメント20・9で紹介した例では，エノールが求核剤として作用したが，それは非常に求電子性の高い求電子剤（強酸，臭素，mCPBA）に対してのみである．図20・9に示すようなエノールとアルデヒドの反応は起こらない．中性原子上の非共有電子対により反応するような求核性の低い求核剤と似ていて[S_N1/E1，第12章参照]，エノールは求核性の高い求核剤ではない．さらに，求核付加により生じるアルコキシドイオンが不安定であるため，アルデヒドは求電子性の高い求電子剤ではない．

求核剤の求核性が低すぎる場合には，求電子剤の反応性を高めることで反応を速くすることができる．[求核剤の反応性を高めることもできるかな？ それは§20・3・1で学ぼう]これは，反応に酸を加えることで実現する（図20・10）．[第17章では，カルボニル基をプロトン化して，同じく求核性の低い求核剤である水やアルコールとの反応を促したよね] この反応において，酸には二つの役割がある．エノールの生成を触媒することと，アルデヒドをプロトン化してよりよい求電子剤にすることである．前述のエノールを用いた反応でみられたように，π結合の求核攻撃によって共鳴安定化されたカルボカチオンが生成し，続いてこれが脱プロトンされてβ-ヒドロキシアルデヒドができる．この反応は，酸によって開始され，酸によって加速され，酸が生成物として生じる．つまり酸触媒反応である．このようにして得られたβ-ヒドロキシアルデヒドは，アルデヒド（aldehyde）とアルコール（alcohol）をもつことから，歴史的にはアルドール（aldol）生成物とよばれていた．現在では，このタイプの反応をアルドール反応（aldol reaction）とよぶ．反応を加熱し続けると，ヒドロキシ基がプロトン化に続いてエノール経由で脱離し，α,β-不飽和アルデヒドが得られる．[複雑そうに見えるけど，エノールを使うことを除けば，

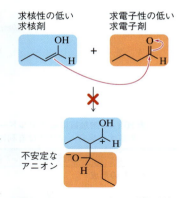

図20・9 エノールはアルデヒドを直接攻撃するのに十分な求核性をもった求核剤ではない

図20・9の反応は色分けしたよ．炭素の行方を追跡してどこで結合が形成されるかを認識することが大切だからね．

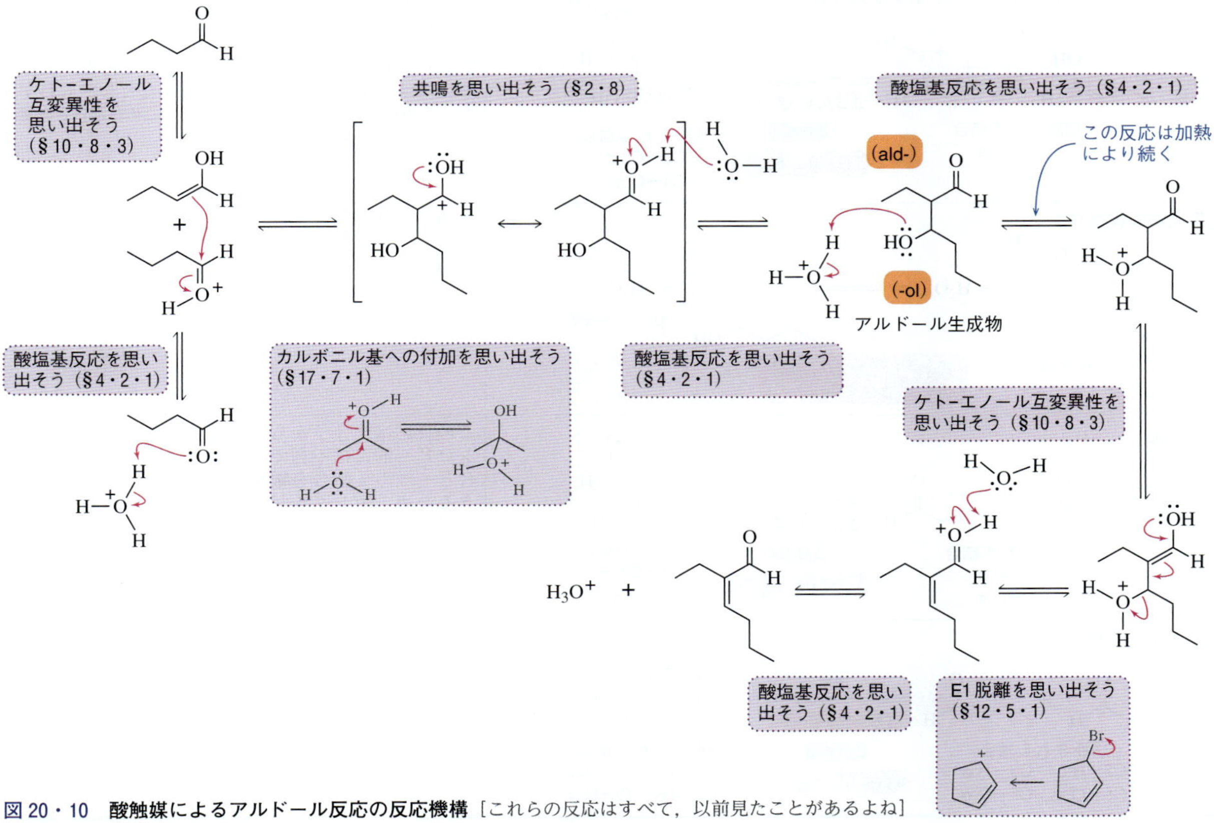

図20・10 酸触媒によるアルドール反応の反応機構 [これらの反応はすべて，以前見たことがあるよね]

952 20. エノラート

図 20・10 には見たことのない反応はないよね．自分で確認してから次に進もう]

表20・1 は，各段階のエネルギーを簡単に分析することで，重要な点を説明している．[ネタバレ注意！だね] この反応は熱力学支配下にあり，平衡により最も安定な生成物を与える．図 20・10 に登場する反応は，最後の二つを除いて，ほぼすべてが不利な反応となっている．[表20・1 を吟味しながら，熱力学的に不利な段階がこれほどたくさんあるにも関わらず，どうして反応が進行して完結するのかを考えてみよう]

表20・1 酸触媒によるアルドール反応のエネルギー論　有利な段階は少ないが，特に加熱によりα,β-不飽和アルデヒドを形成する場合，全体では有利になる．

酸触媒によるアルドール反応の各段階	分析
1. エノールの形成 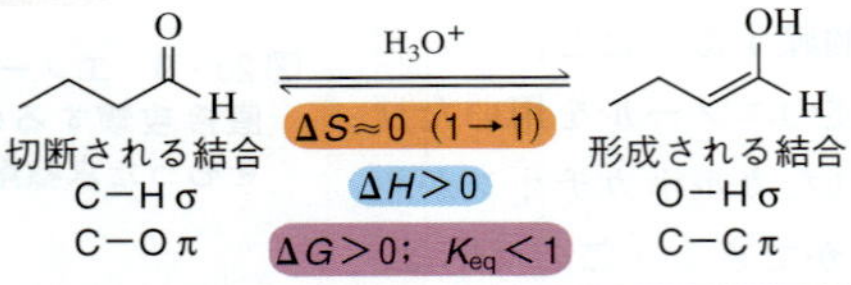 $\Delta S \approx 0$ (1→1)　$\Delta H > 0$ $\Delta G > 0$；$K_{eq} < 1$ 切断される結合 C−H σ，C−O π 形成される結合 O−H σ，C−C π	第13章で学んだように，C−C π 結合は C−O π 結合よりも不安定なため，エノールの形成は不利である
2. アルデヒドのプロトン化 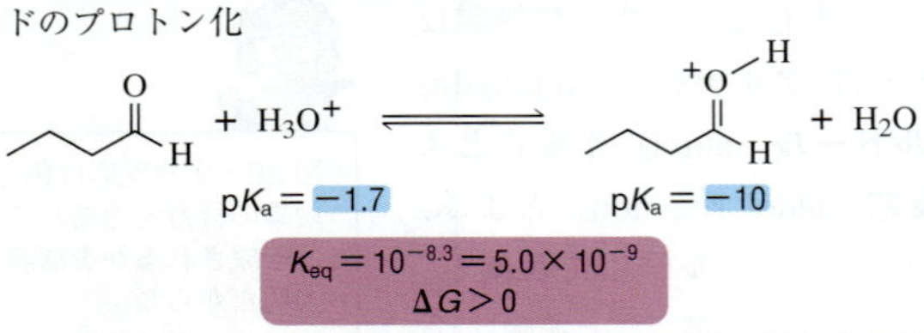 $pK_a = -1.7$　$pK_a = -10$ $K_{eq} = 10^{-8.3} = 5.0 \times 10^{-9}$　$\Delta G > 0$	オキソニウムイオンによるアルデヒドのプロトン化は不利である．H_3O^+ の pK_a 値（−1.7）と $RCHOH^+$ の pK_a 値（−10）から，$K_{eq} < 1$ と計算される
3. エノールがプロトン化されたケトンを攻撃する 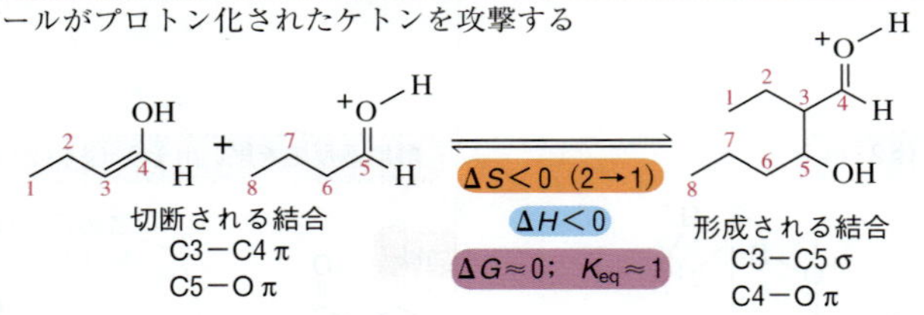 $\Delta S < 0$ (2→1)　$\Delta H < 0$ $\Delta G \approx 0$；$K_{eq} \approx 1$ 切断される結合 C3−C4 π，C5−O π 形成される結合 C3−C5 σ，C4−O π	この場合，エントロピーとエンタルピーが競合する．C−C π 結合を犠牲にして C−C σ 結合ができるためエンタルピー的には有利である（$\Delta H < 0$）．2分子が1分子となるため，$\Delta S < 0$ である．正確な数値はわからないが，ΔG はあったとしてもわずかに有利と見積もることができる [この段階は各炭素の番号に注目しよう]
4. 生成物の脱プロトン 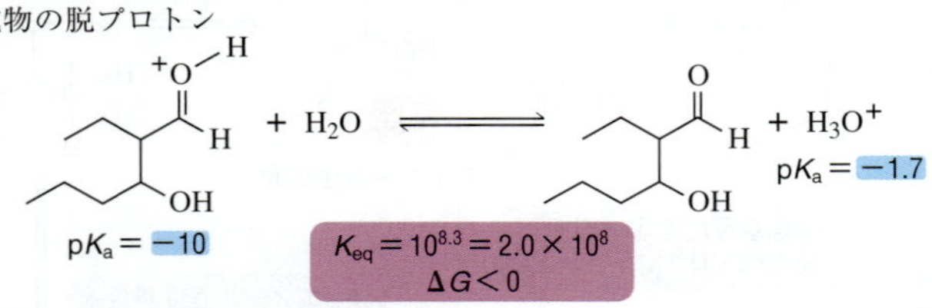 $pK_a = -10$　$pK_a = -1.7$ $K_{eq} = 10^{8.3} = 2.0 \times 10^8$　$\Delta G < 0$	オキソニウムイオンによるアルデヒドの脱プロトンは有利である．H_3O^+ の pK_a 値（−1.7）と $RCHOH^+$ の pK_a 値（−10）から，$K_{eq} > 1$ と計算される [これは段階2の酸塩基反応の逆だね]
反応全体 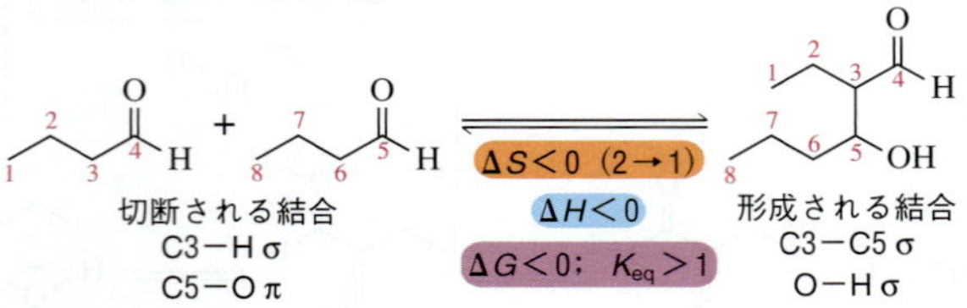 $\Delta S < 0$ (2→1)　$\Delta H < 0$ $\Delta G < 0$；$K_{eq} > 1$ 切断される結合 C3−H σ，C5−O π 形成される結合 C3−C5 σ，O−H σ	この反応は2分子から1分子ができるため，エントロピー的には不利である．しかし，一つのσ結合と一つのπ結合を犠牲にして二つのσ結合ができるため，エンタルピー的には有利である．この反応が進行するという事実から，この反応ではエンタルピーがエントロピーよりもわずかに重要であることがわかる
反応全体（加熱） 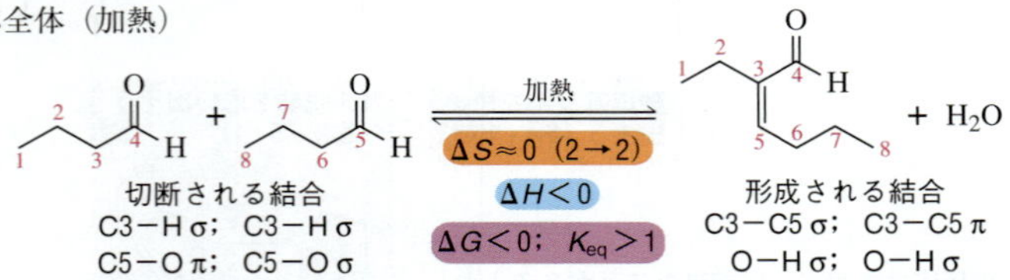 $\Delta S \approx 0$ (2→2)　$\Delta H < 0$ $\Delta G < 0$；$K_{eq} > 1$ 切断される結合 C3−H σ；C3−H σ，C5−O π；C5−O σ 形成される結合 C3−C5 σ；C3−C5 π，O−H σ；O−H σ	加熱により脱水が起こり，反応全体としては2分子から2分子への変換となる（$\Delta S \approx 0$）．エンタルピー的には有利なままなので，反応全体として有利になる（$\Delta G < 0$）

反応の各段階を分析してみると，第四段階以外に非常に有利なものはなく，いくつかの段階は非常に不利であることがわかる．〔脱離によるα,β-不飽和アルデヒドの形成も有利だよ〕アルデヒドの不利なプロトン化，不利なエノールの形成，不利なエノールの付加は，すべて最終生成物の形成によってひき起こされる．Le Châtelier の原理を思い出してほしい．この原理によれば，平衡過程で生成物側から分子を一つ除去すると，平衡が生成物側に偏るということだった．第一段階の平衡では，わずか数分子のエノールしか発生しないとしても，そのうちの一つがプロトン化したアルデヒドと衝突すると，エノールが消費される．これにより，第一段階の平衡が偏り，別のエノール分子が生成する．このプロセスは，アルデヒドが完全にアルドール生成物に変換されるまで続く．最後に，この反応は熱力学的に制御されており〔**熱力学支配**（thermodynamic control）〕，生成物の分布は生成物の安定性によって決定される．〔理由はすぐに説明するけど，熱力学支配の反応を制御するのはより困難なんだ〕

さらに進む前に，脱離段階で生成するアルケンには，実は2種の位置異性体の可能性があることに触れておこう．図20・11 は，脱離が進むことで生じる2種の生成物のうち，**α,β-不飽和アルデヒド**（α,β-unsaturated aldehyde）のみが生成し，β,γ-不飽和アルデヒドは得られないことを示している．この分子の名前は，α位とβ位の炭素の間で不飽和結合があることを意味している．後で詳しく学ぶが，共役アルケンや共鳴構造が描ける構造は，より安定となる．〔これはもっと先に進んで，§21・1・2で学ぶよ〕繰返しとなるが，この反応は熱力学支配下にある．

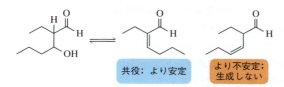

図20・11 より安定な α,β-不飽和アルデヒドが生成する

ここでの分析方法は，深い理解を得るのに役立ったよね．この方法は，この後に登場する反応を理解するための基礎にもなるよ．なので，もう一度，この節の最初に戻って丁寧に読み返そう．次の節に進む前にね．それから先に進む前に，まずは次のアセスメントが解けるようにならないといけないよ．

アセスメント

20・10 次の反応の主生成物を示せ．

(a), (b)

20・11 次の酸触媒によるアルドール反応について，巻矢印を用いて反応機構を示せ．

20・12 次の逆アルドール反応（アルドール反応の逆反応，レトロアルドール反応ともいう）について，特に高温では生成物側が有利になる理由を述べよ．

20・13 3,3-ジメチルブタナールの酸触媒によるアルドール反応では，二つのアルケン立体異性体（**A** と **B**）が考えられる．主生成物はどちらか．それはなぜか．

20・14 酸触媒によるアルドール反応の反応座標図を描け．表20・1 の各段階を当てはめること．

20·3 エノラート

エノールは中性のカルボニル化合物を攻撃できるほどには求核性が高くない．エノールが求核攻撃するためには，カルボニル化合物をプロトン化することで，より求電子性の高い求電子剤とする必要がある．アセスメント 20・15 では，エノールが反応できるようにする方法ついて，別の方策を紹介している．[それぞれの求核剤がどのように変化するかに注目しよう]

アセスメント

20・15 次の S_N2 反応と E2 反応について，それぞれどちらが速いか．理由を述べよ．

(a)

$\diagdown\diagup\diagdown Br \xrightarrow[H_2O]{NaOH} \diagdown\diagup\diagdown OH$ **と** $\diagdown\diagup\diagdown Br \xrightarrow{H_2O} \diagdown\diagup\diagdown OH$

(b)

シクロヘキシルBr $\xrightarrow{EtNH_2}$ シクロヘキセン **と** シクロヘキシルBr $\xrightarrow[EtNH_2]{Et_2NLi}$ シクロヘキセン

アセスメント 20・15 は，負電荷を帯びた求核剤や塩基の方が，中性のものよりも強いことを明示している．エノールを脱プロトンする，あるいはより一般的にはカルボニル基の α 炭素（$pK_a \approx 20$）を脱プロトンすることで，エノラートが生成する（図 20・12）．これらの反応は，**リチウムジイソプロピルアミド**（lithium diisopropyl amide, LDA）のような強い塩基を用いることで進行する．それぞれから生成したリチウム種は，一つの原子の位置が異なるのみであり，形式的には互変異性の関係となる．リチウムカチオンなしで眺めて見ると，**エノラート**（enolate）あるいは**エノラートイオン**（enolate ion）は，二つの共鳴構造からなっていることがわかる．エノラートがエノールよりも反応性が高いことは明らかだが，エノラートが酸素と炭素のどちらで優先的に反応すると考えればよいかはあまり明らかではない．[ネタバレ: 炭素で優先的に反応するんだ]

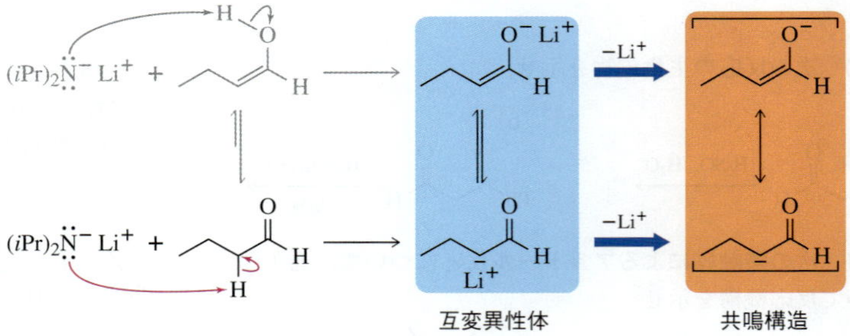

図 20・12 α 炭素の脱プロトンによりエノラートを与える エノラートはエノールよりも強い求核剤である．

アセスメント

20・16 エノラートの共鳴混成により寄与が大きいのはどちらの構造か．

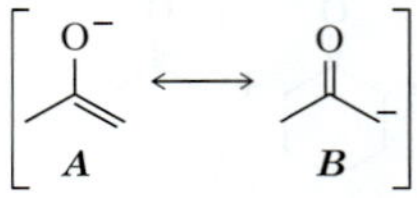

$$\left[\underset{A}{\overset{O^-}{\diagup\diagdown}} \longleftrightarrow \underset{B}{\overset{O}{\diagup\diagdown}} \right]$$

アセスメント 20・16 の解説

二つの共鳴構造を比較する場合，より電気陰性度の高い原子に負電荷がある方が有利である．したがって，**A** の方が寄与度が大きいと予想される．このことは，負電荷のほとんどが酸素を中心に分布していることを示す電子密度分布によって裏づけられている（図 20・13）．

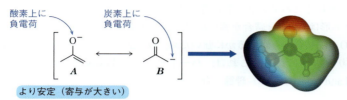

図 20・13 電子密度分布から，負電荷の大部分がエノラートの酸素上に存在していることがわかる

一緒にアセスメント 20・16 を解いてみよう．

図 20・13 の電子密度分布からすると，エノラートは酸素原子で求電子剤と反応する〔***O*-アルキル化**（*O*-alkylation）〕と予想するかもしれない．しかし，エノラートとヨウ化メチルの S_N2 反応では，***C*-アルキル化**（*C*-alkylation）により 2-メチルシクロヘキサノンが生成する（図 20・14）．[先に進む前に，なぜそうなるのか考えてみよう]

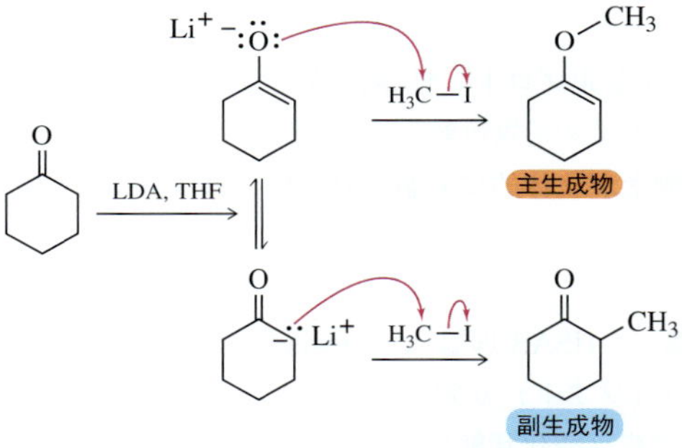

図 20・14 エノラートは炭素で優先的に反応する

図 20・15 では，生成物の安定性を比較することで，位置選択性を熱力学的に議論している．ケト-エノール互変異性体の比較 [§10・8・3] と同様に，C−O π 結合は C−C π 結合よりもかなり強い．もし，この反応が熱力学支配下にあるとしたら（つまり平衡によって，より安定な生成物が生成するとしたら），C−O π 結合が残るので，*C*-アルキル化により 2-メチルシクロヘキサノンが生じる方が有利となるだろう．し

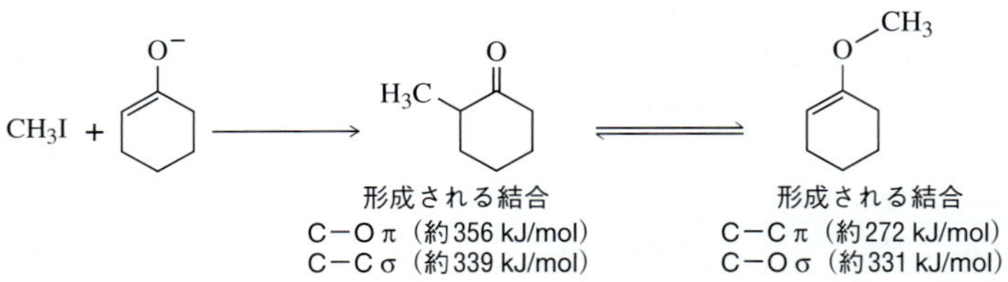

形成される結合
C−O π（約 356 kJ/mol）
C−C σ（約 339 kJ/mol）

形成される結合
C−C π（約 272 kJ/mol）
C−O σ（約 331 kJ/mol）

図 20・15 **炭素でのアルキル化は C−O π 結合を維持するため，熱力学的に有利である**
[これは仮想的な平衡なんだ．エノラートのアルキル化は不可逆的だよ]

956　20. エノラート

かし，この反応は可逆的ではなく，熱力学支配下にはない．そうではなく，この反応は**速度論支配**（kinetic control）下にあり，相対反応速度が位置選択性を決めることとなる．[ということは，ほかの説明が必要になるということだよね]

　速度論的な議論は，**図 20・16(a)** に示したエノラートの構造から始まる．無機の対イオンは無視されがちだが，この反応では重要な役割を果たしている．リチウムカチオンを含むと，それぞれのエノラートの構造は互いに互変異性体である．[図 20・12 を思い出そう] ケト形は C−O π 結合が強いのでエノール形よりも安定しているが，C−Li 結合よりも O−Li 結合の方がはるかに強いため，O−Li エノラート構造は C−Li エノラート構造よりも有利になる．これは，**ハード・ソフト Lewis 酸・塩基**（hard and soft Lewis acid and base，HSAB）**理論**に合致する．

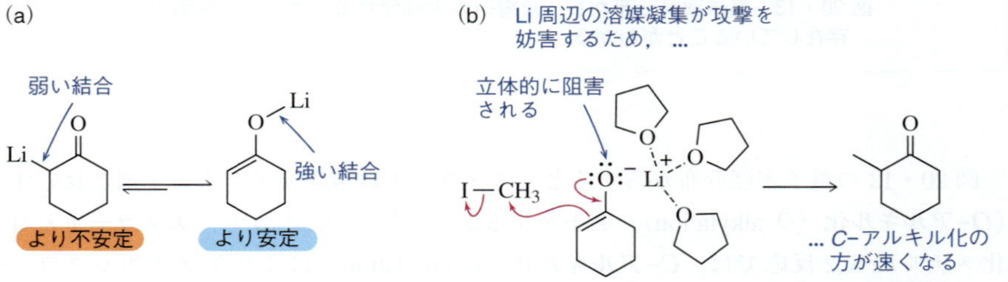

図 20・16　**リチウムのまわりに溶媒が凝集することにより _O_-アルキル化が立体的に妨げられる**　_C_-アルキル化の方が速い．

　最後に，THF のような非プロトン性極性溶媒は，無機カチオンと配位結合を形成する．[§12・3・5 の S_N2 反応の溶媒効果を思い出そう] リチウムカチオンのまわりに THF 分子が凝集すると，酸素が立体的に遮蔽され，_C_-アルキル化がより速い反応となる（**図 20・16b**）．

　雑 談　HSAB 理論　　HSAB 理論は，Lewis 酸と Lewis 塩基を相対的な尺度で硬い（ハード）か軟らかい（ソフト）か定義することから始まる．簡単に言えば，より小さく，分極性が低く，電荷（酸化状態）の高い化学種は硬い（ハード）と考えられる．より大きく，分極性が高く，電荷（酸化状態）が低い化学種は軟らかい（ソフト）と考えられる．**表 20・2** にいくつかの代表的な化学種を示す．HSAB 理論では，硬い（ハード）か軟らかい（ソフト）かを決め，硬い Lewis 酸は硬い Lewis 塩基と優先的に反応す

表 20・2　硬い/軟らかい酸/塩基のリスト [酸と塩基の相対的な強さがわかれば十分]

硬い酸	境　目	軟らかい酸	硬い塩基	境　目	軟らかい塩基
H^+, Li^+, Na^+, K^+			F^-, Cl^-	Br^-	H^-, I^-
Be^{2+}, Mg^{2+}, Ca^{2+}			H_2O, OH^-, O^{2-}		H_2S, HS^-, S^{2-}
BF_3, BCl_3, $B(OR)_3$	BBr_3, $B(CH_3)_3$	BH_3, Tl^+, $Tl(CH_3)_3$	ROH, RO^-, R_2O, $CH_3CO_2^-$		RSH, RS^-, R_2S
Al^{3+}, $Al(CH_3)_3$, $AlCl_3$, AlH_3			NO_3^-, ClO_4^-	$\underline{N}O_2^-$, N_3^-, N_2	SCN^-, CN^-, RNC, CO
Cr^{3+}, Mn^{2+}, Fe^{3+}, Co^{3+}	Fe^{2+}, Co^{2+}, Ni^{2+}	Cu^+, Ag^+, Au^+	CO_3^{2-}, SO_4^{2-}, PO_4^{3-}	SO_3^{2-}	$S_2O_3^{2-}$
	Cu^{2+}, Zn^{2+}, Rh^{3+}	Cd^{2+}, Hg_2^{2+}	NH_3, RNH_2	$C_6H_5NH_2$	R_3P, C_6H_6
	Ir^{3+}, Ru^{3+}, Os^{2+}	Hg^{2+}, Pd^{2+}, Pt^{2+}		ピリジン	
SO_3	SO_2	Pt^{4+}			

20・3 エノラート　　957

ることを示している．逆もまた真なりであり，軟らかい Lewis 酸は軟らかい Lewis 塩基と優先的に反応する．エノラートの場合，硬い酸素は硬いリチウムとの結合を好むということになる．■

　エノラートの反応の位置選択性には，もう一つの要因があり，これにも HSAB 理論が関わっている．ヨウ化メチルは中性の求電子剤であるため，軟らかい Lewis 酸と考えられる．したがって，エノラートの"より軟らかい"炭素と反応すると考えられる．

20・3のまとめ
• エノラートは，二つの主要な共鳴構造が寄与しているが，反応はおもに炭素で起こる．

アセスメント

20・17　それぞれの組のうち，どちらの Lewis 塩基がより硬い（ハード）か．表 20・2 を見ただけでなく，その選択をした根拠を述べよ．

(a)　CH$_3$S$^-$　と　CH$_3$O$^-$
(b)　CH$_3$O$^-$　と　(acetate) O$^-$
(c)　I$^-$　と　F$^-$

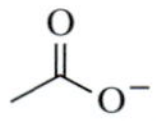

20・18　それぞれの組のうち，どちらの Lewis 酸がより硬い（ハード）か．表 20・2 を見ただけでなく，その選択をした根拠を述べよ．

(a)　Al^{3+}　と　B^{3+}
(b)　Li$^+$　と　Na$^+$
(c)　Mg^{2+}　と　Na$^+$

20・19　次の反応の主生成物を示せ．

(a)
1. LDA, THF
2. Br（allyl）

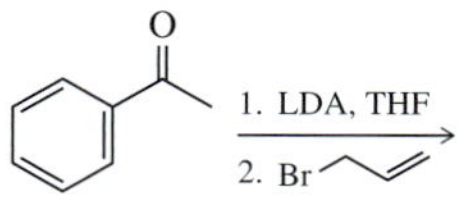

(b)
1. LDA, THF
2. Cl（isobutyl）

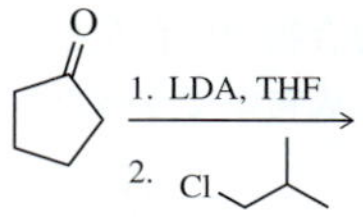

(c)
1. LDA, THF
2. O（epoxide）OPh
3. H$_3$O$^+$ 処理

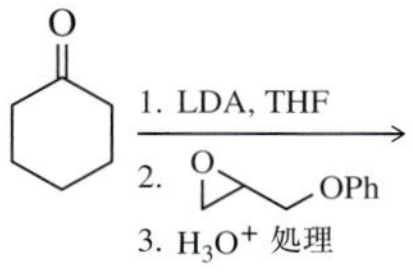

20・20　次の反応で利用されるエピクロロヒドリンは，天然物合成の一般的なビルディングブロックである．示された反応の反応機構を巻矢印を使って示せ．

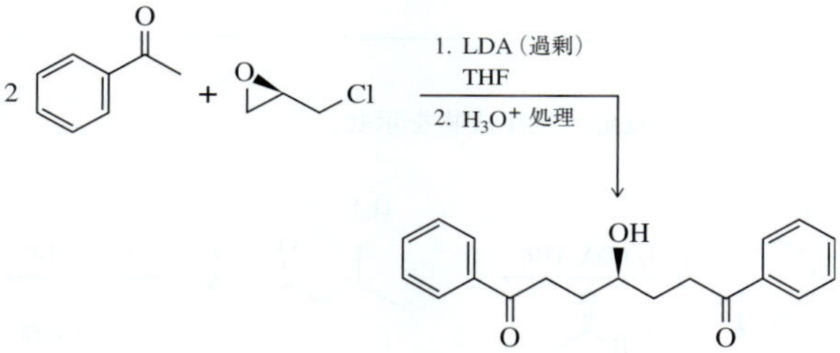

2（acetophenone）＋（エピクロロヒドリン）Cl
1. LDA（過剰）THF
2. H$_3$O$^+$ 処理

20・21　LDA は，エステルやニトリルからエノラートを形成するために使用することができる．これらのアルキル化反応の生成物を示せ．

(a)　（エステル）OEt　LDA, Cl（allyl）
(b)　（フェニルアセトニトリル）CN　LDA／Cl（isobutyl）

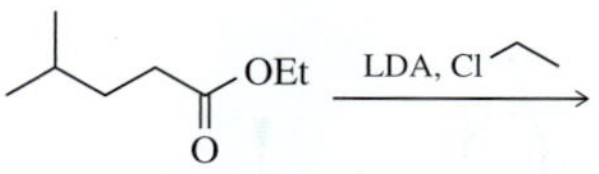

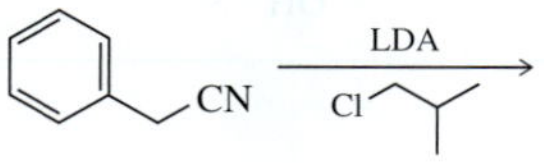

20・3・1　現代のアルドール反応

　最終的には古典的な塩基触媒によるアルドール反応に戻るが，§20・3・1では，現代のアルドール反応という観点で議論する．エノラートの形成は，LDA によって α 水素が引抜かれることにより，非常に有利で本質的に不可逆的な段階になっている（図20・17）．LDA は立体障害があり，求核剤になりにくいため，理想的な塩基である．エノラートの生成に続いて，アルデヒドを反応混合物に加え，求核攻撃を行う．〔これは汎

用反応機構 17-A と同じだけど，求核剤の種類が異なるよ］その後の酸処理により，アルドール生成物の形成が完了する．エノラートはアルデヒドの表裏どちらからでも同じように攻撃するので，アルドール生成物のラセミ混合物ができる．

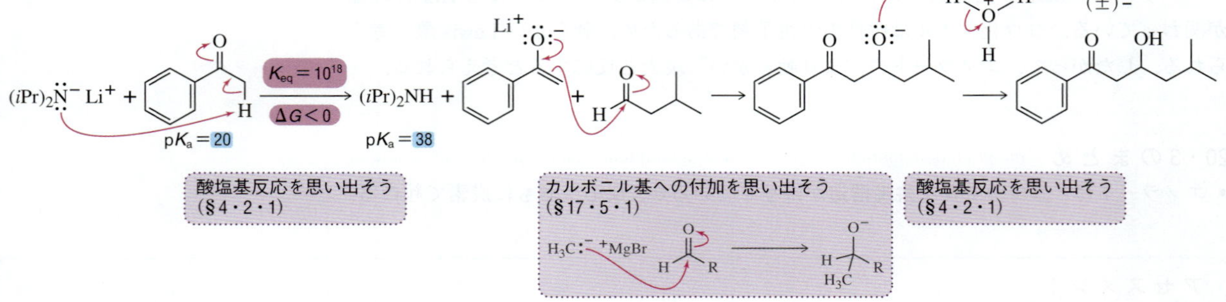

図 20・17　現代のアルドール反応の反応機構　強塩基を使用するため，アルデヒドを溶液に加える前にケトンは完全にエノラートに変換する．［実験的な手順の重要性はのちの節で明らかになるよ］

アセスメント

20・22　次の反応の主生成物を示せ．

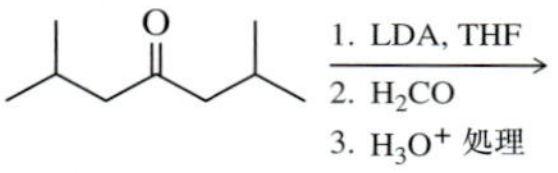

20・23　逆合成により，次の化合物をつくるのに使用できるアルドール反応を提案せよ．立体化学は無視してよい．

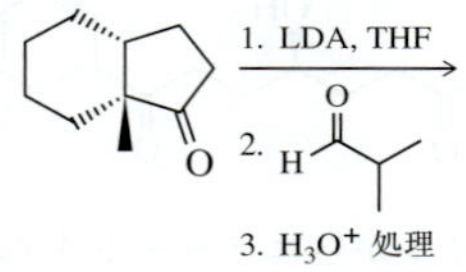

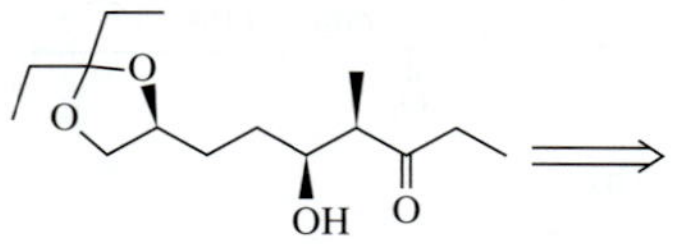

20・24　次の反応の各段階について，巻矢印を用いて反応機構を示せ．

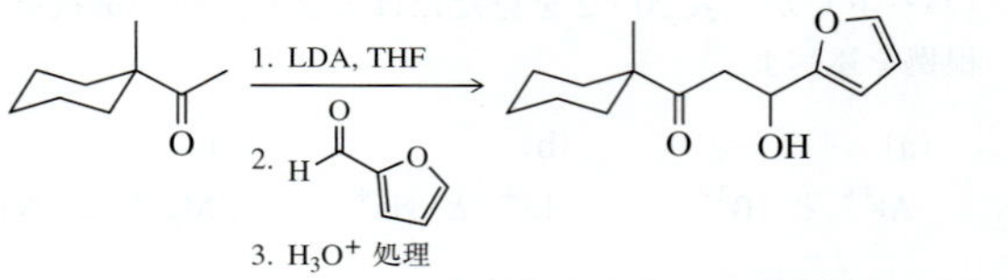

20・25　（LDA を使用する）ほとんどの場合，ケトンとアルデヒドは別々の段階で加える．塩基を加えるときに，両方が反応混合物中に存在していたとしたらどうだろうか．どのような生成物ができるだろうか．

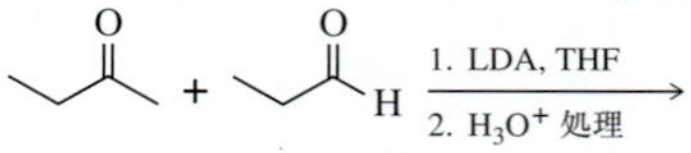

20・3・2　古典的な塩基触媒によるアルドール反応

　1870 年頃に発見されたアルドール反応は，水酸化物イオンを触媒として塩基性条件下で行われる．その反応機構（**図 20・18**）は，現代のアルドール反応の反応機構（図 20・17）とよく似ている．脱プロトンによって生成したエノラートは，カルボニル基への付加反応でアルデヒドと直接反応してアルコキシドイオンを生成する．このアルコキシドイオンがプロトン化されると，β-ヒドロキシアルデヒドの生成が完了する．ここで反応が止まることもあるが，加熱すると脱離反応が起こり，α,β-不飽和カルボニル化合物が生成する．水酸化物イオン（⁻OH）は段階❶と❹では反応物，段階❸と❺では生成物となるため，触媒となる．［図 20・10 の酸触媒による反応との類似性に注目しよう］

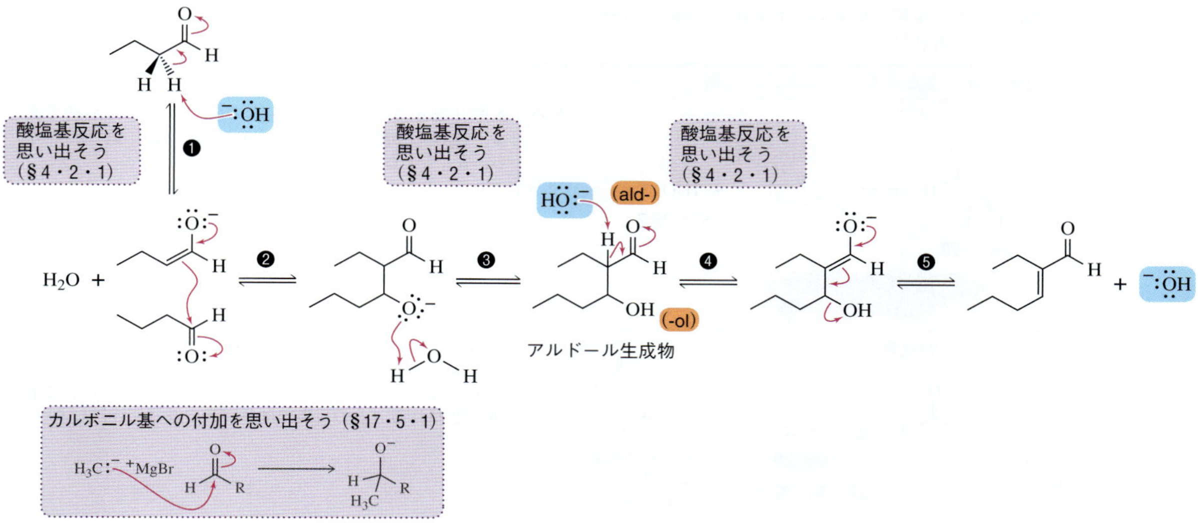

20・3 エノラート　　959

図20・18 の上部の図（反応機構）

酸塩基反応を
思い出そう
（§4・2・1）

カルボニル基への付加を思い出そう（§17・5・1）

アルドール生成物

図 20・18　塩基触媒によるアルドール反応の反応機構 ［脱離反応を除けば，どの反応も皆なじみ深いだろう］

　酸触媒のアルドール反応（表20・1）と同じように，表20・3（p.960）では，各段階のエネルギーを簡単に分析することで，重要な点を説明している．この反応は熱力学的に制御されているので，平衡により最も安定な生成物を与える．［現代のアルドール反応は速度論的に制御されているんだ．一方で古典的なアルドール反応は熱力学的に制御されているよ．表20・3を読みながら，その違いを理解しよう］

　アルドール反応の脱離段階は，E1機構でもE2機構でもない．代わりに，第12章で簡単にふれた反応機構で進行するが，図20・19でその機構をE2反応と比較している．αプロトンはやや酸性で，水酸化物イオンはあまりよい脱離基ではないので，脱プロトンにより共鳴安定化された中間体が生成し，それが第二段階でさらに反応することで，水酸化物イオンを放出するのである．§12・5・1の言葉が少し変わる．"塩基がプロトンを引抜き，その後に脱離基が離れる"．

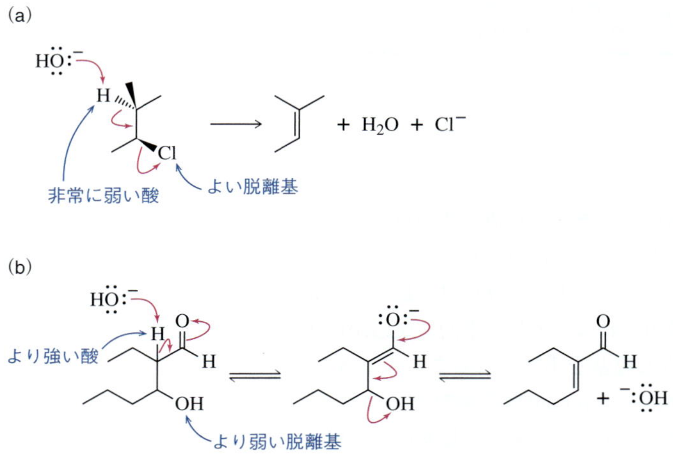

(a)

非常に弱い酸　　よい脱離基

(b)

より強い酸　　より弱い脱離基

図 20・19　脱離反応の比較　（a）協奏的な E2 脱離，（b）プロトンが酸性で弱い脱離基の場合には E1cB 機構が作用する．

20. エノラート

表 20・3　塩基触媒によるアルドール反応のエネルギー論　有利な段階は少ないが，特に加熱により α,β-不飽和アルデヒドを形成する場合，全体では有利になる．

塩基触媒によるアルドール反応の段階	分　析
1. エノラートの形成 HO^- + [構造: α炭素, $pK_a = 20$] ⇌ [エノラート $:\overset{..}{\overset{..}{O}}:^-$, $pK_a = 15.7$] + H_2O $K_{eq} = 10^{-4.3} = 5.0 \times 10^{-5}$ $\Delta G > 0$	水酸化物イオンによる α 炭素の脱プロトンは不利である．H_2O の pK_a 値（15.7）と α 水素の pK_a 値（20）から，$K_{eq} < 1$ と計算される
2. エノラートによるアルデヒドの攻撃 [エノラート $:\overset{..}{\overset{..}{O}}:^-$, 炭素 1,2,3,4] + [アルデヒド, 炭素 5,6,7,8] ⇌ [生成物, 炭素番号付き] 切断される結合 C3−C4 π C5−O π $\Delta S < 0$ (2→1) $\Delta H < 0$ $\Delta G \approx 0$; $K_{eq} \approx 1$ 形成される結合 C3−C5 σ C4−O π	C−C π 結合を犠牲にして C−C σ 結合ができるためエンタルピー的には有利である（$\Delta H < 0$）．2分子が1分子となるため，$\Delta S < 0$ である．ΔG はわずかに有利と思われる［この段階では各炭素の番号に注目しよう］
3. アルコキシドイオンのプロトン化 [アルコキシド O^-] + H_2O（$pK_a = 15.7$） ⇌ [アルコール OH（$pK_a = 16$）] + HO^- $K_{eq} = 10^{0.3} = 2.0$ $\Delta G \approx 0$	アルコキシドイオンの水によるプロトン化はほとんど有利でない．H_2O の pK_a 値（15.7）と ROH の pK_a 値（16）から，$K_{eq} \approx 2$ と計算される
反応全体 [アルデヒド, 炭素 1,2,3,4] + [アルデヒド, 炭素 5,6,7,8] ⇌ [β-ヒドロキシアルデヒド] 切断される結合 C3−H σ C5−O π $\Delta S < 0$ (2→1) $\Delta H < 0$ $\Delta G < 0$; $K_{eq} > 1$ 形成される結合 C3−C5 σ O−H σ	β-ヒドロキシアルデヒドの生成反応は，全体では，エントロピー的には不利で，エンタルピー的には有利である．この反応は進行するという事実から，この反応ではエンタルピーがエントロピーよりもより重要であると思われる［触媒の違いは熱力学的な値に影響を与えないため，この結論は表 20・1 と同じになるんだ］
反応全体（加熱） [アルデヒド, 炭素 1,2,3,4] + [アルデヒド, 炭素 5,6,7,8] ⇌（加熱）[α,β-不飽和アルデヒド] + H_2O 切断される結合 C3−H σ; C3−H σ C5−O π; C5−O σ $\Delta S \approx 0$ (2→2) $\Delta H < 0$ $\Delta G < 0$; $K_{eq} > 1$ 形成される結合 C3−C5 σ; C3−C5 π O−H σ; O−H σ	加熱により脱水が起こり，反応全体としては2分子から2分子への変換となる（$\Delta S \approx 0$）．安定な共役アルケンを形成するため，エンタルピー的には有利なままなので，反応全体として有利になる（$\Delta G < 0$）［再び表 20・1 と同じになるね］

　第一段階のエノラート形成（表 20・3）は，塩基として水酸化物イオンを用いた場合には不利であるが，現代のアルドール反応で LDA を用いた場合には非常に有利となる．塩基触媒によるアルドール反応は，Le Châtelier の原理によって完結するが，より強力な塩基を使用すれば，より効率的な反応が可能となる．残念ながら，かつての化学者は LDA のような塩基を手に入れることができなかった．［1900 年から 1930 年にかけて，有機リチウム試薬や Grignard 試薬が登場するまでは，このようなものは出現しなかったんだ］かつての化学者が利用できる最強の塩基は，金属ナトリウムと水やアルコールを混ぜることで得られるものだった．［こうした弱い塩基を使った場合の問題点を，これから検討していこう．問題解決法から，それを発明したかつての化学者の天才的な能力が見てとれるよ］

アセスメント

20・26 次の反応の主生成物を示せ.

(a) Ph-CH2-CHO, NaOH, H2O
(b) (CH3)2CH-CH2-CH2-CHO, LiOH, H2O
(c) CH3CH2CH2CHO, NaOH, H2O, 加熱
(d) シクロペンチル-CH2-CHO, NaOH, H2O, 加熱

20・27 次の塩基触媒によるアルドール反応の反応機構を示せ. その際, 水酸化物イオンが触媒であることがわかるように工夫すること.

20・28 塩基触媒によるアルドール反応の反応座標図を作成せよ. 表20・3の各段階を当てはめよ.

20・29 これまで紹介してきた古典的なアルドール反応は, すべてアルデヒドの縮合を伴うものだった. ケトンは, 同じような条件でアルドール反応を行っても, 結果はさまざまである. たとえば, 加熱するとアルドール反応は円滑に進行し, α,β-不飽和ケトンが生成する. 一方, 加熱しない場合は, 反応物だけが反応混合物から分離される. この結果を合理的に説明せよ.

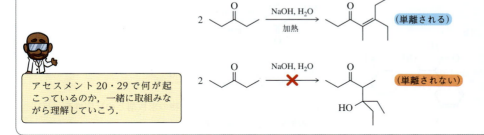

アセスメント20・29で何が起こっているのか, 一緒に取組みながら理解していこう.

アセスメント20・29の解説

アルデヒドのアルドール反応は, 条件に応じてβ-ヒドロキシアルデヒド (加熱なし), またはα,β-不飽和アルデヒド (加熱あり) のいずれかを生成するように進行する. しかし, ケトンのアルドール反応は, α,β-不飽和ケトンを生成する場合しかうまくいかない. この反応は熱力学的に制御されているため, β-ヒドロキシケトンの生成は上り坂に違いない. [この点を理解したうえで読み進めよう]

図20・20では, アルデヒドのアルドール反応とケトンのアルドール反応を直接比較している. [各段階で違いがあると思う?] エノラートの形成はいずれにしても不利なので, ケトンからエノラートが生成することはアルデヒドからエノラートが生成するのと同じ程度, 合理的である. また, β-ヒドロキシケトンが形成された場合, 脱離は有利であることもわかっている. [アセスメント20・29からわかるね] したがって, エノラートがケトンを攻撃する段階に違いがあるはずだ. §17・4で学んだように, アルデヒドはケトンよりも求電子性が高い. その結果, ケトンのC-Oπ結合の切断は全体として上り坂のプロセスであり, α,β-不飽和ケトンの形成を可能にするために熱が加えられた場合のみ, 反応は"下り坂"になる. [図20・20では活性化エネルギーを表示していないから, 相対的なエネルギーを直接比較することができるんだ]

962　20. エノラート

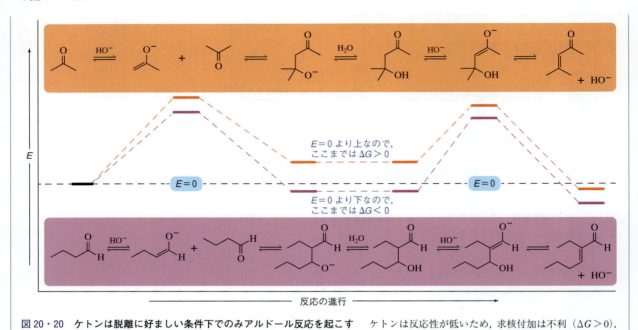

図 20・20　ケトンは脱離に好ましい条件下でのみアルドール反応を起こす　ケトンは反応性が低いため，求核付加は不利（$\Delta G>0$）.

要約すると，ケトンはエノラートに対するよい求電子剤ではない．[安心してね．こうした不利な状況は §20・3・3 で活用するから]

アセスメント

20・30　次のアルドール生成物を調製するための反応剤と条件を示せ．

(a)　(b)

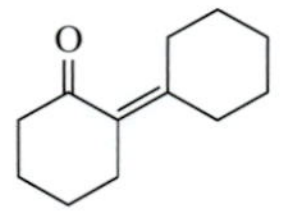

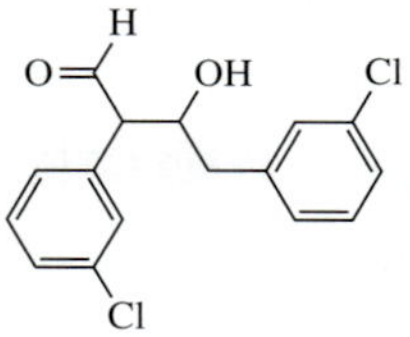

(c)

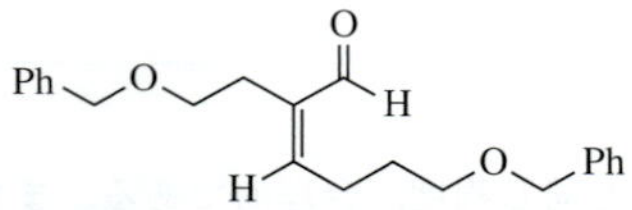

20・31　次の反応の生成物を示せ．

(a) シクロペンタノン + NaOH, H$_2$O，加熱

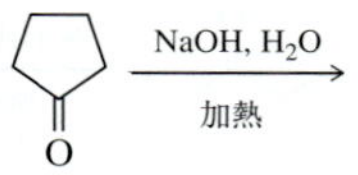

(b) 2,2-ジメチルテトラヒドロピラン-3-オン + LiOH, H$_2$O，加熱

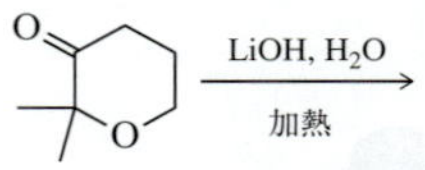

(c) PhCH$_2$COCH$_2$Ph + NaOH, H$_2$O

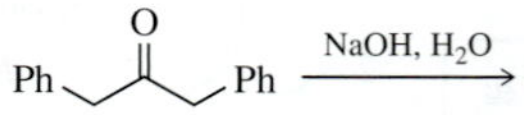

20・32　次のカルボニル化合物の求核剤との反応性を，反応性の低いものから順に並べよ．

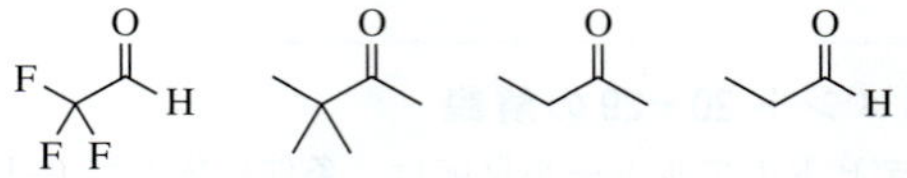

20・3・3　交差アルドール反応

ここまでは，塩基触媒による**自己縮合**（self-condensation，エノラートと元のアルデ

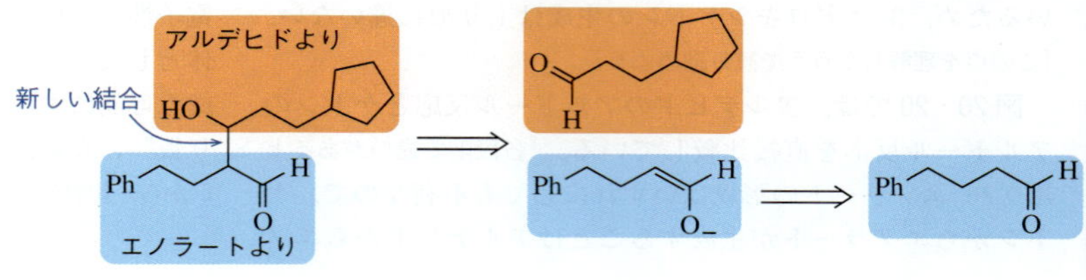

図 20・21　交差アルドール生成物の逆合成

20・3 エノラート　963

ヒドの反応）についてのみ学んできた．図 20・21 は，エノラートと元のアルデヒドとは異なるアルデヒドを反応させてアルドール生成物をつくる逆合成を示している．

　図 20・21 で提示した反応を古典的な条件［NaOH と H₂O だね．図 20・22a 参照］で実施すると，4 種のアルドール生成物がほぼ同量得られ，目的の交差アルドール生成物はそのうちの一つということになる（図 20・22b）．［4 種の異なる生成物が同じ収率で得られるような合成は役に立たないね］この反応がうまく行かないのは，熱力学支配下にあるためである．エノラートの生成が不利だということは，各エノラート 1 分子につき，各アルデヒドが 1000 分子も存在するということになる．［図 20・22a を振り返ろう］つまり，二つのアルデヒドのどちらとも，2 種のエノラート両方の攻撃を受けることとなり，さらに 4 種の生成物はどれも同じくらい安定なのである．［化学反応は不規則な衝突により進行することを思い出そう］このようにして，自己縮合生成物 2 種と交差アルドール生成物 2 種を手にすることとなってしまう．

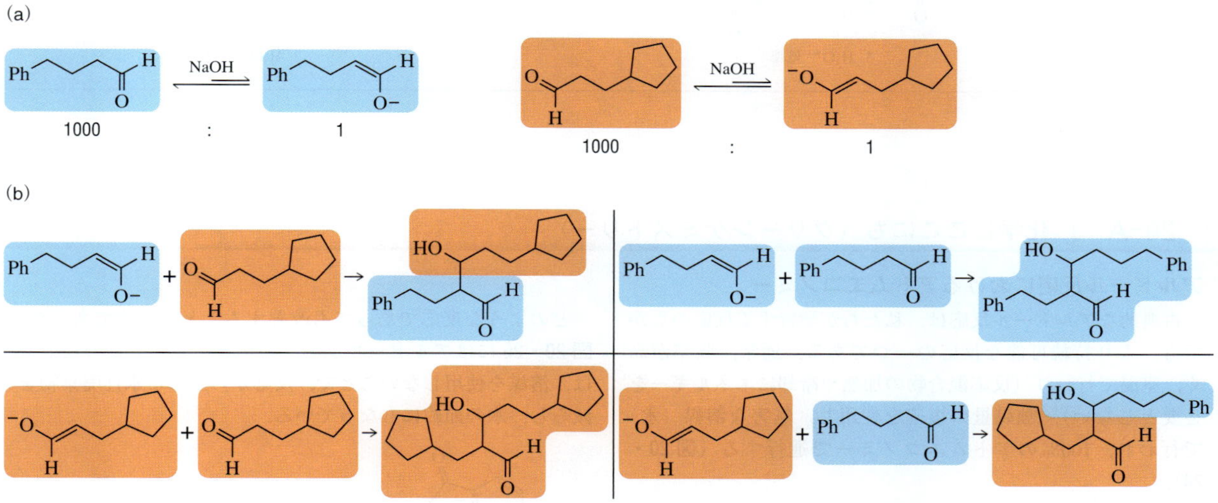

(a)

(b)

図 20・22　古典的条件での交差アルドール反応では 4 種類の生成物をほぼ同等の収率で生成する　(a) エノラート形成が不利なため，存在する両方のアルデヒドの濃度が高いままである．(b) エノラートとアルデヒドのランダムな衝突により 4 種類の生成物を与える．

アセスメント

20・33　図 20・22 の各生成物の形成を説明する反応機構を巻矢印を用いて描け．

20・34　次の各反応における四つの生成物を示せ．また，その反応から予想される生成物の比率を答えよ．

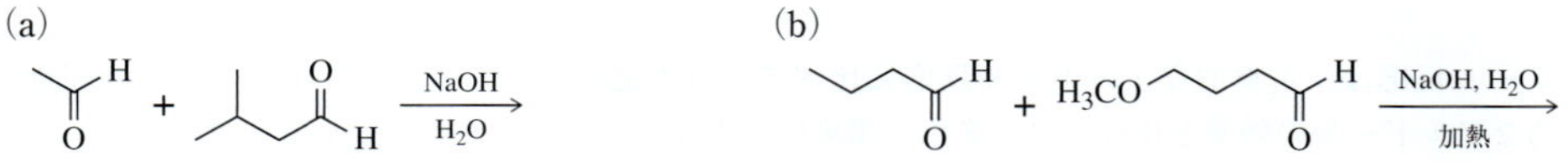

(a)　(b)

　現代の有機化学者は**交差アルドール反応**（crossed aldol reaction）により，目的とする生成物を容易に合成できる（図 20・23）．強塩基でアルデヒドを完全に脱プロトンした後，求電子剤のアルデヒドを加えることで，1 種類のアルドール反応のみ起こる．

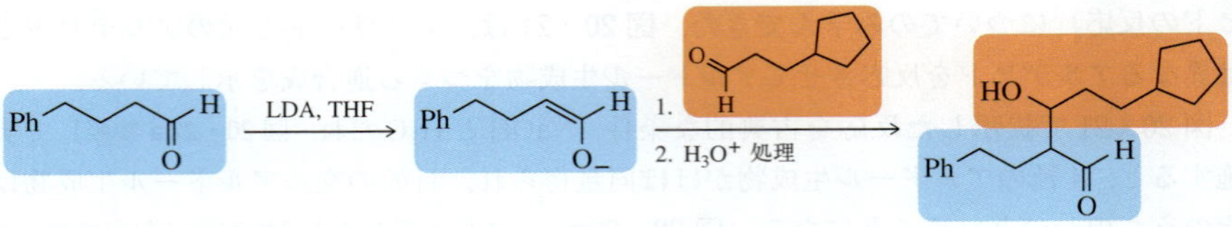

964   20. エノラート

図 20・23 強塩基を用いれば交差ア
ルドール反応は簡単　強塩基は
完全にエノラートを形成する.

アセスメント

20・35　次のアルドール反応の生成物を示せ. アセスメント 20・34 で得た答えと比較せよ.

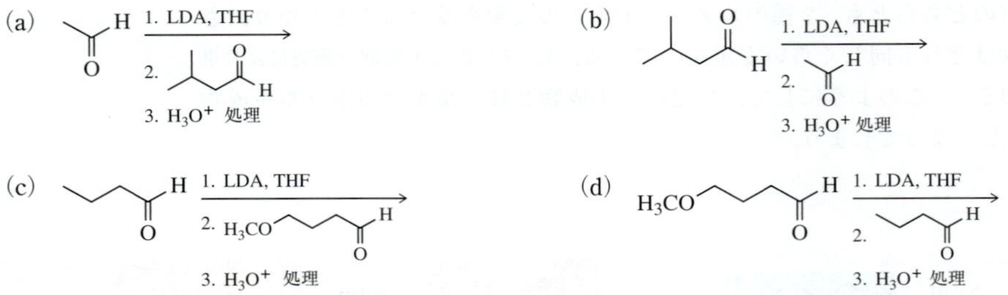

(a) [構造式] 1. LDA, THF 2. [構造式] 3. H_3O^+ 処理

(b) [構造式] 1. LDA, THF 2. [構造式] 3. H_3O^+ 処理

(c) [構造式] 1. LDA, THF 2. [構造式] 3. H_3O^+ 処理

(d) [構造式] 1. LDA, THF 2. [構造式] 3. H_3O^+ 処理

20-A　化学はここにも（グリーンケミストリー）

アルドール反応におけるアトムエコノミー

　古典的なアルドール反応は，私たちが学習する反応のなかでも，より持続可能な反応の一つである. 通常，収率が高く，室温で行われ（反応混合物の加熱や冷却にエネルギーを必要としない），触媒量の塩基を使用し，無害な溶媒（水）で行われ，100%のアトムエコノミーで進行する（図 20・24）.

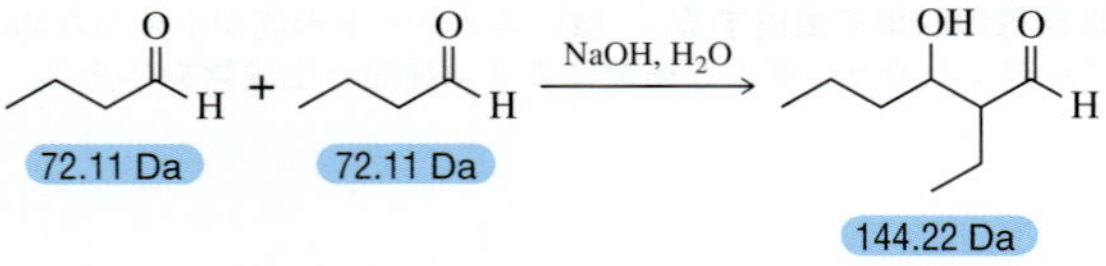

　どのような反応であっても改善することが可能であるが，図 20・25 にはアルドール反応での例を示した. この反応では，溶媒を使用しないことで，反応から生じる水性廃棄物を減らし，水の節約にもなっている.

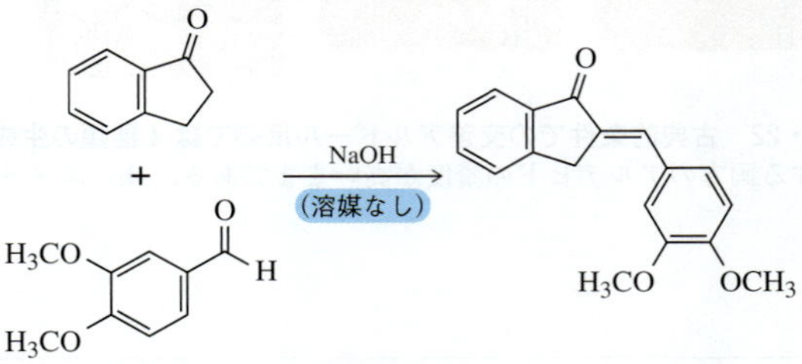

72.11 Da　72.11 Da　144.22 Da

アトムエコノミー＝［(72.11＋72.11)/144.22］× 100 ＝100%

図 20・24　アルドール反応は非常に環境にやさしい反応で
あり，100%のアトムエコノミーで進行する

図 20・25　溶媒不要の反応はより持続可能であり，水を節約
でき，廃水を除くことができる

アセスメント

20・36　現代のアルドール反応は，古典的なアルドール反応に比べて，位置選択性や立体選択性の点で多くの利点がある. その効率を古典的なアルドールの効率と比較せよ. また，環境に，より優しい反応かどうかも評価せよ.

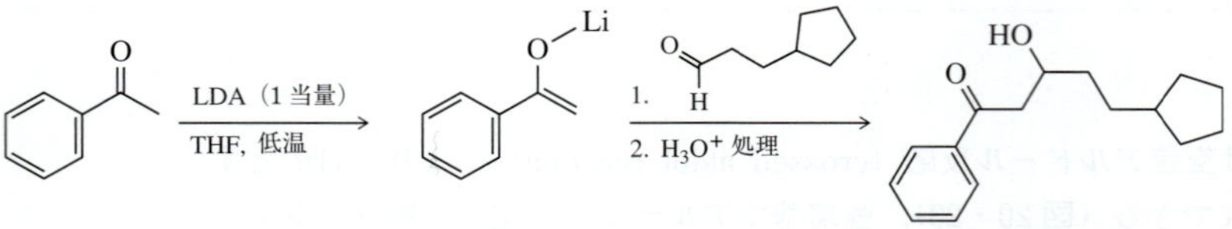

LDA（1 当量） THF, 低温　　1. [構造式] 2. H_3O^+ 処理

20・3 エ ノ ラ ー ト　965

　現代のような塩基が手に入らない時代，かつての有機化学者は交差アルドール反応を可能にするために創造性と問題解決力を必要とした．解決へと導いたのは，現在ではよく理解されている次の二つの事実かもしれない．第一は，エノラートを形成するために，α水素が必要であること．そして第二は，ケトンはエノラートになることはできても，アルドール反応で求電子剤として働くことはできないことである．[§20・3・2参照][この二つの事実を念頭に，選択的な交差アルドール反応をどのように設計するか考えよう．この段落を読み終える前にね]こうした分析の結果が，**Claisen–Schmidt 反応**（Claisen–Schmidt reaction）である（図20・26），α水素がないアルデヒドを用いれば，そこからエノラートが生じることはない．このアルデヒドをケトン由来のエノラートと反応させれば，アルデヒドのみが求電子剤となることとなる．加熱条件下で反応を行えば，Claisen–Schmidt 反応は，選択的に α,β-不飽和ケトンを生成する．

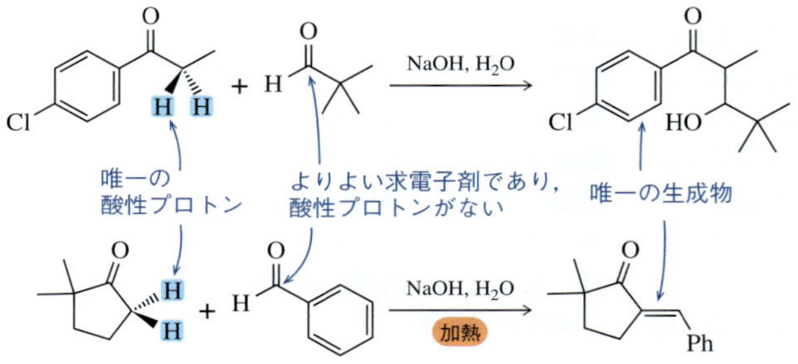

図 20・26　古典的な交差アルドール反応　反応する相手に制限を設けることで，交差アルドール反応が効率的になる．

20・3・3のまとめ

• 交差アルドール反応では，ケトン由来のエノラートと，α水素をもたないアルデヒドが反応する．ただし，現代のアルドール反応の方が，制約も少なく，より優れている．

アセスメント

20・37　次の交差アルドール反応の生成物を示せ．

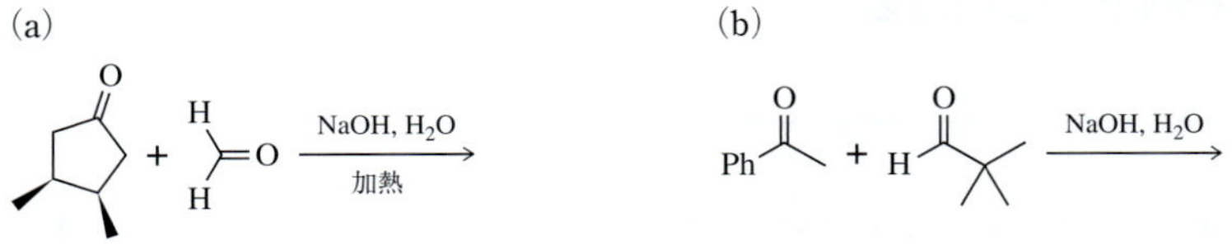

20・38　次の α,β-不飽和ケトンを Claisen–Schmidt 反応で合成するために使用する反応剤と条件を示せ．[他のことに気を取られないようにね．単純にカルボニル基の横に新しい結合をつくればよいんだ]

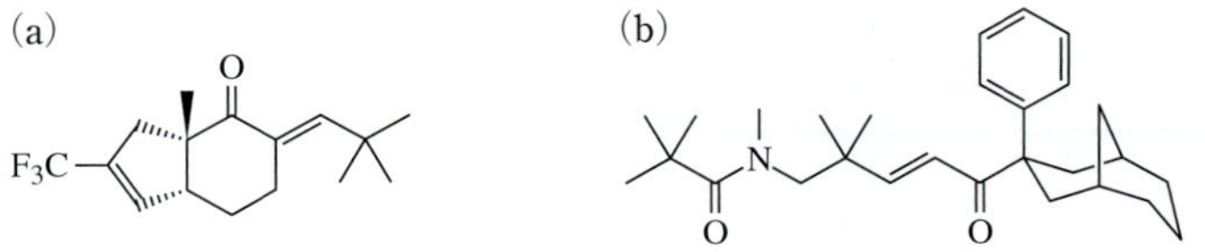

20・39　交差アルドール反応を利用して，多くの医薬品関連化合物に共通する構造モチーフであるアミノアルコールを合成することができる．この方法では，ニトロメタン

とアルデヒドのアルドール反応に続いて，ニトロ基を還元して1,2-アミノアルコールを生成する．最初の反応の反応機構を示し，ニトロ基が交差アルドール反応でエノラートを容易に生成できる理由を説明せよ．

20-B　化学はここにも（生化学）

アルドール反応によるスクロースの合成

アルドール反応は，たとえば植物のスクロースの生合成など，生体系でも広くみいだされる．植物細胞の細胞質における，ジヒドロキシアセトンリン酸とグリセルアルデヒド3-リン酸の反応は，単純に酵素触媒によるアルドール反応である（図20・27）．C−C結合が形成された後，生成物はただちに環化してヘミアセタールである5員環のフラノース環となる．

生体系であってもアルドール反応は可逆的に進行する．酵素は反応の平衡状態を変えることはない．触媒として，反応物と生成物の間の遷移状態を安定にすることで，平衡状態に達する速度を増加させる．そのため，酵素は逆反応も触媒する．哺乳類細胞での解糖系内では，アルドラーゼは図20・27に示した過程を完全に逆向きに触媒し，細胞のエネルギー生産工程を促進する．酵素が反応を促進する方向は，反応物と生成物の相対的な濃度によって決まる．[Le Châtelierの原理]

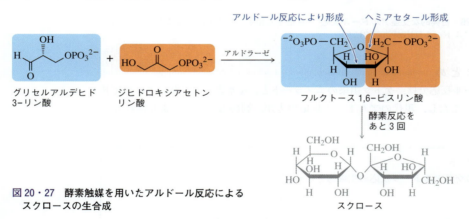

図20・27　酵素触媒を用いたアルドール反応によるスクロースの生合成

アセスメント

20・40　アルドラーゼを触媒としたジヒドロキシアセトンリン酸とグリセルアルデヒド3-リン酸の反応により，フルクトース1,6-ビスリン酸が生成する．反応機構を活性部位の塩基（B⁻）と酸（B−H）の一般式を使い，電子の流れの巻矢印を用いて描け．

20・41　フルクトース1,6-ビスリン酸をジヒドロキシアセトンリン酸とグリセルアルデヒド3-リン酸へと変換する反応もアルドラーゼにより触媒され，逆アルドール反応と称される．反応機構を電子の流れの巻矢印を用いて描け．[微視的可逆性の原理からして，この反応はアセスメント20・40で描いた反応機構とちょうど逆となるよね]

20・3・4　分子内アルドール反応

アルドール反応は，α,β-不飽和アルデヒドの生成まで進めることで，エントロピー的に有利な過程として分子内でも実施できる．

20・3 エノラート 967

アセスメント
20・42 分子内アルドール反応の反応機構を提案せよ．[ヒント：すべての段階は，分子間の場合と同じだよ]

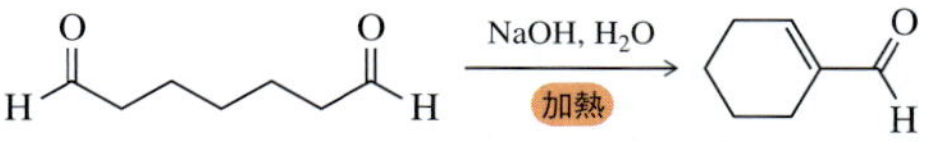

$$\text{OHC-(CH}_2\text{)}_5\text{-CHO} \xrightarrow[\text{加熱}]{\text{NaOH, H}_2\text{O}} \text{シクロヘキセンカルバルデヒド}$$

アセスメント 20・42 を解いて分子内アルドール反応の反応機構を学ぼう．まずは自分で，その後，一緒に解いてみよう．

アセスメント 20・42 の解説

反応機構に取組むにあたって，アルドール反応について知っていることすべてを念頭に置こう．こうした知識を有機化学の問題の一般的な解法過程に結びつけることで，分子内アルドール反応の描像がすぐに浮かび上がってくるはずだ．手始めに，図 20・28 の炭素に番号をつけ，形成される結合と切断される結合を明確にしよう．

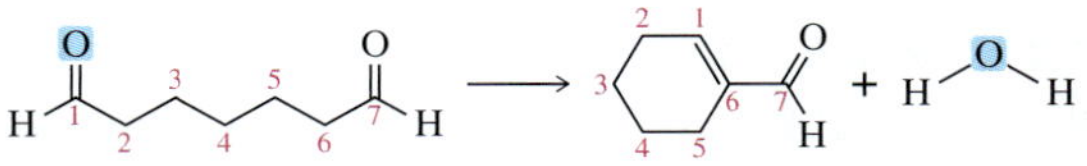

- たとえば，炭素 2～5 は反応物でも生成物でも CH_2 で，C7 はアルデヒドであることを確認して番号づけをチェックしよう
- 切断される結合： C1–O π； C1–O σ； C6–H σ； C6–H σ
- 形成される結合： C6–C1 σ； C6–C1 π； O–H σ； O–H σ
- 切断される結合の数はこの反応の場合，形成される結合の数と同じである
- H_2O の酸素は C1 由来

図 20・28 炭素に番号をふり，形成および切断される結合を特定する

ここでアルドール反応についての知識を活用する．C1–C6 の σ 結合と π 結合に着目し，どのように新しい結合が形成されたのかを分析する（図 20・29）．C1 はアルデヒド炭素であり，ほとんどの場合，求電子的である．さらに，C6 はエノラートとなることで求核的となる．こうした理解に基づけば，反応の進み方はより明確になる．

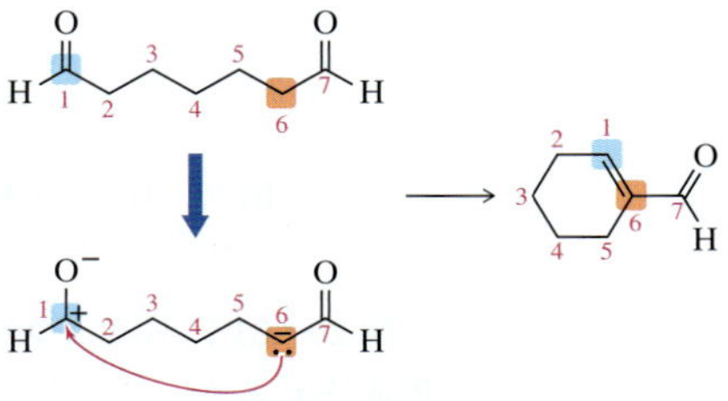

- 反応は求核剤と求電子剤の間で起こる
- C1 はアルデヒドで，双性イオン共鳴構造により，ほとんどの場合求電子的である
- C6 はエノラートになりうる；エノラートはよい求核剤である
- 今や C6 が C1 を攻撃できる

図 20・29 官能基固有の反応性により，どのように新しい C–C 結合ができたかわかる

こうして，簡単な分析から，アルドール反応の知識を活用し，図 20・30 に示す反応機構を描くことができる．C6 の脱プロトンにより生成したエノラートは，C1 のアルデヒドを攻撃する．生成したアルコキシドをプロトン化することで，β-ヒドロキシアルデヒドが得られ，加熱により E1cB 機構を経た脱離が進行することで，α,β-不飽和アルデヒドが生成する．

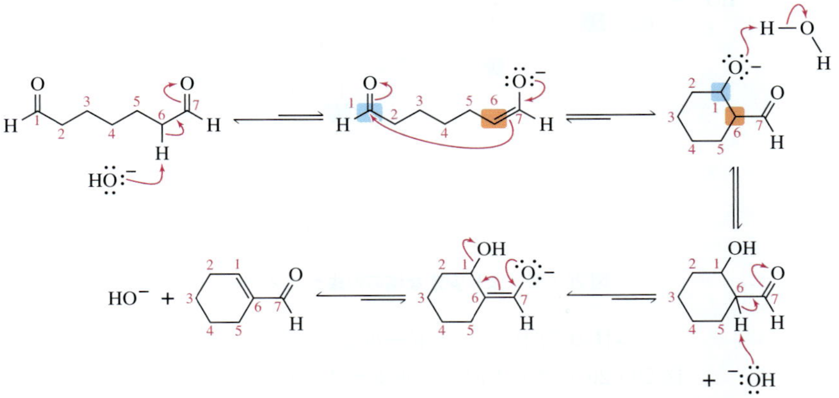

図 20・30 分子内アルドール反応の反応機構

図 20・31 に示した反応機構により，ジケトンも同じように分子内アルドール反応を起こすことができる．[この反応機構は図 20・30 とほとんど同じだね]

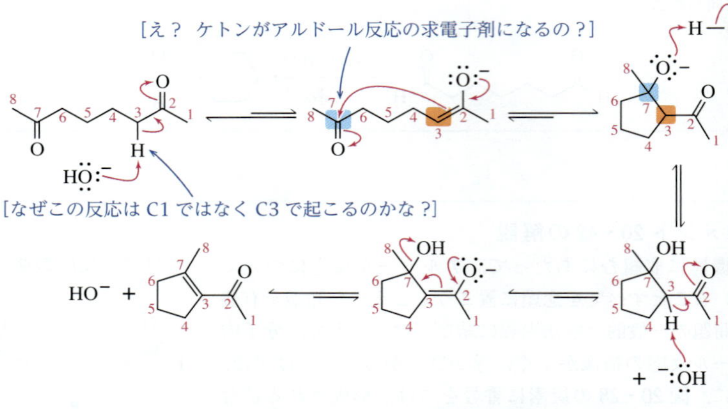

図 20・31 ジケトンの分子内アルドール反応の反応機構 [先に進む前に図中の質問について考えよう]

図 20・31 にある二つの質問に答えてみよう．まず，エノラートは C1 ではなく C3 で形成されるが，これは反応が熱力学的に制御されているためである．C3 と C1 のプロトンの pK_a 値はほぼ同じで，生成するエノラートもほぼ同じように安定である．しかし，C3 のエノラートは C7 のケトンを攻撃して，安定な 5 員環を形成する（**図 20・32**）．C1 のエノラートは C7 のケトンを攻撃して 7 員環を形成する．溶液中では，これらの両方が起こるが，平衡により反応はより安定な 5 員環へと偏る．そして，Le Châtelier の原理により，C3 の脱プロトンによって得られる生成物のみを形成するように反応が進行する．

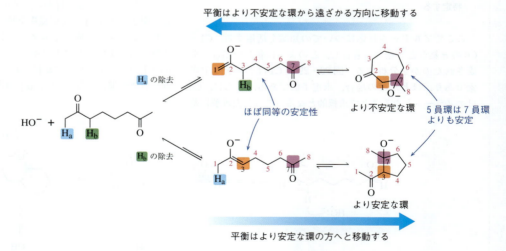

図 20・32 より安定な環の形成がエノラート形成の位置選択性を決定づける

二つ目の質問は，アルドール反応でケトンが求電子剤になる理由を問うものである．図 20・20 では分子間のアルドール反応は不利であることを示した．分子間アルドール反応と分子内アルドール反応を比較したのが **図 20・33** である．分子間アルドール反応では不利なエントロピーを克服しなければならないのに対し，分子内アルドール反応

はエントロピー的に中立（1分子から1分子，$\Delta S \approx 0$）である．［全文公表と行こうか：エントロピー項はわずかながら依然と負になっている．環形成によって回転エントロピーが失われるためだ．ただ，このことは反応への影響が小さいんだ］結果として，分子内反応はΔHにより駆動され，そのため有利な過程となる．［いずれにしても加熱によってα,β-不飽和ケトンが生成するしね］

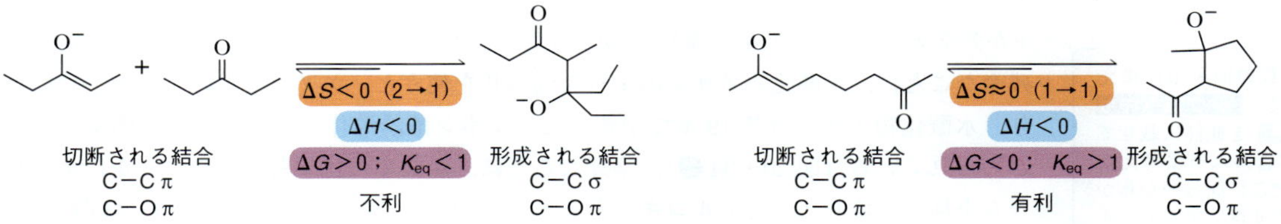

図 20・33　$\Delta S \approx 0$ のためケトンは分子内アルドール反応で求電子剤になりうる

20・3・4 のまとめ

• 分子内アルドール反応は効率的に進行する．分子間アルドール反応は，エントロピー変化により不利だったが，それがなく，さらにエンタルピー変化からの利得も保たれるためである．

アセスメント

20・43 次の反応の生成物およびその反応機構を示せ．

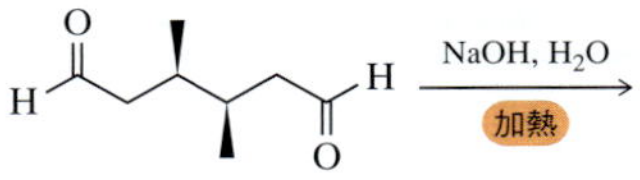

20・44 これまで学習してきたアルドール反応とは異なり，次の段階は右が有利である．この現象を説明せよ．

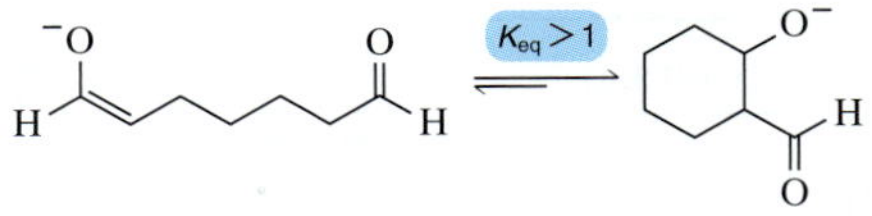

20・45 分子内アルドール反応は，次の7員環の合成に示されるように，酸触媒を用いて行うこともできる．この反応の

反応機構を示せ．

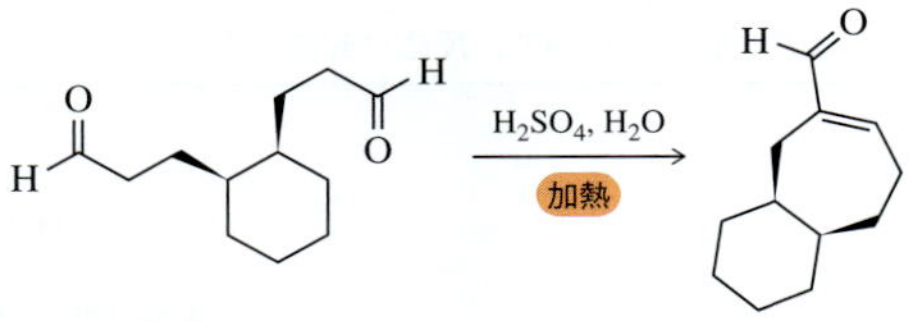

20・46 次のジケトンは分子内アルドール反応により4員環もしくは6員環を形成する．（a）二つの生成物を示し，（b）その反応機構をそれぞれ示せ．（c）どちらが主生成物になるか，理由とともに述べよ．

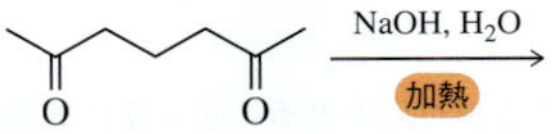

20・4　Claisen 縮合

　この章の残りは，有機化学者がどのようにして新しい反応を開発するかについて説明する．目標は，非環状分子のエノラートを用いたシクロヘキサノンの合成法を開発することとする．少し非現実的ではあるものの，この課題に取組むことで，こうした問題に初めて取組んだかつての有機化学者と同じような思考過程を経ることができ，反応を"再発明"することとなる．

■ 化学者のように考えよう

　図 20・34 は，**Claisen 縮合**（Claisen condensation）に至るまでの思考過程をまとめ

シクロヘキサノンの合成戦略
1. エノラートでケトンをつくる：**Claisen 縮合**
2. 分子内 Claisen 縮合：Dieckmann 縮合
3. エステルの除去
4. アルキル基の付加
5. アシル基の付加

970   20. エノラート

たものである．まず，アルドール反応をどのように改良すれば，ケトンが生成するようになるだろうか．ヒドリドは悪い脱離基なので，これをよりよい脱離基 (**X**) に置き換えることで，四面体中間体の電子対を押し戻しながら，C−O π 結合を再形成することができるはずだ（図 20・34 ❶）．要するにエノラートとカルボン酸誘導体の反応であり，その反応機構は第 19 章の求核アシル置換であると考えられる．[アルドール反応では，アルデヒドやケトンにエノラートが付加するんだったね（第 17 章）．Claisen 縮合では，エノラートが置換反応を行った（第 19 章）．だからまたとり立てて目新しい反応はないということだね] 残念なことに，水酸化物イオンのような弱塩基を使うと，エノラートの生成が不利になり，水酸化物イオンは第 19 章で学習したカルボン酸誘導体のそれぞれと反応することが知られている（図 20・34 ❷）．幸運なことに，かつての化学者はアルコールにナトリウムを加えて塩基としてアルコキシドイオンをつくることができた（図 20・34 ❸）．アルコキシドイオンを用いて，反応性官能基としてエステルを選択すると，置換が起こっても単に出発点のエステルが再生されるだけである（図 20・34 ❹）．最終的には，エステルのエノラートが形成され，別の分子のエステルを攻撃して，β-ケトエステルが生成する．[ケトンができたね]

> この演習は複数の節・項にまたがっているので，シクロヘキサノンの合成戦略 を側注に載せておくよ．"化学者のように考えよう"の過程のどこに居るのかわかるようにね．まずは，アルドール反応をどのように改良すれば β-ジカルボニル化合物が生成できるかを考えよう．その後，§20・4・2 でシクロヘキサノンの合成に戻るよ．

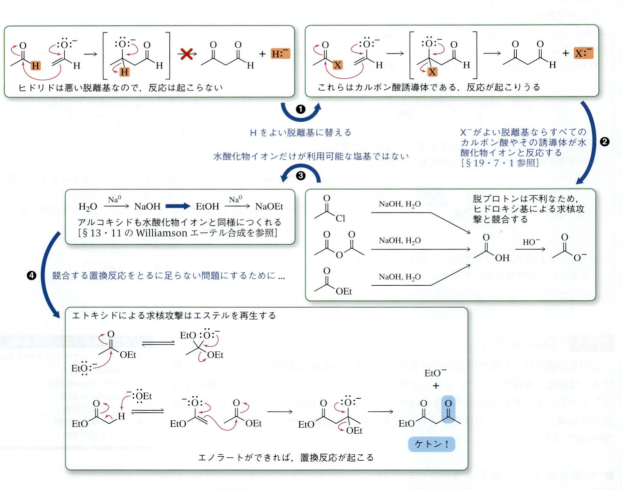

図 20・34 アルドール反応が Claisen 縮合になると，ケトンを合成することができる

20・4 Claisen 縮合　971

　Claisen 縮合は，アルドール反応とは異なり，化学量論量の塩基がないと進行しない．
Claisen 縮合の他の例を見る前に，その理由を理解しておこう．そのためには，アル
ドール反応（表20・1および表20・3参照）のときと同じように，反応機構（**表20・4**）
を注意深く考えなければならない．

表20・4　**Claisen 縮合のエネルギー論**　非常に有利な脱プロトンの段階がこの反応の駆動力となる．

Claisen 縮合の各段階	分　析
1. エノラートの形成 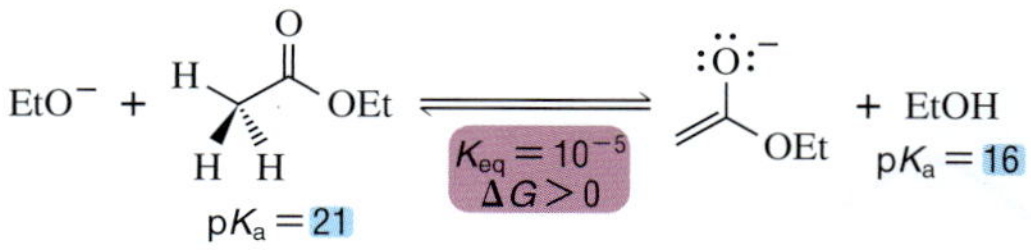 EtO⁻ + （構造式）$K_{eq} = 10^{-5}$, $\Delta G > 0$　（構造式）+ EtOH $pK_a = 21$　　$pK_a = 16$	エトキシドイオンによる α 炭素の脱プロトンは不利である．エタノールの pK_a 値（16）とエステルの α プロトンの pK_a 値（21）から，$K_{eq} < 1$ と計算される
2. エノラートによるエステルの攻撃 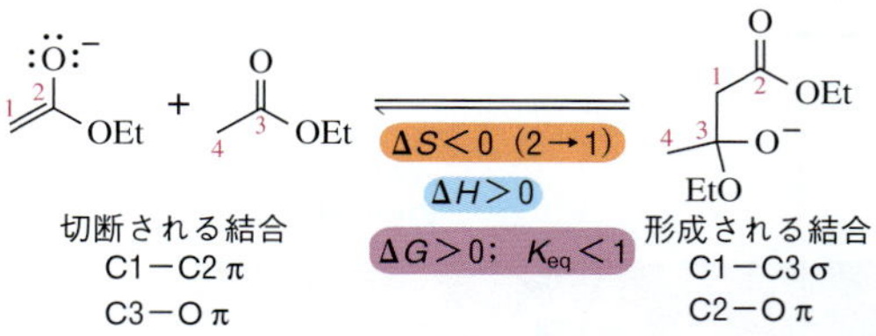 （構造式）$\Delta S < 0$ (2→1)，$\Delta H > 0$，$\Delta G > 0$; $K_{eq} < 1$　（構造式） 切断される結合　　　　　　　　　形成される結合 C1−C2 π　　　　　　　　　　　C1−C3 σ C3−O π　　　　　　　　　　　C2−O π	エステルはケトンよりも求電子性が低いため，C−C π 結合を犠牲にして C−C σ 結合ができるにもかかわらずエンタルピー的には不利である（$\Delta H < 0$）．また，2分子が1分子となるため，$\Delta S < 0$ である．結果として，この C−C 形成ステップは不利である（$\Delta G > 0$）[不利な後に不利が続くなら，なぜそれでも Claisen 縮合が起こるのだろう？]
3. エトキシドイオンの脱離 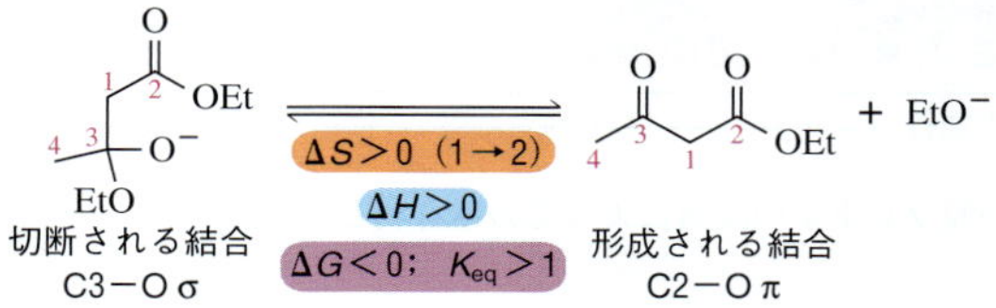 （構造式）$\Delta S > 0$ (1→2)，$\Delta H > 0$，$\Delta G < 0$; $K_{eq} > 1$　（構造式）+ EtO⁻ 切断される結合　　　　　　　　　形成される結合 C3−O σ　　　　　　　　　　　C2−O π	1分子から2分子ができるため，求核アシル置換の2番目の段階はエントロピー的に有利だ（$\Delta S > 0$）．σ 結合を犠牲にして π 結合ができるのでエンタルピー的にはやや不利だ．全体としてこれはわずかに有利な段階である（$\Delta G < 0$）[反応はここでは止まらないんだ]

第三段階の生成物は β-ケトエステルだが，これが最終段階だとしたら Claisen 縮合は機能しない．最初の2段階が不利で，第三段階が
わずかに有利なだけであることを考えると，現時点で反応全体では $\Delta G > 0$ だろう．Claisen 縮合の駆動力は最終の第四段階である．

4. 生成物の脱プロトン 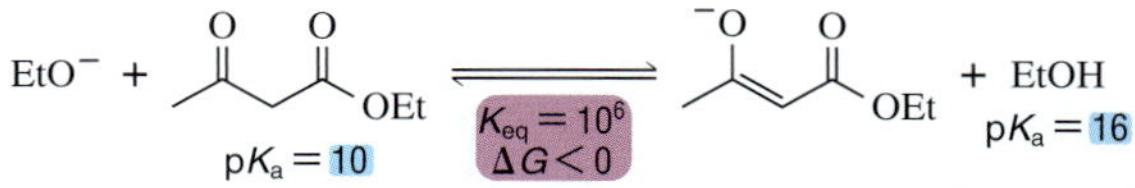 EtO⁻ + （構造式）$K_{eq} = 10^6$, $\Delta G < 0$　（構造式）+ EtOH $pK_a = 10$　　　　　　　　　　　　$pK_a = 16$	生じた β-ケトエステルの脱プロトンは非常に有利である．エタノールの pK_a 値（16）と二つのカルボニル基の間の α プロトンの pK_a 値（10）から，$K_{eq} > 1$ と計算される [引き続き低い pK_a 値についての説明を読もう]

　段階 **❹** が有利なのは，共役塩基の共鳴安定化の結果である．つまり，カルボアニオ
ンが二つのカルボニル基に非局在化するのである（**図20・35**）．二つの電子求引基の間

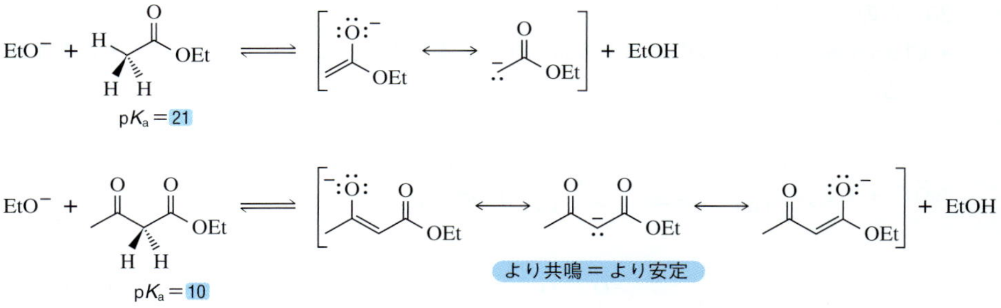

EtO⁻ + （構造式）$pK_a = 21$　⇌　[（共鳴構造式）] + EtOH

EtO⁻ + （構造式）$pK_a = 10$　⇌　[（共鳴構造式）　より共鳴＝より安定] + EtOH

図20・35　活性メチレンがもつ二つの電子求引基は，共鳴によりアニオンを安定化する
[共鳴構造で電子を押し出してみよう]

にある CH$_2$ は，**活性メチレン**（activated methylene）とよばれ，一つのカルボニル基に結合する α 水素（α プロトン）よりも pK_a 値が低くなる．

最後の脱プロトンにはいくつかの意味がある．まず，脱プロトンは反応の熱力学的な駆動力となる．図 20・36 の反応座標図を見てほしい．脱プロトンがなければ，Claisen 縮合は起こらない．最終段階でエトキシドイオンが消費されるため，この反応は触媒的に行うことはできず，1 当量の塩基が必要である．エステルで Claisen 縮合を進行させるためには，少なくとも二つの α 水素が必要である．［アセスメント 20・49 では，その理由を考えてもらうよ］

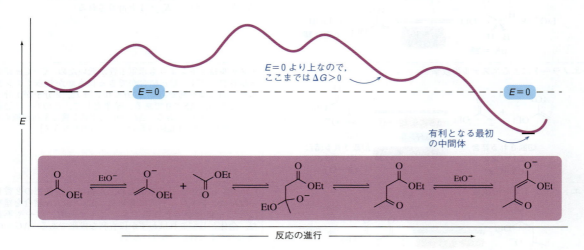

図 20・36 Claisen 縮合の反応座標図 最後の脱プロトンの段階によってのみ有利となる．

最後に，目的のケトンを得るため，生成したエノラートを酸処理する（図 20・37）．［エノラートの酸処理から段階 ❸ と同じ生成物が得られることに混乱させられないようにね．反応中，エノラートはただちに生成し，それこそが Claisen 縮合が存在しうる理由だからね］

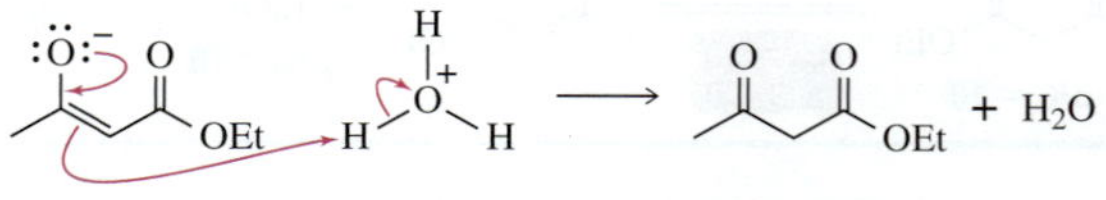

図 20・37 Claisen 縮合は酸処理により終了する

20・4 のまとめ

- Claisen 縮合は，二つのエステル間の C–C 結合形成反応で，β-ケトエステルを生成する．

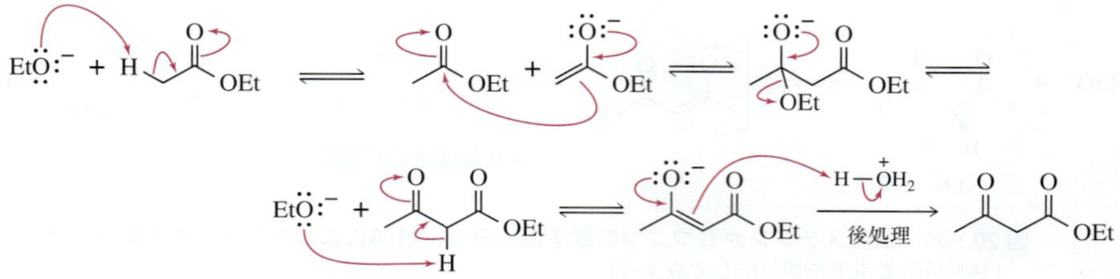

アセスメント

20・47 次の反応の生成物を示せ．

(a) Ph-O-CH₂CH₂CH₂-C(O)-OEt
1. NaOEt, EtOH, 加熱
2. H₃O⁺ 処理

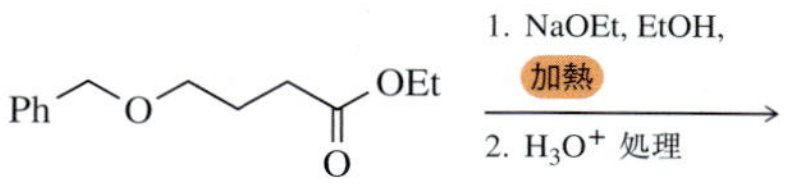

(b) (CH₃)₂CHCH₂CH₂-C(O)-OMe
1. NaOMe, MeOH, 加熱
2. H₃O⁺ 処理

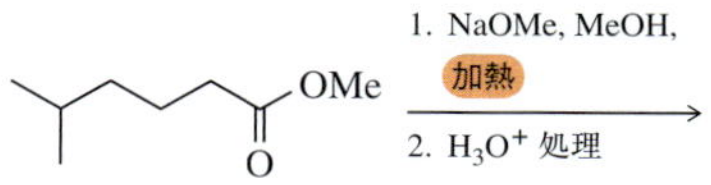

20・48 ある化学者は，以下に示す Claisen 縮合において，エトキシドとエタノールの代わりにイソプロピルアルコールとナトリウムイソプロポキシドを使用することを選択したが，目的の生成物は単離されなかった．生じた生成物を特定し，その理由を合理的に説明せよ．

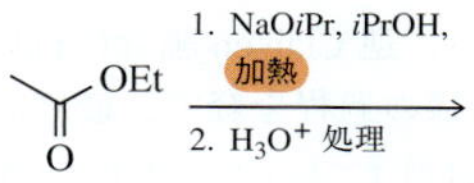

CH₃-C(O)-OEt
1. NaO*i*Pr, *i*PrOH, 加熱
2. H₃O⁺ 処理
→ CH₃-C(O)-CH₂-C(O)-OEt
予想される生成物（得られない）

20・49 別の化学者が 2-メチルプロパン酸エチルの Claisen 縮合を試みた．この反応が失敗した理由を，Claisen 縮合の反応機構の観点から説明せよ．

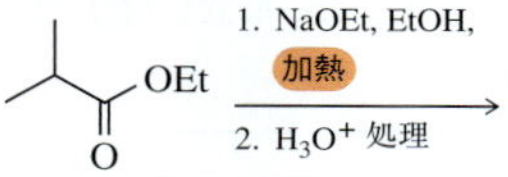

(CH₃)₂CH-C(O)-OEt
1. NaOEt, EtOH, 加熱
2. H₃O⁺ 処理

20-C 化学はここにも（グリーンケミストリー）

Claisen 縮合

Claisen 縮合は，アルドール反応ほど効率的ではないが，これまで学習してきた他の反応と比較して，比較的環境に優しい反応である（図 20・38）．Claisen 縮合がアルドール反応と比較して不利な点は，当量の塩基を必要とすること，高温であること，酸処理の工程が必要であること，アトムエコノミーが著しく低いことである．一方，幸いなことに，エトキシドを塩基に使用することで，安全で無害な溶媒であるエタノールを使用することができる．

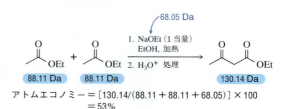

アトムエコノミー ＝ [130.14/(88.11 ＋ 88.11 ＋ 68.05)] × 100
＝ 53％

図 20・38 Claisen 縮合のアトムエコノミー

アセスメント

20・50 酢酸メチルを用いて Claisen 縮合を行うと，アトムエコノミーが改善する．(a) それは新しい工程がより効率的という意味かどうかを答えよ．(b) 抜けている反応剤と溶媒を埋めよ．さらにアトムエコノミーを計算し，新しい工程での効率を評価せよ．(c) この工程は図 20・38 のものよりも環境に優しいかどうかを述べよ．

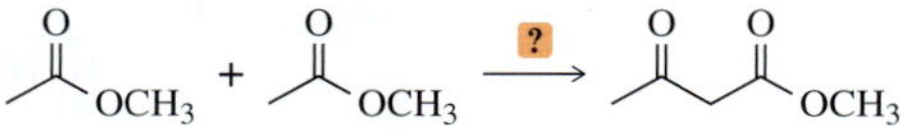

CH₃-C(O)-OCH₃ + CH₃-C(O)-OCH₃ →[?] CH₃-C(O)-CH₂-C(O)-OCH₃

20-D 化学はここにも（生化学）

生体系における Claisen 縮合

チオラーゼという酵素が触媒するアセチル CoA の Claisen 縮合は，生体系で重要な役割を果たしている．アセチル CoA は複雑な分子ではあるが，SCoA 部分は，単にチオエステルのチオール部分にすぎない．そのため，アセチル CoA は，この章で見てきたエステルと同様に反応して，アセトアセチル CoA を形成する（図 20・39）．これがメバロン酸の生合成とコレステロールの生合成の最初の段階となる．

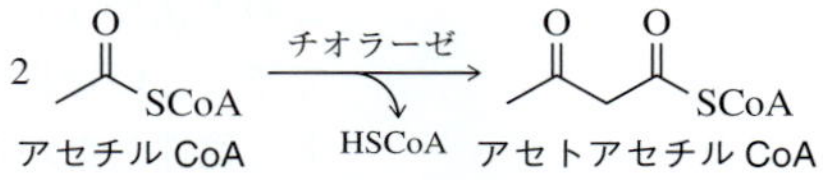

2 CH₃-C(O)-SCoA →[チオラーゼ, −HSCoA] CH₃-C(O)-CH₂-C(O)-SCoA
アセチル CoA　　　　　　　　　　　　　アセトアセチル CoA

図 20・39 アセトアセチル CoA の形成は多くの生物学的過程の出発点である

974 20. エノラート

　また，逆 Claisen 縮合も生体系で重要な役割を果たしている．この反応は，飽和脂肪酸の β 酸化反応に用いられ，哺乳類の細胞のエネルギー源となる．**図 20・40** の例では，パルミチン酸が β 炭素で酸化され，チオラーゼの基質である β-ケトエステルが生成する．逆 Claisen 縮合に続いて，生じたミリストイル CoA も同様の過程を経て，最終的には脂肪酸を 2 炭素ずつ分解し，合計七つのアセチル CoA 分子を生成する．

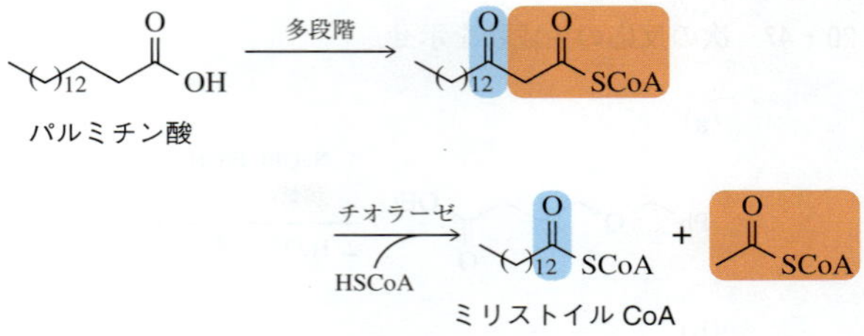

図 20・40　逆アルドール反応を繰返して脂肪酸が分解される

> **アセスメント**
> **20・51**　チオラーゼを触媒とした逆 Claisen 縮合によるミリストイル CoA の生成機構を巻矢印を用いて示せ．
> [反応機構では，活性部位の一般式に塩基（B⁻）と酸（B−H）を用いるといいよ]

20・4・1　交差 Claisen 縮合

　交差 Claisen 縮合（crossed Claisen condensation）は，交差アルドール反応と同じ困難な問題を抱えている．[交差アルドール反応は酸性プロトンをもたないアルデヒドとケトンのエノラートを用いて成功しているね] Claisen 縮合は，反応物が両方ともエステルであるため，交差アルドール反応と同様の戦略をとっても狙った交差 Claisen 縮合を完全に実現することはできない（**図 20・41**）．

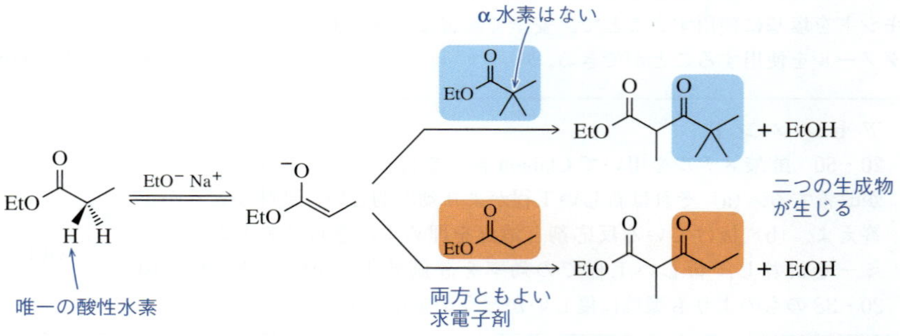

図 20・41　両方のエステルともよい求電子剤であるため，交差 Claisen 縮合は二つの生成物を与える

　この問題の解決法は，実験方法を工夫することにある．アルドール反応では，ケトンとアルデヒドを一緒にフラスコに入れて塩基を加えるが，これは塩基が弱く，目的の生成物を得るために熱力学的な駆動力に頼っているからである．図 20・41 に示すように，この方法で交差 Claisen 縮合を試みると，複数の生成物が得られる．交差 Claisen 縮合で望ましい選択性を得るために，化学者たちは，α 水素をもたないエステルをエトキシドと撹拌しながら，もう一方のエステルを反応容器にゆっくりと加えるという独創的な解決法を開発した．**図 20・42** に実際の溶液の様子を示す．丸底フラスコ内のエステル **B** は，酸性の水素をもたないため，エトキシドとの反応は起こらない．エステル **A** を 1 滴加えると，脱プロトンが起こり，エノラート **A⁻** が得られる．エステル **A** は少量しか

加えられていないので，エノラート A^- はエステル B と衝突しやすくなっている．この工程を，エステル A をすべて使い切るまで続ける．エステル A を 1 滴ずつ加え続けることで，一つの生成物のみを形成することができる．

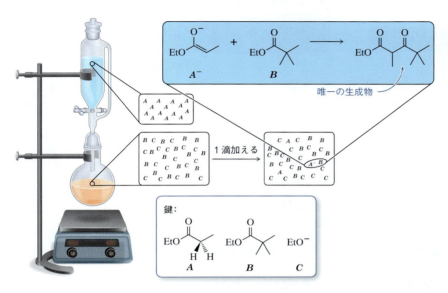

図 20・42　交差 Claisen 縮合の実験設置　生成物の脱プロトンがやはり熱力学的駆動力であり（§20・4），反応停止には酸処理が必要となる．

20・4・1 のまとめ

- 交差 Claisen 縮合は，α 水素をもたないエステル一つを用い，実験条件を慎重に操作することで成功する．

アセスメント
20・52　次の交差 Claisen 縮合生成物の合成法を示せ．添加の順番と実験手順を必ず明記すること．

(a)　(b)　(c)

20・4・2　Dieckmann 縮合（分子内 Claisen 縮合）

Claisen 縮合をシクロヘキサノンの合成に応用するためには，分子内で反応を行わなければならないが，これは Claisen 縮合の発見から 10 年後に Walter Dieckmann によって初めて報告された反応である．[そのため，Dieckmann 縮合とよばれているんだ]

Dieckmann 縮合（Dieckmann condensation）は，Claisen 縮合の反応機構と同様に，エノラートの生成から始まり，エノラートのエステルへの分子内攻撃によって四面体中間体が生成する（図 20・43）．分子内であるため，エノラートの攻撃は Claisen 縮合の同じ段階よりも有利である（1 分子から 1 分子，$\Delta S \approx 0$）．四面体中間体からの脱離に

シクロヘキサノンの合成戦略
1. エノラートでケトンをつくる：Claisen 縮合
2. **分子内 Claisen 縮合：Dieckmann 縮合**
3. エステルの除去
4. アルキル基の付加
5. アシル基の付加

976   20. エノラート

続いて，より酸性のジカルボニル化合物のプロトンがただちに引抜かれる．[Claisen 縮合と同様，これが反応の駆動力だよ] その後，酸処理により最終生成物が得られる．

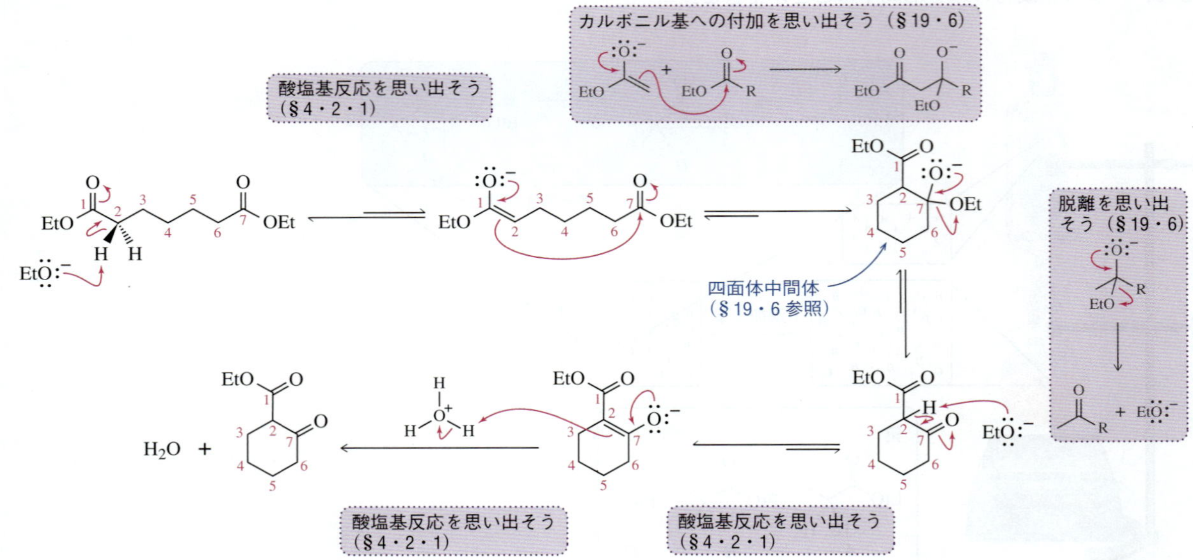

カルボニル基への付加を思い出そう（§19・6）

酸塩基反応を思い出そう
（§4・2・1）

四面体中間体
（§19・6 参照）

脱離を思い出そう（§19・6）

酸塩基反応を思い出そう
（§4・2・1）

酸塩基反応を思い出そう
（§4・2・1）

図 20・43　**Dieckmann 縮合の反応機構**　分子内のためより有利であることを除くと，これは Claisen 縮合と同様である．

アセスメント

20・53　図 20・43 に示す Dieckmann 縮合では，平衡の矢印はどちら側の反応が有利かを示すように描かれている．それぞれの反応で平衡の偏りの理由を説明せよ．

20・54　Dieckmann 縮合の生成物はエノール形として存在する可能性がある．次の例の場合，ケト形よりもエノール形が有利な理由は何か．

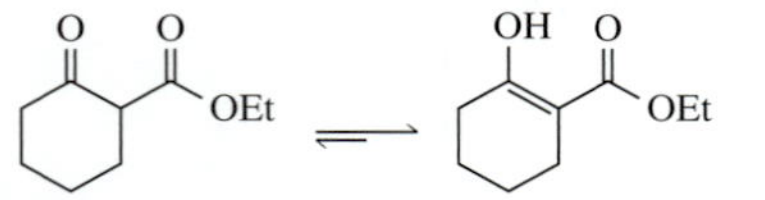

20・55　次の Dieckmann 縮合の生成物を示せ．

(a)

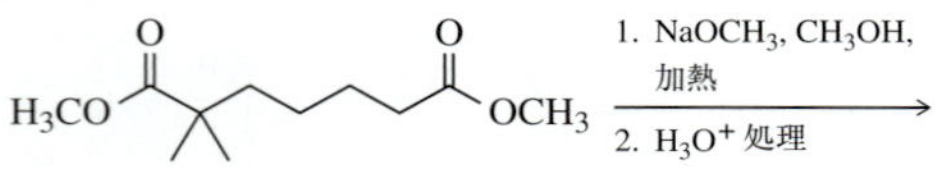

(b)

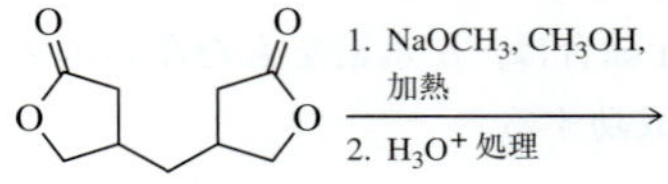

20・56　アセスメント 20・55(b)では，エステルのアルキル基とは異なるアルコキシドを用いたが，目的とする生成物が得られている．アセスメント 20・48 とは異なる結果となるのはなぜか説明せよ．

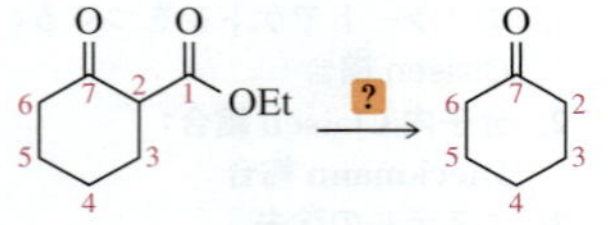

図 20・44　**C1 エステルの除去によりシクロヘキサノン合成が完了する**

6 員環をつくることには成功したが，厳密にはシクロヘキサノンを合成したわけではない（図 20・44）．

■ **化学者のように考えよう**

図 20・44 のように炭素に番号をつけると，C1−C2 結合を切断して C2 に水素を置換することとなる．2 電子過程だと考えると，図 20・45 のように C1−C2 結合の切断には二つの仮想的な経路がある．電子が C1 に移動するか C2 に移動するかのどちらかで

ある．［どちらが合理的だと思うかな？］C1-C2 結合が切断されて，電子が C2 に移動した場合，共鳴安定化された中間体が 2 種生成し，そのうちの一つがエノラートとなる．このことから C1-C2 結合は，こちらの経路で切断される．

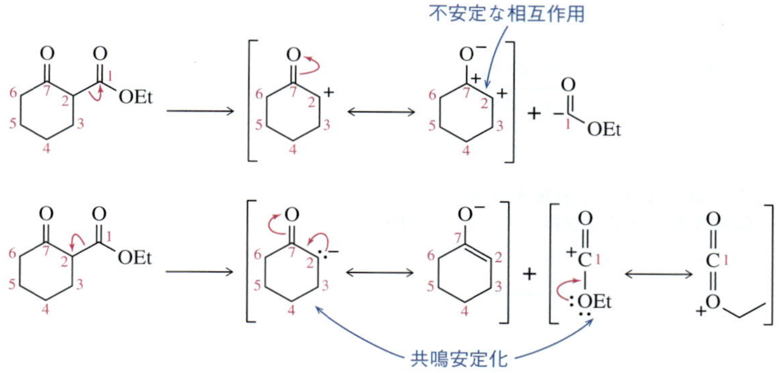

この合成を完成させるためには，C2 に結合している C1 のエステルを取除く方法が必要だ．その方法を，"化学者のように考えよう"で学ぼう．前に学んだ反応を思い出すだけで，β-ケトエステルをシクロヘキサノンに変換する方法を理解できるんだ．そして将来の問題解決に役立ちそうな戦略を学べるよ．

シクロヘキサノンの合成戦略

1. エノラートでケトンをつくる: Claisen 縮合
2. 分子内 Claisen 縮合: Dieckmann 縮合
3. エステルの除去
4. アルキル基の付加
5. アシル基の付加

図 20・45 **仮想的な C1-C2 結合の切断により，より安定な共鳴安定化された中間体ができる**

このようにして結合が切断された場合，次の段階も理解しやすい．［繰返しておくけど，これはすべて仮説で，問題解法の過程なんだ．この過程を進めて行くと，この化学変換を実現するために使う一連の反応にたどり着くよ］C2 にアニオンがあれば，プロトン化によってケトンが生成物として得られるはずだ（図 20・46）．さらに，共鳴により安定化を受けた C1 のカルボカチオンは二酸化炭素に似てはいるが，一つの酸素にエチル基が結合している．

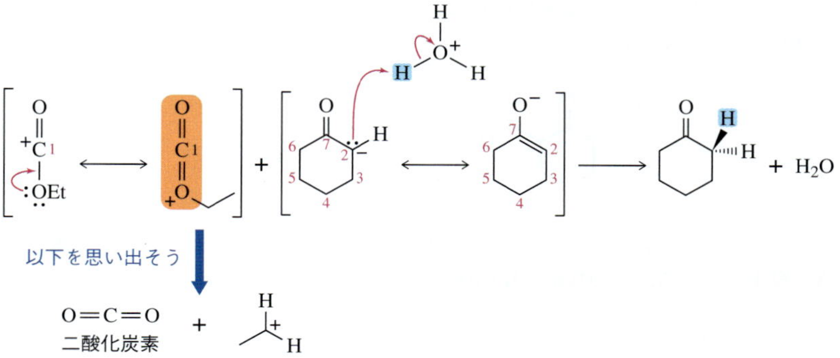

図 20・46 **C1-C2 結合を切断する仮説はより合理的である** 一つの中間体は二酸化炭素に似ている．もう一つの中間体は，プロトン化されれば，目的とするケトンとなる．［CO₂ が分子から完全に除去されるような反応を知っているかな？］

二酸化炭素のような分子の生成を示唆する分析結果は，§18・8・4 で学んだ脱炭酸反応を思い出させる．図 20・47 に示した反応では，β-ケト酸を加熱すると脱炭酸が起こる．6 電子環状遷移状態によって進行する脱炭酸反応は，最初にエノールが生成し，これがケトンに互変異性化する．

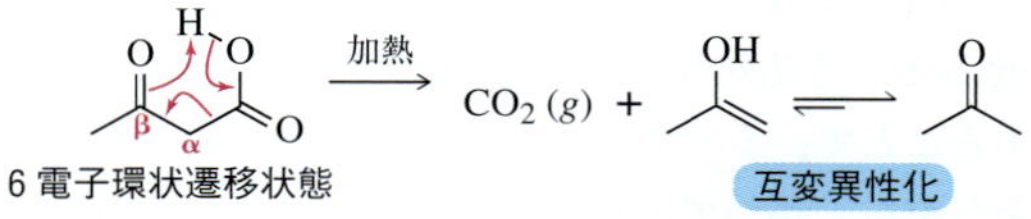

図 20・47 **β-ケト酸の加熱による脱炭酸** この反応は第 18 章で学んだ．

978　20. エノラート

　つまり，考えを先に進めていくと，直前の分析は，仮説内のβ–ケトエステルは，まずは加水分解と酸処理によりカルボン酸に変換すればいいということになる．[この手順は§19・7・1で学んだよね]　生成したβ–ケト酸を加熱することで，脱炭酸反応が熱的条件下で進行し，目的の分子であるシクロヘキサノンが得られる（図20・48）．

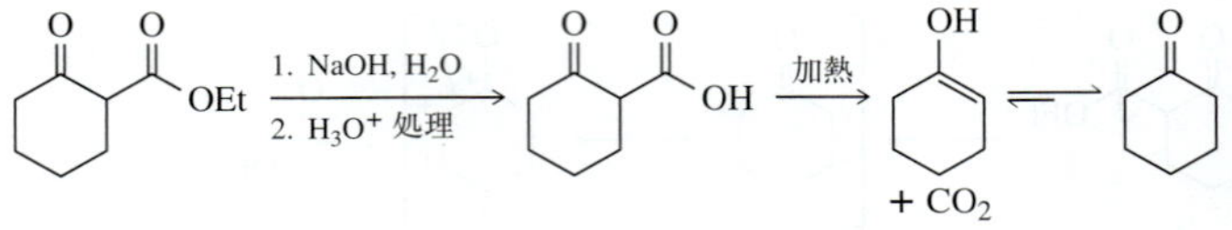

図20・48　エステルの加水分解，酸処理，加熱による脱炭酸によりエステルを除去することでシクロヘキサノンが生じる

アセスメント

20・57　一般的な Dieckmann 縮合の出発物質であるピメリン酸ジエチルが，次の出発物質からどのように合成されるかを示せ．

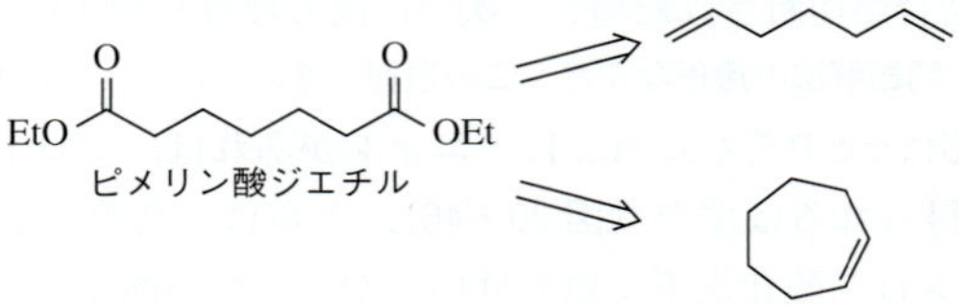

ピメリン酸ジエチル

20・58　(a) 次の加熱による脱炭酸反応では，ΔG は 0 より大きくなるか小さくなるか．(b) この反応が常に完了まで進行するのはなぜか．

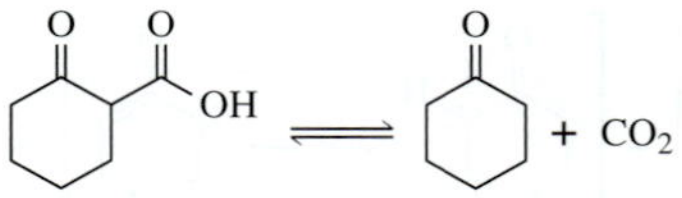

$$+ CO_2$$

20・59　下記のようにジエステルと β–ケトエステルを用いた Krapcho（クラプコ）反応はエステルを直接脱炭酸させる．この反応の反応機構を示せ．[炭素に番号をふってみよう]

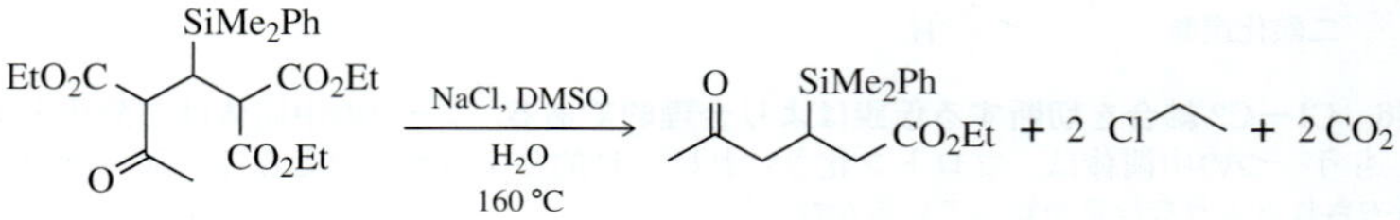

シクロヘキサノンの合成戦略
1. エノラートでケトンをつくる：Claisen 縮合
2. 分子内 Claisen 縮合：Dieckmann 縮合
3. エステルの除去（TLaC）
4. **アルキル基の付加**
5. アシル基の付加

20・5　活性メチレンのアルキル化

　シクロヘキサノンの合成から続けて，今度はアルキル置換基の導入を試みよう．このアイデアは，シクロヘキサノンのエノラートを形成し，それを S_N2 反応でハロゲン化アルキルと反応させるというものである．現代の条件であれば，LDA を等量使用してエノラートを生成することで，シクロヘキサノンを完全に脱プロトンすることができる（図20・49a）．残念ながら，かつての化学者は強塩基を手に入れることができなかったので，ナトリウムメトキシドのような塩基を使ってこの反応を試みたが，失敗に終わっ

20・5　活性メチレンのアルキル化　　979

た（図20・49b）．[なぜ失敗したのか，心当たりはあるかな？]

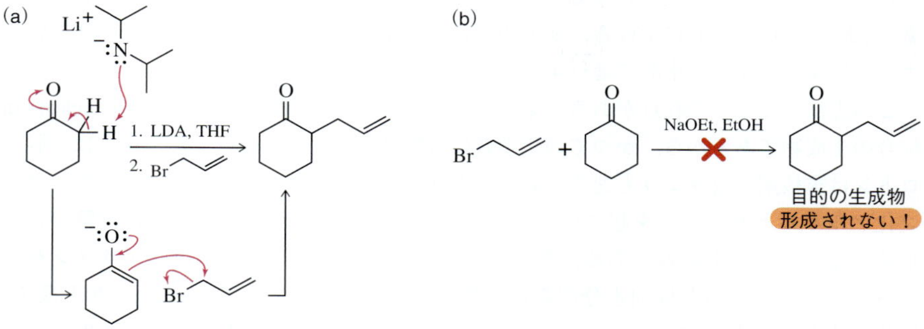

(a)

(b)

図20・49　エノラートのアルキル化　（a）現代の条件下，強塩基を使用することで反応は
うまくいく．（b）古典的な弱い塩基では，反応は失敗する．

　図20・49(b)の反応は，塩基が弱すぎるため失敗する．エトキシドイオンはシクロヘ
キサノンを優位に脱プロトンすることができないため，平衡状態ではほとんどエトキシ
ドイオンのまま存在している（図20・50）．第13章で学んだように，エトキシドイオ
ンは優れたS_N2求核剤であり，ハロゲン化アルキルと反応してエーテルをつくる．
[Williamsonエーテル合成を思い出そう]

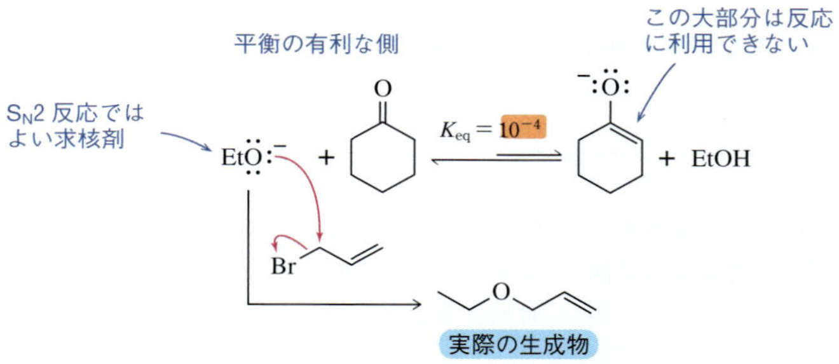

図20・50　エトキシドイオンはα水素を引抜くのに十分な強さがないため，
代わりにS_N2反応を起こしてしまう

　現代の化学者はより強い塩基を発明することでこの問題を解決したが，かつての化学
者は逆に，除去されるプロトンをより酸性にした．[酸塩基反応は，塩基か酸のどちらかを
強くすることで，より有利になるんだったね] 酸を強くするためには，その共役塩基をより
安定にしなければならない（つまり，弱くする）．Claisen縮合やDieckmann縮合の最

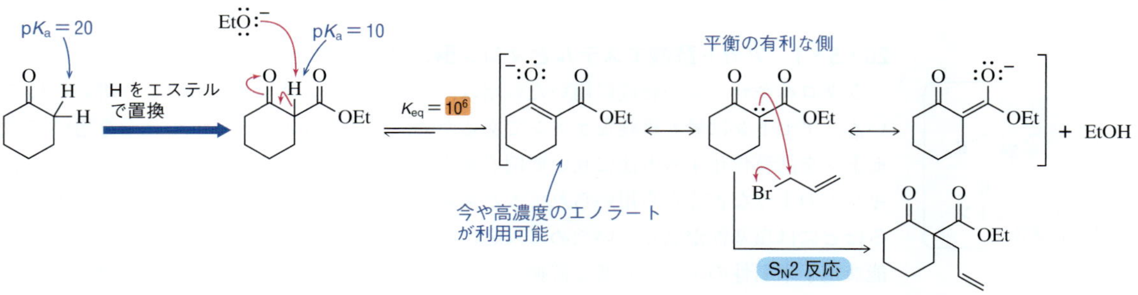

図20・51　α炭素にエステルがあることでプロトンの酸性度が高まる　　古くから用いられている塩基であるエトキシドでも
今や十分な強さだ．

後の段階［§20・4］を参考にして，α炭素にエステルを用いることで，より高い共鳴安定化により共役塩基を安定にすることができる（図20・51）．エステルの存在は，α水素のpK_aを20から10に下げる．溶液中には求核剤がたくさんできるため，S_N2反応によってアルキル化が効率的に進行する．

この方法には二つの利点がある．第一に，図20・51のβ-ケトエステルはDieckmann縮合の生成物であるから，かつての化学者にも容易に入手できたはずだ．第二に，脱プロトンは求核剤の攻撃よりも速く，非常に有利であるため，エトキシドイオンがハロゲン化アルキルとS_N2反応を起こす機会はない．脱プロトンが完了した後に攻撃できる求核剤はエノラートのみである．最終的な目的はアルキル置換シクロヘキサノンをつくることなので，あとは加水分解の後に酸処理することでできあがったβ-ケト酸を，加熱により脱炭酸して2-アリルシクロヘキサノンをつくるだけである（図20・52）．
［§20・4・2を思い出そう］

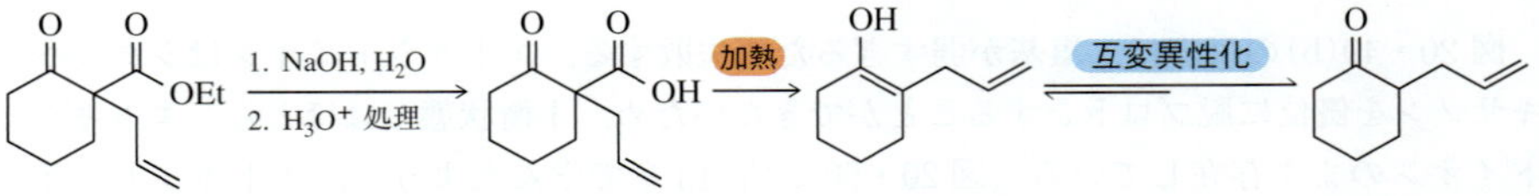

図20・52　アルキル化に続く，加水分解，酸処理，加熱による脱炭酸によりα置換ケトンが得られる

20・5のまとめ

- β-ケトエステルをアルキル化した後，エステル基を除去してアルキル化ケトンを生成する．

アセスメント

20・60 次の反応の生成物を示せ．(b)で用いている，水素化ナトリウム NaH は単に求核剤として作用しない塩基が必要な場合に採用される，より強力な塩基である．

(a)

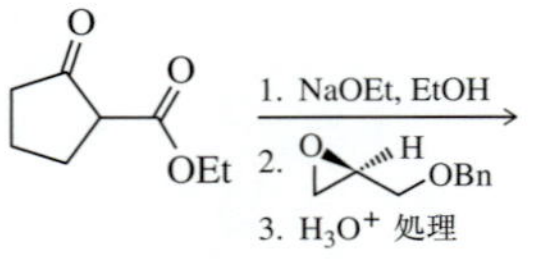

(b)

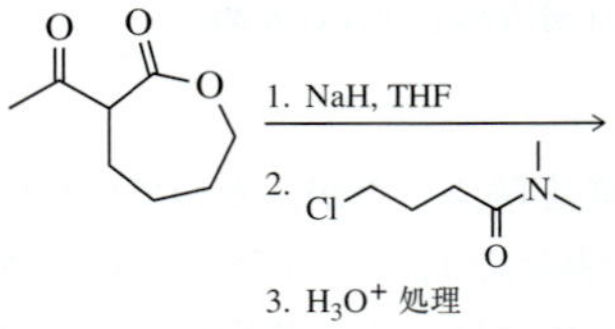

20・61 前節で述べた手順を用いて，ヘキサン-1,6-ジオールから次の置換シクロペンタノンをどのように合成するかを示せ．

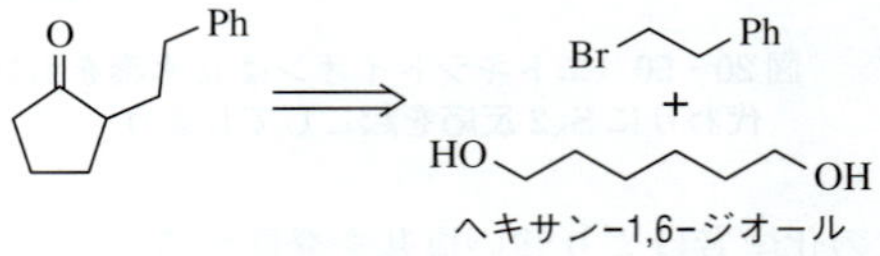

20・5・1　アセト酢酸エステルとマロン酸エステルの合成

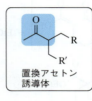
置換アセトン誘導体

シクロヘキサノンの合成に用いた戦略は，置換アセトン誘導体の合成にも用いられている．アセトンは最も単純なケトンであるため，化学者はエノラートの化学を用いてアセトンを誘導体化する方法に長い間関心を寄せてきた．これまで見てきたように，エトキシドのような古くから用いられてきた塩基を使うと，十分な量のエノラートを生成するほどには塩基性が高くないために反応はうまくいかない．代わりにアセトンを除去可能な電子求引性のエステル基で置換したようなアセト酢酸エチルを用いる．プロトンがより酸性になり，エトキシドの塩基性でもα炭素を完全に脱プロトンできるようになる（図20・53a）．

20・5 活性メチレンのアルキル化

アセト酢酸エステル合成(acetoacetic ester synthesis)とよばれるこの方法は,アセト酢酸エチルが酢酸エチルのClaisen縮合の生成物として容易に入手できるため,アセトン誘導体の合成には特に便利である(図20・53b).

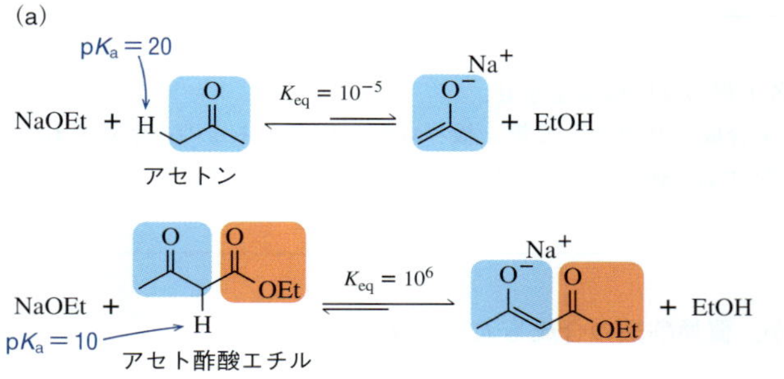

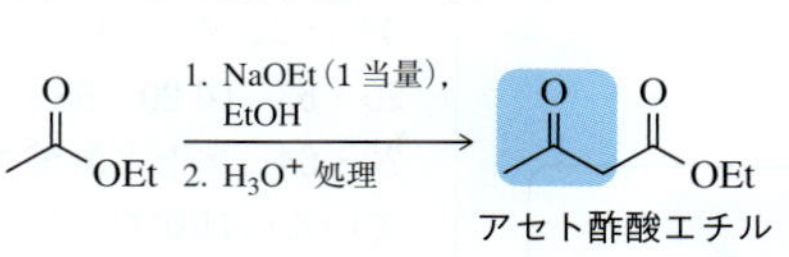

(a)

NaOEt + アセトン (H, pK_a = 20) $\xrightleftharpoons{K_{eq} = 10^{-5}}$ エノラート(Na$^+$) + EtOH

NaOEt + アセト酢酸エチル (H, pK_a = 10) $\xrightleftharpoons{K_{eq} = 10^6}$ エノラート(Na$^+$) + EtOH

(b) Claisen 縮合 (§20・4)

酢酸エチル $\xrightarrow[\text{2. H}_3\text{O}^+ \text{処理}]{\text{1. NaOEt (1当量), EtOH}}$ アセト酢酸エチル

図20・53 アセトンの酸性度は十分でないが,アセト酢酸エチルの酸性度は十分だ (a) エノラート形成は非常に有利だ. (b) アセト酢酸エチルはClaisen縮合で合成される.

ここで,逆合成の考え方を使って,アセト酢酸エステル合成法での分子の構築法を学んでみよう(図20・54),α炭素上に一つか二つの置換基をもったアセトンを見つけ出すのが最初の問題設定となる.[置換基は三つはないよ]アセトンを見つけ出したら,エノラートの形成を促進するエステルの存在を想像でき,アセト酢酸エチルにたどり着く.最後の結合切断により,2種のハロゲン化アルキルを見いだせるので,アセト酢酸エチルのエノラートのアルキル化に用いる反応剤が明確となる.アセト酢酸エチルには酸性プロトンが二つあるので,二つのアルキル基を導入することができるのである.[炭素に番号をつけると,この作業がしやすくなるね]

図20・54 アセト酢酸エステル合成の逆合成解析

> **アセスメント**
> **20・62** この方法では,なぜ三つ目のアルキル基を加えることができないのか.

実際の順序で見ると(図20・55),この工程は,α置換シクロヘキサノンの合成と似ている.[§20・5を見てみよう]アセト酢酸エチルをエトキシドで脱プロトンし,得られるエノラートをS$_N$2反応でアルキル化する.[§12・2・1だね]この反応をもう一方

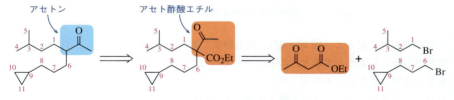

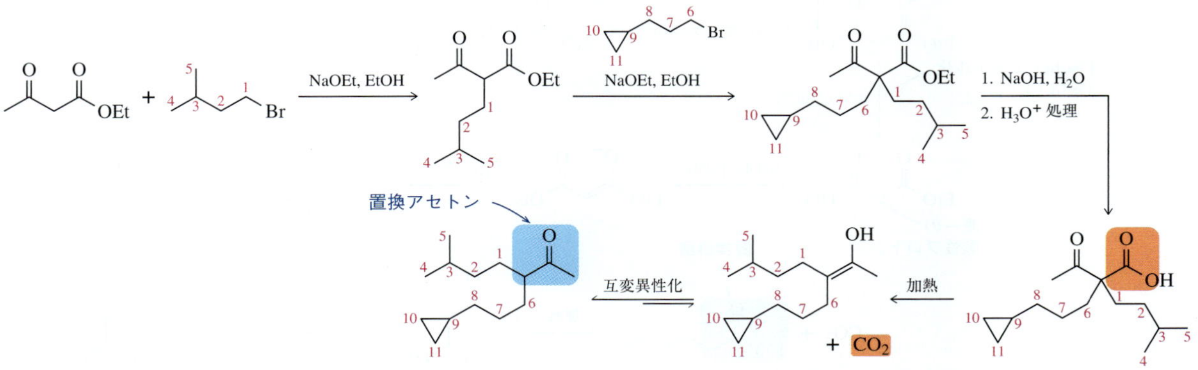

図20・55 二置換アセトン誘導体調製のためのアセト酢酸エステル合成

のハロゲン化アルキルで繰返すと，二置換アセト酢酸エチルが得られる．目的を果たしたエステルは，加水分解［§19・7・1だ］，酸処理，加熱による脱炭酸［§18・8・4だったね］の3工程を経て除去される．

置換酢酸誘導体

> **アセスメント**
> **20・63** 図20・55に示す各工程の反応機構を示せ．
> **20・64** アセト酢酸エステル合成の基質として第一級ハロゲン化アルキルのみが示されているのは偶然ではない．なぜ第二級ハロゲン化アルキルはこのプロセスにおいて効率が悪いのだろうか．

置換アセトンの合成のほか，置換酢酸の合成も大事な反応である．

■ 化学者のように考えよう

化学者のように考えて，アセト酢酸エステル合成が，置換酢酸の合成にどのように応用できるかを見てみよう．

逆合成解析は，まず酢酸を見つけることから始まる（図20・56）．図20・55と同様に，エステルを結合することで，安定化したエノラートを介して二つのハロゲン化アルキルを付加することができる．最後の結合切断により，カルボン酸とエステルの二つの官能基を含む分子とハロゲン化アルキルが得られる．

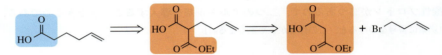

図20・56 置換酢酸誘導体を合成するための逆合成解析

実際の方向で見ると（図20・57），出発物質の選択に問題がある．エトキシドイオンで脱プロトンしようとすると，エノラートではなくカルボキシラートイオンができてしまう．幸運なことに，カルボン酸はエステル化すれば，酸性（pK_a = 10）の中心炭素をもつジエステルとなる．マロン酸ジエチルとよばれるこの分子は，脱プロトンによりエノラートを有利に形成し，S_N2反応でアルキル化される．そして，どちらのエステルも一度に加水分解できるので，出発原料として適しているといえる．［このように，最初の

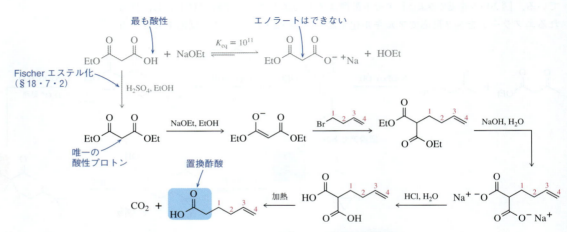

図20・57 マロン酸エステル合成は置換酢酸を調製できる

20・6 エナミン　983

計画がうまくいかなくても，正しい解決策につながる例は，よくあることなんだ〕酸性にすると β-二酸が得られ，この化合物を加熱すると脱炭酸を経て置換酢酸誘導体が得られる．

この合成での出発原料は，またマロン酸の Fischer エステル化による生成物として容易に入手できる（図 20・58）．そのため，図 20・57 に示した経路での酢酸誘導体の合成は，**マロン酸エステル合成**（malonic ester synthesis）とよばれている．

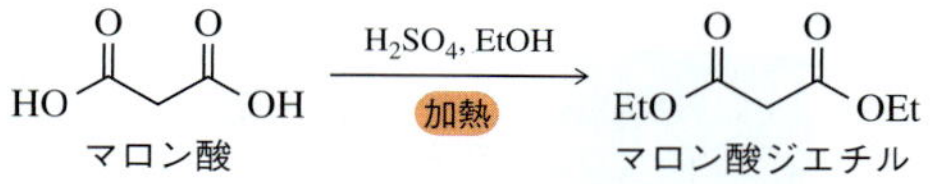

図 20・58　マロン酸の Fischer エステル化反応により，マロン酸エステル合成の出発物質であるマロン酸ジエチルができる

アセスメント

20・65　アセト酢酸エステル合成またはマロン酸エステル合成を用いて次の分子を合成する方法を示せ．〔(d) の Bn はベンジル基（PhCH$_2$-）の略号だよ〕

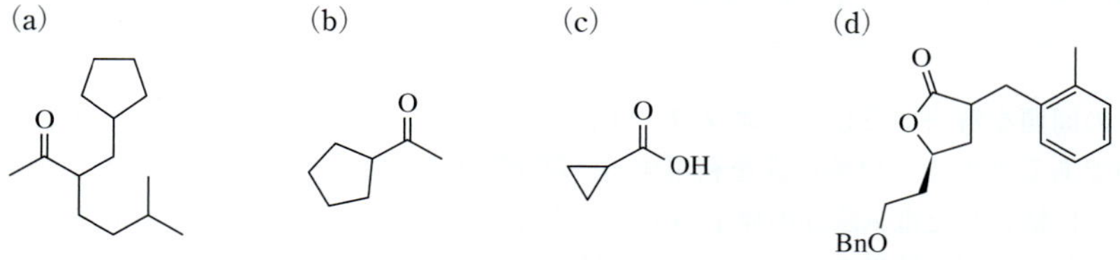

(a)　(b)　(c)　(d)

20・66　アセト酢酸エステル合成またはマロン酸エステル合成を用いたアシル化は有効ではない．なぜか．〔溶液中に何があるかを考えて，反応の可逆性を考慮しよう〕

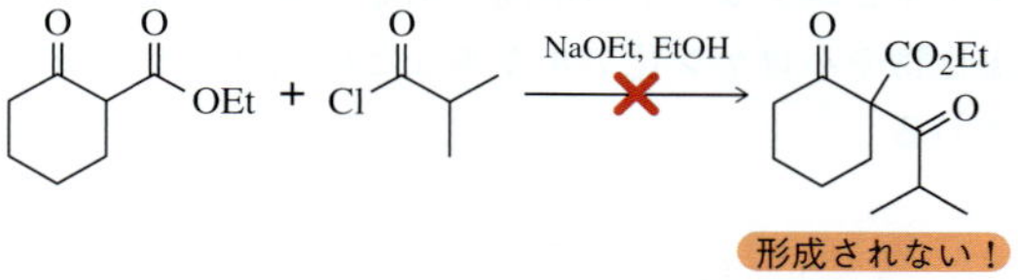

形成されない！

> アセスメント 20・66 は，安定エノラートにアシル基を導入することはできないことを示しているんだ．一緒に解いて，それがなぜか考えてみよう．アセスメント 20・66 の生成物のような化合物をどうやって合成すればいいかという理解に一歩近づくよ．

20・6　エナミン

第 17 章では，**エナミン**（enamine）の合成法を学んだ．最後に，有機合成におけるエナミンの重要性を紹介しよう．

アセスメント 20・66 の解説

エトキシドは安定化されたエノラートならば形成できる程度の塩基性をもち，酸塩化物は反応性の高い求電子剤である．そう考えれば図 20・59 に示した反応機構を経て，望みの反応が進行してもおかしくはない．しかし，化学反応は無秩序な衝突で進行するものであり，§19・7・1 で見たように，アルコキシドと酸塩化物は即座に反応してエステルを与えてしまう．これがアシル化反応が難しい理由の一つである．やや軽微なものではあるが，うまくいかない理由はもう一つある．トリカルボニル化合物が生成した場合，溶液中にまだ存在するエトキシドが新しく結合したケトンを攻撃する可能性がある．その反応が進行すると，四面体中間体が生じ，そこから付加したばかりのエトキシドが脱離するか，あるいは元の β-ケトエステルのエノラートが脱離する可能性がある．pK_a 値に基づくと，エノラートの方が優れた脱離基であることが予想される．このため，トリカルボニル化合物は，この条件では不安定となる．

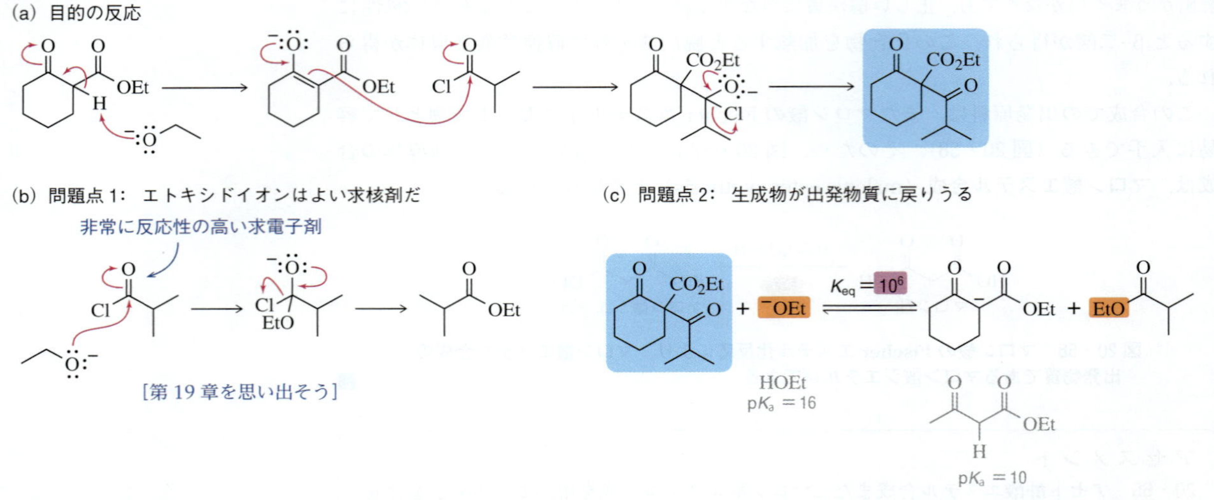

984   20. エノラート

(a) 目的の反応

(b) 問題点 1: エトキシドイオンはよい求核剤だ

非常に反応性の高い求電子剤

[第 19 章を思い出そう]

(c) 問題点 2: 生成物が出発物質に戻りうる

$$K_{eq} = 10^6$$

HOEt
pK_a = 16

pK_a = 10

図 20・59　**安定化エノラートのアシル化は二つの理由でうまくいかない**　(a) うまくいった場合. (b) エトキシドイオンが塩基ではなく求核剤として働く. (c) トリカルボニル化合物とエトキシドイオンはエノラートやエチルエステルよりも不安定だ.

シクロヘキサノンの合成戦略

1. エノラートでケトンをつくる: Claisen 縮合
2. 分子内 Claisen 縮合: Dieckmann 縮合
3. エステルの除去
4. アルキル基の付加
5. **アシル基の付加**

　この問題を解決するには，エノラート，エノール，そして§17・8・3でつくった化合物であるエナミンの類似性を利用する. 図 20・60 を見ると，それぞれの化合物はアルケンに結合した電気陰性の原子の上に非共有電子対をもっている. 共鳴構造では，それぞれ負電荷が末端炭素上にあるものを描ける. つまり，エノールとエノラートが求核剤ならば，エナミンも求核剤のはずである. 実際，窒素の電気陰性度が低いため，エナミンの反応性はエノールとエノラートの中間である. 窒素は優れた電子供与基であるため，エナミンは酸塩化物やハロゲン化アルキルなどの優れた求電子剤を攻撃するのに十分な求核性をもっている.

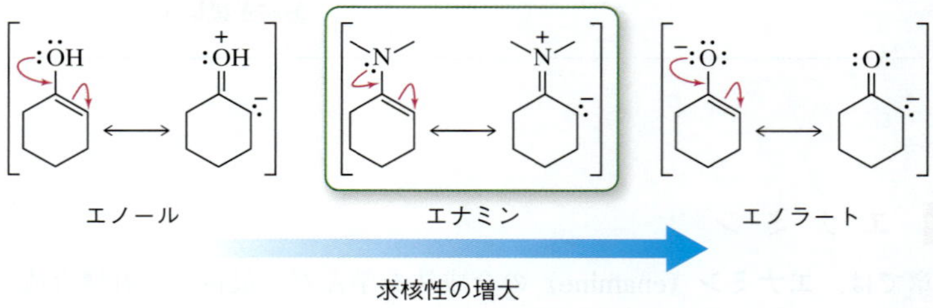

エノール　　　　　　　エナミン　　　　　　　エノラート

求核性の増大

図 20・60　この章で学んだ求核種の相対的反応性

　図 20・61 は，**Stork エナミン合成**（Stork enamine synthesis）の一例である. この合成により望みのシクロヘキサノン誘導体の合成が可能となる. [これはいろいろなケトンやアルデヒドにアシル基を導入する一般的な方法でもあるんだ] 第 17 章では，第二級アミンとケトンの反応でエナミンが合成されることを学んだ. エノラートやエノールとは異なり，エナミンは比較的安定した分子であり，単離，精製，さらには短期間の保存が可能である. つまり，エナミンを合成することで，求電子剤がなくとも，平衡を（エナミンの形で）"エノラート"の側に偏らせることができる. このエナミンを酸塩化物と混合すると，酸塩化物の炭素をエナミンが攻撃し，四面体中間体が生成する. [§19・6を振り返ろう] この四面体中間体から電子が流れ落ちることで，塩化物イオン（優れた脱離

20・6 エナミン　985

基）が脱離する．生じたイミニウム塩が続いて水の付加を受けて加水分解されることでケトンが生成する．[この加水分解の反応機構は，§17・8・1 で学んだイミン形成の反応機構の逆のものなんだ．図 17・77 も見てみよう]

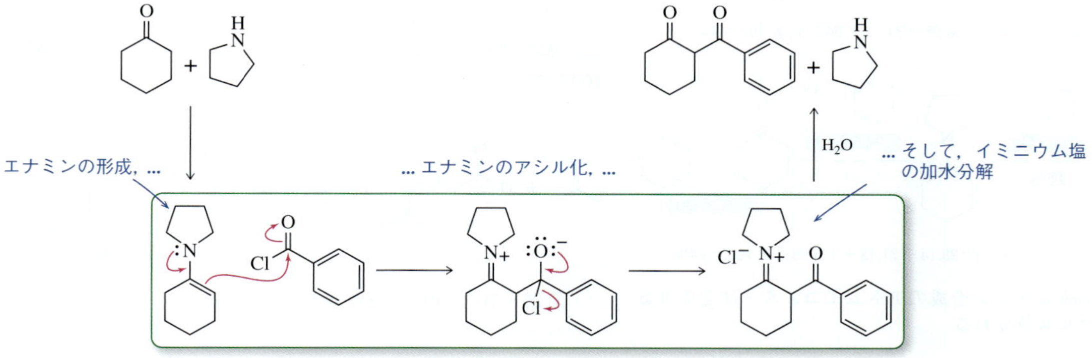

図 20・61　Stork エナミン合成におけるケトンのアシル化

Stork エナミン合成法は，図 20・62 に示すように，ハロゲン化アルキルを用いて α-アルキル置換ケトンを得ることにも利用できる．

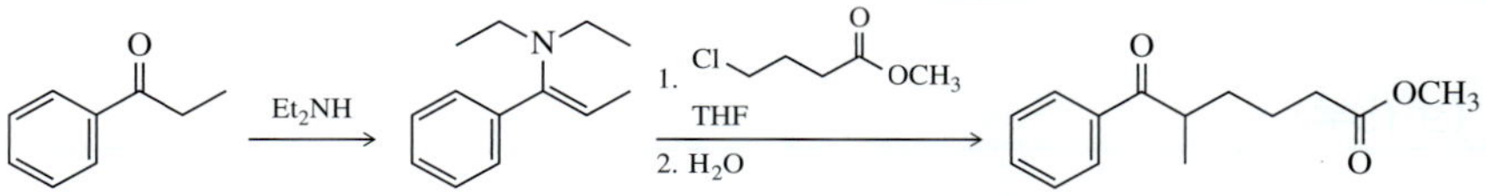

図 20・62　Stork エナミン合成を用いたケトンのアルキル化

これで，シクロヘキサノンの合成に割いてきたページは最後だよ．ここで紹介してきた反応は汎用的なものなので，大きさの違う環や鎖状の化合物の合成にも利用できるよ．

20・6 のまとめ

- Gilbert Stork にちなんで名づけられた Stork エナミン合成は，ケトンやアルデヒドの α 炭素をアシル化またはアルキル化するために用いられる．

アセスメント

20・67　Stork エナミン合成を使って，次の分子をどのように合成するかを示せ．
(a)　(b)

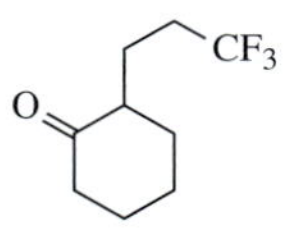

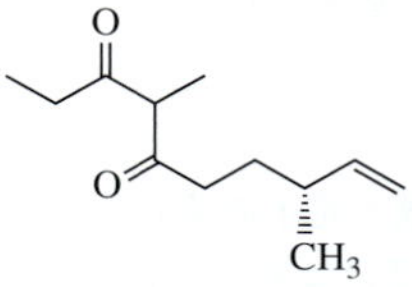

20・68　3-メチルブタン酸エチルを出発点として，"Claisen 縮合"と"エナミンの反応"を用いて，次の分子を合成せよ．[炭素番号をふっておくとよいね]

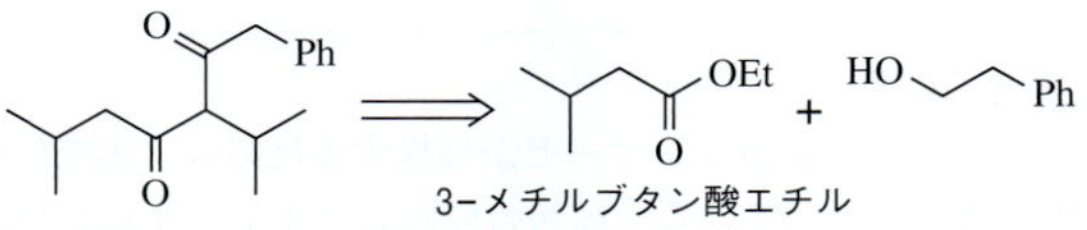

| 20-E | 化学はここにも（グリーンケミストリー） |

有機分子触媒

　Stork エナミン合成は，通常，ハロゲン化アルキルと反応させる前にエナミンを単離するため，あまり効率的ではない．さらに，特に低分子をつくる場合，アトムエコノミーはかなり悪くなる．図 20・63 では，異なる大きさの分子をつくる場合でのアトムエコノミーを基準として，この反応の問題点を評価している．この例では，同じ反応にもかかわらず，アトムエコノミーが 44％ から 64％ まで変化する．つまり，こうした観点では，反応を一般化するよりは個々の反応

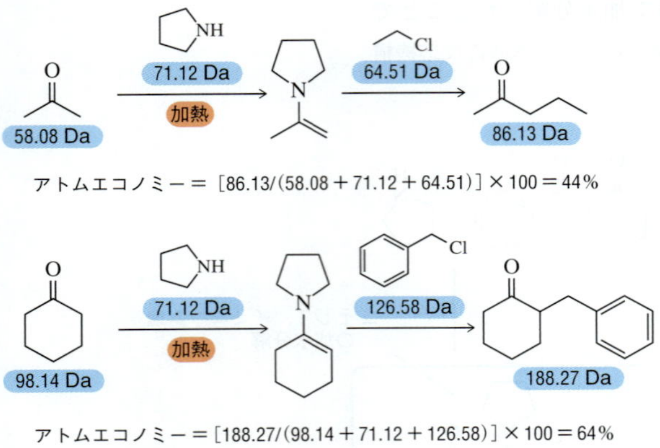

986   20. エノラート

アトムエコノミー ＝ ［86.13/(58.08 ＋ 71.12 ＋ 64.51)］× 100 ＝ 44%

アトムエコノミー ＝ ［188.27/(98.14 ＋ 71.12 ＋ 126.58)］× 100 ＝ 64%

図 20・63　Stork エナミン合成のアトムエコノミーは合成する分子の大きさにより変わる

を評価する方が，より大切だということになる.

　この反応を改善する一つの方法として，図 20・64 に示すような不斉有機触媒を用いたアルドール反応がある. この反応は容易に入手可能なアミノ酸を触媒量のみ用いるだけではなく，エナンチオマー純度の高い分子を生成する. さらに，触媒を考慮しなければ，この反応はアトムエコノミーが 100% である.

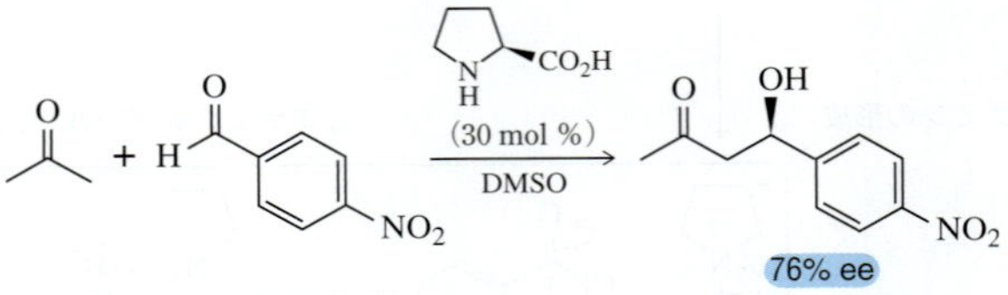

図 20・64　プロリンを触媒として用いたアルドール反応

アセスメント

20・69　図 20・64 のプロリンを触媒として用いたアルドール反応の反応機構を描け.［ヒント: プロリンのアミノ基を使ってエナミンをつくり，続いてプロリンを再生するんだよ. 触媒だからね］

20-F　化学はここにも（生化学）

Claisen 縮合/アルドール反応

　エノラートは，スクロース（化学はここにも 20-B）や，メバロン酸（化学はここにも 20-D）の合成に使われていることを覚えているだろうか. 生体系で重要となるエノラート反応の三つ目は，エステル由来のエノラートとケトンの間の反応である. なかでも特に重要なのが，クエン酸回路の中での反応であり，アセチル CoA を酸化することで，NADH や FADH$_2$ の形でエネルギーを生成する.［生化学で学ぶことになるはずだよ］この回路は，図 20・65 に示すように，クエン酸シンターゼが触媒となり，アセチル CoA とオキサロ酢酸が反応してクエン酸を生成することから始まる. クエン酸が生成すると，ただちにアコニターゼによって脱水され，さらに

クエン酸回路が進んでいく.

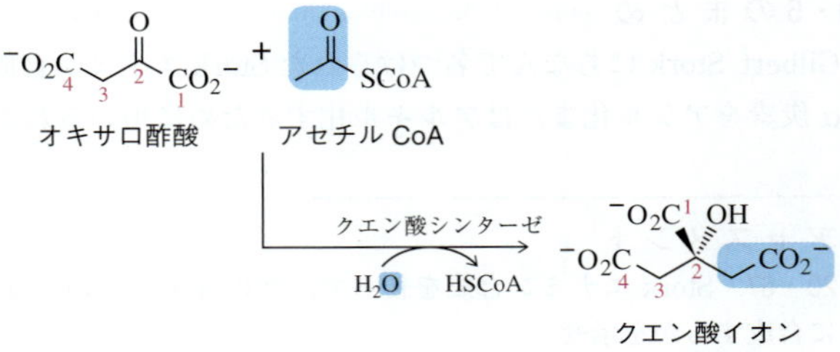

図 20・65　エノラートを用いたクエン酸合成

アセスメント

20・70　クエン酸シンターゼが触媒する反応は，実際には 2 段階からなっている. 最初の段階はアルドール反応のような過程で，2 番目の段階はチオエステルの加水分解によりクエン酸を生成する過程である. これらの二つの段階の反応機構を電子の流れの巻矢印を用いて描け. 前述のように，触媒には通常，活性部位に塩基（B$^-$）と酸（B-H）が活用できるように備わっており，必要な場合にはこれらを用いて反応機構を描いてよい.

20・7　特別テーマ: アトルバスタチンの合成におけるエノラートの反応

　この章をまとめる前に，最初に説明した問題を振り返ってみよう. つまり，コレステ

20・7　特別テーマ：アトルバスタチンの合成におけるエノラートの反応　　987

ロール値を下げるのに役立つ分子の合成についてだ．結果的に心臓病の危険性の軽減にもつながるものだ．ここで説明する内容を十分に理解するためには，"化学はここにも20-A，20-B，20-C"で説明した内容を復習する必要がある．ここでは，図20・66に示した三つの反応を中心に説明するが，そのうち二つがエノラートの反応である．一つ目の反応は，チオラーゼが触媒となって，2分子のアセチル CoA からアセトアセチル CoA を生成する Claisen 縮合である．二つ目の反応は，HMG-CoA シンターゼを触媒とした，3分子目のアセチル CoA のエノラートの付加反応で，HMG-CoA を得る．三つ目の反応は，HMG-CoA レダクターゼによる HMG-CoA の還元反応である．

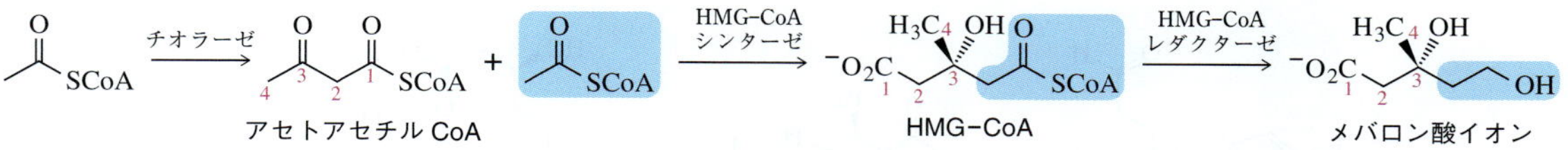

図20・66　コレステロール生合成に向けた初期の重要な反応

　メバロン酸は体内で一つの目的にしか使われないため，その合成を阻害すると，コレステロールの生合成のみが阻害される．したがって，HMG-CoA レダクターゼを阻害するのが理想的である．図20・67 の HMG-CoA レダクターゼの反応を注意深く分析すると，アルデヒドやエステルのヒドリド還元に似た反応であることがわかる．［§17・9・2および§19・8・1を参照しよう］この反応は酵素の活性部位で行われ，ヒドリド還元剤の代わりに補酵素が使われているが，経由する中間体は変わらない．チオエステルの還元では，最初に四面体中間体が生成し，次に中間体であるアルデヒドとなり，最後にメバロン酸へと還元される．

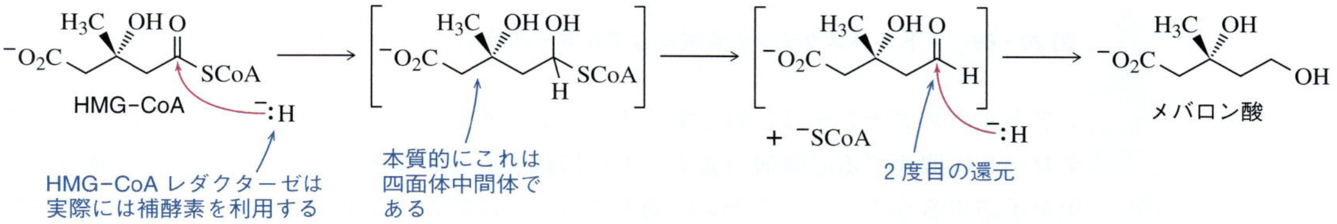

図20・67　HMG-CoA レダクターゼによるメバロン酸（コレステロール前駆体）の形成における中間体
　　［ヒドリドは実際には酵素の活性部位にある補酵素によって供与されるよ］

　HMG-CoA レダクターゼには，HMG-CoA，メバロン酸，および図20・67に示した二つの中間体がしっかりと結合する活性部位がある．一般に，酵素阻害剤は，酵素反応の基質，生成物，中間体，遷移状態を模倣した分子である．HMG-CoA の還元における中間体と構造が似ているアトルバスタチン（図20・68）は，HMG-CoA レダクター

アトルバスタチンカルシウム（商品名：リピトール）

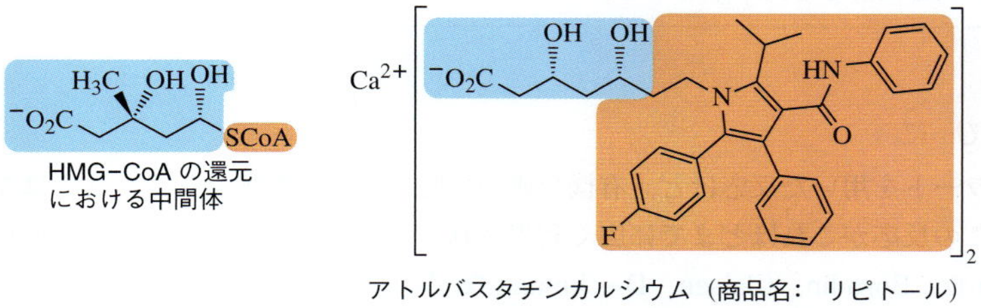

図20・68　アトルバスタチンは HMG-CoA レダクターゼの優れた阻害剤である
　　［■部分の構造の類似性に注目しよう］

988   20. エノラート

ゼの優れた阻害剤である.

　アトルバスタチンをはじめとするスタチン系化合物の合成には，アルドール反応やその関連反応が用いられる．Pfizer 社（旧 Parke-Davis 社）のアトルバスタチンの初期の合成法の一つは，図 20・69 に示すスキームを用いたものだった．［単純化するためいくつかの詳細は省略しているよ］立体化学的な結果を無視すると，エノラートを用いた反応についての知識があれば，合成の流れを追うことができる．反応に関わる官能基に着目するだけでよく，ぶら下がっているだけの官能基は無視すればよい．［アセスメント 20・71 で理解度を確認できるよ］

図 20・69　アトルバスタチンの合成にはアルドール反応と Claisen 縮合が関与している

　アトルバスタチンをはじめとするスタチン系薬は，コレステロール値を下げ，コレステロールに関連する心臓病の発生を大幅に減少させることに成功している．初発の心疾患を予防するうえでのスタチンの効果については議論の余地があるが，既往の心疾患をもつ患者の心疾患を予防するうえでのスタチンの効果は確かなものである．処方された通りに服用することで，LDL コレステロール値を約 30% 低下させることができるといわれており，長期投与後には心疾患の発生リスクを約 60%，脳卒中の発生リスクを 17% 低下させると推定されている（複数の研究での平均値）.

アセスメント
20・71　アトルバスタチンの合成経路に関する，図 20・69 に示された三つの反応について，反応機構を巻矢印を用いて示せ.

むすびに

　エノラートを用いた反応ほど，有機合成の分野に大きな影響を与えた反応はない．しかし，この反応がこれほどまでに広く利用されるようになったのは，かつての化学者たち（Wurtz, Borodin, Claisen, Dieckmann など）の創意工夫があったからである．問題克服のために彼らが発揮した創造力は，新米有機化学者にとってもよい刺激となるはずだ．彼らの研究と，それによって得られた反応機構に関する洞察は，のちにこれらの

反応の現代版の開発と発展に重要な役割を果たした人々に大きな影響を与えた．さらに，有機化学を学ぶ君たちにとってより重要なことは，どのようにして問題に取組み，またどのようにして目前の障害を乗り越えたのかという過程を学び，有機化学者がどのように問題を解決するかを深く理解することにある．そうして学ぶことで，問題解決法が身につき，将来，どのような職業に就いていたとしても問題を解決するためのひらめきの基となるだろう．

まずここでは，学んだばかりの問題解決の方法を章末アセスメントで試してみよう．第21章でもね．

第20章のまとめ

重 要 な 概 念 〔ここでは，第20章の各節・項で取扱った重要な概念（反応を除く）をまとめる〕

§20・2: ケトンとアルデヒドの互変異性体であるエノールは，強い求電子剤と反応して，エントロピー的に中立な反応で置換カルボニル化合物を与える（$\Delta S \approx 0$）．

§20・2・1: エノールとの平衡を経ることで，カルボニル化合物のα水素は重水素，臭素やヒドロキシ基に置き換えられる．

§20・2・2: 酸触媒によるアルドール反応では，Le Châtelier の原理のため，やや不利な段階からなる反応であっても，有利な段階が一つあることで完結に至ることを学んだ．こうした反応は熱力学支配下にあるといわれ，反応の結果は生成物の安定性によって決まる．

§20・3: カルボニル基のα位のプロトンはやや酸性（pK_a = 20）で，LDAなどの強塩基で引抜くことができる．生じるエノラートは，対応するエノールよりも求核性の高い求核剤であり，したがって，S_N2 反応に関与することができる．ハード（硬い）・ソフト（柔らかい）Lewis 酸・塩基（HSAB）理論で説明されるように，エノラートはα炭素で優先的に反応する．

§20・3・1: LDAは強くてかさ高い塩基である．LDAは，ケトンを完全に（かつ速度論的に）脱プロトンしてエノラートを形成する．これにより，現代のアルドール反応では，どのカルボニル基をエノラートとし，どのカルボニル基を求電子剤として用いるかを化学者が選択することができる．

§20・3・2: 古典的な条件では，水酸化ナトリウムを塩基として用いるため，ケトンを完全にエノラートにすることはできない．このため古典的なアルドール反応は，熱力学支配下となる．ここでも Le Châtelier の原理により反応が完結する．

§20・3・3: 古典的な条件では，二つの異なるカルボニル化合物の間で選択的なアルドール反応を達成することは困難である．ケトン（アルドール反応の求電子剤としては不向き）のエノラートをつくり，α水素をもたない（エノラートになれない）アルデヒドと反応させることで，選択的な交差アルドール反応が可能になる．

§20・3・4: 負のエントロピー項（$\Delta S \approx 0$）がないため，分子内アルドール反応はより効率的な反応であり，ケトンもこの反応で求電子剤として機能する．この反応も熱力学支配下のため，形成される環の大きさは，複数の可能性がある場合，どれが最も安定しているかによって決定される．一般的には，5員環と6員環が最も多く形成される．これは，5員環と6員環が最も歪みが少ないからである．

§20・4: Claisen 縮合は，一連の不利な段階が一つの非常に有利な段階（この場合は安定なエノラートの形成）によって推進されるもう一つの例である．

§20・4・1: 交差 Claisen 縮合を行うためには，目的の反応だけが起こるように実験条件を操作する（図20・42）．

§20・4・2: Dieckmann 縮合とよばれる分子内 Claisen 縮合は，5員環以上の化合物の調製に最も適している．エントロピー項は中立なので，この方法は分子間のものよりも効率的である．つづいて，加水分解，酸性化，加熱による脱炭酸を行うことで，シクロアルカノンを合成することができる．

§20・5: 一つのカルボニル基がα水素を酸性にするのであれば，二つ目の電子求引基があれば，より酸性になる．活性メチレンは，アルコキシドのような中程度の強さの塩基と反応させてエノラートを完全に形成し，S_N2 反応に使用することができる．加水分解，酸性化，加熱による脱炭酸の一連の流れと合わせて使うことで，置換カルボニル化合物を合成できる．

§20・5・1: アセト酢酸エステル合成は，エノラートアルキル化，エステル加水分解，酸性化，加熱による脱炭酸を含む一連の反応であり，置換アセトン誘導体を合成することができる．同様のプロセス（マロン酸エステル合成）で，置換酢酸誘導体を合成できる．

§20・6: 第二級アミンは，カルボニル基との反応でエナミンを生成でき，これは機能的にはハロゲン化アルキルや酸塩化物との反応でエノラートの等価体として使用することができる．

重要な反応と反応機構

I. エノールの形成，求電子剤との反応

1. 重水素置換（§20・2・1a）　　D_3O^+ 存在下での酸触媒によるケト-エノール互変異性化反応では，すべてのα水素が重水素原子に置換される．

990   20. エノラート

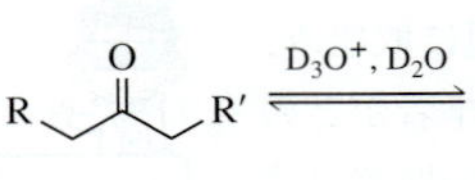

【一般式】 ⇌ 【具体例】

（反応機構の構造式・スキーム図）

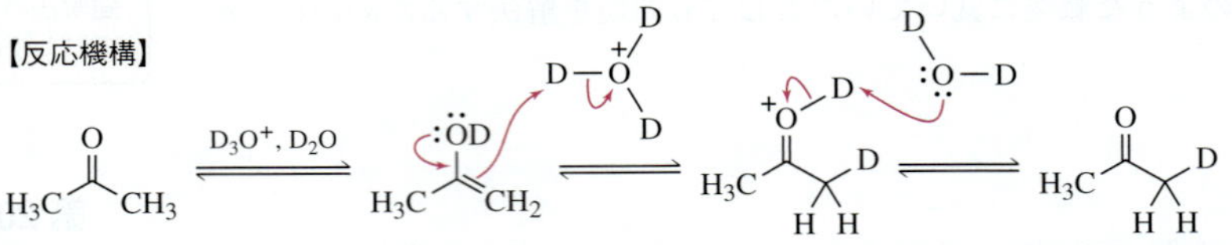

2. α-臭素化（§20・2・1b）　酢酸触媒による互変異性化で生じるエノールは求電子性の高い臭素を攻撃する．反応は臭素原子1個の付加で停止する．

【一般式】　　　　　　　　　　　【具体例】

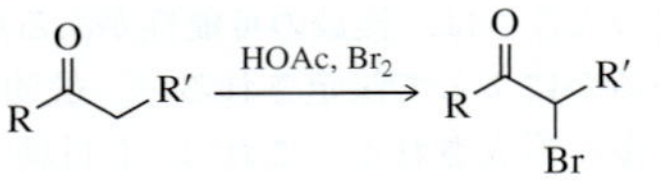

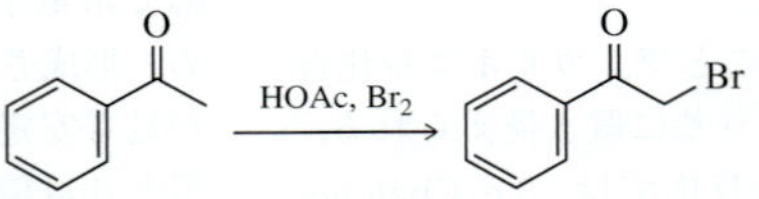

【反応機構】

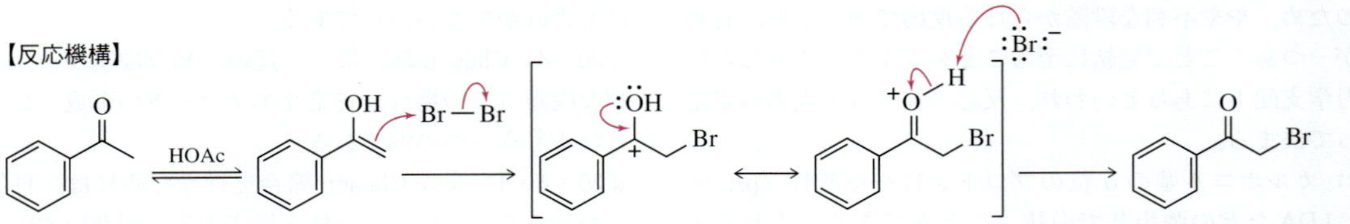

3. シリルエノールエーテルの α-ヒドロキシ化（§20・2・1d）　酸素の非共有電子対の助けを借りて，アルケンが mCPBA を攻撃し，カルボン酸イオンを放出してオキソニウムイオンを生成する．カルボキシラートイオンはケイ素を攻撃し，カルボニル酸素に電子対を戻す．［これはエポキシド中間体を介して起こるという証拠があるんだ］

【一般式】　　　　　　　　　　　【具体例】

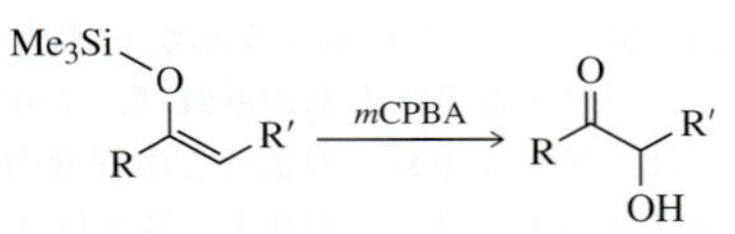

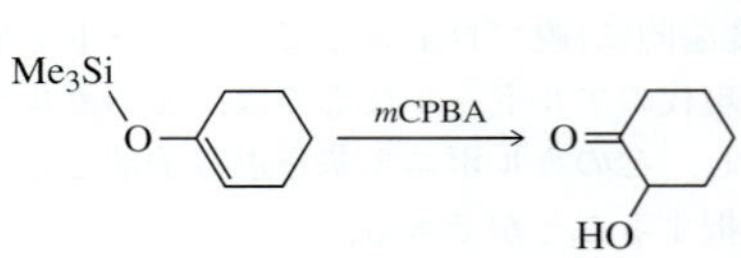

【反応機構】

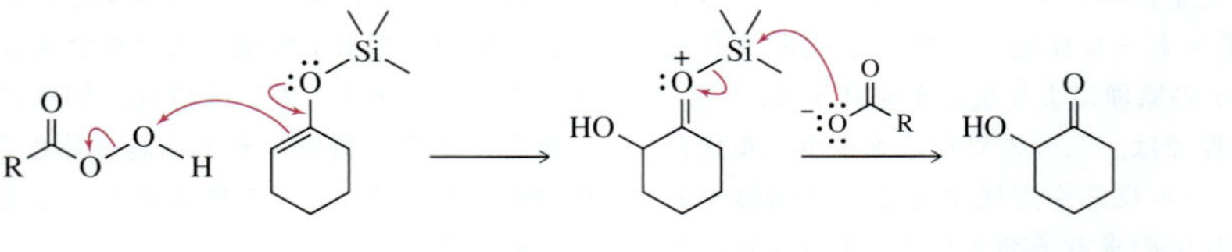

4. 酸触媒によるアルドール反応（§20・2・2）　一方のアルデヒドのエノールがプロトン化された求電子的なアルデヒドを攻撃する．プロトンが引抜かれると β-ヒドロキシアルデヒドが生成する．この反応を加熱すると，ヒドロキシ基のプロトン化に続いてエノールを経て脱離が起こり，α,β-不飽和カルボニル化合物が生成する．この反応は分子内で行われることもある．

【一般式】　　　　　　　　　　　【具体例】

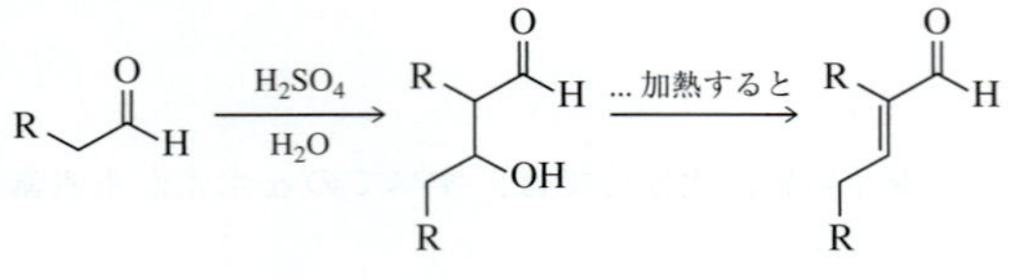

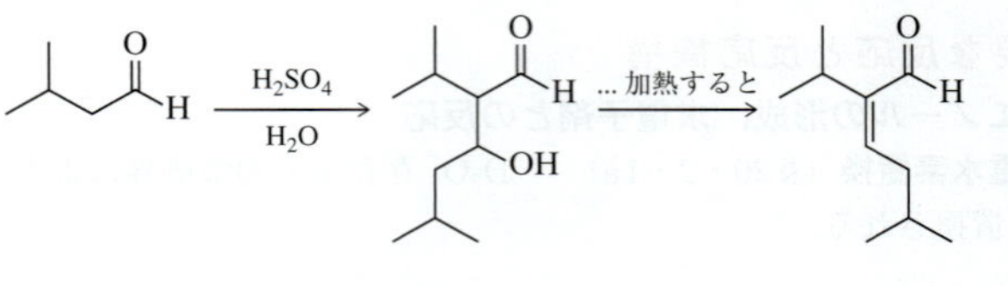

第20章のまとめ　991

【反応機構】

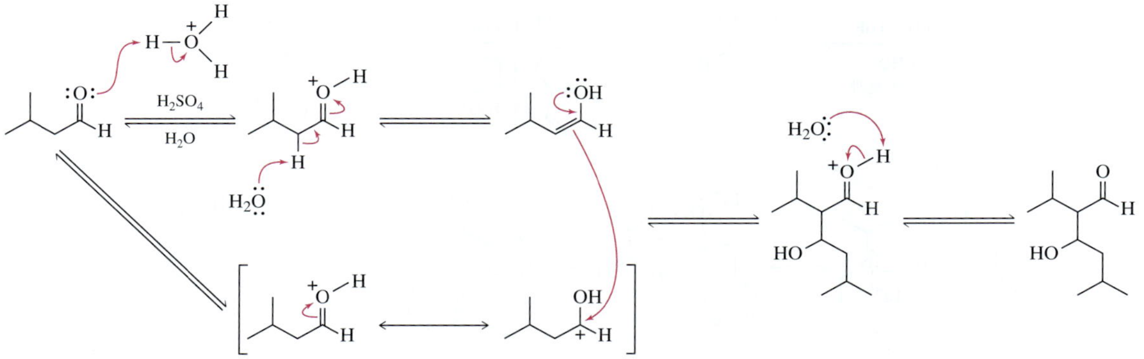

… 加熱すると

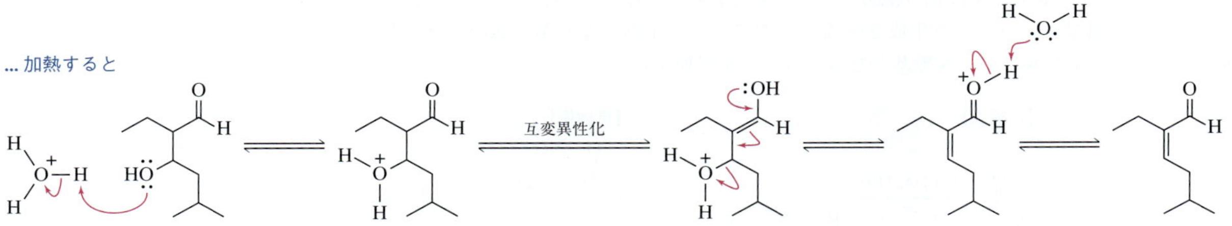

互変異性化

II. エノラートの形成，求電子剤との反応

5. 塩基触媒によるアルドール反応（§20・3・2〜20・3・4）　α水素を引抜くとエノラートが生成し，これが求核剤となってアルデヒドに付加する．生じるアルコキシドイオンは水処理でプロトン化され，β-ヒドロキシアルデヒドが生成する．加熱すると水が脱離し，α,β-不飽和カルボニル化合物が生成する．この反応は分子内で行うこともできる．ケトンのエノラートとα水素をもたないアルデヒドを反応させれば，異なるカルボニル化合物を用いた交差アルドール反応を行うことができる．

【一般式】

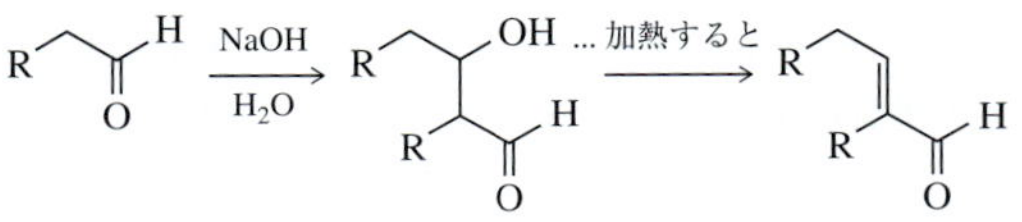

【具体例】

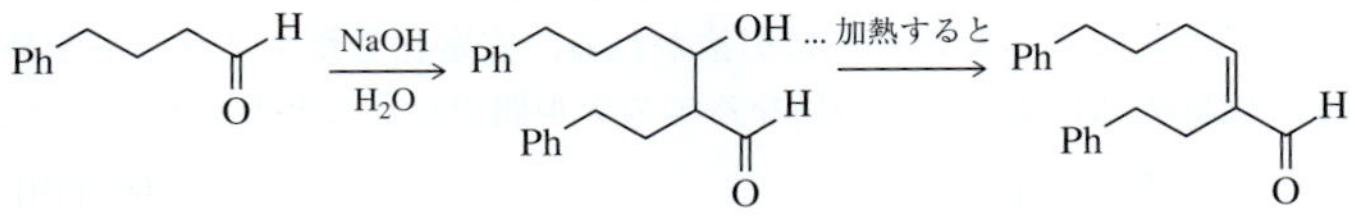

【反応機構】

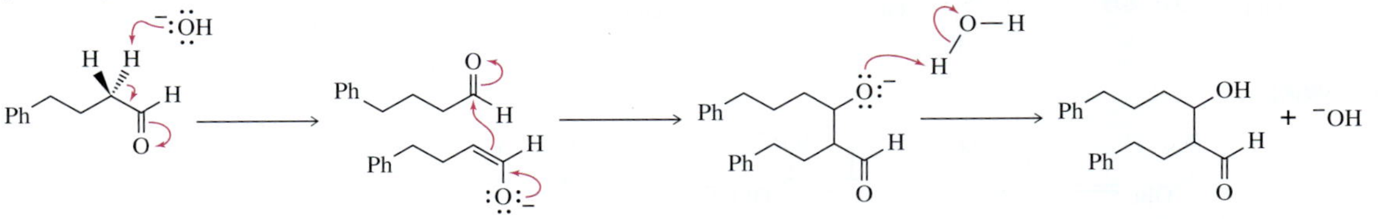

… 加熱すると

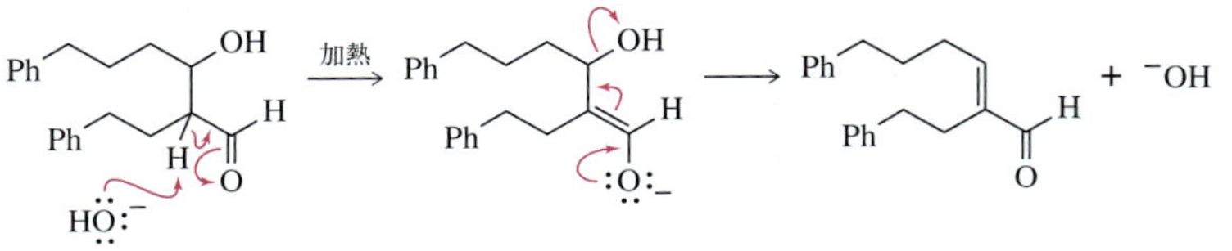

加熱

6. 現代の（速度論的）アルドール反応（§20・3・1）　求電子剤の非存在下，強塩基（一般的にはリチウムジイソプロピルアミド，LDA）を用いて，低温でエノラートを生成させる．そこに，求電子剤となるアルデヒドをゆっくり添加すると，エノラートがカルボニル基を攻撃し，アルコキシドイオン中間体が生成する．一般的には，この時点で反応を停止し，α-ヒドロキシケトンを得る．

992   20. エノラート

【一般式】   【具体例】

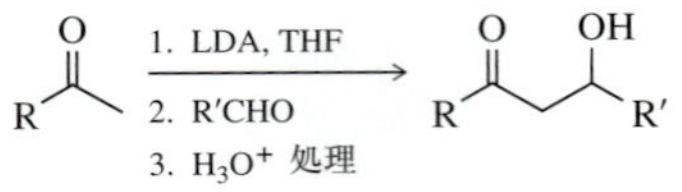

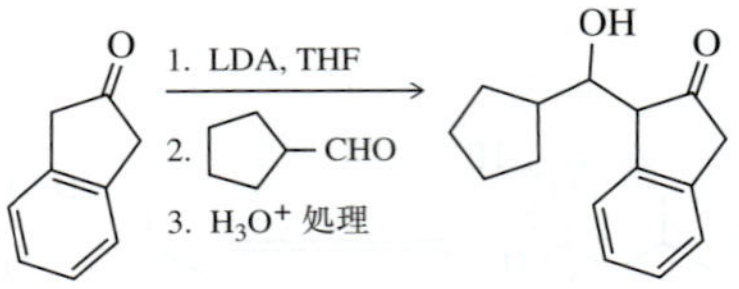

【反応機構】

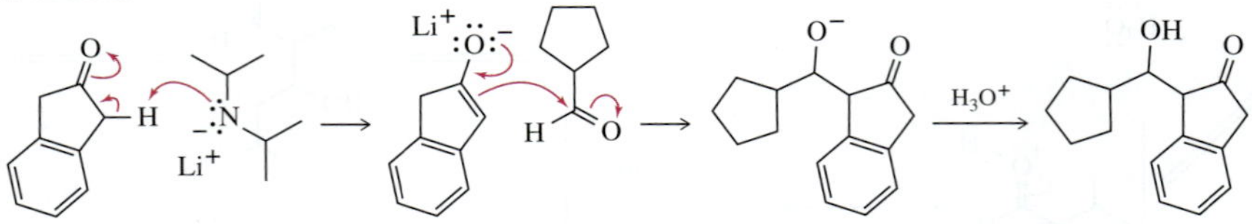

7. 現代のエノラートアルキル化（§20・3）　　求電子剤の非存在下，強塩基〔一般的にはリチウムジイソプロピルアミド（LDA）〕を用いて，低温でエノラートを生成させる．そこに，求電子剤となる第一級ハロゲン化アルキルをゆっくりと添加すると，エノラートは S_N2 反応を起こし，脱離基となるハロゲンを置換する．

【一般式】   【具体例】

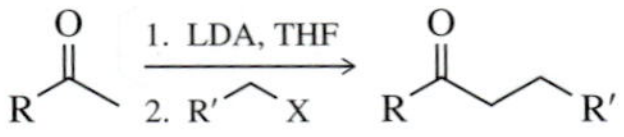

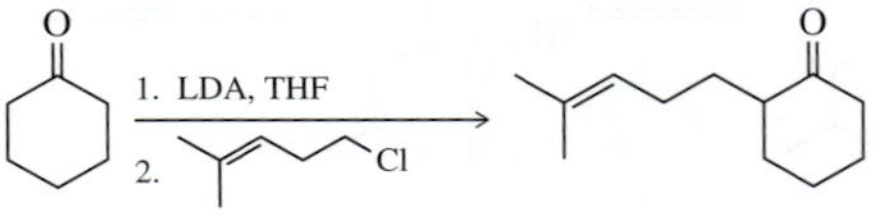

【反応機構】

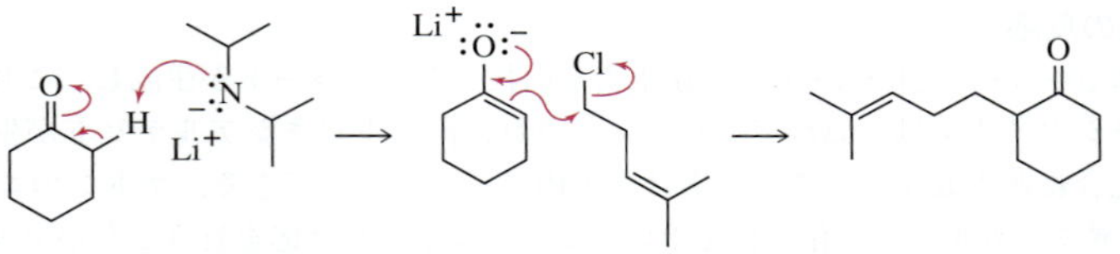

8. Claisen/Dieckmann 縮合（§20・4）　　エステルのエノラートが別のエステルを攻撃して四面体中間体を生成する．この四面体中間体から電子が流れ落ちると，非常に酸性度の高いプロトンをもつ β–ケトエステルが生成するが，このプロトンはエトキシドイオンによってただちに引抜かれる．安定化したエノラートを酸処理すると，β–ケトエステルが得られる．この方法は，正しい実験方法により二つの異なるエステル間で行うこともできる．分子内反応の場合は Dieckmann 縮合とよばれている．

【一般式】   【具体例】

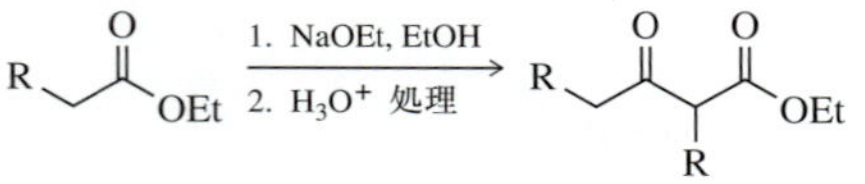

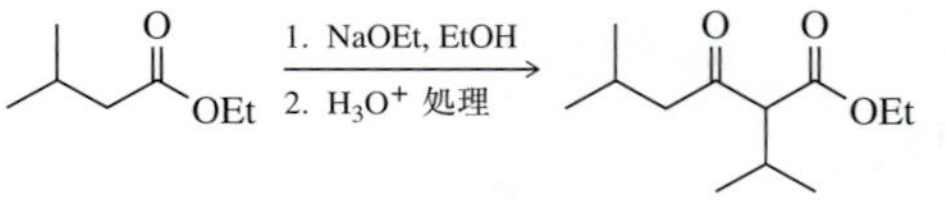

【反応機構】

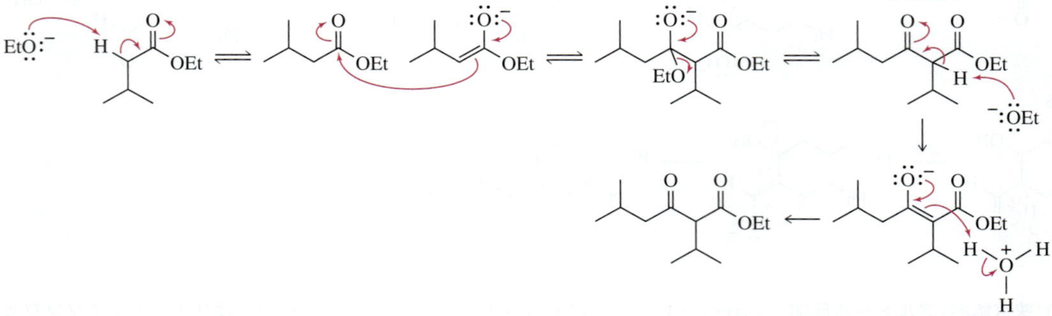

9. 活性メチレンのアルキル化（§20・5）　　二つのカルボニル基に挟まれたメチレンはやや酸性（$pK_a \approx 10$）で，脱プロトンすると共鳴安定化されるアニオンになる．このアニオンが形成されると，第一級ハロゲン化アルキルとの S_N2 置換反応が可能になる．

第 20 章のまとめ　993

【一般式】　　　　　　　　　　　　　　　　　　　　　【具体例】

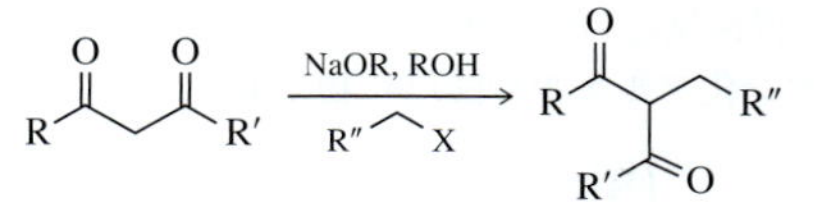

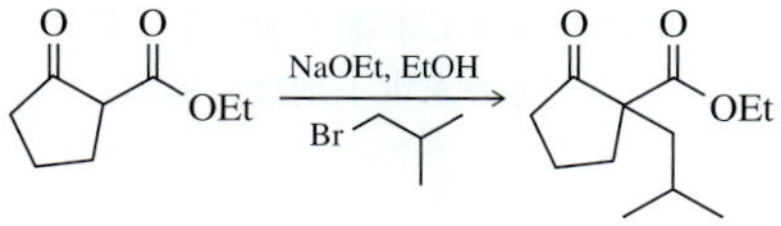

【反応機構】

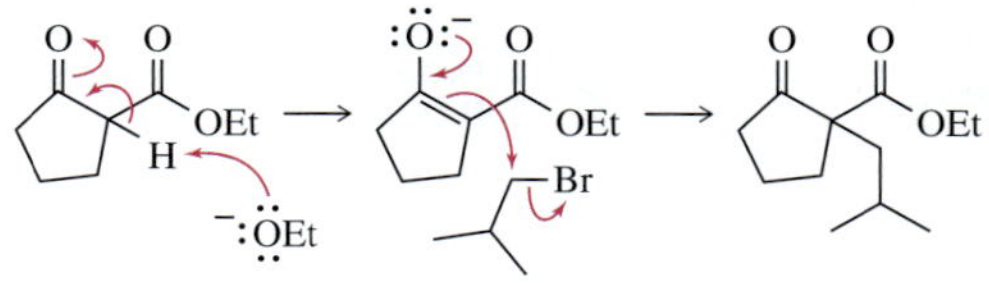

10. アセト酢酸エステル合成（§20・5・1）　　これは，アセトンの誘導体を調製するために用いられる一連の工程である．アセト酢酸アルキルの活性メチレンのアルキル化に続いて，加水分解（§19・7・1），酸性化，加熱による脱炭酸（§18・8・4）の順に行う．

【一般式】

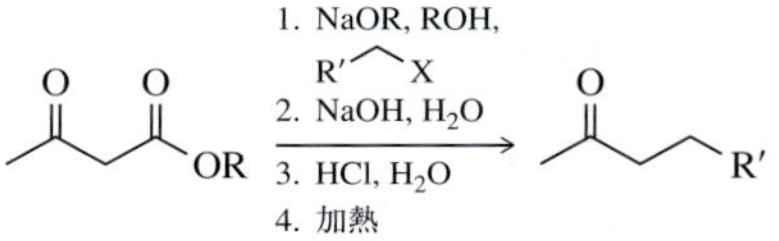

1. NaOR, ROH,
　R′——X
2. NaOH, H₂O
3. HCl, H₂O
4. 加熱

【全体式】

NaOEt, EtOH

最初の2工程は活性メチレンのアルキル化と同じ

NaOH, H₂O

反応機構は§19・7・1参照

HCl, H₂O

加熱

反応機構は§18・8・4参照

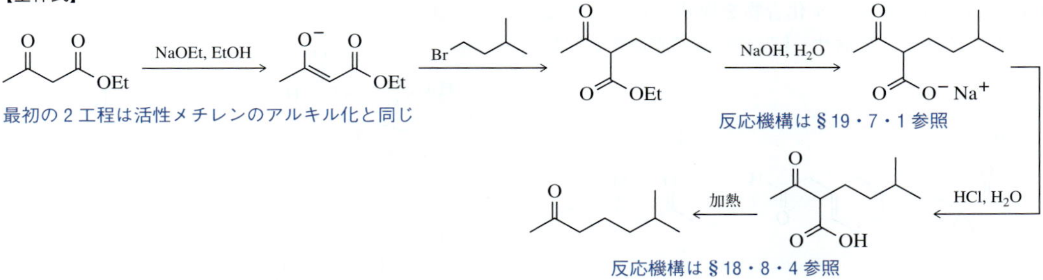

11. マロン酸エステル合成（§20・5・1）　　酢酸の誘導体を調製するための一連の工程である．マロン酸ジアルキルの活性メチレンのアルキル化に続いて，加水分解（§19・7・1），酸性化，加熱による脱炭酸（§18・8・4）という一連の反応を行う．

【一般式】

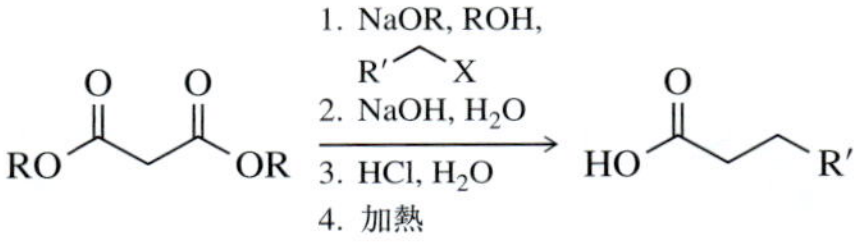

1. NaOR, ROH,
　R′——X
2. NaOH, H₂O
3. HCl, H₂O
4. 加熱

【全体式】

NaOEt, EtOH

最初の2工程は活性メチレンのアルキル化と同じ

NaOH, H₂O

反応機構は§19・7・1参照

HCl, H₂O

加熱

反応機構は§18・8・4参照

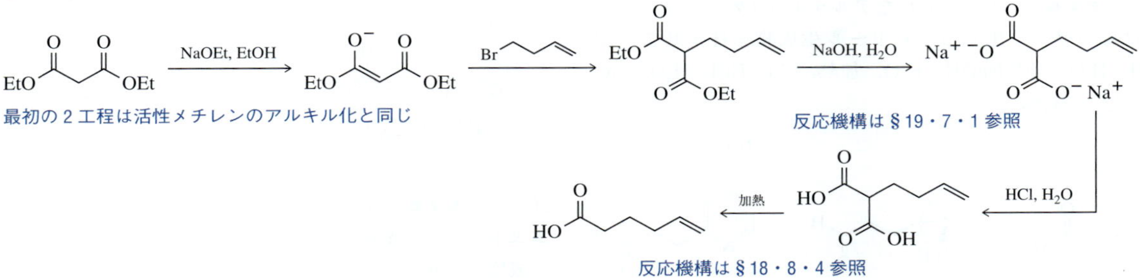

12. Stork エナミン合成 (§20・6)

第二級アミンとケトンを反応させてエナミンを生成する (§17・8・3参照). エナミンは窒素上の非共有電子対の助けを借りて求電子剤に電子対を供与する. 置換反応の後, イミニウム塩を加水分解するとケトンが再生される (§17・8参照). この反応の求電子剤は, 通常, 第一級ハロゲン化アルキルや酸塩化物である.

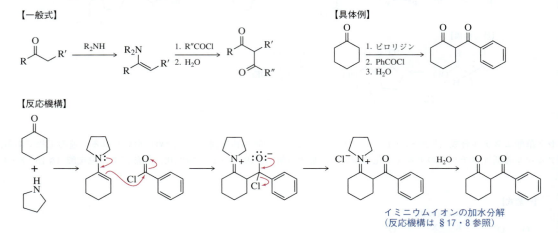

アセスメント〔●の数で難易度を示す (●●●●=最高難度)〕

20・72 (●●) 次の各カルボニル化合物を塩基で処理したときに形成されるエノラートを示せ. [二つの可能性があるときは, 両方を描こう]

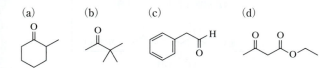

20・73 (●●) 以下に示したアルデヒド/ケトンを次の条件で反応させた. アルドール生成物以外の生成物を推定せよ. (i) D_2SO_4, D_2O, (ii) Br_2, HOAc, (iii) HCl, H_2O. [これらのうちのいくつかは反応しないんだ]

20・74 (●●●) 以下に示したアルデヒド/ケトンを次の条件で反応させた. 生じるアルドール生成物を推定せよ. (i) NaOH, H_2O, (ii) NaOH, H_2O, 加熱, (iii) HCl, H_2O, (iv) HCl, H_2O, 加熱.

20・75 (●●●) 次の各エステルをエタノール中のナトリウムエトキシドと撹拌した後, 酸で反応を停止したときに生じる生成物を示せ.

(a)   (b)   (d)   (e)   (f)

(c)   (d)

(g)   (h)

(e)

ここでは一つの生成物を得るために図 20・42 に示した装置を用いたと仮定せよ

20・78（●●）　次の各アルデヒドまたはケトンをピロリジンで処理し，示されたハロゲン化アルキルまたは酸塩化物と反応させた場合に生じる生成物を示せ．

20・76（●●●）　次の各カルボニル化合物を THF 中，LDA で処理した後，求電子剤を添加した場合に生じる生成物を示せ．求電子剤がアルデヒドの場合は，酸で反応を停止させる．

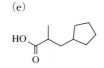

(a)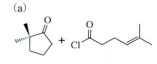

(a)   (b)

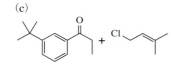

(b) 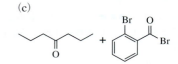   (c)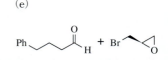

(c)

(d)

(d)   (e)

(e)   (f)

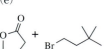

(f)

20・79（●●）　次の各化合物と (i) NaOH, (ii) NaOEt, (iii) LDA との酸塩基反応の平衡定数を計算せよ．

(a)   (b)   (c)

20・77（●●●）　アセト酢酸エチルまたはマロン酸ジエチルを出発物質として，次の分子を合成せよ．

(a)   (b)   (c)

20・80（●●●●）　非対称なケトンでは，二つのエノラートが形成される可能性がある．かさ高く求核性のない塩基であるリチウムジイソプロピルアミド（LDA）を用いた 2-メチルシクロヘキサノンの脱プロトンに関して，以下の観察結果を説明せよ．

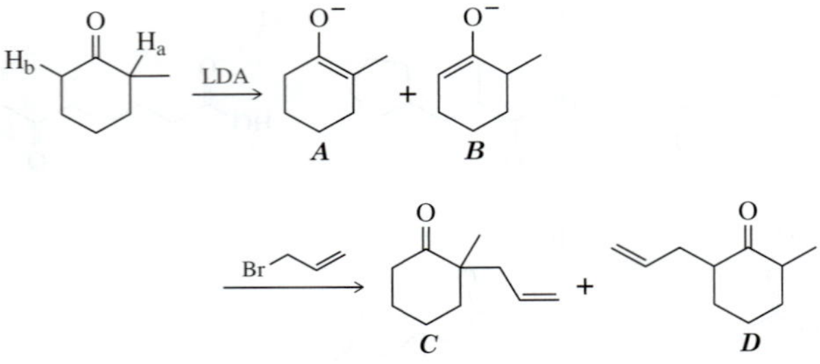

996   20. エノラート

(a) 速度論的エノラート（最も速く形成される）はエノラート**B**である.
(b) 熱力学的エノラート（最も安定）はエノラート**A**である.
(c) 1.0 当量の LDA を用いてこの反応を行うと，最終的には生成物 **D** のみが得られる.
(d) 0.9 当量の LDA を用いてこの反応を行うと，最終的には生成物 **C** のみが得られる.
(e) 1.0 当量の LDA に 1 滴のメタノールを加えてこの反応を行うと，最終的には生成物 **C** のみが得られる.

20・81（●●●）　アセスメント 20・80 において，**A** はより安定しているが **B** はより速く形成されることを説明する反応座標図を描け.

20・82（●●●）　エノラートの反応を少なくとも一つは含むようにして，炭素数が 3 以下の分子から次の分子を合成せよ.

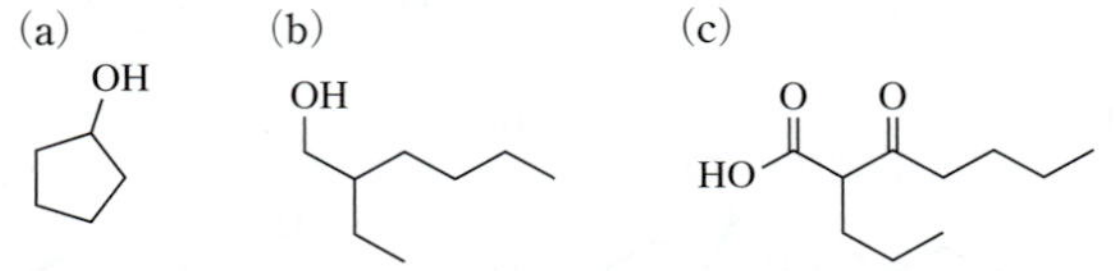

（a）　　　　（b）　　　　（c）

20・83（●●●）　アセト酢酸エチルは LDA で 2 回脱プロトンされると図のようなジエノラートになる.（a）このジエノラートが形成される反応機構を巻矢印を用いて示せ.（b）H_a と H_b のどちらのプロトンが先に引抜かれるか，その理由も述べよ.（c）最後に，このジエノラートをベンズアルデヒドと反応させたときに生じる生成物を示せ. ［最後にできたエノラートが最初に反応するよ］

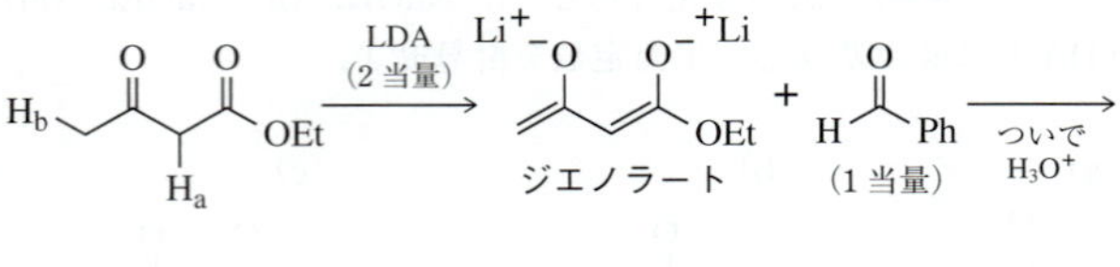

20・84（●●●）　アセスメント 20・83 の答えに基づいて，以下の反応の生成物を示せ.

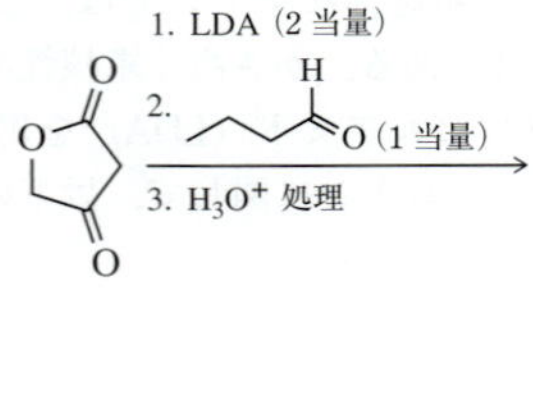

1. LDA（2 当量）
2. （1 当量）
3. H₃O⁺ 処理

20・85（●●●●）　最近の論文から　以下のスキームに示すように，最近，5,6-ジヒドロ-2-ピロントリフラートの分解により，ホモプロパルギルアルコール（3-ブチン-1-オール誘導体）の合成が達成された. このスキームの各工程の反応機構を提案せよ（*J. Am. Chem. Soc.,* **2008**, *130*, 5050-5051）.

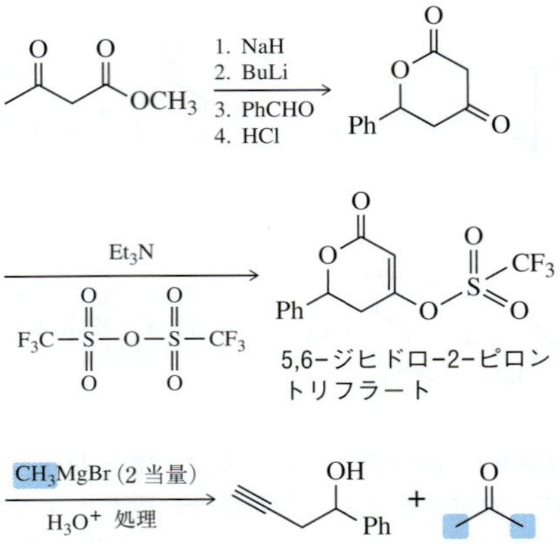

5,6-ジヒドロ-2-ピロントリフラート

20・86（●●）　最近の論文から　クルクミンは，ハーブである *Curcuma longa L.* から単離された天然由来の化合物で，抗 HIV，抗マラリアなどいくつかの有望な薬効をもつことが示されている. 化合物 **A** は，クルクミンの誘導体をつくるための中間体として最近合成された. 4-エチルシクロヘキサノンを起点に，化合物 **A** の合成を提案せよ（*Eur. J. Org. Chem.,* **2013**, *4*, 146-148）.

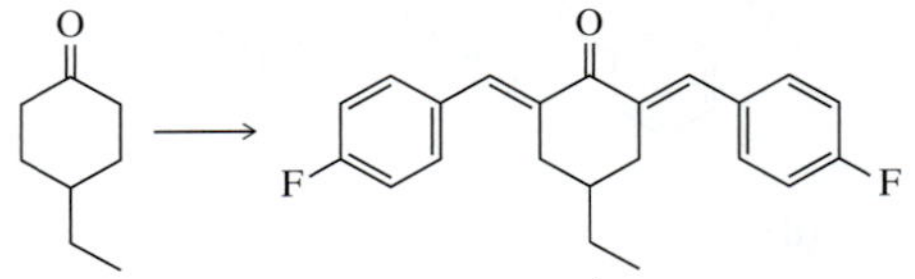

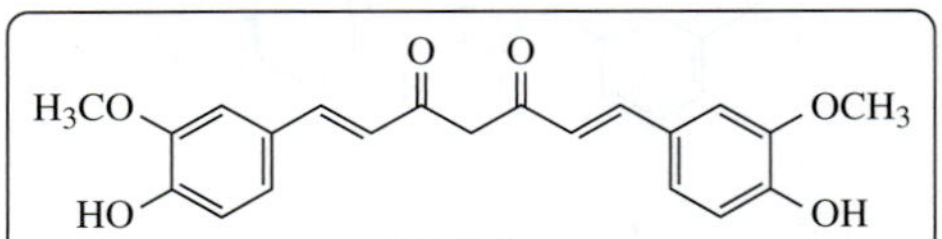

クルクミン

20・87（●●●）　最近の論文から　Dieckmann 縮合の問題の一つは，非対称なジエステルでこの反応を行おうとするときに遭遇する. 次のスキームについて，分子 **A** の Dieckmann 縮合で予想される二つの位置異性体を示せ. どちらが有利と思われるか. 理由も説明せよ（*Russ. J. Org. Chem.,* **2014**, *50*, 105-109）.

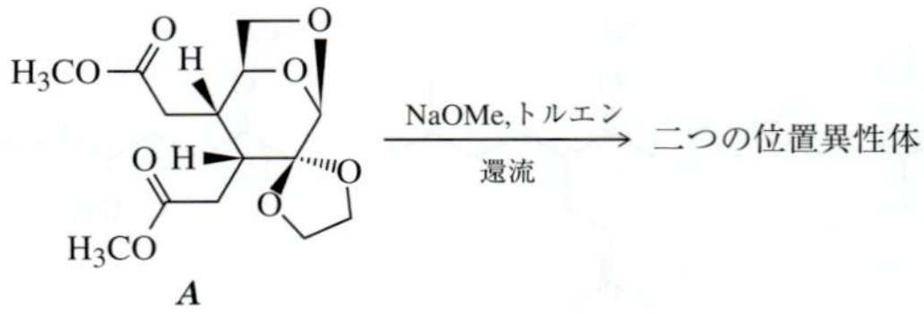

NaOMe，トルエン
還流　　　二つの位置異性体

20・88（●●●） 　最近の論文から 　コレステロールは，脂質膜に秩序性をもたらすことで真核細胞の質を保つ役割を果たすという特徴的な役割を果たしていることが知られている．コレステロールの生合成経路では多くのステロール中間体が存在するが，コレステロールほど脂質膜秩序性をもたらせるものはない．コレステロールがどのように膜に秩序性をもたらすのかを理解するために，化学者は，最近，C18 および C19 のメチル基を欠いたコレステロール誘導体を合成した．その合成経路での鍵反応は，化合物 A の高位置選択的な Dieckmann 縮合であった．生成する二つの位置異性体を推定し，どちらが優勢な異性体であるかを示せ（*J. Org. Chem.*, **2014**, *79*, 5636–5643）．

20・89（●●●） 　水酸化ナトリウム，メチルケトン，ヨウ素の反応は，反応中の沈殿物としてヨードホルムを形成することで，メチルケトンの存在を示すためにかつて用いられていた．各段階の反応機構を示せ．［段階 1 は第 20 章の化学，段階 2 は第 19 章の化学だね］

20・90（●●●） 　ヨードホルム反応で沈殿物を形成すると予想される基質は次のうちどれか．［アセスメント 20・89 参照］

(a)　　　(b)　　　(c)　　　(d)

20・91（●●●●） 　フタル酸ビス（2-エチルヘキシル）（DEHP）は，パーソナルケア製品や子供のおもちゃなど，多くの日用品に使用されているプラスチックであるポリ塩化ビニル（PVC）の柔軟性を高めるために使用される可塑剤である．DEHP は，内分泌撹乱作用をもつことが明らかになっている数多くのフタル酸エステルの一つである．ブタ-1-エンと無水フタル酸を唯一の炭素源として，DEHP を合成せよ．

20・92（●●●） 　最近の論文から 　4-ヒドロキシクマリン誘導体の合成と腫瘍活性の評価の一環として，化学者は鍵となる炭素-炭素結合を形成するために Reformatsky 反応を用いた．第 20 章で紹介した反応に関連する Reformatsky 反応をここに示す．この反応の反応機構を巻矢印を用いて示せ（*Bioorg. Med. Chem. Lett.*, **2004**, *14*, 5527–5531）．

20・93（●●●●） 　ここに示した Knoevenagel 縮合は，第 20 章で紹介した反応に関連している．生成物の形成を合理的に説明する機構を巻矢印を用いて示せ．なお，描いた反応機構により，塩基を触媒量しか必要としないことが説明できるようにすること．

20・94（●●●●） 　Doebner 法はアセスメント 20・93 の反応と関連している．同様の条件で，脱炭酸した生成物が得られる．生成物の形成を説明する機構を巻矢印を用いて合理的に説明せよ．なお，この反応では，ピリジンは塩基であると同時に溶媒でもある．

20・95（●●●●） 　Henry 反応は，第 20 章で紹介した反応に関連している．次の生成物の形成を説明する機構を巻矢印を用いて示せ（立体化学は無視してよい）．なお，水素化ナトリウ

ム NaH は強塩基である.

この反応では，矢印で示した立体中心が *R* 配置の異性体が選択的に生成する．その理由を説明せよ．

20・96 (●●●●) (a) インジナビル（第9章で紹介した分子）の合成に用いられる以下の反応の反応機構を示せ．(b)

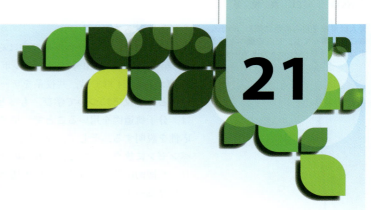

共役系 I
安定性と付加反応

はじめに

　栄養士は，総カロリー摂取量に応じて，1日に5〜13皿の野菜と果物を摂取することを推奨している．これらの野菜や果物には，糖尿病や心臓病のリスクの低下，血圧の低下，いくつかのがんのリスクの低下など，いくつかの健康効果が期待されている．こうした健康効果は，特に色鮮やかな野菜や果物の場合，共役系をもつ抗酸化物質が含まれていることが理由としてあげられている．抗酸化物質としては，たとえば，β-カロテン，ペツニジン（アントシアニジン），リコピンなどが，それぞれニンジン，ブルーベリー，トマトなどに含まれている．

　植物や花が，こうした色のついた化合物をつくり出すように進化してきたことは，植物自身にとっても，これらの化合物の利点があることを示唆している．鮮やかな花の色は，受粉媒介者を引寄せるのに役立つと推測されている．果実の鮮やかな色は，草食動物が葉を食べようとしないようにして，植物を保護する役割を果たしているのかもしれない．そして最後に，動物にとって魅力的で美味しそうに見えることで，動物による果実の摂取と消化を経て，種子を広めることができるのである．

　こうした果物や野菜に，高度に共役化された分子が含まれていることが，植物，動物，昆虫などが恩恵にあずかる大きな要因となっている．第21章では，これらの分子がどのようにして色を生み出すのか，そしてその反応性がどのようにして病気を軽減す

学習目標

▶ 共役系と非共役系を区別できる．
▶ 分子の特性に及ぼす共役の影響を分析できる．
▶ 共役分子の分子軌道を記述できる．
▶ 化学種の色を，吸収される波長，HOMO-LUMO間のエネルギー差，および分子構造に関連づけられる．
▶ 日焼け止めの化学的特性を評価できる．
▶ 共役系における付加反応の立体化学的な結果を分析できる．
▶ 共役分子への求核付加反応を分析できる．

賢人に事象を自らの色に染め…いかなることであっても，自らの徳へと昇華する．
— SENECA THE YOUNGER

る可能性があるのかを学ぶ．

　ここまでで，カルボニル基の旅は終わりである．［生化学の講義をとるならば話は別だけど］第17章から第20章では，カルボニル基への付加と置換をテーマにしていたが，第21章から第24章では，共役系をテーマにしている．第21章では，非環状共役系の安定性と付加反応について学び，もっと分子軌道図を頼りにするようになる．第22章では，分子軌道図を用いることで，単純に"負が正を攻撃する"では記述できない系の反応性を説明する．そして，第23章と第24章では，最も安定な有機化合物の一つであるベンゼンに焦点を当てる．これらの章を学ぶ際，それぞれの章に含まれる情報を振り返り，意図的に結びつけることが大切となる．そのために，まずは，これまでの学習内容を振り返ってみよう．

理解度チェック

アセスメント

21・1 *trans*-2-ブテンの分子軌道図を描け．各結合が σ 結合か π 結合かを必ず明示すること．C2–C3 結合まわりは，自由回転できるか．また，その理由も述べよ．

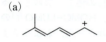
trans-ブタ-2-エン

21・2 次の反応中間体について，可能なすべての共鳴構造を描け．

(a) 　(b) 　(c)

21・3 次のカルボカチオンを安定性の順番に順位づけせよ

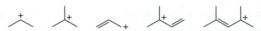

（1＝最も安定，5＝最も不安定）．順位の根拠を説明せよ．

21・4 次のアルケンを安定性の順番に順位づけせよ（1＝最も安定，5＝最も不安定）．順位の根拠を説明せよ．

21・5 1-メチルシクロヘキセンと HBr の反応について，生成物を予測し，その反応機構を説明せよ．

21・1　共役系：概要

　交互に繰返す単結合と多重結合をもち，p 軌道をもつ原子が三つ以上連続するとき，その分子は**共役している**（conjugate）といわれる（図 21・1）．隣接する p 軌道が共鳴により重なることで，π 系全体で電子が非局在化される．この非局在化により，安定性

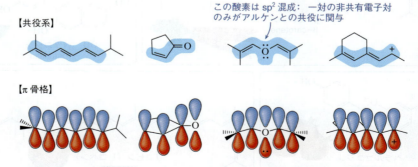

図 21・1　共役系のすべての分子は p 軌道をもち，電子密度の非局在化を促進する

の向上（§21・2）と反応性の変化がもたらされる．次の§21・1・1〜21・1・3で，アルケン，カルボニル化合物，反応中間体の3種の**共役系**（conjugated system）について学ぼう．

21・1・1 共役アルケン

アルケン（第8章，第9章）は，二つのsp^2混成炭素原子の間にπ結合をもっている．ここまで学んできた例は，ほとんどが**孤立した**（あるいは**非共役**）**アルケン**（isolated alkene, nonconjugated alkene）だった（図21・2a）．[このように呼称したことはなかったけど，それは共役について扱っていなかったからだけなんだ] 孤立したアルケンは，周囲をsp^3混成原子で囲まれており，p軌道の重なりがC−C π結合のみに限定されている．一方，**共役アルケン**（conjugated alkene）は，C−C単結合で隔てられている．この配置では，少なくとも四つの連続した原子がp軌道を結合に利用することができ，拡張π系が可能となる．[共鳴を考えるんだ！] 図21・2(b)は，共役したジエンとトリエンを示している．**累積アルケン**（comulated alkene）とよばれるアルケンでは，二つのアルケンが中央の炭素を共有する（図21・2c）．

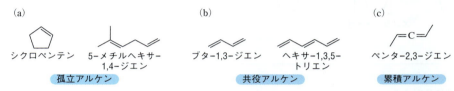

図21・2　アルケンの分類　(a) 孤立（あるいは非共役）アルケン，(b) 共役アルケン，(c) 累積アルケン．

21・1・2 共役カルボニル

アルケンとカルボニル基が一つのC−C単結合で隔てられると，アルケンは，カルボニル基とも共役できる（図21・3）．この種類の分子は，**α,β-不飽和カルボニル化合物**（α,β-unsaturated carbonyl compound）とよばれる．この命名法では，ギリシャ文字を使って，カルボニル基からそれぞれの炭素までの距離を示している．カルボニル炭素に直接結合している炭素がα，その隣の炭素がβなどである．この方法により，α,β-不飽和ケトンは，アルケン（不飽和）のため，α炭素とβ炭素上の水素の数は最大値よりも少ない．第20章で学んだことを思い出してほしい．α,β-不飽和カルボニル化合物は，高温条件下でのアルドール反応の生成物である．§21・5では，電子求引性のカルボニル基と共役することで，アルケンが求電子的になることを学ぶ．[これを理解するための共鳴構造を描けるかどうか試してみよう]

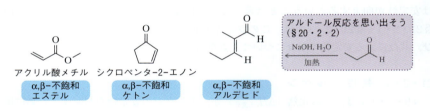

図21・3　α,β-不飽和カルボニル化合物は共役分子である

21・1・3 共役した反応中間体

　カルボカチオン，カルボアニオン，あるいはラジカルが二重結合や三重結合に隣接すると，共役した反応中間体となる（図21・4）．この本ではすでに，こうした特徴の分子を学んできている．第11章では，アリルラジカルがアリル位のハロゲン化反応での中間体であった．第12章では，アリルカルボカチオンのS_N1とE1反応が重要な話題であった．そして第20章では，エノラートイオン（電子求引性のカルボニル基が隣接するカルボアニオン）が最も重要であった．いずれの場合でも，反応中間体の安定性は，隣接するπ系により変化した．［なぜかな？］

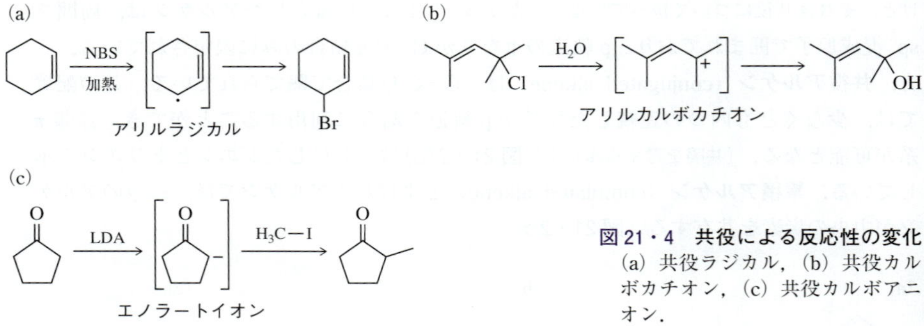

図21・4　共役による反応性の変化
（a）共役ラジカル，（b）共役カルボカチオン，（c）共役カルボアニオン．

アセスメント

21・6　下記の分子を共役か非共役に分類せよ．

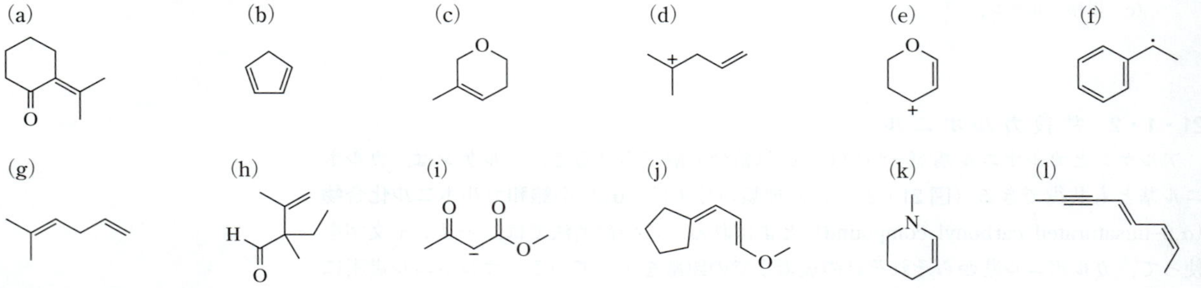

21・2　共役系における安定性の向上

　アセスメント21・6で共役分子を見分ける一つの方法は，共鳴構造が描ける場所を探すことである．この本では結局，ここまででも非局在電子の拡張π系を，共鳴構造を用いて説明してきた．共役と共鳴による非局在化の密接な関係性を考えれば，共役系では安定性が向上するということは驚くことではないだろう．［§4・4・3を参照しよう］§21・2・1～§21・2・3では，この安定性の向上が，どのように観測されるのかを学び，共役による安定化の度合について焦点を当てる．

21・2・1 共役アルケン

　§9・2・1では，水素化熱（$\Delta H°_{水素化}$）が，アルケンの安定性を判断するために用いることができることを学んだ．［アセスメント9・38を見てみよう］図21・5では，シクロ

ヘキサ-1,4-ジエンとシクロヘキサ-1,3-ジエンの $\Delta H°_{水素化}$ を示している．どちらの化合物でも二つのアルケンが還元され，同じ最終生成物を与えるので，これらの値は直接比較することができる．非共役シクロヘキサ-1,4-ジエンでは，$\Delta H°_{水素化}$ は予想通りで，一つのアルケンが還元されるごとに 120 kJ/mol（28.6 kcal/mol）が放出される．一方で，共役シクロヘキサ-1,3-ジエンの水素化反応では，約 9 kJ/mol 発熱が抑えられ，放出される熱量が少なくなる．

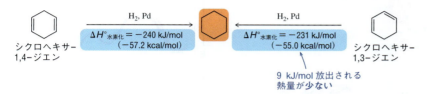

図 21・5　共役ジエンの還元は，非共役ジエンより発熱が少ない

この意味を理解するために，シクロヘキサンへの還元反応の 2 段階それぞれのエネルギーを考えてみよう．シクロヘキサ-1,4-ジエンとシクロヘキサ-1,3-ジエンの還元では，どちらもシクロヘキセンを経る．シクロヘキサ-1,4-ジエンがシクロヘキセンに還元されると，120 kJ/mol が放出される．同様にシクロヘキセンがシクロヘキサンに還元されると 120 kJ/mol が放出され，全体として $\Delta H°_{水素化} = -240$ kJ/mol となる．シクロヘキサ-1,3-ジエンでも，シクロヘキセンがシクロヘキサンに還元される際（2 段階目）には，120 kJ/mol が放出されることはわかっている．全体が $\Delta H°_{水素化} = -231$ kJ/mol ならば，シクロヘキサ-1,3-ジエンからシクロヘキセンへの還元での $\Delta H°_{水素化}$ はいくつとなるだろうか．単純な引き算から，この最初の段階では 110 kJ/mol が放出されることがわかる．それぞれの還元の最初の段階は反応座標図で比較できる（図 21・6）．共役アルケンの還元は低い位置の丘から始まった方が，エネルギーの放出が少ない．つまり，シクロヘキサ-1,3-ジエンは 9 kJ/mol 分より安定に違いない．

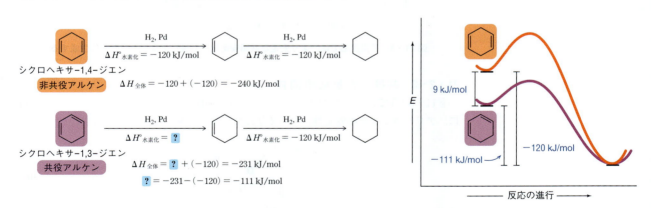

図 21・6　共役アルケンは，反応座標図の低い位置から反応を開始する　つまり，共役アルケンは，非共役アルケンよりも安定である．

21・2・2　共役カルボニル

§20・3・2 で，アルドール反応について学び，エノラートイオンとアルデヒド（あるいはケトン）との間の縮合反応であることを学んだ．加熱条件下では，最終段階で，β-ヒドロキシアルデヒドから水が抜け，α,β-不飽和アルデヒドとなる．第 20 章では説

明しなかったが，図21・7に示す反応機構を経て，別のアルケンが生成する可能性もあった．しかし，この非共役アルケンはアルドール反応の生成物としては決して得られず，共役アルケンよりもかなり安定性が低いことが示唆される．

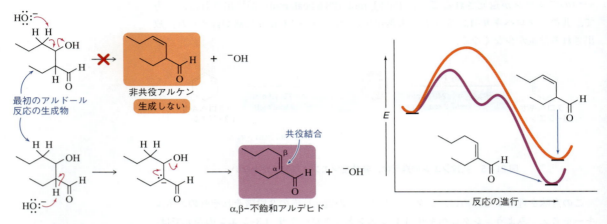

図21・7 アルドール反応では α,β-不飽和アルデヒド（共役）が，非共役アルデヒドよりも優先して生成する

共役により安定性が向上することは，図21・8のような仮想的な平衡反応を想像することで説明できる．これは α,β-不飽和アルデヒドと非共役アルデヒドとの反応である．この平衡から算出される ΔG は，おおよそ $-38\,\mathrm{kJ/mol}$ である．その結果，室温での平衡定数（K_{eq}）は 3.3×10^6 と見積もることができる．つまり，共役していること（共鳴による安定化）が，アルドール反応の結果に大きな影響を及ぼすのである．

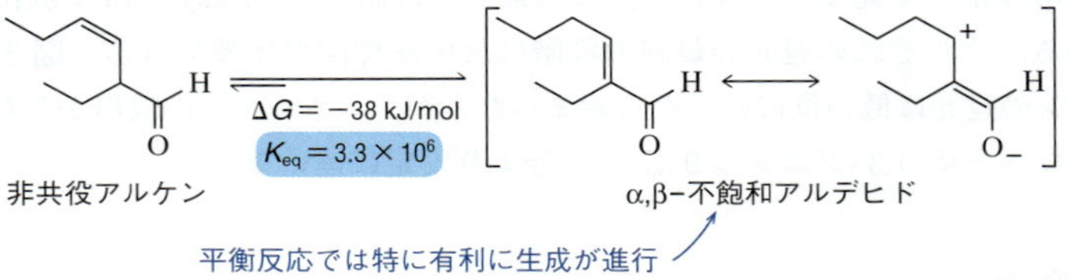

$\Delta G = -RT \ln K_{eq}$ を思い出してね．§5・1・3だよ．

非共役アルケン　　$\Delta G = -38\,\mathrm{kJ/mol}$　　$K_{eq} = 3.3 \times 10^6$　　α,β-不飽和アルデヒド

平衡反応では特に有利に生成が進行

図21・8 平衡反応では，より安定な共鳴安定化（共役）アルケンが有利に生成する

21・2・3 共役した反応中間体

§11・5・3では，N-ブロモスクシンイミド（NBS）を用いたハロゲン化反応を題材に，アリルラジカルの安定性について学んだ．ラジカルの相対的な安定性は，ホモリシ

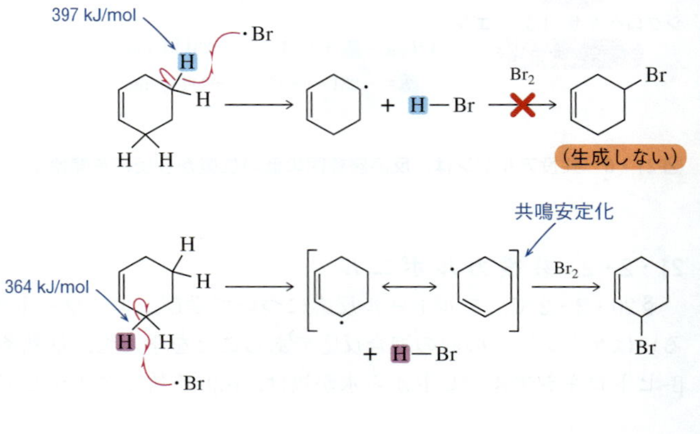

397 kJ/mol

（生成しない）

共鳴安定化

図21・9 （共役した）アリルラジカルは共鳴により安定化され，より速く生成する

364 kJ/mol

21・2 共役系における安定性の向上　　1005

スにより切断される結合の結合解離エネルギーに表れる．図 21・9 に示すように，非
共役ラジカルを生成する際の 2°C−H 結合の結合解離エネルギーは 397 kJ/mol であ
る．2°C−H 結合が，アリル位（アルケンの隣）にあるとき，結合解離エネルギーは
364 kJ/mol にまで低下する．この 33 kJ/mol の差が，共鳴による非局在化によりラジカ
ルの安定性が向上したことを表している．より安定なアリルラジカルの生成は，アリル
位でのハロゲン化反応の高い選択性の駆動力となっていた．

§12・2・1 では，S_N1 反応の律速段階は，最初の段階であるカルボカチオンの生成
であることを学んだ．（共役）アリルカルボカチオンの安定性は，第三級ハロアルカンと
第三級アリルハロアルカンの加溶媒分解反応の相対速度の比較からわかる（図 21・
10）．共鳴安定化されたアリルカルボカチオンの生成は，超共役によってのみ安定化さ
れた第三級カルボカチオンの生成よりも 100 倍以上速い．

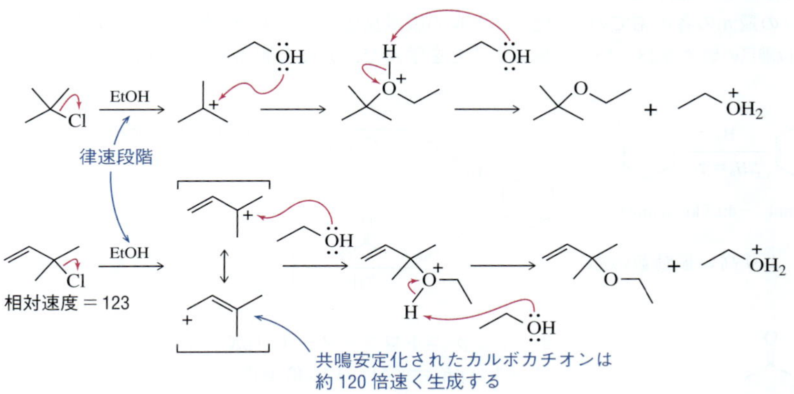

図 21・10　（共役した）アリルカルボカチオンは共鳴により安定化され，より速く生成する

第 4 章で学んだように，酸の pK_a 値が高いということは，弱酸であることを意味し，
簡単にはプロトンを与えて共役塩基にはならないということとなる．すなわち，共役塩
基は不安定となる．第 16 章では，官能基をもたないアルカンの脱プロトンは不可能で
あるため（プロパンでは $pK_a = 50$），Grignard 試薬や有機リチウム試薬が発明されたこ

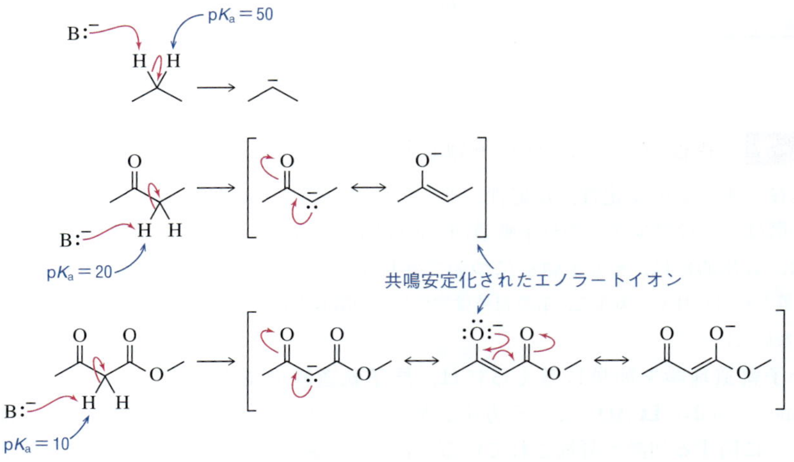

図 21・11　（共役した）エノラートイオンは共鳴により安定化され，より有利に生成する

とを学んだ．しかし，カルボニル基の隣の炭素（つまりα炭素；§20・3）に結合した水素は，pK_a が20にまで低下する．二つのカルボニル基に挟まれた活性メチレンでは pK_a ＝10である（§20・4）．これらの（共役した）エノラートイオンは，負電荷がカルボニル酸素上での共鳴により非局在化され，より速く生成し，官能基化されていないカルボアニオンよりも有利に生成する（図21・11）．

21・2のまとめ

- 共役系は，共鳴により電子密度が非局在化され，対応する非共役系よりも安定となる．共役系の反応物は，反応が遅いが，共役系の中間体はより速く生成する．

アセスメント

21・7 ここまで見てきた例では，水素化は常に発熱過程であった．図21・6の値を用い，ベンゼンの還元の各段階での $\Delta H^\circ_{水素化}$ を算出せよ．［ベンゼンと還元1段階目の値は§23・2・1で学ぶよ］

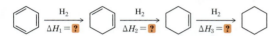

$\Delta H_1 + \Delta H_2 + \Delta H_3 = \Delta H_{全体} = -208$ kJ/mol $(-49.5$ kcal/mol$)$

21・8 どちらのカルボニル化合物が，より高い振動数の赤外線を吸収するか．理由も述べよ．

21・9 実際には，図21・10の加溶媒分解では，可能な生成物が2種存在する．二つの生成物を示せ．またどちらが安定だと予測するか．その理由も述べよ．［この概念は§21・4・1で重要となるんだ］

（図21・10より）

21・10 第12章では，エトキシドイオンは第二級ハロゲン化アルキルの脱離反応を起こすが，酢酸イオンは置換反応を起こすことを学んだ．共役の観点からこの事実を説明せよ．

（E2反応生成物）

（S$_N$2反応生成物）

21・11 p-ニトロフェノール（pK_a＝7.2）は，m-ニトロフェノール（pK_a＝8.4）の10倍酸性である．なぜか．［この概念はベンゼンに関する§24・2・1で学ぶよ］

p-ニトロフェノール　m-ニトロフェノール

21・3　共役アルケンの分子軌道図

共役アルケンの安定性，反応性，そして紫外（UV）・可視光（vis）を吸収するという特徴は，共役アルケンの分子軌道図（MO図）を吟味することで説明できる．この節では，具体的には，π分子軌道について注目する．［これから描く分子軌道図は複雑な数学的計算から得られているんだ．計算自体は物理化学の講義内容だよ．ここでの議論では数学を必要としないよ］

分子軌道理論を簡単に考えるには，**原子軌道線形結合法**（linear combination of atomic orbitals: **LCAO**）という方法がある．このLCAOという用語には，分子軌道の組立てに関する知識が凝縮されていると言っても過言ではない．第2章で学んだように，分子軌道は，二つの原子軌道（LCAOのAO）の重なり/組合わせ（LCAOのC）で

できている．図 21・12(a) と 21・12(b) は，s 性の軌道（たとえば，s 軌道や sp^x 混成軌道）が重なるとき，組上がる分子軌道は σ 軌道となることを示している．p 軌道の重なりは π 分子軌道を形成する（図 21・12c）．

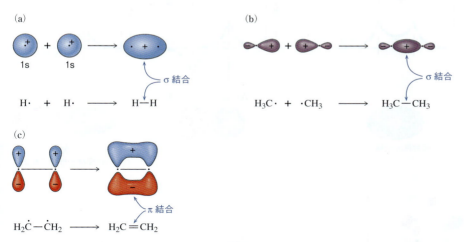

図 21・12 原子軌道の重なりにより分子軌道が組上がる (a) 二つの水素原子の s 軌道の重なりは H$_2$ の σ 結合を形成する．(b) sp^3 混成軌道の重なりはエタンの σ 結合を形成する．(c) 二つの p 軌道の重なりはエテンの π 結合を形成する．

ここで LCAO の L が登場する．実のところ，原子軌道はそれ自身が波動関数であり，それらの結合とは，原子軌道の波動関数の組合わせを表している．波動関数の結合には，2 通りの組合わせがある．**同位相**（結合性相互作用）で加算するか，**逆位相**（反結合性相互作用）で加算するかである．同位相の重なりでは，同じ符号のローブどうし（＋と＋，－と－）が組合わさる．逆位相での重なりでは，逆の符号のローブどうし（＋と－）が組合わさる．＋の符号は，－の符号を打ち消すので，逆位相の重なりでは，二つの核の間に，分子軌道の波動関数が 0 となる領域ができる．その結果，その分子軌道には，重なりや結合が 0 となる**節**（node，ノードともいう）が生じる．［このため，逆位相の加算は減算と考えても構わないんだ］どのような原子軌道であっても二つを組合わせると，そこから二つの分子軌道ができあがる．これが LCAO の L の意味するところで，分子軌道の数学的な線形展開に由来している．［この話は今のところこれで最後だよ］

図 21・13(a) は，二つの 1s 軌道の波動関数から同位相の重なり（結合性相互作用，＋と＋）により σ 結合性分子軌道（σ 結合）をつくったものである．図 21・13(b) は，逆位相の重なり（反結合性相互作用，＋と－）により σ* 反結合性分子軌道（σ* 軌道，σ* orbital）をつくったものである．σ* 軌道には，二つの核の間に節がある．この σ* 軌道が，ハロアルカンの S$_N$2 反応の際，求核剤が電子密度を供与する場所となる（第 12 章）．図 21・13(c) は，p 原子軌道の同位相と逆位相の両方の重なりにより，π 結合性分子軌道（π 結合，完全な重なり，節なし）と π* 反結合性分子軌道（π* 軌道，π* orbital，重なりなし，節一つ）をつくったものである．π* 軌道は，求核剤がカルボニル基を攻撃する際，付加する場所であり，Bürgi-Dunitz 角（§17・1・4）で学んだものである．繰返しとなるが，結合性軌道は，重なりが大きく，エネルギーの低い安定な軌道である．反結合性軌道は，常に重なりのない場所となる節があり，それゆえ，不安定である．

ここまではこの教科書の第 2 章などで学んできた分子軌道を振り返ってきたけど，大切なことはこんな感じ：すべての原子軌道が組合わさることで，一つの分子軌道ができあがる．二つの原子軌道が組合わさった場合，二つの分子軌道ができあがる．もし四つ使うなら，四つできる．言い方を変えると，n 個の原子軌道の組合わせは n 個の分子軌道を生成するんだ．

(a) 結合性相互作用: 二つの1s軌道が同位相で同符号
(b) 反結合性相互作用: 二つの1s軌道が逆位相

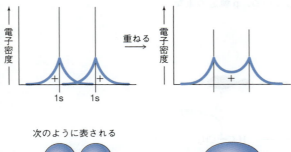

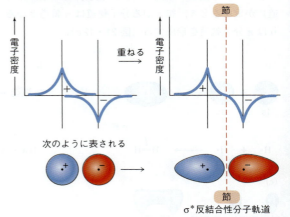

(c)

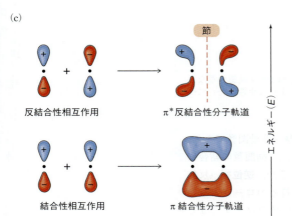

図 21・13 二つの原子軌道の組合わせが二つの分子軌道を形成する
(a) s軌道の同位相の重なりがσ結合を生成する．(b) s軌道の逆位相の重なりがσ*反結合性軌道を生成する．(c) p軌道の同位相の重なりがπ結合を生成し，逆位相の重なりがπ*反結合性軌道を生成する．

アセスメント

21・12 16個の原子軌道の重なりから分子ができていると仮定する．(a) 分子軌道は何個存在するか．(b) 結合性軌道はいくつか．(c) 反結合性軌道はいくつか．

21・13 エタンには七つの結合性軌道（すべてσ結合）がある．反結合性軌道はいくつあるか．

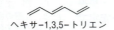
エタン

21・14 ヘキサ-1,3,5-トリエンは，それぞれ1電子を含むp軌道六つを使い，三つのπ結合を形成する．六つのp軌道から組上がる分子軌道の総数はいくつか．

ヘキサ-1,3,5-トリエン

21・15 H_2 の分子軌道図が下図に示してある．図中の(a)と(b)のどちらがσとなり，どちらがσ*となるか記入せよ．また，エネルギーが低いのはどちらか．その理由も述べよ．

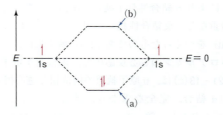

[ここからが面白いところなんだ] 図21・14(a)は，孤立した(非共役)アルケンであるエテンでは，π分子軌道（π結合）がどのような姿となるかを示している．この場合，π結合中の2電子は，σ結合の上下に存在していると自信をもって言えるだろう．一方で，共役アルケンであるブタ-1,3-ジエンの場合を考えてみよう．§21・2で明らかとなったように，共役は共鳴構造が描けるということを示唆する．図21・14(b)の共鳴構造でのC1とC2の間のπ電子をよく見てほしい．どの共鳴構造を考慮するかによって，これらの電子はC1とC2の間のπ結合を形成するか，C1上での非共有電子対となるか，あるいはC2とC3の間のπ結合を形成する．では実際に電子はどこにあるのだろうか．本当の電子構造は，すべての有効な共鳴構造が混合したものであることを思い出してほしい．つまり電子は四つすべての炭素上のp軌道で共有されている．

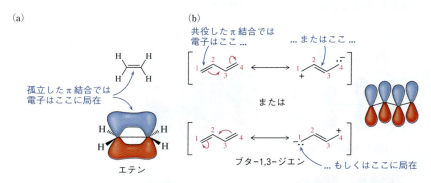

図21・14　結合性軌道内でのπ電子の所在　(a) 孤立したπ結合内の電子は結合した二つの炭素の間にのみ存在する．(b) 共役したπ結合内の電子はπ系全体に非局在化する．

図21・14は，共役と非共役アルケンのおもな違いを，分子軌道と関連させて示している．共役ジエンは，p軌道を二つ重ねたものを二つ使い，二つの孤立したπ結合（および二つのπ*反結合性軌道）で表すのではなく，p軌道を四つ重ねたものを一つ使い，二つのπ結合性軌道（および二つのπ*反結合性軌道）で表した方がよい．[原子軌道を四つ組合わせると分子軌道はいくつできるだろうか？ 四つだ！] これは，隣接し，共鳴構造により相互作用するp軌道は一つのπ結合のみに属すのではなく，π系全体に属すからである．

分子軌道図を描くことは複雑だが，いくつかの規則に沿えば簡単になる．[こうした規則は数学的に生じたものなんだ]

1. n個の原子軌道を組合わせるとn個の分子軌道ができあがる．分子軌道はそれぞれψ_nとよばれる．
2. 最も安定した，あるいは最もエネルギーが低い分子軌道は，同符号のローブ間の重なりが最大となる．[ローブの符号は電荷ではないよ．波動関数の符号だからね] 同符号が隣合うことで重なりが生じる．これはよいこと！
3. 連続した分子軌道での重なりがない領域（反対の符号が隣り合った場合）は節であり，分子軌道が低いエネルギー（安定）から高いエネルギー（不安定）へとなるにつれ，その数が一つずつ増す．
4. 分子軌道には節まわりに対称性が存在する．
5. p軌道一つ当たりに一つのp電子がある．これらは，分子軌道に配置され（1軌道当たり2電子），最も低いエネルギーの分子軌道（MO）から順に収められていく．

[これが aufbau 原理だ]

6. 非結合性原子軌道（$E=0$）よりも低いエネルギーの分子軌道は結合性である．非結合性原子軌道（$E=0$）よりも高いエネルギーの分子軌道は反結合性である．被占軌道には電子が配置され，空軌道には電子はない．

図 21・15 は，これらの規則がどのようにブタ-1,3-ジエンに適用されるかを示している．ブタ-1,3-ジエンには，四つの p 軌道があり，それぞれの軌道が 1 電子を寄与し，合計四つの π 電子が収まる．重なりが最大となる軌道の配置〔ψ_1，（プ）サイ 1 と読む〕は，隣合うすべてのローブが同符号となる．［規則 2 だね．では一緒に声に出してみよう．上部は "プラス・プラス・プラス・プラス" で，下部は "マイナス・マイナス・マイナス・マイナス"］重なりが最大であることで，ψ_1 が最も安定な分子軌道となる．その次の軌道（ψ_2）

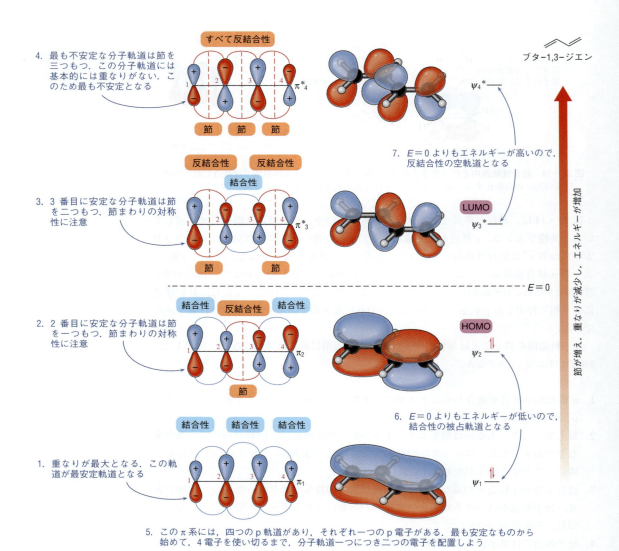

図 21・15 ブタ-1,3-ジエンの分子軌道図の描き方 結合性軌道は，非結合性原子軌道よりも安定である．反結合性軌道は，非結合性原子軌道よりも不安定である．

は節が一つのはずだ．[規則3によれば，ψ_1 よりも一つ節が多いこととなるね]対称性を確保するために，符号の順番は上部で[さあ，符号を読み上げて]"プラス・プラス・マイナス・マイナス"で，下部で"マイナス・マイナス・プラス・プラス"である．[でもなぜ"プラス・プラス・プラス・マイナス"ではないのかな？ これでも節は一つのはずだね．アセスメント 21・16 で学ぼう]この方法を続けると ψ_3 と ψ_4 が得られる．[ψ_3 は"プラス・マイナス・マイナス・プラス"で節が二つ．ψ_4 は"プラス・マイナス・プラス・マイナス"で節が三つ]ψ_4 には重なりがなく，そのため，ブタ-1,3-ジエンのなかで最も不安定な MO となっていることに留意しよう．こうして組上がった軌道に，それぞれ 2 電子が ψ_1 と ψ_2 に収まる（ブタジエンのπ系には全部で 4 電子が収まる）．[規則5：最もエネルギーの低い MO から充填される]これら ψ_1，ψ_2 が被占分子軌道となる．[規則6]ψ_3 と ψ_4 に入る電子はない．これらは反結合性の空分子軌道となる．[これも規則6]

ψ_n という呼称に加えて，一部の軌道は別の名称でよばれる．図 21・15 では，ψ_2 は **HOMO** あるいは**最高被占分子軌道**（highest occupied molecular orbital）と書いてある．その名の通り，この軌道が，電子を含む分子軌道のなかで，最も高いエネルギーをもつ/最も反応性が高い/最も不安定な軌道である．すなわち，結合性軌道のなかで最もエネルギーが高い．一方で，ψ_3 は **LUMO** あるいは**最低空分子軌道**（lowest unoccupied molecular orbital）と書いてある．LUMO は，電子を含まない分子軌道のなかで，最も低いエネルギーをもつ/最も反応性が低い/最も安定な軌道である．すなわち，反結合性軌道のなかで最もエネルギーが低い．[図 21・15 をもう一度見て，HOMO と LUMO を確認しよう]HOMO-LUMO の名称は，紫外-可視吸収スペクトル（§21・3・2）と第 22 章の共役系の反応において重要となる．

21・3 のまとめ

- 共役系の分子軌道図は，原子軌道の線形結合からなっており，π分子軌道は，寄与する p 原子軌道の数だけできあがる．

アセスメント

21・16 なぜこれがブタ-1,3-ジエンの ψ_2 分子軌道ではないのか．

21・17 オクタ-1,3,5,7-テトラエンの ψ_2 分子軌道を示した．ψ_3 を描け．

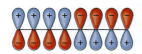

21・18 次の二つのうちより安定した分子軌道はどちらか．理由も述べよ．

21・19 次の二つのうちより安定した分子軌道はどちらか．理由も述べよ．

 と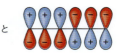

 と

21・20 §21・3 で説明した規則を使い，ヘキサ-1,3,5-トリエンの分子軌道図を描け．なお，どの軌道が HOMO，LUMO であるか示すこと．

ヘキサ-1,3,5-トリエン

アセスメント 21・19 を一緒に解いてみよう．共鳴についての理解と似た論理で，共役が安定性の向上に結びつくことを理解しよう．

21・3・1 安定性への影響

共役系の分子軌道図は，これらの系の安定性を理解するのに役に立つ．

アセスメント 21・19 の解説

アセスメント 21・19 では，より安定な分子軌道を答えるよう求められた．問題には書かれていないが，この二つの分子軌道について明らかな点が 2 点ある．まず最初に，これら二つの分子軌道は，それぞれ異なる分子のものであるということだ．一つは，六つの p 軌道の重なりがあり（ヘキサ-1,3,5-トリエン），もう一つは，八つの p 軌道からなる（オクタ-1,3,5,7-テトラエン）（図 21・16）．次は，両者はともに最大限の重なりをもっていることから，それぞれの分子での最も安定な分子軌道であることだ．

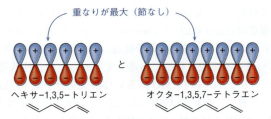

図 21・16 最も安定な分子軌道で，重なりが最大となる

共鳴構造を多く描けることが，より安定な分子となる．電子を非局在化できる原子がより多くなるためである．似たように，より多くの原子上に非局在化した分子軌道は，より安定となる．つまり，オクタ-1,3,5,7-テトラエンの分子軌道の方がより安定となる（図 21・17）．

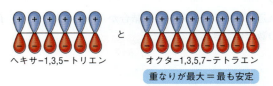

図 21・17 重なりの多い軌道，あるいは共役の多い重なりならば，より安定な分子軌道となる

アセスメント 21・19 の解法に示した傾向は，重要な意味をもっている．基本的には，共役が増えるとより多くの p 軌道が重なるようになり，π 系での非局在化の度合いが増す．共役分子での ψ_1 は，非共役 π 分子軌道（エテンの ψ_1）よりも低いエネルギーとなるため，共役分子は，非共役分子よりも安定となる．共役が増すにつれ，安定性はさらに向上することとなる．この点をより明確にするために，エテン，ブタ-1,3-ジエン，ヘキサ-1,3,5-トリエンの分子軌道図（MO 図）を図 21・18 に示す．軌道の重なり図はより大きな共役系については示していないが，この傾向は，より大きなポリエンでも同様で，最も安定な分子軌道（ψ_1）の安定性はより向上していく．［図 21・18 は，膨大な情報を含んだ図の一つだよ．圧倒される必要はないけど，注意深く見よう．この先でも折にふれ，この図に戻ってくるよ］

21・3 共役アルケンの分子軌道図　1013

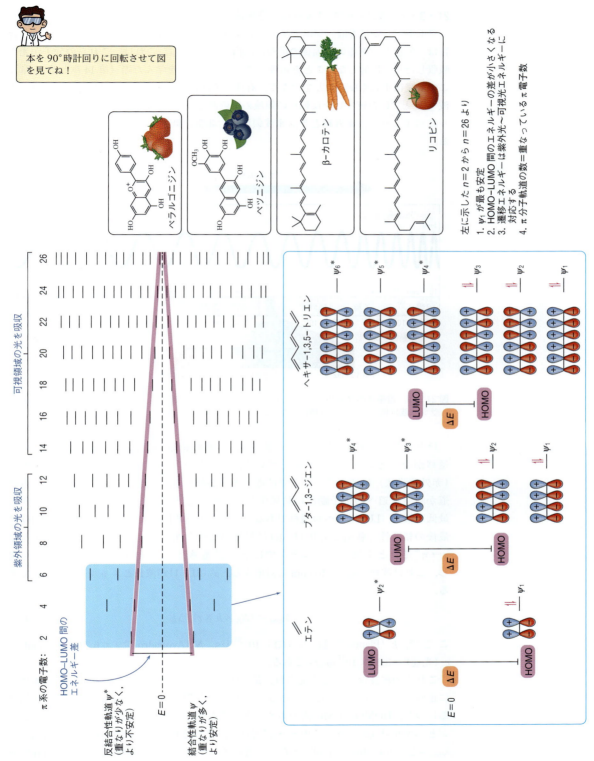

図 21・18　共役が延びると，電子の非局在化が進み，軌道の重なりが大きくなり，HOMO-LUMO 間のエネルギー差が小さくなる．上図に示した ■ で示した部分の π 系の拡大図．

21・3・2 紫外–可視（UV–vis）分光法への影響

アセトン，安息香酸，ジエチルエーテルなど，実験室で扱うほとんどの標準的な化合物は，無色だ（あるいは固体の場合には白色に見える）．これは，これらの分子が光を吸収したり，反射しないことを示唆している．分光法を学んだ際（第14章と第15章），この示唆は正しくないことを学んだ．有機分子は赤外線（結合の振動に対応）とラジオ波（^{1}H と ^{13}C の核スピン反転）の領域の電磁波を吸収する．図21・19の電磁スペクトルに示すように，赤外線とラジオ波領域は，非常に低いエネルギー領域の電磁波である．

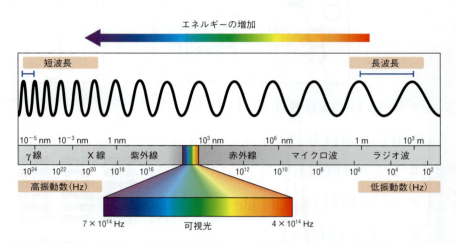

図21・19 **電磁スペクトル** 波長が短くなるにつれ，振動数とエネルギーが上昇する．赤外線とラジオ波は低エネルギー遷移にあたる．

ほとんどの分子が無色だという事実は，可視光領域の振動数に対応するエネルギー遷移がないということを意味している．核スピン反転（NMR 分光法）や結合振動（赤外分光法）に加えて，分子では電子遷移が起きる．こうした電子遷移は，被占軌道から空軌道への電子励起の結果生じる．たとえば，最高被占軌道（HOMO）から最低空軌道（LUMO）への遷移である．エネルギー準位の低い方から見て，HOMO は最後の結合性 π 軌道であり LUMO は最初の反結合性 π 軌道であるため，この励起は π→π* 遷移とよばれる．エテンでは π→π* 遷移は，724 kJ/mol のエネルギーを要し，これは波長（λ_{max}）165 nm に対応する．式(21・1)が波長とエネルギーの関係である．

$$\lambda_{max} = (N_A \times h \times c)/\Delta E \qquad (21・1)$$

ここで，h（Planck 定数）$= 6.63 \times 10^{-34}$ J・s，N_A（Avogadro 数）$= 6.02 \times 10^{23}$ mol^{-1}，c（光速）$= 3.00 \times 10^{17}$ nm/s である．

これらの波長は λ_{max} と表記され，最大吸収の波長を表し，π→π* 遷移のエネルギーに正確に対応した波長となっている．図21・18と図21・20に示すように，共役が延びるにつれ，HOMO–LUMO 間のエネルギー差が小さくなる．このため，ブタ-1,3-ジエンとヘキサ-1,3,5-トリエンの π→π* 遷移は，それぞれ λ_{max} = 217 nm（552 kJ/mol）と λ_{max} = 258 nm（464 kJ/mol）となる．電磁スペクトルの紫外領域は，10～400 nm であり，ブタ-1,3-ジエンとヘキサ-1,3,5-トリエンは UV 光を吸収し，UV 活性とよばれる．このため，どちらの分子も紫外–可視（UV–vis）分光器によって，検出・分析できる．

[UV-vis 分光器は，かつて有機化合物の同定に用いられていたんだ．現在では，有機化合物の定量分析におもに用いられているよ]

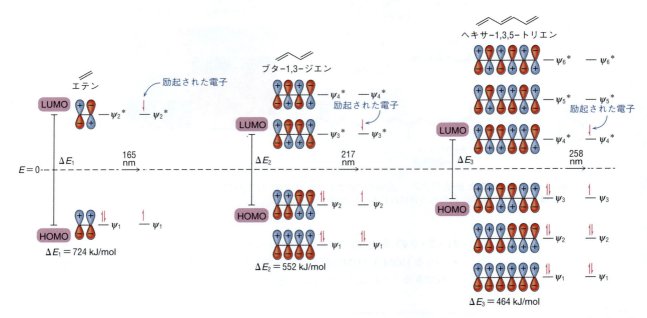

図 21・20 光照射により電子が HOMO から LUMO へと励起されるなり，吸収される光の振動数が紫外-可視領域に移る． 共役がのびるにつれ，HOMO-LUMO 間のエネルギー差が小さくなり，吸収される光の振動数が紫外-可視領域に移る．

表 21・1 は，共役がのび，λ_{max} が大きくなり，紫外領域に入っていくことを示している．すべての分子は，人間の目には無色透明のままではあるが，紫外光の下で見えるようになる．表 21・1 の分子よりも共役がのびると，λ_{max} はさらに大きくなり，やがて電磁スペクトルの可視領域（390～700 nm）へと至る．たとえば，図 21・21 に示したリコピンと β-カロテンは，長い共役系であり，色のついた分子となる．具体的には，リコピンは青色に相当する λ_{max} = 472 nm の電磁波を吸収する．つまり，光（可視光の全波長）がリコピンに当たると，青色が吸収され，その他の色が反射される．その結果，リコピンは私たちの目には橙赤色に見える．同じように β-カロテンは青紫色に相当する λ_{max} = 450 nm の光を吸収し，人間の目には黄橙色に見える．

表 21・1 共役がのびることで，HOMO-LUMO 間のエネルギー差が小さくなり，λ_{max} が大きくなる

共役ポリエン		λ_{max} (nm)
エテン		165
ブタ-1,3-ジエン		217
ヘキサ-1,3,5-トリエン		258
オクタ-1,3,5,7-テトラエン		290
デカ-1,3,5,7,9-ペンタエン		334
ドデカ-1,3,5,7,9,11-ヘキサエン		364

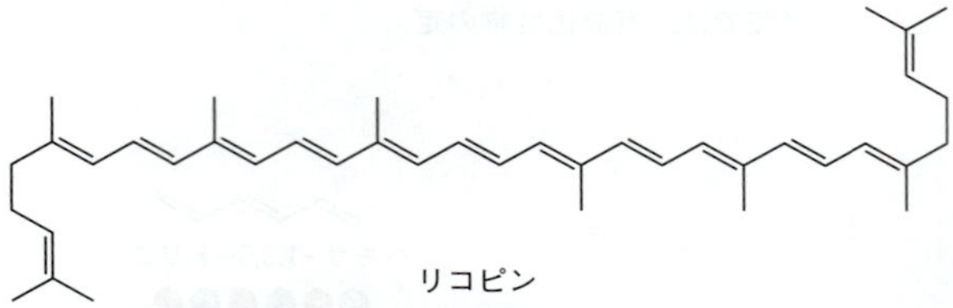

1016   21. 共 役 系 I

リコピン
$\lambda_{max} = 472\ nm$

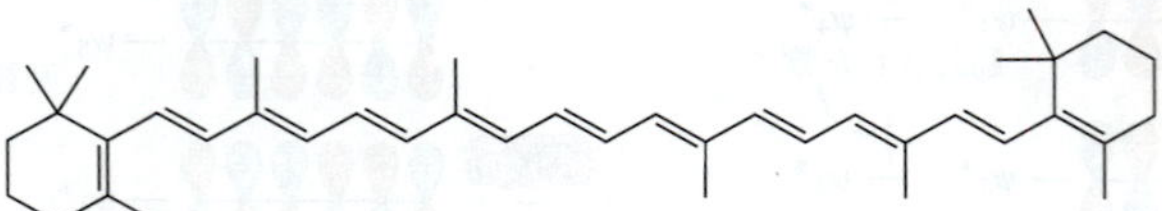

β-カロテン
$\lambda_{max} = 450\ nm$

化合物の色	吸収光の色	吸収光のおよその波長 (nm)
緑	赤	700
青緑	橙赤	600
紫	黄	550
赤紫	黄緑	530
赤	青緑	500
橙	青	450
黄	紫	400

図 21・21 リコピンと β-カロテン　拡張共役系と小さな HOMO–LUMO 間のエネルギー差により，可視光領域の光を吸収する．その結果，私たちの目には色のついた分子に見える．

21・3・2のまとめ

• 小さな HOMO–LUMO 間のエネルギー差により，共役分子は紫外–可視領域の光を吸収できるようになる．野菜や果物が色づいているのはこのためである．

アセスメント

21・21　次の分子のうち，電磁スペクトルの可視領域の吸収があると期待するのはどれか．

(a)

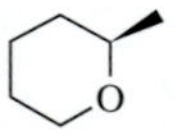

(b)

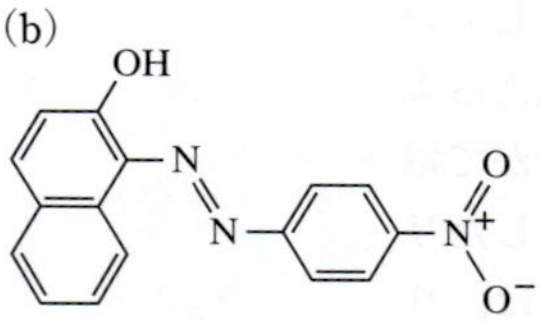

(c)

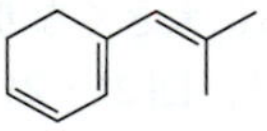

(d)

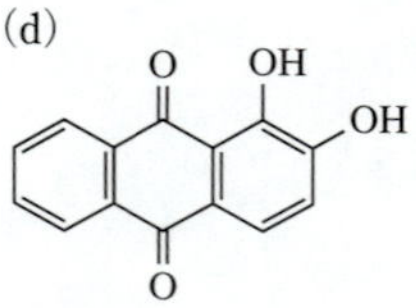

(e)

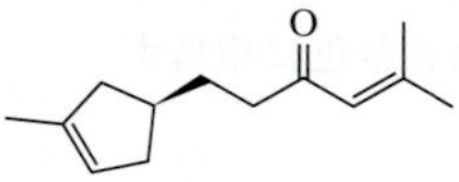

21・22　ブルーベリーの青い色はペツニジンによるものである．青く見えることに基づき，ペツニジンの λ_{max} を推定せよ．

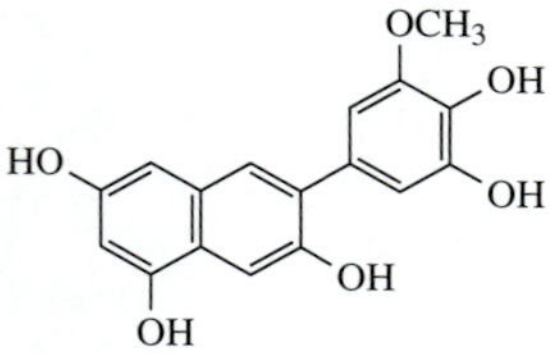

ペツニジン

21・23　次の分子は，1856 年に William Perkin によって発見された最初の合成有機色素である．λ_{max} は 540 nm である．これは何色か．

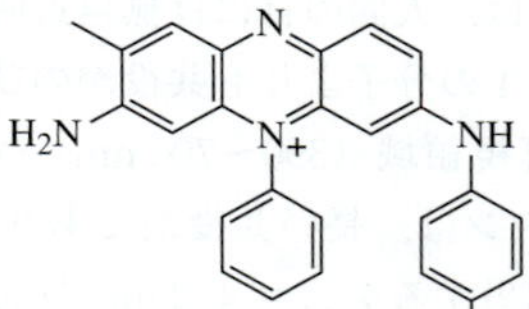

21・24　たとえば，緑色の有機色素を設計することとしよう．この緑色の色素の HOMO–LUMO 間のエネルギー差はいくつか．

21・3・3 アリル系の分子軌道

§21・2・3では，隣接するアルケンによりもたらされる，カルボカチオン，ラジカル，アニオンの安定性について学んだ．こうしたアリル系の安定性も，分子軌道図を描くことで合理的に説明できる．ここでも図21・15の規則を使うが，p軌道の数が奇数であることをふまえて若干の変更を加える．最も安定な分子軌道（ψ_1）には節はなく，最も不安定な分子軌道（ψ_3）には節が二つある．その結果，中間にあたる分子軌道（ψ_2）には節が一つとなるはずである．対称性を保つため，節はアリル系の中央炭素の位置に配置される．［これがブタジエンとの違いだよ］図21・22に示すように，最低エネルギーの分子軌道に収められる（カルボカチオンでは二つ，ラジカルで三つ，アニオンで四つ）．アリルラジカルのψ_2は，専門的に言えば半占分子軌道（SOMO）である．［SOMOの反応性については§22・4・1で学ぶよ］

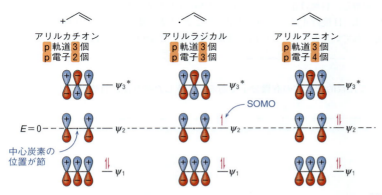

図21・22 アリル系の分子軌道図 ψ_1のエネルギーが低いことが，これらの系の向上した安定性の背景である．

アセスメント
21・25 図21・22で示したアリルカチオンとアリルアニオンについて，それぞれのHOMOとLUMOはどれか．

21-A 化学はここにも（海辺の化学）

日焼け止め

夏のアウトドア活動でのお決まりごとの一つに，肌の露出部分に日焼け止めを塗ることがある．［面倒くさいけど必須］日焼け止めの目的は，有害で高エネルギーの紫外（UV）線による肌への悪影響を防ぐことである．この化学反応による悪影響は，やがて皮膚がんをひき起こしかねない．日焼け止めの成分には2種類ある．最初は，酸化チタンや酸化亜鉛などの無機材料で，有害な光を散乱・反射する．二つ目は紫外光を吸収し，熱へとして放出する．どのような分子が紫外光の吸収に役立つだろうか．図21・23に示す共役分子がいくつかの例だ．

オキシベンゾン　アボベンゾン　ホモサラート
オクチサラート　オクトクリレン　オクチノキサート

図21・23 日焼け止めの一般的な成分

図21・23に示した成分は，共役分子が可視光を吸収するのと同じ働きをする．これらの共役分子で，HOMOからLUMOへの電子の励起が起こるには，紫外領域の光の波長を必要とする．いったん，励起されると，電子がHOMOに戻る際，エネルギーは肌に悪影響を及ぼさないような熱として放出される．

海辺で有害な紫外光を心配しているのは人間だけのようだ．たとえばサンゴはその一生を海の浅瀬で過ごし，太陽からの紫外光にさらされる．しかし，こうした紫外光も，悪影響を及ぼさないようである．サンゴのなかに住み着いた藻類が，化学物質を産生し，それがサンゴ全体に運ばれ日焼け止めとして働いているからだと信じられている．この体内での日焼け対策という考え方が，研究者たちを刺激し，日焼け止め飲み薬の可能性を想像させた．2011年には，日焼け止め飲み薬は5年で実用化されるだろうと報道されていたが，まだできたとは聞いていない．

［二つ注意しておこう．まず，"日焼け止め飲み薬"としてインターネット販売されているものがある．使う前に，レビューを読み，医師に相談すること．次に，私の妻は"有機化学者"の私が，今頃，その飲み薬を発明しているはずだったと思っている（そう．私のことを有機化学者と呼ぶとき，妻は手真似で引用符をつける）．日焼け止め飲み薬を発明して，どうか私にサンプルを送ってほしい］

> **アセスメント**
> **21・26** 図21・23に載せた成分は，すべて比較的非極性の有機分子である．こうした特徴が，日焼け止めとして魅力的なのはなぜか．また，その欠点は何か．

21・4　共役系の求電子付加反応

安定性や光の吸収などの特性を変えるだけではなく，共役は分子の反応形式も変化させる．たとえば，図21・24に示すブタ-1,3-ジエンのHBrとの反応は，第8章で学んだアルケンの付加反応に似ている．しかし，アルケンの付加反応とは異なり，この反応からは二つの生成物が得られる．［この先を読み進める前に，二つの生成物に至る反応機構を考えてみよう］

図21・24　HBrのブタ-1,3-ジエンへの付加からは，二つの生成物が生成する

21・4・1　ブタジエンへの1,2-付加反応と1,4-付加反応

この反応は反応機構から見ると，第8章で学んだアルケンの付加反応に似ている．求核性のアルケンがHBrからプロトンを引抜き，新しい水素がC1に結合することで，共鳴安定化されたカルボカチオンが生成する．2段階目では，臭素がカルボカチオンのC2を攻撃することで**1,2-付加体**（1,2-addition product）が生成するか，C4を攻撃して**1,4-付加体**（1,4-addition product）が生成する．これらの用語は，この章のいたるところで使うので，図21・25の生成物を見て，なぜこのような名称となっているかを理解しておこう．水素は常に"1"の炭素に付加すると仮定すると，求核剤は，"2"の炭素か"4"の炭素のいずれかに付加することができる．［なぜ"3"の炭素には付加できないのかな］

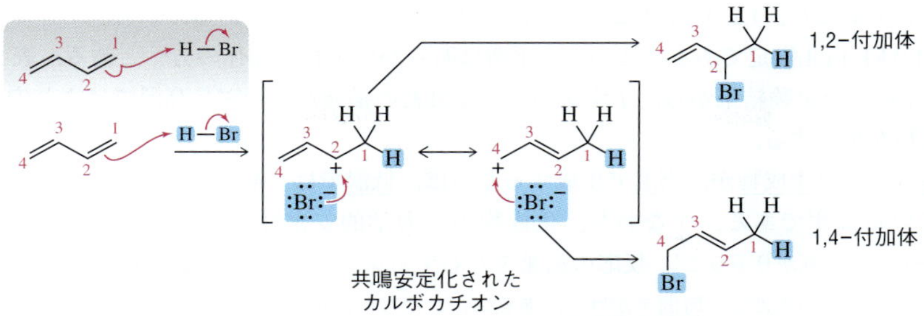

21・4 共役系の求電子付加反応　　1019

図21・25　HBrのジエンへの1,2-付加反応と1,4-付加反応の機構

この反応では二つの生成物が可能だが，条件を工夫することで，一つの生成物を選択的に得ることができる（表21・2）.

表21・2　HBrのブタ-1,3-ジエンへの付加の実験詳細

条　件	例
1. 反応を0℃で行うと，1,2-付加体だけが生成する．	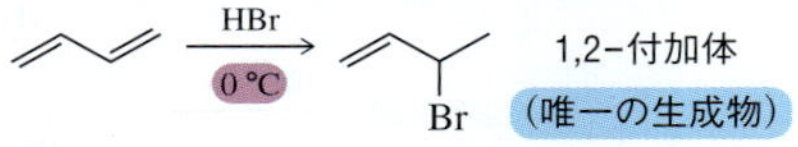
2. 反応を100℃で行うと，1,4-付加体だけが生成する．	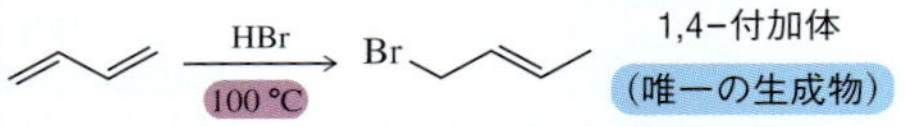
3. 反応を50℃で行うと，二つの生成物がほぼ同量ずつ生成する．	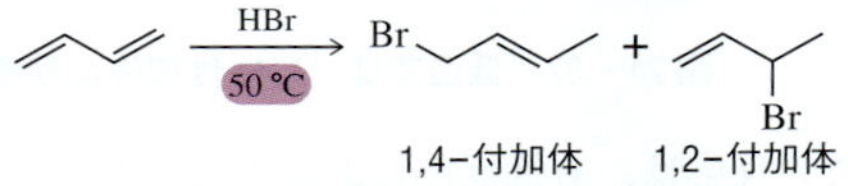
4. 1,2-付加体を100℃に加熱すると，すべて1,4-付加体に変換される．	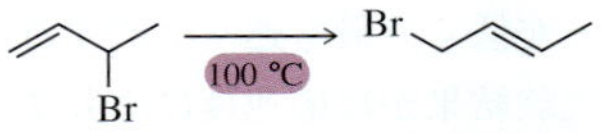
5. 1,4-付加体を0℃に冷却する，あるいは100℃に加熱しても，変化しない．	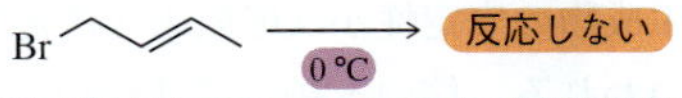

■ 化学者のように考えよう

まず始めに，反応の二つの生成物を比較し，実験結果がその違いについて何を意味するかを考えるとよい．二つの生成物の安定性の比較から始めよう．1,2-付加体か1,4-付加体のどちらかを安定化させるような要因はあるだろうか．［先に進む前に図21・25をもう一度眺めて考えてみよう］

このことを判断するため，図21・26に示した仮想的な平衡反応と，そのΔGを考えてみよう．この平衡には，どちらの側にも一つの分子があるので，エントロピー的には，どちらの側も特に有利ということはない．わずかな違いを除いてΔHも同様で，解析すると，同じ結合が形成され，同じ結合が切断されることがわかる．［違いがわかっただろうか．§9・2・1を復習し，記憶を呼び起こそう］1,4-付加体は，二つの置換基をもつア

実験の詳細を考察して，化学者のように考えて，何が起きているのか見つけよう．

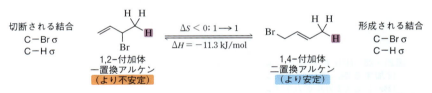

図21・26　より置換基の多いアルケンとなるので，1,4-付加体は，1,2-付加体よりも安定である

ルケンであるが，1,2-付加体は一つの置換基をもつアルケンである．二置換アルケンは約 11.3 kJ/mol 安定であることから，平衡は明らかに 1,4-付加体の方へと偏る．表 21・2 に記載した実験結果から，まず次のような最初の描像が浮かぶ: 高温ではより安定な生成物が生成する．

最も安定な生成物が，高温で生成するならば，低温では，最も不安定な生成物が生成しているはずである．すなわち，生成物の熱力学的安定性を考慮するだけではなく[ボールは坂を転がり下りる]，反応の結果を左右する第二の要因があるはずである．[§5・1・7 で学んでいるので，時間をかけて，あるいはただちに，復習しよう] 第 5 章で説明したように，反応の結果は，熱力学支配（生成物の安定性）あるいは速度論支配（反応速度）のいずれかによって制御される．より不安定な生成物は，より速く生成する場合にのみ得られる（図 21・27）．このことから，1,2-付加体が生成する活性化エネルギー（E_a）は，1,4-付加体が生成する活性化エネルギーよりも低いということになる．これを受けて，第二の描像は次のようになる: 低温では，より速く生成する生成物が有利となる．[なぜだろう？]

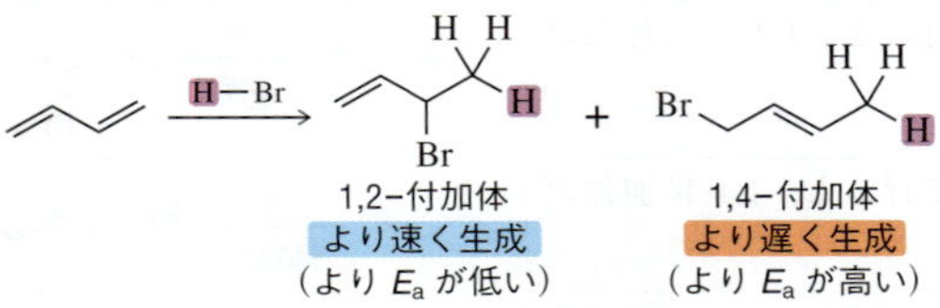

図 21・27　低温では，1,4-付加体より速く生成する 1,2-付加体が有利である ■

この反応は，有機反応においてときおり見られる興味深い状況を表している．活性化エネルギーが低く，最も速く生成する生成物が，最も安定な生成物ではないという状況である．実験結果が反応速度により決定される反応は，速度論支配のもとにあるといわれる．生成物の安定性が反応結果を決定するときには，その反応が熱力学支配のもとにあるといわれる．[第 1～20 章で見てきたほとんどの反応では，より安定な（熱力学的）生成物が，最も速く生成する（速度論的）生成物となっていたよね] これらの生成物は，最初の段階では同じ中間体を経て得られる．このため，この反応の解析は以前，§13・7・3 でアルコールと SOCl$_2$ との反応について調べたときと同じ方法で行わなければならない．

アルケンが HBr からプロトンを除去した直後 [ほんとうに直後！]，溶液のなかはどのような様子だろうか．臭化物イオン Br$^-$ はカルボカチオンの C2 と C4 のどちらかの近くにいるだろうか．それとも遠く離れているだろうか．[反応機構を描くときに，こうした描像を気に掛けないけど，溶液中で起こっていることとしては重要なことだね] 脱プロトンの直後 [ほんのフェムト秒後]，臭化物イオンは，脱プロトン過程から生じたカルボカチオンの近傍にいる（図 21・28）．この描像は，反応がどのような温度で行われたとしても変わらない．[臭化物イオンはどのような過程を経るとカルボカチオンから離れるのだろう？]

図 21・28　HBr がアルケンに付加する際，臭化物イオン（Br$^-$）と C2 カルボカチオン（R$^+$）は近接している

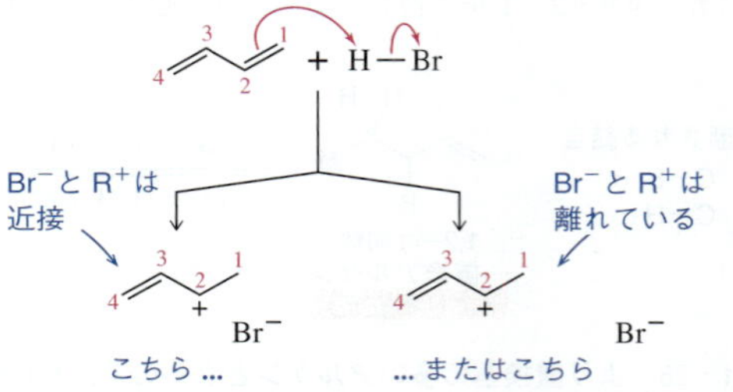

C2 に近接している臭化物イオンがカルボカチオンを攻撃するとしたら，C2 と C4 のどちらにより速く攻撃するだろうか．C2 に電子対を供与する場合，動きもほとんどなく，より速い過程となるだろう（図 21・29）．この場合，臭化物イオンには C4 と反応する選択肢はほとんどない．低温では，これが反応の駆動力となる．［高温では何が変わるのかな］

反応物は高温条件下での反応の方が，高い運動エネルギーをもっているため，分子の動きが速くなる．このエネルギーにより，臭化物イオンは反応する前に C2 から離れることができる．しかし，Br⁻ は電子対を共有したがっている状態である．最終的には，Br⁻ とカルボカチオンとが衝突するが，その際，C4 への攻撃が優先される（図 21・30）．C4 への攻撃がより置換基の多いアルケンを生成するというだけでなく，C4 への攻撃の方が立体障壁が低いのである．

図 21・29 低温では，臭化物イオンは近傍の C2 カルボカチオンとより速く反応する

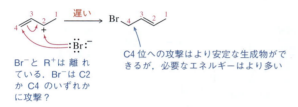

図 21・30 高温では，臭化物イオンは遠隔から攻撃する　生成物の安定性により C4 への攻撃が有利となる．

結論として，低温では，この反応は速度論支配のもとにある．この条件下では，臭化物イオンが短い距離を移動して C2 カルボカチオンを攻撃する経路が，最も簡単で速い経路となる．高温では，この反応は熱力学支配のもととなる．この条件下では，余分なエネルギーが系内にあり，臭化物イオンがカルボカチオンから遠ざかった後，C4 位に戻って攻撃する．これらの二つの結果は，反応座標図で示すことができる（図 21・31）．**1,2-付加**（1,2-addition）では，E_a が低いが，不安定な生成物を生成する．**1,4-付加**（1,4-addition）では，高い E_a のもと，より安定な生成物を生成する．［高温が必要なのは高い E_a のためなんだ］

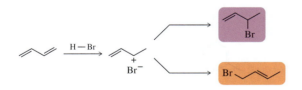

図 21・31 反応座標図で見る速度論支配と熱力学支配　速度論支配の反応は，低い活性化エネルギーであり，低い温度で進行する．熱力学支配の反応は，高温で進行し，より安定な生成物が生成する．

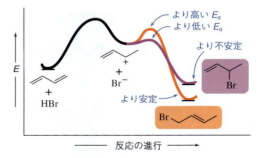

あとは，表 21・2 の条件 4 と条件 5 について説明するだけである．具体的に言えば，条件 4 では 1,2-付加体を加熱すると 1,4-付加体に変換される．図 21・32 を見ると理解できるように，エネルギーを加えることで，C2-Br 結合が切断されるのである．［S_N1 反応の最初の段階を思い出そう．§12・2・1 だよ］系内にはエネルギーがたくさん余っているので，Br⁻ は脱離後，C2 あるいは C4 のいずれにも戻ることができる．そして，繰返

しとなるが，C4への攻撃の方がより安定な生成物が得られる．条件5では，1,2-付加体を冷却しても何も変化は起こらない．系内にはC4-Br結合を切断できるだけのエネルギーがないためである．このため，他の生成物は得られない．

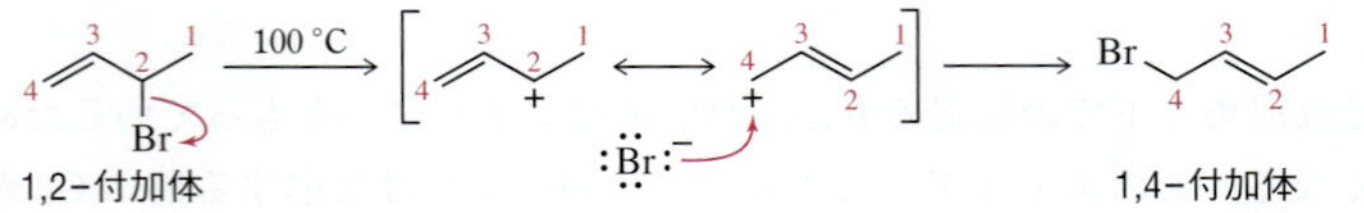

図 21・32 1,2-付加体を加熱すると平衡が実現でき，より安定な1,4-付加体が得られる

さまざまな求電子剤が，速度論支配あるいは熱力学支配のもとで，ジエンと反応する．非対称ジエンが，こうした反応をする際，最初の段階である律速段階では，温度に関係なく，最も安定なカルボカチオンを生成するアルケンが優先して反応する（図21・33）．

図 21・33 非対称ジエンに対する求電子付加 最も安定なカルボカチオンを生成するアルケンが優先的に反応する．

21・4・1のまとめ

- ブタ-1,3-ジエンに対する求電子付加は速度論支配では1,2-付加体が優先して生成する（低温）．熱力学支配の条件下（高温）では，1,4-付加体が優先し，最も安定で最も置換基の多いアルケンが生成する．

アセスメント

21・27 以下のジエンへの付加反応の生成物を予測せよ．

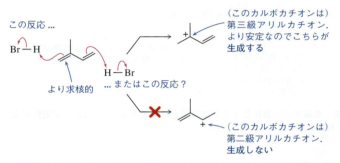

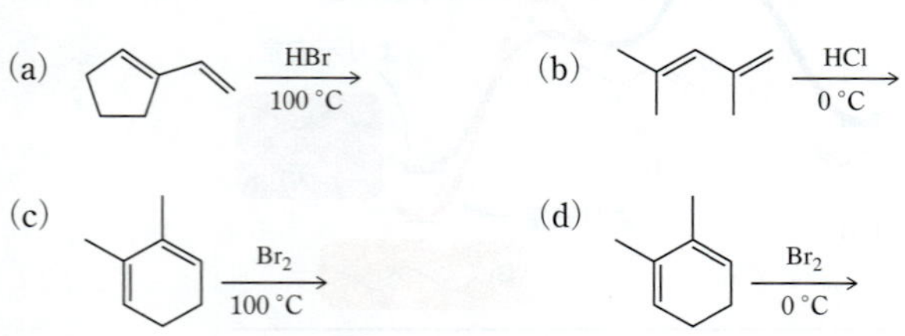

21・28 §2・4・1では，ジエンに対する1,2-付加と1,4-付加について学んだ．なぜジエンへの1,3-付加というものは存在しないのだろうか．

21・29 以下のジエンは，反応が速度論支配（0℃）でも熱力学支配（100℃）であっても同じ生成物を与える．生成物を予測し，この結果を説明せよ．

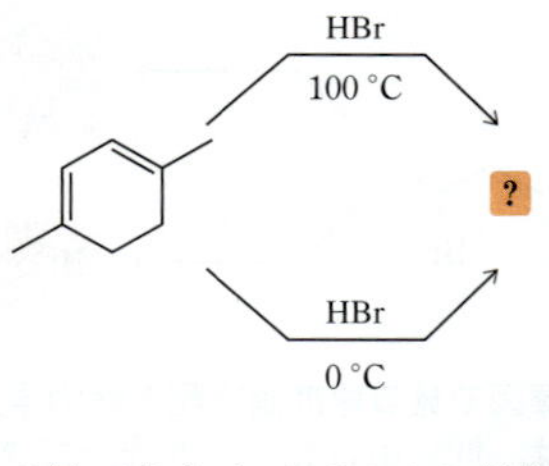

21・30 これまで見てきたすべての1,4-付加反応において，シスアルケンを生成することが可能であったにもかかわらず，生成物としては得られなかった．なぜ，熱力学支配の条件下で，シスアルケンは生成しないのか．

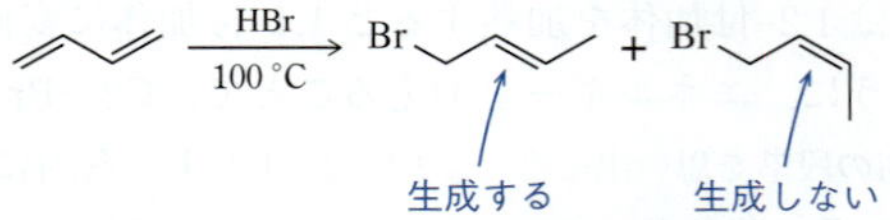

21-B 化学はここにも（洗濯室にある化学）

色あふれる世界

1856年，粗製アニリンからのキニーネの合成を試みていたWilliam Perkinは，またもや上手く行かなかった反応から出てきた黒いタールを片づけていた．片づけを進めていると，タールの一部が鮮やかな紫色であることに気がついた．Perkinはこの不純物を単離・精製・同定し，そしてモーベインと名づけた．それが合成染料として活用できると考えたのだ（図21・34）．モーベインの発見/発明から1年，Perkinはその構造を特許化し，大量生産のための工場を立ち上げた．この発見が，合成染料産業の始まりであり，色とりどりの洋服で着飾られることで，私たちの世界が輝くこととなった．

[私の上手く行かなかった反応が世界を変えてくれればいいのに]

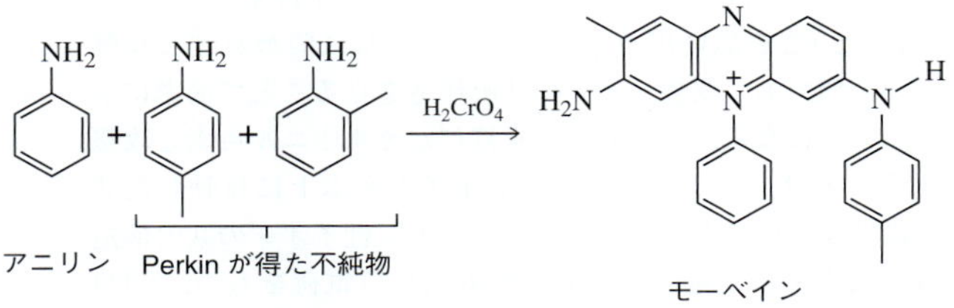

私たちの色彩豊かな衣類の唯一の問題点は，洗濯の前に白い衣類と分けなければいけないことかもしれない．[どうしてだろう] 一つの理由は，色物を（白物用の）漂白剤と洗うと，色が落ちたり，完全に抜けてしまったりするからである．漂白剤，つまり次亜塩素酸ナトリウム（NaOCl）は以前にも登場した分子である．第9章では，化学者のように考えようの項で，アルケンからエポキシドを合成する際，"つくった"分子だった．第13章では，アルコールをケトンへと酸化する際に"つくった"．求電子的な酸化剤としてNaOClはアルケンと反応する．こうしたアルケンが酸化されると，共役π系が分断される．このことで，HOMO-LUMO間のエネルギー差が拡大し，可視領域の光を吸収しない分子へと変換される．可視光が吸収されないと，すべての色が等価に反射され，私たちの目には白に見えるのである．図21・35は，インジゴを漂白剤で酸化する仮想的な例を示している．[実際には，漂白の過酷な条件下では，インジゴは，さまざまな無色の非共役分子へと酸化されるんだ]

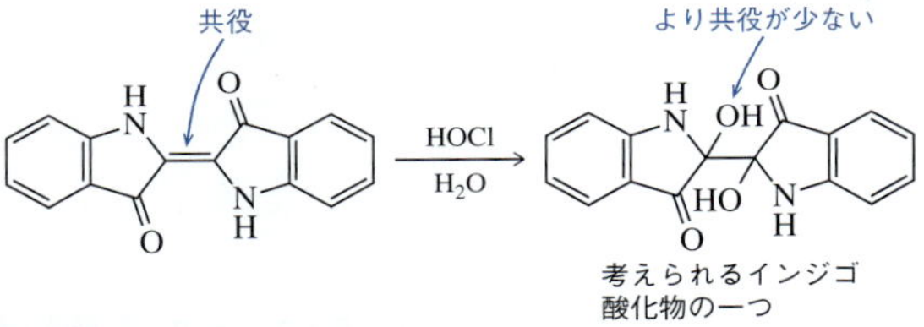

図21・34 Perkinがモーベインを得たもっともらしい反応

図21・35 インジゴを酸化すると，共役がなくなり白色になる

アセスメント
21・31 図21・34の反応の反応機構を示せ．[ほんの冗談だよ．ただ，第23章で芳香族の反応を学んだ際に挑んでみてもよいかもね]

21・5 共役カルボニルへの求核付加

第8章と第9章，そして§21・4で，アルケンは，比較的求電子性の高い求電子剤（HBr，Br_2，H_3O^+など）との付加反応において，おもに求核剤として反応してきた．カルボニル基やその他の強力な電子求引基と共役した場合，アルケンは求電子剤としても反応する．

アセスメント
21・32 下記のα,β-不飽和ケトンへの求核付加はC2とC4のどちらかで起こる．またその理由は，なぜか．

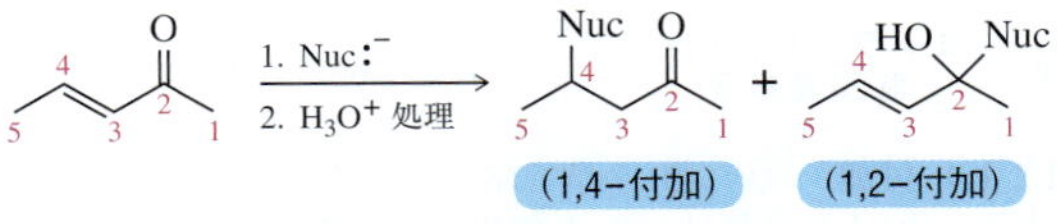

まずは自分自身でアセスメント21・32での答えの理由を考えてみよう．その後，一緒に取組もう．

1024 21. 共 役 系 I

アセスメント 21・32 の解説

　ここまでの共役系の議論では，アルケンを中心に進めてきたが，この問題は，まずカルボニル基に注目するとよい．§17・2・2を思い出そう．カルボニル基に関わるどんな難しい問題でも，双性イオンの共鳴構造を見ることで簡単に解けるようになる．はじめに，求核剤がカルボニル炭素を攻撃することは，カルボニル基の π 電子が酸素上に移動した共鳴構造が描けることからわかる．この双性イオンの共鳴構造は，炭素上に正電荷をもち，酸素上に負電荷をもつ．［共役アルケンでは，非共役カルボニル化合物ではできなかったことができるようになるんだ．どのようなことだろう？］π 結合が C2 位のカルボカチオンに隣接していることから，C4 位がカルボカ

チオンとなるようにもう一つの共鳴構造を描くことができる．α,β-不飽和ケトンの混合した共鳴構造からわかるように，C2 と C4 の電子密度がアルケンの求電子性を説明できる（図 21・36）．

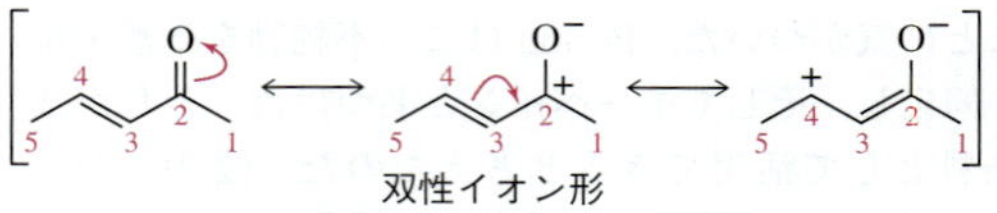

双性イオン形

図 21・36　共鳴による電子の非局在化により **C2** と **C4** が求電子的となる

アセスメント

21・33　(a) 求電子剤は C3 に攻撃することがあるのだろうか．(b) その答えとした理由を述べよ．

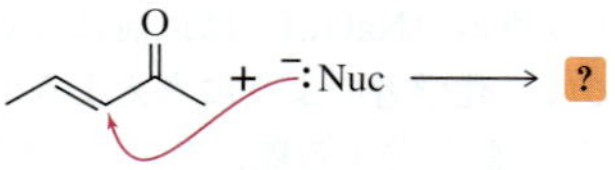

21・5・1　α,β-不飽和カルボニルに対する 1,2-付加と 1,4-付加

　§21・4 で用いた 1,2-付加と 1,4-付加という用語は，α,β-不飽和カルボニルに対する求核付加の説明にも用いることができる．求核剤が付加反応を起こし，直後にプロトン化により反応が終了するような場合を考えてみよう．つまり，この場合の 1,2-付加または 1,4-付加では，Nuc（求核剤）と H の二つが付加することとなる（図 21・37）．求核剤が直接，カルボニル基に付加する場合（第 17 章全般で見てきた例），アルコキシドが生成する．このアルコキシドを酸で処理するとアルコールが生成する．この結果，水素が π 系の原子 1 に付加し，求核剤が原子 2 に付加する．［1,2-付加だね！］一方，求核剤が共役系の β 炭素に付加すると，エノラート（第 20 章）が生成する．このエノラートの酸素原子がプロトン化されると，π 系の原子 1 に水素が付加し，求核剤が原子 4 に付

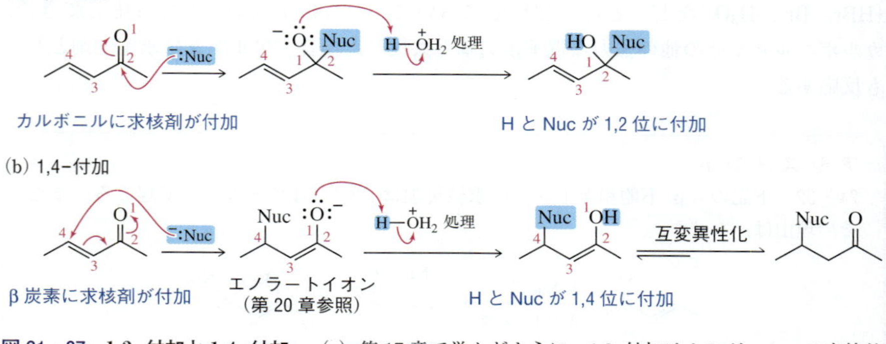

(a) 1,2-付加

カルボニルに求核剤が付加　　　　　　　　　　　H と Nuc が 1,2 位に付加

(b) 1,4-付加

β 炭素に求核剤が付加　　エノラートイオン　　　H と Nuc が 1,4 位に付加
　　　　　　　　　　　（第 20 章参照）

図 21・37　1,2-付加と 1,4-付加　　(a) 第 17 章で学んだように，1,2-付加はカルボニルへの直接的な求核付加を意味する．(b) 1,4-付加は α,β-不飽和カルボニルの β 炭素への求核付加を意味する．

加した中間体が生成する．[1,4-付加だね！] この1,4-付加体のエノールはすばやく，大部分がケトンに互変異性化してしまうので多少混乱するかもしれない．[§10・8・3と§20・2を参照しよう] つまり，反応の結果だけを見て，1,4-付加などの反応の名称をつけてしまうと混乱を招く．[有機反応を学ぶ際，反応の結果のみではなく反応機構に細心の注意を払うのは幸いなことだね]

　1,2-付加と1,4-付加はともに起こりうるため，どのようなときにどちらが起こるのかを決めることは重要である．§21・4・1で学んだことと同じような理由で，この選択性は反応が速度論支配下にあるか，熱力学支配下にあるかによって決まる．しかし，この場合の選択性は，温度に依存するのではなく，求核性の高さに基づいている．その理由を考える前に，1,2-付加と1,4-付加のどちらの生成物がより安定かを考えてみよう．[先に進む前に図21・37を見て，予想を立てよう]

　この質問に答えるために，図21・38に示した1,2-付加体と1,4-付加体の間の仮想的な平衡反応を考え，ΔG, ΔH, ΔS に基づいた解析を行おう．平衡のどちらの側も1分子しかないので，ΔS から見て，どちらの側も特に好まれるということはない．形成・切断される結合の観点から見ると，O–H σ 結合と C–H σ 結合はかなり似ており，C–C σ 結合も同じようなものである．結局のところ，1,2-付加体の C–C π 結合の代わりに C–O π 結合を含むため，1,4-付加体がより安定となる．このことだけで，1,4-付加体がより安定で，熱力学的生成物ということになる．

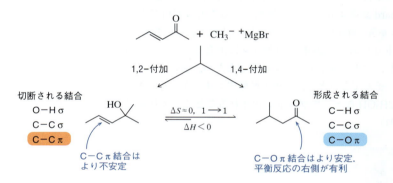

図21・38 C–C π 結合の代わりに C–O π 結合をもつので，1,4-付加体は，1,2-付加体よりも安定である

　速度論的生成物は 1,2-付加から生じるが，これはカルボニル炭素のカルボカチオンの性質が最も高いためである．第17章で学んだ双性イオン共鳴構造に関する知識に基づけば，特に驚くほどのことでもないはずである（図21・39）．

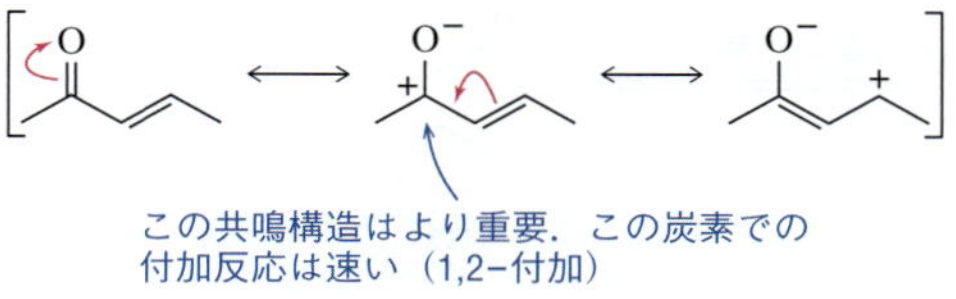

図21・39 α,β-不飽和ケトンの β 炭素に比べると，カルボニル炭素はより求電子的である
　すなわち，1,2-付加の方が 1,4-付加よりも速い．

　つまり，ある反応が 1,2-付加体を生成するのか，あるいは 1,4-付加体を生成するのか，ということを考えるとき，次のようなことになる．不可逆付加反応では，平衡は可

能ではない．このため，速い（速度論支配下の）1,2-付加が優勢となる．求核剤が可逆
的に付加するとき，平衡が可能となる．このため，より安定な（熱力学支配下の）1,4-
付加体が優勢となる．［どのような種類の求核剤が不可逆的に付加するだろうか．また可逆的に
なるのはどのような種類だろうか．次の比較を考えてみよう: S_N2 と S_N1，E2 と E1，汎用反応機
構の 17A と 17B（§17・3・1），汎用反応機構の 18A と 18B（§18・7・1）］

　　反応が可逆となるには，求核剤が付加し，そしてその後，追い出されなければならな
い．つまり，求核剤は適度に安定な脱離基でなければならない．Grignard 試薬や有機
リチウム試薬のような強力な求核剤は，付加した後に脱離することはない．つまり，強
力な求核剤は 1,2-付加を起こし，平衡の可能性はない（図 21・40）．

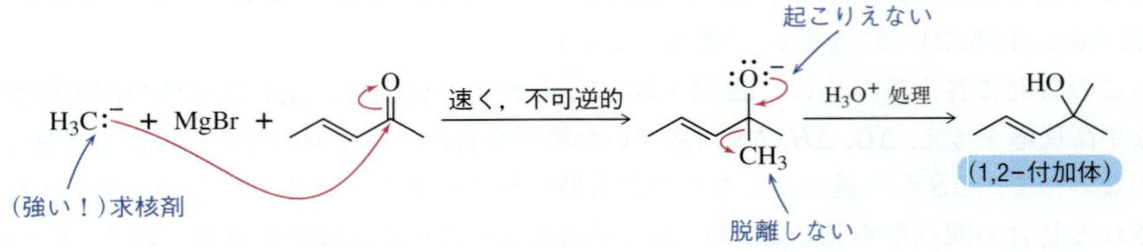

図 21・40　強力な求核剤は，すばやくかつ不可逆的に付加し，速度論支配のもと，
　　1,2-付加体を与える

　　アセト酢酸ナトリウムの共役酸は，$pK_a = 10$ であるので，アセト酢酸ナトリウムは
Grignard 試薬よりも弱い求核剤であることは明白である．［§20・5 で，アセト酢酸ナト
リウムが第一級炭素と第二級炭素のどちらにも S_N2 反応を起こしたことを思い出そう］アセト酢
酸ナトリウムが α,β-不飽和ケトンに出会うと，ほぼ毎回，速い 1,2-付加が進行する．
しかし，アセト酢酸アニオンは安定なため，追い出されることができ，逆反応が可能と
なる．そしてときどき，アセト酢酸アニオンが，遅い 1,4-付加を起こす．プロトン性溶
媒（CH_3OH など）でプロトン化されることで，より安定な 1,4-付加体が得られる（図
21・41）．

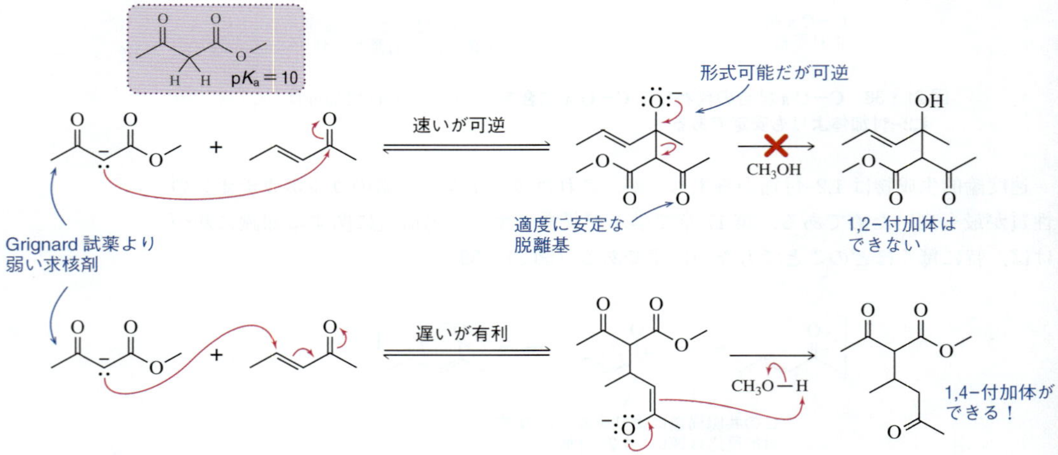

図 21・41　弱い求核剤は可逆的に付加し，熱力学支配のもと，より安定な生成物を与える

　　では，ここでの強力な求核剤とは，どのような意味なのだろうか．残念ながら，これ
までのようには明確ではない．しかし，これまで学んできた求核剤のうち，Grignard
試薬，有機リチウム試薬，アセチリドイオンは強い求核剤であり，1,2-付加が進行する

21・5 共役カルボニルへの求核付加　　1027

（**表21・3**，左欄）．シアン化物イオン，安定エノラート（マロン酸エステル/β-ケトエステル），アルコキシドイオン，チオラートイオンは，より弱い求核剤であり，1,4-付加が進行する（**表21・3**，右欄）．求核剤の共役酸の$pK_a \geq 20$のとき，1,2-付加が優勢となる．求核剤の共役酸が$pK_a < 20$のとき，1,4-付加が優勢となる．

表21・3　1,2-付加あるいは1,4-付加における求核剤の分類

1,2-付加を起こす求核剤	1,4-付加を起こす求核剤
Grignard 試薬（RMgBr）	シアン化物イオン
	Na^+ ^-CN
有機リチウム試薬（RLi） 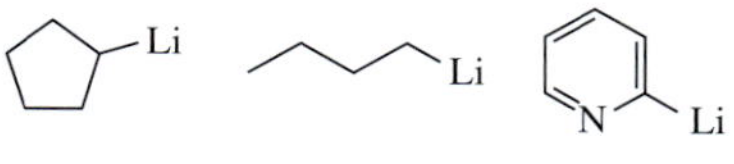	アルコキシドイオン/チオラートイオン 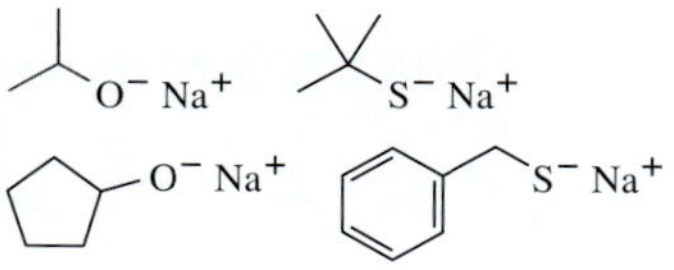
アセチリドイオン（$R-C \equiv C^-$） 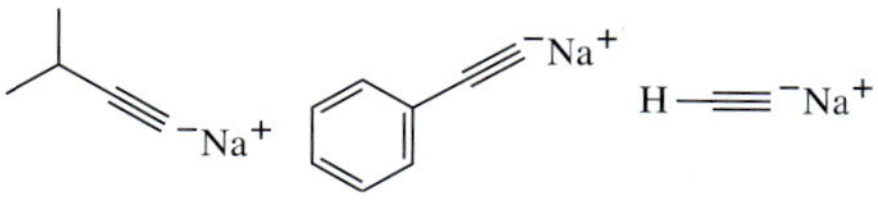	安定エノラート 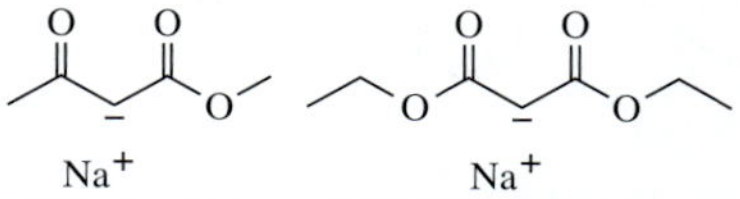

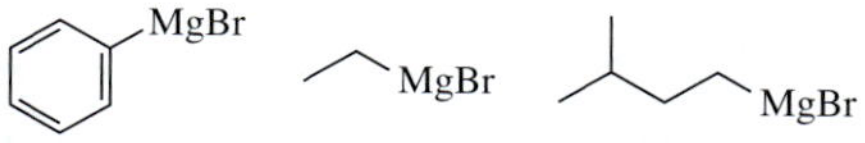

21・5・1のまとめ

- α,β-不飽和カルボニル化合物に対する求核付加反応では，速度論支配の条件（強い求核剤）では，1,2-付加が優先する．熱力学支配の条件（弱い求核剤）では，1,4-付加が優先し，強いC–Oπ結合を維持した生成物が得られる．

アセスメント

21・34　§21・4で，反応座標図を使ってジエンに対する1,2-付加と1,4-付加を比較した．同じように，α,β-不飽和カルボニル化合物への1,2-付加と1,4-付加の結果を合理的に示すような反応座標図を作成せよ．

21・35　表21・3で1,4-付加を起こす求核剤としてあげられているシアン化物は，次のような1,2-付加を起こす．なぜここでは1,4-付加ではなく1,2-付加なのだろうか．

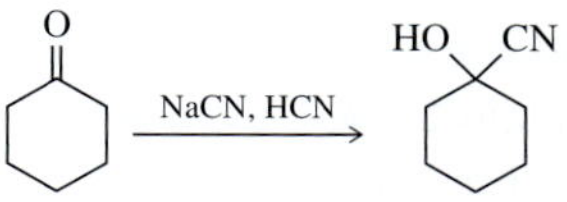

（1,2-付加）

21・36　次の求核剤が，1,2-付加と1,4-付加のどちらの反応を起こすか答えよ．

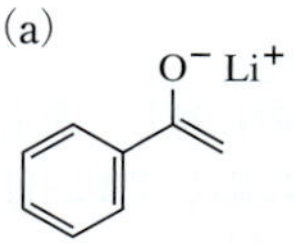

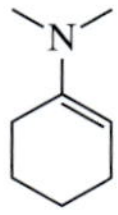

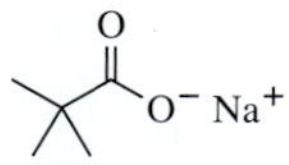

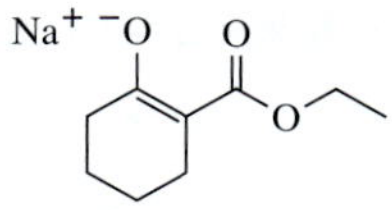

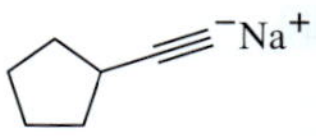

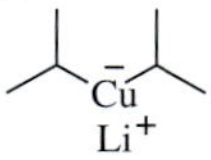

21・5・2　Michael 反応

　安定なエノラートの1,4-付加（共役付加とよばれることもある）は，**Michael 反応**（Michael reaction）とよばれる．この名称は，第20章で学んだ独創的な化学者の一人である発見者にちなんでいる．**図21・42**に示すように，1897年に発見されたMichael

この反応はとても重要なので，1,4-共役付加を受ける共役カルボニルは，Michael 受容体ともよばれるんだ．

反応の原型は，塩基性条件下でのマロン酸ジエチルとケイ皮酸エチルの反応である．反応機構的には，まず，エトキシドイオンが酸性プロトン（$pK_a = 10$）を脱プロトンすることで，安定なエノラートが生成する．これは弱い求核剤であるため，1,4-付加が進行し，エノラートイオンが生成し，エタノールの脱プロトンを経て 1,4-付加体が生成する．この過程により，新しい C−C 結合が生成するのだ．

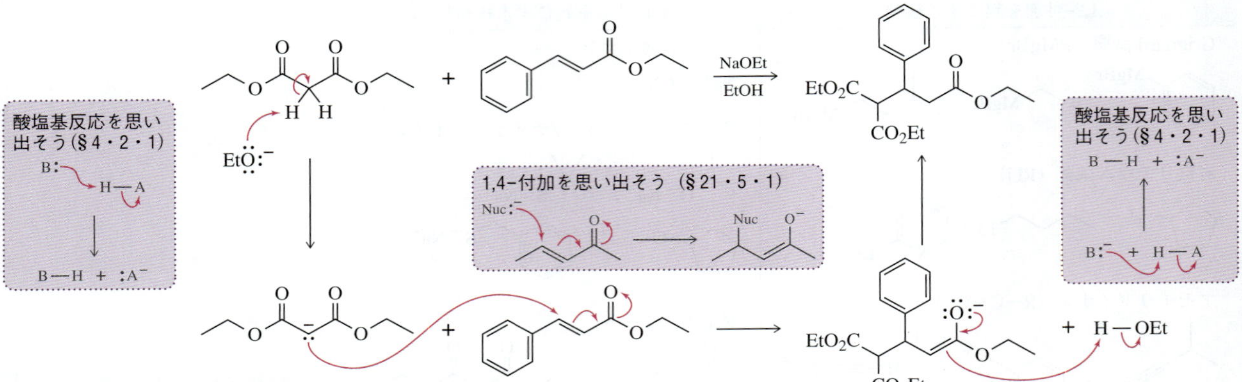

図 21・42 Michael 反応の原型

Michael 反応としては，図 21・43 に二例に示したが，さまざまなものがあり，さまざまな用途で C−C 結合の形成に用いられる．

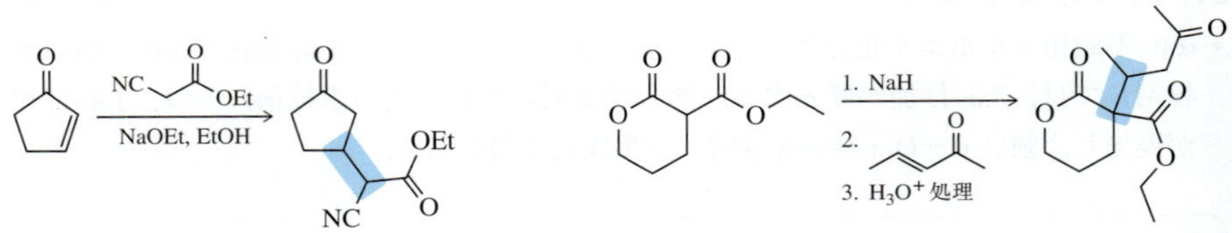

図 21・43 Michael 反応の代表例〔生成した C−C 結合は ▬ で示した〕

アセスメント

21・37 安定なエノラートが 1,4-付加をするのに対し，安定化を受けない（普通の）エノラートでは，状況に応じて 1,2-付加と 1,4-付加の両方が進行する．これはなぜだろうか．

21・38 アセスメント 21・37 の解答を参考に，以下の反応の結果を合理的に説明せよ．

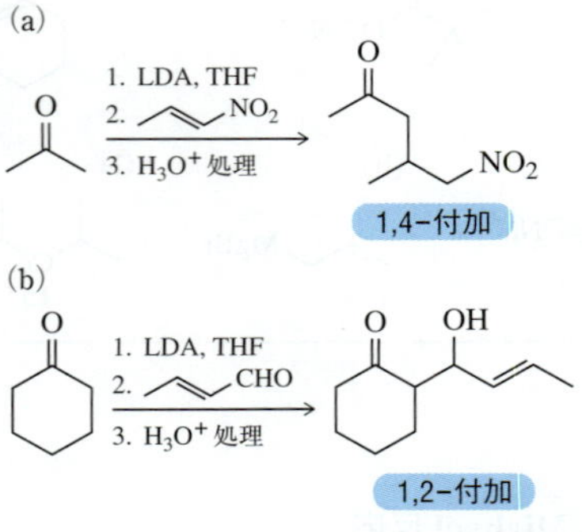

(a) 1,4-付加
(b) 1,2-付加

21・39 1,4-付加反応によって以下の生成物を与える反応剤（試薬）および反応物を示せ．

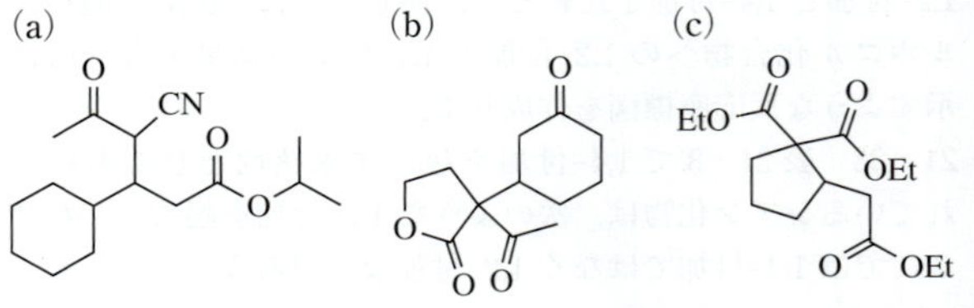

(a) (b) (c)

21・40 C1 と C3 に酸素をもつ分子は，Claisen 縮合で合成できる．Michael 付加反応で合成するのに適した分子は，どの炭素に酸素をもつ分子か．理由も述べよ．

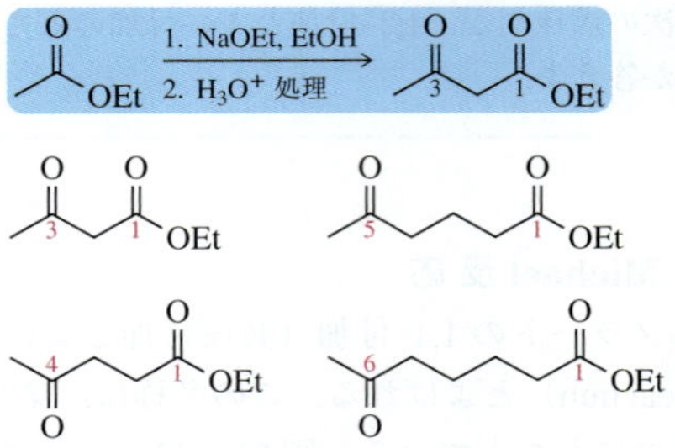

21・5・3 Robinson 環化

さらによく知られた 1,4-付加反応としては，**Robinson 環化**（Robinson annulation，環化/annulation ＝ 環を形成する反応）がある．第 20 章で学んだ古典的な例である．

> **アセスメント**
> **21・41** Robinson 環化の原型は，1947 年ノーベル化学賞受賞者の Robert Robinson 卿が 1935 年に報告した．反応機構を示せ．

> 私は，ノーベル賞受賞者が大好きだ．この反応は，複雑な反応機構を理解するところが，とても面白いので，アセスメント 21・41 をまず解いてみよう．その後，一緒に解いてみよう．

アセスメント 21・41 の解説

反応機構の問題を解く際は，まずその反応で切断・形成される結合を見つけよう（図 21・44）．［答えはこのページに載っているので，それに沿って考えよう］その際，炭素に番号をつけ，水素を描き入れるとよい．この解析から二つのことがわかる．まず，この反応では，切断・形成される結合は複数ある．次に，水素が増えたり減ったりする炭素が多い．塩基性条件下での反応だということを考えると，水素の移動は，酸塩基反応の結果であると考えられる．そこで，まずは形成され，鍵となる結合形式に注目し，酸塩基反応がどのように起こるのかを考えよう．［これまでに学んできた反応を念頭にしながら自分で取組んでみよう］

まず，C6 と C7 の間に形成される結合を見てみよう（図 21・44）．この結合がどのようにして形成されるか想像できるだろうか．C7 は α,β-不飽和ケトンの β 炭素である．［この炭素は一般には求電子性かな？あるいは求核性かな？］β 炭素は，一般的には求電子的であるので，C6 位の求核剤は当然，C7 を攻撃する（図 21・45）．C6 位のカルボアニオンはエノラートなので，C6-C7 結合は Michael 反応により形成されることを意味している．では，C1-C10 の σ 結合はどうだろうか．C1 はカルボニル炭素であり，第 17～20 章で学んできた反応で求電子的であった．C10 位のアニオン（これもエノラート）が，C1 を攻撃すると…［答えはなんだと思うかな］…これはアルドール反応だ．最後に，C1-C10 結合を形成するアルドール反応が進行すると，加熱条件下での水の脱離が進行することで，鍵となる C1-C10 の π 結合が形成される．［はじめは混乱するかもしれないけど，図 21・48 に示してあるよ］

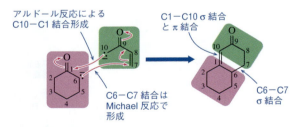

図 21・44 形成・切断される結合を見つけることが，反応機構の問題を解く際の最初の段階となる

図 21・45 炭素に番号をふり，結合がどのようにして形成・切断されるか考える方法

これらの二つの観察結果（Michael 反応とアルドール反応）を合わせて考えることで，反応機構を描き始めることができる．塩基性条件下では，シクロヘキサノンの脱プロトンによりエノラートが生成し，これが 1,4-付加を起こすことで，C8 位のエノラートが生成する．この段階で，鍵となる C6-C7 結合が形成される．アルドール反応に目を向けると，C10 位のエノラートは，分子内アルドール反応を起こし，C10-C1 結合が形成される．生成したアルコキシドイオンのプロトン化でこの反応が完了し，β-ヒドロキシケトンが形成される．［この図 21・46 で示したことは，図 21・45 から直接でてきたものであることを確認しよう］

この反応機構には，解かねばならない問題がまだ二つある．まず，図 21・46 に示すように，共役付加により形成されるエノラートは，アルドール反応に登場するエノラートではない．§20・3・4 での分子内アルドール反応に関する議論を思

1030   21. 共役系 I

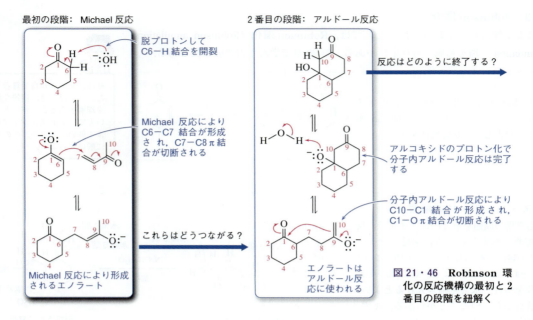

図 21・46 Robinson 環化の反応機構の最初と2番目の段階を紐解く

い出してほしい．どのエノラートが反応するかは，プロトンの酸性度よりも，生成する環のサイズに基づいていた．その点では，この Michael 反応により形成されるエノラートは，不安定な4員環を形成することとなり（図 21・47），分子内アルドール反応は進行しない．その代わり，水により C8 位でプロトン化されてしまう．このとき，C10 位のプロトンが引抜かれることで，6員環を形成できるようなエノラートが生成する．図 21・46 のすべての反応は可逆的であり，最も安定な生成物，つまり6員環を形成することで反応が完了する．

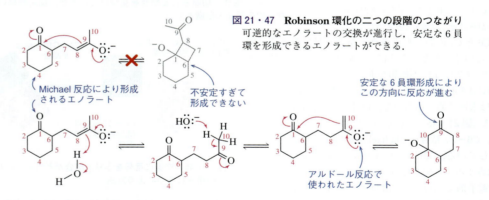

図 21・47 Robinson 環化の二つの段階のつながり
可逆的なエノラートの交換が進行し，安定な6員環を形成できるエノラートができる．

　反応機構の最後の段階は，アルドール生成物からの β-ヒドロキシ基の脱離である．この段階はエントロピー的に有利であり，§20・3・4 で学んだように，分子内アルドール反応を加熱することで進行する．図 21・48 に示すように珍しい E1cB 機構（§12・5・1）で進行し，安定なエノラートを生成する位置での脱プロトンとその後の水酸化物イオンの脱離により，α,β-不飽和ケトンが生成する．E1cB 機構は，中間体のアニオンが電子求引基による安定化を受けるときにのみ進行するが，この例では，カルボニル基がエノラート生成を可能とすることで，その役割を担っている．

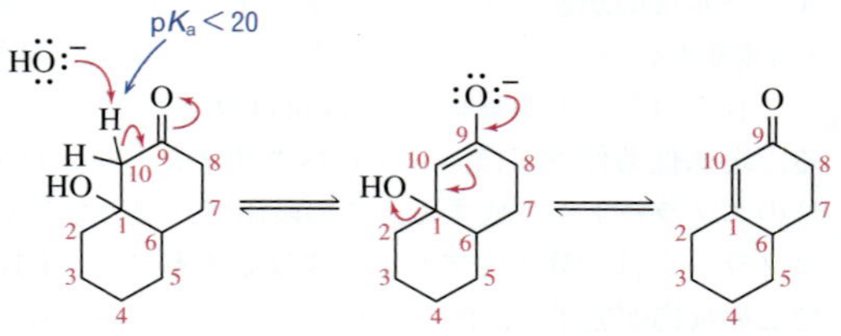

図 21・48 水酸化物イオンの E1cB 脱離により，Robinson 環化の機構が完成する

21・5　共役カルボニルへの求核付加　1031

アセスメント

21・42 図21・46～21・48で，Robinson 環化の反応機構を学んだ．試験勉強のためには，この反応機構を1箇所にまとめておくとよいだろう．そこで，問題だ．Robinson 環化の反応機構全体を描け．[ヒント: Michael 反応→エノラート交換→アルドール反応→脱離だね]

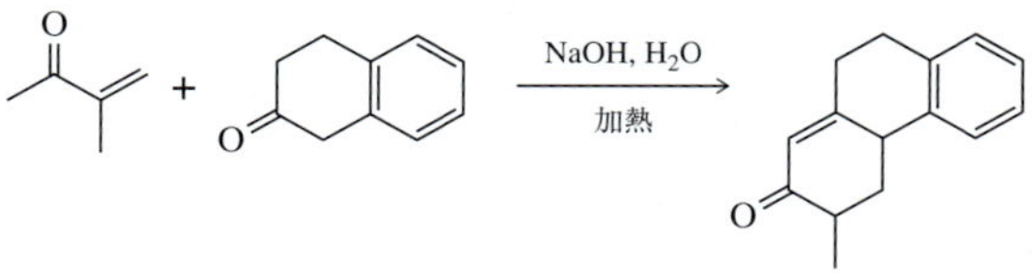

21・43 次の反応の生成物を予測せよ．

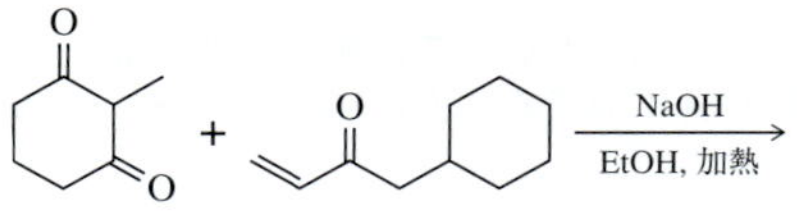

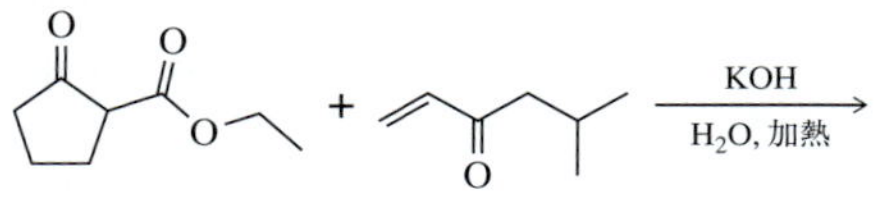

21・44 次の分子を，Robinson 環化を用いながら，どのように合成できるかを示せ．

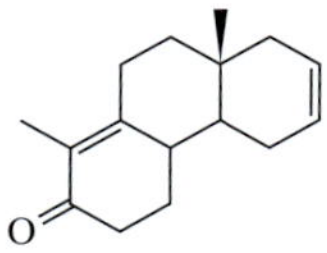

21・5・4　クプラートの付加

1,4-付加の最後に紹介するのは，有機銅試薬であるリチウムジオルガノクプラート（Gilman 試薬）のα,β-不飽和カルボニル化合物に対する付加である．第16章では，Gilman 試薬が還元されやすい結合をもつ分子とのみ反応することを学んだことを思い出そう．§19・9・2での還元されやすい結合は，酸塩化物のC−Cl結合だったが，α,β-不飽和カルボニル化合物のアルケンも同じように還元されやすい．完全に正確ではないものの，図21・49に示した反応機構を用いれば，この反応の生成物を予測することができる（そしてこの反応機構から，この章の他の反応との関係がわかるだろう）．この反応機構は，Grignard 試薬や有機リチウム試薬を反応させた際の機構と似ている．

> Grignard 試薬と有機リチウム試薬は 1,2-付加しか起こさないことを思い出そう．1,4-付加が可能な場合であってもだよ．

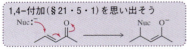

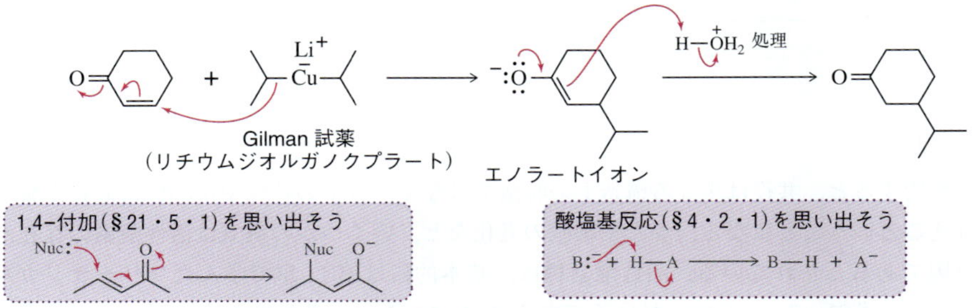

図21・49　Gilman 試薬と α,β-不飽和ケトンとの反応の機構　この大まかな反応機構から，これまで学んだ反応との関連が理解でき，生成物の予測ができるようになる．

図21・49に示した反応機構だけでは，Grignard 試薬でも 1,4-付加が起こるように思わせてしまうかもしれない．そこで Gilman 試薬がどのようにしてこれらの系で反応すると考えられているかを少し見てみよう．[全体像については§16・5を参照しよう] Gilman 試薬は，Grignard 試薬は有機リチウム試薬と同じく有機金属ではあるが，単に電子対を電子不足部位に供与する強い求核剤ではない．Gilman 試薬は，簡単に還元できる結合がある場合にのみ反応する．推定される反応機構では（図21・50），まず，銅と

> **分光法から**
> 共役付加が進行したかどうかは，赤外スペクトルの 1600 cm^{-1} 周辺の C=C 伸縮振動の吸収が消失したことで確認できる．さらに 1685 cm^{-1} にあった共鳴安定化を受けたカルボニル基の吸収が 1715 cm^{-1} に移動する．

1032   21. 共役系 I

アルケンの π 電子の間で錯形成が起こる．その後の酸化的付加により，新しい Cu−C
結合とエノラートが生成する．還元的脱離により，新しい C−C σ 結合が形成される．
エノラート生成物を酸により反応停止させると，互変異性化によりケトンが生成する．

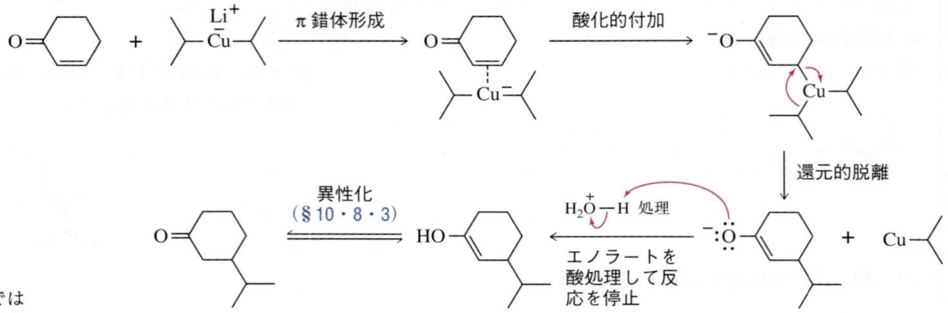

図 21·50 Gilman 試薬と α,β−不飽和カルボニルの反応に見る有機金属の反応機構*
　この反応機構により，Gilman 試薬が 1,4−付加を起こし，1,2−付加を起こさないこと
が説明できる．

*［訳注］　有機クプラートの反応では
対カチオンがしばしば重要な働きをす
る．第 16 章の p.750 の訳注も参考に，
反応機構中の Li⁺ の位置を考察してみ
よう．

アセスメント

21·45　次の反応の生成物を予測せよ．

(a)

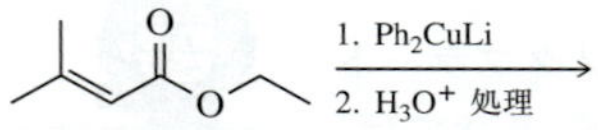

(b)

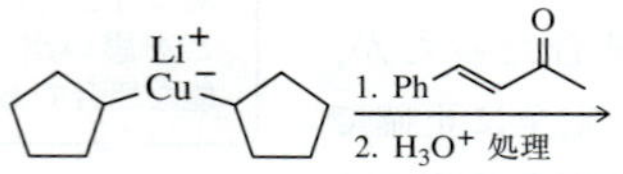

(c)

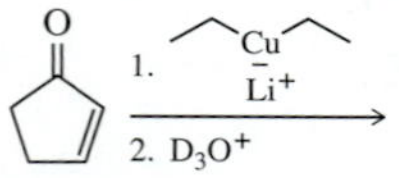

21·46　次の分子をクプラートの共役付加によって生成す
る．反応剤と反応物を示せ．なお，複数の可能性が考えられ
る場合がある．

(a) 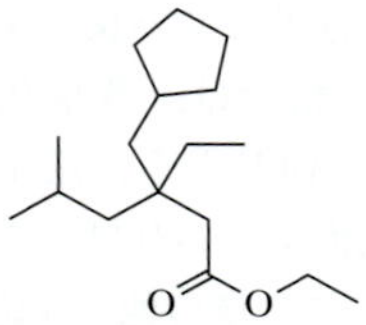 (b) 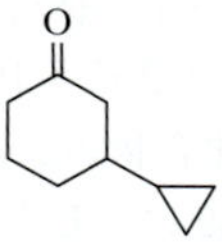 (c)

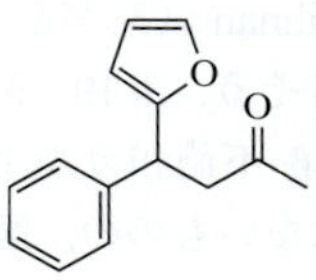

21·47　ここまで，Gilman 試薬による反応を四つ見てきた．
それらはどんな反応だったか．また，それらの共通点は何か．

むすびに

　要約すると，共役は単なる構造上の特徴ではなく，分子の特性や反応性に直接影響を
与えるということになる．がんや細胞の老化など，いくつかの病気は活性酸素の存在が
原因であるとされている．活性酸素種は，基本的には第 11 章で学んだフリーラジカル
である．§21·3·2 で学んだ分子である β−カロテンは，共役度が高く鮮やかな色をし
た分子であるが，さまざまな健康効果があると考えられている．ビタミン A に変換さ
れることに加えて，まだ確認のための検討が必要ではあるが，健康な人では，β−カロ
テンが豊富な食事はがんのリスクを軽減するという研究結果がある．§11·7 でペルオ
キシルラジカルのような活性酸素種がビタミン E と反応することを学んだが，β−カロ
テンやほかの抗酸化剤が，健康増進できる機構としては，活性酸素種と反応することが
示唆されている．［抗酸化剤という名称はそのためだ］第 5 章や第 11 章で学んだように，
フリーラジカルはオクテットを完全に満たすには 1 電子足りておらず，電子不足である
ことを思い出してほしい．§21·4·1 では，共役系が HBr や他の求電子剤と効率的に

第21章のまとめ　1033

反応することを紹介した．同じように，私たちの衣類に使われている染料は，漂白剤と似たような求電子反応により酸化される（化学はここにも 21-B）．こうした二つの例は，β-カロテンがペルオキシルラジカルとどのように反応するかを合理的に理解できるようになる．β-カロテン中のアルケン部位へのペルオキシルラジカルの付加は，高度に非局在化することで，高い安定性を獲得したフリーラジカルを与える．[この反応機構は片羽矢印を使うよ．第11章を見よう] この過程から，反応性の高いペルオキシルラジカルが反応停止され，ひき起こされていたはずの細胞への損傷が抑制される．

反応性の高いペルオキシルラジカル

ROO·

高度に非局在化したラジカル

少なくともほかに 10 個の共鳴構造

第21章のまとめ

重 要 な 概 念　〔ここでは，第21章の各節で取扱った重要な概念（反応は除く）をまとめる〕

§21・1: 分子が共役しているといわれるのは，単結合と多重結合が交互に繰返され，その結果，p軌道の共役系が三つ以上の原子上に広がる場合である．

§21・2: 共鳴が安定性に与える影響から想定されるように，共役π系は，非共役系に比べより安定である．共役した反応物の反応はより遅くなり，共役した生成物/中間体の生成はより速くなる．

§21・3: 共役系の安定性は，電子密度が複数の原子上に非局在化した結果もたらされる．MO理論を用いると，共役π系はp原子軌道の線形結合で表される．最高被占分子軌道（HOMO）は，最もエネルギーの高い電子で満たされた分子軌道である．非結合性原子軌道のエネルギー準位よりも低いため，通常は，結合性分子軌道（π）となる．最低空分子軌道（LUMO）は，最もエネルギーの低い空の分子軌道である．非結合性原子軌道のエネルギー準位よりも高いため，通常は，反結合性分子軌道（π*）となる．πからπ*への電子励起は，紫外-可視分光法に有効であり，高度に共役した分子が色づいていることの理由となる．高度に共役した分子は，HOMO-LUMO間のエネルギー差が小さく，吸収光が可視光領域となる．

§21・4: 求電子付加の生成物は，速度論支配もしくは熱力学支配で制御された結果である．1,2-付加は低温で優先的に進行する．これは，1,4-付加に求められる活性化障壁を乗り越えるのには，エネルギーが十分でないためである．一方，1,4-付加は高温で進行する．複数の生成物が生成しうる場合，最も安定な生成物を与えるように反応は進行する．通常，この安定な生成物とは最も置換基が多いアルケンである．

§21・5: 第17〜20章で学んだ1,2-付加に加えて，求核剤はα,β-不飽和カルボニル化合物に対する1,4-付加を行うことができる．通常，強い求核剤では1,2-付加が進行し，1,4-付加は，より強い C−O π結合を保持した生成物への平衡が可能となるような弱い求核剤で進行する．Michael 反応は，こうした系へのエノラートの付加反応であり，Robinson 環化は，Michael 反応から始まり，分子内アルドール反応が進行する環形成反応である．最後に，リチウムジオルガノクプラート（Gilman 試薬）では，酸化的付加と還元的脱離を経た反応機構により1,4-付加が進行する．

重要な反応と反応機構

1. 低温でのジエンへの付加反応: 速度論支配（§21・4・1）

酸塩基反応ではπ結合は HBr を攻撃し，最も置換され，共鳴安

1034　21. 共役系 I

定化を受けるカルボカチオンを生成する．低温では，生じた臭化物イオンが，ただちにこのカルボカチオンを攻撃し，1,2-付加反応が起こる．

【一般式】　　　　　　　　　　【具体例】 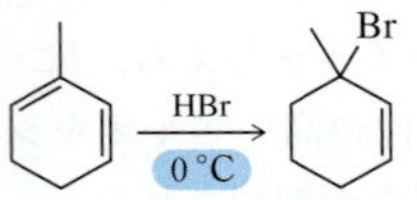　　　　　　　　　【反応機構】

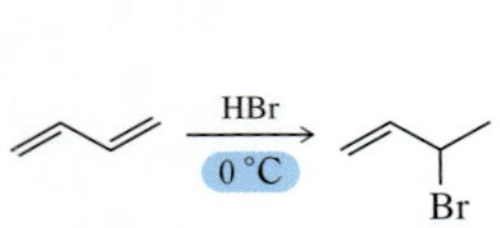

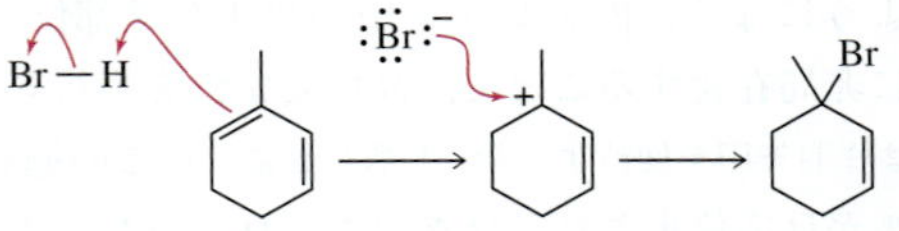

2. 高温でのジエンへの付加：熱力学支配（§21・4・1）　　酸塩基反応では，π結合は HBr を攻撃し，最も置換され，共鳴安定化を受けるカルボカチオンを生成する．高温では，生じた臭化物イオンがカチオンのアリル位炭素を攻撃し，1,4-付加反応が起こり，最も置換されたアルケンを与える．

【一般式】　　　　　　　　　　【具体例】 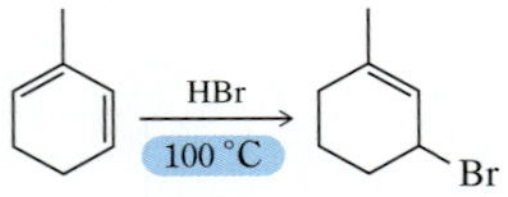　　　　　　　　　【反応機構】

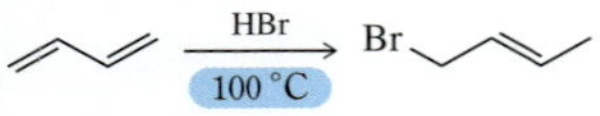

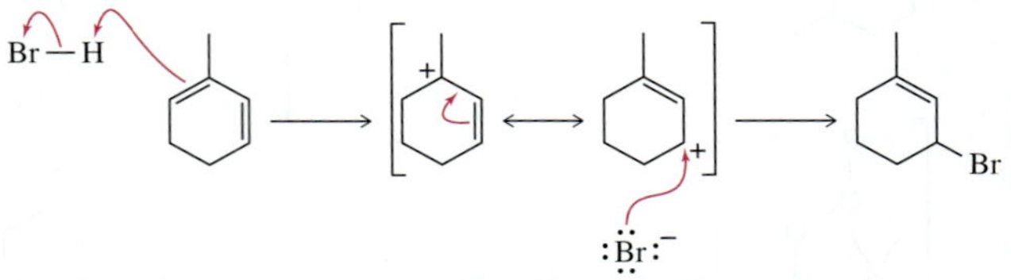

3. Michael 反応（1,4-共役付加）（§21・5・2）　　安定エノラートなどの弱い求核剤は，α,β-不飽和カルボニルの β 炭素に付加し，エノラートを生成する．エノラートがプロトン化により反応停止されると，β 炭素に置換基をもったケトンが得られる．1,4-共役付加は，弱い求核剤において有利となり（熱力学支配），カルボニル基への直接の 1,2-付加は強い求核剤において有利となる（速度論支配）．

【一般式】　　　　　　　　　　　　　　　　　　　　【具体例】

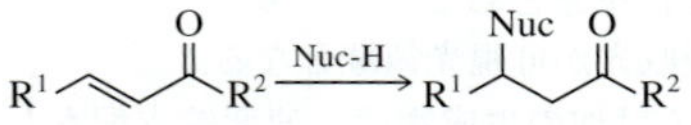

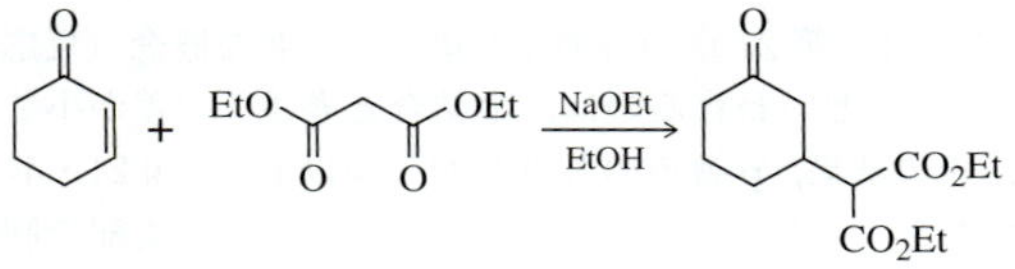

【反応機構】

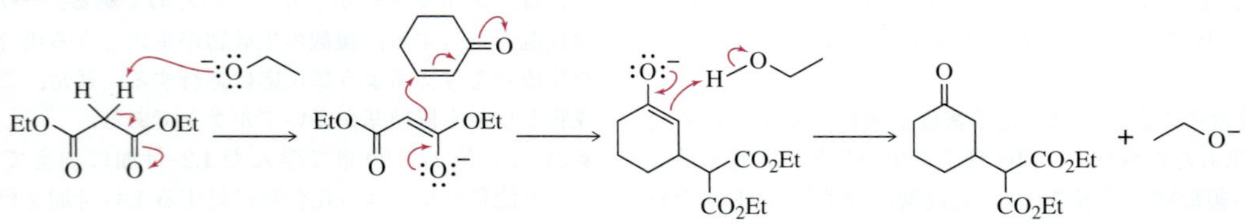

4. Robinson 環化（§21・5・3）　　α プロトンの脱プロトンにより生成したエノラートが，1,4-共役付加を行う．得られたエノラートがプロトン化され，新しいケトンが生成する．脱プロトンにより，第二のエノラートが形成され，分子内アルドール反応を行う．得られたアルコキシドイオンがプロトン化されると，β-ヒドロキシケトンが生成する．脱プロトンにより新たなエノラートが形成され，その後のヒドロキシ基の脱離を経ることで（E1cB 機構），α,β-不飽和ケトンが生成する．この反応は熱力学的に制御されており，6 員環の形成が優先的に進行する．

【一般式】　　　　　　　　　　　　　　　　　　　　【具体例】

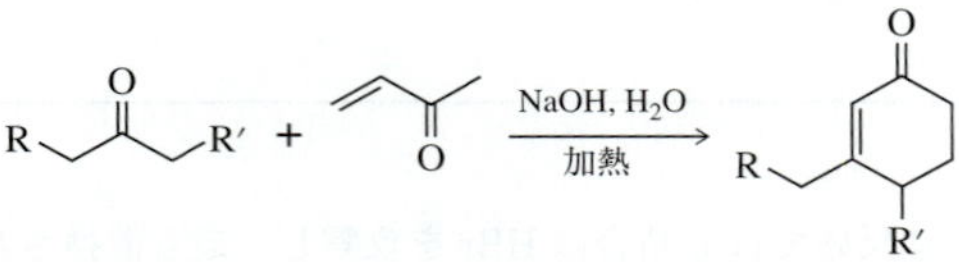

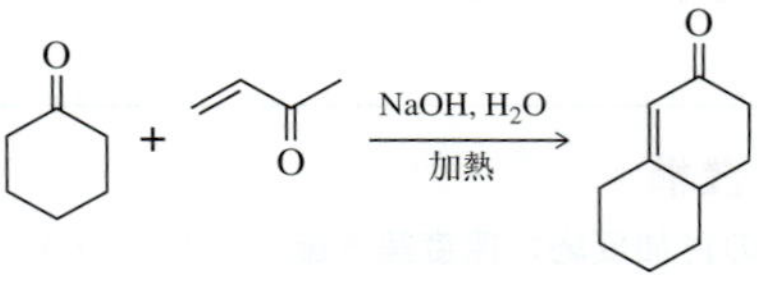

第21章のまとめ

【反応機構】

5. **クプラートの付加**（§21・5・4）　Cuとπ結合による錯体がまず形成され，続いて酸化的付加が起こることで，C−Cu σ結合とエノラートが生成する．還元的脱離により，新しいC−C σ結合がβ炭素上に形成される．エノラートがプロトン化により反応停止されるとケトンが生成する．代替反応機構を描くこともでき，この機構によれば，これらの反応の生成物が確実に予測でき，これまでに学んできた標準的な求核付加反応との関連がより明確となる．

【一般式】　　　　　　　　　　　　　　　　　【具体例】

【反応機構】

【代替反応機構】

アセスメント〔●の数で難易度を示す（●●●●＝最高難度）〕

21・48（●）　以下の分子には，電磁スペクトルの紫外–可視領域で吸収があると考えられるだろうか．

(a)

(b)

(c)

(d)

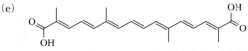

(e)

[どんなタイプの分子かな？ 第8章を参照しよう]

21・49（●）　以下の仮想的な平衡反応について，どちらの側への反応が有利になるかを予測せよ．

(a)

(b)

1036   21. 共役系 I

(c)

21・50 (●) 下記の分子についてアルケン単位で考えた場合，どちらの分子がより負の水素化熱をもつか.

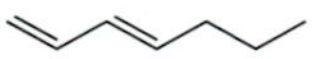

21・51 (●) 以下の分子の共役系には，それぞれ何個のπ電子が関与しているか.

(a) 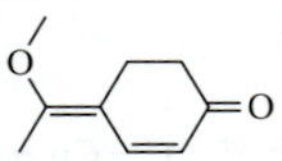   (b)

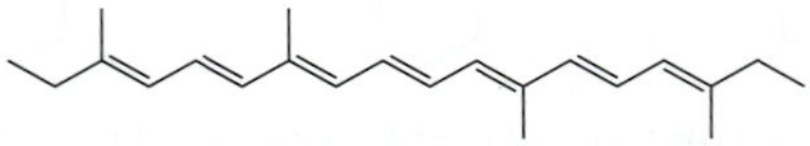

(c)

21・52 (●) アセスメント 21・51 の各分子の共役系には，いくつの p 軌道が関与しているか.

21・53 (●) オクタ-1,3,5,7-テトラエンの分子軌道図を描き，HOMO と LUMO を示せ.

21・54 (●) 以下の反応の組では，それぞれどちらの反応がより速く/より有利になると予想するか. 理由も述べよ.

(a) 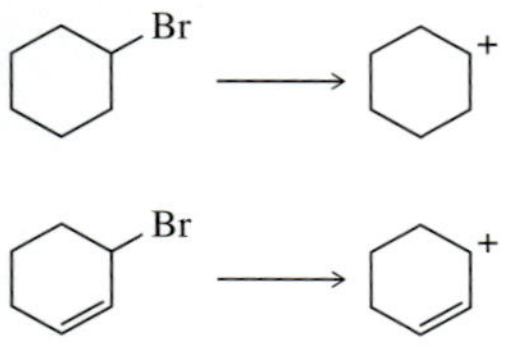   (b)

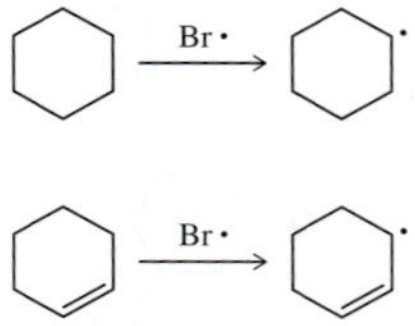

(c) 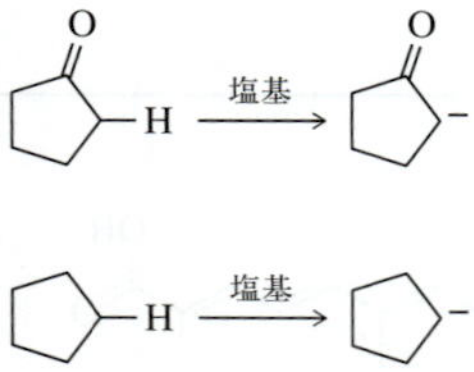   (d)

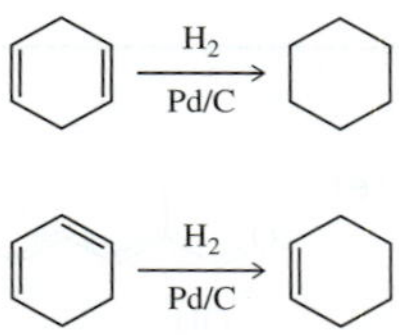

21・55 (●●) 分子 *A* は塩基性条件下で平衡により共役系となるが，分子 *B* はそうならない. その理由を説明し，分子 *A* が共役系を形成する反応機構を描け.

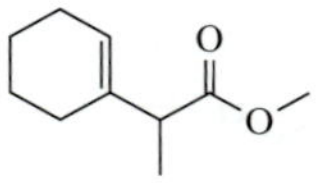

A 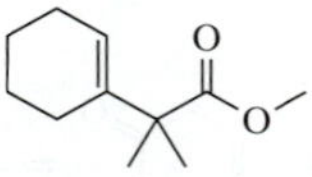   *B*

21・56 (●●) 染料のアリザリンは，通常，溶解するとオレンジ色の溶液を形成する. しかし，この溶液に KOEt を加えると，ただちに青色に変化する. この結果を合理的に説明せよ. [ヒント: 第24章で，ベンゼン環に結合したヒドロキシ基が，通常のアルコールよりも酸性であることを学ぶよ]

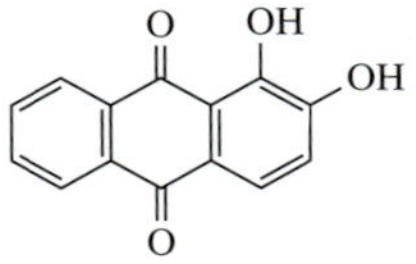

21・57 (●●) 以下の反応の生成物を予測せよ.

(a) 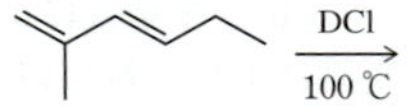   (b)

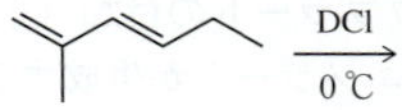

(c) 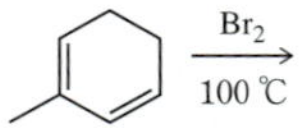   (d)

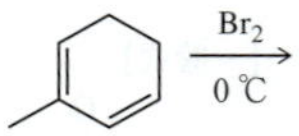

(e) 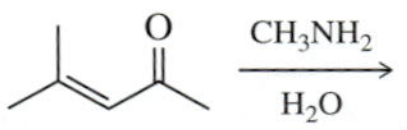   (f)

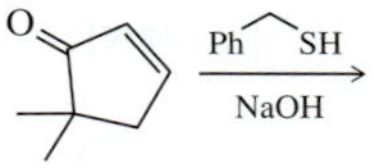

(g)

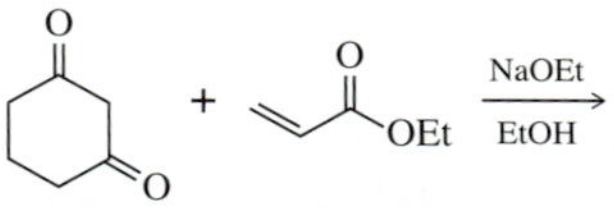

(h)

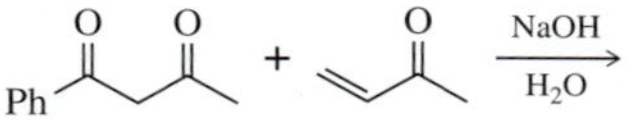

(i)

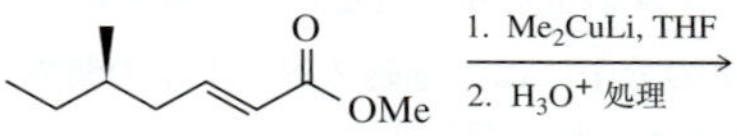

(j)

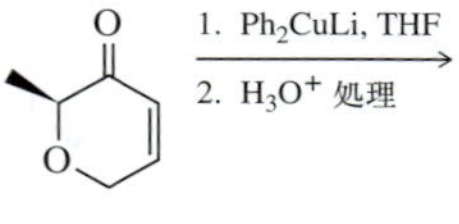

21・58 (●●●) 第9章では，酸性条件下，電子豊富なアルケンを *m*CPBA により酸化した. 共役アルケンも同じ試薬により酸化できるが，塩基性条件下である必要がある. この反応の反応機構を提案せよ. [この反応では，電子豊富なものと，電子不足

第21章のまとめ　1037

なものが何であるかを考えよう．また，形成される結合と切断される結合を特定してみよう]

21・59（●●）　第16章では，電子豊富なアルケンをカルベンにより，シクロプロパンに変換した．共役アルケンでも，塩基性条件下，同様の反応が起こる．この反応の反応機構を示せ．
[最も酸性度の高いプロトンは矢印で示した炭素上にあるよ]

21・60（●●●）　シクロプロパンの反応性は，アルケンの反応性に似ているものが多い．（a）このことをふまえ，以下の反応の反応機構を提案せよ．（b）3員環の開環のほかに，この反応の駆動力となるのは何か．

21・61（●●）　第11章で脂肪酸の自動酸化を学んだ際，反応機構的にはどちらの生成物も生成可能であるにもかかわらず，生成物 **B** は生成せず，生成物 **A** のみが生成した．なぜ **A** が優先されるのか．

A　　**B**
（生成しない）

21・62（●●●）　最近の論文から　ステロイドであるプレグネノロンの全合成の初期段階において，図示した合成中間体がRobinson 環化を用いてつくられた．出発物質と反応剤を予測せよ（*Org. Lett.*, **2018**, *20*, 946–949）．

Robinson 環化

中間体　　プレグネノロン硫酸エステル

21・63（●●●）　最近の論文から　以下は，アセスメント21・62 で扱った全合成の後半の段階である．この生成物を合成するための反応剤を提案せよ（*Org. Lett.*, **2018**, *20*, 946–949）．

21・64（●●●）　ニトロアルカンの脱プロトンによって生成するエノラートは，Michael 反応を優先的に起こす．（a）この反応の反応機構を提案せよ．（b）1,4-付加反応が優先的に起こるという事実から，ニトロアルカンの pK$_a$ についてどのようなことが考えられるだろうか．

21・65（●●●）　ニトロ基は水素を酸性にする（アセスメント21・64）ことに加えて，アルケンの求電子性を高め，共役付加を可能とするためにも用いられる．以下の共役付加反応の生成物を示せ．

（a）

（b）

21・66（●●●）　最近の論文から　以下は，エストロン合成での最初の数段階である．各段階で用いる反応剤を予測せよ（*J. Am. Chem. Soc.*, **1986**, *108*, 1239–1244）．[ヒント：第一段階はMichael 反応だよ]

21・67（●●●）　クプラートによる共役付加と，続く第一級ハロゲン化アルキルの付加の組合わせにより，一つの反応で二つの新しいC−C 結合を形成することができる．この反応の反

1038　21. 共役系 I

応機構を示せ．

21・68（●●●） 最近の論文から　以下の反応が，NO₂ の排出量が多い地域で起こることがわかっている．この反応の反応機構を提案せよ（*J. Phys. Chem.*, **2013**, *117*, 14132-14140）．［ヒント: ラジカル反応の片羽矢印を使うんだったね］

21・69（●●●●） 先取り　第 23 章で，芳香族分子と反芳香族分子を紹介する．ここでは，芳香族分子と反芳香族分子の分子軌道図を示す．これを見て，どちらがより安定していると考えられるか．［結合形成により放出されるエネルギーをよく考えてみよう．必要であれば，§21・3・1を復習しよう］

21・70（●●●●） 先取り　ヒドロホウ素化は，§21・4 で扱ったような求電子付加反応であり，温度に関係なくブタ-1,3-ジエンと 1,2-付加のみを起こす．なぜだろうか．

21・71（●●●） 最近の論文から　金属インジウムにより，電子不足アルケンを還元できる．この反応は，アルキンのナトリウムとアンモニアによる還元と同様の反応である．反応機構を提案せよ．ただし，この反応は，電子求引基が共役していることで可能となっており，反応機構ではそのことが説明できるようにすること（*Org. Lett.*, **2001**, *3*, 2603-2605）．［インジウムは通常，In³⁺ にイオン化するんだ］

21・72（●●●） 最近の論文から　アクレアシン A は KB 細胞株に有効な天然物であり，以下の反応を用いて合成された．この反応は，酸性条件でうまく進行したが，塩基性条件であっても反応が進行するような反応機構が描ける．この反応機構を提案せよ（*J. Org. Chem.* **2014**, *79*, 1498-1504）．［矢印は最も酸性度の高いプロトンを示しているよ…はじめに炭素に番号をつけてみよう！］

21・73（●●●） 最近の論文から　以下の共有結合性阻害剤は，活性部位のシステイン残基（下図）と反応することで，ブタ流行性下痢ウイルスに見られるプロテアーゼの機能を阻害する．阻害剤と酵素活性部位の間で形成されると予想される錯体を描け（*J. Med. Chem.* **2017**, *60*, 3212-3216.）．［必要なら，活性部位に塩基があると仮定してもよいよ］

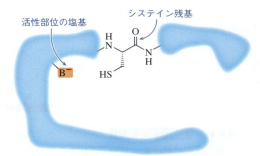

21・74（●●●） 先取り　第 24 章では，ベンジル位のハロゲン化アルキルが速い S_N2 反応を起こすことを学ぶ．隣接位に π 結合があると，S_N2 反応の遷移状態のエネルギーがなぜ低下するのか．共役の概念をふまえて答えよ．

21・75（●●●） クロロフィルは，植物の葉の緑色のもととなる高度に共役した分子であり，葉は，クロロフィルを使って"食べ物"をつくっている．葉には，図 21・21 の β-カロテンに似た構造をもつクリプトキサンチンなどの分子も含まれている．秋になり，葉の色が緑からオレンジや黄色に変わるのはなぜか．

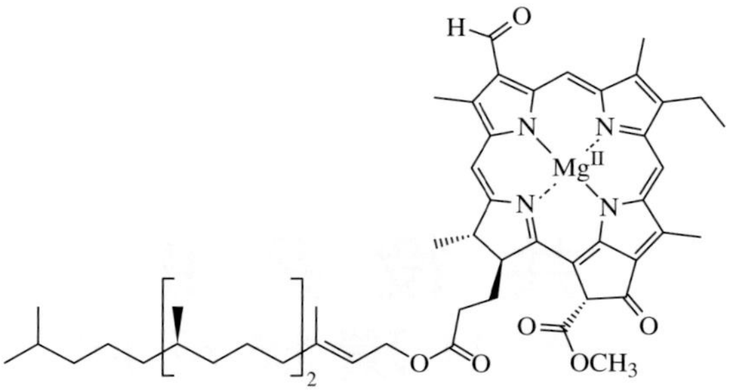

クロロフィル

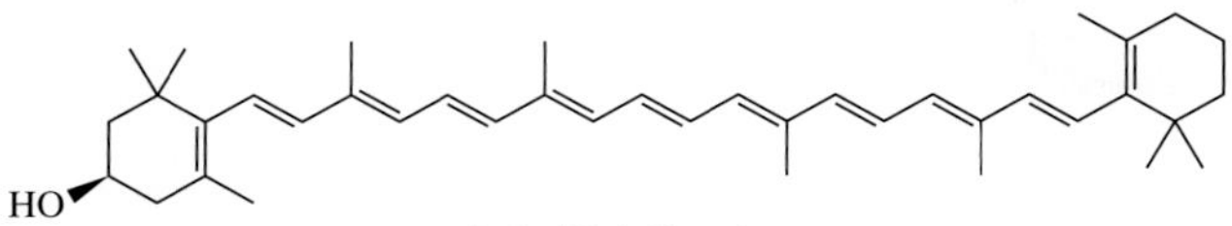

クリプトキサンチン

22

共役系 II
ペリ環状反応

学習目標
- ペリ環状反応の反応機構を比較できる
- Diels-Alder 反応を解析できる
- ペリ環状反応の生成物を予測できる

はじめに

分子をつくり出せる唯一の科学分野であることから、化学（特に有機化学）は、生物学的プロセスや病気の治療に関する現代の理解にとって、これまでにないほど重要な役割を果たしている。[そう。偏った私見だけど、結局のところ有機化学の教科書だからね] 生物学と有機合成化学の間には、共生関係がある。というのも、この本で学んできた多くの反応は、それと似たような酵素触媒反応が自然界に見られるからである。たとえば、化学はここにも 17-A では、アルコールデヒドロゲナーゼによる NAD 依存性アルコール酸化について学んでいる。第 20 章のアルドール反応は、コレステロール生合成の過程で HMG-CoA シンターゼによって触媒されている。この過程は、心臓病を予防しようとする際、スタチン系薬により阻害される。酵素触媒反応は効率がよいため、有機化学者が生体外での触媒として吟味しており、実験室規模の合成に活用されている。酵素は、いくつかの点において、従来の触媒に勝っている。まず、酵素はキラルな環境を提供するため、酵素触媒反応では、高い立体選択性が実現可能となる。また、酵素は自然界に存在するので、毒性のある金属触媒よりも、環境に優しい反応が可能となる。

第 22 章で紹介する反応のなかで、有機化学分野に最も大きな影響を与えたのは Diels-Alder 反応であろう。特に 20 世紀半ばから後半にかけ、それ以前では不可能であった数多くの合成を可能にした。その功績により、発明者の Otto Diels と Kurt Alder は 1950 年にノーベル化学賞を受賞している。Diels-Alder 反応が実現可能とした合成の多くは、天然物（自然界でつくられた複雑な分子）の合成であった。合成化学者は、自然界では、どのようにして同じ分子がつくられるかを考えて合成を行うことが多く、そのため、自然界にも Diels-Alder 反応を行う酵素、いわゆるディールス・アルドラーゼがあるのではないかと考えた。[Diels と Alder もそうした酵素があるかもしれないと提案して

最初は、私が提案したタンパク質の（シクロール）構造は存在しえないと言われました。その後、その構造が自然界で発見されると、今度は実験室では合成しえないと言われました。そして、実験室での合成がなされると、結局、そんなことは重要なことではないと言われたのです。

— Dorothy M. Wrinch

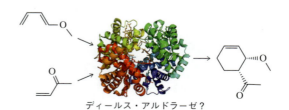

ディールス・アルドラーゼ？

22・1 ペリ環状反応: 概要　　1041

いたんだ] 研究の動機となるような知的好奇心を満たすだけでなく, 天然のディールス・アルドラーゼを発見・研究することで, より環境に優しく, より効率的な触媒設計が可能となり, 合成研究に多大な影響を与えることができる. この章では, ディールス・アルドラーゼの探索・発見と, 同じ反応を触媒する抗体の作製について見ていこう.

"負が正を攻撃する"は, 有機化学の反応機構の"なぜ"や"どのように"を説明するために繰返し用いられてきた. 同様に, 共鳴構造は, 有機分子の安定性と反応性を合理的に説明するのに役立ってきた. これら二つの概念は, 何が起こっているのかを理解するための方法であるが, 難解な概念を簡単に理解するべくつくられたモデルにすぎない. すべての反応性の根本には, 分子軌道の相互作用がある. この章では, "負が正を攻撃する"では直接説明できない協奏的反応を取扱い, 共役系分子軌道からの理解を深めよう. こうした系では, "HOMO が LUMO を攻撃する"が駆動力となっている. この概念は"負が正を攻撃する"の概念からそれほど違わないことが明確になる. そもそも原子軌道や分子軌道の相互作用について話していたことが明確となるのである. そして, ボールは坂を転がり下りる. [こうした思考回路の変更に備え, まずはいくつかの重要な概念についての理解を確かめてみよう]

理解度チェック

アセスメント

22・1　次の分子について, 酸素の非共有電子対が関与する二つの重要な共鳴構造を描け. どの炭素が求核剤として作用する可能性が高いか.

22・2　C−O π 結合を含む重要な二つの共鳴構造を示せ. どの炭素に求核剤が付加すると予想するか.

22・3　(a) エテンと (b) ブタ-1,3-ジエンの分子軌道図を描け. それぞれの HOMO と LUMO を明示すること.

22・4　HOMO–LUMO 間のエネルギー差が 142 kJ/mol (33.9 kcal/mol) であるとき, 電子を励起するのに必要な光の振動数はいくつか.

22・5　S_N2 反応は協奏的であり, 求核剤が脱離基の裏面から置換を行う反応である. [第 12 章を参照しよう] S_N2 反応で, なぜ求核剤は裏面から攻撃するのだろうか.

22・6　次の反応で, 形成された結合と切断された結合を特定せよ. この反応は, ΔH に基づいて有利になると予測できるだろうか. ΔS に基づくとどうか. ΔG に基づくとどうだろうか.

22・1　ペリ環状反応: 概要

詳しく学ぶのは初めてだが, **ペリ環状反応** (pericyclic reaction) は, この本の中で違う呼称で取上げられてきている. ペリ環状反応 (周辺環状反応; *peri*＝周辺) は, 協奏的な反応で, 電荷を帯びた中間体は経ず, 電子が環状に流れるという特徴をも

つ．これらのうち最もよく見られるのが，6電子の環状遷移状態であり，その安定性については第23章で説明する．§18・8・4で学んだβ–ケト酸の脱炭酸反応や，§9・1・7で学んだオゾン分解反応のいくつかの段階などが，ペリ環状反応の代表例である（図22・1）．

(a) β–ケト酸の脱炭酸反応

6電子環状遷移状態　　加熱　　$CO_2(g)$ ＋ 異性化

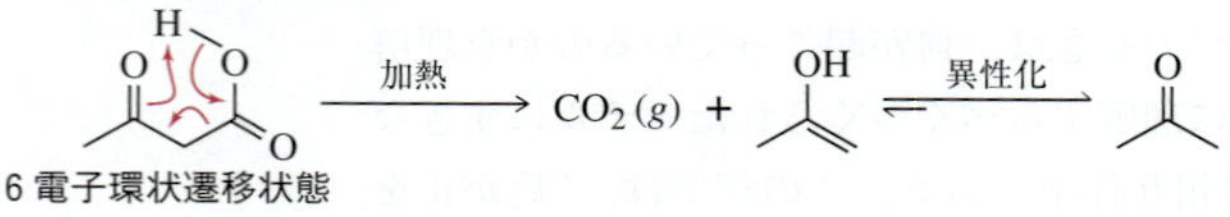

(b) アルケンのオゾン分解

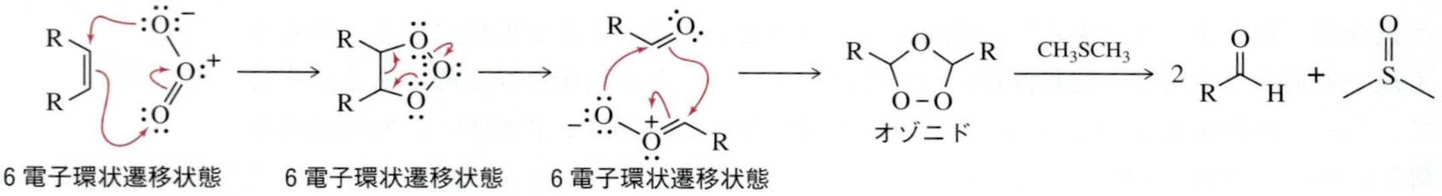

6電子環状遷移状態　　6電子環状遷移状態　　6電子環状遷移状態　　オゾニド

図22・1　これまでに学んだペリ環状反応　(a) β–ケト酸の脱炭酸反応はペリ環状反応である（§18・8・4）．(b) オゾン分解の反応機構にはいくつかのペリ環状反応が含まれている（§9・1・7）．

アセスメント

22・7　以下これまでにいくつかのペリ環状反応を学んでいる．以下に示す反応段階の反応機構を描け．復習できるように初出の節・項番号を示した．

(a)

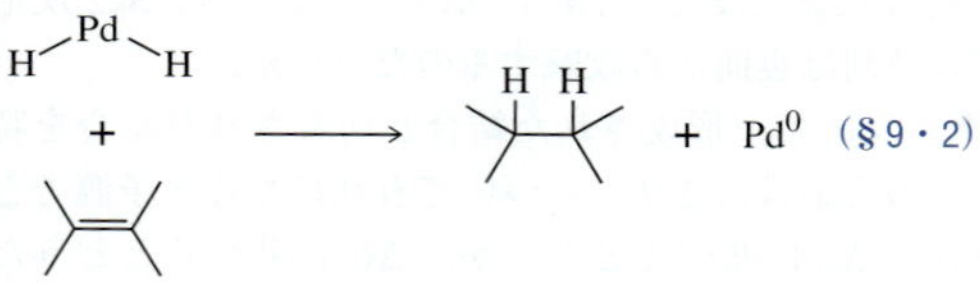

(b)

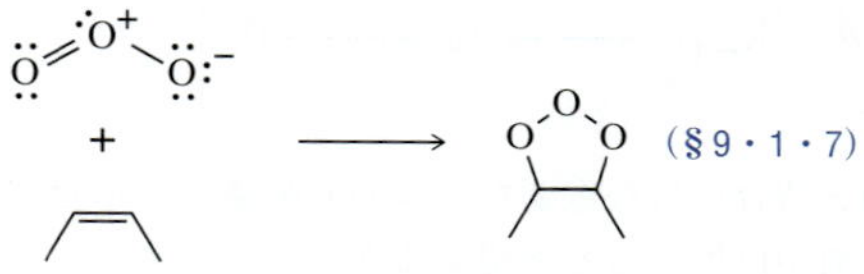

(c)

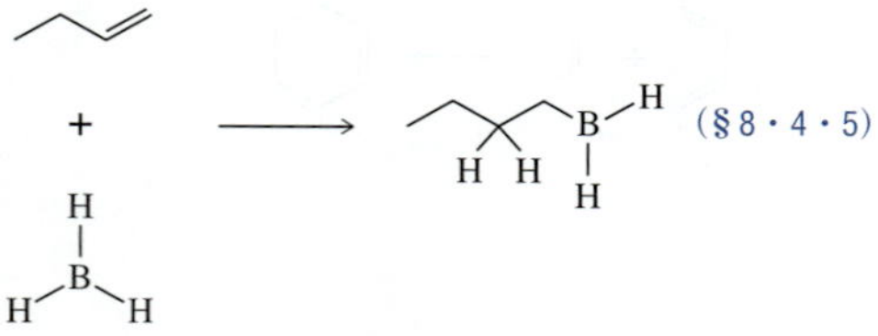

(d)

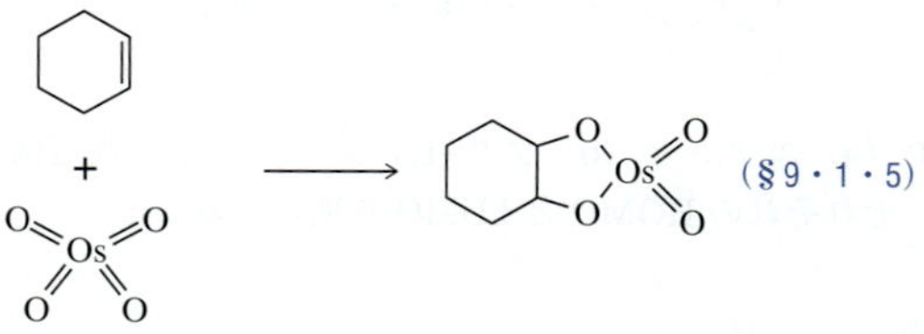

　　この章では，付加環化反応，電子環状反応，シグマトロピー転位の三つのペリ環状反応を学ぶ．これらの反応に関して課題となるのは，その協奏性であり，そして二つの中性・非極性の分子/原子間でどのように結合が形成されるのかを説明することである．"負が正を攻撃する［有機化学のルールその2］"ということは，分子軌道の解析の底に隠れていることがわかってくる．そこで，新しい反応に取りかかる前に，フロンティア分子軌道理論でよく知られた二つの反応を再訪しよう．そうすることで，"HOMOがLUMOを攻撃する"ということが"負が正を攻撃する"の新しい形であることがわかるだろう．

22・2 フロンティア分子軌道理論

ノーベル化学賞受賞者，福井謙一が1950年代に提唱した**フロンティア分子軌道**(frontier molecular orbital, FMO) 理論は，最高被占分子軌道（HOMO）と最低空分子軌道（LUMO）との相互作用のみで反応の結果が決まるというものである．[HOMO と LUMO については§21・3で復習しよう] つまり，ある分子について，いくつもの結合性軌道と反結合性軌道を描けたとしても，重要となるのは"フロンティア"にあるものだけ，つまり，最もエネルギーの高い被占軌道（HOMO）と最もエネルギーの低い空軌道（LUMO）のみなのである．

この理論は，分子軌道理論に関する複雑な数学に基づいているのだが，一般化学で学んだこととそれほど大きな違いはない．たとえば，炭素とケイ素はなぜ似たような反応性を示し，周期表の同じ列に配置されるのだろうか．個々の元素の化学反応性は，価電子（図22・2）に基づいており，より低いエネルギー準位に電子がいくつあっても関係がない．これらの価電子こそが，最外殻に位置する電子であり，それをこの章での言葉で言えば，フロンティア電子なのである．

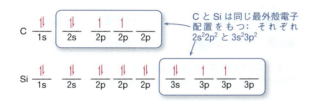

図22・2　ケイ素と炭素は類似の反応性を示す　最外殻（フロンティア）に同じ電子配置をもっているためである．

炭素やケイ素の電子は原子軌道に入っているが，反応性について議論する際には，低エネルギーの軌道は無視されるという点で，フロンティア分子軌道論によく似ている．以前に学んだ二つの反応を少し眺め，フロンティア分子軌道理論についてはすでに知っていたのだということを見てみよう．一つ目の反応は，エトキシドイオンと1-クロロプロパンとのS_N2反応である（§12・2および図22・3）．エトキシドイオンと1-クロロプロパンはそれぞれ，複数のσ分子軌道とσ*分子軌道をもっているが，この反応は酸素上の非共有電子対がC–Clの反結合性軌道（σ*）に供与されることで進行する．軌道的には，被占原子軌道（酸素のsp^3）が，ハロゲン化アルキルの空の分子軌道（σ*）に反応している．これは HOMO が LUMO と反応しているという描像とよく似ている．

二つ目の反応は，図22・4に示した臭化イソプロピルマグネシウム（Grignard 試薬）のアセトンへの付加である．この反応でも，それぞれの化合物は複数の分子軌道をもっている．§17・1・4では，求核剤のカルボニル炭素への攻撃角（Bürgi–Dunitz角，図17・6）は，求核剤が（被占sp^3原子軌道から）非共有電子対をケトンの空の分子軌道（π*）へ供与した結果であることを紹介した．ここでも HOMO が LUMO と反応する．

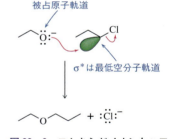

図22・3　エトキシドイオンとハロゲン化アルキルのS_N2反応　エトキシドイオンの被占原子軌道が，1-クロロプロパンの最低空分子軌道（LUMO）と反応することで進行する．

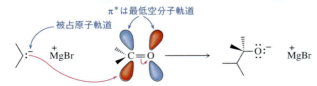

図22・4　Grignard 試薬のカルボニル基への付加　Grignard 試薬の被占原子軌道がアセトンの最低空分子軌道（LUMO）と反応することで進行する．

第1章のはじめで，有機化学は"負が正を攻撃する"ものだと単純化した．しかし，この表現は形を変えることがあると紹介し，電子豊富と電子不足として，あるいは求核剤と求電子剤としても登場している．HOMO は LUMO を攻撃するという表現は，もう一つの表現にすぎない．図22・3や図22・4では，求核剤は被占軌道を使い，求電子剤は最低空分子軌道を使っていることに注意してほしい．求核剤と HOMO，そして求電子剤と LUMO を関連づけることで，この後の反応の特性を理解することができる．

新しい結合を形成する際，HOMO が HOMO と反応しないこと，そして LUMO が LUMO と反応しないのはなぜだろうか．［何かアイディアはあるかな？］二つの被占軌道（HOMO）は電子が多すぎるために重なり合うことができない．一方，二つの LUMO 間に結合をつくったとしても電子がゼロのため結合とはなり得ない．二つの結合が重なり，結合をつくるときには，重なり合った軌道内にちょうど2電子が収まる必要がある（図22・5）．一般的には，HOMO の2電子と LUMO の0電子で可能となる．［双方に1電子ずつだとどうだろう？　そうした例は見たことないかな？　§11・5・1aを見てみよう］

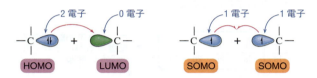

図22・5　二つの軌道間での結合生成には合計して2電子が必要となる
SOMO＝半占分子軌道（singly occupied molecular orbital）

22・3　Diels–Alder 付加環化反応

Diels–Alder 反応（Diels-Alder reaction）は，ジエン（diene）とジエノフィル（dienophile，求ジエン体ともいう）の間での協奏的な反応であり，シクロヘキセンを生成する．図22・6に示すように，エテンがブタ-1,3-ジエンに付加することで環状のシクロヘキセンを与えるため，**付加環化反応**（cycloaddition reaction）とよばれる．ジエノフィル［ジエンを好むの意］は，求電子剤［電子を好むの意］に類する用語である．協奏的機構とは，6電子が同時に動く表現となる．この6電子環状（芳香族性の）遷移状態は，活性化エネルギーが低いのだが，その詳細な理由は第23章で説明する．Diels–Alder 反応は，エントロピー的には不利（2分子→1分子，$\Delta S < 0$）であるが，エンタルピー的にきわめて有利である．これは二つの π 結合が切断されるものの，二つの σ 結合が形成されるためである．

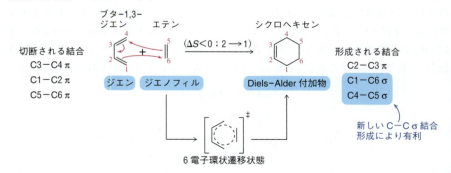

図22・6　Diels–Alder 反応は協奏的な付加環化反応である　この反応は，芳香族性の遷移状態を経て，二つの新しい C–C σ 結合を形成する，エンタルピー的に有利な反応である．

この反応は，二つの非極性で電荷をもたない分子の間で進行するため，"負が正を攻撃する"ということでは理解できない．しかし，"HOMO が LUMO を攻撃する"ということで理解できるのである．[Diels-Alder 反応では，ジエンとジエノフィルとがレゴ® をカチッとするかのように π 系が組合わさるのだと，大学院での指導教員から教わったよ] このことを念頭に見返してみると，反応が起こる方法には 2 種類あることに気がつくだろう．ジエンの HOMO がジエノフィルの LUMO と反応することができる（図 22・7a）．あるいは，ジエノフィルの HOMO がジエンの LUMO と反応することもできる（図 22・7b）．どちらの場合でも，分子軌道のローブの符号が合致し，新しい C1−C6 結合と C4−C5 結合が形成される．同じ符号のローブが重なり合うところでは，電子は非局在化し，結合形成が進行する．[共役ジエンの分子軌道図の描き方は §21・3 のルールを参照しよう]

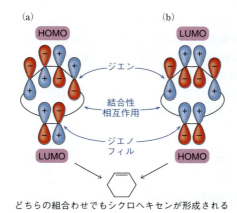

図 22・7　**Diels-Alder 反応での分子軌道の重なり**　(a) ジエンの HOMO とジエノフィルの LUMO との反応，(b) ジエノフィルの HOMO とジエンの LUMO との反応．

Diels-Alder 反応におけるフロンティア分子軌道の影響をより深く理解するために，起こらない反応を簡単に見てみよう．エテン 2 分子が反応し，シクロブタンを生成する反応についても似たような協奏的反応機構を描くことができるが，この反応では軌道の重なりが正しくないために進行しない．片方のエテン分子の HOMO と，もう一方のエテン分子の LUMO を用いた場合，新しい結合を形成する重なりは片側でのみ可能となる（図 22・8）．反対側では，＋と−が重なり合うため，二つの核のローブ間で新しく反結合性軌道が生成し，シクロブタンの生成が阻まれる．[図 22・7a や図 22・7b と比較

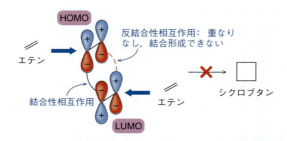

図 22・8　**二つのエテン分子間の付加環化での分子軌道の重なり**　軌道係数が合致せず，反結合性相互作用を生じるため進行しない．シクロブタンはこの条件下では合成できない．

この点を完全に理解するには，この本の範囲を越え，フロンティア分子軌道をより詳細に見なければならないんだ．ただし，ここで化学者のように考えてみることで，どのような軌道配置が好まれるのか実験結果に基づいて見てみよう．

してみよう．これらの例では同符号の係数での重なりで新しい結合性軌道が生成するんだ] §22・4ではこの反応形式にちょっとした工夫を加えるだけで，シクロブタンがつくれることを紹介する．[どうしたら可能となるか…何か考えはあるかな？]

実のところ，Diels-Alder 反応はジエンの HOMO とジエノフィルの LUMO の重なりを主体として進行する．

■ 化学者のように考えよう

ここで，HOMO と求核剤，そして LUMO と求電子剤の関係が重要となってくる．ジエンが HOMO を使うのか，あるいは LUMO を使うのかを判断しようとするということは，実は，反応において，ジエンが"求核剤"なのか，あるいは"求電子剤"なのかを問うているのである．[" "を付けたのは，実際には求核剤でも求電子剤でもないからだね]電子密度を高くすると，求核剤の反応性は高くなり，求電子剤の反応性は低くなり，一方，電子密度を低くすると求核剤の反応性は低下し，求電子剤の反応性が高くなるということは知っている．同様に（図22・9），電子密度を高くすると HOMO は反応性が高くなり，LUMO の反応性は低くなる．一方，電子密度を低くすると，HOMO は反応性が低くなり，LUMO の反応性は高くなる．[この段落を注意して読み直して，図22・9を吟味して，理解したことを確かめてから先に進もう]

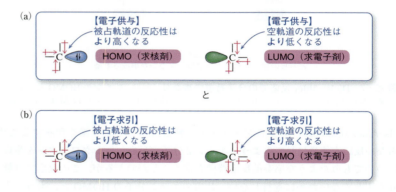

図 22・9　HOMO と LUMO の反応性の比較　(a) 電子供与は HOMO の反応性を高める（LUMO の反応性は低くなる）．(b) 電子求引は LUMO の反応性を高める（HOMO の反応性は低くなる）．

そこで次のような実験を行う：電子供与基と電子求引基をそれぞれの構成要素（ジエンとジエノフィル）に導入し，反応速度がどのように変化するのかを見る．電子供与基を導入することで反応速度が上がる要素は，（"求核剤"だから）HOMO を用いているはずとなる．電子求引基を導入することで反応速度が上がる要素は，（"求電子剤"だから）LUMO を用いているはずとなる．電子供与基にはメトキシ基（-OCH$_3$）を用い，電子求引基にはニトロ基（-NO$_2$）を用いることとする．これら二つの置換基はどちらも，共鳴を介して電子供与/電子求引の効果をもたらす．この二つを電子供与性でも電子求引性でもない水素と比較する．

この実験の結果を図22・10にまとめた．エテンとの Diels-Alder 反応の反応速度は，ジエンに電子供与基が導入されたときに速くなり，ジエンに電子求引基が導入されたときに遅くなる．逆にブタ-1,3-ジエンとの Diels-Alder 反応の反応速度は，エテンに電子

供与基が導入されたときに遅くなり，エテンに電子求引基が導入されたときに速くなる（図22・10b）．

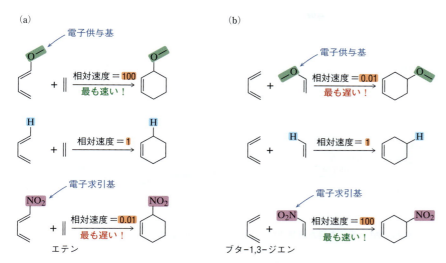

図22・10 Diels-Alder反応の速度に対する置換基効果　(a) ジエン上の電子供与基はDiels-Alder反応を速くし，ジエン上の電子求引基は反応を遅くする．(b) 逆にジエノフィル上の電子求引基はDiels-Alder反応を速くし，ジエノフィル上の電子供与基は反応を遅くする．[この傾向は実際の反応で見られるものだが，記載した相対速度は，ポイントがわかりやすくなるものを選んだものである]

図22・10の実験結果は，通常のDiels-Alder反応では，ジエンがHOMOを用い，ジエノフィルがLUMOを用いるということで理解できる．さらに言えば，最も速く効果的なDiels-Alder反応は，電子豊富なジエンと電子不足なジエノフィル間で進行する．[これらの反応は通常電子要請型Diels-Alder反応とよばれるよ] ■

22・3のまとめ

- Diels-Alder反応は付加環化反応であり，6電子環状遷移状態を経るジエンとジエノフィルとの協奏的反応である．通常電子要請型Diels-Alder反応では，ジエンのHOMOがジエノフィルのLUMOと反応する．その結果，電子豊富なジエンと電子不足なジエノフィルの組合わせが，最も速いDiels-Alder反応を起こす．

22-A　化学はここにも（生化学）

ディールス・アルドラーゼの推定

1997年の研究で，真菌 *Macrophoma commelinae* によるマクロホーム酸の生合成にはDiels-Alder反応が関与していることが示唆された（図22・11）．オキサロ酢酸の脱炭酸反応により，電子豊富なジエノフィルが生成し，電子不足なジエンと環化することではないかと提唱された．[この反応は通常のDiels-Alder反応とは反対の電子分布となっている．このため，この反応は逆電子要請型Diels-Alder反応とよばれんだ] もし，この過程が酵素により触媒されていたら，ディールス・アルドラーゼの初例となりえた．

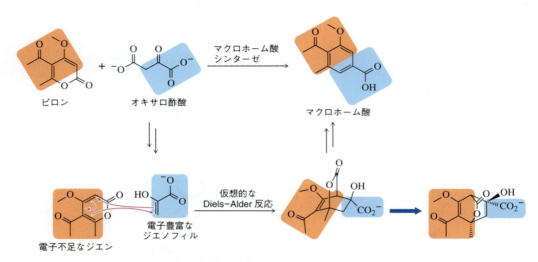

図 22・11 Diels-Alder 反応を経た仮想的なマクロホーム酸類の合成

　その後の反応機構研究から，マクロホーム酸形成には別の可能性が見つかった（図 22・12）．Diels-Alder 反応の代わりに，Michael 反応（§21・5・2）とそれに続く拡張エノラートの分子内アルドール反応（§20・3・4）という段階的過程を経て合成が行われる可能性である．二つの経路が考えられる場合，反応は活性化エネルギーが低い方の経路でのみ進行する．その後，コンピュータモデルによる二つの経路解析により，Michael/アルドール経路の方が，はるかに低い活性化エネルギーをもつことが判明した．このため，実は，マクロホーム酸類の合成酵素は，ディールス・アルドラーゼではないと考えられる．[悲哀の音楽を流そう...]

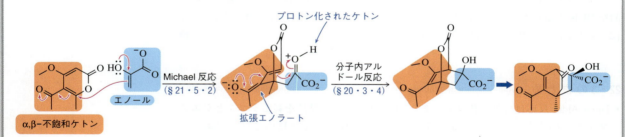

図 22・12 Michael 反応と分子内アルドール反応を経るマクロホーム酸類の別経路合成

アセスメント

22・8 図 22・11 の仮想的な Diels-Alder 生成物は，さらに二つの反応を経てマクロホーム酸をつくる．段階 1 は逆 Diels-Alder 反応とよばれている．(a) この協奏的過程について，電子の巻矢印表記法と用いて反応機構を示せ．(b) 段階 2 の反応機構を示せ．(c) 段階 2 の駆動力は何か．[ヒント: 第 23 章で説明するよ]

はじめに：Diels-Alder 反応は少なくとも最初，簡単には理解しにくい．図 22・13 のジエンとジエノフィルが反応すると，ジアステレオマーが 4 種，それぞれラセミ混合物として生成しうる．つまり，生成物には 8 種の可能性があることになる．それにもかかわらず，生成するエナンチオマー 1 組のみが得られるのである．ここから先では 1 種のラセミ生成物のみが得られる理由を理解し，Diels-Alder 生成物を予測できるようになるために，反応のいくつかの側面を個々に考慮していこう．"協奏性の意味するところ" というタイトルでまとめた各項目を個々に学び，それぞれの知識をアセスメントで確認してから先に進んで行こう．生成物を予測するために必要な知識を徐々に蓄積できるはずだ．長く曲がりくねった道のりのように感じるかもしれないが，君たちが迷ってしまわぬようアセスメントを地図上の目印のように設置しておいた．[つまり，アセスメントは必ず取組まねばならないんだ．分子模型を手元に置いておくとよいよ．ここでは役立つからね]

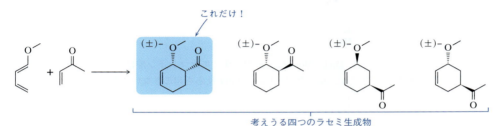

図 22・13　Diels-Alder 反応での考えうる結果　これでも一つだけが生成する！　先を読み進めよう．

22・3・1　協奏性の意味するところ #1: s-シス立体配座の必要性

Diels-Alder 反応は協奏的であり，ジエンの両端がジエノフィルと同時に相互作用するために，ジエンは s-シス配座をとれなくてはならない（図 22・14）．s-シスと s-トランスという用語に出会うのは初めてのはずだが，これまでに学んだシス（cis）とトランス（trans）の用語に似たものである．唯一の違いは，s が単結合まわりの配座をさす点である．[この配座名は Diels-Alder 反応でのみ登場するので，"何が，どうして" について気

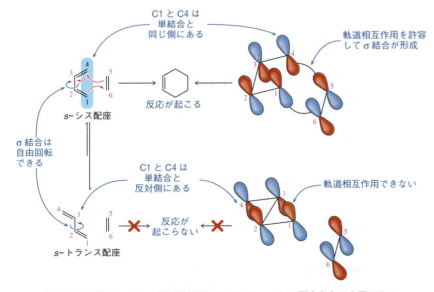

図 22・14　Diels-Alder 反応が起こるためには，s-シス配座をとる必要がある

にしすぎないようにね〕ジエンの両端（C1 と C4）が，同じ面内で同じ方向を向いているとき，σ結合に関してシス（同じ側）であるという．ジエンの両端（C1 と C4）が，同じ面内で逆の方向を向いているとき，σ結合に関してトランス（異なる側）であるという．この単結合まわりは自由に回転できるため，立体配座上の制約がない場合には，安定性は低いものの s-シス配座は構造上とりうるものとなる．

アセスメント

22・9 無水マレイン酸は，アルケン上に二つの電子求引基をもっており，既知のジエノフィルのなかで最も反応性の高いものの一つである．それにも関わらず，ここに示した Diels-Alder 反応は進行しない．なぜだろうか．

22・10 ジエン A は，無水マレイン酸と素早く効率的に Diels-Alder 反応を起こす．無水マレイン酸はアセスメント 22・9 に登場した強力なジエノフィルである．しかし，関連するジエン B は，Diels-Alder 反応を起こさない．なぜか．

22・11 ジエン A は，ジエン B に比べ，無水マレイン酸とはるかにすばやく Diels-Alder 反応を起こす．なぜだろうか．

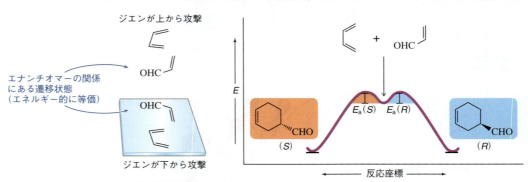

図 22・15 Diels-Alder 反応は立体異性体の混合物を生成する
ジエノフィルに上から近づいているジエンは，ジエノフィルに下から近づいているジエンのエナンチオマーとなる．

- $E_a(S) = E_a(R)$
- ゆえに，$k_r(S) = k_r(R)$
- 結果としてラセミ混合物が得られる

22・3 Diels-Alder 付加環化反応

場である．これらの二つの方法は，エネルギー的には等価であり，キラル中心を生成するような Diels-Alder 反応ではラセミ混合物が生じることとなる（図 22・15）．

22・3・2 協奏性の意味するところ#2: ジエノフィルの立体特異性

Diels-Alder 反応は協奏的であるため，すべての結合の生成と切断は同時に進行する．その結果，Diels-Alder 反応は，ジエノフィル上の置換基に関して立体特異的なものとなる（図 22・16）．[立体特異性とは，相応の反応機構に由来して単一のジアステレオマーが生成物として得られることだったね] 第 8 章や第 9 章で扱ってきた協奏的で立体特異的な反応と同じように，Diels-Alder 反応では，結合まわりの回転は起こらない．つまり，ジエノフィルがシスアルケンの場合，生成物の二つの置換基は同じ側にあるということになる．cis-シクロヘキセンが生成物ということだ．あるいはジエノフィルがトランスアルケンの場合，生成物の二つの置換基は反対側にあることになり，trans-シクロヘキセンとなる．

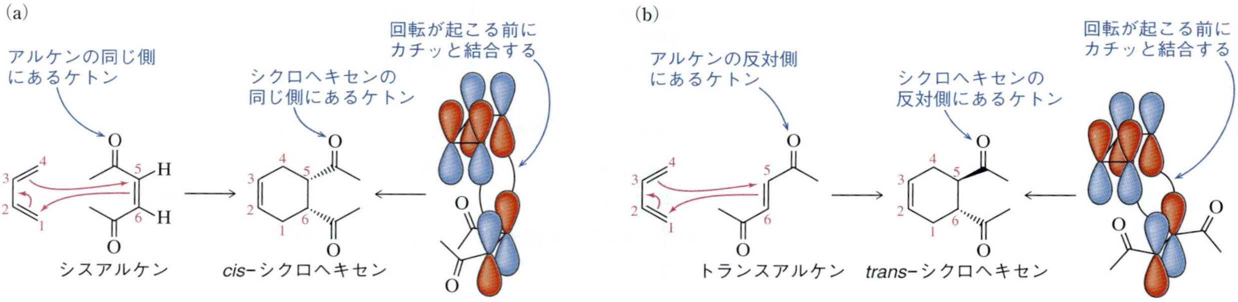

話をわかりやすくするために，ここからの 3 節では，ジエンがジエノフィルの上面から攻撃して得られる生成物についてのみ示すことにするね．君が考える際も同じように考えてみることをおすすめするよ．アセスメントの際に，本当はラセミ混合物が得られていることを思い出そう．

図 22・16 Diels-Alder 反応はジエノフィルに関して立体特異的である 結合が回転しないことから，(a) では cis-ジエノフィルから cis-シクロヘキセンが生成し，(b) では trans-ジエノフィルから trans-シクロヘキセンが生成する．

アセスメント

22・12 §10・6・2 で出てきた Lindlar 触媒によるアルキンの還元では，シスアルケンのみが得られる．なぜか．

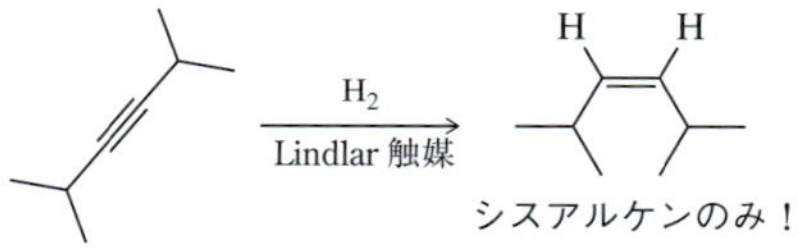

22・13 下記の Diels-Alder 反応で，生成物を予測せよ．
(a) 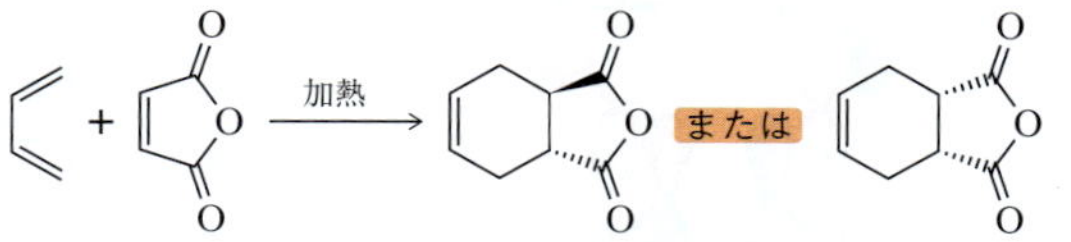
(b) 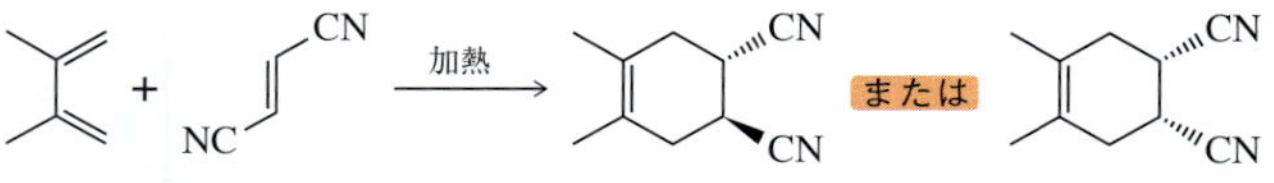
(c)

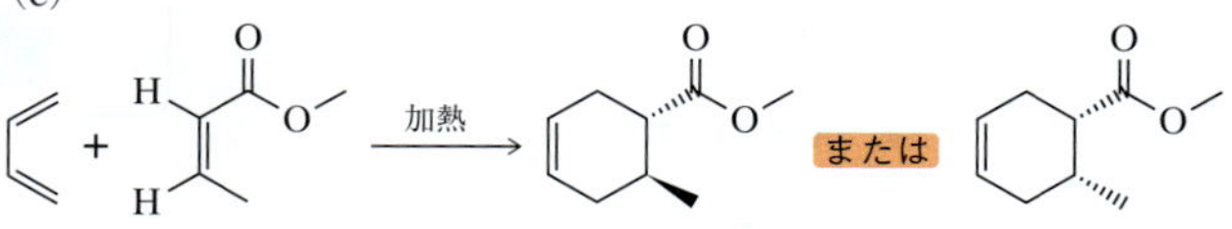

22・14 図 22・16(a) では，Diels-Alder 反応で単一生成物（エナンチオマーなし）が得られる独特な例が取上げている．ジエンがジエノフィルを上から攻撃しても下から攻撃しても変化がない．(a) ジエンが下から攻撃した場合の生成物を描き，同じ生成物が得られることを確認せよ．(b) このようなことが起こるのは，この生成物のどこが特殊だからなのだろうか．

22・3・3 協奏性の意味するところ#3: ジエンの立体特異性

Diels-Alder 反応は協奏的であるため，ジエン上の置換基に関して立体特異的なもの

となる．まず，s-シスジエンの内向きの置換基は，生成物の同じ側に位置することとなる．ジエンがジエノフィルの上から攻撃する場合，この内向きの置換基（図22・17の i）は，シクロヘキセン生成物の上面に位置することになる．そして，s-シスジエンの外側の置換基も，生成物の同じ側に位置することとなる．ジエンがジエノフィルの上から攻撃する場合，外向きの置換基（図22・17の o）はシクロヘキセン生成物の下面に位置することになる．

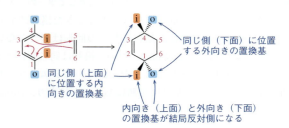

図 22・17 Diels-Alder 反応はジエンに関して立体特異的である　結合が回転しないことから，ジエンの内側の置換基（i）はシクロヘキセン生成物の上側に位置することとなり，外側の置換基（o）はシクロヘキセン生成物の下側に位置することとなる．

［この節は分子模型を手にしながら進むとよいだろう］内向きの置換基が上面となり，外向きの置換基が下面となると暗記してしまえば簡単だと思うかもしれないが，なぜそうなるのかということは明確ではない．ジエンがジエノフィルの上から攻撃する場合だということも気をつけよう．攻撃が下面からとなると，位置関係は反転してしまうのだ．ジエンがジエノフィルと反応する際，C1 と C4 は，ジエンの sp^2 からシクロヘキセンの sp^3 へと再混成する．この再混成は，内向きの置換基とそこに近づいてくるジエノフィルが立体的にぶつからない方向で進行する．ジエノフィルがジエンの方に押し上げられると，内向きの置換基（近づくジエノフィルに最近接の置換基）が上に押し上げられる．この力により図22・18(a)に示すような回転が有利に進行し，内向きの置換基が生成するシクロヘキセンの上面に位置することになる．分子模型を見ると，不利な再混成過程では立体的な衝突があることがより明確にわかるだろう（図22・18b）．

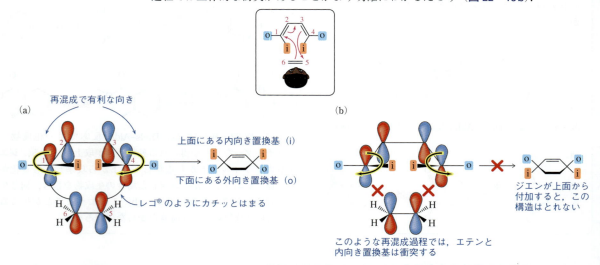

図 22・18 接近するジエノフィルから逃げるように再混成することで，ジエンの内向きの置換基がシクロヘキセンの上面にくる　(a) 有利な反応，(b) 不利な反応．

22・3 Diels-Alder 付加環化反応　　1053

アセスメント

22・15 ジエンがジエノフィルに上面から近づくと想定し，以下の Diels-Alder 反応の生成物を予測せよ．

(a)　(b)　(c)

22・16 フラン(a)とシクロペンタジエン(b)は，いずれも Diels-Alder 反応の基質として優れる環状ジエンである．下記の Diels-Alder 反応で，立体化学がどのような結果となるかを予測せよ．

(a)　(b)

22・17 アセスメント 22・15 でジエンがジエノフィルの下側から近づいた場合にどのような変化が起こるか示せ．またその理由を述べよ．

22・3・4 協奏性の意味するところ#4: ジエンとジエノフィルの相対立体化学

[まずは深呼吸しよう．ここはちょっとややこしくなるからね] ジエンについて，ここまでわかっていることは，内向きの置換基がシクロヘキセンの上面に位置し，外向きの置換基がシクロヘキセンの下面に位置するということである（§22・3・3）．ジエノフィルについては，同じ側の置換基がシクロヘキセンのシスに位置し，反対側の置換基がシクロヘキセンのトランスに位置することである（§22・3・2）．しかし，それらの相対立体化学はどうなっているのだろうか．図 22・19 の Diels-Alder 反応について考えてみよう．"協奏性の意味するところ#2" や "協奏性の意味するところ#3" のルールに沿ったとしても，ジエンが上側から付加した際の生成物には二つの可能性がある．[ジエンが下側から付加した場合，もう二つの生成物を考えねばならないね．アセスメント 22・18 を見てみよう] これら二つの生成物は，ジエン由来の置換基とジエノフィル由来の置換基の相対的な立体化学が異なっている．[AとB, どちらのジアステレオマーが安定だろうか]

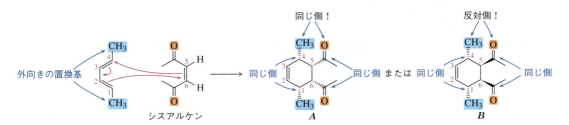

図 22・19 生じる可能性のある二つのジアステレオマー　ジエンがジエノフィルの上面から接近した場合
[環の反対側に置換基があることから生成物 B の方が生成物 A よりも安定だと予測するだろうね．ところが A の方が優先的に得られる生成物となるんだ]

図 22・19 の二つの生成物の違いは，二つの異なる遷移状態に由来する．この遷移状態はそれぞれ，エンド（endo）とエキソ（exo）とよばれる．図 22・20 に示すように，**エンド遷移状態**（endo transition state）は，ジエノフィルの置換基を接近するジエンの

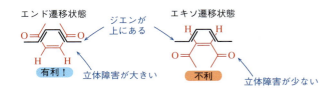

図 22・20 エンド遷移状態とエキソ遷移状態　立体的に混んでいるエンド遷移状態がエキソ遷移状態よりも有利となる．

下面に置く形となる．一方，**エキソ遷移状態**（exo transition state）は，ジエノフィルの置換基を接近するジエンから離れたところに置く形となる．エキソ遷移状態の方が立体障害が小さいのだが，エンド遷移状態の方がエネルギーが低くなる．反応の結果が，生成物の安定性ではなく，遷移状態のエネルギーで決まる場合，速度論支配下にあるということになる．[§21・4・1を思い出そう]

　なぜエンド遷移状態が優先するのかということは，いまだに議論がなされている．最もよく受入れられている仮説は，二次的軌道相互作用とよばれるものである（図22・21）．エンド遷移状態では，平面状ジエノフィルのsp^2混成カルボニル炭素の二つが，平面状ジエンの下面に折り込まれている．どちらの基質も平面状であるため，遷移状態を不安定化してしまうような立体障害は大きくない．しかし，より重要なことは，C−O π結合とC2−C3 π結合の間の相互作用があることである．これは非結合性ながら安定化相互作用である．この二次的軌道相互作用が，エンド遷移状態を有利にする．新しい結合形成が化学反応をより発熱的とするのと同じことであるが，その安定化の度合は少ない．[このため主たる軌道相互作用と対比する意味で二次的軌道相互作用とよばれるんだ] 二次元の図では，非常にわかりにくいのだが，分子模型を使うとよくわかる．

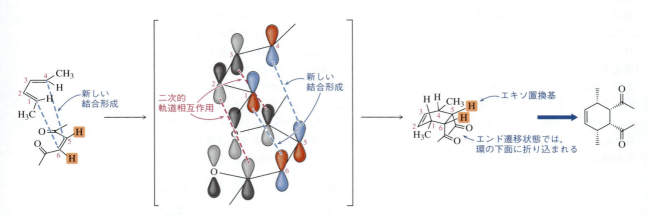

図 22・21　二次的軌道相互作用　ジエノフィルの置換基と形成しつつあるC2−C3 π結合との相互作用がエンド遷移状態を好ましくする．

　まとめると，ジエンがジエノフィルに近づくとき[上面から]，ジエノフィルの置換基は常に環の下面に折り込まれ，二次的軌道相互作用を最大化する．これは，置換基の大きさにかかわらず成り立つ．ジエノフィルがトランスアルケンの場合，p軌道/π結合をもった置換基が環の下面に配置される．

アセスメント

22・18　以下のDiels-Alder反応の生成物を予測せよ．ラセミ混合物が生成する場合，両方のエナンチオマーを示し，それぞれがどのようにして形成されたのか説明せよ．

(a)　(b)　(c)　(d)

22-B 化学はここにも（生化学）

ディールス・アルドラーゼ，決着

[歓喜の音楽をならそう] 2000 年になり，研究者たちは真菌 *Aspergillus terreus* の代謝物であるロバスタチン（図 22・22）が，ロバスタチン・ノナケチドシンターゼ（LNKS）を触媒とする Diels-Alder 反応によって合成されているという長年の仮説を確認した．[ロバスタチンは，第 20 章で学んだアトルバスタチンと似たコレステロールを低下させる薬だよ] LNKS は，天然に存在するディールス・アルドラーゼとして初めて精製された酵素である．

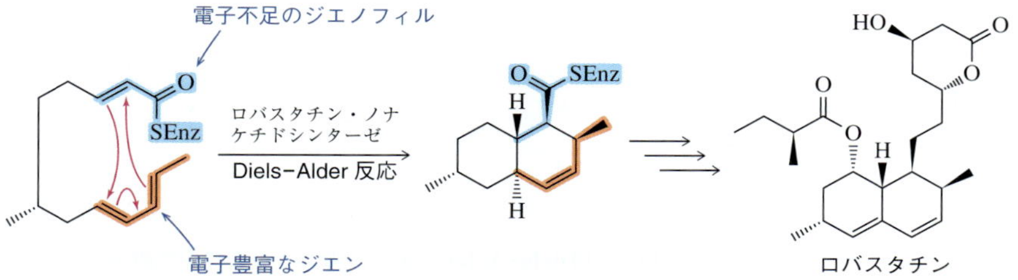

図 22・22 ロバスタチンの生合成は Diels-Alder 反応を経て進行すると想定されている

アビソマイシン C は，海洋放線菌 *Verrucosispora maris* から単離されたスピロテトロン酸系抗生物質である．抗菌性があり，生物学的研究を行うために合成化学者は，より大きな規模の合成を求めていた．そうした合成の一つは 2005 年に完成し，図 22・23 に示すような分子内 Diels-Alder 反応を利用したものであった．天然物合成の重要性を示す好例だが，この合成がうまくいったため，Diels-Alder 反応が，アビソマイシン C 生合成の鍵段階ではないかと考えるに至った．この仮説の予測通り，スピロテトロン酸シクラーゼが単独でディールス・アルドラーゼとして働くことが，2016 年に確認された．注目すべきことは，この酵素は，他の基質に対しても Diels-Alder 反応を触媒することが確認されており，今後，工業規模の生体触媒として有用となる可能性が示されている．[この例は，いかに有機合成が生物学の理解に役立ち，生物学がいかに有機合成を簡便化できる可能性があるかを示したよい例だね]

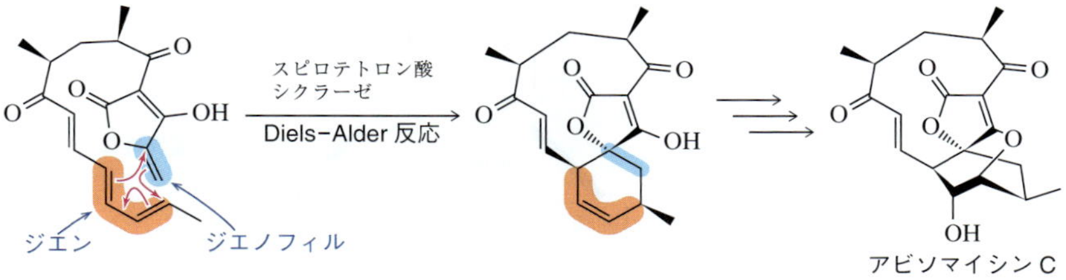

図 22・23 抗生物質アビソマイシン C の生合成に関わるディールス・アルドラーゼ

22・3・5 協奏性の意味するところ #5: 位置選択性

ここまで見てきた Diels-Alder 反応は対称なジエンとジエノフィルの反応だった．アセスメント 22・19 は非対称で電子豊富なジエンが非対称で電子不足なジエノフィルと反応する例となる．[最も効率的な Diels-Alder 反応だね]

アセスメント

22・19 下記の Diels-Alder 反応において，ジエンが上から攻撃した際の生成物を予測せよ．この Diels-Alder 反応は図 22・13 で登場したものである．

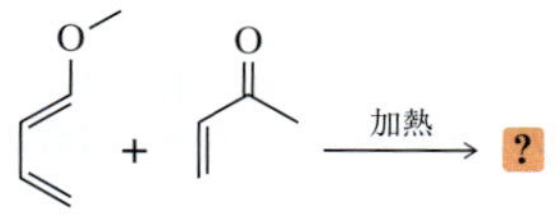

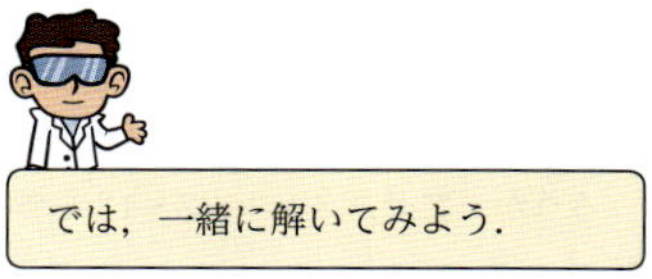

では，一緒に解いてみよう．

1056　22. 共役系 II

アセスメント 22・19 の解説

　ここではまず立体化学については考慮しないこととして始めると，この Diels–Alder 反応では二つの位置異性体のうちどちらかが生成することとなる．図 22・24 の番号を用いると，C1−C6 と C4−C5 の間，あるいは C1−C5 と C4−C6 の間のいずれかの組で新しい σ 結合が二つ形成される．反応は協奏的であるため，どちらの生成物も同量得られると予測するかもしれない．しかし，その予測はまたしても誤りなのだ…．[Diels–Alder 反応で二つの可能性があると，いつも，実際には片方しか起こらないようだ．クールな反応だね]

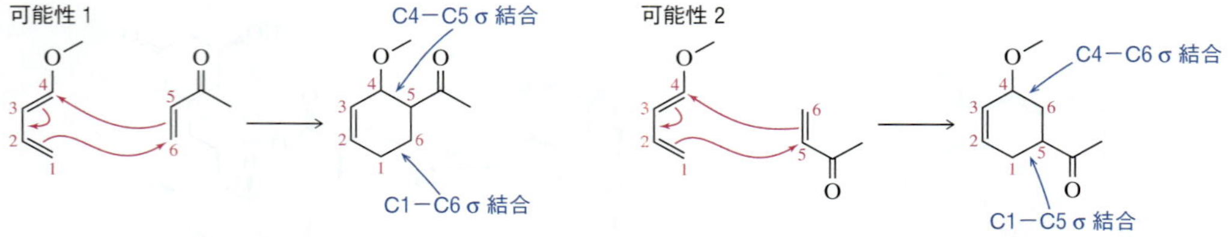

図 22・24　アセスメント 22・19 での Diels–Alder 反応と，考えうる二つの位置選択性

　Diels–Alder 反応は協奏的な反応ではあるが，電子豊富なジエンの HOMO と電子不足なジエノフィルの LUMO が反応する際に最も効率的となる．このため，位置選択性を予測するためには，ジエンのどこが"電子豊富"で，ジエノフィルのどこが"電子不足"なのかを見つけなければならない．[共役 π 系をもった中性分子について，電子密度がどこに存在するのかあるいはどこに存在しないのかをどうやって判断すればよいのだろう？] 共鳴構造を描くと，負電荷がジエンの C3 と C1 上にあり，正電荷がジエノフィルの C6 上にあることがわかる（図 22・25）．フロンティア軌道の観点から言えば，HOMO の係数は C1 と C3 上で最も大きく，LUMO の係数はジエノフィルの C6 で最も大きいという表現になる．"負が正を攻撃する"という観点から言うと，部分的に負電荷を帯びた C1 は，部分的に正電荷を帯びた C6 と優先的に結合する，となる．このようにして，特定の位置異性体のみが生成することとなる．

図 22・25　**Diels–Alder 反応の位置選択性は，電子分布により決定される**　ジエンとジエノフィルの共鳴構造により予測可能である．

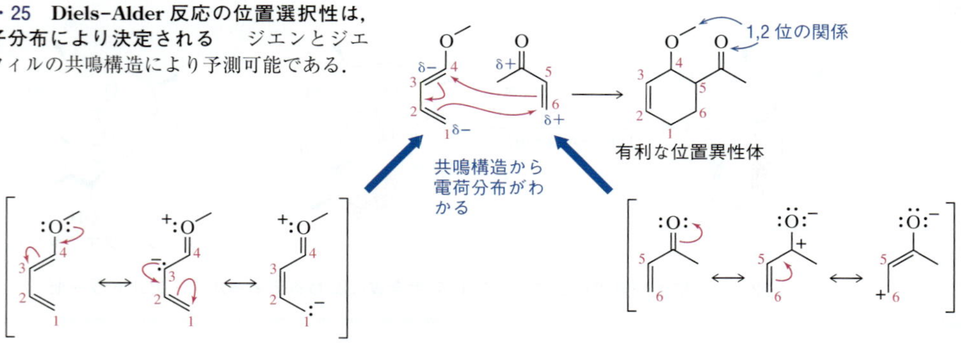

　では解答を完成するため，次に立体化学の問題に取組もう．ジエンが上から攻撃することで，ジエノフィルのケトンは，ジエンの下に折り込まれる．エンド遷移状態である（図 22・26）．[ジエノフィルをこのページから引き剥がし，ジエンの上にもっていったという描像を想像しよう] レゴがカチッとはまる．C4 が再混成することで，メトキシ基（外向きの置換基）が下となる．エンド遷移状態を経ることで，C5 が再混成し，ケトンが下となる．これで立体化学が定まったが，一つだけ細かい点が残っている．この生成物は，生成するラセミ混合物のうちの一方のエナンチオマーにすぎない．[もう一方のエナンチオマーはどのようにして生成するのだろうか．アセスメント 22・18 を参照しよう]

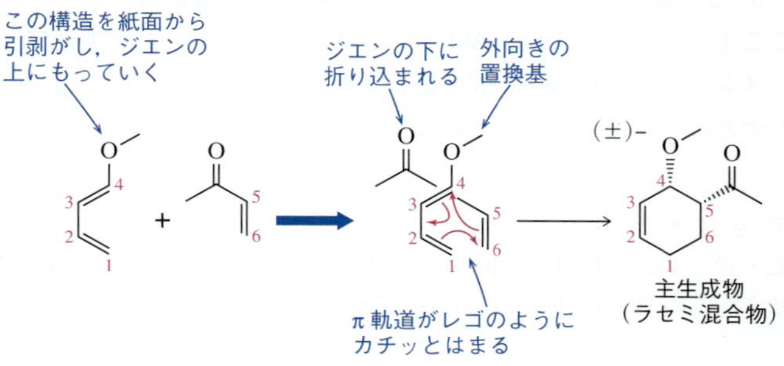

図 22・26　アセスメント 22・19 で扱った Diels–Alder 反応では，一つのジアステレオマーがラセミ混合物として生成する

22・3 Diels-Alder 付加環化反応　1057

ジエンの2位に電子供与基がある場合も，同じような過程で理解できる（図22・27）．ジエンの共鳴構造を描くと，C1上の電子密度がより高いことがわかる．したがって，C1の方がジエノフィルのC6と結合を形成しやすくなる．

図22・25と図22・27の結果を合わせてみると，Diels-Alder 反応での主生成物では，ジエンの電子供与基とジエノフィルの電子求引基の位置関係が1,2位あるいは1,4位の関係となることがわかるよ．

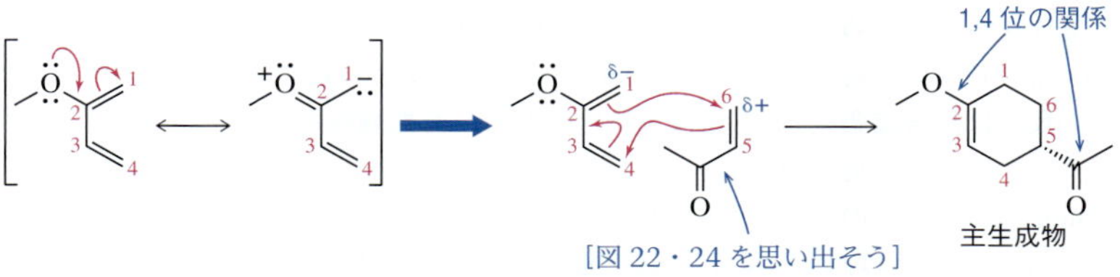

図22・27　C2上の電子供与基の位置選択性への影響

22・3・1〜22・3・5のまとめ

- Diels-Alder 反応は協奏的であり，ジエンの s-シス構造を必要とし，より安定なエンド遷移状態を経るために高い立体選択性をもつ．位置選択性は，ジエン上の電子供与基とジエノフィル上の電子求引基の相対的な位置関係によって決まる．

アセスメント

22・20　アセスメント22・19では，ジエンは上からジエノフィルを攻撃した．もし，ジエンがジエノフィルを下から攻撃したとしたら，どのような生成物が得られるか示せ．

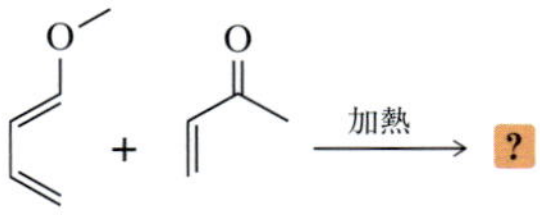

22・21　メチル基は共鳴効果的には供与基ではないが，以下の反応では同じ位置選択性が観察される．[図22・26の生成物と比較しよう] なぜこのような結果になるのだろうか．

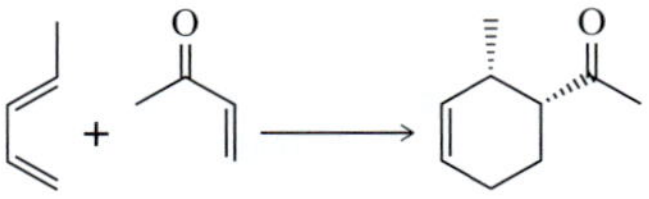

22・22　以下の Diels-Alder 反応の生成物を示せ．ラセミ混合物が得られる場合，二つのエナンチオマーを示し，それぞれがどのように生成するかを説明せよ．[ヒント: 電子供与基と電子求引基は1,2位または1,4位の位置関係となっているかな]

(a)

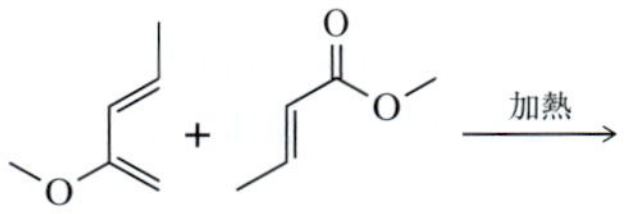

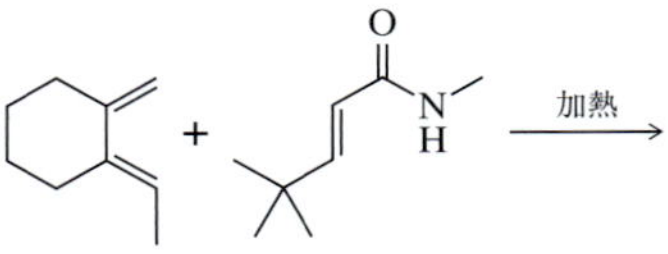

22・23　以下の Diels-Alder 生成物を与えるジエンとジエノフィルを答えよ．

(a) (±)-　(b) 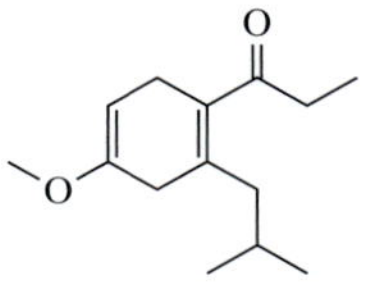
(c) 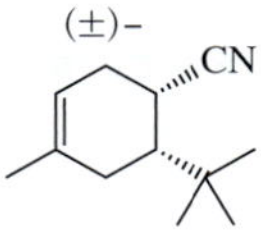 (±)-　(d)

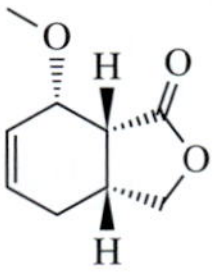

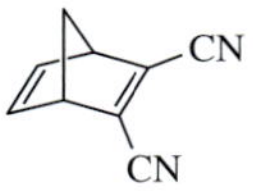

22・24　§22・3の内容から判断して，Diels-Alder 反応は，速度論支配下と熱力学支配下のどちらにあるだろうか．君の答えの根拠は何かも答えよ．

1058   22. 共 役 系 II

22-C   化学はここにも（グリーンケミストリー）

エナンチオ選択的 Diels–Alder 反応

　Diels–Alder 反応は最も環境に優しい反応の一つである．アトムエコノミー（原子効率）100％が実現されているためとされているが，これは反応物の原子が100％の効率で，最終生成物となることを指している．これらの反応は無溶媒条件下や水のような環境に優しい溶媒中で行うと，さらに環境に優しい反応となる．これまで見てきた Diels–Alder 反応の唯一の欠点は，立体選択性がない点であろう．たとえば，§22・3 で取上げた Diels–Alder 反応は，ラセミ混合物を与

えるものだった．触媒を用いたエナンチオ選択的な Diels–Alder 反応を行うための研究が数多く行われている．その一例として，図 22・28 に示すようなアミンを用いたイミニウム有機触媒反応がある．有機触媒という用語は，従来の金属（無機）触媒の代わりに有機分子を触媒とするということを明示するために用いられる．

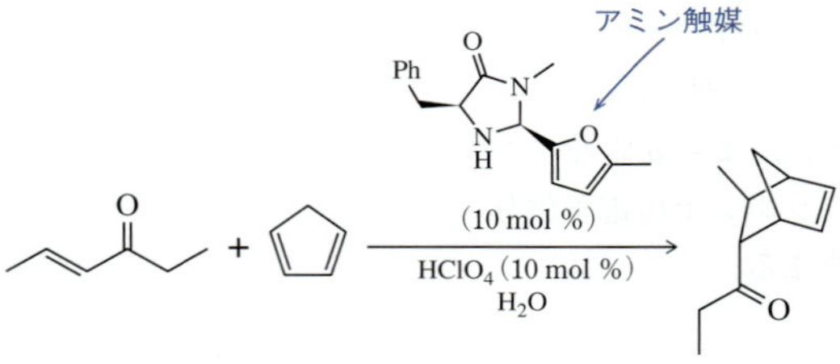

　この形式の触媒は，電子不足ジエノフィルが速い Diels–Alder 反応を行うという事実を活用している．図 22・29 のケトンは，電子不足ではあるが，§17・8・3 で扱った反応機構を経てイミニウムイオンに変換されることで，カチオン性窒素との共役により，さらに電子不足となる．キラル環境を提供する触媒があることで，Diels–Alder 反応はジエノフィルの片方の面からのみ選択的に進行する．［キラル環境がどのように反応をエナンチオ選択的にするのかは，§6・6・2 や §9・3 を見てみよう］（環境に優しい）水を溶媒とすることで，イミニウムイオンは，再びケトンへと加水分解され，Diels–Alder 生成物を放出し，触媒を次の Diels–Alder 反応のために再生する．

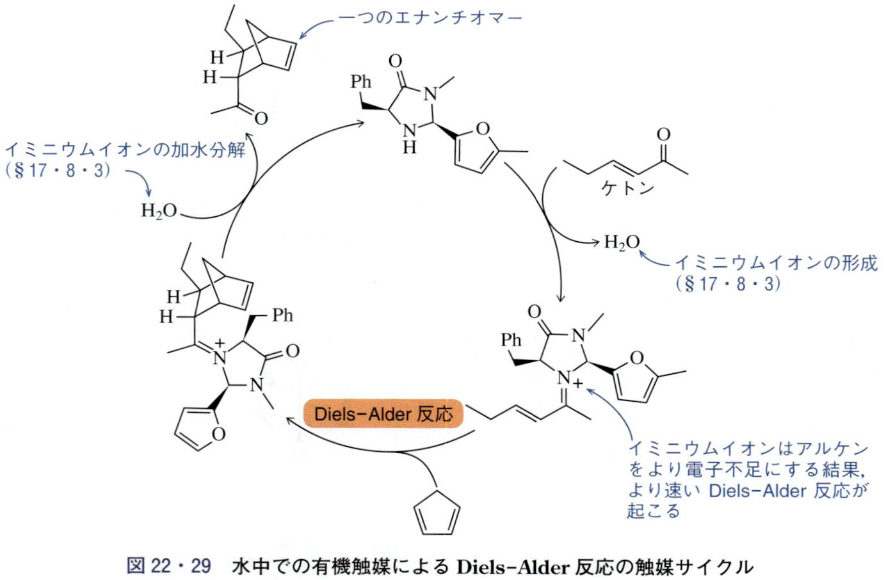

図 22・28　エナンチオ選択的な Diels–Alder 反応の有機触媒

図 22・29　水中での有機触媒による Diels–Alder 反応の触媒サイクル

アセスメント

22・25　ケトンとアミンが結合してイミニウムイオンが生成する図 22・29 の反応の反応機構が示せ．［必要であれば，§17・8・3 を参照しよう］

22・26　α,β-不飽和ケトンの方が，イミニウムイオンが結合したアルケンよりも Diels–Alder 反応を速く進行する場合，立体化学的にどのような結果を予測するか．

22・4 その他のペリ環状反応

　Diels-Alder 反応は最も重要なペリ環状反応であろう．しかし，新しい炭素-炭素結合の形成にたいへん役に立つペリ環状反応はほかにもある．以下の項では，そうした例のいくつかを取上げる．これらの反応は，Diels-Alder 反応と同じようにフロンティア軌道理論に基づいている．

22・4・1 ［2+2］付加環化反応

　Diels-Alder 反応はジエンとジエノフィルの間での協奏的な付加環化反応である．この環化反応は，ジエン中のπ電子とジエノフィル中のπ電子の電子数に基づいて考えると異なる方法で特徴づけることができる．この方法によれば，Diels-Alder 反応は［4+2］付加環化反応ということになる（図22・30a）．似たような［2+2］付加環化反応が，同じような条件下，2分子のエテン間で起こり，シクロブタンが得られるということはないのだろうか？［Diels-Alder 反応は常に加熱して行うので，熱的付加環化反応だよ］巻矢印表記法を用いた反応機構が描けるものの（図22・30b），［2+2］付加環化反応は，加熱条件では進行しない．これを理解するためには，関与する軌道を見てみなければならない．Diels-Alder 反応では，ジエンの HOMO とジエノフィルの LUMO を用いたが，二つのエテン分子の HOMO と LUMO はうまく重ならない．

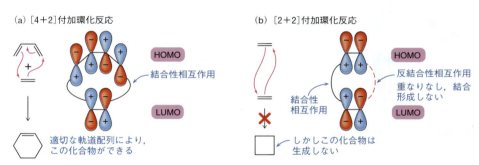

図 22・30　［4+2］付加環化反応と［2+2］付加環化反応での軌道の重なりの比較　(a) 熱的［4+2］付加環化反応で生成物が得られるのは，HOMO と LUMO が並ぶことで結合性相互作用が生じるためである．(b) 二つのエテン分子の間での熱的［2+2］付加環化反応は進行しない．これは，軌道係数が合わないことで反結合性相互作用が生じるためである．したがって，シクロブタンは熱的（加熱）条件下では合成できない．

　4員環は環歪みがあるものの，安定に存在する．この環が形成されないのは，一方のエテンの HOMO と，もう一方のエテンの LUMO が適切に重ならないためである．［ほかの軌道だったら適切に重なるものがあるだろうか？］二つの HOMO の間であれば適切な重なりができるということはわかるが（図22・31a），新しい軌道に4電子を収めようと

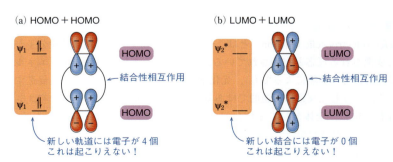

図 22・31　［2+2］付加環化によりシクロブタンを生成しうる軌道の重なり　(a) HOMO と HOMO では電子が多すぎる（4個）．(b) LUMO と LUMO では電子が足りない（0個）．

していることになる（最大可能数は 2）．[なので上手く行かない] あるいは，二つの LUMO の間でも適切な重なりができるが（図 22・31 b），新しい分子軌道は 0 個の電子をもつということになる．[なのでこれも上手く行かない]

2 分子のエテンがシクロブタンを生成するためには，軌道間での適切な重なりがなければならないが，その軌道には 0 個よりも多く，4 個よりも少ない電子を収まらなければならない．その解決策は §22・2 と図 22・9 に隠されている．[解決策はほかにも，ニンジンがオレンジ色である理由（§21・3・2）や，日焼け止めが紫外線から肌を守る仕組み（化学はここにも 21-A）にも隠れているよ]

反応溶液を加熱する代わりに，エテンの HOMO–LUMO 間のエネルギー差に対応する波長（約 175 nm）で，光照射すればよい．こうすることにより，一つの電子が HOMO から LUMO へと励起される（図 22・32）．1 電子が収まることで，LUMO であったものが，半占軌道（SOMO）となる．1 分子のエテンの SOMO は，もう 1 分子のエテンが元来もっている LUMO と適切に重なることができる．これにより，4 員環をつくることができるのである．[なかなかクールだろ？]

ここで説明が足りないことは，電子のやりとりの詳細だね．でもそれは有機化学への導入の教科書の範囲を越えてるんだ．もし，さらに知りたいようなら，将来，物理有機化学の道を進むのがよいのかもしれないね．

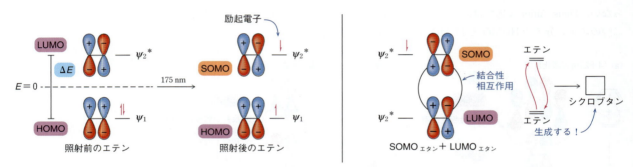

図 22・32　1 電子励起により [2+2] 付加環化が許容となる　　SOMO と LUMO が適切な軌道の重なりをもつ．

アセスメント

22・27　以下の [2+2] 付加環化反応の生成物を予測せよ．

22・28　シクロオクタ-1,4-ジエンを生成したい場合，ブタ-1,3-ジエンにどのような波長の光を当てればよいか．

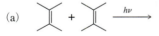

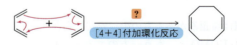

22・4・2　電子環状反応

電子環状反応（electrocyclic reaction）とは，π 電子の動きにより，非環状共役分子が環状構造へと変換される反応と定義されている．この新しい σ 結合の形成は，エネルギー源として熱的にも（加熱によっても），光化学的にも（光照射によっても）促進することができる．こうした反応は可逆的ではあるが，図 22・33 に示したヘキサ-1,3,5-トリエンの環化反応は，全体として π 結合一つを犠牲に σ 結合一つを形成するため，反応が有利に進行する典型的な例である．協奏的反応機構であることが，六つの電子が環状に動くことに現れている．[似たような例を前に見たよね？]

22・4 その他のペリ環状反応　1061

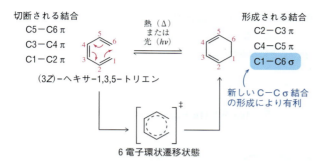

図 22・33 電子環状反応は協奏的である　この反応は 6 電子環状（芳香族性）遷移状態を経ている．可逆反応ではあるが，形成される新しい C–C σ 結合のおかげで，エンタルピー的に有利となることも多い．

図 22・33 の C1–C6 間での新しい σ 結合の形成は，C1 と C6 の p 軌道が 90°回転し，重なりが生じることで進行する．これらの反応の機構と生じる立体化学は，**表 22・1** の **Woodward–Hoffmann 則**（Woodward–Hoffmann rule）で説明される．**同旋的**（conrotatory）閉環とは，C1 と C6 の p 軌道が同じ方向に回転することを意味する（時計回りでも反時計回りでも構わない）．**逆旋的**（disrotatory）閉環とは，C1 と C6 の p 軌道が逆の方向に回転することを意味する（片方が時計回りならば，もう一方は反時計回り）．

表 22・1　電子環状反応に関する Woodward–Hoffmann 則

π系内の電子数	熱（Δ）か光（hν）か	p軌道の動き	動きの描像	回転
4n	熱（Δ）	同旋的		どちらも時計回り（あるいはどちらも反時計回り）
4n	光（hν）	逆旋的		一方が時計回り，もう一方が反時計回り
4n+2	熱（Δ）	逆旋的		一方が時計回り，もう一方が反時計回り
4n+2	光（hν）	同旋的		どちらも時計回り（あるいはどちらも反時計回り）

表 22・1 は，p 軌道のどちらの回転が（対称）許容となっているかを示し，また，それが，π 系に収まっている電子の数と，反応条件が熱的（加熱；Δ）か光化学的（光；hν）かどうかに依存していることを示している．π 系は 4nπ か (4n+2)π の二つの種類に分けて考える．π 系内の電子数を 4n とし，n=1, 2, 3...となっている際に 4nπ 系であると考える．π 系内の電子数を 4n+2 とし，n=0, 1, 2...となっている際に (4n+2)π 系

であると考える．[言い換えれば，π電子の数が4, 8, 12...であれば4nπ系で，2, 6, 10...であれば(4n+2)π系ということになる．アセスメントでいくつかを解いてみてから先に行こう．特に第23章でたくさん扱うことになるからね]

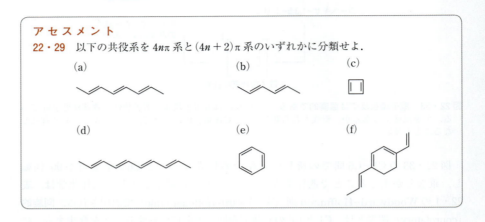

π系が末端炭素に置換基をもつ場合，Woodward-Hoffmann則によって，生じる立体化学を予測できる．その例として，図22・34のトリエンの熱的環化反応を取上げる．三つの二重結合をもつトリエンは，全部で六つのπ電子をもっている．$n=1$とした際に$4n+2=6$となるので，この系は$(4n+2)π$系だと考えることになる．p軌道の回転とそれに伴う末端メチル基の回転は，熱的条件下では逆旋的に起こる．[$4n+2$，熱，逆旋的；表22・1を参照しよう] つまり一つのメチル基が時計回りに回転し，もう一方が反時計回りに回転する．生成物中の二つのメチル基はシス配置となる．

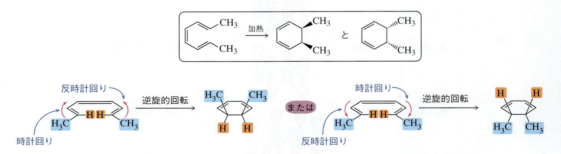

図22・34 熱的$4n+2$環化反応では，逆旋的回転によりシス配置のメチル基が生じる

Woodward-Hoffmann則は暗記できる．[大学院を終えて17年も経っているが，"4-ヒート-コン"という覚え方は，昨日覚えたかのように口をついて出てくる] しかし，これを暗記するよりも，その起源を理解する方がずっと簡単である．理解のためにいくつかの分子軌道を眺めてみよう．電子環状反応中の置換基の回転は，p軌道の同じ係数どうしを並べるために必要であり，その重なりが生じることで新しいσ結合が形成される．ブタジエンの熱的環化反応（図22・35a）は，$4nπ$系であり，重要な分子軌道はHOMOである．このため，p軌道の同旋的回転により，新しいσ結合が形成される．[図22・35bでは反時計回りと反時計回り；図22・35cでは時計回りと時計回り．表22・1によると，この反応は，$4n$，熱，同旋的の環化反応だね]

22・4 その他のペリ環状反応　　1063

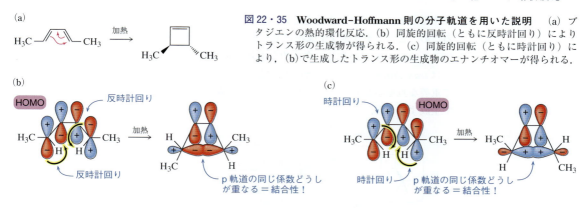

図 22・35　**Woodward-Hoffmann則の分子軌道を用いた説明**　(a) ブタジエンの熱的環化反応．(b) 同旋的回転（ともに反時計回り）によりトランス形の生成物が得られる．(c) 同旋的回転（ともに時計回り）により，(b)で生成したトランス形の生成物のエナンチオマーが得られる．

　図22・35で取上げたブタジエンを，図22・36(a)に示すように励起するとどうなるだろうか？ 一つの電子がLUMOに励起されることで，環化反応はSOMOから起こることとなる．[ここが重要な違いだ：熱的環化反応はHOMOを利用するのに対し，光化学的環化反応はLUMO/SOMOを利用する] 末端p軌道の係数が重なり，σ結合を形成するためには，逆旋的な動きが必要となる．[図22・36bの時計回りと反時計回りの組合わせだね] その結果，二つのメチル基は環の同じ側に位置することになる．[表22・1での$4n$，光，逆旋的の環化反応だ]

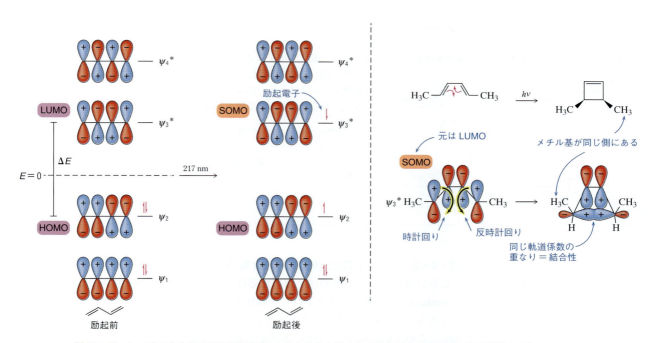

図 22・36　**$4n\pi$系の光化学的電子環状反応**　半占軌道を経由する環化反応では，同じ軌道係数を重ねるために，逆旋的な動きが求められる．

　前述のように，電子環状反応は可逆的である．図22・37の熱的条件下でのシクロブテンの開環反応は4電子系（π結合に2電子とσ結合に2電子）であり，同旋的な動きを期待する．["4-ヒート-コン"だ．表22・1を参照しよう] 非対称な系では，同旋的な動きにも二つの可能性があり，それぞれから別の生成物が生成しうる．両方とも時計回り

にすると *cis,cis*-ジエンが生じるが，二つのかさ高い置換基が同じ場所に収まろうとするため，とても不安定な生成物が生じる．一方で，両方の置換基が反時計回りとなると *trans,trans*-ジエンが生じ，立体的な混雑を最小限に抑えられる．その結果，この反応では *trans,trans*-ジエンのみが生成物となる．このことはすべての電子環状反応において重要な点を示している．つまり，二つの生成物が可能な場合，より安定な方が優先して生成するのだ．

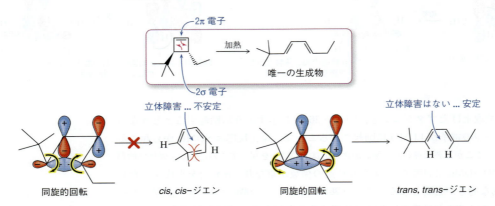

図 22・37 シクロブテンの熱的開環反応　同旋的な開環（ともに反時計回り）により，*trans,trans*-ジエンが優先的に生成する．*cis,cis*-ジエンは立体障害のために生成しない．

アセスメント

22・30　以下の電子環状反応の生成物を予測せよ．

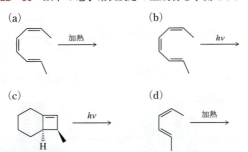

22・31　電子環状反応では，閉環生成物が好まれる．(a) その理由は何か．(b) この現象は，共役トリエンに特にあてはまる．一方で，共役ジエンでは平衡が開環生成物側に有利なので，あまりあてはまらない．なぜそうなるのか理由を述べよ．

22・4・3　シグマトロピー転位（Cope 転位/Claisen 転位）

　最後に登場する三つ目のペリ環状反応は，**シグマトロピー転位**（sigmatropic rearrangement）である．シグマトロピー転位という名前の由来は，一つの σ 結合が開裂し，もう一つの σ 結合が形成されるという，協奏的な π 系の再構成が含まれるためである．この反応には，いくつかの形式があるが，ここでは [3,3] シグマトロピー転位に注目する．[3,3] という呼称は，切断される結合と形成される結合の間の原子の数を示している．[3,3] シグマトロピー転位の代表的な例は，図 22・38 に示した **Cope 転位**（Cope rearragement）である．加熱すると，1,5-ジエンは，協奏的で環状，さらに 6 電子の遷移状態を経て転位反応を起こす．[例のやつだね] C3－C4 の σ 結合が新しい C1－C6 の σ 結合に交換する過程が，シグマトロピー転位である．[tropic ＝ギリシア語で "代わる"] C4－C5－C6 断片（3 原子）が，C1－C2－C3 断片から，切り離されたり，くっ

ついたりすることで，［3,3］シグマトロピー転位ができあがっている．生成物もやはり1,5-ジエンであることから，この反応は可逆的となる．つまり，Cope 転位の最終的な結果は，生成物の安定性により決まる．［図の二つの生成物のうち，どちらがより安定だろうか？］

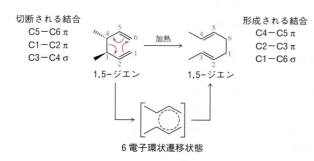

図 22・38 Cope 転位は［3,3］シグマトロピー反応の一つである　協奏的な反応であり，芳香族性の 6 電子環状遷移状態を経て進行し，平衡のより安定な側が有利となる．

Cope 転位には興味深い点が二つある．まず最初に，この反応は可逆反応なので，平衡の有利な側というのは，生成物の安定性によって決まる．［ボールは坂道を転がり下りる］しかし，図 22・38 に示すように，形成される結合と切断される結合は等価であり，一見すると，この反応は $\Delta H = 0$ であるように見える．［そして，1 分子が 1 分子を生成するので，$\Delta S \approx 0$ でもある］しかし，よく吟味してみるとわずかながら違いが見つかる．［違いはわかったかな？　アルケンに注目してみよう］右側の生成物は，二置換アルケンが二つであるが，出発物は一置換アルケンが二つである．第 8 章を振り返れば，二置換アルケンがより安定であることを思い出せるだろう．つまり，より安定なアルケンを形成することが，この Cope 転位の駆動力となる（**図 22・39**）．

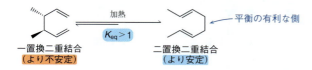

図 22・39 より安定なアルケンを形成することが，Cope 転位の駆動力となる

二つ目の興味深い点は，トランスアルケンが二つ生成することに関係している．仮想的にはシスアルケンも可能なのだが，この競争反応は，立体特異的にトランス体を形成

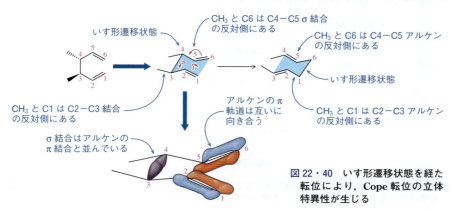

図 22・40 いす形遷移状態を経た転位により，Cope 転位の立体特異性が生じる

する．6員環のいす形配座が，環状構造の最安定な配座であったことを思い出そう．Cope 転位には，六つの炭素が含まれ，この反応のみならず，すべての[3,3]シグマトロピー転位が，図22・40 に示したいす形遷移状態を経て進行する．この立体配座をとることで，二つのアルケンの p 軌道が互いに向き合い，C3 と C4 間の結合の σ 軌道と並ぶことができ，最終的に軌道の重なりと結合生成を実現できる．協奏的であるために，σ 結合と π 結合まわりの回転が起こることはない．したがって，メチル基はその位置関係を保持することとなる．

Cope 転位の結果の立体化学を予測するためには，分子を最も安定ないす形遷移状態に置き，反応前後でメチル基の位置関係を保持することとなる．こうした例をさらに二つ，図22・41 に示す．この図22・41(a) のいす形配座では，C5－C6 のアルケンがシスとなっており，C6 のメチル基はより不安定なアキシアル位を占めねばならない．同様な理由から，図22・41(a) では，二つのメチル基（C6 と C1）はアキシアル位にある．アキシアル位のメチル基が一つしかないので，図22・41(a) のいす形遷移状態の方が，より安定でより実現しやすい．すなわち，図22・41(a) の Cope 転位の方が，図22・41(b) の Cope 転位よりも速くなる．

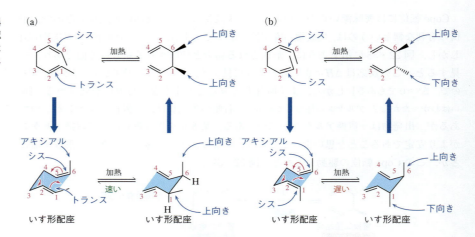

図22・41　**1,5-ジエンの立体特異的な Cope 転位**　メチル基の配置は，この協奏的転位においては保持される．(a) *cis, trans*-ジエン．(b) *cis, cis*-ジエン．

[3,3]シグマトロピー転位としてもう一例，アリルビニルエーテルの **Claisen 転位**（クライゼン）（Claisen rearrangement）を見ておこう（図22・42）．基本的には，この反応は炭素の代わりに O4 がある Cope 転位である．[図22・42 と図22・38 の反応を比較して確認しよう] この反応と Cope 転位の顕著な違いは，特定の方向の反応が有利となる点のみであ

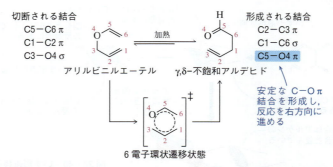

図22・42　**不飽和カルボニル化合物を与えるアリルビニルエーテルの Claisen 転位**　この反応は協奏的で，芳香族性（6 電子環状）遷移状態を経ており，平衡のより安定な側が有利となる．

る．[どちらの方向が有利だと思う？ 理由は？] 反応物側では，二つのC−Cπ結合と一つのC−Oσ結合がある．生成物側では，一つのC−Cπ結合，一つのC−Oπ結合，一つのC−Cσ結合をもっている．おもな違いは，C−Oπ結合で，これはC−Cπ結合よりも，約84 kJ/mol安定である．すなわち，この結合が形成されることから，Claisen転位では，カルボニル基を含んだ側が有利となる．

Cope転位と同じように，Claisen転位はいす形遷移状態を経て進行するので，図22・43に示すように単一の立体異性体が生成するように立体特異的に進む．

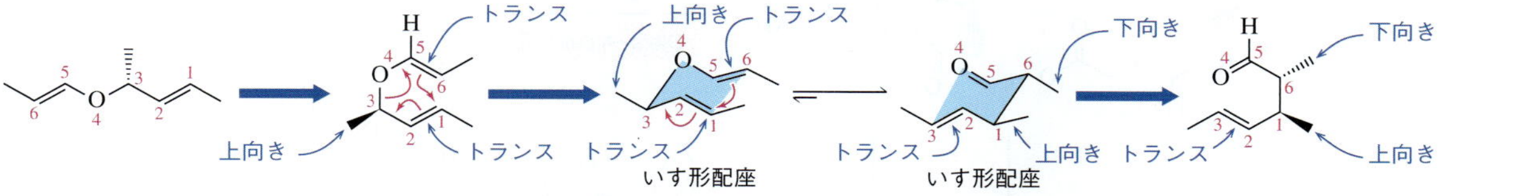

図22・43 いす形遷移状態を経た転位により，Claisen転位の立体特異性が実現される

アセスメント

22・32 以下のシグマトロピー転位の生成物を予測せよ．生成物の立体化学は，必ず，いす形遷移状態に基づいて考えること．

(a) (b)

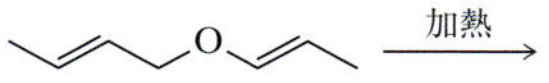

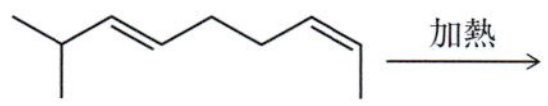

(c) 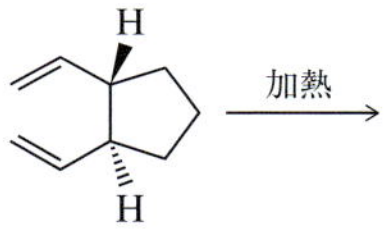 (d)

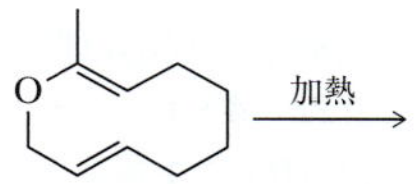

22・33 オキシCope転位は，生成物が平衡により，さらに安定な化合物**A**になることができるので，右に大きく有利となる．(a) この反応の前半部分の反応機構を電子の巻矢印表記法で示せ．(b) 化合物**A**を描き，その構造がオキシCope転位を非常に有利にする理由を説明せよ．

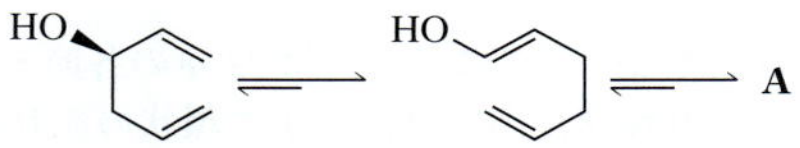

むすびに

ディールス・アルドラーゼ探索の話は，有機化学が生物学にとっていかに重要なのか，また逆に生物学が有機化学にとっていかに重要なのかということを示している．しかし，ディールス・アルドラーゼの場合，その関係は実はもっと深いのである．酵素が触媒する反応は1500以上知られていたのだが，Diels-Alder反応を触媒することが決定的に明らかな酵素はないということがわかっていた．その結果，化学者は自分たちでその酵素をつくることにした．具体的には，図22・44(a)に示した分子に選択的に結合する抗体が作製された．この分子は目的とするDiels-Alder反応の遷移状態に構造的に似ているのである．この抗体が存在すると，図22・44(b)に示したジエンとジエノフィルのDiels-Alder反応がより速く進行する．遷移状態のエネルギーを低下させることで，触媒作用が実現されたものである．これにより，ディールス・アルドラーゼの存在が確認される10年も前に，Diels-Alder生体触媒反応の概念が証明された．[Diels-Alder反応の触媒抗体が開発されたのは，ある意味，ディールス・アルドラーゼが存在することを確認するためだったんだ．生物学と有機化学の共生関係がここにも見られるね]

図22・44も6電子環状遷移状態の例だね．だけど，なぜそれがよいことなのかはいまだ聞いてないね．そろそろ準備もできたんじゃないかな…では第23章に進もう！

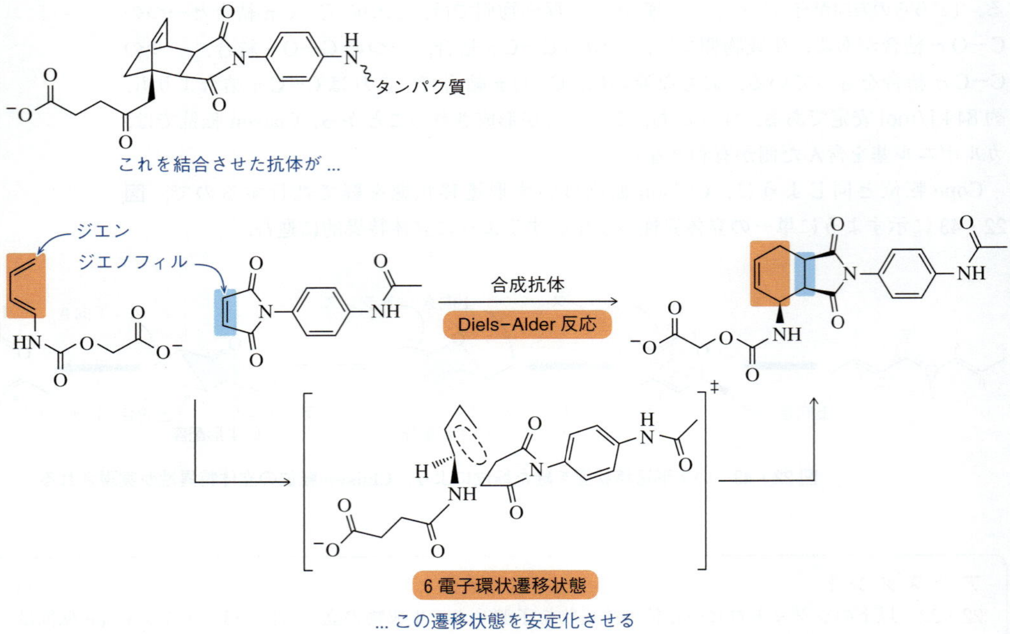

図 22・44 Diels–Alder 反応の触媒抗体の開発 (a) Diels–Alder 反応の遷移状態アナログに結合する抗体をつくり出し，(b) その触媒抗体が遷移状態を安定化することで，Diels–Alder 反応の速度が増す．

第22章のまとめ

重 要 な 概 念 〔ここでは，第22章の各節・項で取扱った重要な概念（反応は除く）をまとめる〕

§22・1: ペリ環状反応とは，電子の環状の流れを伴う協奏的な反応のことである．この章では，付加環化反応，電子環状反応，シグマトロピー転位に焦点を当てる．これらの反応の結果は，反応物の分子軌道図を吟味することで説明できる．

§22・2: ペリ環状反応は，フロンティア分子軌道理論により説明できる．簡単にまとめると，最高被占分子軌道（HOMO）と最低空分子軌道（LUMO）がエネルギー準位のフロンティアにあり，これらの系の反応性を決定するということである．

§22・3: Diels–Alder 反応は，ジエンとジエノフィルの間での協奏的な付加環化反応である．通常型の Diels–Alder 反応では，ジエンの HOMO がジエノフィルの LUMO と反応する．その結果，電子豊富なジエンと電子不足なジエノフィルが速い Diels–Alder 反応を起こす．協奏的反応であることから，s-シスの立体配座が求められ，Diels–Alder 反応は立体特異的かつ位置選択的となる．

§22・4・1: ［2+2］付加環化反応はエテンの HOMO から LUMO に1電子励起することで可能となる．

§22・4・2: 電子環状反応は，π電子の移動により非環状共役分子を環状構造へと可逆的に変換する反応である．熱的条件下では，HOMO の構造が反応の結果を決定する．一方，光化学的条件下では，一つの電子が HOMO から LUMO へと励起されるので，LUMO（反応次点では SOMO）が結果を決定する．これらの結果の違いは，Woodward–Hoffmann 則としてまとめられている．

§22・4・3: Cope 転位と Claisen 転位は，［3,3］シグマトロピー転位である．Cope 転位は，1,5-ジエンが協奏的にいす形の6電子環状遷移状態を経て相互変換するもので，平衡のより安定な側が有利となる．Claisen 転位は，アリルビニルエーテルの反応で，協奏的ないす形の6電子環状遷移状態を経て，安定な C−O π 結合を維持する側に平衡が有利となる．

重要な反応と反応機構

1. Diels–Alder 反応（§22・3） シクロヘキセンを与えるジエンとジエノフィルとの付加環化反応であり，6電子環状遷移状態を特徴とする協奏的な段階を経る．三つの π 結合が切れ，一つの π 結合と二つの σ 結合が生成する．電子豊富なジエンが電子不足なジエノフィルと反応する際，最も速くなる．協奏的であるため，立体特異的であり，おもにエンド遷移状態を経て反応する．ジエンの HOMO とジエノフィルの LUMO，それぞれの最大の軌道係数どうしを重ねるために，位置選択性が高くなる．

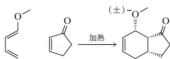

2. 電子環状反応（§22・4・2）　非環状共役分子が環状構造へと，π電子の移動により可逆的に変換される反応であり，熱的条件下あるいは光化学的条件下で開始できる．二つのπ結合が切れ，閉環反応となるように一つのπ結合と一つのσ結合が形成される．生成物中の置換基の向きは Woodward–Hoffmann 則によって説明される．

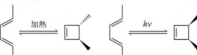

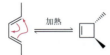
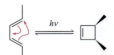

3. Cope 転位（§22・4・3）　1,5-ジエンが6電子環状遷移状態を経て相互変換するシグマトロピー転位である．二つのπ結合と一つのσ結合が切れ，二つのπ結合と一つのσ結合が新しく形成される．反応物と生成物の相対的な安定性によって平衡の偏る側が決まる．この反応は，いす形遷移状態を経ることで立体特異的となる．

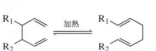

4. Claisen 転位（§22・4・3）　6電子環状遷移状態を経て，アリルビニルエーテルがγ,δ-不飽和カルボニル化合物に変換されるシグマトロピー転位である．二つのC–Cπ結合と一つのC–Oσ結合が切れ，一つのC–Cπ結合，一つのC–Oπ結合，一つのC–Cσ結合が新たに形成される．C–Oπ結合の方が高い安定性をもつことによって，平衡の偏る側が決まる．この反応は，いす形遷移状態を経ることで立体特異的となる．

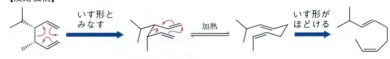

アセスメント〔●の数で難易度を示す（●●●●＝最高難度）〕

22・34（●）　以下のジエンが s-シス配座あるいは s-トランス配座のいずれであるか答えよ．また，s-トランス配座である場合，s-シス配座を描け．［必ずしも描けるとは限らないよ］

(a)　(b)　(c)　(d)　(e)

1070 22. 共役系 II

22・35（●） 次の Diels-Alder 反応の反応機構を示し，形成される位置異性体を予測せよ．

22・36（●●） 次の Diels-Alder 反応の生成物を示せ．

(a)

(b)   (c)

22・37（●） 次の電子環状反応では，置換基は同旋方向あるいは逆旋方向のうち，どちらに回転したか．図示した方向での回転のためには，熱を用いるだろうか，あるいは光を用いるだろうか．

(a)   (b)

(c)

22・38（●●） 図示された条件下での閉環反応/開環反応は，同旋的または逆旋的のどちらとなるか．また，その理由を分子軌道図に基づいて説明せよ．

(a)   (b)

(c)

22・39（●●） アセスメント 22・38 の生成物を示せ．

22・40（●） 次の Cope 転位の生成物を予測せよ．

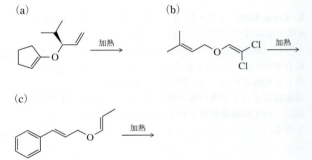

22・41（●） 次の Claisen 転位の生成物を予測せよ．

(a)   (b)

(c)

22・42（●●） この章で学んだペリ環状反応における形成される結合と切断される結合に基づいて，(a) Diels-Alder 反応，(b) 6π 電子環状反応，(c) Cope/Claisen 転位をどのように区別することができるだろうか．

22・43（●●） 次の反応の生成物を予測せよ．[このようにこの章のすべての反応が表示されているときは，まずそれぞれの反応がどの形式のものかを判断しないといけないよ．Diels-Alder 反応なのか，電子環状反応なのか，それともシグマトロピー転位か．これさえ決めてしまえば，生成物を描くのは簡単なんだ]

(a)   (b)

(c)   (d)

(e)

(f)

加熱

加熱

22・44（●●） 次のような生成物を与えるジエンとジエノフィルを提案せよ．

(a)

(b)

(c)

22・45（●●●●） 左の分子から始めて，右の生成物の合成方法を提案せよ．

22・46（●●●） Lewis 酸は，ジエノフィルと Lewis 酸塩基複合体を形成することで，Diels-Alder 反応の速度を上げることができる．なぜこのようなことがいえるのか．説明せよ．

速い

（±）-

より速い！

Lewis 酸塩基
複合体

（±）-

22・47（●●） 下記の反応の速度または平衡に次の要因がどのように影響するかを説明せよ．（a）反応物の濃度を上げる．（b）反応混合物から生成物を取除く．（c）温度を上げる．（d）溶液に Lewis 酸を加える．（e）ジエンに電子供与基を導入する．（f）ジエノフィルに電子供与基を導入する．（g）ジエンに電子求引基を導入する．（h）ジエノフィルに電子求引基を導入する．

22・48（●●●） Diels-Alder 反応は，普通，ラセミ混合物を与える．しかし，次の Diels-Alder 反応は単一の立体異性体が生成物として得られるように進行する．なぜか．

AlCl₃

22・49（●●●） 最近の論文から ボリビアニンの合成には，図示した段階が含まれる．この中間体の合成を可能にする反応剤（試薬）を提案せよ（*J. Am. Chem. Soc.* **2013**, *135*, 9291-9294）.

22・50（●●●） 最近の論文から ［2+2］付加環化反応は，分子内で行うと特に有効である．（a）分子内反応が有利となる理由を述べよ．（b）次の［2+2］付加環化反応の生成物を予想せよ（*Angew. Chem.* **2011**, *50*, 5149 の反応を少し変えたもの）.

hν

22・51（●●） Heck 反応は，第 16 章で学んだ触媒的カップリング反応の一例である．この反応を用いて，次のトリエンを合成した．このトリエンから得られる生成物を予測せよ．ただし，（a）加熱したとき，（b）光に当てたとき，それぞれの場合での生成物を答えよ．［表 22・1 を参考にしよう］

Pd(OAc)₂

加熱 (a)

hν (b)

22・52（●●） 先取り Claisen 転位を用いると，フェノールのアルキル化（第 24 章）を最初の段階として，ベンゼンにアリル基を結合させることができる．（a）**A** と **B** を予想し，（b）各段階の反応機構を巻矢印表記法で説明せよ．［フェノール

1072 **22. 共 役 系 Ⅱ**

のアルキル化は，単なる Williamson エーテル合成反応（第13章）だよ〕

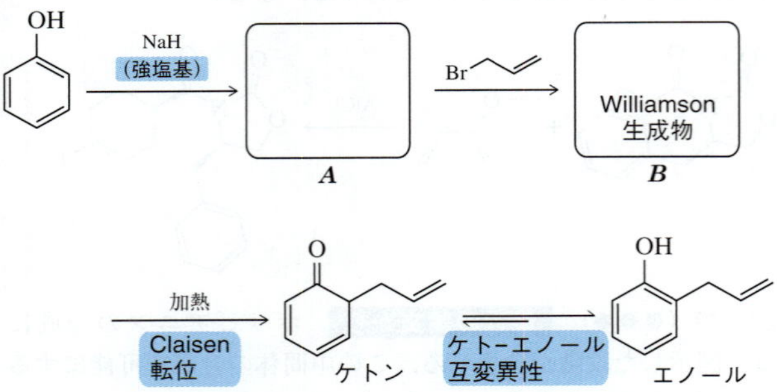

22・53（●●●） Ireland-Claisen 転位は，この章で学んだ Claisen 転位の変法である．（a）第一段階の反応機構を示せ．（b）中間体 **A** を加熱することで生じる生成物（**B**）を予測せよ．（c）**B** を加水分解するとカルボン酸が得られる．この反応の反応機構を示せ．

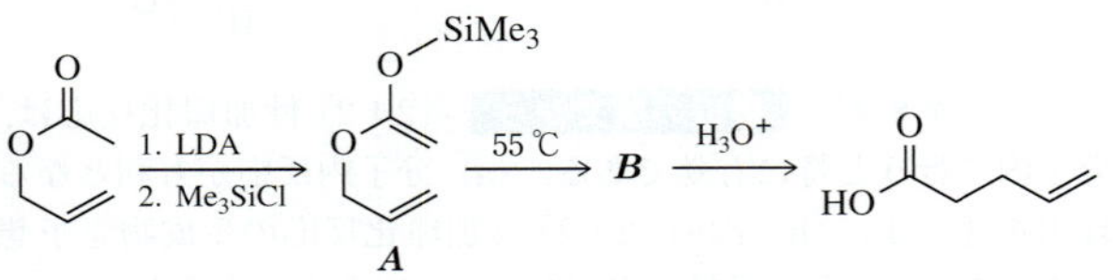

22・54（●●●） アセスメント 22・53 に答えたら，次の反応の生成物を予測せよ．

（a）

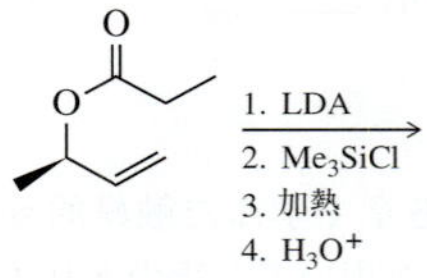

（b）

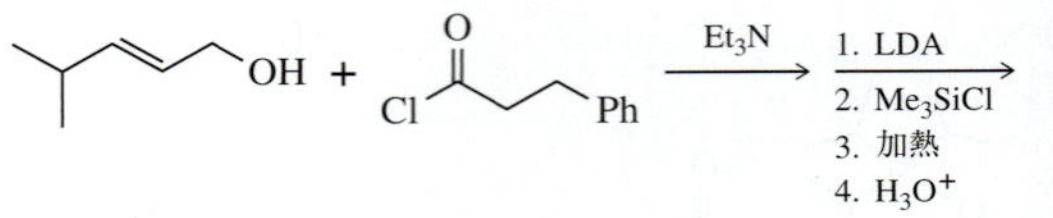

22・55（●●●） Johnson-Claisen 転位は，この章で学んだ Claisen 転位の変法である．（a）第一段階の反応機構を示せ．（b）中間体 **A** を加熱することで生じる生成物（**B**）を予測せよ．

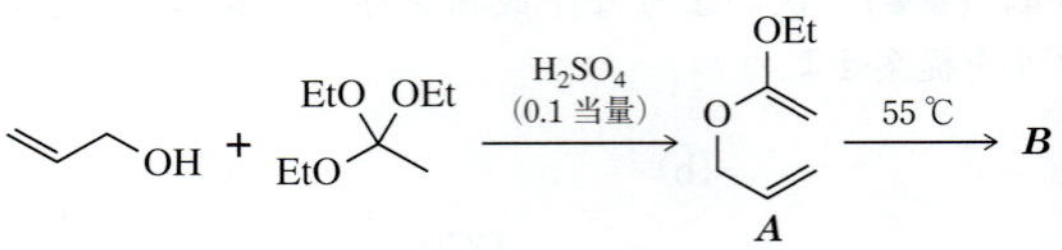

22・56（●●●） Eschenmoser-Claisen 転位は，この章で学んだ Claisen 転位の変法である．アセスメント 22・53〜22・55 の解答を基に，この反応の生成物を示せ．

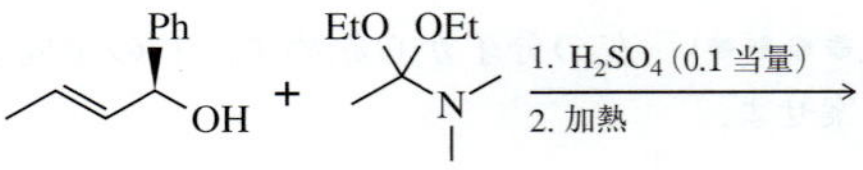

22・57（●●） アセスメント 22・53 〜 22・56 で示されたように，有機化学者はしばしば互いによく似た反応を考案する．これら三つの Claisen 転位の変法があることの価値は何だろうか．

22・58（●●●） 〔振り返り〕 第20章でアルドール反応について学んだ．その際には議論しなかったが，この反応は，下記の Zimmerman-Traxler 遷移状態を経て立体特異的に進行する．（a）この協奏反応の反応機構を巻矢印表記法で示せ．（b）なぜこの反応機構が有利なのか説明せよ．

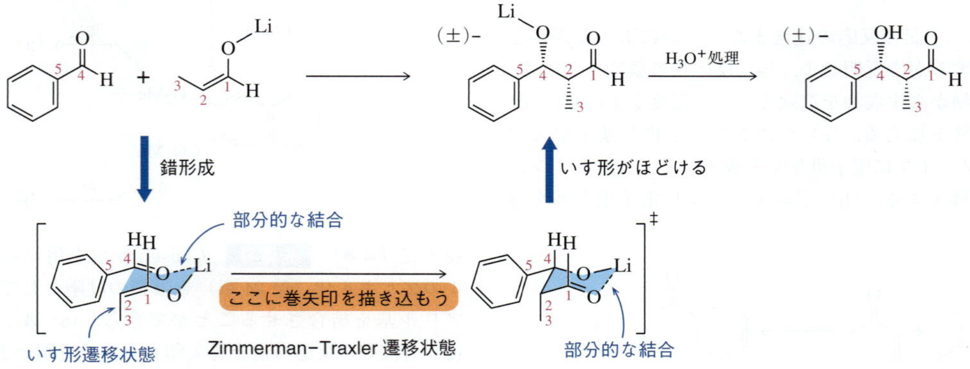

第22章のまとめ　　1073

22・59（●●●●） ［振り返り］　アセスメント 21・58 のエノラートは Z(O)-エノラートとよばれている．アセスメント 21・58 の反応で，E(O)-エノラートを代わりに使った場合の生成物を予測せよ．参考のために，いす形の遷移状態を描いておいた．［この問題は難しいよ．電子の流れを描いたら，いす形の生成物として描き直そう．アセスメント 21・58 のときと同じように炭素に番号をつける．そして，その同じ番号を使って，いす形が解けた直鎖状の生成物とすればよいんだ］

22・60（●●●●）　この章では明示的に取上げてはいないが，エン反応は Diels-Alder 反応と同じように起こり，ジエンの一つの π 結合の電子を C−H 結合の電子で置き換える．次の反応の反応機構を描け．［生成物の炭素に番号をふって，水素を描き込んでみよう．もちろん，形成された結合と切断された結合にも留意しよう］

22・61（●●●） ［最近の論文から］　次の Diels-Alder 反応は，電場の存在下でより迅速に起こるという．この生成物を与えるジエンとジエノフィルを示せ（*Nature* **2016**, *531*, 88-91）．

22・62（●●●●） ［最近の論文から］　Stille カップリングの生成物（**A**）は，塩基性溶液中で互変異性化して化合物 **B** を与える．**B** はその後，自発的に **C** になる．(a) **A** の構造を示せ．(b) **A** から **B** への変換の反応機構を示せ．(c) **B** から **C** への変換の反応機構を示せ（*Org. Lett.* **2001**, *3*, 3875-3878 を改変）．

23

ベンゼン I
芳香族の安定性と置換反応

学習目標

▶ ベンゼンの安定性について説明できる.

▶ 芳香族性の概念を理解して応用することができる.

▶ 芳香族化合物と反芳香族化合物の違いを説明できる.

▶ Frost 円を用いた化合物の解析ができる.

▶ IUPAC の命名法に基づくベンゼン誘導体の命名ができる.

▶ 芳香族求電子置換反応の一般的な反応機構を理解できる.

▶ 芳香族求電子置換反応における位置選択性と立体障害の影響を理解できる.

▶ 芳香族求核置換反応を理解できる.

▶ ジアゾニウム塩やパラジウム触媒を用いた芳香族置換反応を理解できる.

だが,見てごらん! あれはなんだろう. 1 匹の蛇が自らの尾をくわえ,その形のまま,からかうように私の眼前でくるくると回っていた. そのとき,稲妻に打たれたかのような衝撃で,私は目が覚めた. そこから夜通し,思いついた仮定から導かれる結論について考え抜いたのだった.

— Friedrich August Kekulé

はじめに

第 19 章では,カルボン酸誘導体の求核アシル置換反応を学ぶなかで,殺菌作用をもつ抗生物質・抗菌薬を紹介した. β–ラクタム系抗菌薬はその代表的な物質であり,ペニシリン系,セファロスポリン系,セファマイシン系がある. これらは細菌の細胞壁合成を阻害して菌を死滅させる. また,これとは別の作用機序で抗菌効果を示すものもある. 静菌性をもつ静菌薬である. 静菌薬が細菌の成長を遅らせることで,免疫系の攻撃が細菌の成長に追いつき,細菌を倒す.

静菌性抗菌薬のサルファ剤の歴史は,第二次世界大戦前のドイツで,化学会社の初期のコングロマリット(複合企業体)が形成されたことから始まった. 1927 年,Gerhard Domagk は,人間の病気の治療に,染料を使うことができるかを調べるために,IG Farben コングロマリットに雇われた. この研究は,細菌の細胞を染色できる "染料" があると考えていたドイツ人医師,Paul Ehrlich の研究の延長線上にある. Domagk の研究から生まれた薬の一つにプロントジルがあり,これは,もともとは赤色の染料として開発されたものであった. プロントジルが医薬品として認可される前,Domagk は溶連菌感染症で瀕死の状態にあった娘にプロントジルを投与したと伝えられている. 娘は完治したが,薬の影響で皮膚は赤く染まったままになってしまった. 今では決して許されないこの実験によって,プロントジルの抗菌薬としての可能性が確認されたのである. この章では芳香環の化学を学びながら,メディシナルケミストリーの近代化をもたらしたサルファ系抗菌薬の物語についても学ぶ.

プロントジル

第 23 章から第 25 章は,これまで見たことがあるような内容を含んでいる. たとえば第 23 章では,ベンゼンの化学に関して,共鳴やアルケンの付加,Hammond の仮説などの考え方が含まれている. これまで学んだことに関連する内容が含まれることには二つの利点がある. 一つは,今後受験するであろう試験のための復習になること. そして,もう一つは第 23 章の内容はこれまで学んできた内容と密接に関連しているため,以前の章よりも理解しやすいことである. 自信をもって読み進めてほしい. そして,楽しんでほしい — 多くの学生がこの章を本当に楽しんでいる. [と聞いているよ]では,その前に少し,これまでに学んだことの理解度を確認してみよう.

理解度チェック

アセスメント

23・1 分子式 C_6H_6 をもつ分子の水素不足指数（不飽和度）を計算せよ．

23・2 共鳴構造を書いて，以下のどちらがより安定なカルボカチオンであるかを答えよ．

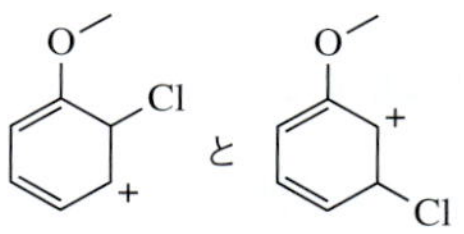

23・3 下に示す反応の遷移状態は，反応物に近いか，それともより生成物に近いか答えよ．また，その理由も述べよ．

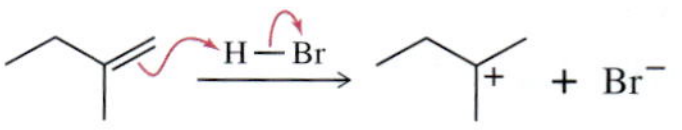

23・4 Br_2 は非常に優れた求電子剤であり，アルケンの付加反応に用いられることを学んでいる（§9・1・2）．Br_2 と Br^+ ではどちらがよりよい求電子剤か．

23・5 次のような Lewis 酸塩基複合体の形成を説明する反応の反応機構を巻矢印表記法を用いて描け．また，それぞれの反応における Lewis 酸と Lewis 塩基を示せ．

(a) $Cl-Cl + FeCl_3 \longrightarrow Cl-\overset{+}{Cl}-\overset{-}{F}eCl_3$

(b)  アルケン $+ Br^+ \longrightarrow$ カルボカチオン–Br

(c) $AlBr_3 + Br^- \longrightarrow \overset{-}{A}lBr_4$

23・6 次の分子中の矢印で示された窒素の混成を答えよ．

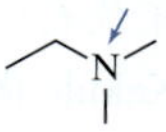

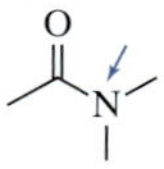

23・1 ベンゼンの発見：非常に安定な分子

19世紀半ばまでに，**ベンゼン**（benzene）は3度，独立して発見された．Michael Faraday は，当時使われていたガス灯から生じる油状の残留物を分離してベンゼンを発見した（1822年）．Eilhard Mitscherlich は，石灰を加えて安息香酸を蒸留してベンゼンを得ている（1833年）．また，Charles Mansfield と August Wilhelm von Hofmann は，コールタールからベンゼンを単離した（1845年）．1822年に燃焼分析による元素分析法が開発され，ベンゼンの分子式は C_6H_6 と古くからわかっていたが，その構造決定は遅れていた．現在使われている各種分光法（NMR, IR, UV-vis）や質量分析がまだ発明されていなかったため，発見されたばかりの分子の構造を確認するためには，さまざまな手段を用いなければならなかった．ベンゼンは，その分子式を基に，図23・1のような構造が提案された．

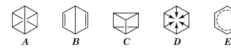

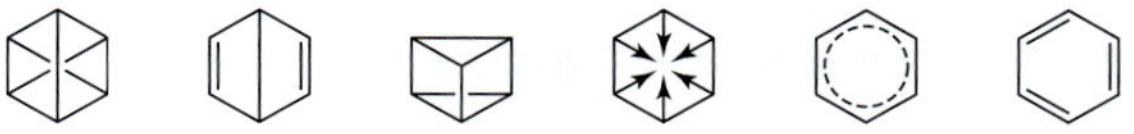

図23・1　19世紀半ばに提案されていたベンゼンの構造 Kekulé が提案した構造（F）が実際の構造である．

現代の化学者はもちろん，化学を学んでいる学生にとっても，図23・1の構造のいくつかは，よく言って，ありそうにない，悪く言えば，まったくばかげたものに見える．1800年代に最も高く評価されていた化学者でも，今日の有機化学を少し学んだ学生がもっている知識のほんの一部しかもち合わせていなかった．［私たちは巨人の肩の上に立っているんだ］彼らは，分子式 C_6H_6 の不飽和度が4であることを知っていた．また，図23・2に示すように，アルケンのような不飽和化合物は，臭素の溶液と反応して，反応液が橙色から無色に変わることも知っていた．しかし，ベンゼンにはそのような反応性

はなく，ベンゼンの不飽和度は，C−C 二重結合以外の何かに由来するのではないかと考えられた．したがって，図 23・1 の **A**, **C**, **D** のような構造を否定することはできなかったのである．

図 23・2　アルケンのような不飽和化合物は臭素と反応する　しかし，ベンゼンは反応しない．

1865 年，Friedrich August Kekulé は，ベンゼンの構造が単結合と二重結合が交互に並んだ六角形の 6 員環であることを提案した．[このベンゼンのイメージは，夢の中で自らの尾をかむ蛇を見て思いついたものといわれているんだ] 二置換ベンゼンには三つの異性体しかないことがわかっていたので，Kekulé は，ベンゼンは二つの構造が速い平衡状態で存在していると考えた（図 23・3）．この仮説は，共鳴の発見により，一見わずかだが，大きく修正された（共鳴の概念は 1899 年に Johannes Thiele によって提案され，1930 年代初頭に Linus Pauling によってさらに発展した）．現在ではベンゼンの二つの Kekulé 構造は，二つの平衡構造ではなく，等しく寄与する共鳴構造であることがわかっている．つまり，ベンゼンはどちらか一方の Kekulé 構造をとるのではなく，常に二つの Kekulé 構造が混ざった状態になっている．そのため，ベンゼンは六角形の中に円を書いた形で示されることもある．

図 23・3　ベンゼンの構造　当初は平衡構造として提案されたが，共鳴の考えが提案されてから，ベンゼンは現在，共鳴構造で表される．

> **アセスメント**
> 23・7　C−C 単結合の平均の長さは 0.153 nm，C=C 二重結合の平均の長さは 0.131 nm である．ベンゼンの C−C 結合はすべて同じ長さ（0.142 nm）である．なぜこうなるか説明せよ．
> 23・8　Kekulé の当初の仮説が正しく，ベンゼンが二つの構造の間で平衡状態であるとした場合，1,2-ジクロロベンゼンには異なる異性体がいくつ存在するか．

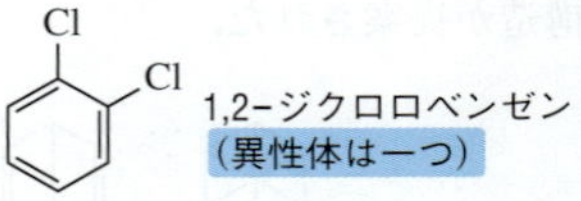

23・2　芳香族性（aromaticity）

ベンゼンの Kekulé 構造が認められない大きな理由に，二重結合の存在があった．当時，アルケンは臭素と付加反応を起こすことが知られていたが，ベンゼンでは付加反応は起こらない．したがって，ベンゼンは第 21 章，第 22 章で学んだ共役アルケンと比べて，何か特別に安定化されていると考えられた．たとえばベンゼンは，6 個の電子が環全体に非局在化されているため，求核剤と反応しなかったと考えるとベンゼンの安定性を説明できるかもしれない．あるいは，共鳴の概念から，ベンゼンの C−C 結合は，本当の意味での二重結合ではなく，単結合と二重結合の中間的な結合であると考えること

でも説明できるかもしれない（アセスメント23・7参照）．どちらの考えも合理的であるが，ベンゼンが予想以上に安定していることを説明するには，十分ではない．以下の節では，ベンゼンがどれほど安定であるかを説明し，分子がそこまでの安定性を獲得するために必要となる規則を紹介する．

23・2・1 安定性

§9・2・1と§21・2・1では，水素化熱（$\Delta H°_{水素化}$）を使ってアルケンの安定性を見積もることができることを学んだ．[アセスメント21・7を復習しよう] ベンゼンの安定性を見積もるには，ベンゼンの水素化と，シクロヘキセン3分子の水素化の水素化熱を比較して考えればよい．シクロヘキセンの水素化熱 $\Delta H°_{水素化}$ は $-120\ \text{kJ/mol}$ である．したがって，§21・2・1で学んだ共役の効果を無視すると，ベンゼンの水素化熱 $\Delta H°_{水素化}$ は $3 \times (-120\ \text{kJ/mol}) = -360\ \text{kJ/mol}$ になると予想される．しかし，実際にはこの値は $-208\ \text{kJ/mol}$ である（図23・4）．この二つの値の差 $152\ \text{kJ/mol}$ は，ベンゼンの共鳴エネルギーとよばれ，ベンゼンを還元したときに放出される熱量がどれだけ少ないかを示している．[これは何を意味するのかな]

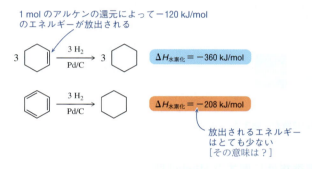

図23・4 3分子のシクロヘキセンとの比較から，ベンゼンは $\Delta H°_{水素化} = -360\ \text{kJ/mol}$ となるはずである

図23・4の比較は，§21・2・1で示された共役による安定化効果を無視した仮定に基づいている．ベンゼンの還元を，共役トリエンの還元，生じる共役ジエンの還元，シクロヘキセンの還元と，段階的に行ったと考えると，ベンゼンの水素化熱 $\Delta H°_{水素化}$ は $-338\ \text{kJ/mol}$ になる（図23・5）．この値は $-360\ \text{kJ/mol}$ よりは，ベンゼンの実際の水素化熱 $-208\ \text{kJ/mol}$ に近づいたが，まだ $130\ \text{kJ/mol}$ も離れている．

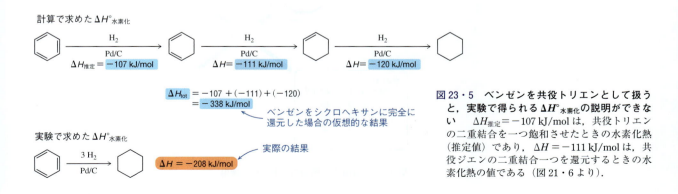

図23・5 ベンゼンを共役トリエンとして扱うと，実験で得られる $\Delta H°_{水素化}$ の説明ができない．$\Delta H_{推定} = -107\ \text{kJ/mol}$ は，共役トリエンの二重結合を一つ飽和させたときの水素化熱（推定値）であり，$\Delta H = -111\ \text{kJ/mol}$ は，共役ジエンの二重結合一つを還元するときの水素化熱の値である（図21・6より）．

シクロヘキサジエンの還元に関する既知の値とベンゼンの $\Delta H°_{水素化}$ を用いると，ベンゼンの水素化の第一段階の $\Delta H°_{水素化}$ を計算できる．図 23・6 に示すように，ベンゼンの水素化熱 $\Delta H°_{水素化}$ が $-208\,\mathrm{kJ/mol}$ となるのは，第一段階（トリエンからジエンへの還元）の水素化熱 $\Delta H°_{水素化}$ が $+23\,\mathrm{kJ/mol}$ となる場合だけである．〔これは決してタイプミスではないからね〕アルケンの水素化反応は，これまで学んできた反応のなかでも最も発熱が大きい反応の一つであるが，ベンゼンの二重結合を最初に還元する段階は，<u>吸熱反応</u>なのである．反応座標図にシクロヘキセンの水素化とベンゼンの水素化の 1 段階目を比較するよう示すと，ベンゼンの最初の還元が上り坂になるには，ベンゼンがいかに安定でなければならないかがよくわかる．この安定性は，ベンゼンが**芳香族**（aromatic）分子であることに起因する．すべての芳香族分子は，ベンゼンのような安定性をもっている．

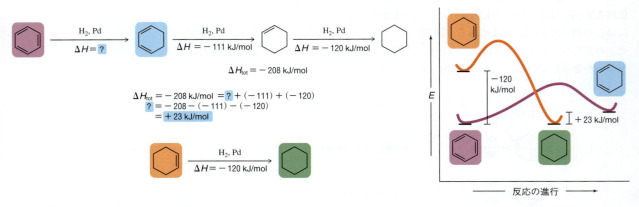

図 23・6 ベンゼンは反応座標図上でかなり低い位置から始まる したがって，他のアルケンに比べてかなり安定である．

23・2・2 芳香族性に関する Hückel 則

ベンゼンの安定性の高さは，過去に化学者がベンゼンの構造決定に苦労した一因である．同様の安定性をもつ分子がほかにも発見され，ドイツの化学者 Erich Hückel は芳香族性の規則〔**Hückel 則**（Hückel rule）〕を示した．Hückel 則を用いると，通常の原子価結合理論で予測されるより高い安定性を示す分子を予測できる（表 23・1）．

Hückel 則を理解するために，まずベンゼンから考えてみよう（図 23・7）．それぞれの炭素は sp^2 混成で平面三角形であり，ベンゼンは平面状の分子である（規則 1）．ま

表 23・1 芳香族性についての Hückel 則

以下を満たす分子は芳香族である
1. 平面である
2. 環状である
3. 環を構成するすべての原子は，電子で満たされた p 軌道か，空の p 軌道をもつ
4. 環状，共役 π 系にある，電子数は $4n+2$ 個である

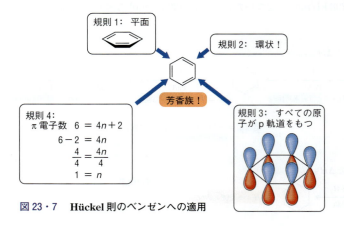

図 23・7 Hückel 則のベンゼンへの適用

た，環状である（規則2）．それぞれの炭素原子は，三つのC-Cπ結合を形成するためのp軌道をもっている（規則3）．π電子は6個であり，$4n+2=6$としてnを解くと，$n=1$という整数値が得られる．したがって，規則4が満たされる．以上のように四つの規則をすべて満たしたベンゼンは芳香族分子であり，安定性の向上が予測される．

芳香族分子の決定で最も理解し難いのは，$4n+2$の規則である．学生たちからしょっちゅう，"nは何なのか？"，と聞かれる．電子の総数が$4n+2$で，nが整数のとき，その分子は芳香族であること以外，何の意味もない．［他のすべての条件が満たされていると仮定して］表23・2には，芳香族性の規則1～3を満たすいくつかの芳香族分子について，その計算を示している．［§23・3では，(c) シクロペンタジエニルカチオンと (d) シクロオクタテトラエンが，もし平面であるならば，反芳香族であることを学ぶよ…お待ちあれ！］

Hückelは，数学に基づく原理を，一般の人が理解しやすい言葉に置き換えて説明することが得意ではなかったみたい．そのために，彼の考えは一般に受入れられなかったといわれているよ．科学者にとって，文章や会話のコミュニケーション能力は非常に重要なんだ．

表23・2 いくつかの芳香族性をもちそうな化合物について，$4n+2$の計算

(a) ![pyrrole]	(b) ![cyclopentadienyl anion]	(c) ![cyclopentadienyl cation]	(d) ![cyclooctatetraene]
π結合が二つ＝$4e^-$ 非共有電子対が一つ＝$2e^-$	π結合が二つ＝$4e^-$ 非共有電子対が一つ＝$2e^-$	π結合が二つ＝$4e^-$	π結合が四つ＝$8e^-$
$6e^-=4n+2$ $n=1$	$6e^-=4n+2$ $n=1$	$4e^-=4n+2$ $n=1/2$	$8e^-=4n+2$ $n=3/2$
芳香族！	芳香族！	芳香族ではない	芳香族ではない

23・2・3 さまざまな芳香族分子

ベンゼンのほかにも，同じように高い安定性をもつ分子が存在する．この項の目的は二つある．まず，芳香環の種類とその一般名を紹介すること，さらに，こうして学ぶさまざまな芳香族分子を用いてHückel則がどのように適用されるのか，具体的に説明することである．

a. 炭化水素 ベンゼン以外の芳香族炭化水素は，基本的に複数のベンゼン環から構成されている（図23・8）．たとえばナフタレンは，二つのベンゼン環が縮環してできており，芳香族である．また，10員環の大きな一つの環として扱うと，π電子は合計10個である（五つのπ結合）．10個のπ電子は，$4n+2$とすると，$n=2$となる．同様に，フェナントレンやアントラセン［二つの多環式芳香族炭化水素については，"化学はここにも 23-A"を参照しよう］も芳香族である．

芳香族であることに変わりはないけど，環が増えると，ベンゼンそのものに比べて共鳴エネルギーは小さくなるんだ．

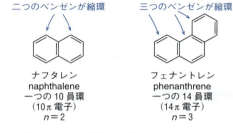
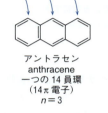

ナフタレン naphthalene 一つの10員環 （10π電子）$n=2$

フェナントレン phenanthrene 一つの14員環 （14π電子）$n=3$

アントラセン anthracene 一つの14員環 （14π電子）$n=3$

図23・8 芳香族炭化水素であるナフタレン，フェナントレン，アントラセン

Hückel則に従えば，より大きな環状化合物も平面的な立体配座で存在することができれば，芳香族となりうる．図23・9に示す10員環化合物は，平面的に存在できない

ので，芳香族ではない．中央の二重結合がトランス配置であるため，平面的な立体配座では，二つの水素が同じ空間に存在しようとすることになり，かなりの立体的な衝突が生じる．その結果，分子は平面配座からねじれることになる．このねじれによりp軌道の整列が妨げられ，分子は**非芳香族**（nonaromatic）となる．C1とC6が炭素鎖で架橋されると，π系はほぼ平面になり，この分子はある程度芳香族性をもつようになる．

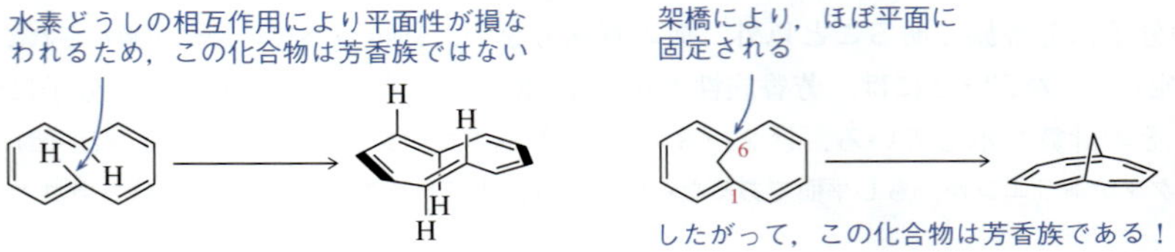

図23・9　平面ではないπ系化合物は芳香族ではない　　しかし，ほぼ平面的な立体配座に固定される化合物は芳香族となる．

23-A　化学はここにも（グリーンケミストリー）

多環式芳香族炭化水素

多環式芳香族炭化水素（polycyclic aromatic hydrocarbon, PAH）は，複数のベンゼン環が縮環した構造をしている（図23・10）．PAHは，森林火災や火山の噴火などによって自然発生することもあるが，環境中のPAHのおもな発生源は，石炭産業と石油産業である．PAHは，木が燃えたときの煙，たばこの煙，屋根に使われるコールタール，道路に使われるアスファルトなどに含まれている．これらの化合物は，不活性で親油性が高いため，残留性有機汚染物質（POPs）に分類される．

1775年に煙突掃除夫に精巣がんが異常に多いことがわかったとき，当時から早くも煤煙に含まれる化合物が発がん性物質と疑われた．その後，PAHが煤煙の中に含まれる化学物質として特定された．DNAの塩基対の間にPAHが挿入し，さまざまながんにつながることが明らかになった．PAHは環境中に存在する危険な物質であるため，特に汚染がひどい場所では，PAHを除去する技術の開発が必要であった．PAHに汚染された土壌を浄化するために，四つの浄化技術が使用されており，これらを表23・3に示す．

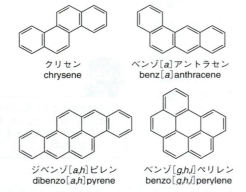

図23・10　PAHは発がん性が疑われている物質である

表23・3　PAHにより汚染された土壌を浄化するための方法

分類	浄化技術
物理-化学的処理	植物油を用いる土壌からの抽出
生物学的処理	ファイトレメディエーション：植物による汚染物質の吸収
化学的処理	$KMnO_4$ または H_2O_2 を用いた化学的酸化による極性/水溶性の向上
熱処理	焼却処理による完全燃焼

芳香族複素環もやはり芳香族なんだけど，ベンゼンに比べて共鳴エネルギーは低いんだ．

b. ヘテロ芳香族化合物（複素環式芳香族化合物）　**ヘテロ芳香環**（heteroaromatic ring）は，炭素原子以外の原子を少なくとも一つ含む芳香環である．窒素，酸素，硫黄などのヘテロ原子は，それぞれ少なくとも一つの非共有電子対をもつが，その非共有電子対が芳香族性に寄与してもそうでなくてもよい．ピリジン（図23・11a）の場合，π系の6（$4n+2$）個の電子はC−Nπ結合の電子で，窒素の非共有電子対は芳香族性に関与せずsp^2混成軌道に配置されている．一方，ピロール（図23・11b）の窒素上の非

共有電子対は，6($4n+2$)π電子系を満たすために必要である．

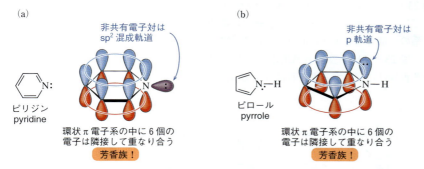

図 23・11　ヘテロ芳香環　(a) ピリジンの三つの C-C π結合には，6($4n+2$)個のπ電子がある．(b) ピロールは二つの C-C π結合と一つの非共有電子対から 6($4n+2$)個のπ電子を構成する．

　ピリジンとピロールを例にして考えてみると，どのようなとき，非共有電子対が芳香族性に寄与したり，しなかったりするだろうか．すべての分子は，できるだけ安定になるように混成する．[ボールは坂道を転がり下りる] 第 2 章で，共鳴を初めて学んだときに，混成は VSEPR 理論で予想されるが，別の混成状態で共鳴による非局在化がある場合は，VSEPR 理論で予想される混成をとらないで，共鳴安定化を受ける混成状態をとることが示された．これと同様な原則がここでも成り立つ．たとえば，チオフェンについて（図 23・12），硫黄原子が VSEPR 理論で予測した sp^3 混成であると，チオフェン環は連続した p 軌道のつながりは存在しない．一方，sp^2 で混成すると，p 軌道に一つの非共有電子対が収まり，6($4n+2$)個のπ電子がつながったかたちとなり，チオフェンは芳香族性をもつことになる．

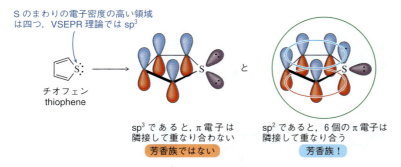

図 23・12　チオフェンの硫黄原子は sp^2 混成で，非共有電子対の一つはその p 軌道にある．したがって，チオフェンは芳香族である

アセスメント

23・9　イミダゾールはヘテロ芳香環の塩基である．a と b のどちらの窒素がより塩基性か．

23・10　ピロールとピロリジンのうち，求核性が高いのはどちらの窒素か．その理由も述べよ．

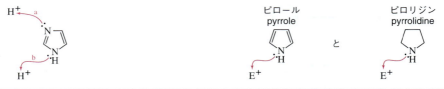

c. 電荷をもつ芳香族化合物　芳香族性を示すのは中性分子だけとは限らない．図 23・13(a) に示すように，いくつかのアニオン性芳香族分子がある．これらの化合物では，アニオン性の炭素は，p 軌道に非共有電子対をもち，その電子が $(4n+2)\pi$ 電子系の一部となるように混成している．また，カルボカチオンが芳香環の一部である場合（図 23・13b），空の p 軌道が $(4n+2)\pi$ 電子系の一部となるように混成し，その際の芳香族性に寄与する電子数は 0 である．

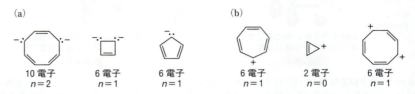

図 23・13　電荷をもつ芳香環　(a) カルボアニオンの非共有電子対が p 軌道であるとき，その電子 2 個は，$4n+2$ の π 系に使われる．(b) p 軌道が空のカルボカチオンは，p 軌道の電子が 0 個で，芳香族となるよう $4n+2$ の π 系に組込まれる．

23・2・2 ～ 23・2・3 のまとめ

- $4n+2$ 個の π 電子をもつ連続した π 電子系からなる平面かつ環状の分子は芳香族である．

アセスメント

23・11　(i) 次の分子を，芳香族であるかそうでないかに分けよ．(ii) 芳香族分子については，Hückel 則における n を求めよ．芳香族でない分子については，芳香族性のどの規則が満たされていないかを説明せよ．

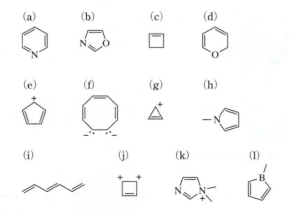

23・12　次の協奏反応のうち，より安定した遷移状態をもつのはどちらか．その理由も述べよ．

23・13　シクロペンタンは $pK_a = 50$ であるのに対し，シクロペンタジエンは $pK_a = 16$ である．この違いを説明せよ．

シクロペンタン　　シクロペンタジエン
$pK_a = 50$　　　　$pK_a = 16$

23・14　A と B のうち，どちらの共鳴構造の寄与が大きいか．

23・15　青矢印で示された窒素原子の混成を答えよ．なぜそのように混成するのか述べよ．

23・3 反芳香族性 (antiaromaticity)

図 23・14 は，三つに分類された分子の相対的な安定性を示したものである．これまでに，これら三つのうち，芳香族分子と非芳香族分子の二つの反応性を学んできた．§23・2 で取上げられた芳香族分子は，非常に安定であり，それは私たちが予想したよりもはるかに安定であった．また，これまでこの本に出てきた残りの分子は非芳香族分子であった．これらの分子は Hückel 則に従わず，原子価結合理論，角歪み，結合解離エネルギーなどから予想される通りの安定性をもっている．一方，第三の分子である反芳香族分子は，私たちが予想するよりも，はるかに不安定なものである．[分子を非常に不安定にする効果が，なぜ芳香族性よりもずっと後になって発見されたのだろう？]

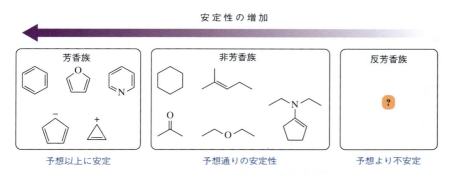

図 23・14 芳香族分子，非芳香族分子，反芳香族分子の安定性

23・3・1 不安定性

反芳香族分子の不安定さは，シクロブタジエンを例にとるとよくわかる．[どれくらい不安定なんだろう？] シクロブタジエンは，35 K (−238 ℃) 以上の温度で，Diels–Alder 反応 (§22・3) により二量化し，図 23・15 に示すような分子になる．そう，シクロブタジエンは，それ自身，4 員環の角歪みにより非常に不安定なので，二量化する．その二量体も，角歪みをもつ 4 員環を三つ含んでいる．[つまり，反応前のシクロブタジエンは，ものすごく不安定なんだ] 最近の研究では，古くからの解釈に疑問がもたれ，この不安定さの原因が反芳香族性ではなく，角歪みやねじれ歪み，立体反発による歪みであることが提案されている．では，次に他の例を考えてみよう．

図 23・16(a) のシクロペンタジエニルカチオンも，反芳香族であるために，通常考えられるよりも不安定である．第 21 章では，アルケンと共役したカルボカチオンは複数の共鳴構造を描くことができるので，非常に安定となることを学んだ．したがって，シクロペンタジエニルカチオンが非常に不安定であるのは驚きである．また，図 23・16(b) に示すように，プロペンの pK_a は約 43 であり，共役塩基は隣接するアルケンとの共鳴によって安定化されている．一方，シクロプロペンの pK_a は 61 であり，メタンの pK_a よりも高い．これはシクロペンタジエンとはまったく対照的で，シクロペンタジエンの場合は芳香族の共役塩基が生成するので，脱プロトンは非常に起こりやすい（アセスメント 23・13）．[環の歪み以外にシクロペンタジエニルアニオンとシクロプロペニルアニオンの安定性の差を説明できるような，違いがあるかな？]

芳香族分子は，電子が連続した環状 π 電子系になっていることを思い出してほしい (§23・2)．$(4n + 2)$ 個の π 電子（すなわち，$n = 0, 1, 2, ...$ のとき，π 電子は 2, 6, 10, ... 個）をもつ環は芳香族である（他の Hückel 則の条件が満たされていると仮定して）．

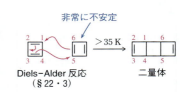

図 23・15 反芳香族分子であるシクロブタジエンは，不安定であるため，Diels–Alder 反応により速やかに二量体化する

一方，図 23・15 と 23・16 は，反芳香族分子は 4π 電子をもつことを示している．したがって，これらの分子には 4n + 2 則は当てはまらない．

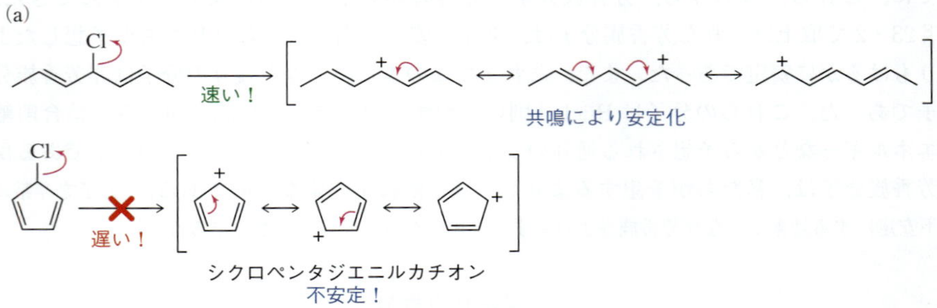

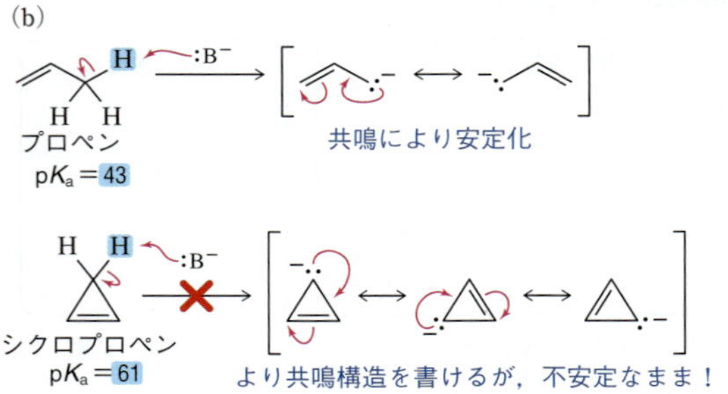

図 23・16 反芳香族性の例
(a) シクロペンタジエニルカチオンは，共鳴安定化されたカルボカチオンをもつにもかかわらず非常に不安定である．(b) シクロプロペンの共役塩基も，(プロペンのように) 共鳴安定化されているにもかかわらず，非常に不安定である．

23・3・2 Hückel/Breslow 則：反芳香族性の規則

1967 年，化学者の Ronald Breslow は，電子の非局在化によって分子の安定性が低下する系を考慮して，Hückel の芳香族性に関する規則を修正した (Hückel/Breslow 則，Hückel/Breslow rule)．この修正規則（表 23・4）により，どの分子が通常の価電子結合理論による予測より安定性が低下するかを予測することができるようになった．言い換えると，Hückel/Breslow 則を用いれば，存在が難しい分子を予測できる．反芳香族性の規則と芳香族性の規則（表 23・1）の違いは，規則 4 だけである．

これらの規則を理解するために，まず，図 23・17 に示すように，シクロペンタジエニルカチオンに当てはめてみよう．各炭素は sp² 混成されており，平面三角形である．したがって，この分子は平面分子である（規則 1）．また，この分子は環状である（規

多くの場合（この本でもほぼすべて），共鳴による非局在化により，分子は安定化されるよ．だけど，反芳香族の系では，共鳴によって分子の安定性が著しく低下するんだ．そのことについて少し考えてみよう．

表 23・4 反芳香族性についての Hückel/Breslow 則

以下を満たす分子は反芳香族である
1. 平面である
2. 環状である
3. 環を構成するすべての原子は，電子で満たされた p 軌道か，空の p 軌道をもつ
4. 環状，共役 π 系にある，電子数は 4n 個である

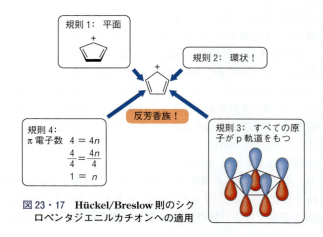

図 23・17 Hückel/Breslow 則のシクロペンタジエニルカチオンへの適用

則2)．各炭素原子はp軌道をもち，二つのC−Cπ結合とカルボカチオンの形成に使われる（規則3）．π電子数は4なので，$4n=4$としてnを解くと，$n=1$という整数値が得られる．したがって，規則4が満たされる．四つの規則をすべて満たしたシクロペンタジエニルカチオンは，反芳香族分子であり，非常に不安定であることが予想される．

分子が本当に反芳香族であるかどうかについては，いまだにかなりの議論がなされている．その理由の一つとして，反芳香族分子を合成して，その研究を行うことが非常に難しいことがあげられる．［その理由はわかるかな？］分子に反芳香族性をもたせるように何かをしようとすると，表23・4の反芳香族性の規則に従わないように，化合物自身が変化しようとする．たとえば，シクロオクタテトラエン（COT）は，環状ですべての炭素がp軌道をもち，連続した8π電子〔$4n=8$ ($n=2$)〕をもつ（図23・18）．また，平面的に書いているが，実際にはバスタブのような形になっている．［なぜだろう？］もし平面だったら，反芳香族で，非常に不安定であり，存在できないからである．そこで，少しでも安定した状態になるために，バスタブ状の立体配座をとるのである．［ボールはまだ坂道を転がり下りる］

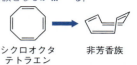

図23・18 シクロオクタテトラエン（COT）は，反芳香族となるのを避けるよう，バスタブのような立体配座をとっている．

23・3のまとめ

- $4n$個の電子をもつ連続したπ系からなる平面で環状の分子は，反芳香族性で非常に不安定である．

アセスメント

23・16 (i) 次の分子を芳香族，非芳香族，反芳香族に分類せよ．(ii) 芳香族と反芳香族の分子については，Hückel/Breslow則におけるnを求めよ．非芳香族の分子については，Hückel/Breslow則のどの規則が満たされていないのか説明せよ．

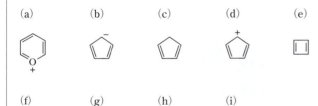

23・17 シクロブタジエンは−238 °C以上で存在できないのに，なぜ図に示すシクロブタジエンジカチオンが−10 °Cでも観測されるのか．

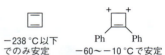

23・18 なぜ芳香族分子は反芳香族分子より先に発見されたのか．

23・19 ベンゼンでは，すべてのC−C結合が同じ長さ（約0.142 nm）である（アセスメント23・7参照）．最近の研究で，シクロブタジエンは二つの異なる結合の長さをもつことがわかった．この事実を説明せよ．

23・20 §22・3と§22・4・1では，［4+2］付加環化反応は熱的な条件で起こるが，［2+2］付加環化反応は光化学的な条件が必要であることを学んだ．これを§23・2と§23・3で学んだ内容を通して説明せよ．

23・4 芳香族と反芳香族の分子軌道

§21・3では，共役系のπ分子軌道図を描く際の規則を示した．［復習のため，先に読み進める前に，この節の振り返りをしっかり行っておこう］表23・5にはこれらの規則をまとめている．ベンゼンで最も安定な分子軌道は，重なりが最大で，節の数が0である（図23・19）．一方，最も不安定な分子軌道は，六つの節をもち，重なりがない．先の規則

表 23・5 共役 π 系化合物の分子軌道図の描き方

1. n 個の原子軌道を組合わせると，n 個の分子軌道が生じる
2. 軌道の重なりが大きいほど，より安定な軌道になる
3. エネルギー準位が上がると，節の数が一つずつ増加する
4. 各分子軌道は，節に対して対称性をもっている
5. エネルギーの低い分子軌道から順に，非局在化した π 電子が 2 個ずつ，各分子軌道に埋められていく
6. 非結合性原子軌道（$E=0$）よりエネルギーの低い分子軌道が結合性軌道であり，非結合性原子軌道（$E=0$）よりエネルギーの高い分子軌道は反結合軌道である

をベンゼンに適用した場合，唯一の（ややわかりにくい）変更点は，節面に関するものである．ベンゼンは環状であるため，節面により分子軌道は 2 箇所切断される．[したがって，π_6^* では節面が三つなので六つの節が生じるね] その結果，節面が一つあると π_2 と π_3 に示すように，重なりのない部分が二つできる．このとき，節面を描く方法は 2 通りあり [それぞれ対称性を保って]，一つは，π_2 のように，環に対して向かい合う，手前の結合と反対側の結合を切断するような描き方である．もう一つは，π_3 のように，環の反対側にある二つの原子を切断するような描き方である．こうして，二つの**縮退軌道**（degenerate orbital，エネルギーが等しい軌道）が形成される．

同様に，節面を二つに増やすと，π_4^* と π_5^* のように重なりのない部分が四つになる．この場合も，環の切り方は 2 通りであり，同じエネルギーの軌道（π_4^* と π_5^*）が得られる．分子軌道は，低いエネルギーから順に埋まり，π_1，π_2，π_3 は結合性軌道である．一方，空の軌道（π_4^*，π_5^*，π_6^*）は，非結合性の p 原子軌道よりもエネルギーが高いため，反結合性の軌道となる．ベンゼンは，非結合性軌道のエネルギー準位（$E=0$）より低い分子軌道を三つもつので，その安定性が高まったと説明できる．[次はシクロブタジエンとの比較だよ]

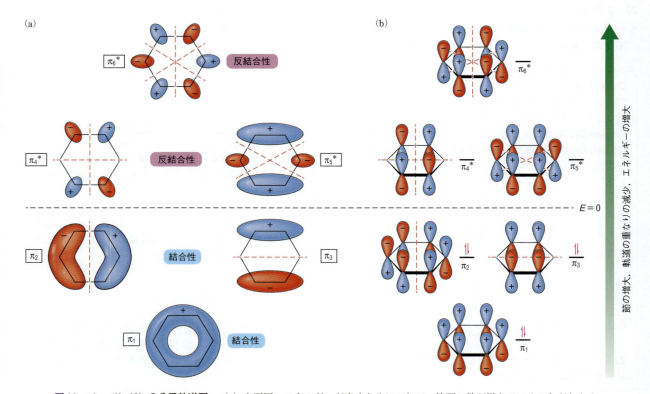

図 23・19 ベンゼンの分子軌道図 (a) 上面図．エネルギーが高くなるにつれて，節面の数が増えていることがわかる．(b) 側面図．エネルギーの低い軌道から順に埋められていく．[赤破線は節を示すよ]

シクロブタジエン（図 23・20）では，ベンゼンと同様に，最も安定な分子軌道（π_1）は重なりが最大で，最も不安定な分子軌道（π_4）には重なりがない．この場合も，一つの節面による環の切断の仕方は 2 通りあり，エネルギーの等しい二つの軌道（π_2，π_3）ができる．この二つの分子軌道は，π_1（結合性，安定）と π_4^*（反結合性，不安定）から等距離にあり，ちょうど $E=0$（非結合性）の位置にある．さらに，これらの π_2，π_3

軌道は縮退しているので，（構成している四つのp軌道からの）四つの電子を置いていくと，π_2とπ_3にはそれぞれ一つずつ電子が入る．したがって，この図に基づいて，シクロブタジエンは非結合性の不対電子を二つもつと考えるのが適切である．シクロブタジエンは，その反芳香族性と相まって，非常に不安定な分子である．

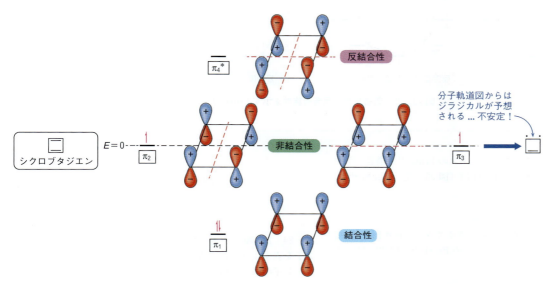

図23・20　シクロブタジエンの分子軌道図　縮退した軌道（π_2, π_3）にそれぞれ1個の電子を置いていくと二つの非結合軌道となる．これはジラジカルと同様に非常に不安定である．［赤破線は節を示すよ］

図23・19と図23・20の分子軌道図を描くには多くの計算が必要であるが，単環の芳香族の分子軌道と反芳香族の分子軌道の相対的なエネルギーを予測する簡単な方法に，1953年にA. A. Frostによって考案された**Frost円**（Frost circle）とよばれるものがある．Frost円を描くための規則を表23・6に示す．図23・21には，その代表的な例としてベンゼンを示す．

表23・6　Frost円の描き方

1. 円を描く
2. 分子の環と同じ正多角形を円に接するように描く．このとき，頂点の一つは円の最下端部に接するようにする
3. 多角形と円の接点は，それぞれ分子軌道の位置を表す
4. $E=0$は円を2等分する
5. 電子を最もエネルギーの低い（最も安定な）分子軌道から埋める

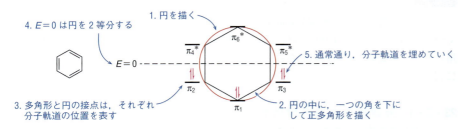

図23・21　ベンゼンのFrost円　相対的な分子軌道のエネルギーを予測できる．

表23・6の規則を用いると，図23・22に示すように，さまざまな分子について，分子軌道の相対的なエネルギー図を簡単に描くことができる．反芳香族化合物はいずれも，二つの縮退した分子軌道（非結合性分子軌道）をもち，それぞれの分子軌道に電子が一つずつある．これは，π電子が$4n+2$個ではなく，$4n$個であるためである．［シクロオクタテトラエンは，非平面的なので，本当は非芳香族だね．図23・22は，反芳香族性を避けるために非平面性となることが重要であることを示しているんだ］すべての芳香族化合物では，$E=0$より低いすべての軌道が，電子で満たされ，結合性の分子軌道になる．

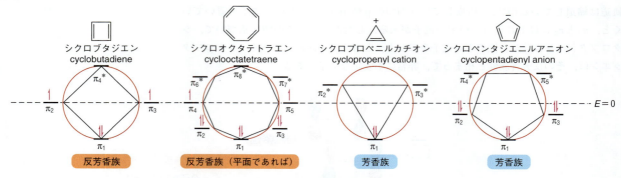

図 23・22 芳香族性と反芳香族性を示す Frost 円

アセスメント

23・21 シクロプロペニルアニオンの Frost 円を描き，シクロプロペニルカチオンの Frost 円（図 23・22）と比較せよ．どこが違うか．

23・22 シクロペンタジエニルカチオンの Frost 円を描き，シクロペンタジエニルアニオンの Frost 円（図 23・22）と比較せよ．どこが違うか．

23・23 7員環の不完全な Frost 円を示す．これが芳香族分子を表すように，分子軌道に電子を描け．次に，それに対応する分子の構造を描け．

23・24 7員環の不完全な Frost 円を示す．これが反芳香族分子を表すよう，分子軌道に電子を描け．次に，それに対応する分子の構造を描け．

23・5 ベンゼン誘導体の命名法

ベンゼンを含む分子は多様な構造をもっており，正しいベンゼン誘導体の命名法がいくつかある．これは，IUPAC の体系的な命名法において，ベンゼン誘導体の慣用名を用いることを認めているためである．ここでは，ベンゼン誘導体の命名法について簡単に紹介する．

23・5・1 芳香族化合物の慣用名

ベンゼン誘導体はさまざまなところで見られる化合物であり，慣用名をもつものが多い（図 23・23）．これらの化合物がさらに置換されると，体系的な IUPAC の命名に慣

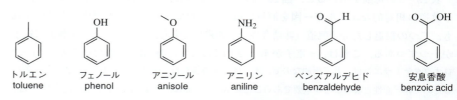

図 23・23 ベンゼン誘導体の慣用名

用名が組込まれることがしばしばある．[厳密にはフェノール，アニリン，ベンズアルデヒド，安息香酸のみだよ．でも，それ以外の場合には"できるだけ体系名に近づけた名前"がつけられるんだ]

23・5・2　IUPAC 命名法

　体系的な IUPAC 命名法では，環上の置換基を明らかにし，それらが最も小さい数字の組合わせになるように番号をつける．[シクロアルカンの命名については§3・5・1を確認しよう] 続いて，置換基をアルファベット順に並べ，最後に"ベンゼン (benzene)"をつけて置換ベンゼンが命名される．置換基が一つしかない場合は，番号をつける必要はない．いくつかの例を図23・24に示す．

図 23・24　ベンゼン誘導体の体系的な命名法

　フェノール，ベンズアルデヒド，安息香酸を基本骨格にもつ化合物は，その慣用名を IUPAC 名に組込んで命名できる（図23・25）．その際，基本となる官能基（ヒドロキシ基，ホルミル基，カルボキシ基）が置換した炭素の番号を1とし，環の残りの部分の番号は，最も小さい数字の組合わせとなるようにつける．[環状アルコールの命名については，§13・2を参照しよう]

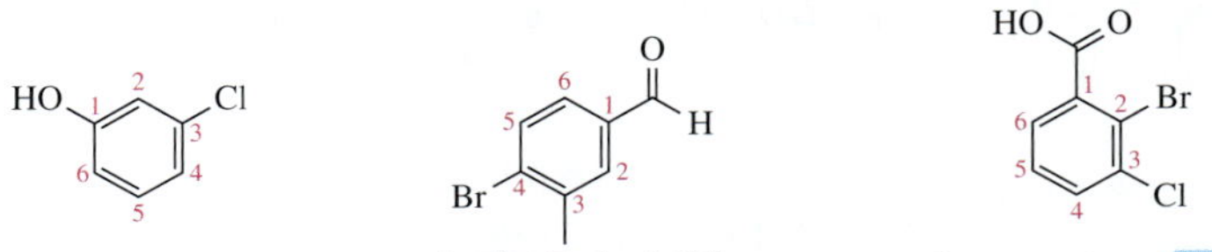

図 23・25　体系的な命名における慣用名の適切な使用

　IUPAC 命名法で慣用名の使用が正式に認められていないベンゼン誘導体は多く，その慣用名を IUPAC 名に組込むと混乱を招いてしまう．もしトルエンが図23・26に示す化合物の構造の基本化合物として認識されてしまうと，厳密な IUPAC の命名法としては，正しくない名前となってしまう．

図 23・26　慣用名を用いた不適切な命名の例　正しい名前は ■，誤った名前は ■ で示す．
　　[IUPAC の規則では正しくないけど，まだ一般的に使用されているよ]

23・5・3 芳香環上の位置

また，二置換ベンゼン誘導体については，置換基の位置を示す別の呼称がある．オルト（ortho, *o*-），メタ（meta, *m*-），パラ（para, *p*-）という呼称で，これらは，ベンゼン誘導体の反応を学ぶ際に非常に重要になるが，命名にも使用できる（p.552 の訳注参照）．図 23・27 は，ある置換基 X に対して，オルト，メタ，パラのそれぞれの相対的な位置を示している．ここで重要なのは，位置を特定するための数字の使用が絶対的なものであるのに対し，オルト，メタ，パラの使用は相対的なものであるということである．オルトは 1,2 位の関係，メタは 1,3 位の関係，パラは 1,4 位の関係である．したがって，オルト位は 2 箇所，メタ位は 2 箇所，パラ位は 1 箇所である．

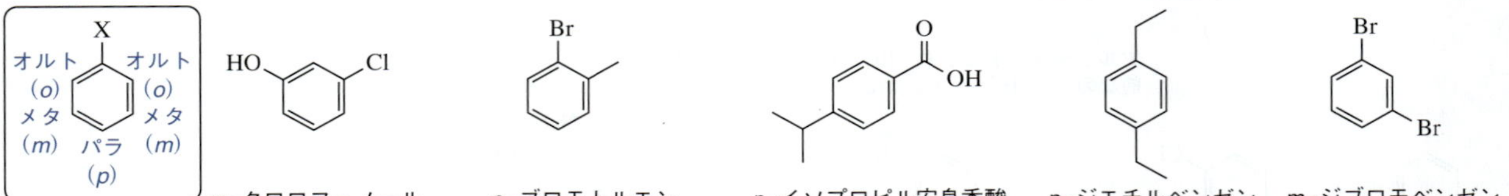

図 23・27　環上の相対的な位置を示すオルト，メタ，パラを用いた命名法　これらの用号（およびその略号である *o*-, *m*-, *p*-）を化合物の命名で使用する場合は，斜体（イタリック）で表記する．

アセスメント

23・25　以下のベンゼン誘導体の IUPAC 名を示せ．

(a)　(b)　(c)

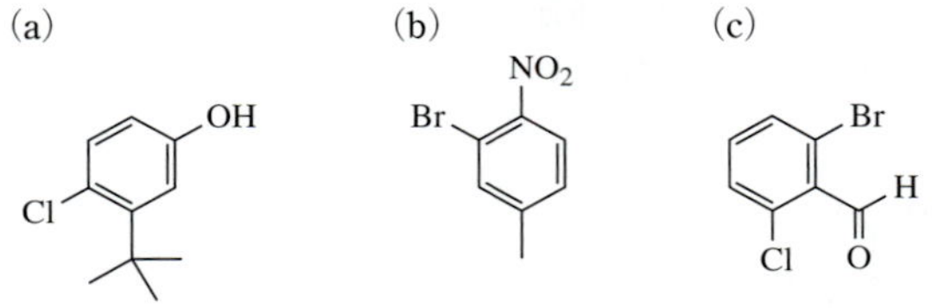

23・26　置換基の相対的な位置を示す，オルト，メタ，パラを用いて以下のベンゼン誘導体を命名せよ．

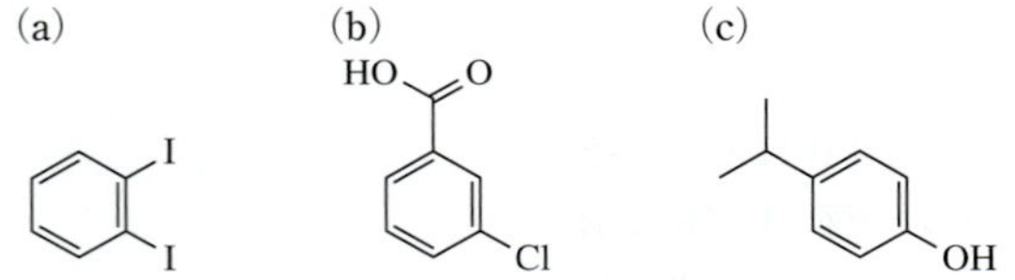

(a)　(b)　(c)

23・27　提示された名前の化合物の IUPAC 名を示せ．

(a) *m*-クロロトルエン　(b) *m*-ブロモ-*o*-クロロフェノール　(c) *m*-イソブチル安息香酸

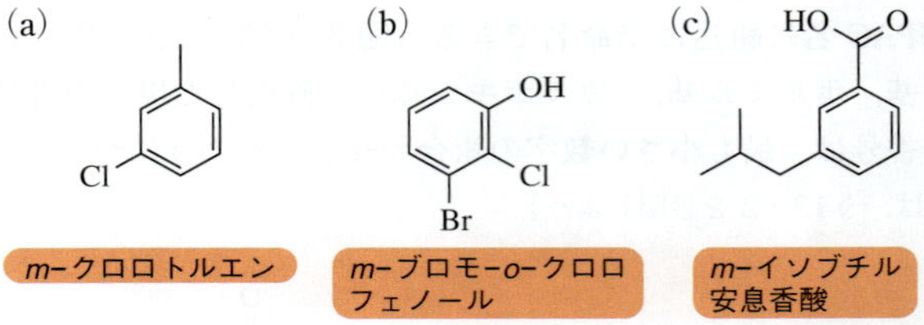

23・28　ベンゼンの置換反応は §23・6 で学ぶが，その反応の一つを下に示す．この反応の生成物を考えると，主生成物はオルト置換，メタ置換，パラ置換のいずれだろうか．

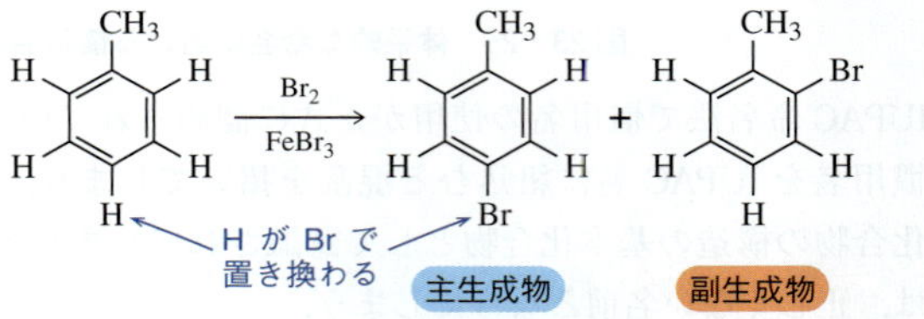

23-B　化学はここにも（メディシナルケミストリー）

in vitro から *in vivo* へ

IG Farben 社で行われた初期の研究では，プロントジルは細菌培養物に対し，ほとんど活性を示さなかった．したがって，現在の製薬産業であったなら，プロントジルは薬の標的としては見放されていたかもしれない．しかし，Gerhard Domagk は，薬は生体の免疫系と相乗的に作用すると考えていた．そこで，プロントジルをマウスの細菌感染症に対して試験したところ，中程度の活性を示した．後に，プロントジル自身が薬ではなく，プロドラッグであることが，発見さ

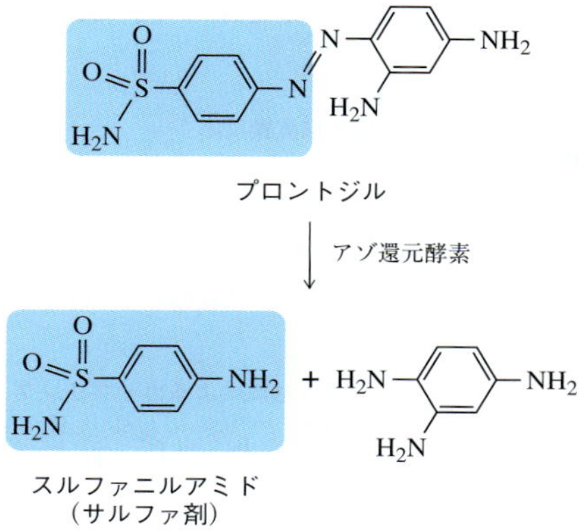

プロントジル

アゾ還元酵素

スルファニルアミド
（サルファ剤）

図23・28　プロントジルが体内で還元されると，活性な抗菌薬であるスルファニルアミドが生成される

れ，細菌培養物に対して活性を示さなかったことが説明された．プロドラッグとは，生体内で活性成分に変換される分子のことである．プロントジルの場合，肝臓でジアゾ基が還元

され，スルファニルアミドが生成した．これは，最初のサルファ剤（スルホンアミド系の薬剤）である（図23・28）．

スルファニルアミドは，後に静菌性の抗菌薬であることが判明した．つまり，細菌を殺すのではなく，その複製を止めるだけである．葉酸は，細菌や人間のDNA合成に重要な役割を果たすが，スルファニルアミドは，細菌における葉酸の合成を不可逆的に阻害して，薬として作用する．ジヒドロプテロイン酸シンターゼは，葉酸の生合成の一部である p-アミノ安息香酸のアルキル化を触媒する（図23・29）．スルファニルアミドは p-アミノ安息香酸の構造に似ているので，ジヒドロプテロイン酸合成の阻害剤となる．こうして，細菌の葉酸合成が阻害され，複製に必要なDNA合成ができなくなる．

幸いなことに，私たち人間は自分で葉酸をつくることはできない．代わりに，私たちは食物から葉酸を摂取している．細菌は葉酸を食物から摂取することができないので，サルファ剤は細菌だけを標的とし，人間には効果を示さない．

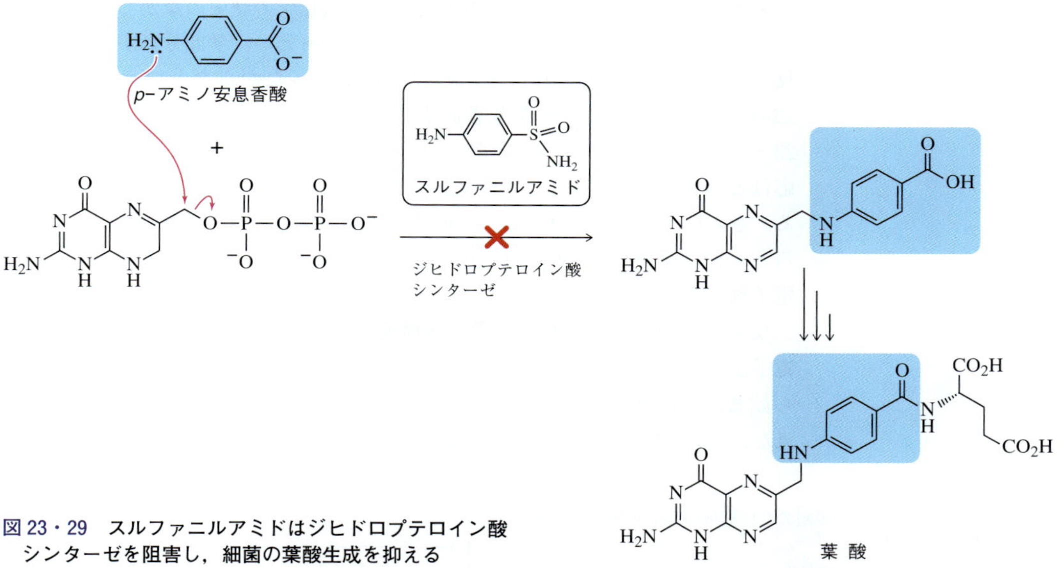

p-アミノ安息香酸

スルファニルアミド

ジヒドロプテロイン酸
シンターゼ

葉　酸

図23・29　スルファニルアミドはジヒドロプテロイン酸シンターゼを阻害し，細菌の葉酸生成を抑える

23・6　ベンゼンの置換反応

ベンゼンは芳香族性をもつ非常に安定な化合物であり，反応性が低いことも特徴である．第8章や第9章で学んだようにアルケンが付加反応するのに対して，ベンゼンは発見当初から，置換反応しか起こさないことが知られていた．起こる置換反応は4種類で，§23・7〜23・10で述べる．すなわち，芳香族求電子置換反応（§23・7，§23・8），芳香族求核置換反応（§23・9），ジアゾニウム化合物の置換反応（§23・10・1），パラジウム触媒によるカップリング（§23・10・2）である．図23・30は，これらの各

置換反応で芳香環状の原子（官能基）が何に置換されるかを示している．

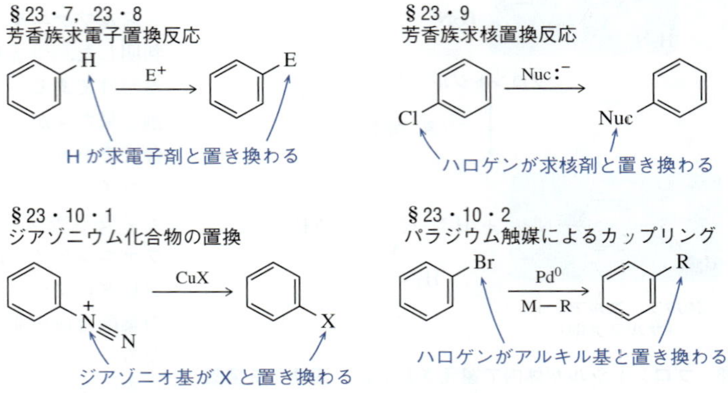

§23・7, 23・8
芳香族求電子置換反応
Hが求電子剤と置き換わる

§23・9
芳香族求核置換反応
ハロゲンが求核剤と置き換わる

§23・10・1
ジアゾニウム化合物の置換
ジアゾニオ基がXと置き換わる

§23・10・2
パラジウム触媒によるカップリング
ハロゲンがアルキル基と置き換わる

図23・30　§23・7〜23・10で学ぶベンゼンの置換反応

23・7　芳香族求電子置換反応：概要

芳香環への求電子剤による置換反応は，有機化学の歴史のなかで最も広く使われている反応の一つである．メディシナルケミストリーという学問分野が誕生したのも，この反応によって生み出された多くの化合物があったからだといえる．[化学はここにも 23-C参照のこと] 代表的な芳香族求電子置換反応は五つあり，それを§23・7・1〜23・7・6で学ぶ．新しい反応を五つ，ゼロから覚えるのは大変であるが，これらの反応はどれも類似しており，（どのように，また，なぜ起こるかなど）すべて関連している．さらに，これらの反応は，以前に学習した反応との共通点があることにも気づくだろう．[■で囲われた部分は以前習った内容だね] 各反応の，唯一の違いはどのように求電子剤が生じているかである．

反応機構的には，**芳香族求電子置換反応**（electrophilc aromatic substitution）は，π電子が強力な求電子剤を攻撃して，共鳴安定化されたカルボカチオンが生じるところから始まる（図23・31）．[この反応は，アルケンの求電子付加反応の第一段階として，以前に見たことがあるね（§8・3）] 共鳴安定化されたカルボカチオン [**アレーニウムイオン**

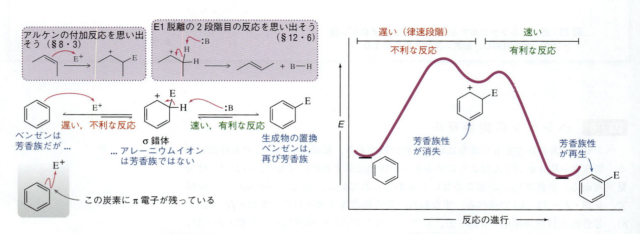

図23・31　芳香族求電子置換反応は，アルケンの付加（第一段階）とE1脱離（第二段階）の組合わせである

23・7 芳香族求電子置換反応　　1093

(arenium ion)〕の形成は，通常は有利な反応であるが，この場合は非常に吸熱的な反応である．〔なぜかわかるかな？〕この中間体はσ錯体とよばれている．σ錯体の形成において，反応前は非常に安定な芳香環が芳香環でなくなる．そのため，第一段階は非常に遅く，律速段階である．第二段階では，塩基によってプロトンが引抜かれ，再び二重結合が生成する．〔この反応は以前見たことがあり，E1 脱離の2段階目だね（§12・5・1）〕この反応では，引抜かれるプロトンの pK_a が測定不能なほど低いため，塩基はどれだけ弱くてもよい．〔どうしてだろうね？〕二重結合が再生すると，環は再び芳香族性をもつようになるので，第二段階は非常に速くて有利な反応である．

　本当は反応したくない芳香環が反応するのであるから，求電子剤は非常に強力でなければならない．思い出してほしい．Br_2 はアルケンとは反応するが，ベンゼンとはまったく反応しない．これはベンゼンの構造決定を複雑化させた要因の一つだった．このように，§23・7・1〜§23・7・6で述べる反応の大きな特徴は，それぞれの求電子剤がどのように生成するかという点にある．反応全体の反応機構は何度か繰返し示されるが，それは図23・31と同じである．

23-C　化学はここにも（色の化学）

アゾ色素の合成

　芳香族求電子置換反応はサルファ剤の開発に重要な役割を果たした．医薬品開発に使用される多くの誘導体の合成を可能にしただけでなく，最後は，初のサルファ系抗菌薬，プロントジルとなった染料の合成にも使われた．§23・10・1で学ぶジアゾニウム塩は，優れた求電子剤である．そのため，電子豊富な環が存在すると，芳香族求電子置換反応が起こる（図23・32）．ベンゼン環はまず，ジアゾニウムイオンの末端窒素に一対の電子を供与し，非芳香族性の中間体であるアレーニウムイオンを生じる．アレーニウムイオンの脱プロトンは円滑に速やかに進行し，芳香族性が回復し，プロントジルが生成する．

　プロントジルが赤いのは，長い共役のため HOMO-LUMO のエネルギー差が低下し，電磁スペクトルの可視光領域の光を吸収できるようになったからである（§21・3・2参照）．

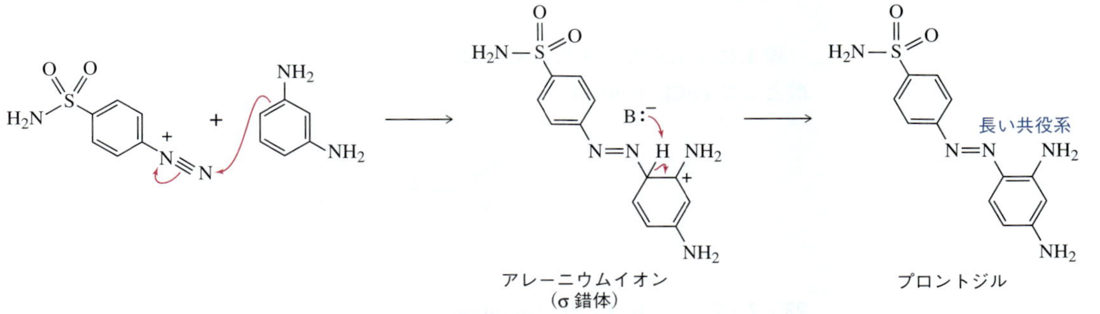

図23・32　芳香族求電子置換反応によるプロントジルの合成

23・7・1　ハロゲン化（halogenation）

　芳香環上の水素のハロゲンへの置換は，Lewis 酸で活性化された Br_2 または Cl_2 を用いると進行する．Br_2 や Cl_2 だけではベンゼンの芳香族性を壊すのに十分な求電子性をもつ求電子剤ではないため，Lewis 酸による活性化が必要である．図23・33に示すように，反応性の高い求電子剤 Br^+ をつくるために，Lewis 酸として臭化鉄(III) $FeBr_3$ がよく用いられる．まず，Br_2 から電子不足の鉄に電子対の供与が起こり，$Br-Br$ σ結合

が弱まる．最終的にこの結合が切断され，比較的安定な $FeBr_4^-$ アニオンと Br^+ カチオンが生じる．強い求電子剤が形成されると，ベンゼンが攻撃し，非芳香族のアレーニウムイオンが生じる．この段階は非常に吸熱的である．次に，$FeBr_4^-$ の Br^- がプロトンを引抜いてベンゼン環が再生し，芳香族性が回復する．この段階は，発熱的で速やかに進行する．

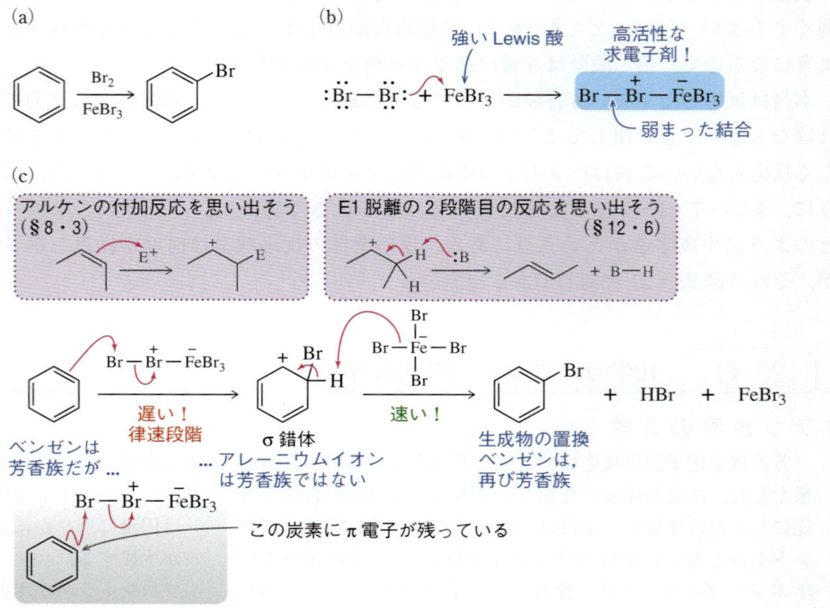

図 23・33　芳香族求電子置換反応：ハロゲン化　(a) 反応全体，(b) 求電子剤の生成，(c) 反応全体の反応機構．[注：σ錯体から脱プロトンされる水素は，求電子剤と結合した芳香環炭素に結合していた水素だね]

　環上に塩素を導入するためには，同様な条件で行うが，求電子剤として Cl_2，Lewis 酸として $FeCl_3$ を用いる．

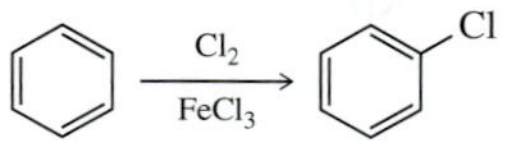

23・7・2　ニ ト ロ 化（nitration）

　芳香環上の水素のニトロ基への置換は，硝酸と硫酸を反応させて生じる求電子性の高い NO_2^+ によってひき起こされる．図 23・34 に示すように，反応は硝酸のヒドロキシ基のプロトン化から始まる．[そう，その通り！　硝酸が塩基として働いているんだね．酸性が高くとても過酷な反応条件なんだよ！　二つの反応剤によりベンゼンの芳香族性を壊すことができるくらい強力な求電子剤をつくり出せるようにね] 水は優れた脱離基なので，隣接するアルコキシドイオンの助けを借りて脱離し，求電子性の高い NO_2^+ カチオンが生成する．強い求電子剤が形成されると，ベンゼンによって攻撃され，非芳香族のアレーニウムイオンが生じる（この段階は非常に吸熱的）．NO_2^+ の求電子性窒素は原子価殻に合計 8 個の電子をもっている．そのため，NO_2^+ がベンゼンの π 電子に攻撃されると，カルボニル基への付加反応のように（§17・5），2 個の電子が酸素に流れる．次に，H_2O がプロトンを引

抜いてベンゼン環が再生し，芳香族性が回復する（この段階は，発熱的で速やかに進行）．

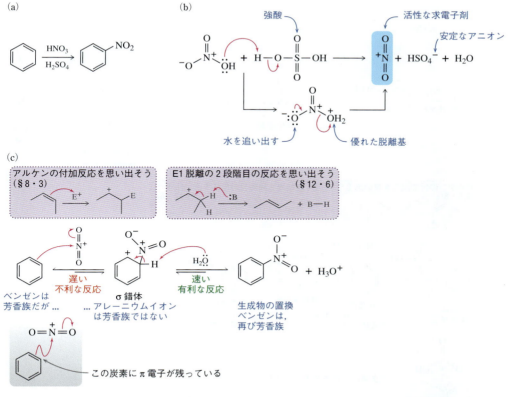

図 23・34 芳香族求電子置換反応：ニトロ化 (a) 反応全体，(b) 求電子剤の生成，(c) 反応全体の反応機構．[注：σ 錯体から脱プロトンされる水素は，求電子剤と結合した芳香環炭素に結合していた水素だね]

アセスメント

23・29 カルボニル基の求電子性を説明するのに，双性イオン共鳴構造がよく使われる．NO_2^+ の双性イオンの構造を描け．また，なぜ中心窒素に非常に高い求電子性があるのか．

23・7・3 スルホン化 (sulfonation)

芳香環上の水素のスルホン酸（-SO_3H）への置換は，三酸化硫黄 SO_3 と硫酸を反応させて生じる求電子性の高い SO_3H^+ イオンによってひき起こされる．[濃 H_2SO_4 に過剰の SO_3 を吸収させたものを発煙硫酸とよぶよ] 図 23・35 に示すように，反応は SO_3 上の酸素のプロトン化から始まる．SO_3H^+ はプロトン化されたカルボニル基に似ており，この中間体は強い求電子剤となり，ベンゼンが攻撃する．この段階は非常に吸熱的で，非芳香族性のアレーニウムイオンが生成する．続いて HSO_4^-（H_2SO_4 の共役塩基）がプ

ロトンを引抜いてベンゼン環が再生し，芳香族性が回復する（この段階は，発熱的で速やかに進行）．

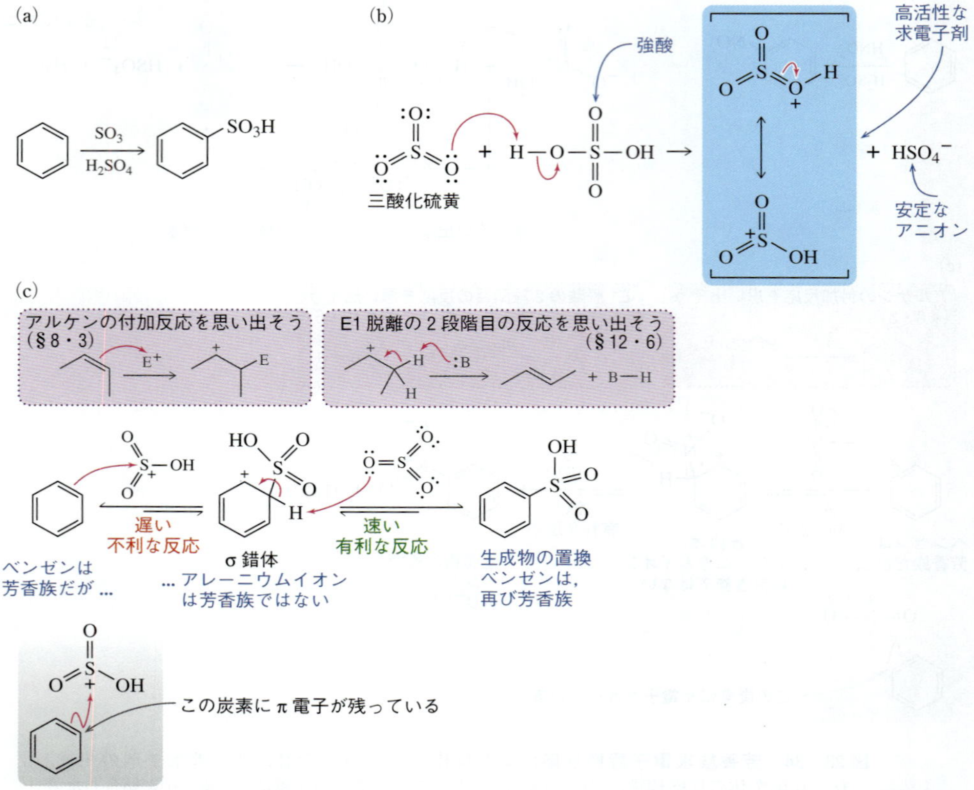

(a)

(b)

強酸

高活性な
求電子剤

三酸化硫黄

+ HSO$_4^-$

安定な
アニオン

(c)

アルケンの付加反応を思い出そう
（§8・3）

E1脱離の2段階目の反応を思い出そう
（§12・6）

遅い
不利な反応

速い
有利な反応

σ錯体

生成物の置換
ベンゼンは，
再び芳香族

ベンゼンは
芳香族だが…

…アレーニウムイオン
は芳香族ではない

この炭素に π 電子が残っている

図 23・35　芳香族求電子置換反応：スルホン化　（a）反応全体，（b）求電子剤の生成，（c）反応全体の反応機構．［注：σ 錯体から脱プロトンされる水素は，求電子剤と結合した芳香環炭素に結合していた水素である］

23・7・4　Friedel–Crafts アルキル化 （Friedel–Crafts alkylation）

芳香環上の水素のアルキル基との置換［ついに炭素–炭素結合形成！］は，ハロゲン化アルキルと Lewis 酸の反応により生じる高活性な求電子剤によってひき起こされる．この反応は 1877 年に Charles Friedel と James Crafts によって発見された．この反応の反応機構は，使用するハロゲン化アルキルの置換様式によって若干異なる．ここでは，第一級ハロゲン化アルキルと第三級ハロゲン化アルキルを用いた際の反応の両方を考えることにする．［これらの違いは何だろう？　ヒント：§12・3・2，§12・6・4，§13・7・2 などを参照しよう］

図 23・36 に示すように，クロロエタンのような第一級ハロゲン化アルキルの反応は，強い Lewis 酸である AlCl$_3$ に塩素の非共有電子対を供与することから始まる．［§23・7・1（芳香族求電子ハロゲン化）の例を除いて，塩素は普通だったら電子を共有したがらないのだから，AlCl$_3$ は強力じゃないとならないよね］塩素はよい脱離基であるが，新しく形成された Lewis 酸塩基複合体の正電荷を帯びたクロロニウムイオンはさらに優れた脱離基である．そのため，この複合体はベンゼンによって攻撃され，非芳香族のアレーニウムイオンが生じる（この段階は，非常に吸熱的）．［これは S$_N$2 反応とよく似ているね．第三級ハロ

ゲン化アルキルを使うとどうなるかな〕次の段階では，AlCl₄⁻のCl⁻がプロトンを引抜いてベンゼン環が再生し，芳香族性が回復する．この段階は，発熱的で速やかに進行する．

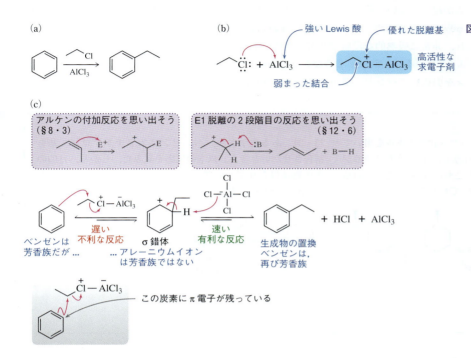

図 23・36　芳香族求電子置換反応: **Friedel–Crafts** アルキル化（第一級炭素）　(a) 反応全体, (b) 求電子剤の生成, (c) 反応全体の反応機構．〔注: σ錯体から脱プロトンされる水素は，求電子剤と結合した芳香環炭素に結合していた水素である〕

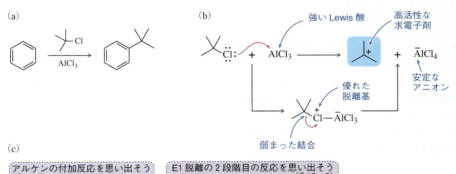

図 23・37　芳香族求電子置換反応: **Friedel–Crafts** アルキル化（第二級，第三級炭素）　(a) 反応全体, (b) 求電子剤の生成, (c) 反応全体の反応機構．〔注: σ錯体から脱プロトンされる水素は，求電子剤と結合した芳香環炭素に結合していた水素だね〕

1098　23. ベンゼン I

アセスメント 23・31 を，まずは自分で解いてみよう．それから一緒に解きながら Friedel-Crafts アルキル化の欠点を学ぼう．

第三級ハロゲン化アルキルを用いた場合，反応機構は少し変わる（図 23・37）．Lewis 酸塩基複合体の形成は同じように起こるが，今度は立体障害が大きすぎて S_N2 反応が起こらない．そのため，ベンゼンと反応する前に第三級カルボカチオンが形成される．このカルボカチオンは非常に強い求電子剤であるため，ベンゼンによって攻撃され，非常に吸熱的な段階で非芳香族のアレーニウムイオンが生じる．[これは S_N1 反応によく似ているね．だけど，こうなることは多分予想してたよね]次に，$AlCl_4^-$ の Cl^- がプロトンを引抜いてベンゼン環が再生し，芳香族性が回復する．

アセスメント

23・30 光学的に純粋な第二級ハロゲン化アルキルを用いて Friedel-Crafts アルキル化反応を行うと，下に示す二つのジアステレオマーが（他の副生成物とともに）得られた．この結果から，この反応の反応機構についてわかることを述べよ．

23・31 ある化学者が，ベンゼンに 2-メチルプロピル基を結合させたいと考え，以下の反応を試みた．しかし，目的の生成物は得られず tert-ブチルベンゼンのみが得られた．なぜ tert-ブチルベンゼンのみが得られたか説明せよ．

アセスメント 23・31 の解説

アセスメント 23・31 の生成物を簡単に解析すると，化学者が期待したようにベンゼンと C1 の間に新しい C-C 結合が形成されたのではなく，ベンゼンと C2 の間で結合が形成されたことがわかる（図 23・38）．また，C1 は反応開始時には水素が二つ置換していたが，反応後は水素の数は三つである．以上の結果から，転位が起こったのだろうと考えられる．[この条件だったら転位することは予想の範疇だったかな]

以前に学んだ問題解決のための戦略を使えば，転位が進行したことを確認できる．[答えはそこに書かれている！]正方向に反応を考えてみると，ハロゲン化アルキルが $AlCl_3$ と反応してよい脱離基を形成することが予測される（図 23・39）．

図 23・38 アセスメント 23・31 の反応を解析すると，転位が起こった可能性があることがわかる

逆方向から考えてみると，ベンゼンが第三級カルボカチオンを攻撃して生成物が生じたことが予測される．[あとは，これらの二つの過程を結びつけるために，何が起こったのかを考えるだけだね]

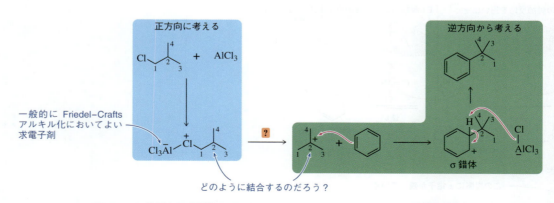

図 23・39　複雑な反応機構を解明するには，正方向と逆方向から考える必要がある

23・7 芳香族求電子置換反応 1099

図 23・40 に示したように，Lewis 酸塩基複合体では C1 が求電子的となるが，反応を考えると C2 で求電子的にならなければならない．C1 は水素が確保すると同時に，C2 は水素を放出しなければならない．こうした過程は 1,2-ヒドリド移動とよく似ている．強力な求電子剤とカルボカチオン中間体が関与した他の反応でこうした例を見てきている．[§8・4・3，§12・4・2，§13・8・1 などを参照しよう] ヒドリド転位は，よい脱離基が抜け出ると同時に，超共役により大きく安定化された第三級カルボカチオンが生成することで起こる．

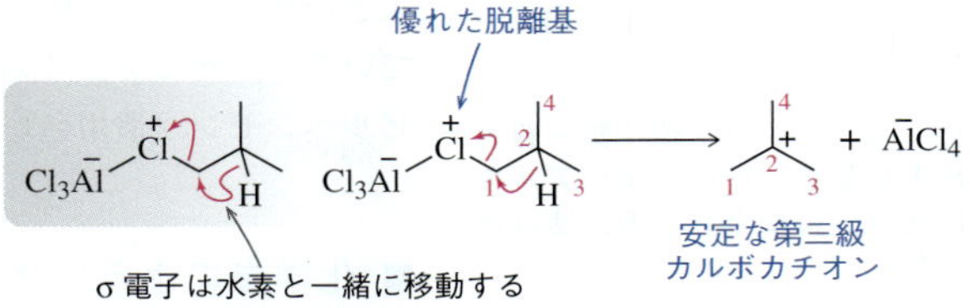

図 23・40 より安定なカルボカチオンが形成するように，1,2-ヒドリド移動が起こる

アセスメント 23・31 の解説が示すように，Friedel–Crafts アルキル化の制約の一つは，カルボカチオンを伴うため，より安定なカルボカチオンの生成が可能な場合には転位が起こることである．このため，Friedel–Crafts アルキル化は，小さなアルキル基を付加させるか，第三級カルボカチオンで新しい結合を形成するかに限られる．Friedel–Crafts アルキル化のもう一つの制約は，たとえ化学量論を注意深く制御しても，アルキル基の導入を一つで止めることが本質的に困難なことである．図 23・41 の反応は，アルキル置換されたベンゼンがベンゼンそのものよりも反応性が高いことを意味している．[なぜこのようなことがいえるのか考えてみよう…この話は §23・8・1 でするね]

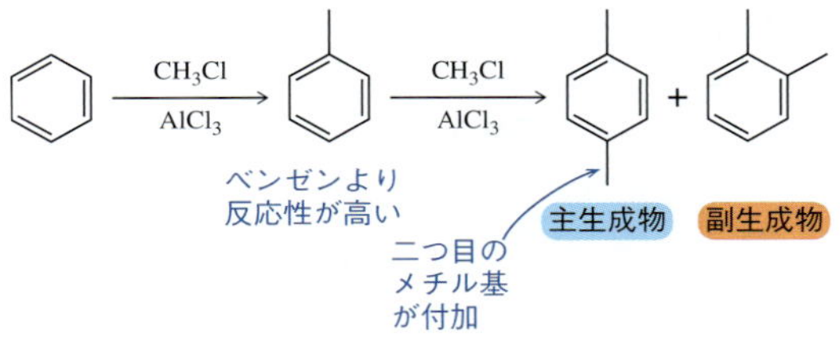

図 23・41 Friedel–Crafts アルキル化反応のもう一つの問題はポリアルキル化である

23・7・4 のまとめ

• Friedel–Crafts アルキル化は，C−C 結合を形成する重要な芳香族求電子置換反応である．本反応は，ポリアルキル化や，より安定なカルボカチオンを生じるよう転位が起こるなどの制約がある．

アセスメント
23・32 次の Friedel–Crafts アルキル化反応の生成物を示せ．なお，それぞれ，アルキル基は一つしか付加しないものとする．

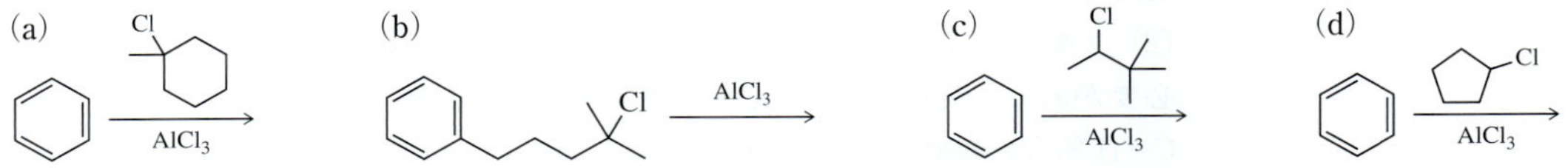

(a)　(b)　(c)　(d)

23・7・5 Friedel–Crafts アシル化 （Friedel–Crafts acylation）
Friedel–Crafts アシル化反応を単に学ぶのではなく，Friedel–Crafts アルキル化反応の

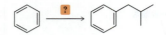

図23・42 ベンゼン環に第一級アルキル基を，転位やポリアルキル化なしに結合させる方法はあるか？

大きな制約である"転位しやすい"という問題を解決する方法となることを念頭に学んでいこう．そこで，この項では，アセスメント23・31で得られなかった2-メチルプロピルベンゼン（慣用名：イソブチルベンゼン）の合成を目標とする（図23・42）．

■ 化学者のように考えよう

Friedel–Crafts アシル化が実際にどのように問題解決するのかを見るまえに，化学者のように考えることで，この問題を解決する方策を一般的な観点から考えてみよう．

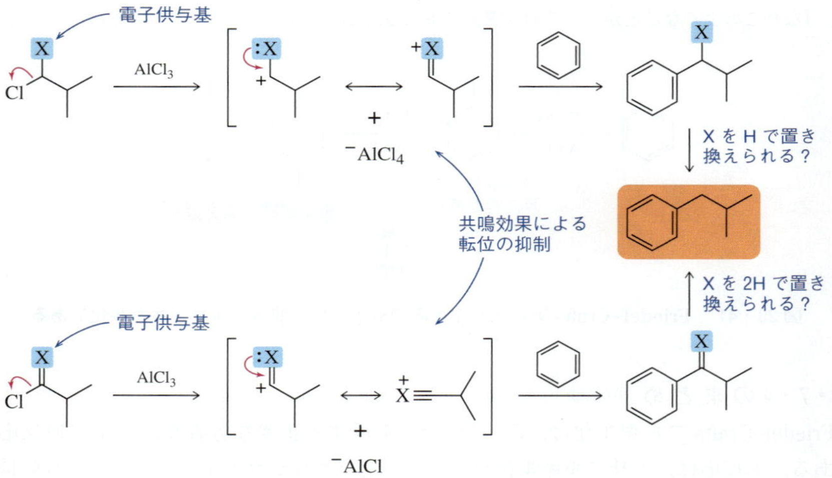

Friedel–Crafts アルキル化の大きな制約は，ハロゲン化アルキルやそこから生じるカルボカチオンが転位により，容易により安定なカルボカチオンを生じる場合，第一級アルキル基を導入することができないことにある．これまで第一級カルボカチオンの方が，隣接する第二級カルボカチオンよりも安定であるなどという状況はあっただろうか．超共役のみについて考察するならば，答えは否である．しかし，超共役について考察するときには，同時にほかの要因についても考えなければならない．誘起効果と，ここでの議論に重要となる共鳴についてである．こうして考えてくると，仮説的な解決策にたどり着く．たとえば，もし，ベンゼン環に攻撃されるカルボカチオンが，図23・43のXのように，何かしらの電子供与基により安定化されていたとしたらどうだろう．共鳴安定化を受けたカルボカチオンならば，転位することはない．この仮説を有効な解決策とするには，続く段階で，Xを除去する方法があればよいということになる．

図23・43 Xによる安定化により転位が抑えられる　Xとしてどのようなものがよいか．

図23・43には，Xが単結合あるいは二重結合でカルボカチオンに結合した仮想的な分子を二つ示した．カルボカチオンは，Friedel–Crafts アルキル化反応（§23・7・4）で見たように，Lewis酸によるClの活性化により生じている．Xとしてはどのような原子や官能基がよいだろうか？ Xは，(1) これまでに学んだことのあるような化合物になる，(2) 共鳴によって電子を供与する能力がある，(3) 除去可能であるという条件を満たす必要がある．具体的には，C–X結合をC–H結合に変換するか，C=X結合を二つのC–H結合に変換することで除去する．[図23・43の図をよく見て，なにか思いつかないかな] この三つの条件を満たす原子や官能基は，酸素原子だけである（図23・44）．Clが置換した炭素に酸素が二重結合で結合していれば，それは酸塩化物である．酸塩化物の置換反応はすでに学んでおり [§19・7 だね．要チェック！]，酸素は共鳴によってカルボカチオンを安定化させることができる．[§2・8 だね．要チェック！] また，Wolff–Kishner 還

23・7 芳香族求電子置換反応 1101

元によってカルボニル基はメチレンに還元できる．［§17・9・3だね．要チェック！］

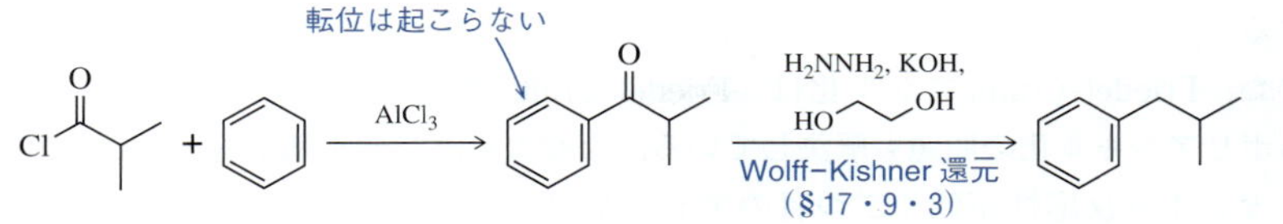

図23・44 **Friedel–Crafts 反応に酸塩化物を用いると，転位が抑えられる**

今回の方法ならば，2-メチルプロピル基やその他の大きなアルキル基を，転位を気にせずに導入することができる．∎

反応機構的には（**図23・45**），酸塩化物の反応はハロゲン化アルキルの反応と非常によく似ており，まず塩素が強い Lewis 酸である AlCl₃ に非共有電子対を供与する．塩素はよい脱離基であるが，新たに形成される Lewis 酸塩基複合体の正電荷を帯びたクロロニウムイオンはさらに優れた脱離基である．次に，AlCl₄⁻ がカルボニル酸素の助けを受けて追い出され，反応性の高い，共鳴安定化された求電子剤が生じる．この求電子剤は転位できず，ベンゼンによって攻撃を受け，非芳香族のアレーニウムイオンが生成す

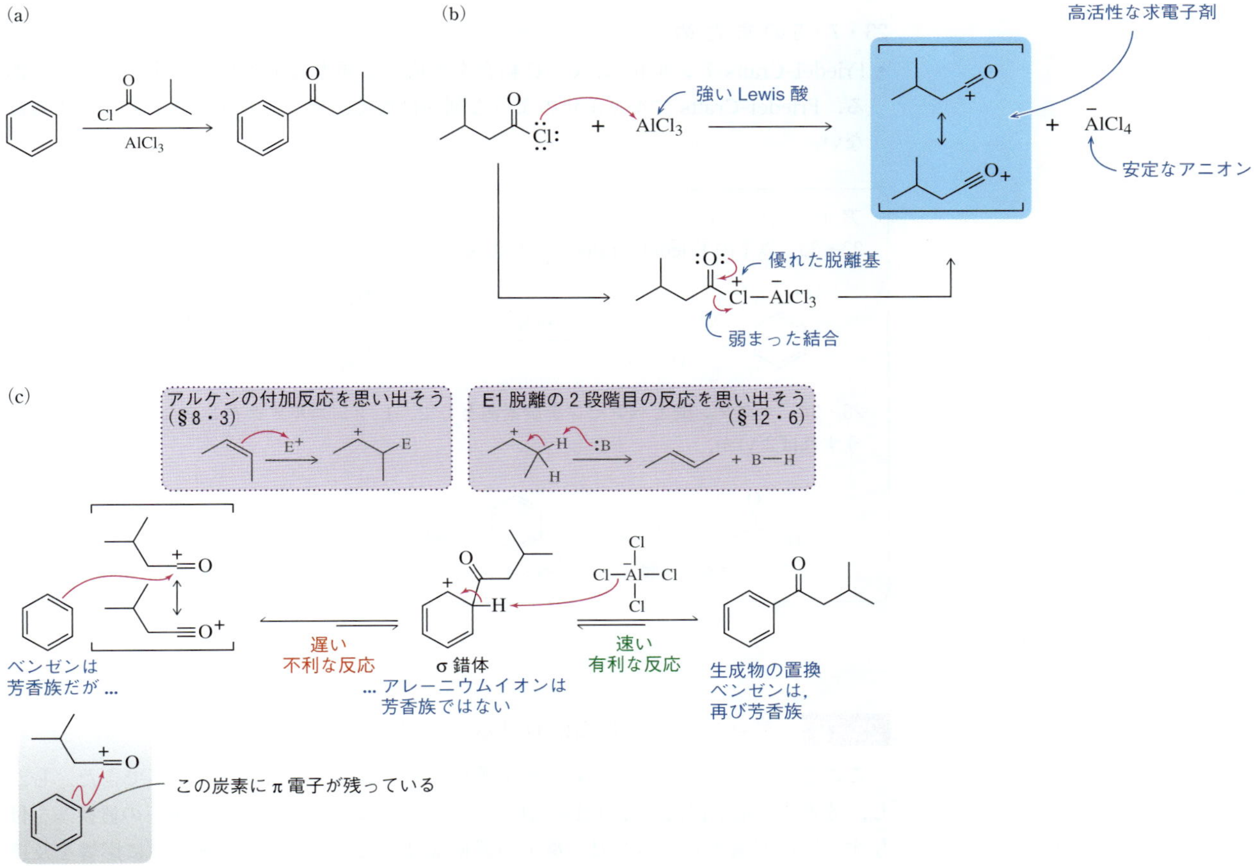

図23・45 **芳香族求電子置換反応：Friedel–Crafts アシル化**　(a) 反応全体，(b) 求電子剤の生成，(c) 反応全体の反応機構．
［注：σ錯体から脱プロトンされる水素は，求電子剤と結合した芳香環炭素に結合していた水素である］

る．この段階は非常に吸熱的である．次に，AlCl$_4^-$ の Cl$^-$ によってプロトンが引抜かれ，ベンゼンが再生する．この段階は発熱的で速やかに進行し，化合物は再び芳香族性を回復する．

また，Friedel-Crafts アシル化は，Friedel-Crafts アルキル化反応（図 23・46）におけるポリアルキル化の問題も解決している．なぜなら，アシル基が導入された芳香環はベンゼンより反応性が低く二つ目のアシル基の導入はほとんど不可能だからである．
[その理由に心当たりはあるかな？ §23・8・2で確認しようね]

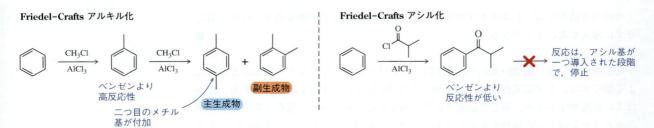

図 23・46 ポリアルキル化は Friedel-Crafts アルキル化反応では大きな問題であるが，Friedel-Crafts アシル化反応ではまったく起こらない

23・7・5のまとめ

- Friedel-Crafts アシル化は，C–C 結合を形成する重要な芳香族求電子置換反応である．Friedel-Crafts アルキル化のような制約はなく，ポリアルキル化や転位はみられない．

アセスメント

23・33 以下の Friedel-Crafts アシル化反応の生成物を示せ．

(a) ベンゼン + Cl-C(=O)-C(CH$_3$)$_3$ → AlCl$_3$

(b) PhCH$_2$CH$_2$CH$_2$-C(=O)-Cl → AlCl$_3$

23・34 オクタン酸とベンゼンを炭素源として，1-フェニルオクタンを合成するにはどうすればよいか．

オクタン酸　ベンゼン　(3 工程)　1-フェニルオクタン

23・8　芳香族求電子置換における位置選択性

ここまでは，ベンゼンそのものの芳香族求電子置換反応について学んできた．しかし，芳香族求電子置換反応の最も面白い一面は，ベンゼン環に第二，第三の置換基を付与する際に登場する．ベンゼン環上の置換基は，反応速度と位置選択性に影響を及ぼし，そして，両者の間には密接な関係がある．次の三つの項では，電子供与基（§23・8・1），電子求引基（§23・8・2），ハロゲン（§23・8・3）の効果を吟味する．

23・8　芳香族求電子置換における位置選択性　　**1103**

　位置選択性について考える前に，よりわかりやすい**反応速度**（reaction rate）について，まず考えてみよう．芳香族求電子置換反応では，ベンゼンが求核剤として働く．[この文章をもう一度読んでみよう．芳香族求電子置換反応ではベンゼンは求核剤なんだ！]ベンゼンに電子供与基が置換すると，芳香環部位は電子豊富となり，そのベンゼン化合物はよりよい求核剤となる（図23・47）．その結果，芳香族求電子置換反応の速度が上がる．一方，電子求引基がベンゼンに置換すると，ベンゼンの電子密度が下がり，そのベンゼン化合物の求核性は低下し，芳香族求電子置換反応の反応速度は低下する．

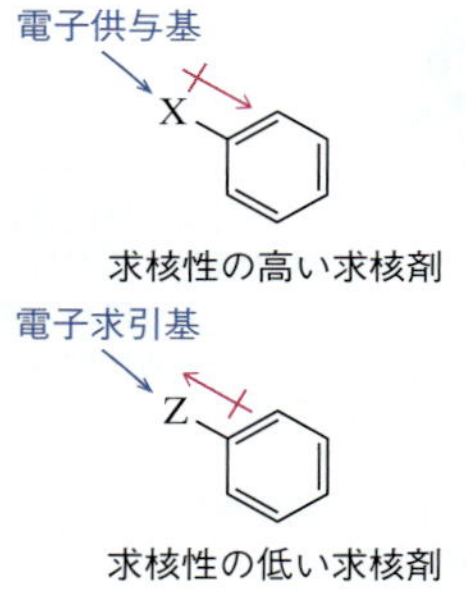

　芳香族求電子置換での**位置選択性**（regioselectivity）は，より複雑というわけではなく，多少，詳しく吟味する必要があるというだけである．一置換ベンゼンであるトルエンに，一般的な求電子剤（E^+）を反応させると，3種類の生成物が生成する可能性がある（図23・48）．求電子剤がメチル基のオルト位で反応した場合（2通り），メチル基のメタ位で反応した場合（2通り），メチル基のパラ位で反応した場合（1通り）である．

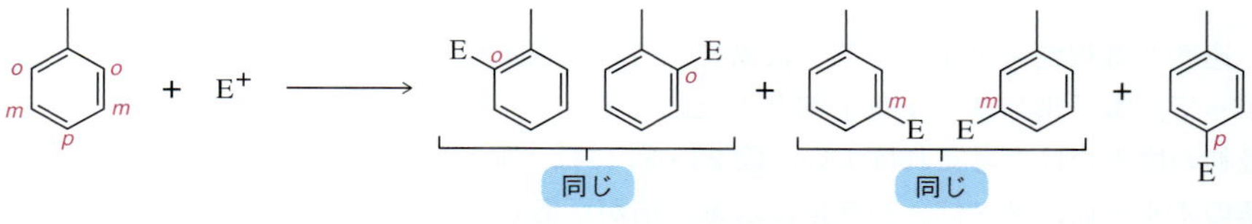

図23・47　**電子供与基の導入により，求核性が増し，反応が速くなる**　電子求引基の導入は求核性を低下させ，反応を遅くする．

図23・48　一置換ベンゼンの芳香族求電子置換反応では，3種の位置異性体が生成する可能性がある

　芳香族求電子置換反応の最初の段階は遅く，吸熱的な律速段階である．したがって，位置選択性はこの最初の段階で決まり，最も安定な中間体を形成するように，求電子剤の反応する位置（o, m, p）が決まる．吸熱反応であるため，遷移状態は中間体のアレーニウムイオンと似た構造をしている．[Hammondの仮説（§5・2・4）を思い出そう]したがって，アレーニウムイオン中間体が安定化すると，遷移状態も安定化する（図23・49）．そして，遷移状態が安定化すると，活性化エネルギーが下がり，反応が速くなる．以上のように，アレーニウムイオン中間体の相対的な安定性を考えることで，芳香環上の置換基によりどのような位置選択性がひき起こされるかを予想できる．この考察を§23・8・1〜23・8・3で行う．

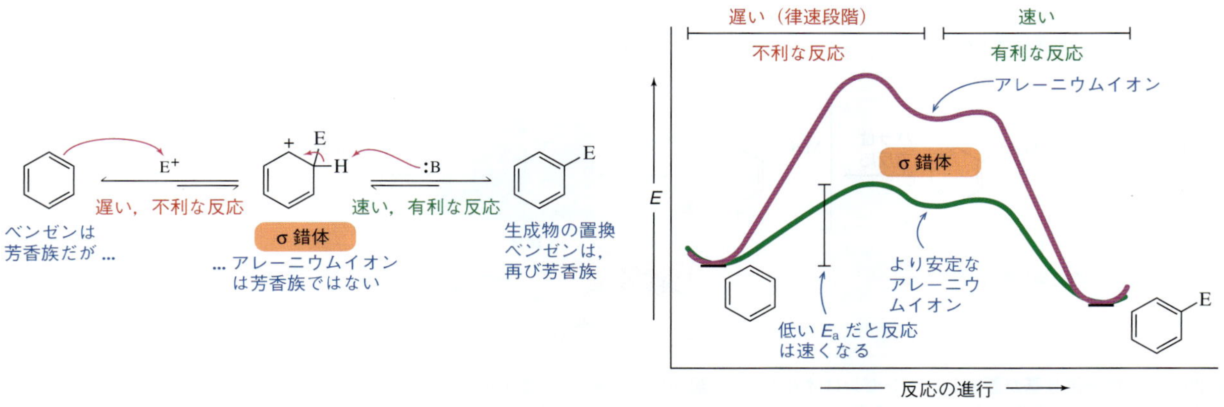

図23・49　吸熱段階の生成物を安定化させると，遷移状態が安定化して活性化エネルギーが低下し，反応が速くなる（**Hammond の仮説**）

23・8・1 電子供与基は芳香環の活性化基であり，オルト–パラ配向基である

最初に検討する置換基は，**電子供与基**（electron-donating group）である．電子供与基は，共鳴または超共役のいずれかによって電子供与性を示すものであるが，ハロゲンは含まない．図23・50には電子供与基の例を示す．電子供与基は，芳香環をより電子豊富にし，求核性を高め，芳香族求電子置換反応の速度を高める．すなわち，電子供与基は芳香環を"活性化"する．

ここで登場する用語には注意が必要なんだ．単に暗記するだけということにならないようにね．電子供与基は常に反応を活性化させるというわけではなく，吟味する反応によるんだ．§23・9で出会う芳香族求核置換反応では，傾向が逆転するよ．

(a) 共鳴効果による電子供与

(b) 超共役による電子供与

図23・50 (a) 共鳴効果，(b) 超共役，に基づく電子供与基（Ar = 芳香環）

速度と選択性を決定する第一段階で，芳香族求電子置換反応の結果は決まる．したがって，電子供与基が求電子剤との反応でオルト–パラ配向を示す理由を考えるには，最初の段階だけを考えればよい．図23・51には，典型的な電子供与基であるメトキシ基のオルト位，メタ位，パラ位に求電子剤が反応したときに生じる中間体を示す．［図をよく見てから先に進もう．どのアレーニウムイオン中間体が最も安定かな？ そして最も不安定なのはどれかな？］一見すると，各中間体は少なくとも三つの共鳴寄与体から構成されて

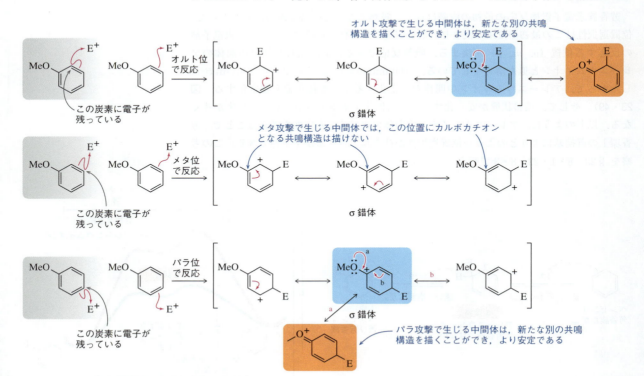

図23・51 **電子供与基が置換したベンゼンはオルト–パラ配向性を示す** 求電子剤がオルト位やパラ位で反応すると，中間体はさらなる共鳴構造をもつことができるようになり，より安定化されるためである．［この図は盛りだくさんなので，時間をかけて理解できているか確かめよう］

おり，ほぼ変わらない共鳴構造であることがわかる．しかし，オルト位とパラ位で反応して生じる中間体の共鳴構造の中で■で囲んだ共鳴構造をよく見てほしい．これらの共鳴構造では，電子供与基が置換した炭素上に正電荷が存在する．これにより，この中間体を安定化する新たな別の共鳴構造を描くことができる．一方，メタ置換中間体の場合は，正電荷が電子供与基の置換した炭素上に生じることはない．その結果，オルト位とパラ位の攻撃による中間体は，メタ位の攻撃による中間体よりも安定である．その結果，オルト位とパラ位の置換はメタ位での置換よりも速い．まとめ：電子供与基は芳香環の活性化基であり，**オルト–パラ配向基**である．

注意！ オルト位とパラ位は傾向が似て，メタとは反対であるという考え方は，第23章と第24章で繰返し出てくるテーマなんだ．登場する場所を探してみよう．

　置換基がオルト–パラ配向基である場合，求電子剤は立体的に空いている位置，つまりパラ位で反応する（図23・52a）．これは環上の置換基の立体障害に依存するので，必ずしもいつも成り立つわけではないのだが，物事を簡単（かつ論理的）にするために，ひとまずは，ここでの規則としておこう．[講義担当の教員に，この単純化された規則を正しいと考えるかどうかを確認しておこう．アセスメント23・39では，いつ，どのようなときにオルト位が優位となるかを考えることにもなるしね] そして最後に，環上に複数の置換基があり，それぞれが別の配向性を示しているときには，電子供与性に優れた置換基が求電子剤の反応位置を決定することとなる（図23・52b）．

メトキシ基をはじめとする多くの電子供与基は，誘起効果からみると電子求引性をもつんだ．でも，共鳴効果の方がより大きな効果を及ぼすよ．

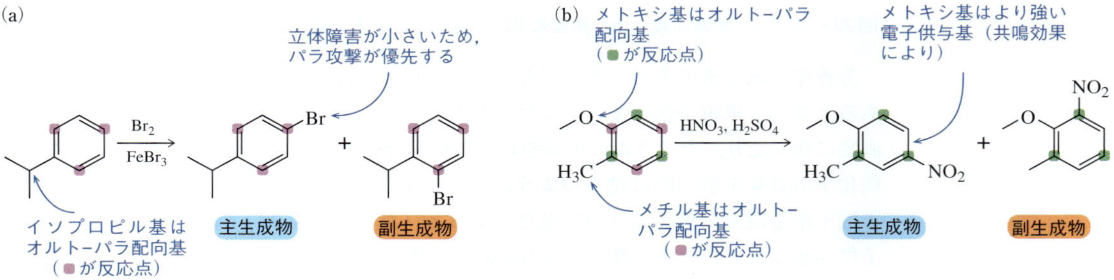

(a) イソプロピル基はオルト–パラ配向基（■が反応点）／立体障害が小さいため，パラ攻撃が優先する／主生成物／副生成物

(b) メトキシ基はオルト–パラ配向基（■が反応点）／メチル基はオルト–パラ配向基（■が反応点）／メトキシ基はより強い電子供与基（共鳴効果により）／主生成物／副生成物

図23・52 オルトとパラの選択 (a) 立体障害の少ない位置が優先される．(b) 強い電子供与基が位置選択性を決める．

アセスメント

23・35 図23・51に示すように，メタ位よりもオルト位の方で優先的に反応する結果を矛盾なく説明する反応座標図を描け．

23・36 アルキル基もオルト–パラ配向性を示す．図23・51のメトキシ基をメチル基に置き換えて，この結果を説明せよ．

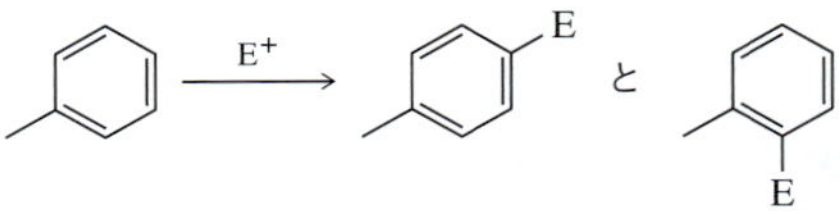

23・37 §23・7・4で Friedel–Crafts アルキル化にはポリアルキル化の問題があることを学んだ．(a) 環に三つのメチル基が付加した Friedel–Crafts 生成物を描け．(b) アルキル基が一つ付加した段階で反応が止まらないのはなぜか．

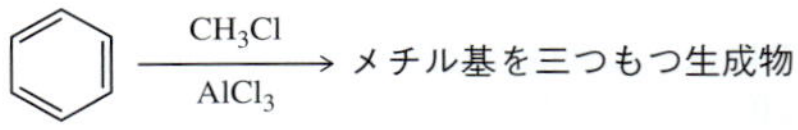

23・38 かさ高い電子供与基をもつベンゼン誘導体は，もっぱらパラ置換生成物が生成する．オルト置換生成物が生成しない事実を，反応座標図を用いて合理的に説明せよ．

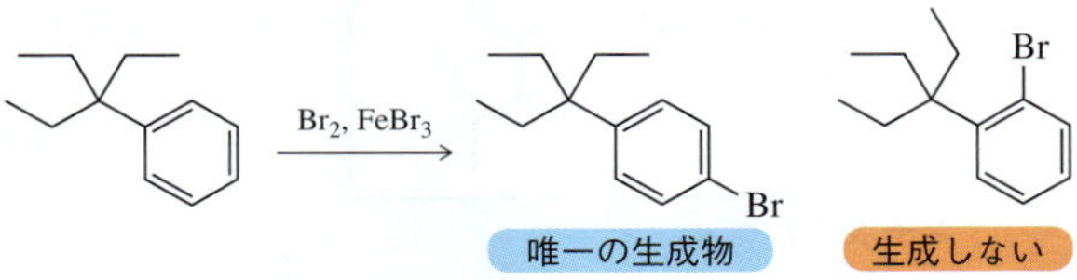

23・39 電子供与基が置換したベンゼンで反応を行った際，オルト位置換とパラ位置換の比率が2:1になった．なぜ，このような比となっただろうか．

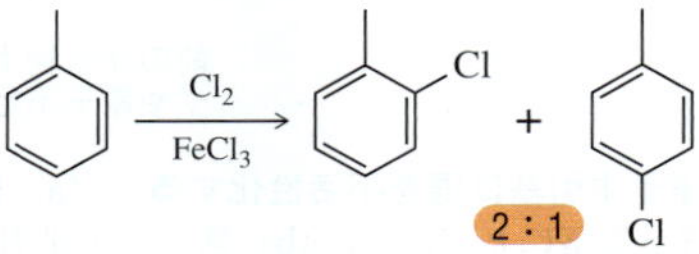

23・40 次の芳香族求電子置換反応の主生成物を予測せよ．

(a) [tert-butylbenzene] + Cl₂ / AlCl₃ →

(b) [PhSMe] + SO₃ / H₂SO₄ →

(c) [PhNHC(O)CH₃] + Br₂ (2 当量) / AlBr₃ →

23・8・2 電子求引基は芳香環の不活性化基であり，メタ配向基である

次に取上げる置換基は共鳴効果や誘起効果によって電子求引性を示すものだが，ハロゲンを除く．図 23・53 にはいくつかの電子求引基の例を示す．**電子求引基**（electron-withdrawing group）は芳香環を電子不足にして，求核性を低下させるので，芳香族求電子置換反応の速度を低下させる．したがって，電子求引基は環を"不活性化"する．

(a) 共鳴効果による電子求引

$$\underset{Ar}{\overset{O}{\|}}{-}C{-}CH_3 \quad \underset{Ar}{\overset{O}{\|}}{-}C{-}H \quad EtO{-}\overset{O}{\underset{\|}{C}}{-}Ar \quad H_2N{-}\overset{O}{\underset{\|}{C}}{-}Ar \quad \overset{-}{O}{-}\overset{+}{N}(=O){-}Ar \quad HO{-}\overset{O}{\underset{\overset{\|}{O}}{S}}{-}Ar$$

(b) 誘起効果による電子求引

$$F_3C{-}Ar$$

図 23・53 (a) 共鳴効果，(b) 誘起効果，に基づく電子求引基（Ar = 芳香環）

芳香環に電子求引基をつぎつぎと付加していくと，その環は非常に電子不足になり，あるところで求電子剤とまったく反応しなくなる．これがいつ起こるかということは，直感に頼ったり，たくさんの実験を行った結果たどり着くものだったりするのだが，有機化学の試験を解く際に役立つように一般化することはできる．多段階合成のなかで，求電子剤を環上に付与したい状況だとすると（たとえば図 23・54a の 3 段階合成），電子供与基は最初の段階で導入するのが最初の鉄則となる．そうすることで，芳香環が十分に反応性を保ち，さらなる置換反応を受入れるようにできる．次に覚えておくべきことは，Friedel–Crafts 反応によるアルキル化とアシル化は，環上の電子求引基に特に敏感だということ．共鳴効果により電子求引性を示す置換基（図 25・53）は，アルキル化もアシル化も阻害する（図 23・54b）．

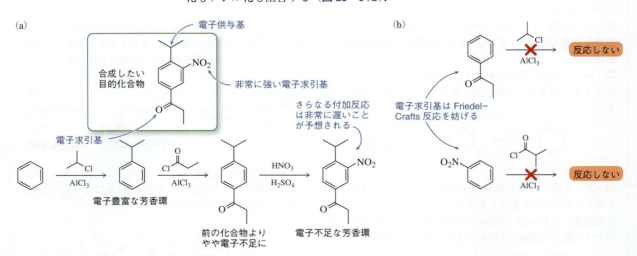

図 23・54 **電子求引基は環を不活性化する** (a) 置換芳香族化合物を合成する際は，論理的な順序で置換基を導入し，できるだけ芳香環を電子豊富にしておく．(b) 強い電子求引基が置換すると Friedel–Crafts アルキル化やアシル化は進行しない．

23・8　芳香族求電子置換における位置選択性　　1107

　電子求引基による位置選択性の発現は，第一段階で考えられる三つの反応中間体（オルト位，メタ位，パラ位で反応して生成する中間体）を考えることにより説明できる．図 23・55 には，一般的な電子求引基としてニトロ基を例に，そのオルト位，メタ位，パラ位に求電子剤が付加したときに生成する中間体を示す．[どのアレーニウムイオン中間体が安定/不安定かわかるかな]

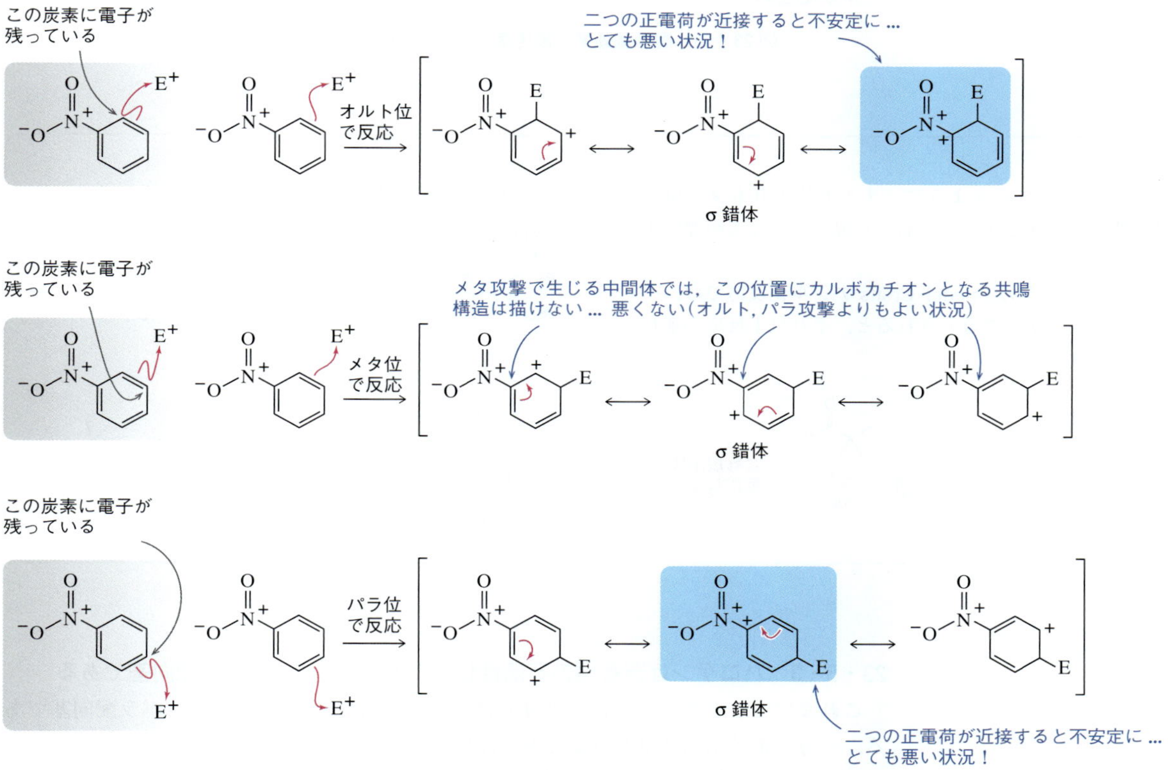

この炭素に電子が
残っている

二つの正電荷が近接すると不安定に …
とても悪い状況！

オルト位
で反応

σ錯体

この炭素に電子が
残っている

メタ攻撃で生じる中間体では，この位置にカルボカチオンとなる共鳴
構造は描けない … 悪くない（オルト,パラ攻撃よりもよい状況）

メタ位
で反応

σ錯体

この炭素に電子が
残っている

パラ位
で反応

σ錯体

二つの正電荷が近接すると不安定に …
とても悪い状況！

図 23・55　電子求引基が置換したベンゼンはメタ配向性を示す．電子求引基が置換した炭素に正の電荷をもつような
共鳴構造を避けるように反応は進行する

　オルト位やメタ位で反応して生じた中間体の中で，■■■で囲った共鳴構造をよく見てほしい．その共鳴構造では，カルボカチオンの炭素に電子求引基が置換している．二つの同種の電荷が近接しており，これは不安定化をもたらす相互作用である．一方，メタ中間体の場合，カルボカチオンの炭素に電子求引基が置換した共鳴構造をとらない．[オルト–パラが同質でメタが異質，の再登場だね] 結果として，オルト–パラ攻撃により生成する中間体は，メタ攻撃により生成する中間体より不安定となる．そして，メタ位への置換は電子求引基によって遅くなっているものの，オルト–パラ置換よりも速くなる．まとめ: 電子求引基は芳香環の不活性化基であり，メタ配向基である．

　繰返しになるが，環上に複数の置換基があるベンゼンの反応では，最も電子供与性の高い置換基により求電子剤と反応する位置が決まる（図 23・56）．また，置換基の電子的効果により二つもしくはそれ以上の反応点が考えられる場合は，最も立体障害が小さい位置での反応が優先される．

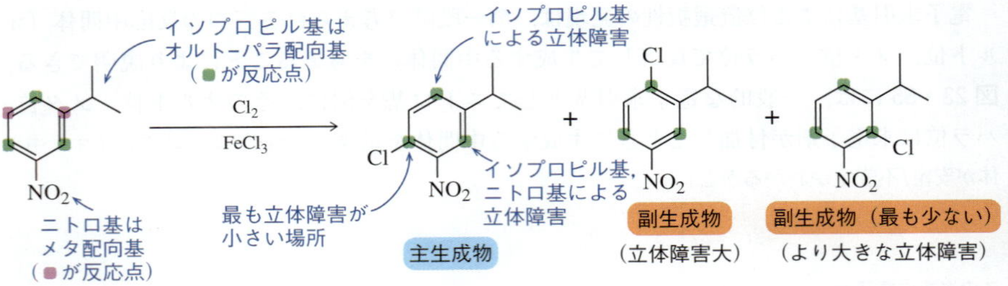

1108 　23. ベ ン ゼ ン I

図 23・56　置換基効果の優先度　強い電子供与基が位置選択性を決める.

アセスメント

23・41　図 23・55 で示すように,オルト位よりもメタ位の方で優先的に反応する状況を矛盾なく説明する反応座標図を描け.

23・42　§23・7・5 の Friedel–Crafts アシル化反応では,ベンゼンにアシル基が一つ導入されると,それ以上反応が進行しない.なぜか.

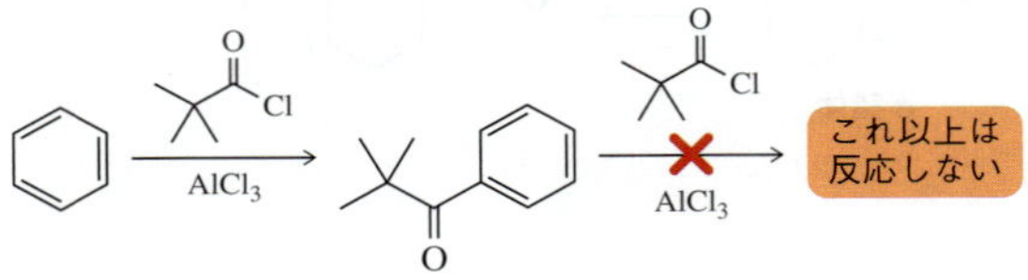

23・43　以下の芳香族求電子置換反応の生成物を示せ.

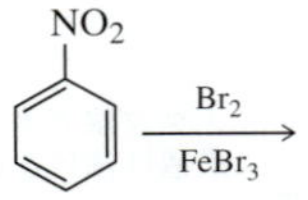

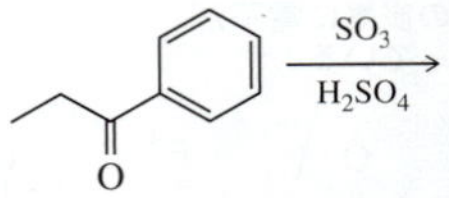

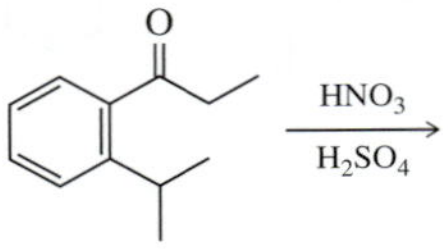

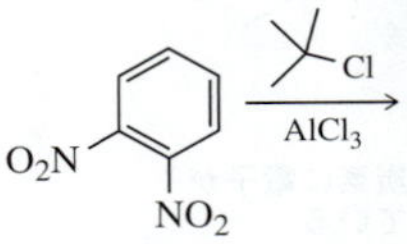

23・8・3　ハロゲンは芳香環の不活性化基であり,オルト–パラ配向基である

　これまでをまとめると,電子供与基は芳香環を活性化する,オルト–パラ配向基である.一方,電子求引基は芳香環を不活性化する,メタ置換配向基である.[とてもわかりやすい分類だよね]この分類から外れているのが,ハロゲンである.[いつも例外がある… 有機化学よ,ひどいなあ!]ハロゲンは電気陰性なので,弱い電子求引性がある.つまり,芳香環の電子密度を下げ,求核性を低下させ,芳香族求電子置換反応の速度を低下させる.このように,ハロゲンは芳香環を"不活性化"する.[ここまでは,特に問題ないね]

　その位置選択性を理解するため,再び,1 段階目で生じうる三つの反応中間体(オルト位,メタ位,パラ位で反応して生成する中間体)を考える.図 23・57 は求電子剤がクロロベンゼンのオルト位,メタ位,パラ位で反応したときに生成する中間体を示している.[これで最後,どのアレーニウムイオンが最も安定かな?]オルト位もしくはパラ位で反応して生じた中間体の共鳴構造のうち,▭ で囲まれたものは,カルボカチオンの炭素にハロゲンが置換している.塩素は共鳴による電子供与の効果は大きくないが,これらの中間体をわずかだが安定化させるさらなる共鳴構造を描くことができる.一方,メタ中間体は,カルボカチオンの炭素にハロゲンが置換した共鳴構造を描けない.[オルトとパラ=同じ傾向,メタ=反対]以上のように,オルト位およびパラ位への攻撃による中間体は,メタ位への攻撃による中間体より安定化されている.したがって,オルト位とパラ位の置換はメタ位の置換よりも速い.まとめ: ハロゲンは芳香環の不活性化基であり,オルト–パラ配向基である.

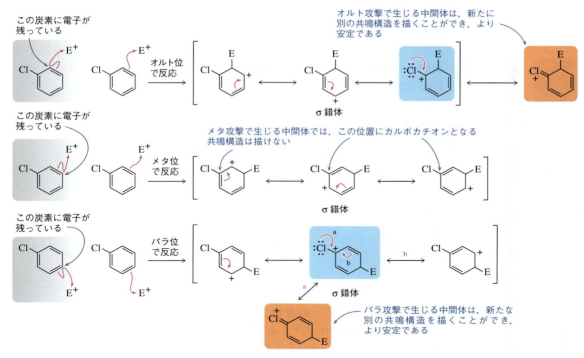

図 23・57　ハロゲンが置換したベンゼンはオルト-パラ配向性を示す　求電子剤がオルト位やパラ位で反応すると，中間体は大きい寄与ではないにしてもさらに共鳴構造をもつことができるようになり，より安定化されるためである．

ハロゲンと電子求引基が同じベンゼン環上にある場合は，ハロゲンが配向性を決める（図23・58a）．一方，ハロゲンと電子供与基が同じ環にある場合，電子供与基が配向性を決める（図23・58b）．電子効果により二つ以上の反応点が考えられる場合は，立体障害の少ない位置で優先的に反応する．

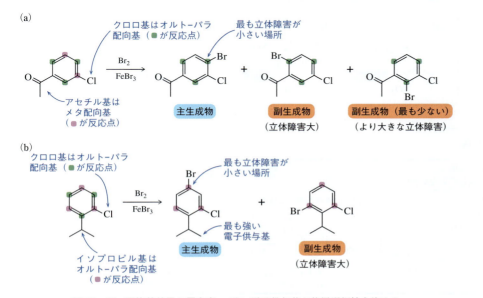

図 23・58　置換基効果の優先度　強い電子供与基が位置選択性を決める．

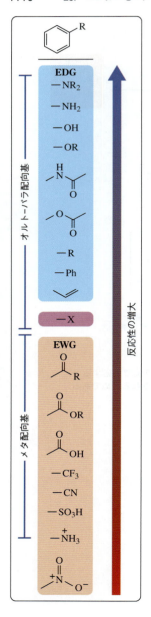

23・8・1〜23・8・3 のまとめ

- 電子供与基は芳香環を活性化し，オルト-パラ配向基である．電子求引基は芳香環を不活性化する，メタ配向基である．ハロゲンは芳香環を不活性化する，オルト-パラ配向基である．[欄外に書かれている EDG は電子供与基 (electron-donating group)，EWG は電子求引基 (electron-withdrawing group) を表すよ]

アセスメント
23・44 図 23・57 に示した反応で，パラ位の方がメタ位よりも優先して進行することを説明する反応座標図を描け．
23・45 次の (a)〜(d) の芳香族求電子置換反応の主生成物を示せ．

23・8・4 置換ベンゼンの合成

一般的な[そして楽しい]アセスメントとして，ベンゼンを出発物とする置換ベンゼンの合成がある．置換ベンゼンをうまく合成するには次の二つの原則がある．まず，次の求電子剤が反応しやすいように，環をできるだけ電子豊富な状態にしておくこと，そして，導入された置換基の配向性を考慮することである．問題解決の順番としては，まず，置換基導入に必要な反応を明らかにし，次に置換基を導入する順番を考える．

アセスメント
23・46 ベンゼンから，次の置換ベンゼンを合成する方法を示せ．ただし，( ) 内に書かれた工程数で合成すること．

これはやってみるのが一番の近道なので，アセスメント 23・46(a) と (d) を一緒に解いてみよう．まず自分で解いてから先に進もう．

アセスメント 23・46(a) の解説

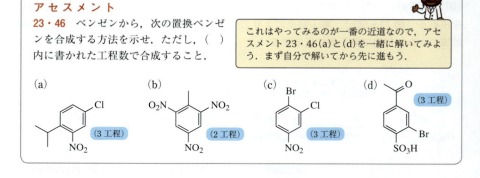

23・8 芳香族求電子置換における位置選択性　1111

アセスメント 23・46(d) の解説

置換ベンゼン	使う反応 （順番は考慮していない）	合　成
(b) 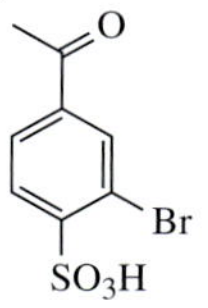 	a. Br_2, $FeBr_3$ b. CH_3COCl, $AlCl_3$ c. SO_3, H_2SO_4	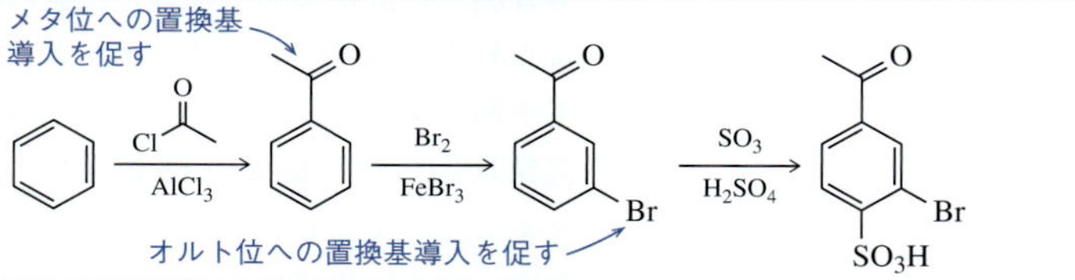

23-D　化学はここにも（メディシナルケミストリー）

スルファニルアミドの合成

　スルファニルアミドは，芳香族求電子置換反応とこれまでに学んだ反応を組合わせることにより合成できる（表23・7参照）．〔そう，もう君は，現代のメディシナルケミストリー誕生のきっかけとなった抗菌薬を合成するノウハウを身につけているんだよ．すごいと思わない？〕

> **アセスメント**
> **23・47**　4工程目でアミドがオルト–パラ配向基であるのはなぜか．
> **23・48**　4工程目の反応機構を示せ．

表 23・7　スルファニルアミドの合成

工程	反応の解説	反　応
1	求電子的芳香族置換反応により，ベンゼンをニトロ化して，ニトロベンゼンを合成する（§23・7・2）．	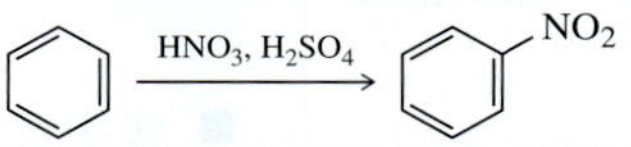
2	ニトロ基を水素化してアニリン（アミノベンゼン）を合成する（§25・6・3）．	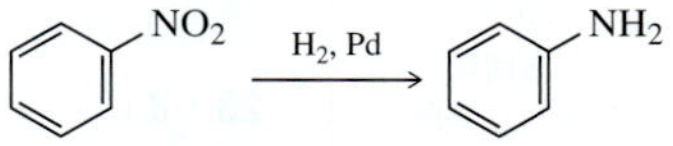
3	無水酢酸を用いて，求核アシル置換反応を行い，アミンをアミドに変換してアミンの保護を行う（§19・7・3）．	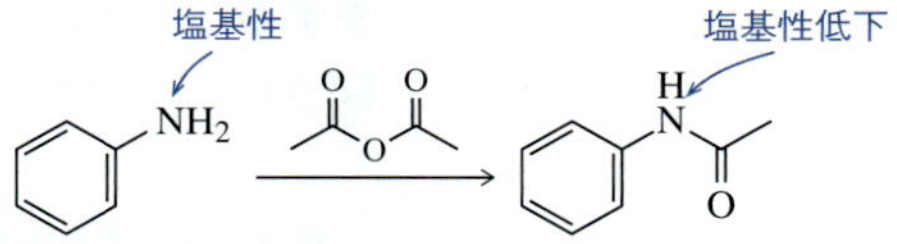
4	クロロスルホン酸による求電子置換反応により，塩化スルホニルが得られる（§23・7・3と類似）．	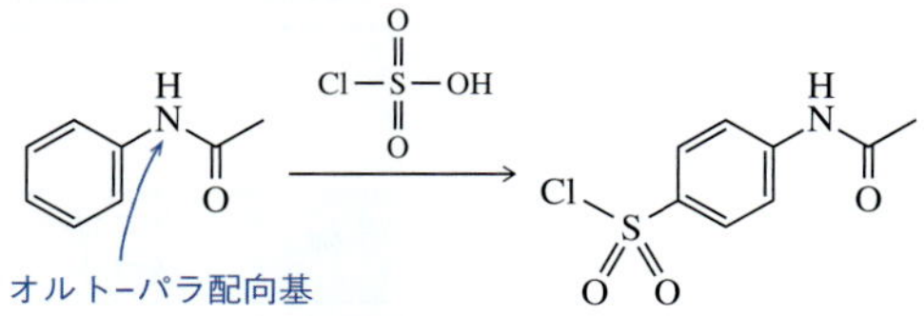
5	求核アシル置換反応によりアンモニアのスルホニル化を行う（§13・7・1，§19・7・3と類似）．	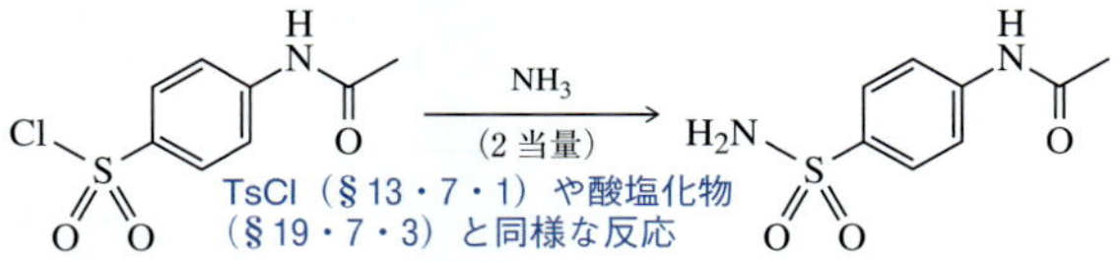
6	アミドの酸加水分解によるアミンの脱保護（§19・7・1）．	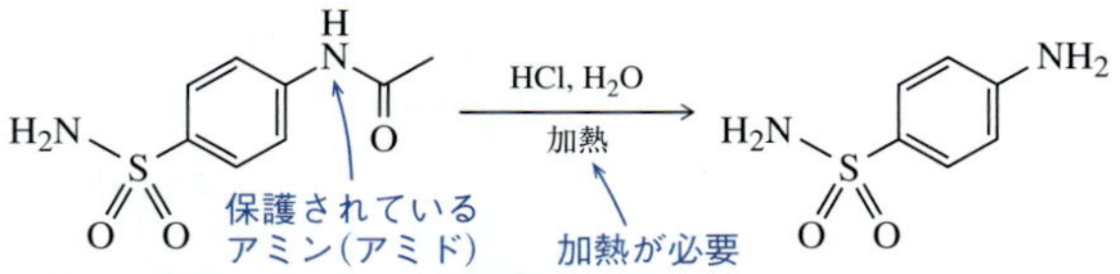

23・9 芳香族求核置換反応

芳香環の反応として，**芳香族求核置換反応**（nucleophilic aromatic substitution）も起こることが知られている．芳香族求電子置換反応では水素が置換された．これに対し，芳香族求核置換反応では芳香族側に脱離基が必要であり，ハロゲンが脱離基として最もよく利用される．その名が示すように，求核剤がハロゲンを置換するので，芳香環は求電子剤である．[芳香環が求核剤となる芳香族求電子置換反応とはまったく逆だね] 芳香族求核置換反応の例を図23・59に示す．この反応では，塩素がヒドロキシ基で置換され，フェノールが生じるが，このフェノールは，その共役塩基が共鳴によって安定化されるため，すぐに脱プロトンされる（§24・2・1）．

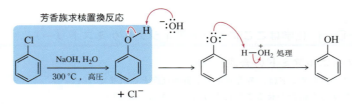

図23・59 芳香族求核置換反応

これらの反応では芳香環が求電子剤となるため，このような反応では電子求引基がより多く結合していた方が，反応は速くなるはずだね．このことが正しいかどうか，また，データから反応機構について何がわかるか，典型的な実験を見てみよう．

23・9・1 付加/脱離機構

電子不足の芳香環は，芳香族求核置換反応においてより求電子性の高い求電子剤となる．

■ **化学者のように考えよう**

ニトロ基の導入により，芳香族求核置換反応に必要な温度がどう変化するかを表23・8に示す．ニトロ基は電子求引性が高いので，一つ増えるごとに反応がより起こりやすくなるはずである．実際，ほとんどの場合その通りであるが，少し例外がある．[どういうときかわかるかな？] クロロベンゼンの求核置換反応は非常に過酷な条件を必要

表23・8 芳香族求核置換反応の起こりやすさは，芳香環に結合している置換基の種類による

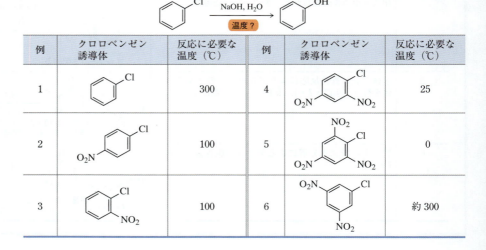

とするが，オルト位やパラ位にニトロ基を一つ導入すると，より低温での反応が可能になる．しかし，メタ位に二つニトロ基を導入した場合は，より厳しい反応条件が必要である．[このことは反応機構に関して，どんな意味をもつかな]

表 23・8 のデータの意味を議論する前に，反応機構として最初に頭に浮かぶ S_N2 反応を除外しておこう．本文中で何度も見てきた S_N2 機構であるが，脱離基は sp^2 混成炭素上にあるので，S_N2 機構で置換されることはない（図 23・60a）．これまでに sp^2 混成炭素での置換反応を見たことがあるだろうか．[どうだろう．ちょっと考えてみてほしい]§19・6 では，カルボン酸誘導体の求核アシル置換反応について学んだが，今回の反応と最もよく似ているのは，酸塩化物と水酸化物イオンとの反応である．反応機構的には，水酸化物イオンが求電子的なカルボニル炭素を攻撃して四面体中間体を生じ，すぐにその状態が壊れて π 結合が再形成され，安定な脱離基が追い出される（図 23・60b）．

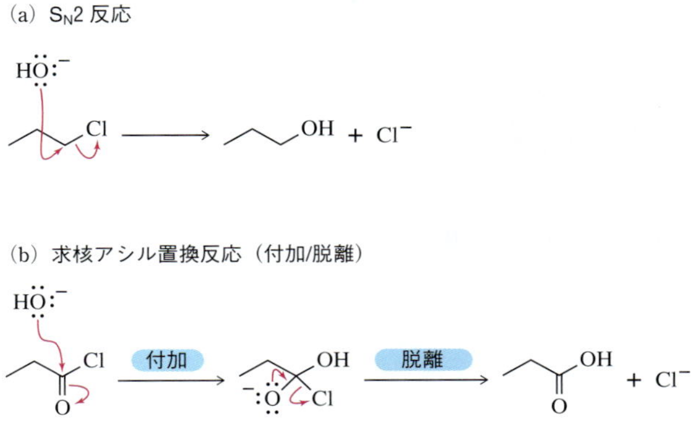

図 23・60 これまでに学んだ置換反応の反応機構 (a) ハロゲン化アルキルの S_N2 反応，(b) 求核アシル置換反応（付加/脱離）．

表 23・8 のデータは，脱離基をもつ炭素とオルト位およびパラ位の間に何らかの"相互作用"があることを示唆している．これまでのベンゼンや芳香族求電子置換反応についての知見から，この反応機構に π 電子が関与していると考えられる．したがって，求核アシル置換反応と同様の反応機構であるのが正しそうだ．しかし，その機構で，表 23・8 に示されたデータを，置換基と反応性を関連づけて説明できるだろうか．クロロベンゼンが無置換の場合，非芳香族中間体の負電荷は非常に不安定である（図 23・61a）．しかし，ニトロ基がオルト位とパラ位にあると，芳香環への求核付加によって生じる負電荷が安定化される（図 23・61b, 23・61c）．最後に，メタ位にニトロ基がある場合，その数が二つでも，負電荷は共鳴安定化されない（図 23・61d）．

図 23・61 から，いくつかの点が明らかになった．まず，芳香族求核置換の付加/脱離においては，芳香族性が失われる1段階目が律速であり，2段階目は，優れた脱離基を放出して芳香族性が再び回復する段階であり，非常に速いことである．二つ目は，この反応機構で置換反応が起こるためには，優れた脱離基のオルト位またはパラ位に求電子性の高い電子求引基（通常は共鳴効果による）が存在しなければならないということである．この反応の中間体は，**Meisenheimer 錯体**（Meisenheimer complex）とよばれる．三つ目は，電子求引基を増やすと，反応速度がさらに上がる，ということである（表 23・8 の例 4 と例 5 を参照）．

最近の研究では，ここで想定されている中間体は，実際には遷移状態だと提唱されているよ．化学の知識というのは常に変化し続けるものなんだ…今後にも期待だね．ただ，それよりも，化学の世界に飛び込んで，自ら発見していくという方がよいかもね．

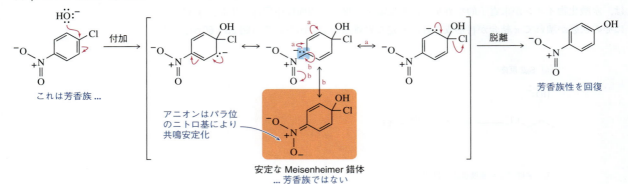

図 23・61　電子求引基がオルト位やパラ位にあるときのみ，求核攻撃で生成した中間体が安定化される

アセスメント

23・49 付加/脱離機構による芳香族求核置換の反応座標図を作成せよ．また，律速段階はどこか示せ．

23・50 反応 A と B を反応座標図で比較し，反応速度の違いを明らかにせよ．なお，律速段階は第一段階であるため，反応座標図は第一段階のみの記載でよい．

反応 A

反応 B

23・51 図23・61の反応では，置換が起こった段階ではフェノールが生成する．フェノールはやや酸性（pK_a = 10）であるため，塩基性溶液中ではすぐに脱プロトンされ，最終的には酸処理する必要がある．フェノールの pK_a が通常のアルコール（pK_a = 16）よりも小さいのはなぜか．

pK_a = 10   pK_a = 16

23・52 ケトンは，付加/脱離機構を促進するのに十分な電子求引基である．以下に反応機構が巻矢印表記法で示されているが，1段階目の矢印表記で，**A** に直接つながるように修正せよ．また，この反応をどこかで見たことがあるだろうか．

Meisenheimer 錯体

23・53 次の芳香族求核置換反応の生成物を示せ．

(a)   (b)

(c)

23・9・2 ベンザイン経由の反応機構

図 23・62 に示す芳香族求核置換反応は，§23・9・1 の冒頭で紹介したものである．付加/脱離機構によるハロゲン化物の置換には，オルト位またはパラ位に電子求引基が必要であったことを思い出してほしい．したがって，非常に過酷な条件下で進行したクロロベンゼンの置換反応は，別の反応機構で進行したに違いない．

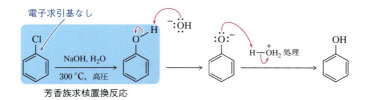

図 23・62 クロロベンゼンへの置換は，付加/脱離の機構では決して起こらない

電子求引基がない場合，図 23・62 に示したような非常に過酷な条件下でのみしか置換は起こらない．この条件下で，水酸化物イオン OH⁻ は求核剤として作用しない．そ

1116 23. ベ ン ゼ ン I

の代わりに，ベンゼン環を脱プロトンし，塩素が脱離する（図23・63）．これはE1cB機構である．[§12・5・1を思い出そう] こうして生じた，環に"三重結合"をもつ化合物は**ベンザイン**（benzyne）とよばれる．この化合物は非常に不安定であり，OH^-によってどちらの位置でも攻撃される可能性がある．OH^-の攻撃を受けると，不安定なカルボアニオンが生成し，これが速やかにプロトン化され，フェノールが生じる．ベンザインに他の置換基がない場合は，ベンザインの炭素のどちらを攻撃しても同じ生成物が得られる．アセスメント23・55は，ベンザインの環に他の置換基があった場合の反応を示している．なお，ここで示されたベンザインが生じる反応条件は，非常に厳しく，官能基の多くはこの条件で反応してしまう．そのため，このような条件下で発生させたベンザインを使う反応は，有機合成にはあまり用いられていない．

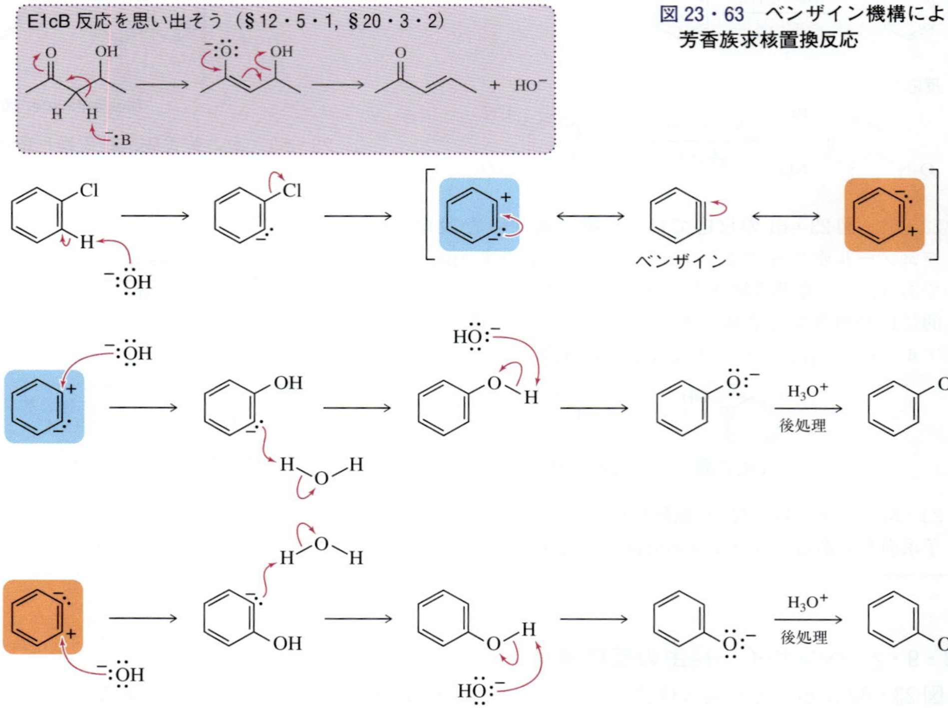

図23・63 ベンザイン機構による芳香族求核置換反応

E1cB反応を思い出そう（§12・5・1，§20・3・2）

アセスメント

23・54 ベンザイン機構での芳香族求核置換反応の反応座標図を描き，律速段階も示せ．なお，反応座標図には，本反応が非常に厳しい反応条件を必要とする理由を描くこと．

23・55 p-クロロトルエンを用いた反応において，1段階目のベンザイン生成の際，脱プロトンされるプロトンを H_a とする．ベンザイン中間体を描け．また，酸処理後，生じる二つの生成物を示せ．

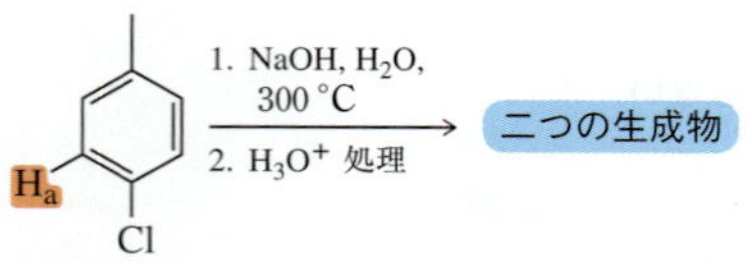

1. NaOH, H_2O,
   300 ℃
2. H_3O^+ 処理 → 二つの生成物

23・56 ベンザイン機構で進行する，以下の芳香族求核置換反応の生成物を描け．

(a)

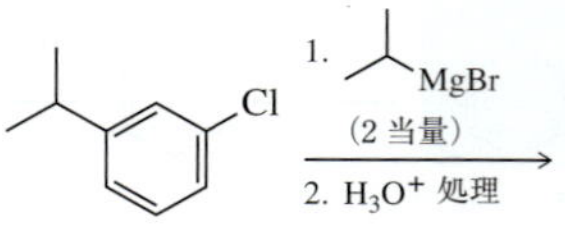

1. ＭgBr
   (2当量)
2. H_3O^+ 処理

(b)

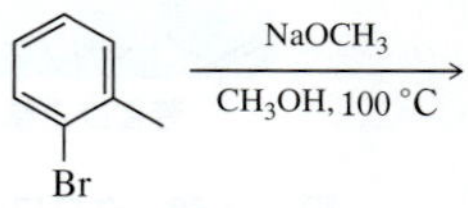

$\dfrac{NaOCH_3}{CH_3OH, 100℃}$

23・10 その他の置換反応

他章で学んだ反応のなかには，芳香環への置換基導入に利用できるものもある．これらの反応については，その章で詳しく述べたが，§23・10・1 と §23・10・2 で簡単に説明する．

23・10・1 ジアゾニウムイオン

アミンと亜硝酸 HNO_2 の反応については第 25 章で詳しく説明する．亜硝酸は非常に反応性が高く，亜硝酸ナトリウムと塩酸を反応させて生成させる（図23・64a）．この条件下では，生じた亜硝酸から脱水が起こりニトロシルカチオン（NO^+）が生成する．ニトロシルカチオンは，求核性のアミンに攻撃され，何段階かの酸塩基反応を経た後，水の脱離により**ジアゾニウムイオン**（diazonium ion）が生じる（図23・64b）．図23・64 の反応機構は複雑に見えるかもしれないが，9 段階のうち 6 段階は酸塩基反応であ

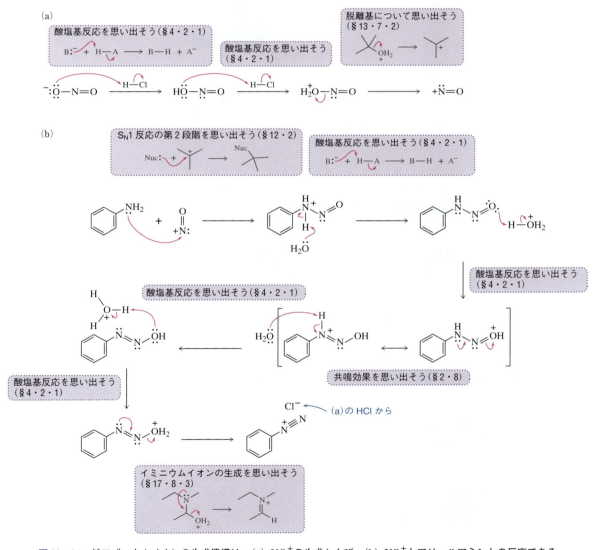

図 23・64　ジアゾニウムイオンの生成機構は，(a) NO^+ の生成および，(b) NO^+ とアリールアミンとの反応である

1118   23. ベ ン ゼ ン I

り，残りの３段階も別の章で学んでいる．

　ジアゾニウムイオンは，窒素分子（優れた脱離基）を含んでおり，官能基としては非常に反応性が高い．［第25章でより詳しく学ぼう］幸いなことに，芳香酸ジアゾ化合物は単離することができ，10 ℃以下で保存することができる．図 23・65 に示すように，ジアゾニウムイオンは，さまざまな置換反応に用いることができる．銅塩を用いる反応はSandmeyer 反応（Sandmeyer reaction）とよばれている．これらの反応の反応機構はよくわかっていないが，その多くはラジカルが関与していると考えられている．

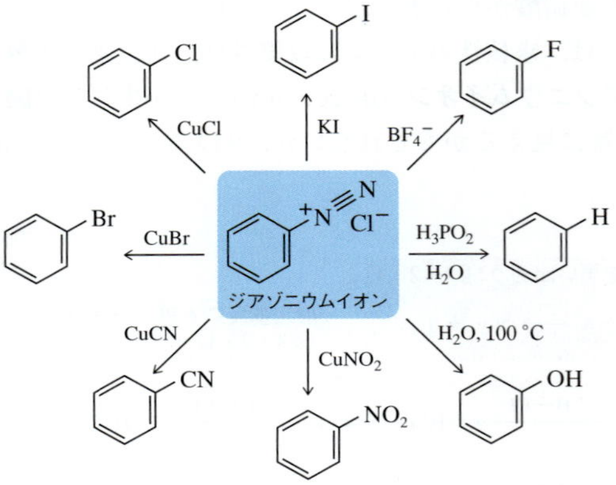

図 23・65　ジアゾニウムイオンのさまざまな官能基への変換

　ニトロ基をアミンへ還元し（§25・6・3参照），これをジアゾニウムイオンへ変換する一連のプロセスは，合成化学的に非常に有用性が高い．図 23・66 に示すように，3工程の変換で，ニトロ基を図 23・65 の官能基のいずれにも変換することができる．

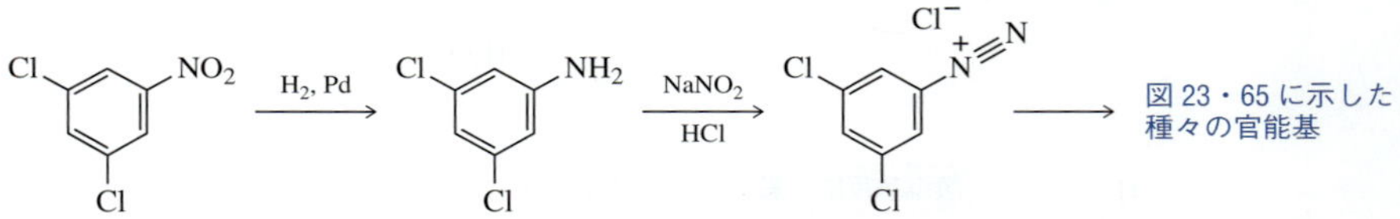

図 23・66　ジアゾニウムイオンを経由して，ニトロ基はさまざまな官能基に変換できる

アセスメント

23・57　次の反応の生成物を示せ．

(a)

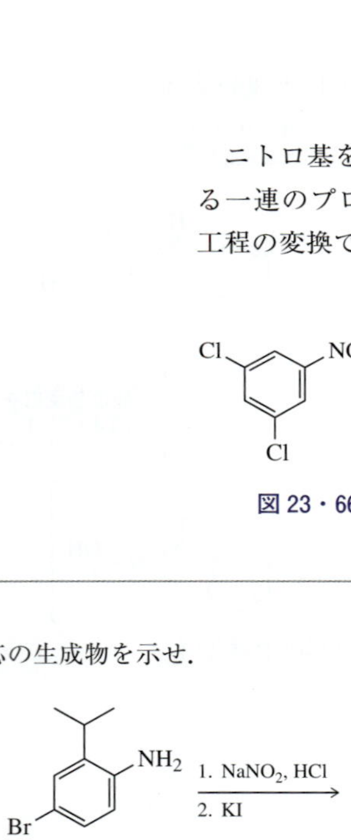

1. NaNO₂, HCl
2. KI

(b)

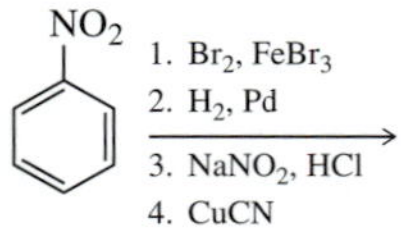

1. Br₂, FeBr₃
2. H₂, Pd
3. NaNO₂, HCl
4. CuCN

23・58　*tert*-ブチルベンゼンのフェノールへの変換は，ベンザイン機構で反応が起こる場合，二つの生成物が生じる．ジアゾニウムイオンを用いて，単一のフェノールが生成するような合成法を示せ．

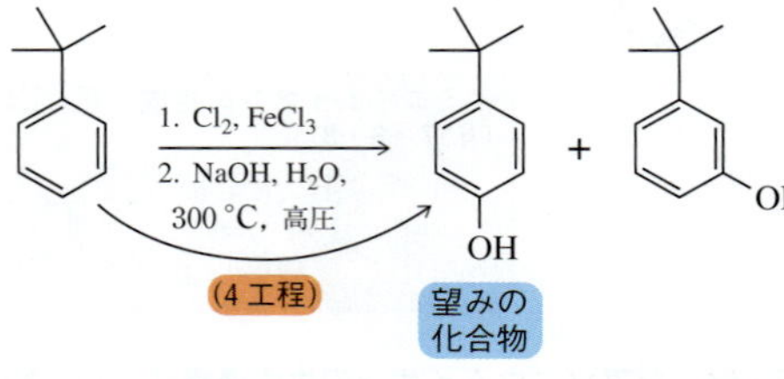

1. Cl₂, FeCl₃
2. NaOH, H₂O, 300 ℃, 高圧

(4 工程)

望みの化合物

23・10・2 パラジウム触媒を用いるハロゲン化アリールのカップリング

　これまで学んできた置換反応において，唯一欠けている反応は，穏和な反応条件での C-C 結合形成反応である．Friedel-Crafts アルキル化/アシル化では，C-C 結合を形成することができたが，反応条件が激しく，また，用いる求電子剤や環上の置換基などにも特定の条件が必要であった．一方，第 16 章で学んだパラジウム触媒を用いるカップリング反応を用いれば，穏和な条件での C-C 結合形成により芳香環を化学修飾することができるようになった．図 23・67 に示すようにハロゲン化アリールとアルケンやアルキン，芳香族とのカップリングについては，鈴木カップリング，Stille カップリング，薗頭カップリング，根岸カップリングなどのさまざまな人名反応が知られている．

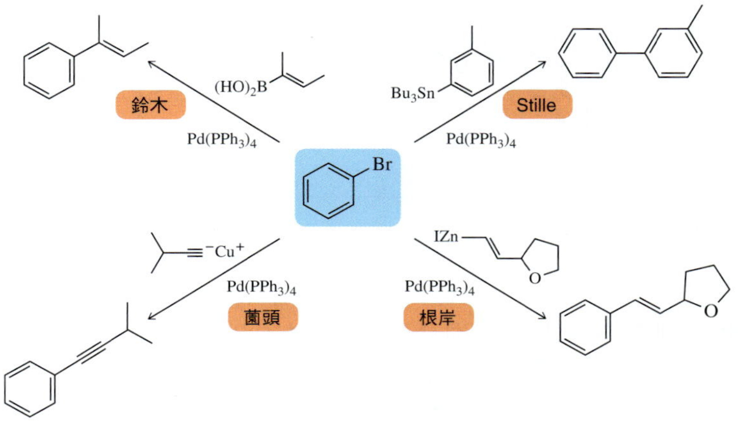

図 23・67　ハロゲン化アリールの官能基化に利用される，パラジウム触媒を用いたカップリング反応

　これらの反応の反応機構は §16・4・1 で詳しく述べたが，触媒サイクルで進行している．図 23・68 には，一般的な触媒サイクルを示しており，図 23・67 の各反応は，それぞれ，金属 M がボロン酸〔B(OH)$_2$，鈴木カップリング〕，トリブチルスズ（Bu$_3$Sn，Stille カップリング），銅（Cu，薗頭カップリング），亜鉛（ZnI，根岸カップリング）である．まず，パラジウム（Pd^0）の Ar-Br 結合への酸化的付加，続いて，R-M とのトランスメタル化が起こる．最後に，還元的脱離により新しい C-C 結合が形成されるとともに，Pd^0 が再生して再び触媒サイクルに利用される．

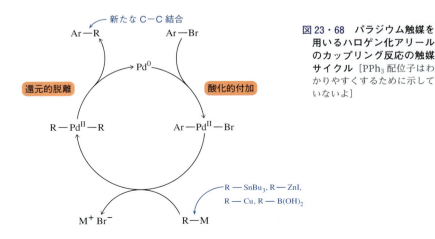

図 23・68　パラジウム触媒を用いるハロゲン化アリールのカップリング反応の触媒サイクル [PPh$_3$ 配位子はわかりやすくするために示していないよ]

アセスメント

23・59 次の反応の生成物を示せ.

(a) [構造式: 3-ブロモピリジン + フラン-2-SnBu₃ / Pd(PPh₃)₄]

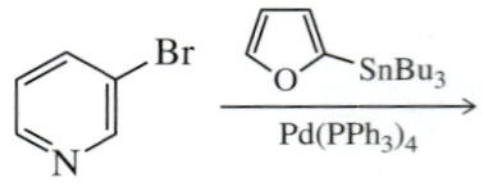

(b) [構造式: 5-ヨードクロマン + ZnBr付き分岐アルケン / Pd(PPh₃)₄]

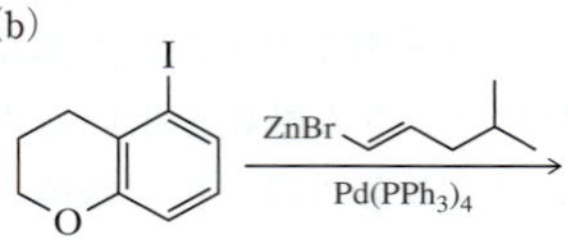

(c) [構造式: 4-イソプロピルピリジン-2-B(OH)₂ + 4-tert-ブチルピリジン-2-Br / Pd(PPh₃)₄]

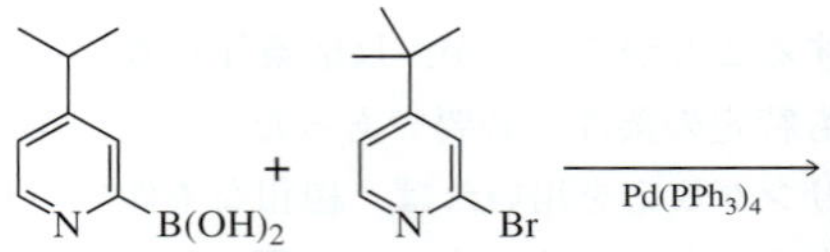

23・60 (a)～(c)のそれぞれについて,図に示す位置で,カップリングによりC–C結合を形成するのに用いることができる二つの化合物をあげよ.

(a) ? → [1,2-ビス(フェニルエチニル)ベンゼン]

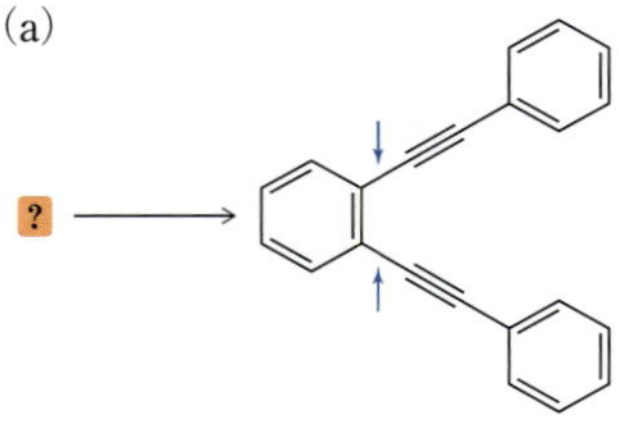

(b) ? → [(E)-メチル 3-(3-イソプロピルフェニル)アクリラート]

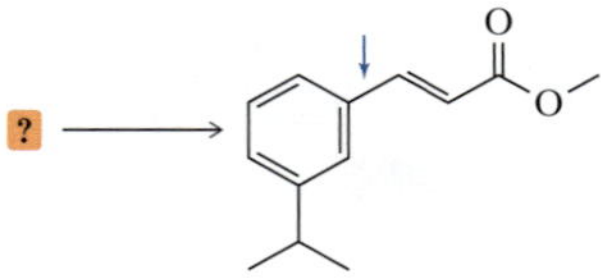

(c) ? → [1-ピバロイル-5-(3-メトキシシクロペンテニル)インドール]

むすびに

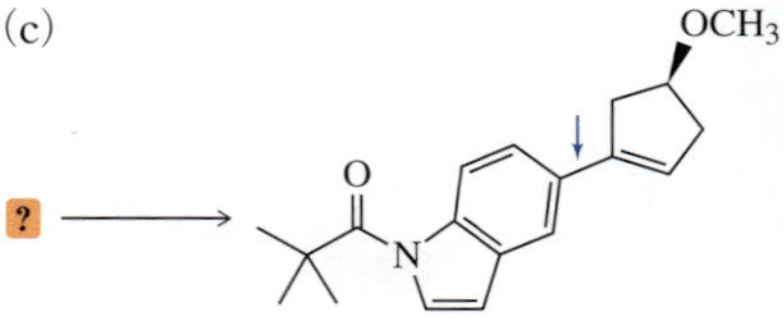

この章では,ベンゼン環上で起こる反応に注目したけど,ベンゼンが隣接する炭素上で実現可能となるような反応もたくさんあるんだ.第24章では,ベンゼンのどんな影響で,そうした反応が進むようになるのか見ていこう.

ベンゼンは非常に安定した不活性分子であるにもかかわらず,20世紀初頭の化学者たちは,芳香族求電子置換反応,芳香族求核置換反応,ジアゾニウムイオンの生成など,ベンゼンに置換基を導入するさまざまな方法を考案した.近年開発された遷移金属触媒を用いたカップリング反応も利用すれば,ベンゼン誘導体で合成できないものはないといっても過言ではない.

ベンゼンを自在に操れるようになり,サルファ剤という究極の抗菌薬が発見されただけでなく,現代のメディシナルケミストリーが始まった.医薬品化学者たちは,サルファ剤の抗菌薬としての活性を研究していくなかで,ほかにもさまざまな治療に用いることができるのに気づいた.図23・69に示すように,スルホンアミド骨格をもつ物質は,さまざまな病気の治療に利用されている.

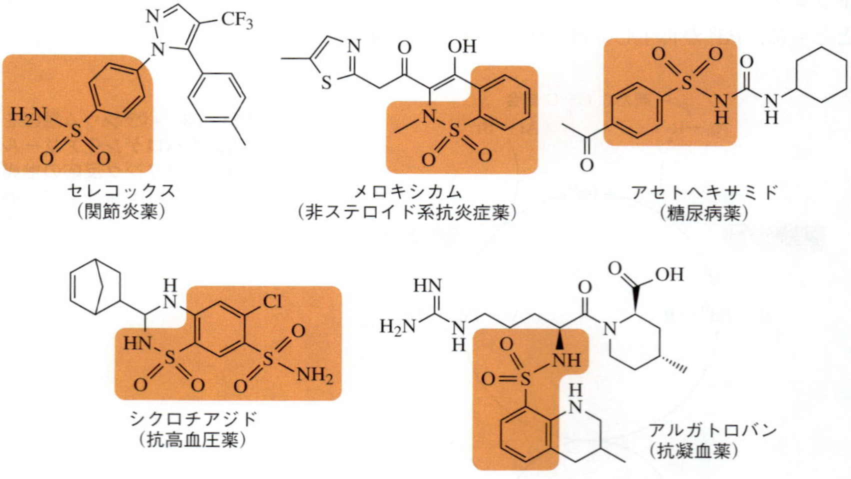

セレコックス (関節炎薬)

メロキシカム (非ステロイド系抗炎症薬)

アセトヘキサミド (糖尿病薬)

シクロチアジド (抗高血圧薬)

アルガトロバン (抗凝血薬)

図 23・69 スルホンアミド骨格をもつ医薬品(スルホンアミド部は ■ で示している)

第23章のまとめ

重要な概念 〔ここでは，第23章の各節で取扱った重要な概念（反応は除く）をまとめる〕

§23・1: ベンゼンは非常に安定した分子で，二つの共鳴構造（Kekulé 構造）の共鳴混成体として存在している．

§23・2: ベンゼンは芳香族分子の一つである．芳香族分子は，結合解離エネルギーから予想されるよりもはるかに安定である．芳香族分子は，平面状かつ環状で，すべての環原子にp軌道（充填または非充填）をもち，環状のπ系の電子数が$4n+2$個の分子である．

§23・3: 芳香族性とは逆に，反芳香族性の分子は（存在するとすれば），予想されるよりもはるかに不安定である．反芳香族分子は，平面状かつ環状で，すべての環原子にp軌道（充填）をもち，環状のπ系に$4n$個の電子を含む（仮想的な）分子である．

§23・4: 芳香族分子の分子軌道図は，Frost 円を使って描くことができる．芳香族分子は，$E=0$以下のすべてが充填された分子軌道（被占分子軌道）をもち，反芳香族分子は，$E=0$に半分が満たされた軌道（半占軌道）を二つもつ．

§23・5: 置換ベンゼンの命名は，IUPAC 名と慣用名が混在している．二置換ベンゼンの置換様式は，オルト（1,2位），メタ（1,3位），パラ（1,4位）で表される．

§23・7: 芳香族求電子置換反応は，求電子性の高い求電子剤によりベンゼンの水素が置換される反応であり，2段階の反応である．1段階目の非芳香族のカルボカチオンの生成は遅く，不利な反応である．2段階目の酸と塩基の反応は有利な反応で，速やかに進行し，芳香族性の回復を伴う．芳香族求電子置換反応には，さまざまな求電子性の高い求電子剤を用いることがで

きる．Friedel–Crafts アルキル化では，用いるハロゲン化アルキルが転位を起こすことがある．

§23・8: 電子供与基は，芳香族求電子置換反応を速くし，オルト–パラ配向基である．電子求引基は芳香族求電子置換反応を遅くし，メタ配向基である．ハロゲンは，芳香族求電子置換反応を遅くするが，オルト–パラ配向基である．芳香族求電子置換反応で二つの生成物が考えられる場合，通常は立体障害の少ない位置で反応が起こる．

§23・9: 芳香族求核置換反応は，付加/脱離とベンザインの二つの反応機構で進行する．付加/脱離機構は，電子求引基のオルト位やパラ位によい脱離基が置換している場合に進行する．この環に求核剤が付加すると，共鳴安定化された非芳香族のアニオンが生成し，続いて速やかに脱離基が追い出され，環が再び芳香化する．ベンザイン機構の反応は，求核性の高い求核剤/強塩基の存在下，厳しい条件下で進行する．まず，E1cB 機構による脱離によりベンザインが生じる．不安定なベンザイン中間体の反応点は二つあり，続いて，そのいずれかが攻撃される．最後にプロトン化されると，（通常は）位置異性体の混合物が生成する．

§23・10: アリールジアゾニウムイオンは，芳香族アミンと$NaNO_2$およびHClとの反応によって生成する．生じたアリールジアゾニオ基は，Sandmeyer 反応などでさまざまな官能基に置換可能である．パラジウム触媒を用いるカップリング反応は，§16・4で説明した触媒サイクルに従って進行し，この反応を利用して種々のベンゼンの誘導体を合成できる．

重要な反応と反応機構

1. 芳香族求電子置換反応（§23・7）　ベンゼンが求核剤であり，そのπ電子が強い求電子を攻撃する（この段階は遅く，不利な反応である）．続いて，酸塩基反応が起こり，芳香環が再生する（この段階は速く有利な反応である）．芳香族求電子置換の選択性は，最初の段階（律速段階）において，生じる最も安定なカルボカチオンから予測できる．

その他の芳香族求電子置換反応剤

HNO_3, H_2SO_4

H_2SO_4, SO_3

RCl, $AlCl_3$

$RCOCl$, $AlCl_3$

2. 芳香族求核置換（付加/脱離）（§23・9・1）　脱離基のオルト位またはパラ位に強い電子求引基が置換しているとき，求核剤は，脱離基が置換した炭素を攻撃し，非芳香族の四面体中間体が形成される．続いて，電子対が倒れ込み，脱離基を追い出し，安

1122　23. ベンゼン I

定な芳香環が再生する.

【一般式】　　　　　　　　　　　　　　　【具体例】

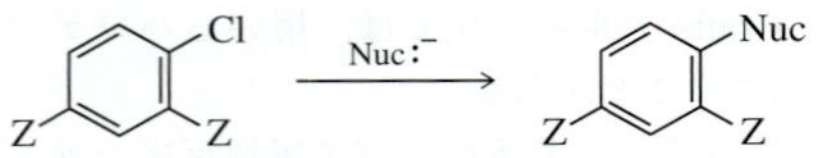

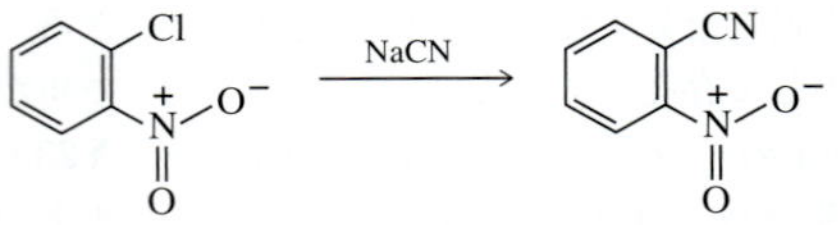

【反応機構】

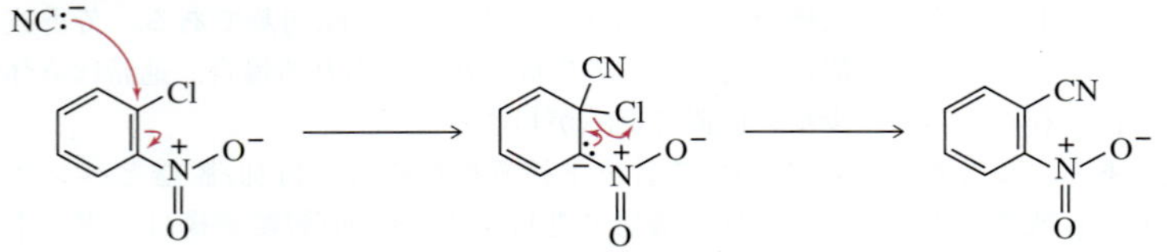

付加脱離反応に利用される
その他の電子求引基

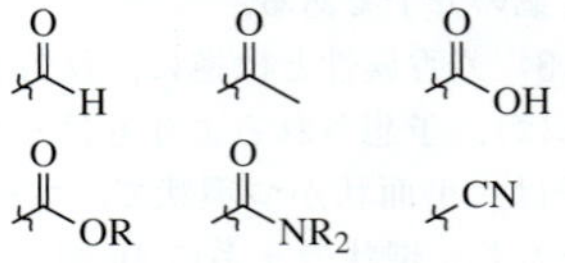

3. 芳香族求核置換（ベンザイン経由）（§23・9・2）　　求核性の高い求核剤や強塩基，あるいは非常に厳しい条件下でハロベンゼンを脱プロトンすると，E1cB 機構により脱離が起こり，ベンザインが生成する. 続いて，ベンザイン炭素への求核剤の攻撃が起こるが，その際，攻撃の位置選択性はない. 最後に，プロトン化されると置換生成物が位置異性体の混合物として得られる.

【一般式】　　　　　　　　　　　　　　　【具体例】

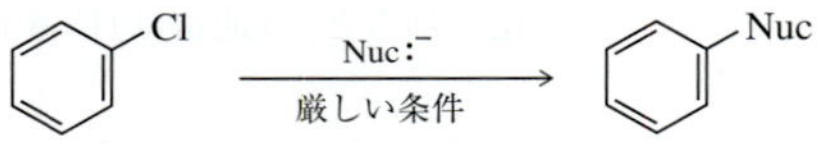

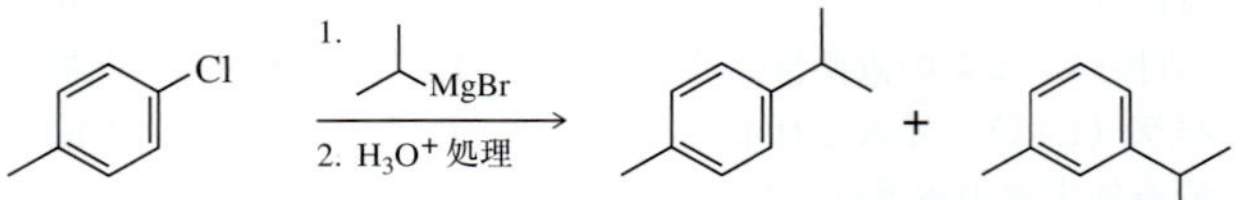

【反応機構】

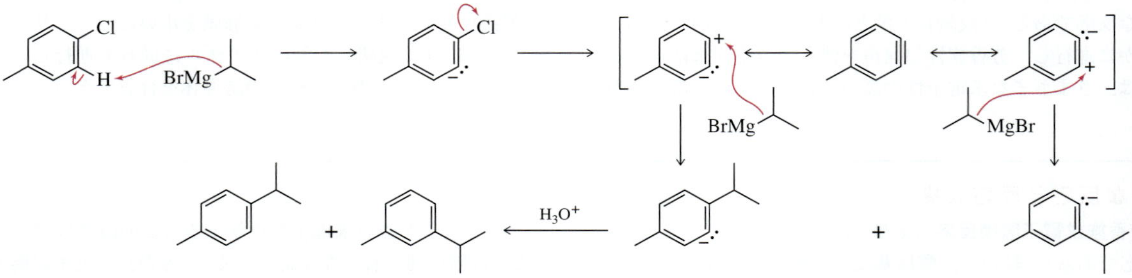

4. ジアゾニウムイオンを用いる置換反応（§23・10・1）　アニリン誘導体（アミノベンゼン類）の反応からは，図23・64に示す反応機構を経てアリールジアゾニウムが生成する. ジアゾニウム部位はさまざまな置換基に置き換えることができる（この置換反応の詳細な機構はまだよくわかっていない）.

【一般式】　　　　　　　　　　　　　　　【具体例】

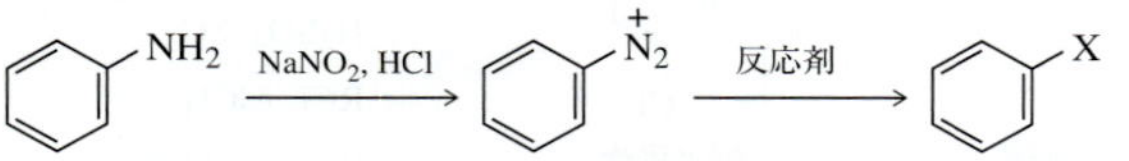

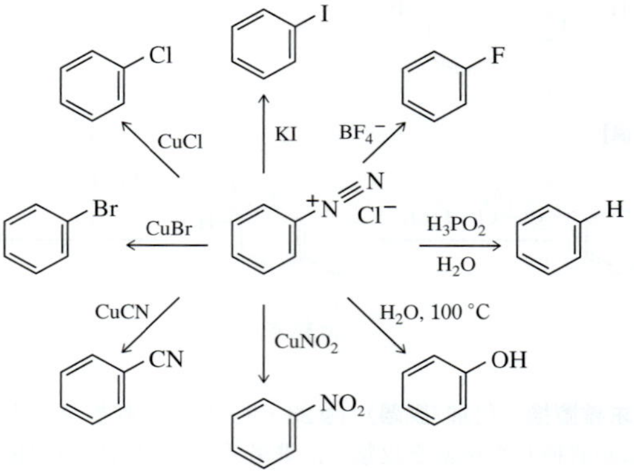

5. 遷移金属触媒によるカップリング（§23・10・2）　有機スズ（Stille カップリング），有機亜鉛（根岸カップリング），アルキルボロン酸（鈴木カップリング），銅アセチリド（薗頭カップリング）は，Pd(PPh₃)₄ などの 0 価パラジウム錯体を触媒としてハロゲン化アリールとカップリングする．四つの反応はすべて，酸化的付加，トランスメタル化，還元的脱離を含む触媒サイクルで進行する．

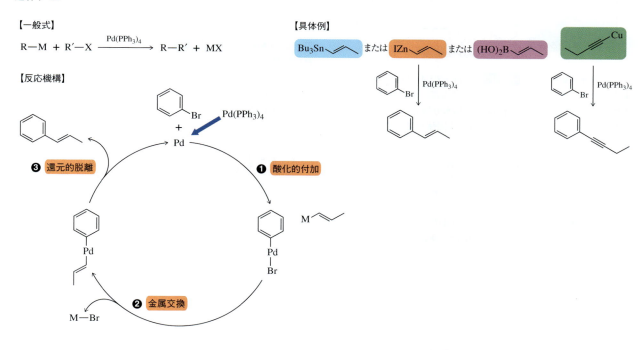

アセスメント〔●の数で難易度を示す（●●●●＝最高難度）〕

23・61（●）　(i) 次の分子を芳香族，非芳香族，反芳香族に分類せよ．(ii) 芳香族分子については，Hückel 則における n を示せ．その他の分子については，芳香族性のどの条件が満たされていないかを説明せよ．

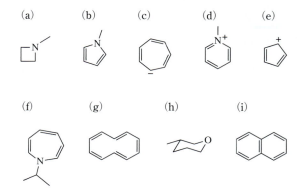

23・62（●）　Frost 円を用いて，以下の分子の分子軌道図を作成せよ．これらの分子は，芳香族性と反芳香族性のどちらを示すと予想されるか．

23・63（●●）　学生が Frost 円を使ってシクロペンタジエニルアニオンの分子軌道図を描き，反芳香族であると判断した．君はこの結論に同意するか．その理由も述べよ．

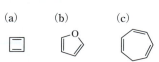

23・64（●●）　図のアヌレンは，sp² 混成の炭素のみからなり，10 個の電子（$4n+2$）をもつが，芳香族ではない．なぜだろうか．

23・65（●●）　経験の浅い研究者が，THF がないので，Grignard 反応の溶媒としてシクロペンタジエン（5 員環をも

1124　**23. ベンゼン I**

つ）を使うことにした．当然のことながら，反応は失敗に終わった．なぜか．[注意: THF をシクロペンタジエンに置き換えて溶媒とすることなんて，絶対に考えてはいけないよ]

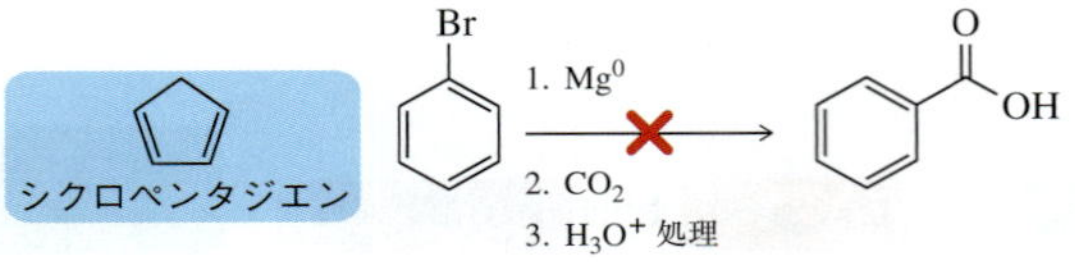

23・66（●●●●）　振り返り　§17・7・4 では，酸触媒によるアセタールの加水分解について学んだ．下に示すアセタールは，図 17・63 の反応機構による加水分解に抵抗を示す．なぜだろうか．[反応が進行した場合の中間体を描いて，その中間体に何も問題がないかを考えてみよう]

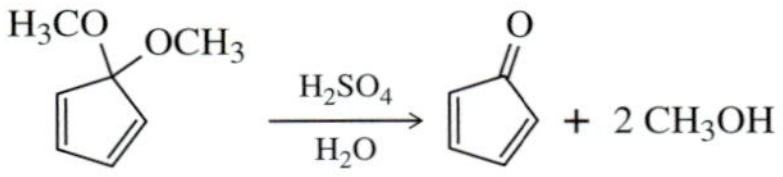

23・67（●●●）　アセスメント 23・66 のアセタールとは対照的に，下記のアセタールの加水分解は迅速にかつ良好に進行する．なぜだろうか．

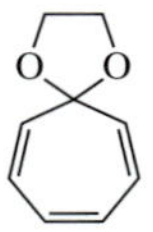

23・68（●●）　分子 **A** は分子 **B** に比べてきわめて水に溶けやすい．この理由を述べよ．

23・69（●●●）　振り返り　§22・3・4 では，Diels–Alder 反応は速度（論）支配の反応であり，エンド遷移状態を経て進行することを学んだ．しかし，フランを用いた Diels–Alder 反応は，より安定なエキソ付加体を与えるように進行する．この結果を合理的に説明せよ．

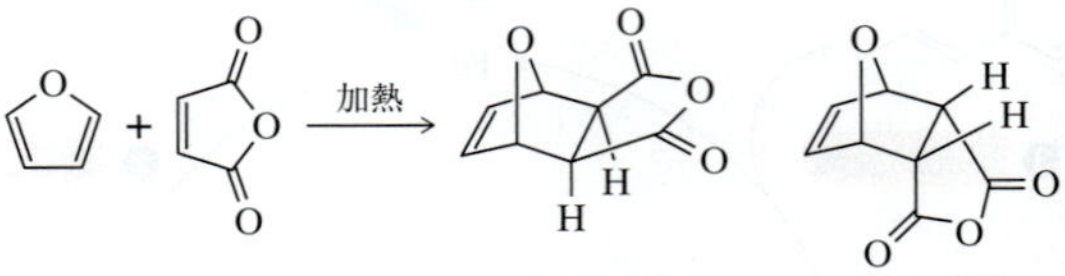

エキソ体 生成　　　エンド体 生成しない

23・70（●●●）　第 17 章で NADH が生物学的な還元剤であることを思い出してほしい．NADH がカルボニル基にヒドリドイオンを供与する反応機構を示せ．これはなぜ有利な反応なのか．[NADH がヒドリドを供与した後，どのような状態になっているかを考えてみよう]

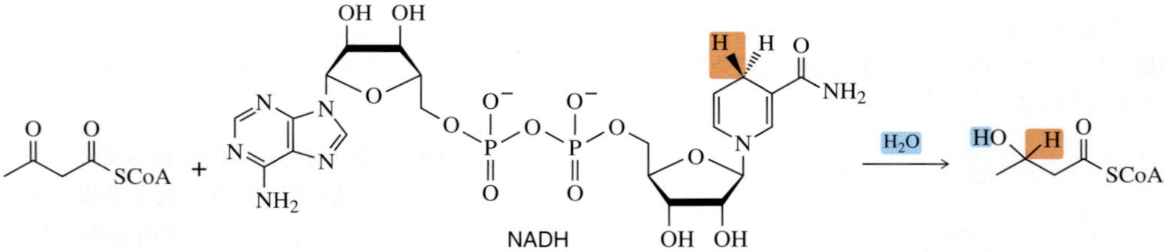

NADH

23・71（●）　芳香族求電子置換反応において，下に示す置換ベンゼンは無置換ベンゼンよりも速く反応するか．それとも遅いか．

(a)　　　(b) 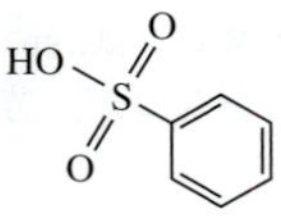　　　(c) 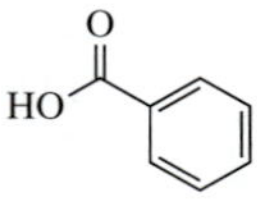　　　(d) 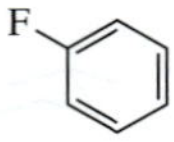　　　(e)

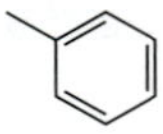

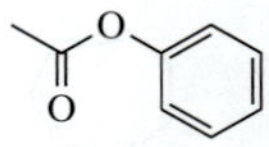

(f) 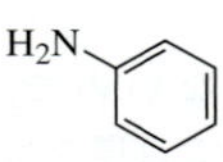　　　(g) 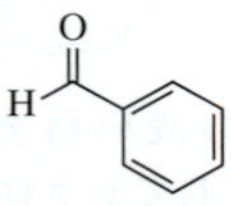　　　(h) 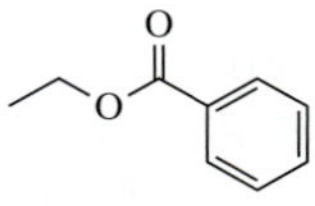　　　(i) 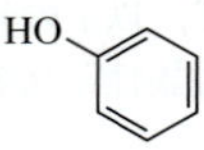　　　(j)

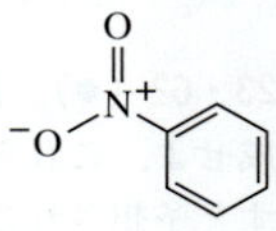

第23章のまとめ　1125

23・72（●）以下の条件で分子(a)～(i)を反応させたときに生じる主生成物を示せ．ただし，反応が起こらない場合は，NRと記入せよ．(i) HNO₃, H₂SO₄, (ii) SO₃, H₂SO₄, (iii) クロロエタン，AlCl₃, (iv) クロロシクロペンタン，AlCl₃, (v) 1-クロロ-1-メチルシクロヘキサン，AlCl₃, (vi) PhCOCl, AlCl₃.

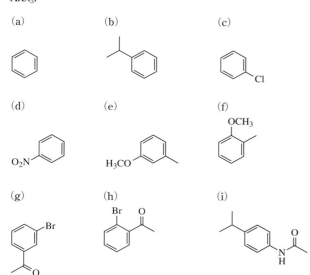

23・73（●）アセスメント23・72で示された各反応剤(i)～(vi)と化合物(f)との反応の反応機構を，巻矢印表記法を用いて示せ．また，反応の位置選択性を決める際に考慮した中間体の共鳴構造をすべて描け．

23・74（●●●）ベンゼンから以下の化合物を合成したい．合成法を示せ．

23・75（●●）フェノールやアニリンの臭素化は，Lewis酸触媒を使う必要がなく，しばしばトリハロゲン化が進行する．なぜか．

23・76（●●）フェノールの臭素化は塩基性条件下の方が速く進行する．なぜか．［フェノールのpK_aは10だよ］

23・77（●●）アニリンをプロトン化すると，芳香族求電子置換反応が遅くなり，求電子剤はメタ位に導入される．なぜか．

23・78（●●）トリニトロトルエン（TNT）は，1880年にPaul Hepp（ヘップ）によって初めて合成・精製され，第一次世界大戦中に積極的に使用された爆発物である．TNTの構造と，TNTをトルエンから合成するときに生じると予想される位置異性体を示せ．

23・79（●●●）芳香族求電子置換反応を用いて，下に示すベンゼン誘導体を合成せよ．［示された位置に正しく置換基を導入するために，置換基は，最終生成物に含まれる置換基とは異なる形で導入する必要があるかもしれないよ］

23・80（●●）インジゴは，もともとコールタールから分離された染料である．1905年，Johann Friedrich Wilhelm Adolf von Baeyer（バイヤー）は，植物からインジゴを分離する方法を開発し，ノーベル化学賞を受賞した．［時代を先取りしたグリーンケミストなんだ］この章で学んだ反応でインジゴをニトロ化した場合，ニトロ基はどの炭素に結合するだろうか．

23・81（●●）次のピリジニウムイオンを塩素化すると，オルト位，パラ位，メタ位のいずれの位置で起こると考えられるか．その理由も述べよ．

23・82（●●●）Fries転位は，Lewis酸によって促進される，

1126　23. ベンゼン I

フェノールエステルからアシル化されたフェノールへの変換反応である．Fries 転位の反応機構を巻矢印表記法を用いて示せ．

23・83（●●●） 抗うつ薬であるフルオキセチンは，プロザックという商品名でよく知られている．フルオキセチン中に図示した C−O 結合を形成するために用いる反応剤を示せ．［なお，電子求引基である CF$_3$ は，新しい結合が形成される場所に対してパラ位に位置するよ］

フルオキセチン

23・84（●●●●） アセトヘキサミドは，食事療法だけでは十分なコントロールができない 2 型糖尿病の治療に使用される．アセトヘキサミドを合成する際の合成スキームの空欄を埋めよ．［ヒントを各工程の下に青字で示すね］

23・85（●●） 　分光法から　芳香族求電子置換反応でのオルト位，メタ位，パラ位の置換生成物は，^{13}C NMR スペクトルを使って，どのように区別できるか．

23・86（●●●●） ベンザイン機構による付加は通常，位置選択的ではないが，以下の反応は高い位置選択性を示す．この結果を説明せよ．

23・87（●●●） ベンゼンスルホン酸を硫酸水溶液中で加熱すると，ベンゼンのスルホン化の逆反応が進行する．(a) この反応の反応機構を示せ．(b) 描いた反応機構が正しいと考えた理由を説明せよ．

23・88（●●） アセスメント 23・87 の反応を利用して，トル

エンから *o*−クロロトルエンだけを合成するにはどうすればよいか．

この化合物のみ生成

23・89（●●●） 次の反応の反応機構を示せ．

23・90（●●●） アセスメント 23・89 の解答をふまえて，以下の反応の反応機構を示せ．

23・91（●●） 　先取り　第 24 章ではフェノール類の酸性度について説明する．*p*−ニトロフェノールは *m*−ニトロフェノールよりも酸性度が高い．この結果を説明せよ．［いつものように，共役塩基の安定性を考えよう］

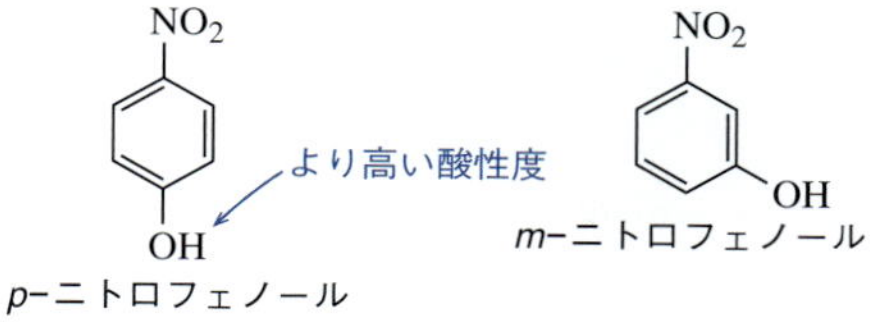
NO_2
より高い酸性度
OH
p-ニトロフェノール
NO_2
OH
m-ニトロフェノール

23・92（●●●）　次の転位の反応機構を巻矢印表記法を用いて示せ．

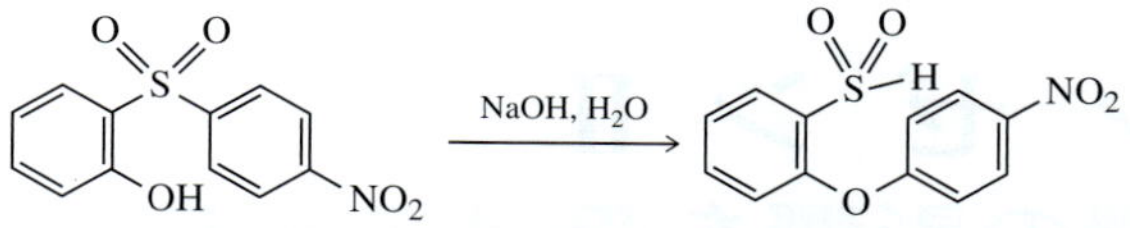
O
O
S
OH
NO_2
NaOH, H_2O
O
O
S
H
NO_2
O

23・93（●●）　左の分子から，右の分子を合成する方法を提案せよ．

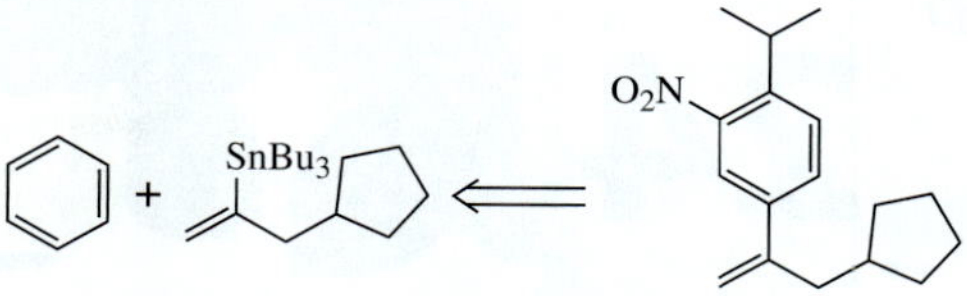
$SnBu_3$
O_2N

23・94（●●）　**先取り**　図のような不安定な中間体が生じたと想像してみてほしい．この中間体のどこに求核剤が付加すると考えられるか．［反応点は三つある．この問題がいかに重要かは第 24 章で学ぼう］

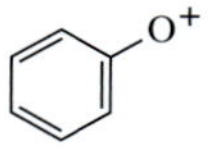
O^+

ベンゼンⅡ
芳香環の影響を受ける反応

学習目標
- ベンゼン環の置換基の反応に対するベンゼン環の効果を説明できる.
- フェノールの反応とその酸性度を関連づけられる.
- フェノールを用いる合成反応を身につける.
- ベンジル位での臭素化反応を理解できる.
- ベンジル位での置換反応を理解できる.
- ベンゼン環側鎖の酸化による生成物を予測できる.
- ベンジルエーテルの水素化分解反応による生成物を予測できる.

温故知新—故きを温ね新しきを知る.
—孔子

はじめに

　この本をここまで読み進めるなかで，君たちは有機化学の進歩がいかに他の科学分野に影響を及ぼしてきたかを見てきた．また，有機化学の理解を深めながら進んできているので，時には，いくつかの説明を完全には理解せずに，後で理解できるようになるまで，与えられた事実を受入れるだけしかないということもあった．[アルキルベンゼンの側鎖の酸化などがそれだね，§18・5・4] この章では，ここまでで理解したことに基づいて，いくつかのトピックスを振り返ることを主題とする．そうすることで，初期に学んだ概念を振り返り，ベンゼンの化学を題材としながら，より理解できるようになる．[たとえば共鳴安定化を受けたカルボカチオンの安定性についてとかね] そういうことなので，この第24章を読み進めることで，後回しにしてきたいくつかの題材について，より詳細な議論や説明を見つけられることを楽しみにしてほしい．たとえば，ビタミンEが阻害剤となる際のベンゼン環の影響（§11・7）や，グリーンな電気化学的アルコール酸化法の開発（化学はここにも 13-A）や，体内での薬物酸化の反応機構（第11章の"むすびに"）などに再会するだろう．

　第24章で，共役系を巡る私たちの小旅行を終えることとなる．第23章では新しい反応を紹介したが，この章には新しい反応はあまりない．むしろ，以前に見たことのある反応を取上げ，その反応が隣接するベンゼンによってどのように変化するのかを学ぶこととなる．では，なぜそうした話題に，丸々一つの章を割く価値はあるのだろうか．それぞれの反応が登場した際に，ベンゼンの影響を同時に学ぶことはできなかったのだろうか．あるいはベンゼンが登場した第23章で一緒に学ぶことはできなかったのだろうか．この章での話題を切り離すことで，第23章では置換反応に集中することができたのだ．置換反応は，おそらくベンゼンに関する最重要反応だ．一方で，すでに知っている反応に対するベンゼンの影響についてのみの章を，こうして独立させることは，過去に学んだことを復習するよい機会ともなる．有機化学を学ぶ1年が[そしてこの本が]終わりを迎えようとするなかで，君たちは期末試験について頭を巡らせはじめているかもしれない．[私も考えはじめてるよ] 第24章を読み進めるなかで，君たちは自信をもつかもしれない．なぜなら，次に書かれるであろうことを予測できるようになっているから．あるいは，この章は，君たちに期末試験前に復習すべき点を気づかせてくれるかも

24・1 ベンゼンが隣接することで反応性に変化がもたらされる 1129

しれない.[そう,そしてこの章は,理解が足りていない点を復習する助けとなるんだ.過去に学んだことについての参照がたくさんちりばめられているので,ぜひ活用しよう]いずれにしても,繰返し学ぶことで,気持ちが落ち着くはずだ.では,いつものように,既習事項の理解度を確認することからはじめよう.

理解度チェック

アセスメント

24・1 カルボン酸（pK_a ＝ 5）は,アルコール（pK_a ＝ 16）より 10^{11} 倍の酸性度を示す.なぜこのように酸性度が高いのか.

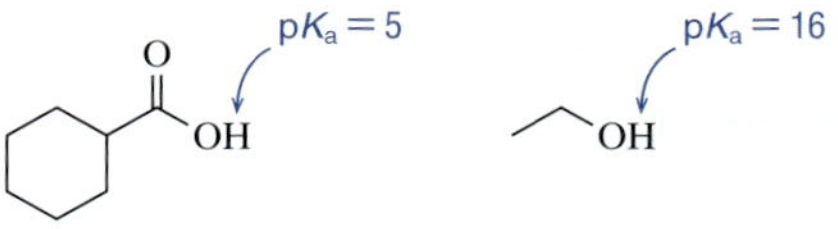

（pK_a ＝ 5） （pK_a ＝ 16）

24・2 シクロヘキセンのアリル炭素を臭素化するには,どのような反応剤（試薬）を使用すればよいか.

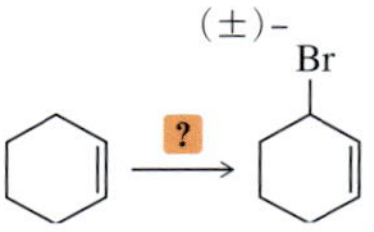

（±）-

24・3 次のアルカンの臭素化反応の反応機構を,巻矢印表記法を用いて示せ.[1 電子の移動は片羽矢印で示すことを忘れずに]

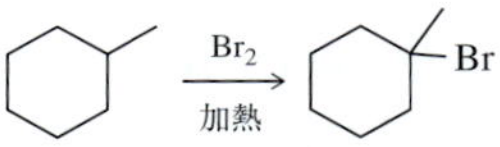

24・4 次の反応において,矢印で示された原子の酸化数を計算せよ.

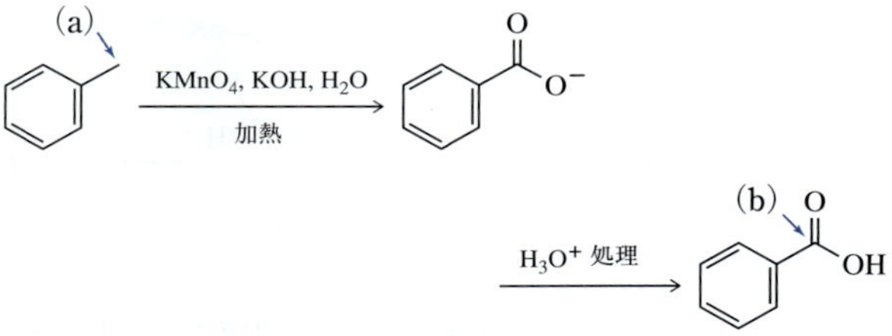

(a)

KMnO₄, KOH, H₂O
加熱

(b)

H₃O⁺ 処理

24・5 どちらのハロゲン化アルキルがより速く S$_N$1 反応を起こすか.その理由も述べよ.

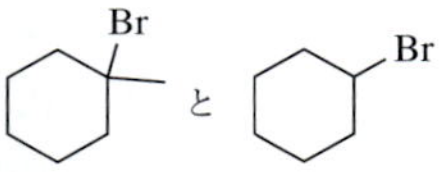

と

24・6 次の反応の生成物を示せ.

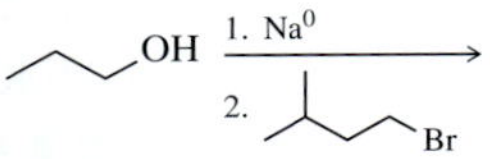

1. Na⁰
2.

24・1 ベンゼンが隣接することで反応性に変化がもたらされる

第21章で共役系をもつ分子について学んだことを思い出してほしい.アルケン,カルボアニオン,ラジカル,カルボカチオンにアルケンが置換すると,その安定性は劇的に変化した.共役分子であるベンゼンも同様に,ベンジル位の安定化に寄与し,反応中間体を安定化させることができる.アリル炭素とはアルケンに直接結合した炭素であったが,**ベンジル炭素**（benzylic carbon）とはベンゼン環に結合した炭素のことである（図24・1）.§24・1・1〜24・1・3では,この安定化の実験的証拠を示し,その説明を行う.[でも,もうすでに,どんな説明になるかわかっているだろうね]

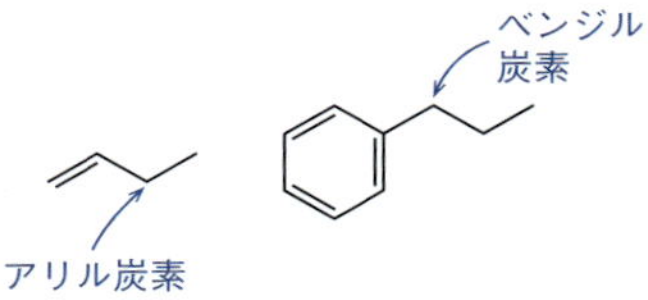

ベンジル炭素

アリル炭素

図24・1 アリル位とベンジル位
ベンジル炭素はベンゼンに直接結合している炭素である.

24・1・1 ベンジルアニオンの安定性

第4章では,酸の pK_a によって,その共役塩基の安定性がわかることを学んだ.pK_a が大きい酸は,プロトンが取れて共役塩基になるのは容易ではない.したがって,その共役塩基は不安定である.第16章で見たように,官能基をもたないアルカンの脱プロトンは非常に難しい（プロパンの pK_a ＝ 50）.したがって,カルボアニオンの形成には,Grignard 試薬や有機リチウム試薬が開発されなければならなかった.[§16・2・3 の"化学者のように考えよう"参照]一方,トルエンのベンジル炭素の水素の pK_a は 41 まで下が

る（図24・2）．トルエンの脱プロトンにより生じるベンジルアニオンは，ベンゼンへの共鳴非局在化によって安定化されている．したがって，トルエンは単純なアルカンと比べて，より安定な塩基の共役酸であり，プロトンを離しやすい（pK_aが小さくなる，§4・3）．

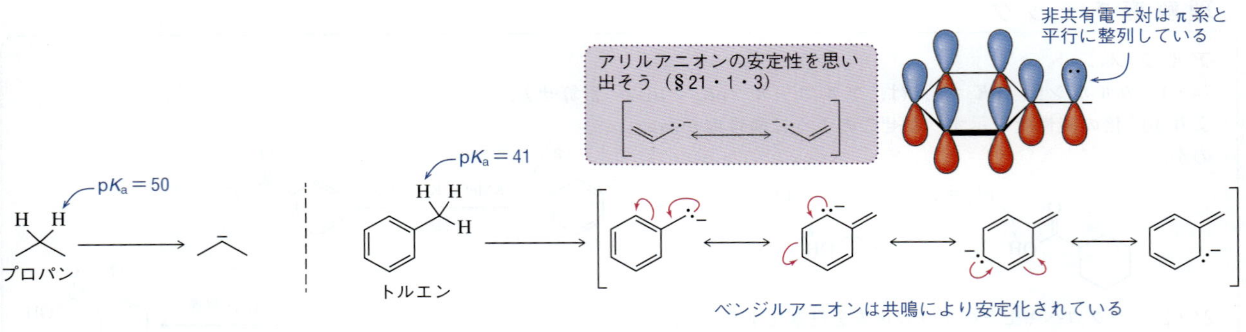

図24・2 ベンジルアニオンは共鳴によって安定化されるため，生成しやすい

24・1・2 ベンジルラジカルの安定性

ベンジルラジカルの安定性については，アルカンのBr$_2$によるハロゲン化（§11・5・1）や，N-ブロモスクシンイミド（NBS）によるアリル位ハロゲン化（§11・5・3）の議論の中で紹介した．ラジカルの相対的な安定性は，ホモリシス（均等開裂）によりラジカルを生じる結合の結合解離エネルギー（BDE）と相関がある．図24・3に示すように，その切断により非共役ラジカルを与える第二級C−H結合の結合解離エネルギーは397 kJ/molである．一方，ベンゼンの隣の炭素であるベンジル位のC−H結合の結合解離エネルギーは356 kJ/molに低下する．この41 kJ/molの差は，共鳴を通したラジカルの非局在化による安定性の向上を反映している．

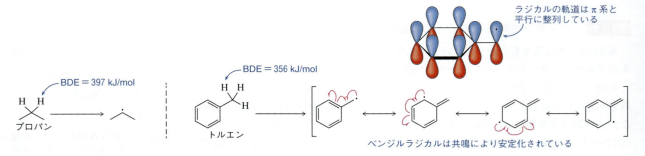

図24・3 ベンジルラジカルは共鳴によって安定化されるため，速やかに生成する

24・1・3 ベンジルカチオンの安定性

第12章で，S$_N$1反応の律速段階は，第一段階目のカルボカチオンの形成であったことを思い出してほしい．ベンジル位のカルボカチオンが，非共役型のカルボカチオンよりも安定であることは，第一級ハロゲン化アルキルと第一級ハロゲン化ベンジルの加溶媒分解反応での相対速度の比較によりみてとれる（図24・4）．第一級カルボカチオンはほとんど生じないのに対し，ベンジルカチオンは容易に形成する．この結果から，カ

24・2 フェノール　　1131

ルボカチオンの安定化にベンゼン環がいかに重要であるかがわかる.

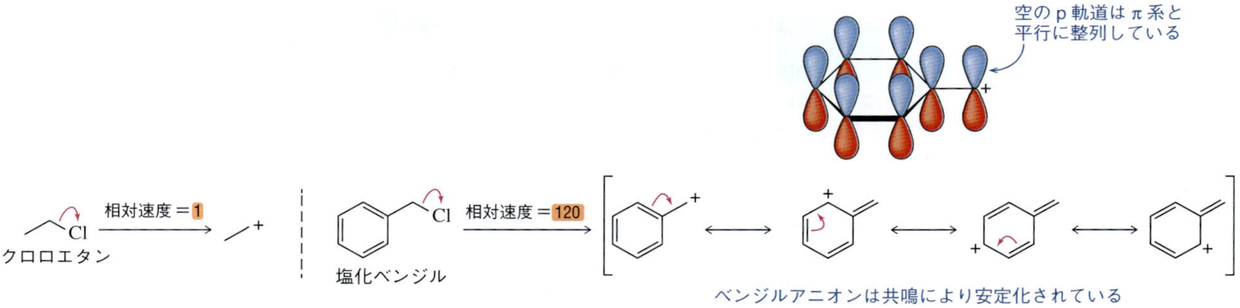

空のp軌道はπ系と
平行に整列している

ベンジルアニオンは共鳴により安定化されている

図24・4　ベンジルカチオンは共鳴によって安定化されるため，速やかに生成する

24・1のまとめ

• ベンゼンをはじめとする芳香環は，共鳴を介してベンジルカチオン，ベンジルアニオ
ン，ベンジルラジカルを安定化するとともに，ベンジル位の反応性を変化させる.

アセスメント

24・7　図24・2～図24・4のベンジルアニオン，ベンジルラジカル，ベンジルカチオ
ンの共鳴構造をよく見てほしい.共鳴構造中の電荷またはラジカルはベンゼンのどの炭
素上に存在するか.すなわち，オルト位，メタ位，パラ位のいずれであるか.

24・8　次の分子について，カルボカチオン生成の速度差を合理的に説明せよ.

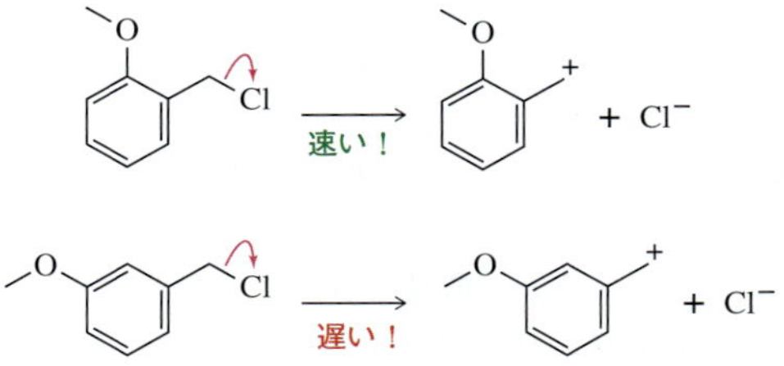

速い！　　　+ Cl$^-$

遅い！　　　+ Cl$^-$

24・9　H$_a$とH$_b$では，どちらのプロトンのpK_a値が小さいか.

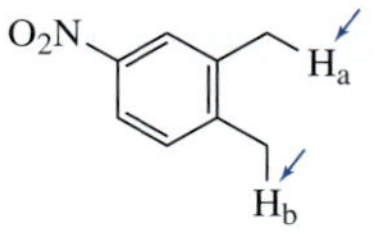

24・2　フェノール

　フェノール（phenol）は，ヒドロキシ基がベンゼンに直接結合している特別なアル
コールである（図24・5）.この名前は，一般名のフェニルアルコールに由来する.
§24・1で説明した効果と同様に，ベンゼン環の効果によりアルコールの性質が変化し，
§24・2・2～§24・2・4に示す反応が起こるようになる.図24・5にいくつかの重要
なフェノールを示している.

図24・5 重要なフェノールの例
フェノール部分を ▧ で示す.

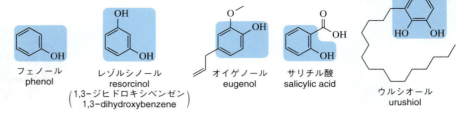

アセスメント
24・10 よく見ると，フェノールはエノールと構造が似ている．エノールは，ケトンとの平衡において，より不安定な互変異性体である．一方，フェノールは，ケトンとの平衡においてより安定な互変異性体である．この違いはなぜだろうか．

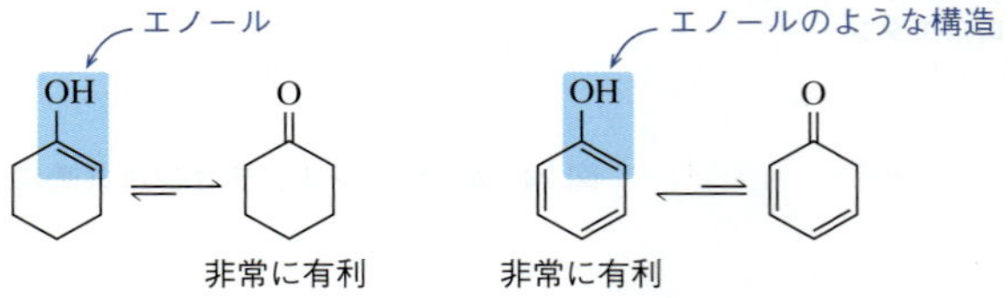

24・2・1 フェノールの酸性度

通常のアルコールとフェノールの違いの一つは，酸性度である（図24・6）．フェノキシドイオンはベンゼン環と共鳴して安定化しており，フェノールの pK_a は約10である．フェノールの酸性度はシクロヘキサノール（pK_a = 16）の 10^6 倍である．

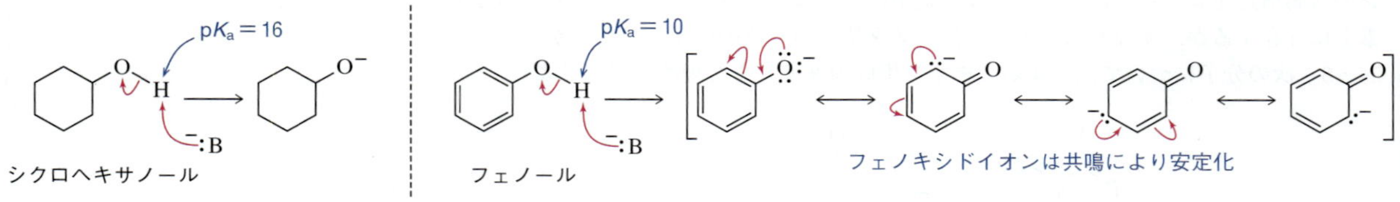

図24・6 フェノキシドイオンは共鳴によって安定化されるので，フェノールはアルコールよりも酸性である

フェノールに置換基を導入すると，酸性度は大きく影響を受ける．これは，第23章で学んだ置換基の電子効果がベンゼン環を介してつながっていることから理解できる．たとえば，o-，m-，p-クロロフェノールに関して，フェノールのプロトンから塩素が離れるにつれて pK_a 値が減少する（図24・7）．この pK_a の変化は，電気陰性な塩素の電子求引性の誘起効果によりひき起こされ，§4・4・4で学んだように，誘起効果は距離が遠くなると小さくなる．

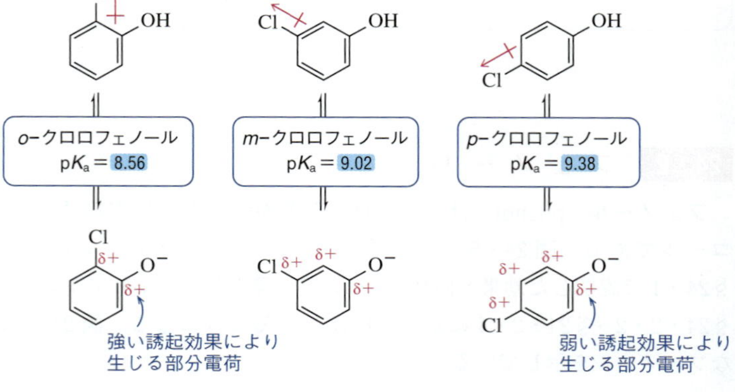

図24・7 隣接する塩素の誘起効果は距離とともに減少するため，o-クロロフェノールは p-クロロフェノールより酸性になる

共鳴で電子求引性を示す置換基の場合は，傾向が異なる．図24・8にはニトロフェノールの例を示す．o-ニトロフェノールとp-ニトロフェノールのpK_a値はほぼ同じであり，また，そのpK_a値は，どちらもm-ニトロフェノールのpK_a値より1以上大きい（酸性度は10倍以上）．したがって，o-ニトロフェノールとp-ニトロフェノールはm-ニトロフェノールより酸性である．[この理由はわかるかな]

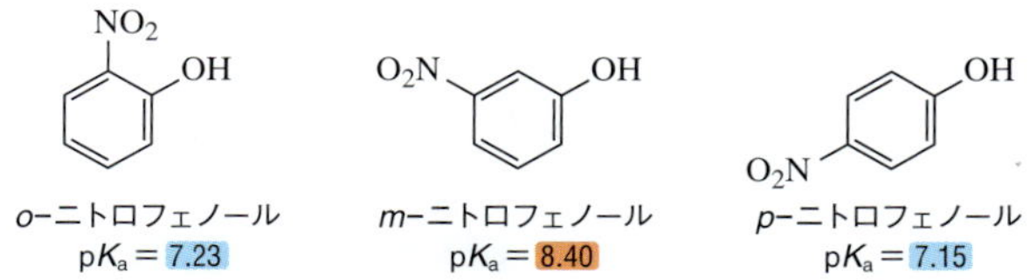

o-ニトロフェノール pK_a = 7.23　　m-ニトロフェノール pK_a = 8.40　　p-ニトロフェノール pK_a = 7.15

図24・8　o-ニトロフェノールおよびp-ニトロフェノールは，m-ニトロフェノールより酸性である

塩素は誘起効果によって電子求引性を示すのに対し（図24・7），ニトロ基は共鳴効果によって電子求引性を示す（図24・8）．§23・8で，共鳴効果を示す置換基は，環のオルト位/パラ位と，メタ位で異なる影響を与えたことを思い出してほしい．共役塩基のニトロフェノキシドイオンの共鳴構造を描くと（図24・9），オルト/パラ置換体の場合，負電荷がニトロ基と同じ炭素上にある共鳴構造を描くことができ，さらに，ニトロ基に共鳴が伸びた共鳴構造も描くことができる．一方，メタ置換体の場合，負電荷はニトロ基の置換した炭素をスキップするので，ニトロ基は負電荷を共鳴によって安定化することができない．

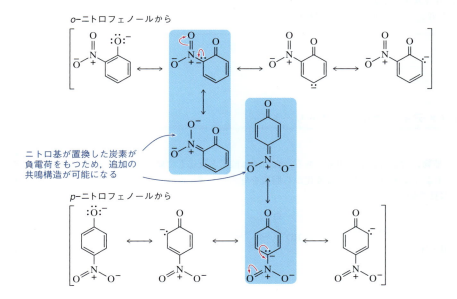

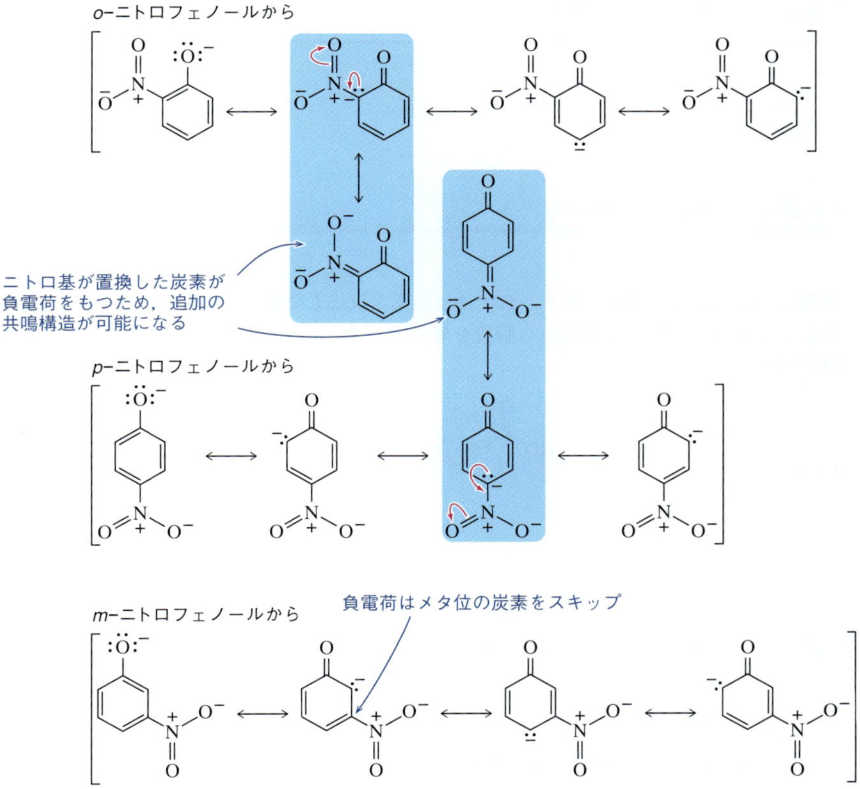

図24・9　オルト位とパラ位のニトロ基により，追加の共鳴構造が生じ，フェノキシドイオンは安定化される　メタ位のニトロ基はそのようなことができない．[共鳴構造間をつなぐよう電子の流れを矢印で描くことはできるよね]

1134   24. ベンゼン II

アセスメント

24・11 ニトロ基は共鳴効果に基づく電子求引基である. メタ位のニトロ基はフェノキシドイオンとは共役系がつながらないが, m-ニトロフェノールの pK_a 値は 8.4 で, 無置換フェノールの pK_a 値 10 より小さい. この理由を述べよ.

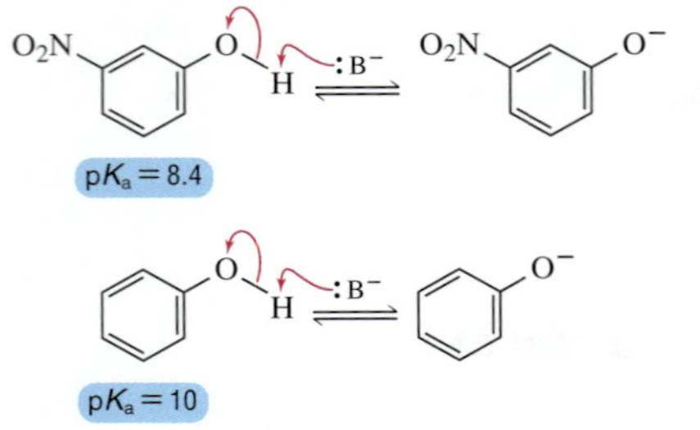

24・12 次の各置換基の pK_a 値から, シアノ基（−CN）, ニトロ基（−NO$_2$）, カルボニル基（−CO）について, 電子求引性の順位づけをせよ.

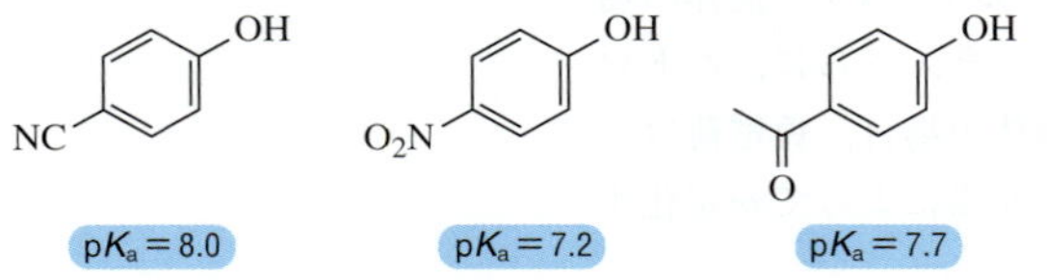

24・13 第23章では, メトキシ基は芳香族求電子置換の速度を上げるので, 電子供与基であると考えた. しかし, m-

メトキシフェノール（$pK_a = 9.65$）はフェノール（$pK_a = 9.98$）よりも酸性度が高く, メトキシ基は電子求引基であると示唆される. この二つの事実を合理的に説明せよ.

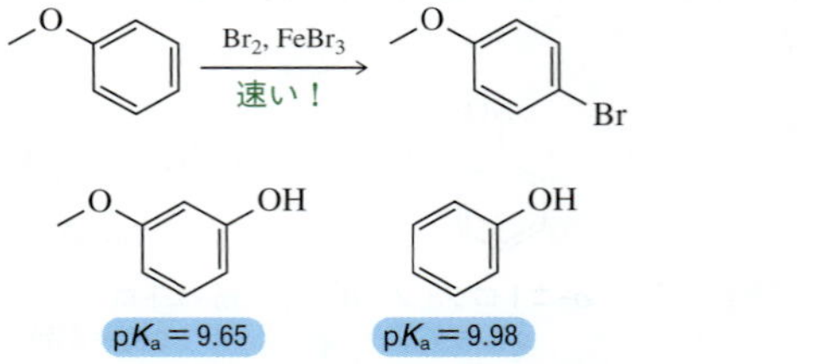

24・14 次の各組のうち, より酸性のフェノールを選べ.

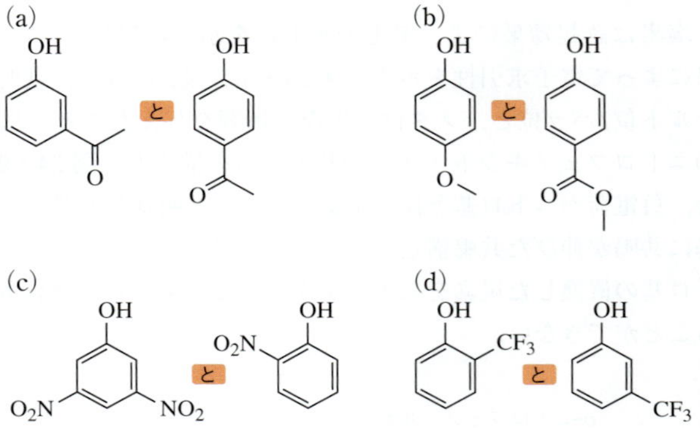

24-A 化学はここにも（メディシナルケミストリー）

ビタミン E による脂質の保護

現在使われている食用油の多くは, 植物に含まれる脂質由来である. 食用油は酸素と反応して腐敗するが（§11・6）, 植物はビタミン E を使い, 図24・10 に示すような連鎖反応による酸化から脂質を守っている. ［この図をどこかで見たことがあると思ったかな. そのとおり. 図11・46 で一度見てるね］

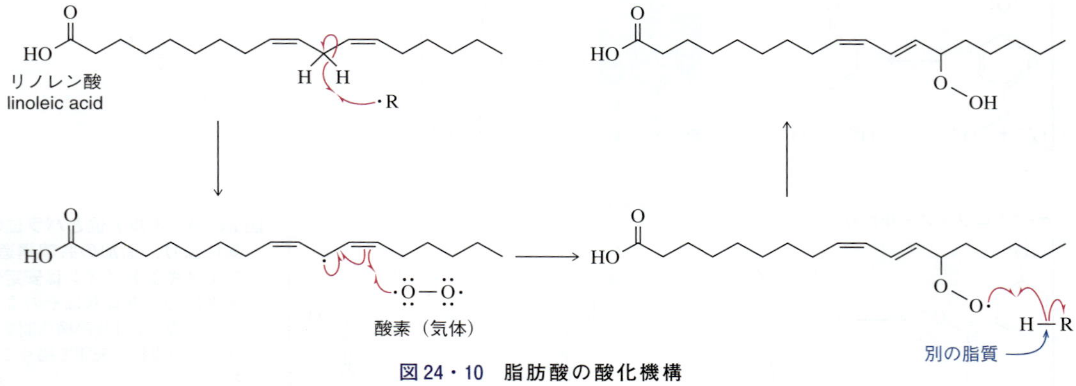

図24・10 脂肪酸の酸化機構

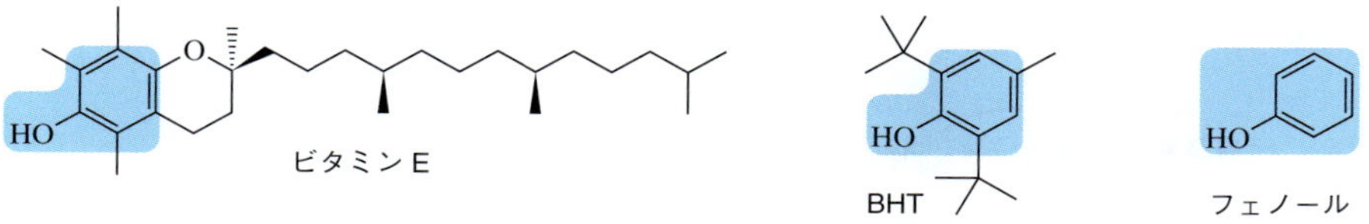

フェノールを含むビタミン E は，合成阻害剤である BHT（§11・7）と同様の方法で連鎖反応を阻害する（図 24・11）．まず，ペルオキシルラジカルに水素原子を供与して，共鳴安定化したフェノキシルラジカルが生成する．このラジカルはパラ位炭素で別の過酸化物と反応し，ラジカル反応が停止する．このように，連鎖反応は停止して自動酸化が止まり，植物の脂質が保護されるのである．

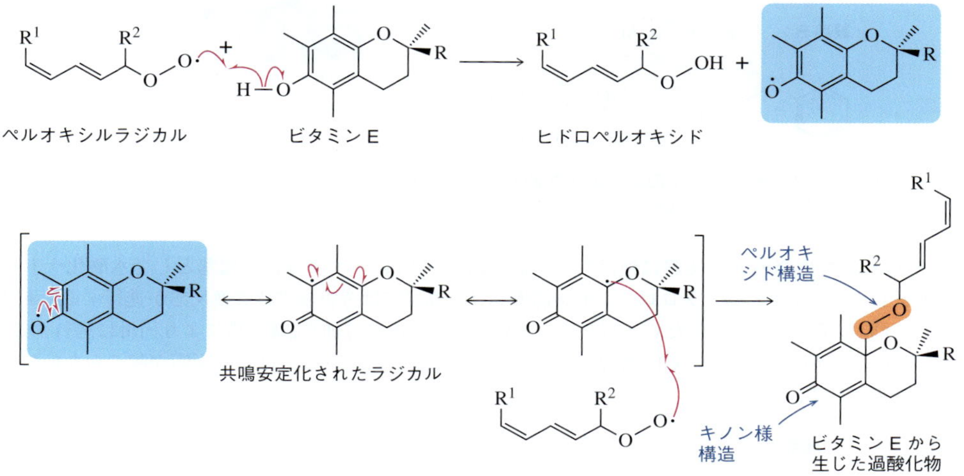

図 24・11 ビタミン E による脂質の酸化の抑制

24・2・2 合成反応におけるフェノール: Williamson エーテル合成

Williamson エーテル合成（§13・11・1）を利用すれば，フェニルエーテルを合成することができる．

アセスメント

24・15 フルオキセチン塩酸塩（商品名：プロザック）は，広く使用されている抗うつ薬である．(R)-フルオキセチンの ▇ で示されたエーテル官能基（ROR）を立体選択的に構築するにはどのようにすればよいか．

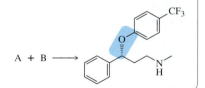

まず，アセスメント 24・15 を自分で解いてみよう．それから，一緒に解きながら，Williamson エーテル合成の新しい応用法を発見しよう．

アセスメント 24・15 の解説

§13・11 で学んだように，エーテルの多くは，2 通りの反応物の組合わせで合成できることを思い出してほしい．図 24・12 には，仮想的な反応物を使って，フルオキセチンのアリールアルキルエーテルを構築する二つの経路（経路 A，B）を示している．これらの二つの違いは，求電子的な炭素を攻撃するのがベンジルアルコキシドイオンなのか，フェノキシド

1136　24. ベ ン ゼ ン II

イオンなのかである.

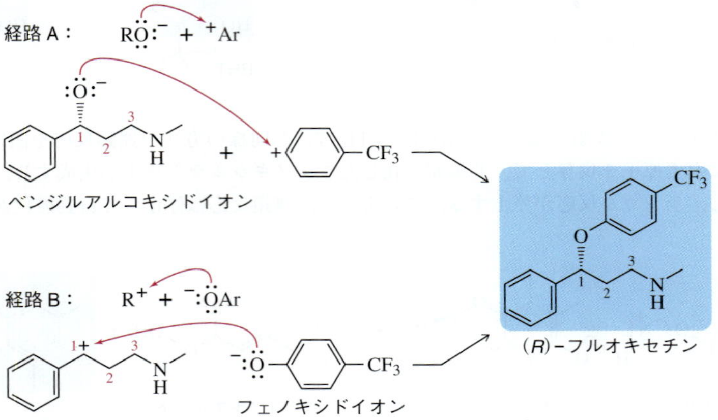

経路 A：　RO^- + ^+Ar

ベンジルアルコキシドイオン

経路 B：　R^+ + ^-OAr

フェノキシドイオン

(R)-フルオキセチン

図 24・12　フルオキセチンの二つの仮想的な合成　Ar^+ と R^+ は仮想的な求電子剤であり, 現実にある反応剤ではない.

　アセスメント 23・83 では経路 A を実際に検討している. 図 24・13 に示すように, 塩基として水酸化ナトリウムを用いると, アルコキシドイオンが生じる. クロロベンゼン誘導体は, 高温では芳香族求核置換反応が進行する. トリフルオロメチル基 (CF_3) は強い電子求引基であるため, パラ位のクロロ基の置換は付加/脱離機構により円滑に進行する. [§23・9・1 を参照しよう] アルコールの立体中心 (C1) が R のものから反応を行うと, C1 では化学反応が起こらないので, 立体化学が R のエーテルが得られる.

経路 A

付加/脱離機構の芳香族求核置換反応 (§23・9・1)

図 24・13　(R)-フルオキセチンのアリールアルキルエーテルは芳香族求核置換反応により構築される (アセスメント 23・83 より)

　また, フェノキシドイオンを用いて, C1 が求電子部位の反応剤との置換反応により合成することもできる (図 24・14). アセスメント 24・15 では, R の立体化学のエーテルを合成する必要があるので, 求電子剤として C1 がカルボカチオンとなるものを用いることはできない (ラセミ混合物になってしまう). 幸いなことに, C1 に塩素が置換した基質は, フェノキシドイオンとの S_N2 反応の求電子剤として用いることができる. [第二級塩化ベンジルでも S_N2 反応が円滑に進行する理由は, §24・4・1 で説明するよ] C1 の立体中心が S の場合, フェノキシドイオンは Cl の背面から近づき, σ^* に電子を供与し, 置換 (立体反転) が起こり (§12・3・1), (R)-フルオキセチンが得られる.

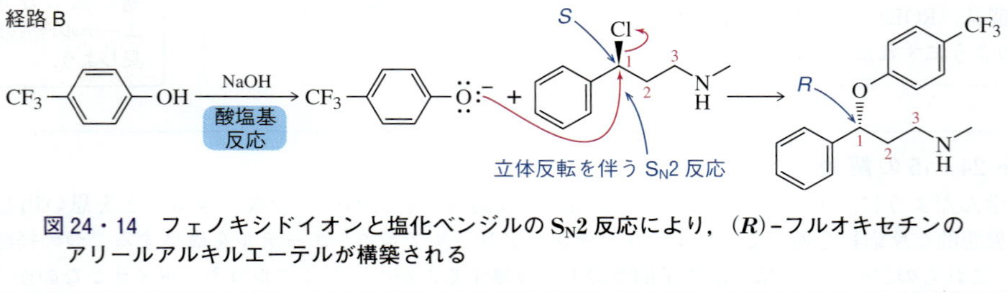

経路 B

酸塩基反応

立体反転を伴う S_N2 反応

図 24・14　フェノキシドイオンと塩化ベンジルの S_N2 反応により, (R)-フルオキセチンのアリールアルキルエーテルが構築される

24・2 フェノール　　1137

§13・11・1で最初にWilliamsonエーテル合成を学んだときと，今回のエーテル合成の間には，二つの重要な違いがある．この二つの違いは，フェノール性プロトンの酸性度の高さに関連している（§24・2・1）．通常のアルコールでは，水素化ナトリウムNaHのような強塩基，もしくは，金属ナトリウム（Na⁰）のような還元剤を用いてアルコキシドイオンを生成した．一方，フェノールはpK_aが小さいので，水酸化ナトリウムNaOHのようなより弱い塩基を使うことができる（図24・15a）．アセスメント24・15において，共役酸のpK_aが16（すなわち11より大きい，§12・8・3参照）のアルコキシドイオンは，第二級ハロゲン化アルキルとE2脱離反応することを思い出してほしい（図24・15b）．一方，フェノキシドイオン（フェノールのpK_aが10，つまり11以下）ではS$_N$2反応が起こる．

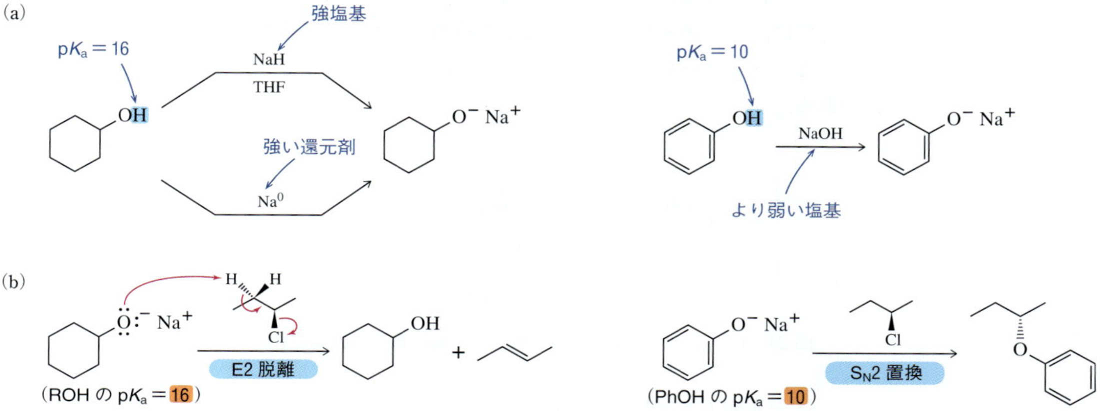

(a)

(b)

図24・15　Williamsonエーテル合成におけるフェノール類とアルコール類の反応性の違いについて　(a) フェノールの脱プロトンには，より弱い塩基を用いることができる．(b) フェノキシドイオンは第二級炭素上でも，S$_N$2反応することができる．

アセスメント

24・16　次のアリールアルキルエーテルを合成するためのフェノキシドイオンとハロゲン化アルキルを示せ．

(a)

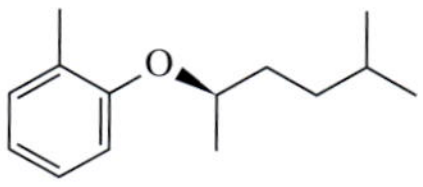

(b)　この結合を構築

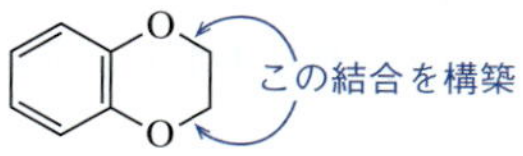

24・17　下に示すジヒドロキシベンゼンに1当量の塩基と1当量のハロゲン化アルキルを反応させたときの生成物を示せ．

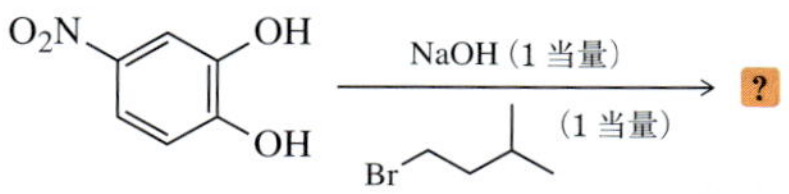

NaOH（1当量）

（1当量）

?

24・18　以下に示すフェノキシドイオンを用いた置換/付加反応の生成物を示せ．[この問題は，この章および過去の学習内容の復習なので，参考のために節番号を記載したよ]

(a)　NaOH, H₂O　（§24・2・2）

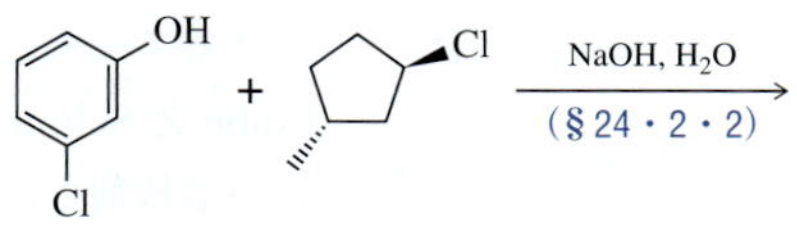

(b)　NaOH, H₂O　（§19・7・2）

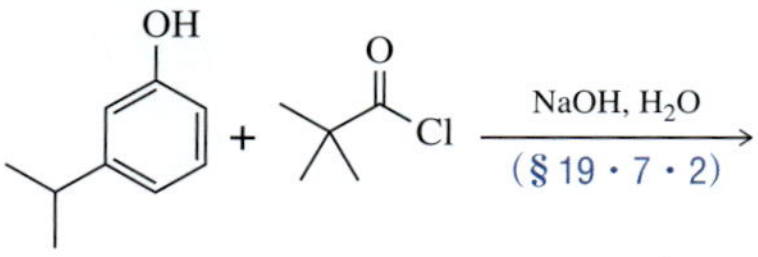

(c)　NaOH, H₂O　（§21・5・1）

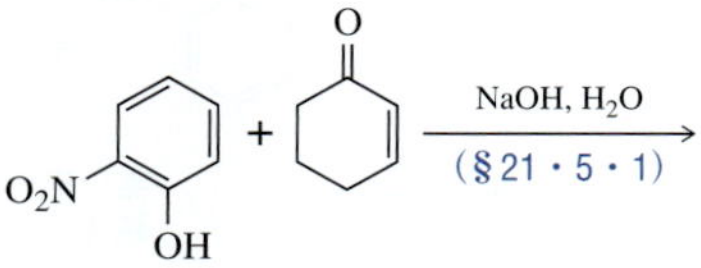

(d)　NaOH, H₂O　（§23・9・1）

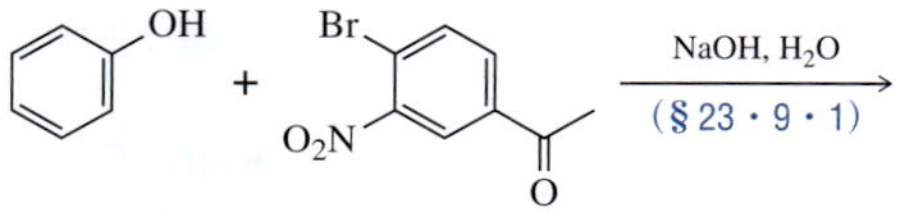

サリチル酸

24・2・3 合成反応におけるフェノール: Kolbe 反応によるサリチル酸の合成

にきび治療薬やアスピリンの合成原料として重要な化合物であるサリチル酸は，フェノールを出発原料として工業的に製造されている．

■ 化学者のように考えよう

> 化学者のように考えて，フェノールを使ったサリチル酸の合成法がどのように考案されたかを見てみよう．

サリチル酸の合成をフェノールから始めるということは，ヒドロキシ基のオルト位で C2—C7 結合を形成して，カルボン酸を導入することとなる．このような合成の問題では，これまでにも行ってきたように，分子が本来もっている反応性を考慮し，どのように新しい結合を形成するかを考える必要がある．フェノール性酸素は非共有電子対をもち，共鳴によって電子を供与することができる．図 24・16 は，酸素の電子対がオルト位とパラ位に非局在化されていることを示している．とすれば，C2—C7 結合を形成する反応では，フェノールが電子豊富な求核剤となればよいということなる．さらに考えてみると，フェノールは求電子剤をオルト位あるいはパラ位のどちらかで攻撃する可能性がある．

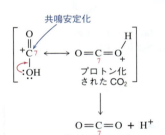

図 24・16 フェノールのオルト位とパラ位は電子の非局在化により電子密度が高い

図 24・17 二酸化炭素は C7 となる求電子剤

フェノールが C2 で求核性をもつ場合，C7 は求電子的なカルボン酸源である必要がある．[これは以前にもやったことがあるね．§18・5・3 の"化学者のように考えよう"を確認して思い出そう]このカルボン酸源がどのようなものか，まず C7 のカルボカチオンを描いて考えてみる（図 24・17）．この"仮想の"カルボカチオンの共鳴構造を描くと，それがプロトン化された二酸化炭素であることがわかる．二酸化炭素は求電子性なので，もしかしたらこの反応に直接使えるかもしれない．[試してみよう！]

フェノールと炭酸ガスを室温で混ぜるだけでは，何の反応も起こらない．1860 年代，Kolbe と Schmitt は，このプロセスには厳しい条件が必要だと考え，フェノールをより強い求核剤とするために塩基を加え，溶液を 125 ℃ に加熱して反応を行った．CO₂ は気体であり，水は 100 ℃ で沸騰するので，この反応は高圧の容器中で行われ，最後に生じたジアニオン種を酸処理すると，サリチル酸が得られた（図 24・18）．

> なぜこのような厳しい条件が必要なのか理由はわかるかな．ヒントは §23・2・1.

図 24・18 Kolbe 反応によるサリチル酸合成　塩基を用い，高温高圧で反応を行った後，酸で処理する．

Kolbe 反応（Kolbe reaction）の推定反応機構を図 24・19 に示す．これは，芳香族求電子置換反応（§23・7）とアルドール反応（§20・3・1）の両方を含んだようなもの

である．まず，フェノールのプロトンが脱プロトンして，より求核性の高いフェノキシドイオンとなる．環の残りの部分を無視すると，アルケンに結合した負電荷の酸素は，エノラートと同じようなものである．このエノラートは，高温高圧下で二酸化炭素のカルボニル炭素を攻撃してC2−C7の結合を形成し，カルボキシラートイオンが生じる．この段階は芳香族性が失われる過程であり，遅い反応であるため，高温高圧が必要となる．こうして生じた非芳香族中間体は，すぐに脱プロトンして芳香族性を回復して，ジアニオンを形成し，これを酸処理するとサリチル酸が生じる．

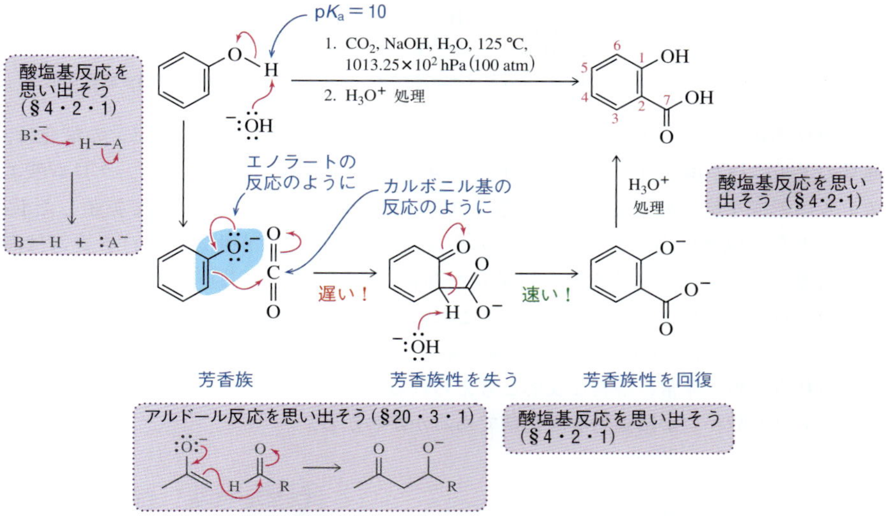

図24・19 Kolbe反応の反応機構はアルドール反応を思い出させる 第一段階は遅い反応で，芳香族性が失われる．第二段階は速い反応で，芳香族性が回復する．〔実際の反応機構はここに示すほど単純ではないことを示す研究結果もあるけど，この図にあるような形で理解することで，以前に学んだ反応との関連を理解できるんだ〕

アセスメント

24・19 Kolbe反応で3-ヒドロキシ-2-ナフトエ酸を合成する手法を示せ．

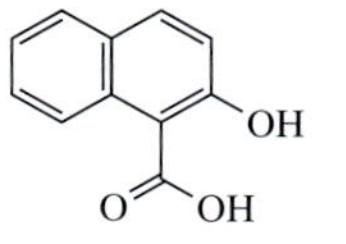

3-ヒドロキシ-
2-ナフトエ酸

24・20 Kolbe反応でオルト置換体が優先的に生じるのは，

この反応が下に示された遷移状態を通って進行しているためと考えられている．この遷移状態の特徴を説明せよ．

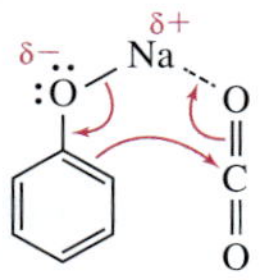

24・2・4 合成反応におけるフェノール：酸化

フェノールを強力な酸化剤で酸化すると，o-キノンとp-キノンがほぼ等量の混合物として生じる（図24・20）．〔m-キノンは生成しない...これは驚くことかな？〕

このやや複雑な反応を理解するために，まず関連するo-ジヒドロキシベンゼンの酸化によるo-キノン（o-quinone）の生成を取上げる．ここでの分析は，酸化反応で形成される結合と切断される結合を特定し，過去に学んだアルコールの酸化と関連づけることから始めよう．プロパン-2-オールとo-ジヒドロキシベンゼンの酸化反応（図24・21）では，二つのC(O)−Hσ結合が切断され，新たにC−Oπ結合が形成している．

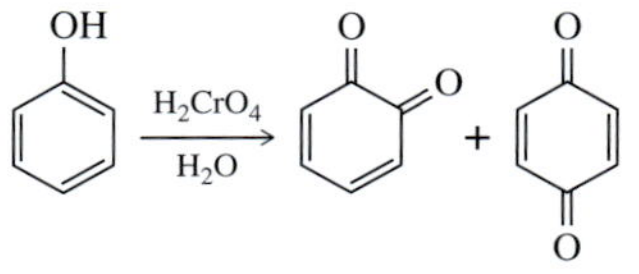

図24・20 フェノールが酸化されるとo-キノンとp-キノンが生じる

この類似性と，どちらの反応にもヒドロキシ基が関与していることから，この二つの反応機構には関連性があると考えられる．

図 24・21 アルコールとジヒドロキシベンゼンの酸化で形成される結合と切断される結合は似ている [この反応で切断されたり，形成されたりする結合はここに示したものがすべてではないんだけどね]

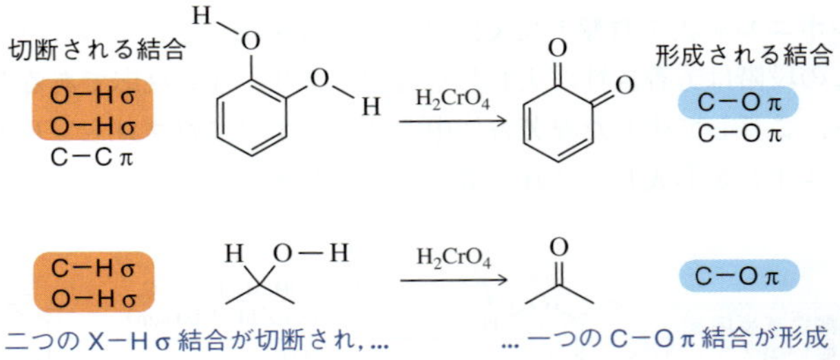

この反応の推定反応機構を図 24・22 に示す．1,2-ジヒドロキシベンゼンの酸化は，通常のアルコール酸化 [§13・9・2，図 13・49 を見返してみよう] と同様に，クロム酸エステルの形成を経て始まる．クロム酸エステルが形成されると，π 結合で拡張した E2 脱離のように脱離反応が進行し，クロムが脱離して o-キノンが生成する．クロムは高酸化状態の遷移金属であるため，電子対を非常に欲しており，[還元されたいんだね] またそのために，優れた脱離基にもなる．これは，アルコール酸化の第二段階で，クロム酸エステル部が，E2 反応のように脱離することと同様である．この反応は，芳香族性が失われるため，非常に不利な反応と考えられる．しかし，それでも反応が起こることから，クロム酸がいかに強力な酸化剤であるかがわかる．

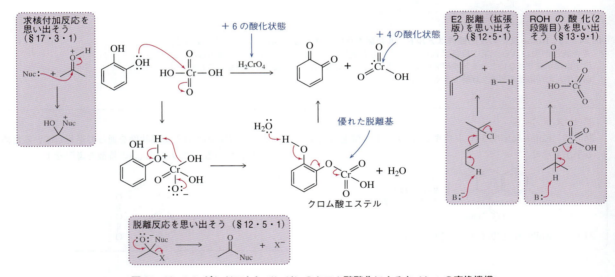

図 24・22 1,2-ジヒドロキシベンゼンのクロム酸酸化によるキノンへの変換機構

この脱離の段階を詳しく分析しておくと，酸化条件下におけるフェノールの他の反応を理解する際に役立つ．この反応の反応機構として，クロム酸エステルが協奏的に 1 段階で脱離する機構ではなく，最初にクロムが酸素から 1 対の電子を引出して酸素カチオンが生成する段階的な機構を考えてみよう（図 24・23）．[繰返しておくと，この反応はおそらく協奏的なんだけど...読み進めてみれば，どうして，このようにして違う風に考えることが重要なのかわかってくると思うよ] 1 段階目で生じたカチオンは共鳴安定化を受け，その共鳴構造のオルト位とパラ位の炭素にはカチオンがあるが，メタ位の炭素にカチオンはない．

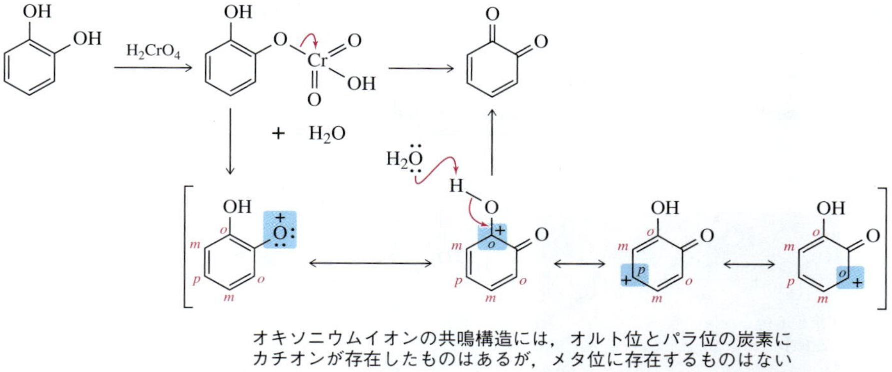

オキソニウムイオンの共鳴構造には，オルト位とパラ位の炭素に
カチオンが存在したものはあるが，メタ位に存在するものはない

図24・23 1,2-ジヒドロキシベンゼンの酸化の反応機構を段階的に記載すると，カルボカチオン
がオルト位とパラ位の炭素上にある共鳴構造はあるが，メタ位の炭素上にある共鳴構造はない
[この反応は実際には協奏的に進んでるよ]

アセスメント

24・21 図24・22を参考に，*p*-ジヒドロキシベンゼンの*p*-
キノンへの酸化反応の反応機構を示せ.

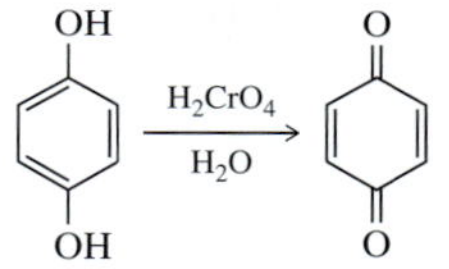

24・22 (a) 図24・23に基づいて，*m*-ジヒドロキシベンゼ

ンが酸化されて*m*-キノンにならない理由を述べよ. (b) *m*-
ジヒドロキシベンゼンを酸化したとき，*m*-キノンが生成し
ないならば，生成物は何になると考えられるか. [(b) の答え
は，アセスメント24・23で確認しよう]

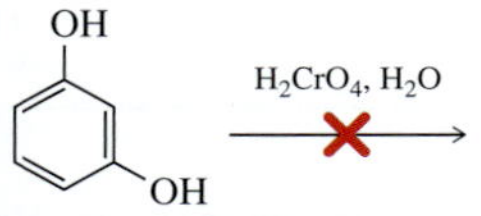

　アセスメント24・21と24・22(a)を解答したので［きちんと解いてから先に進んでね］，
§24・2・4の最初に出てきた図24・20の反応に戻って，この反応がどのように起こる
かについて考える土台ができた. **図24・24** に示すように，*o*-キノンと*p*-キノンのどち
らが生成するにしても，出発物のフェノールにもう一つ酸素が導入される必要がある.
この反応の溶媒が水であることを考えると，その導入される酸素の供給源は水である可
能性が高い.

　水が酸素の供給源であるというのが正しいとすると，この反応機構の大事な点は，水
がどのように環に導入されたかということである. 水は通常，その酸素原子が求核剤と
して働くので，環側が求電子性をもつ必要がある. フェノールの酸化反応の過程で，環
は求電子的になるだろうか. ［図24・23を見直してほしい］オルト位とパラ位は求電子的
になるが，メタ位は求電子的にならない. ［この傾向はしばしば芳香族の反応で見るね］以
上の考察に基づく推定反応機構を**図24・25**に示す. まず，クロム酸エステルが生成し，
続いて，Cr−O結合が切断される. ［Cr^{VI}がCr^{IV}に還元されたね］このときカチオンが生
成し，このカチオンはオルト位とパラ位の炭素に非局在化している. このオルト位（2
箇所存在する）もしくはパラ位（1箇所存在する）の炭素のいずれかに水が攻撃した後，
プロトンが引抜かれると，2種類のヒドロキシジエノンが生成する. このジエノン（第
二級アルコール）がクロム酸で酸化され，*o*-キノンと*p*-キノンが生じる. *o*-キノンの
生成経路は二つあるので，最終的な生成物にはより多くの*o*-キノンが含まれていると
考えられる.

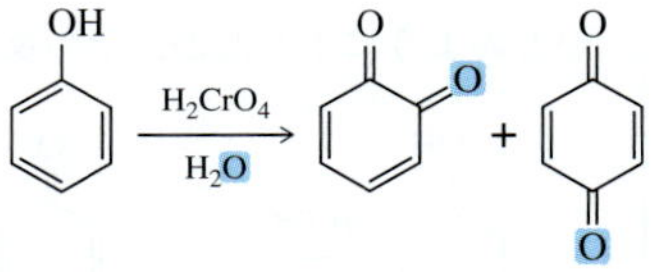

図24・24 フェノールを酸化して
キノンを得るには，外からの酸
素源が必要で，それは溶媒の水
である可能性が高い

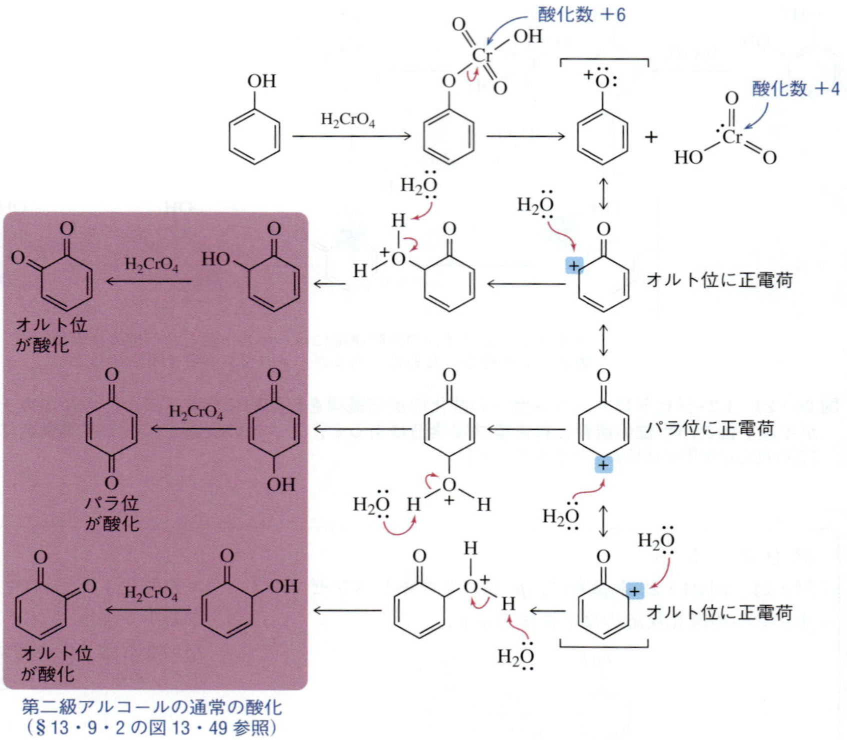

1142   24. ベンゼン II

図24・25 o-キノンとp-キノンの生成は，オルト位とパラ位に非局在化したカルボカチオンへの水の付加を経由して進行する* この反応は，第二級アルコールが酸化されて完結する．

*［訳注］ フェノールの酸化後に生じる Cr^{IV} の原子上に負電荷を示すマイナス記号（−）を付す方が適切だと考える専門家もいる．詳しくは担当の教員と相談してみるとよいだろう．

酸化数 +6

酸化数 +4

オルト位に正電荷

パラ位に正電荷

オルト位に正電荷

オルト位が酸化

パラ位が酸化

オルト位が酸化

第二級アルコールの通常の酸化
（§13・9・2の図13・49 参照）

アセスメント

24・23 アセスメント 24・22 では，m-ジヒドロキシベンゼンが m-キノンに酸化されない理由を聞いた．実際に酸化を試みると，三つの異なるキノンが生じる．それぞれの生成物がどのように生じたか，その反応機構を示せ．

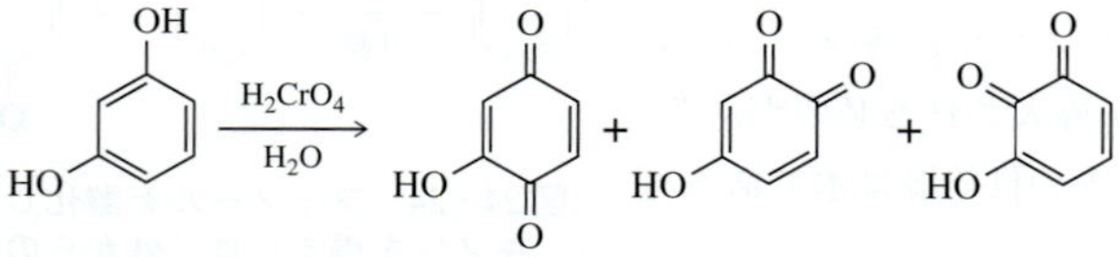

24・24 フェノール誘導体を酸化すると，図のようなラクトンが生成する．この反応の反応機構を巻矢印表記法を用いて示せ．

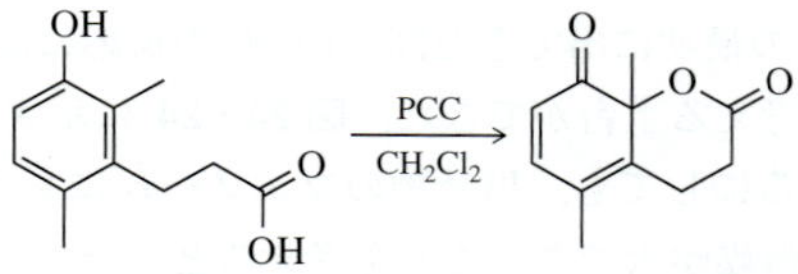

24・3   ベンジル位の臭素化

N-ブロモスクシンイミド（NBS）を用いて，ベンジル炭素の水素を臭素に置換することができる．この臭素化条件は，§11・5・3のアリル位のハロゲン化反応ですでに登場している．この臭素化は，第三級 C−H 結合が存在しても，高選択的にベンジル位で進行する（**図24・26**）．

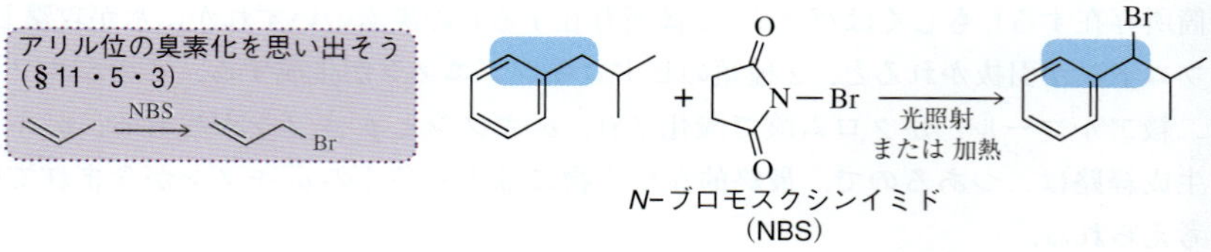

図24・26 ベンジル位は，N-ブロモスクシンイミドを用いて臭素化することができる

アリル位の臭素化を思い出そう（§11・5・3）

光照射または加熱

N-ブロモスクシンイミド（NBS）

§5・3・6および§11・5・1で述べたように，ラジカルハロゲン化反応の選択性は，最も弱いC-H結合が切断され，最も安定なラジカルが形成されることに起因する．結合解離エネルギー（BDE）とは，結合の均等開裂（ホモリシス）に要するエネルギーに関する指標だったことを覚えているだろうか．ホモリシスとは結合している二つの原子が，それぞれ一つずつの電子を共有結合から受取って開裂する過程である．[§5・3・1だ] 図24・27 には各結合の結合解離エネルギーの概算値を示している．ベンジル位のC-H結合が最も弱く，その結合解離エネルギーは小さく，第三級，第一級の順に大きくなっていく．[BDEの値は表5・6からもってきたよ] この傾向は，ベンジルラジカルが共鳴によって安定化されていることや，第三級の炭素ラジカルが超共役によって安定化されていることと矛盾しない．

図24・27 結合解離エネルギーは，ラジカルの安定性と相関がある

ベンジル位のラジカル臭素化の反応機構を図24・28 に示す．反応は，NBSのN-Br結合のホモリシスによるラジカルの生成から始まる（開始段階）．生成した臭素ラジカルは，最も安定なラジカルを与えるように水素を引抜く．この段階では，ベンジル位のC-H結合が切断されて，隣のベンゼン環との共鳴によって非常に安定化されたラジカルが生じる（成長段階1）．[ここでは重要ではないけど，ラジカルはオルト位とパラ位だけにあるんだ．当然君たちの予想通りだよね！] また，ラジカルが関与しないプロセスで，HBrはNBSと反応してBr₂分子が生じる．[§11・5・3] このBr₂をベンジルラジカルが攻撃してC-Br結合を形成し，新たな臭素ラジカルが生成する（成長段階2）．成長段階2で生成した臭素ラジカルは成長段階1に使われ，このプロセスが繰返される．[注意：だから，このような繰返しのプロセスはラジカル連鎖反応とよばれるんだったね（§5・3・3）]

§5・3・3で学んだように，ラジカル反応は，開始段階，成長段階，停止段階から構成されていることを思い出してね．

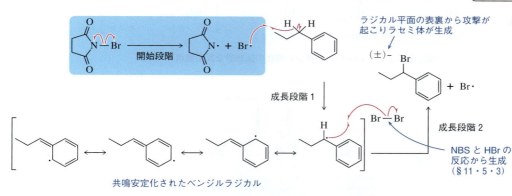

図24・28 *N*-ブロモスクシンイミド（**NBS**）によるベンジル位の臭素化は，二つの成長段階を経て起こる [電子の流れを描いて，ベンジルラジカルの共鳴構造がどのように導かれたのか確認しよう]

この条件でのベンジル位の臭素化反応では，ベンジル位のC-H結合が必要である．成長段階1で生じるベンジルラジカルはベンゼン環に非局在化して安定化されているが，成長段階2でベンゼン環に臭素が付加する心配をする必要はない．[アセスメント24・38で，なぜそうなるのか考えてみよう]

アセスメント

24・25 次に示すブロモアルカンを合成するための反応剤と反応条件を示せ．

(a) 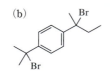 (b) (c)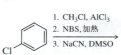

24・26 次に示す多段階反応の生成物を示せ．

(a) (b)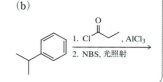

24-B 化学はここにも（グリーンケミストリー）

電気化学的キノン合成

第13章で，6価クロムを含むクロム酸が発がん性物質であることを述べた．したがって，キノン合成に関しても，より環境に優しい合成法の開発が求められている．これまで電気化学は，分析化学者が中心となり研究されてきたが，最近では有機合成の分野で，革命をもたらすような新たな方法として利用されるようになっている．その一例として，2相系（H_2O/CH_2Cl_2）での，1,4-ジヒドロキシベンゼンのキノンへの電気化学的な酸化反応があげられる（図 24・29）．

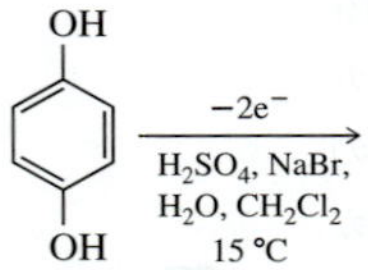

電気化学反応の反応機構は，巻矢印表記法では簡単に説明できない．そのため，図 24・30 には，この反応がどのように起こるかを段階的に示した．[特に図の中の電子の動きに注意しよう] 電気化学セル中では，アノード（陽極）で酸化が起こる（図 24・31）．[電子が失われるわけだね] 電子豊富な 1,4-ジヒドロキシベンゼンは，プロトンを失った後，アノードに電子を供与して，酸素ラジカルとなる．このラジカルはベンゼン環によって安定化されている．つづいて二つ目のプロトンが失われると，電子豊富なラジカルアニオンが生じる．このラジカルアニオンは，二つ目の電子をアノードに与え，キノンとなる．なお，この過程により生成するキノンは，最初，図 24・30 に示すようにジラジカル共鳴構造として描かれることとなる．

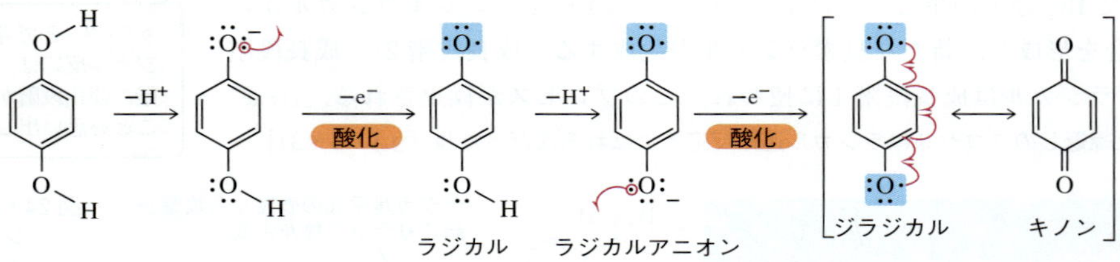

図 24・29 1,4-ジヒドロキシベンゼンの電気化学的酸化反応

図 24・30 1,4-ジヒドロキシベンゼンの酸化の仮想的な反応機構

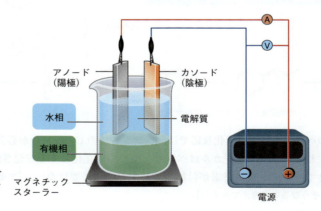

図 24・31 電気化学実験を行う装置の図 実際には2相が分離しないように，反応混合物を激しく撹拌する必要がある．

アセスメント

24・27 図 24・29 の反応を，より環境に優しいものにするにはどうしたらよいか．

24・4 ベンジル位での置換

§24・3 に示したベンジル位のハロゲン化は，ベンジル位によい脱離基をもつ化合物の優れた合成法である．得られる臭化ベンジルの置換反応も，君たちが予想する通り，

隣接するベンゼン環によって影響を受ける（**図24・32**）．[S_N1 反応は速くなるか，遅くなるか．S_N2 反応はどうだろうか．読み進める前に考えてみよう]

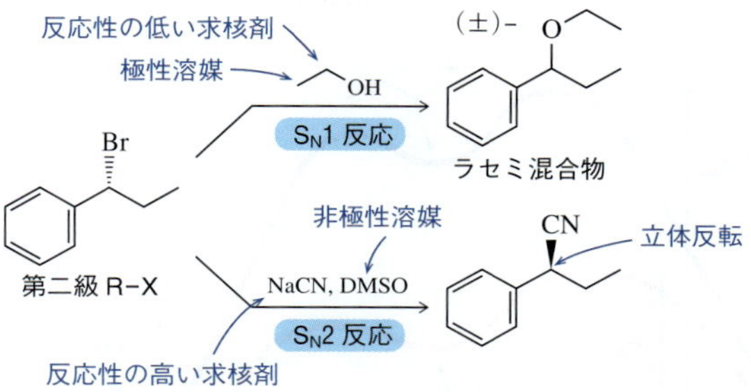

図24・32　第二級臭化ベンジルの置換反応（S_N1 反応: 第二級 R−X，反応性の低い求核剤，プロトン性極性溶媒．S_N2 反応: 第二級 R−X，反応性の高い求核剤，非プロトン性極性溶媒）

24・4・1　S_N1 反応

　図24・33 は，二つの S_N1 反応を比較したものである．すべての S_N1 反応にいえることだが，反応の第一段階はカルボカチオンの生成で，その反応は遅い．[§12・2・1を参照しよう] したがって，この第一段階は，反応全体の速度を決める律速段階である．また，第一段階は吸熱反応であるため，Hammond の仮説 [§5・2・4参照] から，カルボカチオン形成の遷移状態は，カルボカチオンに類似していると考えられる．ベンジルカルボカチオンは超共役と共鳴によって安定化されるが，第二級カルボカチオンは超共役によってのみ安定化されるため，ベンジルカルボカチオンの生成の方が速い．その結果，ベンジル炭素での S_N1 反応は速い傾向がある．そのカルボカチオンはベンゼン環との非局在化によって安定化されているが，求核剤がベンゼン環へ付加すると，芳香族性を失うことになるので，決してそのような攻撃は起こらない．

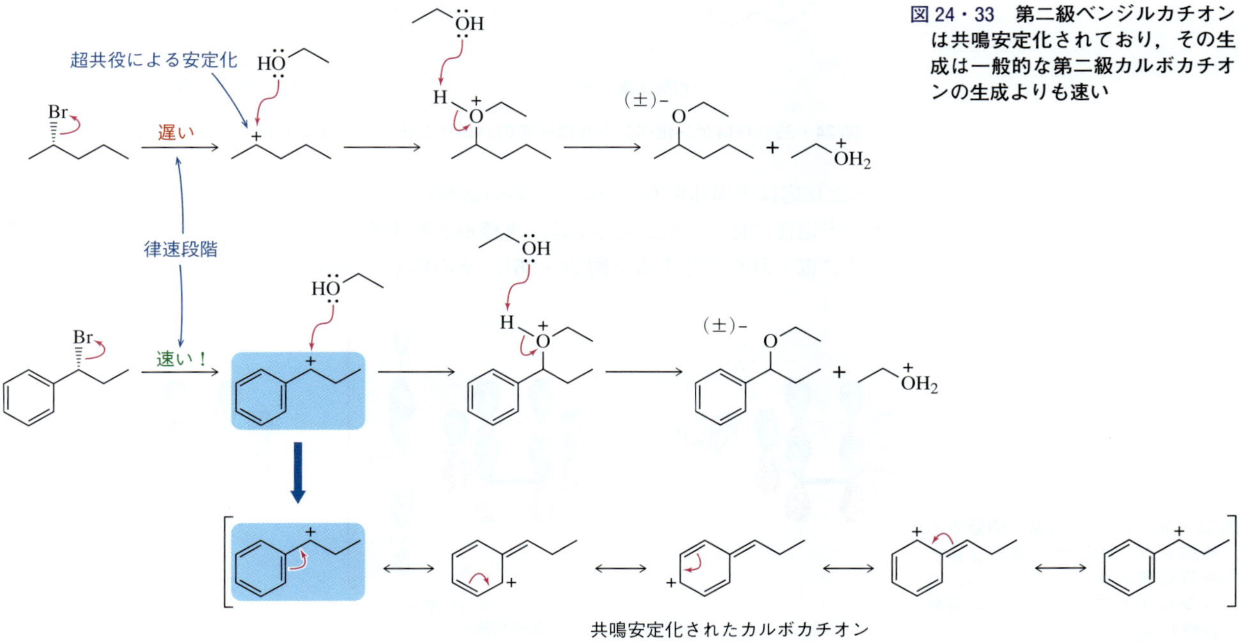

図24・33　第二級ベンジルカチオンは共鳴安定化されており，その生成は一般的な第二級カルボカチオンの生成よりも速い

共鳴安定化されたカルボカチオン

これらの結果は反応座標図を使うとわかりやすい（図24・34）．それぞれが同じエネルギーから出発したとすると，より安定なベンジルカルボカチオンに至る遷移状態の方が活性化エネルギーが低い．その結果，ベンジルカルボカチオンの生成速度が速くなる．

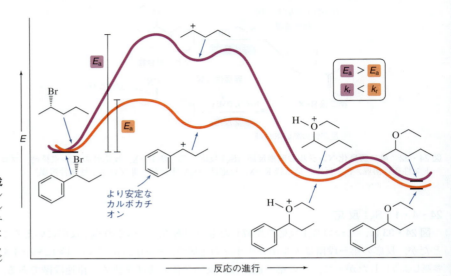

図24・34 第二級カルボカチオン生成の反応座標図　第二級ベンジルカルボカチオンを形成する活性化エネルギーは，一般的な第二級カルボカチオンを形成する活性化エネルギーよりも低い．［反応を比較しやすいように，二つの反応の出発物のエネルギーを同じにしているよ］

24・4・2　S_N2 反応

S_N1 反応でのカルボカチオン安定化（§24・4・1）ほどは，説明はわかりやすくはないが，脱離基がベンジル位にあると S_N2 反応もより速く進行する．図24・35には，第一級ハロゲン化アルキルと第一級ハロゲン化ベンジルの S_N2 反応の相対速度の比較を示している．

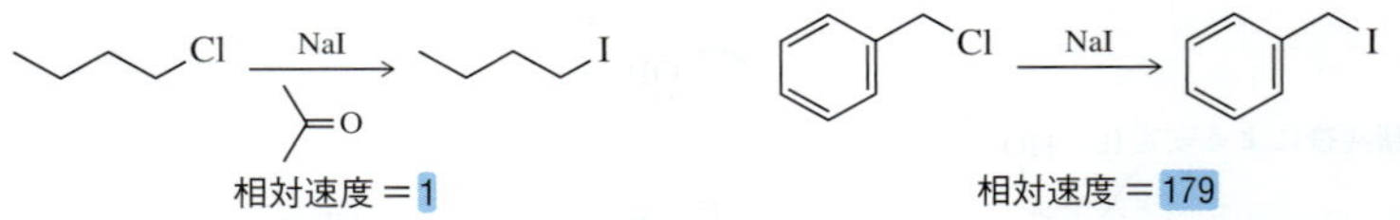

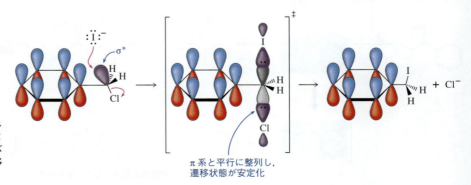

図24・35　ハロゲン化ベンジルは通常のハロゲン化アルキルより速やかに S_N2 反応を起こす

S_N2 反応は中間体をもたない1段階の協奏反応であるため，反応速度の違いは遷移状態の安定性に従う．S_N2 反応では，求核剤が脱離基の反対側から近づき，反結合性 σ^* 軌道に電子対を供与する（図24・36）．その結果，遷移状態は，部分的にC−I結合が

図24・36　新たに形成・切断される結合が，ベンゼン環の π 系と平行に整列することにより，ベンジル炭素での S_N2 反応の遷移状態が安定化される

24・5　側鎖の酸化　　1147

形成され，部分的に C−Cl 結合が切断された状態である．もし，この時点で反応を止めることができれば［できないけど］，その形状は，中心炭素に五つの置換基が［少なくとも部分的に］結合した三方両錐形であり，I−C−Cl の結合角は 180° である．このとき，灰色で示された新たに形成しつつある結合と開裂しつつある結合の軌道は，隣のベンゼン環の π 系と完全に平行に並ぶ．図 24・2，24・3，24・4 の反応中間体の場合と同様，このように軌道が整列することにより遷移状態が安定化し，反応がより速くなる．

24・4のまとめ

• 芳香環は，隣の炭素での S_N1 および S_N2 反応の速度を増加させる．

アセスメント

24・28　図 24・35 の塩化ベンジルの S_N2 反応が，速やかに進行することを合理的に説明する反応座標図を描け．

24・29　式(5・8)を用いて，図 24・35 に示された速度差をもたらす遷移状態のエネルギーの差を計算せよ．

24・30　次の置換反応の生成物を示せ．それぞれの反応は S_N1 と S_N2 のどちらの反応機構で進行すると考えられるか．

(a)

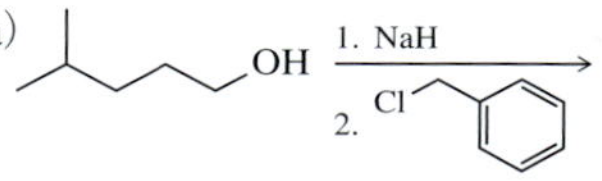

(b)

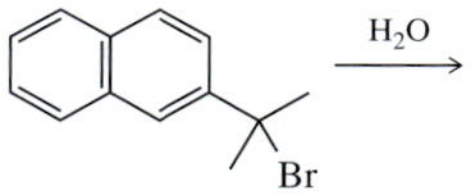

(c)

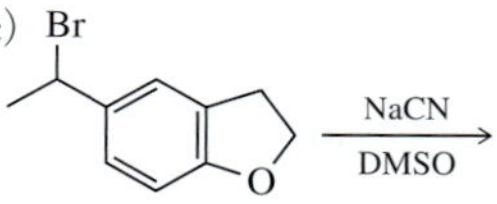

24・31　下に示した分子のベンジル位での置換反応の反応速度は異なることが観察された．この結果を説明せよ．

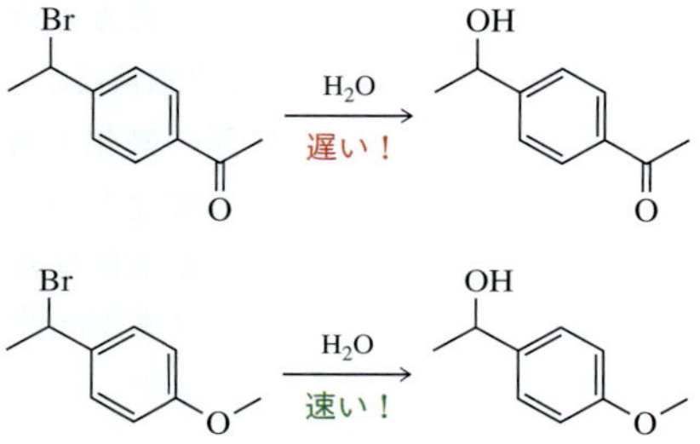

遅い！

速い！

24・5　側鎖の酸化

　アルキルベンゼンに対して，強力な酸化剤を用いて激しい条件で反応を行うと，ベンゼンの側鎖の酸化を行うことができる．図 24・37 に示すように，トルエンを過マンガン酸カリウム $KMnO_4$ と水酸化物イオン（‾OH）を含む水溶液中で加熱すると，ベンジル位のメチル基がカルボキシ基（カルボン酸）に完全に変換される（酸処理後）．［クロム酸を用いた水溶液中での加熱反応でも，これと同じ変換が起こるんだ］

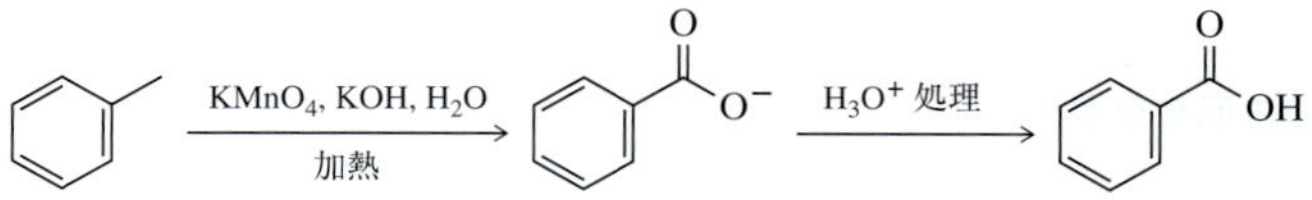

$KMnO_4$, KOH, H_2O　加熱　　H_3O^+ 処理

図 24・37　トルエンの安息香酸への酸化

　側鎖の酸化の反応機構は，よくわかっていないが，少なくともベンジル位の C−H 結合のラジカル的な開裂により始まると考えられている．これは，ベンゼン環に結合したアルキル基では，その大きさにかかわらず，ベンジル C−H 結合が一つでもあれば，カルボン酸に変換されるという事実に基づいている．図 24・38 では，二つのアルキルベンゼンの酸化反応を比較した．*tert*-ブチル基が酸化されないことに注目してほしい．

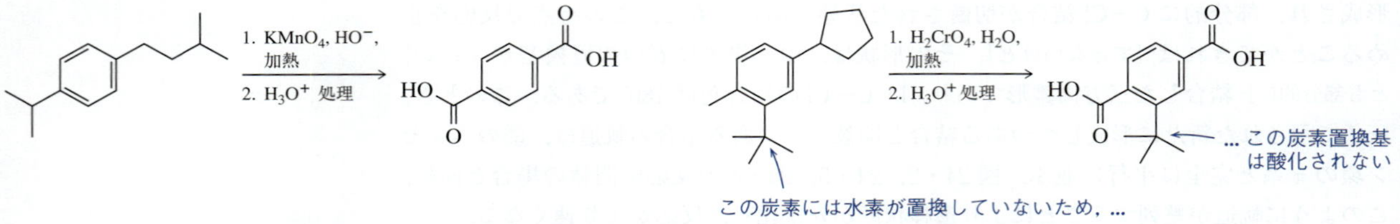

1148 24. ベンゼン II

この炭素には水素が置換していないため，...

... この炭素置換基
は酸化されない

図 24・38 ベンジル位の **C−H** 結合が酸化されると，鎖の長さに関係なくカルボン酸が生成する

　　反応機構がわからないことで，この反応は少し面白くないが［私も反応機構を示せない
のが残念］，合成上の問題から見てみると面白くなる．§18・5・3では，Grignard 試薬
と二酸化炭素を反応させると，ベンゼン環にカルボキシ基を導入できることを学んだ
（**図 24・39a**）．また，§24・2・3では，フェノキシドイオンを高温高圧の二酸化炭素
で処理するとサリチル酸が生成することも学んだ（**図 24・39b**）．ここまでに学んだベ
ンゼンにカルボン酸を導入する方法は，この二つの反応だけだった．［第23章で学んだ
芳香族置換反応では求電子的，求核的いずれであろうとカルボン酸は導入できないよね］ここで
側鎖の酸化を新しく学んだことで，Friedel–Crafts アルキル化とそれに続く KMnO$_4$ に
よる酸化という三つ目の方法を手に入れたこととなる（**図 24・39c**）．また，アルキル
基（電子供与基）をカルボン酸（電気求引基）に変換したことで，オルト–パラ配向性
からメタ配向性に置換基効果を変えたことにもなる．

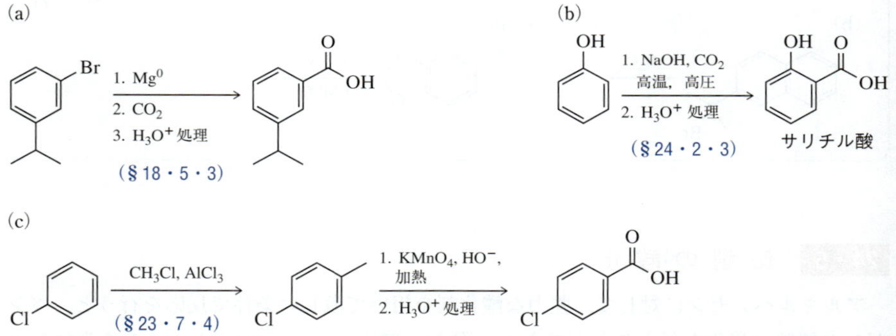

(a)

(b)

サリチル酸

(c)

図 24・39　安息香酸誘導体の合成　(a) 二酸化炭素への Grignard 試薬の付加反応（§18・5・3）．
(b) Kolbe 反応によるサリチル酸の合成（§24・2・3）．(c) Friedel–Crafts アルキル化（§23・
7・4），その後，側鎖の酸化．

アセスメント

24・32　次の反応の生成物を示せ．

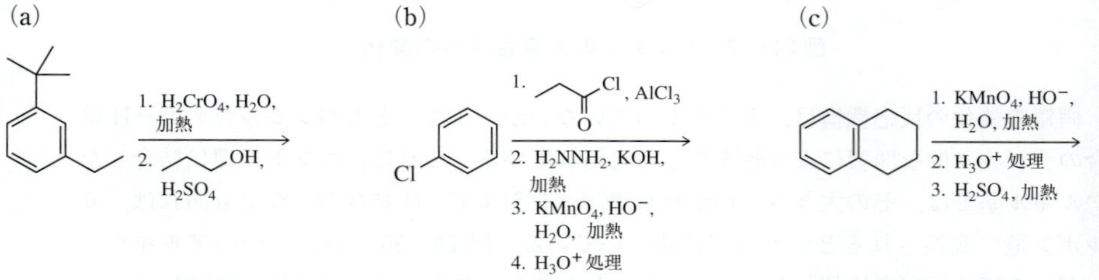

(a)

(b)

(c)

24・5 側鎖の酸化　1149

| 24-C | 化学はここにも（メディシナルケミストリー） |

シトクロム P450 による薬物代謝

第11章のまとめでは，メチル基を塩素に置換すると，元の薬と同じような効果を示す一方，使用量を減らすことができることを説明した．具体的には，スルホンアミド系薬剤（第23章）と構造が似ているトルブタミドは，糖尿病治療薬として開発された化合物であるが，シトクロム P450（cytochrome P450）という酵素により，非常に速く代謝されてしまうことが問題であった（**図24・40**）．トルブタミドは体内で，ベンジル位のメチル基がアルコール，アルデヒド，カルボン酸へと変換されて，水溶性が非常に高くなり，尿中に排泄される．ベンゼン環が隣接する炭素に与える影響が明らかにされ，この酸化反応の反応機構や駆動力がわかってきた．

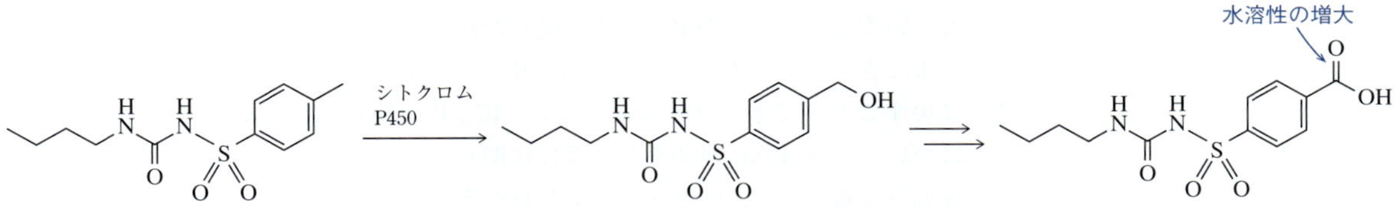

図24・40 ベンジル位の酸化により水溶性が高まり，尿中に排泄されるようになる

シトクロム P450 酵素群は，ヘム（heme）という補酵素を用いて酸化反応を行う．ヘムには，ポルフィリン（porphyrin）を基本とする配位子と触媒活性のある鉄が含まれている（**図24・41**）．無機化学的な説明は省いているが，ベンジル位の酸化の反応機構を**図24・42**に示す．ヘム中の鉄(IV)酸化物が水素を引抜き，共鳴安定化されたベンジルラジカルが生成する（§24・1・2）．このベンジルラジカルが鉄上のヒドロキシ基を攻撃し，鉄(IV)から鉄(III)への還元が起こり，ベンジルアルコールが生じる．そして，この触媒サイクルが繰返される．

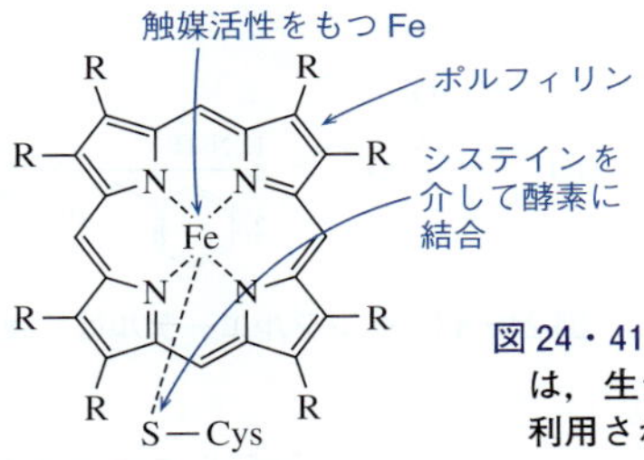

図24・41 シトクロム P450 は，生体内の酸化反応に利用されている

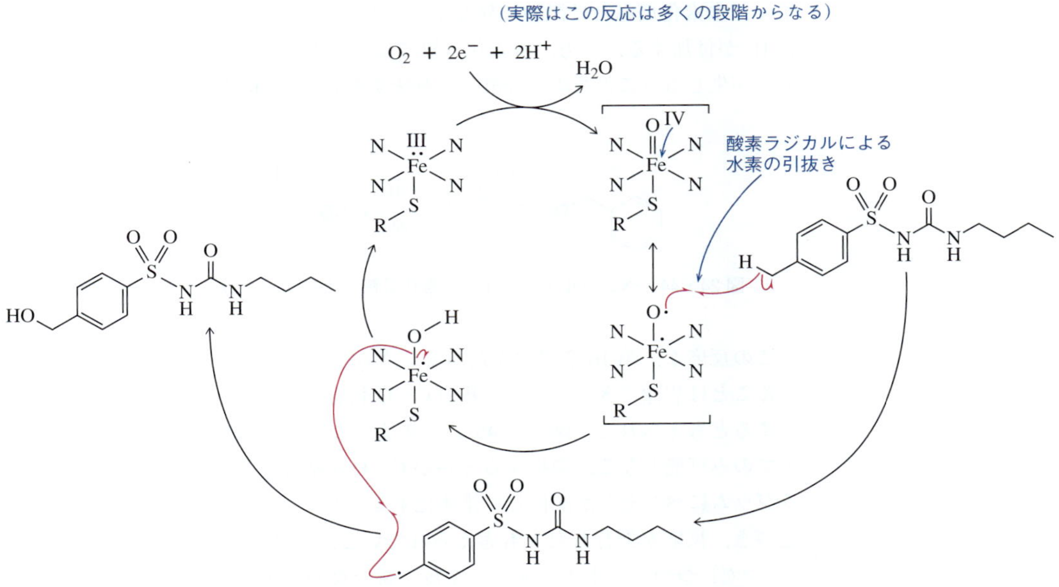

図24・42 シトクロム P450 によるベンジル位の酸化の反応機構　簡略化のためヘムの構造は省略している．

24・6　ベンジルエーテルの水素化分解

その他の保護基として、アセタール、アセタート（エステル）、シリルエーテルなどを学んでいるよね。

§13・11・1と§24・2・2では、Williamsonエーテル合成として、アルコキシドをハロゲン化アルキルでアルキル化してエーテルを合成する方法を学んだ。また、§13・14と§17・7・5では、望まない副反応を防ぐ保護基について説明した。ベンジル位のC−O結合は特徴的な反応性をもっており、エーテル合成と保護基の考え方を組合わせて、ベンジルエーテルを便利な保護基の一つに加えられる。

§13・14で述べたように、優れた保護基は以下の三つの条件を満たす必要がある。第一に、容易に導入が可能であること、第二に、保護の後の反応条件下で不活性であることである。エーテルは、さまざまな反応条件下で不活性であるため、エーテルの存在下でも、いくつもの反応が実施でき、優れた保護基となる。優れた保護基の第三の条件は、除去できることである（この場合、RをHに置き換える）。言い換えれば、元の官能基に戻すことができなければならない。図24・43は、保護基としてのベンジルエーテルについて、保護基に求められる条件に関わる反応を示している。アルコールを強塩基と反応させることで、臭化ベンジルとの置換反応［速い反応だね（§24・4）］が進行し、ベンジルエーテルが得られる。ベンジルエーテルは不活性な官能基であるので、強塩基条件下での反応が実施できる。

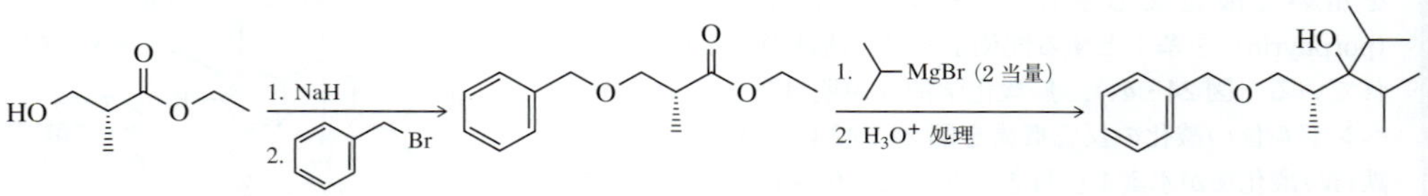

図24・43　ベンジルエーテルは、強塩基性条件下で不活性であるため、アルコールの保護基として優れている

ベンジルエーテルをヒドロキシ基に戻すには、パラジウムを触媒とした水素化分解という新しい反応が必要となる（図24・44）。**水素化分解**（hydrogenolysis）は、以前に学んだ水素化反応とは微妙に異なる。たとえば、アルケンの水素化では、C−Cπ結合にH_2が付加する。一方、水素化分解では、水素は結合の切断に使われ、二つの新しい分子が生じる（このため"分解"を意味するlysisが末尾についている）。

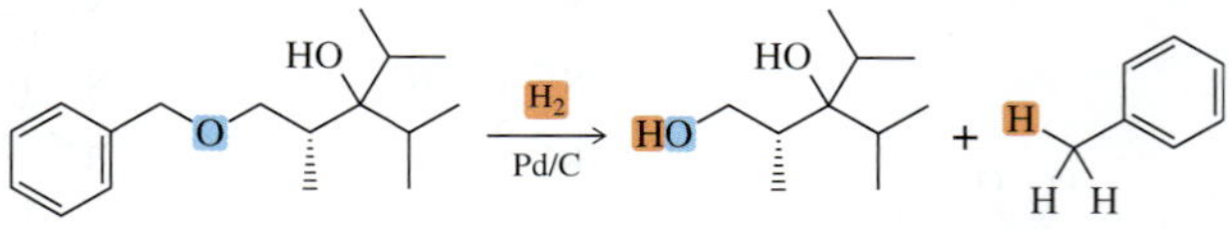

図24・44　ベンジルエーテルの水素化分解により、ヒドロキシ基が再生/脱保護される

この反応が、第16章で学んだパラジウムによるカップリング反応に似た反応機構であることは想像でき、ベンジル基のC−O結合にパラジウムが酸化的に挿入することで始まると考えられる（図24・45）。このような過程はベンジルエーテルやアリルエーテルでのみ可能となる。隣接するπ系がC−Oσ結合を弱めているためである。また、パラジウムにベンゼンが配位して錯体化することで、パラジウムが隣接するC−O結合に近づき、反応が進行したとも考えられている。［これもベンゼンの隣接効果だね。この章のテーマだ］つづいて水素が配位した後、新たなO−H結合とPd−H結合が形成される。最後に、還元的脱離により新しいC−H結合が形成されてトルエンが生じ、同時にPd^0も生じて再び触媒サイクルに戻る。

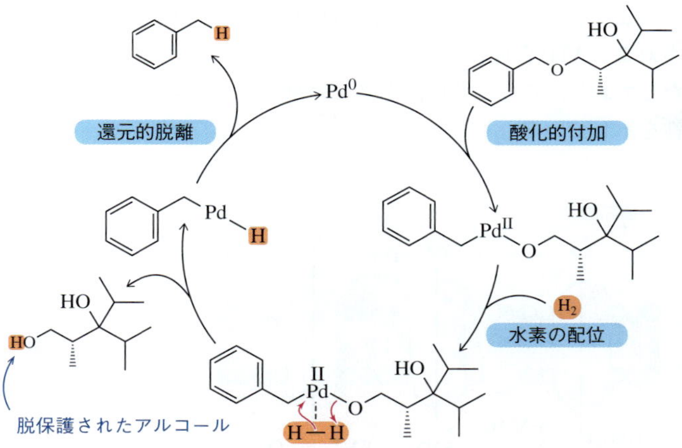

図 24・45　パラジウム触媒による水素化分解反応の触媒サイクル［実際の反応機構はここに示すほど単純ではないと思われるが、この図にあるような形で理解することで、以前に学んだ反応との関連を理解できる］

この章では，単純化した反応機構が2箇所で登場したね．大学院に進むと，実際にはこれらの反応がもっと複雑な機構だということを学べるんだ．それを学びたいと思えたら，有機化学で博士号を取得する理由として十分だね．

アセスメント

24・33　次の反応の生成物を示せ．

(a) , H_2, Pd^0 →

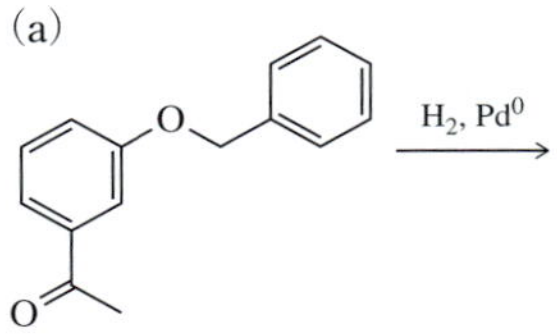

(b) , H_2, Pd^0 →

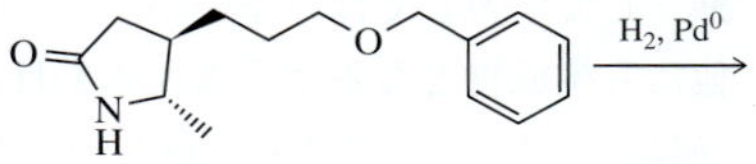

むすびに

　この第24章では，"振り返り"が重要なテーマだったが，生物学的に重要な役割を果たす分子であるキノンも紹介した．脂溶性のキノンである補酵素（コエンザイム）Qは，ミトコンドリア電子伝達において重要な役割を果たしており，その過程が真核細胞でのATP合成に必要なエネルギーを供給している．複雑すぎてすべての過程は説明できないが，図24・46に示す平衡を考慮すれば，キノンが電子移動に関わっている過程は理解できるだろう．キノンのジヒドロキシベンゼンへの還元には，2個の電子と2個のプロトンが必要である．一方，ジヒドロキシベンゼンのキノンへの酸化では，（化学はここにも24-Cで見たように）2個の電子と2個のプロトンが放出される．

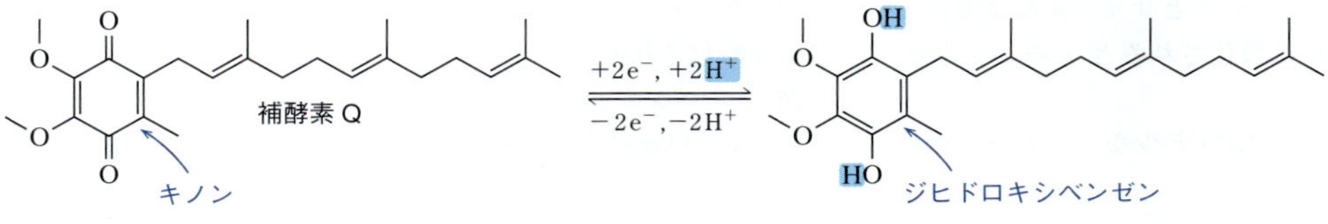

補酵素Q　$\xrightleftharpoons[-2e^-, -2H^+]{+2e^-, +2H^+}$　ジヒドロキシベンゼン

キノン

図 24・46　補酵素Qはキノンであり，酸化還元平衡に関与している

　補酵素Qは，図24・46で示した平衡を介して，二つの酵素間の電子輸送体としての役割を果たす．複合体Ⅰでは，補酵素NADHの酸化と補酵素Q（図24・47のQ）の還

元が起こる．フェノール型となった補酵素 Q は，電子を複合体 III に渡し，自身はキノンに再酸化される．ATP 合成によるエネルギー産生において，補酵素 Q は非常に重要な役割を果たしており，このことは，キノンの重要性とベンゼン環の存在がもたらす興味深い反応性を示している．

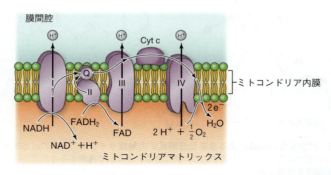

図 24・47　補酵素 Q および複合体 II は，電子伝達系において複合体 I と III の間の電子伝達体として働いている

共役系の学習（第 21〜24 章）はここで終わりである．第 25 章のアミンの学習でもひき続き，以前学んだ反応を新しい視点から見て学んでいく．官能基としてのアミンをこれまで独立して学習してはいないが，アミンはこれまでに見た多くの反応に関連しているし，他にも生成物となるような反応を目にしてきている．〔ここまでに作成してきた反応シートで確認してみよう〕次章も，新しいことを学びながら，これまでに学んだ概念の理解を深めていこう．〔楽しそうでしょ．では出発！〕

第24章のまとめ

重要 な 概 念　〔ここでは，第 24 章の各節で取扱った重要な概念（反応は除く）をまとめる〕

§24・1: ベンゼンをはじめとする芳香環は，隣接した置換基の反応性を変化させる．アニオン，カチオン，ラジカルは，芳香環に直接結合すると，共鳴効果により安定化する．

§24・2: フェノールは，ベンゼン環に直接ヒドロキシ基が結合した化合物である．フェノールは通常のアルコールよりも酸性度が高い．これは，脱プロトンにより生じる共役塩基がベンゼン環との共鳴によって安定化されるためである．フェノールは，高い酸性度をもつため，脱プロトンした後，Williamson エーテル合成のためのよい基質となる．フェノールを塩基性の厳しい条件下で二酸化炭素と反応させるとサリチル酸誘導体に変換される．また，フェノールは酸化されると o-キノンや p-キノンになる．

§24・3: ベンジル位の臭素化は，NBS と少なくとも一つのベンジル水素を含むアルキルベンゼンを反応させることにより進行する．この反応は，共鳴安定化されたベンジルラジカルを経て進行する．

§24・4: ベンジル位のカルボカチオンは，芳香環との共鳴によって安定化されるため，ベンジル位での S_N1 反応の速度は速い．また，ベンジル位での S_N2 反応の速度も速い．これは，結合の形成・切断に関与する軌道が隣接する π 系と整列することにより遷移状態が安定化されるためである．

§24・5: 置換されたベンゼン環のアルキル側鎖にベンジル水素が存在すれば，その側鎖はクロム酸や過マンガン酸カリウムにより酸化される．

§24・6: ベンジルエーテルの水素化分解は，隣接する π 系によって C−O σ 結合が弱められているため，可能となる．

重要 な 反応と反応機構

1. Williamson エーテル合成（§24・2・2）　脱プロトンにより生じたフェノキシドイオンが，第一級または第二級炭素上のよい脱離基を置換して，アリールアルキルエーテルが生成する．

第 24 章のまとめ　　1153

【一般式】

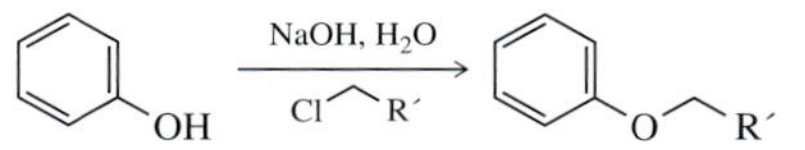

【具体例】

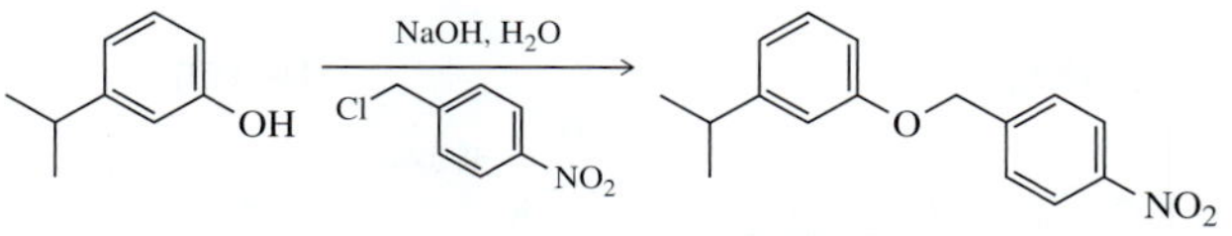

【反応機構】

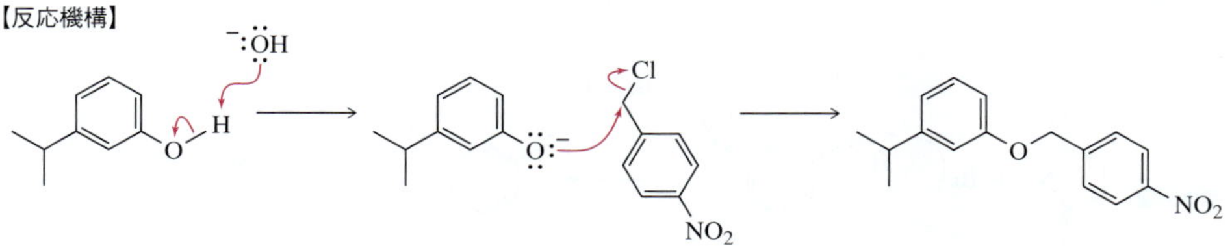

2. Kolbe 反応によるサリチル酸合成（§24・2・3）　　フェノキシドイオンは高温高圧下，二酸化炭素により炭素上でアルキル化される．［これは，エノラートのカルボニルへの攻撃に似ているね］こうして生じた中間体は脱プロトンされ，再び芳香族のフェノキシドイオンが生じる．最後に酸処理すると，サリチル酸が得られる．［ここに示した機構は単純化したもので，最近の研究では，実際にはかなり複雑な反応機構であることが示唆されているよ］

【一般式】

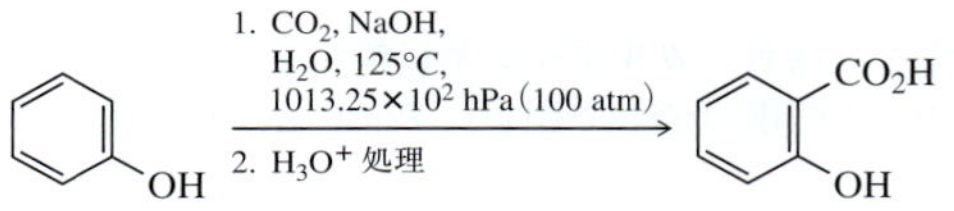

【具体例】

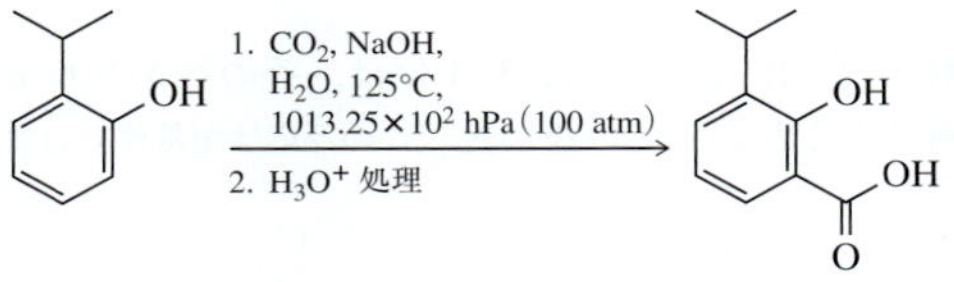

【反応機構】

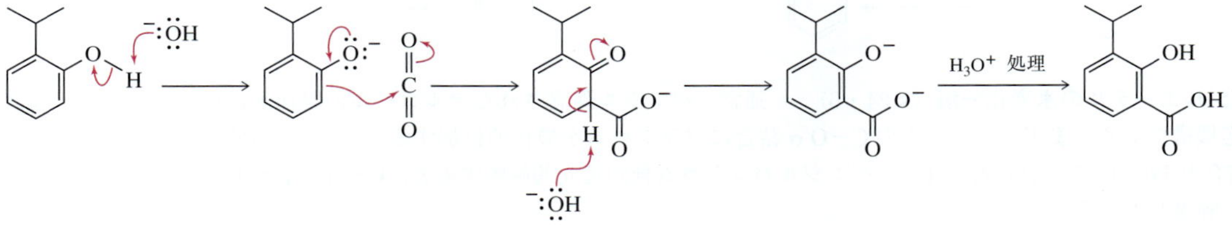

3. フェノールの酸化（§24・2・4）　　o-およびp-ジヒドロキシベンゼンが酸化されると，それぞれo-およびp-キノンになる．まず，アルコールの場合と同じようにクロム酸エステルが生成する（§13・9・2）．つづいて，フェノール性水素の脱プロトンにより，環の芳香族性が失われ，二つの C－O π 結合が形成されて，クロム(Ⅵ)がクロム(Ⅳ)に還元される．この反応はフェノールを用いても進行し，この場合はo-キノンとp-キノンの混合物が生じる．

【一般式】

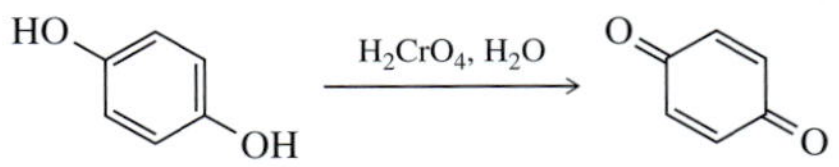

【具体例】

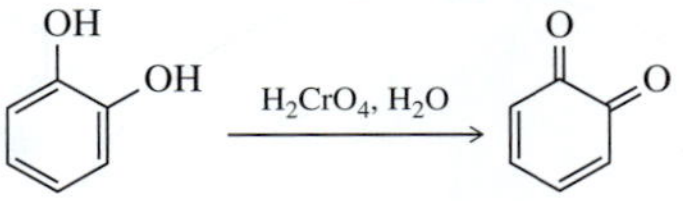

【反応機構】

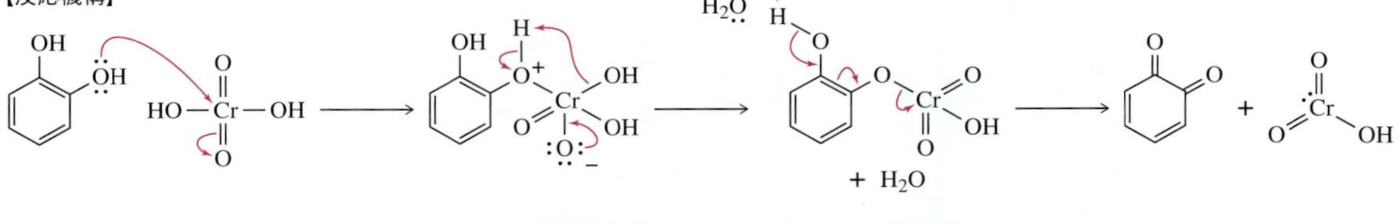

4. ベンジル位の臭素化（§24・3）　　加熱条件で，NBS はベンジル位の水素を臭素原子で置換する．まず，ベンジル位の水素が引抜かれ，共鳴安定化されたラジカルが生じる（成長段階 1）．生じたベンジルラジカルは Br_2 を攻撃して，C－Br 結合が形成さ

1154 **24. ベンゼンⅡ**

れ，HBr が副生する（成長段階2）．HBr は NBS と反応して Br_2 が生成する（ラジカル反応ではない）．

【一般式】　　　　　　　　　　　　　　　　【具体例】

【反応機構】

Br_2 の生成を思い出そう（§11・5・3）

（NBS）　　　　（ラジカル反応ではない）

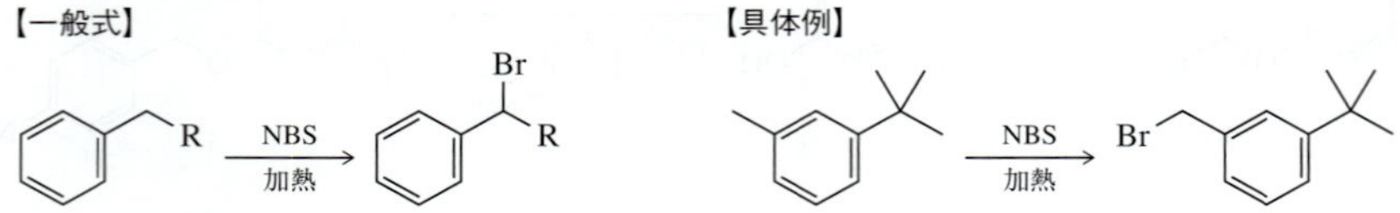

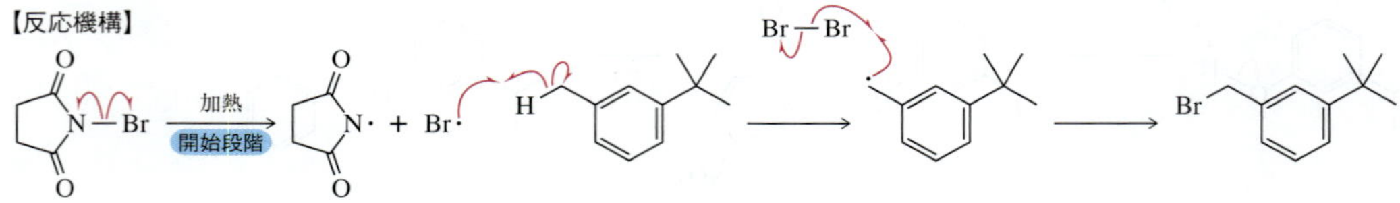

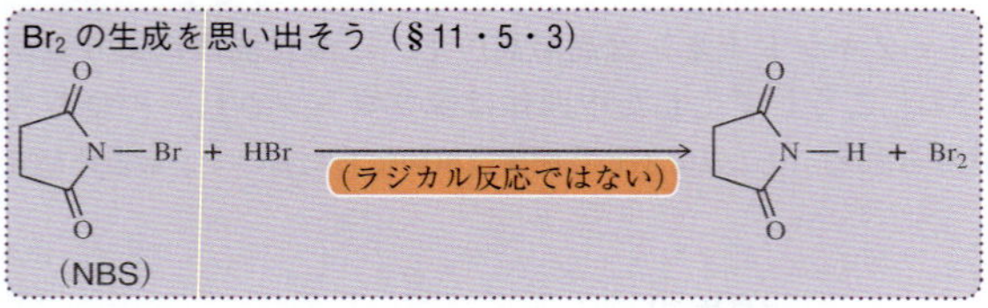

5. 側鎖の酸化（§24・5）　　ベンジル位は，そのベンジル炭素に水素をもつ場合，カルボキシ基に酸化され，カルボン酸が生じる（反応機構はよくわかっていない）．[この反応は塩基性で過マンガン酸カリウムを用いた条件でも同様に円滑に進行するんだ]

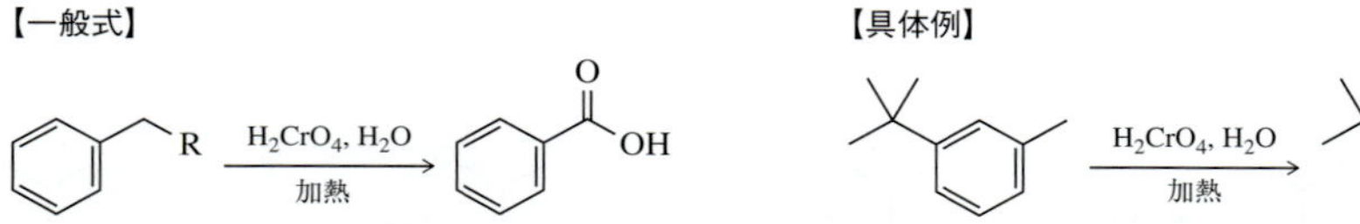

【一般式】　　　　　　　　　　　　　　　　【具体例】

6. ベンジルエーテルの水素化分解（§24・6）　　通常，ベンジル保護されたアルコールの脱保護に用いられる．下図は単純化された反応機構であり，まず，ベンジルの C−O σ 結合にパラジウムが酸化的付加する．つづいて Pd に水素が配位した後，新しい O−H 結合と Pd−H 結合が形成される．ベンジルパラジウム種が還元的脱離すると，C−H 結合が形成されてトルエンが生じ，パラジウム触媒が再生する．

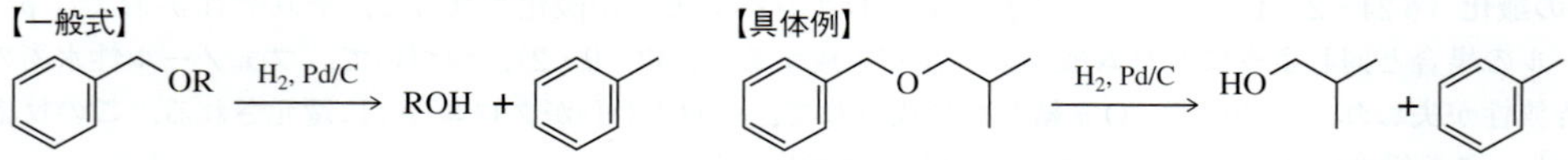

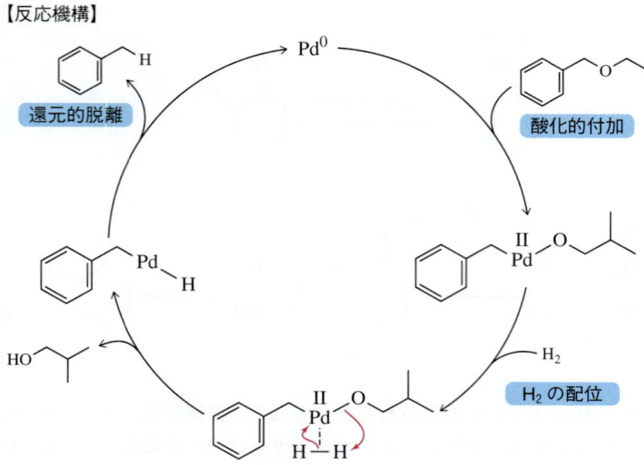

【一般式】　　　　　　　　　　　　　　　　【具体例】

【反応機構】

アセスメント〔●の数で難易度を示す（●●●●＝最高難度）〕

24・34（●●） 次の反応の生成物を示せ．

(a)

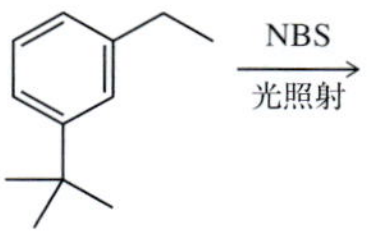
NBS
光照射

(b)

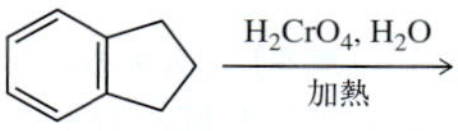
H2CrO4, H2O
加熱

(c)

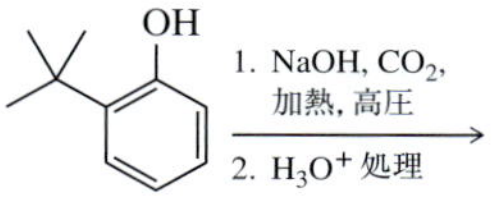
OH
1. NaOH, CO2,
加熱, 高圧
2. H3O+ 処理

(d)

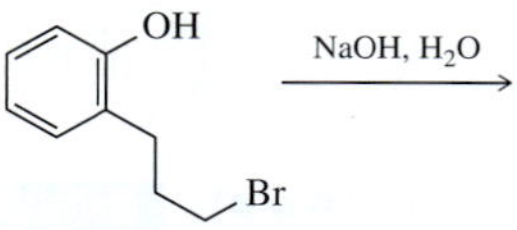
OH
Br
NaOH, H2O

(e)

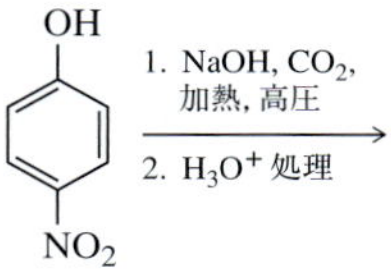
OH
NO2
1. NaOH, CO2,
加熱, 高圧
2. H3O+ 処理

(f)

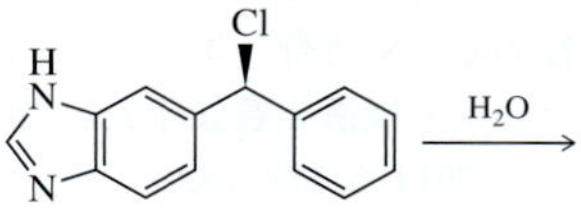
Cl
H
N
N
H2O

(g)

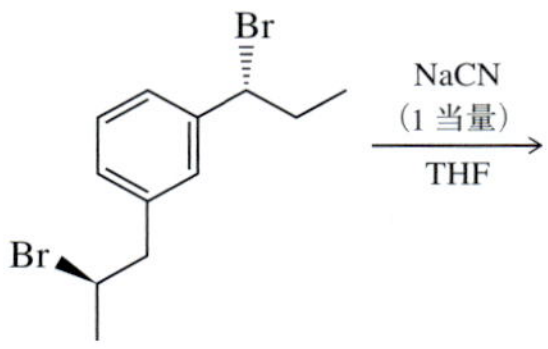
Br
Br
NaCN
(1 当量)
THF

(h)

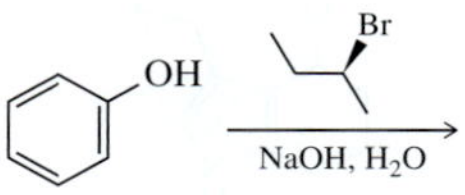
OH
Br
NaOH, H2O

(i)

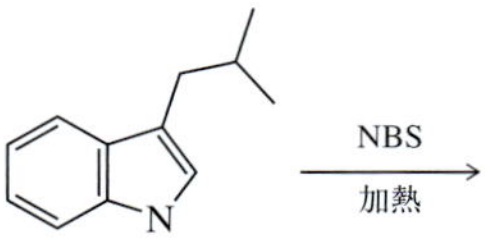
N
NBS
加熱

(j)

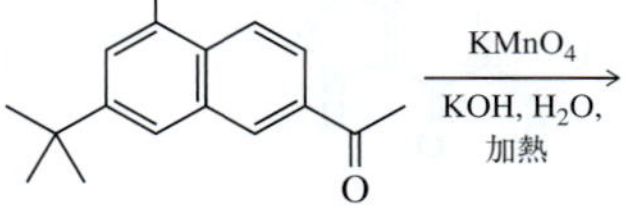
O
KMnO4
KOH, H2O,
加熱

(k)

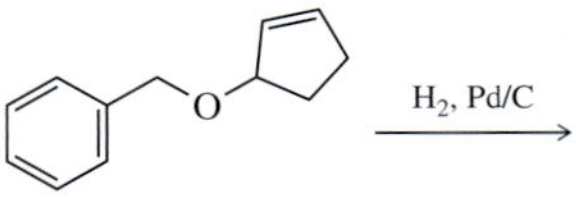
O
H2, Pd/C

24・35（●●） 以下に示す変換に必要な反応剤を示せ．

(a)

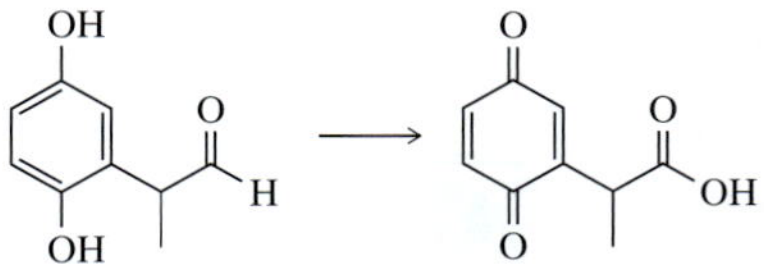
OH
O
H
OH
O
O
OH
O

(b)

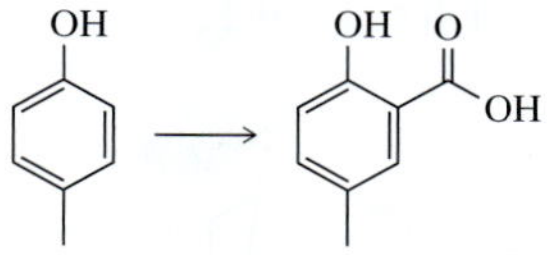
OH
OH O
OH

(c)

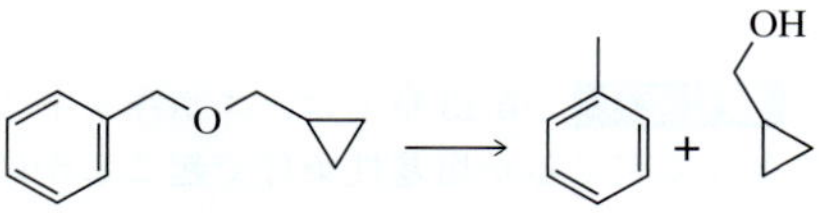
O
OH
+

24・36（●●） 次の各酸化反応を同じ反応座標図上に示せ．

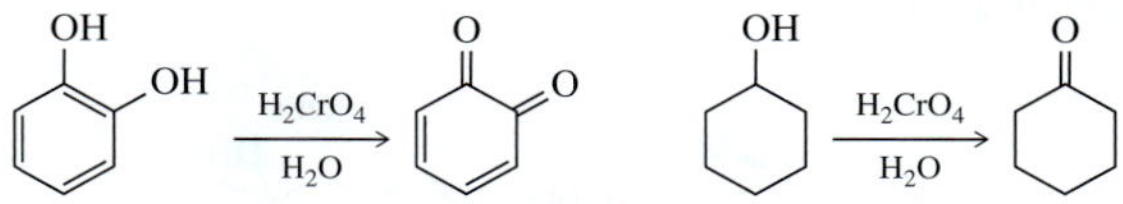
OH
OH
H2CrO4
H2O
O
O
OH
H2CrO4
H2O
O

24・37（●●） 下に示すフェノールを酸化すると，単一のキノンが生成物として得られる．この生成物を示し，なぜそれが唯一の生成物となるかを説明せよ．

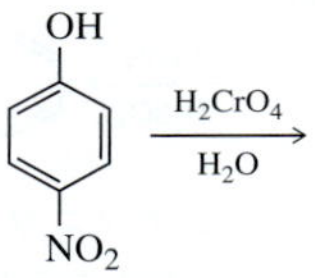
OH
NO2
H2CrO4
H2O

24・38（●） トルエンの臭素化における2段階目の成長反応（成長段階2）では，置換基の炭素ラジカルだけがBr_2を攻撃する．なぜだろうか．

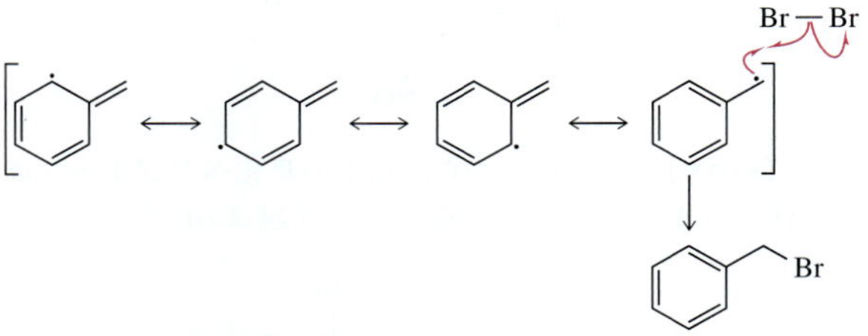
Br — Br
Br

24・39（●●） **振り返り** (*R*)-(1-ブロモエチル)ベンゼンをシアン化ナトリウム NaCN と反応させると，単一のエナンチオマーが生成する．しかし，同じ化合物を水と反応させると，二つのエナンチオマーの混合物が得られる．(a) この結果を説明せよ．(b) なぜ部分的なラセミ化しか起こらないことがあるのか．

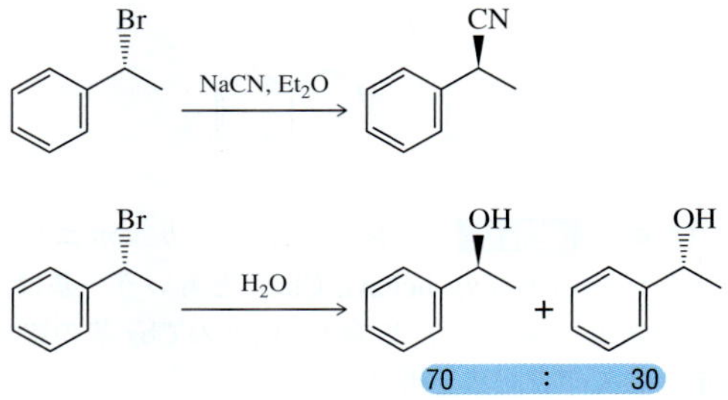
Br
NaCN, Et2O
CN
Br
H2O
OH
+
OH
70 : 30

1156　24. ベンゼンⅡ

24・40（●●） [振り返り]　以下の臭化ベンジルは，S_N1 反応も S_N2 反応も起こさない．その理由を説明せよ．

24・41（●●） [振り返り]　第 13 章では，エポキシドの開環は，反応が酸性条件で起こるか塩基性条件で起こるかによって，異なる生成物が得られることを学んだ．以下の化合物についてはどちらの条件でもエポキシドが同じように開環する，その理由を説明せよ．

24・42（●●●） フェニルジアゾニウムイオンから，以下のサリチル酸誘導体を合成する方法を示せ．［この合成には，第 23章と第 24 章の反応を使うよ］

24・43（●●●） ベンゼンから，以下の臭化ベンジルを合成する方法を示せ．［この合成には第 23 章と第 24 章の反応を使うよ］

24・44（●●） 安息香酸ベンジルはシラミの駆除剤として使用されている．ベンゼンから安息香酸ベンジルを合成する方法を示せ．

24・45（●●） [先取り]　ベンジルオキシカルボニル〔カルボキシベンジル（carboxy benzyl, Cbz）ともいう〕基は，アミンのよい保護基である（第 25 章）．以下の Cbz 基の除去の反応機構を，巻矢印表記法を用いて示せ．

24・46（●●） 次の反応は，高温・高濃度を必要とするにもかかわらず，良好な収率で進行する．この反応で得られると予想される生成物を答えよ．［これは Kolbe 反応のようなものだね．§24・2・3 参照］

24・47（●●●） [最近の論文から]　抗マラリア薬チアプラコルトン A の合成には下記のような合成経路が用いられている．空欄の反応剤(a)と(b)として適切なものを示せ．また，(c) 最後の C−N 結合〔■で示すね〕が形成される反応について，その反応機構を巻矢印表記法を用いて示せ．（*ACS Med.Chem. Lett.*, **2014**, *5*, 178–182.）

24・48（●●●） [振り返り]　最初にフェノールをアルキル化したのち，Claisen 転位（§22・4・3）を行い，ベンゼンにアリル基を導入した［アセスメント 22・52 を参照しよう］．(a) 生

第24章のまとめ　1157

成物 **A** と **B** を示せ．（b）各反応の反応機構を巻矢印表記法を用いて示せ．（c）通常，ケト体はエノール体よりも安定で平衡はケト体に偏る．しかし，この場合はなぜそうならないのか．理由を述べよ．

24・49（●●●） ▮振り返り▮　第7章では，グリーンケミストリーがなぜ重要なのかを示す悲劇的な例として，ボパール事故を取上げた．ボパール事故は，ナフトールからセビンを製造していた工場でメチルイソシアナートが漏出したことによりひき起こされた．以下に示すナフトールからセビンが合成される反応の反応機構を巻矢印表記法を用いて示せ．［まず，反応の求核剤と求電子剤を特定しよう］

24・50（●●） ▮振り返り▮　第23章では，芳香族求電子ニトロ化反応について学んだ．フェノールに対し，このニトロ化の条件に，さらに大過剰の硝酸を加えて反応を行うと，ピクリン酸とよばれる分子が生成する．ピクリン酸の構造式を示せ．また，ピクリン酸の pK_a 値が 0.38 である理由を説明せよ．

24・51（●●●） 1,4-ジヒドロキシベンゼンの融点が 1,2-ジヒドロキシベンゼンの融点よりもかなり高い理由を説明せよ．

172 °C　　105 °C

24・52（●●●） ある化学者がクロム酸を用いて，下記に示す第一級アルコールのカルボン酸への酸化を試みたところ，いくつかの化合物が生成した．主生成物を下記に示す．この生成物が生成した反応の反応機構を，巻矢印表記法を用いて示せ．［クロム酸が通常，フェノールをどのように変換するかを考え，生成する結合と開裂する結合のリストをつくるといいよ］

H_2CrO_4, H_2O

24・53（●●） 以下のトリオールに過剰な PCC を用いて酸化を行ったときに生じる，芳香族性の生成物を示せ．

PCC（過剰量）

24・54（●） 次のカルボン酸の酸性度の順位を合理的に説明せよ．

酸性度の低下

24・55（●） 次のハロゲン化ベンジルの S_N1 反応における反応速度の順位を合理的に説明せよ．

S_N1 反応の反応速度の増大

1158 24. ベンゼン II

24・56（●●） アセスメント24・54 および24・55 の解答を考慮して，以下の化合物について，アルケン部のプロトン化速度の順位づけをせよ（1＝最も高い塩基性（プロトン化される），6＝最も低い塩基性）．[アルケンが最も塩基性の高い部位ではないかもしれないということは考慮せずに解答してみよう]

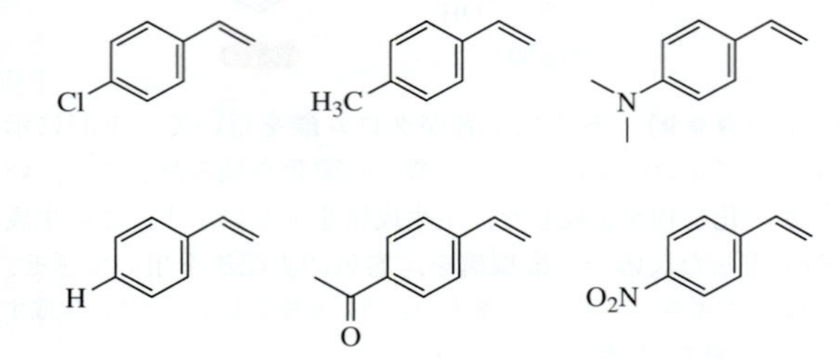

24・57（●●） フェノールの酸化と，先に学んだ反応を合わせて，新しい C–C 結合を形成することができる．次の一連の反応の生成物を示せ．

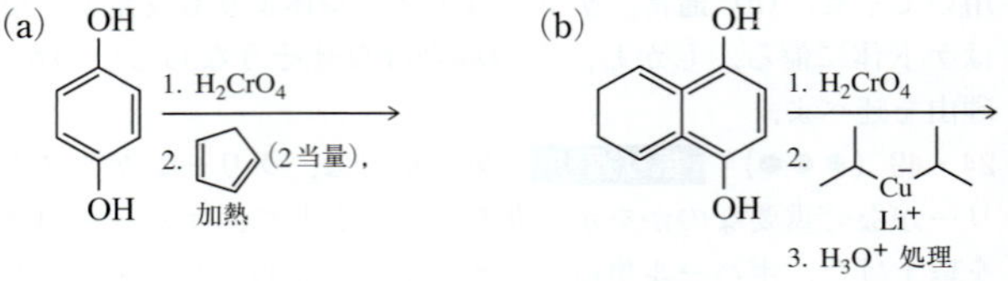

(a)

(b)

24・58（●●●） ヘナの抽出液から見いだされたローソンは，アミノ酸残基と反応して，ヘナタトゥーの特徴的な色を示す．この反応機構を示せ．

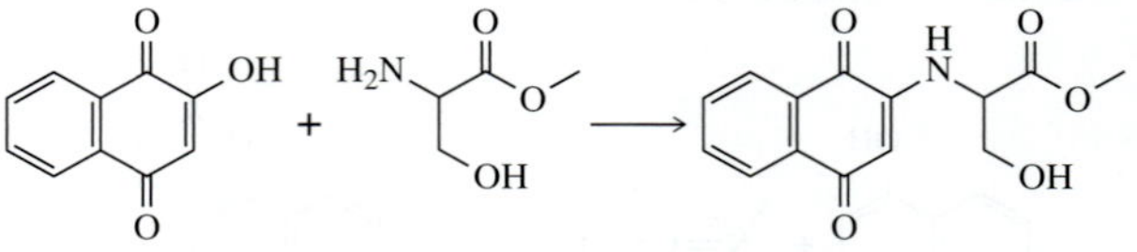

ローソン

24・59（●●●●） 次の合成を行うのに必要な反応剤を示せ．また，工程(a)と(e)の目的は何か．

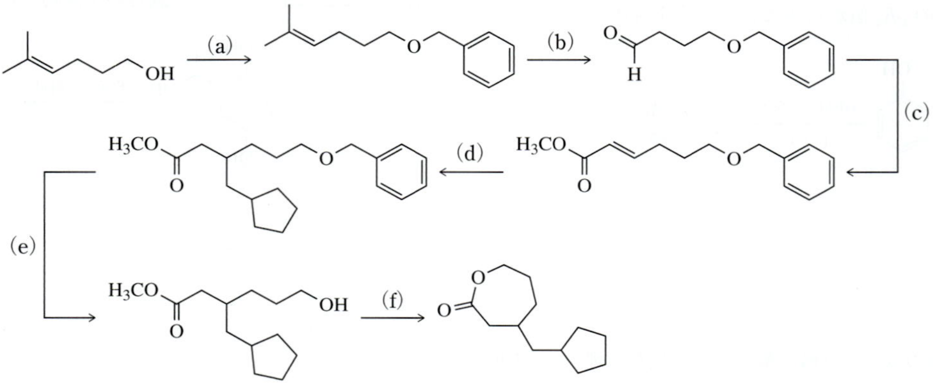

24・60（●●） スルピリドは抗精神病薬である．その合成において，(a)と(b)で用いる反応剤として適切なものを示せ．

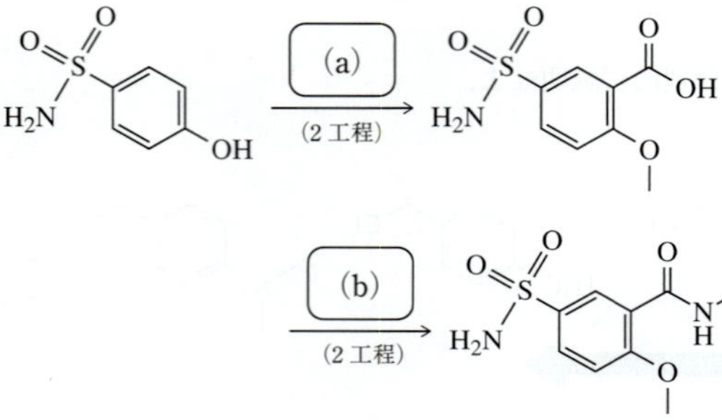

(a)（2工程）

(b)（2工程）

スルピリド

24・61（●●） p–ベンゾキノンは，植物の光合成システムに利用されており，植物は夜間，可逆的に二つの電子を受容して右のジヒドロキシベンゼンを形成する．(a) 正反応の反応機構を示せ．(b) それぞれの構造の分子軌道図を描き，どちらがより安定であるかを予想せよ．

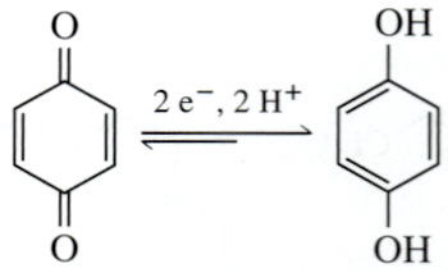

p–ベンゾキノン

$2e^-, 2H^+$

24・62（●●●） 2-エチルアントラキノンは，過酸化水素の

第24章のまとめ　1159

工業的製造に用いられており，以下にそのプロセスを示す．各段階の反応機構を示せ．

2-エチルアントラキノン

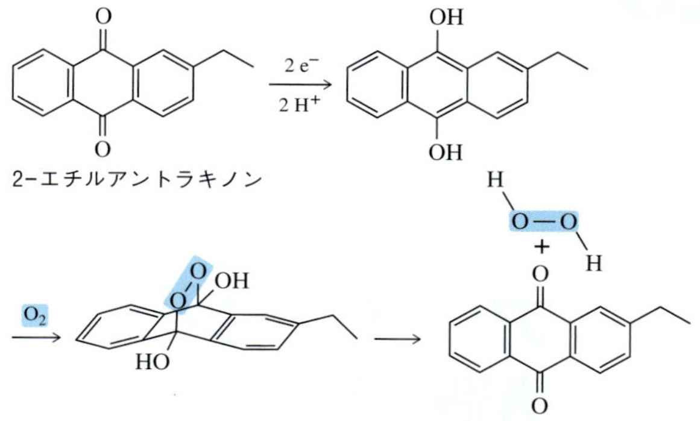

24・63（●●●）　分析化学者は，有機反応剤を使ってほかの化合物の存在や濃度を検出することが多い．その一つがEmerson試薬で，第24章で学んだ反応と同様の反応機構でフェノールを検出する．(a) この反応の反応機構を示せ．(b) 生成物が色をもつ理由を述べよ．[$K_3Fe(CN)_6$ を標準的なアルコール酸化剤と考えればよいね]

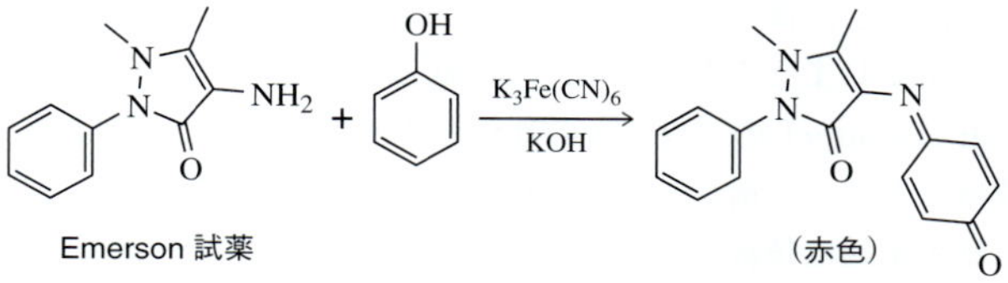

Emerson 試薬　　　　　　　　　　　（赤色）

24・64（●●●●）　次に示すようにアニリンとアニリン誘導体から，酸化条件で染料モーベインが生じる．この生成反応の反応機構を示せ．[これは非常に難しい問題だね．難易度は六つ星にしてもいいくらいだ]

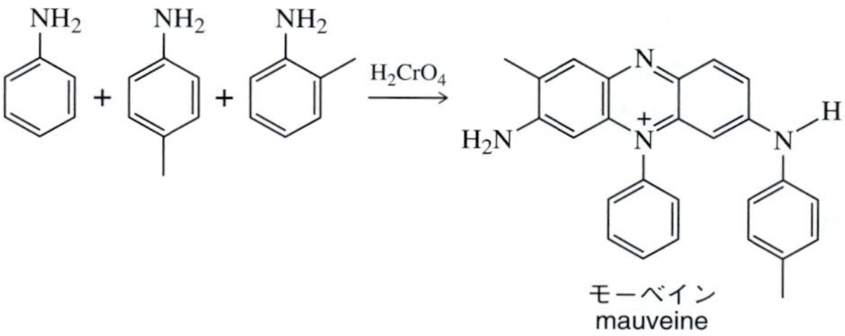

モーベイン
mauveine

24・65（●●●）　クメンからフェノールが以下のように合成される．各段階の反応機構を示せ．[理解しやすいように，酸素を■と■で示したよ]

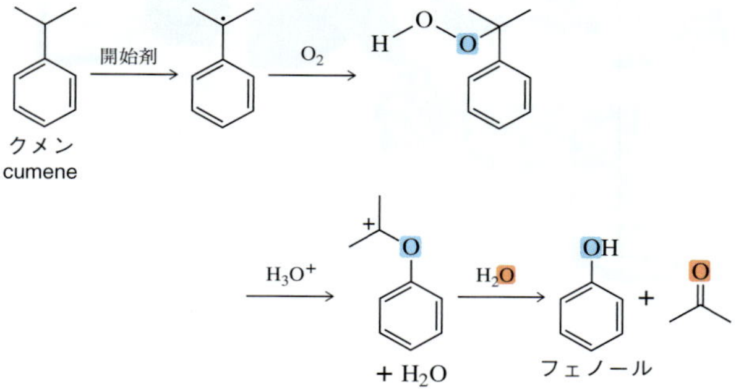

クメン
cumene

フェノール

24・66（●●●●）　第23章と第24章の反応を用いて，アニリンとナフトールから，以下に示す染料を合成する方法を示せ．[ヒント：それぞれの置換基がどのように導入されるかを確認することから始めて，導入の順序を計画してみよう]

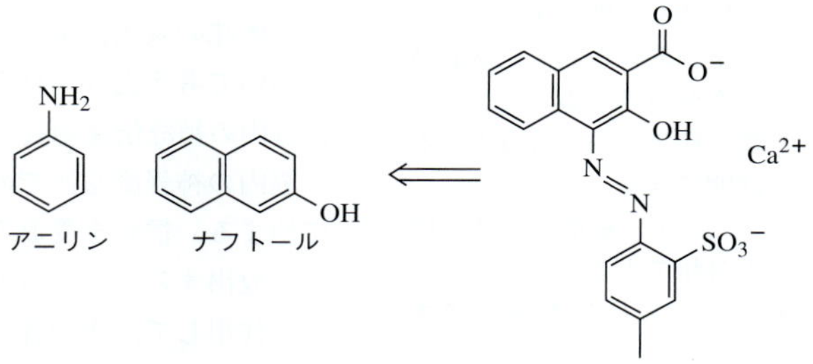

アニリン　　ナフトール

25

アミン
構造・反応・合成

学習目標
- アミンとその異性体の名称と構造を評価できる.
- アミンの物理的・化学的特性を分析できる.
- 第一級アミンの合成方法を説明できる.
- アミンの一般的な合成反応を分析できる.
- アミンの反応を分析できる.

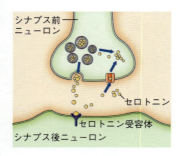

はじめに：大うつ病性障害

大うつ病性障害は，うつ病ともよばれ，長期間にわたって続く悲しみを特徴とする精神疾患である．症状にはいくつかの段階があるが，気力の喪失，楽しかったはずの活動への興味の喪失，集中力の低下，自己評価の低下などがある．最も深刻な場合には，死について考えたり，自ら死を選んでしまうこともある．うつ病は脳の化学に関係し，特に脳内の神経伝達物質（neurotransmitter）のバランスの乱れと関連していることがある．

脳内の神経細胞間での伝達は，シナプス前ニューロンの軸索に電気信号が伝わることで始まる．信号を受取ると，軸索末端は神経伝達物質とよばれる化合物をシナプスに向けて放出する．これらの化合物はシナプスを通過し，シナプス後ニューロンの受容体と相互作用して，次の神経細胞にメッセージを伝える．メッセージを伝えたかどうかにかかわらず，神経伝達物質は最終的にシナプス前ニューロンに再吸収（再取込み）される．

神経伝達物質は数多くあるが，うつ病と関係するのは，セロトニン，ノルアドレナリン，γ-アミノ酪酸（GABA）の三つである（図25・1）．正常な脳活動にはこれらの神経伝達物質の濃度が適切なバランスとなっていることが必要で，たとえば，脳内のセロトニン濃度が低いと，うつ病と不安症の両方をひき起こすことが疑われている．

セロトニン
serotonin

ノルアドレナリン
noradrenaline

γ-アミノ酪酸
γ-aminobutyric acid
(GABA)

図25・1 セロトニン，ノルアドレナリン，γ-アミノ酪酸（GABA）などの神経伝達物質はニューロン間での伝達を司る

セロトニンが少ない場合は，セロトニン入りの薬を飲めば治るのか？ 残念ながら，そう簡単にはいかない．セロトニンは脳内で合成されており，機構的に血液中のセロトニンは血液脳関門を通過して脳に到達することができない．そこで医薬品化学者はシナプス前ニューロンとシナプス後ニューロンの間のシナプスにおけるセロトニン濃度を高

めようと，神経伝達物質の再取込みを阻害する分子の研究を行っている．神経伝達物質の再取込みを阻害すれば，シナプスに高濃度の神経伝達物質が残るようになり，情報伝達がより効率的となる．

シナプス内の神経伝達物質のバランスを維持することで，うつ病を治療する薬がいくつか開発されている（図25・2）．セルトラリン，フルオキセチン，シタロプラムは選択的セロトニン再取込み阻害薬（SSRI）である．デュロキセチンはセロトニン・ノルアドレナリン再取込み阻害薬（SNRI），アモキサピンは三環系抗うつ薬（TCA）の一種，ブプロピオンはドーパミン再取込み阻害薬である．これらの薬は，神経伝達物質と構造が似ているのだが，アミンを含んでおり，第25章の内容にも関わっている．この章では，アミンの性質，合成，反応性などを学ぶとともに，うつ病や不安症の化学を学ぶことで，現代の医薬品化学におけるアミンの重要性についても学んでいく．

> 悲しみを深く知る人は，いつもまわりの人たちを幸せにしようと常に心を砕き，努めている．自分自身がまったく価値がないと感じることが，どんなものかを知っていて，ほかの誰にもそんな風に感じてほしくないから．
> — ROBIN WILLIAMS

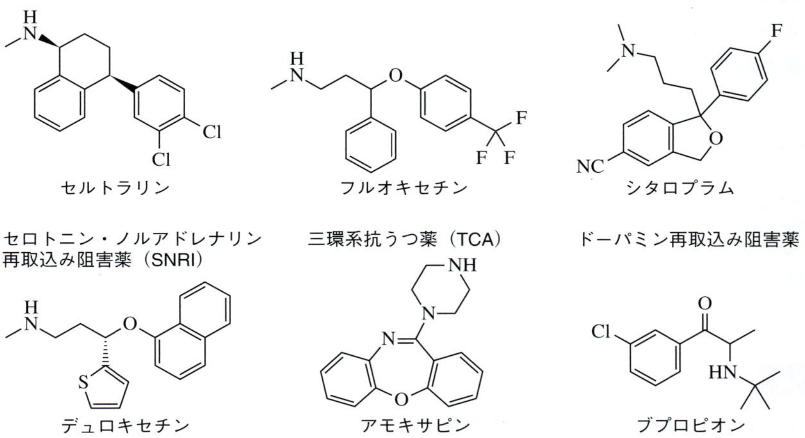

図25・2 アミンはうつ病や不安症の治療に使用される

これまであまり深くは学んできていないが，アミンはいろいろな場所の背景に登場してきている．第4章では，酸と塩基について初めて学んだときに出会っている．第12章の求核置換反応の箇所では，中性なのにもかかわらず反応性の高い求核剤として出てきた．第13章では，トシル化反応やアシル化反応に有用な塩基として登場した．また第19章では，カルボン酸誘導体をアミドに変換するのにも使われた．要するに，私たちはすでにアミンのいくつかの性質については学んできているのだ．そのため，この章の内容は以前学んだ概念を復習するのに役立つ．

復習として以前学んだ概念に対する理解を確認してみよう．

理解度チェック

アセスメント

25・1 アジ化メチル CH_3N_3 の Lewis 構造を描け．[重要な共鳴構造を二つ示すこと]

25・2 次の酸塩基反応の K_{eq} を予測せよ．

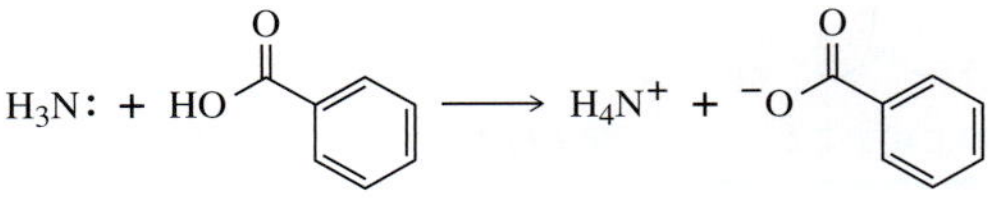

$H_3N: + HO-C_6H_4-C(=O)OH \longrightarrow H_4N^+ + {}^-O-C(=O)-C_6H_4$

25・3 次のフェノキシドイオンのうち，より反応性の高い求核剤となるのはどちらか．

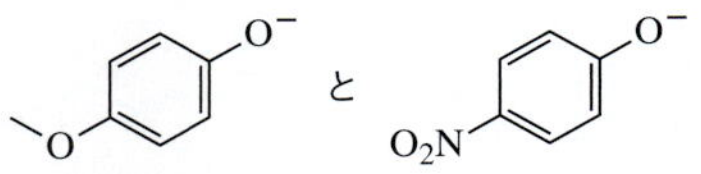

25・4 次の α, β-不飽和ケトンの（高圧での）徹底水素化の生

成物を示せ.

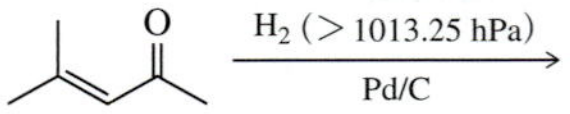

25・5 次の置換反応は，立体反転とラセミ化のどちらで進行するか．理由も合わせて述べよ.

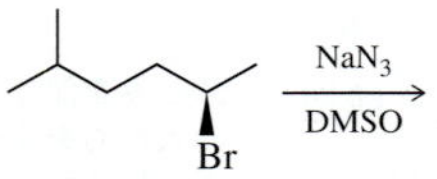

25・6 ジアゾメタンを用いたカルボン酸のメチルエステルへの変換の反応機構を示せ.

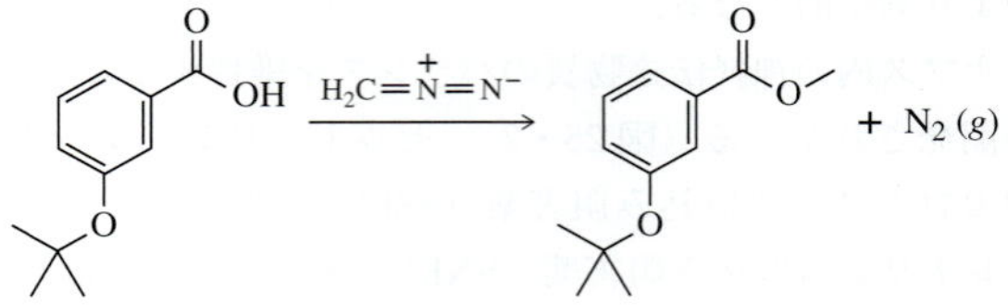

25・1 アミンの一般構造

アミン（amine）は，アンモニア NH_3 の一つ，二つ，または三つの水素が炭化水素基に置換された化合物である．図 25・3 にアミンの例を示す.

図 25・3 アミンの構造の例

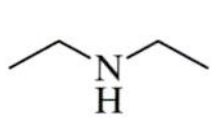

ジエチルアミン
diethylamine
（ジエチル）アミン
(diethyl)amine

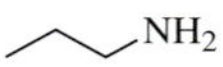

プロパンアミン
propanamine

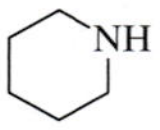

ピペリジン
piperidine

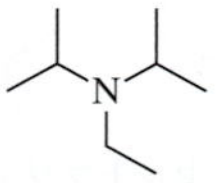

N,N-ジイソプロピルエチルアミン
N,N-diisopropylethylamine
（ジイソプロピル）アミン
(diisopropyl)amine

25・2 アミンの命名

歴史的にいくつかの異なる命名法が存在していたため，アミンの命名法は複雑となっていた*．しかし，ここまでに学んだ有機化学命名法を理解していれば，アミンの命名法も理解できるはずだ.

*[訳注] 原著では，アミンの命名法にやや混乱が見られたため，整頓のうえ，記載している．最新の命名法について詳しく学びたい人は，日本化学会命名法専門委員会 訳著，"有機化学命名法: IUPAC2013 勧告および優先 IUPAC 名"，東京化学同人 (2017) などの成書をあたるとよい．また，IUPAC 勧告の原文はインターネットからも入手可能である（https://iupac.org/what-we-do/books/bluebook/）.

25・2・1 アミンの分類

複数の命名法が認められていることで混乱が生じているが，第一級（1°），第二級（2°），第三級（3°），第四級（4°）の使い方は，ハロゲン化アルキルやアルコールの場合とは異なる．アルコールはヒドロキシ基をもつ炭素に結合している炭素置換基の数に基づいて第一級，第二級，第三級と表記されるが，アミンは窒素に結合している炭素置換基の数に基づいて第一級，第二級，第三級，第四級と表記される（表 25・1）.

表 25・1 アミンとアルコールの級数表記のルールは異なる アミンは窒素に結合したアルキル基の数により第一級，第二級，第三級アミン，第四級アンモニウムイオンのどれになるのかが決まる.

アルコール	ヒドロキシ基をもつ炭素に結合している炭素置換基の数に基づいて級数表記される	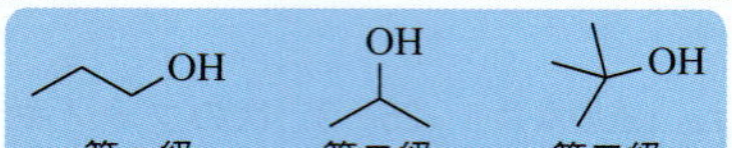 第一級アルコール　第二級アルコール　第三級アルコール
アミン	アミン窒素に結合している炭素置換基の数に基づいて級数表記される	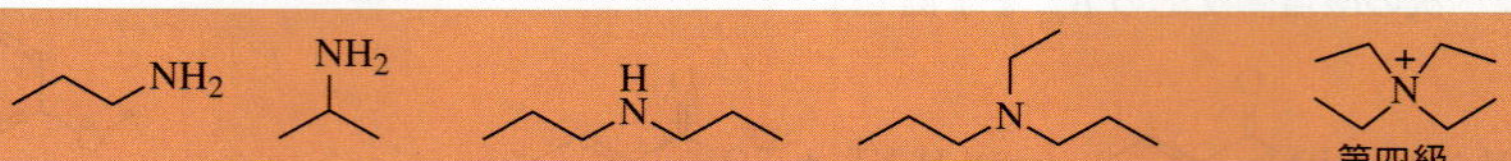 第一級アミン　第二級アミン　第三級アミン　第四級アンモニウムイオン

25・2・2 アミンの命名法

a. 第一級アミン IUPAC命名法の2013勧告では，アミンの置換基に水素を結合させた炭化水素の名前の最後の -e を取り除いたうえで，アミン（amine）という接尾語に置き換えることとしている（図25・4）．主鎖上のアミンの位置は，位置番号により示される．また，置換基名にアミンという接尾語を加える形の命名法も認められている．例外としてアニリンは慣用名をそのまま使用する．

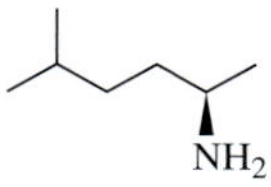

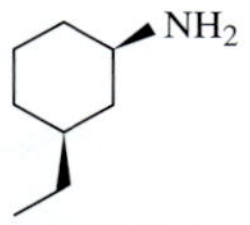

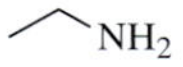

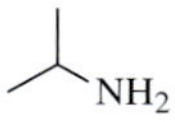

*[訳注] アミノ基を基準にエチル基の位置を3とした段階で1位にアミノ基が置換していることは自明なのでアミノ基の位置番号は不要．

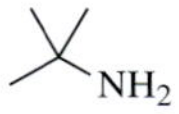

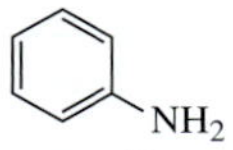

図25・4 第一級アミンの命名

b. 第二級・第三級アミン 第一級アミン主鎖に置換基を接頭語として加えて N-置換体として命名（図25・5），またはかっこ書きで命名する．同じ置換基がある場合は数詞接頭辞を加えてまとめてもよい．

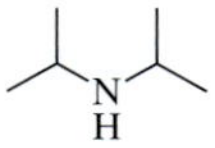

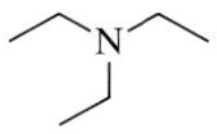

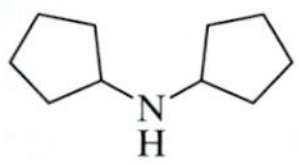

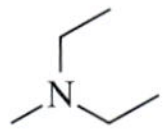

図25・5 第二級，第三級アミンの命名

c. 慣用名 いくつかの環状アミン・芳香族アミン・複素環アミンは体系的ではない慣用名で記されるが，これを知っておく必要はある．

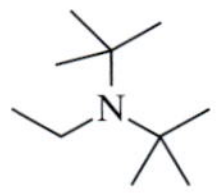

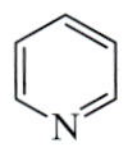

図25・6 慣用名が使用されるアミン

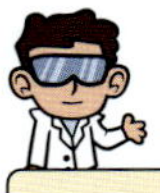

化合物にどうやってその慣用名がつけられたのかについてはいくつか面白い話がある．命名法に飽きたらインターネットでそれらを調べてみよう．

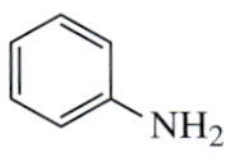

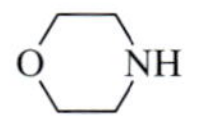

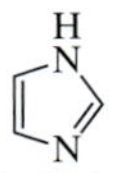

アセスメント

25・7 それぞれのアミンを正しく命名せよ．

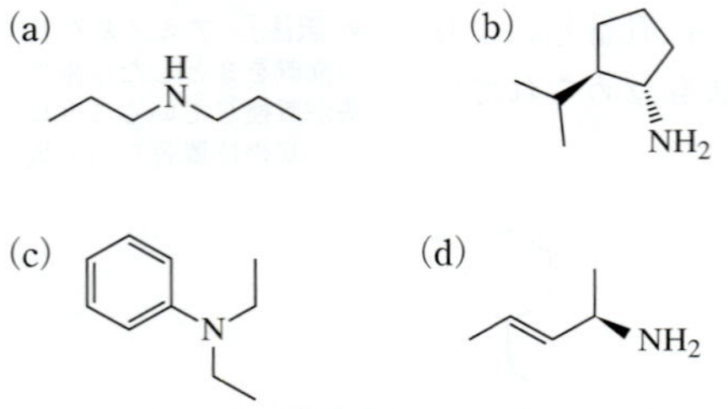

(a) (b) (c) (d)

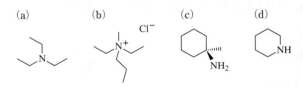

25・8 以下の名称の分子の構造を描け．
(a) N,N-ジメチルシクロペンタンアミン
(b) 4-ニトロアニリン（p-ニトロアニリン）

(c) (S)-2-メチルオクタン-4-アミン
(d) (R)-N-$tert$-ブチル-3-アミノヘキサン酸

25・9 次のアミンは，第一級アミン，第二級アミン，第三級アミン，第四級アンモニウムイオンのどれか．

(a) (b) (c) (d)

25・10 分子式 $C_4H_{11}N$ で示される第一級アミンのアミノ基が (a) 第一級炭素，(b) 第二級炭素，(c) 第三級炭素に結合している構造異性体を描け．

25・3 アミンの分子軌道図

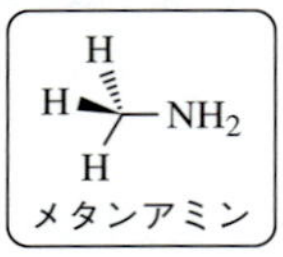

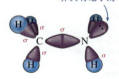

図25・7 メタンアミンの分子軌道図

アミンの反応性は，分子軌道図で説明できる．[続きを読む前に，最も簡単な第一級アミンであるメタンアミンの分子軌道図を自分で描けるかどうか確認しよう]

sp^3 混成の炭素と sp^3 混成の窒素が結合して，sp^3 混成軌道が重なると C–N σ 結合が形成される（図25・7）．三つの C–H σ 結合は，炭素の残りの sp^3 混成軌道と水素の 1s 軌道が重なることで形成される．同様に，窒素の sp^3 軌道と水素の 1s 軌道が重なることで，N–H 結合が形成される．窒素の非共有電子対は，非結合性の sp^3 混成原子軌道に入っている．

アニリン（図25・8a）のように，アミンが芳香環に結合している場合，窒素は sp^2 混成の状態を取る．これは，アミンの非共有電子対が部分的にベンゼン環全体へ共鳴非局在化している結果である．非共有電子対が p 軌道に入っていることで，ベンゼン環の π 系との重なりが最大になる．同様のことはアミドのアミノ基でも起こる（図25・8b）．

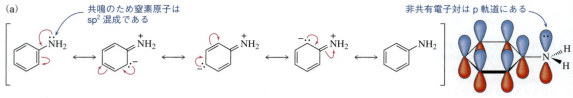

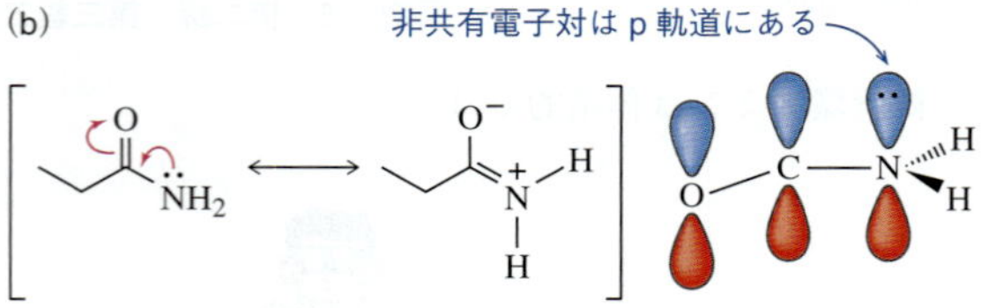

図25・8 (a) アニリンや (b) アミドなどの共役したアミンの窒素は sp^2 混成である

25・4 アミンの特性

アミンの物理的特性は，そのわずかな極性と，水素結合の供与体と受容体の両方の役

25・4 アミンの特性　　1165

割を果たす能力に基づいている．同程度の分子量をもつアルコールに比べて，アミンの沸点は低いが（**表25・2**），これは窒素が酸素よりも電気陰性度が低いので，アルコールに比べてアミンの水素結合が弱くなるためである．

表25・3にいくつかのアミンの物理的特性を示す．一連の第一級，第二級，第三級アミンのなかで，鎖長が長くなると van der Waals 相互作用が大きくなり，融点と沸点が上昇する．

表25・2　アルコールとアミンの特性の比較

化合物	融点 (℃)	沸点 (℃)
⌇OH ブタン-1-オール	−89.8	117.7
⌇NH$_2$ ブタン-1-アミン	−50	77

表25・3　より大きなアミンはより強い分子間相互作用をもつため，融点と沸点が高くなり，水への溶解度が低くなる

化合物名	分子式	分子量	融点 (℃)	沸点 (℃)	水への溶解度
第 一 級 ア ミ ン					
メチルアミン（methylamine） メタンアミン（methanamine）	CH_3NH_2	31	−93	−7	よく溶ける
エチルアミン（ethylamine） エタンアミン（ethanamine）	$CH_3CH_2NH_2$	45	−81	17	∞
プロピルアミン（propylamine） プロパン-1-アミン（propan-1-amine）	$CH_3CH_2CH_2NH_2$	59	−83	48	∞
イソプロピルアミン（isopropylamine） 1-メチルエタンアミン（1-methylethanamine）	$(CH_3)_2CHNH_2$	59	−101	33	∞
ブチルアミン（butylamine） ブタン-1-アミン（butan-1-amine）	$CH_3CH_2CH_2CH_2NH_2$	73	−50	77	∞
シクロヘキシルアミン（cyclohexylamine） シクロヘキサンアミン（cyclohexanamine）	$cyclo$-$C_6H_{11}NH_2$†	99	−18	134	少し溶ける
ベンジルアミン（benzylamine） 1-フェニルメタンアミン（1-phenylmethanamine）	$C_6H_5CH_2NH_2$	107		185	∞
アニリン（aniline）	$C_6H_5NH_2$	93	−6	184	3.7%
第 二 級 ア ミ ン					
ジメチルアミン（dimethylamine） N-メチルメタンアミン（N-methylmethanamine）	$(CH_3)_2NH$	45	−96	7	よく溶ける
ジエチルアミン（diethylamine） N-エチルエタンアミン（N-ethylethanamine）	$(CH_3CH_2)_2NH$	73	−42	56	よく溶ける
ジプロピルアミン（dipropylamine） N-プロピルプロパン-1-アミン（N-propylpropan-1-amine）	$(CH_3CH_2CH_2)_2NH$	101	−40	111	少し溶ける
ジイソプロピルアミン（diisopropylamine） N-（プロパン-2-イル）プロパン-2-アミン 　（N-(propan-2-yl)propan-2-amine）	$[(CH_3)_2CH]_2NH$	101	−61	84	少し溶ける
N-メチルアニリン（N-methylaniline）	$C_6H_5NHCH_3$	107	−57	196	少し溶ける
ジフェニルアミン（diphenylamine） N-フェニルアニリン（N-phenylaniline）	$(C_6H_5)_2NH$	169	54	302	不溶
第 三 級 ア ミ ン					
トリメチルアミン（trimethylamine） N,N-ジメチルメタンアミン（N,N-dimethylmethanamine）	$(CH_3)_3N$	59	−117	3.5	よく溶ける
トリエチルアミン（triethylamine） N,N-ジエチルエタンアミン（N,N-diethylethanamine）	$(CH_3CH_2)_3N$	101	−115	90	14%
トリプロピルアミン（tripropylamine） N,N-ジプロピルプロパン-1-アミン 　（N,N-dipropylpropan-1-amine）	$(CH_3CH_2CH_2)_3N$	143	−94	156	少し溶ける
N,N-ジメチルアニリン（N,N-dimethylaniline）	$C_6H_5N(CH_3)_2$	121	2	194	1.4%
トリフェニルアミン（triphenylamine） N,N-ジフェニルアニリン（N,N-diphenylaniline）	$(C_6H_5)_3N$	251	126	225	不溶

†　[訳注] "$cyclo$-" はその置換基が環状構造をもっていることを表す．

表 25・4 同じ分子量をもつ第一級，第二級，第三級アミンの比較

化合物	融点(℃)	沸点(℃)
ヘキサン-1-アミン	−23	132
ジプロピルアミン	−40	111
トリエチルアミン	−115	90

同じような分子量の第一級，第二級，第三級アミンの沸点を分析してみよう．表25・4は，分子量101のヘキサン-1-アミン，ジプロピルアミン，トリエチルアミンの沸点を示している．ヘキサン-1-アミンは分岐がなく，水素結合に利用できる水素が二つあるため，最も高い温度で沸騰，融解する．ジプロピルアミンも直鎖状の化合物であるが，水素結合可能な水素は一つしかない．さらに，その非共有電子対の両脇にはかさ高いアルキル基があるため，水素結合するのが難しくなっている．そのため，沸点や融点はヘキサン-1-アミンよりも低くなる．トリエチルアミンは分岐しており，窒素に結合した水素をもたないため，分子間水素結合ができない．その結果，三つのうち最も低い融点と沸点をもつ．

25・4・1 アミンの分光法

アミンの赤外（IR）スペクトルは，3300 cm^{-1}付近に少し幅広いN−H伸縮の吸収があるのが特徴である（図25・9）．窒素は酸素よりも電気陰性度が低く，水素結合が弱くなるため，N−H伸縮の吸収はO−H伸縮の吸収よりも強度が低く，幅が狭くなる．C−N伸縮の吸収は1200 cm^{-1}付近（指紋領域）にあるため，構造決定にはあまり用いられない．

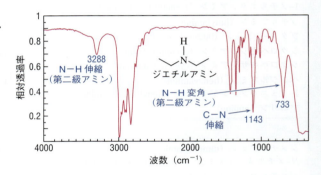

図 25・9 ジエチルアミンの赤外スペクトル

第二級アミンのN−H伸縮の吸収は1本であるのに対し，第一級アミンのN−H伸縮の吸収は2本である．そのうち一つはH−N−Hの対称伸縮振動によるものであり，もう一つはH−N−Hの非対称伸縮振動によるものである（図25・10）．

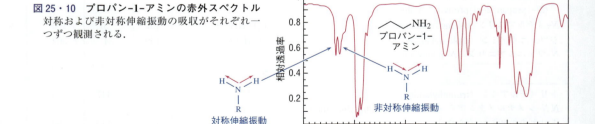

図 25・10 プロパン-1-アミンの赤外スペクトル
対称および非対称伸縮振動の吸収がそれぞれ一つずつ観測される．

アミンの^{1}H NMRスペクトル（図25・11）には，アミンの水素に対応する1〜4 ppmの幅広な一重線がみられる．水素結合があるため，これらのシグナルの位置や分裂には一貫性がない．アミノ基をもつ炭素上の水素は2.5 ppm付近に現れるが，これは窒素原子がわずかに電子求引性をもっているためである．誘起効果は距離とともに弱くなるため，アミノ基から離れた位置にある炭素上の水素は，より遮蔽されることでより

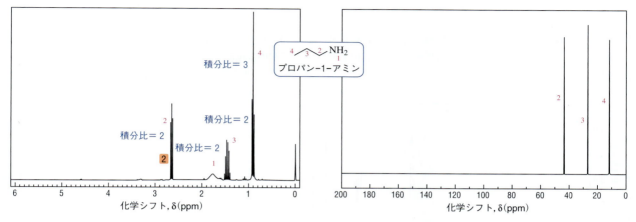

図 25・11 プロパン-1-アミンの ^{1}H および ^{13}C NMR スペクトル

高磁場に現れる．^{13}C NMR では，アミノ基に結合した炭素が 30〜50 ppm に現れる．

アミンの質量スペクトルの最も重要な特徴は，奇数質量/窒素則（§14・6・5）である．これまで学んだほとんどの元素は，偶数個の価電子と偶数の質量数をもつもの（C と O），または奇数個の価電子と奇数の質量数をもつもの（H, Cl, Br, I）のいずれかであるため，これらの原子のみを含む安定した分子からは，質量電荷比（m/z）が偶数の分子イオンとなる．一方，質量数が偶数（陽子 7，中性子 7）で価電子数が奇数（5）の窒素を奇数個含む分子からは，質量電荷比（m/z）が奇数の分子イオンとなる．

脂肪族アミンのフラグメンテーションには明らかな特徴が一つある．"α開裂"とよばれる，アミンが結合した炭素での C—C 結合の切断が起こり，共鳴安定化したイミニウムイオンが形成される．図 25・12 に示すように，分子イオンと m/z 72 および m/z 86 のピークとの差は，それぞれ m/z 43（・CH$_3$CH$_2$CH$_2$）および 29（・CH$_3$CH$_2$）のフラグメントである．

図 25・12 ブチルプロピルアミンの質量スペクトル

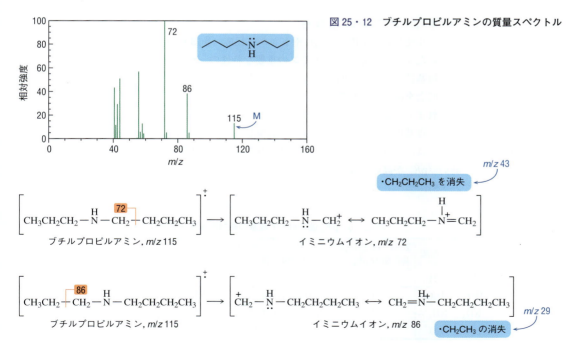

アセスメント

25・11 下図の赤外スペクトルに基づいて，分子式 C_7H_9N のアミンを同定せよ．分析に使用したピークには何に由来するピークであるかを示すこと．

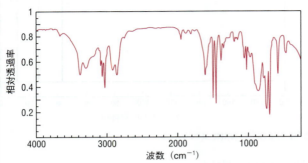

25・12 次のアミンのうち，より高い温度で沸騰するのはどちらか．

(a)

(b)

25・13 分子式が $C_6H_{15}N$ の化合物で，図の ^{1}H NMR スペクトルに対応するものを同定せよ．[N や O に結合した H は，必ずしも ^{1}H NMR スペクトルに現れないことを思い出そう]

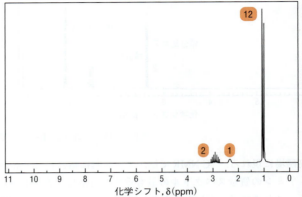

25・14 次のアミンの質量スペクトルで生じる可能性のあるフラグメントを二つあげよ．

25・4・2 アミンの塩基性

アシル化反応（§19・7・2）やトシル化反応（§13・7・1）でアミンを塩基として用いていたが，これらの例はアミンの重要な特性の一つ，塩基性を明示していた．早速，その塩基性について説明したいところであるが，その前に，塩基の強さを直接示す pK_b 値の概念を確認しておこう．

これまで，塩基の強さを表す pK_b 値についてはあまりふれてこなかった．その代わりに，塩基の強さを共役酸の pK_a で表現してきた．強酸性の共役酸をもつ塩基（pK_a が低い）は，プロトンがなくても安定なので，その塩基性は弱い．逆に，共役酸が非常に弱い（pK_a が高い）塩基は，プロトンがないと非常に不安定なので，塩基性は強い（表25・5）．

表25・5 pK_a 値を用いて塩基の相対的な強さを決定する

塩 基	共役酸	表より抜き出した共役酸の pK_a	pK_a から判断した共役酸の強さ	塩基性	塩基の pK_b 値
NH_2^-	NH_3	38	NH_3 は非常に弱い酸	NH_2^- は非常に強い塩基	−19
HO^-	H_2O	16	H_2O は弱い酸	HO^- は強い塩基	−2
NH_3	NH_4^+	10	NH_4^+ は中程度に強い酸	NH_3 は中程度に強い塩基	4
H_2O	H_3O^+	−1.7	H_3O^+ は非常に強い酸	H_2O は非常に弱い塩基	15.7

§4・3・2で登場した表を少し改変した表25・5のデータによれば，塩基の強さはその共役酸の強さと逆の相関をもつ．化学の基礎講義で習ったように，塩基のpK_bは式(25・1)を使って計算できる．

$$14 - pK_a(共役酸) = pK_b(塩基) \quad (25・1)$$

式(25・1)は，表25・5の内容の繰返しであり，二つの重要な結論を導いている．まず，強塩基のpK_b値は低く，形成される共役酸は安定な弱酸である．次に，弱塩基はpK_b値が高く，それらが形成する共役酸は不安定な強酸である．

表25・6（p.1170）にいくつかのアミンのpK_b値を示す．

pK_b値はpK_a値と本質的には同じことを示す数字だけど，生化学でよく用いられるので両方を使いこなせる方がよいだろうね．

アンモニア，第一級，第二級，第三級アミンの塩基性を比較すると，興味深い傾向が見て取れる．図25・13に示したように，四つのアミンのうち，アンモニアは最も弱い塩基である（$pK_b = 4.74$）．アルキル基を一つもつエチルアミンは，そのアルキル基による超共役効果のために，より電子豊富となる．そのため，アンモニアよりも塩基性が強くなる（$pK_b = 3.36$）．二つ目のエチル基を加えるとジエチルアミンとなり，さらに多くの超共役効果により，さらに強い塩基となる（$pK_b = 3.01$）．三つ目のアルキル基を加えてさらに超共役を増やせば，トリエチルアミンはさらに塩基性になると予想したのではないだろうか．しかしその予想は誤っている．トリエチルアミン（$pK_b = 3.24$）は，確かにエチルアミンよりは塩基性が高いのだが，ジエチルアミンよりも塩基性が低い．アルキル基だけに注目してしまうと，酸性度に対する共役酸の溶媒和の重要性を無視することとなってしまう．溶媒和を受けやすい共役酸は，溶媒和を受けにくい共役酸よりも安定なはずである．[§12・3・3のS_N2反応で，溶媒和を受けないアニオンが高反応性だったことを思い出そう] 余分なアルキル基の追加は，窒素をより電子的に豊富にするが，第三級アミンでの溶媒和を立体的に妨げてしまう．このように，第一級アミンと第二級アミンでは，アルキル基の追加による窒素上の電子密度の増加が溶媒和の阻害の度合いに勝り，二つの効果がよいバランスとなっている．[超共役の増強によりアミンの塩基性や求核性が上昇した結果，ひき起こされることは§25・5で学ぼう]

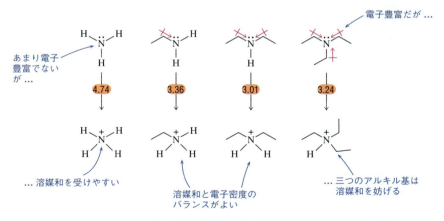

図25・13 二つ目まではアルキル基が増えるとアミンの塩基性は強くなる 三つ目のアルキル基を加えると，共役酸の溶媒和が阻害されるため，アミンの塩基性は強くならない．[これらはpK_b値であることに注意しよう]

アミノ基が隣接するπ系と共鳴できると塩基性が弱くなる．このような系では窒素上の非共有電子対がp軌道に収まることでπ系との重なりが最大となるため，プロト

25. アミン

表 25・6 アミンの塩基性

アミン	K_b	pK_b	共役酸 R_3N^+H の pK_a
アンモニア	1.8×10^{-5}	4.74	9.26
第一級アルキルアミン			
メチルアミン（methylamine） メタンアミン（methanamine）	4.3×10^{-4}	3.36	10.64
エチルアミン（ethylamine） エタンアミン（ethanamine）	4.4×10^{-4}	3.36	10.64
プロピルアミン（propylamine） プロパン-1-アミン（propan-1-amine）	4.7×10^{-4}	3.32	10.68
イソプロピルアミン（isopropylamine） 1-メチルエタンアミン（1-methylethanamine）	4.0×10^{-4}	3.40	10.60
シクロヘキシルアミン（cyclohexylamine） シクロヘキサンアミン（cyclohexanamine）	4.7×10^{-4}	3.33	10.67
ベンジルアミン（benzylamine） 1-フェニルメタンアミン（1-phenylmethanamine）	2.0×10^{-5}	4.67	9.33
第二級アルキルアミン			
ジメチルアミン（dimethylamine） N-メチルメタンアミン（N-methylmethanamine）	5.3×10^{-4}	3.28	10.72
ジエチルアミン（diethylamine） N-エチルエタンアミン（N-ethylethanamine）	9.8×10^{-4}	3.01	10.99
ジプロピルアミン（dipropylamine） N-プロピルプロパン-1-アミン（N-propylpropan-1-amine）	10.0×10^{-4}	3.00	11.00
第三級アルキルアミン			
トリメチルアミン（trimethylamine） N,N-ジメチルメタンアミン（N,N-dimethylmethanamine）	5.5×10^{-5}	4.26	9.74
トリエチルアミン（triethylamine） N,N-ジエチルエタンアミン（N,N-diethylethanamine）	5.7×10^{-4}	3.24	10.76
トリプロピルアミン（tripropylamine） N,N-ジプロピルプロパン-1-アミン（N,N-dipropylpropan-1-amine）	4.5×10^{-4}	3.35	10.65
アリールアミン			
アニリン（aniline）	4.0×10^{-10}	9.40	4.60
N-メチルアニリン（N-methylaniline）	6.1×10^{-10}	9.21	4.79
N,N-ジメチルアニリン（N,N-dimethylaniline）	1.2×10^{-9}	8.94	5.06
p-ブロモアニリン（p-bromoaniline）	7×10^{-11}	10.2	3.8
p-メトキシアニリン（p-methoxyaniline）	2×10^{-9}	8.7	5.3
p-ニトロアニリン（p-nitroaniline）	1×10^{-13}	13.0	1.0
複素環アミン			
ピロール（pyrrole）	5×10^{-15}	14.3	−0.3
ピロリジン（pyrrolidine）	1.9×10^{-3}	2.73	11.27
イミダゾール（imidazole）	8.9×10^{-8}	7.05	6.95
ピリジン（pyridine）	1.8×10^{-9}	8.75	5.25
ピペリジン piperidine	1.3×10^{-3}	2.88	11.12

ン化されにくくなる．その結果，アニリン（$pK_b = 9.40$）は，構造的に似ているシクロヘキサンアミン（$pK_b = 3.33$）よりもはるかに弱い塩基となる（**図 25・14a**）．アミド（$pK_b = 14.5$）の窒素原子は電子求引性の強いカルボニル基と共鳴するため，もはや塩

基ではないと考えられている（図25・14b）.

(a)
[構造式：アニリンの共鳴構造, pKb = 9.40]
共鳴により窒素はsp²混成をとっている
p軌道に存在する非共有電子対

と

[構造式：シクロヘキサンアミン, pKb = 3.33（強塩基）]

(b)
[構造式：アミドの共鳴, pKb = 14.5]
p軌道に存在する非共有電子対

図25・14 **窒素の非共有電子対の共鳴による非局在化はアミンを弱い塩基にする** そのため，(a) アニリンはシクロヘキサンアミンより弱い塩基であり，(b) アミドは非常に弱い塩基である．

アニリンとシクロヘキサンアミンの塩基性の違いは，図25・15の反応座標図で示すことができる．アミンの非共有の電子対が π 系に重なると，分子はより安定となる．その結果，反応座標図のより低い位置が出発点となる．プロトン化により生じる共役酸の安定性はほぼ同じであるため，アニリンのプロトン化はより吸熱的（上り坂）な過程で，好ましくない過程となる．

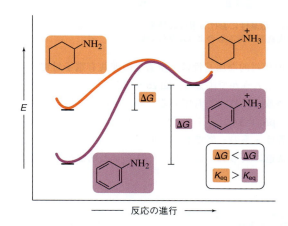

図25・15 **より安定なアニリンのプロトン化はより吸熱的な（より高い山を登る）反応である**

芳香族求電子置換反応の速度（§23・8）やフェノールの酸性度（§24・2・1）が置換基からの影響を受けるのと同じように，芳香族アミンの塩基性も，芳香環上の置換基から大きな影響を受ける．図25・16では，三つのパラ置換アニリンとアニリンを比較している．ニトロ基は共鳴によって電子を求引するので，pKb 値を劇的に低くする（pKb = 13）．また，臭素は誘起効果によって電子を求引するので，pKb 値をわずかに低下させ

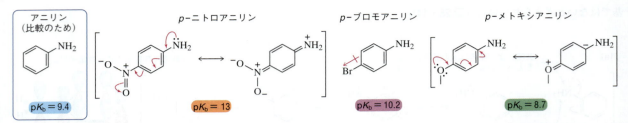

図 25・16 **アニリンの塩基性に対する置換基効果** 電子供与基は塩基性を高くする（pK_b 値を小さくする）が，電子求引基は塩基性を低くする（pK_b 値を大きくする）．

る（$pK_b = 10.2$）．そして，電子供与性のメトキシ基は塩基性を高くする（$pK_b = 8.7$）．

混成も窒素原子の塩基性（pK_b 値）に影響を及ぼすが，これは §4・4・5 で学んだ内容と同じことである．図 25・17 では，窒素原子の混成のみが異なり類似の構造をもつピペリジンとピリジンの塩基性を比較している．ピペリジンでは非共有電子対が sp^3 混成軌道に入っているが，ピリジンでは非共有電子対が sp^2 混成軌道に入っている．sp^2 混成軌道の s 性が 33% であるのに対し，sp^3 混成軌道の s 性は 25% であるため，ピリジンの非共有電子対はピペリジンの非共有電子対よりも核に近い位置に保持される．正電荷を帯びた核に近い位置にある非共有電子対は塩基性が低い．[重要なポイント: ピリジンの非共有電子対は環との共鳴には関与しないんだ．誤解しがちな点なので気をつけよう]

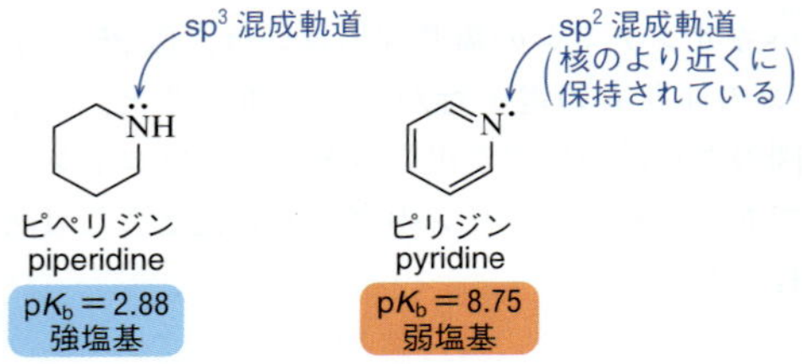

図 25・17 **塩基性における混成の効果** sp^2 混成軌道にある非共有電子対は，sp^3 混成軌道にあるものより塩基性が低い．

複素環アミンの相対的な塩基性は，窒素上の非共有電子対電子が 6 電子の芳香族 π 系に含まれているかどうかで決まる．図 25・18 に示すように，ピロールの非共有電子対は 6 電子の芳香族 π 系に含まれているため，プロトン化できず，ピロールは非常に弱い塩基となる（$pK_b = 14.3$）．イミダゾールは二つの窒素をもつが，N1 の非共有電子対は 6 電子の芳香族 π 系の一部であり，非常に弱い塩基となる．一方，N3 の非共有電子対は sp^2 混成軌道に入っているため，ピリジンと同様にやや塩基性である（$pK_b = 7.05$）．

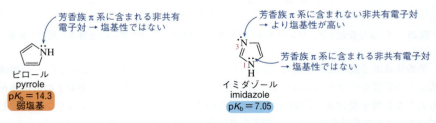

図 25・18 ピロールやイミダゾールの NH 窒素の非共有電子対は，芳香族 π 系に含まれるため弱い塩基である（イミダゾールの C=N 窒素はやや塩基性）

アセスメント

25・15 通常，酸塩基反応の K_{eq} は pK_a 値を用いて計算する．(a) pK_b 値を用いて K_{eq} を計算する式を導出し，(b) それを用いて以下の反応の平衡定数を計算せよ．

ピペリジン (pK_b = 2.9) + HCl ⇌ ピペリジニウムイオン (pK_b = 21) + Cl⁻

25・16 それぞれの組の化合物において，より塩基性の高いアミンはどちらか答えよ．選んだ理由も合わせて述べること．

(a) 4-アミノアセトフェノン と 3-アミノアセトフェノン

(b) シクロペンチルメチルアミン と シクロペンチルメチル第二級アミン

(c) 1-メチルピペリジン と ピリジン

25・17 アミドとアミンは，どちらも非共有電子対をもつ窒素を含んでいる．どちらの窒素がより強い塩基であるか．

プロピルアミン と N-プロピルプロパンアミド

25・18 以下のメチル化反応において，イミダゾールのどちらの窒素が最初にメチル化されると予想できるか．

イミダゾール (a)NH, (b)N + CH₃Br →

25・19 アミンとアンモニウムイオンでは，どちらが水に溶けやすいか．理由も合わせて述べよ．

トリエチルアミン triethylamine と 塩化テトラエチルアンモニウム tetraethylammonium chloride

25・20 エチルアミンとジエチルアミンでは，どちらの方が反応性の高い求核剤になるか．理由も合わせて述べよ．

25・5 第一級アミンの合成

アミンを合成する方法は無数にある．それらを整理して相互に関連づけられるように，2 種に分類する．§25・5 のアミンの合成は，第一級アミンをつくるためにのみ使用できる反応である．§25・2・4 で学んだように，第一級アミンは窒素にアルキル基が一つだけ結合していることを思い出してほしい．§25・6 では，もっと一般的に第一級，第二級，第三級アミンの合成に使用できる反応を紹介する．

25・5・1 アンモニアのアルキル化: 問題点

アンモニアと第一級ハロゲン化アルキルから始まる第一級アミンの合成は比較的簡単で，S_N2 機構で進行する．

アセスメント

25・21 ある化学者が，アンモニアと 1-クロロヘキサンの S_N2 反応によりヘキサン-1-アミンを調製しようとした．少量の目的物が生成したが，それ以外に三つの化合物（図）を伴っていた．これらの化合物の生成を合理的に説明せよ．

1-クロロヘキサン + NH₃/H₂O → 目的物: ヘキサン-1-アミン, ジヘキシルアミン, トリヘキシルアミン, テトラヘキシルアンモニウムクロリド

まずは自分でアセスメント 25・21 をやって，なぜこの反応がそれほど簡単ではないかを考えてみよう．それから一緒に解いてみよう．

1174　25. ア　ミ　ン

アセスメント 25・21 の解説

　これまでにアミンが求核剤としてハロゲン化アルキルとS_N2反応を起こしたり（第12章），アルデヒドやケトンと反応してイミンやエナミンを生成したりする（§17・8）ことを学んできた．そのため，電子豊富なアンモニアの窒素原子が1–クロロヘキサンのσ^*に電子対を供与して塩素を置換する背面攻撃を行い，カチオン性のアンモニウムイオンを生成することは至極当然のことである（図25・19）．1分子のアンモニアが1分子の1–クロロヘキサンを攻撃したと仮定して，それぞれ1 molから始めたとすると，この時点での溶液の組成はどうなるだろうか？［何か考えはあるかな？］この溶液には，1分子の塩化ヘキシルアンモニウムが含まれている．残りはアンモニアと1–クロロヘキサンである．$pK_a = 10$の場合，塩基性のアンモニアが多く含まれる溶液では，アンモニウムイオンはどうなるだろうか？　アンモニア1分子が塩化ヘキシルアンモニウムを脱プロトンし，目的のヘキサン–1–アミンが生成する．しかし，反応はそれだけではない．［次に何が起こると思う？］

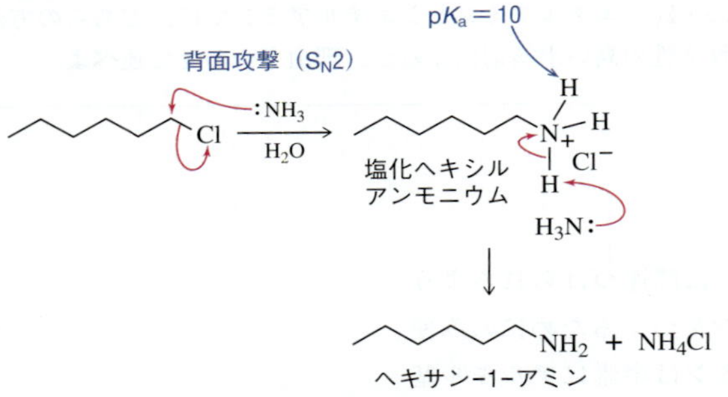

　ヘキサン–1–アミン（第一級アミン）が生成した後も，アンモニアまたはヘキサン–1–アミンと反応できる1–クロロヘキサンがまだたくさん残っている．［どちらの反応性が高いと思う？（§25・4・2参照）］ヘキシル基は，窒素原子に超共役して電子密度を供与し，求核性を高める．したがって，アンモニアとヘキサン–1–アミンの競争反応では，常にヘキサン–1–アミンがハロゲン化アルキルとより速く反応する（図25・20）．この2回目のアルキル化の後に，塩化ジヘキシルアンモニウムからプロトンが引抜かれ，ジヘキシルアミン（第二級アミン）が生成する．アルキル基が二つあるので，ジヘキシルアミンはさらに求核性が高くなり，1–クロロヘキサンと再び反応し，脱プロトン後にトリヘキシルアミン（第三級アミン）が生成する．最後に，電子豊富なトリヘキシルアミンがもう一度アルキル化されると，塩化テトラヘキシルアンモニウム（第四級アンモニウム塩）が得られる．

　そのため，アンモニアをアルキル化しても，結局は第一級アミンをつくることができない．なぜなら，アルキル基が付加するごとに，より反応性の高いアミンが生成し，これらが優先的にアルキル化されるからである．［§25・5の残りの部分で，この問題に対する解決策が紹介されてるよ］

　第一級アミン合成の一つの解決策は，第一級ハロゲン化アルキルと大過剰のアンモニア（少なくとも10当量）を反応させることである．これにより，残ったアンモニア分子がヘキサン–1–アミンよりも先に1–クロロヘキサンと衝突する可能性が統計的に高くなる．この方法では反応終了後に未反応のアンモニアを再利用する必要があるため（もちろんこれは可能），アトムエコノミー的にもエネルギー効率的にも最も優れたプロセスではないが，工業化学ではより小さなアルキル基をもつ第一級アミンのためにこの方法を採用することがある．［もっとうまくできるはず］

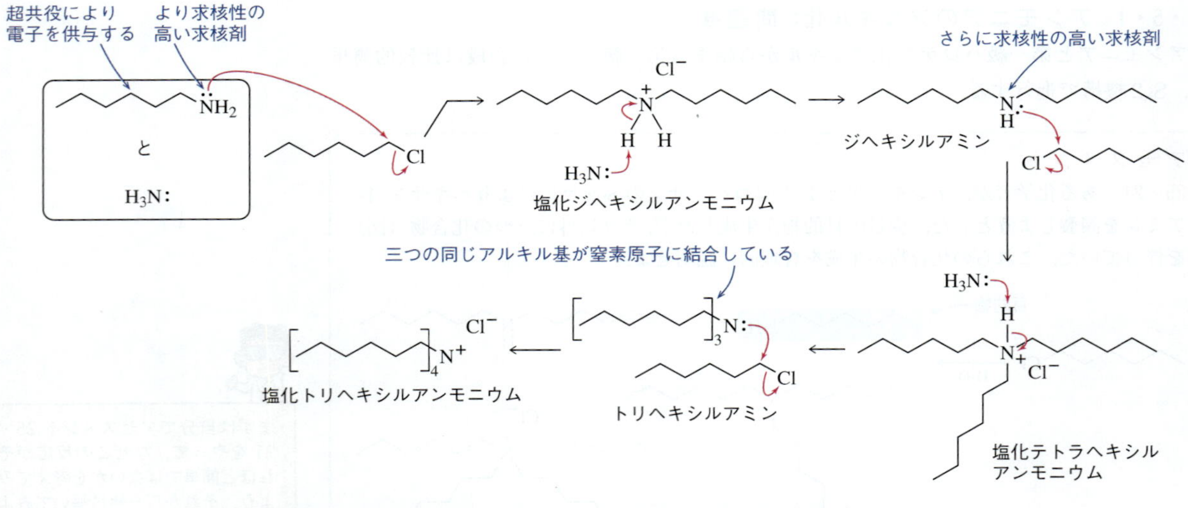

図25・19　アンモニアのアルキル化は（少なくとも一時的には）第一級アミンを与える

図25・20　アンモニアはすべてのプロトンがアルキル基に置換されるまでアルキル化される

25・5　第一級アミンの合成　　1175

25・5・1のまとめ

• S_N2 反応によりアンモニアをアルキル化すると，生成する新しいアミンが元のアミンよりも反応性が高いために過剰アルキル化が起こる．導入されたアルキル基は，超共役によってアミノ基の求核性を高める．

25-A　化学はここにも（メディシナルケミストリー）

S_N2 反応による抗うつ剤の合成

　うつ病患者のセロトニン欠乏症は，シナプス前ニューロンによるセロトニンの再取込みを阻害することで改善する．フルオキセチンは選択的セロトニン再取込み阻害薬（SSRI）であり，他の神経伝達物質の取込みには影響しない（図25・21）．

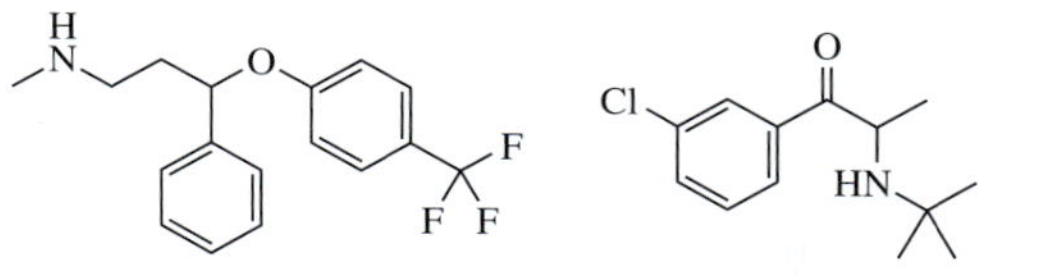

図25・21　フルオキセチン（選択的セロトニン再取込み阻害薬）とブプロピオン（ドーパミン再取込み阻害薬）の構造

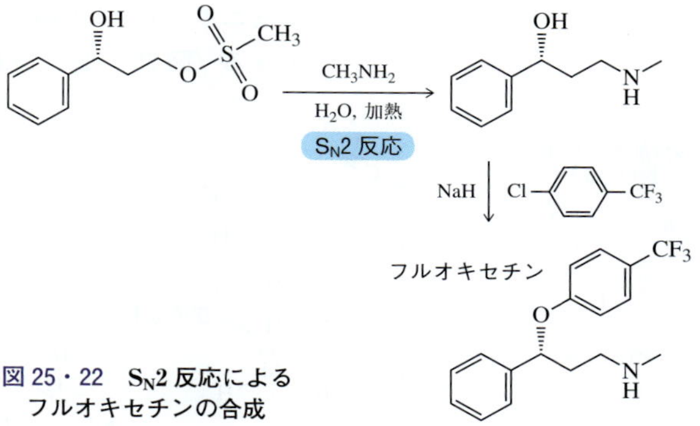

　セロトニンやノルアドレナリンの不足に加えて，ドーパミンが不足すると，抑うつ状態になることがわかっている．ドーパミンは，脳の快楽中枢を制御する神経伝達物質である．また，報酬や快感を得るための行動を追求する動機づけにもなる．禁煙補助薬としても販売されているブプロピオンもまた，ドーパミン再取込み阻害薬（DRI）としてうつ病の治療薬に使用されている．

　S_N2 反応はアミン類の合成において欠点があるが，フルオキセチンの合成には有用である．図25・22に示すように，メチルアミンは S_N2 反応により，§13・7・1のトシラートに類似したメシラート（mesylate，$-OSO_2CH_3$）を置換し，フルオキセチンの第二級アミノ基を形成する．

　同様に，ブプロピオンの tert-ブチルアミノ基は，フェニルケトンの α 位臭素を置換することで導入される（図25・

図25・22　S_N2 反応によるフルオキセチンの合成

23）．かさ高い tert-ブチル基により立体障害が大きくなるため，この反応では §25・5・1で述べた過剰アルキル化が起こらない．

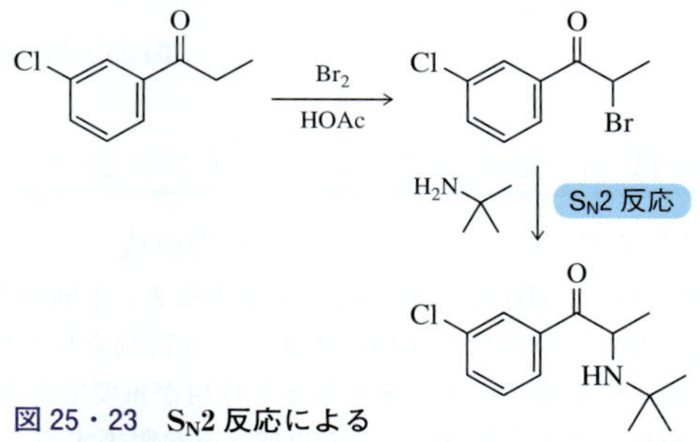

図25・23　S_N2 反応によるブプロピオンの合成

25・5・2　ニトリルの還元

　第一級アミンを合成する最初の方法は，以前に学んだ二つの反応を組合わせたものである．第12章では，シアン化ナトリウムが優れた求核剤であり，S_N2 反応で第一級および第二級のハロゲン化アルキルを置換して新しい C−C σ 結合を与えることを学んだ．また §19・10・4では，強力な還元剤である水素化アルミニウムリチウム $LiAlH_4$ を用いると，ニトリルを第一級アミンに還元できることを学んだ．この2段階の工程を

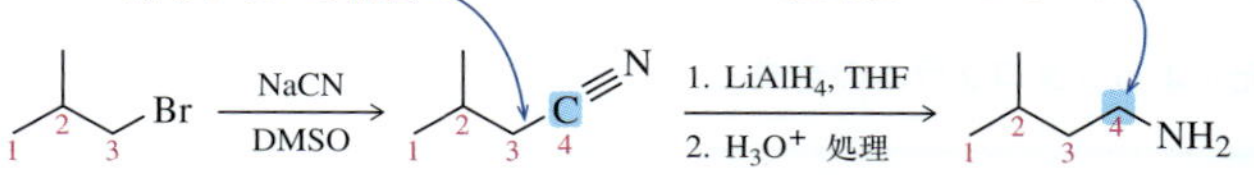

図25・24　シアン化ナトリウムとハロゲン化アルキルの反応および続く還元による第一級アミンの合成

経れば，新しい C−C 結合を形成し，出発物のハロゲン化アルキルに比べて炭素鎖が延びた第一級アミンが生成する（図 25・24）.

反応機構的には，ニトリル炭素に直接ヒドリドが求核攻撃し，C−N π 結合が切断されるとともにアルマン AlH$_3$ が生成する．ニトリルの負に帯電した窒素が強い Lewis 塩基であるため，Lewis 酸である AlH$_3$ がここでは重要となる．Al 原子の空の p 軌道に電子対が与えられることで，Lewis 酸塩基複合体が速やかに形成される．［§19・8・2と §19・10・3 の DIBAl−H によるエステルやニトリルの還元反応と同様だね］アルミニウムから炭素への分子内ヒドリド移動により，二つ目の C−N π 結合が切断される．得られたアルミニウムアミドを酸処理すると，窒素のプロトン化および N−Al 結合の加水分解が進行する（図 25・25）.［実際には，酸処理後の酸性溶液を中和して中性のアミン生成物を得るんだ］

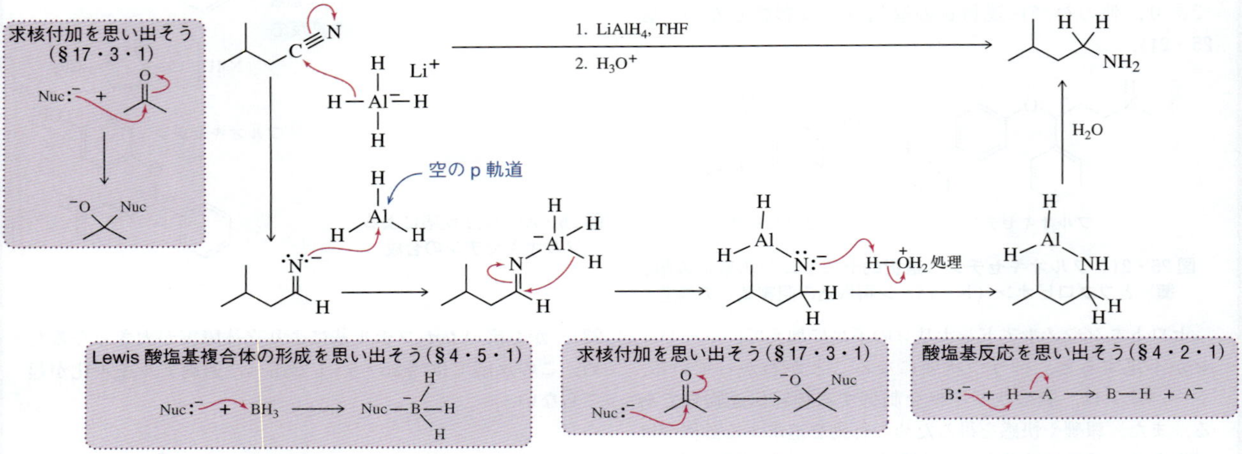

図 25・25　ニトリル還元の反応機構

25-B　化学はここにも（メディシナルケミストリー）

ニトリルの還元によるシタロプラムの合成

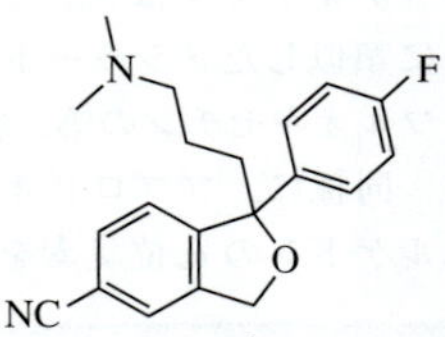

シタロプラム（図 25・26）は，フルオキセチンと同様の選択的セロトニン再取込み阻害薬（SSRI）である．セロトニンは，体内でさまざまな役割を果たすが，なかでも食欲や感情に関与することや，人の気分を整えて多幸感を与える作用が重要である．シタロプラムは SSRI として，シナプス前ニューロンによるセロトニンの再取込みを阻害することで，より多くのセロトニンをシナプスに保持させて，低濃度のセロトニンでも抗うつ効果をより長く発揮させることができる．

シタロプラムには第三級アミンが含まれているが，ニトリルの還元反応を利用して合成されている．図 25・27 に示すように，ニトリルを水素化アルミニウムリチウムで処理して水で反応を停止すると第一級アミンが得られる．この第一級アミンは，§25・6・2で紹介する還元的アミノ化反応によって最終的に第三級アミンに変換される．

図 25・26　シタロプラムの構造

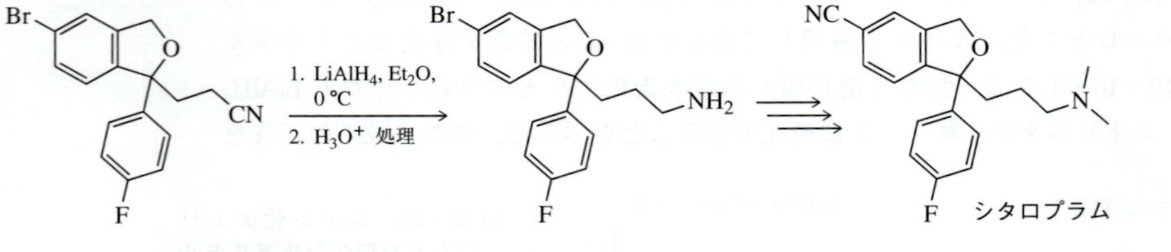

図 25・27　ニトリルの還元によるシタロプラムの合成

25・5・3 アジドの還元

第12章では，もう一つの優れた求核剤である**アジド**（azide）N_3^-とハロゲン化アルキルを反応させ，S_N2反応でアルキルアジドをつくる方法を学んだ．アジドの還元はいくつかの反応で行うことができる．ここでは，パラジウム触媒による水素化，水素化アルミニウムリチウム$LiAlH_4$による還元，トリフェニルホスフィンPPh_3と水の処理による**Staudinger反応**（Staudinger reaction）の三つを扱う（図25・28）．§25・5・2のシアン化物イオンを求核剤とした反応とは異なり，アジドを用いたこの過程では炭素鎖は長くならない．このように，これら二つの方法は互いに補完し合う関係にある．

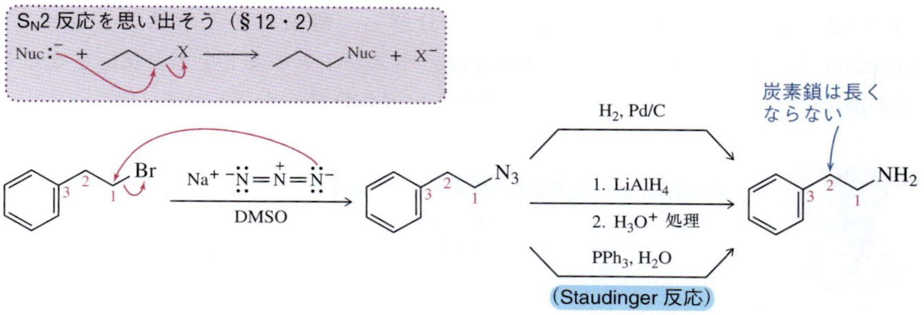

図25・28 アジ化ナトリウムによるS_N2反応と続く還元による第一級アミンの合成

この三つの反応によるアジドの還元は，窒素ガスの生成を駆動力として進行する．パラジウムによる水素化反応の反応機構はよくわかっていないが，他の二つの還元反応の反応機構を図25・29と図25・30に示す．アジドの水素化アルミニウムリチウム$LiAlH_4$による還元は，まずアジドの求電子性のN3にヒドリドが付加し，N2－N3 π結合を切断することから始まると考えられている（図25・29）．N1のアニオンは第一段階で生成したアルマンAlH_3に電子対を供与する．ヒドリドがN3から水素を奪い，E2

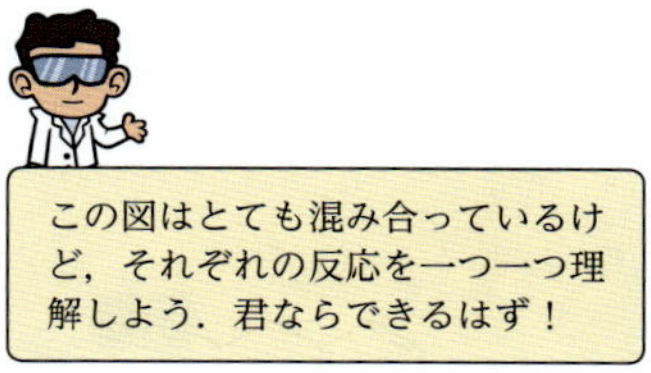

この図はとても混み合っているけど，それぞれの反応を一つ一つ理解しよう．君ならできるはず！

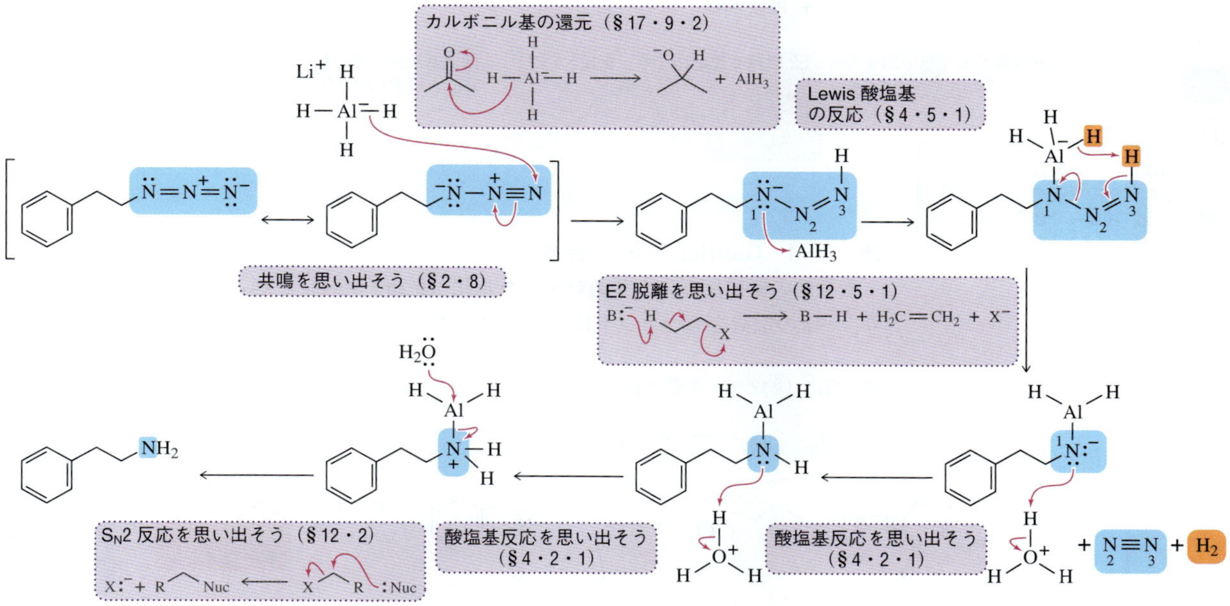

図25・29 アジドの$LiAlH_4$による還元の反応機構

1178　25. アミン

脱離を起こして窒素ガスとアルミニウムイミド種を生成する．このアルミニウムイミド種を酸でプロトン化してさらに加水分解すると，第一級アミンが生成する．

これまでと同様に，リンに出会ったときは，新しいP=O結合を形成する方法を探せばよい．P=O結合の生成は，これまでに学んだリンが関係するほとんどの反応[Wittig反応（§17·6），ROHからRBrへの変換（§13·7·4）]の駆動力となる．図25·30に示すように，リン原子はまず求電子性のN3を攻撃し，N3−N2 π結合を切断し，電子対をN2に押し込む．このとき，負に帯電したN1が正に帯電したリン原子を攻撃し，Wittig反応で生成したオキサホスフェタンを彷彿とさせる**ホスファジド**（phosphazide）[*1]が生成する（§17·6，表17·12参照）．オキサホスフェタンの反応と同様に，ホスファジドは[2+2]の協奏的開環反応（§22·4）で分解し，窒素ガスと**ホスフィンイミド**（phosphine imide，N=P結合）[*2]を生成する．ホスフィンイミドを水と反応させると，一連の酸塩基反応により，第一級アミンと新しいP=O結合が得られる．

*1 [訳注] ホスファジド（phosphazide）はこのPN₃四員環の通称として汎用されている．IUPACの命名法に従うとこの四員環はトリアザホスフェト（triazaphosphete）と表記されるが，この名前はいまだ汎用されていないため，翻訳でも通称を用いて記載した．

*2 [訳注] 原著ではN=P結合をもつ化学種の名称にイミノホスホラン（iminophosphorane）が使用されているが，IUPACで推奨されているホスフィンイミド（phosphine imide）を用いた．

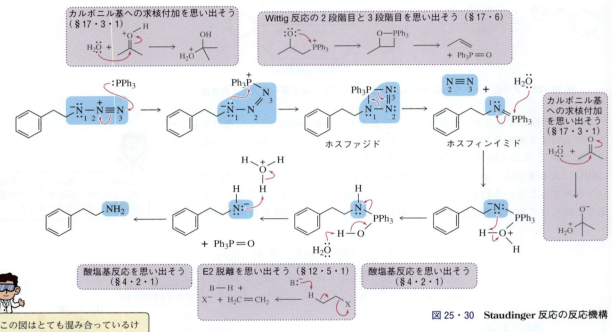

図25·30　Staudinger反応の反応機構

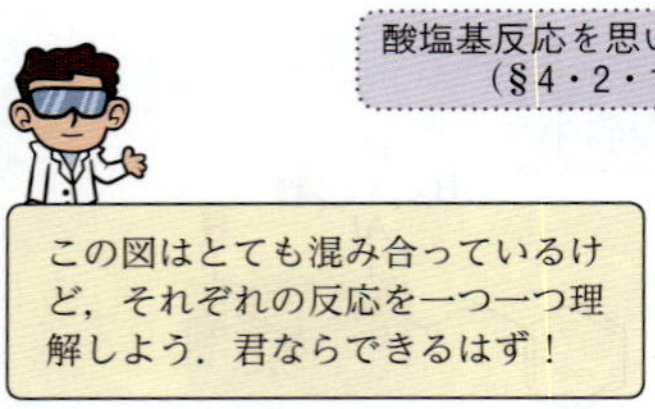

25·5·4 Gabrielアミン合成

複数回の置換反応により過剰アルキル化（§25·5·1）を起こすアンモニアとは異なり，−1の電荷をもつアジドは1当量のハロゲン化アルキルとしか反応しない．同じ理

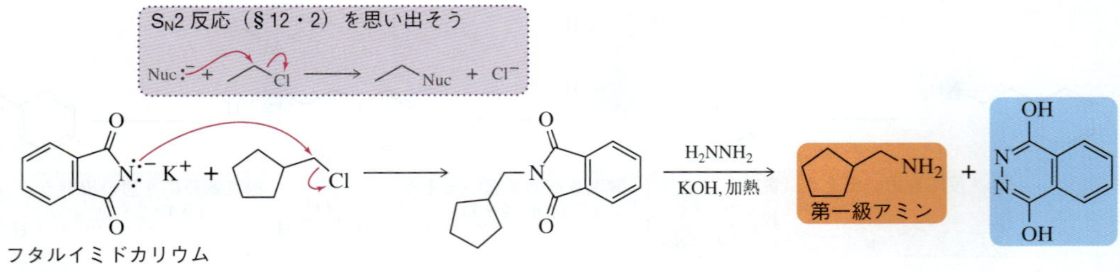

図25·31　Gabrielアミン合成

25・5 第一級アミンの合成　　1179

由で図 25・31 に示した **Gabriel アミン合成**（Gabriel amine synthesis）も，一つのハロゲン化アルキルとしか反応しない．驚くべきことに，フタルイミドカリウムを用いたこの反応は，1887 年にドイツの化学者 Siegmund Gabriel によって初めて報告されている．[第 20 章で取上げたかつての有機化学者たちと同じ時代だよ]

　置換反応により生成した**イミド**（imide）に対して強塩基性条件下で**ヒドラジン**（hydrazine）H_2NNH_2 を作用させると，複雑な反応機構を経由して，イミドの二つのカルボニル基の脱保護が起こって目的の第一級アミンを与える（**図 25・32**）．[いつものように，これまでに学んだ反応を探して，存在する官能基を特定してみよう]この反応ではイミド（第 19 章で簡単に説明したカルボン酸誘導体）のカルボニル基がヒドラジンによって攻撃され，脱プロトン後に四面体中間体が生成する．この四面体中間体からヒドラジン由来のアミド（$RCONHNH_2$）が生成しながらアミダート（amidate）イオン*（RN^-COR）が脱離することでイミド環が開き，プロトン化されるともう一つのアミドが生成する．ヒドラジン由来の窒素原子が分子内で二つ目のアミドに対して求核付加することで，新しく 6 員環の四面体中間体を形成する．この四面体中間体からアミド（RNH^-）が脱離し，これがプロトン化されると第一級アミンが生成する．この反応の副生成物の 6 員環はケト–エノール互変異性化により芳香族化合物へと変換されるが，その際の芳香族安定化が反応の駆動力となっている．

*[訳注] アミダート（amidate）イオンは IUPAC 2013 勧告に沿った名称ではアミド（amide）やアザニド（azanide）となるが，これらの呼称はいまだに広くは使用されていないため，邦訳でも原著にならってアミダートとした．

　ここで RNH^- アニオンをさすアミド（amide）という名称は他のさまざまな異なる構造に対して共通して用いられており，混乱を招く一因ともなっている．IUPAC 2013 勧告に沿った名称で RNH^- アニオンはアミニド（aminide）となるが，この呼称はいまだに広くは使用されていないため，邦訳でも原著にならってアミドとした．

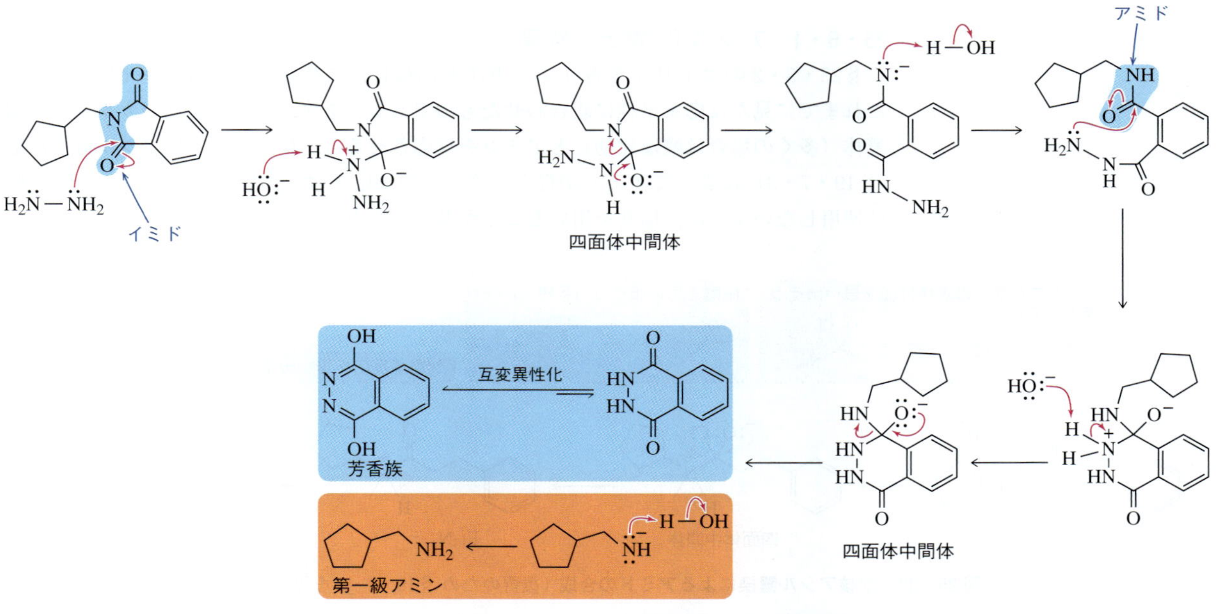

図 25・32　**Gabriel アミン合成では，イミドの脱保護により第一級アミンが生成する**

25・5・2〜25・5・4のまとめ

- アジドの還元，ニトリルの還元，Gabriel アミン合成は，§25・5・1 の過剰アルキル化の問題を解決して第一級アミンを選択的に合成可能とする．

アセスメント

25・22 次の三つの反応(a)～(c)の主生成物を示せ．

(a) [構造式: 1. NaN₃, DMSO 2. PPh₃, H₂O]

(b) [構造式: 1. NaCN 2. LiAlH₄]
LiAlH₄ はニトロ基も還元することに注意！

(c) [構造式: 1. フタルイミドカリウム 2. H₂NNH₂, KOH, 加熱]

25・23 左の出発物から右のアミンを合成するための一連の工程を示せ．

(a) [構造式]

(b) [構造式]

25・6 アミンの一般的な合成

§25・5 の反応は，第一級アミンの合成にのみ有効である．§25・6 の反応は，第一級，第二級，第三級アミンの合成により広く適用でき，整頓のため §25・5 の反応から分離した．この特徴以外には，これまでに学んだ反応とそれほど大きな違いはない．

25・6・1 アシル化/還元：概要

§25・5・2 のニトリルを還元する方法と同様に，この項で紹介する最初の方法は，これまでに見た反応を単純に組合わせたものである．まず，反応性の高いカルボン酸誘導体（多くの場合は酸塩化物）とアミンを反応させると，標準的な求核アシル置換反応（§19・7・3）によってアミドが得られる．この反応では，出発点となるアミンを過剰に使用しないように，塩基を用いることが多いことを思い出そう（図 25・33）．

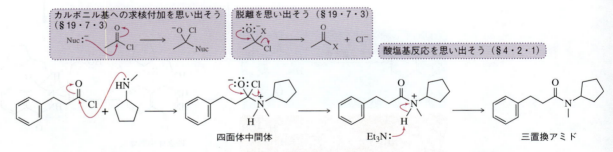

図 25・33 求核アシル置換によるアミドの合成（復習のため §19・7・3 を見てみよう）

§19・8・1 では，あらゆる置換基のアミドが，水素化アルミニウムリチウムを用いて還元され，アミンが得られることを学んだ．図 25・34 に示すように，カルボニル化合物にヒドリドを加えると，四面体中間体が形成される．この四面体中間体は通常すぐに分解するが，この場合，生成したアルコキシドはアルマン AlH₃ と反応する．次に窒素原子がその非共有電子対により，**オキソアルミナート**（oxoaluminate）を脱離基として押し出す．このとき生成した強い求電子剤であるイミニウムイオンが，2 番目のヒドリドの攻撃を受けて第三級アミンの形成が完了する．

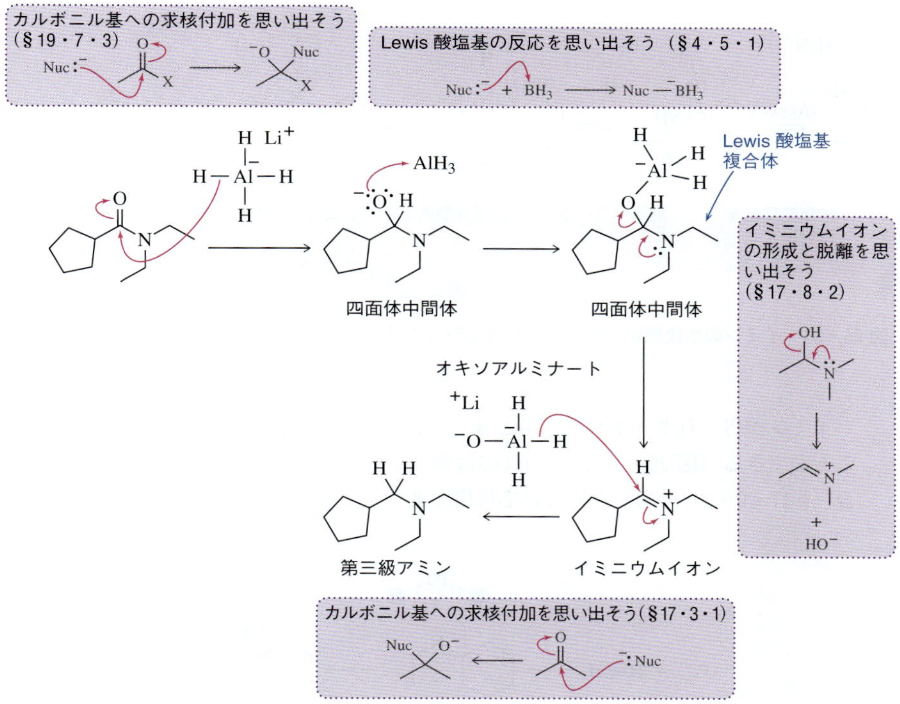

25・6 アミンの一般的な合成　　1181

図 25・34　アミドの LiAlH₄ による還元の反応機構

25・6・2　還元的アミノ化

過去に学んだ反応を振り返ることは重要だと学んできたが，図 25・35 に示した**還元的アミノ化**（reductive amination）は第一級，第二級，または第三級アミンの合成に用いることができる．

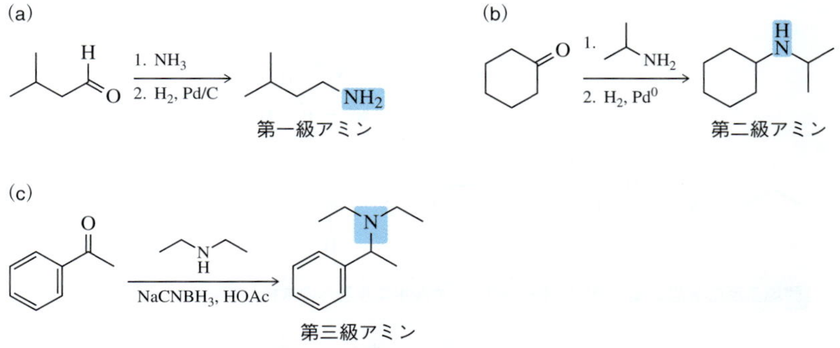

図 25・35　(a) 第一級，(b) 第二級，(c) 第三級アミンを与える還元的アミノ化

アンモニア NH₃ を使った還元的アミノ化は過アルキル化が起こってしまうことがあるんだ．生成するアミンがもう一度，カルボニル基を攻撃できてしまうからね．似たようなことをどこかで聞いたよね．

還元的アミノ化の第一段階では，汎用反応機構 17A により，ケトンに対するアミンの求核攻撃が進行する（図 25・36，§17・3・1 の図 17・16 も参照）．プロトンの授受を伴う 2 段階の酸塩基反応によりヘミアミナールが生成する．その後，窒素の非共有電子対が押し出されるとともに水酸化物イオンが脱離し，生成したイミニウムイオンがすぐに脱プロトンされてイミンが生成する．[この反応の詳しい説明は §17・8 を振り返ろう]

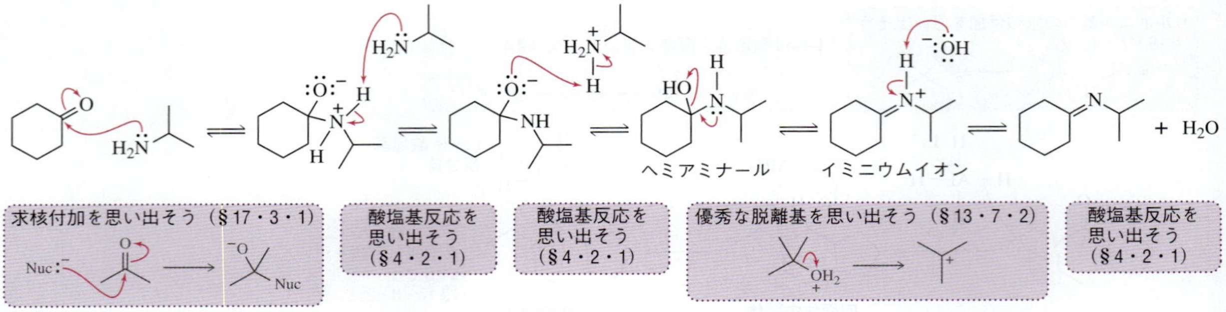

1182   25. ア ミ ン

図 25・36　イミンの生成機構（復習のため §17・8 を見ておこう）

　　イミンが得られさえすれば，あとはパラジウム触媒の存在下で水素化により還元する
ことができる（図 25・37）．この反応は他の C＝C（§9・2，§10・6・1）や C＝O π 結
合（§17・9・1）の還元と同じ反応機構で進行して第二級アミンが生成する．

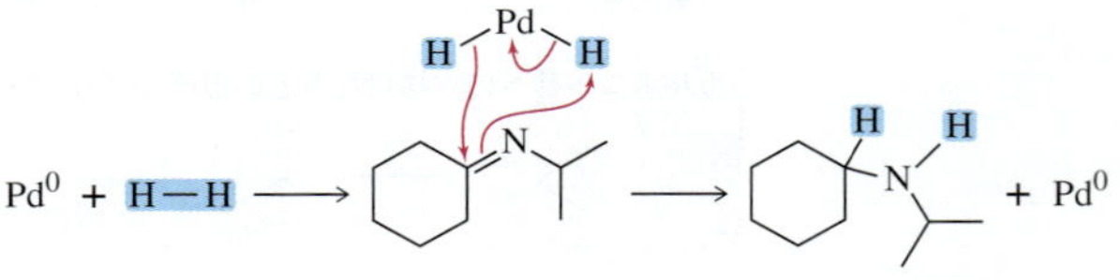

図 25・37　イミンの水素化による第二級アミンの生成

　　また，比較的弱いヒドリド還元剤である**シアノ水素化ホウ素ナトリウム**（sodium
cyanoborohydride）NaBH₃CN を弱酸と併用することで，プロトン化したイミンを還元
することもできる（図 25・38）．イミンをプロトン化することで炭素の求電子性が高く
なり，ホウ素からイミニウムイオンへのヒドリドの移動が可能になる．この求核付加か
らは第二級アミンが生成する．

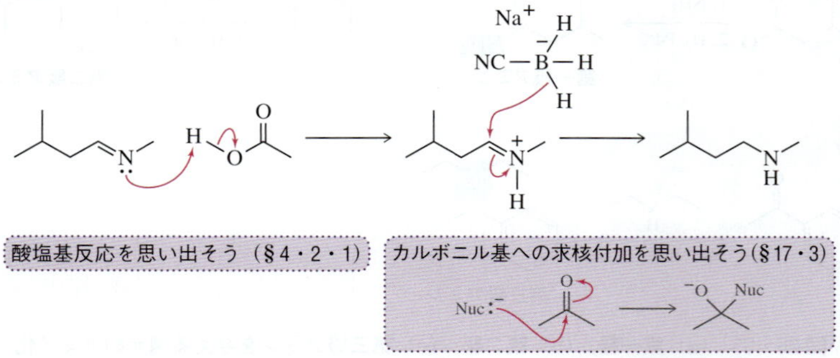

図 25・38　シアノ水素化ホウ素ナトリウムによるイミニウムイオンの還元

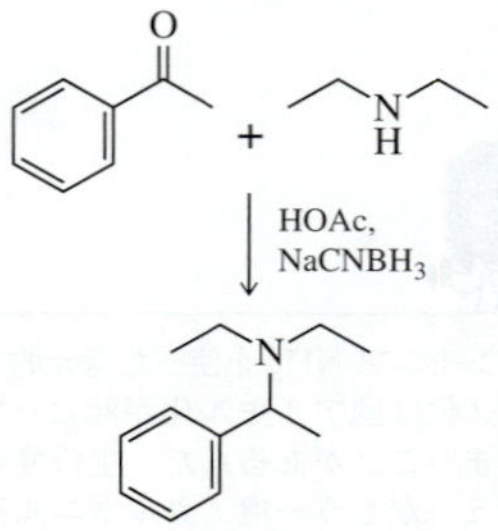

図 25・39　一つの反応フラスコ内
で行う還元的アミノ化

　　シアノ水素化ホウ素ナトリウムは，アルデヒドやケトンを還元しない穏和な還元剤
であるため，還元的アミノ化は一つの反応フラスコ（ワンポット）で行うことができ
る（図 25・39）．シアノ水素化ホウ素ナトリウムはアルデヒドやケトンと一緒に容器へ
入れても，容器内でイミニウムイオンが形成するのを待って反応してくれる．

25-C 化学はここにも（グリーンケミストリー）

セルトラリンの合成

セルトラリンは選択的セロトニン再取込み阻害剤の一種であり、抗うつ剤"ジェイゾロフト"の主成分である。その開発には二つの合成経路が使われており、二つ目の経路は環境へ配慮しているという点で高く評価されている。どちらの合成経路にも還元的アミノ化段階が含まれている。最初に開発された合成経路（図25・40a）では、イミンの生成は反応性の高い Lewis 酸である塩化チタン(IV)によって促進されていた。このイミンを分離・精製した後、触媒的水素化反応を行うと、シス形とトランス形の立体異性体が混在するラセミ体が生成する。このエナンチオマーを光学分割するとセルトラリンが得られる。再設計された経路（図25・40b）では、還元的アミノ化とキラル分割を同じフラスコで行い、毒性のある反応剤を使用せず、エタノールを溶媒として使用し、廃棄物の量を減らしている。さらに、この条件におけるパラジウム触媒を用いた還元では選択性がより高く、廃棄物となるトランス体の量を減らすことができている。

この再設計された経路では年間 141,000 kg（310,000 ポンド）の $TiCl_4$ が不要となり、作業者の安全性を向上（GCP 12）させたことで、2002 年にグリーンケミストリーチャレンジ賞を受賞した。3 段階の反応をエタノール〔再生可能（GCP 7）で安全（GCP 5）な溶媒〕のみを用いて行うことで、セルトラリン 1000 kg の製造につき、74,000 L 以上の溶媒廃棄物が不要となった。さらに、水酸化ナトリウム、塩酸、酸化チタンの廃棄物を年間 68 万 kg（150 万ポンド）削減することができた（GCP 1）。さらに、3 段階目の生成物選択性の改善により、セルトラリンの合成に必要な原料の量を減らすことができている。

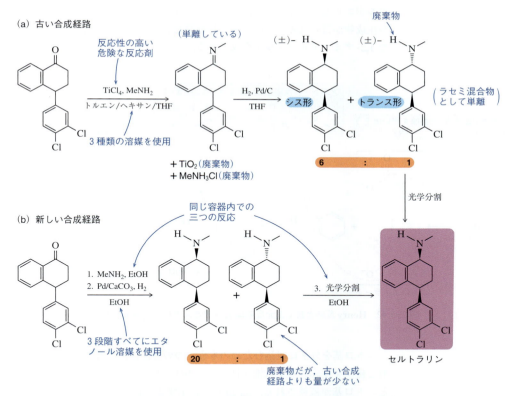

図 25・40　セルトラリンの（a）古い合成経路と（b）溶媒や TiO_2/$MeNH_3Cl$ の廃棄物をあまり出さないグリーンな合成経路

アセスメント
25・24　図 25・40(b) の還元的アミノ化の反応機構を示せ。

25・6・3 ニトロ基の還元

これまでの反応［どれも還元反応だったね］と同じように，ニトロ基も図 25・41 に示すように還元してアミンに変換できる．ニトロ基は比較的安定なので，この反応には高圧の水素を用いるのが一般的である．［図 25・41 に示した反応は，私が研究に携わってから実施した最初の反応の一つなんだ］

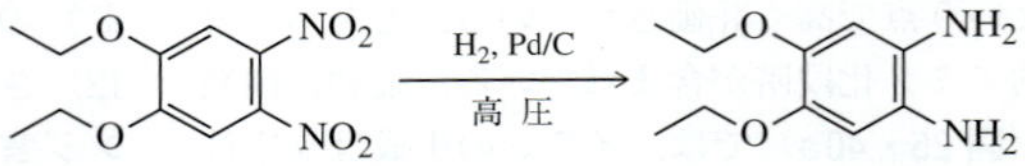

図 25・41 パラジウム触媒を用いた水素化によるニトロ基の還元はアミンを与える

これまでに学んだほかの反応と同様，ニトロ基の還元は，ニトロ基を分子に組込む方法があって初めて有効となる．**Henry 反応**（Henry reaction）は，ニトロアルカンとアルデヒドやケトンとの交差アルドール反応であり，新しい C–C 結合を形成する（アセスメント 20・95）．［交差アルドール反応の詳細については §20・3・3 を参照しよう］ニトロアルカン（$pK_a = 10$）は水酸化物イオンによって簡単に脱プロトンされ，**ニトロエノラート**（nitro enolate）を与える（図 25・42）．このニトロエノラートは求核剤としてカルボニル基に付加する．得られるアルコキシドをプロトン化すると，ニトロアルドール生成物が得られる．このニトロ基を還元することで，医薬品合成の中間体として有用な 1,2-アミノアルコールを合成できる．

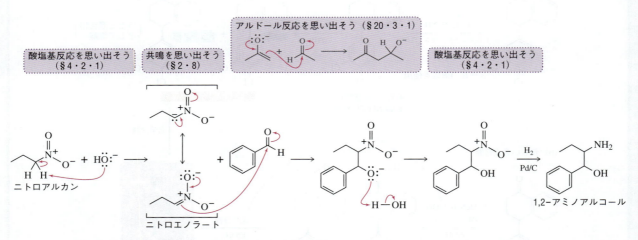

図 25・42 Henry 反応と続く還元反応は 1,2-アミノアルコールを与える

ニトロ基を分子に組込むためのもう一つの方法は，芳香族求電子置換反応である．硝酸と硫酸を反応させて求電子性の高い NO_2^+ イオンを生成することで，芳香環上の水素とニトロ基が置換される．図 25・43 に示すように，この反応は硝酸のヒドロキシ基をプロトン化して優れた脱離基をつくることから開始する．その後，水が隣接するアルコキシ酸素の助けを借りて脱離し，求電子性の高いニトロニウムイオン NO_2^+ が生成する．このニトロニウムイオンがベンゼンの π 電子によって攻撃される．第二段階では，H_2O または HSO_4^-（H_2SO_4 の共役塩基）によってプロトンが引抜かれ，高速かつ発熱量の多い再芳香族化によりベンゼン環が再生する．得られたニトロベンゼンを還元すると，アニリンが得られる．［芳香族求電子置換については §23・7 を見てみよう］

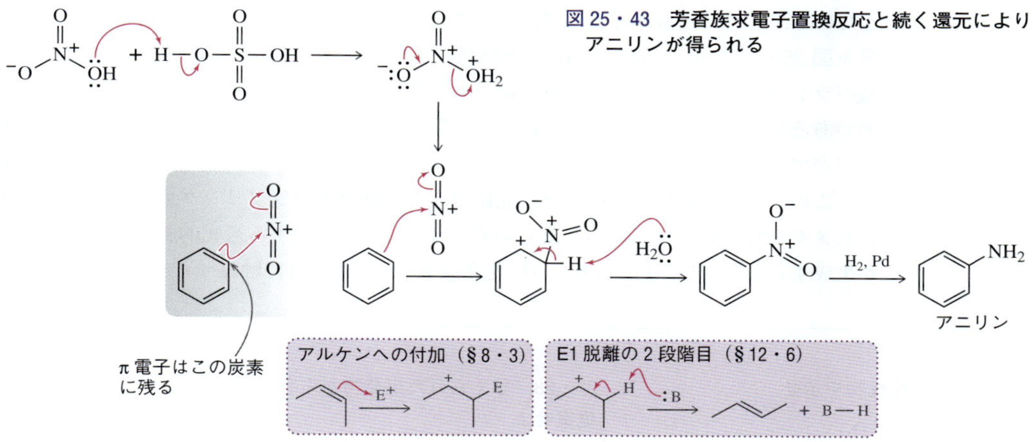

25・6 アミンの一般的な合成 1185

図25・43 芳香族求電子置換反応と続く還元により
アニリンが得られる

π電子はこの炭素
に残る

アルケンへの付加（§8・3）

E1脱離の2段階目（§12・6）

25・6・4 Buchwald–Hartwig アミノ化

図25・44 に示すように，第16章の遷移金属触媒による反応は，芳香族アミンの合成にも用いることができる．この反応では，C−X 結合が新しい C−N 結合に置き換えられ，通常はパラジウムが触媒として用いられる．この反応は，開発した化学者である Stephen L. Buchwald と John F. Hartwig にちなんで，**Buchwald–Hartwig アミノ化**（Buchwald–Hartwing amination）とよばれる．

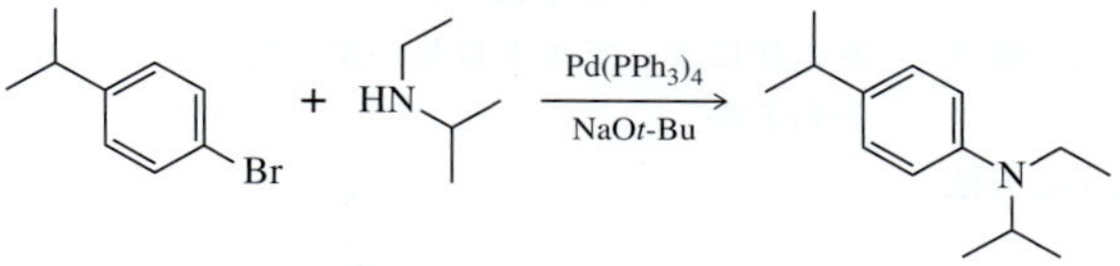

図25・44 **Buchwald–Hartwig アミノ化**

ほかのパラジウム触媒の変換反応［詳細は§16・4を振り返ろう］でも同じだが，基質や反応条件によって反応機構は微妙に変化する．しかし，その内容はこの本の範囲を越

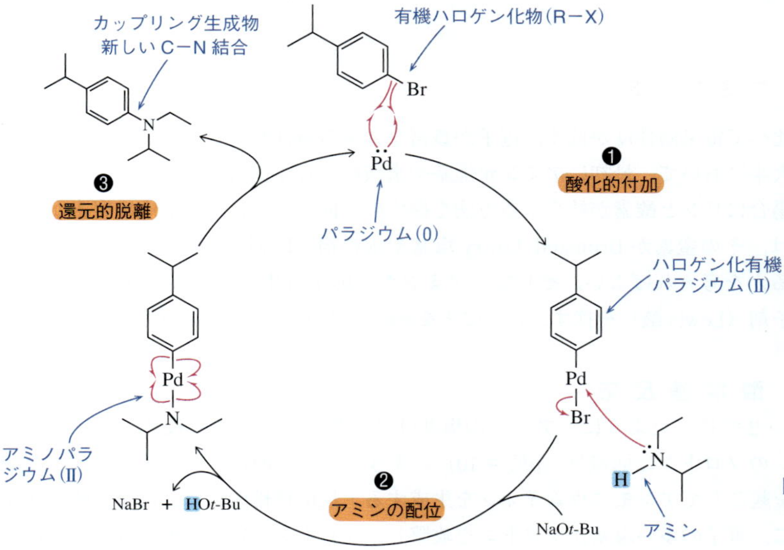

カップリング生成物
新しい C−N 結合

有機ハロゲン化物（R−X）

❸ 還元的脱離

パラジウム(0)

❶ 酸化的付加

ハロゲン化有機
パラジウム(II)

アミノパラ
ジウム(II)

NaBr + HOt-Bu

❷ アミンの配位

H

アミン

NaOt-Bu

図25・45 **Buchwald–Hartwig アミノ化の触媒サイクル**［簡単にするため PPh$_3$ 配位子は除いてあるよ］

1186　25. ア ミ ン

えている．それはともかくとして，これまでに学んできた内容に沿った合理的な反応機構を**図25・45**に示す．C−Brσ結合がPd(PPh₃)₄に酸化的付加すると，ハロゲン化有機パラジウムが生成し，パラジウムは+2の酸化状態になる．求核性のアミンが求電子剤であるパラジウム(Ⅱ)を攻撃して臭素が置換されると同時に，ナトリウム*tert*-ブトキシドがアミンを脱プロトンし，*tert*-ブチルアルコールとアミノパラジウム(Ⅱ)が生成する．このアミンが配位する段階は，先に学んだ有機金属カップリング反応におけるトランスメタル化と類似している．新しいC−Nσ結合が生成する還元的脱離によりアミンが生成するとともに，Pd(PPh₃)₄（酸化状態0）が再生されて触媒サイクルが完成する．

アセスメント

25・25　次の反応(a)～(d)の主生成物を示せ．

(a)

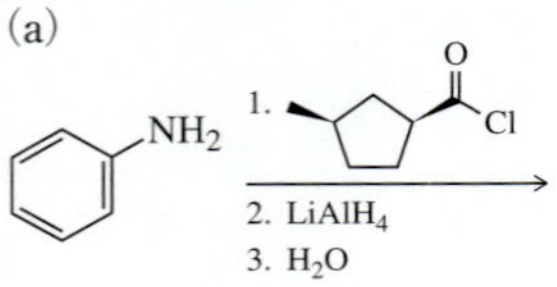

(b)

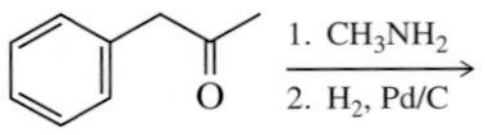

(c)

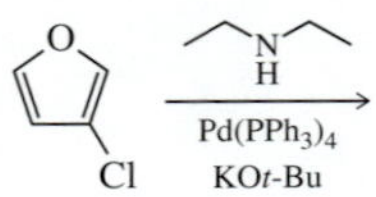

(d)

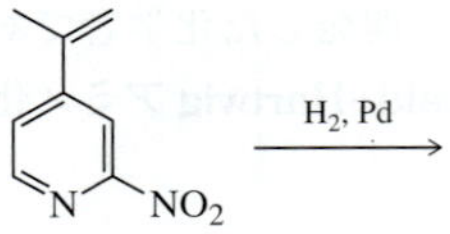

25・26　図25・39のワンポット還元的アミノ化の反応機構を説明せよ．

25・27　フェノールから始めて，次のアミンを合成する方法を示せ．複数の正解の可能性がある．

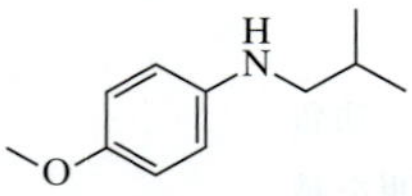

25・28　与えられた出発物から右のアミンを合成する方法を提案せよ．

(a)

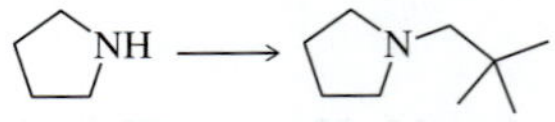

(b)

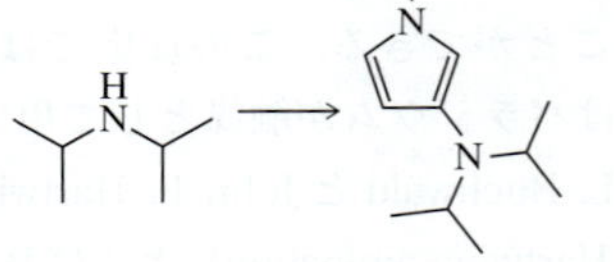

25・29　ニトロ基は芳香族求電子置換をメタ配向性にする．水素化によってニトロ基が還元されると配向性はどのように変わるか．

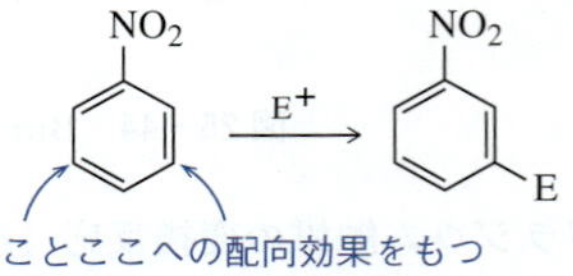

ニトロ基はここここここへの配向効果をもつ

25・7　アミンの反応

　酸素に比べて電気陰性度が低く，電子が豊富な窒素の特性が反映されて，アミンの反応はその大半において，最初にアミンが塩基や求核剤として作用する．反応中にリンが含まれる場合にリンと酸素が結合する方法を探すのと同じように，反応中に窒素が含まれる場合は，その窒素がBrønsted–Lowry塩基や求核剤（Lewis塩基）としてどのように作用するかを考えればよい．そして，アミンが反応する相手となるBrønsted–Lowry酸や求電子剤（Lewis酸）を探す．［このことを念頭において，続きを読み進めよう］

25・7・1　酸塩基反応

　§25・4・2で述べたように，アミンの塩基性は中程度で，その共役酸（アンモニウムイオン）のプロトンは弱酸性（$pK_a = 10$）にすぎない．そのため，アミンは単純な酸塩基反応を起こしてアンモニウムイオンを生成する．反応機構的には，ほかの酸塩基反応と同様に，電子の多い塩基がプロトンを攻撃し，プロトンの結合に使われていた電子

を共役塩基に押しつけることで反応が進行する．これまでも，同じようにアミンが塩基として使われるさまざまな重要な反応を見てきた．そのうちの二つ，トシル酸エステルの生成（§13・7・1）とアルコールの保護（§13・14）を図25・46に示す．これらの反応では，アミンは元の求核剤を脱プロトンするほど強い塩基ではない．[この方法によるアミン塩基の使用については§13・7・1を見返そう]

(a)

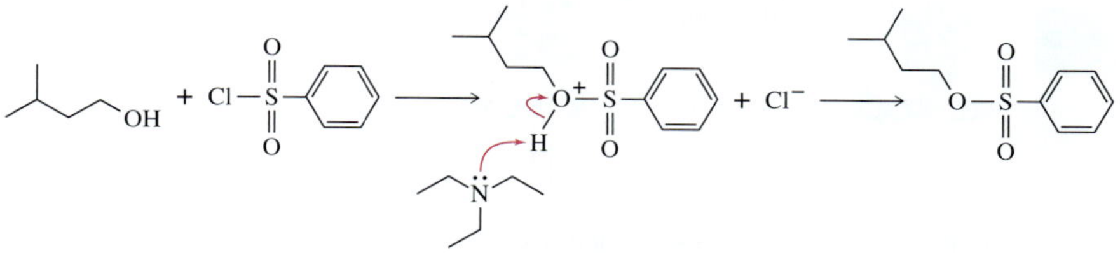

(b)

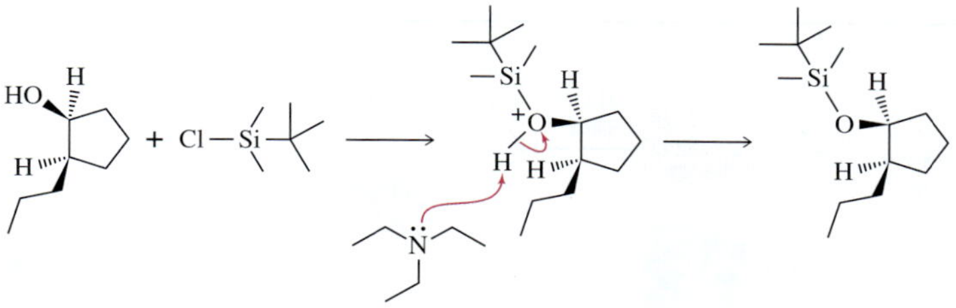

図25・46　第三級アミンは求核性のない中程度の塩基であり，(a) トシル酸エステルの生成や，(b) アルコールのシリルエーテル保護の際に利用できる

アミンの塩基性を利用すると，非極性・非塩基性化合物からアミンを分離する実験手順を設計することができる．水に不溶のアミンは，プロトン化してアンモニウム塩にすることで水に溶けやすくなる．たとえば，オクタン-1-アミンの水への溶解度は，わずか 0.3 g/L H$_2$O である（図25・47）．しかし，塩酸でプロトン化すると，極性の高いイオン性の塩である塩化オクチルアンモニウムになり，水への溶解性が格段に向上する．

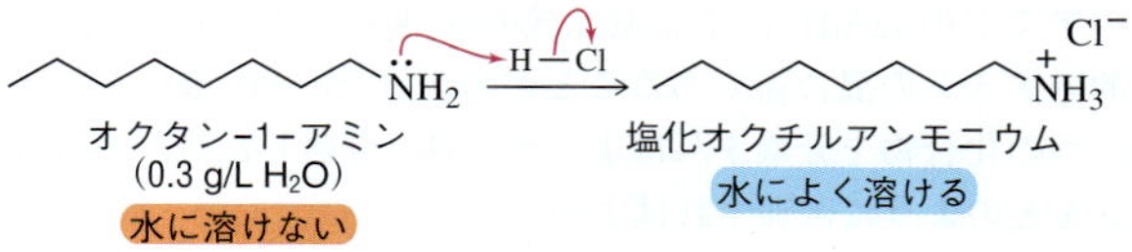

図25・47　アミンをプロトン化すると水への溶解度が向上する

ベンジルアミンと中性の非極性化合物であるナフタレン（図25・48では"その他の有機物"と表示）の混合物をどのようにして分離することができるだろうか？ベンジルアミンが中性の状態にある場合，どちらの化合物もジエチルエーテルなどの有機溶媒に非常によく溶ける．このジエチルエーテルを塩酸で抽出すると，プロトン化したアンモニウム塩は優先的に水層に移動する．二つの層を分離すると，二つの溶液が得られる．一つは中性のナフタレンのエーテル溶液であり，もう一つはアンモニウム塩の水溶液である．酸性の水層を NaOH で中和すると，アンモニウム塩が脱プロトンして水に溶けないベンジルアミンが再生する．中和した後の水層をジエチルエーテルで抽出すると，ベンジルアミンがジエチルエーテル層に移動する．この二つの層を分離し，エーテ

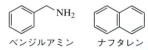
ベンジルアミン　　ナフタレン

ル層からエーテルを減圧留去すると，純粋なベンジルアミンが得られる．[§18・6・1 のカルボン酸と中性化合物の分離とほぼ同じ手順だね]

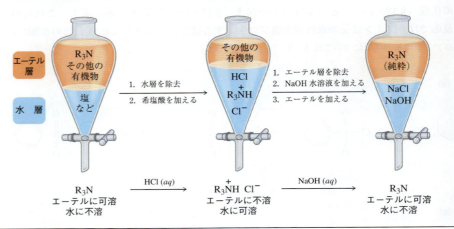

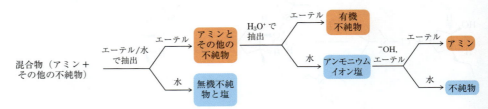

図 25・48 中性の混合物から酸塩基抽出によりアミンを分離する

アセスメント

25・30 ここに示されている三つの化合物を分離する方法を設計せよ．

25・31 以下のアミドの LiAlH$_4$ による還元後の赤外スペクトルから，生成物は出発物のアミドと目的のアミンの混合物であることがわかった．(a) 酸塩基抽出を用いて，どのようにこの二つの化合物を分離すればよいか．(b) 分離した後，赤外分光法を用いてアミドとアミンをどのように区別すればよいか．

25・7・2 これまでに学んだアミンの反応

ここまでの有機化学を学ぶ旅で，24 もの章を乗り越えてきたので，アミンの合成法を理解することはたやすいことだっただろう．同じように，アミンについては，ほかにもいろいろな姿を目にしてきている．イミンやエナミンの生成反応，置換反応や脱離反応での活躍，アミド合成やたくさんの例があった．**表 25・7** に，こうした反応をまとめた．

> アミンの新しい反応をよく理解するためにも，期末試験に備えるためにも，ここにあげた反応を見返しておこう．この表には，それぞれの反応が初めて登場した節・項番号を付けておくね．

25・7 アミンの反応

表 25・7 これまでに学んだアミンの反応

イミンの生成（§17・8）	
第一級アミン + シクロペンタノン → イミン + H₂O	アンモニアと第一級アミンが求核剤としてケトンやアルデヒドと反応すると水を脱離してイミンを与える．窒素は中程度の強さの求核剤であるため，この反応は酸触媒がなくても進行する
エナミンの生成（§17・8・3）	
第二級アミン + ケトン → エナミン + H₂O	第二級アミンが求核剤としてケトンやアルデヒドと反応すると水を脱離してエナミンを与える．窒素は中程度の強さの求核剤であるため，この反応は酸触媒がなくても進行する
カルボン酸誘導体とアミンの反応によるアミドの生成（§19・7・3）	
酸塩化物 + NH₂ (2当量) → アミド + ⁺NH₃Cl⁻	アンモニア，第一級アミン，第二級アミンが求核剤として酸塩化物（反応は非常に速い），酸無水物（速い），エステル（遅い）と反応すると安定なアミドを与える．反応は四面体中間体を経由して進行し，反応の完結のためには2当量のアミンが必要となる

アセスメント

25・32 次の反応 (a)～(c) の主生成物を示せ．

(a) シクロヘキサノン + Et₂NH →

(b) アミノアルコール（ジオキソラン）+ 無水酢酸 / Et₃N →

(c) シクロペンチルアセトン + H₂NOEt →

25・33 次の環化反応の反応機構を示せ．

H₂N–(CH₂)₃–CHO → 環状イミン + H₂O

25・34 エステルのアルコキシ基へのアミンの置換反応は遅く，完全に反応させるためには加熱が必要である．その理由を説明せよ．

プロピルアミン + 酪酸エチル → 加熱 → アミド + EtOH

25・35 ジメチルアミンを出発物質として *N,N*-ジメチルベンゼンスルホンアミドの合成方法を提案せよ．

25-D 化学はここにも（メディシナルケミストリー）

TCA の一種であるアモキサピンの合成

アモキサピンは四つの環をもつが，三環系抗うつ薬（TCA）に分類される．三環系抗うつ薬は，抗うつ薬のなかでも最も初期に使用された薬である．1950年代後半に登場した TCA は，さまざまな作用機序をもつことが知られている．たとえば，アモキサピンは，セロトニンとノルアドレナリンの再取込みを阻害すると考えられている．他の抗うつ薬と比較して，アモキサピンの特徴は作用の発現が速いこともあり，ほとんどの患者で1週間以内に治療効果が現れる．

ピペラジン（アモキサピンの第四の環でNとOの両方を含む環）の導入では，カルバミン酸エステルの求核アシル置換反応を利用している．この反応で，カルバミン酸エステルは第19章のカルボン酸誘導体と同様に反応する．置換後に POCl₃ を用いてアミドの脱水環化を行い，三つ目の環を形成してアモキサピンが生成する（図 25・49）．

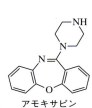
アモキサピン

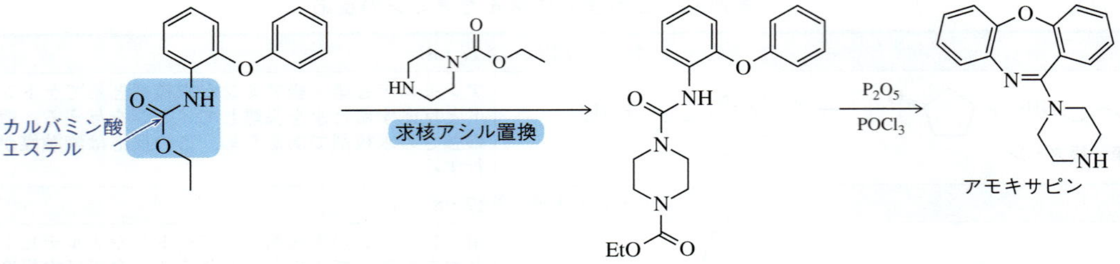

1190 25. アミン

図 25・49　アモキサピンの合成における求核アシル置換反応

> **アセスメント**
> **25・36**　図 25・49 に示した環化反応段階の反応機構を示せ．［POCl$_3$ は酸素が大好きな求電子剤であることを思い出そう］

25・7・3　Hofmann 脱離

　1851 年，August von Hofmann（ホフマン）は第三級ジメチルアミンをヨードメタンで処理し，ヨウ化テトラアルキルアンモニウムを調整した．このヨウ化テトラアルキルアンモニウムを塩基でと反応させることで，図 25・50 に示すように，E2 脱離反応が進行する．［こうした古典的な例に登場する化学者には本当にびっくりさせられっぱなしだね］

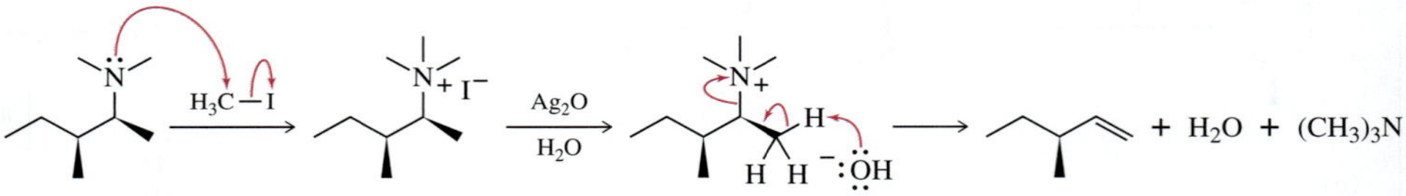

図 25・50　テトラアルキルアンモニウムイオンを強塩基で処理すると脱離反応が起こる

　Hofmann 脱離（Hofmann elimination）には，いくつかのわかりにくい点がある．まず，塩基はどこにあるのだろうか？ 1851 年に発見された反応であることを念頭に置くと，酸化銀が塩基の代わりだったのだとわかる．一般化学で学んだ溶解度を覚えているだろうか．［はるか彼方のむかしのことかな...］銀カチオン（Ag$^+$）はヨウ化物イオン（I$^-$）と強く結合するので，ヨウ化物イオンをテトラアルキルアンモニウムから引き剥がされ，安定な AgI が生成する（図 25・51）．［ボールは坂を転がり下りつづけるんだね］この過程を経れば本来は O^{2-} が生成するはずだが，水中での反応であるため，実際には O^{2-} がプロトン化され，水酸化物イオン（OH$^-$）が生成し，強塩基として働く．この反応では水酸化物イオンを用いることもできたはずなのだが，酸化銀を用いる方がずっと格好がよい（しかし，ずっと高価でもある）．

$$Ag_2O \; + \; 2\,I^- \; \longrightarrow \; 2\,AgI \; + \; O^{2-}$$

水中では O^{2-} は HO$^-$ になる

図 25・51　酸化銀はヨウ化物イオンと反応して
強塩基である水酸化物イオンを生成する

　この E2 脱離の二つ目の興味深い点は，生成する可能性のあるアルケンが二つあったことである．通常，E2 脱離では，最も置換数の多い（最も安定した）アルケンが生成す

る（Zaitsev 則：§12・7・1）はずである．しかし図 25・52 に示したように，この反応では安定性の低い一置換アルケンが優先的に生成している．［ボールはもう坂を転がり下りないのかな？］

図 25・52　Hofmann 脱離は最も置換数の少ないアルケンを与える

■ 化学者のように考えよう

　まず，E2 脱離について知っていることを思い出しながら，今回の状況と比較してみよう．脱離しやすい置換基はあるか？［R₃N があるね］強い塩基はあるか？［Ag₂O から生成する HO⁻ があるね］協奏的な脱離なのか？［Yes!］アンチペリプラナーの位置に水素があるか？［この点をよく見てみようか］

　この反応で最も安定なアルケン（Zaitsev 型生成物）が得られない理由を理解するために，そこに至る過程の遷移状態を注意深く見てみよう．図 25・53 に示すように，C3 からアンチペリプラナーにある水素を取除くと，電子が C2 に移動し，アンモニウムイオンが脱離して新しい C＝C π 結合が形成される．Kekulé 構造式で描くと，これは簡単で合理的に見える（図 25・53a）．しかし図 25・52 での生成物を吟味すると，この反応が起こらないことがわかる．C3－C2 σ 結合を Newman 投影式で横から見てみると（図 25・53b），この反応が起こらない理由がわかるだろうか？

> E2 脱離について把握していたと思っていたことを投げ捨ててしまう前に，化学者のように考えてみようか．ここまで来た君は，もう，化学者の一人なんだしね．この反応が予想したのと違う結果を与えた理由を一緒に考えてみよう．

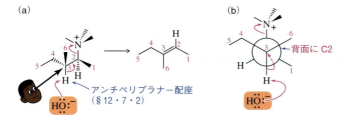

図 25・53　テトラアルキルアンモニウムイオンの E2 脱離　(a) アンチペリプラナーでの脱離と (b) その Newman 投影式を考えるとこの反応が進行しない理由がわかる．［なぜだかわかるかな？読み進めてみよう］

　脱離基としてのトリメチルアンモニオ基（－N⁺R₃）は，これまで見てきた脱離基とは異なり，非常に大きい．より安定な Zaitsev 型生成物の形成につながる Newman 投影式（C3－C2 σ 結合）を考えると，二つの不安定なゴーシュ相互作用があるとわかる（図 25・54a）．一つはトリメチルアンモニオ基と C6 メチル基の間，もう一つはトリメチルアンモニオ基と C4/C5 エチル基の間である．これらの相互作用により，協奏的な E2 機構による脱離に必要なアンチペリプラナー型の立体配座は不安定となり，この配座を経由する反応は進行しなくなる．一方，図 25・54(b) の Newman 投影式（C1－C2 σ 結合）では，ゴーシュ相互作用が存在しない．そのため，より安定なこの立体配座を経由して E2 脱離が進行する．

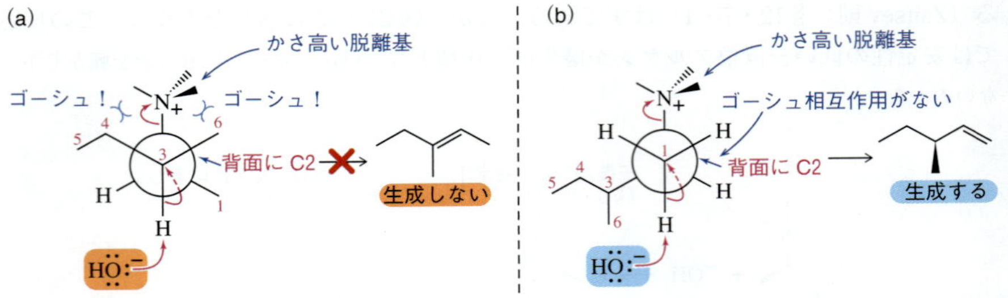

1192   25. ア　ミ　ン

図 25・54　Hofmann 脱離の配座解析　(a) 最も置換数の多いアルケンは不安定な配座を経由して生成する. (b) 置換数の少ないアルケンを与える配座はより安定である.

　結論としては，ボールは坂を転がり下りつづける．ただし，反応する分子の立体配座が，それを許す場合のみである． ■

　Hofmann 脱離には特筆すべき特徴があり，合成法のツールボックスに追加すべきである．これまでに学んできたほかの脱離反応とは異なり，置換数が少ないアルケンを，確実につくりだすことができる方法なのである．図 25・55 にさらに二つの例を示す．

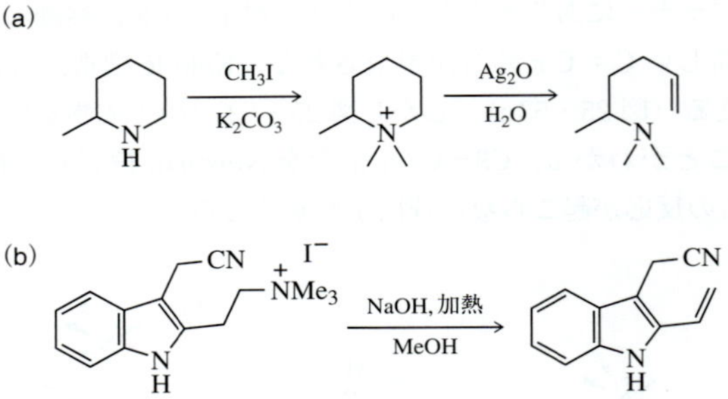

図 25・55　Hofmann 脱離のいくつかの例　(a) では，最も置換数の少ないアルケンを優先的に与える．

アセスメント

25・37　次の Hofmann 脱離(a)～(c)の主生成物を示せ．

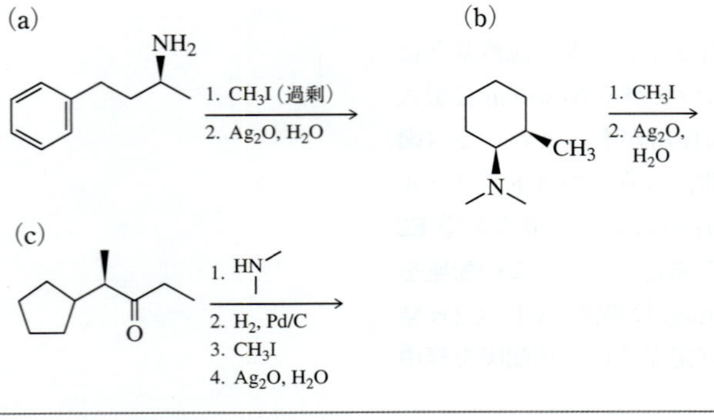

(a)

(b)

(c)

25・38　分光法から　次の反応で生成する2種類のアルケンを赤外分光法により区別する方法を述べよ．

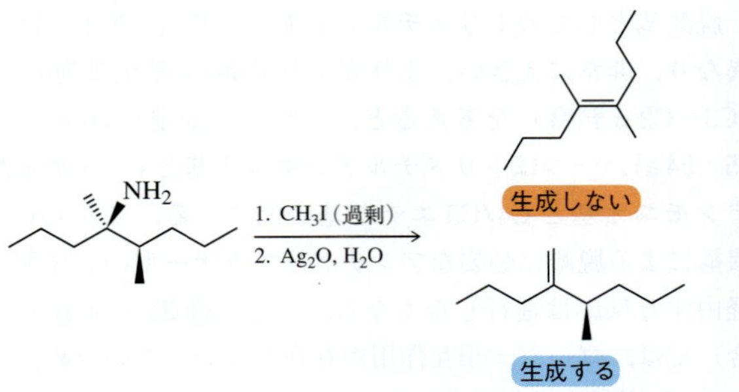

生成しない

生成する

25・7・4 Cope 脱 離

Cope 脱離（Cope elimination）は，第三級アミンと過酸化物の反応で生成したトリアルキルアンモニウムオキシドの熱による脱離反応である（**図 25・56**）．Hofmann 脱離と同様に，置換数の少ないアルケンが優先的に生成する．

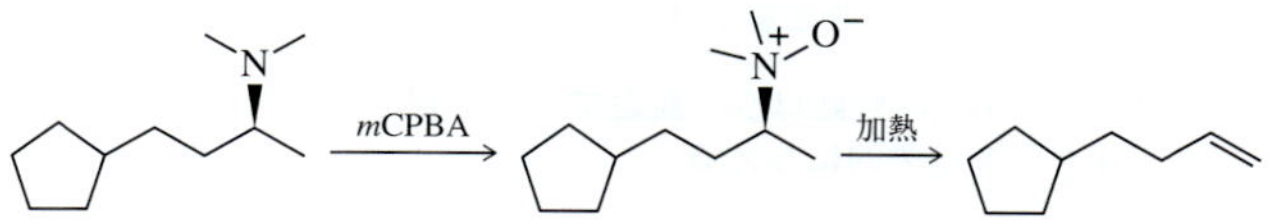

図 25・56　*N*-オキシドの Cope 脱離

反応機構的には，アミンが *m*CPBA の末端酸素を求核攻撃することで，***N*-オキシド**（*N*-oxide）を形成することから始まる．O−O σ結合は非常に弱く，脱離するカルボキシラートイオンはカルボニル基との共鳴によって安定化することを覚えているだろうか．この過程で生成する $pK_a \approx 5$ の酸は，カルボキシラートイオンによって脱プロトンされて *N*-オキシドを生成する（**図 25・57a**）．この反応は，バタフライ遷移状態を経るアルケンのエポキシ化（§9・1・4）に似ている．そう捉えると，この反応も同じように，最初の遅い過程と続く，分子間脱プロトンという速い過程の組合わせによる，協奏的反応であると考えることもできる（**図 25・57b**）．

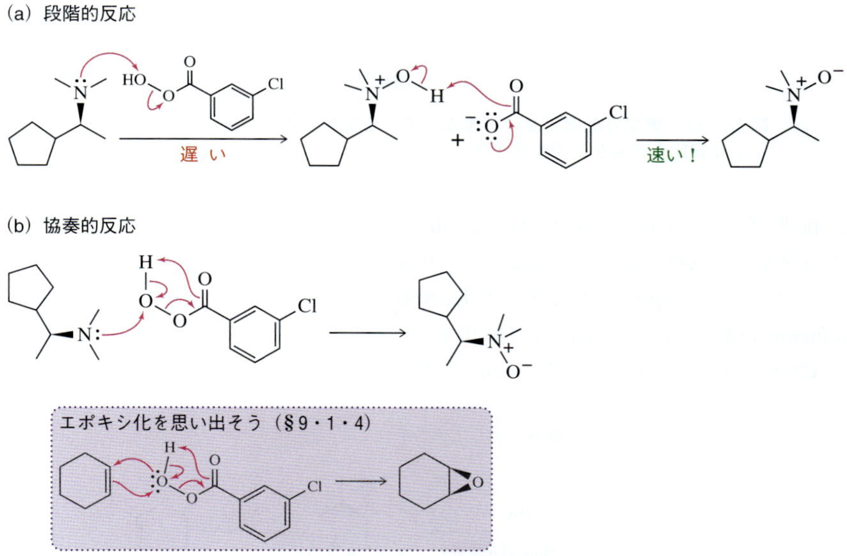

(a) 段階的反応

(b) 協奏的反応

エポキシ化を思い出そう（§9・1・4）

図 25・57　*m*CPBA を用いる第三級アミンの酸化は *N*-オキシドを与える　(a) 段階的および (b) 協奏的な反応を示した．

N-オキシドを加熱すると，自発的に協奏的な脱離が起こる．E2 脱離がアンチペリプラナー型の遷移状態を経て起こるのに対し，Cope 脱離はシン脱離である（**図 25・58**）．これは分子内反応であるため，協奏的な 6 電子環状遷移状態を形成したときに限り，*N*-オキシドの酸素原子が分子の同じ側の水素にとどくからである．[ペリ環状反応については第 22 章を参照しよう] Cope 脱離は Hofmann 脱離と同様に脱離基がかさ高いため，置換度の低いアルケンを優先的に形成する．

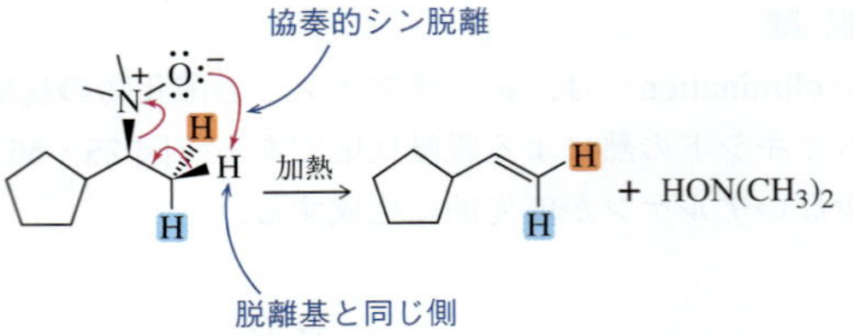

1194 25. ア ミ ン

協奏的シン脱離

脱離基と同じ側

加熱

+ HON(CH₃)₂ → $+ HON(CH_3)_2$

図 25・58 Cope 脱離はシン脱離であり，最も置換数の少ない
アルケンを優先的に与える

　図 25・59 に示すように，Cope 脱離で二つのアルケンの幾何異性体の生成が可能な場
合，より安定なトランスアルケンが優先的に形成される．これは，シスアルケンに至る
立体配座において，重なり形配座におけるアルキル基間の立体反発を最小限に抑えた結
果である．

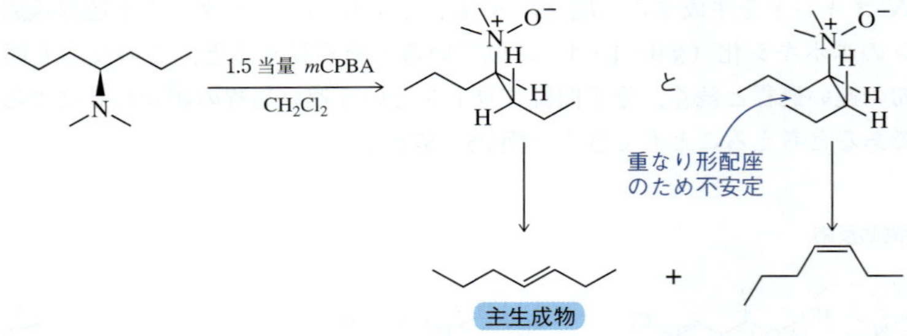

1.5 当量 *m*CPBA
CH₂Cl₂

と

重なり形配座
のため不安定

主生成物 ＋

図 25・59 重なり配座において重なっている置換基の反発を避けるために，
より安定なアルケンが生成する

　Cope 脱離と Hofmann 脱離は，図 25・60 の第三級アミンの例のように，同じ出発物
質から異なる生成物を選択的に得るための相補的な手段となりうる．ヨウ化メチルでア
ルキル化した後に Ag₂O で処理すると E2 脱離が起こり，C1－C2 π 結合が形成される
（Hofmann 脱離）．また，*m*CPBA で酸化すると *N*-オキシドが生成し，そのシン脱離を
経て C2－C3 π 結合が形成される（Cope 脱離）．

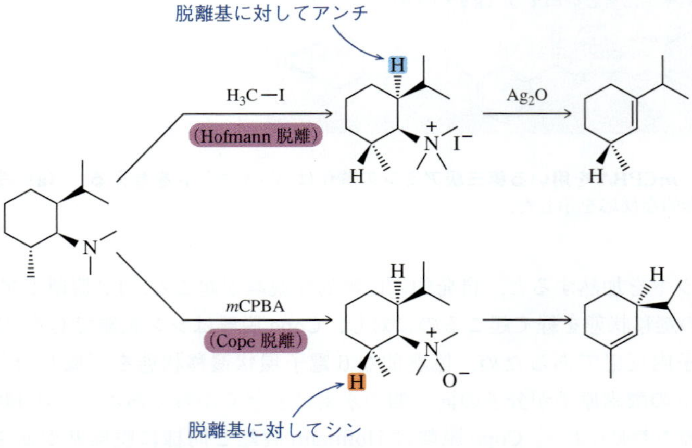

脱離基に対してアンチ

H₃C－I

（Hofmann 脱離）

Ag₂O

*m*CPBA

（Cope 脱離）

脱離基に対してシン

図 25・60 Hofmann 脱離と Cope 脱離は相補的な方法である

アセスメント

25・39 次の脱離反応の主生成物を示せ．

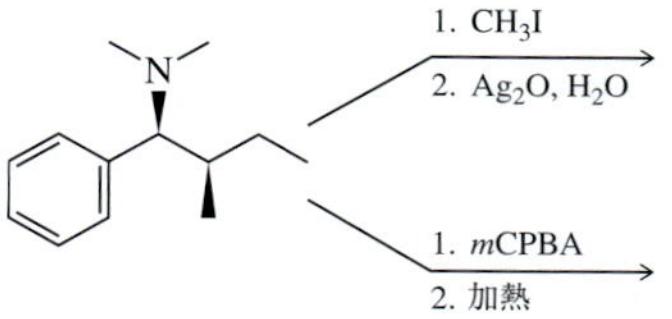

25・40 左の出発物から右のアルケンをつくるには，Hofmann 脱離と Cope 脱離のどちらを使えばよいだろうか．なお，どちらの反応も同じ生成物を与える可能性がある．

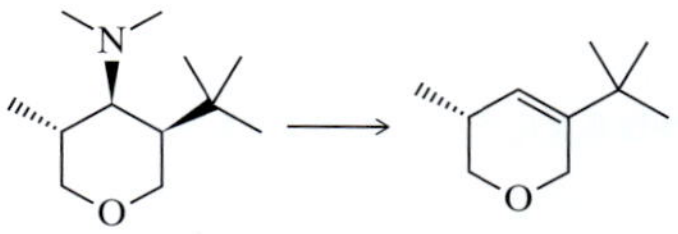

25・41 左の出発物から始めて，示されたアルケンの合成を設計せよ．[これには複数の方法があるけど，Cope 脱離または Hofmann 脱離のいずれかを使用しよう]

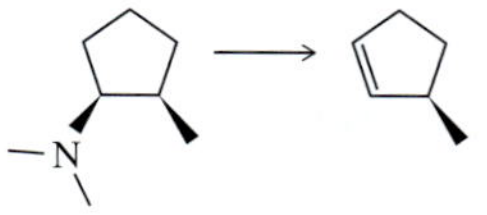

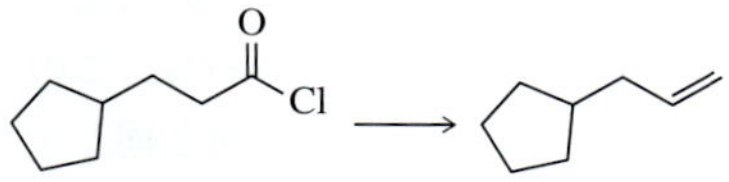

25・42 Cope 脱離は，通常，最も置換度の低いアルケンを形成する．しかし，次の分子では置換度の高いアルケンが生成される．なぜだろうか．

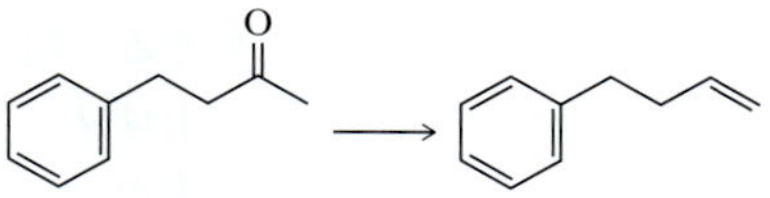

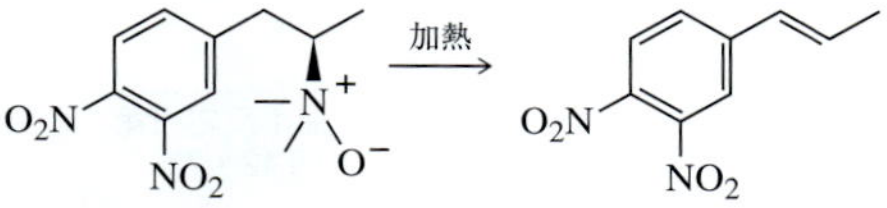

25・7・5 HONO を用いたジアゾニウムイオンの生成

アミンを亜硝酸ナトリウム NaNO₂ および塩酸と反応させると，アミンが第一級か第二級かによって異なる生成物が得られる（図 25・61）．第一級アミンからは §18・8・1 のジアゾメタンと同様に，非常に反応性の高い**ジアゾニウムイオン**（diazonium ion）が生成する．一方，第二級アミンからは**ニトロソアミン**（nitrosamine）が生成する．ニトロソアミンは食品や化粧品に含まれる潜在的な発がん性物質として確認されている．

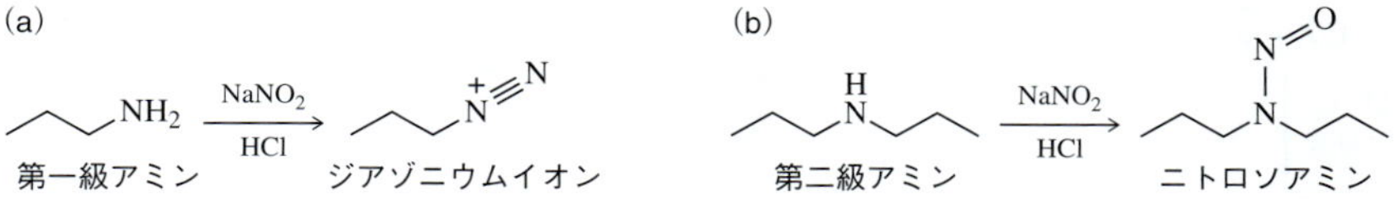

図 25・61 アミンと亜硝酸ナトリウムおよび塩酸との反応は，(a) 第一級アミンからジアゾニウムイオン，(b) 第二級アミンからニトロソアミンを与える

a. アルキルジアゾニウムイオンの生成 ジアゾニウムイオンとニトロソアミンの生成反応機構は一見複雑に見えるが，どこかで目にしたことのある過程からなっている．いずれの反応も，酸触媒によって亜硝酸ナトリウムが脱水し，**ニトロシルカチオン**

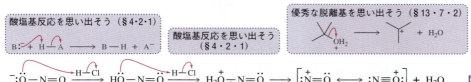

図 25・62 2 段階の酸塩基反応と水の脱離によりニトロシルカチオンが生成する

(nitrosylcation) NO$^+$が生成することから始まる．亜硝酸イオン（NO$_2^-$）に2段階のプロトン化が進行すると，優れた脱離基であるヒドロニウムが生成する．ここから水が脱離することで，求電子性の高いニトロシルカチオンが生成する（図25・62）．

これまでに学んだすべてのアミンの反応と同様に，ジアゾニウムイオンの生成機構は，求核性のアミンがニトロシルカチオンを攻撃しつつプロトン移動が起こることから始まる（図25・63）．酸性プロトンが引抜かれると，ニトロソアミンが生成する．このニトロソアミンは，次の二つの段階でアルデヒドと同様に反応する．ニトロソアミンの酸素がプロトン化されると，新しいN-Nπ結合を含む共鳴構造を描くことができる．この共鳴構造から酸性プロトンを除去すると，エノールに似た生成物が得られる．すなわち，この2段階は§10・8・3と§20・2で学んだケト-エノール互変異性化の反応機構と同じである．[§20・2を振り返り，本当かどうか確かめてみよう] このエノール形化合物の酸素がプロトン化されると，窒素上の非共有電子対の助けを借りて水分子が脱離し，N≡N三重結合をもつジアゾニウムイオンが生成する．この反応機構は複雑に見えるが，単純にアミンがニトロシルカチオンへ求核攻撃した後，四つの酸塩基反応と最後の脱離の段階を経るだけである．

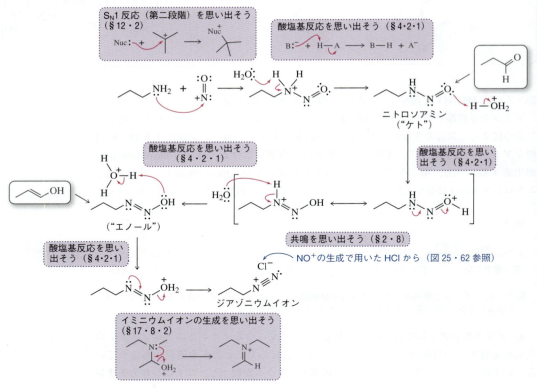

図25・63　ニトロシルカチオンによるジアゾニウムイオン生成の反応機構 [灰色で示した二つの構造は，ケト-エノール互変異性との関連を明確にするために描いてあるけど，実際の反応には関係ないからね]

ジアゾニウムイオン，特にアルキルジアゾニウムイオンが生成してしまうため，この反応を合成化学上，活用することは難しい．ジアゾニオ基（-N⁺≡N）は窒素分子とほとんど同じ状態であるため，アルキルジアゾニウムイオンは非常に反応性が高く，安定な窒素分子を脱離しながら水中で速やかに分解して無数の生成物を与える．これらの生

成物のほとんどは，不安定なカルボカチオンが生成することでひき起こされる置換，脱離，転位などの反応過程から生じる（図25・64）．唯一の有用なアルキルジアゾニウムイオンは，おそらくジアゾメタンであるが，この化合物はここで示した方法で合成されるわけではない．［ジアゾメタンの合成に関する興味深い反応機構の問題については，アセスメント25・45を参照しよう］

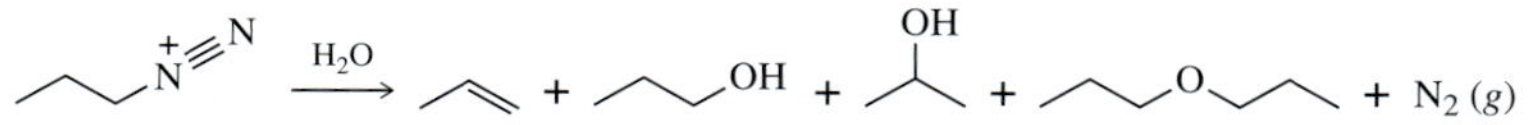

図25・64 アルキルジアゾニウムイオンは自発的に分解して多くの分解生成物を与えるため，合成化学的には重要でない

b. ニトロソアミンの生成　第二級アミンとニトロシルカチオンの反応もまったく同じように始まる．しかし，ジアゾニウムイオンは生成せず，ニトロソアミンの生成で反応が止まる（図25・65）．［図25・63を見返して，なぜそうなるのかを考えてみよう］第一級アミンからニトロソアミンが生成するときには，窒素上にプロトンが残っていたので"エノール"の生成が可能だった（図25・65）．第二級ニトロソアミンにはこのプロトンがないので，反応はここで止まることになる．

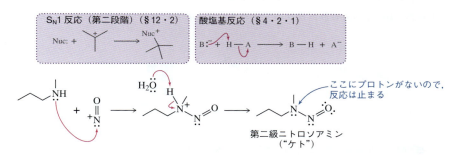

図25・65 ニトロシルカチオンと第二級アミンの反応はニトロソアミンを与える

　このようにしてつくられるニトロソアミンは，化粧品や農薬の合成に使用されている．ニトロソアミンはまた，強酸性の胃の中で亜硝酸塩が食品中のアミノ基と反応して生成することがあり，揚げ物をつくる際にも生成することが知られている．ニトロソアミンの約90%は発がん性があるとされている．そのため，米国農務省（USDA）は，食品添加物として食肉に使用する亜硝酸ナトリウムの量を200 ppmに制限している．

c. アミンの定性的な構造決定　これまで，アルキルアミンと亜硝酸ナトリウムの反応では，分解してしまうために合成の役に立たないアルキルジアゾニウム塩を与える反応と，発がん性物質であるニトロソアミンを与える反応があった．［こうした反応に名前を残したいとは思わないよね］しかし，分光法が現代のレベルまで発展する以前は，これらの反応はアミン類の構造決定に役立っていたという歴史がある．未知のアミンが第一級，第二級，第三級のどれなのかを知りたいと思うような場面を想像してみよう（図25・66）．IRやNMRの助けを借りることなく，亜硝酸ナトリウムと酸から生成するニトロシルカチオンで溶液を処理すればよいのである．第一級アミンはすぐに反応してジアゾニウムイオンを形成し，これが分解すると溶液からの窒素ガスの発泡が観測される．一方，第二級アミンを反応させると，ガスが発生しない黄色の溶液が得られ，ニトロソアミンの生成が推定できる．また，第三級アミンでは，目に見える反応は起こらない．

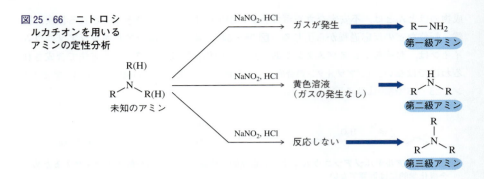

図 25・66 ニトロシルカチオンを用いるアミンの定性分析

d. アリールジアゾニウムイオンの生成と反応 さて，ここまで分解，発がん，過去 50 年に使われなくなった構造決定の方法について述べてきた．［もっとよいことができるはずだよね］それではジアゾニウムイオンは，有機化学者が興味をもつような，他のどのような反応に関与するだろうか？ アルキルアミンの代わりにアリールアミンを用いた場合，得られるアリールジアゾニウムイオンはかなり安定で，10 ℃ 以下であれば単離・保存することができる（図 25・67）．これは，sp^2 混成の炭素が置換，脱離，カルボカチオンの生成，転位を起こしにくいためである．その結果，このタイプの分子は，以前 §23・10・1 の芳香族置換反応で見たように，非常に有用な合成中間体となる．

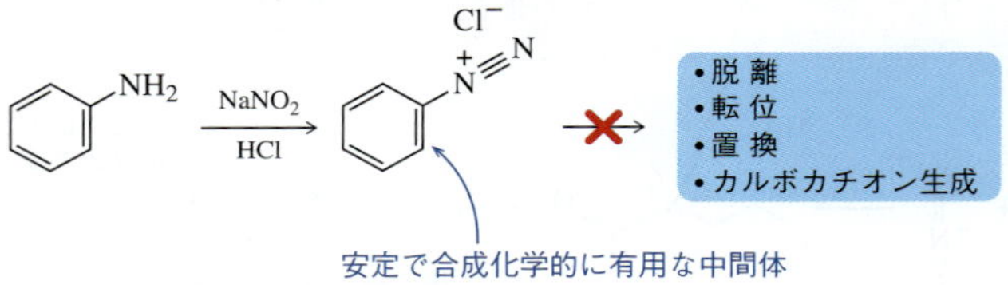

図 25・67 アルキルジアゾニウムイオンと同じ反応機構で生成するアリールジアゾニウムイオンは合成化学的に有用な中間体である

ジアゾニウムイオンは，図 25・68 に示す反応によってほかの多くの官能基に変換することができる．中でも銅塩を用いる反応は **Sandmeyer 反応**（Sandmeyer reaction）とよばれる．これらの反応の反応機構はよくわかっていないが，多くはラジカルが関与していると考えられている．

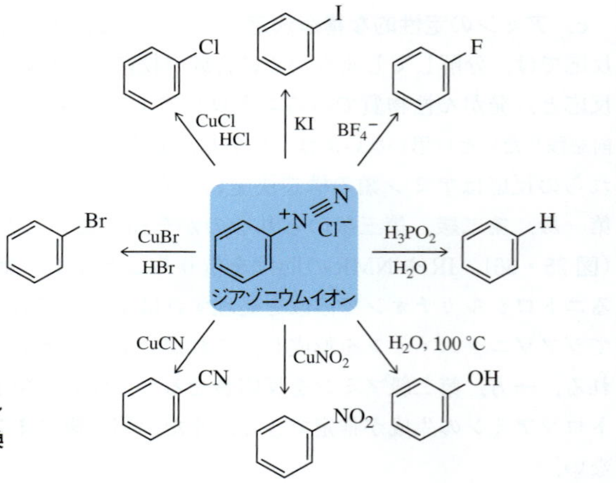

図 25・68 ジアゾニウムイオンのさまざまな官能基への変換反応

25・7 アミンの反応　　1199

　ジアゾニウムイオンは求電子性の高い求電子剤でもあり，置換ベンゼンとの芳香族求電子置換反応にも関与する（**図25・69**）．π結合がジアゾニウムイオンを攻撃することで非芳香族の中間体を形成する．それに続く非常に有利で高速な脱プロトンにより再芳香族化する．このタイプの反応は，高度に共役した色素分子の合成に有用であり（化学はここにも23-C），ひいてはプロントジルやサルファ系抗菌薬の発見にもつながった（化学はここにも23-B）．

オルト–パラ配向
芳香族　　付加　　非芳香族　　脱離　　芳香族

図25・69　ジアゾニウムイオンの芳香族求電子置換反応

　このジアゾニウムイオンを用いる合成上の利点は，ニトロ基をアミンに還元して（§25・6・3参照），ジアゾニウムイオンに変換できることである．この3段階のプロセス（**図25・70**）で，ニトロ基は図25・68の官能基のどれにでも変換することができる．

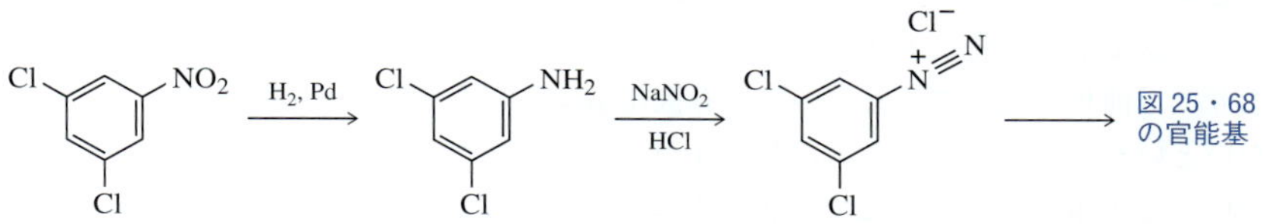

図25・70　ジアゾニウムイオンを経由したニトロ基のさまざまな官能基への変換

25・7・5のまとめ

- ジアゾニウムイオンの生成は，さまざまなアミンに対して可能であるが，Sandmeyer反応によるベンゼン環の誘導体化に最も有効である．

アセスメント

25・43　次の反応(a)，(b)の主生成物を示せ．

(a)

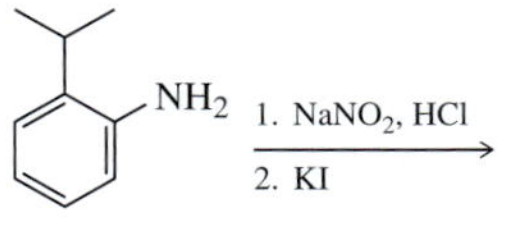

1. NaNO$_2$, HCl
2. KI

(b)

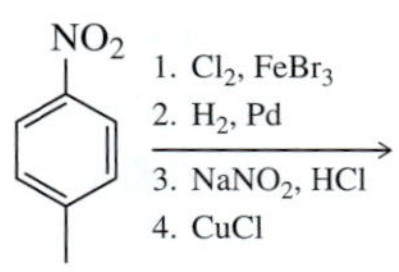

1. Cl$_2$, FeBr$_3$
2. H$_2$, Pd
3. NaNO$_2$, HCl
4. CuCl

25・44　次のアゾ色素は，置換ベンゼンとアリールジアゾニウムイオンを用いた2種類の反応で合成できる．その両方を示せ．また，どちらの反応がより適切だと言えるか．

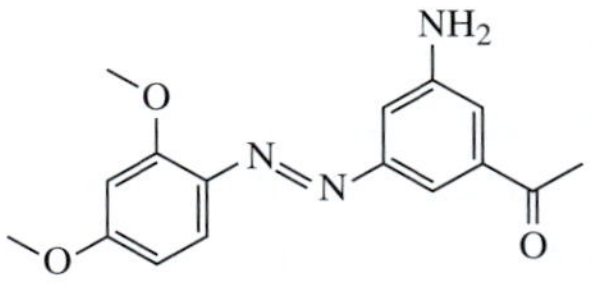

25・45　*N*–メチル–*N*–ニトロソ–*p*–トルエンスルホンアミドを水酸化ナトリウムで処理すると，ジアゾメタンが生成する．この反応の反応機構を示せ．［ヒント: スルホンアミドは，第19章のカルボン酸誘導体と同じような挙動を示すよ］

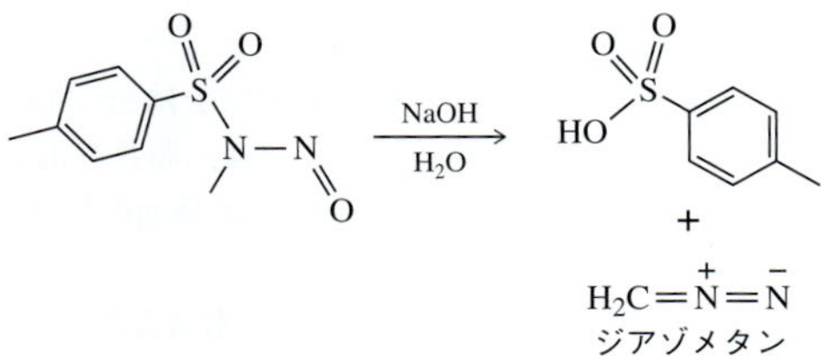

NaOH
H$_2$O

H$_2$C=N$^+$=N$^-$
ジアゾメタン

むすびに：大うつ病性障害

　おそらくほかの官能基に比べて，アミンは脳内化学反応においてより重要な役割を果たしている．アミンはまた，神経伝達物質そのものの構造や神経伝達物質の濃度を調整するための薬剤の構造においても重要な役割を果たす．うつ病以外にも，不安障害，統合失調症，双極性障害，注意欠陥・多動性障害など，多くの疾患の原因が，脳内神経伝達物質の絶妙なバランスが崩れることにあると考えられている．このように，第25章で学んだ薬に関連する誘導体は，他の多くの病気の治療にも使われる．

　ここで紹介する神経伝達物質を含め，天然に存在するほとんどのアミンは，体内の天然アミノ酸から合成される．アミノ酸は，その名の通り，アミンとカルボン酸の両方を含んでおり，第26章のテーマとなっている．では，これらの薬が作用する受容体はどうなっているのだろうか？受容体はタンパク質であり，第26章で説明するアミノ酸で構成されている．このように，第26章で扱う化学物質の多くは，これまで学んだ内容と似ているが，より生化学的な文脈で扱われている．これらすべてのことをふまえたうえで，次の第26章のトピックへと進もう．

　しかし，その前に一言だけ．この章のトピックである大うつ病性障害（うつ病）は重い内容であり，私も書くのに二の足を［三の足も］踏んだ．しかし，将来の医療従事者を含むすべての学生にストレスを与える講義において，精神疾患は重要かつ関連性のあるトピックであり，特に大学のキャンパスでは，精神疾患があまりにも頻繁に，そしてあまりにも簡単に見過ごされている．有機化学は難しく，優秀な成績を収めなければならないというプレッシャーもあるだろうが，それは君たちの心の健康ほど重要なものではない．この本で私がこれまでに書いたほかのすべてのことは無視しても構わないが，これだけは無視しないでほしい．もし，君や君の知り合いがうつ病に苦しんでいたら，できるだけ早く助けを求めよう．教授，親，友人，学校のカウンセリングセンター，電話相談センターなど，誰かに相談してほしい．どうか，助けを求めてほしい．君にはその価値がある．

第25章のまとめ

重 要 な 概 念　〔ここでは，第25章の各節で取扱った重要な概念（反応は除く）をまとめる〕

§25・1～25・2: アミンは一つ，二つ，三つのアルキル基に結合した窒素を含む化合物である．アミンは，さまざまな命名法（慣用名，IUPAC 名）を使用して適切に命名できる．アミンは，窒素に結合したアルキル基の数により，第一級，第二級，第三級に分類される．

§25・3: 脂肪族アミンのアミノ基の窒素原子は sp^3 混成の状態である．アニリンのような芳香族アミンは，非共有電子対が芳香環との共鳴に参加できるため，窒素原子は sp^2 と sp^3 の間の混成の状態をとる．

§25・4: アミンはアルコールに比べると水素結合が弱いため，より低い温度で沸騰・融解する．赤外スペクトルでは，第一級および第二級アミンは，$3300 \, cm^{-1}$ 付近の幅広い N–H 伸縮が特徴的である．一つの窒素を含む分子は，奇数の質量数をもつという特徴がある．この特徴を利用して，質量分析計でモノアミンをすばやく同定することが可能である．pK_b 値は，pK_a 値と同様に，アミンの相対的な塩基性を評価するために使用でき

る．pK_b 値が低いほど塩基性が強いことを意味する．

§25・5: 第一級アミンを合成する最も簡単な方法は，アンモニアをアルキル化することだが，過剰アルキル化により第一級アミンを選択的に得ることは難しく，この方法は現実的ではない．ニトリルの還元，アジドの還元，歴史的には Gabriel アミン合成が，第一級アミンを合成するためのより効率的な方法として利用される．

§25・6: さまざまに置換されたアミンの一般的な合成は，アミドの還元，還元的アミノ化，ニトロ基の還元，Buchwald-Hartwig アミノ化などで行うことができる．

§25・7: アミンの最も一般的な反応は，アミンが塩基または求核剤として作用するものである．Hofmann 脱離と Cope 脱離により，最も置換数の少ない（最も不安定な，Zaitsev 則に従わない）アルケンを合成できる．置換されたアニリンからジアゾ化合物を形成することで，芳香環を自由に官能基化できる．

第25章のまとめ　　1201

重要な反応と反応機構

1. ニトリルの還元（§25・5・2）　　高い求核性をもつヒドリドイオンの付加に続いて，窒素上の電子対が Lewis 酸である AlH$_3$（アルマン）に供与される．アルミニウムからイミン窒素へのヒドリド移動によりアミドが生成し，これが続く酸処理でプロトン化される．得られた錯体を加水分解すると，第一級アミンが得られる．

【一般式】

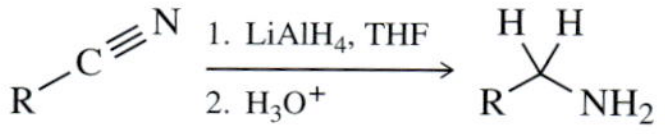

【具体例】

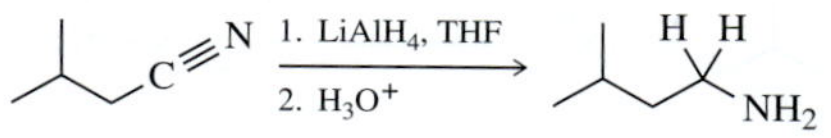

【反応機構】

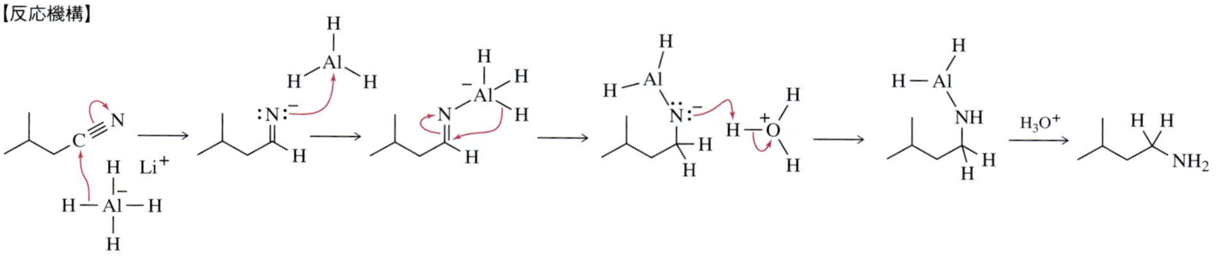

2. アジドの還元，LiAlH$_4$（§25・5・3）　　アジドの末端窒素にヒドリドイオンが求核付加するとアニオン中間体が生成し，これがアルマンとの Lewis 酸塩基反応を起こす．続く分子内の酸塩基反応により，H$_2$，N$_2$，およびアルミニウムイミド種が生成し，これが2回プロトン化されると N$-$Al 結合が加水分解される．アジドの還元はしばしば S$_N$2 反応の後に行われ，第一級ハロゲン化アルキルから第一級アミンを合成することができる．アジドは H$_2$ と Pd/C を用いて還元することもできる．[電荷をもたないアミンを確実に単離するためには，弱塩基による処理が必要であることを思い出そう]

【一般式】

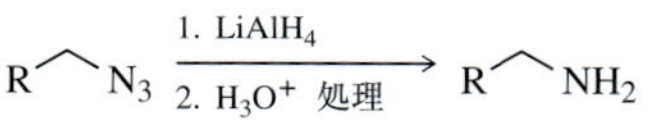

【具体例】

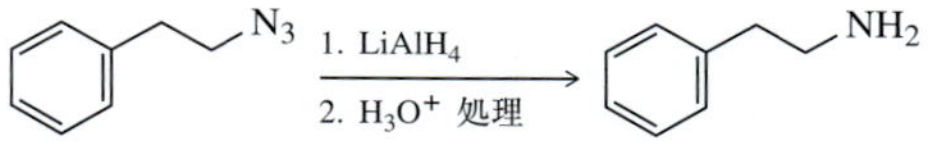

【反応機構】

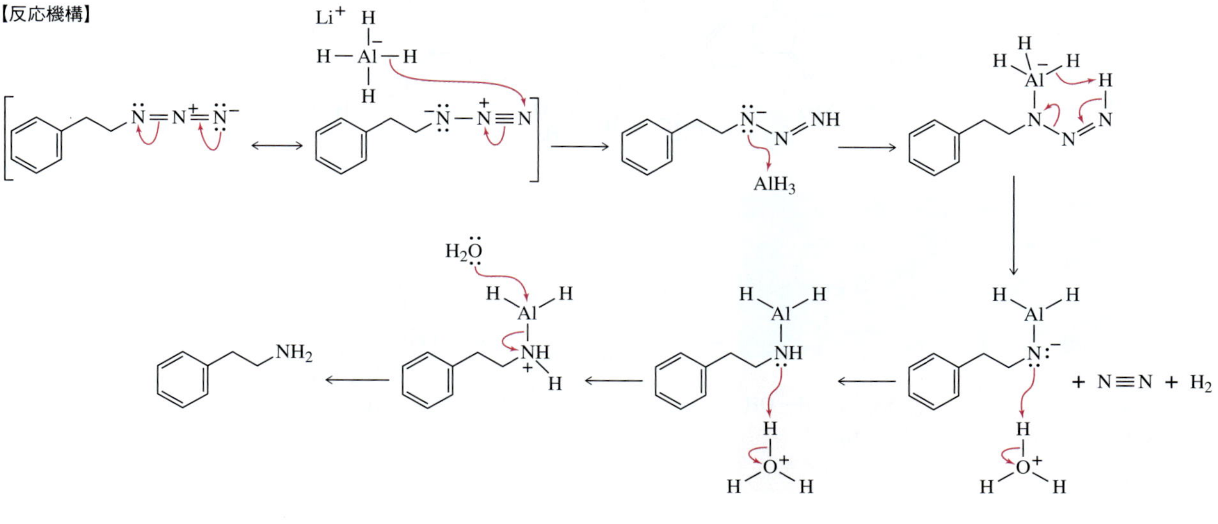

3. アジドの還元，Ph$_3$P（§25・5・3）　　アジドの Ph$_3$P による還元は Staudinger 反応とよばれ，アジドの末端窒素に Ph$_3$P が求核付加し，Wittig 反応と同様に4員環を形成することから始まる．この4員環が分解すると窒素分子の脱離を伴って P＝N 二重結合が形成され，これが加水分解されて熱力学的により安定な P＝O 二重結合が形成される．

1202　25. ア ミ ン

【一般式】

R–CH₂–N₃ →[PPh₃, H₂O] R–CH₂–NH₂

（*R–N₃ → R–NH₂ 構造式の図*）

【具体例】

（*イソブチルアジド → PPh₃, H₂O → イソブチルアミン*）

【反応機構】

（*反応機構の化学構造式*）

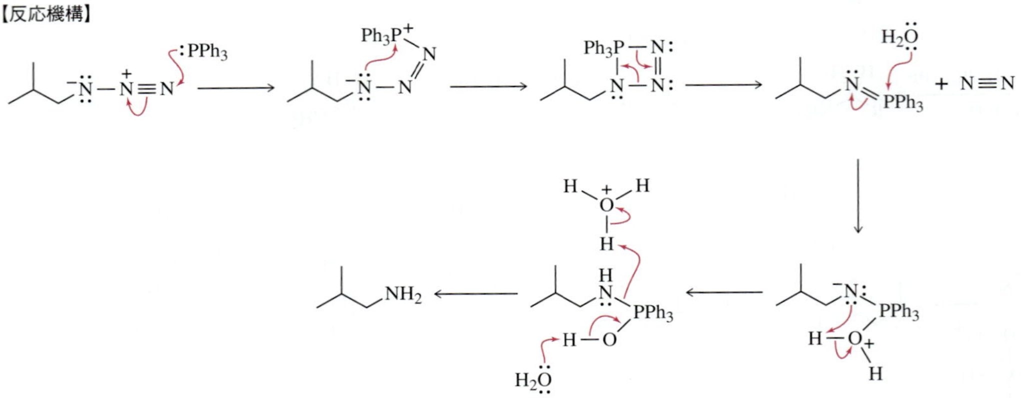

4. Gabriel アミン合成（§25・5・4）　フタルイミドカリウムは S_N2 反応でアルキル化されてイミドを生成する. 二つの求核ア
シル置換反応といくつかの酸塩基反応を含む複雑な機構により, イミドが加水分解されて第一級アミンが芳香族性の副生成物とと
もに放出される. この反応では廃棄物が発生するため, 現代では Gabriel アミン合成はあまり使われない.

【一般式】

R–CH₂–Cl + （*フタルイミドカリウム*） →[H₂NNH₂ / KOH, 加熱] R–CH₂–NH₂

【具体例】

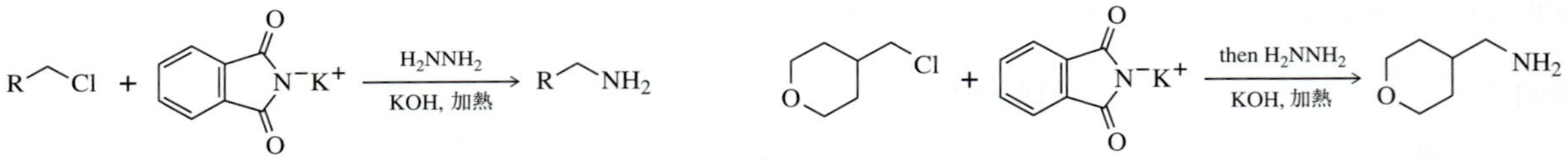

（*具体例の化学構造式*）

【反応機構】

（*反応機構の化学構造式*）

芳香族 / 異性化

第一級アミン

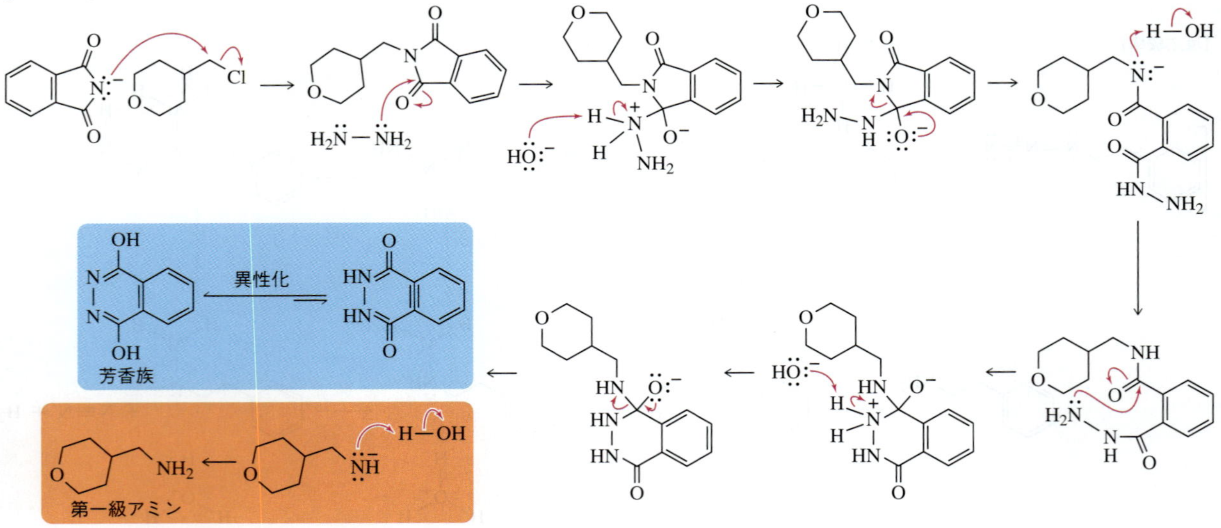

5. アミドの還元（§25・6・1）　2 当量のヒドリドが別々の段階でカルボニル炭素に加わり, アミドをアミンに還元する. 汎用
反応機構 18A（§18・7・1）が進行する場合, ヒドリドのアミドへの付加により安定な四面体中間体ができる. 生成したアルコキ
シ酸素は Lewis 酸であるアルマン AlH₃ に電子対を供与し, 優秀な脱離基であるオキソアルミナート（[H₃AlO]²⁻）を形成する.

第25章のまとめ 1203

窒素上の非共有電子対に押し出されてオキシアルミン酸が脱離することで，イミニウムイオンが生成する．つづいて，このイミニウムイオンが2当量目のヒドリドで還元され，アミンが生成する．

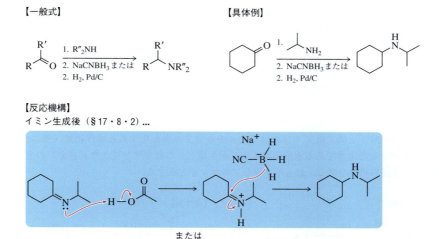

6. 還元的アミノ化（§25・6・2）　§17・8・2の反応機構でイミンが生成した後，これがプロトン化してできたイミニウムイオンの求電子的な炭素に対して，ヒドリドが付加することで還元が進行する．

7. ニトロ基の還元（§25・6・3）　反応機構は不明だが，ニトロ基はパラジウム触媒を用いて水素化されて第一級アミンを生成する．

8. Buchwald-Hartwigアミノ化（§25・6・4）　アリールC−Br結合がパラジウムへ酸化的付加した後，アミンが配位して脱プロトンされてアミノパラジウム(Ⅱ)が形成される（トランスメタル化に類似）．続く還元的脱離により新しいN−C結合の形成が完了する．

1204　25. ア　ミ　ン

【一般式】

$$Ar-Br \ + \ R_2NH \ \xrightarrow[\text{NaO}t\text{-Bu}]{\text{Pd(PPh}_3)_4} \ Ar-NR_2$$

【反応機構】

❶ 酸化的付加

❷ アミンの配位

❸ 還元的脱離

$$NaBr \ + \ HOt\text{-Bu} \qquad NaOt\text{-Bu}$$

【具体例】

$$\text{(CH}_3)_2NH \ \xrightarrow[\text{NaO}t\text{-Bu}]{\text{Pd(PPh}_3)_4}$$

9. アミンの酸塩基反応（§25・7・1）　アミンは，酸に電子対を供与することで酸塩基反応に関与する．結果として生じるアンモニウム/共役塩基複合体は，元の中性アミンよりも水に溶けやすい.

【一般式】

$$R_2NH \ \xrightarrow{H-B} \ \overset{+}{R_2NH_2} \quad B^-$$

【具体例】

$$\xrightarrow{HCl}$$

【反応機構】

10. Hofmann 脱離（§25・7・3）　第三級アミンをヨウ化メチルでアルキル化するとヨウ化アンモニウムが生成する．ヨウ化アンモニウムを酸化銀で処理すると塩基である水酸化物イオンが生成し，これがアンモニウムイオンの E2 脱離をひき起こす．この際，立体歪みが最小となる遷移状態を経て，最も不安定なアルケンが生成する.

【一般式】

$$R \underset{}{\overset{NR'_2}{\diagup}} \ \xrightarrow[\text{2. Ag}_2O, H_2O]{\text{1. CH}_3I} \ R\diagdown\diagup$$

【具体例】

$$\xrightarrow[\text{2. Ag}_2O, H_2O]{\text{1. CH}_3I}$$

【反応機構】

$$\xrightarrow{H_3C-I} \quad \xrightarrow[H_2O]{Ag_2O} \quad \longrightarrow$$

$$+ \ 2\,AgI$$

11. Cope 脱離（§25・7・4）　第三級アミンの酸化により，*N*-オキシドが生成し，これが協奏的なシン脱離を受けて，最も置換数の少ないアルケンが生成する.

【一般式】

$$R \underset{}{\overset{NR'_2}{\diagup}} \ \xrightarrow[\text{2. 加熱}]{\text{1. }m\text{CPBA}} \ R\diagdown\diagup$$

【具体例】

$$\xrightarrow[\text{2. 加熱}]{\text{1. }m\text{CPBA}}$$

第25章のまとめ　1205

【反応機構】

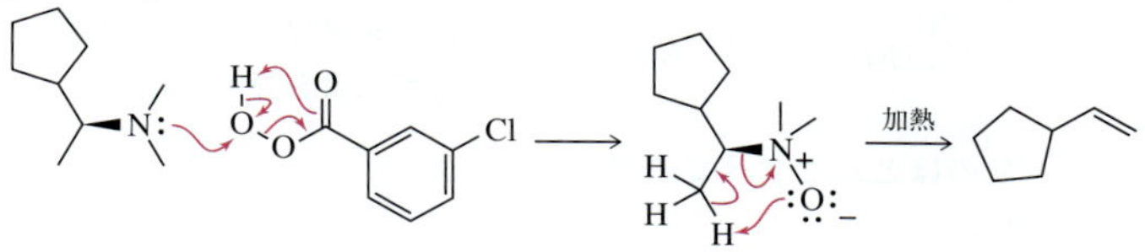

12. ジアゾニウムイオンの生成（§25・7・5）　　アミンとニトロシルカチオンを反応させると，ジアゾニウムイオンが生成する．この反応はこれまでに学んだいくつかの反応（四つの酸塩基反応を含む）を含む複雑な反応機構で起こる．

【一般式】　　　　　　　　　【具体例】

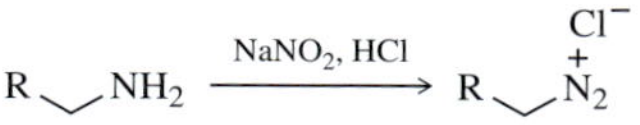

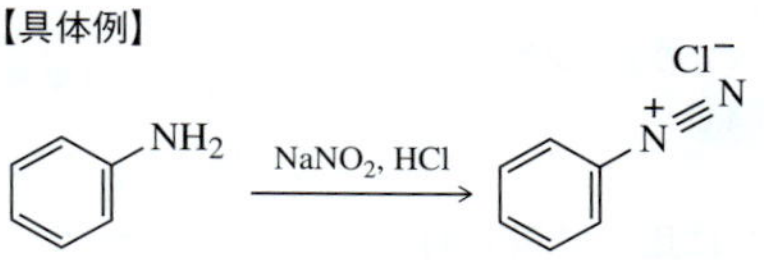

【反応機構】

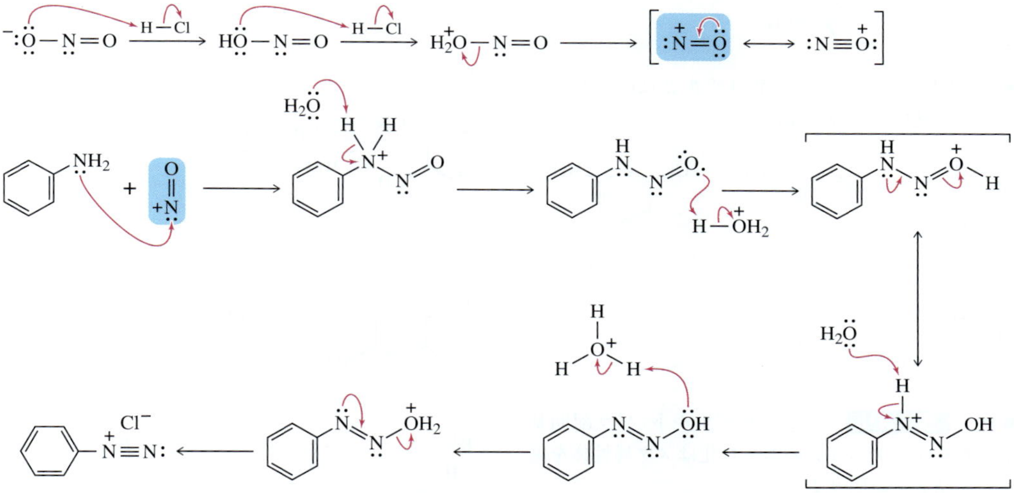

アセスメント〔●の数で難易度を示す（●●●●＝最高難度）〕

25・46（●）　次の pK_b をもつ塩基(a)〜(c)の共役酸の pK_a を計算せよ．

(a)　　pK_b = 3.33

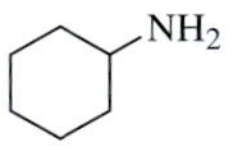

(b)　　pK_b = 3.24

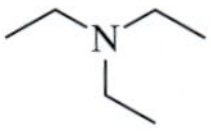

(c)　　pK_b = 9.4

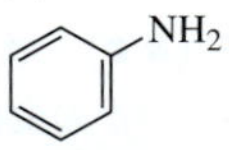

25・47（●）　次の酸塩基反応(a), (b)の平衡定数をそれぞれ計算せよ．

(a)　　pK_b = 3.01　　pK_b = 21

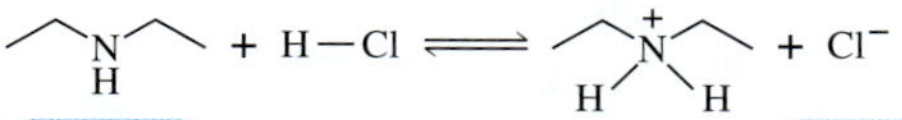

(b)　　pK_a = −7　　pK_a = 10.99

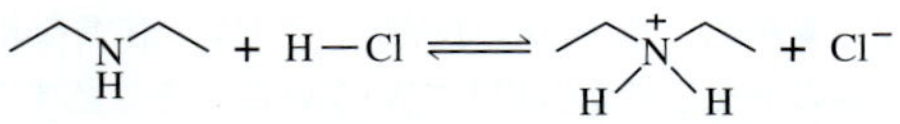

25・48（●●）　それぞれの組でより強い塩基を選べ．理由も合わせて述べること．

(a)　

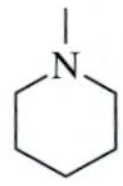

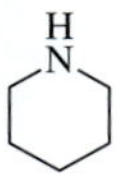

(b)　

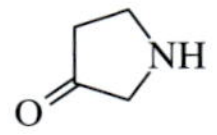

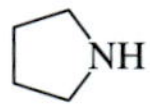

(c)

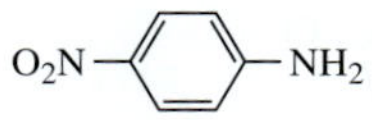

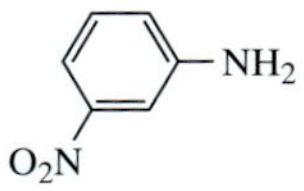

1206　25. ア ミ ン

(d) (構造式) と (構造式)　(e) (構造式) と (構造式)

25・49（●） **先取り** プロリンと他のほとんどすべてのアミノ酸との間の pK_b 値の違いを説明せよ.

プロリン
pK_b = 3.6

他のほとんどすべてのアミノ酸
pK_b = 4.5

25・50（●●） アニリンは脂肪族アミンに比べて還元的アミノ化反応を起こすのが非常に遅い. これはなぜか.

25・51（●●） 以下のアミンをヨウ化メチルと反応させた際のアルキル化速度が速い順に並べよ.

25・52（●●●） **振り返り** アミノ基がオルト–パラ配向基であるにもかかわらず, アニリンのニトロ化はメタ異性体を優位に与える. この結果を説明せよ.

(構造式) $\xrightarrow{HNO_3, H_2SO_4}$ (構造式)

25・53（●●●） 薬剤師の役割の一つは, 有害な相互作用をする二つの薬を患者が服用していないことを確認することである. プロトンポンプ阻害薬であるオメプラゾールには, 複数の薬物相互作用がある. アモキサピンなどのアミン含有薬は, オメプラゾールと一緒に服用すると, 排泄速度が低下することがよくある. この相互作用について説明せよ. 〔ヒント: 体は水溶性の薬物を排泄するのが得意だよ〕

アモキサピン

25・54（●●） アセスメント 25・53 で観察された効果とは対照的に, オメプラゾールはエノキサシンの排泄を増加させる. この観察結果を説明せよ.

エノキサシン

25・55（●●） 次の反応(a)～(j)の主生成物を示せ.

(a) (構造式) $\xrightarrow[\text{2. Ag}_2\text{O, H}_2\text{O}]{\text{1. CH}_3\text{I}}$

(b) (構造式) $\xrightarrow[\text{2. CuCl}]{\text{1. NaNO}_2, \text{HCl}}$

(c) (構造式) $\xrightarrow[\text{2. H}_2\text{O}]{\text{1. LiAlH}_4, \text{Et}_2\text{O}}$

(d) (構造式) $\xrightarrow[\text{HOAc, NaCNBH}_3]{}$

(e) (構造式) $\xrightarrow{\text{H}_2, \text{Pd/C}}$

(f) (構造式) $\xrightarrow[\text{2. 加熱}]{\text{1. }m\text{CPBA}}$

(g) (構造式) $\xrightarrow[\text{2. H}_2\text{O}]{\text{1. LiAlH}_4, \text{Et}_2\text{O}}$

(h) (構造式) $\xrightarrow[\substack{\text{2. LiAlH}_4, \text{THF} \\ \text{3. H}_2\text{O}}]{\text{1. NaN}_3}$

(i) (構造式) $\xrightarrow[\substack{\text{2. KOH} \\ \text{H}_2\text{NNH}_2, \\ \text{加熱}}]{\text{1. }n\text{BuBr}}$

(j) (構造式) $\xrightarrow[\substack{\text{Pd(PPh}_3)_4 \\ \text{NaO}t\text{-Bu}}]{}$

25・56（●●） 次の分子変換を実行するための反応を提案せよ. いくつかの変換は 2 工程以上を必要とする.

(a) $(H_3C)_2N$-(構造式) → (構造式)

(b) (構造式) → (構造式)

(c) 構造式: HN(iPr)-C(=O)-CH2-Ph → iPr-NH-CH2CH2CH2-Ph

(d) 4-メチルシクロヘキセニル-CH2Cl → 4-メチルシクロヘキセニル-CH2CH2NH2

(e) 4-メチルシクロヘキセニル-CH2Cl → 4-メチルシクロヘキセニル-CH2NH2

(f) PhC(=O)CH3 → Ph-CH(CH3)-N(trans-3,4-dimethylpyrrolidinyl)

(g) CH3CH2CH2-CH(Et)-CH(OH)-NO2 → CH3CH2CH2-CH(Et)-CH(OH)-NH2

(h) H2N-C6H4-C(=O)CH3 → HO-C6H4-C(=O)CH3

25・57（●） Gabriel アミン合成は，第一級ハロゲン化アルキルで最も頻繁に行われる．なぜ級数の高いハロゲン化物では成功しないのだろうか．

25・58（●●） 最近の論文から 2007 年に発表された論文 (*J. Comb. Chem.*, **2007**, *9*, 171–177) では，含窒素複素環化合物のライブラリーを調製するために，以下の合成法が提案されている．(a) この反応では，なぜ大過剰のアミンを使用する必要があるのか．(b) 同じ化合物のより無駄のない合成法を提案せよ．

HOOC-C6H3(NO2)-CH2Br + R-NH2 → HOOC-C6H3(NO2)-CH2-NHR

25・59（●●●） 振り返り 次の還元・環化反応の反応機構を示せ．[この反応は第 23 章で学んだ反応に似ているね]

3,5-bis(CF3)-2-Cl-C6H2-CH(CH3)-CH2-CN → 6,8-bis(CF3)-4-methyl-1,2,3,4-tetrahydroquinoline
1. LiAlH4, THF
2. H2O

25・60（●●） 次の脱離反応を実行するための適切な条件を示せ．理由も合わせて述べること．

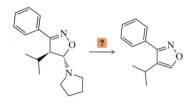

25・61（●●） 次の二つの脱離反応はどちらがより遅い速度で進行する．(a) 両方の生成物の構造を描いて，(b) 遅い方の反応を特定し，(c) その反応が遅い理由を説明せよ．[6 員環を含む反応の場合，何をいつも考えるべきだったかな]

両方とも: 4-tert-butyl-2-methylcyclohexylamine, 1. CH3I, 2. Ag2O (異なる立体化学)

25・62（●●） ある大学院生が次に示す合成を試みたが，最終生成物の NMR スペクトルに予想外のシグナルが見られた．(a) 実際の生成物を特定し，(b) この大学院生が目的の化合物を合成できるように合成法を修正せよ．

PhCH2Br → PhCH2NH2
1. NaCN, DMSO
2. LiAlH4, THF
3. H3O+
目的の化合物（得られない）

25・63（●●） アミンから出発して次の化合物(a)〜(d)を合成せよ．

(a) 3-isopropylcyclohexyl-N(CH3)-N=O

(b) Et2CH-N2+

(c) cyclopentyl-N(Ph)-N=O

(d) 4-OMe-2-methyl-C6H3-N2+

25・64（●●） 先取り アミノ酸は下図のように双性イオンの形で存在する．なぜだろうか．

HOOC-CH(NH2)-iPr ⇌ -OOC-CH(NH3+)-iPr

25・65（●●●●） 振り返り 次の還元的アミノ化/環化の反応機構を示せ．[この反応の第二段階は第 21 章で取上げたね]

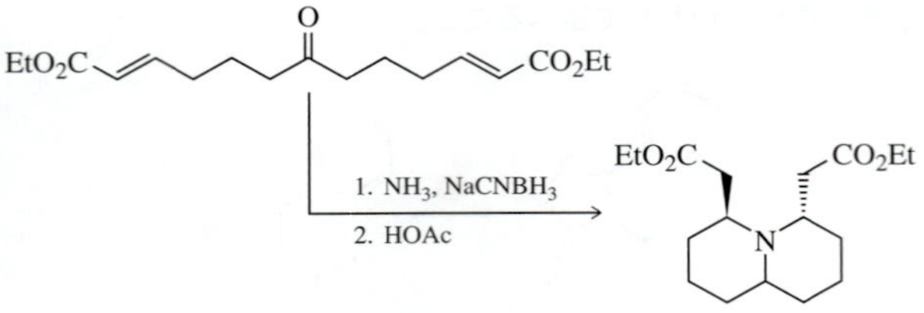

1208　25. ア ミ ン

25・66 (●●●●) 次の反応の反応機構を示せ. [ただしニトロ基の還元については, 反応機構を示さなくてよいよ]

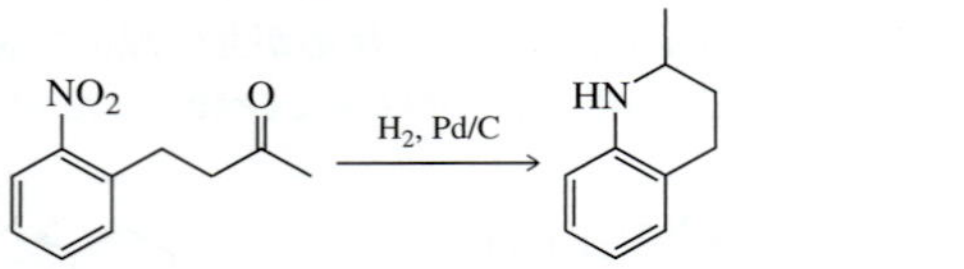

25・67 (●●●●) 低血糖の治療に使われる薬, ジアゾキシドの合成の最終段階を示す. この反応の反応機構を提案せよ.

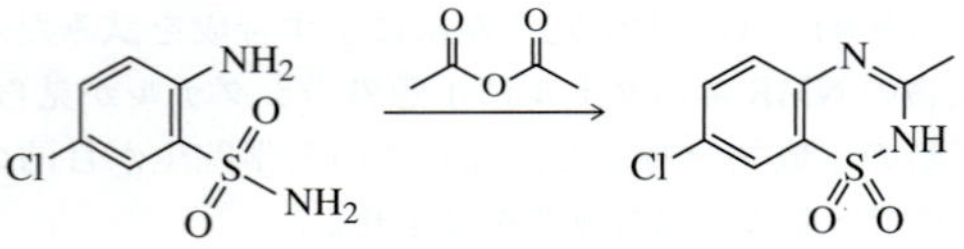

25・68 (●●●●) α-ヒドロキシ酸の合成は, アミノ酸から開始できる. 示された2段階の変換の反応機構を提案せよ. [反応物と生成物のアルコール酸素は同じ原子だよ]

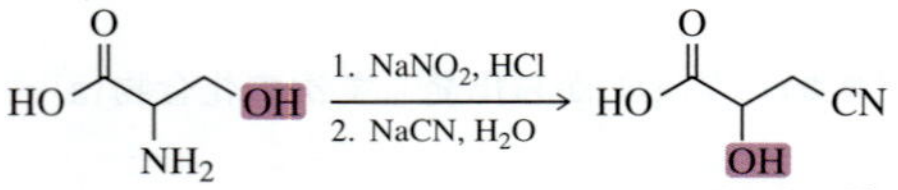

α-ヒドロキシ酸

25・69 (●●) N-アセチルシステインは, アセトアミノフェン中毒や囊胞性線維症の治療に使用される. この薬をつくるために必要なアミン (出発物質) と反応剤を示せ.

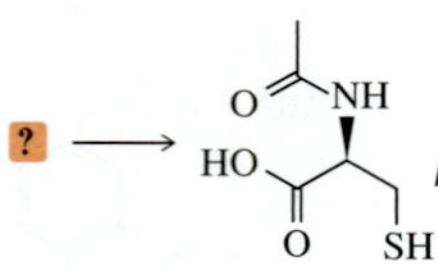

N-アセチルシステイン

25・70 (●●) 君と君のライバルは, 有機合成化学において競争をしている. ライバルがトルエンから p-クロロトルエンを合成する経路は以下の通りである.

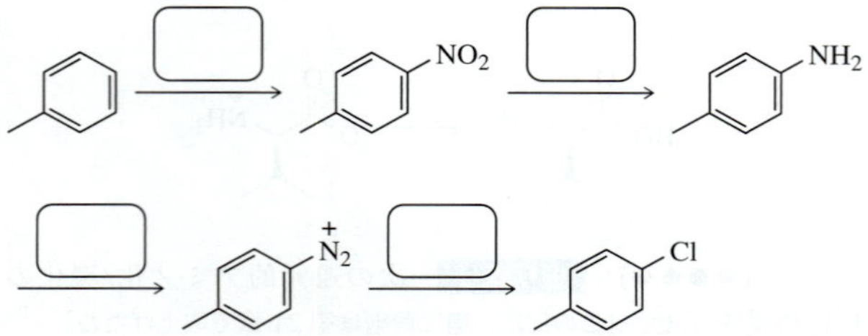

(a) ライバルの合成経路で使用した反応剤を記入せよ. (b) 君が競争に勝てる合成経路を考案せよ.

25・71 (●●) 　最近の論文から　以下の合成法が最近報告された. 示された反応の空欄を埋めよ (*Org. Lett.*, **2020**, *22*, 2354–2358).

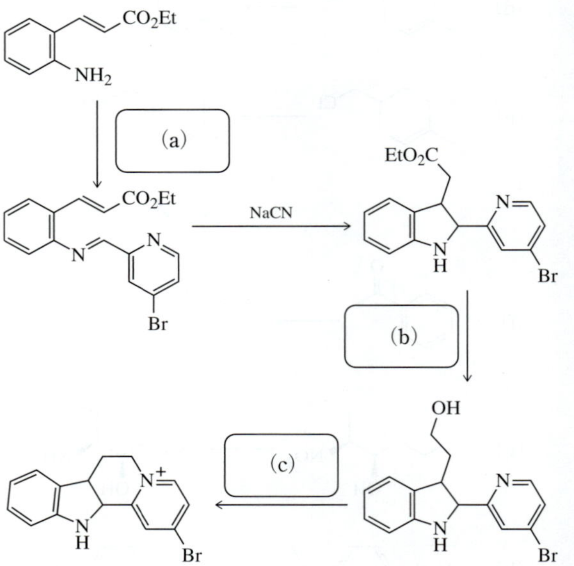

25・72 (●●●) ネオスチグミンは, 目に影響を与える筋肉疾患の治療に使用される薬である. (a) m-ブロモフェノールまたは (b) m-ニトロフェノールを出発物質としてこの化合物の合成経路を考案せよ.

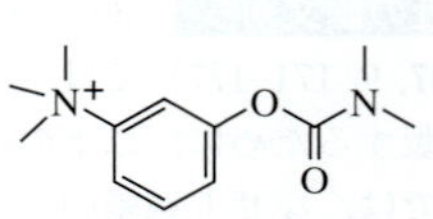

ネオスチグミン

(a)

(b)

25・73 (●●●●) 　振り返り　第20章で学んだマロン酸エステル合成を用いて, 次の分子の合成経路を考案せよ. [この合成には, いくつかの章の反応を使用しないとならないよ]

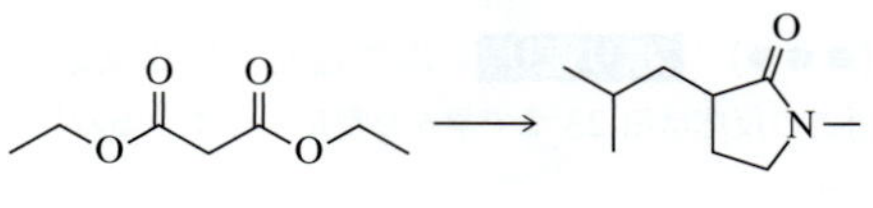

26 アミノ酸・タンパク質・ペプチド合成

はじめに

　心臓から臓器に血液が送られるとき，血液は動脈の壁を圧迫する．この壁を押す力を"血圧"という．血圧は一般的に変動するが，高すぎる状態が長く続くと，心臓に悪影響を及ぼすなど，健康上の問題をひき起こす可能性がある．心臓病のほか，高血圧は米国の主要な死因の一つである脳卒中の一般的な原因でもある．高血圧には目立った症状がないため，"サイレントキラー"とよばれ，気づいたときには手遅れになっていることが多い．早期発見のために，医師の診察時には必ず血圧検査が行われる．

　適切な食事と運動で血圧を下げることができるが，この症状を治療するために薬が開発された．この薬は，ペプチド（アミノ酸でできている）の構造に似せたものであり，ペプチド（アミノ酸でできている）を分解する酵素（タンパク質，アミノ酸でできている）を阻害するものである．アミノ酸について学びながらこの薬がどのように開発されたのかを学んでいこう．…ではまず，蛇の話から始めよう．

　この本では，これまでも，有機化学という講義の直接の対象とはならない分野での有機化学反応の活用法について見てきた．そうした活用場所の多くが生化学の分野であったのには，おもに二つの理由がある．生化学とは，有機化学と他の多くの分野（医学，医薬品化学，薬理学，生物学など）をつなぐものである．そして生化学とは，特に医療系の課程の場合，有機化学の次に履修する科目の一つである可能性が高い．

　この章から2章分にわたって，生体分子を中心に学んでいく．具体的には，第26章でアミノ酸とタンパク質，第27章で炭水化物，核酸，脂質を取上げている．これらの生体分子を学ぶために，1学期や1年の講義があることを考えると，比較的短いこの二つの章は，けっして網羅的に学ぶためのものではない．むしろ，これらの章は生化学への進入車線と考えて，有機化学の言語，概念，反応性がどのように変換されるかを学ぼう．

　この進入車線という比喩は的を射ている．私たちがこれまでに学んだ内容は，論理的に，そして段階的に生化学へと広がっていく．結局のところ，生体分子は単なる有機分子であり，私たちがよく知っている有機官能基を含んでいる．たとえば，アミン（第25章）とカルボン酸（第18章）の反応性が組合わさって，アミノ酸の化学を構成している．また，タンパク質もアミドの一種である（第19章）．負は正を攻撃し，ボールは下に向かって転がっていく．そのため，これまでの章で学んだことの多くは，ここで繰返される．

学習目標

- アミノ酸とアミノ酸の異性体の構造を説明することができる．
- 酸塩基反応におけるアミノ酸の特性を分析することができる．
- アミノ酸合成反応を分析することができる．
- アミノ酸の反応を分析することができる．
- タンパク質の基本構造を解釈することができる．
- タンパク質の一次，二次，三次，四次構造を評価することができる．
- 未知のタンパク質がタンパク質のフラグメント分析によってどのように同定されるのかを説明することができる．
- ペプチドフラグメント合成を分析することができる．

小さなモグラ塚を越えるにも，登山だと覚悟するようならば血圧だって上がるだろう．
— EARL WILSON

まず，ペプチドを学ぶために必要な有機化学の概念を理解しているかどうかを確認しよう．

1210　26. アミノ酸・タンパク質・ペプチド合成

理解度チェック

アセスメント

26・1 以下の化合物の pK_a 値を答えよ．

(a), (b), 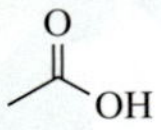 (c), 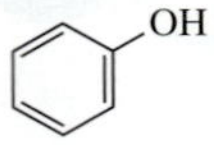 (d),  (e) 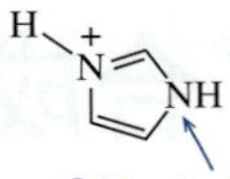 (§25・4・2 参照)

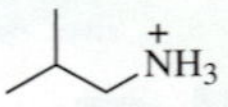

26・2 エチルアミンとプロパン酸の反応の平衡定数を計算せよ．どちらの側が有利か．

26・3 次のカルボン酸誘導体の求核剤との反応性を順位づけせよ（1 ＝ 最も反応性が高い，4 ＝ 最も反応性が低い）．

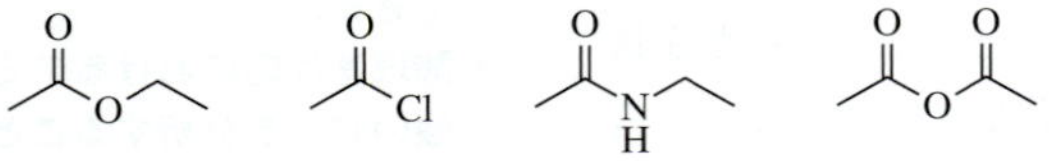

26・4 酸触媒によるアミドの加水分解の反応機構を説明せよ．

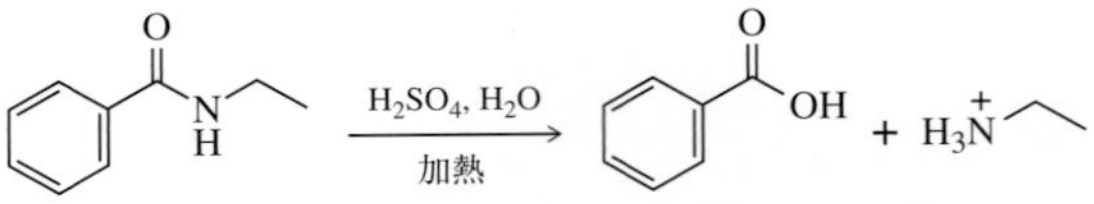

26・5 ほとんどのσ結合のまわりは自由回転があるが，アミドの C–N 結合のまわりにある回転は制限される．その理由を説明せよ．（エネルギーが必要）

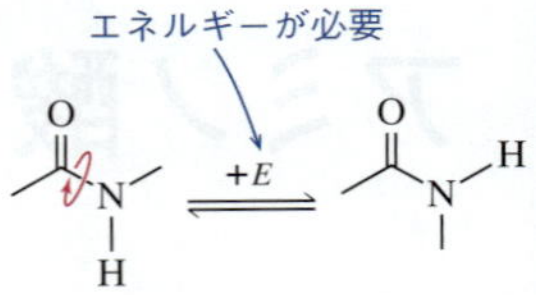

26・6 次の既習の反応の生成物を示せ．

(a), (b), 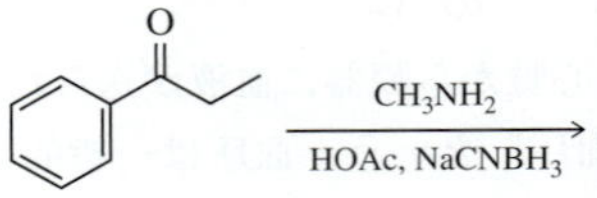 (c)

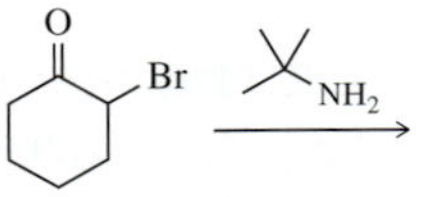

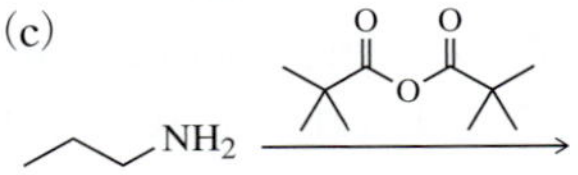

26・1　アミノ酸の一般構造

図 26・1　最も単純なアミノ酸であるグリシンの構造

アミノ酸（amino acid）はその名の通り，アミノ基とカルボン酸から構成されている．この二つの官能基をもつ分子はすべてアミノ酸とよぶことができるが，この章では，タンパク質の合成に最もよく使われる天然の "α-アミノ酸" に絞って説明する．α-アミノ酸は，図 26・1 に示すように，アミノ基がカルボン酸の α 炭素に結合している．

26・1・1　アミノ酸の側鎖

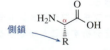

図 26・2　アミノ酸は α 炭素に特徴的な側鎖（–R）をもつ

グリシンの α 炭素に結合している他の二つの置換基は水素原子である．天然に存在する他の 19 種類の α-アミノ酸では，この水素の一つが 19 種類の異なる側鎖に置き換えられている．タンパク質が生体反応の酵素（化学はここにも 5-A）や神経伝達物質の受容体（化学はここにも 25-A）としての役割を果たすための構造の多様性は，一般的に R として表されるこれらの側鎖の多様性なしには実現できない（図 26・2）．

26・1・2　アミノ酸の立体化学

α 炭素に結合している 4 種類の基（–CO$_2$H，–NH$_2$，–R，–H）によって，α 炭素が不斉中心となる．その結果，アミノ酸（グリシンを除く）とアミノ酸からなるタンパク質はキラルな分子となる．生命誕生の謎の一つとして，天然に存在するアミノ酸のうち，一つを除いたすべてのアミノ酸は S 配置であることがあげられる（図 26・3）．
[もしかしたら，R のアミノ酸はすべて別の平行世界にあるのかもしれないね] システインだ

けが R 配置である.

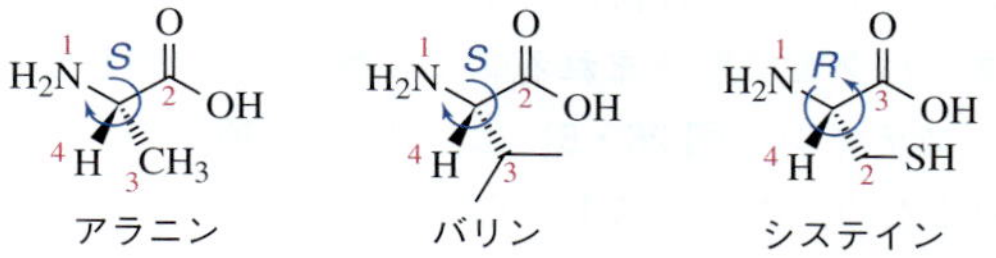

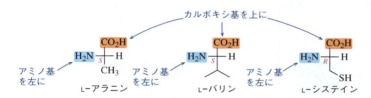

図 26・3 一つを除きすべてのアミノ酸は S 配置である

自然界に存在するアミノ酸のうち，18 種類が S 体であることは驚くべきことである．システインだけが R 体であることにさらに驚くかもしれないが，この先でその理由を学ぼう．図 26・4 のアラニン，バリン，システインの Fischer 投影式を見てみよう．Fischer 投影式とは，もともとの定義では，垂直面に最も長い炭素鎖を置き，最も酸化状態の高い炭素を上に置くというものである．したがって，システインを含むすべてのアミノ酸のアミノ基は，Fischer 投影式では左に位置することになる．[Fischer 投影式は §6・5・3 で取上げたね．炭水化物に適用するので §27・2・1 でも再登場するよ] これは L 配置とよばれている．D/L 表示法では，Fischer 投影式の最下段の立体中心において，ヒドロキシ基やアミノ基がどちら側を向いているかによって，糖やアミノ酸を定義する．ヒドロキシ基やアミノ基が右 (*dexter*) にある場合を D 配置，左 (*laevus*) にある場合を L 配置とよぶ．19 種類のキラルなアミノ酸はすべて L 配置である．これが生化学者が D/L 表示を用いた命名法を好む理由の一つである．

図 26・4 システインであっても，アミノ酸はすべて L 配置である

では，なぜシステインは R なのか．それは，原子番号に基づいて基の優先順位を決める Cahn-Ingold-Prelog 順位則の結果である．システインはアミノ酸の中で唯一，側鎖の 2 番目の原子（硫黄）がカルボン酸の酸素よりも優先順位が高い．つまり，立体中心の並び方が違うのではなく，有機化学の慣例でそう定義されているだけなのである．

アセスメント

26・7 ヒトは D-アミノ酸を使用しないが，細菌はラセマーゼとよばれる酵素を使って D-アミノ酸を合成している．図 26・4 に示したアミノ酸のエナンチオマーを，折れ線表記と Fischer 投影式の両方を使って描け．α 炭素のまわりの *R/S* 配置と D/L 配置を決定せよ．

26・8 地球上で最初に生成したアミノ酸は，パラジウム触媒によるイミンの水素化反応によって生成したと仮定する．その場合，D-アミノ酸，L-アミノ酸，あるいはその両方の混合物のどれが生成すると考えられるか．

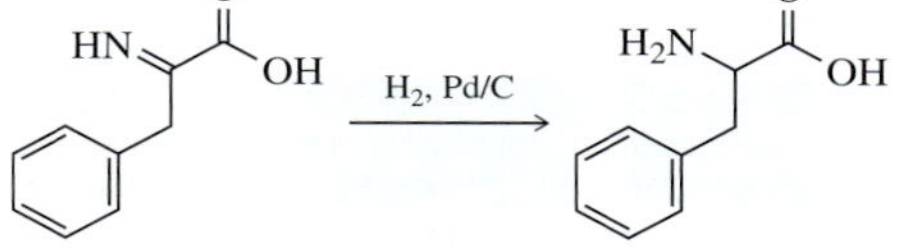

1212   26. アミノ酸・タンパク質・ペプチド合成

26・2 標準アミノ酸

図26・5 セレノシステイン

アミノ基とカルボン酸をもつ化合物はみなアミノ酸とよぶことができるが，真核生物において翻訳中にタンパク質に取込まれるアミノ酸は20種類しかない．21番目のアミノ酸であるセレノシステイン（図26・5）は，他の20種類のアミノ酸とは異なる方法でコード化されているため，このリストからは除外されている．これらのアミノ酸は**標準アミノ酸**（standard amino acid）または**タンパク質生成アミノ酸**（proteinogenic amino acid）とよばれ，表26・1にまとめた．ヒトはこれらのうち11種類を他の分子から合成することができるが，残りの9種類は食事から摂取しなければならないため，**必須アミノ酸**（essential amino acid）とよばれている．アミノ酸は，表26・1の3文字または1文字のコードで略すことができる．

表26・1には多くの情報が含まれている．まず，カルボン酸とアミンを中性の形で含む形でアミノ酸が示してある．ただしアミノ酸は，pHが中性の場合には，カルボキシ

表26・1 20種のアミノ酸の構造　名前を■に塗りつぶしたものは非必須アミノ酸で，■で塗りつぶしたものは必須アミノ酸である．カルボン酸のpK_a値は■に塗りつぶしている．■で塗りつぶしたpK_a値はアンモニウムイオン（RNH$_3^+$）のもの．側鎖のpK_a値は塗りつぶしていないもの．

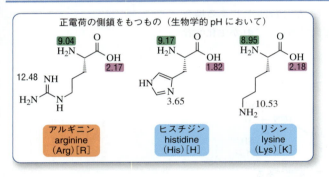

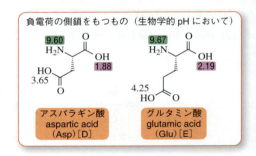

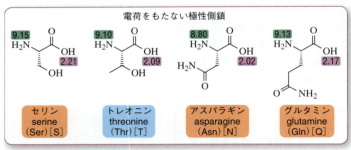

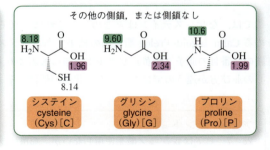

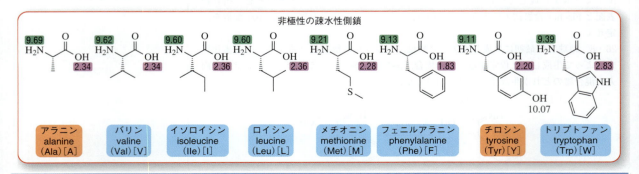

26・3 アミノ酸の酸塩基反応　1213

ラートとアンモニウムとして存在する．[§26・3で説明するね] これらのアミノ酸は，側鎖の物理的な性質に基づいて分類してある．つまり（負あるいは正の）電荷をもっているかどうか，極性であるかどうか，そして疎水性であるかどうかという分類である．これらの分類に当てはまらないもの（たとえば，側鎖をもたないグリシン）は，特殊な例として分類した．表26・1には，またカルボン酸のpK_a値（通常はおよそ2）と，プロトン化されたアミンのpK_a値（RNH_3^+，$pK_a = 10$）を記載した．アミンのpK_b値はpK_aから計算できる（$14 - pK_a = pK_b$）．[§25・4・2を参照しよう] 酸性プロトンを含む側鎖のpK_a値も示されている．[これだけ多くの情報が一つにまとめられた表だから，多くの場面で役立つよ]

26・3 アミノ酸の酸塩基反応

アミノ酸には，塩基性の官能基（アミン）と酸性の官能基（カルボン酸）があるため，その反応性の多くは酸塩基化学が支配している．

アセスメント
26・9 次の酸塩基反応の平衡定数を計算せよ．

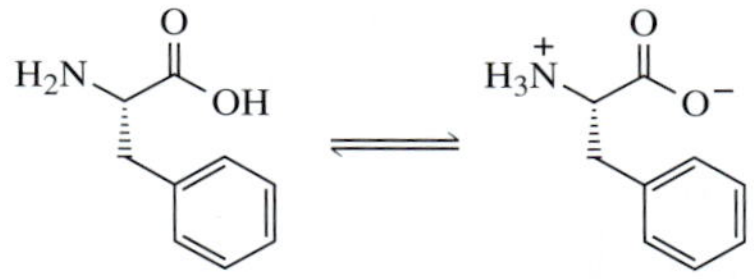

アミノ酸の酸塩基化学に踏み込む前に，アセスメント26・9に取組もう．その後一緒に答え合わせをしよう．

アセスメント26・9の解説

第4章で学んだように，酸塩基反応の平衡定数は，関与する酸と共役酸のpK_a値を用いて計算できることを思い出そう（式4・1を参照）．アセスメント26・9の反応は分子内で行われるため，酸と共役酸を特定するのは必ずしも簡単ではない．図26・6の巻矢印による反応機構から，カルボン酸が（左側の）酸であり，結果として生じるアンモニウムイオンが（右側の）共役酸であることを確認できる．

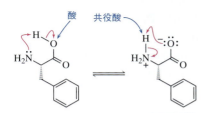

図26・6 反応機構を描くことで，酸と共役酸が同定できる

酸と共役酸を特定したので，左側の酸のpK_aから右側の酸のpK_aを引くことでpK_{eq}を算出することができる．そのpK_{eq}は，図26・7に示すように，-1で割って10の累乗にすることでK_{eq}に変換できる．K_{eq}が2.0×10^7であれば，平衡は反応の右側，つまりアンモニウムイオンとカルボキシラートイオンを含む側が有利になる．

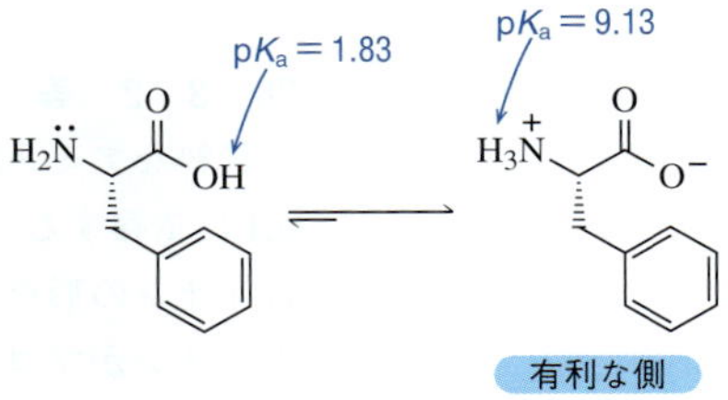

$pK_a = 1.83$　　$pK_a = 9.13$

有利な側

$pK_{eq} = pK_a(左側) - pK_a(右側)$
$= 1.83 - 9.13 = -7.30$
$-\log K_{eq} = -7.30$
$\log K_{eq} = 7.30$
$K_{eq} = 10^{7.30} = 2.0 \times 10^7$

図26・7 平衡の右側が有利

26・3・1 双性イオンの構造

アセスメント26・9で算出した結果は，アミノ酸の構造に重要な結論をもたらす．ま

ず，アミノ酸が図26・7のような双性イオンの形で存在する理由を説明している．次に，双性イオンの形の純粋なアミノ酸は全体では中性の分子だが，類似のアミンやカルボン酸に比べて融点や水溶性が非常に高くなる（**表26・2**）．

表26・2 アミノ酸の双性イオン構造により高い融点となる

化合物名	フェニルアラニン	2-フェネチルアミン	3-フェニルプロパン酸
構造式	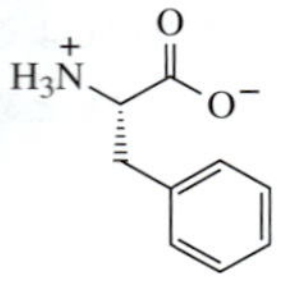	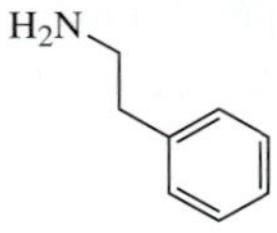	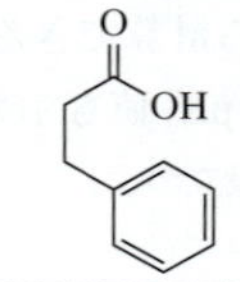
融点（℃）	283	−60	50
水溶性（mg/mL）	50	2.2	5.9

表26・1のアミノ基のpK_a値は，アミン（RNH_2）ではなく，アンモニウムイオン（RNH_3^+）の値を示しているが，これはアミノ酸が双性イオンとして存在するためである．このように，塩基がアミノ酸を脱プロトンするとき，カルボン酸から取除けるプロトンはない．代わりに，アンモニウムイオンからプロトンを除去することとなる（**図26・8**）．このようにして，すべてのアミノ酸の最初の脱プロトンのpK_aは9から10の間になる．［これについては §26・3・2 で詳しく説明するよ］

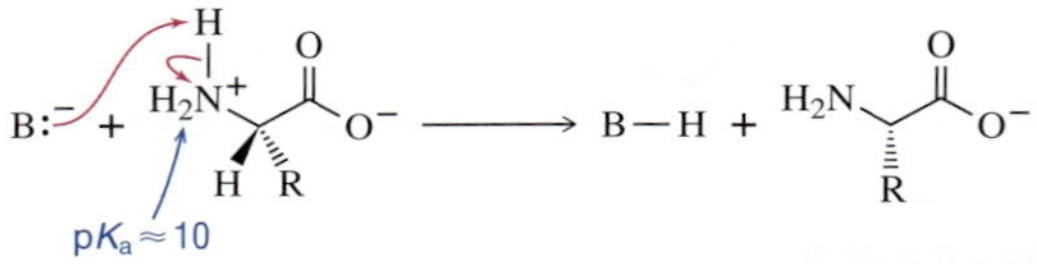

図26・8 双性イオン形のアミノ酸の脱プロトンはカルボン酸ではなくアンモニウムイオンのプロトンを取除く

26・3・1のまとめ

• 中性の pH では，アミノ酸は双性イオンの形で存在する．

26・3・2 等 電 点

純粋なアミノ酸は双性イオンの形で存在しているが，溶液中のアミノ酸の姿は溶液のpHに依存する．この理由を理解するために，**図26・9**では二つの極端な状況下での双性イオンの形を示している．溶液のpHが低くなる（酸性になる）と，カルボキシラートイオンがプロトン化され，アミノ酸の電荷は全体として+1になる．溶液のpHが高くなると（塩基性になると），アンモニウムイオンが脱プロトンされ，アミノ酸の電荷は全体として−1になる．

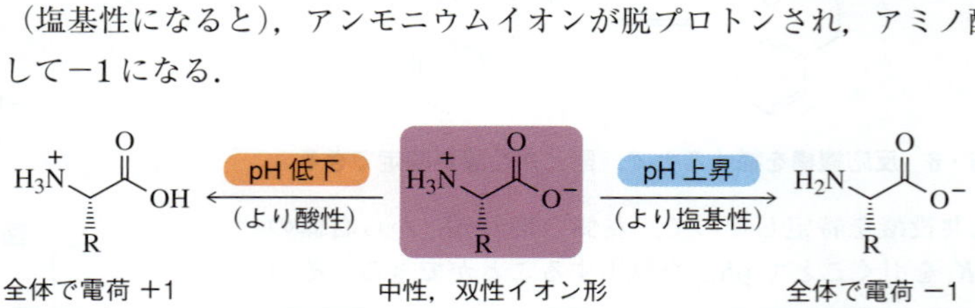

図26・9 アミノ酸の構造は溶液の pH に依存する

双性イオンの形が優勢になる pH は，**等電点**（isoelectric point, p*I*）とよばれている．p*I* は，アミノ酸中のすべての酸性プロトンのpK_a値から計算できる．中性側鎖，酸性

26・3 アミノ酸の酸塩基反応　1215

側鎖，塩基性側鎖をもつアミノ酸のpIの計算方法は若干異なる．

疎水性アミノ酸（表26・1）のpIを計算するのは最も単純な例で，式(26・1)に示すように，アンモニウムイオンのプロトンとカルボン酸のプロトンのpKa値を平均化することで実現できる．

$$pI = \frac{pK_{a(RNH_3^+)} + pK_{a(RCO_2H)}}{2} \quad (26・1)$$

疎水性アミノ酸の等電点は多少の違いはあるが，5.5から6の間であることが多い．たとえば，図26・10に示すように，側鎖にアルキル基をもつアラニン，バリン，イソロイシン，ロイシンは，ほぼ同じpI値をもっている．

アラニン (Ala)[A]　pI = 6.02
バリン (Val)[V]　pI = 5.98
イソロイシン (Ile)[I]　pI = 5.98
ロイシン (Leu)[L]　pI = 5.98

図26・10　側鎖に酸性基や塩基性基をもたない場合，pI値はほとんど同じになる

■ 化学者のように考えよう

アミノ酸の側鎖が酸性の場合に何が起こるかを理解するには，式(26・1)が一体何を意味しているのかを理解する必要がある．酸塩基反応は平衡過程であり，滴定曲線を用いて定量することができる．図26・11(a)にグリシンの二つの酸性プロトンの滴定曲線を示す．pH < 2.34（RCO$_2$HのpK$_a$）の場合，溶液中の分子の大部分は+1の電荷をもっている．pH > 9.69（RNH$_3^+$のpK$_a$）の場合，溶液中の分子の大部分は−1の電荷をもっている．2.34から上に行くほど，電気的に中性の分子［双性イオン，図26・11b］が増えていく．9.69から下に行く場合も，電気的に中性の分子（双性イオン）が増えていく．2.34と9.69の中間のpH = 6.02では，溶液中のすべての分子の全体の電荷が0

続きを読む前に，酸性の側鎖をもつアミノ酸のpI値は高いと思うか，それとも低いと思うか．塩基性の側鎖をもつアミノ酸はどうだろうか．一緒に化学者のように考える前に，自分でこのことを推論できるかどうか確認してみよう．

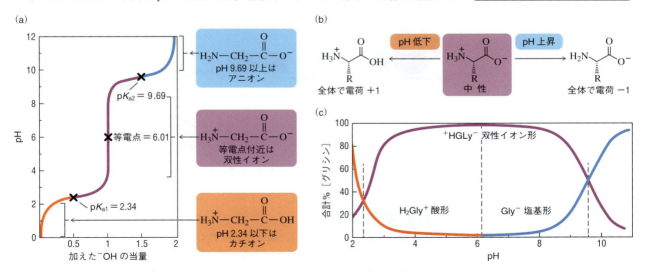

図26・11　2.34と9.69の中間がグリシンのpIである　(a) グリシンの滴定曲線．(b) グリシンの形はpHの変化により変わる．(c) グリシンの種別曲線．

になる．一般化学では，これを"等電点"とよんでいる．これらのデータは，グリシン分子の形を溶液のpHの関数として報告する種別曲線でも示すことができる（図26・11c）．

アミノ酸の側鎖に酸がある場合は，三つのプロトン（と三つの平衡過程）を扱うことになる．たとえば，グルタミン酸の場合，pK_a値は2.19，4.25，9.67である（図26・12）．図26・11と同様に，すべての分子が電気的に中性になるポイントを特定する必要がある．pH < 2.19の場合，ほとんどの分子が+1の電荷をもっている．pHが4.25から9.67の間の場合，ほとんどの分子が-1の電荷をもつ．pH > 9.67では，ほとんどの分子が-2の電荷をもつようになる．では，どのpHであれば，すべての分子が中性になるのだろうか．アラニンと同じように，ほとんどが+1（2.19）からほとんどが-1（4.25）になるpH値の中間になる．したがって，グルタミン酸の場合，$pI = (2.19 + 4.25)/2 = 3.22$となる．■

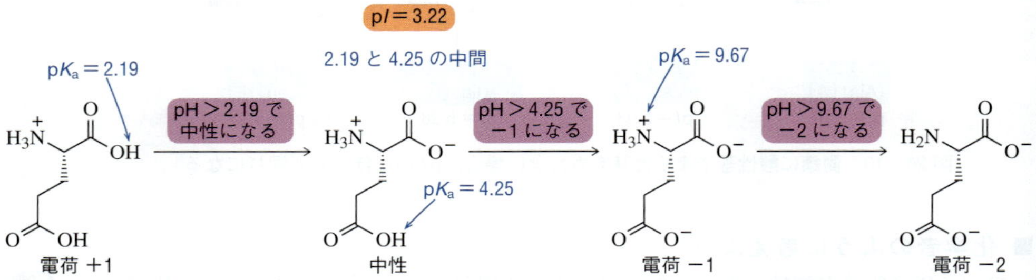

図26・12 グルタミン酸は$pI = 3.22$であり，これは2.19と4.25の中間である

塩基性の側鎖をもつアミノ酸であるリシン（図26・13）についても同じ分析ができる．ここで，三つのpK_a値は，10.53，8.95，2.18である．pH > 10.53の場合，ほとんどの分子は-1の電荷をもっている．pH < 8.95の場合，ほとんどの分子は+1の電荷をもつ．pH < 2.18の場合，ほとんどの分子は+2の電荷をもつ．その結果，すべての分子は10.53と8.95の中間で中性となり，リシンのpIは9.74となる．

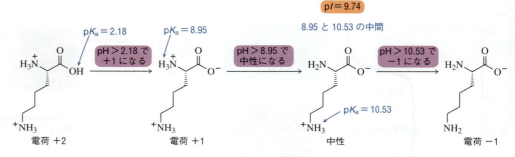

図26・13 リシンは$pI = 9.74$であり，これは10.53と8.95の中間である

26・3・3 電気泳動

電気泳動（electrophoresis）は，混合物中のアミノ酸をその等電点に基づいて分離・同定するために用いられる分析手法である．電気泳動は，あるpHでアミノ酸に電場をかけて，その移動方向（陰極に向かうか陽極に向かうか）を測定することで分離する．これまで調べてきたアミノ酸はすべて等電点が少しずつ異なるため，任意のpHでそれ

それぞれ正負のイオンの濃度が異なることになる。つまり、化学種の全体の電荷によって、どちらの方向にどの程度移動するかが決まるのである。pH を 6 に固定したと仮定すると、等電点が 6 より大きいアミノ酸はすべて全体の電荷が +1 となる。これらの正電荷をもつ分子は陰極に向かって移動する。等電点が 6 より小さいものは、全体として −1 の電荷をもち、陽極に向かって移動する。等電点が 6 のものは中性で、どちらの方向にも移動しない。アラニン（疎水性）、グルタミン酸（酸性）、リシン（塩基性）の分離の例を図 26・14 に示す。

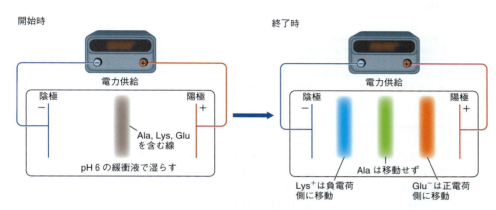

図 26・14　リシン、アラニン、グルタミン酸の電気泳動による分離

26・3・4　pK_a 値 の 乖 離

第 4 章で学んだ pK_a 値の中には、表 26・1 の pK_a 値と一致しないものがある。カルボン酸の pK_a は 5 であるのに対し、アミノ酸中のカルボン酸の pK_a は 2 であることを思い出してほしい。溶液中のアミノ酸の構造は、溶液の pH に依存する（§26・3・2）。カルボン酸がプロトン化されるのは pH が低いときだけで、そのときにはアミンもプロトン化されている。このような状況でカルボン酸が脱プロトンされると、結果として生じるカルボキシラートイオンは常に隣接するアンモニウムイオンによって安定化される。このように共役塩基が安定化することで、pK_a が 5 から 2 へと変化するのである（図 26・15）。

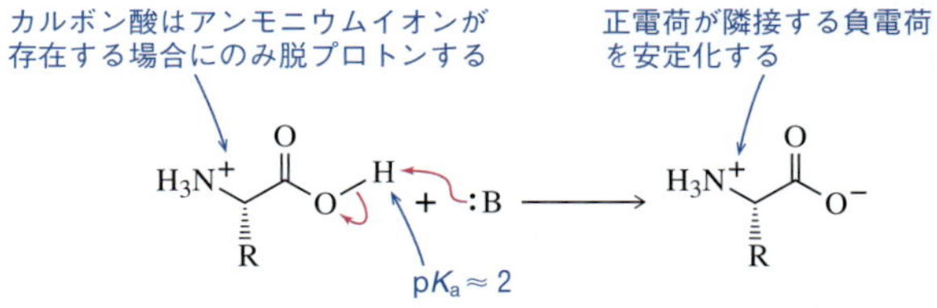

図 26・15　カルボキシラートイオンはアンモニウムイオンにより安定化されるため、アミノ酸のカルボン酸は通常よりもより酸性になる

プロリン（pK_b = 3.6）。は、アミノ酸のなかで最も塩基性の高いアミンであり、他のすべてのアミノ酸は 4.5 付近に位置している（図 26・16）。§25・5・1 で述べたように、これは、第二級アミンに存在する誘起効果と超共役によってアルキル基の電子供与が促進されることと一致している。

また、アスパラギン酸（pK_a = 3.65）とグルタミン酸（pK_a = 4.25）の側鎖のカルボ

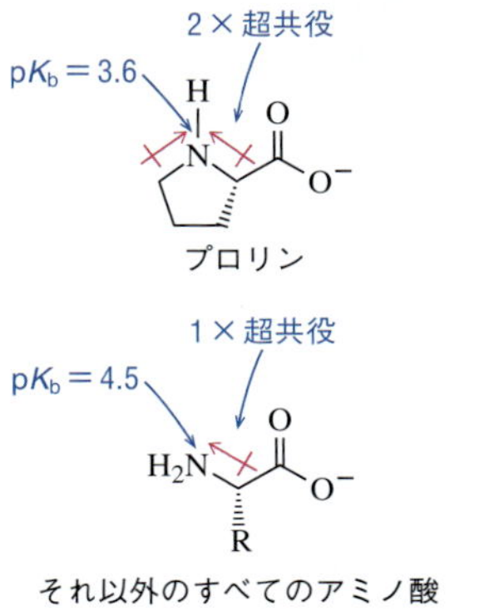

図 26・16　プロリンはアミンが第二級のため、より塩基性が高い
［この図で用いられているのは pK_b 値だよ］

ン酸の pK_a 値を考えた場合にも，若干のずれが生じている．（**図 26・17**）．この違いは，わずかではあるが，グルタミン酸の側鎖のカルボキシラートイオンが，それを安定化するアンモニウムイオンから離れていることに起因する．誘起効果は距離とともに減少するため，グルタミン酸の pK_a 値は通常のカルボン酸（$pK_a = 5$）に近い値となる．

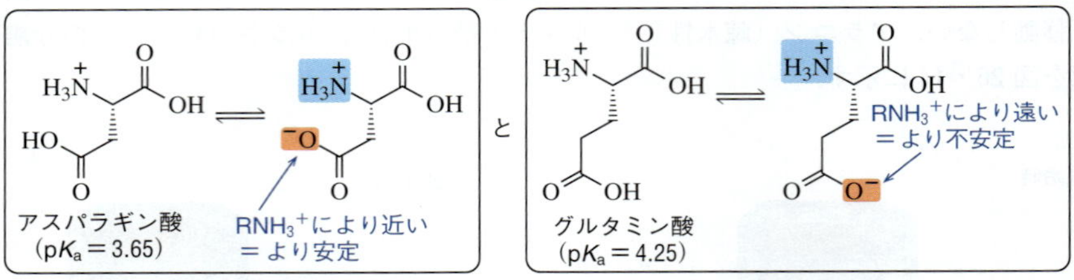

図 26・17 グルタミン酸の側鎖のカルボキシラートイオンは，それを安定化するアンモニウムイオンから離れているため，アスパラギン酸の側鎖のカルボキシラートイオンよりも酸性度が低い

アセスメント

26・10 アミノ酸の双性イオン構造についての初期の手がかりは，双極子モーメントの測定から得られた．どちらの形がより大きな双極子モーメントをもつと予想されるか．

26・11 次のアミノ酸の pI を計算せよ．

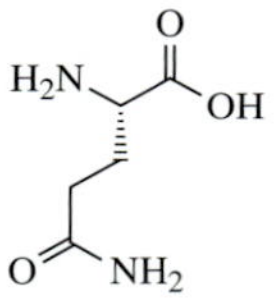

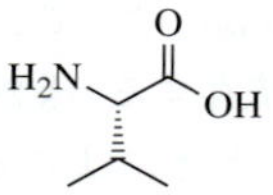

26・12 与えられた pH 値における以下のアミノ酸の優勢な構造を描け．
(a) トレオニン（pH 12）　　(b) アルギニン（pH 10）
(c) イソロイシン（pH 8）　　(d) プロリン（pH 6）

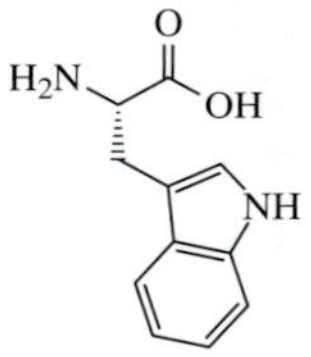

26・13 与えられた pH 値の電気泳動ゲル上で，各アミノ酸はどの方向に移動するか．それぞれの最終的なゲル上の分布を描け．
(a) His, Cys, Met（pH = 5）　　(b) Val, Asp, Gln（pH = 7.5）

26・14 アスパラギンとグルタミンのアンモニウムイオンの pK_a 値の違いを合理的に説明せよ．

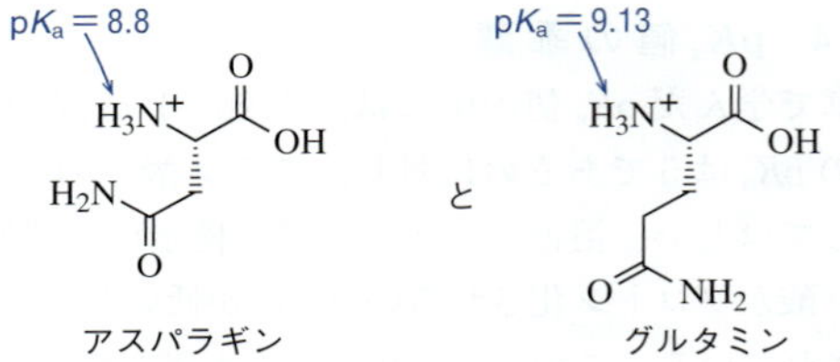

26・15 ある化学者が最近，ここに示すような非天然アミノ酸を合成した．側鎖のカルボン酸の pK_a 値はいくつと予想されるか．また，それはなぜか．

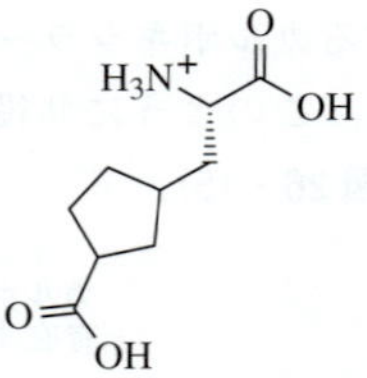

26・4 アミノ酸の合成

　これまでに学んだ反応の多くは，アミノ酸の合成にも利用できる．以下の節では，アミノ酸が体内でどのように合成されるかではなく，実験室での合成の概要を説明する．

26・4・1 還元的アミノ化

　§25・6・2 で学んだように，ケトンの還元的アミノ化によってアミンが合成できることを思い出してほしい．この反応では，図 25・35 に示すように，イミンの生成に続いて還元を行うことで，最初に使用したアミンに応じて第一級，第二級，または第三級

のアミンが得られる．このケトンがカルボン酸の α 位にあり，アミンとしてアンモニアを用いると，得られる生成物はアミノ酸となる．この反応による DL-フェニルアラニンの合成を図 26・18 に示す．

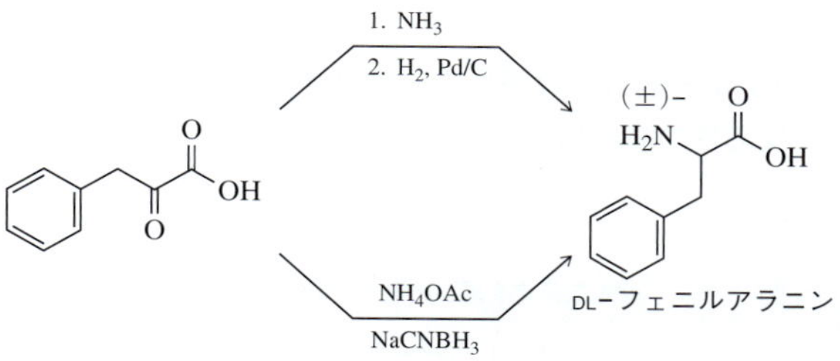

図 26・18 還元的アミノ化によるフェニルアラニンの合成

アセスメント

26・16 (a) バリンを合成するための還元的アミノ化の反応機構を示せ．(b) 還元的アミノ化で得られるバリンがラセミ体であるのはなぜか．(c) 還元的アミノ化をエナンチオ選択的に行うにはどうすればよいか．[§9・3 を思い出そう]

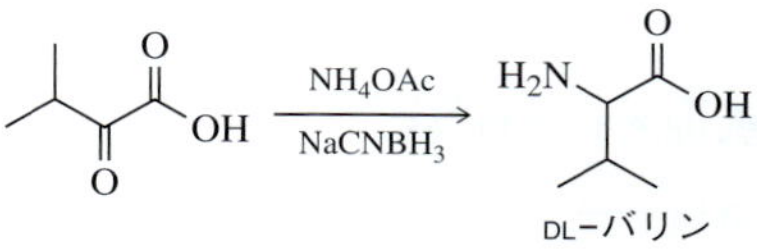

26・17 β-アミノ酸は，タンパク質の構造を研究するために，タンパク質中の α-アミノ酸の代替物質として使用されてきた．還元的アミノ化を用いて，次の β-アミノ酸をどのように合成するか．

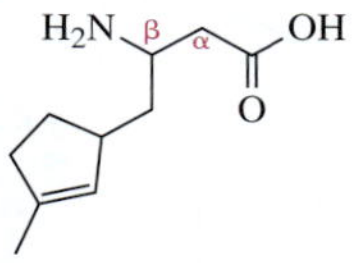

26・4・2 α-ハロカルボン酸のアミノ化

第 25 章（化学はここにも 25-A）では，抗うつ薬や禁煙薬であるブプロピオンの合成について説明した．具体的には，図 26・19 に示すように，ブプロピオンの *tert*-ブチルアミノ基はフェニルケトンの α 炭素にある臭化物イオンから置換して導入する．

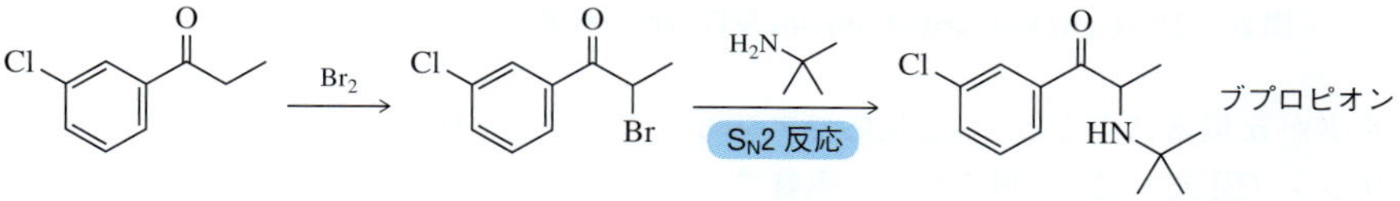

図 26・19 エノールのハロゲン化に続き，アミンによる求核置換反応によりブプロピオンを与える

ブプロピオンは α-アミノケトンなので，この反応を利用して α-アミノ酸を合成できるかもしれない．しかし，出発物質となる α-ブロモカルボン酸は，少し違った方法で準備しなければならない．エノールの臭素化反応はアルデヒドやケトンでは容易に起こるが（§20・2・1b），カルボン酸ではエノール化が起こりにくい．そのため，α 炭素に臭素を導入するには，図 26・20 に示す **Hell–Volhard–Zelinskii（HVZ）反応**（Hell–Volhard–Zelinskii reaction）が必要になる．

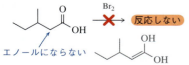

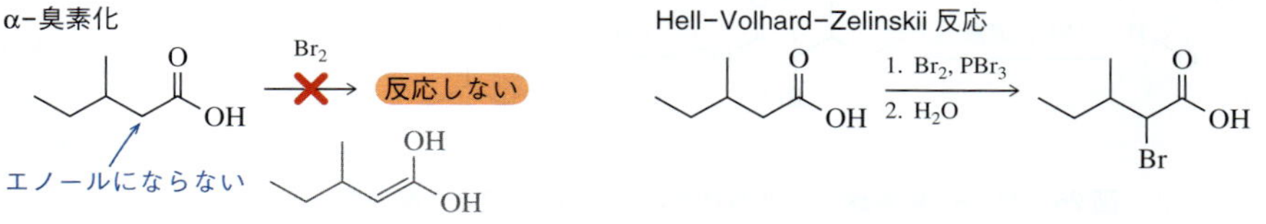

図 26・20 直接エノールを臭素化できないため，α-ブロモカルボン酸の合成には Hell–Volhard–Zelinskii 反応が用いられる

HVZ 反応は，SOCl$_2$ とカルボン酸の反応 (§18・7・5) とエノールの臭素化 (§20・2・1b) という，これまでに見てきた二つの反応を組合わせたものである．要するに，α-臭素化反応はカルボン酸を一時的に酸臭化物に変換し，エノールを形成できるようにすることで達成される（図26・21）．酸臭化物の生成は求核付加・脱離機構によって起こる．[§19・6 参照] 酸臭化物が生成すると，今度はエノール化が可能になる．Br$_2$ の存在下では，臭素原子が π 結合の攻撃により酸臭化物の α 位に取込まれる．[§20・2・1b 参照]）最後に，反応性の高い酸臭化物を加水分解すると，カルボン酸が再生される．

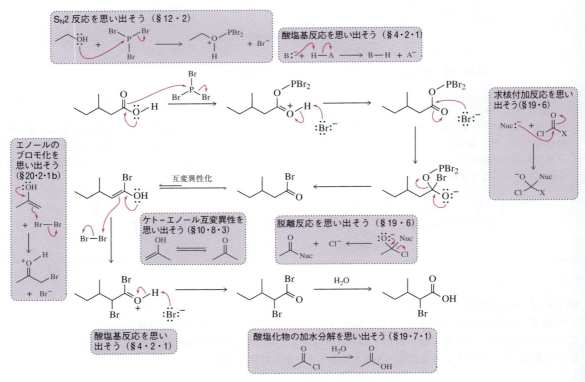

図26・21　Hell-Volhard-Zelinskii 反応の反応機構

臭素が α 炭素につくと，S$_N$2 反応でアンモニアと置換され，アミノ酸である DL-イソロイシン（図26・22）が得られる．過剰アルキル化が問題となるが（§25・5・1 参照），このアミンは隣接するカルボン酸が電子求引性であるため，求核剤としては弱すぎて，これ以上のアルキル化は進行しない．このアミンもまたおそらく双性イオンの形で存在しており，アルキル化の可能性はさらに低くなる．

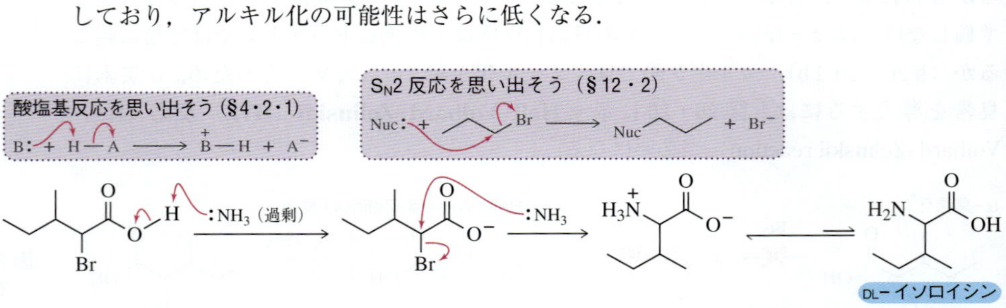

図26・22　α-臭素酸の S$_N$2 置換反応により α-アミノ酸が得られる

26・4 アミノ酸の合成　1221

アセスメント

26・18 HVZ 反応とアミノ化反応の組合わせにより，次の
アミノ酸を合成せよ．

　　　　(a) Phe　　　(b) Leu　　　(c) Ala

26・19 HVZ 反応の駆動力の一つは何か．

26・20 図 26・22 に示す一連の反応により DL-イソロイシ
ンが生成する．S_N2 反応が立体特異的であることを考慮して，
L-イソロイシンのみを生成することができる α-ブロモカル
ボン酸を描け．

26・4・3 Gabriel マロン酸エステル合成

　これまでのアミノ酸の生成方法は，いずれも既存の炭素骨格に新たな C−N 結合を導
入するものであった．一方，**Gabriel マロン酸エステル合成法**（Gabriel malonic ester
synthesis, 図 26・23）は，グリシンの α 炭素に新たな C−C 結合を形成することで，
基本的にグリシンを誘導体化するものである．

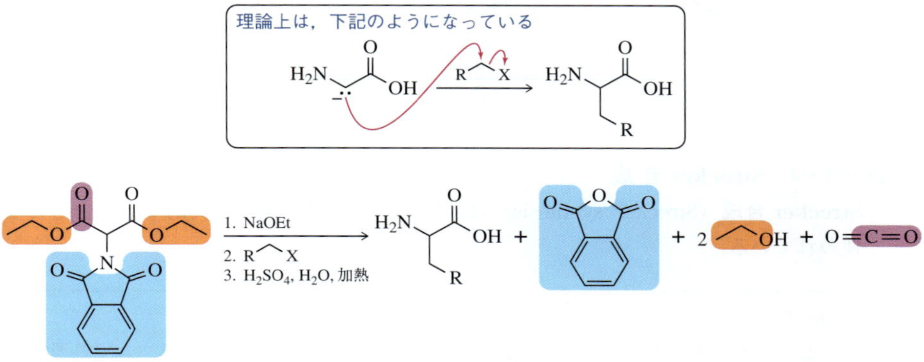

図 26・23　**Gabriel マロン酸エステル合成によるアミノ酸合成**

　この反応は，本質的にはエノラートのアルキル化だが，古典的な条件を用いるもので
ある．§20・5・1 では，マロン酸エステル合成法を用いて α-置換酢酸誘導体をつくっ
た．また，§25・5・4 では，Gabriel アミン合成法を用いて第一級アミンをつくった．
この二つの反応を組合わせたのが，**図 26・24** のロイシンの合成である．第一段階では，
フタルイミドをブロモマロン酸エステルでアルキル化することで，アミノを官能基とし

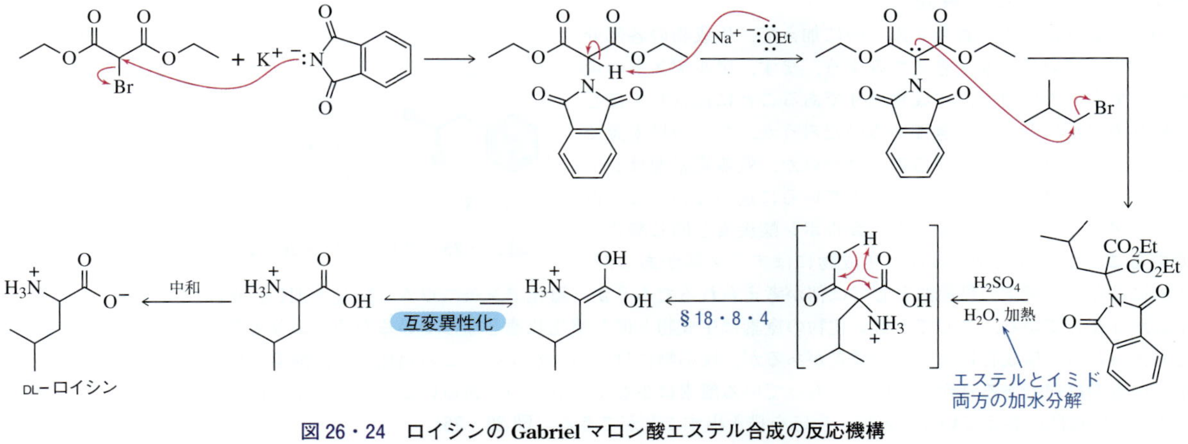

図 26・24　**ロイシンの Gabriel マロン酸エステル合成の反応機構**

てマロン酸エステルに組込む．残ったαプロトンを次の段階で引抜き，エノラートを生成する．このエノラートは，S_N2反応で第一級ハロゲン化アルキルを置換し，新しいC–C結合を形成するのに使用できる．エステルやフタルイミドを徹底的に加水分解すると，α位にアンモニオ基をもつジカルボン酸が生成し，脱炭酸を経て，中和するとロイシンが生成する．

> **アセスメント**
> **26・21** Gabrielマロン酸エステル合成法を用いて，以下の天然および人工アミノ酸をどのようにして合成するかを示せ．
>
> (a)　(b)　(c)

26・4・4　Strecker合成

Strecker合成（Strecker synthesis）は，アミノ酸を合成する古典的な方法としてよく使われている．

> **アセスメント**
> **26・22** フェニルアセトアルデヒドを塩化アンモニウムとシアン化ナトリウムで処理すると，中間体が形成される．この中間体を加水分解するとフェニルアラニンが生成する．この反応の反応機構を，中間体の特定も含めて示せ．

アミノ酸のStrecker合成は，これまで学んだ三つの反応の組合わせを利用しているんだ．アセスメント26・22の反応機構を独力で解いたら，一緒にやってみよう．

> **アセスメント 26・22 の解説**
> いつものように炭素に番号をふるのに加えて，生成物の各部分がどこからきているのかを考えてみよう．まず，アルデヒドの炭素数が8であるのに対し，生成物は9であることに注目してほしい．残りの炭素はどこからきているのだろうか．唯一の炭素源であるシアン化合物からきているのではないか．残る炭素源はシアン化物イオンだけなので，そこからきているに違いない．この仮説は，シアン化物イオンの炭素が，カルボン酸炭素と同じ酸化状態であることからも支持される．生成物にはアミノ基があるが，反応物にはない．窒素の供給源としては何が考えられるだろうか．塩化アンモニウム（NH_3 + HCl）を除けば，シアン化物に窒素が存在している．そしてシアン化物の窒素は生成物と同じ酸化状態となっているため，より可能性の高い窒素源であると考えられる．生成物には二つの酸素があるが，反応物には一つしかない．この追加された酸素の供給源として最も可能性が高いものは何であろうか．生成物のもっている酸素は少なくとも一つ（あるいは二つ）は水に由来している可能性が高い．こうして疑問に答えていくことで，反応を描き出すことができる（図26・25）．

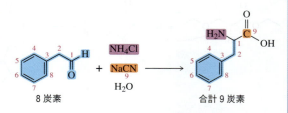

図26・25　アセスメント26・22の反応のマッピング

26・4 アミノ酸の合成 1223

　反応を描き出すことはまた，関与する分子の反応性（求核性，求電子性，酸性，塩基性）について考え始めるきっかけともなる．［まずは自分で考えてみよう］アルデヒドは通常，C1で求電子剤となる．アルデヒドの残りの部分（C2−C8）は反応で変化しない．溶液中の塩化アンモニウムは，アンモニア（求核剤/塩基）と塩酸（酸）の組合わせと考えることができる．また，シアン化ナトリウムはよい求核剤となる．この分析から，二つの求核剤，シアン化ナトリウムとアンモニアがあり，どちらも求電子的なカルボニル基に付加する必要があることがわかる．したがって，この反応は二つの方法のいずれかで始まる可能性があり，どちらも以前に見たことがある．シアン化物イオンがカルボニル基と反応すると，シアノヒドリンが生成する（図26・26a）．一方，アンモニアは，アルデヒドと反応してイミンを生成する（図26・26b）．それぞれ，生成物を得るためには次に何が起こらなければならないだろうか．

(a)

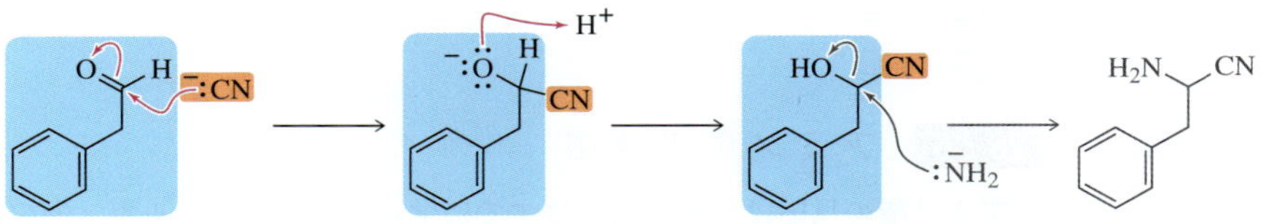

シアノヒドリン

(b)

イミン

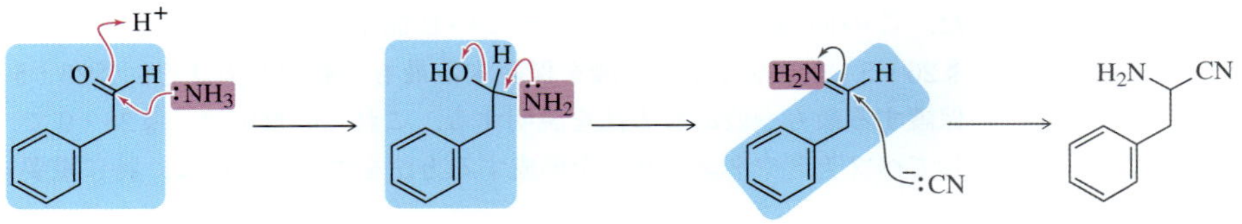

図26・26　第一段階の考えうる反応機構　（a）シアン化物イオンがアルデヒドと反応し，シアノヒドリンができる．（b）アンモニアがアルデヒドと反応し，イミンができる．［矢印は正確な反応機構ではなく，思考過程を意味するよ］

　図26・26の反応はどちらも合理的なので，次に何が起こるかで判断することになる．アンモニアが水酸化物イオンを置換する方が合理的だろうか．それとも，求核剤がイミンに付加する方がよいのだろうか．水酸化物イオンは非常に脱離能の低い脱離基なので，C9−C1 σ 結合を形成するには，C=N 二重結合（カルボニル基に類似）へ付加する方がはるかに可能性が高い．ここからは，C9ニトリルがどのようにしてカルボン酸になるのかを考えていく．第19章で学んだように，ニトリルを加熱しながら酸触媒で加水分解すると，カルボン酸が得られることを思い出してほしい．したがって，Strecker 合成は，図26・27にまとめたように，イミンの生成，イミンへのシアン化物イオンの付加，ニトリルの加水分解という3段階の過程となる．

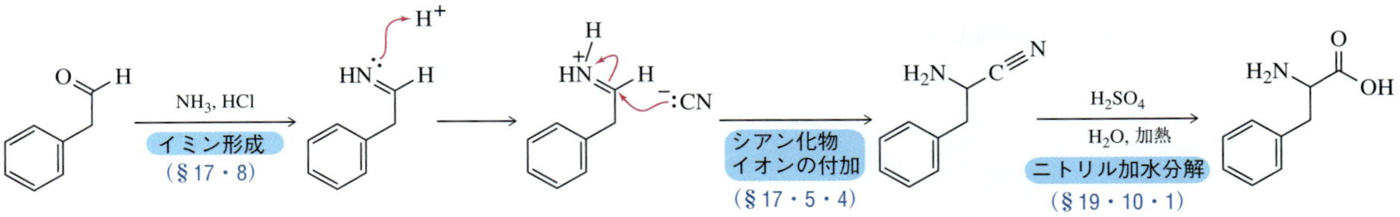

図26・27　Strecker 合成の反応機構はイミン形成，シアン化物イオンの付加，ニトリル加水分解からなる

26・4・4のまとめ

- Strecker 合成では，NH_4Cl と $NaCN$ を用いてアルデヒドを1炭素増炭し，アミノ酸を生成する．

アセスメント

26・23 Strecker 合成を用いて，次の天然および人工アミノ酸を合成せよ．

(a) (b) (c)

26・24 ある化学者が Strecker 合成を行おうとして，酸とシアン化物イオンを加えたが，アンモニアを加えるのを忘れた．どのような生成物ができると予想されるか．

26・5 アミノ酸の反応

アミノ酸の反応は，基本的にはすでに学んだアミンやカルボン酸の反応と同じだが，一つだけ複雑な要素がある．アミノ酸には二つの官能基（RNH_2 と RCO_2H）があるため，一方の官能基では可能だが，もう一方の官能基の存在下ではできない反応があるのだ．この問題は，反応性を抑えたい官能基に保護基を用いることで解決してきた．§26・5・1ではカルボン酸を保護する最も一般的な方法を，§26・5・2ではアミンを保護する最も一般的な方法を説明する．これらの反応は，§26・9で，アミノ酸を連結してペプチドやタンパク質を形成する方法を説明する際に，特に重要になる．

26・5・1 Fischer エステル化

カルボン酸の保護は，多くの場合，カルボン酸をエステルに変換することで行われる．これにより，アミノ酸の基本的な電子構造は同じだが，カルボキシ基の酸性プロトンがなくなる．この目的には，メチル，エチル，ベンジルエステルがよく使われる．適

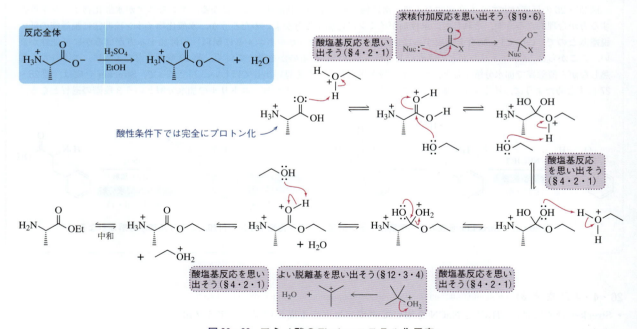

図 26・28 アミノ酸の Fischer エステル化反応

切なアルコールと酸触媒を用いた**Fischer エステル化**（Fischer esterification）により，酸がエステルに変換される．アミンが存在するため，わずかに過剰な酸が必要となる．グリシンのエステル化の反応機構を**図 26・28**に示すが，これは§19・7・2で学んだことと同じである．［もっと詳しく復習したかったらもう一度そっちを見よう］

保護基は，導入することだけでなく，それを再び取除くことができなければならない．幸運なことに，Fischer エステル化は，§19・7・1で学んだ酸触媒による加水分解反応の逆反応である．微視的可逆性の原理により，その反応機構は Fischer エステル化とはちょうど逆である．［反応機構を見たければ§19・7・1を参照しよう］したがって，保護されたメチオニンについて**図 26・29**に示すように，酸と水を用いて脱保護を行うことができる．

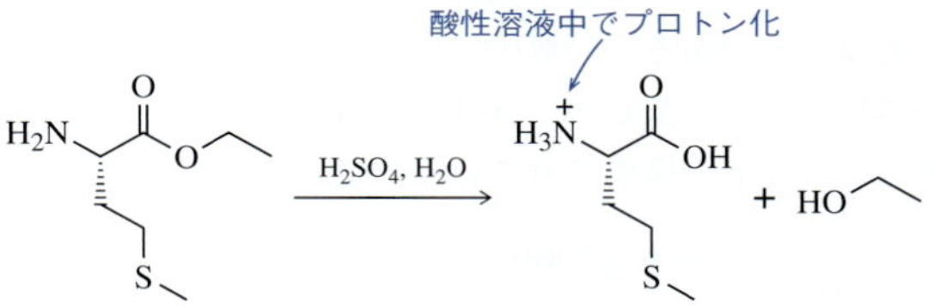

図 26・29　エステル加水分解によるアミノ酸（メチオニン）の脱保護

保護基がベンジルエステルの場合は，水素化分解（§24・6でベンジルエーテルについて説明したのと同様）により，カルボン酸を再生することができる（**図 26・30**）．この方法は，強酸性の条件を避けたい場合に特に有効である．

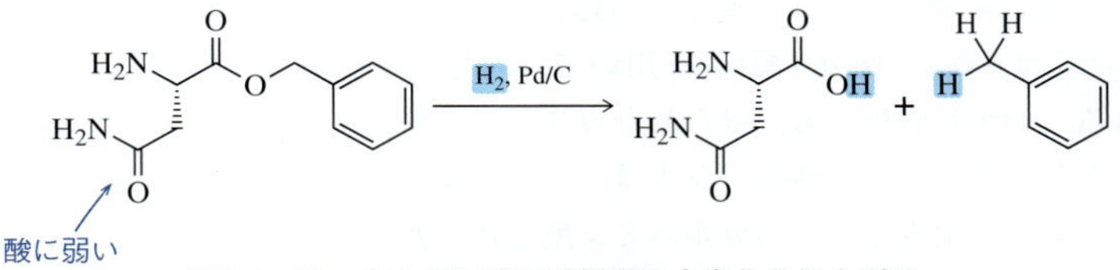

図 26・30　カルボン酸の脱保護に水素化分解を利用

アセスメント

26・25　次の合成アミノ酸のうち，加水分解によって脱保護される可能性が高いのはどれか．また，水素化分解ではどうか．理由を説明せよ．

(a)　　　　　　　　　　(b)　　　　　　　　　　(c)

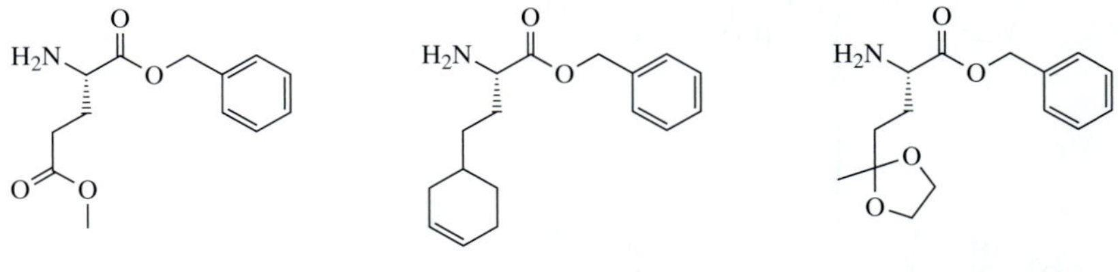

26・26　図 26・29 に示した加水分解反応の反応機構を示せ．

26・5・2　アミンのアシル化

アミンの保護にも，以前に学んだ反応を用いることができる．具体的には，四面体中間体を経由する求核アシル置換反応により，アミドを形成する（§19・7・3）．**図 26・**

31 のイソロイシンの保護に示すように，この反応には無水酢酸が最もよく用いられる．

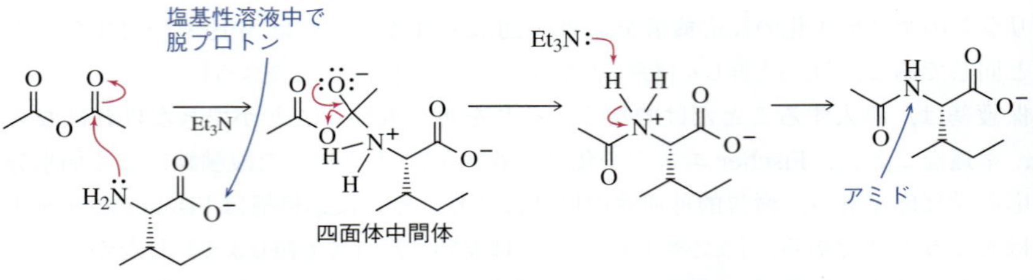

図 26・31 アミノ酸（イソロイシン）の無水酢酸による保護

このやり方でアミンを保護することの欠点は，安定性が高いアミドを加水分解するのに激しい条件が必要なことである．一般的には，強酸性または塩基性の条件でアミドを切断する（図 26・32）．アミノ酸がペプチド鎖（§26・6）の一部である場合，鎖全体が同様の反応性をもつアミドで構成されているので，これは問題となる．

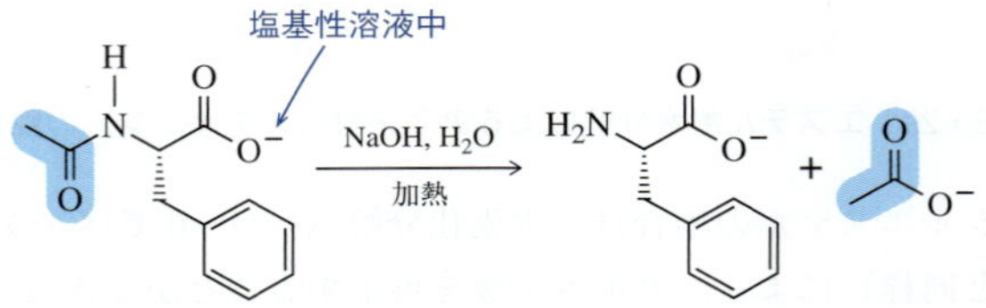

図 26・32 アミドの塩基性加水分解によるアミンの脱保護

また，クロロギ酸ベンジル（図 26・33a）や二炭酸ジ-tert-ブチル［一般に Boc 無水物（Boc$_2$O）とよばれるよ，図 26・33b］を用いて，同じ反応機構でアミンをアシル化することもできる．いずれの場合も，得られたカルバミン酸エステルは穏和な条件で開裂することができる．カルバミン酸ベンジルは，ベンジルエステルと同様に水素化分解を受けてカルバミン酸を生成し，このカルバミン酸は速やかに分解されて二酸化炭素と脱保護

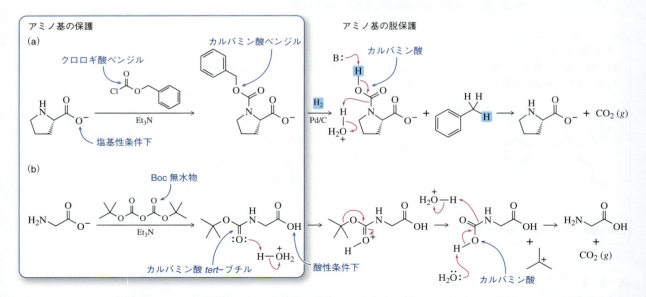

図 26・33 他の一般的な保護基　(a) カルバミン酸ベンジルは水素化分解により脱保護され，続いて脱炭酸が起こる．(b) カルバミン酸 tert-ブチルは穏やかな酸性条件下で加水分解された後，脱炭酸する．

26・5 アミノ酸の反応　1227

されたアミンを生成する．カルバミン酸 *tert*-ブチルは穏和な酸を用いて脱保護することができる．カルボニル酸素がプロトン化されると，開裂により安定な第三級カルボカチオンとカルバミン酸が生成する．ここでも，カルバミン酸が脱炭酸して，二酸化炭素とアミンが生成する．

アセスメント

26・27　図 26・32 のアミドの塩基性加水分解の反応機構を説明せよ．

26・28　図 26・33(a)に示した，カルバミン酸ベンジルとしてアミンを保護する反応機構を説明せよ．

26・5・3　アミノ酸の光学分割

　§26・4・1〜26・4・4 のアミン合成では，いずれもアミンがラセミ混合物として生成している．そのため，単一のエナンチオマーを得たい場合には，ラセミ混合物の光学分割が必要となる．これは，§6・6・1 で述べたように，図 26・34 に示すようなジアステレオマーの塩を形成することで実施できる．便利なことにアミノ酸は，アミン側とカルボン酸側の 2 通りで塩を形成することができるが，同時に 2 通りというわけではない．ロイシンなどのアミノ酸を，ラセミ体ではないキラルな酸として分割するには，§26・5・1 の Fischer エステル化によりカルボン酸をエステルとして保護しなければならない．保護した後に，マンデル酸の単一のエナンチオマーが，酸塩基反応によりアミンのラセミ混合物として反応し，ジアステレオマーの塩を形成する．アミノ酸のエナンチオマーどうしは，ほぼすべての点において同一ではあるが，互いにジアステレオマーとなればさまざまな点で異なってくる．特に，ジアステレオマーは異なる速度で結晶化するため，片方のジアステレオマーの塩を優先的に集めることができる．そして，そのジアステレオマーを塩基で処理してアミンを遊離させ，その時点でエチルエステルを加水分解して，光学活性で立体化学的に純粋な L-(*S*)-ロイシンを生成することができる．

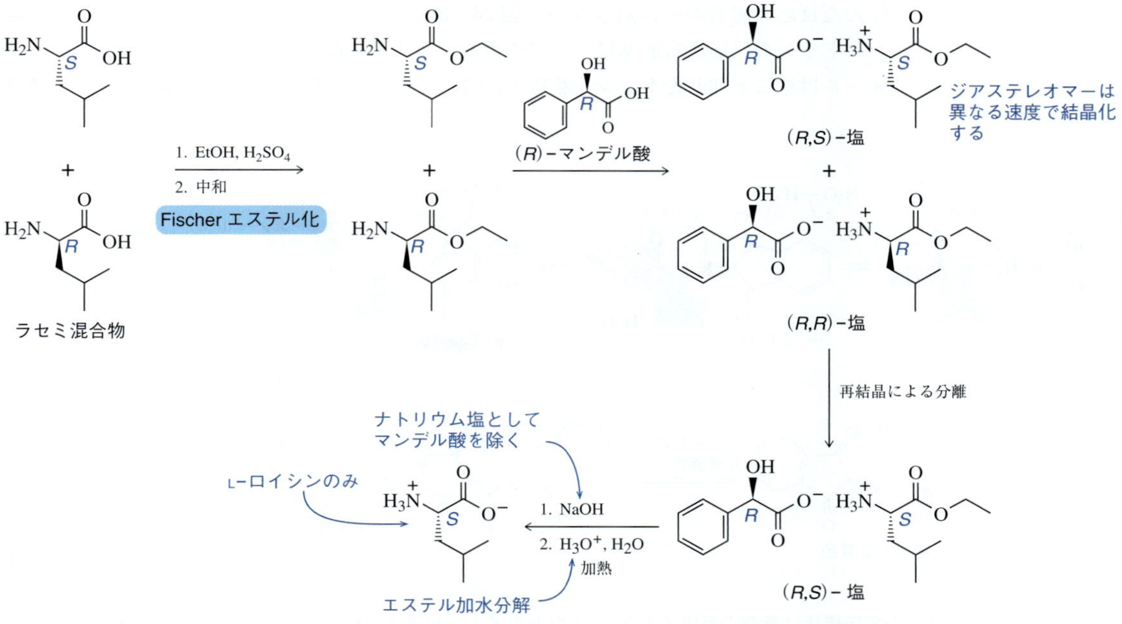

図 26・34　ジアステレオマー塩の形成によるエナンチオマーの分離

1228   26. アミノ酸・タンパク質・ペプチド合成

アセスメント

26・29 (*R*)-1-フェネチルアミンのようなキラルなアミンを用いて、D-チロシンとL-チロシンをどのように分離することができるか。[ヒント: 答えには、アミンの保護と脱保護が含まれるよ]

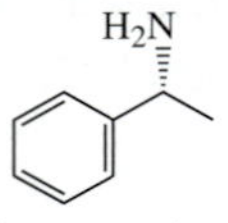

(*R*)-1-フェネチルアミン

26・30 アミノ酸を酸や塩基で分割するときには、常にアミンか酸のどちらかを保護することが重要である。なぜか。もしどちらも保護しなかった場合どうなるか。

26・5・4 ニンヒドリン

図 26・35 に示したニンヒドリン（ninhydrin）とアミンの反応は、合成上の有用性はほとんどない。しかし、アミンやアミノ酸の定性的な同定には有用である。薄層クロマトグラフィー（thin-layer chromatography, TLC）の染色剤として、高度に共役した生成物から生じる鮮やかな青色は、プレート上にスポットされたどのような溶液（反応物、カラム画分など）であってもアミンが含まれていることを示すのに使用できる。§26・6では、ペプチド配列中のアミノ酸を同定する際に果たす役割について述べる。

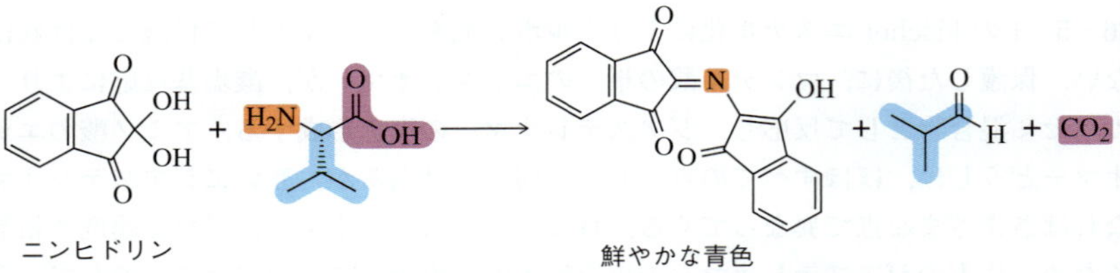

図 26・35　高度に共役した生成物の形成は第一級または第二級アミンの存在を示す

これまでの章で学んできた複雑な反応機構と同様、ニンヒドリンの反応も実は過去に学んだ反応の組合わせに過ぎない（図 26・36）。ただし、ぱっと見ではわからない。ニンヒドリンの反応性官能基は、二つのカルボニル基の間にあるジオールである。このジオールは単に水和したケトン（§17・7・1）である。そのため、第一級または第二級の

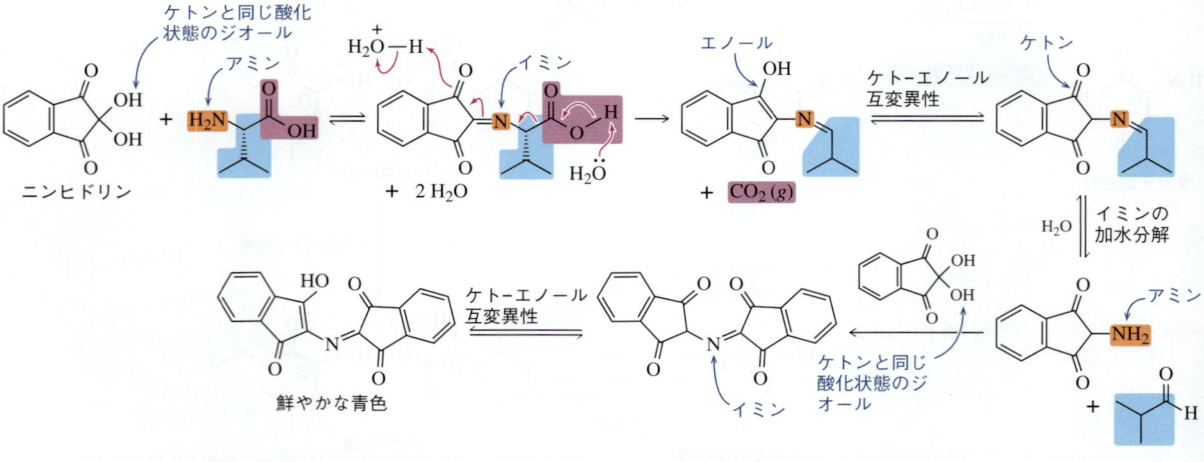

図 26・36　ニンヒドリンの反応機構は既習の反応である　すなわちイミン形成、脱炭酸、ケト-エノール互変異性、イミン加水分解、イミン形成、ケト-エノール互変異性により起こる。

アミンと同じように反応してイミンを生成する．得られたイミンはエントロピー的に有利な反応で脱炭酸して二酸化炭素を生成する．得られたエノールは互変異性化して別のイミンを生成する．このイミンを加水分解すると，アミノ酸の側鎖がアルデヒドとして遊離する．得られたニンヒドリン由来のアミンはさらに別のニンヒドリンとイミンを形成し，鮮やかな青色の原因となる高度に共役した化学種を与える．

アセスメント

26・31 ニンヒドリンは，第三級アミンの存在を示すためには使用できない．なぜか．
[反応機構を考えよう．何が起こる必要があるかな]

26・32 ニンヒドリン反応の生成物のような共役分子が明るい色をしているのはなぜか．

26・33 ニンヒドリン反応の次のステップについて，巻矢印を用いて反応機構を示せ．

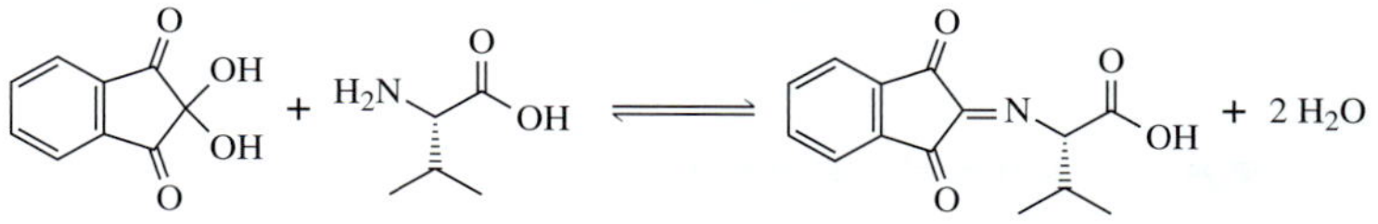

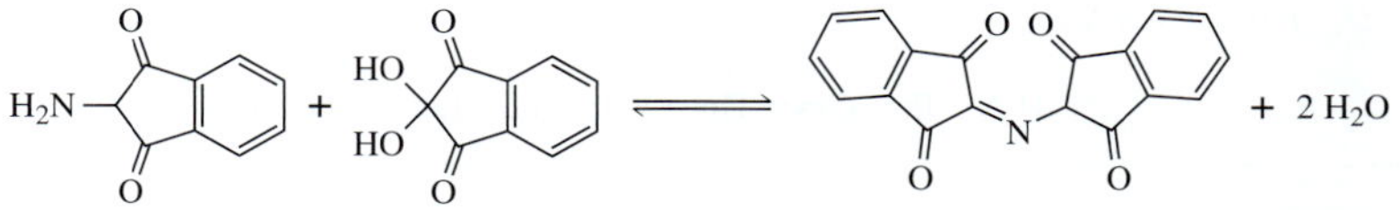

26・6 タンパク質: 概要

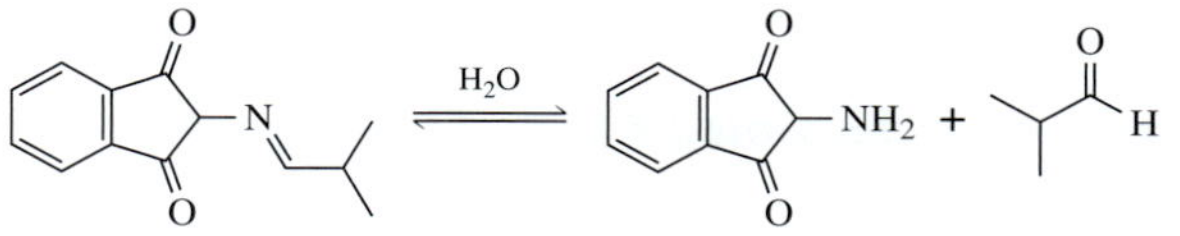

タンパク質 (protein) は，50 個以上のアミノ酸がアミド結合やペプチド結合によって結合した天然のポリマー（多量体）である．アミノ酸が 50 個未満の場合は，通常，**ペプチド** (peptide) とよばれる．インスリンやサブスタンス P など，生物学的に重要なペプチドは数多く存在するが，機能の多様性や数量はタンパク質の方が圧倒的に多い．生体分子（タンパク質，脂質，核酸，炭水化物）を比較すると，タンパク質が最も多様な機能をもっている．タンパク質は，反応を触媒し（酵素），組織に構造を与え，細胞の移動を助け，細胞を防御し，血糖値を調節し，細胞膜を介して物質を輸送し，栄養を貯蔵する．

タンパク質やペプチドは，あるアミノ酸のカルボン酸と別のアミノ酸のアミンが結合することで形成される．この求核アシル置換反応（§19・6）は，図 26・37 に示すように，水を生成する．このようにしてできたアミド結合は，生化学では**ペプチド結合**(peptide bond) とよばれている．カルボン酸とアミンは通常は，アミドを形成する反応を起こさないが［第 19 章を振り返ろう］，これらの反応は酵素の活性部位でなら起こる．このように，溶液中では不可能な化学反応も，酵素が関与すると非常に効率的になる．二つのアミノ酸が結合してできる分子を**ジペプチド**(dipeptide) という．三つ目のアミノ酸が加わるとトリペプチドになる．遊離のアミン側のアミノ酸を **N 末端**

(N-terminal) 残基とよび，遊離のカルボキシ基側のアミノ酸を **C 末端** (C-terminal) 残基とよぶ．ペプチドは伝統的に N 末端を左に，C 末端を右にして描く．同様に，ペプチドの命名は，N 末端（アミン側）の残基から始まるアミノ酸配列を含む一つの単語である．最後の C 末端残基を除く各アミノ酸の名前は，"イル (-yl)" という接尾語に変更される．便宜上，ペプチドは各アミノ酸残基の 3 文字表記で表されることが多い．

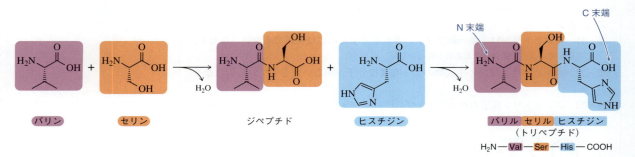

図 26・37 トリペプチドの命名

アセスメント

26・34 ロイシルアスパルチルアラニンの構造を描け．それぞれのペプチド結合，N 末端，C 末端を示せ．

26・35 以下のアミノ酸配列に対応する構造を描け．このペプチドのタイプは何か．［ジ，トリ，テトラなど］

$$H_2N-Ile-Cys-Thr-Val-Leu-Leu-COOH$$

26-A 化学はここにも（分子生物学）

血圧の体液性調節

血圧は複数の生物学的機構によって調節されている．そのような機構の一つとして，レニン-アンジオテンシン系がある．非常に複雑な系だが，そのごく一部を図 26・38 に簡略化して示す．肝臓で産生されるタンパク質であるアンジオテンシノーゲンは，タンパク質分解酵素のレニンによって加水分解され，アンジオテンシン I（デカペプチド）が産生される．このデカペプチドには特に生物活性はないが，アンジオテンシン変換酵素（ACE）により加水分解されると，アンジオテンシン II（オクタペプチド）が生成する．

Asp—Arg—Val—Tyr—Ile—His
|
His—Val—Leu—His—Phe—Pro
アンジオテンシノーゲン
（部分構造）

→ レニン →

Asp—Arg—Val—Tyr—Ile—His
|
Leu—His—Phe—Pro
アンジオテンシン I
+ His—Val

→ アンジオテンシン変換酵素（ACE）→

Asp—Arg—Val—Tyr—Ile—His
|
Phe—Pro
アンジオテンシン II
+ His—Leu

血管収縮剤: 血圧を上昇

図 26・38 ACE によるアンジオテンシン I のアンジオテンシン II への変換

ペプチドを溶液中で加水分解するには強い酸が必要である．しかし，酵素は活性部位の弱い酸と塩基を，巧みにつくられた活性化部位とともに使って，もっと簡単にこれらの結合を切断する．ACE は Lewis 酸としてアミド結合の切断を促進する Zn^{2+} カチオンももっている．アンジオテンシン I の加水分解の反応機構は本質的には第 19 章で学んだ求核アシル置換反応であり，図 26・39 に示した．多くの酵素と同様に，ACE は特定のペプチド結合のみを切断する．こうした基質特異性が精妙な

酵素活性部位により実現されることで，これらの反応を細胞が慎重に制御できるようになっている．

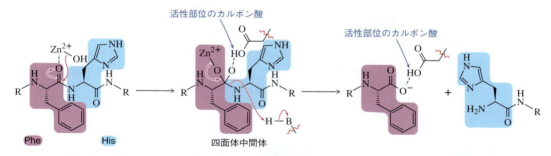

図 26・39　ペプチド開裂の反応機構　亜鉛カチオンへの配位によりアミドの反応性が上がり，加水分解が可能になる．

　図 26・38 でつくられたオクタペプチドは，アンジオテンシンⅡ受容体と結合して血管収縮をひき起こす．血管や動脈を収縮させることで，血圧を上昇させる．さらに，アンジオテンシンⅡは，カリウムイオンの放出や水分の貯留を誘発するアルドステロンというステロイドホルモンの分泌を促し，血圧の上昇を助長する．［血圧を下げるためには，どの酵素の活性を阻害すればよいかな］

26・6・1　分　類

　タンパク質はさまざまな方法で分類することができるが，ここではその一部だけを紹介する（図 26・40）．まず，**線維状タンパク質**（fibrous protein）は，長い円筒形の高分子構造を形成している．硬くて水に溶けない線維上のタンパク質は，一般的に保護のために使われる．髪の毛や爪に含まれるケラチンは，線維状タンパク質である．一方，**球状タンパク質**（globular protein）は，ほぼ球形で，柔軟性があり，水に溶ける．酵素は通常，球状タンパク質である．**膜タンパク質**（membrane protein）は，恒久的または一時的に生体膜と相互作用する．このタンパク質は，受容体，酵素，輸送体として機能したり，細胞間の認識を補助する．

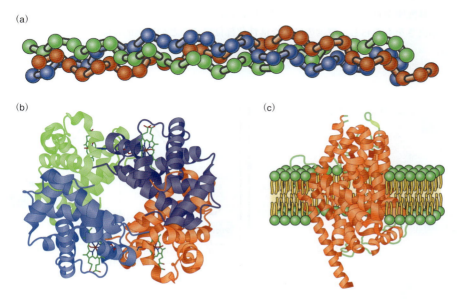

図 26・40　タンパク質の分類　(a) 線維状タンパク質，(b) 球状タンパク質，(c) 膜タンパク質．

タンパク質は，タンパク質以外の生体分子と共有結合することができ，**複合タンパク質**（conjugated protein）とよばれるものになる（図 26・41）．["複合"という言葉は conjugated という英語が使われるんだけど，これまでとは意味が違うんだ．ここではタンパク質とほかの何かが接合した（conjugated）という意味だね] 糖タンパク質（炭水化物との結合），リポタンパク質（脂質との結合），メタロタンパク質（金属イオンを含む）などが複合タンパク質の例である．このような複合タンパク質の**補欠分子族**（prosthetic group）は，タンパク質の用途の多様性に貢献している．

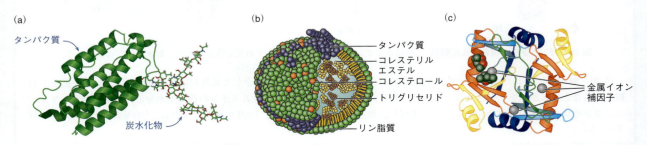

図 26・41 複合タンパク質の例 (a) 糖タンパク質，(b) リポタンパク質，(c) メタロタンパク質．

26・6・2 ペプチド結合の強さ

§26・7 で学習するタンパク質の構造的特徴や，タンパク質/ペプチドの安定性は，強いアミド結合の結果である．[§19・6・3 で学んだように，アミドが最も反応性が低く，最も安定したカルボン酸誘導体であることを思い出そう] アミド結合の強さは，2 番目に寄与度の高い共鳴構造の結果である．窒素はわずかに電気陰性なだけなので，カルボニル炭素に容易に電子対を提供する（図 26・42）．この寄与度の低い構造は，アミドの全体構造の約 34％を占め，結合のまわりの回転を妨げている．[窒素の非共有電子対は共鳴により非局在化しているから，窒素は sp^2 混成だね．§2・8・5 を参照しよう] このように二つの立体配座が可能であることと，自由回転にはなっていないことが，タンパク質の構造の剛直さをもたらし，酵素の精妙な活性化部位構造などの構造的特徴がもたらされている．

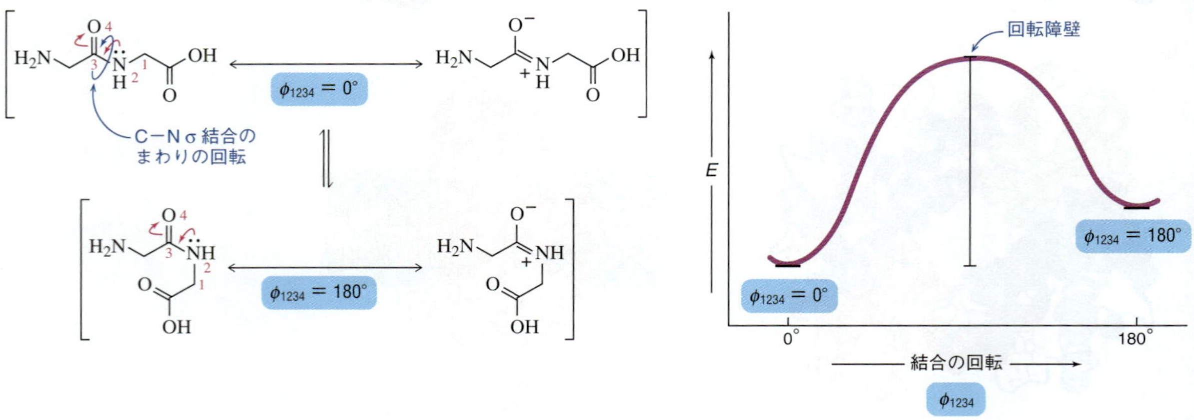

図 26・42 アミドの共鳴構造がペプチド結合を安定化し，自由回転を妨げる

> **アセスメント**
> 26・36 ジペプチド H₂N－Thr－Val－COOH のペプチド結合のまわりの最も安定な二つの立体配座を描け.
> 26・37 なぜ進化は,アミドではなくエステルを使ってタンパク質を形成することを選択しなかったのか.

26・7 タンパク質の構造

タンパク質は 20 種類のアミノ酸からなる非常に大きな分子であり,複雑な分子である.しかし,アミド結合のまわりの回転が制限されているため,共通の構造的特徴をもつ.タンパク質の構造は,構造の複雑さが 4 段階に分かれている(図 26・43).**一次構造**(primary structure)は単純にアミノ酸の配列であり,ジスルフィド結合を含む.**二次構造**(secondary structure)は,共通の折りたたみ様式からなっている.[図 26・43 には α ヘリックスのみ示しているよ] **三次構造**(tertiary structure)は,タンパク質全体の三次元形状である.タンパク質が二つ以上のサブユニットで構成されている場合,これらのサブユニットがどのように組合わさっているかを**四次構造**(quaternary structure)とよぶ.

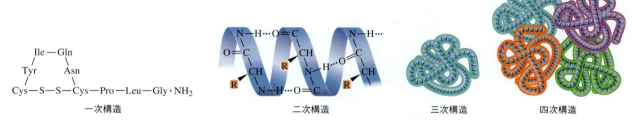

図 26・43 タンパク構造の 4 段階

26・7・1 一次構造

アミノ酸の配列は最終的にはタンパク質の立体構造を決定し,タンパク質の立体構造がその機能を決定する.アミノ酸配列と機能が似ているタンパク質を**相同性**(homology)があるという.この相同性は,異なる種で同じような機能を果たすタンパク質の間で見ることができる.実際,生物種間の配列相同性を利用して,進化上の共通の祖先を特定することができる.図 26・44(a)は,さまざまな生物種における熱変性タンパク質の配列相同性を示している.種を越えて維持されているアミノ酸残基が,タンパク質の機能を担っていると推測される.

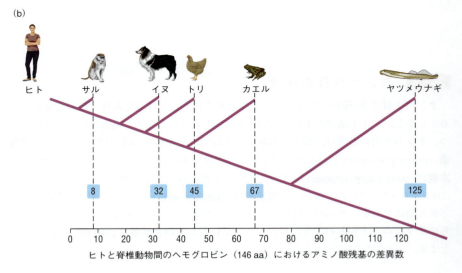

図 26・44 配列の相同性　DNA およびタンパク質の配列は種族間の進化上の関係に関する分子の記録だ．(a) 熱変性タンパク質において保存される残基，(b) より近い関係にある種のタンパク質はより相同性が高い．

26・7・2 二次構造

　タンパク質の二次構造は，ポリペプチド鎖が規則的に繰返される構造モチーフに折りたたまれることによって生じる．これらの構造様式は，アミノ酸間の分子内相互作用によって生じる．具体的には，アミノ基の N-H とカルボニル酸素の間に水素結合が形成され，図 26・45 に示すような α ヘリックスや β シートが形成される．

　図 26・45(a) の **α ヘリックス**（α-helix）は，直鎖状のペプチドが右巻きのらせん状に配向した剛直な円筒状の構造体である．この構造は，一つのアミノ酸の N-H 基と，4 残基先のアミノ酸のカルボニル基との間の水素結合によって保持されている．アミノ酸の側鎖は，らせん構造の外側に並んでいる．図 26・45(b) に示す **β シート**（β-sheet）は，同じタンパク質内の二つのポリペプチドセグメントが整列し，一つのポリペプチド鎖のアミノ基と隣接する鎖のカルボニル基の間に水素結合ができることで形成される．β シート内の各ポリペプチドは，**β ストランド**（β-strand）とよばれる．β シートの中で，β ストランドは平行に並んでいる場合と逆平行に並んでいる場合があり，平行なシートは同じ方向（C 末端から N 末端に），逆平行なシートは逆方向に並んでいる．

図26・45(b)のβシートは逆平行で，平行配列よりも安定している．

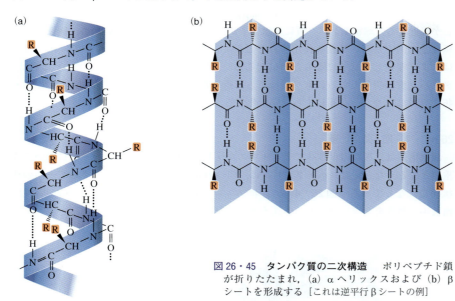

図26・45　タンパク質の二次構造　ポリペプチド鎖が折りたたまれ，(a) αヘリックスおよび (b) βシートを形成する［これは逆平行βシートの例］

26・7・3　三次構造

　タンパク質の三次構造とは，タンパク質の三次元構造のことで，αヘリックス，βシート，コイルやターンなどの二次構造を構成する要素の配置を表す．タンパク質が折りたたまれると，最終的な機能に応じた三次元構造になる．特定のホルモンに対する受容体部位や，酵素基質に対する構造特異的な活性部位は，この折りたたみによって形成

＊［訳注］　疎水性相互作用は水の排除によるエントロピー利得が大きく関わるため，直接的な相互作用とは捉えず，疎水性効果とよぶ方が適切だと考える化学者も少なくない．

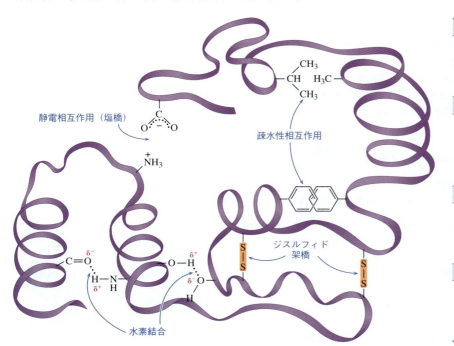

図26・46　タンパク質の三次構造を安定化させる相互作用

静電相互作用（塩橋）
反対の電荷をもつイオンが相互に作用して，アミノ酸残基間に安定化のための相互作用を形成する．この塩橋は，酸性側鎖残基と塩基性側鎖残基の間で形成される．
疎水性相互作用＊
疎水性の非極性基は，van der Waals 相互作用を介して相互に作用し，タンパク質の内部から水を排除する．これにより，水分子の乱れが生じ，エントロピーが増大し，タンパク質の折りたたみの大きな原動力となる．
水素結合
側鎖の官能基間の水素結合は，タンパク質の三次構造を安定化させるのに役立つが，エンタルピーはエントロピーに比べて折りたたみへの寄与がはるかに小さい．
共有結合
二つの異なるシステイン残基の硫黄原子間の結合が，酸素の存在下で酸化されてS–S結合を形成し，タンパク質の三次構造を安定化させる．［この結合により巻き毛になる］

される．

　タンパク質が球状に折りたたまれると，配列上は離れた位置にあるアミノ酸残基どうしが接近する．球状タンパク質には水分子がほとんど含まれていないため，極性基と非極性基の両方が互いに相互作用することができる．何度も言うが，すべての化学過程は，より安定した状態になるために起こる．[ボールは坂を転がり下りる，だね] これは，タンパク質の折りたたみにも当てはまる．折りたたまれたタンパク質構造は，図26・46に示すような相互作用によって安定化する．

26・7・4　四次構造

　四次構造は，複数のポリペプチドサブユニットから構成されるタンパク質においては重要となる．たとえば，ヘモグロビンは，四つのサブユニットが組合わさって一つの球状構造になっている（図26・47）．各サブユニットにはヘム基があり，各ヘム基には，血液中の酸素を全身に運ぶための鉄イオンが含まれている．

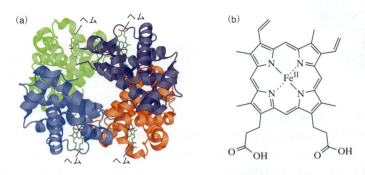

図26・47　ヘモグロビン　　(a) 四次構造，四量体，(b) ヘム基．

26-B　化学はここにも（メディシナルケミストリー）

マムシ毒からのリード化合物

　ブラジキニンは，血圧に作用するもう一つのヒト由来のペプチドで，血管を拡張させて血圧を下げる働きがある．ブラジキニンはノナペプチドであり，アンジオテンシン変換酵素（ACE）の作用により不活性なペプチドに分解される（図26・48）．得られたヘプタペプチドは生物活性をもたない．血圧を下げるペプチドであるブラジキニンを不活性化することで，血圧の上昇をひき起こす．

Arg―Pro―Pro―Gly―Phe―Ser―Pro―Phe―Arg　——ACE——→　Arg―Pro―Pro―Gly―Phe―Ser―Pro　+　Phe―Arg
　　　　　　　ブラジキニン
　　　　　　（血管拡張作用）

図26・48　ACEによるブラジキニンの分解

　ACEは，血圧を上昇させる強力な血管収縮剤であるアンジオテンシンⅡの生成を触媒することを"化学はここにも 26-A"で学んだことを思い出してほしい．また，ACEは強力な血管拡張剤であるブラジキニンの分解も触媒するが，これも血圧を上昇させる．[血圧を下げるために阻害すべき酵素がはっきりしたね．私たちの友人であるブラジルのマムシがきっと助けてくれるはずだ]

　ハララカ（*Bothrops jararaca*，おもにブラジルに生息するマムシ）が獲物に毒を注入すると，獲物の血管はただちに拡張し，血圧が急激に低下する．血圧が下がると，筋肉組織や脳への酸素供給量が減少し，反応速度が低下する．最終的には，獲物は倒れてしまう．1965年，血管の拡張は毒液に含まれるいくつかのペプチドによるものであ

ることが発見されたが，そのなかでも最も強力なのが図 26・49 に示すペンタペプチドである．このペプチドは ACE を阻害し，その結果，アンジオテンシン II が減り（血圧が下がる），ブラジキニンが増える（血圧がさらに下がる）．

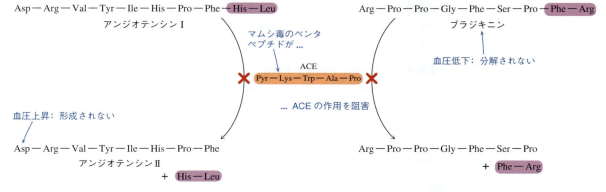

図 26・49 マムシ毒による ACE の阻害が二つの機構で血圧を低下させる

この ACE 阻害作用を利用して，医薬品化学者は，このペンタペプチドを血圧降下薬のリード化合物とした．図 26・50 にペンタペプチドの構造を示す．

> **アセスメント**
> 26・38 図 26・50 のペンタペプチドの最初のアミノ酸であるピログルタミン酸（Pyr，右図）は，表 26・1 の 20 種類のアミノ酸のうちの一つではない．以下の Pyr の構造から，Pyr はどの天然アミノ酸に由来すると考えられるか．

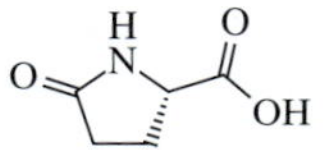

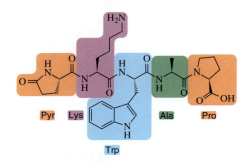

図 26・50 ACE 阻害作用をもつペンタペプチドの一次構造

26・8 タンパク質分析: サンプル（試料）

ある酵素が新しい血圧治療における興味深い標的として同定されたとしよう．その酵素を阻害すると，患者の血圧管理が改善される．医薬開発に関わる化学者は，その酵素が触媒する反応に基づいて，どのような分子がその酵素を阻害するかを予測することはできるものの，その酵素の構造と配列を知ることの価値は非常に大きい．以下の項では，タンパク質の配列をどのように決定するかについて簡単にふれる．ここでは，図 26・51 に示した仮想的なデカペプチドを例に学んでいこう．

H₂N─Xxx─Xxx─Xxx─Xxx─Xxx─Xxx─Xxx─Xxx─Xxx─COOH

図 26・51 構造が未知のタンパク質

まずは手始めに，どんな配列であれ，アミノ酸の組成を知りたいところだろう．では，どのようにしてタンパク質に含まれるアミノ酸の種類と数を知ることができるのだろうか．

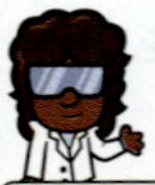

■(生)化学者のように考えよう

タンパク質分析を行う方法を理解するうえで必要なツールは、すでにすべて手に入れているよ。なので、この過程では、これまで学んだことのもつ意味や、学んだことをどうやって使うとパズルが解けるのかを予測してみてね。注意：この見本は、ちょっと長いよ。

タンパク質に含まれる個々のアミノ酸を同定するためには、二つの質問に答える必要がある。［先に進む前にそれぞれ考えてみよう］一つ目は、ペプチドのペプチド（アミド）結合を切断して、個々のアミノ酸をそのまま得ることはできるだろうか。二つ目は、何かしらの特性を基にして、アミノ酸それぞれを見分けることはできるだろうか。こうした質問に取りかかる前に、まずはペプチド内のジスルフィド結合を切断しておこう。

実験1（ジスルフィド結合があれば、それを切断する）　ペプチドをジチオトレイトール（dithiothreitol）で処理すると、図26・52に示すように、連続したS_N2反応によってジスルフィド結合が還元される。ジスルフィド結合の一方の硫黄にチオールが攻撃すると、新たなジスルフィドが形成され、片方のシステインのチオールが遊離する。ジチオトレイトールのもう一方の硫黄が分子内で攻撃すると、もう片方のシステインが解放される。

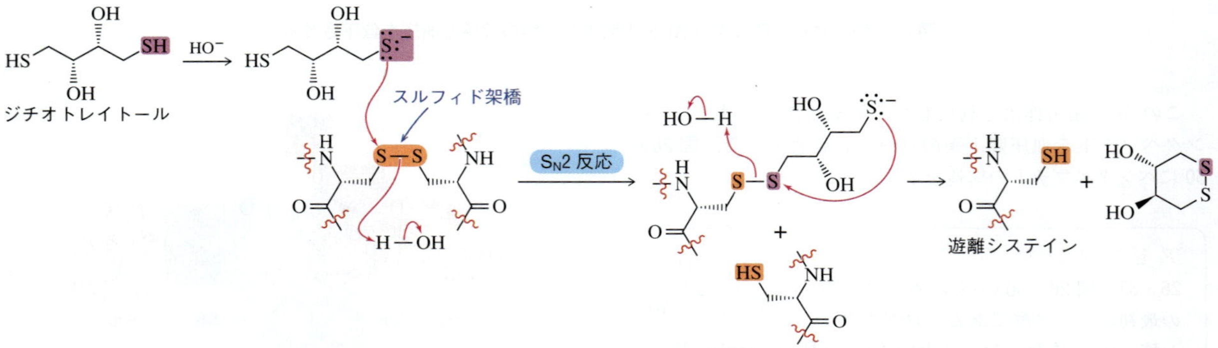

図26・52　ジチオトレイトールによるジスルフィド架橋の切断

ジスルフィド結合を除去した後、タンパク質を個々のアミノ酸に分離するためには、ペプチド結合を切断する必要がある。これらは単なるアミド結合である。アミドは安定なカルボン酸誘導体だが、強酸と熱により加水分解できる。

実験2（ペプチドの加水分解）　酸と水の存在下でペプチドを加熱すると、デカペプチドが10個のアミノ酸に分解される（図26・53）。［この条件は激しいのでいくつかのアミノ酸が分解するかもしれないんだ。実際に実験する際の足枷になっているよ］

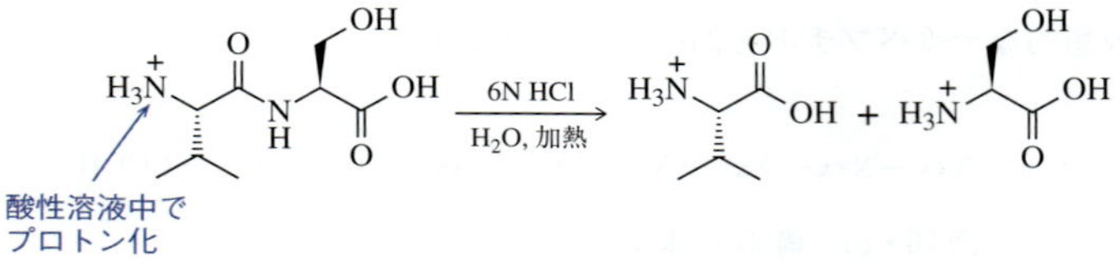

図26・53　強酸を用いたペプチド鎖の加水分解

個々のアミノ酸を入手した後、アミノ酸を互いに分離して特徴づけることができる特性はあるだろうか。§26・3・2で学んだように、すべてのアミノ酸の等電点はわずか

に異なることを思い出してほしい．これは，それぞれのアミノ酸がわずかに異なるpHで中性となることを示唆している．電気泳動では，この違いを利用し，陽極または陰極に向かう移動度によってアミノ酸を分離する．原理的には電気泳動で分離可能だが，実際には，イオン交換クロマトグラフィーを使った方が実用的となる．この方法でも同じようにアミノ酸のpH特性を利用するが，自動化されている．

実験3（イオン交換クロマトグラフィー） 分解から得られた10種のアミノ酸を，負電荷を帯びた樹脂が充填されたカラムに投入することで，イオン交換クロマトグラフィーを実施する（図26・54）．アミノ酸の入ったカラムを酸性の緩衝液（pH＝3）で洗浄すると，アミノ酸のアミンがすべてプロトン化される．このアンモニウムイオンは，負に帯電した樹脂と強く相互作用して，樹脂の上部に付着する．徐々に緩衝液の酸性を下げながら（塩基性を上げながら）流し続ける（pHを3から12にしながら）と，アミノ酸はアンモニウムイオンのpK_a値に応じ，異なった時間で樹脂から外れることとなる．これにより，各種類のアミノ酸を別々の分画（fraction）で回収することができる．

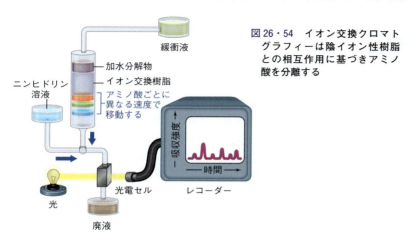

図26・54 イオン交換クロマトグラフィーは陰イオン性樹脂との相互作用に基づきアミノ酸を分離する

アミノ酸がカラムから出てくるところで，ニンヒドリンと混合する．［§26・5・3を振り返ろう］生じた紫色の溶液の濃度を光学セル内で測定する．検出されたピークを標準物質の保持時間と比較することで，分解したデカペプチドの中に，どのアミノ酸が含まれていたかを同定することができる．スペクトル内でのピークが大きければ，そのピー

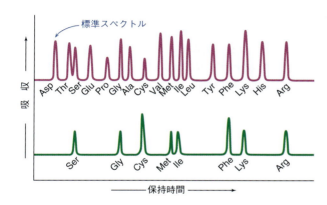

図26・55 標準物質との比較により分解物の混合物中のアミノ酸を同定する

クに対応するアミノ酸がたくさんあるということになる．図 26・55 に示したスペクトルから，6 種のアミノ酸（Ser, Gly, Met, Ile, Lys, Arg）がそれぞれ同量と，その 2 倍量の Cys と Phe があることがわかる．ここで 2 倍量のシステインが分離されたので，実験 1 でジスルフィド結合を切断しておいたことは得策だったということになる．

この時点で，分解したタンパク質の中のアミノ酸を同定することはできた．わからないのは，その配列である．配列を調べるには，**Edman 分解**（Edman degradation）とよばれる反応を利用する．この反応は，ペプチドから N 末端のアミノ酸を選択的に切断するもので，図 26・55 で行ったのと同様に，標準的な HPLC の保持時間と比較することで，ペプチドを同定することができる．すべての配列がわかるまでこの工程を残ったペプチドにも繰返す．

Edman 分解は，10 個のアミノ酸からなるペプチドの配列ならば容易に決定するすることができるが，一般的には 30 個以下のアミノ酸にのみ有効となる．そのため，より大きなタンパク質の場合，Edman 分解を行う前に，より短い断片に切断する．ここでは大きなタンパク質の同定を想定して，小さな断片に切断することから始めよう．この切断のためには，いくつかの選択的な反応がある．機構は気にせずに，それぞれの結果に注目しよう．

実験 4（トリプシンによるペプチドの切断） 分析対象となるタンパク質をトリプシン（trypsin）とよばれる酵素で分解すると，ペプチドのリシン残基またはアルギニン残基のカルボン酸（C 末端）側が切断される．今回，対象としているペプチドにはリシンとアルギニンがそれぞれ一つずつ含まれていることがわかっているので，ペプチドが 2 箇所で切断され，合計四つの断片が生成することが予想される（図 26・56）．生成した四つの断片は，それぞれ 6，4，9，1 個のアミノ酸残基を含んでいることとしよう．[ペプチド鎖に 20 残基あるという意味ではないよ．6 + 4 = 10, 9 + 1 = 10 だよね]

図 26・56 トリプシンによる切断で四つの断片ができる

実験 5（キモトリプシンによる切断） 分析対象となっているタンパク質の別の試料を次に，**キモトリプシン**（chymotrypsin）とよばれる酵素で処理すると，ペプチドのフェニルアラニン残基，チロシン残基またはトリプトファン残基の C 末端側が切断される．今回，対象としているペプチドにはフェニルアラニンが二つ含まれていることがわかっているので，最大 2 箇所で切断され，最大で合計四つの断片が生成することが予測される（図 26・57）．しかし，新しい断片は二つしかできない．[これは何を意味してい

H₂N—Xxx—Xxx—Xxx—Xxx—Xxx—Xxx—Xxx—Xxx—Xxx—COOH

↓キモトリプシン

H₂N—Xxx—Xxx—Xxx—Xxx—Xxx—Xxx—COOH ＋ H₂N—Xxx—Xxx—Xxx—Xxx—COOH

図 26・57 キモトリプシンによる切断で二つの断片ができる

26・8 タンパク質分析　　1241

るのだろう？〕この二つの断片には，それぞれ4個と6個のアミノ酸残基が含まれている．〔4 + 6 = 10 だね〕

実験6（臭化シアンによる切断）　　分析対象となっているタンパク質のさらに別の試料をシアン化臭素で処理すると，ペプチドのメチオニン残基のC末端側が切断される．今回，対象としているペプチドにはメチオニンが一つ含まれているので，ペプチドは1箇所で切断され，二つの断片が生成することが予想される（**図26・58**）．この二つの断片には，それぞれ3個と7個のアミノ酸残基が含まれている．〔3 + 7 = 10 だね〕

$$H_2N-Xxx-Xxx-Xxx-Xxx-Xxx-Xxx-Xxx-Xxx-Xxx-Xxx-COOH$$

↓ 臭化シアン

$$H_2N-Xxx-Xxx-Xxx-Xxx-Xxx-Xxx-Xxx-COOH \ + \ H_2N-Xxx-Xxx-Xxx-COOH$$

図26・58　臭化シアンによる切断で二つの断片ができる

次に進む前に，現在の状況を確認してみよう．現在，**表26・3**に示すように，長さの異なる八つの断片が生成している．もう一度言うが，これらの反応の反応機構は重要ではない．ここで重要なのは，大きなタンパク質をより簡単に識別できる小さな断片に切り分けたということである．これでそれぞれの小片を同定する準備が整った．そして，小片を並び順に整えることで，タンパク質全体を同定することができるのである．

表26・3　実験4〜6でできたペプチド断片

実　験	生成した断片
4: トリプシン	$H_2N-Xxx-Xxx-Xxx-Xxx-Xxx-Xxx-COOH$
	$H_2N-Xxx-Xxx-Xxx-Xxx-COOH$
	$H_2N-Xxx-Xxx-Xxx-Xxx-Xxx-Xxx-Xxx-Xxx-Xxx-COOH$
	$H_2N-Xxx-COOH$
5: キモトリプシン	$H_2N-Xxx-Xxx-Xxx-Xxx-COOH$
	$H_2N-Xxx-Xxx-Xxx-Xxx-Xxx-Xxx-COOH$
6: 臭化シアン	$H_2N-Xxx-Xxx-Xxx-COOH$
	$H_2N-Xxx-Xxx-Xxx-Xxx-Xxx-Xxx-Xxx-COOH$

前述したように，Edman分解は，N末端から切断して一つずつアミノ酸を同定するのに使用できる．残念ながら，これではC末端の構造を決定することはできない．幸運なことに，それを行う実験がある．それぞれの断片について，それをやってみよう．

実験7（カルボキシペプチダーゼによる切断）　　カルボキシペプチダーゼ（carboxypeptidase）は，ペプチドのC末端からアミノ酸を一つずつ選択的に切断する（**図26・59**）．切断されたアミノ酸は，既知の標準物質と比較して同定することができる（図26・55で実施の通り）．この実験の結果を**表26・4**に示す．これらの実験から，それぞれの断片，さらにはタンパク質全体の末端アミノ酸を同定することができた．

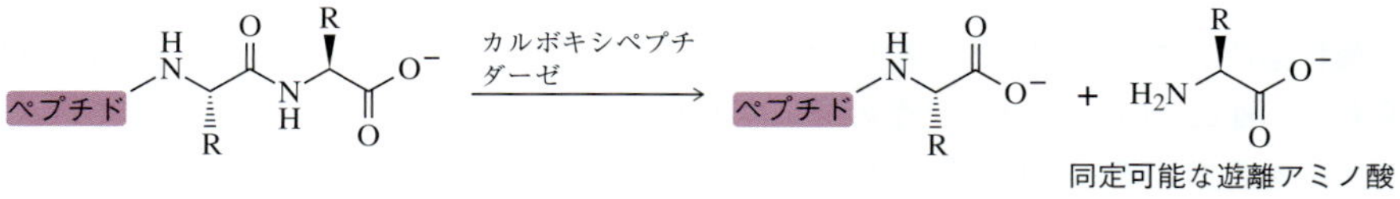

図26・59　カルボキシペプチダーゼによる切断を用いて，それぞれの断片のC末端アミノ酸を同定することができる

1242 26. アミノ酸・タンパク質・ペプチド合成

表 26・4 実験 4～8 の 結 果

実　験	生成した断片	実験 7 の結果: C 末端	実験 8 の結果: Edman 分解
4: トリプシン	$H_2N-(Xxx)_6-COOH$	$H_2N-(Xxx)_5-Arg-COOH$	$H_2N-Gly-Ile-Met-Phe-Cys-Arg-COOH$
	$H_2N-(Xxx)_4-COOH$	$H_2N-(Xxx)_3-Phe-COOH$	$H_2N-Ser-Cys-Lys-Phe-COOH$
	$H_2N-(Xxx)_9-COOH$	$H_2N-(Xxx)_8-Lys-COOH$	$H_2N-Gly-Ile-Met-Phe-Cys-Arg-Ser-Cys-Lys-COOH$
	$H_2N-Xxx-COOH$	$H_2N-Phe-COOH$	$H_2N-Phe-COOH$
5: キモトリプ シン	$H_2N-(Xxx)_4-COOH$	$H_2N-(Xxx)_3-Phe-COOH$	$H_2N-Gly-Ile-Met-Phe-COOH$
	$H_2N-(Xxx)_6-COOH$	$H_2N-(Xxx)_5-Phe-COOH$	$H_2N-Gys-Arg-Ser-Cys-Lys-Phe-COOH$
6: 臭化シアン	$H_2N-(Xxx)_3-COOH$	$H_2N-(Xxx)_2-Met-COOH$	$H_2N-Gly-Ile-Met-COOH$
	$H_2N-(Xxx)_7-COOH$	$H_2N-(Xxx)_6-Phe-COOH$	$H_2N-Phe-Cys-Arg-Ser-Cys-Lys-Phe-COOH$
タンパク質全体	$H_2N-(Xxx)_{10}-COOH$	$H_2N-(Xxx)_9-Phe-COOH$	図 26・62 参照

　最後に，すでに学んできた Edman 分解を使って，それぞれの断片の配列を，N 末端から始めて左から右に決定することができる．

実験 8（Edman 分解）　Edman 分解の反応機構を**図 26・60** に示す．まず，ペプチド鎖をイソチオシアン酸フェニル（フェニルイソチオシアナート）で処理する．イソチオシアナート（isothiocyanate）は中心の炭素の求電子性が高く，第一級アミンと求核アシル置換機構のように反応してチオ尿素（thiourea，チオウレアともいう）を生成する．このチオ尿素を酸で処理すると，環化反応が起こり，最終的に N 末端のアミノ酸からなるチアゾリノンが生成し，残りのペプチド鎖が切り出される．チアゾリノンから分離されたペプチド鎖は，さらに Edman 分解にかけることができる．

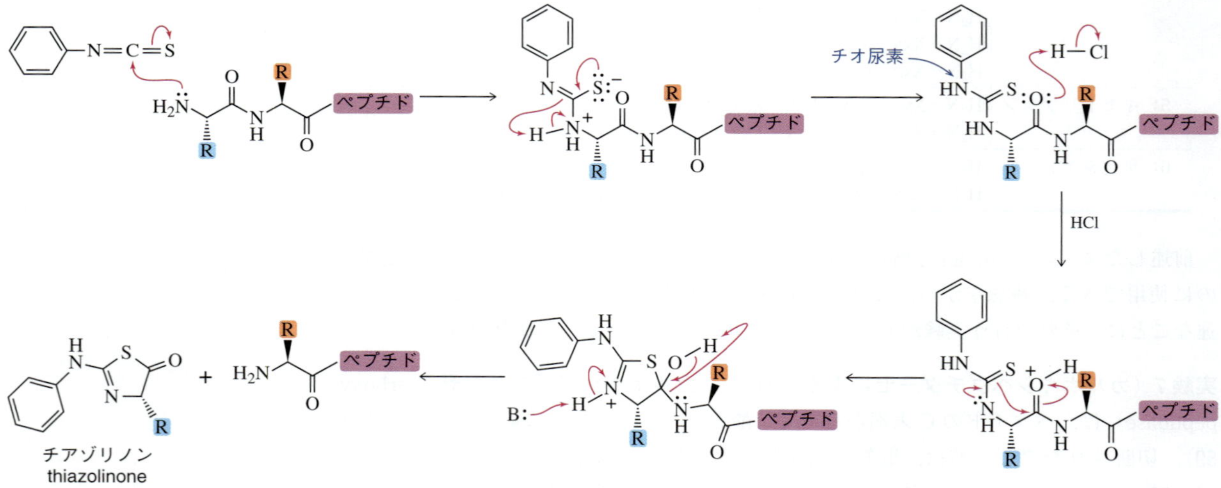

図 26・60　Edman 分解の反応機構

　酸性条件下では，置換チアゾリノンが転位して，置換フェニルチオヒダントインが得られる（**図 26・61**）．各アミノ酸のフェニルチオヒダントインはすでに同定されている．フェニルチオヒダントインをこれらの標準物質と比較することで，N 末端のアミノ酸を特定することができ，各鎖のアミノ酸残基ごとにこれを繰返す．そうすると，表 26・4 の実験 8 の欄に示すような結果が得られる．

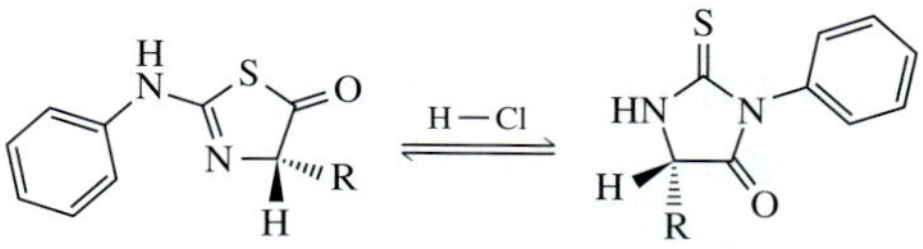

図 26・61 転位によりフェニルチオヒダントインが生成する　標準物質との比較によりN末端のアミノ酸が同定される.

分析対象のペプチドから生成した断片それぞれの配列が決まったので，重複する残基に基づいて図26・62に示すように重ね合わせることができる．この重ね合わせは，どの実験からどの断片が得られたのかとは無関係に実施できる．個々の鎖を整列させることで，全体の配列が決まる．配列を決定したタンパク質には，実験2と3で予測したように，システインが二つ，フェニルアラニンが二つ，そして他のアミノ酸がそれぞれ一つずつ含まれていることを最後に確認しておこう．

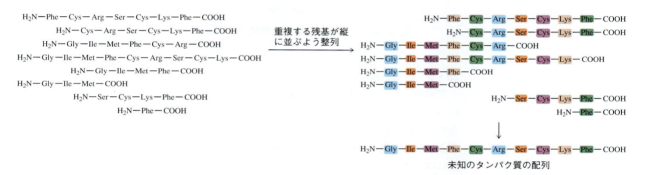

図 26・62　断片の重複する残基を整列させることでタンパク質のアミノ酸配列を決定できる

26・8のまとめ

- 電気泳動と組合わせながら，特定のアミノ酸残基の位置でタンパク質を短い断片に切断することを繰返すことで，ペプチドの構造を決定することができる．

アセスメント

26・39　次のデカペプチドは，(a) トリプシン，(b) キモトリプシン，(c) 臭化シアンによってどこで切断されるか.

$$H_2N-Ala-Arg-Ser-Pro-Cys-Ile-Phe-Met-Thr-Val-COOH$$

26・40　ある化学者が§26・8にあげた実験から以下の断片を同定した．このペプチドの一次構造はどのようなものか．

$H_2N-DYT-COOH$
$H_2N-ESGMVA-COH$
$H_2N-VA-COOH$
$H_2N-DYTCGKESGM-COOH$
$H_2N-DYTCGK-COOH$
$H_2N-CGKESGMVA-COOH$

26・41　チアゾリノンからチオヒダントインへの転位について，巻矢印を用いて反応機構を示せ．この転位の駆動力は何か．

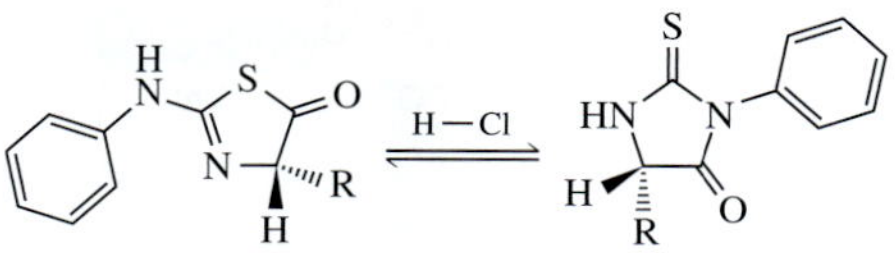

26・9　ペプチド合成 (peptide synthesis)

　短いペプチド断片が薬効をもちうることや，生体内のタンパク質を実験室でも生産したいという要請があり，化学者はペプチドの実験室内での合成法を開発した．アミノ酸には二つの反応性官能基があるので，一つの反応しか起こらないように官能基を保護することに多くの努力が払われている．このようにして工夫された一般的な合成経路を図26・63に示すが，これは§26・9・1で取上げる液相合成を紹介するものである．この液相合成での問題点のいくつかは，固相担体上で反応を行うことで解決できる（§26・9・2参照）．どちらの場合も同じトリペプチド（H₂N−Val−Ile−Phe−COOH）を代表例として取上げる．ここで登場するすべての反応はこれまでに見たことのあるものばかりで，第19章で扱った求核アシル置換反応で進行しない例は一つだけとなる．

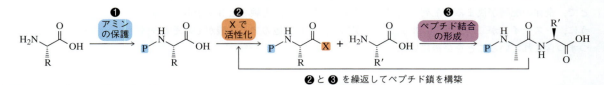

図26・63　ペプチド合成の一般的な合成経路

26・9・1　液相合成 (solution phase synthesis)

　実験室でのペプチドの液相合成は通常，N末端からC末端に向かって進む（つまり，いつもアミノ酸配列を記述しているように左から右に向かって進む）．そのため，合成を始める際には，まず末端のアミンを保護する．これは，後から追加されるカルボキシ基との反応を防ぎ，鎖が一方向にのみ伸びるようにするために必要となる．N末端の保護には，クロロギ酸ベンジル（§26・5・2参照）がよく使われる（図26・64）．

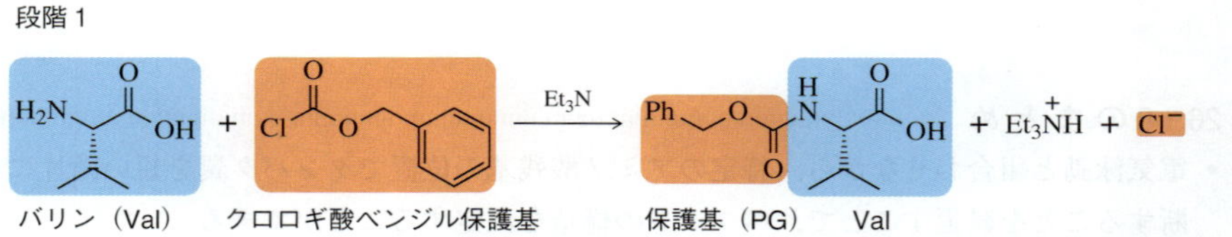

図26・64　段階1: バリンのN末端をクロロギ酸ベンジルで保護する　他の求核置換反応に関与しないようにする．

　これで，次のアミノ酸を結合する準備ができたと思うかもしれないが，一つ問題がある．第18章で学んだことだが，カルボン酸は求核アシル置換に十分な求電子性がない

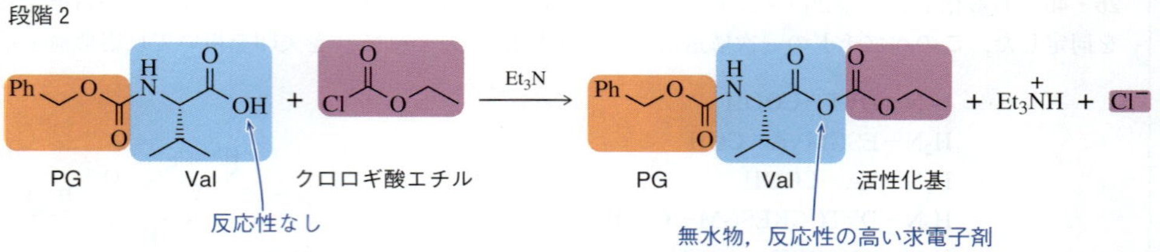

図26・65　段階2: クロロギ酸エチルでカルボキシ基を活性化する　カルボン酸がより求電子性の高い求電子剤になる．

ことがわかっている．そのため，求核攻撃のためにカルボン酸を活性化する必要がある．第18章では，カルボン酸を酸塩化物に変換することでこれを行ったが，酸塩化物はタンパク質合成に使用するには反応性が高すぎる．その代わり，クロロギ酸エチルと反応させることで，カルボン酸を無水物（2番目によい求電子剤）に変換する（図26・65）．

カルボン酸を無水物として活性化したので，イソロイシンを加えよう（図26・66）．アミンの攻撃により，求核アシル置換反応で新しいアミド結合が形成される．この反応では，（クロロギ酸エチル由来の活性化基から）炭酸エチルイオンも生成する．炭酸エチルイオンは二酸化炭素とエタノールに分解され，求核アシル置換反応の駆動力を高めることになる．

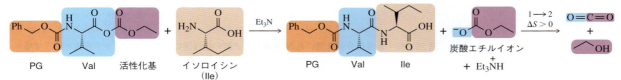

図 26・66　段階3: イソロイシンのアミノ基による求核アシル置換反応　*N*-保護ジペプチドのアミド結合ができる．

図26・66のジペプチドよりも鎖を延長するには，目的のポリペプチドが必要とするアミノ酸の数だけ，段階2と3を繰返すだけでよい．なので，C末端のカルボン酸をクロロギ酸エチルでもう一度活性化する（図26・67）．

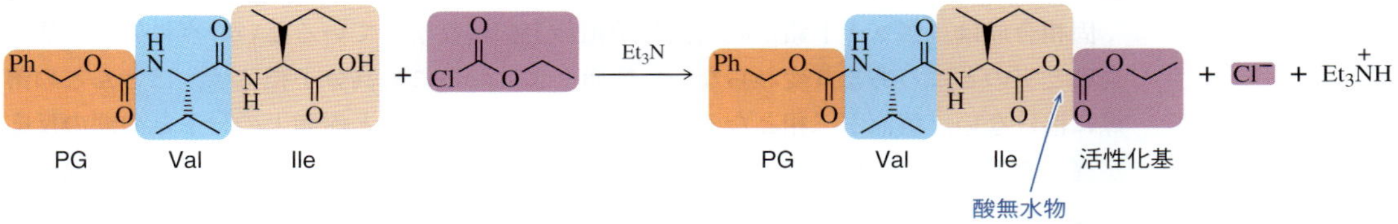

図 26・67　段階2: クロロギ酸エチルでカルボキシ基を活性化する　カルボン酸がより強い求電子剤になる．

ジペプチドの活性化されたカルボン酸とフェニルアラニンが求核アシル置換により反応すると，窒素が保護されたトリペプチドが形成される（図26・68）．

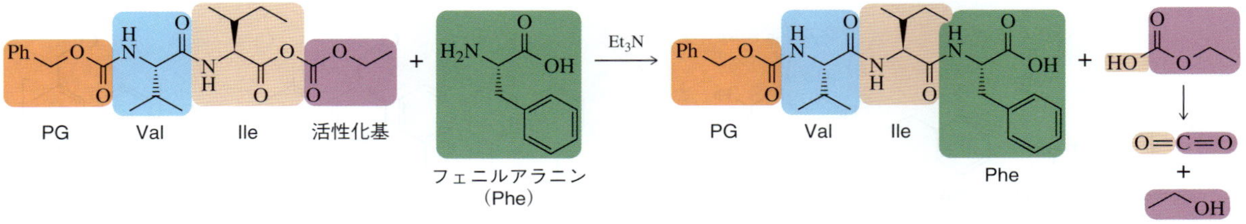

図 26・68　段階3: フェニルアラニンのアミノ基による求核アシル置換反応　*N*-保護トリペプチドのアミド結合ができる．

アミノ酸残基をこのまま追加し続けることもできるのだが，ここでの目標はトリペプチドをつくることであり，保護された形でという点以外はすでに達成している．した

がって，残る段階はトリペプチドの N 末端の脱保護だけである．アミンを保護するためにクロロギ酸ベンジルを選択したので，脱保護に強酸性や塩基性の条件を使う必要がない．[酸性や塩基性条件ではせっかくつくったペプチド結合を加水分解してしまう可能性があるので，それらの条件を避けられるのは好都合だね] 代わりに，パラジウム触媒を用いた水素化分解を用いることができ（図 26・69），それによりトリペプチド，二酸化炭素，トルエンが生成する．[この化学反応については，§26・5・2と§24・6を参照しよう]

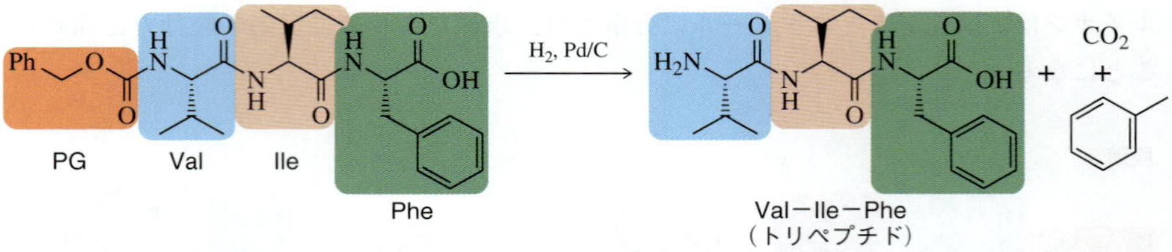

図 26・69　水素化分解を用いた N 末端アミノ酸の脱保護によりトリペプチド合成が完了する

　液相合成は小さなペプチドをつくるうえでは非常に効率的である．しかし，保護，活性化，脱保護の工程を多く必要とするため，手間がかかる．これらの工程の後には，生成物を精製することで，続く工程が高収率となるようにしなければならない．精製工程は合成全体にかかる時間を増加させるだけではなく，余分な廃棄物を多く発生させる．つまり液相合成は，より環境に優しく，より手間のかからない方法に改善することが可能なのである．[さあ，固相合成に進もう...]

26・9・2　固 相 合 成 （solid phase synthesis）

　固相合成は，ペプチド鎖が固相高分子担体上につながっているという点以外は，液相合成と実のところあまり変わらない．樹脂とよばれるこの高分子担体は，ほとんどの溶媒に溶けない．溶液が二相となることから，溶液中の分子と樹脂上の分子との間の反応が遅くなるものの，反応終了後に，樹脂につながっていないものはすべて単純に洗い流すことができるという利点がある．伸長するペプチドは樹脂上にあるため，溶液中で生成した副生成物はすべて，過剰に用いたアミノ酸とともに，簡単に洗浄によって除去することができる．

　固相合成は，適切な樹脂を用意することから始まる．この目的には，スチレンと 4-クロロメチルスチレンのモノマーからなるポリマーが使用される（図 26・70）．
Merrifield 樹脂（Merrifield resin）とよばれるこのポリマーは，§28・4・3で詳しく説明するフリーラジカル重合によってつくられる．

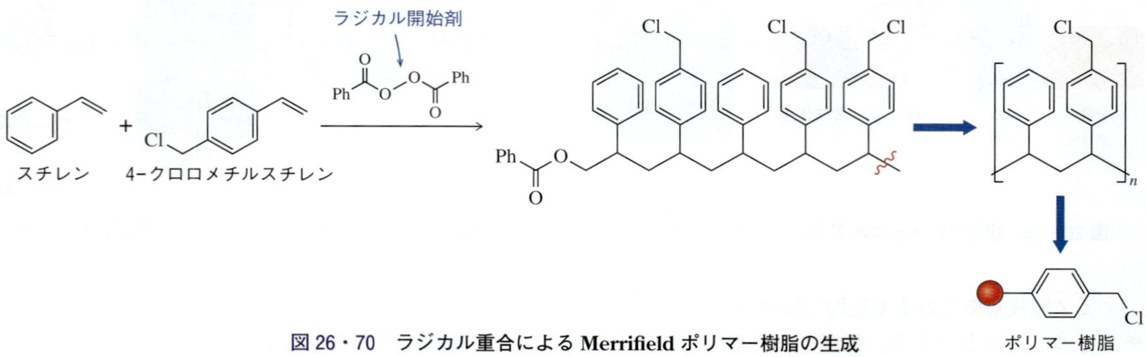

図 26・70　ラジカル重合による Merrifield ポリマー樹脂の生成

26・9 ペプチド合成

液相合成がペプチドをN末端から伸長するのに対し，**Merrifield 合成**（Merrifield synthesis）ではその逆向きに伸長する．最終段階でC末端のカルボン酸を樹脂から切り出すのが容易であるというのがおもな理由である（図27・76）．そのため，固相合成は，図26・71に示すように，塩化ベンジルのS_N2置換によってフェニルアラニンを樹脂につなげることから始まる．しかし，アミノ基の方が，カルボキシラートイオンよりも求核性が高いため，アミンはまず二炭酸ジ-*tert*-ブチル（§26・5・2で初めて登場）により保護する．アミンに導入された後は，**Boc 保護基**（Boc protecting group）とよばれる．

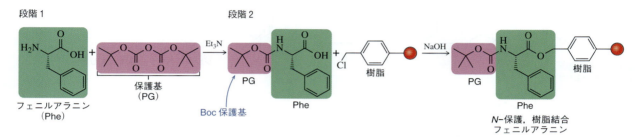

図26・71 フェニルアラニンの保護（段階1）とポリマー樹脂への結合（段階2）

フェニルアラニンを樹脂につなげた後，次のアミノ酸と結合させるために，アミンを脱保護する必要がある．これは，Boc 基を有機溶媒に可溶な酸であるトリフルオロ酢酸で処理することで達成される（図26・72a）．安定したカルボカチオンの形成と脱炭酸による二酸化炭素の生成により，図26・72(b)に示す反応機構で脱保護が行われる．

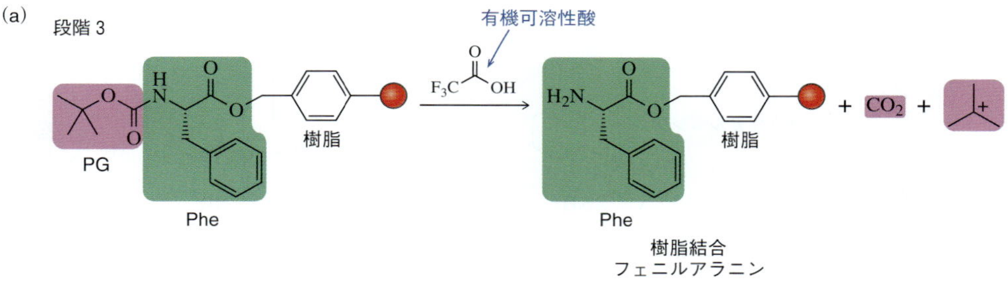

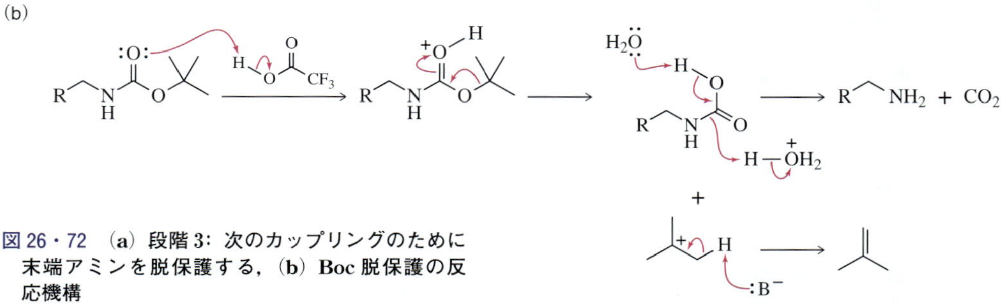

図26・72 (a) 段階3: 次のカップリングのために末端アミンを脱保護する．(b) Boc 脱保護の反応機構

こうしてアミンが脱保護されたため，活性化されたカルボン酸と連結する準備が整った．液相合成では酸無水物と直接反応したが［図26・68を振り返ろう］，ここでは**ジシクロヘキシルカルボジイミド**（dicyclohexylcarbodiimide, DCC）により同じ反応フラスコ内でカルボン酸を活性化する．図26・73に示すように，カルボキシラートイオンがDCCの中央炭素に攻撃し，活性化されたカルボン酸が生成する．この活性化されたカ

1248　26. アミノ酸・タンパク質・ペプチド合成

ルボン酸は，酸無水物や酸塩化物に似ており，求核性のアミンにより攻撃され，求核アシル置換反応の付加/脱離機構（§19・7・3）を経て，新しいアミド結合を形成する．最終段階の脱プロトンにより，きわめて安定なジシクロヘキシル尿素（dicyclohexyl urea, DCU）が生成し，これが反応の推進力となる．DCU は生成したアミドから分離することが難しいことで知られているが，固相合成では簡単に洗い流すことができる．

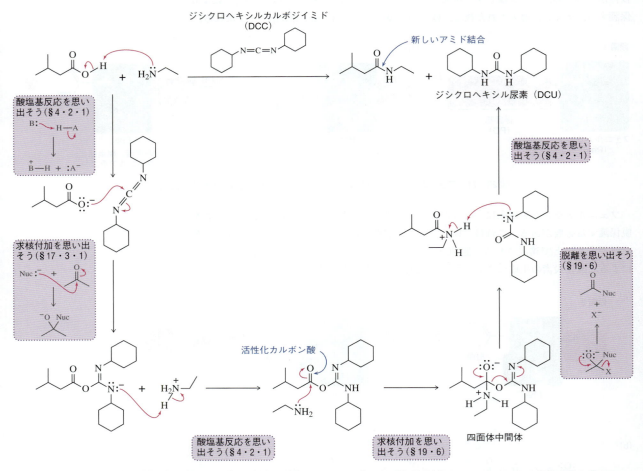

図 26・73　DCC カップリング反応を用いたペプチド結合の形成　カルボン酸はその場で活性化され，アミンによる求核攻撃を受ける．

このようにして DCC カップリングは，窒素が保護された樹脂結合のジペプチドを生成する（図 26・74）．

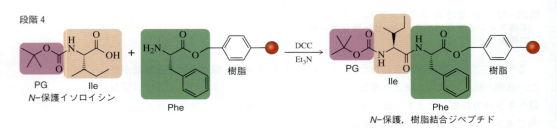

図 26・74　段階 4：N−保護イソロイシンと樹脂結合フェニルアラニンの DCC カップリング反応

ジペプチドよりも長く鎖を伸長するには，目的のポリペプチドが必要とする数のアミノ酸に対して段階3と4を繰返すだけでよい．このようにして，N末端を脱保護し，保護されたバリンとDCCカップリングすると，窒素が保護された樹脂結合トリペプチドが得られる（図26・75）．

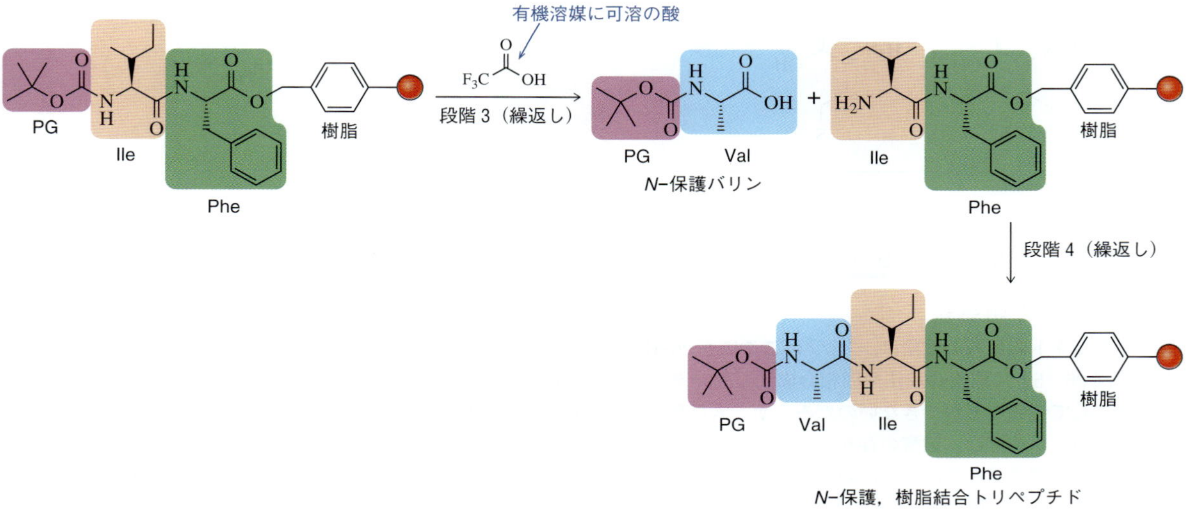

図26・75　末端アミンの脱保護およびN-保護バリンとのDCCカップリングにより目的のトリペプチドができる

トリペプチドが完全に形成されたため，最後にBoc-アミンを脱保護した後，ペプチドを樹脂から切り出す（図26・76）．ペプチドと樹脂とをベンジルエーテル結合がつないでいるので，§24・6で紹介した水素化分解で切断することができる．ペプチドを樹脂から分離した後に初めて，ペプチドのクロマトグラフィーによる精製を行う．

図26・76　トリペプチド合成の完了　酸触媒による脱炭酸によりN末端アミンを脱保護し，水素分解により樹脂からトリペプチドを切り出す．

Merrifield固相合成は，液相合成に比べて化学反応の回数や個々の反応の効率が必ずしも向上するわけではない．しかし，ペプチドが樹脂から切り出されるまで精製を必要としないため，タンパク質の収率が高く，廃棄物の発生も大幅に少なく，自動化が容易で，必要な労働力も大幅に削減されるのである．

26・9のまとめ

- ペプチドの合成は，溶液中であろうと固相担体上であろうと，保護，カルボン酸の活性化，ペプチドカップリング，脱保護の一連の段階で構成されている．

アセスメント

26・42 (a) 液相合成法と (b) Merrifield 固相合成法による，トリペプチド Met-Phe-Gly の合成を提案せよ．

26・43 以下のアミノ酸を保護基なしでカップリングした場合，どのような四つのジペプチドができるか．

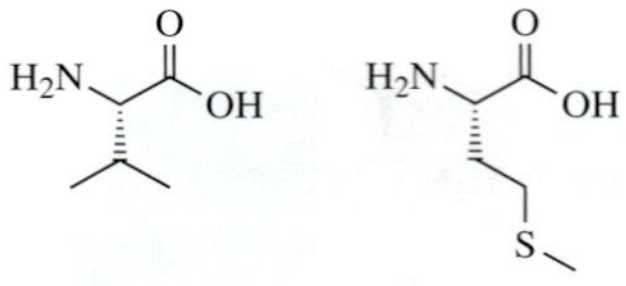

26・44 ある化学者が，ジペプチドの液相合成を行う際，カルボン酸を活性化する前にアミンを保護することを忘れていた．この反応の結果を示せ．

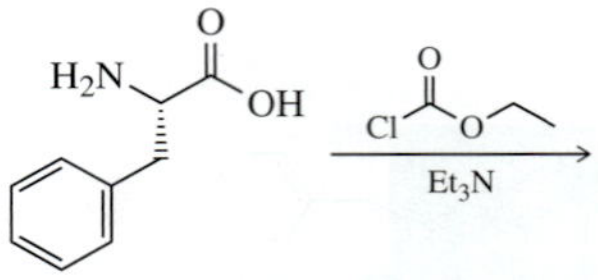

26-C 化学はここにも（メディシナルケミストリー）

ペプチドを模した阻害剤

創薬プロジェクトの最初の段階は，"化学はここにも 26-B" で紹介したペンタペプチドのようなリード化合物を同定することである（図 26・50）．液相合成法や固相合成法でペンタペプチドを簡単に合成することができるのに，なぜ，このペンタペプチドを薬として使うことができないのだろうか．人は皆，薬を摂取する際，経口で（口から）飲める錠剤に頼っている．アミド結合をもつペプチドは，強酸の存在下で加水分解される．"化学はここにも 4-A" で逆流性食道炎について学んだように，胃は強酸性の水性環境である．そのため，ペプチドは胃の中では生き残ることができず，加水分解されて薬効のない個々のアミノ酸になってしまう（図 26・77）．

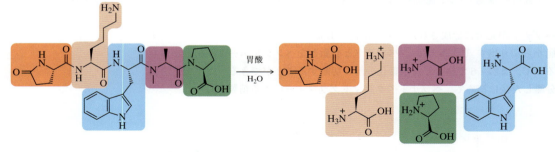

図 26・77 胃における，酸によるペンタペプチドの加水分解

カプトプリル（図 26・78）は，最初に市販された ACE 阻害剤の一つである．カプトプリルは，図 26・50 の ACE を阻害するペンタペプチドの C 末端と非常によく似た構造をしている．この構造的類似性が，カプトプリルがよく結合し，ACE を特異的に阻害する理由であろう．カプトプリルには一つのアミド結合が含まれているが，二つ目のアミド結合は C-S 結合に置き換えられている．このチオールは亜鉛を好む官能基であるため，ACE の活性部位にある Zn^{2+} カチオンと強固な結合を形成することで，ブラジキニンやアンジオテンシン I の結合を阻止する．

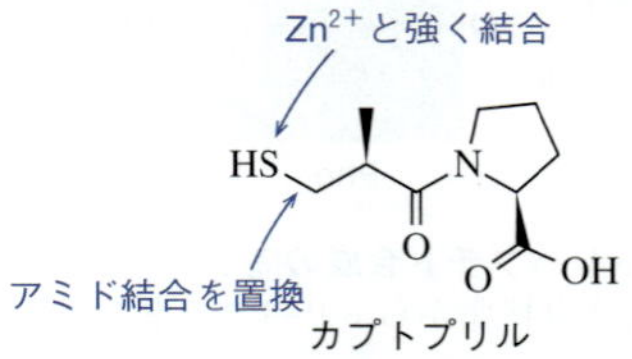

図 26・78 初代 ACE 阻害剤の一つであるカプトプリルはペンタペプチド阻害剤の C 末端と構造が類似している

アセスメント

26・45 固相合成を用いたペンタペプチドの合成方法を示せ．[副反応を避けるために，リシンの側鎖窒素を保護したいんじゃないかな]

むすびに

　カプトプリルは非常に有効な薬ではあるものの，無保護のチオール基により，服用している患者に皮膚の発疹や味覚の喪失などがひき起こされると考えられている．"サイレントキラー"とまでよばれる高血圧症の治療のためにはこうした副反応は些細なことのように思えるかもしれないが，どんな不快感であっても患者が治療を続けることを躊躇させうる．このためこのような副作用のないほかのACE阻害剤が探し求められた．エナラプリルとリシノプリル（図26・79）は，カプトプリルを生み出したのと同じ原理に基づいて登場したたくさんの高血圧に効く治療薬のうちの二つの例である．エナラプリルとリシノプリルはともにβ-アミノ酸であり，ACEを阻害するペプチドの構造を模倣しているが，余分なアミド結合をもたないため，胃の酸性環境に耐えられるようになっている．

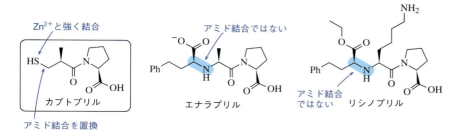

図26・79　カプトプリルの構造に基づくほかのACE阻害剤

　アミノ酸とタンパク質は生命維持に不可欠である．このため酵素やタンパク質から成る受容体は，医薬の設計と開発のために望ましい標的となる．そして，ペプチド自身も，わずかな改変を施すことで，優れた医薬となる．この第26章で扱ったアミノ酸の化学では，新しく登場した反応は二つか三つのみであり，またそれらも第19章で学んだ求核アシル置換反応を多少，拡張したものだった．この章では，生体高分子としてのタンパク質についてはほとんど議論しなかったが，こうした概念については第27章で，炭水化物や核酸などのほかの生体分子とともに取上げる．第28章で，合成ポリマーについて説明し，この本を締めくくることとなる．

そう．あと2章を残すのみなんだ…さあ行こう！

第26章のまとめ

重要な概念〔ここでは，第26章の各節で取扱った重要な概念（反応を除く）をまとめる〕

§26・1: アミノ基とカルボキシ基で構成されるアミノ酸は，ペプチドやタンパク質の構成要素となる．20種類のアミノ酸のうち，グリシンだけがアキラルである．19種類のキラルなアミノ酸は，1種類を除いてすべてS配置である．〔すべてL-アミノ酸だよ〕

§26・2: 20種類の標準アミノ酸は，その側鎖に基づいて，イオン性，極性，疎水性に分類される．

§26・3: アミノ酸は塩基性官能基と酸性官能基をもつため，反応の多くは酸塩基反応である．中性のpHでは，アミノ酸は，アンモニウムイオンとカルボキシラートイオンを含む双性イオン構造として存在する．双性イオン構造が優勢となるpHは等電点（pI）であり，アミノ酸によって異なる．電気泳動では，等電点に基づいてアミノ酸を分離・同定することができる．アミノ酸のpK_a値がわずかに異なるのは，さまざまな側鎖が与える電子効果の結果である．

§26・4: アンモニアを用いたα-ケト酸の還元的アミノ化，Hell-Volhard-Zelinskii反応とそれに続くアンモニアによる臭化物イオンのS_N2置換，Gabrielマロン酸エステル合成，NH_4ClとNaCNの組合わせによるアルデヒドからのアミノ酸のStrecker合成など，既習の反応を用いてアミノ酸を合成することができる．

§26・5: アミノ酸は，これまでの章で学んだアミンとカルボン酸の通常の反応を起こす．これらの反応には，カルボン酸のFischerエステル化，アミンのアシル化，ジアステレオマーの

1252　　26. アミノ酸・タンパク質・ペプチド合成

カルボン酸アンモニウム錯体の形成によるエナンチオマーの分離などがある. また, ニンヒドリンを用いることで, アミノ酸の定性分析が可能となる.

§26·6: タンパク質は >50 個のアミノ酸残基からなる天然のポリマーである. <50 個のアミノ酸残基の場合, その鎖はペプチドとよばれる. ポリマーやペプチドのアミド結合はペプチド結合とよばれる. ペプチド結合が特に強いのは, C=N 二重結合を含む共鳴構造が寄与しているためである. また, この共鳴構造は結合の自由回転を制限し, タンパク質に明確な構造を与える剛性をもたらしている.

§26·7: 一次構造はアミノ酸の配列からなる. タンパク質の二次構造は, アミノ酸間の分子内相互作用によってポリペプチド鎖が折りたたまれることで生じる. βシートやαヘリックスは二次構造の一例である. 三次構造とは, 二次構造を構成するβシート, αヘリックス, その他のコイルやターンの配置をさす. 四次構造は, タンパク質が複数のポリペプチドユニットから構成される場合に重要となる.

§26·8: タンパク質の構造を分析するには, 特定のアミノ酸

残基でペプチド鎖を分解する必要がある. システイン残基間のジスルフィド結合の切断にはジチオトレイトールが用いられる. イオン交換クロマトグラフィーは, ペプチド鎖を構成するアミノ酸の分離・同定に用いられる. トリプシンによる切断は, リシンまたはアルギニン残基のカルボキシ基側で起こる. キモトリプシンによる切断では, フェニルアラニン, チロシン, トリプトファンのカルボキシ基側で切断される. 臭化シアンは, メチオニン残基のカルボキシ基側でペプチドを切断する. カルボキシペプチダーゼは, C 末端のアミノ酸を一つずつ選択的に切断する. Edman 分解は, N 末端のアミノ酸を一つずつ切断する.

§26·9: ペプチド合成は, 既習のいくつかの反応を使って行うことができる. 一般的なスキームとして, ペプチド合成は, 保護, カルボン酸の活性化, ペプチドカップリング, 脱保護を含む一連の反応からなる. 固体支持体上でのペプチド合成は, タンパク質の収率が高く, 廃棄物も大幅に少なく, 自動化が容易で, 労力も大幅に軽減される.

重要な反応と反応機構

1. Hell–Volhard–Zelinskii 反応 （§26·4·2）　　最初に酸臭化物が生成し, 続いてエノールの臭素化が起こり, α-ブロモカルボン酸臭化物ができる. この酸臭化物を加水分解すると, α-ブロモカルボン酸が生成する.

2. Gabriel マロン酸エステル合成 （§26·4·3）　　臭化物とフタルイミドの S$_N$2 置換によりフタルイミドマロン酸エステルが生成する. マロン酸エステルの脱プロトンとアルキル化に続いて, 徹底的な加水分解が行われ, ジカルボン酸が生成する. 高温下, 6 電子環状遷移状態を経て脱炭酸が起こり, アミノ酸が得られる.

第26章のまとめ　　1253

【反応機構】

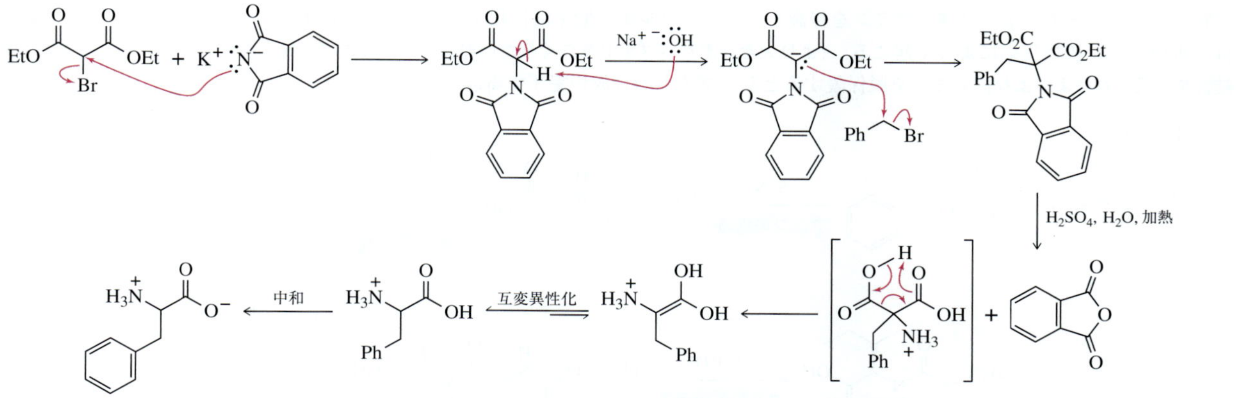

3. Strecker 合成（§26・4・4）　　プロトン化したイミンへのシアン化物イオンの求核付加の後，ニトリルを徹底的に加水分解してアミノ酸を得る．

【一般式】

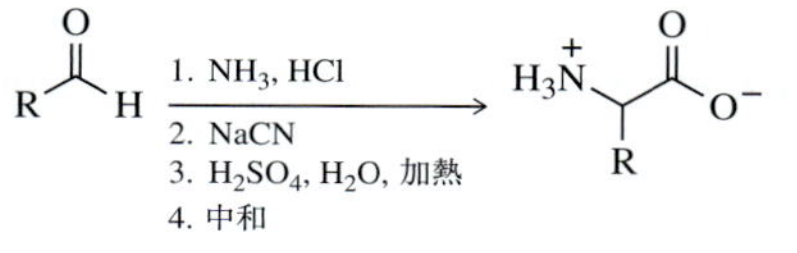

【具体例】

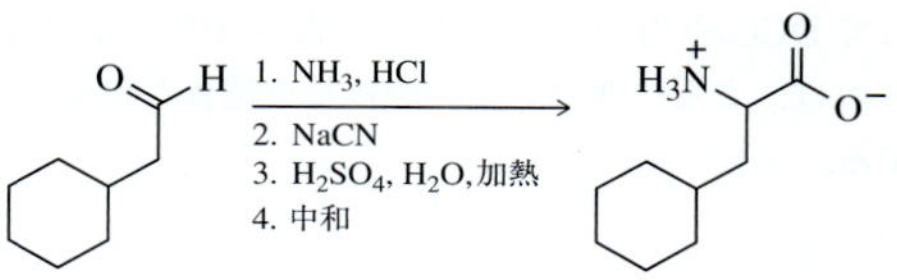

【反応機構】

イミド形成
（§17・8）

ニトリル加水分解
（§19・10・1）

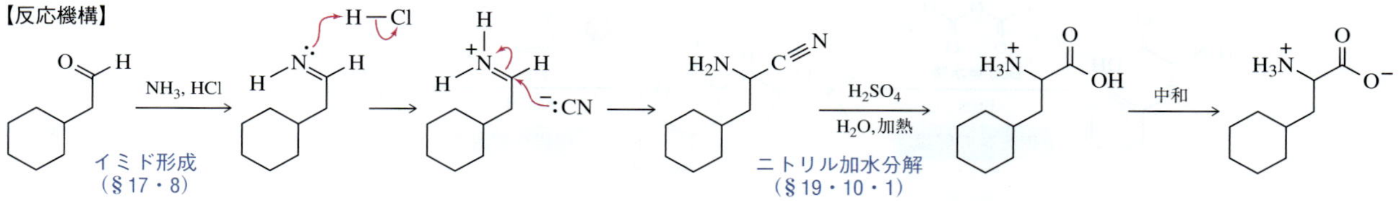

4. DCC カップリング（§26・9・2）　　カルボン酸の脱プロトンに続いて，カルボキシラートイオンと DCC を反応させると，活性化されたカルボン酸誘導体が得られる．アミンの攻撃は求核アシル置換反応によって起こり，副生成物の尿素とともに新しいアミド結合を形成する．

【一般式】

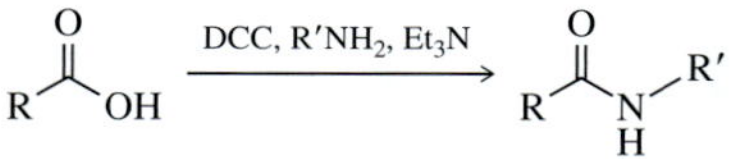

【具体例】

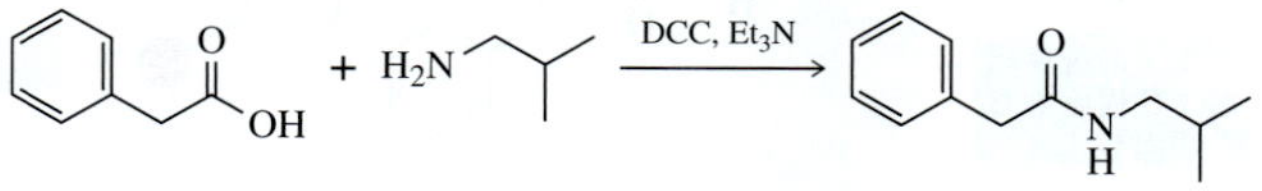

【反応機構】

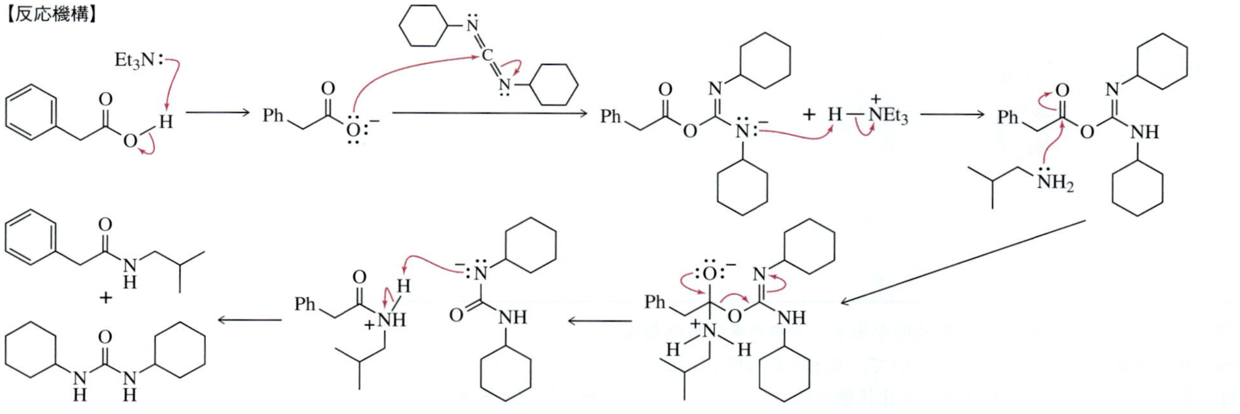

1254 26. アミノ酸・タンパク質・ペプチド合成

5. 液相でのペプチド合成（§26・9・1）　ポリペプチドの形成は，以下のジペプチドの合成に示すように，反復的なアプローチで行うことができる．アミノ酸のアミンを保護し，続いてカルボン酸を活性化する．保護された第二のアミノ酸とのカップリングは，求核アシル置換反応によって起こる．［より大きなポリペプチドをつくりたい場合には，カルボン酸を再び活性化し，新たなアミド結合を形成すればよいよね］アミンを脱保護するとジペプチドの合成が完了する．

【具体例】

アミンの保護 / 酸の活性化 / カップリング / アミンの脱保護 / ジペプチド

Et₃N / Cl 炭酸ベンジル / H₂, Pd/C

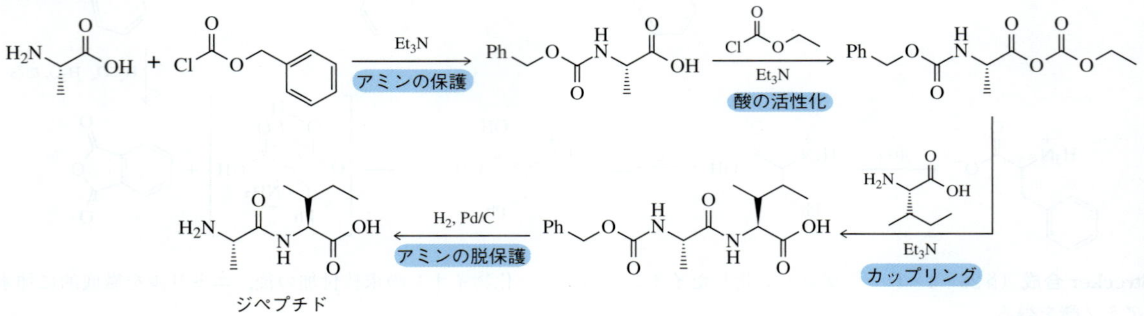

6. 固相でのペプチド合成（§26・9・2）　アミノ酸のアミノ基を保護した後，固体樹脂に結合させる．アミノ基を脱保護することにより，カップリング反応剤として DCC を用いて，窒素が保護されたアミノ酸とカップリングすることができる．［樹脂に結合したジペプチドのアミノ基を脱保護すれば，さらに次のアミノ酸残基を結合させることができるよ］アミノ基を脱保護し，樹脂から切り出すとジペプチドの合成が完了する．

【具体例】

Boc 無水物 / Et₃N / アミンの保護 / 樹脂 / NaOH / 樹脂へ結合 / アミンの脱保護 / DCC / Et₃N / カップリング / 樹脂結合フェニルアラニン

1. F₃C 酢酸 2. H₂, Pd/C / アミンの脱保護および樹脂からの切出し / ジペプチド

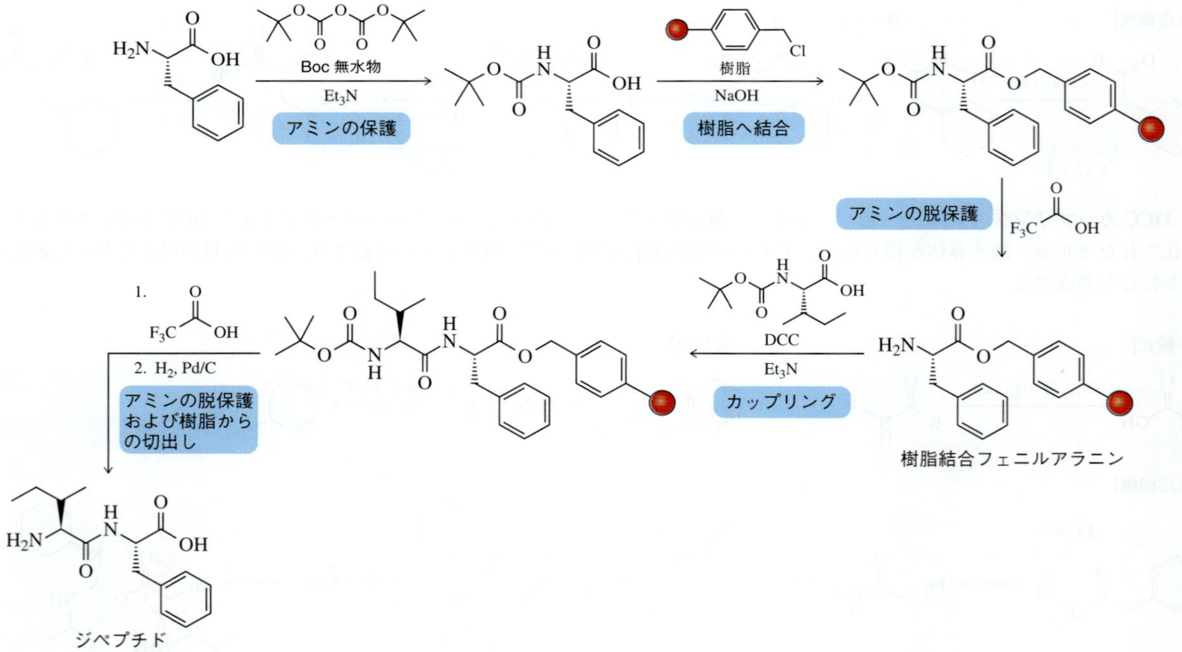

アセスメント〔●の数で難易度を示す（●●●●＝最高難度）〕

26・46（●●）　次のアミノ酸について，高 pH から低 pH に移行する際の可能なすべてのプロトン化状態を描け．

(a) Cys　(b) His　(c) Ile　(d) Asp

26・47（●●●）　(a) ヒスチジンおよび (b) アルギニンにつ

いて，次に示す滴定曲線が与えられた場合の各アミノ酸の種別曲線を描け．

(a) ヒスチジン

(b) アルギニン

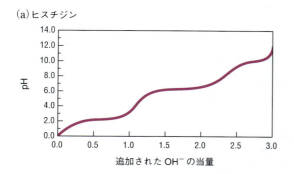

26・48 (●●) 還元的アミノ化を用いて(a)～(c)の各アミノ酸を合成する方法を示せ．[一般的なスキームを示すね]

(a) Ala (b) Met (c) Tyr

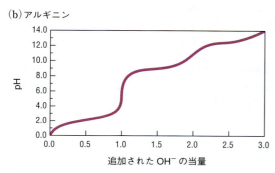

26・49 (●●) α-ハロゲン化反応を用いて(a)～(c)の各アミノ酸を合成する方法を示せ．[一般的なスキームを示すね]

26・50 (●●) 次の反応で得られる天然アミノ酸を示せ．

(a)

(b)

26・51 (●●●) Strecker 合成を用いて，次のアミノ酸を合成する方法を示せ．
(a) Ala (b) Phe (c) Tyr

26・52 (●●) アセスメント 26・48～26・51 の反応を用いると，得られるアミノ酸はラセミ体になる．それはなぜか．

26・53 (●●●) アミノ酸の単一のエナンチオマーの合成は複雑であるため，メチオニンのラセミ混合物を光学分割する方法を導き出せ．

26・54 (●●●) それぞれのアミノ酸とその等電点に対し，(i) pH=1, (ii) pH=4, (iii) pH=8, (iv) pH=11 における主要な分子の構造を描け．
(a) Cys (pI=5.02) (b) Glu (pI=3.08) (c) His (pI=7.64)

26・55 (●) 次の各ペプチドの構造を描け．
(a) WAG (b) ANDY (c) PEPPER

26・56 (●●●) それぞれのアミノ酸を (i)EtOH, H_2SO_4, (ii)Ac_2O, Et_3N, (iii)ニンヒドリンで処理したときの構造を描け．
(a) Ala (b) Met (c) Tyr

26・57 (●●●●) Edman 分解によるペプチド鎖の配列決定は，10 残基までのペプチドには有効だが，それ以上のペプチドになるとすぐに困難になることを思い出そう．これはなぜだろうか．

1256   26. アミノ酸・タンパク質・ペプチド合成

　ペプチドは環状化することで，驚くほど分解されにくい分子を形成することができる．人間の消化器官で分解されにくいことから，環状ペプチドはしばしば医薬品としてテストされる．バシトラシンAという抗生物質は，環状ペプチドの抗生物質の一例である．アセスメント26・58〜26・61では，以下に示すバシトラシンAの構造を扱う．

26・58（●）　バシトラシンAに含まれるアミノ酸(a)〜(f)を同定せよ．

26・59（●●●）　非環状ペプチドは胃で容易に加水分解される．なぜ環状ペプチドは加水分解されにくいのだろうか．［反応が進みやすい条件は何だったか考えてみよう］

26・60（●●●）　一つの直鎖状ペプチド内に存在するアミノ酸 **A** の側鎖とアミノ酸 **B** のカルボン酸が反応することでバシトラシンが生成する．アミノ酸 **A** と **B** を同定せよ．［**A** と **B** は構造中に示した(a)と(b)ではないよ］

26・61（●●●）　バシトラシンの直鎖状のペプチド部分には，チアゾリンが含まれている（　　で塗りつぶされている）．このチアゾリンは，イソロイシンとシステインを含むジペプチドでも形成される．この反応の反応機構を説明せよ．［簡略化のためにバシトラシンの残りの部分は省略してあるよ］

26・62（●●●●）　図26・53（実験2）のようにペプチド鎖を加水分解すると，ある種のアミノ酸の分解が観察されることがある．これらの条件で観察される反応の反応機構を示せ．

(a)

$$Ser \longrightarrow O=\!\!\!<^{O}_{OH} + NH_4^+$$

(b)

$$Asn \longrightarrow Asp$$

26・63（●●●●）　トリペプチド Val-Ala-Leu を（a）液相合成法と（b）固相合成法を用いて製造する方法を示せ．

炭水化物・核酸・脂質

はじめに

　分子生物学の"セントラルドグマ"を単純化しすぎたものに，"DNA が RNA をつくり，RNA がタンパク質をつくる"というものがある．これは，もともとの文言（後述）が意図したとおり，一方向に流れる過程を思い起こさせる．生化学や分子生物学があまり得意ではなかった有機化学者なので，私自身には，この表現は十分ではないように感じられる．生命の分子（炭水化物，核酸，タンパク質，テルペン，ステロイド，プロスタグランジンなど）に関する有機化学を考えてみると，その網目はもっと深く入り組んでいるように見える．炭水化物は DNA の主鎖を形づくる．DNA は RNA をつくる．RNA はタンパク質をつくる．タンパク質は酵素として働く．酵素は，DNA の複製，DNA から RNA への転写，タンパク質合成の促進，そして脂肪酸，テルペン，ステロイドの合成を助ける．酵素は脂肪酸をプロスタグランジンに変換し，プロスタグランジンはステロイドとともに受容体（それら自身がタンパク質）と相互作用してさまざまな制御活動を行うが，その一つが細胞分裂の引き金となる．細胞分裂は，DNA が複製されることで初めて可能になる．

　そして，それらの過程の一つ一つすべてに有機化学が存在するのだ！［要するに，第 27 章は，全体が "化学はここにも" のようだと考えてもいいね］

　ずっと前，この本の冒頭で，学生が有機化学を履修する理由について話した．君たちのうち，化学を専攻している人には，有機化学者になりたくてたまらないという人もいるだろう．その他の人たちにとっては，有機化学はたとえば医療・保健関係の基礎となるだろう．君がどちらのグループに属するにせよ，有機化学の特徴の一つは，どちらのグループの学生にとっても，生化学を学ぶための準備となることである．第 27 章では，第 26 章からの 2 章立ての後半として，炭水化物，核酸，脂質の有機化学を解説する．注意点として，これらの章のトピックは，それだけで生化学の講義の一つ，あるいは二つ分を容易に網羅できるほどに広い．したがって，この章は包括的なものにはならない．

　その代わりに，この章では，これらの興味深い生体分子を簡潔に紹介する．この章を終える頃には，有機化学と生化学の接点をより深く理解してもらえるものと期待している．また，有機化学から生化学への移行期には，分子が大きくなり，反応剤（補酵素）や触媒（酵素）が指数関数的に複雑になるが，反応はこれまでずっと学んできたものと

学習目標

▶ 糖類の構造を比較できる．
▶ 単糖の異なる投影式を描ける．
▶ 単糖のアノマーを比較できる．
▶ 単糖，置換された単糖，および二糖の合成反応を分析できる．
▶ 単糖の反応を分析できる．
▶ 二糖の物理的および構造的性質を比較できる．
▶ 核酸の配列を評価できる．
▶ 分子生物学のセントラルドグマを適用することができる．
▶ 脂肪酸の構造と物理的性質を分析できる．
▶ 脂肪酸の合成を分析できる．
▶ トリグリセリドの反応を分析できる．
▶ テルペンの合成反応を分析できる．
▶ ステロイドをその前駆体と比較できる．

1258 27. 炭水化物・核酸・脂質

この結果は、DNAが非常に密に詰まったらせん構造をとっていることを示唆している。このらせん構造内には、おそらく二つ、三つ、ないしは四つの核酸鎖が一つの軸まわりに配置されており、リン酸基が外側にある

— ROSALIND FRANKLIN

同じである。だからこそ、繰返しになるが、そのつながりを探してみよう。そうすることで、この教材はよりとっつきやすいものになるだろう。そして、そのことは、生化学を履修する際に、大いに報われるだろう。[もしくはいろいろな試験のときにね。生体分子の有機化学はさまざまな試験の課題となるから] 既習事項の多くはこの章で役立つはずである。[理解度を試すことで、どう役立つかを見てみよう]

理解度チェック

アセスメント

27・1 R/S 表示法を用いて、指示された立体中心の絶対立体配置を示せ.

(a) (b) 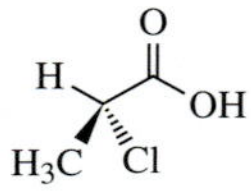 (c)

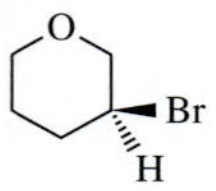

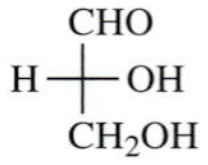

27・2 次のアルケンを適切に E または Z として識別せよ.

(a) (b)

(c) 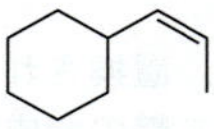 (d)

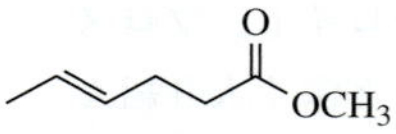

27・3 次の分子において、水素結合の供与体と受容体を特定せよ.

(a) (b) 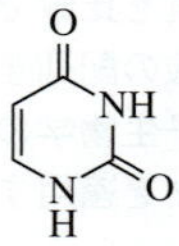 (c) 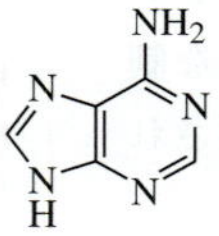 (d)

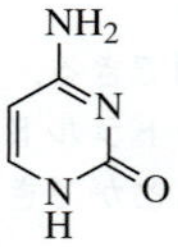

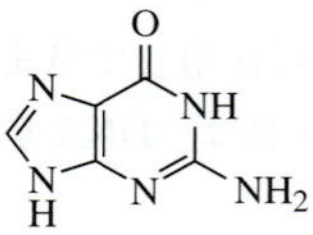

27・4 次の反応の生成物を予測せよ.

(a) 1. NaOH, H₂O 2. H₃O⁺ 処理

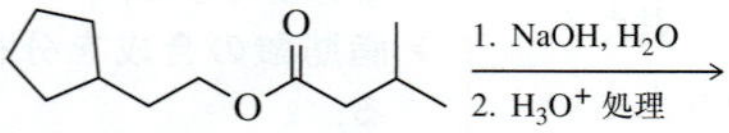

(b) H₂, Pd/C

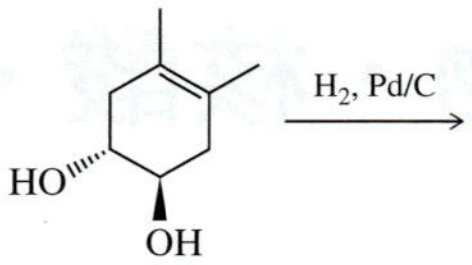

(c) + HO–OH H₂SO₄

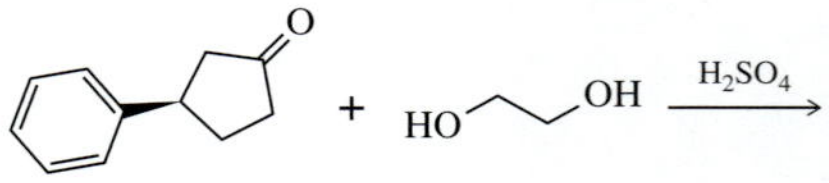

27・5 それぞれの組で、どちらがより高い沸点をもつと予想されるか.

(a) と

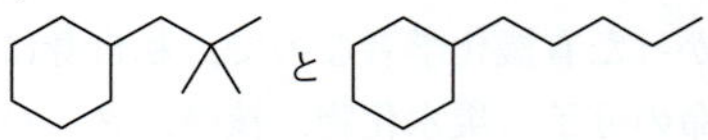

(b) と

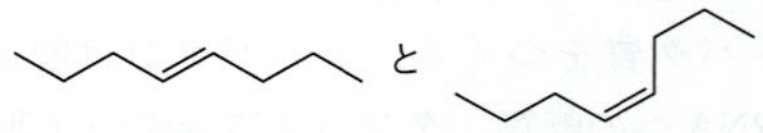

27・6 次の変換を完成させる方法を提案せよ. [3工程必要だよ]

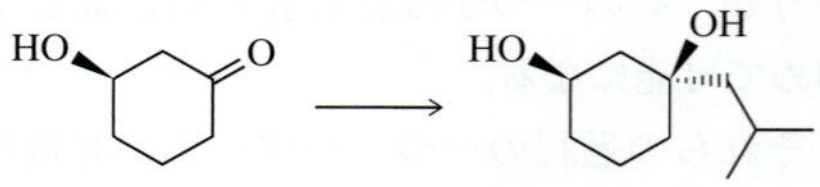

27・1 炭水化物: 概要

一般的に**糖**（sugar）として知られる**炭水化物**（carbohydrate）は、もともとは炭素の水和物と定義された.[だから、この名前なんだ] しかし、ポリヒドロキシアルデヒド

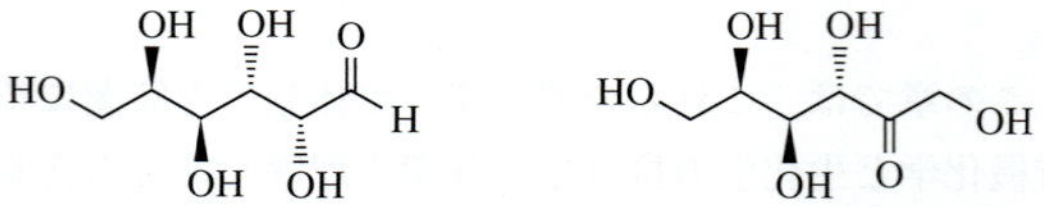

ポリヒドロキシアルデヒド　　ポリヒドロキシケトン

図27・1　ポリヒドロキシアルデヒドとポリヒドロキシケトンの例

およびポリヒドロキシケトンとよぶ方がより適切である。なぜなら、ほとんどの炭水化物は、非環状の形において、この二つのカテゴリーのいずれかに分類されるからである（図27・1）.

炭水化物は、私たちが1日に使うエネルギーの多くを供給する。炭水化物1g当たりのエネルギー量は、タンパク質とほぼ同じだが、脂肪1g当たりのエネルギー量の半分弱である（§27・12）。炭水化物は、エネルギーを供給する以外にも、多くの生物学的プロセスにおいて重要な役割を果たしている。たとえば、植物細胞の細胞壁を構成したり、膜に結合したタンパク質に結合して細胞間のコミュニケーションを可能にしたりしている。さらに、炭水化物は、§27・8で説明するように、私たちの遺伝情報を運び、翻訳するDNAとRNAの基本骨格となっている。

大まかにいうと、炭水化物には単純なものと複雑なものがある。単純な炭水化物は、**単糖**（monosaccharide）と**二糖**（disaccharide）で構成され（図27・2）、それらは急速かつ容易に消化され、すばやくエネルギーを供給する。グルコース、ラクトース、スクロースは単純な炭水化物である。複雑な炭水化物は**多糖**（polysaccharide）で構成されており、長い糖鎖をもち、よりゆっくりと消化される。パンやジャガイモに含まれるデンプンは多糖の一種である。単糖や二糖と、多糖の中間に位置するのがオリゴ糖で、1本の鎖に3〜10個の単糖をもつ。

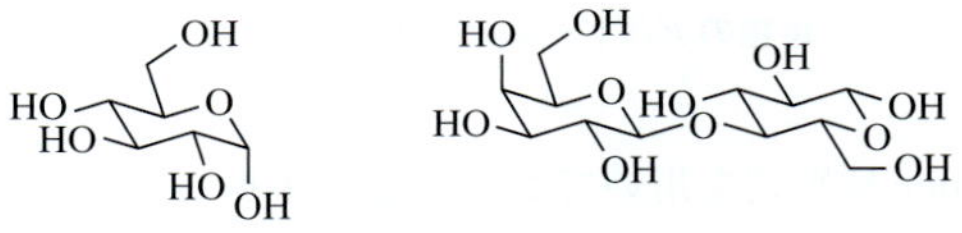

単糖（グルコース）　　　　二糖（ラクトース）

図27・2　グルコースは単糖であり、ラクトースは二糖である

以下では、まず単糖、二糖、多糖について記述的な観点からアプローチし、立体化学用語や命名法を含めて、それらの構造をどのように表記できるかを示す。つづいて、糖の反応について幅広く説明する。反応には三つのタイプがある。すなわち、生化学的に糖がつくられる反応、合成化学的に糖を修飾するための反応、糖の構造決定に利用される反応である。

27・2　単　　糖

単糖（monosaccharide）は、一つの糖（炭水化物）で構成されており、それ以上小さな複数の糖へと分解することができないものである。200種類以上の単糖が知られているので、それらをいくつかの方法で分類できるようになることは大切である。以下では、これらの分類を、単糖を表記するさまざまな方法とともに説明する。

27・2・1　アルドースとケトース：Fischer 投影式

糖（炭水化物）を分類する最初の方法は、アルドースとケトースを区別することである（図27・3）。**アルドース**（aldose）はポリヒドロキシアルデヒドであり、**ケトース**（ketose）はポリヒドロキシケトンである。アルドースとケトースのなかでも、それぞれが主鎖にもつ炭素数はさまざまである。図27・3の接頭語"アルド（aldo-）"と"ケト（keto-）"は、それぞれアルドースとケトースを区別するものであり、接中語（-tetr-, -pent-, -hex- など）は主鎖の炭素数を表す。

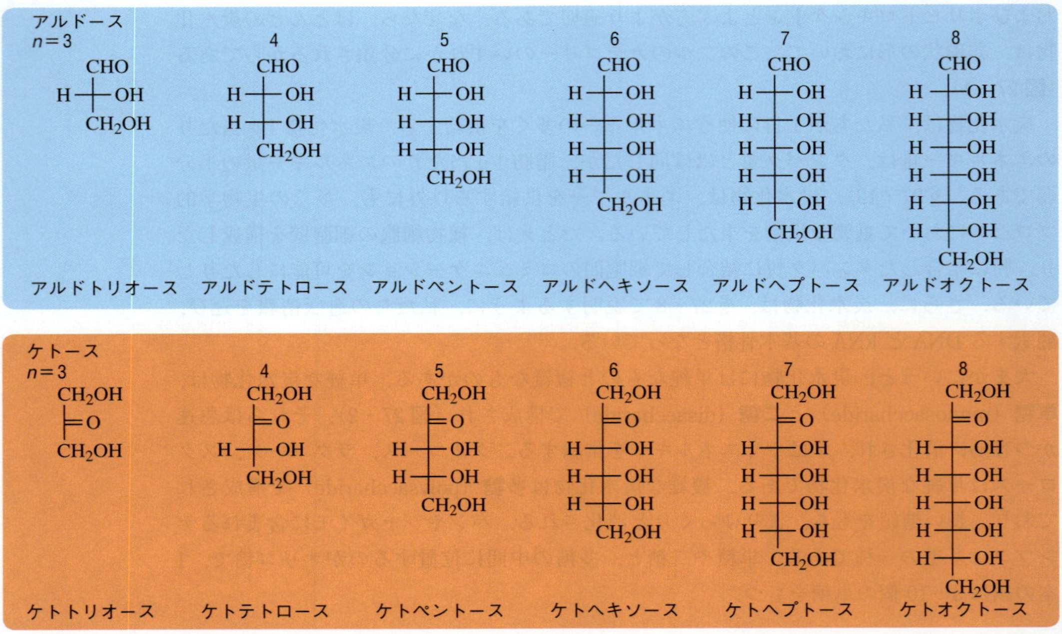

1260 27. 炭水化物・核酸・脂質

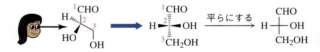

図27・3 単糖のアルドースとケトース

図27・3は，Fischer投影式を用いてさまざまな単糖の構造を示している．Fischer投影式は第6章で初めて登場し，そこで詳しく説明されているが，単糖の三次元構造と立体化学を表現するためによく用いられる二次元表現である．この表現（図27・4）では，最も長い炭素鎖が最も番号の小さい炭素を頂点として垂直に描かれ，キラル中心の置換基は水平方向に伸びている．水平方向の結合は両方とも前方へ突き出て（ページの平面から飛び出して）おり，垂直方向の結合は両方とも後方へ（ページの平面の後ろへ）向かっているものと想定する．このように，Fischer投影式は，図27・4の分子を左下から見たものを描き，それを平らな構造へと押しつぶすことで作成される．

図27・4 Fischer投影式の描き方

Fischer投影式は，単糖に特に有用である．なぜなら，単糖の多くが複数の立体中心をもつからである．複数の立体中心をもつため，各アルドースは，2^n個の立体異性体が考えられる（nは立体中心の数）．たとえば，アルドテトロースには四つの立体異性体がある（図27・5）．これらのFischer投影式では，水平方向の結合はすべて読者の方に向かっている．

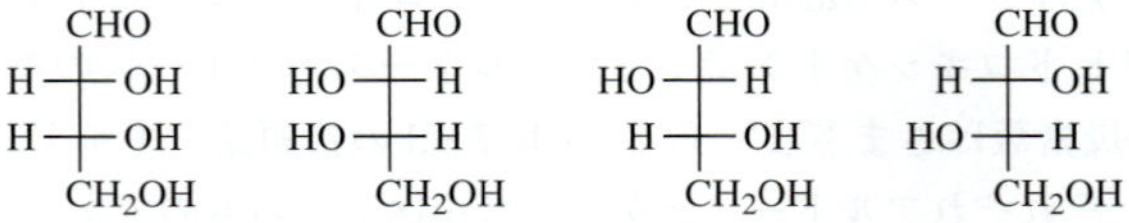

図27・5 アルドテトロース類の立体異性体

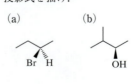

アセスメント
27・7 次の分子のFischer投影式を描け．
(a)
(b)
(c)

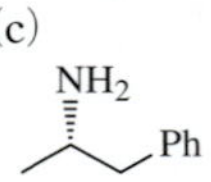

アセスメント

27・8 以下に示すように，D-エリトロースの折れ線表記をある方向から見て，Fischer 投影式に変換しようとしたところ，間違いがあった．その間違いとは何か．

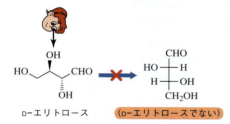

Fischer 投影式，特に複数の立体中心をもつ単糖の式についてありがちな間違いを避けるために，アセスメント 27・8 を一緒にやってみよう．

アセスメント 27・8 の解説

Fischer 投影式と折れ線表記のおもな違いは，前者では，常に読者に向かってくる結合が2本，読者から遠ざかっていく結合が2本あることである．折れ線表記とは異なり，Fischer 投影式が描かれたページの平面上には結合がない．[折れ線表記では，通常，読者に向かってくる結合が1本，遠ざかっていく結合が1本，平面上には2本の結合があるんだ．プロパンを折れ線表記で描き，水素をつけてみて確かめよう] Fischer 投影式では，水平面内の結合が読者に向かってくるはずである．図 27・6 の分子が見る人に対してどのような向きになっているかを考えてみよう．C3 の水素とヒドロキシ基は，どちらも見る人の方を向いているので（H が左，OH が右），この炭素については，分子は Fischer 投影式へと平面表記するのに適した向きになっている．しかし，C2 では，水素とヒドロキシ基が見る人から離れていく（H が右，OH が左）．このような見方から分子を平面表記すると，Fischer 投影式の描き方のルールに反し，アセスメント 27・8 のような誤った Fischer 投影式になってしまう

水平方向の置換基をすべて見る人の方に向けるためには，図 27・7 に示すように，C2-C3 σ 結合のまわりで分子を回転させる必要がある．そうすることで，C2 と C3 の両方の置換基が見る人の方に向かってくるようになる（両方とも，OH が右，H が左）．これで正しい Fischer 投影式が得られる．図 27・7 の Fischer 投影式と図 27・6 の Fischer 投影式を比較しよう．

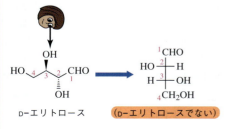

図 27・6　Fischer 投影式を描くときにありがちな間違い

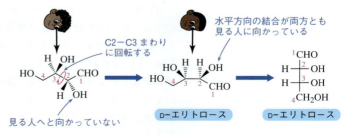

図 27・7　長鎖の分子の正しい Fischer 投影式を描くには，すべての水平方向の置換基が見る人に向かって突き出すように結合を回転させる必要がある

アセスメント

27・9 適切に結合を回転させて，各折れ線表記を正しい Fischer 投影式に変換せよ．

(a) アルドヘキソース
(b) アルドペントース
(c) ケトペントース

27・2・2 単糖の立体化学

有機分子のキラル中心の絶対立体配置を示すには R/S 表示が最も一般的に用いられるが，糖の立体化学はいくつかの異なる方法で示される．その一つは，D/L 表示（D/L notation）とよばれるもので，Fischer 投影式との相性が非常によい．その起源を理解するために，C2 に不斉中心をもつ単糖のグリセルアルデヒドを取上げる（図 27・8）．(R)-グリセルアルデヒドを Fischer 投影式で描くと，立体中心のヒドロキシ基は右を向いている．このため，化学者はこれを D-グリセルアルデヒドとよんだ．[R/S 表示はまだ発明されていなかったんだ]"D"はラテン語の *dexter* を表し，"右に向いて" という意味である．一方，(S)-エナンチオマーは，Fischer 投影式を用いて描くと，立体中心のヒドロキシ基が左を向いている．したがって，ラテン語で "左に向いて" を意味する *laevus* を表す "L" を用いて，L-グリセルアルデヒドとよばれる．[D と L は，偏光面の回転方向を示す d と l（§6・4・1）とは異なるんだ]

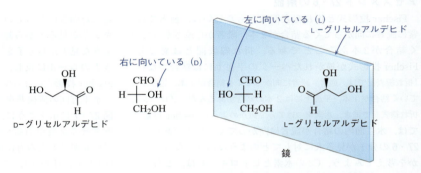

図 27・8　D/L 表示を用いたグリセルアルデヒドのエナンチオマーの区別

D/L 表示は，グリセルアルデヒド以外にも有用である．ほかの糖の構造が命名されるにつれ，分子内で最も大きい番号をもつ立体中心のヒドロキシ基［アミノ酸の場合はアミン］が D-グリセルアルデヒドと同じ方向（右方向）に向いている糖［またはアミノ酸．§26・1・2 を参照しよう］はすべて D と命名されるようになった．同様に，L-グリセルアルデヒドのように，分子内で最も大きい番号をもつ立体中心のヒドロキシ基が左に向いているものはすべて L と命名された．図 27・9 では，L-トレオースと D-トレオースがエナンチオマーであり，L-エリトロースと D-エリトロースも同様であることに注意しよう．

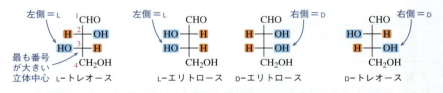

図 27・9　アルドテトロースの立体異性体　D と L はエナンチオマーの関係を示す．

糖とアミノ酸以外ではあまり使われないが，D/L 表示は簡潔で便利である．たとえば，図 27・10 では，(2R,3S,4S,5R)-2,3,4,5,6-ペンタヒドロキシヘキサナールとそのエナンチオマーである (2S,3R,4R,5S)-2,3,4,5,6-ペンタヒドロキシヘキサナールは，D-ガラクトースと L-ガラクトースと同じものである．［もし一度読んではっきりしなかったら，もう

一度大きな声で読み上げてみよう］これが D/L 表示の優れた点である．

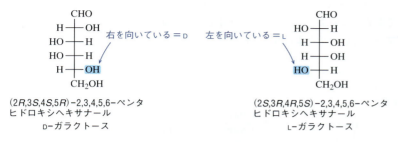

図 27・10　D/L 表示によって糖の命名は単純になる

D/L 表示の名前は簡潔だが，R/S 表示と IUPAC 命名規則を組合わせたもののように体系的ではない．したがって，単糖の D/L 名は覚えなければならない．［あるいは必要なときに調べることになるね．教員に聞こう］幸運なことに，天然に存在する単糖はすべて D である．図 27・11 は，炭素数が 6 以下の D-アルドースのすべての Fischer 投影式とその名称を示す．アルドヘキソースは四つの立体中心をもつため，$2^4 = 16$ の立体異性体が存在する．八つの D 体が示されており，八つの L 体は示されていない．

青字で示された関係は，アルドースの構造を覚えるのに役立つし，グルコースの構造を決定した Fischer の研究の先取りにもなっているよ．

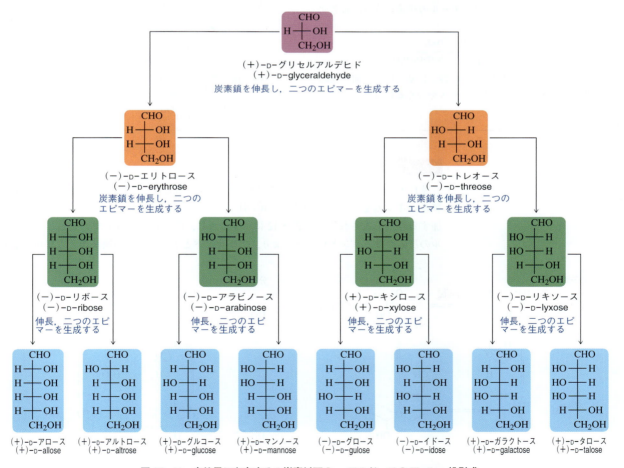

図 27・11　自然界に存在する 6 炭素以下の D-アルドースの Fischer 投影式

1264 27. 炭水化物・核酸・脂質

　　図27・11 のいくつかのアルドースは，一つのキラル中心の配置だけが異なる．たとえば，D-リボースとD-アラビノースは，C2 の立体化学が異なるだけのジアステレオマーである．このように，一つの立体中心の絶対配置のみが異なるジアステレオマーは**エピマー**（epimer）とよばれる．D-グルコースとD-イドースもエピマーである．

アセスメント

27・10　次の単糖を D または L に分類せよ．

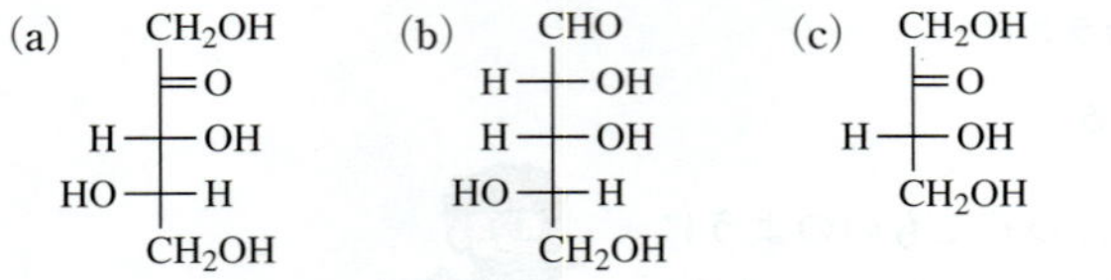

(a) CH$_2$OH / =O / H—OH / HO—H / CH$_2$OH

(b) CHO / H—OH / H—OH / HO—H / CH$_2$OH

(c) CH$_2$OH / =O / H—OH / CH$_2$OH

27・11　次の糖の構造を描け．それぞれの糖について，平面偏光の回転方向（＋または－）を予想せよ．[そのためには図27・11 を利用しよう]

(a) L-ガラクトース　　(b) L-エリトロース
(c) L-キシロース　　　(d) L-イドース

27・12　以下に示されたアルケンのシス-ジヒドロキシ化から生じるエナンチオマーのジオールの構造を描き，命名せよ．

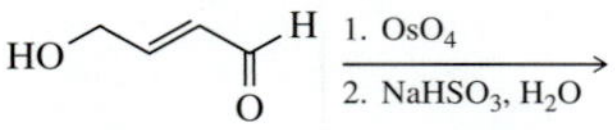

HO—(CH=CH)—CHO　$\xrightarrow[\text{2. NaHSO}_3, \text{H}_2\text{O}]{\text{1. OsO}_4}$

27・13　アセスメント 27・12 の答えに基づいて，同じ反応を使ってL-およびD-エリトロースをつくるにはどうしたらよいだろうか．

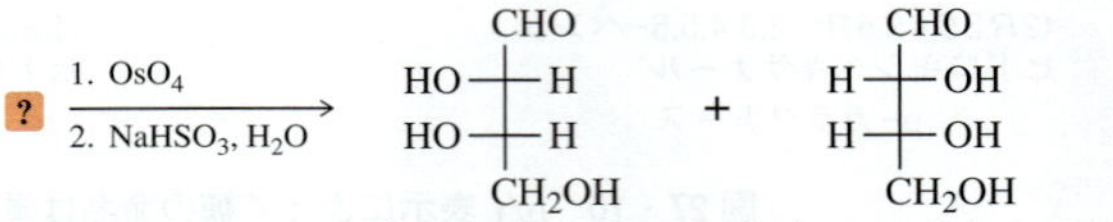

? $\xrightarrow[\text{2. NaHSO}_3, \text{H}_2\text{O}]{\text{1. OsO}_4}$

CHO / HO—H / HO—H / CH$_2$OH　＋　CHO / H—OH / H—OH / CH$_2$OH

(－)-L-エリトロース　　（－)-D-エリトロース

27・14　次の分子の組のうち，エピマーであるものはどれか．

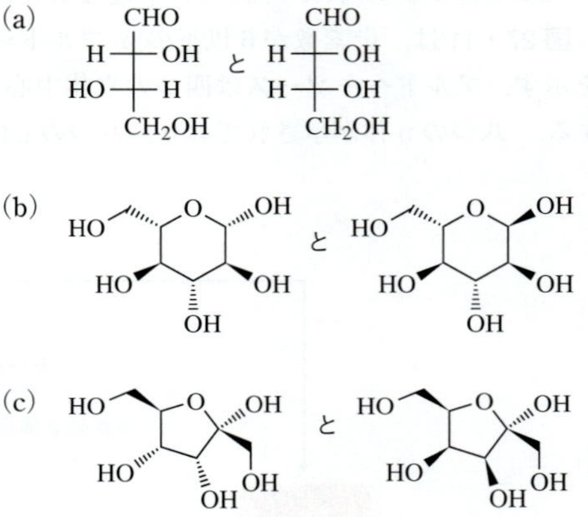

(a) CHO / H—OH / HO—H / CH$_2$OH　と　CHO / H—OH / H—OH / CH$_2$OH

(b) （ピラノース環構造）と（ピラノース環構造）

(c) （フラノース環構造）と（フラノース環構造）

27・3　環 状 の 単 糖

　　§17・7・2で見たように，ヘミアセタールは，同じ炭素に結合したヒドロキシ基とアルコキシ基をもち（一般式：ROCOH），アルコールがアルデヒドやケトンに求核付加する際に形成される．図27・12 に示すように，酸触媒によるアルデヒドとアルコールの反応では，エントロピーにより，アルデヒドとアルコールの側が著しく有利な平衡

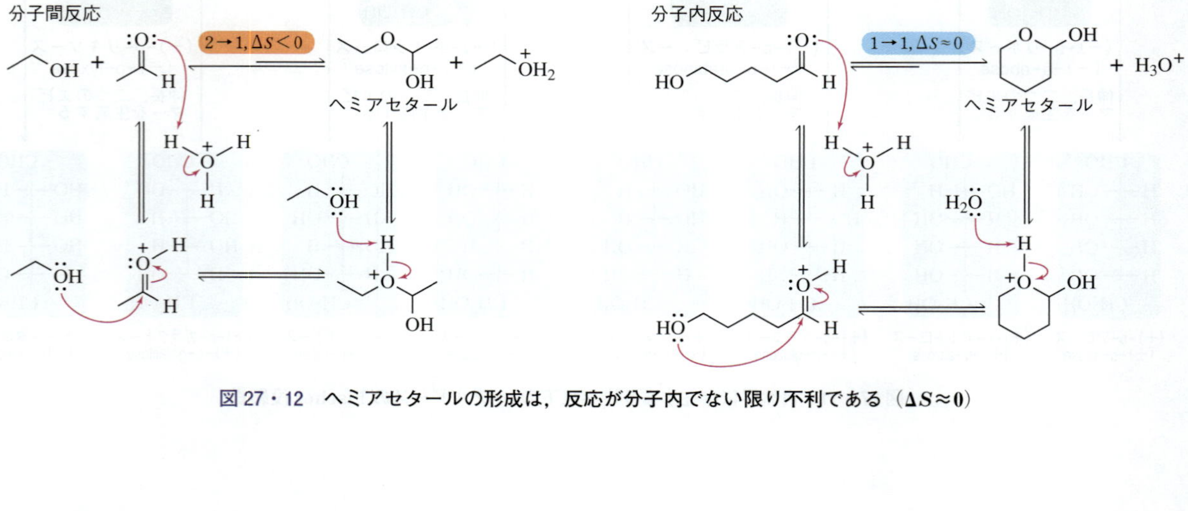

分子間反応　　　　　　　　　　　　　　　　　　　　　　分子内反応

図27・12　ヘミアセタールの形成は，反応が分子内でない限り不利である（$\Delta S \approx 0$）

27・3 環 状 の 単 糖　　1265

状態になる．アルデヒドとアルコールがつながっていて，ヘミアセタールの形成が分子
内で行われる場合は，平衡はヘミアセタールの側が有利となる．反応機構的には，反応
はまずアルデヒドをプロトン化して，より求電子的にすることで進行する．アルコール
の分子内攻撃に続いて，脱プロトンが起こり，ヘミアセタールを与える．

　図27・12のδ-ヒドロキシアルデヒドのように，単糖は同一分子内に少なくとも一つ
のヒドロキシ基とアルデヒドを含む．その結果，単糖は5員環または6員環を形成
して，環状のヘミアセタールとして存在することができる（図27・13）．あまり一般
的ではない5員環は，フラン（furan）に環の大きさが似ていることからフラノース
（furanose）とよばれる．6員環はピラノース（pyranose）とよばれる．これら二つの
環状ヘミアセタールについて，次項以降で詳しく説明する．

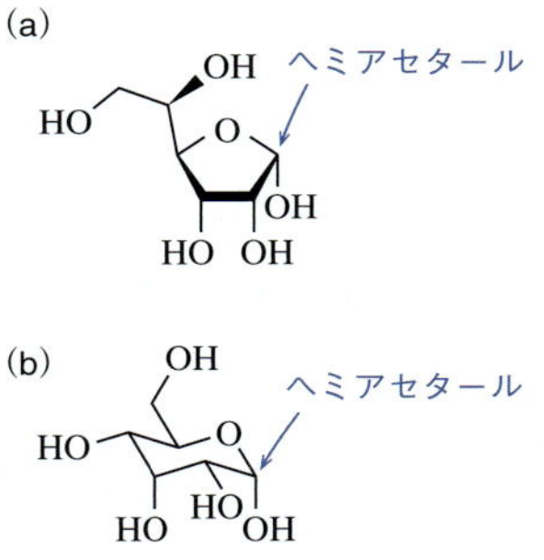

図 27・13　単糖は安定なヘミアセ
タールを形成する　アロースの
（a）フラノース形と（b）ピラ
ノース形．

27・3・1　単糖の投影式: フラノース

　アルドペントースやケトヘキソースは，一般的に5員環のフラノース環を形成する．
これらは，シクロペンタンに対して通常用いられる折れ曲がった封筒形配座の代わり
に，一般的に **Haworth 投影式**（Haworth projection）を用いて表現される．［復習には
§3・6・3を参照しよう］Haworth 投影式は，Fischer 投影式と同様に，非現実的に平ら
な立体配座の見方を表現するが，それよりはもう少しだけ立体感を出すことができる．
生物学者や生化学者には人気があるが，有機化学者にはあまり好まれない．図27・14
は，ケトヘキソースであるD-フルクトースのフラノース形の形成を，標準的な表記法
と Haworth 型の表記法で示したものである．

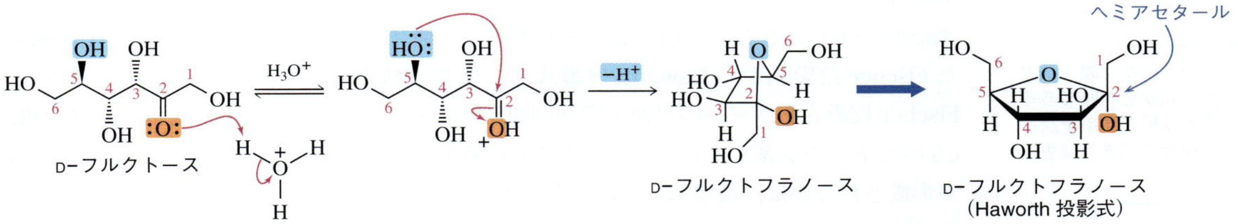

図 27・14　フルクトースは 5 員環の環状ヘミアセタールを形成する

　図27・15に，Fischer 投影式を Haworth 投影式に変換する方法を示す．炭素に番号
をつけて，Fischer 投影式を単純に時計回りに90°回転させる．C5のヒドロキシ基が
C2のカルボニル基を後ろから攻撃するためには，C4-C5結合のまわりにわずかな回
転が必要である．これが，この段階でC5の立体化学が反転しているように見える理由
である．この時点で，C5のヒドロキシ基がC2のカルボニル基を攻撃する．これを示
す際には，ヒドロキシ基は後ろから回り込みながらカルボニル基を攻撃することを覚え

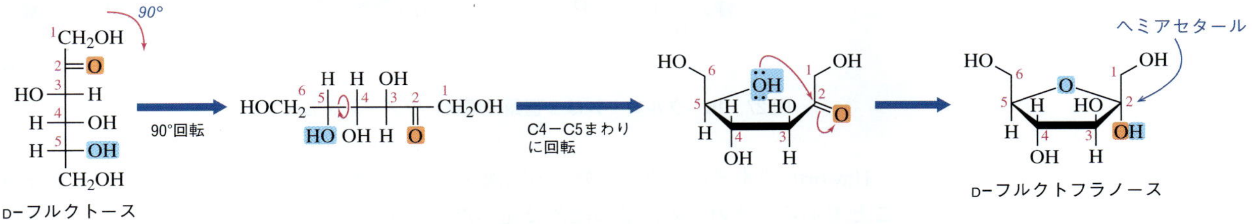

図 27・15　**Fischer** 投影式からの **Haworth** 投影式の描き方 ［巻矢印は完全な反応機構を意図したものではないよ］

ておくとよい．したがって，Haworth 投影式では，酸素は C3 と C4 の後ろにある．C2−C3，C3−C4，C4−C5 の結合が太線で示されることがあるのはこのためである．

アセスメント

27・15 Haworth 投影式を用いて，ここに示す分子の C5 のヒドロキシ基と C2 のケトンの間に形成されるフラノース環を描け．

27・16 Haworth 投影式を用いて，ここに示す分子の C4 のヒドロキシ基と C1 のアルデヒドの間に形成されるフラノース環を描け．

27・17 ここに示すフラノースの非環状形の Fischer 投影式を描け．この糖は何か．

27・3・2 単糖の投影式：ピラノース

単糖は，5員環の環状アセタールを形成するだけでなく，6員環を形成することもできる．実際のところ，6員環は5員環よりも安定なため，6員環のピラノース形の方がずっと一般的である．たとえば，グルコースは環化して，図 27・16 に示した二つのヘミアセタールのいずれかを与える．C1 上のエピマーであるこれら二つの分子は，α-D-グルコピラノースおよび β-D-グルコピラノースとよばれる．[α と β の意味については後で説明するね] これら二つのエピマーの形成は，図 27・15 でフラノースについて説明した Fischer 投影式から Haworth 投影式への変換方法を用いて説明することができる．Fischer 投影式をページの平面上で 90° 回転させ，C4−C5 結合のまわりを回転させた後，C5 のヒドロキシ基が C1 のアルデヒドを攻撃する．β-エピマーと α-エピマーのどちらが形成されるかは，環が形成されるときのアルデヒドの向きによる．

どのエピマーが有利だと思う？ どのエピマーが有利かを判断できるように，6員環の相互作用を調べられるような構造の描き方は思いつく？

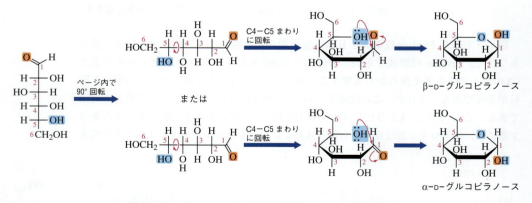

図 27・16 グルコースは2種類の環状ピラノースを形成する

Haworth 投影式の欠点は，分子の三次元的な立体配座の正確な描像を与えてくれないことである．そのため，前の段落で述べたような，α-エピマーと β-エピマーのどちらが有利かという問題に答えるのは困難である．幸いなことに，この問題を明らかにする

27・3 環状の単糖　1267

ために、いす形配座を描くことができる。図27・17 に示すように、いす形配座は、左端の炭素（C4）が上に向かって折れ曲がり、右端の炭素（C1）が下を向いて折れ曲がるように描かれる。右上の頂点は、環状炭水化物のヘミアセタールでは必ず酸素が入る場所である。ここからは、単純に水素とヒドロキシ基を Haworth 投影式で要求されたように、上下に配置しながら環を修飾していく。各炭素の"上"と"下"は、交互に"アキシアル"と"エクアトリアル"となる。グルコースが最も一般的な天然糖であることを考えれば、環から出てくる置換基がすべてエクアトリアルである（α-エピマーの C1 を除く）という事実は驚くべきことではない。[では α と β, どっちが安定だろうか？ 続きを読み進めよう]

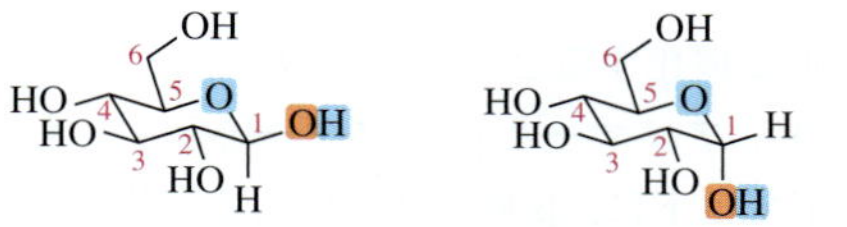

β-D-グルコピラノース　　α-D-グルコピラノース

図 27・17　β-D-グルコピラノースと α-D-グルコピラノースのいす形配座

アセスメント

27・18　L-ガラクトピラノースの Haworth 投影式といす形配座を描け。[構造は図 27・11 に示されているよ]

27・19　D-マンノピラノースの Haworth 投影式といす形配座を描け。[構造は図 27・11 に示されているよ]

27・20　ここに示すピラノースの非環状形の Fischer 投影式を描け。この糖の名称を答えよ。

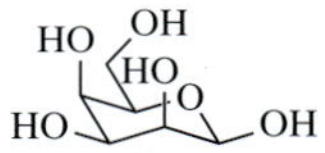

27・21　メタノールの存在下で酸触媒によるグルコースの環化が起こると、メチル α-D-グルコピラノシドが得られる。この反応の反応機構を示せ。[C1 にはどのような官能基があるかな？ 復習には §17・7・3 を参照しよう]

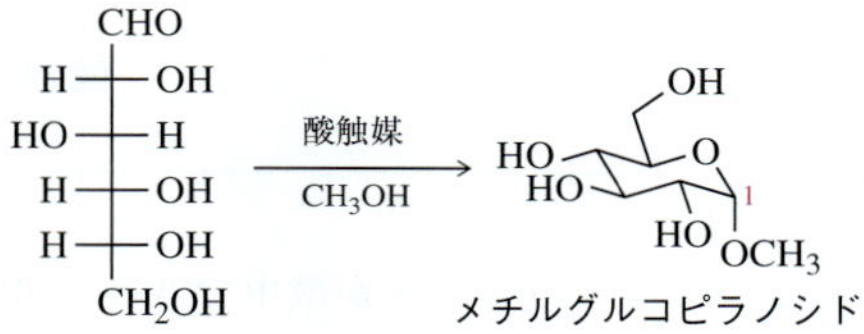

メチルグルコピラノシド

27・3・3 アノマー

図 27・16 と図 27・17, そして前の段落では、α-D-グルコピラノシドと β-D-グルコピラノシドという二つのジアステレオマーのうち、どちらが優先的に生成するかを考えてもらった。これら二つの分子は、一つの立体中心の配置が異なるだけなのでエピマーである。しかし、より具体的に言うと、環状糖のヘミアセタール炭素上でのみ立体化学が異なる、**アノマー**（anomer）とよばれる特定の種類のエピマーである。このため、環状単糖のヘミアセタール炭素（C1）は**アノマー炭素**（anomeric carbon）とよばれ、結合しているヒドロキシ基は**アノマー位のヒドロキシ基**（anomeric hydroxy group）とよばれる。[これは §27・4 と §27・5 で環状単糖の反応を学ぶ際に重要な区分法なんだ]

グルコースの α-アノマーと β-アノマーは互いに、また非環状形とも平衡の関係にある（**図 27・18**）。第 17 章で学んだように、ヘミアセタールの生成は可逆反応である。そのため、α 体から β 体への変換は熱力学によって支配される。α-アノマーはヒドロキシ基がアキシアル位（下）にある一方、β-アノマーはアノマーヒドロキシ基がエクアトリアル位（上）にある。これは、すべてのアルドヘキソースのピラノース形に当てはまる。推察のとおり、ヒドロキシ基がエクアトリアル位にある β-アノマーの方がやや安定であり、このことは水中での平衡状態における α と β の比が 36：64 であること

からわかる.

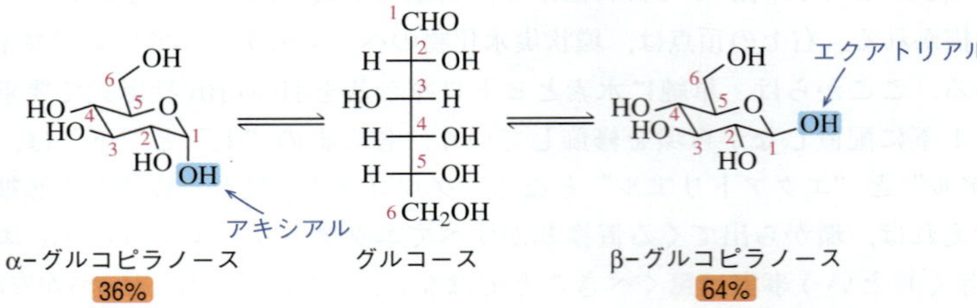

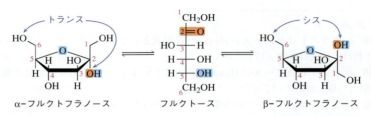

図 27・18　α-グルコピラノースと β-グルコピラノースの間の平衡

単糖がフラノースの形で環化するときも，二つのアノマーが可能である．図 27・19 はフルクトフラノースの α-アノマーと β-アノマーを示す．もう一度言うが，アノマー位のヒドロキシ基は α 形では下に，β 形では上にある．特にフラノースの場合に便利なこととして（ピラノースの場合も同様だが），アノマー位のヒドロキシ基と C6 の間がシスの関係は β 形，トランスの関係は α 形であることを示す.

図 27・19　α-フルクトフラノースと β-フルクトフラノースの間の平衡

アセスメント

27・22　α-D-グルコピラノースが酸中で β-D-グルコピラノースに変換される反応機構を提案せよ．[図 27・18 参照]

27・23　α-D-グルコピラノースが塩基中で β-D-グルコピラノースに変換される反応機構を提案せよ．[図 27・18 参照]

27・24　D-タロピラノースの α-アノマーと β-アノマーを描け．[タロースの構造は図 27・11 にあるよ]

27・25　D-マンノフラノースの α-アノマーと β-アノマーを描け．[マンノースの構造は図 27・11 にあるよ]

27・4　単糖の反応: 合成

個々の単糖は互いに結合して，より大きな二糖，三糖，四糖，さらには多糖をつくることができる．これらの糖の多くは，適切に修飾されると，分子生物学，生化学，医学において大いに有用となる．そのため，糖鎖合成の分野は非常に重要なものとなっている．

残念ながら，糖の合成は非常に複雑である．最大で 5 個ものヒドロキシ基を含む高度に官能化された分子では，どのヒドロキシ基が反応するかを選択的に選ぶことが困難なことがある．この節では，環状単糖に対して行うことができる反応について説明する．§27・6・1 では，これらの反応をどのように利用して，困難な二糖の合成を行うことができるかを示す.

27・4・1　グリコシド形成: アセタール合成

環状単糖には，ほかのすべてと異なるヒドロキシ基が一つある．[どれだろう？] 以前，アルコールである −OH と，ヘミアセタールの一部である −OH の違いを認識するこ

27・4 単糖の反応: 合成　　1269

とは非常に重要であると述べた. [§17・7・2を思い出そう] 図27・20 は, その理由を理解するのに役立つ. アルコール固有の反応性について考えるとき, 真っ先に思い浮かぶ反応といえば, 酸素が求核剤または塩基となる反応である (図27・20a). しかし, ヘミアセタールの形では, アルコールの最も重要な反応は, それが脱離基となる反応である. こうした反応性が見られる例としては, これまでにアルデヒドとアセタールの間に生じる不安定な中間体としてのヘミアセタールについて学んでいる (図27・20b). 重要なことは, どちらの方向に反応が進むとしても, 通常はプロトン化後だが, ヒドロキシ基あるいはアルコキシ基が脱離することのみが起こりうるということである. プロトン化されたヒドロキシ基あるいはプロトン化されたアルコキシ基のいずれが脱離したとしても, 結果として生じるカルボカチオンは共鳴により安定化されている.

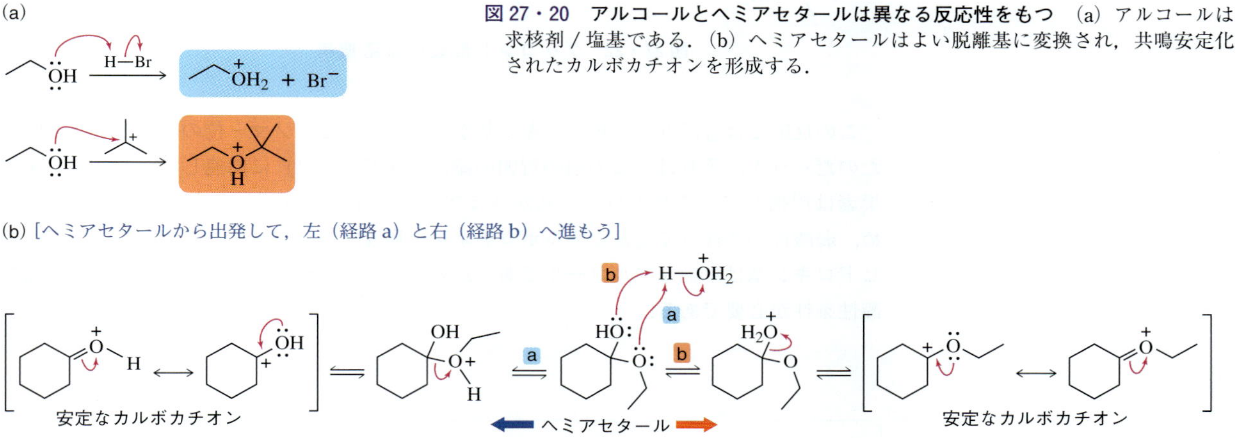

(a)

図27・20　アルコールとヘミアセタールは異なる反応性をもつ　(a) アルコールは求核剤/塩基である. (b) ヘミアセタールはよい脱離基に変換され, 共鳴安定化されたカルボカチオンを形成する.

(b) [ヘミアセタールから出発して, 左 (経路a) と右 (経路b) へ進もう]

糖のアノマー炭素がアセタールである場合, その糖はグリコシド (glycoside, 配糖体ともいう) とよばれる. 非環状のグリコシドに名前をつけるには, 糖の名前の接尾語 -e を -ide に置き換える. よって, グルコース (glucose) はグルコシド (glucoside), マンノース (mannose) はマンノシド (mannoside) となる. 環状のグリコシドでは, 環の大きさを示すために -pyrano- (6員環) または -furano- (5員環) という接中語を用いる. したがって, グルコースはグルコピラノシド (glucopyranoside) に, フルクトースはフルクトフラノシド (fructofuranoside) になる. ピラノースがアセタールになるときは, アノマー位のヒドロキシ基がアルコキシ基に置き換わる. したがって, 名前を完成させるためには, アルキル基をグリコシドの名前の前におく. この命名法の例として, イソプロピル α-D-グルコピラノシドとエチル β-D-フルクトフラノシドを図27・21 に示す.

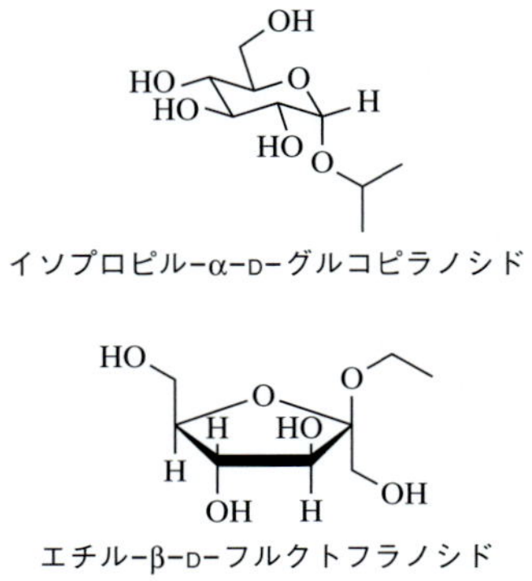

グリコシドの形成は, ヘミアセタールのアセタールへの変換と同等であり, 同じ方法で行われる. ヘミアセタールはアセタールへの中途段階であり, 反応を完了へと推進するには過剰のアルコールの添加と水の除去だけが必要であることを思い出そう. [復習には §17・7・3 を参照しよう] このようにして, 環状の糖を酸とアルコールで処理するとグリコシドができる. α-D-グルコピラノースからのイソプロピル α-D-グルコピラノシドの合成を図27・22 に示す. 反応機構的には, ヒドロキシ基のプロトン化によって優れた脱離基が形成される. 水が脱離して共鳴安定化されたカルボカチオンを生成し, これがイソプロピルアルコールによって攻撃される. イソプロピルアルコールが攻撃する際に保持していたプロトンが取除かれ, ピラノシドの形成が完了する.

イソプロピル-α-D-グルコピラノシド

エチル-β-D-フルクトフラノシド

図27・21　グリコシドの命名

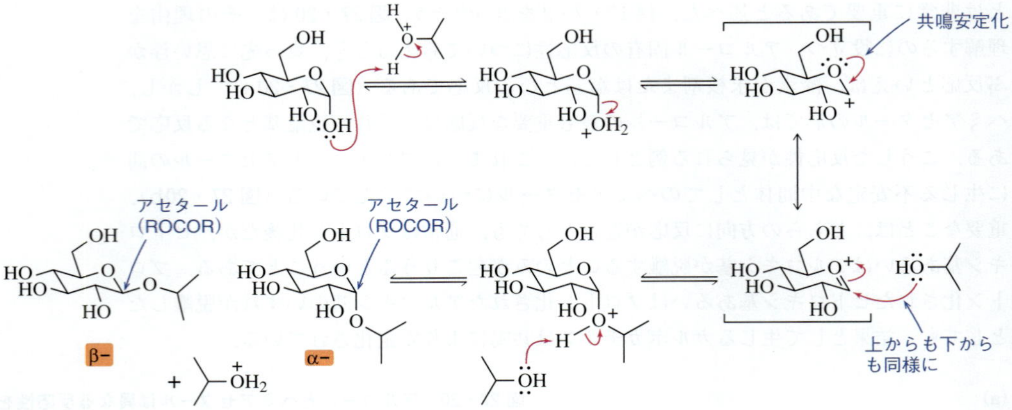

図27・22 グリコシド形成の反応機構

この反応では合計五つのヒドロキシ基があるが，なぜアノマー位のものだけが反応したのだろうか．それは，この項の冒頭の議論（§27・4・1）に関連している．アノマー炭素は置換しているヒドロキシ基がヘミアセタールの一部である唯一の炭素であるため，弱酸性の条件下で安定なカルボカチオンを形成できる唯一の炭素でもある．ほかのヒドロキシ基は単純なアルコールであるため，これらを脱離させるには，ずっと過酷な酸性条件が必要である．

アセスメント

27・26 次の名称に対応する構造を描け．
(a) アリル β-L-フルクトフラノシド　　(b) ベンジル D-グルコピラノシド
(c) *tert*-ブチル β-D-アラビノフラノシド

27・27 (a) 次のグリコシドの合成法を示せ．(b) 合成に用いた糖の名称を述べよ．
［どの糖が使われているかを明らかにするには，逆算して Fischer 投影式を導こう］

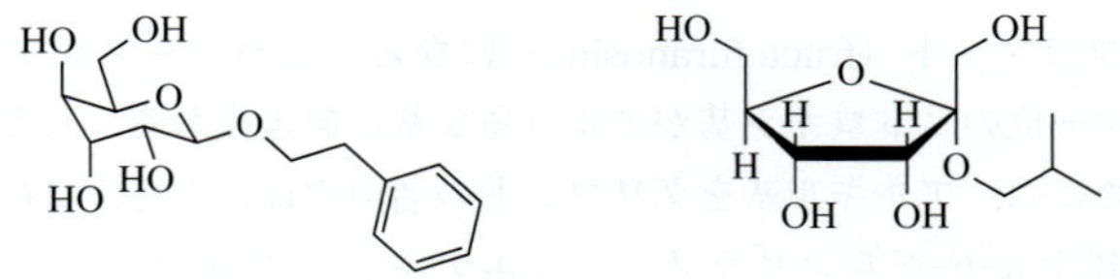

27・28 アセスメント 27・27(a) に示したグリコシドをつくるための反応について，反応機構を提案せよ．

27・29 アルデヒドの存在を検出するために用いられる一般的な試験である Tollens（トレンス）試験は，α-D-グルコピラノースについては陽性結果を与えるが，イソプロピル α-D-グルコピラノシドについては陽性結果を与えない．この観察結果を説明せよ．

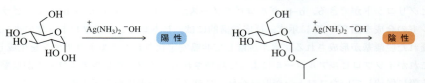

アセスメント 27・29 を一緒にやって，Tollens 試験が陽性になるための条件を見つけよう．

27・4 単糖の反応: 合成　　1271

アセスメント 27・29 の解説

Ag$^+$塩である **Tollens 試薬** (Tollens reagent) は，ケトンを酸化することなくアルデヒドをカルボン酸に酸化するのに用いられる（図 27・23）．アルデヒドを酸化するには，はるかに安価な方法があるので，この反応に合成上の価値はほとんどない．アルデヒドの酸化では，Tollens 試薬の Ag$^+$ が還元されて金属銀（Ag^0）となり，反応を行ったガラスフラスコの表面を覆うことになる．［理科の演示実験の定番だね］ケトンを Tollens 試薬にさらしても，何も起こらない．そのため，Tollens 試薬はおもに未知のカルボニル化合物がアルデヒドかケトンかを判定するために用いられる．

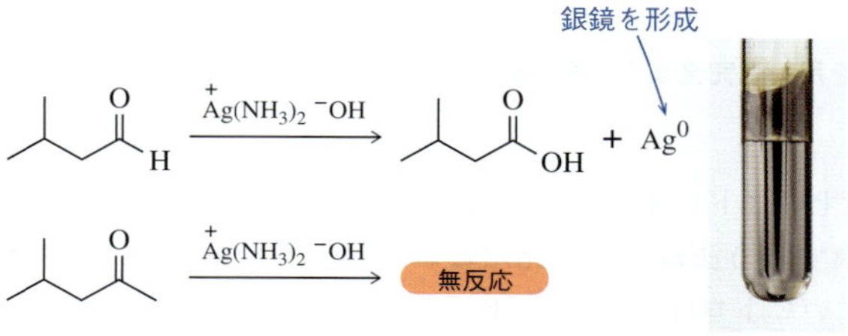

図 27・23　Tollens の銀鏡試験　アルデヒドを用いると銀鏡が形成されるが，ケトンを用いると反応は起こらない．

アセスメント 27・29 によると，α–D–グルコピラノースは Tollens 試験で陽性になるが，イソプロピル α–D–グルコピラノシドは陽性にならない．［理由について何か考えはあるかな？］これらのどちらとも，少なくとも，もともとの形ではアルデヒドでもケトンでもない．しかし，α–D–グルコピラノースは，アルデヒドを含む非環状の D–グルコースと平衡状態にある．たとえ溶液中に D–グルコースが少量しか存在しなくても，それを酸化することによって，図 27・24 に示すように反応が右へと推進される．Ag$^+$ からの Ag^0 の生成は還元であることから，ヘミアセタール形や開鎖形の糖は **還元糖**（reducing sugar）とよばれる．

イソプロピル α–D–グルコピラノシドはアセタールなので，この条件では平衡によってアルデヒドに戻ることはない．アセタールは，強酸性の条件下では加水分解されてアルデヒドに戻ることができるが，Tollens 試薬は強塩基性である．保護基として用いたときに学んだように（§17・7・5），アセタールは塩基性条件下で非常に安定である．塩基に対する安定性は，糖のアルキル化に利用できる方法を学ぶ際に重要である．［次の§27・4・2で取上げるよ］Ag$^+$ を Ag^0 に還元することができないため，グリコシドは **非還元糖**（nonreducing sugar）とよばれる．

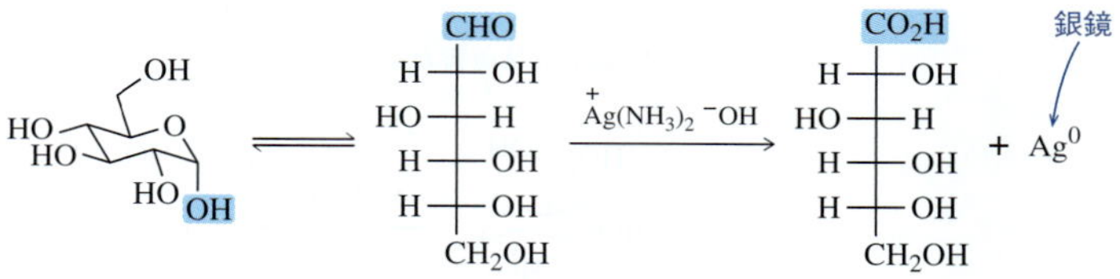

図 27・24　α–D–グルコピラノースはアルデヒドと平衡にあるため，Tollens 試験で陽性を示す

27・4・2　糖のアルキル化

糖のアルキル化は，これまでに学んだ反応とよく似ている．この項で登場する三つの反応に，これまでと違いがあるとすると，アルキル化できるヒドロキシ基が四つあることである．

糖のヒドロキシ基をアルキル化してエーテルをつくるのは，Williamson エーテル合成の一例である（§13・11・1参照）．酸化銀（Ag$_2$O）を塩基に用いると，各ヒドロキシ基上での S$_N$2 反応によってアルキル化が進行する．大過剰の塩基とハロゲン化アルキルを用いると（図 27・25），すべてのヒドロキシ基がエーテルに変換される．この反応で環状構造をアルキル化しようという場合，ピラノシドでは実現可能だが，ピラノースでは難しい．ピラノースは強塩基性条件下では，ヒドロキシ基のアルキル化の前に非環状形に戻ってしまう．ピラノシドはアセタールであるため，塩基性条件下で安定となる．一方，もしアルキル化したピラノースであるテトラエチルピラノースがほしい場合，アルキル化生成物を加水分解すれば容易に入手できる．

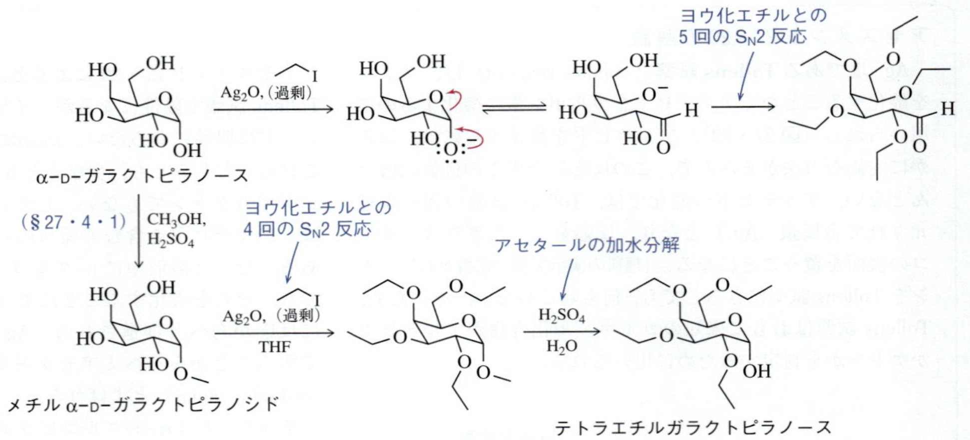

1272　27. 炭水化物・核酸・脂質

図 27・25　酸化銀とヨウ化エチルを用いた完全なアルキル化　アノマー炭素上にメトキシ基が
ある場合，開環が防がれる．

　化学者には，ピラノース環上のヒドロキシ基を区別したいこともある．アノマー位の
ヒドロキシ基を選択的に変換する方法はすでに見たとおりである（§27・4・1参照）．
次に最も選択的に変換しやすいヒドロキシ基は，C6 の第一級ヒドロキシ基である．な
ぜなら，このヒドロキシ基はほかよりも立体障害が小さいためである．1 当量のハロゲ
ン化アルキルと塩基を用いれば，S_N2 反応で C6 エーテルが選択的に得られる．**図 27・
26** では，塩基として水素化ナトリウム NaH が用いられている．

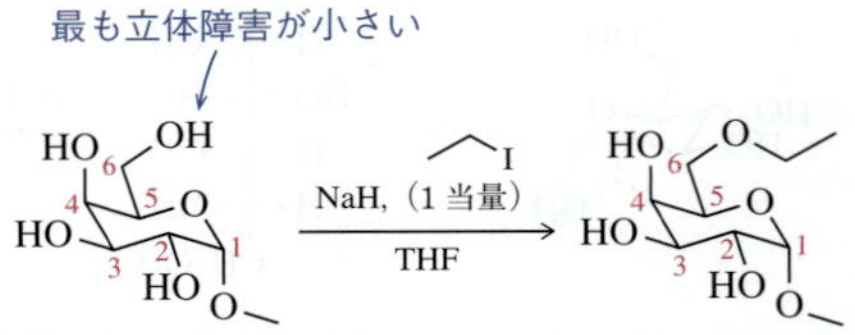

図 27・26　ピラノシドの最も立体障害の小さい炭素上で選択的なアルキル化が起こる

　糖のヒドロキシ基を選択的に修飾するための化学の多くは，保護基の化学を軸としてい
る．あるヒドロキシ基を選択的に修飾したいならば，そのヒドロキシ基だけが反応す
るように，まずほかのヒドロキシ基をすべて保護する必要がある．**図 27・27** に示すよ
うに，C2，C3，C6 のヒドロキシ基を保護すれば，C4 のヒドロキシ基を選択的に官能
基化することができる．このプロセスについて何冊も本が出版されているほどであり，
詳しい説明はこの本の範囲を超えている．とはいえ，こうした新しい反応を学ぶ際に
は，どのようにしてそれが実現できるのかを考えてみるといいだろう．［§27・6・1で
保護基を活用した二糖の選択的な形成方法の一例を学ぶよ］

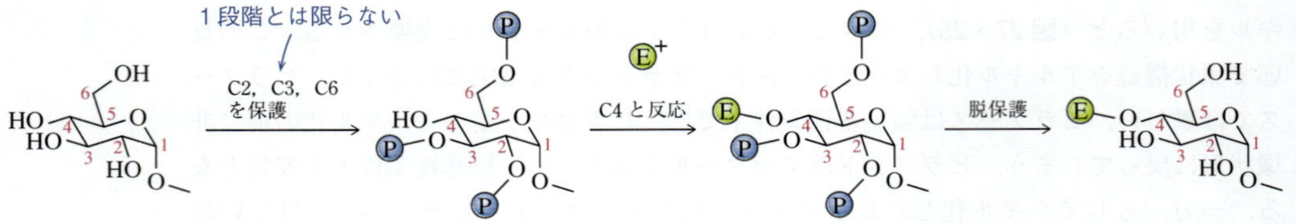

図 27・27　C2，C3，C6 の保護により，C4 の選択的な官能基化が可能になる

27・4 単糖の反応：合成　　1273

　シリルエーテルとベンジルエーテルは，アルキル化反応によって容易に導入することができ，ヒドロキシ基に適した保護基である．シリルエーテル（§13・14・1参照）は，糖をトリエチルアミンとクロロトリイソプロピルシランのようなクロロシランで処理することで形成される（図27・28a）．ベンジルエーテル（§24・6参照）は，水素化ナトリウムと塩化ベンジルを用いて導入することができる（図27・28b）．これらの保護基は異なる方法で除去されるため，相補的な保護基であり，図27・28(c)に示すように，一方を他方の存在下で選択的に脱保護することができる．

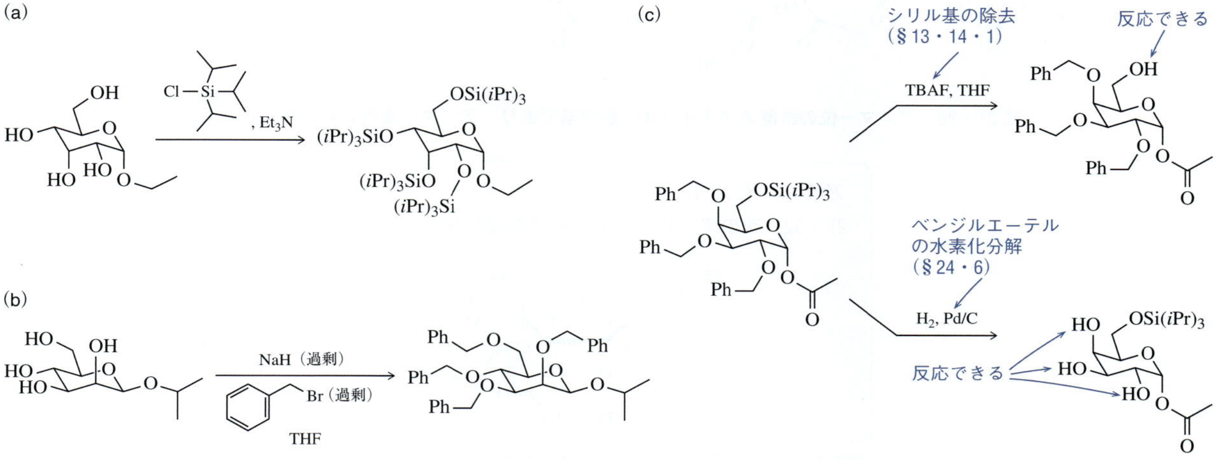

図27・28　糖の保護/脱保護　（a）シリルエーテルとしての保護，（b）ベンジルエーテルとしての保護，（c）一方の保護基の存在下での，もう一方の選択的な除去.

アセスメント

27・30　次のエーテル化反応の生成物を予測せよ．

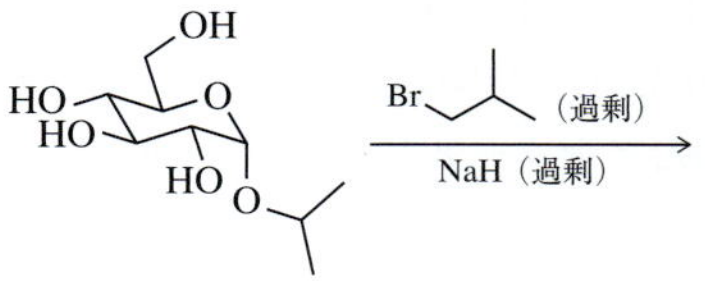

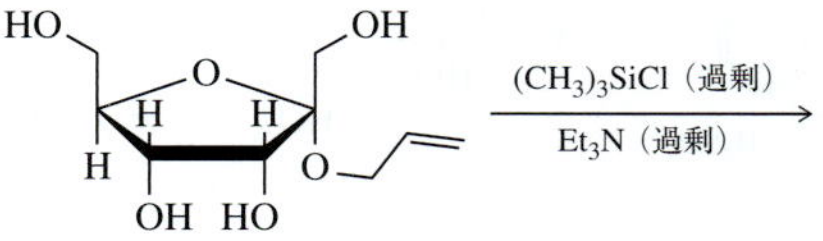

27・31　α-D-マンノピラノースから出発して，以下に示す一連の反応の生成物を予測せよ．

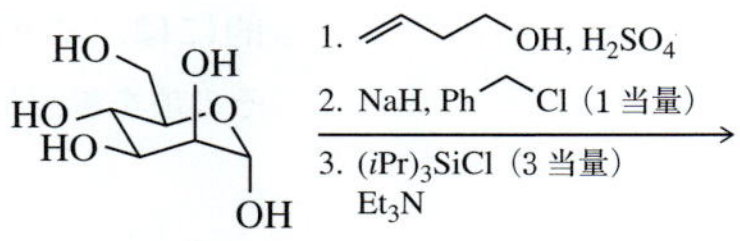

α-D-マンノピラノース

27・4・3　糖のアシル化

　エステルは糖の保護基としても利用できる．§19・7・2で学んだアルコールからのエステル形成反応と同じように，トリエチルアミンの存在下，過剰量の無水酢酸の反応によって，すべてのヒドロキシ基（アノマー位のものを含む）がエステルに変換される（図27・29）．

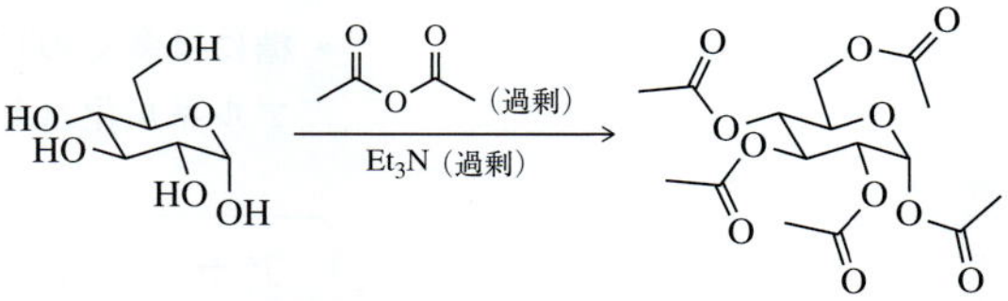

図27・29　無水酢酸を用いたグルコースの完全なアシル化

1274   27. 炭水化物・核酸・脂質

　　保護基としての役割に加え，酢酸エステルはアノマー炭素上での優れた脱離基ともなる．この脱離基としての反応では，Lewis 酸による活性化によりカルボカチオンの生成が促され，さまざまなアルコールによってアノマー炭素が官能基化される．その一例を図 27・30 に示す．

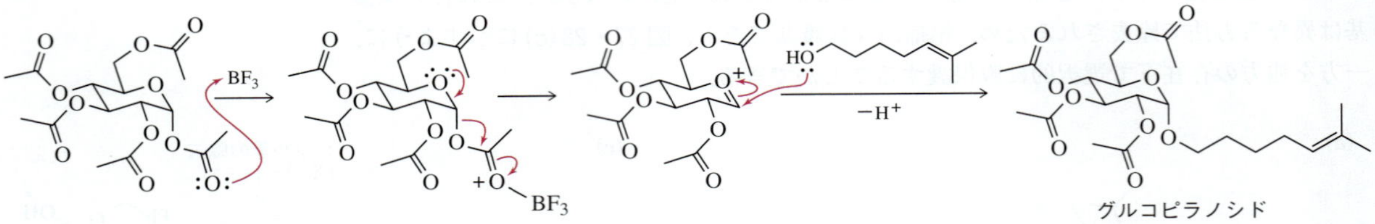

図 27・30　アノマー位の酢酸エステルはよい脱離基であり，アノマー炭素の官能基化に利用できる

アセスメント
27・32　次のアシル化糖の合成法を提案せよ．

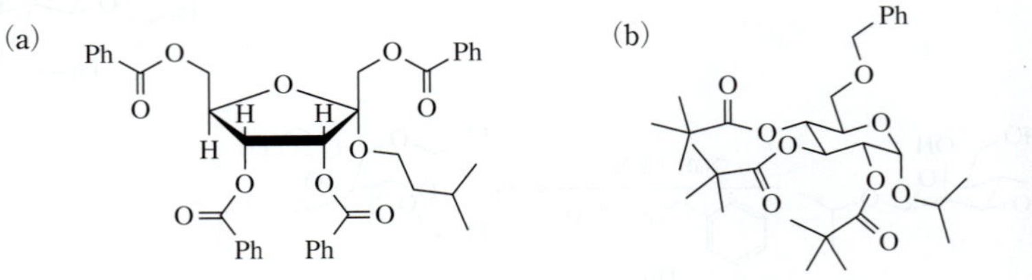

27・4・4　アセタールの形成

　　ここまでは，ヒドロキシ基を個々に保護するための反応のみを見てきた．二つのヒドロキシ基が近接する場合には，アセタールとして保護することができる（図 27・31）．こうした保護方法としては，ベンズアルデヒドと C4 と C6 のヒドロキシ基の反応があり，アセタールが形成される．たとえほかのヒドロキシ基があったとしても，熱力学的支配のもとで安定な 6 員環が形成されるため，この反応は選択的に進行する．反応機構的には，この反応は §17・7・3 で学んだアセタール生成反応と同様である．［復習にはその項を参照しよう］

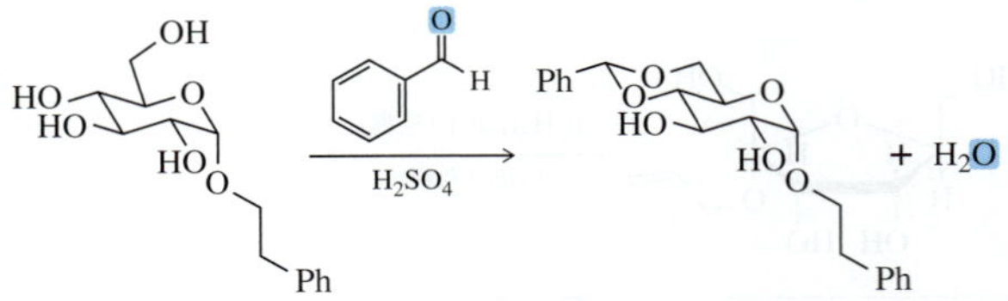

図 27・31　ジオールのアセタールとしての保護

27・4 のまとめ

• 糖には多くのヒドロキシ基があり，それらは以前学んだ反応であるアセタール形成，アルキル化およびアシル化を利用して修飾することができる．

アセスメント
27・33　図 27・31 に示した反応について，反応機構を提案せよ．

27・5 単糖の反応: Fischer によるグルコースの構造決定

単糖の反応を合成上，役立つ反応として学ぶのではなく，史上最高の創意に満ちた実験の一つを通じて学んでみよう．Emil Fischer がグルコースの構造を決定するために行った実験である．現代のように，結晶構造解析，NMR, IR, 質量分析に加え，さまざまな光学分割剤があったならば，この構造決定は偉業とまではいわれなかったかもしれない．しかし，1888 年当時，Fischer の手には融点測定，偏光測定に加え，限られた数種の反応しかなく，この構造決定はノーベル賞受賞に余りあるものであり，Fischer が史上最も偉大な化学者の一人として名を残す理由であることは間違いない．[彼の天才ぶりを再度強調しておくと，これらの実験は，炭素が四面体であることを化学者らが立証してからわずか 12 年後に行われたものなんだ]

■ 化学者のように考えよう

この実験の仕組みを理解するためには，Fischer が何を知っていたかを知る必要がある．まず，彼はグルコースが何であるかを知っていた．彼はグルコースを単離し，旋光度や融点などを測定していた．しかし，グルコースがアルドースであることは知っていたが，その構造は知らなかった．グリセルアルデヒドについての知識から，彼はそれが D-グルコースではないかと推測し，その推測は結果的に正しかった．最後に，彼はアルドヘキソースには四つの立体中心があり，その場合には 16 (2^4) 個のジアステレオマーが可能であることを知っていた．しかし，そのうち八つのアルドヘキソースのジアステレオマーのみが D 体なので，可能性は図 27・32 に示すように絞られた．[この項を読んでいる間は，どの分子がグルコースなのか知らないつもりになってみよう]

化学者のように考えて，Fischer がこれをどう成し遂げたのか見てみよう．この項は何ページにもわたるから，鉛筆と紙をもってついてきてね．

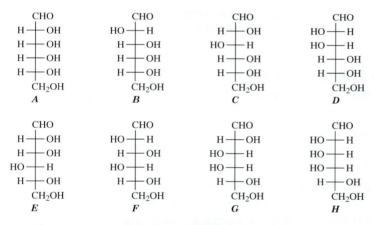

図 27・32 グルコースの構造の候補であった 8 種類のアルドヘキソースのジアステレオマー

27・5・1 実験 1: 硝酸による酸化

Fischer が最初に行った反応は，グルコースを硝酸で処理するというものだった．硝酸は C1 のアルデヒドと C6 のアルコールの両方をカルボン酸に変換するのに足る強力な酸化剤である．得られたアルダル酸＊には測定可能な旋光度があり，これはこのアルダル酸がキラルであることを意味する．図 27・33 のジアステレオマー A と G については，この反応はメソ化合物を生成するはずであり，それらは第 6 章で学んだとおり，光学不活性である．[Fischer は，A と G の反応を実際に行ったわけではなく，これは思考実験だったんだ] それ以外のジアステレオマーについては，得られるアルダル酸は光学活性

＊[訳注] 単糖の両末端がカルボキシ基へ酸化されて得られるジカルボン酸の総称．

1276　27. 炭水化物・核酸・脂質

である．この実験により，**A** も **G** もグルコースの構造ではないことが確認された．

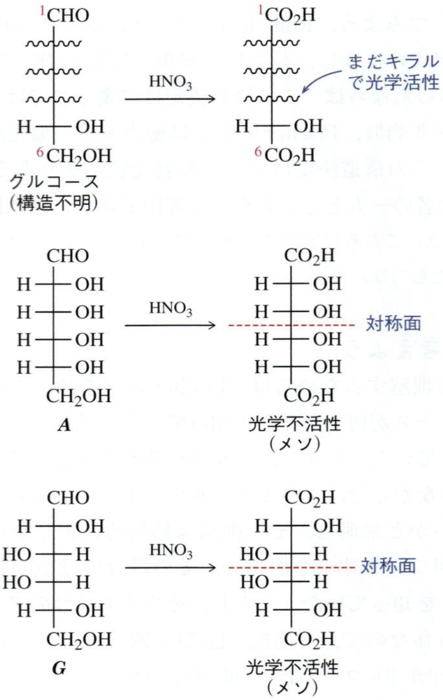

図 27・33　硝酸による **A** と **G** の酸化は光学不活性な化合物を与える
A と **G** はグルコースではない．

27・5・2　実験 2: Ruff 分解

　Ruff 分解（Ruff degradation）は，実質的には二つの部分からなる合成である．最初の部分では，グルコース（構造不明）を水中で臭素を用いて酸化する．硝酸が強力な酸化剤であるのに対して，これはアルデヒドのみがカルボン酸に酸化されるため，より穏和な手法である．続く段階では，カルボン酸が脱炭酸され，鎖が短くなった炭素数 5 の，アラビノースとよばれるアルドペントース（これも構造不明，次ページの**図 27・34a** 参照）が得られる．元のアルドヘキソースから C1 が失われることによって鎖が短くなる．アラビノースが硝酸によってジカルボン酸に酸化されると［実験 1 参照］，得られる分子は光学活性であり，キラルである．［**図 27・34b** を見る前に，図 27・32 に戻ろう．候補となるアルドヘキソース（**A〜H**）のうち，どれがこの 3 段階を経てもキラルだろうか？］図 27・34(b) のジアステレオマー **A**, **B**, **E**, **F** については，この一連の操作によってメソ化合物ができる．［元の八つの化合物のうち，どれが残っているだろう？］ほかのすべてのジアステレオマーについては，得られる生成物は光学活性となる．この実験により，**B**, **E**, **F** のいずれもグルコースの構造ではないことが確認された．［**A** はすでに候補から外されているので，図 27・34(b) には示していないよ］

　この時点で，Fischer はグルコースの構造が **A**, **B**, **E**, **F**, **G** のいずれでもないことを知っていた．さらに彼は，実験 2 の一環として合成したアラビノースという分子を，新しいツールとして手に入れた．彼はその構造を知らなかったが，後にそれを知る必要がないことが判明したのである．

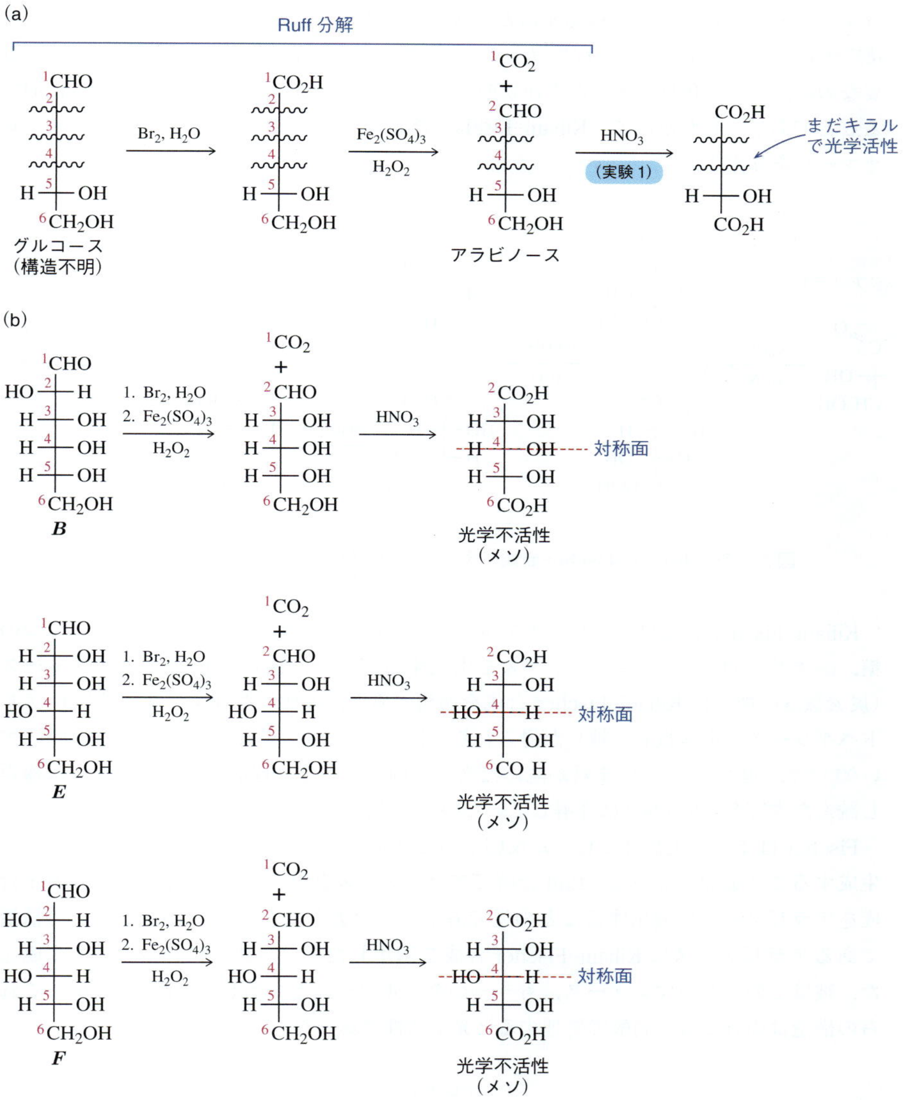

(a)

Ruff 分解

^1CHO → (Br$_2$, H$_2$O) → $^1CO_2H$ → (Fe$_2$(SO$_4$)$_3$, H$_2$O$_2$) → $^1CO_2$ + ^2CHO → (HNO$_3$) (実験1) → CO$_2$H ... まだキラルで光学活性

グルコース (構造不明) ... アラビノース

(b)

B → (1. Br$_2$, H$_2$O 2. Fe$_2$(SO$_4$)$_3$, H$_2$O$_2$) → $^1CO_2$ + ^2CHO ... → (HNO$_3$) → $^2CO_2H$ ---- 対称面
光学不活性 (メソ)

E → (1. Br$_2$, H$_2$O 2. Fe$_2$(SO$_4$)$_3$, H$_2$O$_2$) → $^1CO_2$ + ^2CHO ... → (HNO$_3$) → $^2CO_2H$ ---- 対称面
光学不活性 (メソ)

F → (1. Br$_2$, H$_2$O 2. Fe$_2$(SO$_4$)$_3$, H$_2$O$_2$) → $^1CO_2$ + ^2CHO ... → (HNO$_3$) → $^2CO_2H$ ---- 対称面
光学不活性 (メソ)

図 27・34　**Ruff 分解と酸化**　(a) グルコースについて，この反応はアラビノースを与える．(b) **B，E，F** について，この反応は光学不活性な化合物を与える．したがって，**B，E，F** はグルコースではない．

27・5・3　実験 3: Kiliani–Fischer 合成

　この実験は最も解釈の難しいものであり，ほかのどの実験よりも Fischer の天才性を示すものである．実験結果を理解しようとする前に，**Kiliani–Fischer 合成**（Kiliani-Fischer synthesis）を新しい反応として見てみよう．Kiliani-Fischer 合成は，アルドースを炭素 1 個分延長する．反応機構は複雑だが，以前に学んだ反応と類似した反応を利用している．分析を簡単にするために，**図 27・35** では，Kiliani-Fischer 合成の D–グリセルアルデヒドへの適用例を示している．まず，アルデヒドをシアン化物で処理すると求核付加反応が起こり，シアノヒドリンが得られる．［§17・5・4 参照］このシアノヒドリンを加水分解すると，新しいカルボン酸が生成する．［§19・10 参照］そして最後に，

カルボン酸をアルデヒドへ還元すると，新しいアルドースが得られる．［アルデヒドへ直接変換する方法は学んでいないけど，カルボン酸の還元については§18・7・3を参照しよう］重要なのは，シアン化物イオンが平面状のアルデヒドの二つの面のどちら側からも付加することである．したがって，Kiliani-Fischer 合成は，常に二つのエピマー（ジアステレオマー）を与える．

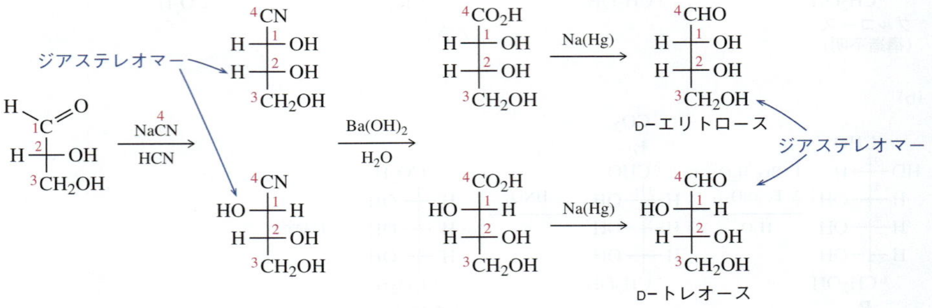

図 27・35 Kiliani-Fischer 合成による炭素鎖が伸長したアルドースの合成

Kiliani-Fischer 合成は，グリセルアルデヒドに適用した場合，天然に存在する二つの糖，D-エリトロースとD-トレオースを生成する．また，任意のD-アルドペントース（炭素数5の糖）に Kiliani-Fischer 合成を適用すると，天然に存在する2種類のD-アルドヘキソース（炭素数6の糖）が得られる．［この二つの文章を読み返そう．これを理解していないと先に進めないよ］いま君が読んだ文章の内容，多分，理解するために数回は繰返し読んだ内容を，Fischer は理解していたのである．

Fischer はまた，実験2で行った反応であるグルコースの Ruff 分解がアラビノースを生成することを知っていた．Ruff 分解でアラビノースをつくるのは，Kiliani-Fischer 合成をアラビノースに適用することの逆である．このようにして，Fischer が未知の構造であるアラビノースに Kiliani-Fischer 合成を適用したとき，新たに二つの糖が生成した．彼はその一つをマンノース，もう一つをグルコースと命名した（**図 27・36**）．これらの構造は両方とも，硝酸で処理すると光学活性であった．［ここが重要！］

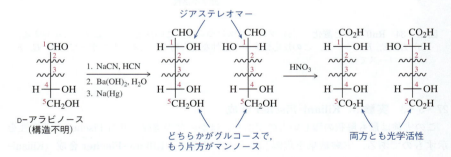

図 27・36 アラビノースの Kiliani-Fischer 合成はグルコースとマンノースを与える

Fischer はアラビノースの構造を知らなかったが，それが三つの立体中心をもつことは知っていたので，八つのジアステレオマーが可能であることをわかっていた．もし，アラビノースについて D 体であるという仮定が成り立つならば，四つの D のジアステレオマーだけが残ることになる．この四つの候補となるジアステレオマーを**表27・1**に

示す．これらのジアステレオマーにそれぞれ Kiliani–Fischer 合成を適用し，硝酸で酸化すると何が得られるだろうか？［これもまた，ただの思考実験だよ］その結果を表 27・1 に示す．可能性 1 では，二つの光学活性化合物が得られる．これは，アラビノースの構造かもしれない．［なぜだかわかる？］可能性 2 では，一つの光学活性化合物と一つの光学不活性化合物が得られる．アラビノースに対する Kiliani–Fischer 合成は二つの光学活性化合物を与えた（図 27・36）ので，これはアラビノースの構造ではありえない．可能性 3 では，また光学活性化合物と光学不活性化合物を一つずつ得ることになる．これはアラビノースの構造ではありえない．可能性 4 では，二つの光学活性化合物が得られるので，これは少なくとも差し当たり，可能性 4 がアラビノースの構造である可能性を示唆している．

図 27・37 では，ともにアラビノースの構造の候補である可能性 1 と 4 を比較している．Fischer が最初にアラビノースをつくったとき，彼はそれを硝酸で処理してキラルで光学活性なアルダル酸を得た．［図 27・34a を見て確認しよう］可能性 4 のアラビノー

表 27・1　アラビノースの構造の候補についての仮想的な Kiliani–Fischer 合成　この思考実験に基づくと，可能性 1 と 4 のみがアラビノースの最終候補構造となる

可能性	アラビノースの候補構造	Kiliani–Fischer 合成の結果	K-F 生成物の酸化による生成物	解　説
1	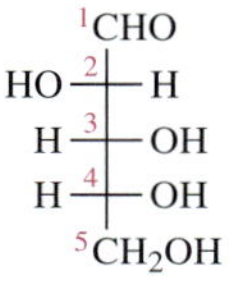 (CHO, HO–H, H–OH, H–OH, CH₂OH)	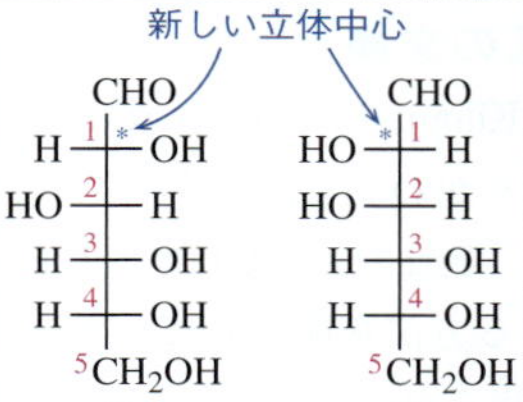 **C**, **D**（新しい立体中心）	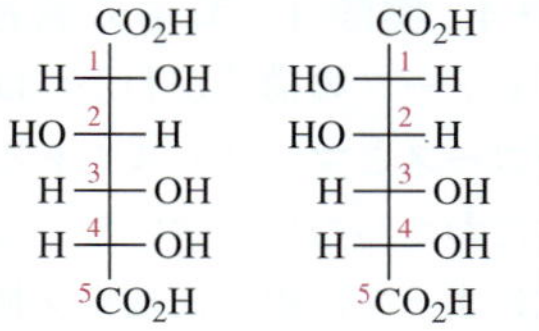 光学活性，光学活性	2 種類の光学活性体が得られるので，これはアラビノースの構造としてありえる．また，可能性 1 の K-F 合成の生成物のうち片方（**C** または **D**）はグルコースの可能性がある
2	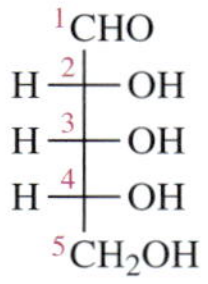 (CHO, H–OH, H–OH, H–OH, CH₂OH)	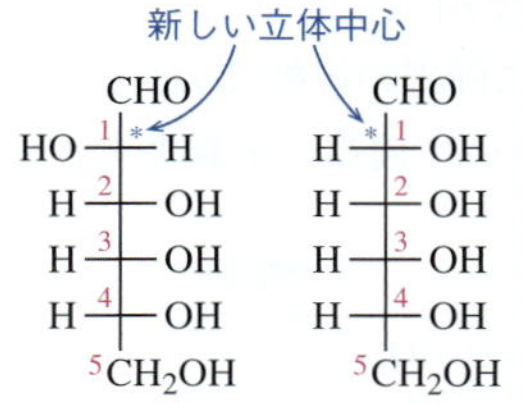 **B**, **A**（新しい立体中心）	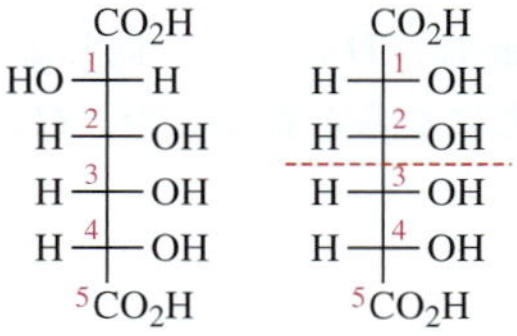 光学活性，メソ	1 種類の光学活性体しか得られないので，これはアラビノースの構造ではありえない．したがって，可能性 2 の K-F 合成の生成物のいずれも，グルコースではありえない
3	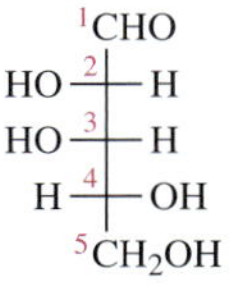 (CHO, HO–H, HO–H, H–OH, CH₂OH)	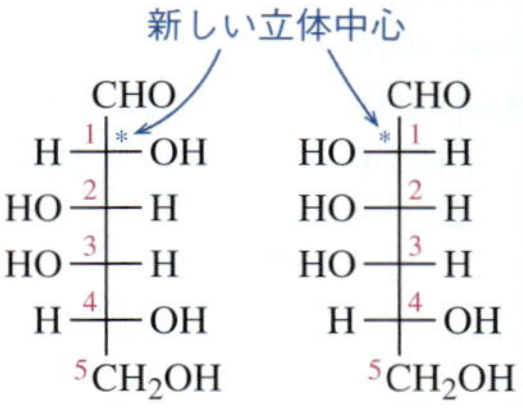 **G**, **H**（新しい立体中心）	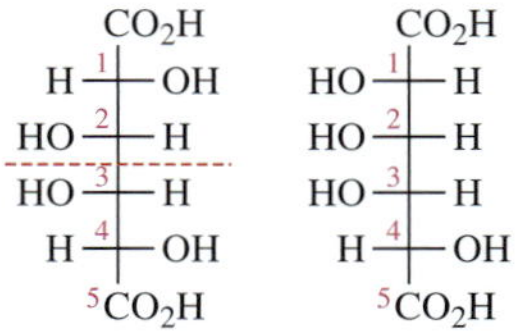 メソ，光学活性	1 種類の光学活性体しか得られないので，これはアラビノースの構造ではありえない．したがって，可能性 2 の K-F 合成の生成物（**G** または **H**）のいずれも，グルコースではありえない
4	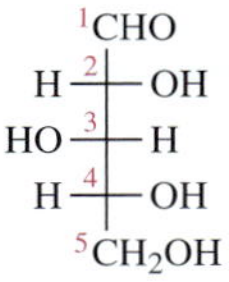 (CHO, H–OH, HO–H, H–OH, CH₂OH)	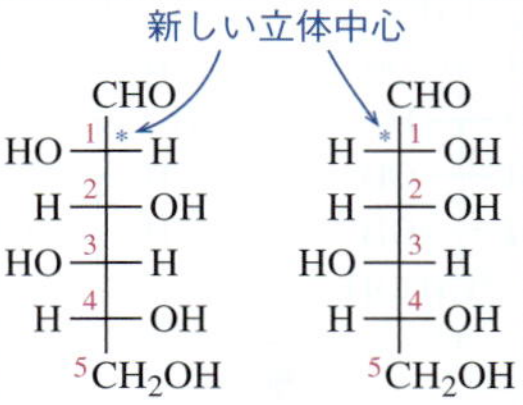 **F**, **E**（新しい立体中心）	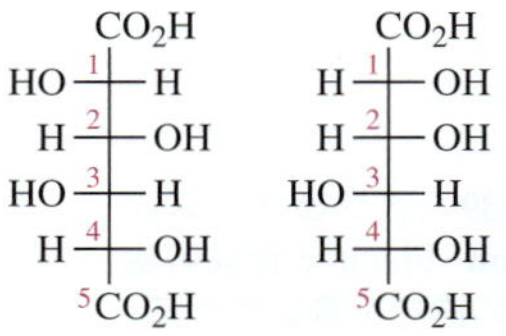 光学活性，光学活性	2 種類の光学活性体が得られるので，これはアラビノースの構造としてありえる．また，可能性 4 の K-F 合成の生成物のうち片方はグルコースの可能性がある

スの候補構造は図27・34(b)に示されている．これを硝酸で酸化すると，生成物はメソ体であり，光学不活性である．このことは，可能性4はアラビノースの構造ではありえないことを意味する．そこで，可能性1がアラビノースの構造ということになる．というのも，酸化されて光学活性なアルダル酸になるからである．さらに，可能性4のKiliani–Fischer合成の生成物は，図27・32の化合物 **E** と **F** であり，この二つの構造はすでにグルコースの構造の候補としては除外されていた．［当初の八つの化合物のうち，まだ可能性のあるものはどれだろうか？］

図27・37 **アラビノースの候補構造の酸化** (a) 可能性1（表27・1）は光学活性化合物を与える．(b) 可能性4はメソのアルダル酸を与える．よって，可能性1がアラビノースのはずである．

27・5・4 実験4: 両端の置換基の交換

アラビノースの構造がわかれば，Kiliani–Fischer合成で生成されたジアステレオマーがグルコースとマンノースであることがわかる．しかし，残念ながら，どちらがどちらかはまだわからない．幸いなことに，Fischer は C1 アルデヒドの還元と C6 アルコールの酸化によって，糖の両端を交換する方法を開発していた（図27・38）．この反応をグルコースに適用すると，新たな糖が得られた．［グルコースの候補構造である **C** と **D** のうち，どちらについてこのことが当てはまるかな？］

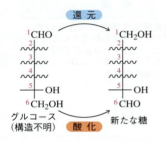

図27・38 酸化還元反応を経るグルコースの"両端交換"は新たな糖を生成する

Fischer は，**D** について同じように両端の置換基の交換実験をすれば，得られる糖は**D** と同じになると推論した．**C** について両端の置換基の交換実験をすれば，新しい糖

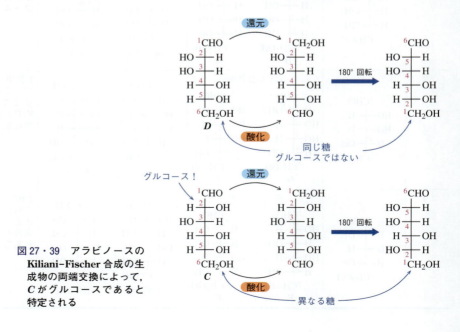

図27・39 アラビノースのKiliani–Fischer合成の生成物の両端交換によって，**C** がグルコースであると特定される

が生成するはずである（図 27・39）．したがって，**C** がグルコースの構造に違いないことがわかったのである． ■

27・5 のまとめ
- グルコースについて，融点と旋光度，そして四つの立体中心をもつアルドヘキソースであることだけを知っていた Fischer は，化学反応を組合わせてグルコースの立体化学を決定した．

アセスメント

27・34 次の各反応の生成物を予測せよ．

(a), (b), (c), (d) の構造式

酸触媒を用いたときのこの反応の反応機構を提案せよ．これはどのようなタイプの反応か．[以前に見たことがあるはずだね]

27・35 図 27・38 や図 27・39 では反応剤（試薬）が与えられていないが，理論的には，実験 4 の両端の置換基の交換実験をどのように計画すればよいだろうか．[反応剤は必要ないよ．求めているのは一般的な考え方や計画だけなんだ]

27・36 ケトヘキソースはアルドヘキソースから生成する．

27・37 次の構造が D-グルコースの候補として考えられなかったのはなぜか．

27・38 D-グリセルアルデヒドの立体化学を間違えていたら，Fischer の実験結果はどうなっていただろうか．

27・6 二 糖

　二糖（disaccharide）とは，加水分解によって二つの単糖を与える糖である．図 27・40 に示すように，乳糖として知られるラクトースは，ガラクトースとグルコースが β(1→4) 結合でつながった二糖である．ガラクトースのアノマー位のアルコキシ基がガラクトースの C6 に対してシスであることから，この結合は β であると考え

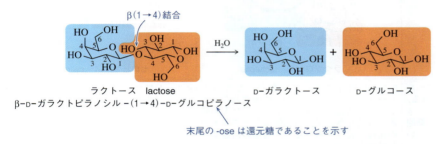

図 27・40 ラクトースはガラクトースとグルコースからなる二糖である

られる．また，この結合はガラクトースのC1をグルコースのC4へつなげているので，1→4結合である．IUPAC名が"-ose"で終わることからもわかるように，ラクトースは還元糖である．アノマー炭素上にヘミアセタールをもつグルコースのモノマーは，Ag^+をAg^0に還元することができるため，この二糖の還元末端である．[§27・4・1のTollens試薬を参照しよう] ラクトースを加水分解すると，個々の糖であるガラクトースとグルコースが得られる．ガラクトース部分のアノマー炭素はアセタールになっており，このようにラクトースおよびすべての二糖はグリコシドである（§27・4・1参照）．

スクロース（ショ糖ともいう，一般的な砂糖）は，グルコースとフルクトースがアノマー炭素どうしのα(1→2)β結合を介してつながった二糖である（図27・41）．グルコースのアノマー位のアルコキシ基がグルコースのC6に対してトランスであることから，この結合はαと考えられる．また，この結合はグルコースのC1をフルクトースのC2へつなぐので，1→2結合である．IUPAC名が"-oside"で終わることからわかるとおり，スクロースはヘミアセタール炭素を含まない．したがって非還元糖である．スクロースを加水分解すると，個々の糖であるグルコースとフルクトースが得られる．表27・2に他の代表的な二糖を三つ示す．

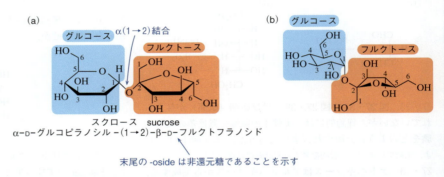

図27・41　スクロースはグルコースとフルクトースからなる二糖である
(a) Haworth投影式，(b) いす形表記．

表27・2　二糖であるトレハロース，ラクツロース，セロビオース

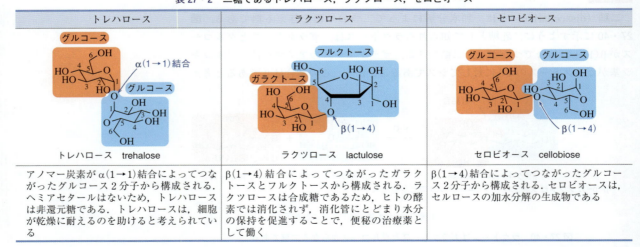

トレハロース	ラクツロース	セロビオース
アノマー炭素がα(1→1)結合によってつながったグルコース2分子から構成される．ヘミアセタールはないため，トレハロースは非還元糖である．トレハロースは，細胞が乾燥に耐えるのを助けると考えられている	β(1→4)結合によってつながったガラクトースとフルクトースから構成される．ラクツロースは合成糖であるため，ヒトの酵素では消化されず，消化管にとどまり水分の保持を促進することで，便秘の治療薬として働く	β(1→4)結合によってつながったグルコース2分子から構成される．セロビオースは，セルロースの加水分解の生成物である

27・6 二　　　糖　　　1283

アセスメント

27・39 以下に示す二糖 (a)～(c) のそれぞれにおいて，(i) 糖の還元末端を特定し，(ii) それをつくるのにどのような単糖が使われているかを説明し，(iii) どのような種類のグリコシド結合があるかを説明せよ．

(a)　　　　　　　(b)　　　　　　　(c)

27・40 マルトースはセロビオースと同様に，二つのグルコース単位からなる．マルトースとセロビオースの違いは何か．

27・41 二糖の加水分解は二つの単糖を与える．酸触媒によるスクロースの加水分解がグルコースとフルクトースを与える反応機構を提案せよ．[図 27・41 を参照しよう]

27-A　化学はここにも (糖鎖生物学 1)

インフルエンザウイルスが細胞内に侵入する仕組み

　ウイルスは感染性粒子であり，自己複製ができない．RNAのみをもったインフルエンザウイルスは，自己複製の代わりに宿主細胞の機構を利用して自身を複製する．宿主細胞に侵入するためには，ウイルスのタンパク質 (第26章) と宿主細胞の表面にある糖タンパク質との相互作用が必要となる．表面の糖タンパク質は，その名が示すとおり，膜に結合したタンパク質が糖鎖で覆われたものである．糖タンパク質の糖鎖末端はシアル酸で覆われている (図27・42)．

　インフルエンザウイルスは，その表面にヘマグルチニン (H) とノイラミニダーゼ (N) とよばれる二つのタンパク質をもつ．インフルエンザウイルスの種類は，表面に見られるヘマグルチニンとノイラミニダーゼの特定の種類によって示される．[たとえば H1N1] 細胞に侵入するために，受容体であるヘマグルチニンは，細胞表面のシアル酸と選択的かつ強固に結合する．ひとたび宿主細胞に付着すると (図27・43)，ウイルスは宿主細胞に包まれ，宿主細胞はウイルスのまわりにエンドソームを形成する．酸性化によってエンドソームがリソソーム (細胞が異物を消化するための細胞小器官) に変化すると，ウイルスのタンパク質と RNA が (複雑な過程を経て) 細胞質に放出され，そこでウイルスの複製が可能になる．

　インフルエンザの治療法の一つは，ウイルスの細胞への侵入を阻止することである．これは，ヘマグルチニンの細胞表面への結合を阻害することで行われる．ヘマグルチニンはシアル酸と選択的に結合することから，阻害剤としてはシアル酸と構造的に類似したものが理にかなっている．

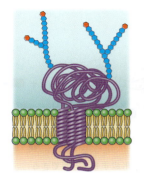

図 27・42　シアル酸で覆われた，細胞膜に結合した糖タンパク質　シアル酸は細胞の外面にある．

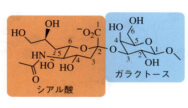

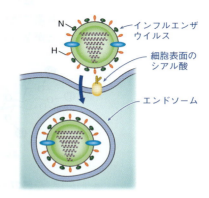

図 27・43　シアル酸にウイルスのヘマグルチニンが結合すると，細胞内にウイルスが侵入する

1284 27. 炭水化物・核酸・脂質

27・6・1 二 糖 の 合 成

§27・4・1では，グリコシドの合成は，**図27・44**に示すように，酸の存在下で糖（ヘミアセタール）をアルコールで処理するだけの単純なものであることを学んだ．二糖はアルコール（R−OH）が糖に置き換わっただけのグリコシドであるから，二糖の合成も同様に単純なはずである．[ところが，そうではないんだ．理由について何か考えはあるかな？]

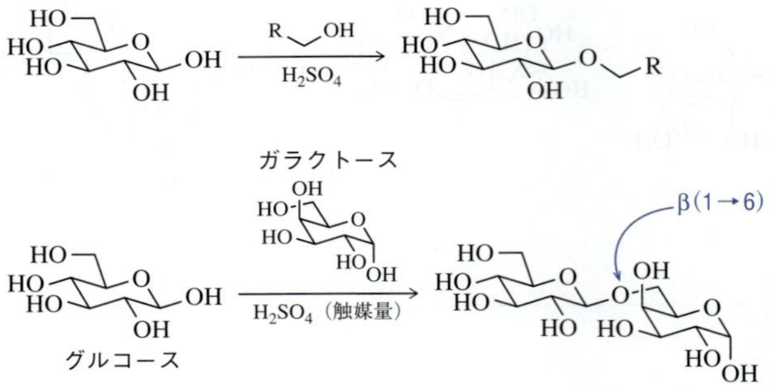

図 27・44　二糖の形成はグリコシドの形成と似ている　　しかし，そこまで単純だろうか？

　二糖の合成がそれほど単純でないのは，求電子剤となりうるヘミアセタール炭素が，グルコースとガラクトースに各1個ずつ，というふうに計2個あるからである．さらに，それぞれの糖には求核剤となりうるヒドロキシ基が五つ存在する．グルコシル−グルコース，ガラクトシル−ガラクトース，グルコシル−ガラクトースおよびガラクトシル−グルコースの二糖は，(1→6)，(1→4)，(1→3)，(1→2) および (1→1) の結合をつくることができ，それぞれの結合はαにもβにもなりうるので，可能性がたくさんある．[計算は得意じゃないけど，たぶん40種類の二糖が形成される可能性があるよね]

　では，目的のα-D-グルコピラノシル−(1→6)−α-D-ガラクトースだけが形成するように反応を偏らせるにはどうすればよいのだろうか．残念ながら私たちは，自然界で二糖を形成するために使われている選択性の高い酵素を使うことはできない．[もしかしたら使えるかもしれないけどね] しかし，保護基を利用することはできる．大まかに言うと，二つの糖が反応するとき，グルコピラノースのアノマー炭素だけを求電子的にし，ガラクトースのC6のヒドロキシ基だけを求核的にしたい．それは，**図27・45**に示すように，ほかのすべての部分を保護することによって可能になる．ガラクトースのアノマー炭素に使われる保護基は，脱離してガラクトースのC1でカルボカチオンを形成することがないように，脱離能が低い必要がある．

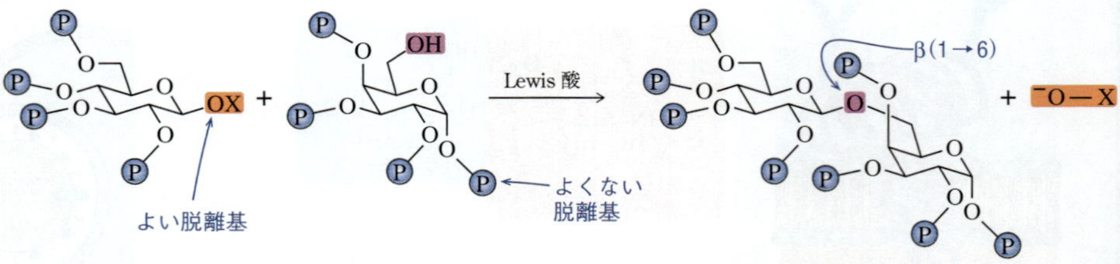

図 27・45　適切に保護されていれば，目的のβ(1→6)結合を形成することができる

　図27・46～27・48は，目的の二糖をつくるために，保護・脱保護の計画全体がどのように進むかを示す．その複雑さに囚われてはいけない．そうではなく，この合成を成

27・6 二　　　　糖　　　1285

功させるために，糖化学者が巧みに保護基を操ることができるさまををよく理解しよう．[また，自然界ではこのような保護基を必要とせず，酵素の力によってはるかに環境に優しい方法でこの合成を行っていることのすごさを認識しよう] グルコースは，§27・4・3の求核アシル置換反応により，無水酢酸で完全に保護される（図27・29）．酢酸エステルは，アノマー炭素上で優れた脱離基になり [ここでもう一度§27・4・3と図27・30を思い出そう]，一方で残りのヒドロキシ基が求核剤として反応するのを防ぐことを思い出そう（図27・46）．

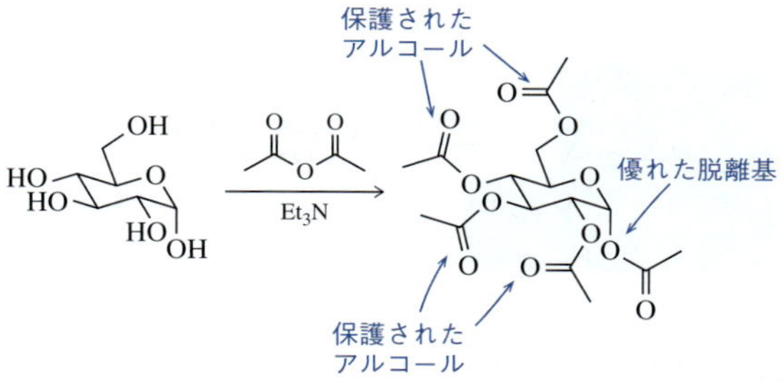

図 27・46　無水酢酸によるグルコースのアシル化は，グルコースの四つのヒドロキシ基を保護しつつ，アノマー位のヒドロキシ基をよりよい脱離基にする

　二糖のガラクトース部分の合成は，ベンジルアルコールを用いた酸触媒反応による，ガラクトースのベンジルピラノシドへの変換から始まる（図27・47）．アノマー位のヒドロキシ基がこのように保護された場合，それは後で加水分解あるいは水素化分解によって除去することができる．ここでは最終的にC6のヒドロキシ基を求核剤としたいので，このヒドロキシ基は保護しないでおきたい．残念ながら，C6のヒドロキシ基は最も立体障害の小さいアルコールであるため，アルキル化反応では常に最初に反応することになる．この問題を解決するために，1当量の塩化トリエチルシリルで選択的に保護することで，シリルエーテルを生成することができる．そうすると，残りのヒドロキシ基について別の保護基を使うことができる．ここではさまざまな保護基が使えるが，唯一の必要条件はそれらの存在下でシリル基を除去できることである．理由は後に明らかになるが，最良の選択肢は，Williamson エーテル合成を用いてこれらのヒドロキシ基をベンジルエーテルとして保護することである．[なぜだかわかる？読み進めよう] フッ化テトラブチルアンモニウム（tetrabutylammonium fluoride，TBAF）を用いてシリル基を除去することで，ガラクトースモノマーの調製が完了する．

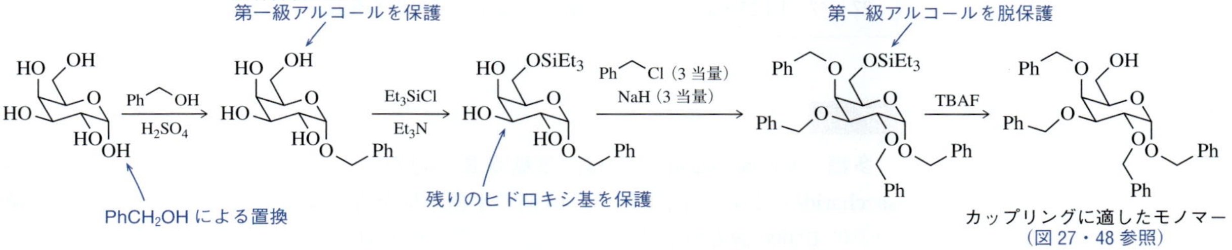

図 27・47　保護基を巧みに操ることで，C6 のヒドロキシ基が唯一の求核剤として残る

　両方の単糖が適切に保護されていれば，二糖は Lewis 酸で促進されるグリコシル化反応によって形成することができる．この反応における Lewis 酸の役割は，アノマー位の

酢酸エステルをよりよい脱離基にして，ガラクトースの C6 のヒドロキシ基による攻撃のためにアノマー炭素を活性化することである．二糖が形成されると，あとは保護基を除去するだけである（**図 27・48**）．アセチル基はけん化によって，そしてベンジルエーテルは水素化分解によって除去される．[図 27・47 でベンジルアルコールを用いたグリコシド化を行ったのは，同じ水素化分解の段階でアノマー位の保護基を除去できるからなんだ]

図 27・48 グリコシド化と全体的な脱保護によって二糖が得られる

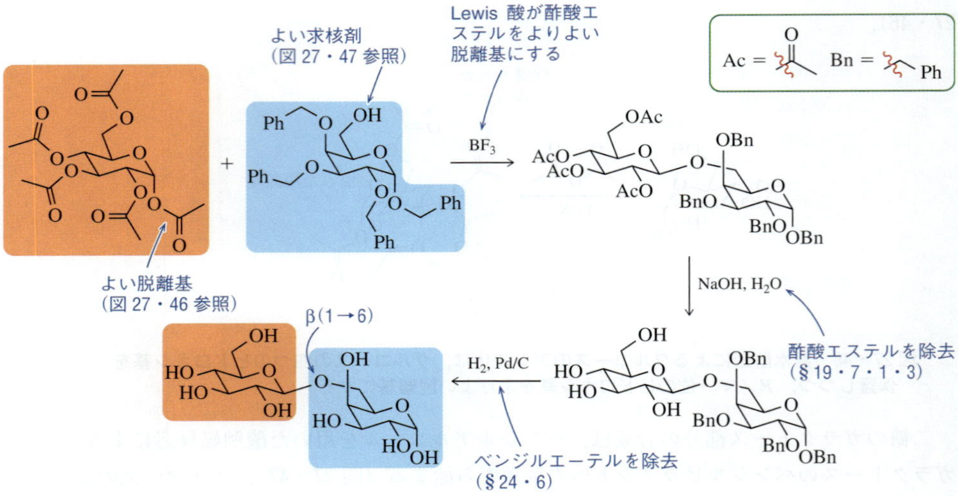

この合成は，二つの重要な点を説明するために示したものである．第一に，ここで見たすべての反応は，以前に使ったものだということである．このように，二糖を合成できるかどうかは，ツールをもっているかどうかではなく，むしろその使い方を知っているかどうかにかかっている．すなわち糖の合成は，有機化学が，論理的な戦略を用いて問題を解決する方法を教えてくれることを示す［数多の］例の一つなのである．そして第二に，糖の合成は難しいけれど面白いということだ！

27・6 のまとめ

- 二糖の合成では，保護基を用いて，ある単糖の目的のヒドロキシ基だけが，2 番目の単糖のアノマー炭素とグリコシド結合を形成できるようにする．

アセスメント
27・42 図 27・48 の Lewis 酸触媒によるグリコシル化反応の反応機構を示せ．

27・7 多 糖

多糖（polysaccharide）とは，単糖が長く連なったものである．**オリゴ糖**（oligosaccharide）という用語は，3～10 個の単糖単位をもつ多糖をさす．多糖は，1 本の鎖の中に 12,000 個もの単糖をもつことがある．セルロースは，β(1 → 4)結合によってつながった グルコースの繰返しからなる多糖で，植物の硬い細胞壁の主成分である．セルロースが硬いのは，**図 27・49** に示すように，比較的直線的な高分子構造によって，個々の糖鎖が緊密に詰まった状態になり，隣合うグルコースの間に強い水素結合が形成されるためである．セルロースを完全に加水分解するとグルコースが得られる．

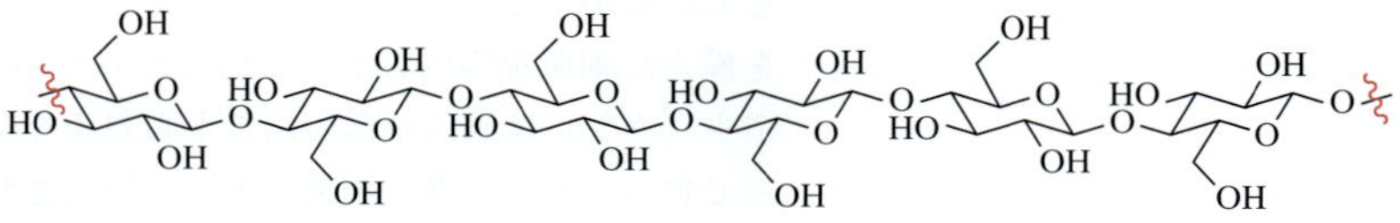

図 27・49 セルロースは植物細胞の細胞壁の主成分である

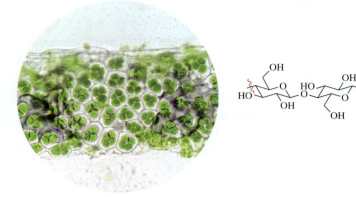

セルロース cellulose

　セルロースと近縁関係にあるのがデンプンである．デンプンは，アミロースとアミロペクチンという二つの主成分をもつ多糖である．アミロースはα(1→4)結合で結ばれたD-グルコースの繰返しで構成されている（図27・50a）．一方，アミロペクチンは，同じようなD-グルコースの骨格をもつが，その骨格にα(1→6)結合によって結ばれた追加の糖鎖を特徴とする（図27・50b）．植物はデンプンを使ってエネルギーを貯蔵する．セルロースと同様に，デンプンを完全に加水分解するとグルコースが得られる．

(a) アミロース（amylose）

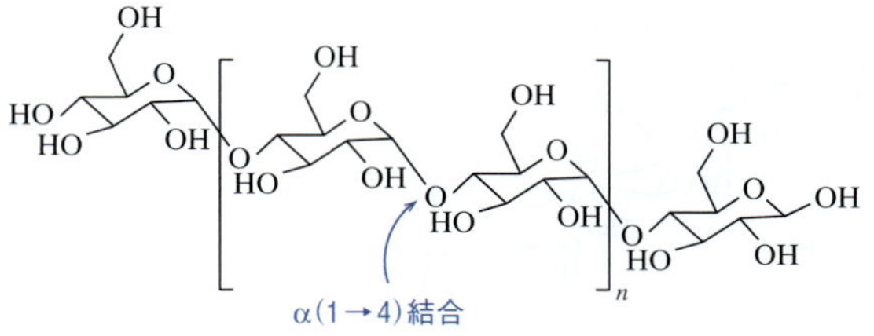

α(1→4)結合

(b) アミロペクチン（amylopectin）

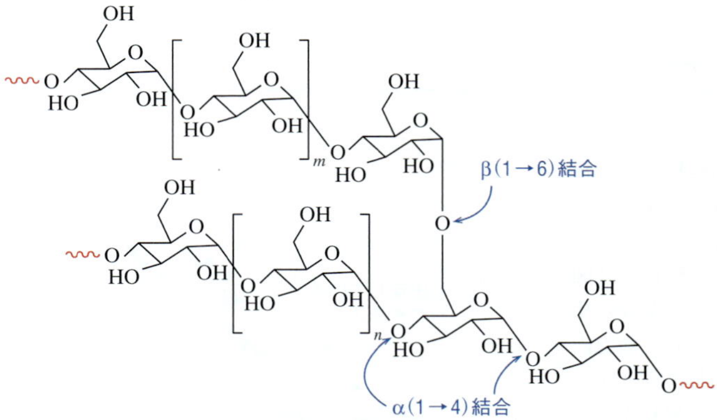

β(1→6)結合

α(1→4)結合

図27・50 デンプンは(a) アミロースおよび(b) アミロペクチンから構成される

　植物に含まれるセルロースが動物には消化されないのに対して，デンプンはヒトの食事において大きな割合を占める．二つのポリマーは同じモノマー（グルコース）から構成されるにもかかわらずである．実は，動物はβ結合でつながったグルコースのポリマーを加水分解するのに必要な酵素をもっておらず，α結合でつながったものしか加水分解しない．しかし，セルロースが私たちにとって害があるというわけではない．それどころか，セルロースは，難消化性の食物繊維として健康的な食生活に重要な役割を

果たしているのである．食物繊維の多い食事は，消化器系の健康によいと考えられている．ウシのように，おもに草や植物を食べている動物はどうかと思うかもしれない．ウシはセルロースからエネルギーを得ることができるが，それはウシがセルロースを消化しているからではなく，ウシ，ウサギ，ウマ，シロアリは，セルロースを消化する酵素を備えた細菌を腸内に飼っているからである．これは共生関係の一例である．つまり，宿主（ウシ）は腸内細菌の働きから恩恵を受けているのである．イヌがウサギの糞を好んで食べるのは，糞が細菌によって消化されたセルロースを含み，それゆえヒトにとっての砂糖と同じように甘みをもつからである．[信じられないって？ 試してみよう！]

　ヒトに存在する重要な多糖はグリコーゲンであり，これはヒトではおよそ30％が肝臓に貯蔵されている（図27・51）．グリコーゲンは，エネルギー源の貯蔵に利用される高度に分岐した多糖であり，血糖値を最適に保つために肝臓で生成または分解される．食事の後，グルコースはグリコーゲンとして貯蔵される．飢餓状態になると，グリコーゲンはグルコースに変換される．筋肉では，グリコーゲンは筋肉の収縮に使用されるグルコースの供給源となる．

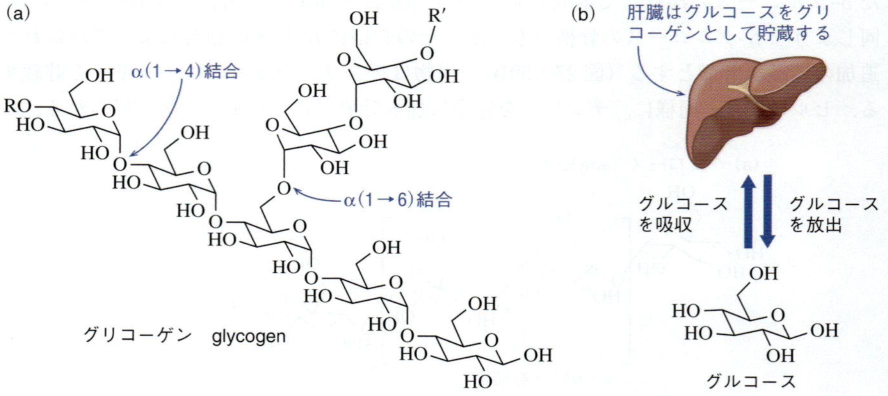

図27・51　グリコーゲンはグルコースからなる分岐した多糖である　(a) グリコーゲンの構造．(b) 肝臓のグリコーゲンは，血糖濃度を調節する．

27-B　化学はここにも（糖鎖生物学2）

インフルエンザウイルスの出口

　インフルエンザウイルスは，ひとたび細胞内に侵入して複製されると，宿主の細胞質内で再び組立てられる．粒子が再構成されると，ウイルスは宿主細胞から出芽し，さらなる感染を促進するために新しい細胞を見つけようとする（図27・52）．ウイルスはまず，ヘマグルチニンとシアル酸の相互作用によって，宿主細胞を認識し，細胞に結合し，細胞内に侵入したことを思い出そう．ウイルスが離脱しようとするとき，ヘマグルチニンとシアル酸の間のこの強い相互作用はまだ存在している．したがって，新しいウイルス粒子は，離脱しようとしている宿主細胞に一時的に張りついてしまう．

　また，ウイルスの表面には，ヘマグルチニンのほかにノイラミニダーゼというタンパク質があることを思い出そう．ノイラミニダーゼは，ウイルスが宿主細胞の表面にくっつくという問題を，シアル酸を切断することで解決する．ノイラミニダーゼはこれを通常のグリコシドの加水分解の反応機構で

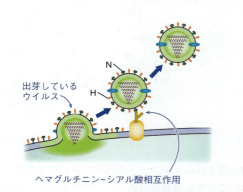

図27・52　複製後，ウイルスは宿主細胞から出芽する

行うが，その活性化エネルギーを下げるために酵素の活性部位を利用する（図27・53）．細胞表面からシアル酸が切断さ

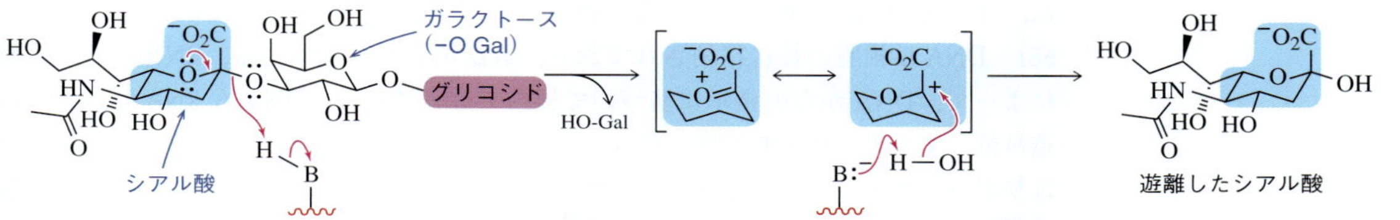

27・8 核　　酸　　1289

図 27・53　ノイラミニダーゼによるシアル酸の加水分解

れると，ヘマグルチニンが結合する部分がなくなる．このように して，ウイルス粒子は自由に離脱し，ほかの細胞を感染させることができる．

　インフルエンザの治療法の一つは，ノイラミニダーゼを阻害することで，ウイルスが細胞から出芽するのを防ぐことである．細胞表面のシアル酸の加水分解を防ぐことで，ウイルスが細胞から出てほかの宿主細胞を感染させることができなくなるため，ウイルスの複製が全般的に遅くなり，宿主の免疫系が追いつくことができる．推察のとおり，ノイラミニダーゼの阻害剤はシアル酸と構造的に似ている．代表例は，広く処方されている薬剤のオセルタミビルリン酸塩（商品名：タミフル）である（図 27・54）．

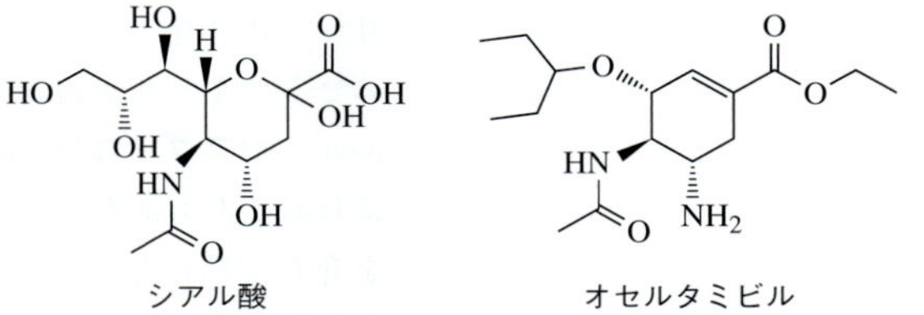

図 27・54　オセルタミビルはノイラミニダーゼの阻害剤である

27・8　核　　酸

　この章で(三つのうち)2 番目に取上げる生体分子である**核酸**（nucleic acid）は，遺伝情報を保存，転写，翻訳する役割を担う生体高分子である．ヒトをヒトたらしめるもの

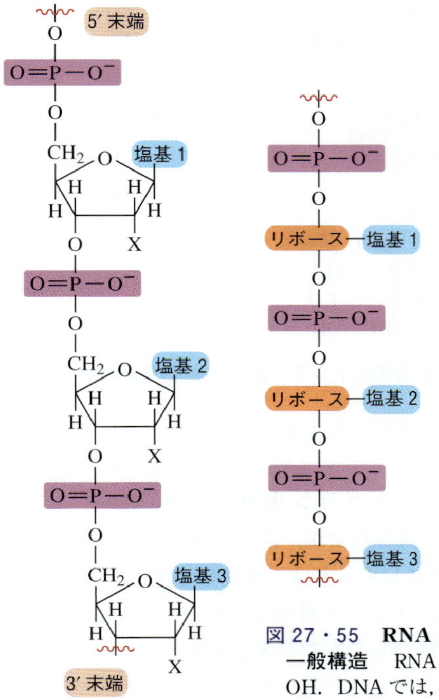

図 27・55　**RNA と DNA の一般構造**　RNA では，X＝OH．DNA では，X＝H．

は，すべてDNAに含まれている．核酸には，DNAとRNAの2種類がある（図27・55）．DNAは細胞の核に格納されており，遺伝情報を含んでいる．RNAは，真核細胞によって，DNAからの指示に基づいて核内で合成される．DNAもRNAも，三つの構造単位，すなわちリン酸骨格，リボース糖，複素環塩基から構成される．リン酸塩骨格はリボース糖をつなぎ，それぞれのリボース糖は，遺伝暗号を担う四つの複素環塩基のうちの一つを支えもつ．

27・8・1 RNA の構造単位

リボ核酸（ribonucleic acid, **RNA**）は，アルドペントースであるD-リボースを，ポリマー中の唯一の糖としてもつ．§27・1～§27・7の単糖と比較すると，アノマー位のヒドロキシ基が複素芳香環に置き換えられている．この環は，**窒素塩基**（nitrogenous base）や**アグリコン**（aglycone，糖のアノマー炭素に結合した非糖質分子の総称）とよばれることもある．これまで説明してきた二糖，オリゴ糖，多糖は，アノマー位の炭素を介して結合していた．しかし，窒素塩基があるため，RNAのリボースはリン酸基を介して結合している．このリン酸基は，一つのリボースの5′位のヒドロキシ基と，次のリボースの3′位のヒドロキシ基を結合する（図27・56）．この反応は，エステルをつくるためのアルコールとカルボン酸の縮合反応を思い起こさせる（§19・7・2）．この場合，得られる生成物はリン酸ジエステルである．なお，細胞質の中性pH（約7.4）において，リン酸のヒドロキシ基は脱プロトンされている．

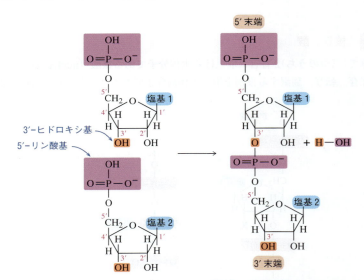

図27・56 リン酸骨格は，3′位のヒドロキシ基と5′位のリン酸基の縮合によって形成される

RNAには4種類の複素環塩基が存在する．シトシン（C）とウラシル（U）はピリミジン誘導体であるのに対し，アデニン（A）とグアニン（G）はプリン誘導体である（図27・57）．**リボース**（ribose）と**プリン塩基**（purine base）または**ピリミジン塩基**（pyrimidine base）の一つの組合わせが，**ヌクレオシド**（nucleoside）とよばれるものを形成する．RNAの四つのヌクレオシドは，同じ略号を用いるが，アデノシン，グアノシン，シチジン，ウリジンと，少しだけ異なる名前をもつ．これらのヌクレオシドの5′位のヒドロキシ基にリン酸が結合したものが**ヌクレオチド**（nucleotide）である．それぞれのヌクレオチドは，ヌクレオシドの名前に加えて，一リン酸の位置を使って命名される．

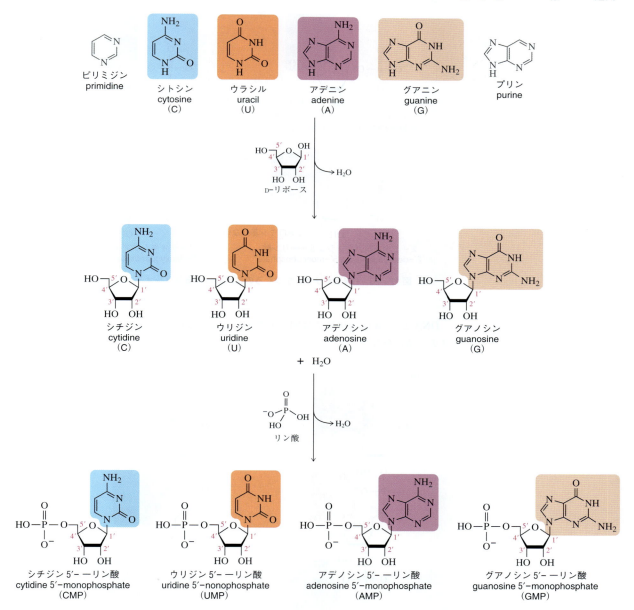

図 27・57　RNA ポリマーをつくるのに用いられるヌクレオチドの命名

27・8・2　DNA の構造単位

　デオキシリボ核酸（deoxyribonucleic acid，**DNA**）は，構造的に RNA と似ているが，二つの違いがある（図 27・58）．まず，ポリマー骨格を構成する糖は D-デオキシリボースであり，これは RNA の D-リボースと異なり，2′位にヒドロキシ基の代わりに水素をもつ．次に，DNA は窒素塩基としてウラシルの代わりにチミン〔thymine（T）〕を用いる．チミンはウラシルと同様にピリミジン誘導体だが，ウラシルが C5 に水素をもつのに対し，チミンはメチル基をもつ．

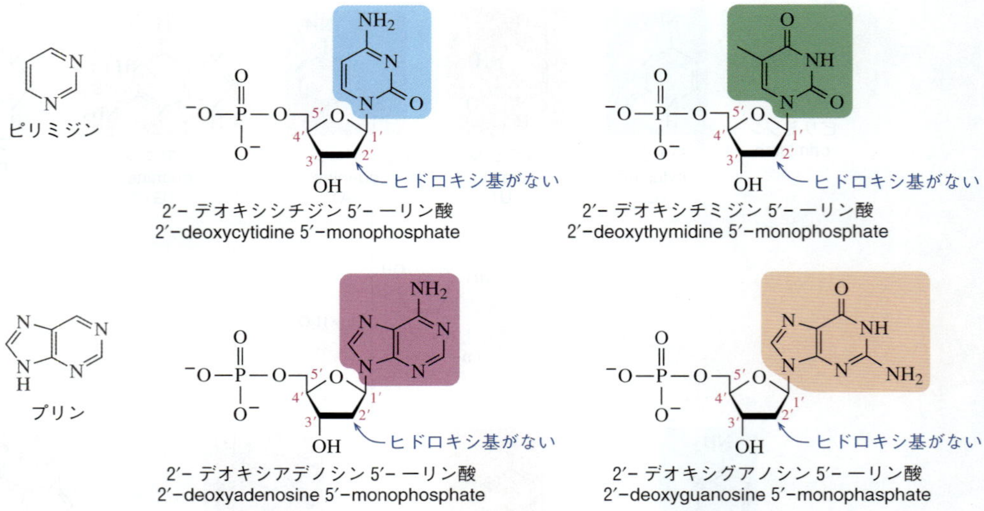

1292   27. 炭水化物・核酸・脂質

図 27・58 DNA ポリマーをつくるのに用いられるヌクレオチドの命名

DNA と RNA の一次構造は同じである（図 27・59）．どちらも 5′→3′ のリン酸ジエステル結合をもつ．

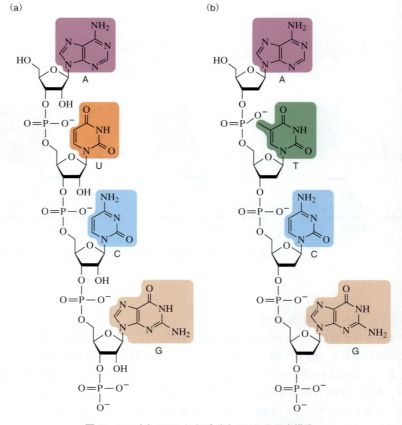

図 27・59 （a）RNA および（b）DNA の一次構造

27・8 核 酸 1293

　デオキシリボースがリン酸骨格をより安定化するので，DNA はデオキシリボースを糖として使うように進化したと考えられている．RNA の 2′ 位のヒドロキシ基（DNA にはない）は，図 27・60 に示した反応機構に従って，鎖の切断をひき起こしうる．

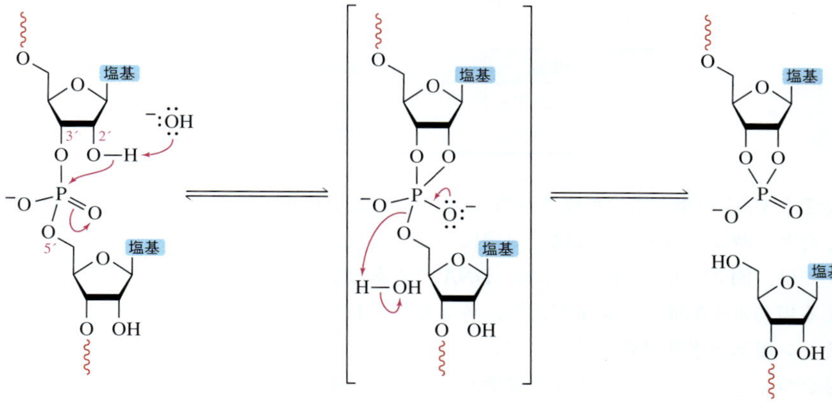

図 27・60　RNA における 2′ 位のヒドロキシ基による鎖の切断は，DNA では起こらない

　シチジン（C）は，§17・8・1 で学んだ反応とは逆に，加水分解と脱アミノを受けてウリジン（U）になりうる（図 27・61）．DNA が U の代わりにチミジン（T）を使うのは，T にある余分なメチル基のおかげで，脱アミノされた C が T と間違われることが決してないためだと考えられている．

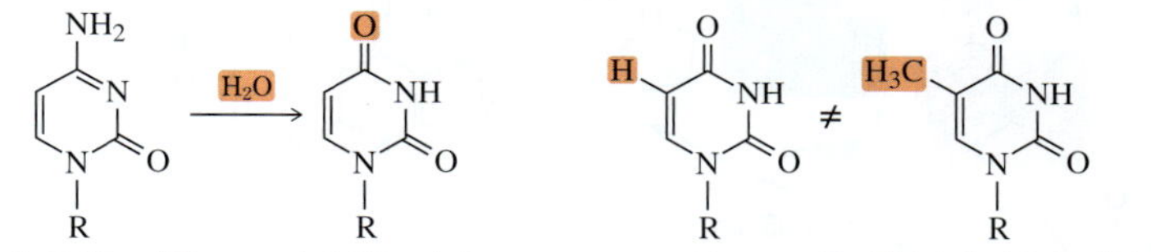

図 27・61　ウラシルとチミンの対比　（a）シチジンの脱アミノはウリジンを与える．（b）DNA において，シチジンの脱アミノ体はチミジンとは異なる．

アセスメント

27・43　酸触媒によるシチジンの脱アミノ反応がウリジンを生成する反応機構を示せ．
［復習には §17・8・1 を参照しよう］

27・8・3　塩基対合と二重らせん

　核酸の構造と機能に関する研究は，1940 年代に Oswald Avery（アベリー）が，非病原性細菌に病原性株の DNA を接種すると，その細菌と将来のすべての子孫に病原性が誘発されることを発見してから本格的に始まった．この実験は，DNA が細菌の遺伝子構成に関与していることを疑いの余地なく示した．

　Avery の実験が DNA の機能についての洞察をもたらした一方，構造の同定については，Erwin Chargaff（シャルガフ）が，同一種の DNA には必ず 1：1 の比率のアデニンとチミンおよび 1：1 の比率のグアニンとシトシンが含まれることを発見したことが，大きな一歩であっ

た．アデニンとグアニンの量は種によって異なることはあるが，表27・3に示すように，A/TとG/Cの比率は常に1：1である．

表27・3 種によらず，A/T比とG/C比は常に1である　ここにはバッタ（直翅目）における比を示す．

プリン塩基		ピリミジン塩基		比
アデニン	29.3%	チミン	29.3%	A/T = 1
グアニン	20.5%	シトシン	20.7%	G/C = 0.99

A/TとC/Gの組が常に形成されるという提案は，DNAの情報が翻訳される機構を示唆したと同時に，最終的には構造決定につながるヒントにもなった．この対合（ペアリング）は，図27・62に示すように，DNAの窒素塩基がほかの塩基と選択的に水素結合による塩基対を形成した結果である．各塩基対において，一つのプリン塩基が一つのピリミジン塩基と**水素結合**する．アデニンはチミンと，グアニンはシトシンと選択的に塩基対をつくる．アデニンとチミンはそれぞれ一つの水素結合受容体と一つの水素結合供与体をもち，それによって両者は安定な分子間複合体をつくる．グアニンは二つの水素結合供与体と一つの水素結合受容体をもち，それらはシトシンの二つの水素結合受容体と一つの水素結合供与体にぴったりと合う．さらに［ここがとても重要なんだけど］，それぞれの水素結合ペアにおける 2-デオキシリボース間の距離は同一である．

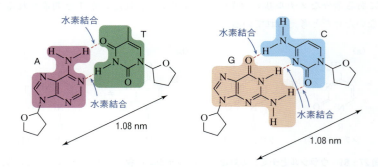

図27・62　**DNAにおける相補的な塩基対合**　(a) A⁑T塩基対は二つの水素結合を介して形成する．(b) G⁑C塩基対は三つの水素結合を介して形成する．

1950年代初頭，生物学者のJames Watson（ワトソン）と物理学者のFrancis Crick（クリック）は，当時最も重要な科学的問題とされていたDNAの化学構造の研究を共同で始めた．同じ頃，Maurice Wilkins（ウィルキンス）とRosalind Franklin（フランクリン）が，DNAのX線結晶構造解析データの収集を始めた．これらのデータをもとにWatsonとCrickはモデルをつくりはじめ，最終的にDNAの象徴的な二重らせん構造を提案した．

二重らせん（図27・63）は，逆向き（反平行）に伸びる2本のDNA鎖から構成される．二重らせんは，非共有結合性相互作用のみによって結びついている．最も重要なのは，アデニン/チミンとグアニン/シトシンの水素結合による塩基対である．この構造は，平らな芳香族塩基の間のπスタッキング*によってさらに安定化されている．最後に，二重らせんの外側に並ぶリン酸骨格は，無機カチオンや水との相互作用によって構造的な安定性をもたらす．

塩基対合は，DNA/RNA構造やRNA/RNA構造においても可能である．これらについては，§27・9で説明する．

*［訳注］ 芳香環などのπ電子系をもつ分子間に働く非共有結合性相互作用（おもにLondon分散力）のことをさす．芳香環が平行に積み重なる（スタックする）ような形で働くことが多い．π–π スタッキング，π–π 相互作用ともいう．

27・8 核　　　酸　　1295

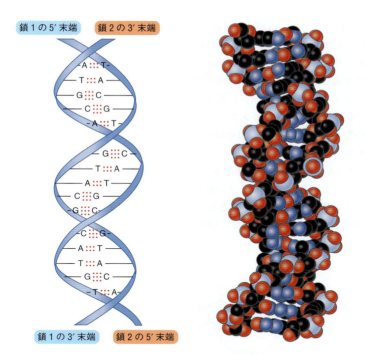

図27・63　DNAの二重らせん構造

27・8・4　DNA 複製

DNA の二重らせんは，1：1の相補的な塩基対合（表27・3）とともに，有糸分裂の過程で親細胞から娘細胞に遺伝情報が伝達される仕組みを示している．二重らせんは非常に安定だが，水素結合のみによって保持されているため，DNA 複製の過程で簡単に

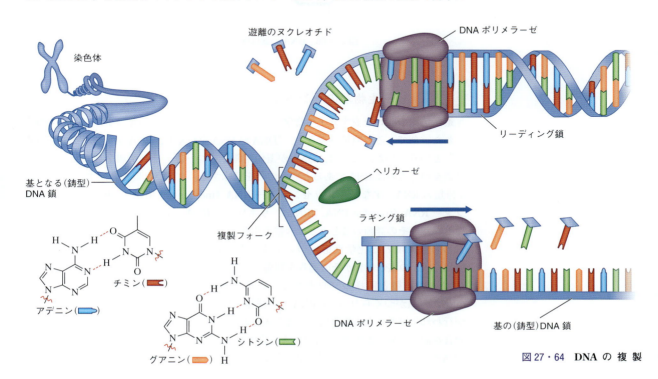

図27・64　DNA の複製

ほどける（図 27・64）. 鎖がほどけると, DNA ポリメラーゼは, 元の DNA 鎖のそれぞれを鋳型として, $5' \rightarrow 3'$ 方向に 2 本の新しい鎖をつくる. 相補的な塩基対合によって, 元の二重らせんに A/T の塩基対があった場所で, 新しい二重らせんの両方に A/T の塩基対ができることが保証される. 両方の鎖は $5' \rightarrow 3'$ 方向に成長しなければならないので, リーディング鎖（先行鎖）は複製フォークに向かって連続的に複製される. 複製フォークから離れていくラギング鎖（遅延鎖）は, 不連続的に合成されることになる. 新しくつくられた二重らせんのそれぞれは, 新しい鎖（娘鎖）と鋳型となった鎖（親鎖）を 1 本ずつ含む.

新しい DNA 鎖の成長は, デオキシリボースの $3'$ 位のヒドロキシ基と, 次に追加されるヌクレオチドの $5'$ 位にある三リン酸基との反応によって起こる（図 27・65）. この反応は, 二リン酸基が優れた脱離基となる S_N2 反応を思い起こさせるはずである.［そう, このような生化学のすべてには, まさに有機化学そのものが隠れているんだ！］

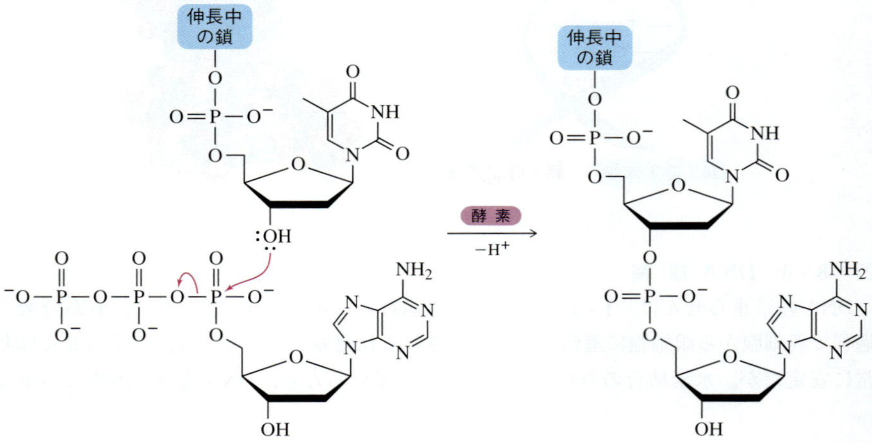

図 27・65 **DNA の鎖は置換反応によって伸長する**

27・9 分子生物学のセントラルドグマ

遺伝情報の流れを表す分子生物学のセントラルドグマは, Crick によって初めてつくられた言葉である. 簡単に言うと, "DNA が RNA をつくり, RNA がタンパク質をつくる" というものだ. これは, DNA が遺伝情報をもつ一方, その情報を翻訳してタンパク質をつくるのは RNA であるということを意味する. タンパク質を合成するためには, 3 種類の RNA, すなわち**メッセンジャー RNA**（messenger RNA, mRNA）, **トランスファー RNA**（transfer RNA, tRNA）, **リボソーム RNA**（ribosomal RNA, rRNA）が必要となる. その詳細のほとんどは今後の生化学の講義に譲るが, この項では, タンパク質の合成に関わる化学反応について少しだけ紹介する. 具体的には, DNA/RNA と RNA/RNA の塩基対合がその過程を制御する方法を取上げる.

DNA の複製と同様のプロセスで, 二重らせんがほどけて鋳型となり, その上に mRNA の鎖がつくられる. mRNA は, 情報を核から取出し, それをタンパク質の合成が行われる場所となる細胞質へと運び入れるために必要である. まるで裁判において速記官が記録を取るかのように, DNA に含まれる遺伝暗号は RNA ポリメラーゼを用いて RNA へと転写される. この遺伝暗号は, RNA ポリメラーゼが, DNA の塩基を補完す

るRNAヌクレオチドを集め，くっつけていくことによって転写される．この相補性は，DNAの二重らせんを形成したのと同じ水素結合によってひき起こされる，相補的な塩基対合の結果である（図27・66）．RNAはチミンの代わりにウラシルを使うので，新しいRNA鎖は，DNA鎖の鋳型のなかでAがある場所すべてにおいてUを含むことになる．

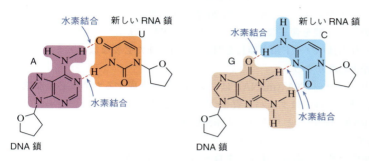

図27・66　mRNAの合成に用いられる相補的な塩基対合

新しいRNA分子を成長中のRNA鎖に近接させることで，新しいRNA鎖は$5' \rightarrow 3'$方向に構築される（図27・67）．[DNAと同じだね（§27・8・4を参照しよう）]

図27・67　DNAのmRNAへの転写

形成されたメッセンジャーRNA（mRNA）は，細胞核を出て細胞質に入り，そこで最終的に新しいタンパク質の配列に翻訳されることになる．たった4種類のヌクレオチ

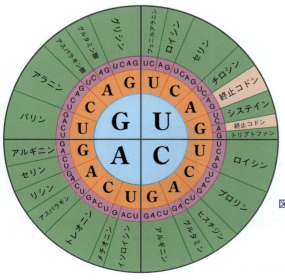

図27・68　遺伝暗号　特定のコドンが，伸長するペプチドに特定のアミノ酸を加えるよう命じる．この図は中心からスタートして円の端へと向かって読む（例：UAG＝終止コドン）．

ドで，どうやってこの"暗号"が最大20種類ものアミノ酸を含むペプチド鎖へと翻訳されるのか不思議に思うかもしれない．mRNAの中で，この"暗号"は**コドン**（codon）とよばれる3個のヌクレオチドの繰返し配列に含まれている．図27・68に示すように，これらのコドンはそれぞれ20種類のアミノ酸のうちの一つに対応している．もし，6000個のヌクレオチドを含むmRNA鎖があれば，2000個のアミノ酸を含むタンパク質をつくることができる．しかし，第26章で学んだように，通常，タンパク質はそこまで多くのアミノ酸を含まない．そのため，mRNAは開始コドンと終止コドンも含んでおり，それらはペプチド鎖の伸長を開始したり，また必要な数のアミノ酸がつながったときに停止したりする．

メッセンジャー RNA（mRNA）はタンパク質を合成するために必要な情報を含んでいるが，それだけではタンパク質をつくることはできない．そのためには，トランスファー RNA（tRNA）とリボソーム RNA（rRNA）が必要である．tRNAは，短い配列のRNAで，図27・69に示すクローバーのような形に折りたたまれている．tRNAには二つの重要な部分がある．まず，クローバーの下部にあるアンチコドンループとよばれる部分には，mRNA上の3個のヌクレオチドの配列と対合する相補的な3個のヌクレオチドの配列がある．クローバーの一番上にはアミノ酸がある．このアミノ酸は，tRNAのアンチコドンを補完するmRNA上のコドンに対応している．

メッセンジャー RNA（mRNA）とトランスファー RNA（tRNA）の相互作用はリボソームで起こる．リボソーム RNA（rRNA）はmRNAを読み取って，適切なtRNAを活性部位に運ぶ．図27・70は，たとえば，mRNAにUCAというコドンがある場合，AGUというアンチコドンをもつtRNAが運ばれてくることを示している．このtRNAの先頭には，アミノ酸のセリンがある．次のコドン（AGG）が読み取られると，アルギニンを含むtRNA（アンチコドン：UCC）が運ばれてくる．近接しているセリンとアルギニンが，新たなペプチド結合を生成する．セリンを含むtRNAは，アミノ酸を失って細胞質に戻る．できあがったジペプチドは，アルギニル tRNAに結合したまま，次のtRNA分子が入ってくるのを待ち，この一連の過程が続く．

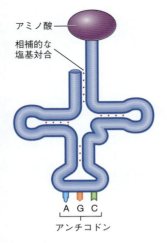

図27・69 tRNAはアンチコドンとアミノ酸をもつ

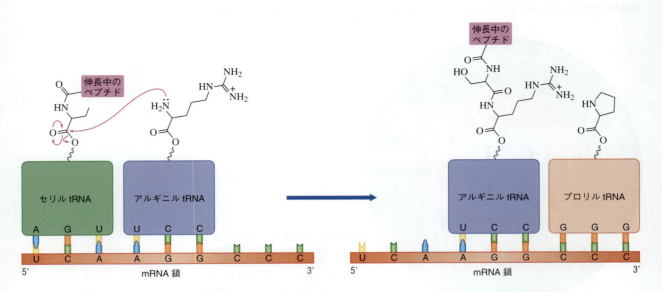

図27・70 mRNAの鋳型上でのペプチド合成では，tRNAを用いて適切なアミノ酸を伸長するペプチド鎖に加えていく

アセスメント

27・44 次のコドンに対応するアミノ酸を特定せよ．
　　　　（a）GAC　　（b）ACA　　（c）CCC　　（d）UAC

27・45 図27・70で次に起こる反応の反応機構と得られる生成物を示せ．

27-C　化学はここにも（がん化学療法）

DNAのアルキル化

　がんは，関連する多くの疾患を表す幅広い用語であり，制御不能な細胞分裂を特徴とする．細胞の有糸分裂（図27・71）は，DNAの迅速な生成と利用を必要とするプロセスである．そのため，多くの抗がん剤は，DNAの機能または合成を阻害する．ヒトの正常な細胞とがん細胞のDNAの構造は同じであるため，DNAと相互作用する抗がん剤を設計する際に選択性を得ることは難しい．

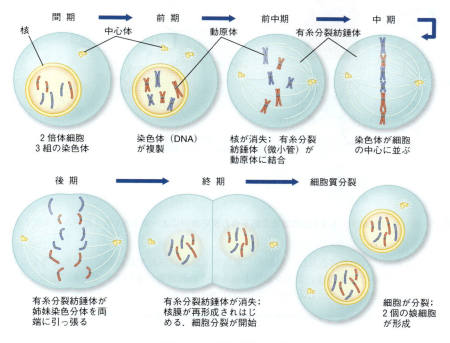

図27・71　細胞分裂の過程

　がん細胞の成長を制御する一つの方法は，ナイトロジェンマスタードを利用することである（化学はここにも12-A～12-C）．もともと化学兵器として使われていた硫黄マスタードから派生したナイトロジェンマスタードは，DNAの二つのグアニン塩基を架橋することで作用する．四つの置換反応を経て，このプロセスは架橋された二量体を形成し，それが複数の経路を経て細胞死をひき起こすことによって，腫瘍細胞の増殖を抑制する．図27・72に示すクロラムブシル（商品名：ロイケラン）は，慢性リンパ性白血病（CLL），ホジキン病，乳がんや精巣がんを含む，さまざまながんの治療に利用されている．

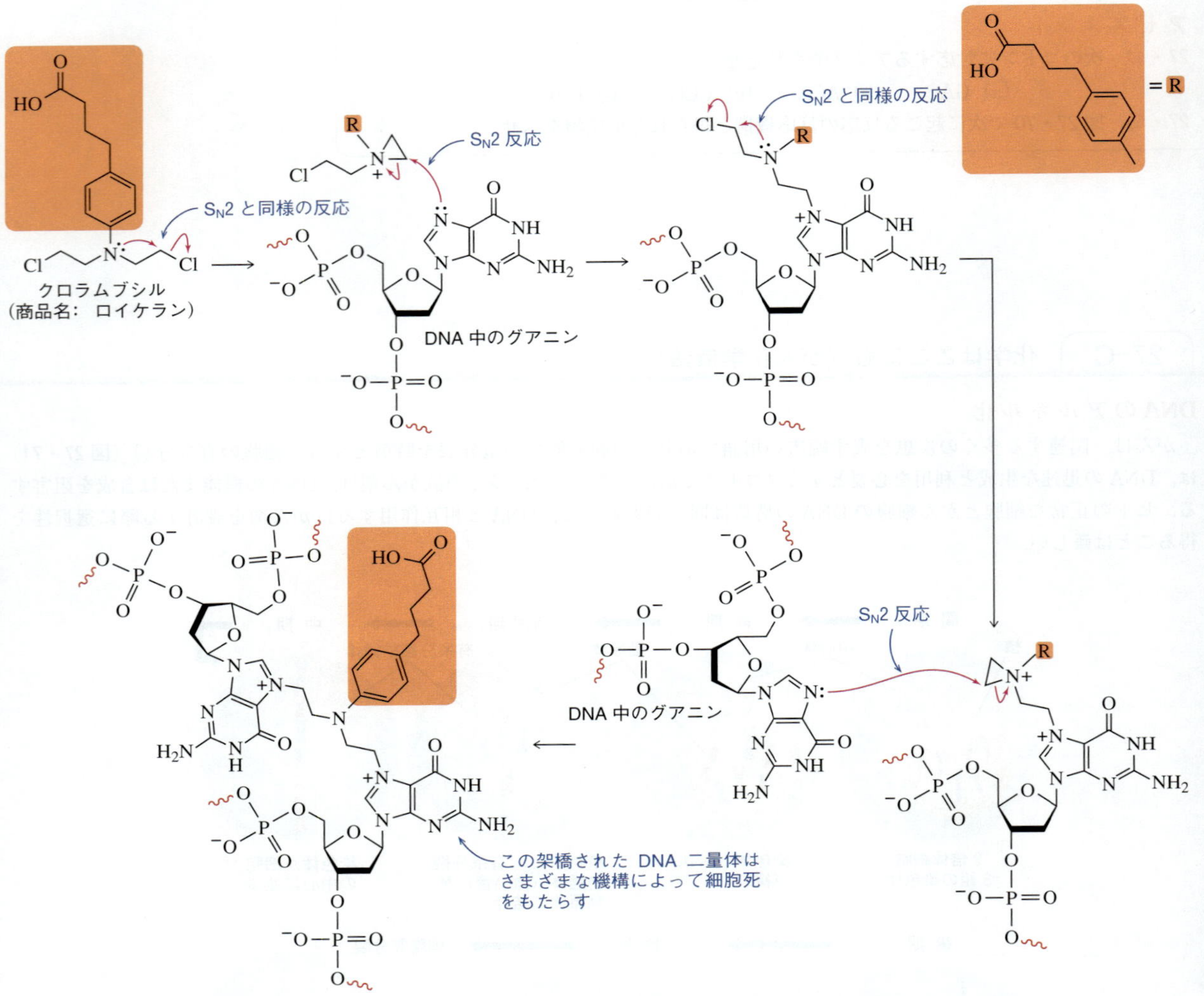

1300   27. 炭水化物・核酸・脂質

図 27・72　クロラムブシルは 4 度の置換反応を含む反応機構によって DNA を 2 度アルキル化する

　限定的ではあるが，がん細胞に対する選択性は，単にがん細胞が，急速に成長する細胞として代謝物をより必要としていることによる．そのため，がん細胞は成長の遅い正常な細胞よりも多くの代謝物（薬物さえも）を"消費"する．[化学療法がなぜ吐き気と抜け毛をひき起こすか，疑問に思ったことはある？ それは同じ理由によるものなんだ]

27・10　脂質: 概　要

　脂質（lipid）は，広義には水には溶けないが極性の低い溶媒には溶けるすべての生体分子と定義される．言い換えれば，脂質は油状の非極性物質である．ここでは，トリグリセリドとその脂肪酸を中心に説明するが，その他の脂質として，ワックス，プロスタグランジン，テルペンについても簡単に説明する（図 27・73）．

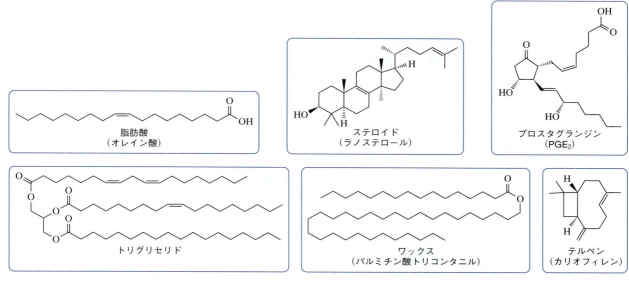

図 27・73 代表的な脂質の構造　脂肪酸，トリグリセリド，ステロイド，ワックス，プロスタグランジン，テルペン

27・11　トリグリセリドと脂肪酸

　脂肪酸（fatty acid）は長鎖のカルボン酸で，通常，4〜28 までの偶数個の炭素を含む．図 27・74 に 3 種類の脂肪酸を示す．**飽和脂肪酸**（saturated fatty acid）は，炭素 1 個当たりに含まれる水素の数が最大である．別の言い方をすると，飽和脂肪酸は C=C 二重結合をもたない．**不飽和脂肪酸**（unsaturated fatty acid）は少なくとも一つの二重結合を含む．自然界のほとんどの不飽和脂肪酸はシスアルケンを含んでいる．**トランス不飽和脂肪酸**（trans unsaturated fatty acid）は，シス脂肪酸の部分的な水素化によって生じる．**多価不飽和脂肪酸**（polyunsaturated fatty acid）は，複数の二重結合を含む．

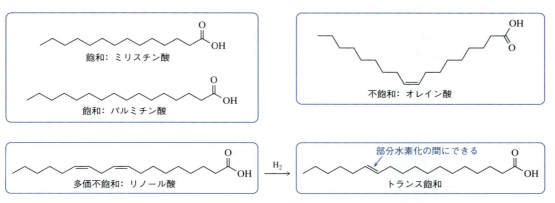

図 27・74　脂肪酸の種類には飽和，不飽和，多価不飽和のものがある

　トリグリセリド〔triglyceride，トリアシルグリセロール（triacylglycerol）ともいう〕は，脂肪酸のグリセロールエステルである．三つのヒドロキシ基をもつグリセロールは，最大三つの脂肪酸とエステル結合を形成できる．ジグリセリドには二つの脂肪酸が

結合しているのに対し，モノグリセリドには一つだけである．トリグリセリドは，Fischer エステル化反応と同様の，グリセロールと脂肪酸のエステル化反応によって生成する（図27・75）．ほとんどのトリグリセリドは，3種類の脂肪酸の混合物を含んでいる．同じ脂肪酸を三つ含むものは**ホモトリグリセリド**（homotriglyceride）とよばれる．

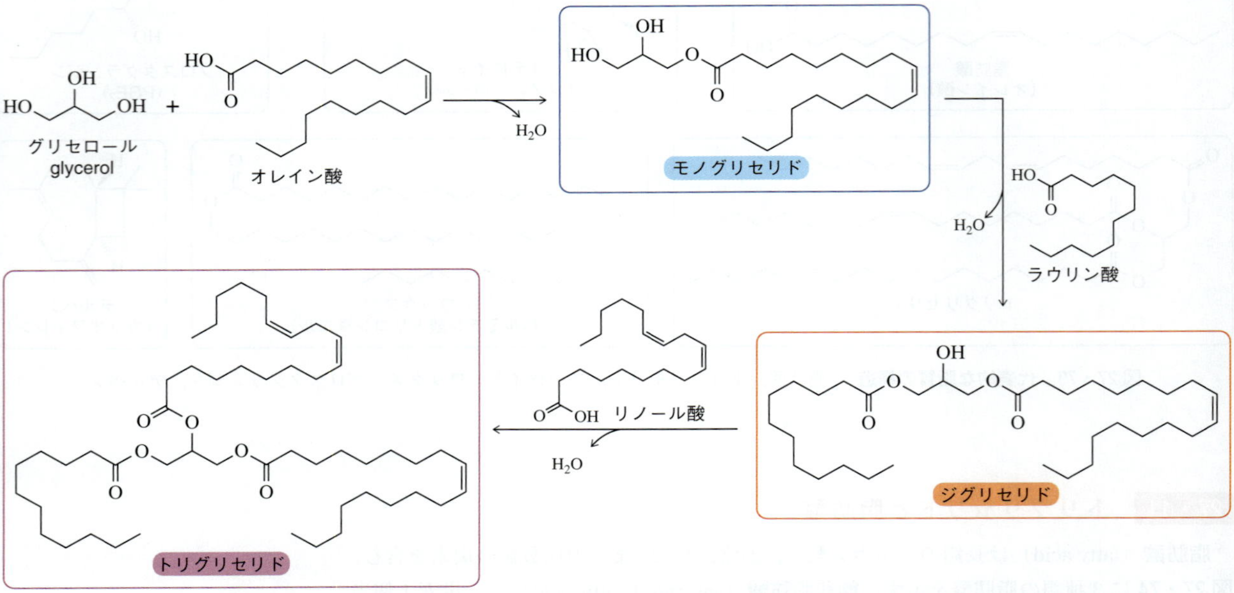

図 27・75　エステル化によるモノグリセリド，ジグリセリド，トリグリセリドの合成

　　　トリグリセリドは，哺乳類のおもなエネルギー貯蔵源である．1gのトリグリセリドに含まれるエネルギーは，1gのタンパク質や炭水化物から得られるエネルギーのおよそ2倍である．

アセスメント

27・46 (i) 次の脂肪酸を飽和，不飽和，多価不飽和のいずれかに分類せよ．(ii) 不飽和の場合，それはシスかトランスか．

(a) 　　(b)

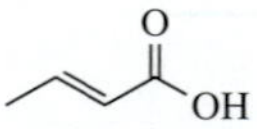

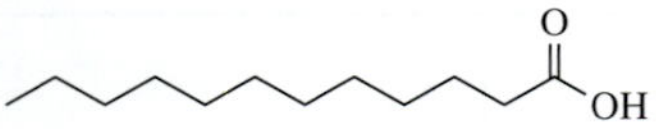

(c)

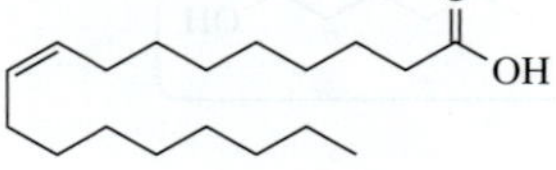

(d)

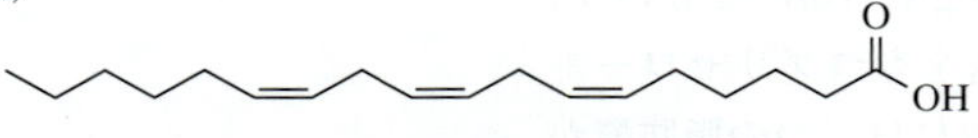

27・47 以下に示すモノグリセリドをつくるための Fischer エステル化の反応機構を提案せよ．Fischer エステル化が，細胞内でのモノグリセリドの合成方法としては考えにくいのはなぜか．

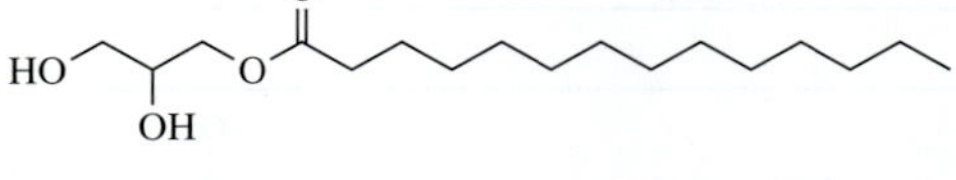

27・11・1 脂肪酸の性質と命名

表27・4は，いくつかの一般的な脂肪酸の構造を示す．脂肪酸は一般的に，それらが単離される基となった野菜に基づいて名づけられている．たとえば，オレイン酸はオリーブオイルに含まれる主要な脂肪酸である．特定の脂肪酸のホモトリグリセリドは，エステルと同じように，"-ic acid" を削除し "-ate" に置き換えることによって命名される．したがって，-oleate はオレイン酸のトリグリセリドである．また，脂肪酸の構造を図示しなくても説明できるように，略記法が開発された．$A:B\ \Delta^{x,y,z}$ という形式で，A は脂肪酸の炭素数，B は二重結合の数，x, y, z は各アルケンの最も小さい番号の炭素を表す．脂肪酸のC1は推察のとおり，カルボン酸の炭素である．したがって，炭素数18でC9に二重結合をもつオレイン酸は，$18:1\ \Delta^9$ と書かれる．特に指示がない場合は，アルケンがシスであることを前提とする．

表27・4 一般的な脂肪酸の融点と略語

名 称	炭素数	構 造	融点(℃)	略号
飽和脂肪酸					
ラウリン酸 (lauric acid)	12		44	12:0
ミリスチン酸 (myristic acid)	14		59	14:0
パルミチン酸 (palmitic acid)	16		64	16:0
ステアリン酸 (stearic acid)	18		70	18:0
アラキジン酸 (arachidic acid)	20		76	20:0
不飽和脂肪酸					
オレイン酸 (oleic acid)	18		4	$18:1\ \Delta^9$
リノール酸 (linoleic acid)	18		-5	$18:2\ \Delta^{9,12}$
リノレン酸 (linolenic acid)	18		-11	$18:3\ \Delta^{9,12,15}$
エレオステアリン酸 (eleostearic acid)	18		49	$18:3\ \Delta^{9,11,13}$
アラキドン酸 (arachidonic acid)	20		-49	$20:4\ \Delta^{5,8,11,14}$

表27・4の一連の飽和脂肪酸の中では，脂肪酸の鎖が長くなるにつれて融点が高くなる．表27・4の飽和脂肪酸のほとんどは，室温で固体である．興味深いことに，ステアリン酸（飽和）とオレイン酸（不飽和）はどちらも炭素数18だが，融解する温度が大きく異なる（図27・76）．[理由について考えはあるかな？]

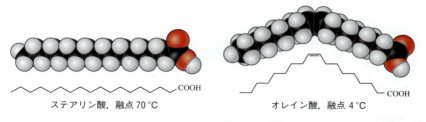

図27・76 ステアリン酸とオレイン酸は劇的に異なる温度で融解する

飽和脂肪酸は，最も安定な立体配座において，比較的直線的な化合物であるため，図27・77のトリグリセリドのように，多くのvan der Waals相互作用をしながら，ぎっし

りと詰まることができる．一方，不飽和脂肪酸のシスアルケンは，鎖の方向を変えてしまう．このねじれが，鎖が密に詰まるのを阻み，ひいては分子間相互作用を弱め，融点を下げる．なお，トリグリセリドとその脂肪酸自体の融点はほぼ等しい．

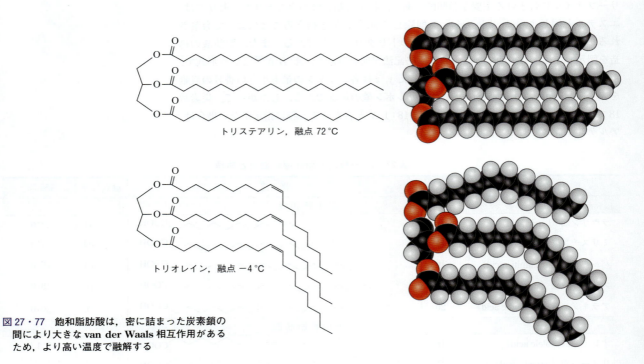

図 27・77　飽和脂肪酸は，密に詰まった炭素鎖の間により大きな van der Waals 相互作用があるため，より高い温度で融解する

アセスメント

27・48 次の脂肪酸を，略記法を用いて命名せよ．

(a)　(b)

(c)

(d)

27・49 略号に基づいて，脂肪酸の構造を描け．
(a) 24:3 Δ^{9,12,15}　(b) 14:0　(c) 18:2 Δ^{9,12}

27・50 図 27・76 および図 27・77 のステアリン酸とトリステアリンの比較に見られるように，ホモトリグリセリドの融点が脂肪酸自体の融点と非常に似ているのはなぜか．

27・51 エライジン酸（トランスオレイン酸）の融点は，オレイン酸の融点よりもはるかに高い．なぜだろうか．

27・52 次の各組の脂肪酸のうち，融点が高いと予想されるものはどちらか．

(a)

(b)

27・11 トリグリセリドと脂肪酸　　1305

27・11・2　トリグリセリドの生合成

脂肪酸とトリグリセリドの生合成は，細胞質内で脂肪酸シンターゼ（脂肪酸合成酵素）とよばれる多酵素複合体を用いて行われる．アセチル CoA から始まる脂肪酸の生合成を，パルミチン酸の合成を例にして説明する（図 27・78）．アセチル CoA は単に構造的に複雑なチオエステルだが，これまで学んできたほかのすべてのチオエステルやエステルと同様に反応するとみなすことができる．言い換えれば，CoA は生物学的には重要だが，ここで説明する反応については単なる傍観者にすぎないのである．同様に，アセチル CoA からパルミチン酸ができるまでのおもな 37 段階の反応には，いくつかの複雑な酵素や補因子が関与している．ここでは，これらの反応を今まで学んできた反応と関連づけるために，酵素や補因子については模式的に示したうえで，有機化学的に見て妥当な巻矢印による反応機構を描くことにする．しかし，酵素や補因子の存在こそが，これらの反応を迅速かつ効率的に進行させているということは肝に銘じておこう．

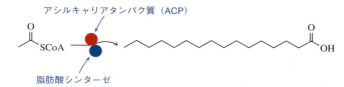

図 27・78　パルミチン酸は，脂肪酸シンターゼを用いて，一連の 37 の段階を経て合成される

幸いなことに，37 段階の反応をすべて紹介する必要はない．なぜなら，開始段階と終了段階を除く，炭素鎖の伸長に関わる 35 段階では，同じ 5 段階からなるサイクルが 7 回繰返されるからである．合成は，2 炭素の断片（アセチル CoA）から始まり，一度に 2 個の炭素を加えながらカルボン酸を組立てる．2 個の炭素を加えるのに 5 段階かかる．したがって，合計 14 個の炭素を加えるということは，このプロセスが 7 回繰返される必要があることを意味する．§27・11 で見たように，天然の脂肪酸は常に偶数個の炭素をもつ．このことは，脂肪酸が一度に炭素を 2 個ずつ加えながら構築されることとつじつまが合う．これらの反応について考察するときは，見覚えのある点に注目しよう．というのも，どの反応も以前に見たことがあるからだ．図 27・79～図 27・85 の各反応において，●はアシルキャリアタンパク質（acyl carrier protein, ACP）とよばれる補因子，●は二量体の酵素複合体として存在する脂肪酸シンターゼを表している．脂肪酸は，これらにチオエステル結合を介して結合した状態で組立てられる．

脂肪酸生合成の段階 1（開始段階）と段階 2　　脂肪酸合成は脂肪酸シンターゼの表面で行われるので，段階 1 は合成酵素複合体にアセチル基が結合することから始まる（図 27・79）．HS−CoA から HS−ACP を経て最終的に HS−シンターゼに結合するまでのアセチル基の交換は，単なるトランスチオエステル化反応である．[HS−はスルファニル基であり，略号ではない] ACP のチオラートイオンのアセチル CoA への攻撃

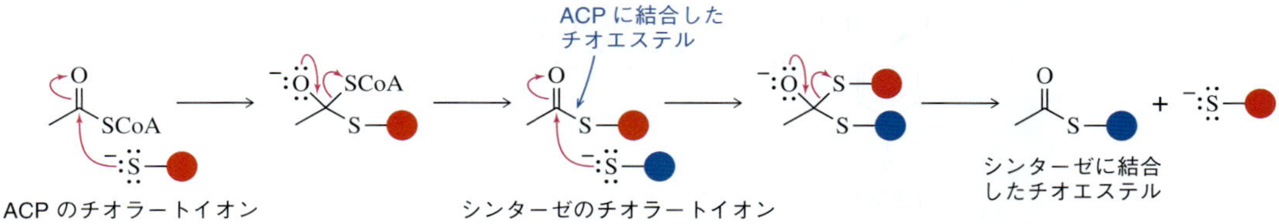

図 27・79　脂肪酸生合成の段階 1（開始段階）と段階 2　　連続した求核アシル置換反応（トランスアシラーゼによって触媒される）によるアセチル基の転位．

が，四面体中間体を形成する．電子対が引き戻されることでC–O π結合が再形成され，⁻S–CoA が追い出される．段階2では，シンターゼのチオラートイオンのACP チオエステルへの攻撃が，四面体中間体を形成する．電子対が引き戻されることでC–O π結合が再形成され，⁻S–ACP が追い出される．[これはエステル交換反応に似ているね（§19・7・2）]

脂肪酸生合成の段階3　炭素数2のアセチル基が酵素複合体に結合した状態で，反応はACP（●）に結合したマロン酸チオエスエルとシンターゼ（●）に結合したチオエステルとの間の Claisen 縮合から始まる（図27・80）．活性化されたメチレンの脱プロトンが安定化されたエノラートを与え，これがチオエステルのカルボニル基を攻撃する．すべての求核アシル置換反応に共通するとおり，一時的に四面体中間体を形成した後，非共有電子対が引き戻されることによって ⁻S–シンターゼ（⁻S–●）が脱離基として追い出される．つづいて，脱炭酸反応によりエノラートが生じ，これがプロトン化されて β–ケトチオエステルが生成する．残りの反応はACP（●）に結合した状態で起こる．

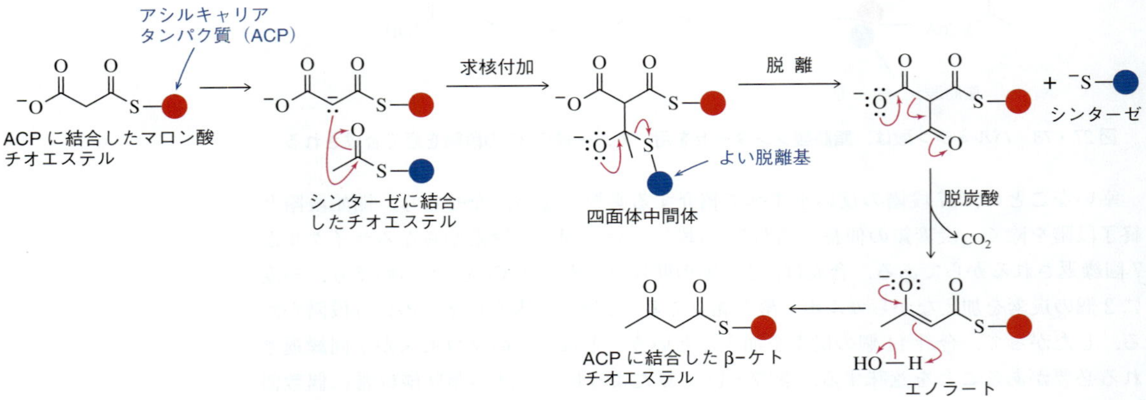

図27・80　脂肪酸生合成の段階3　Claisen 反応，脱炭酸，エノラートのプロトン化（β–ケトアシル ACP シンターゼによって触媒される）．

脂肪酸生合成の段階4　β–ケトチオエステルの還元は，実質的に自然界の水素化ホウ素ナトリウムというべき補因子である NADPH を用いて行われる．反応機構的には，カルボニル炭素へのヒドリド攻撃に続いて，生成したアルコキシドイオンのプロトン化が起こる（図27・81）．[これはアルデヒドやケトンの水素化ホウ素ナトリウムによる還元と同じだね（§17・9・2）]

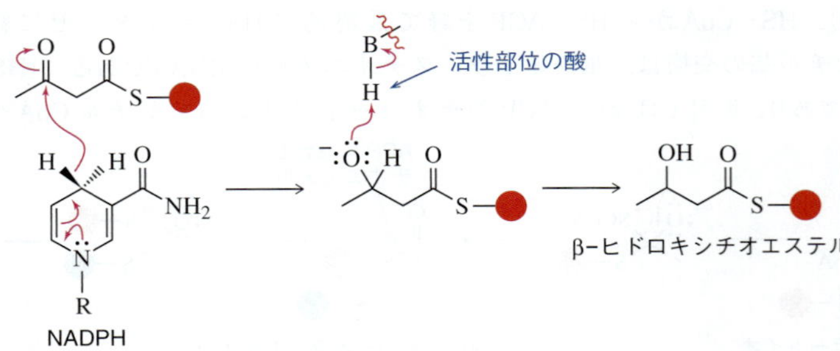

図27・81　脂肪酸生合成の段階4　カルボニル基の還元とそれによって生じるアルコキシドイオンのプロトン化（β–ケトアシル ACP レダクターゼによって触媒される）．

脂肪酸生合成の段階 5　ヒドロキシ基の脱離は，予備段階として α プロトンの引抜きによってエノラートが生成することによって起こる（図 27・82）．エノラートが π 電子を β 炭素へと押し出しながら分解し，水酸化物イオンを脱離基として追い出す．得られる生成物は，共役した α,β-不飽和チオエステルである［§21・1・2］．水酸化物イオンは通常，優れた脱離基ではないが，これは酵素の活性部位で起こるため，水酸化物イオンが脱離する際には，おそらく近傍に引抜くことのできるプロトンがある．さらに，共役アルケンは比較的安定な生成物であるため，脱離のためのさらなる原動力となる．［この反応は，高温（加熱を伴う）での塩基触媒アルドール反応の最後の段階に似ているね（§20・3・2）］

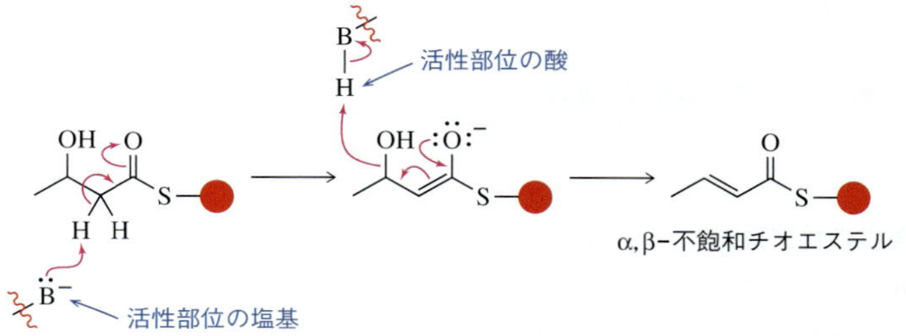

図 27・82　**脂肪酸生合成の段階 5**　水の脱離による α,β-不飽和チオエステルの生成（β-3-ヒドロキシアシル ACP デヒドラターゼによって触媒される）．

脂肪酸生合成の段階 6　α,β-不飽和チオエステルの還元には，"自然界の水素化ホウ素ナトリウム"が再度利用される（図 27・83）．NADPH からのヒドリドが β 炭素に共役付加し，π 電子を隣接するカルボニル基へと押し出す．この最初の段階の結果，エノラートが生じる．酸性プロトン（おそらく酵素に結合している）の存在下，エノラートのプロトン化によって，完全に飽和したチオエステルが生成する．［この反応は実質的に共役付加反応だね（§21・5 を参照しよう）］

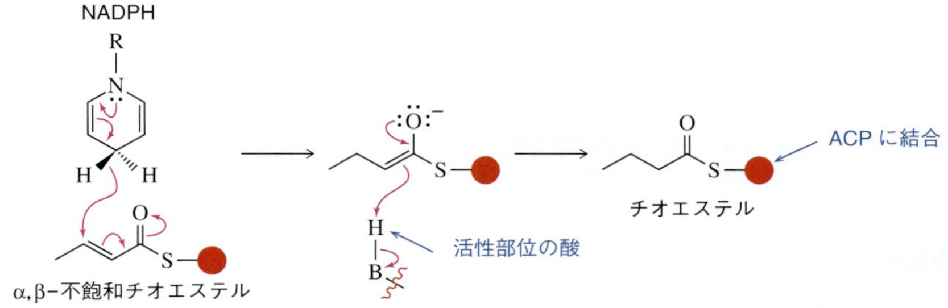

図 27・83　**脂肪酸生合成の段階 6**　ヒドリドの共役付加とひき続くエノラートのプロトン化（2,3-*trans*-エノイル ACP レダクターゼによって触媒される）．

脂肪酸生合成の段階 2（繰返し）　最初の炭素数 2 のチオエステルが，新しい炭素数 4 のチオエステルに変換されたところで［確かめよう］，段階 2〜6 からなるサイクルがさらに 6 回繰返される．したがって，まず段階 2 が繰返され，ACP（●）が結合したチオエステルがシンターゼ（●）へと移る．図 27・79 と同様に，この転移は四面体中間体を介した求核アシル置換によって起こる．この過程で放出された ACP のチオラートイオンが，マロニル CoA との求核アシル置換によって別のマロン酸を取込むことで，段階 3〜6 の繰返しが可能になる（図 27・84）．

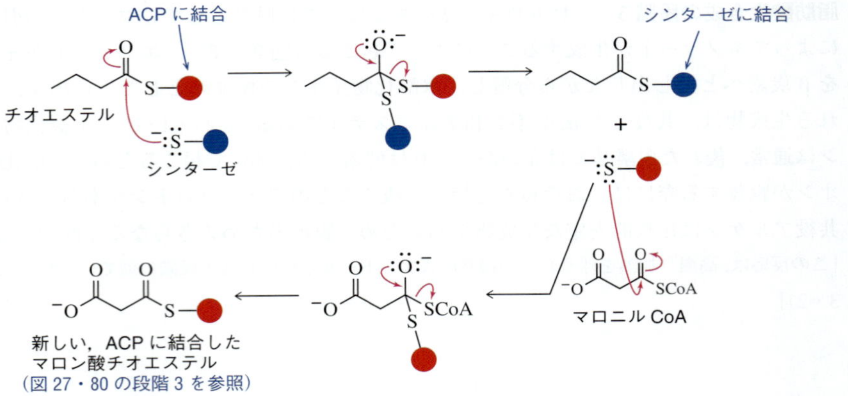

1308　27. 炭水化物・核酸・脂質

図 27・84　脂肪酸生合成の段階 2（繰返し）　求核アシル置換によるアシル基の転移（トランスアシラーゼによって触媒される）.

脂肪酸生合成の終了段階　上記のサイクルは，一度に 2 個の炭素を追加しながら，チオエステル鎖の炭素数が 16 になるまで繰返される（**図 27・85**）. この段階で，もう一度同じサイクルを経る代わりに，チオエステルは水で加水分解されてパルミチン酸を生成し，放出された HS−ACP（HS−●）は別のアセチルCoA 分子を用いて生合成プロセスを再開することができる. [この反応はエステルの加水分解と同じだね（§19・7・1 を参照しよう）]

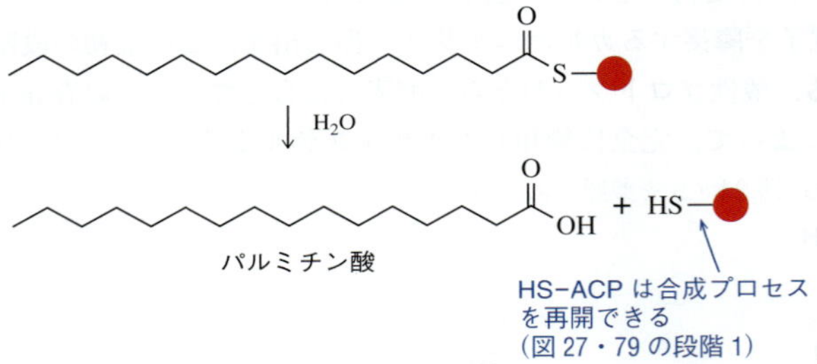

図 27・85　脂肪酸生合成の終了段階　求核アシル置換によるチオエステルの加水分解（酵素によって触媒されない）.

　脂肪酸の合成が完了すると，後はグリセロールに三つの脂肪酸を結合させて，ホモトリグリセリドのパルミチン酸エステルをつくるだけである. トリグリセリドに取込まれるためには，脂肪酸は求核アシル置換のために活性化される必要がある. この活性化は，**図 27・86** に示すように，脂肪酸をチオエステルに変換することで行われる. 段階の最初では，ヒドロキシ基がアデノシン三リン酸との反応によって，よりよい脱離基に変換される. [これは，ヒドロキシ基をトシラートに変えたり（§13・7・1），酸塩化物をつくったり（§18・7・5）するのと同じことだよ] カルボン酸が活性化されると，CoA のチオラートイオンがカルボニル基を攻撃し，四面体中間体を形成する. 四面体中間体の分解によって，脂肪酸アシルCoA が得られる.

　脂肪酸をグリセロールに結合させるために，グリセロールはまず肝臓でリン酸化され，ヒドロキシ基のうちの一つがアシル化されないように保護される. **図 27・87** に示すように，求核アシル置換で，最初と二番目の脂肪酸が結合する. それぞれの反応は，

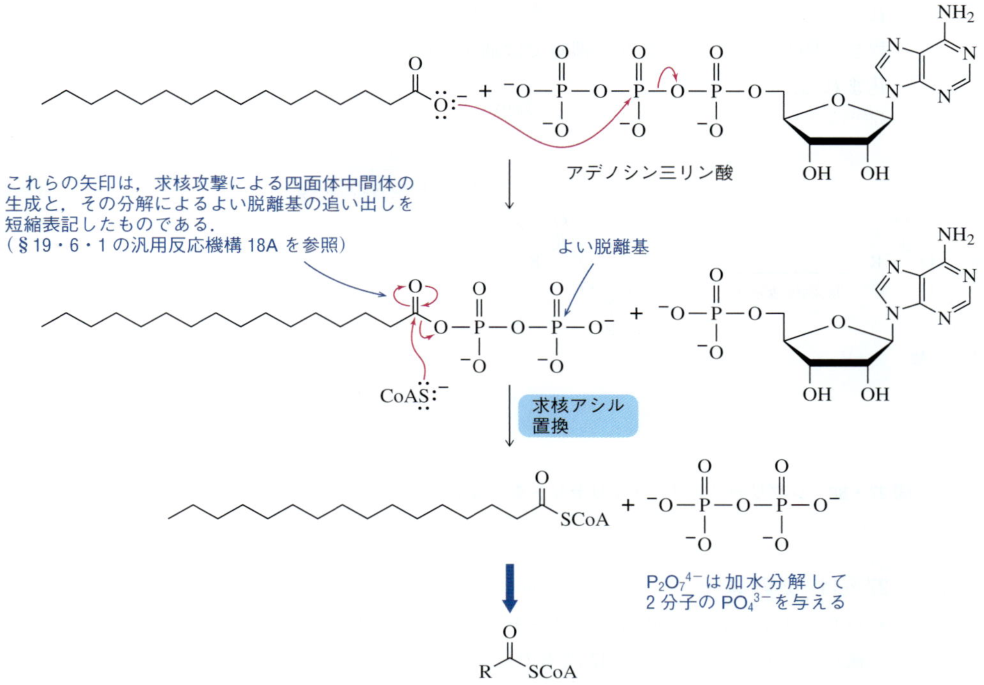

27・11 トリグリセリドと脂肪酸　　1309

これらの矢印は，求核攻撃による四面体中間体の
生成と，その分解によるよい脱離基の追い出しを
短縮表記したものである．
（§19・6・1の汎用反応機構18Aを参照）

アデノシン三リン酸

よい脱離基

求核アシル
置換

CoAS:⁻

$P_2O_7^{4-}$は加水分解して
2分子のPO_4^{3-}を与える

R—C(=O)—SCoA

図27・86　グリセロールへの結合のための脂肪酸の活性化

§19・6で学んだように，四面体中間体を介して進む．これらの最初の2段階で得られ
るのは，トリグリセリドではなく，ホスファチジン酸であり，これは細胞膜の二重層を
構成するリン脂質をつくるのに使われる．

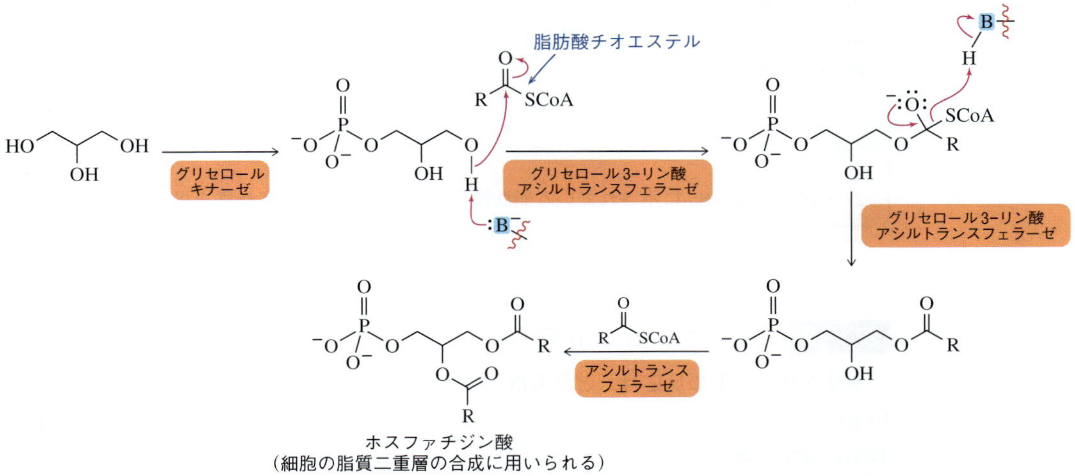

脂肪酸チオエステル

グリセロール
キナーゼ

グリセロール3-リン酸
アシルトランスフェラーゼ

:B

グリセロール3-リン酸
アシルトランスフェラーゼ

アシルトランス
フェラーゼ

ホスファチジン酸
（細胞の脂質二重層の合成に用いられる）

図27・87　グリセロールリン酸への二つの脂肪酸の結合は，トリグリセリドへの変換あるいはリン脂質の合成に
利用される中間体を与える ［R＝図27・86の長鎖アルキル基］

　三つ目の脂肪酸を加えるために，リン酸基は加水分解反応（実質的にS_N2）によって
除去される．得られたジグリセリドはそのまま用いられることもあれば，求核アシル置
換により三つ目の脂肪酸を加えてトリグリセリドになることや，脂肪酸の一つが除去さ

れてモノグリセリドになることもある（図27・88）．パルミチン酸のみを用いてこの過程を説明してきたが，ヒトの細胞では通常，C1 にパルミチン酸，C2 にオレイン酸が組込まれる．

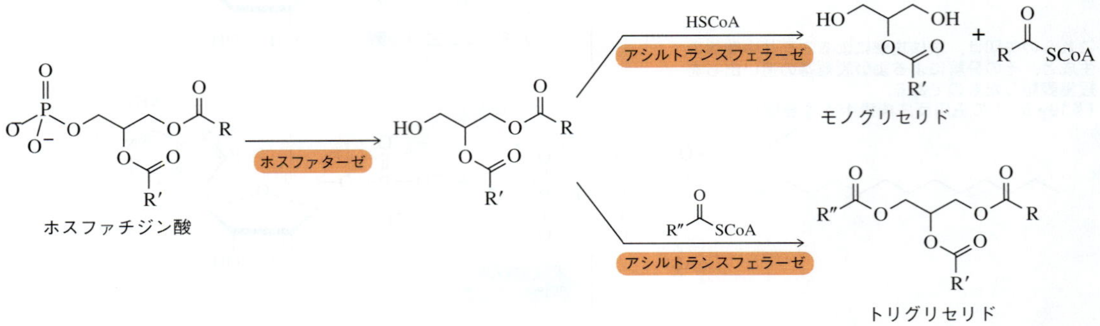

図27・88　ジグリセリドはモノグリセリドまたはトリグリセリドへと変換できる

27・11・2 のまとめ

- パルミチン酸は，脂肪酸シンターゼを用いて，同じ 5 段階のサイクルの 7 回にわたる繰返しからなる，一連の 37 段階の反応を経て合成される．

アセスメント

27・53 ステアリン酸（表27・4）の合成は，パルミチン酸の合成とどのような違いがあるか．

27・54 ほとんどの脂肪酸が偶数個の炭素を含むのはなぜか．

27・55 図27・88 の，ジグリセリドのモノグリセリドへの変換の反応機構を示せ．

27・56 ACP に結合したマロン酸と合成酵素に結合したチオエステル（どちらも図27・84）から始めて，ACP に結合した炭素数 6 のチオエステルを完成させための段階 3〜6 を示せ．

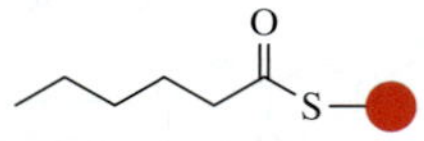

27・57 図27・85 に示されている脂肪酸合成の終了段階の反応機構を提案せよ．

27・12　トリグリセリドの反応

　トリグリセリドの反応は，どれも既習の反応と密接に関連している．分子はより大きいものの，官能基が二つ（アルケンとエステル）しかないので，これらの反応は簡単にわかるはずである．

27・12・1　水素化で脂肪をつくる

　植物油は，トウモロコシやダイズなどの植物の種子から抽出されることが多く，グリセロールと三つの長鎖脂肪酸からなる不飽和トリグリセリドである．天然の植物油のほとんどは不飽和で，シスアルケンのみを含む．これらのシス形二重結合はトリグリセリド鎖の密な充填を妨げているため，分子間の相互作用が断ち切られ，結果としてほとん

27・12 トリグリセリドの反応　1311

どの植物油は室温で液体となる．ダイズ油は，おもにリノール酸，オレイン酸，リノレン酸で構成される（図 27・89）．これらの油は多くの用途があるが，そのなかでも最も重要なのは料理への利用である．

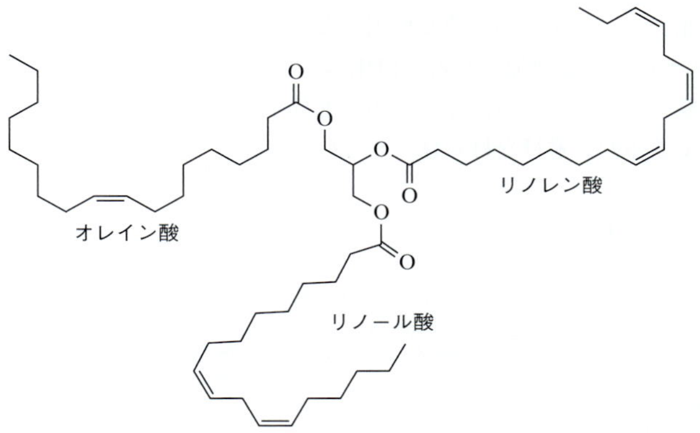

図 27・89　植物油であるダイズ油は不飽和トリグリセリドである

　不飽和油脂は比較的健康によいが，シスアルケンの存在は，シスの二重結合がトランスに比べて安定性が低いことから，酸化に対する不安定さをもたらす．さらに，多価不飽和油脂は少なくとも一つの二重アリル炭素（二つの二重結合の間にある）をもつため，ラジカルの生成を起こしやすい．［§11・6参照］その結果，20世紀前半には，一般に動物から得られる安定な飽和脂肪が，より実用的なものとして料理に用いられた．ダイズ油は，§9・2で学んだのと同じ水素化反応によって，飽和脂肪に変換することができる（図 27・90）．［油と脂肪の違いは何だろう？ 油が液体であるのに対し，脂肪は固体だね］アルケンの除去は，より高い安定性をもたらすだけでなく，融点を上げ，生成物を固体の脂肪にする．

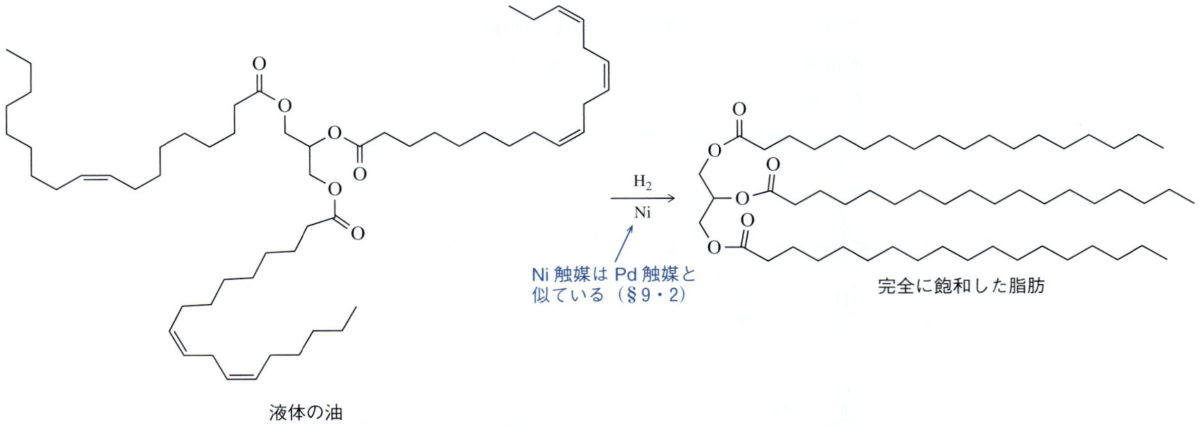

図 27・90　ダイズ油の水素化は飽和脂肪を生成する

　飽和脂肪が心臓病の原因になるという憶測の中，食品業界は**部分水素添加油**（partially hydrogenated oil）の製造を始めた．シスアルケンの一部だけを取除けば，植物油の健康効果を維持しつつ，安定性を高めることができるからである．残念ながら，水素化の反応機構のため，二重結合は，たとえ水素化されない場合でも，短時間ではあるがパラ

1312　27. 炭水化物・核酸・脂質

ジウムと相互作用する．図27・91に示すように，パラジウム(II)種との錯形成は可逆的である．したがって，最初のC−H結合を形成した後，反応はβ−ヒドリド脱離の過程を経て逆向きに進むことがある．これが起こると，より安定なトランスアルケンが形成される．このことは，完全な水素化が目的であれば，通常は問題にならない．しかし，トランス脂肪は，心臓病の主要な原因となる"悪玉"である低密度リポタンパク質（LDL）コレステロールを増加させる．LDLコレステロールがあると，動脈プラークが蓄積され，心臓病の原因となる．そのため，部分水素添加油，ひいてはトランス脂肪を含む食品は，できるだけ避けなければならない．

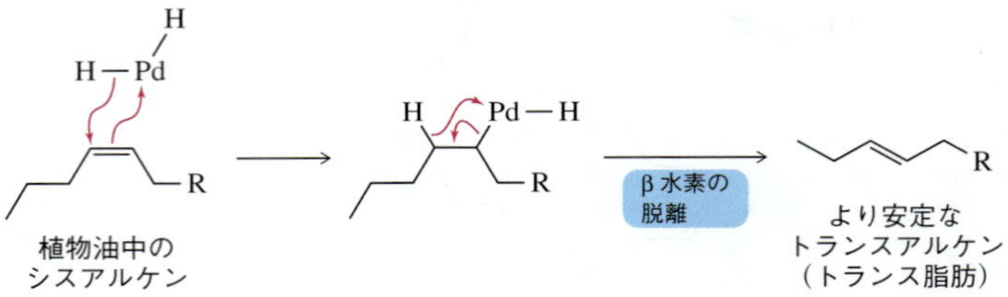

図27・91　部分水素化はシスアルケンをトランスアルケンへと変換する

27・12・2　けん化で石けんをつくる

§19・7・1で見たとおり，**けん化**（saponification）は塩基によるエステルの加水分解である（図27・92）．そこでの目的はカルボン酸をつくることだったので，この反応には最後に酸処理の段階があった．

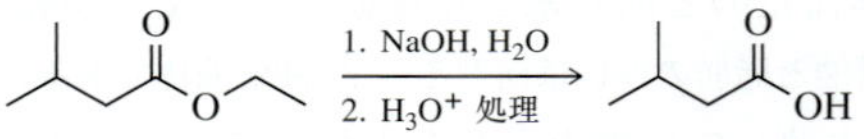

図27・92　エステルのけん化はカルボン酸を生成する（§19・7・1）

この反応は石けんづくりの初期に発明されたが［けん化という名前の由来だね］，何が起こっているのかが理解されるよりも前のことだった．たき火の灰を水で洗い，得られた水溶液を蒸発させることで，水酸化ナトリウムと水酸化カリウム（灰汁）が分離された．灰汁と動物性脂肪（今ではトリグリセリドであることがわかっている）を反応させると，求核アシル置換反応により，ナトリウムとカリウムのカルボン酸塩が生成した．

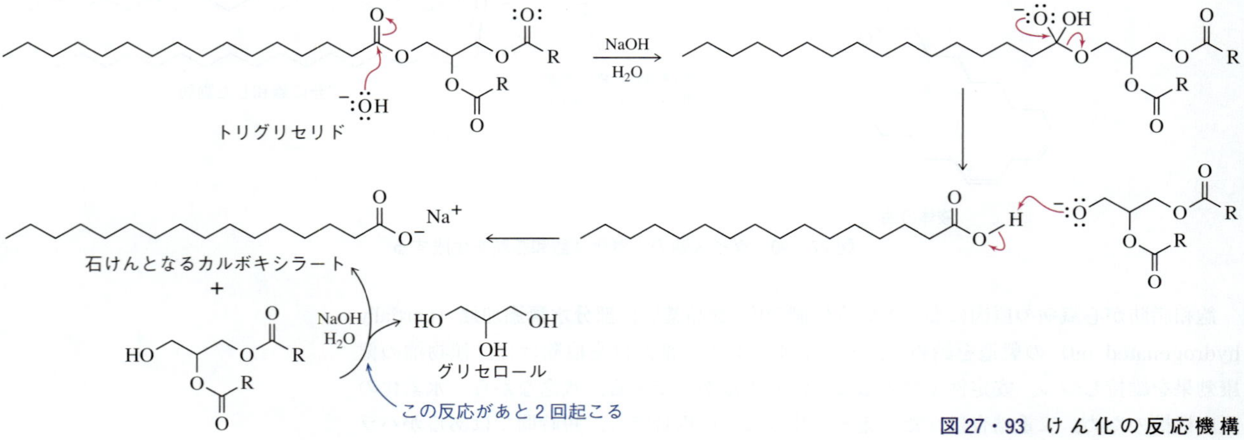

図27・93　けん化の反応機構

水酸化物イオンの攻撃と四面体中間体の形成に続いて，電子対が戻ることでC−Oπ結合が再形成され，アルコキシドイオンが脱離基として追い出される（図27・93）．この反応の生成物はカルボン酸（pK_a=5）であり，溶液は塩基性であるため，カルボン酸はただちに脱プロトンされ，カルボン酸塩が生成する．この過程は3回起こり，一つのトリグリセリドがけん化されるごとに，グリセロールと3分子のカルボン酸塩が生成する．

このようにしてトリグリセリドから得られたカルボン酸は，水と良好に相互作用する極性のあるイオンの頭部と，油，汚れ，グリースと良好に相互作用する非極性の尾部を含むため，優れた石けんとなる．油分は非極性なので，水だけでは溶かして洗い流すことができない．しかし，ミセル構造（図27・94）を形成すると，非極性の尾部が非極性の中心部にある油やグリースのまわりに凝集し，イオン性表面によってミセルは水に溶けるようになるのである．

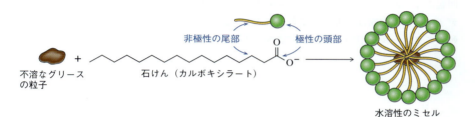

図27・94　ミセルの形成によって，非極性の汚れ，グリース，油を水に溶かすことができる

27・12・3　エステル交換反応でバイオディーゼル燃料をつくる

私たちのエネルギー需要を満たす石油やガソリンは，地球の奥深くで採掘された原油から精製される．石油は，数百万年もの間，熱と圧力にさらされるなかで分解した生物遺骸の副産物であり，したがって非再生可能な資源である．そのため，グリーンケミストリーでは，再生可能原材料から化成品や燃料をつくり出すことを目標の一つとしている（GCP 7，§7・2・7）．

代替燃料としての**バイオディーゼル**（biodiesel）の発明は，非再生可能な石油を原材料とする燃料を，再生可能な天然資源を原材料とする燃料に置き換えた好例である．具体的には，バイオディーゼル燃料は，植物油や動物性油脂から得られる長鎖エステルで構成される．これらのエステルは，長い不飽和炭化水素鎖をもっており，ガソリンや他の燃料と同じように燃焼する．図27・95に示すように，バイオディーゼ

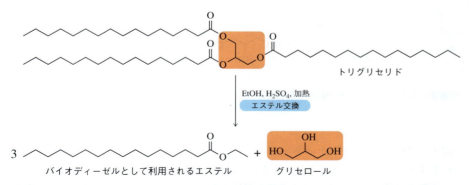

図27・95　動物性脂肪や植物油のエステル交換によって，バイオディーゼル燃料として利用可能な長鎖エステルおよびグリセロールが得られる

1314 27. 炭水化物・核酸・脂質

ルの合成では，トリグリセリドとエタノールのエステル交換反応で燃料となるエチルエステルをつくり，副生成物としてグリセロールを得る．この無駄を減らすために，バイオディーゼル生産から得られるグリセロールは，しばしば香料産業で利用される．

　反応機構的には，この反応は基本的に，酸触媒によりエステルの反応性を高めた求核アシル置換反応である（図 27・96）．カルボニル基のプロトン化によって，より反応性の高い求電子剤が生成し，これがエタノールによって攻撃される．もともともっていたプロトンが脱プロトンされてエトキシ基となり，四面体中間体が生じる．［復習には§19・7・1を参照しよう］グリセロールの酸素がプロトン化されて脱離し，プロトン化されたエステルに相当するカルボカチオンが生成する．酸性プロトンの引抜きによってエチルエステルが形成される．脂肪酸鎖が 2 本残ったところから，この反応がさらに 2回起こり，最終的に 3 当量のエチルエステルと 1 当量のグリセロールを与える．バイオディーゼルの生成は，実質的にあるエステルから別のエステルをつくる反応であり，過剰のエタノールを用いることで完結へと推進される．

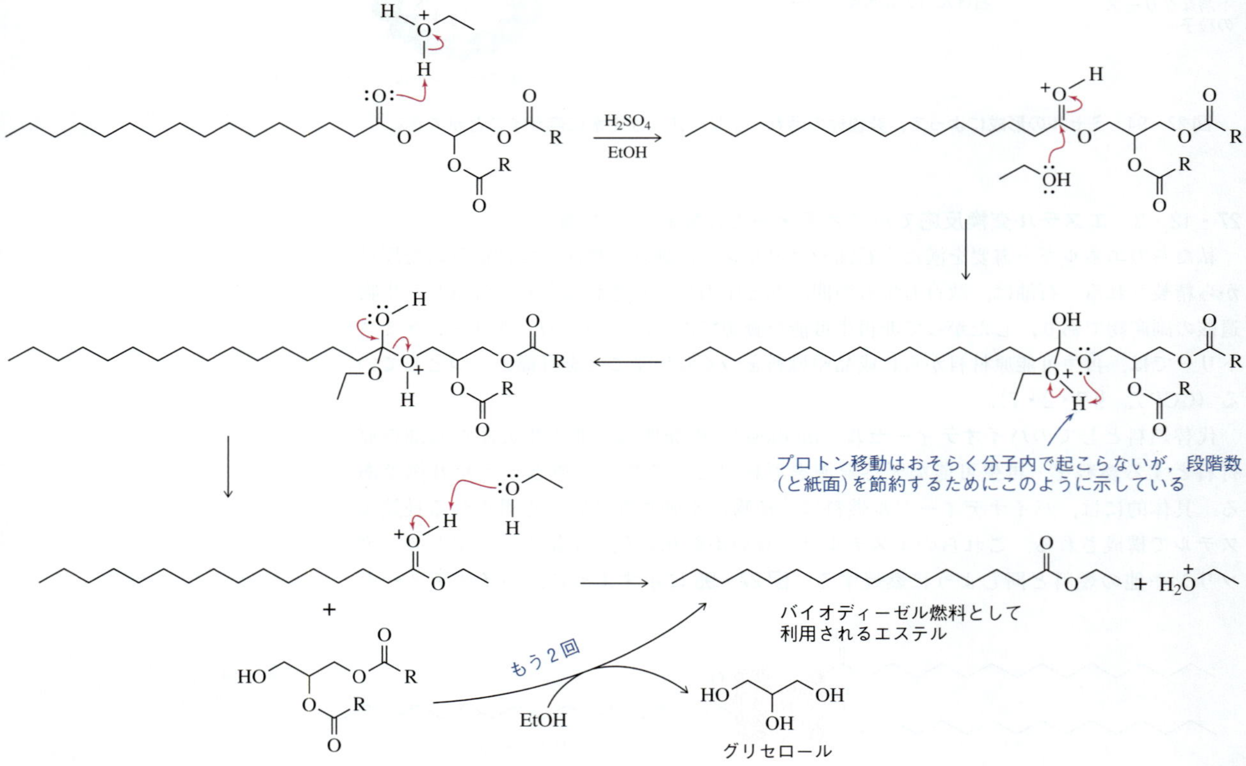

図 27・96　酸触媒によるエステル交換の反応機構 ［復習には§19・7・1を参照しよう］

27・12 のまとめ

- トリグリセリドは，水素添加による飽和脂肪の製造，けん化による石けんの製造，エステル交換反応によるバイオ燃料の製造など，これまでに学んだ多くの反応を起こす．

アセスメント

27・58 バイオディーゼルは，けん化に用いられる条件と同様の条件を用いて製造することもできる．(a) オレイン酸からオレイン酸エチルをつくるのに利用できる反応剤を示せ．(b) この反応の反応機構を描け．

オレイン酸のトリグリセリド ⟶ オレイン酸エチル

27・59 リノール酸のトリグリセリド（リノール酸エステル）に対して，以下の各反応を行ったときの生成物を示せ．

リノール酸のトリグリセリド

(a) H_2, Pd　　(b) H_2, Ni（部分水素化）　　(c) NaOH, H_2O　　(d) iPrOH, H_2SO_4

27・13 テルペン

テルペン（terpene）は，多様な揮発性有機化合物の一種である．テルペンは，5個の炭素原子からなる**イソプレン単位**（isoprene unit）から生合成される（図 27・97）．自然界に広く存在することから，香料，香水，香味料や医薬品などの工業生産において商業的に重要な，新規で有益な化合物だけでなく，有用な合成中間体やキラルなビルディングブロックへと変換できる天然物の一種として注目されてきた．これらの化合物

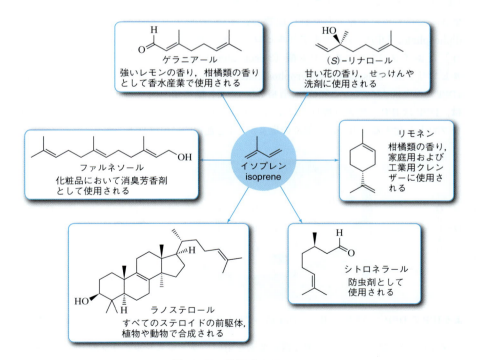

図 27・97 重要なテルペン

の一部を，その用途とともに図 27・97 に示す．これに見覚えがあるとしたら，それは第 8 章でテルペンの化学について手短に取上げたからである．

"化学はここにも 8–A" で見たように，テルペン類は，さまざまなイソプレン単位を組合わせて合成される．具体的には，**テルペン** (terpene) は炭素数 10 であり，2 個のイソプレン単位から構成される．**セスキテルペン** (sesquiterpene, sesqui は 1.5 倍を意味する) は炭素数が 15 であることから，3 個のイソプレン単位を組合わせてつくられる．つづいて，**ジテルペン** (diterpene) は炭素数 20 で，四つのイソプレン単位に由来する．

自然界では，テルペンはおもにイソプレンどうしが頭部から尾部へと組合わさること (1→4 結合) で形成される (**図 27・98**)．これは**イソプレン則** (isoprene rule) とよばれる．

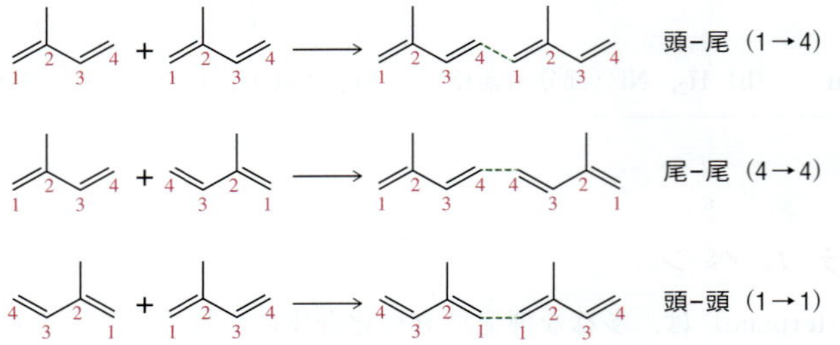

図 27・98　テルペンはおもにイソプレンの頭–尾結合を経て生成する

2 種のテルペン，ゲラニオールとネロールは，ある種のバラの花びらから抽出され，香水産業に利用される．テルペンの生合成について，ゲラニオールを例に説明する．[ミツバチがゲラニオールとネロールを使って，蜜の多い花に目印をつける仕組みについては，化学はここにも 8–C で紹介したね] 植物は，ジメチルアリル二リン酸 〔dimethylallyl diphosphate，DPP，ジメチルアリルピロリン酸 (dimethylallyl pyrophosphate) ともいう〕と 3–イソペンテニル二リン酸 〔3–isopentenyl diphosphate，IPP，3–イソペンテニルピロリン酸 (3–isopentenyl pyrophosphate) ともいう〕を用いてテルペンを合成する．[DPP と IPP はイソプレンと同じ炭素骨格をもつんだ] 植物細胞内 (ヒトの細胞も同様) では，DPP は IPP の酵素触媒反応によって生成される (**図 27・99**)．活性部位の酸が C1 をプロトン化する一方，活性部位の塩基が C3 を選択的に脱プロトンする．

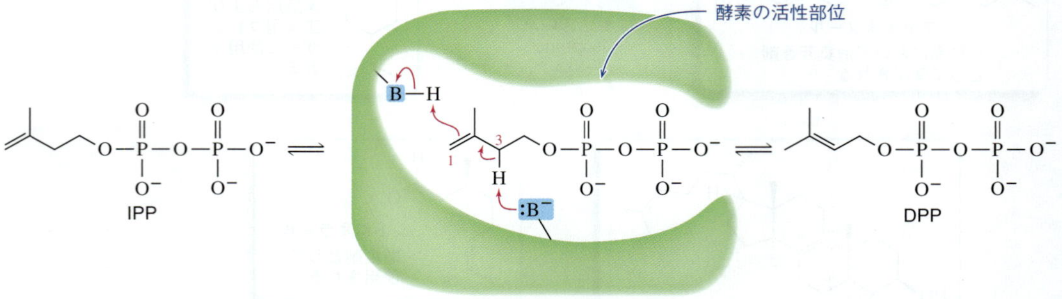

図 27・99　酵素による IPP の DPP への変換　IPP と DPP のいずれもテルペン合成におけるおもな構成物質である．

テルペン合成での二つの重要な構成要素を用い，ファルネシル二リン酸シンターゼの活性部位で，新しい C–C σ 結合が形成される (**図 27・100**)．二リン酸はよい脱離基で

あるため，ジメチルアリル二リン酸（DPP）から脱離し，共鳴安定化されたカルボカチオンが生成する．[S_N1 反応（§12・2）の最初の段階を思い出すね] この求電子的なカチオンは，3-イソペンテニル二リン酸（IPP）のアルケンにより攻撃され，第三級カルボカチオンを生成し，炭素鎖がイソプレン単位一つ分伸長する．[第8章と第9章で見たようにアルケンには求核性があったよね] 水素の引抜きによって二重結合が再形成され，アルケンの異性体2種が生成する．最後に，二リン酸の加水分解により，互いにジアステレオマーの関係にあるテルペン，ゲラニオールとネロールが得られる．[この反応の選択性は，反応が起こる酵素の活性部位によって決まるんだ]

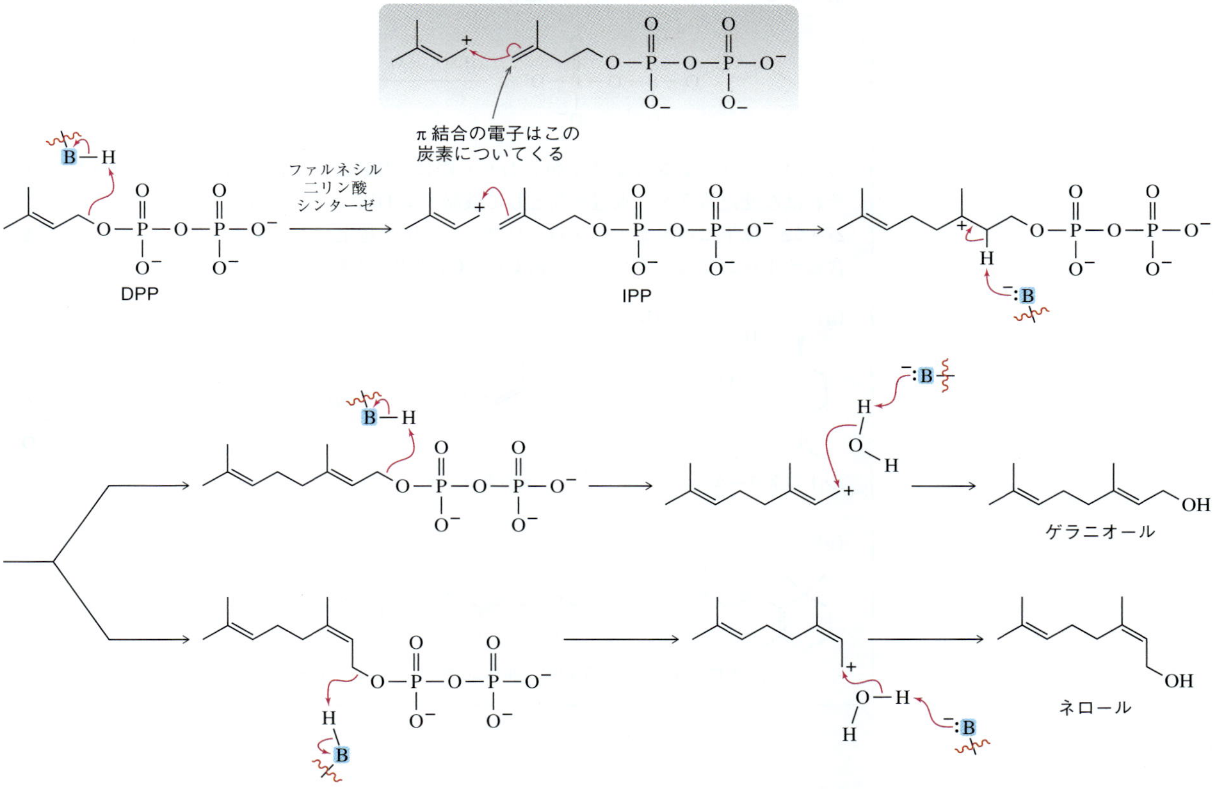

図27・100　ゲラニオールとネロールの生合成

図27・100の生合成から，なぜイソプレンがおもに 1→4 結合で結合するのかがわかる．この知識に基づけば，テルペンを大きさにかかわらず，イソプレン単位へと分解して分析することができる（図27・101）．まずはじめに，官能基は無視して，炭素骨格だけに注目する．次に，分岐（通常はメチル基だが，CH_2 の場合もある）は常にイソ

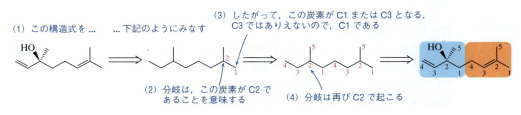

図27・101　テルペンにおけるイソプレン単位の特定

プレンの4炭素の鎖のC2で起こることを認識する．C2が特定できれば，イソプレン単位の4炭素の鎖についてC1〜C4と番号づけができる．分岐した炭素はC5となる．正しいかどうか確認するには，次のイソプレン単位の4炭素の鎖が，再びC2で分岐しているかどうかを見る．そのとおりであれば，それぞれのイソプレン単位を正しく特定できていることになる．

> **アセスメント**
>
> **27・60** 酸触媒による非酵素的なDPPのIPPへの変換の反応機構を描け．その反応機構が正しい理由は，どのように説明できるか．
>
> **27・61** イソプレン等価体を組合わせる際に，IPPは決して求電子剤として働かない．それはなぜだろうか．求電子剤として機能するDPPの何が特別なのだろうか．
>
> **27・62** 以下に示すテルペンのイソプレン単位を特定せよ．架橋されたテルペンや環を含むテルペンでは，イソプレンのC1とC4以外にも結合が形成されることがある．
>
> (a) シトロネラール (b) ファルネソール (c) メントール (d) カンファー
>
> (e) β-カロテン　不規則テルペンであり，これは4→4結合である

27・14　ステロイド

ステロイド（steroid）は，生体機能に重要な役割を果たすもう一つのタイプの脂質である．トリテルペンに由来するステロイドの核は，四つの縮合した環（三つのシクロヘキサン，一つのシクロペンタン）からなり，通常，シクロペンタンには非極性基が結合している．ステロイドのIUPAC命名法では，図27・102に示すように，左から順に環をA，B，C，Dとよぶ．IUPACが決めたステロイド骨格の位置番号も示す．

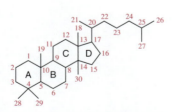

図27・102　ステロイド骨格の構造
環の割り当てと炭素の位置番号

27・14・1　重要なステロイド

ステロイドには二つの重要な生物学的機能がある．あるものは細胞膜の流動性を調節するために使われる一方，別のものはホルモン受容体を活性化するためのシグナル分子として使われる．これらの受容体を活性化することにより，ステロイドは代謝，炎症や性徴に関与し，また，塩分と水分の放出/吸収のバランスをとることにより血圧を適切なレベルに維持する役割を果たす．表27・5に代表的なステロイドとその機能を示す．

27·14 ステロイド　1319

表27·5　代表的なステロイドとその機能

ステロイド	機能
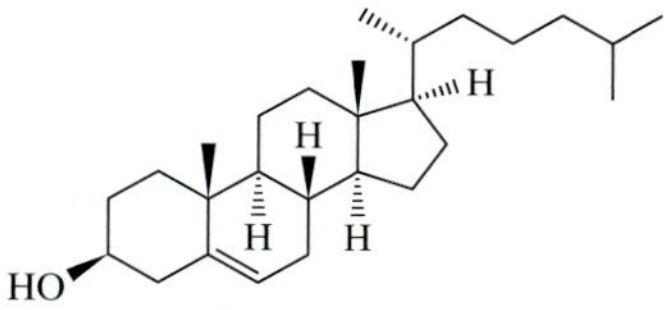 コレステロール　cholesterol	細胞膜の構成成分であり，哺乳類において他のステロイドの前駆体である．剛直な環構造と柔軟な炭化水素尾部をもつため，流動性を損なうことなく膜を安定化させる
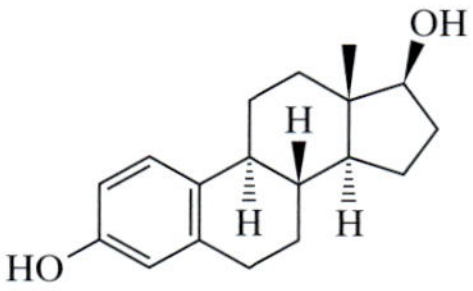 エストロゲン　estrogen	卵巣で生成され，女性の生殖器系の成熟と機能に関与するステロイドホルモンである．骨の維持にも役割を果たす．この理由から，更年期以降の女性は骨粗しょう症にかかりやすい
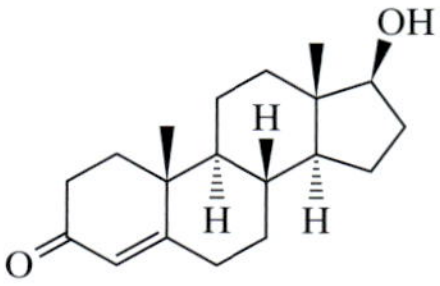 テストステロン　testosterone	男性の主要な性ホルモンであり，生殖器の成熟と機能に関与する．タンパク同化（アナボリック）ステロイドとして，筋肉の発達，傷の治り，体脂肪の減少を助ける
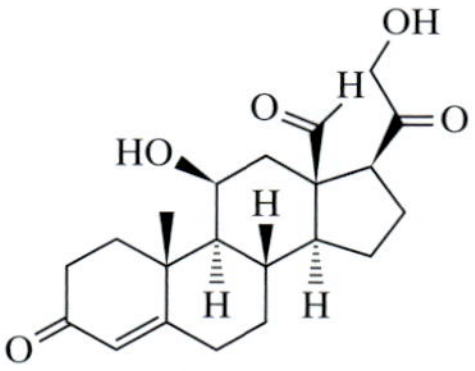 アルドステロン　aldosterone	副腎で生成され，レニン・アンジオテンシン系とともに働いて血圧の調節を助ける．[化学はここにも 26-A 参照]具体的には，体内における塩分と水分の比率を調節する
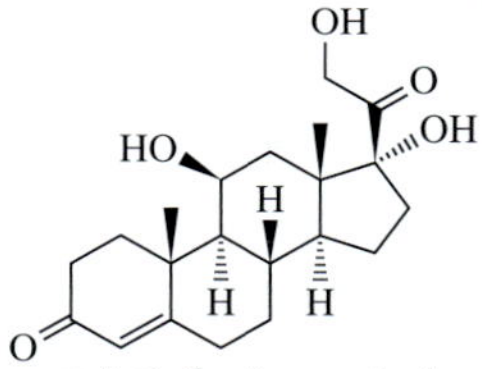 コルチゾール　cortisol	副腎で生成され，代謝の制御，血糖値の調節，記憶の形成を助ける．コルチゾールの分泌は，ストレス下において生じる闘争・逃走反応の機構の一部となっている．ストレスが解消されると，コルチゾールの濃度は平常に戻る．高濃度のコルチゾールは，いくつかの点で健康に害がある [だから，運動したり，ヨガをやったり，瞑想したりしてストレスを解消して，コルチゾール値を下げよう]

27·14·2　ステロイドの生合成

　ヒトの細胞内でも，図27·97 で見た植物のテルペン合成と似たような経路によりステロイドはつくられる．ヒトの細胞内のすべてのステロイドは，共通のステロイド前駆体であるラノステロールを介してつくられる（**図27·103**）．この項では，ラノステロールの生合成について説明する．この長くて複雑な反応機構は，以前にも見たことがある（第8章）．有機反応への理解が深まった今では [ずいぶんと進歩したよね]，よりすんなりと理解できるはずである．

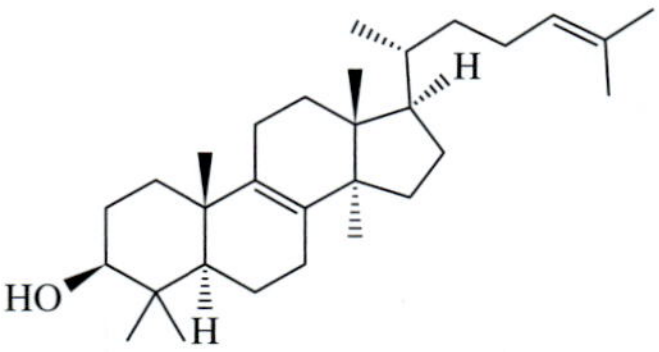

ステロイドの生合成: ファルネシル二リン酸の生成　　ラノステロールの合成は，まずファルネシル二リン酸の合成から始まる．図27·100 のゲラニオールとネロールの合成と同様の反応機構で，ファルネシル二リン酸は，ジメチルアリル二リン酸（DPP）と二つの 3-イソペンテニル二リン酸（IPP）が結合して生成する（**図27·104**）．よい脱離

ラノステロール
lanosterol

図27·103　ラノステロールの構造

27. 炭水化物・核酸・脂質

基である二リン酸の脱離によりアリルカルボカチオンが生じ，これをアルケンが攻撃することでC−Cσ結合が二つ形成される．

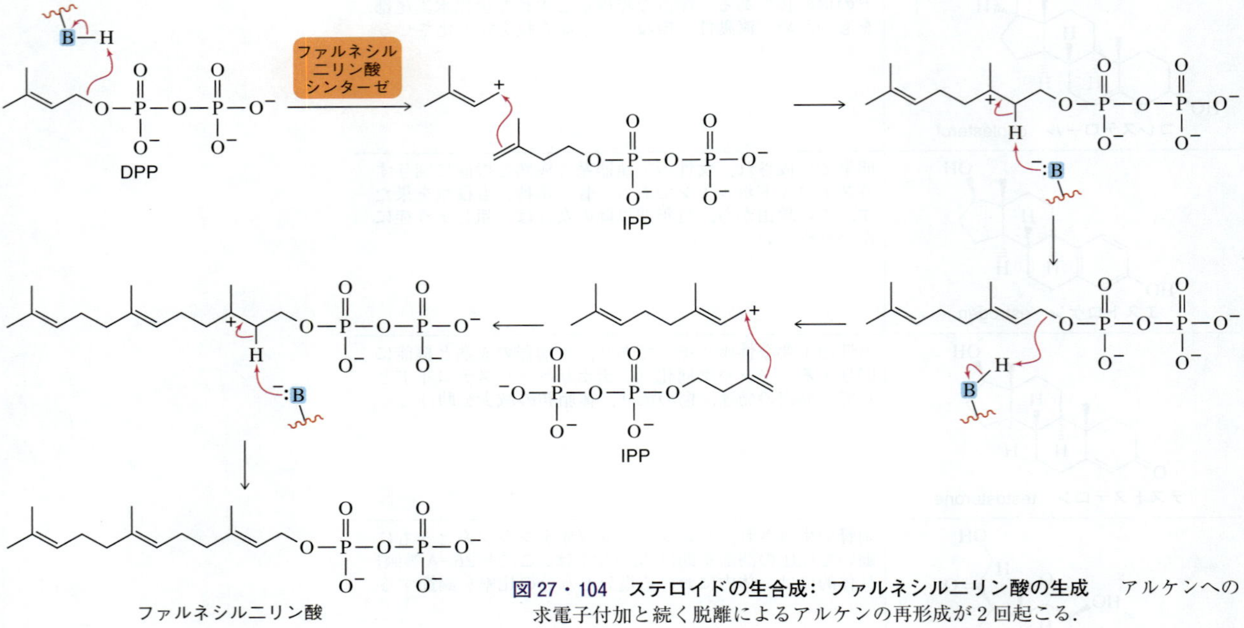

図 27・104　ステロイドの生合成：ファルネシルニリン酸の生成　アルケンへの求電子付加と続く脱離によるアルケンの再形成が 2 回起こる．

ステロイドの生合成：ファルネシルニリン酸のカップリングによるスクアレンの合成

2 分子のファルネシル二リン酸をカップリングしてスクアレンをつくる反応は，通常のテルペン合成とは異なる様式で起こる．この反応は，1→4 結合（頭部から尾部へ）ではなく，実質的に 1→1 結合によってトリテルペンをつくる．そのため，スクアレンは不規則形のテルペンとよばれる．反応機構的には通常のイソプレン単位どうしの結合より複雑で，スクアレンシンターゼは，NADPH［自然界の水素化ホウ素ナトリウム，図27・81 参照］を利用する．第一段階で，二リン酸（よい脱離基）が活性部位のプロトンの助

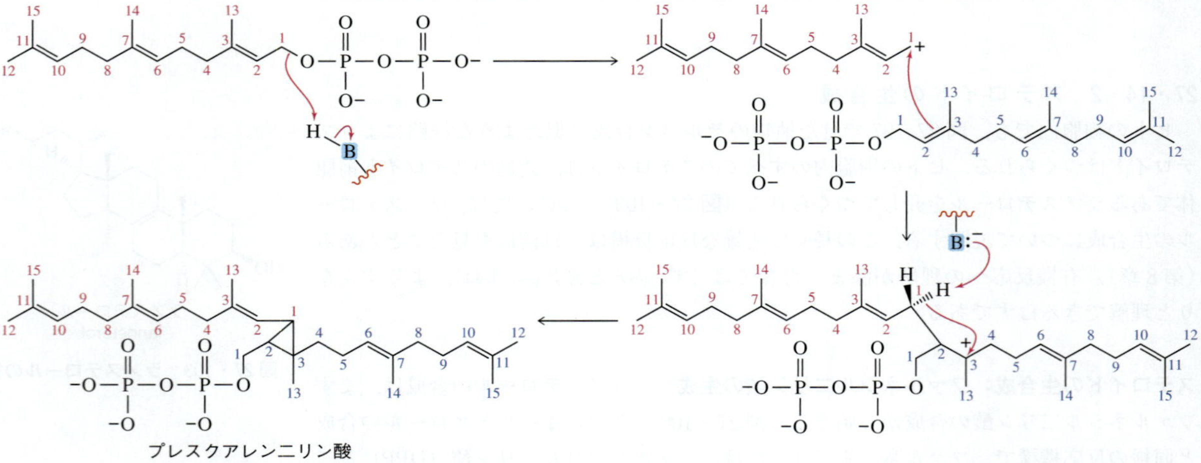

図 27・105　ファルネシルニリン酸のカップリングによるプレスクアレンニリン酸の生成

27・14 ステロイド　　1321

けを借りて脱離する（**図 27・105**）．C2−C3 アルケンがカルボカチオンを攻撃し，安定な第三級カルボカチオンを与える．［ここまでは，以前に見たことと違わないね］他のテルペニルカルボカチオンならば C4 のプロトン除去により新たな C3−C4 アルケンを形成しそうなものだが，ここではその代わりにプロトンが C1 から，活性部位の塩基によって引抜かれるため，その電子が C3 を攻撃し，シクロプロパンが生成することになる（これはプレスクアレン二リン酸とよばれる）．［酵素は意外な化学反応を起こすことがあるんだ］

　プレスクアレン二リン酸の変換は，3 員環の環歪みの解消を駆動力として起こる．先に見たように，C1 から二リン酸が脱離基として脱離して，シクロプロパン環に隣接する第一級カルボカチオンを形成する（**図 27・106**）．このシクロプロピルカルボカチオンは，まず第二級カルボカチオンを含むより安定な 4 員環へと転位し，つづいて，隣接した第三級カルボカチオンをもつ新たな 3 員環へと転位する．［この第一級→第二級→第三級の転位は，カルボカチオンの安定性を考えると理にかなっているよね］最後に，補因子のNADPH が C1 にヒドリドを供与することで，3 員環が開き，スクアレンの C2−C3 π 結合が新たに形成される．

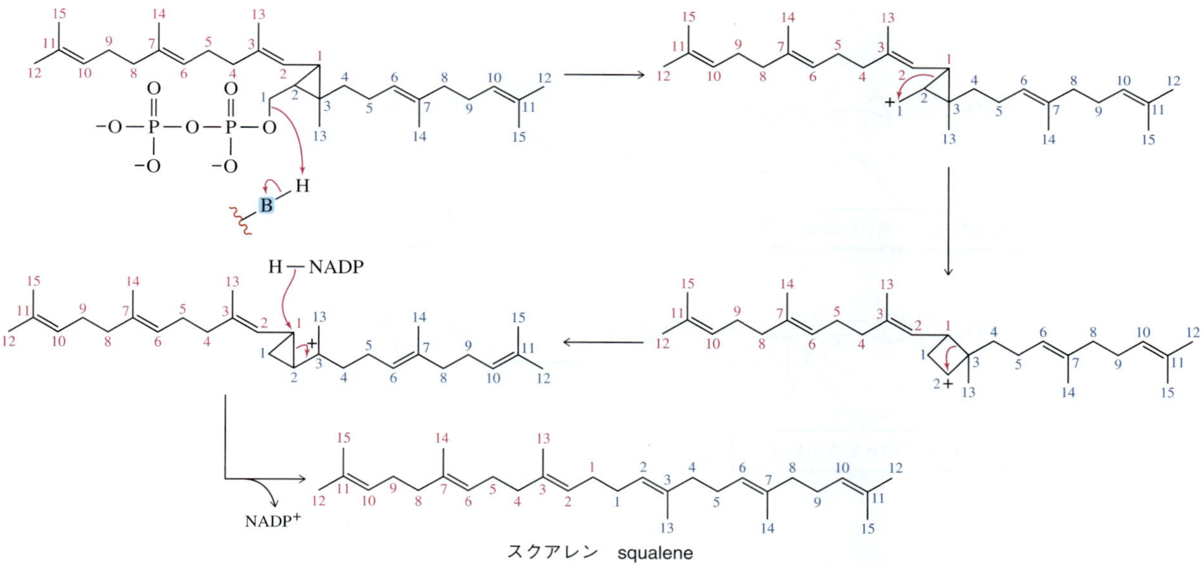

スクアレン　squalene

図 27・106　カルボカチオン転位と還元によるスクアレンの生成

ステロイドの生合成：スクアレンのエポキシ化　　環化に先立って，スクアレンモノオキシゲナーゼは，補因子 FAD を含む複雑な反応機構によってスクアレンをエポキシ化

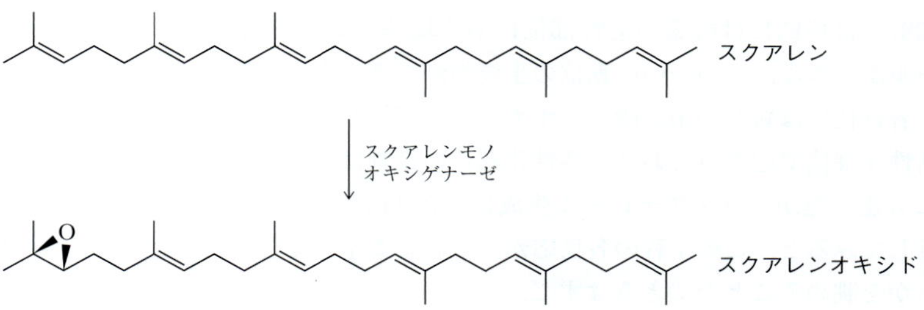

スクアレン

スクアレンモノ
オキシゲナーゼ

スクアレンオキシド

図 27・107　スクアレンのスクアレンオキシドへの酸化によって，環化の準備が整う

する（図27・107）．これもまた酵素の驚くべき選択性を示す例だが，スクアレンのもつアルケンのうち，ただ一つのみが酸化される．

ステロイドの生合成：ステロイド核への環化　酵素の活性部位の酸によるエポキシドのプロトン化し，開環によってより安定なカルボカチオンがC2に生成すると，環化カスケード（連続的な環化）がひき起こされ，ラノステロールの四つの環が形成される．図27・108の四つのC−Cσ結合形成反応は，いずれも単にアルケンが求電子剤を攻撃しているだけであり，その過程では一つを除くすべての反応で第三級カルボカチオンが生じている．

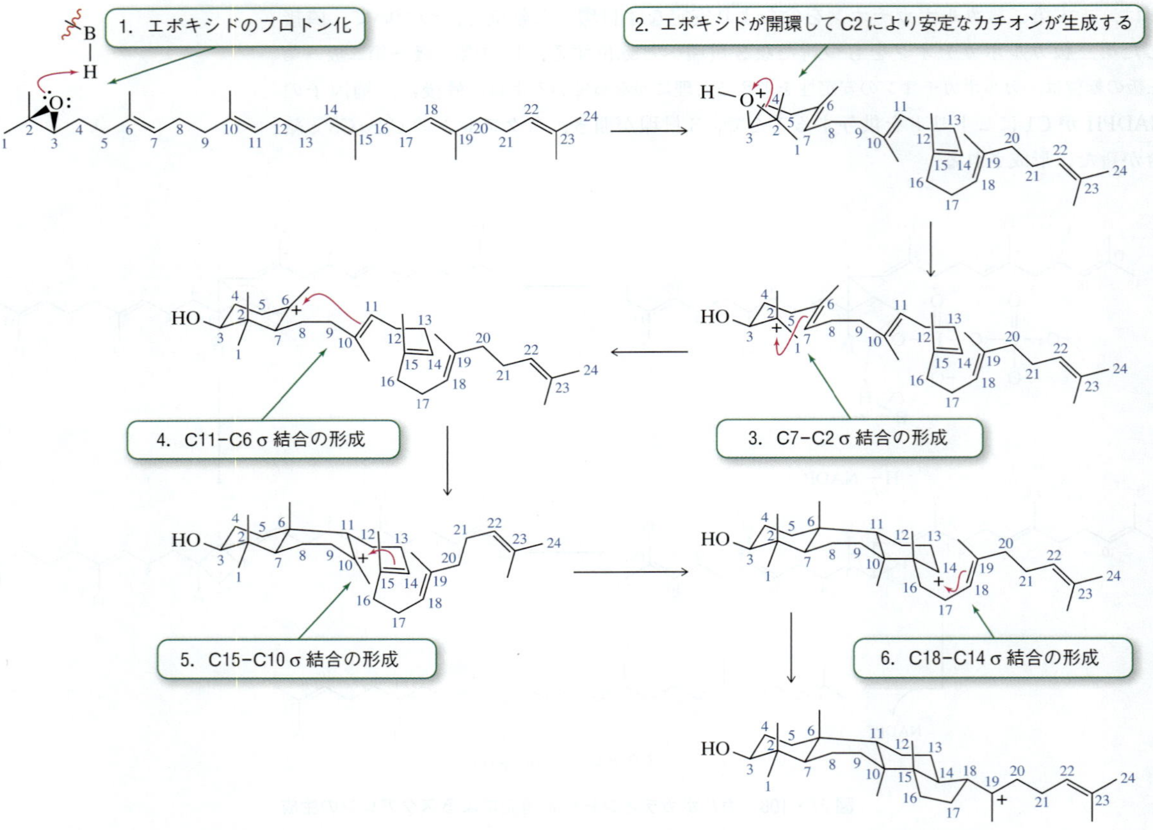

図27・108　四つの新たなC−Cσ結合の形成を経るラノステロールのA, B, C, D環の形成

ステロイドの生合成：ラノステロールへの転位　ステロイド環の骨格ができたところからが少しややこしくなる．基本的には，一連のカルボカチオンの転位が起こり（図27・109），最終的には酵素の活性部位にある塩基がC11を脱プロトンした後，ラノステロールができる．一つ一つの転位の生成物ができる根拠を示すのは難しいかもしれないが，各転位では新しい第三級カルボカチオンが生じている．さらにこうした反応は酵素の活性化部位で起こっており，活性化部位の役割は小さくはないはずである．

　前にも述べたが，ラノステロール生成に至る11段階のカスケードをゆっくりと丁寧に分析してみると，この工程の各反応が，これまで学んできた反応とどのように関連しているかを眺めることができるはずだ．

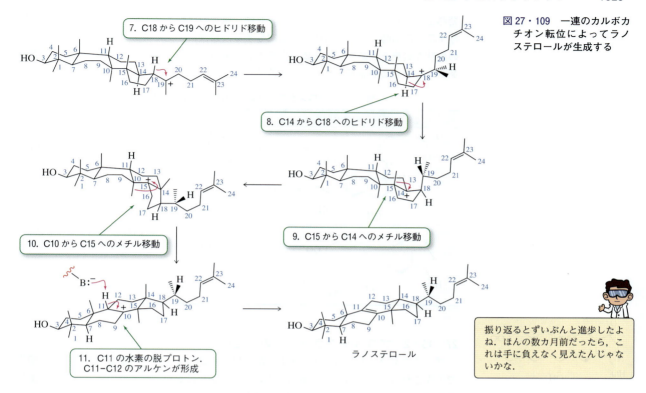

図 27・109 一連のカルボカチオン転位によってラノステロールが生成する

振り返るとずいぶんと進歩したよね．ほんの数カ月前だったら，これは手に負えなく見えたんじゃないかな．

27・15 プロスタグランジン

プロスタグランジン（prostaglandin，PG）は，この章で学ぶ最後の脂質群である．表 27・4 の多価不飽和脂肪酸であるアラキドン酸（図 27・110）を原料とするプロスタグランジンは，C1 と C4 が酸化されたシクロペンタンをもち，C2 と C3 には酸素化されたアルキル基をもつ．もともとのアラキドン酸の番号を用いると，F 系列のプロスタグランジンは C9 にアルコールをもち，E 系列のプロスタグランジンは C9 にケトンをもつ．プロスタグランジンの名前の下つき文字は，二重結合がいくつあるかを示す．

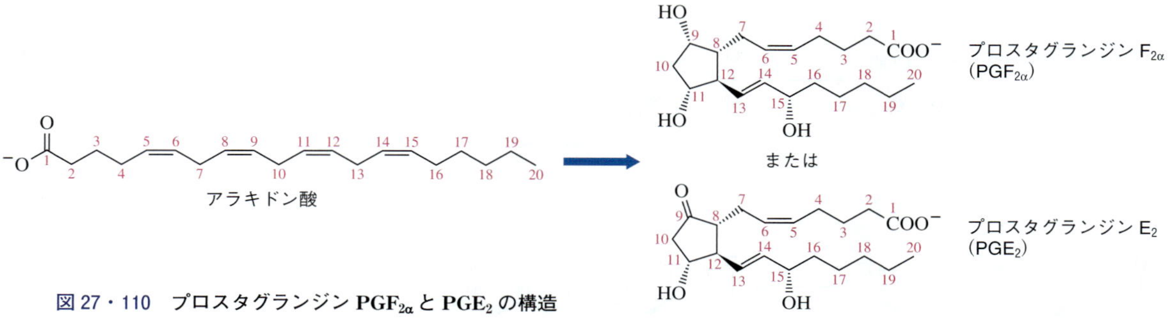

図 27・110 プロスタグランジン $PGF_{2\alpha}$ と PGE_2 の構造

27・15・1 重要なプロスタグランジン

プロスタグランジンは，哺乳類においてホルモンに似た作用を示し，さまざまな役割を果たす．プロスタグランジンは，感染症に反応して炎症を促進し，その過程で痛みや

1324 27. 炭水化物・核酸・脂質

発熱をひき起こす．プロスタグランジンは，血管の収縮と拡張を通して血圧の調節に関与する．陣痛時には，子宮の収縮に関与する．最後に，プロスタグランジンは，血小板の無駄な凝集を抑制し，不必要な血栓の形成を防ぐ．**表27・6**は，二つのプロスタグランジンとその機能を示したものである．

表27・6　プロスタグランジン PGI_2 と PGE_2 およびその機能

プロスタグランジン	機　能
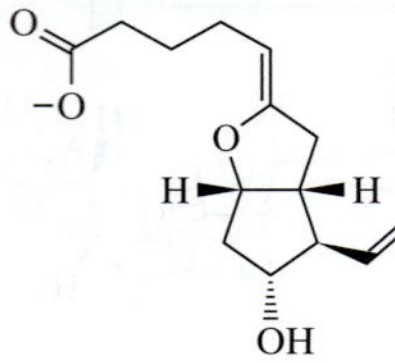 プロスタグランジン I_2（PGI_2）	プロスタサイクリンともよばれ，動脈壁と静脈壁を覆う内皮細胞で分泌される．PGI_2 は血小板の形成を阻害し，血管拡張剤として有効である
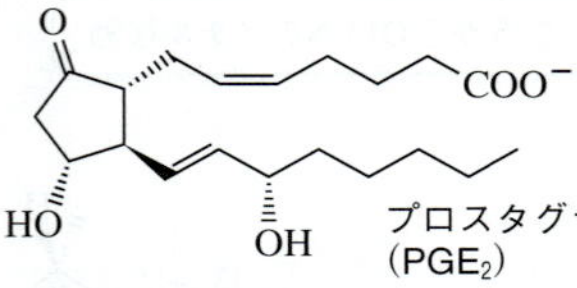 プロスタグランジン E_2（PGE_2）	ジノプロストンともよばれ，血管拡張作用を示す．PGE_2 は陣痛における子宮頸管の熟化を助ける

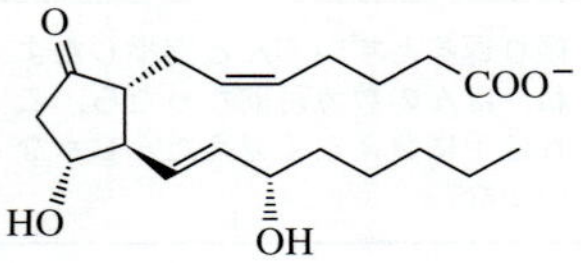

図27・111　PGE_2 の構造

27・15・2　プロスタグランジンの生合成

　プロスタグランジンは，アラキドン酸を出発点として，さまざまな種類のヒトの細胞で生成される．この項では，風邪やインフルエンザにかかったときの痛みや発熱に関与するプロスタグランジンである PGE_2（**図27・111**）の生合成について説明する．

プロスタグランジンの生合成：アラキドン酸の酸化　　プロスタグランジンの生合成

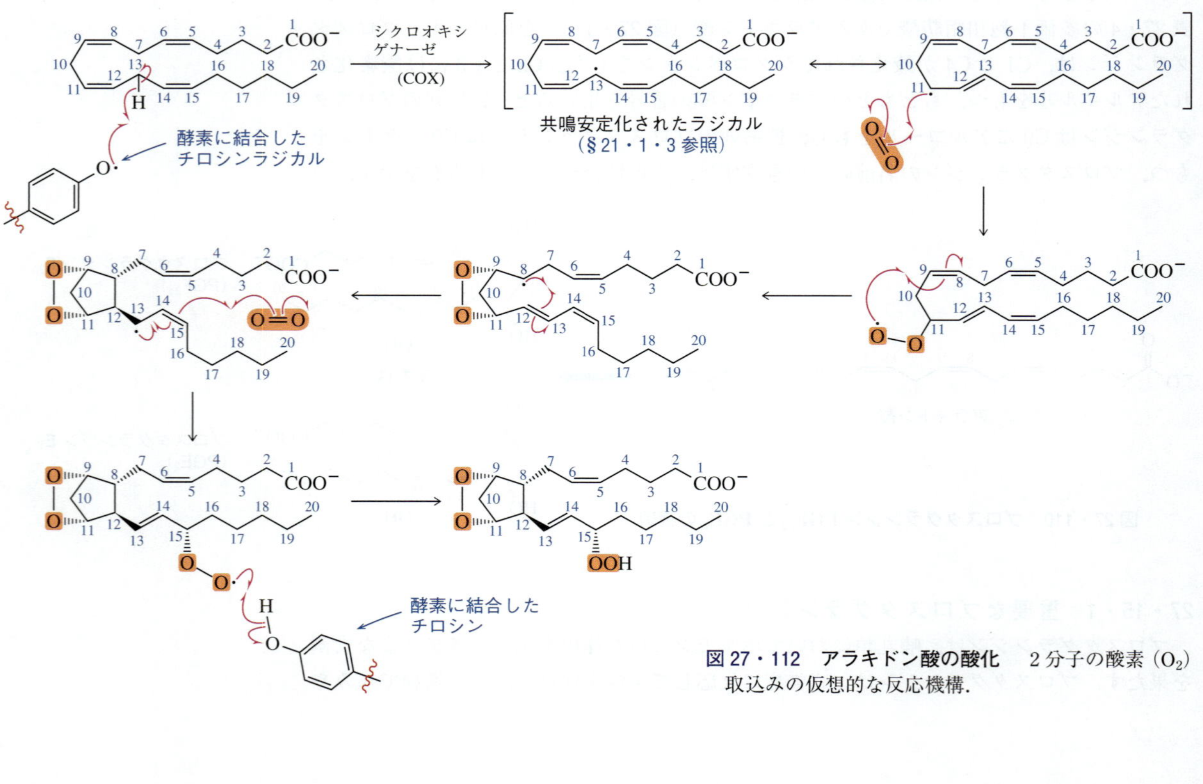

図27・112　**アラキドン酸の酸化**　2分子の酸素（O_2）取込みの仮想的な反応機構.

27・15 プロスタグランジン　　1325

は、シクロオキシゲナーゼ（cyclooxygenase, COX）という酵素が、2分子の酸素（O_2）をアラキドン酸へと組込むことで始まる（**図 27・112**）．この反応は、脂肪酸の自動酸化（第 11 章参照）に類似したラジカル機構によって起こる．［この反応を知っている必要はないかもしれないけど、炭素番号がついているので、反応を追うことはできるはずだよ］

プロスタグランジンの生合成: 過酸化物の還元　　二つの酸素の間の σ 結合は非常に不安定な結合であり、容易に還元される（§9・1・4）．2個の電子を供与する補因子を備えたペルオキシダーゼを用いて、C15 の過酸化物はヒドロキシ基に還元される（**図 27・113**）．

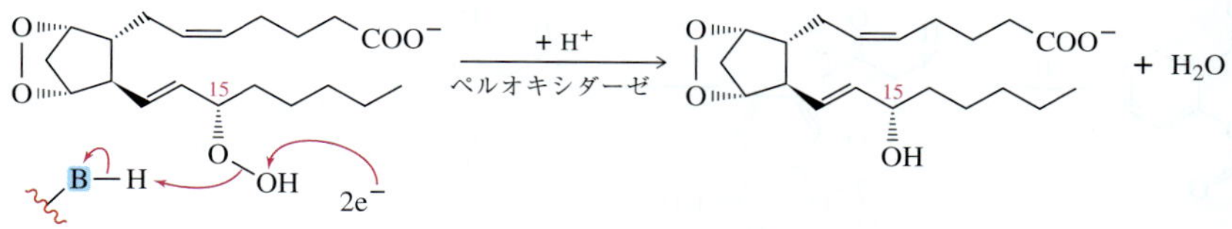

図 27・113　過酸化物の還元　　C15 のペルオキシド還元の仮想的な反応機構

プロスタグランジンの生合成: ペルオキシドの異性化　　PGE_2 の合成の最終段階も、O−O σ 結合の切断を駆動力として起こる（**図 27・114**）．この場合、活性部位の塩基が C9 からプロトンを引抜き、電子対を酸素へと押し出し、O−O σ 結合を切断する脱離反応のような形で仮想的な反応機構を描くことができる．［このような反応機構は、第 13 章のアルコール酸化反応で学んだね］

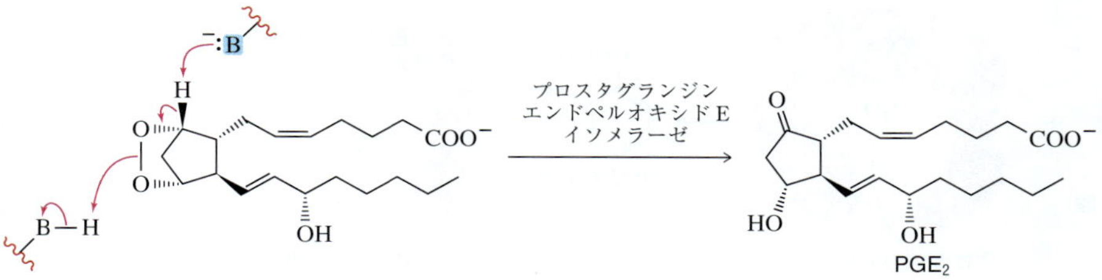

図 27・114　ペルオキシドの異性化による PGE_2 の生成

アセスメント

27・63　PGI_2（表 27・6）がアラキドン酸からどのようにして生成されるか、炭素を番号づけしながら説明せよ．

27・64　トロンボキサン（TX）とよばれる別の種類の分子も、アラキドン酸から派生する．TXA_2 と TXB_2 がアラキドン酸からどのように生じるのか、炭素を番号づけしながら説明せよ．

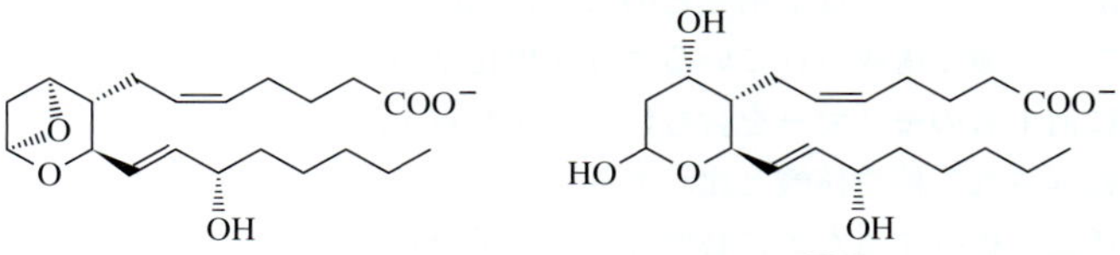

27・65　酸触媒による加水分解反応で TXA_2 から TXB_2 が生成する反応機構を提案せよ．［構造は簡略化してあるよ］

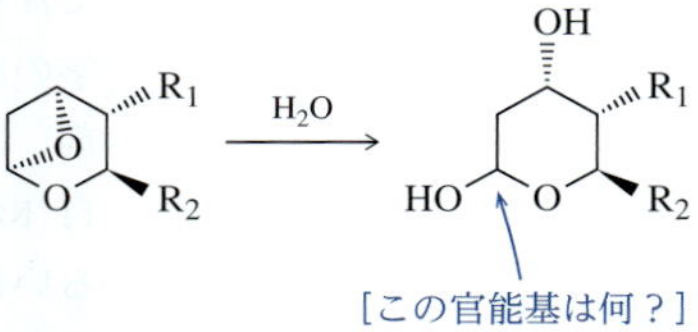

[この官能基は何？]

27-D 化学はここにも（メディシナルケミストリー）

プロスタグランジン合成阻害による鎮痛

筋肉やその他の組織が傷つくと，プロスタグランジンとその関連化合物が合成される．これらの化学物質は化学伝達物質として働き，脳に信号を送り，傷ついた部分で炎症を起こし，痛みを感じさせる．アスピリンが発明・発見された頃は，この機構は知られていなかったが，アスピリンの鎮痛作用はこの機序に関与している．具体的には，シクロオキシゲナーゼ（COX）という酵素（図27・112）を阻害することで，アラキドン酸からプロスタグランジンへの変換が抑えられる．反応機構的には，シクロオキシゲナーゼの不活性化は，アセチルサリチル酸のアセチル基が活性部位のセリンへと転移することで起こる（図27・115）．この反応は単なる求核アシル置換であり，酢酸エステル側から見れば単なるエステル交換反応である．

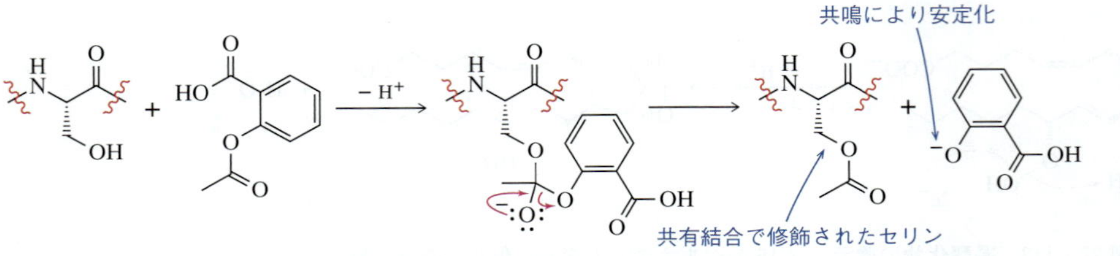

図27・115 活性部位のセリンのアシル化が COX を阻害する

セリンが共有結合で恒久的に修飾されてしまうと，COX の活性部位は，プロスタグランジン合成に必要な基質であるアラキドン酸を取込めなくなってしまう（図27・116）．COX によって生成される他の化合物は，血液凝固や血管収縮に関与しており，これらはいずれも心臓発作や脳卒中に関連する悪影響を及ぼす可能性がある．このような理由から，心臓発作や脳卒中のリスクがある高齢者の多くは，低用量のアスピリンを定期的に服用するように勧められている．同様に，心臓発作と思われる人にもアスピリンの服用が推奨されている．[119 に電話した後でのことだけどね]

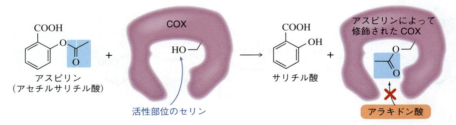

図27・116 セリンのアシル化によって，アラキドン酸の COX 活性部位への到達が妨げられる

むすびに

有機化学は，化学のカリキュラムや医療従事者予備軍向けのカリキュラムの中で，難しい科目だというのがもっぱらの評判である．その理由は，君が第1章から第27章まで注いできた労力から明らかだろう．[それでも，君はここまでやり遂げたんだ！] 有機化学の問題に取組むとき，私たちは基本的に，一つか二つの官能基をもつ低分子が，求核剤，求電子剤，酸，塩基などの反応剤とどのように反応するかを考える．これを，触媒自体が何百ものアミノ酸で構成されているような生化学の複雑さと対比してみよう．あるいは1本の鎖に何千ものモノマーを含むにもかかわらず，かくも正確に合成され，複製され，そして転写される糖や核酸と比べてみよう．さらには，これらの酵素を触媒として用い，生命活動を維持するために必要な量の分子を正確につくる計り知れないほど多くの代謝経路をただ眺めてみよう．ボールが坂を転がり落ち，負が正を攻撃すること

に変わりはないのかもしれないが，そうだとしても畏敬の念を覚える．[よいニュースだよ．君は生化学の講義だって乗り切れる！]

ほかにも畏敬の念を抱かせてくれるものがあることがわかるだろうか．Emil Fischer，James Watson，Francis Crick，そして Rosalind Franklin のような先駆者たちである．彼らは 19 世紀後半から 20 世紀半ばまでに手にできた，ごく限られた化学のツールを使って科学の最も重要な問題のいくつかに答えを出したのだった．このようなことができる人たちがいたことは，私たち皆に力を与えてくれるはずだ．医学，化学，生化学の分野あるいは教室で，どのように自分の能力を活かせば，重要な問題に答えを出せるのかということを目指して，さらなる高みに手を伸ばし，より深く掘り下げ続けられるように．

27 の章が片づいて，あと残すところは一つだけというところまできたね．次はポリマー．第 26 章や第 27 章で登場した分子のいくつかに似てるけど，私たち化学者が実験室で合成しなければならないところが違うんだ．

第 27 章のまとめ

重要な概念〔ここでは，第 27 章の各節で取扱った重要な概念（反応は除く）をまとめる〕

§27・1: 炭水化物は，私たちが使うエネルギーの多くを供給し，多くの生物学的プロセスにおいて重要な役割を果たす生体分子である．単純な炭水化物は，単糖と二糖からなる．より長い糖鎖は多糖とよばれる．

§27・2: Fischer 投影式は，アルドース形またはケトース形の単糖を示すのに用いられる．D/L 表示は糖の立体化学を表すのに用いられる．エピマーとは，一つの立体中心における絶対立体配置のみが異なるジアステレオマーである．

§27・3: 単糖はおもに環状のヘミアセタール形で存在し，Haworth 投影式を用いて表現されることがある．5 員環はフラノースとよばれるのに対し，6 員環はピラノースとよばれる．アノマー糖は，ヘミアセタール炭素（C1）の立体化学が異なるだけの，特別なタイプのエピマーである．α-アノマーがヒドロキシ基をピラノース環のアキシアル位にもつのに対し，β-アノマーはヒドロキシ基をエクアトリアル位にもつ．

§27・4: 単糖の反応としては，C1 でのアセタール合成，Williamson エーテル合成によるヒドロキシ基のアルキル化，アルコールのシリルエーテル，ベンジルエーテル，酢酸エステル，アセタールとしての保護などがある．

§27・5: Emil Fischer は，一連の化学実験を駆使してグルコースの構造を明らかにした．

§27・6: 二糖は加水分解して二つの単糖を与える糖である．二糖は，二つのモノマーをつなぐ炭素と，その結合の立体化学に基づいて分類される．二糖の合成は，保護を必要とする多くのヒドロキシ基のため煩雑になるが，基本的にはアセタール形成反応によって進行する．

§27・7: 多糖は単糖が長く連なった鎖である．セルロース，デンプン，グリコーゲンは生物学的に重要な多糖である．

§27・8: 核酸は，遺伝情報を保存し，転写し，翻訳する生体高分子である．リボ核酸（RNA）は，D-リボースおよびアノマー炭素上の窒素塩基〔アデニン（A），グアニン（G），シトシン（C）およびウラシル（U）〕からなる．これらのモノマーは，リン酸骨格を介して互いに結合している．デオキシリボ核酸（DNA）は RNA とは異なり，D-リボースが D-デオキシリボースに，ウラシル（U）がチミン（T）に置き換えられている．DNA の 2 本の鎖は，塩基対間の水素結合（A と T，G と C）で対になり二重らせんを形成する．DNA は DNA ポリメラーゼによって複製される．

§27・9: 分子生物学のセントラルドグマは，DNA がメッセンジャー RNA をつくり，それがトランスファー RNA とリボソーム RNA を用いてタンパク質を生成する仕組みを説明する．

§27・10: 脂質とは，油性で非極性の，水に不溶な物質である．トリグリセリド，ワックス，プロスタグランジン，テルペンなどがこれにあたる．

§27・11: 脂肪酸は長鎖のカルボン酸である．飽和脂肪酸は，炭素 1 個当たり最大の水素数をもつ．不飽和脂肪酸は，少なくとも一つの二重結合を含む．自然界では，ほとんどの不飽和脂肪酸はシスアルケンをもつ．トリグリセリドと脂肪酸は，脂肪酸シンターゼを用いた一連の繰返し工程によって合成される．

§27・12: トリグリセリドの反応は，他章で既習のものであり，水素化による脂肪の製造，けん化による石けんの製造，エステル交換反応によるバイオ燃料への変換などがある．

§27・13: テルペンは，おもに頭-尾（1→4）結合によってイソプレン単位から合成される揮発性の有機化合物である．

§27・14: ステロイドはトリテルペンに由来し，四つの縮合した環からなる．ステロイドは，細胞膜の流動性を調節したり，ホルモン受容体を活性化したりするために生物学的に用いられる．ステロイドの生合成には，イソプレン単位の結合および環化反応と転位反応のカスケードなどの複雑な一連の工程が含まれる．

§27・15: プロスタグランジンは，哺乳類においてホルモン様の作用を示す，アラキドン酸由来の生体分子である．アラキドン酸からのプロスタグランジンの合成は，シクロオキシゲナーゼという酵素が関与する，脂肪酸の自動酸化と類似の反応機構によって行われる．

1328   27. 炭水化物・核酸・脂質

重要な反応と反応機構 〔反応自体はすべて既習のものであるため，反応例のみ，この本の中で最初に取扱った箇所を参照しながら示す〕

糖の反応	アセタールの形成 (§17・7・3)	
	Williamson エーテル合成 (§13・11・1)	
	シリル基による保護 (§13・14・1)	
	Williamson エーテル合成を経るベンジル基による保護 (§13・11・1)	
	アセチル基による保護 (§19・7・2)	
	アセタールの形成によるジオールの保護 (§17・7・3)	
脂肪酸の反応	油脂の水素化 (§9・2)	
	油脂からの石けんの生成 (§19・7・1)	
	バイオディーゼルの生成 (§19・7・2)	

アセスメント 〔●の数で難易度を示す（●●●●＝最高難度）〕

27・66（●●） *d*-グルコースの Fischer 投影式を示す. *l*-グルコースの Fischer 投影式を描け. 〔小文字の "*d/l*" は偏光面の回転方向を示すんだったね〕

27・67（●●） D-グルコース（およびその他の糖）の Fischer 投影式から始めて, D という標識の基となった立体中心だけを反転せよ. すると, 新しくできた糖は何か. 〔ヒント: 答えは L-グルコースではないよ〕

ここに, グルコースの α-アノマーおよび β-アノマーを示す. 溶液中では, これらの二つのエピマーは, **変旋光**（mutarotation）とよばれるプロセスによって相互変換することができる. アセスメント 27・68〜27・73 では, 変旋光について取上げる.

α-D-グルコース
$[α]$ = **+112.2°**

β-D-グルコース
$[α]$ = **+18.7°**

27・68（●） α-D-グルコースの比旋光度が +112.2° であることを前提とすると, β-D-グルコースの比旋光度が −112.2° でないのはなぜか. どのような分子であれば, 比旋光度が −112.2° になるだろうか.

27・69（●●●） α-D-グルコースまたは β-D-グルコースを水に溶かすと, 比旋光度が徐々に変化し, 最終的にはどちらの溶液も +52.6° になる. ここで何が起こっているのか説明せよ.

27・70（●●●） 比旋光度が +52.6° のとき, アノマーの比率（α : β）はいくつか. 〔第 6 章でもこのような問題をやったね〕

27・71（●●●●） アセスメント 27・70 で計算した比率をもとにして, 水中での α-D-グルコースと β-D-グルコースのエネルギーの差はいくらか. 水中ではどちらがより安定か. 〔第 5 章でもこのような計算をしたよね. 温度は 298 K としよう〕

27・72（●●●） (a) 酸の存在下での α-D-グルコースから β-D-グルコースへの変旋光の反応機構を提案せよ. なお, 酸は必須ではないが, 反応速度を増加させる. (b) 提案した反応機構における酸の役割は何か.

27・73（●●） (a) アセスメント 27・72 で描いた反応機構について, 反応座標図を描け. (b) 逆反応の反応機構については, どのようなことが言えるか.

27・74（●●●●） C4 と C6 を同時に保護するベンジリデンアセタールは, 用いる反応剤に応じて, 還元的に開環されて C4 または C6 のいずれかのみが保護された糖を与えることができる. (a) それぞれの反応機構を提案せよ. (b) 二つの反応の選択性が異なる理由を述べよ.

C4 と C6 が保護されている

NaCNBH₃
HCl

Lewis 酸

BH₃

キチンは, 甲殻類や昆虫の外骨格に含まれるポリマーである. ここに, その構成単位である二糖を示す. アセスメント 27・75〜27・80 では, この二糖について取上げる.

27・75（●） Haworth 投影式を用いて環状単糖の一つを描け.

27・76（●●） モノマーの非環状形の Fischer 投影式を描け.

27・77（●●） その化合物の立体配置は D か L か.

27・78（●） 二つの単糖をつなぐグリコシド結合の種類は何か.

27・79（●●●） この二糖は Tollens 試験で陽性になるか, それとも陰性になるか.

27・80（●●●●） キチンの誘導体であるキトサンは, 治癒を助けるために包帯に内包されることがある. このキチン二量体をキトサン二量体に変換する反応を提案せよ. 〔注: グリコシド結合は酸に不安定だよ〕

キチン

?

キトサン

1330　27. 炭水化物・核酸・脂質

27・81（●●●●） 1990 年代半ば，米国中西部のある大学美術館の除湿機が故障し，空気中の水分量が増加した．それにより美術館に展示されている油絵の一部の絵の具がもろくなり，剥がれてしまった．どのような現象が起きたのだろうか．［この反応については第 19 章で学んだね］

細胞膜の表面には，細胞外の環境を検知して化学的なコミュニケーションをとるために，脂質の尾部に結合した糖が配されていることが多い．アセスメント 27・82〜27・84 では，糖脂質とよばれる次の構造を取上げる．

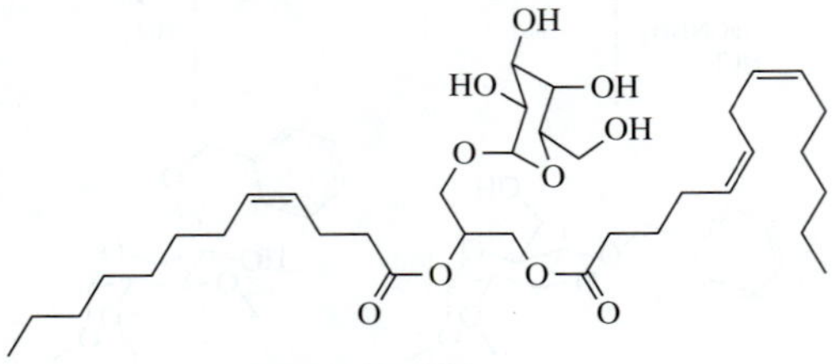

糖脂質

27・82（●） 糖脂質に使われている単糖は何か．

27・83（●●） 糖脂質を構成する脂肪酸の名称を略語で答えよ．

27・84（●●●） アセスメント 27・82 で名前を答えた単糖がジグリセリドに結合する際の反応機構を提案せよ．酵素の活性部位が，反応に必要な酸や塩基を供与するものと想定せよ．

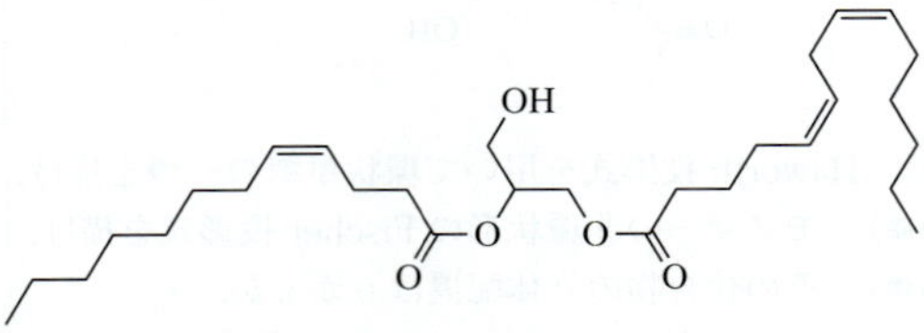

ジグリセリド

アセスメント 27・85〜27・89 では，DNA 配列 "ATG" について取上げる．

27・85（●●） この DNA 配列の化学構造を描け．

27・86（●●） 細胞がこれを翻訳して得られる mRNA のコドンの構造を描け．

27・87（●●） 用いられる tRNA コドンの構造を描け．

27・88（●●） どのアミノ酸が生成するか．

27・89（●●●●） 転写の際にミスがあったとする．(a) DNA のチミンが誤ってシトシンに転写された場合，できあがるタンパク質にどのような影響があるだろうか．(b) グアニンが誤って別のグアニンに転写された場合はどうだろうか．

27・90（●●●●） α-ピネンは，松の木に含まれるテルペンである．テルペンの一種であるゲラニル二リン酸を出発点として，α-ピネンが生成するまでの反応機構を描け．酵素の活性部位が，反応に必要な酸や塩基を供与するものと想定せよ．［第 8 章でこれに似た反応を学んだね］

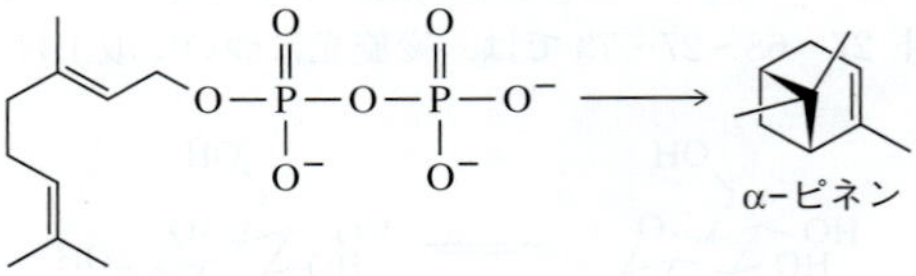

ゲラニル二リン酸　　α-ピネン

27・91（●●●●） 次の化合物が最近，脂質の生合成に用いられる ACP 酵素を阻害すると報告された．［図 27・78 参照］この化合物は，共有結合を形成して酵素を阻害すると考えられている．これまでの学習で学んだことをふまえて，この阻害の反応機構を提案せよ．［第 21 章で見た求核反応を考えてみよう］

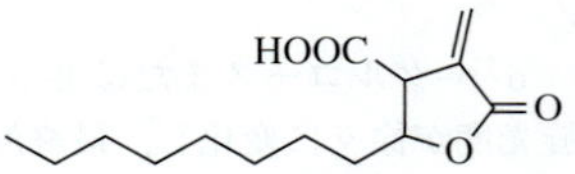

合成ポリマー

はじめに

社会の至るところに存在するポリマーは、私たちの生活をさまざまな場面で大きく改善している。私たちが使っているコンピューター、電話、水を飲むためのボトル、身につける衣服には**合成ポリマー**（synthetic polymer）が使われている。ポリマーの興味深い物語や応用例を一つだけあげることは、この分野全体にとって不公平だろう。つまり第 28 章全体が "化学はここにも" なのだ。ここでは、これまでに学んだたくさんの反応が再登場するものの、どれも当たり前のように毎日使っている材料をつくるために応用されている。

どんなものでもそうだが、ポリマーにも欠点はある。食品の長期保存に適した性質は一方で、廃棄後の埋立地の中で何世代にもわたって残るという残念な結果に現れてしまう。歴史的には、プラスチックの製造には有毒な化合物が使用され、エネルギーを大量に消費する過酷な条件で製造されてきた。多くのプラスチックは海洋生物や鳥類によって食物として誤認され、摂取された結果、その死をもたらしている。つまり私たちのポリマーに依存した生活は、問題をひき起こす可能性をはらんでいる。

幸いなことにグリーンケミストリーへの動きは、ポリマーの分野が中心舞台となっている。重合条件、ポリマーの生分解性、そして再生可能原材料などにおいて、目を見るような改善がなされてきた。ポリマーについて学びながら、こうした改善策についてもいくつか見ていこう。

いよいよ第 28 章が始まり、有機化学について語り合う最後の章がやってきた。嬉しくもあり、悲しくもあるという感じだろう。[私にとってはもちろんほろ苦いんだけど、感情を込めすぎないようにするよ] ここまでの章でも引用句を紹介しており、そこにはそれぞれ意味が込められていた。この章では、初めて、その引用句の意味を説明しよう。

右の Winston Churchill の言葉は、この章に二つの意味で関連している。[二つ目の意味はこの章、すなわちこの本の最後に説明するね] 最初に学んだ反応の一つである、アルケンへの塩化水素の付加を考えてみよう。

学習目標

- ポリマーの構造を示すことができる。
- 連鎖重合と逐次重合を区別することができる。
- ポリマーの物理的特性を説明することができる。
- 付加重合反応を分析することができる。
- 縮合重合反応を分析することができる。
- エポキシ樹脂，ROMP，遷移金属触媒による重合反応を分析することができる。
- 共重合反応を分析することができる。

さて、これは終わりではない。終わりの始まりでさえない。ただ、もしかすると、始まりの終わりなのかもしれない。
— Winston Churchill

1332　28. 合成ポリマー

π結合のプロトン化に続いて，生じたカルボカチオンが塩化物イオンによって攻撃され，ハロゲン化アルキルが生成する．これで反応は終了である．しかし，**重合反応**（polymerization）では，カルボカチオンの生成は反応の終わりを告げるものではない．むしろ始まりにすぎないのだ．なぜそうなのかを見つけるために，この章を読み進めよう．

標準的な有機化学の講義でのこの章の位置づけ方にはおそらく2種あり，どちらにも対応できるように書いてある．教員が知っていればいいようなことに聞こえるかもしれないが，同じように君たち学生も理解しておくことは大切なことだと思う．この章に登場する反応は，別の観点からではあるものの，"すべて"すでに学んでいる．そのため，ある先生は，何かの反応を学ぶ折りに，この章で対応する反応を扱う節を組込んで紹介するかもしれない（たとえば§28・4・1を第8章に追加して学ぶ）．また，ある先生は，第28章を学期の最後まで残し，こうした反応を別の観点から眺め，復習する機会だと考えるかもしれない．これは期末試験の準備に最適な方法ともなる．

君たちの先生がこの章をどのように位置づけようとしているかは別として，君は今，前に学んだことの理解を深めるために，どうやってこの章を活用すればよいのか，よい助言を受けたところだ．つまり"定着させる（§1・4）"ための方法だ．この章では重合反応が紹介されるたびに，かつて学んだ反応を復習しつつ，どこで学んだのかを振り返る形式としている．このミニ総説形式をぜひ活用してほしい．そうすれば，重合は私たちが学ぶテーマのなかでも，より簡単なものになるだろう．

この"定着させる方法"に沿って，この章を始めるにあたって知っておかなければならないことを確認しよう．もう27回，同じようにやってきたよね．

理解度チェック

アセスメント

28・1 スチレンへのHBrの付加について，生成物とそれが生成する反応機構を巻矢印を用いて示せ．[§8・3・1参照]

スチレン + HBr ⟶

28・2 シアン化物イオンとα,β-不飽和ケトンのMichael反応について，生成物とそれが生成する反応機構を巻矢印を用いて示せ．[§21・5・2参照]

(エノン) + NaCN, H₂O

28・3 ブタ-1-エンへのHBrのラジカル付加について，生成物とそれが生成する反応機構を巻矢印を用いて示せ．[§8・3・4参照]

ブテン + HBr, ROOR

28・4 酸塩化物に対するフェノールの求核アシル置換反応について，生成物とそれが生成する反応機構を巻矢印を用いて示せ．[§19・7・2参照]

PhOH + ピバロイルクロリド, Et₃N

28・5 ボロン酸とハロゲン化ビニルのパラジウム触媒による鈴木カップリングについて，生成物とそれが生成する反応機構を巻矢印を用いて示せ．[§16・4・4参照]

p-トリル-B(OH)₂ + ビニルヨージド, Pd(PPh₃)₄, KOt-Bu

28・6 ルテニウム-カルベン錯体により触媒されるオレフィンメタセシス反応について，生成物とそれが生成する反応機構を巻矢印を用いて示せ．[§16・6参照]

ジエンエーテル, L$_n$Ru=CHPh

28・1 ポリマー：概要

ポリマー（polymer, 重合体, 高分子ともいう）とは, ギリシャ語で"多くの"を意味する"ポリ（poly）"と"部分"を意味する"meros"からなり, 多くの小さな分子が組合わさってできた大きな分子である. 組合わせる前の小さな分子は**モノマー**（monomer, 単量体ともいう）とよばれる. タンパク質, セルロース, DNAなどの生体高分子もポリマーであるが, この第28章で取上げるのはすべて合成ポリマー, 具体的には, 有機反応を利用して合成されたものである.

28・2 ポリマーの表記と命名

ポリマーは非常に大きな分子であるため, 初めて学ぶ学生は, どのように表記するか戸惑ってしまうかもしれない. 低分子の表記は簡単で完全なものだが, 何千何万ものモノマーからなるポリマー鎖の表現は不可能である. そのため, 化学者は, ポリマーの繰返し単位を［ ］内に配置し, ポリマー中に存在するモノマーの数を表すイタリック体の"n"を［ ］外に配置するやり方を考案した. その数がわかっている場合には, nをその数に置き換える. ポリマー中のモノマーの数が不明, あるいは重要でない場合（通常はそうである）には, ポリマーを示すのに斜体のnで十分なのである. 図28・1にベンゼンモノマーだけでできたポリマーを示す. ポリマー中に五つのベンゼンモノマーがあることがわかっていれば, $n=5$である. ポリマーは通常, 5個よりも桁違いに多くのモノマーをもっているので, ポリベンゼンを表現するには, ベンゼンを角かっこでくくってnを添える方がよいだろう.

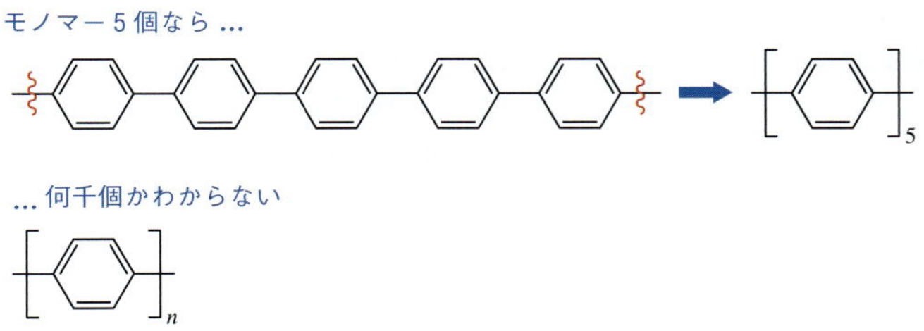

図28・1 単純化したポリマーの表記法 繰返し単位を角かっこに入れる.

この表記は, **ホモポリマー**（homopolymer, 1種類のモノマーしか含まないポリマー）については簡単だが, **コポリマー**（copolymer, 2種類以上のモノマーを含むポリマー, **共重合体**）では, やや複雑となる. 繰返し単位を正しく描写するためにどこに［ ］を描けばよいのか自明ではないためである. 図28・2(a)には, ベンゼン環とシクロペンタン環が交互に並んだポリマーを示す. ここでは, ベンゼン一つとシクロペンタンの一つが対（ペア）になったものが繰返し単位なので, これらが［ ］に入っている. この表記では, 左側の角かっこ（［）を通過した結合が, 同じ繰返し単位に連結されていると考えるが, その結合は, 連結される単位の右側の角かっこ（］）を通過することを意味している. 図28・2(b)には, ポリウレタンの例を示す. より大きな繰返し単位をもつものの, 表記方法は同様である. つまり, 繰返し単位を［ ］の中に配置する.
［アセスメント28・7では, この表記方法を自分で試してみよう, 面倒くさく感じられるかもしれないけれど, この章を読み進める前に, やり方を理解しておくことが重要なんだ］

1334　28. 合成ポリマー

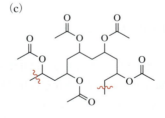

図 28・2　[ ]を用いるコポリマーの構造表記法　(a) ベンゼンとシクロペンタンの交互共重合体，(b) ポリウレタン．

アセスメント

28・7　次のポリマーの構造を [ ] を用いて表記せよ．

(a)

(b)

(c)

28・8　次の [ ] を用いた表記で示されたポリマーの構造をアセスメント 28・7のように波線を用いて記せ．それぞれの場合において，三つのモノマー単位分の構造を示せばよい．

(a)

(b)

(c)

ポリマーの命名法は，IUPAC の原料基礎名を用い，モノマーに基づいてポリマーを命名する（図 28・3）．必要なのはモノマーの名前の前に"ポリ（poly-）"という接頭語をつけることだけである．この名称では，大概の場合，モノマーの一般名が用いられる．モノマーの名称が複数の単語である場合は，モノマー名をかっこで囲む．たとえば，§28・4で学ぶスチレン（styrene）の重合反応では，ポリスチレン（polystyrene）ができる．同様に，塩化ビニル（vinyl chloride）を重合させるとポリ塩化ビニル〔poly (vinyl chloride)〕ができる.

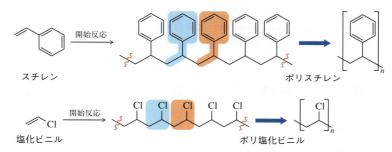

図 28・3 ポリマーの命名法

28・3 ポリマーの分類

合成ポリマーを構成する構造はさまざまなため，その用途に応じて複数の分類方法がある．以下では，これらのポリマーの分類について簡単に説明する．

28・3・1 反応形式

有機化学の入門講義においてポリマーを分類する最も重要な方法は，ポリマーを形成する反応による分類である．この分類はまた，新しく登場する反応を以前学んだものと結びつけてくれるはずだ．[この章を通じての注目点だね]

ポリマー合成に用いられる最も重要な二つの反応形式は，付加と縮合である．§28・4と§28・5で説明するように，付加重合はアルケン（第8章と第9章），アルキン（第10章），アルデヒド/ケトン（第17章），共役系（第21章と第22章）に対する付加反応と同じであり，縮合重合はカルボン酸誘導体（第19章）やエノラート（第20章）の縮合反応と同じである．図28・4に付加重合と縮合重合の一般的な例を示す．**付加重合ポリマー**（addition polymer）は元のモノマーに含まれるすべての原子を含むのに対し，**縮合重合ポリマー**（condensation polymer）は水やアルコールなどの小さな分子が脱離して生成する．[詳細は後述するよ]

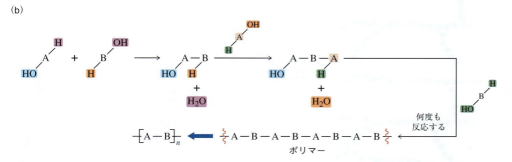

図 28・4 （a）付加重合と（b）縮合重合

28・3・2 連鎖重合と逐次重合

ポリマーは，モノマーが結合してポリマー鎖を形成する方法によっても分類できる．付加重合ポリマーのなかで最も一般的なものが，一方向に成長するポリマーであり，**連鎖重合ポリマー**（chain-growth polymer）とよばれる（図 28・5）．この重合反応では，モノマーが一つずつ結合して，ポリマー鎖が成長して行く．

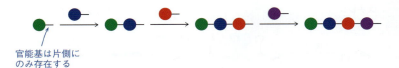

図 28・5 連鎖重合 モノマーが一つずつ結合して，一方向へポリマー鎖が成長する．

一方，**逐次重合ポリマー**（step-growth polymer）は両末端に反応性の官能基をもつため，両方向に成長できる（図 28・6）．逐次重合は縮合ポリマーでよく見られる．連鎖重合ポリマーではモノマーが一つずつ結合してポリマー鎖が成長するのに対し，逐次重合ポリマーはモノマー（単量体）に加えて二量体や三量体などのオリゴマーが組合わさることで成長し，ポリマー鎖はどちらの方向にも成長する．

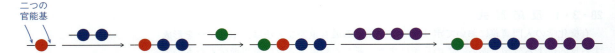

図 28・6 逐次重合 モノマー（単量体）と二量体や三量体などのオリゴマーが組合わさってポリマー鎖は両側へ成長する．

28・3・3 構　　造

ポリマーにはさまざまな形状があり，それぞれの形状が異なる特性をもたらす．表 28・1 に示した構造のうち，直鎖状，分岐状，架橋状のものが，これから学ぶポリマーの大半を占める．

表 28・1 形状によるポリマーの分類

形状	特徴	例	形状	特徴	例
線状	すべてのモノマーが直鎖状に結合している		星型	核となる部位からポリマー鎖が放射状に伸びている	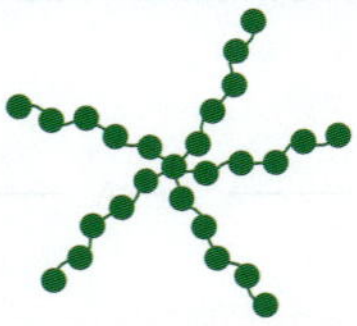
分岐	主鎖から複数の分岐点が存在する	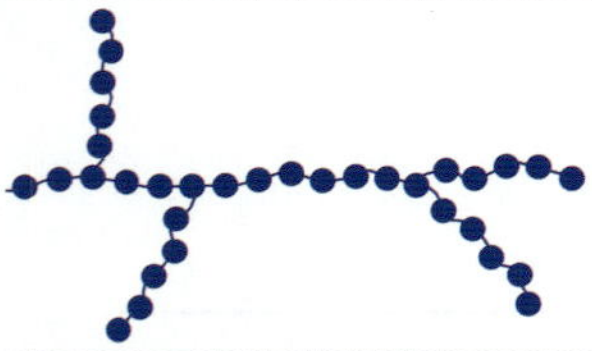	櫛型	主鎖から同じ長さの側鎖が規則正しく分岐している	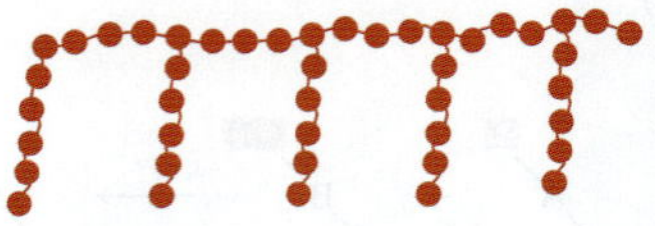
網目	複数のポリマー鎖が別のポリマー鎖で架橋されている		ブラシ型	主鎖から同じ長さの側鎖がすべての方向へ高い密度で分岐している	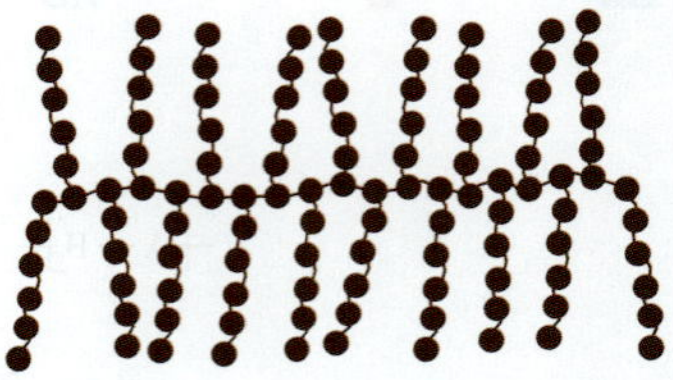

28・3・4 物　　性

ポリマーの物性は，低分子に存在するのと同じ分子間相互作用に基づいている．ただ，ポリマーはその大きさゆえに，分子間相互作用の数が非常に多い．たとえば，シクロヘキサンには弱い van der Waals 相互作用が分子間に数個しかないために，比較的，沸点が低くなっている．一方で，非極性ポリマーのなかでは，より多くの van der Waals 相互作用があり，ポリマーは剛直で，高融点な結晶性固体となる．

ポリマーはその構造が非常に多様であるため，物性を予測することが難しい．しかし，いくつかの一般原則を理解することはできる．まず，ポリマーの**結晶性・結晶化度**（crystallinity）は，ポリマー鎖がどれだけ緊密に詰まるのかによって決まる．ある方法でつくられた分岐のない直鎖状ポリエチレンは，完全な秩序はないものの複数の**結晶化**（crystallite）領域をもっており，硬くて結晶性の高いポリマーとなる（図28・7a）．一方，別の方法でつくられたポリエチレンは，複数の分岐を含んでいる．この分岐により結晶化領域の形成が阻害されるため，分岐ポリエチレンは**非晶質**（amorphous），つまり剛直ではなく柔軟性に富むものとなる（図28・7b）．

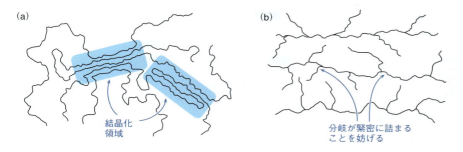

図28・7　**直鎖および分岐ポリエチレン**　(a) 直鎖ポリエチレン（高密度ポリエチレン）は複数の結晶化領域を形成する．(b) 分岐ポリエチレン（低密度ポリエチレン）は結晶化領域を形成できない．

温度を上げると，低分子は固体→液体→気体へと相転移する．分子間に無数の相互作用をもつポリマーは，気相には存在せず，非常に高い温度以外，純粋な液体として存在することはほとんどない．しかし，ポリマーも加熱されると相転移を起こす（図28・8）．この相転移は，**ガラス転移温度**（glass transition temperature, T_g）（硬い結晶性ポリマーが軟らかい固体になる温度）と**結晶溶融温度**（crystalline melting temperature, T_m）（固体ポリマーが粘性のある液体になる温度）で起こる．結晶性ポリマーが室温にあるときは，結晶性のために分子の動きが比較的少なく，非常に硬い構造になっている．そのため結晶性ポリマーを叩くと，ガラスのように粉々になる．ポリマーが T_g 以上に加熱されると，分子運動が活発になり，ポリマーの結晶性が低下する．

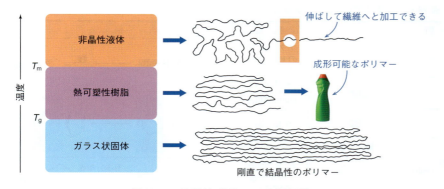

図28・8　**結晶性ポリマーの相転移**

ガラス転移温度を超えると，ポリマーは柔軟になり，成形可能になる．T_g以上で成形可能になったポリマーは，**熱可塑性樹脂**（thermoplastic）とよばれる．T_mを超えて温度を上げていくと，さらに分子運動が活発になり，ポリマー鎖が自由に動き回れるようになるため，粘性のある液体となり，繊維に加工することができるようになる．

ポリマーが望ましい特性をもちながらも，使用温度で脆すぎる場合，小分子をポリマーに溶解させる．**可塑剤**（plasticizer）とよばれるこの小分子は，van der Waals 相互作用を破壊して結晶化度を低下させ，硬くて脆いポリマーを柔軟にして（図 28・9），ガラス転移温度を低下させる．フタル酸ジ(2-エチルヘキシル)は，この目的でポリマーに添加される可塑剤の一例である．

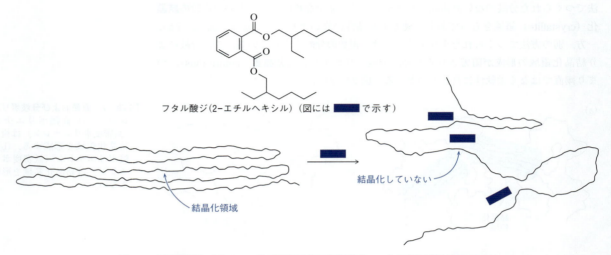

図 28・9 可塑剤はポリマーの分子間相互作用を阻害することで結晶性を低下させる

28・4　付加重合ポリマー

私たちが付加反応に初めて出会ったのは，第8章だった．付加反応では，二つの分子が原子や置換基を失わずに結合して一つになる．この反応はたいてい，C−C または C−O のπ結合への付加反応を含み，エントロピー的には好ましくない反応である（分子数 2→1，$\Delta S < 0$）．表 28・2 は，これまでに学んだアルケン，アルキン，ジエン，アルデヒド，ケトンの反応を含む，いくつかの付加反応の例である．

表 28・2　これまでに学んだ付加反応（すべてではないが）

反応	例	反応	例
一般式	A + B ⟶ A−B	ブタジエンのヒドロハロゲン化（§21・4・1）	
アルケンのハロゲン化（§9・1・2）		Diels-Alder 反応（§22・3）	
アルキンの水素化（§10・6・1）		ヘミアセタール形成（§17・7・2）	

28・4　付加重合ポリマー　　1339

　付加重合は，表28・2の反応と似ているが，1分子のAに1分子のAが加わり，それにまた1分子のAが加わるというように，長いポリマー鎖ができるまで繰返される（図28・10）．付加重合は，ポリマーでないものと同様に，通常，C−Cπ結合への付加によって起こる．モノマーが結合する過程で，Aの原子や置換基は失われない．[縮合重合では，原子や置換基が失われてポリマーが形成されるんだ]

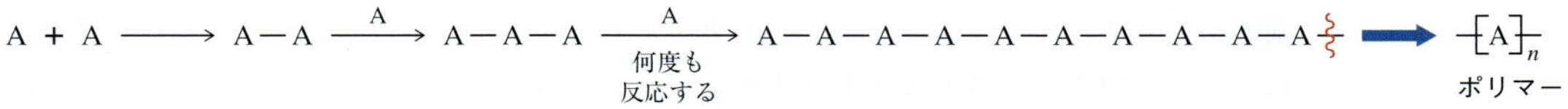

A + A ⟶ A−A $\xrightarrow{A}$ A−A−A $\xrightarrow[\text{反応する}]{\text{何度も}}$ A−A−A−A−A−A−A−A−A−A⟩ ⟶ [A]$_n$
ポリマー

図28・10　付加重合の一般的な形

　この後の節で3種類の**付加重合ポリマー**（addition polymer）を学ぶ際登場する反応はすべて他の章で見たことがあることを覚えておこう．私たちは新しい反応を学んでいるのではなく，分子が成長してポリマーが形成される過程で，これらの反応が繰返し起こっているのを見ているだけなのである．

28・4・1　カチオン重合（求電子付加）

簡単な復習　第8章でアルケンの求電子付加反応について学んだ．酸触媒による1-メチルシクロヘキセンへの水の付加反応はこの反応の一例である（図28・11a）．アルケンのプロトン化により，安定な第三級カルボカチオンが生成するのが律速段階である．水は弱いながらも求核的で，大量に存在するため，プロトンを二つ保持しながら，第三級カルボカチオンを攻撃する．最後の段階では，オキソニウムイオンの酸性プロトンが取除かれ，第三級アルコールが形成される．同様の機構で，2-メチルブタ-1-エンにHBrが付加すると，2-ブロモ-2-メチルブタンが生成する（図28・11b）．[これらの反応の詳細は，§8・3および§8・4を参照しよう]

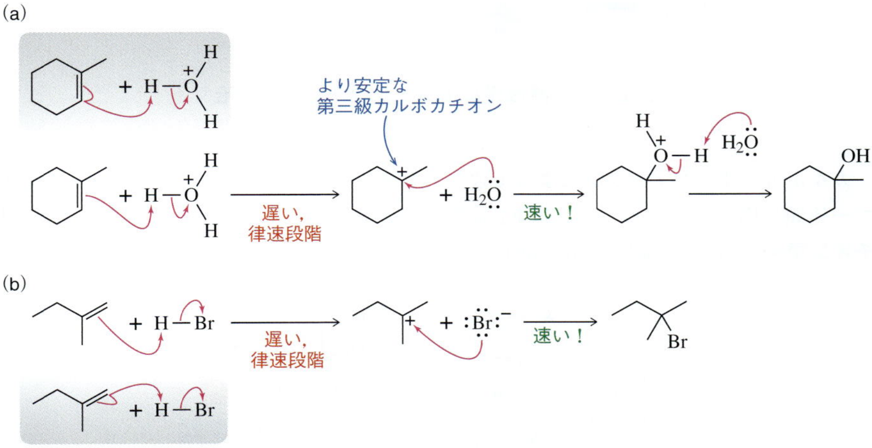

(a)

(b)

図28・11　アルケンへの求電子付加　(a) 酸触媒による水の付加，(b) HBrの付加.

ポリマーへの応用　図28・11(a)と(b)では，中間体のカルボカチオンが，求核性の低い溶媒分子である水や，中程度の求核性をもつ臭化物イオンによって攻撃されてしまった．求電子付加反応をポリマー合成に利用するためには，代わりにカルボカチオンを別のアルケン分子で攻撃する必要がある．そのためにはどうすればよいのだろうか？ [よ

いアイデアはあるかな?] まず,求核剤が存在してはいけない.次に,カルボカチオンが別のアルケン分子に攻撃されるようにするには,反応を非常に高い濃度で行う必要がある.この過程はイソブチレン(2-メチルプロペン)の重合で実証されている(図 28・12).わずかな水の存在下で Lewis 酸触媒を使用すると,最初の開始段階で酸が発生する.[重合は連鎖反応であるため,第 11 章でラジカル反応を学んだときのように,開始,成長,停止という用語を使うんだ] 第二の開始段階でイソブチレンモノマーがプロトン化され,成長カルボカチオンが生成する.このカルボカチオンが 2 番目のイソブチレンモノマーによって攻撃され,別のカルボカチオンが生成する.この過程が繰返され,鎖が無限に伸びていくと,ポリマーであるポリイソブチレンとなる.

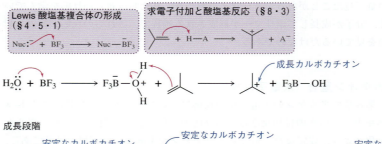

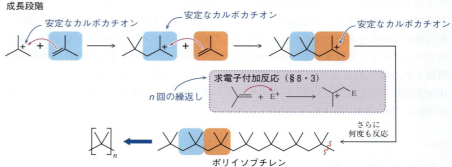

図 28・12　酸触媒によるイソブチレンの重合

カルボカチオンがアルケンによって攻撃される代わりに,プロトンが脱離するとポリマー連鎖反応は停止する.これは E1 脱離反応の第二段階に相当する(図 28・13).**カチオン重合**(cationic polymerization)はすべてこのように停止する.

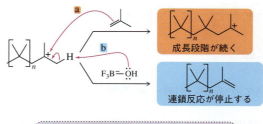

図 28・13　カチオン重合の停止反応は成長鎖の脱プロトンにより起こる

ポリスチレンも同様にカチオン重合によってスチレンから生成する．微量の水が存在するなか，塩化スズ(Ⅳ)によって重合が開始される（図 28・14）．この反応は大きな発熱を伴うので非常に低い温度で行われる．重合はエンタルピー駆動型の反応であることを思い出そう．このため重合は通常，高い温度では不利になる*．つまり，ほかの反応が劇的に遅くなってしまうような低い温度でも重合過程はそれほど遅くはならない．ポリスチレンに空気を吹き込むと，無数の小さな穴ができ，発泡スチロールとよばれるものができる．この発泡スチロールは，包装材や建材，使い捨てのコーヒーカップなどに使われている．

*[訳注] 重合では多数の小さな分子が一つの大きな分子となるためエントロピー的には不利な過程となる．この議論では重合が平衡であることを仮定しているが，その仮定を支持する実験事実も見いだされている．

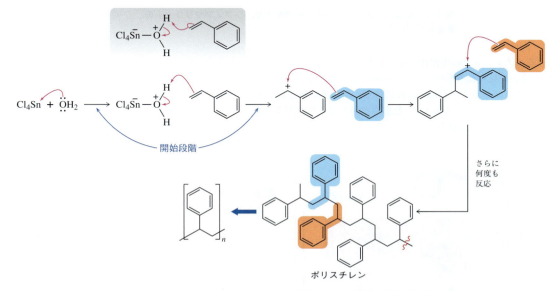

図 28・14 ポリスチレンを形成するカチオン重合

アセスメント

28・9 シアノアクリラート*はアルケンを含んでいるが，カチオン性の条件では重合できない．(a) その理由を説明せよ．(b) また，どのような条件であれば重合できるだろうか．

シアノアクリラート

*[訳注] アクリラートはアクリレートともよばれている．

新しい重合を"発明"する意味でも，この問題を一緒に解いてみよう．

アセスメント 28・9 の解説

重合などのエンタルピー駆動型の反応は，生成物・中間体が出発物質よりも安定な場合にのみ進行する．ポリスチレン（図28・14）やポリイソブチレン（図28・13）の場合は，カチオン性の中間体の中に新たに形成された C-C 結合が反応を熱力学的に有利にしていた．したがって，シアノアクリラートがなぜ同じように重合しないのかを知るためには，開始と成長の段階で形成される中間体を分析する必要がある．

シアノアクリラートのアルケンがプロトン化されると，同じ炭素上にエステルとシアノ基をもつカルボカチオンが形成される．[この中間体の安定性をどう考えるかな？] エステル基とシアノ基は電子求引基であると §23・8 において学んだことを思

い出そう．電子供与基は正電荷を非局在化させてカルボカチオンを安定化させるが，電子求引基は正電荷の大きさを増大させてカルボカチオンを不安定化させる（図 28・15）．

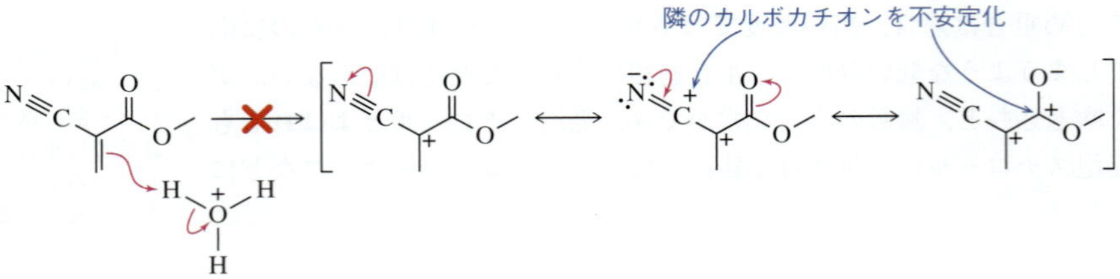

図 28・15　電子求引基はカルボカチオンを不安定化させ，シアノアクリラートのカチオン重合を不利にする

　反応が起こりうるスチレン重合の中間体と反応が進行しないシアノアクリラート重合の中間体を反応座標図で比較すると，図 28・16 に示した違いが見られる．ベンゼン環の隣にあるカルボカチオンは共鳴により安定化されている［§24・1・3］（そのため反応座標図上ではエネルギーが低い）のに対し，エステル基とシアノ基の隣にあるカルボカチオンは安定性が著しく低い（反応座標図上ではエネルギーが高い）．反応座標図上で生成物がより高い位置にあるとその反応は大きく吸熱的な反応となり，活性化エネルギーも当然超えることができないほどとなる．［アセスメント 28・9(b)の答えはあとで確認するよ．答えについて，ひき続き考えてみよう］

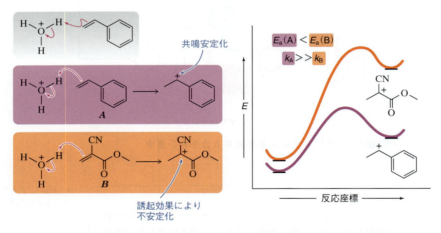

図 28・16　非常に不安定なカルボカチオンの形成は活性化エネルギーが高い

　アセスメント 28・9 の解説は，第 8 章や第 23 章での経験から予測できたであろう原理を説明している．電子豊富なアルケン（第 8 章）や芳香環（第 23 章）では，求電子反応はより速く進行する．これと同じように比較的安定なカルボカチオンを形成できるアルケンのみがカチオン条件下で重合できることとなる．図 28・17 はこの傾向を示している．

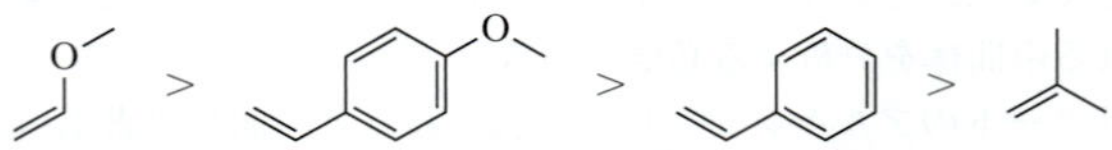

図 28・17　電子豊富なアルケンはよりカチオン重合を起こしやすい

アセスメント

28・10 ここに示した分子のカチオン重合の反応機構を示せ．それぞれの場合において，三つのモノマー単位分の構造を示せばよい．

(a)　(b) 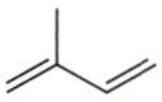　(c)

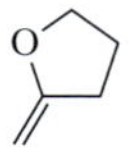

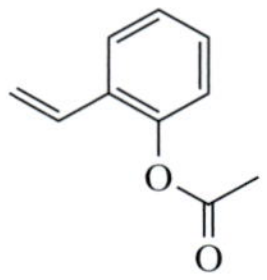

28・11 イソブチレンが重合するとき，ジメチル置換基は常に一つおきの炭素にある．その理由を説明せよ．

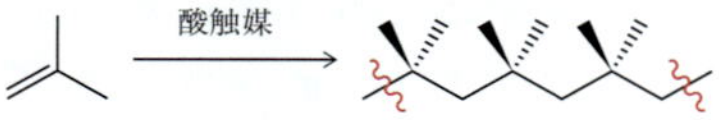

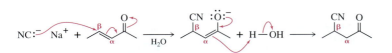

28・4・2　アニオン重合（求核付加）

アセスメント28・9では，シアノアクリラートはカチオン性の条件では重合しないことを学んだ．

■ **化学者のように考えよう**

カチオン重合の条件としては，アルケンが求核剤として反応することが必要である．そのため，カチオン重合は電子豊富なアルケンでのみ起こる．アセスメント28・9では，エステルとシアノ基が電子求引性であるため，近傍で生成するカルボカチオンを不安定にしてしまうことがわかった．もし電子求引基がカルボカチオンを不安定にするのだとしたら，どのような中間体であれば安定にできるだろうか．〔なにか考えはあるかな？〕電子求引基はカルボアニオンを安定化する．つまり，求電子的だったりカチオン性の開始剤を使う代わりに，アニオン性の開始剤を使えばよいということになる（図28・19）．〔この反応機構については後で考えるよ〕

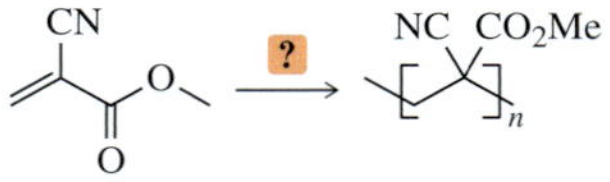

化学者のように考えて，どうしたらシアノアクリラートを重合させられるかを見てみよう（図28・18）．

図28・18 どのようにすればシアノアクリラートを重合できるだろうか？

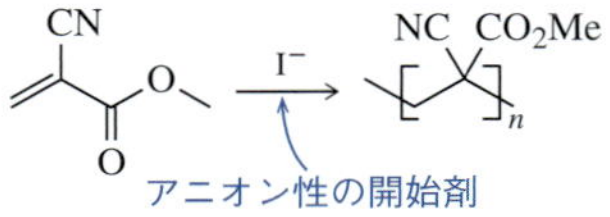

図28・19 アニオン性の開始剤はシアノアクリラートを重合できる

簡単な復習　第21章では，α,β-不飽和カルボニル化合物への弱い求核剤の共役付加について学んだ．ペンタ-3-エン-2-オンへのシアン化物イオンの1,4-共役付加はその一例である（図28・20）．β炭素に求核剤が攻撃すると，C–Cのπ電子がカルボニル酸素に押し込まれる．プロトン性溶媒中では，生成したエノラートのα炭素がプロトン化され，ケトンが再生する．この反応を全体で見ると，β炭素に新たなC–Cσ結合が形成したことになる．〔この反応の詳細については，§21・5を参照しよう〕

図28・20 アルケンへの求核付加

ポリマーへの応用　§28・4・1で用いた論理に沿って，図28・20の反応を重合反応に変えることができる．つまり，モノマー（シアノアクリラート）の濃度を上げ，生成するエノラートをプロトン化してしまうようなプロトン性溶媒を排除すればよい．こうすることで，開始段階後，エノラートがほかのモノマーと衝突し，そこでMichael反応が起こるようにできる．反応機構的には，触媒量の求核剤（水酸化物イオンなど）がβ炭素に付加することで反応が始まる（図28・21）．生成したエノラートは成長アニオンとなる．そのため，別のシアノアクリラートモノマーに共役付加して，別のカルボアニオンを生成する．この過程を続けると，鎖が無限に伸びていき，ポリシアノアクリラー

トになる．シアノアクリラートは接着剤の主成分であり，その重合反応によって接着性を発揮する．

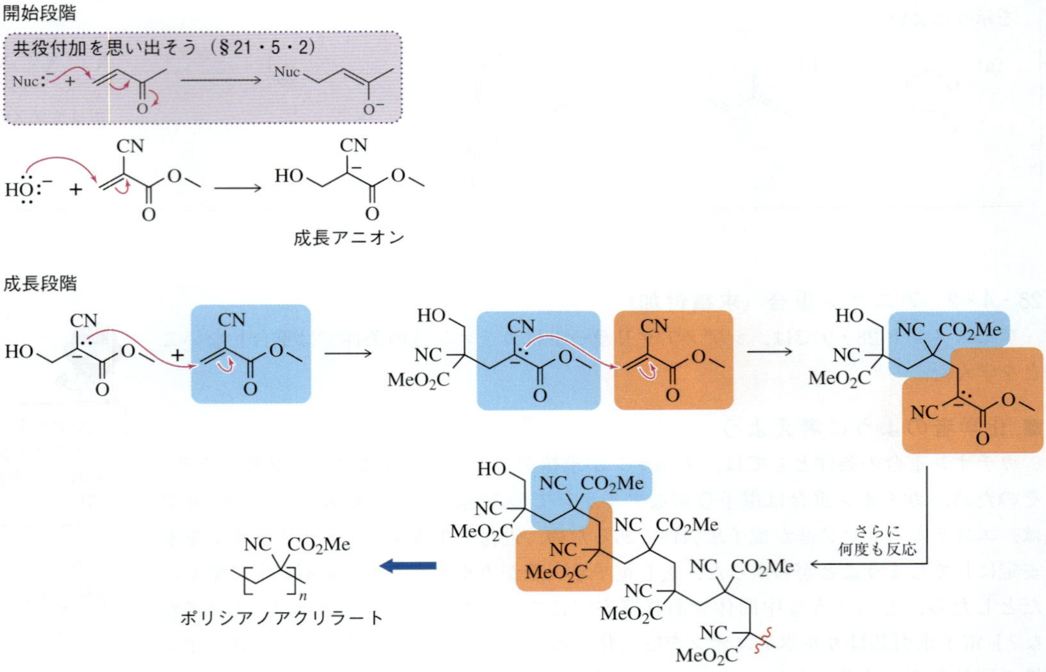

開始段階

共役付加を思い出そう（§21・5・2）

図28・21　シアノアクリラートのアニオン重合

成長段階

図28・21　シアノアクリラートのアニオン重合

成長するカルボアニオンが Michael 反応を起こす代わりに，プロトンを受取るとポリマー連鎖反応は停止する（**図 28・22**）．**アニオン重合**（anionic polymerization）はすべてこのように停止する．

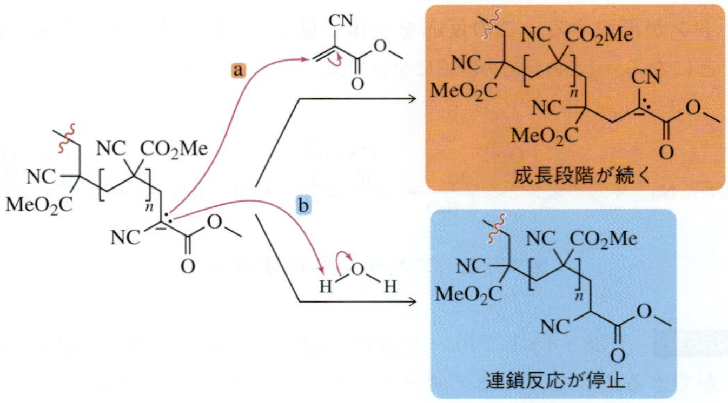

図28・22　成長アニオンのプロトン化によりアニオン重合は停止する

ポリスチレンは，スチレンのアニオン重合からも生成することができる．スチレンは電子不足アルケンではないため，開始剤には *n*-ブチルリチウム［§16・2・1から登場］のような非常に強い塩基を用い，反応は通常のアニオン重合機構により進行する（**図 28・23**）．

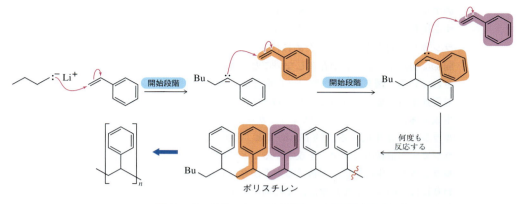

図 28・23 ポリスチレンを与えるアニオン重合

アセスメント

28・12 ここに示した分子のアニオン重合の反応機構を示せ．ただし，停止段階も示すこと．それぞれの場合において，三つのモノマー単位分の構造を示せばよい．

(a)　(b)　(c)

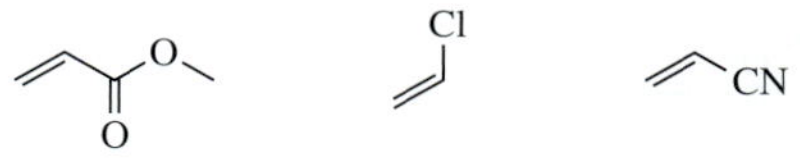

28・13 以下のモノマーを，アニオン重合を開始するのに必要な求核剤の求核性の高さにより順位づけせよ（1＝求核性の最も高い求核剤が必要，5＝求核性の最も低い求核剤でよい）．

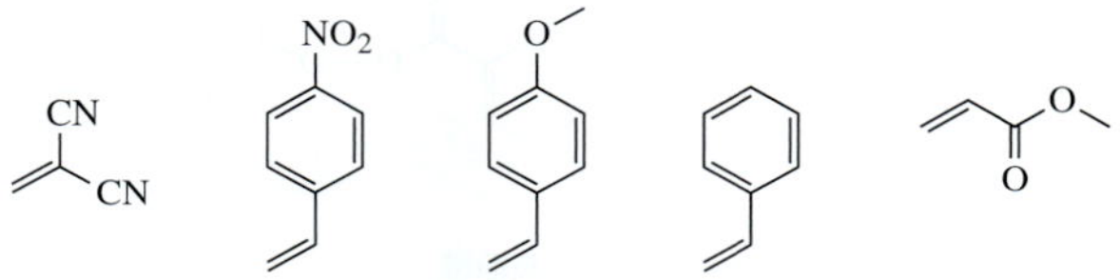

28・4・3　ラジカル重合

簡単な復習　第8章では，過酸化物の存在下で HBr を添加すると，逆 Markovnikov 型の付加が進行してハロゲン化アルキルが生成することを学んだ．ブタ-1-エンへの HBr の付加はこの反応の一例である（図 28・24）．2 段階での臭素ラジカルの生成（開始段階）に続いて，ラジカルはアルケンの最も置換度の低い炭素を攻撃して，より安定な第二級アルキルラジカルを生成する．第二級アルキルラジカルは別の HBr 分子から水素を奪い，臭化アルキルが生成するとともに，成長臭素ラジカルが再生される．［この反応の詳細については，§8・3・4 を参照しよう］

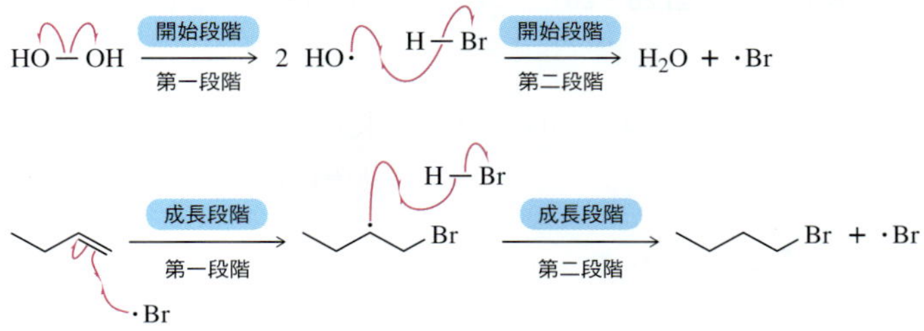

図 28・24　ブタ-1-エンへの HBr のラジカル付加

ポリマーへの応用　**ラジカル重合**（radical polymerization）には，成長ラジカルによる別

のアルケンへの攻撃が，（図28・24で見たような）水素引抜き反応よりも優先して進行する条件が求められる．HBrをアルケンに付加する際には，HBrは1当量を用いるが，ラジカル重合を進行させるためには，ポリマー連鎖反応を妨げるH−Br結合のような弱くて切れやすい結合が存在しないことが重要である．この方法はエテンの重合で実証されている（図28・25）．ラジカル重合は，通常，過酸化ベンゾイルを高温にすることで促進する．加熱されると，弱いO−Oσ結合が切れ，二つのカルボキシルラジカルが生成する．[§8・3・4を参照しよう]カルボキシルラジカルが脱炭酸することでフェニルラジカルが生成する．[§18・8・4と"化学はここにも18-D"を振り返ろう]フェニルラジカルが最初のモノマーを攻撃することでポリマー連鎖反応が始まり，新しいアルキルラジカルが生成する．引抜ける水素が存在しないため，このアルキルラジカルは，代わりにほかのエテンを攻撃し，また別のアルキルラジカルが生成する．この過程が続くことで，鎖が無限に伸長し，ポリエチレンが生成する．ポリエチレンは，ポリ袋としてよく目にしている．

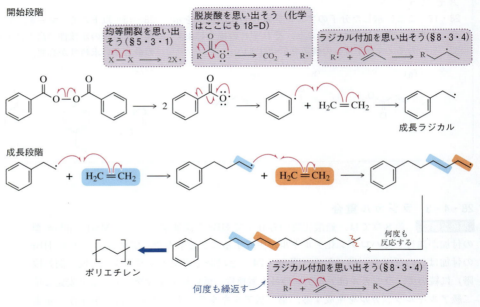

図28・25 エテンのラジカル重合

成長ラジカルが別のアルケンを攻撃する代わりに，別のラジカルと結合するとポリマー連鎖反応は停止する（図28・26）．これは，§5・3・3と§11・5・1で述べたラジ

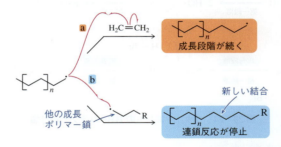

図28・26 ラジカル重合の停止反応は二つのラジカルの結合により起こる

カル連鎖反応の停止段階と同じである．ラジカル重合はすべてこのようにして停止する．

これまでの連鎖重合ポリマーの説明では，線状ポリマーの形成のみを示してきた．しかし，表28・1には，分岐ポリマーを含む，他のいくつかのポリマー構造が示されている．分岐ポリマーはどのようにしてできるのだろうか？ ポリマーが成長する過程で，アルキルラジカルが他のポリマー鎖から水素を引抜くことがある（図28・27）．このとき，より安定な第二級ラジカルが生成する．この第二級ラジカルがエテンと衝突すると，新しいポリマー鎖をつくり始め，最終的に分岐ポリマーができあがる．

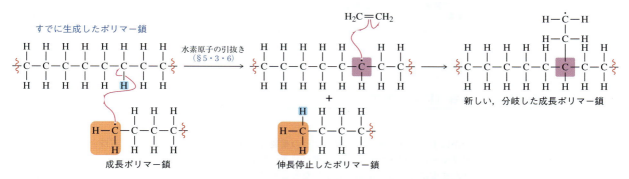

図28・27　エテンのラジカル重合における分岐の生成

ポリスチレンが，スチレンのラジカル重合により生成することには，君たちはもはや驚かないだろう．ここでも過酸化ベンゾイルが開始剤として用いられ，反応は通常のラジカル重合機構により進行する（図28・28）．

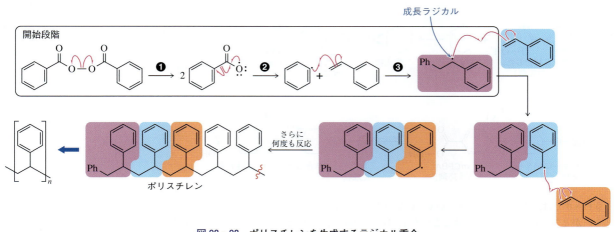

図28・28　ポリスチレンを生成するラジカル重合

28・4のまとめ

- ポリマーはこれまでに学んできたさまざまな反応を用いて形成される．カチオン重合はアルケンへの求電子付加によって進行する．アニオン重合は求電子的なアルケンへの求核付加によって進行する．そして最後に，ラジカル重合は，アルケンへのラジカル付加を経て進行する．

1348　28. 合成ポリマー

アセスメント

28・14 ここに示す分子のラジカル重合の反応機構を示せ. 重合は三つ目のモノマーが付加したところまで描き, その後, 停止段階を示すこと. 開始ラジカルと停止ラジカルには R・を用いること.

(a) テフロン製造

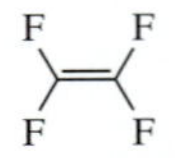

(b) サランラップ製造 (2004 年まで)

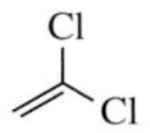

(c) PVC 製造

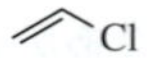

28・15 以下のポリマーの製造に使用された可能性のあるモノマーを示せ.

(a)

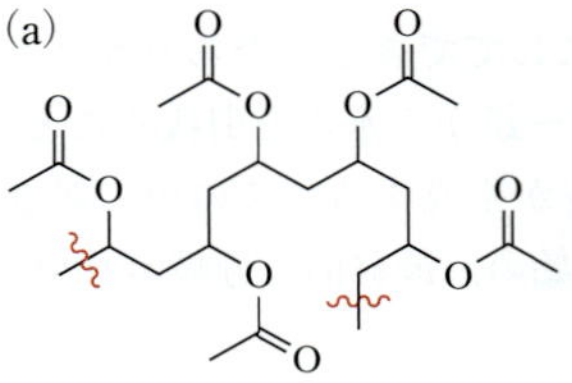

(b) 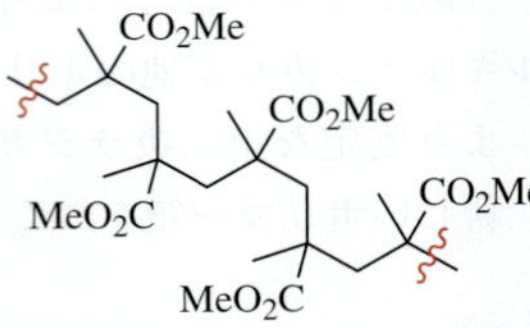 プレキシグラス (アクリル樹脂)

28-A　化学はここにも (精製を簡単に)

固体担体上での反応

　ポリマーは, 私たちの生活を豊かにするプラスチックや樹脂などの重要な素材を生み出すだけでなく, 有機合成の分野にも発展をもたらした. その一つがポリマー担持反応である. 反応剤 (試薬) をポリマーに結合させると, 反応剤の反応から生じる副生成物を固体担体に結合させたままにできる. 反応が完了したところで, 副生成物を固体担体に保持したままで有機溶媒中にある目的生成物を洗浄により手に入れることができる (図28・29a). 反応物をポリマー担体に結合させても同様の目的を達成することができる. つまり, 反応が完了したところで, この場合は, 生成物が固体担体に結合しているため, 副生成物を洗い流すことができる (図28・29b). いずれの方法でも, 精製にかかる手間を最小限に抑えることができ, 反応に伴う時間, エネルギー, 廃棄物の量を減らすことができる.

(a)

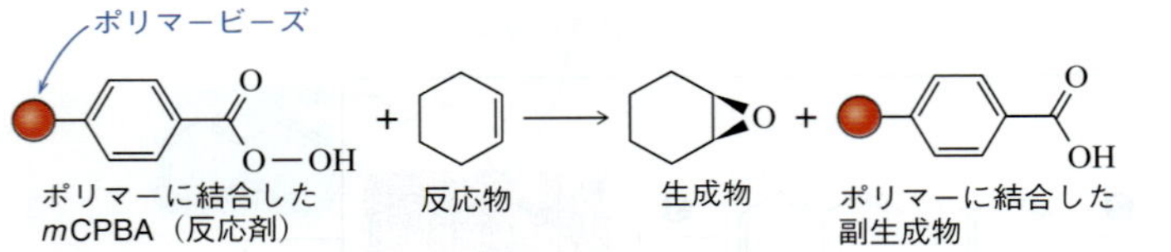

ポリマービーズ

ポリマーに結合した *m*CPBA (反応剤) + 反応物 → 生成物 + ポリマーに結合した副生成物

(b)

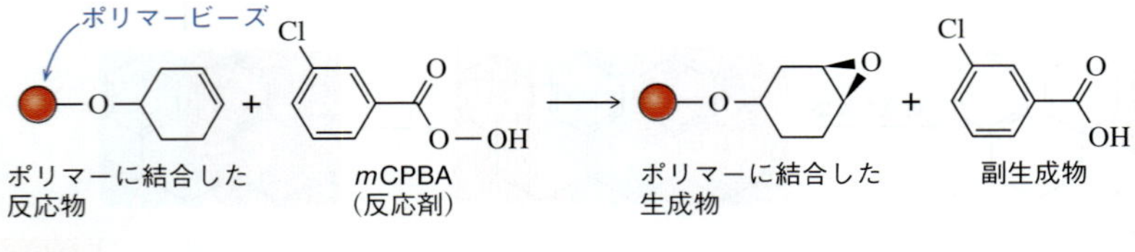

ポリマービーズ

ポリマーに結合した反応物 + *m*CPBA (反応剤) → ポリマーに結合した生成物 + 副生成物

図28・29　ポリマー担持合成　(a) 反応剤がポリマー担体に結合しているときは, 純粋な生成物を副生成物から容易に分離できる. (b) 反応物がポリマー担体に結合しているときは, 洗浄により副生成物を取除くことができる.

　§17・6 では, Wittig 反応が新しい C＝C 結合をつくるための有用な反応の一つであると学んだ (図28・30). アトムエコノミーがとても低いこと (化学はここにも 17-B) のほかに, 生じたアルケンの精製が困難なことが Wittig 反応の大きな欠点となっている. Wittig 反応で生成するアルケンには, Wittig 試薬の調製の際に残留したトリフェニルホスフィンと副生成物であるトリフェニルホスフィンオキシドが混入してしまうことが多い.

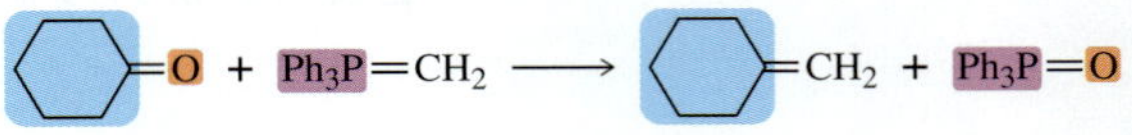

○ + Ph₃P＝CH₂ ⟶ ＝CH₂ + Ph₃P＝O

図28・30　ホスホニウムイリドとケトンの Wittig 反応

　ジフェニルホスフィノ基をもつスチレンモノマーを重合すると, Wittig 試薬を形成可能なポリマーが得られる (図28・31). このポリマーとクロロメタンとの S$_N$2 反応に続いて, 強塩基であるナトリウムヘキサメチルジシラジド (NaHMDS) を用いて脱プロトンすると, ポリマーに結合したリンイリドが得られる. このポリマー結合イリドにケトンを作用させると, 新しいアルケンが形成される. 副生成物のトリフェニルホスフィンオキシドも生成するが, これはポリマーに結合しているため

28・5 縮合ポリマー（求核アシル置換）　　1349

有機溶媒には溶け出さない．生成したアルケンは有機溶媒に溶けるので，ポリマーから洗い流すことができ，さらに精製することなく次の工程で使用できるほど純粋になる．

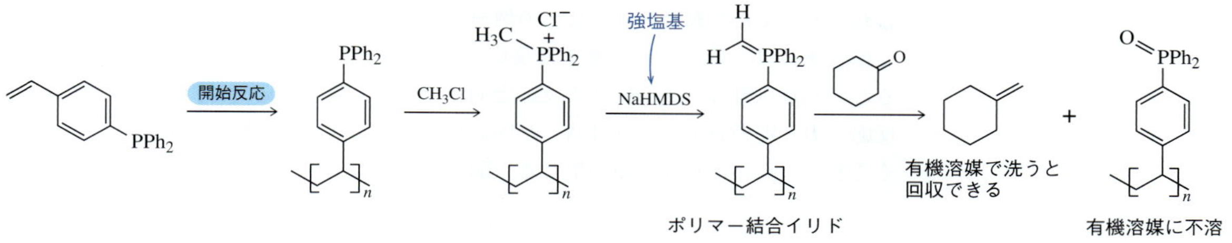

図 28・31 ポリマー結合イリドとシクロヘキサノンの **Wittig** 反応によりメチレンシクロヘキサンが生成する

　生成物であるトリフェニルホスフィンオキシドは，通常，反応の過程で廃棄物として捨てられ，ほとんど有用性がない．幸いなことに，ポリマーに結合したトリフェニルホスフィンオキシドは，トリクロロシランとアミン塩基で還元することでトリフェニルホスフィンとしてリサイクルすることができる（図28・32）．［この反応の反応機構は気にしないでよいよ］

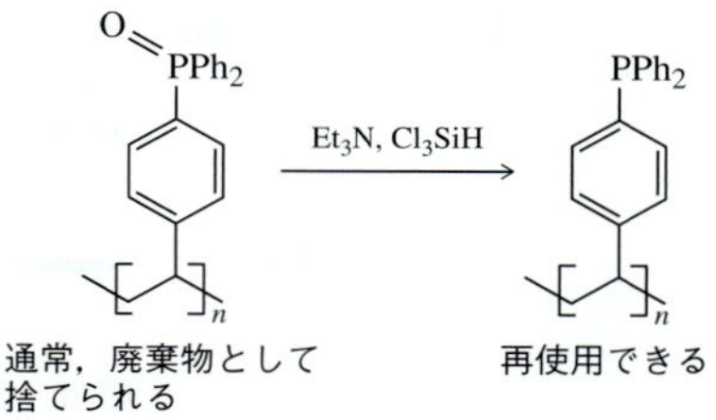

図 28・32 ポリマーに担持したトリフェニルホスフィンは Wittig 反応に繰返し利用可能である

28・5　縮合ポリマー（求核アシル置換）

　縮合反応とは，もともと二つの有機分子の間で水やアルコールのような低分子が脱離して新しい結合をつくる反応として定義されてきた．今こうして見てみると，縮合反応

表 28・3 これまでに学んだ縮合反応の一部

反　応	例
一般式	
アルコールの脱水による エーテルの形成 （§13・11）	
アルドール縮合 （§20・3）	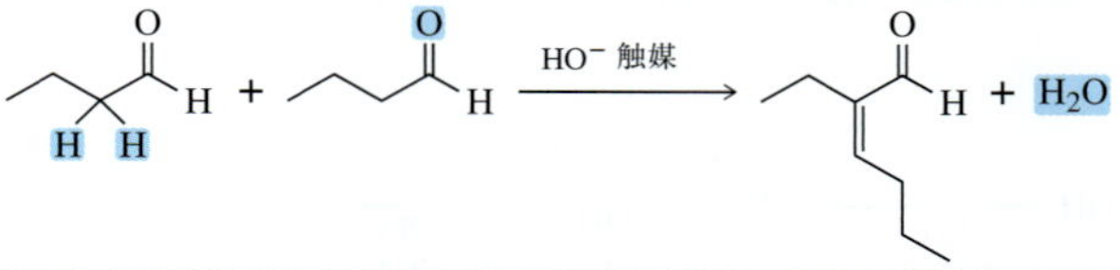
Claisen 縮合 （§20・4）	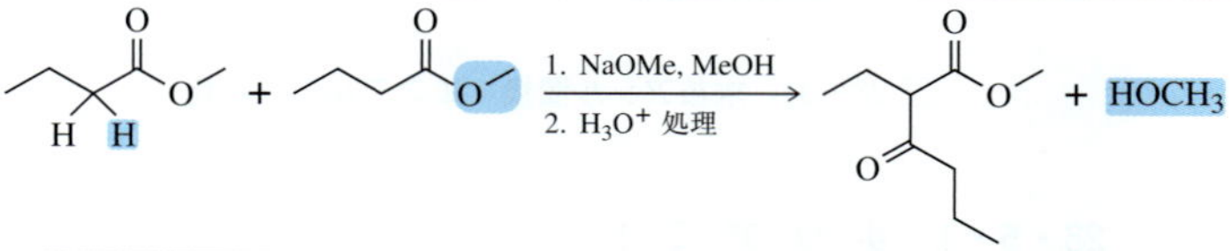
Dieckmann 縮合 （§20・4・2）	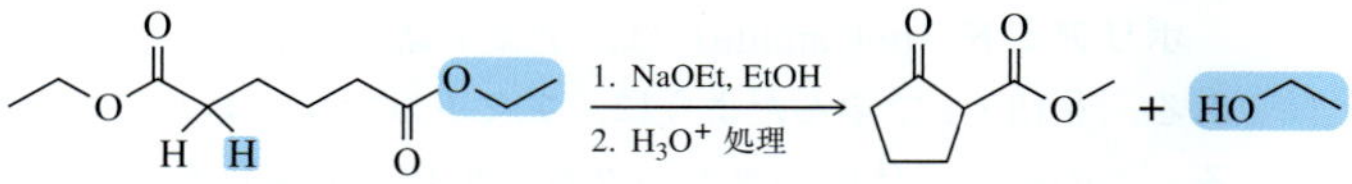
Fischer エステル化 （§18・7・2）	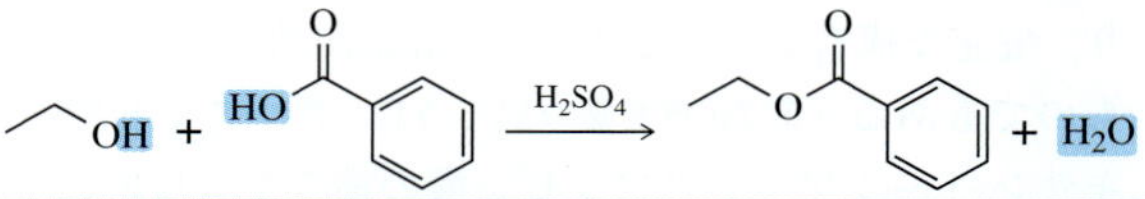

も，単に置換反応の一つにすぎない．縮合反応は通常，C−Xのσ結合を別のものに置き換えるもので，エントロピー的には中立（分子数2→2, $\Delta S = 0$）である．**表28・3**には，エーテル生成，アルドール反応および関連した縮合，Fischerエステル化など，これまでに学んだ縮合・置換反応の例をいくつか示している．

縮合重合は，低分子が脱離する反応であり，一つのA分子が一つのB分子と反応するという点以外は，表28・3の反応と同様である．重合反応では，生じたA−Bが同じ反応により別の分子（通常はA）と反応し，再度，低分子が放出される．この過程が続くことで，長いポリマー鎖が生じる（**図28・33**）．

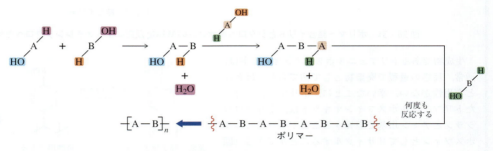

図28・33　縮合重合の一般式

この先，**縮合ポリマー**（condensation polymer）を学ぶ際，登場してくる反応はすでに，ほかの場面で目にしたことがあることを覚えておこう．ここでは新しい反応を学んでいるのではない．ポリマーが形成する過程で，成長する分子のなかで，単に反応が繰返し起こっているのである．［ざっと復習して納得しよう］

簡単な復習　第18章，第19章では，カルボン酸およびカルボン酸誘導体の求核アシル置換反応を学んだ．エステルをけん化してカルボン酸塩を生成する反応はこの反応の一例である（**図28・34**）．反応機構的には，エステルの求電子性炭素に水酸化物イオンが求核付加することで，四面体中間体が形成されるのが律速段階である．電子対の移動によりC−Oπ結合が再生しながらエトキシドイオンが脱離する．エトキシドイオンが脱離することからこの反応は縮合反応となる．この反応では塩基性溶液中で酸性化合物が生成するため，最後に脱プロトンが起こり，カルボキシラートイオンが生成する．［求核アシル置換については，§18・7と§19・6を参照しよう］

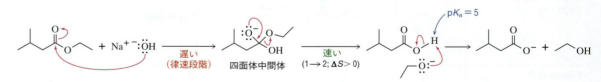

図28・34　求核アシル置換：エステルのけん化

28・5・1　ポリアミド

ポリアミド（polyamide）は，アミド結合で骨格がつながっているポリマーの一種である．§18・1で学んだように，アミドはカルボニル炭素に結合した窒素からできている．この結合は体内のタンパク質（生体高分子）をつくりあげているものと同じであり，安定な構造をつくることで，酵素が精密な活性化部位を備えられるようにしているものでもある［第26章を振り返ろう］．ポリアミドであるナイロン（**図28・35**）は，ヘキサン-1,6-ジアミンとアジピン酸の縮合重合反応によって生産される．カルボン酸と

28・5 縮合ポリマー（求核アシル置換）　1351

アミンの求核アシル置換により，鎖はどちらにも伸びるので，ナイロンは逐次的に成長するポリマーだといえる．図28・35(a)はポリマー形成の簡略化された反応機構で，図28・35(b)はカルボン酸とアミンからのアミド形成のより正確な反応機構である．第19章で学んだようにアミンとカルボン酸の反応は不利だが，高温高圧の条件下では重合の活性化エネルギーを容易に克服できる．ナイロンの生産量は2025年には570万トンに達すると予想されており，そのほとんどが衣料産業に使用される．

図28・35　ポリアミドであるナイロンは縮合重合反応により生成する

人工ポリマーのなかで最も強靱なものの一つが芳香族ポリアミド（製品名：ケブラー）であり（図28・36），ベンゼン-1,4-ジアミンとテレフタル酸塩化物の縮合反応によって合成される．反応性の高い酸塩化物にアミンが求核アシル置換することで，鎖が両方向に伸びる．この反応の反応機構は§19・7・3で紹介した．

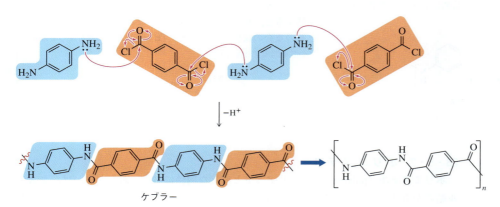

図28・36　ポリアミドであるケブラーは縮合重合反応により生成する［求核付加/脱離の簡略化した反応機構は§19・7・3で学んだ］

1960年代にDupont社の化学者Stephanie Kwolekによって発明されたケブラーは，鉄の5倍の強度をもつ．そのため，防弾チョッキやスポーツ用保護具，自転車のタイヤなど，さまざまな用途に使用されている．その強さは，ポリマー鎖間の水素結合（図28・37a）と，水素結合により形成されたシート間で起こる芳香環どうしの多数のvan der Waals相互作用（図28・37b）によるものである．

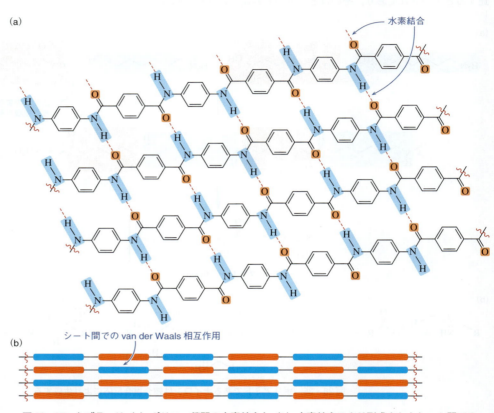

図28・37 ケブラーは（a）ポリマー鎖間の水素結合と（b）水素結合により形成されたシート間でのvan der Waals相互作用により強いポリマーとなる

アセスメント

28・16 次に示したポリマー（商品名：ノーメックス）の製造に使用されるモノマーを示せ．

ノーメックス

28・17 カプロラクタムは，少量の水の存在下で250℃に加熱すると，重合してナイロン6になる．ナイロン6の構造とその重合の反応機構を示せ．[ヒント: 最初に水を使って環状アミドを開環するんだ]

28・5・2 ポリエステル

ポリエステル（polyester）はポリアミドと密接な関係にある．おもな違いは，エステル結合がポリマーの骨格になっていることである．エステルはアミドよりも安定性が低

いため（§19・6・3），ポリエステルはポリアミドよりもかなり弱いポリマーである．ポリエチレンテレフタラート（PET）は，工業的に重要なポリエステルである．実験室規模では，エチレングリコールとテレフタル酸の酸触媒によるFischerエステル化反応で合成される（図28・38a）．工業的には，エチレングリコールとテレフタル酸ジメチルの混合物を200℃以上に加熱してトランスエステル化反応を起こし，ポリマー鎖を2方向に伸長させることで製造される（図28・38b）．PETは繊維製品や使い捨てのボトルなどに使用されている．

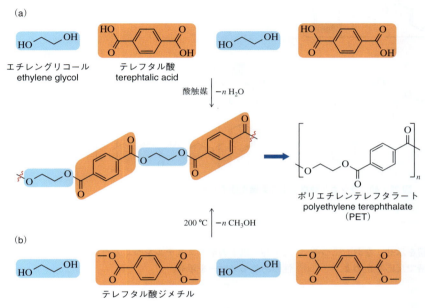

図28・38 ポリエステルであるPETは（a）Fischerエステル化や（b）高温でのトランスエステル化により生成する

ポリエステルのポリフマル酸プロピレンは，プロピレングリコールとフマル酸の反応により生成する（図28・39）．

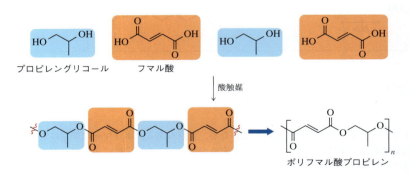

図28・39 ポリフマル酸プロピレンの生成

ここまでは，ポリマー鎖の非共有結合的な相互作用についてのみ説明してきた．[図28・37（ケブラー）の水素結合とvan der Waals相互作用を見よう]しかしポリマー鎖を共有結合で架橋すると，ポリマーを低粘度の液体から高粘度の液体，さらには結晶性の固体

へと変化させることができる．**熱硬化**（thermosetting）とよばれるこの過程は，通常，最初のポリマー形成後に鎖を架橋することで行われる．ポリフマル酸プロピレンのような不飽和ポリマーの場合は，ラジカル開始剤である過酸化ベンゾイルの存在下で，ポリマー鎖をスチレンと反応させると架橋反応が進行する（図28・40）．この反応は，アルケンのラジカル重合と同様の反応機構で進行する．

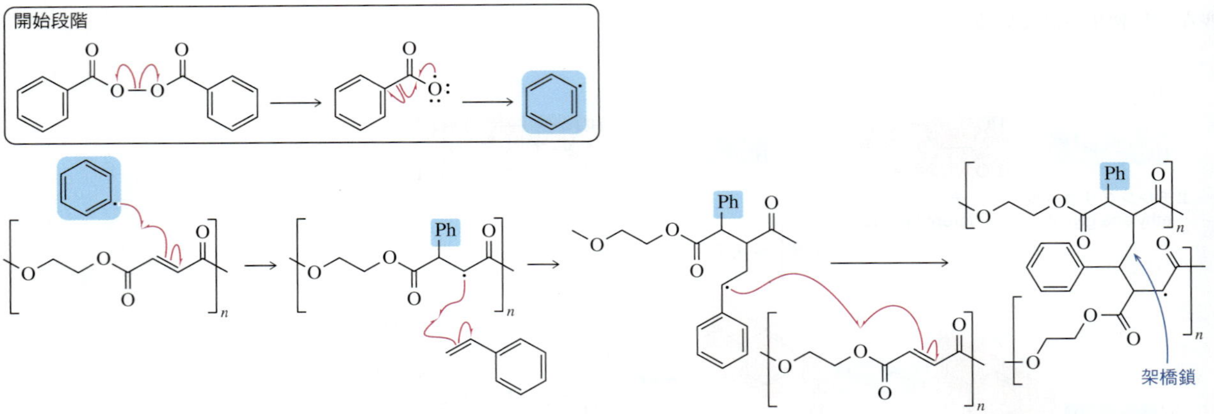

図28・40　ラジカル機構による架橋高分子の形成

アセスメント

28・18　以下の分子の重合の反応機構を示せ．なお，二つそれぞれのモノマーが2回反応した段階で反応を止めよ．

(a)

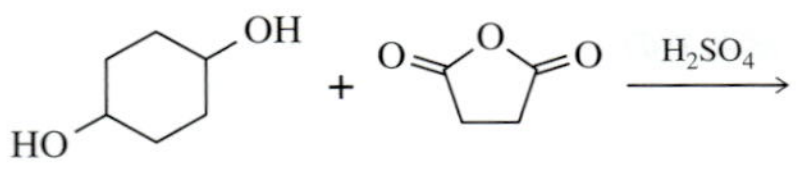

(b)

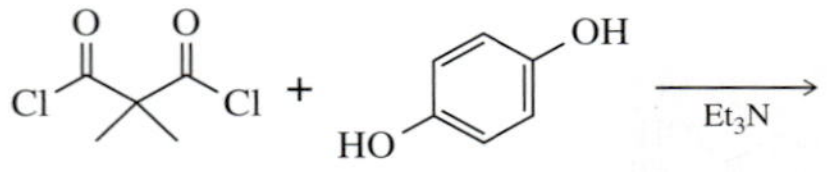

28・19　以下のポリエステルをつくるために使用された可能性のあるモノマーを示せ．

(a)

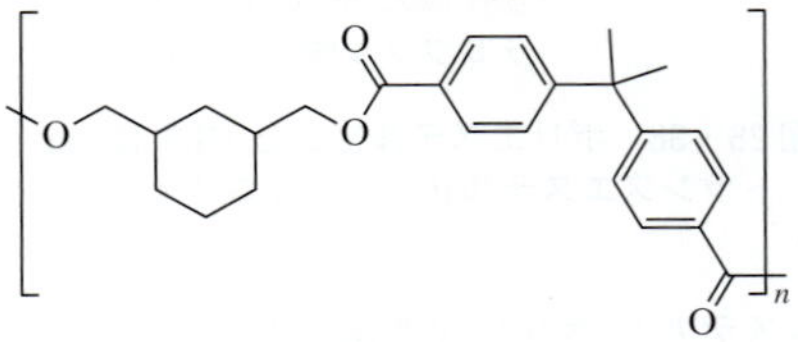

(b)

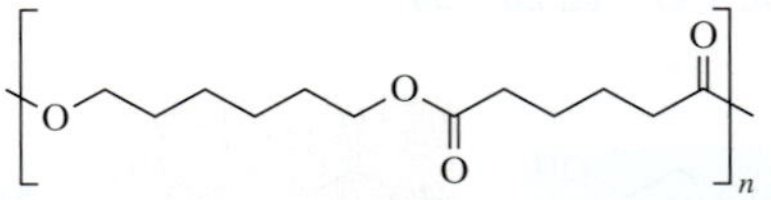

28-B　化学はここにも（グリーンなポリマー合成）

生分解性ポリマー

　ポリマー合成は，私たちの生活を向上させる数多くの材料を生み出してきたが，欠点もある．ポリマーは非常に安定な分子であり，場合によってはポリマー鎖の複数の場所で架橋することでさらに安定性が増す．この安定性によって，プラスチックは長期間にわたって使用することができるが，残念ながら環境に悪影響を及ぼす．現在廃棄されているプラスチックのなかには，何千年，何万年も埋立地に残留すると予想されるものもある．さらに，現在のポリマーのほとんどは石油を原材料としているため，天然資源の枯渇にもつながっている．

　グリーンケミストリーの原則10では，可能な限り再生可能原材料を用いたうえで，分解可能なように製品を設計すべきだとしている．ポリヒドロキシアルカン酸（PHA）は，細菌が行う発酵によって合成される天然のポリエステルである．このポリマーの特筆すべき性質は，完全に生分解性であるということである．もし，これらを製品にうまく組込むことができれ

ば，短時間で自然に分解されるため，廃棄による環境への影響は比較的少なくなる．
　Geoffrey Coates 教授は最近，生分解性ポリエステルの一つであるポリ(3-ヒドロキシブタン酸)の触媒合成法を開発した（図 28・41）．反応系は，一つのフラスコの中で二つの触媒反応を組合わせている点がユニークである．一つ目の触媒は，プロピレンオキシドに一酸化炭素由来のカルボニル基を挿入し，β-ラクトンを生成する．このβ-ラクトンは毒性があるため，単離・精製せずに直接利用することに利点がある．二つ目の触媒はラクトンを開環しながら重合し，高分子量のポリ(3-ヒドロキシブタン酸)を生成する．

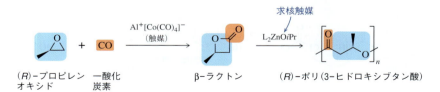

図 28・41　生分解性ポリマーを生産する二元系（2種類の）触媒

　ここで紹介した研究により，Coates 教授は 2010 年にグリーンケミストリーチャレンジ賞を受賞した．この賞は，ポリマーの生分解性に加えて，バイオマスなどから得られる二酸化炭素や一酸化炭素を原料としている点が評価されたものである．この触媒合成法は，コーティング剤，接着剤，フォーム（発泡体），プラスチックなどの合成に実用化されている．

アセスメント
28・20　図 28・41 の β-ラクトンの重合の反応機構を示せ．ただし，$i\mathrm{PrO}^-$ のような求核性の高い求核剤を触媒として用いること．反応機構はモノマー三つが使用されたところまでを描くこと．

28・5・3　ポリカルボナート

　カルボナート（carbonate，炭酸エステルともいう）は，カルボニル基が二つのアルコキシ基によって挟まれた構造が基本となっている．これはカルボン酸誘導体と密接な関係がある．代表的なカルボナートである炭酸ジエチルは，エタノールとホスゲンから合成できる（図 28・42）．反応機構的には，ホスゲンへの求核アシル置換反応が連続して起こり，それぞれの塩素がエトキシ基に置き換わることで生成する．

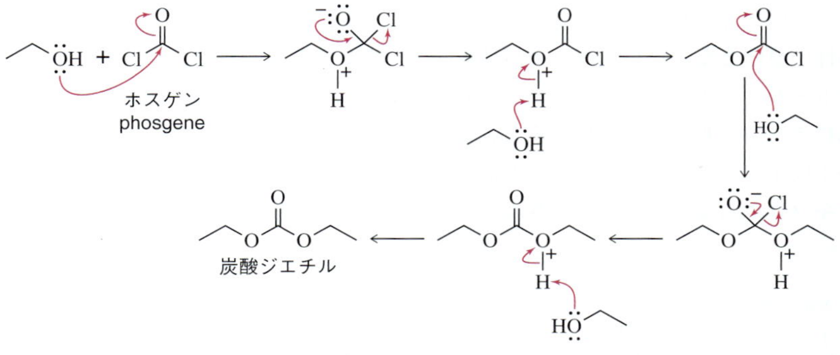

図 28・42　エタノールとホスゲンからの炭酸ジエチルの生成

　ポリカルボナート＊（polycarbonate）は，骨格にカルボナートをもつポリマーである．図 28・43 にビスフェノール A 分子がホスゲンと反応して結合したポリカルボナートを示す．反応機構的には，フェノールがホスゲンに求核攻撃して四面体中間体を形成す

＊〔訳注〕工業的にはポリカーボネートとよばれている．

る．この四面体中間体から塩化物イオンが脱離しながらカルボニル基が再生する．その後，2番目のビスフェノールA分子が酸塩化物を攻撃することで再び四面体中間体を形成し，カルボニル基が再生するとカルボナートの形成が完了する．ここで生成した分子の両側にフェノール性ヒドロキシ基があるため，これらの反応によってポリマー鎖を両方向に伸ばすことができる．

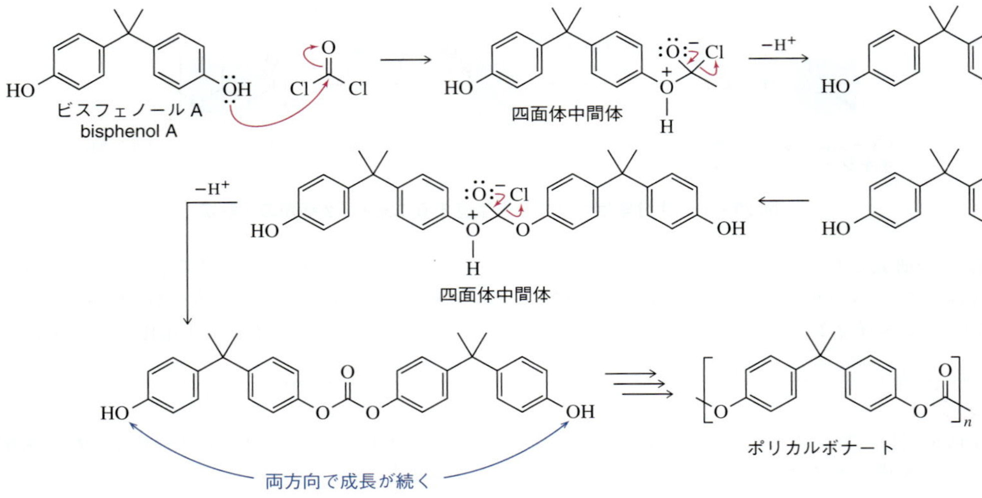

図 28・43　ホスゲンとビスフェノール A からのポリカルボナートの生成

　ポリカルボナートは，強度，耐熱性，透明性に優れたポリマーで，医療機器や実験用安全眼鏡などの保護眼鏡に使用されている．また，**熱可塑性樹脂**（thermoplastic）であるため，加熱してもポリマー鎖が分解せずに液化することができ，成形して新しい材料にリサイクルできる．

28・5・4　ポリウレタン

　ウレタン（urethane）の官能基はカルボナートと密接な関係にある．カルボナートではカルボニル基に二つのアルコキシ基が結合しているのに対し，ウレタンはカルボニル基に一つのアミノ基とアルコキシ基が結合している．インドのボパールで起きた環境破壊事件の原因となった殺虫剤カルバリルには，ウレタン構造が含まれる．カルバリルはナフトールとメチルイソシアナートから合成される（**図 28・44**）．求電子性のカルボニル基にアルコールが求核付加することで，π電子が酸素に押し出され，双性イオン中間体が生成する．この中間体の共鳴構造において，窒素上に存在する負電荷により分子内でオキソニウム塩が脱プロトンされると，ウレタンの生成が完了する．

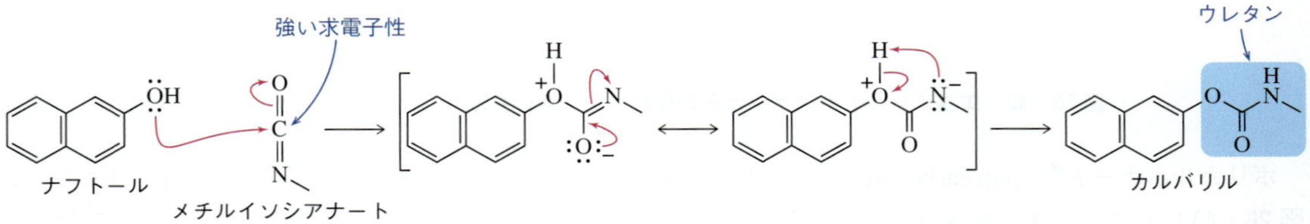

図 28・44　カルバリルのウレタン構造の形成

28・5　縮合ポリマー（求核アシル置換）　　1357

　ポリウレタン（polyurethane）は，骨格にウレタンをもつポリマーである．図28・45
に示すものは，ジオールとジイソシアナートを反応させてつくられている．反応機構的
には図28・44と同様に，アルコールによるイソシアナートへの求核攻撃がジオールの
両末端で起こり，ポリマー鎖が両方向に伸びていく．

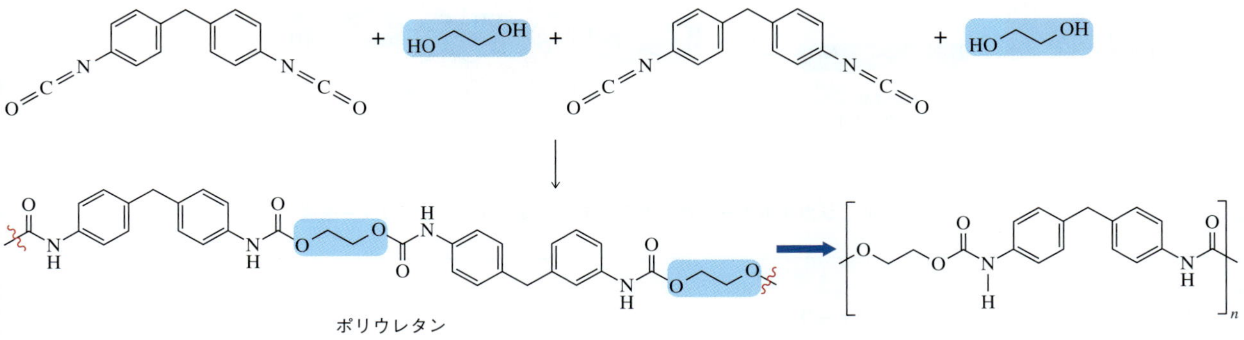

ポリウレタン

図28・45　ポリウレタンの生成　　反応機構は図28・44から考えよ．

　ポリウレタンは発泡剤で処理することにより，発泡ポリウレタンになる．［発泡スチ
ロールみたいなものだよ］この発泡ポリウレタンは，寝具やその他の家具の詰め物として
使用されている．

28・5のまとめ

• 第19章で学んだ縮合反応からポリマーを形成できる．これらの反応は，基本的には
カルボン酸誘導体の求核置換反応である．この反応を利用して，ポリアミド，ポリエ
ステル，ポリカルボナート，ポリウレタンなどが合成される．

アセスメント

28・21　以下に示すポリウレタンをつくるために用いるモノ
マーを答えよ．

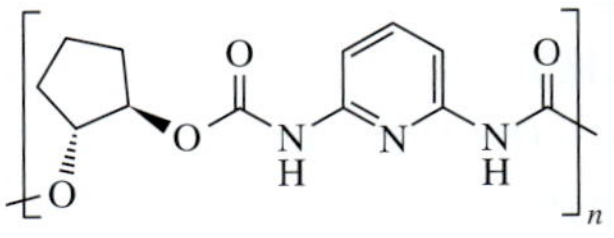

28・22　（a）アセスメント28・21で答えたモノマーからの
ポリマー合成の反応機構を示せ．（b）この反応は連鎖重合
と逐次重合のどちらであるか．

28-C	化学はここにも（グリーンなポリマー合成）

グリーンポリウレタン

　ポリウレタン合成の難点の一つは，反応性の高い求電子剤
としてイソシアナートを使用することである．イソシアナー
トは，ボパール事件（第7章の"はじめに"）で明らかに
なったように，非常に毒性が強く，環境にも化学者にもリス
クがある．このリスクを軽減するために，環状カルボナート
を用いてポリウレタンの合成を実現した例がある（図28・

46）．求電子性のイソシアナートをカルボナートに，ジオー
ルをジアミンに置き換えることで，毒性がきわめて低い反応
剤を用いてウレタンを合成することができる（GCP 3）．こ
のプロセスのもう一つの利点は，得られるポリマーに未反応
のヒドロキシ基が含まれており，これを利用してポリマーを
さらに官能化し，さまざまな特性を付与することができるこ

とである.

Hybrid Coating Technologies 社が開発したこのグリーンポリウレタン技術は，2015年のグリーンケミストリーチャレンジ賞を受賞した．アトムエコノミー（GCP 2）が高く，再生可能原材料（GCP 7）を使用している．

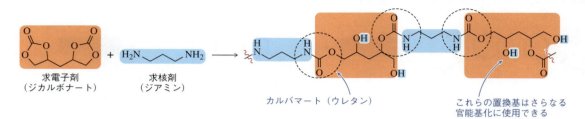

図 28・46　ジカルボナートとジアミンを用いるグリーンなポリマー合成

アセスメント

28・23　以下のジアミンとジカルボナートから生成するポリマーの構造を示せ．

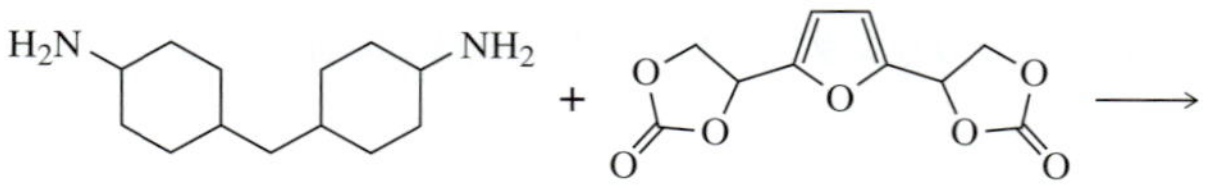

28・6　その他のポリマー

ポリマーとは関係のない場面で学んだ反応で，重合反応に用いることができるものがまだ三つある．その三つの重合は，エポキシドの反応（§13・13・2），オレフィンメタセシス反応（§16・6），パラジウムカップリング反応（§16・4）に基づくものである．これらの重合反応の取扱いは，これまでのポリマーに関する議論と同様である．

28・6・1　エポキシ樹脂

簡単な復習　§13・13・2 と §16・2・3 でエポキシドへの強い求核剤の付加について学んだ．プロピレンオキシドへの臭化フェニルマグネシウムの付加は，その一例である（図 28・47）．フェニルアニオンは強い求核剤であるため，歪んだエポキシドの最も立体障害の少ない炭素に電子対を供与し，C–O σ 結合を切断してアルコキシドイオンを生成する．このアルコキシドイオンを酸処理すると，第二級アルコールになる．

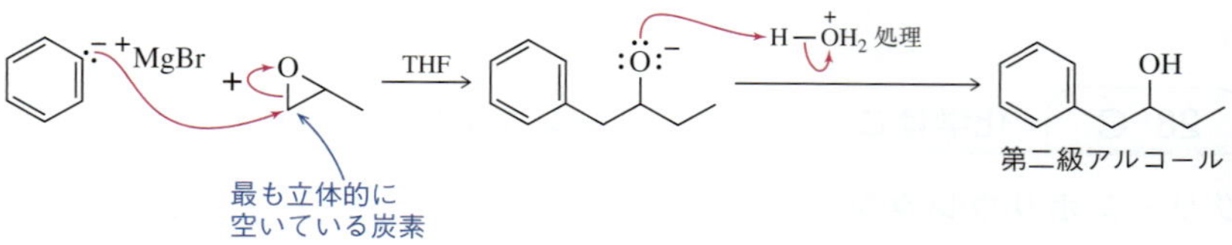

図 28・47　強い求核剤は最も立体的に空いている炭素を攻撃してエポキシドを開環する

エピクロロヒドリン（図 28・48）はユニークなエポキシドである．塩素とエポキシドの両方を含んでいるため，1 回の反応で二つの求核剤が付加できる．Grignard 試薬が先にエポキシドを攻撃すると，生じたアルコキシドイオンが塩素を置換して新しいエポ

28・6　その他のポリマー　　1359

キシドを形成する．Grignard 試薬が過剰になると，2 回目の付加が起こり，エピクロロ
ヒドリンの三つの炭素で二つの求核剤がつながった状態になる．[両側に求核剤を付加でき
きる求電子剤 ― 何だかポリマーができそうな形をしているよね]

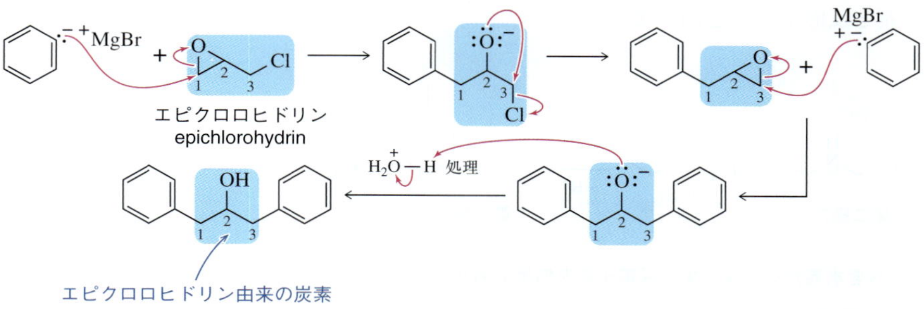

エピクロロヒドリン由来の炭素

図 28・48　エピクロロヒドリンの C1 位と C3 位には二つの求核剤が付加できる

ポリマーへの応用　エポキシ樹脂（epoxy resin）は，末端に二つのエポキシドをもち，
架橋された低分子量のポリマー鎖で構成されている．このジエポキシドは，ビスフェ
ノール A [§28・5・3 より] とエピクロロヒドリンの反応により，図 28・49 に示した反
応機構で生成する．

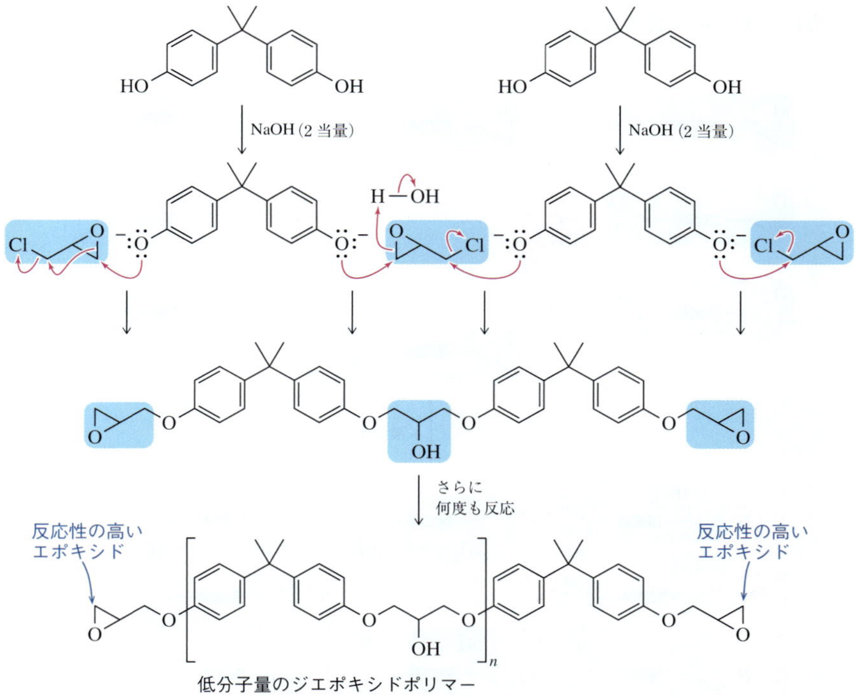

反応性の高い
エポキシド

反応性の高い
エポキシド

低分子量のジエポキシドポリマー

図 28・49　エピクロロヒドリンとビスフェノール A からの低分子量のジエポキシドポリマーの
生成 [図中の反応機構の巻矢印はこれらの反応と以前学んだものを結びつけることで理解できるんだ]

ジエポキシドポリマーそのものにはほとんど価値がない．しかし，架橋剤と組合わせ
れば，非常に安定で強固な接着剤になる．架橋剤としては，脂肪族アミンや芳香族アミ

ンが一般的である．図 28・49 で形成した低分子量ポリマーの両末端には求電子性のエポキシドがあること，アミンは非常に求核性の高い求核剤であり，失うべき水素がなくなるまで求電子剤を何度でも攻撃することを思い出そう．§25・5・1 より，第一級アミンは二つ（または三つ）の求電子剤と反応し，第二級アミンは一つ（または二つ）の求電子剤と反応する（図 28・50）．

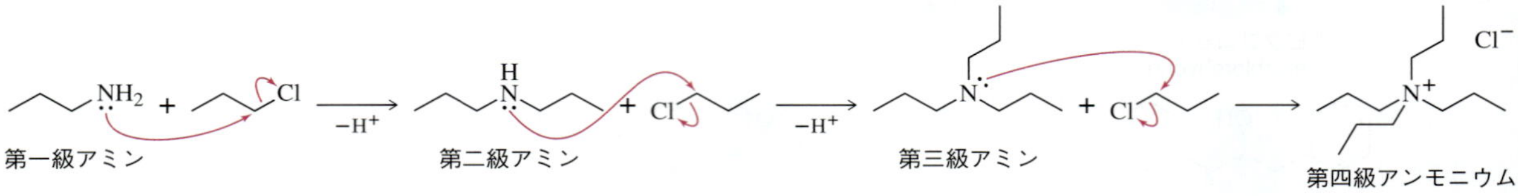

図 28・50 アミンは失うべき水素がなくなるまで求電子剤を何度でも攻撃する　§25・5・1 を復習せよ．

　図 28・49 のジエポキシドをジエチレントリアミン（エポキシ硬化剤）と混合すると，求核置換反応によりエポキシドの開環がつぎつぎと起こり，図 28・51 に示した架橋エポキシ樹脂が得られる．もともとのジエポキシドは小さなポリマー鎖だったが，架橋された結果，エポキシ樹脂は一つの大きな分子になっている．このように見てくると，エポキシ樹脂が非常に強力なポリマー材料であり，接着剤や金属被覆材，あるいは電気絶縁体などとして用いられていることに驚きはしないだろう．接着剤として用いる際には，二つの容器で提供されているが，一方にはジエポキシポリマーが含まれており，もう一方には架橋剤が含まれている．

アセスメント
28・24 図 28・49 の小さなジエポキシドポリマーは，逐次重合ポリマーと連鎖重合ポリマーのどちらか．
28・25 ブタン-1,4-ジオールとエピクロロヒドリンを成分とし，プロパン-1,3-ジアミンを架橋剤として用いて製造されるエポキシ樹脂の構造を描け．

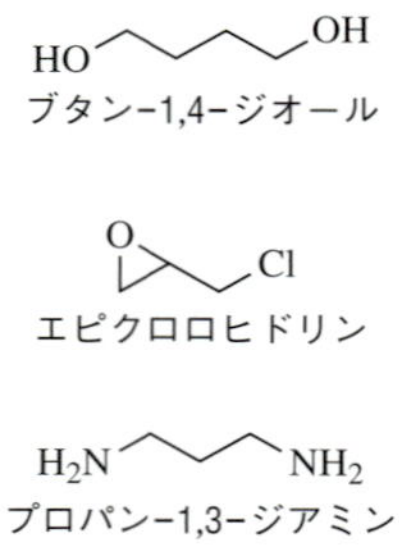

ブタン-1,4-ジオール

エピクロロヒドリン

プロパン-1,3-ジアミン

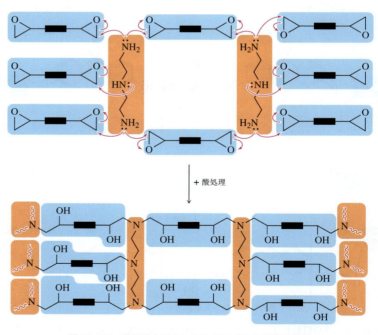

図 28・51　求核的なアミンによるエポキシ樹脂の架橋

28・6・2　開環メタセシス重合（ROMP）
簡単な復習　§16・6 では，Grubbs 触媒や Schrock 触媒（図 28・52）を用いたアルケ

ン（オレフィン）のメタセシスと閉環メタセシスについて学んだ．

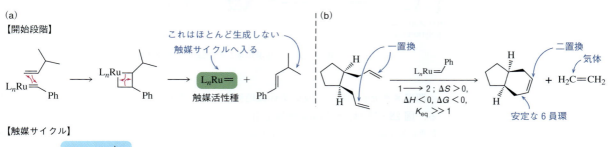

図 28・52　オレフィンメタセシスに使用される Grubbs 触媒および Schrock 触媒

ルテニウムカルベン錯体を触媒とする 3-メチルブタ-1-エンのカップリングはメタセシスの一例である（図 28・53a）．この反応は，一つのアルケンが触媒と反応して，触媒活性のあるルテニウムカルベノイドを生成する開始段階から始まる．続いて，3-メチルブタ-1-エンを用いた可逆的な**[2+2]付加環化反応**（[2+2] cycloaddition）が進行し，さらに**[2+2]開環反応**（[2+2] cycloreversion）が進行する．この最初の二つの段階の結果，ルテニウムが 3-メチルブタ-1-エンの出発物質に取込まれ，副生成物としてエテンが生成する．エテンの生成は，この反応のエントロピー的な駆動力となる．その後，もう 1 分子の 3-メチルブタ-1-エンとの 2 回目の[2+2]付加環化反応が起こり，さらに[2+2]開環反応を経て，より安定な二置換アルケンが生成し，同時に触媒が再生して触媒サイクルが完成する．この反応は，二つの末端アルケンのメタセシスによる閉環にも利用されている（図 28・53b）．［この反応の詳細は §16・6 を参照しよう］

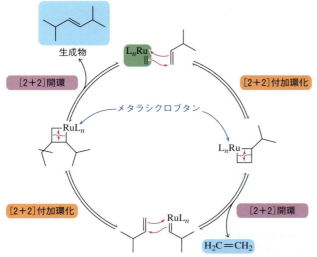

図 28・53　ルテニウムカルベン錯体触媒によるオレフィンメタセシス　(a) 異なる二つのアルケン（オレフィン）のクロスメタセシス，(b) 閉環メタセシス

ポリマーへの応用 メタセシスを重合に適用する際には，メタセシス反応の駆動力を面白い形で利用する．§16・6を思い出してみよう．メタセシス反応は，基本的に平衡状態にあり，置換基が多く，最も安定となるアルケンが反応の進む方向を決める．閉環メタセシス反応は低分子の合成に非常に有用であるが，重合は通常，開環メタセシスによって行われる．**開環メタセシス重合**(ring-opening metathesis polymerization, ROMP) とよばれるこの反応では，大きな歪みをもつ環状アルケンをモノマーとして用いるため，開環が反応の駆動力となる．ノルボルネン（図28・54）は，ルテニウムカルベン錯体を用いて重合するモノマーの一例である．最初のメタセシス反応で開環し，末端にアルケンとルテニウムカルベンを含む分子ができる．このカルベンは別のノルボルネン環と反応し，新たに形成された二置換アルケンを片方の端に，ルテニウムカルベンをもう片方の端に含む二量体を形成する．末端のルテニウムカルベンは，さらに別のノルボルネンと反応して，ポリマーを一方向に伸ばすことができる．このようにして得られたポリノルボルネン（商品名：ノルソレックス）は，グリップ材料，衝撃吸収材，浄水器などに利用されている．

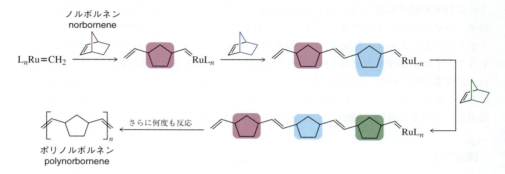

図28・54 ノルボルネンの開環メタセシス重合

開環メタセシス重合の反応条件は穏和であり，他の官能基に対しても非常に寛容である．図28・55 は，Schrock 触媒を用いて重合した置換ノルボルネンである．［学部生のときに似たような系統の研究をしていたから，この反応には個人的に思い入れがあるんだ．有機化学者になろうと思った頃だよ．どこかの研究室に入ることを考え始めているかな？ ぜひやってみるとよいよ！］

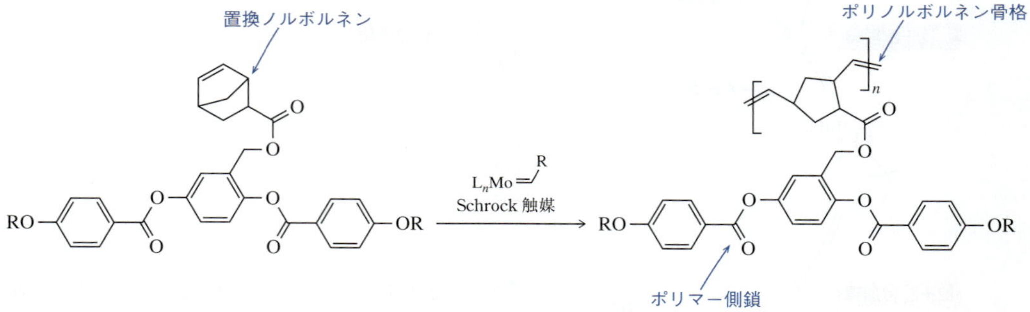

図28・55 反応性の官能基が存在しても開環メタセシス重合（ROMP）は進行するため，さまざまな側鎖をもつポリノルボルネンが合成できる

28・6 その他のポリマー　1363

> **アセスメント**
>
> **28・26** 図28・53の反応機構に基づいて考えると，ROMPは連鎖重合と逐次重合のどちらだと考えられるか．
>
> **28・27** 次のモノマーのROMPによって生成されるポリマーの構造を描け．
>
> (a) 　　(b)
>
> **28・28** なぜROMPでは次のようなポリマーがつくれないのだろうか．[ヒント：使用するモノマーを考えてみよう]
>
>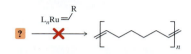

28・6・3　遷移金属触媒による重合

簡単な復習　第16章では，パラジウム触媒を用いて，さまざまな有機金属化合物とアルキル，アリール，アルケニルのハロゲン化物をカップリングし，新しいC–Cσ結合を生成する方法を学んだ．3-フラニルボロン酸と2-ブロモブタ-1-エンの鈴木カップリングはこの反応の一例である（図28・56）．C–Brσ結合がPdに酸化的付加すると，ハロゲン化有機パラジウムが生成し，Pdは+2の酸化状態となり，臭素は*tert*-ブトキシドで置換される．その後，ボロン酸由来の活性ボロナートによるトランスメタル化が起こり，ジオルガノパラジウムが生成する．還元的脱離により，二つの有機フラグメントが結合して新しいC–Cσ結合が生成するとともに，Pd(PPh$_3$)$_4$（酸化状態0）が再生され，触媒サイクルでひき続き使用される．[この反応やその他のパラジウムカップリング反応の詳細については，§16・4を参照しよう]

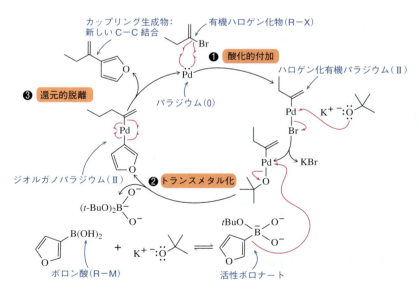

図28・56　鈴木カップリングの触媒サイクル［簡単にするためPPh$_3$配位子は除いたよ］

ポリマーへの応用　カップリング反応ではパラジウム触媒が何度も再生されるため，特に重合反応に適している．パラジウムカップリング反応を重合に利用するには，二つの異なる方向に成長できるモノマーが必要である．図28・57に示すように，ハロゲンとボロン酸の両方を含む一つのモノマーを用いても，二つのモノマー（一つは二つのハロゲンを含み，もう一つは二つのボロン酸を含む）を用いても，重合が可能となる．いず

1364   28. 合成ポリマー

れの場合も，ポリマーは 2 方向に成長することができ，逐次重合ポリマーとなる．

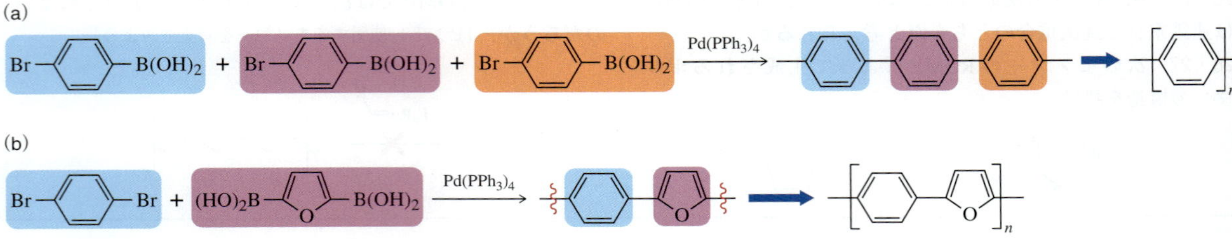

(a)

(b)

図 28・57　鈴木カップリングの重合への応用　(a) ハロゲンとボロン酸をもつ一つのモノマー，(b) 二つのハロゲンをもつモノマーと二つのボロン酸をもつモノマー.

　近年，高度に共役しているポリマーが有機太陽電池（ソーラーパネル）の製造に利用されている．最近では，鈴木カップリングを利用して，電子供与性モノマーと電子受容性モノマーを交互に含むポリマーが合成されている．この反応では塩基性条件下で Pd(PPh₃)₄ を用いて，二臭化物とジボロン酸エステル（ボロン酸と似た挙動を示す）をカップリングさせる（図 28・58a）．完成したポリマー鎖は，一方の末端に C−Br 結合を，もう一方の末端にボロン酸エステルを含んでいる．有機薄膜太陽電池をつくるために，さらに追加でカップリング反応を行ってこれらの末端がキャップされる（図 28・58b）．

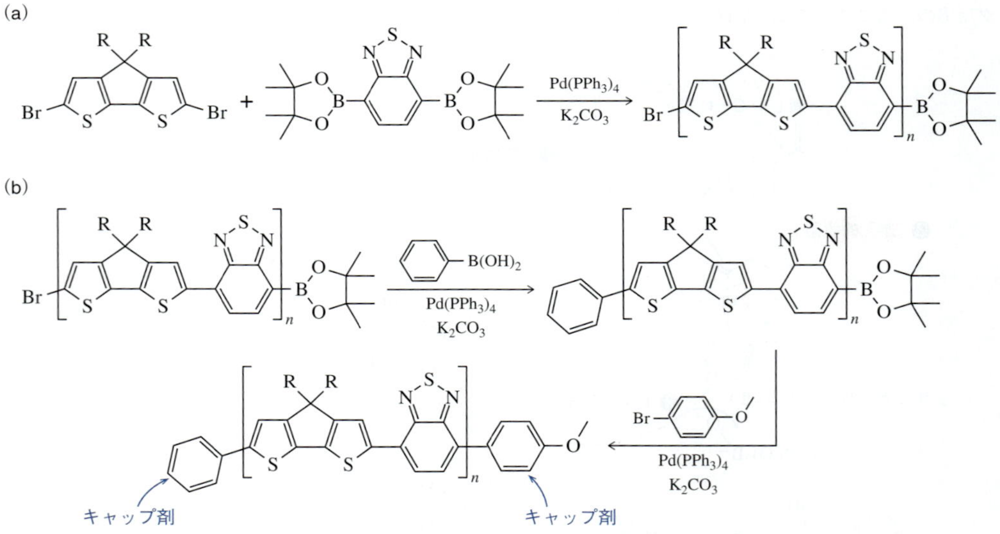

(a)

(b)

図 28・58　鈴木カップリング重合による高度に共役した有機太陽電池材料の合成

アセスメント

28・29　鈴木カップリング反応を用いて次のポリマーを生成するために必要なモノマーを示せ．

(a)　(b) 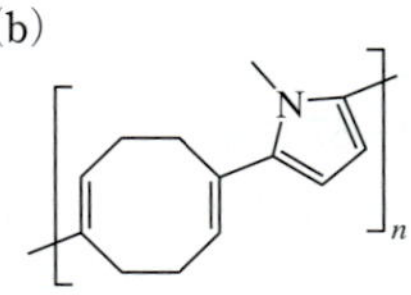　(c)

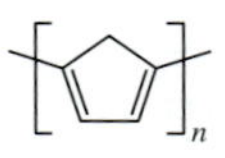

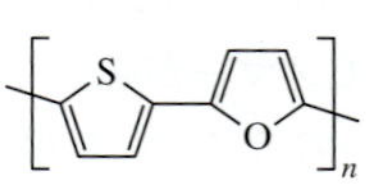

28・30 次のパラジウム触媒による重合から得られるポリマーの構造を示せ.

(a)

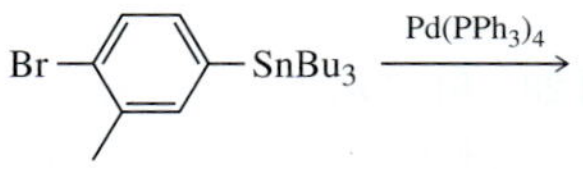

$$\text{Br}\underset{}{\overset{}{\longrightarrow}}\text{SnBu}_3 \xrightarrow{\text{Pd(PPh}_3)_4}$$

(b)

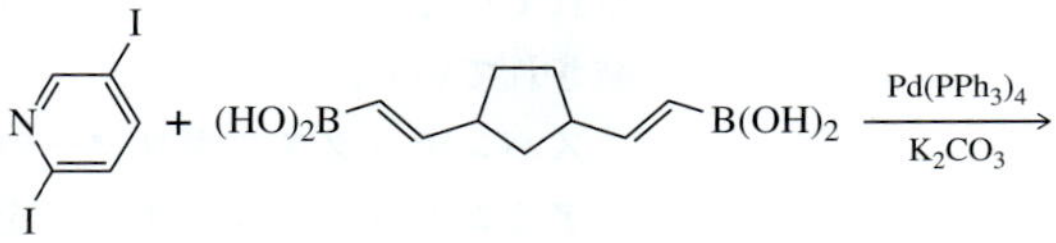

（反応式：ジヨードピリジン + (HO)$_2$B−CH=CH−シクロペンタン−CH=CH−B(OH)$_2$ $\xrightarrow[\text{K}_2\text{CO}_3]{\text{Pd(PPh}_3)_4}$）

28・7 ブロックコポリマー

　ポリマーの特性は，2種類以上のポリマーを組合わせて一つにすることで制御することができる．こうした組合わせにより，それぞれのポリマーの特性を兼ね備えたポリマーができあがる．スパンデックスの実例を見ていこう．この種のポリマーは，1本のポリマー鎖の中にそれぞれのポリマーのブロックがあることから，**ブロックコポリマー**（block copolymer，ブロック共重合体ともいう）とよばれる．ブロックコポリマーは，コポリマー（共重合体）とは異なる．コポリマー（§28・2）は，2種類のモノマーが重合しただけのもので，通常，ポリマー鎖に沿ってモノマーAとモノマーBが交互に並んでいる．一方，ブロックコポリマーは，モノマーAの低分子量ホモポリマーとモノマーBの低分子量ホモポリマーを形成し，その二つを結合させることで，結果的にポリマー中にモノマーAばかりの領域とモノマーBばかりの領域が存在するようになる（図28・59）.

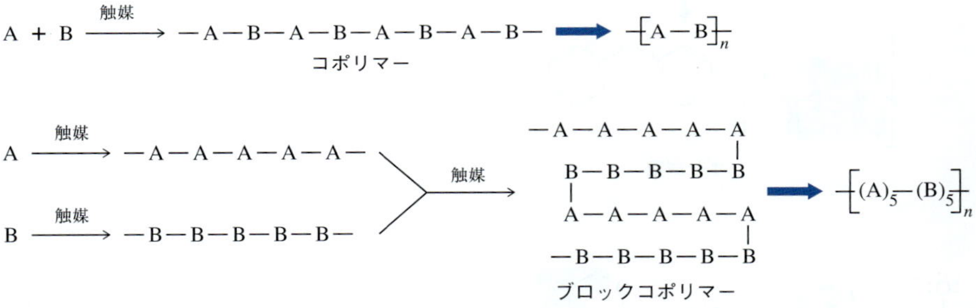

$$A + B \xrightarrow{\text{触媒}} -A-B-A-B-A-B-A-B- \Longrightarrow \left[A-B\right]_n$$
コポリマー

$$A \xrightarrow{\text{触媒}} -A-A-A-A-A-$$
$$B \xrightarrow{\text{触媒}} -B-B-B-B-B-$$

$\xrightarrow{\text{触媒}}$

$$\begin{array}{l} -A-A-A-A-A \\ B-B-B-B-B \\ A-A-A-A-A \\ -B-B-B-B-B \end{array} \Longrightarrow \left[(A)_5-(B)_5\right]_n$$
ブロックコポリマー

図 28・59　コポリマーとブロックコポリマーの違い

　ブロックコポリマーの特性は，その構造的特徴によって決まり，それぞれのブロックから異なる特徴が与えられる．このことは，ブロックコポリマーであるスパンデックス

ポリエーテル領域
（柔軟・伸縮性あり・ゴム状）

ポリ尿素領域（剛直）

ウレタン連結部位

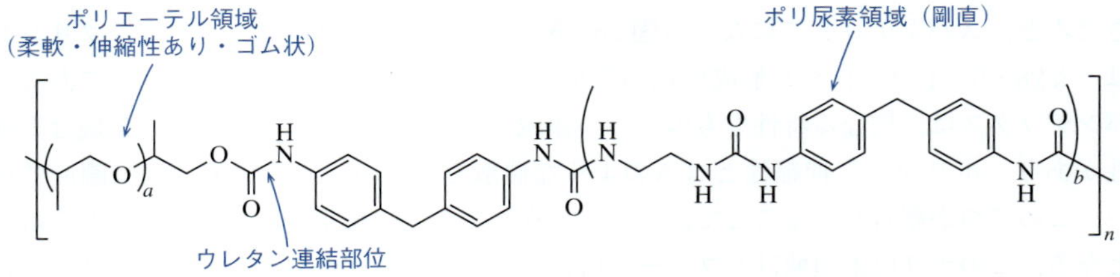

図 28・60　ブロックコポリマーであるスパンデックスの構造

1366　28. 合成ポリマー

を見れば一目瞭然である．スパンデックス（図 28・60）は，ポリエーテルの"ブロック"とポリ尿素（ポリウレアともいう）の"ブロック"という二つの異なる領域で構成されている．この二つのブロックは，§28・5・4で説明したウレタン結合によって連結されている．

　スパンデックスコポリマーの合成例を図 28・61 に示す．ポリ尿素領域は，エチレンジアミンとジイソシアナートを混合することで形成される（図 28・61a）．重合はウレタン形成と同様の反応機構で起こるが，ジオールの代わりにジアミンが使われている．ポリエーテル領域は，エポキシ樹脂の形成に類似した反応機構で，プロピレンオキシドの重合によって形成される（図 28・61b）．［エポキシ樹脂の形成については §28・6・1を参照しよう］

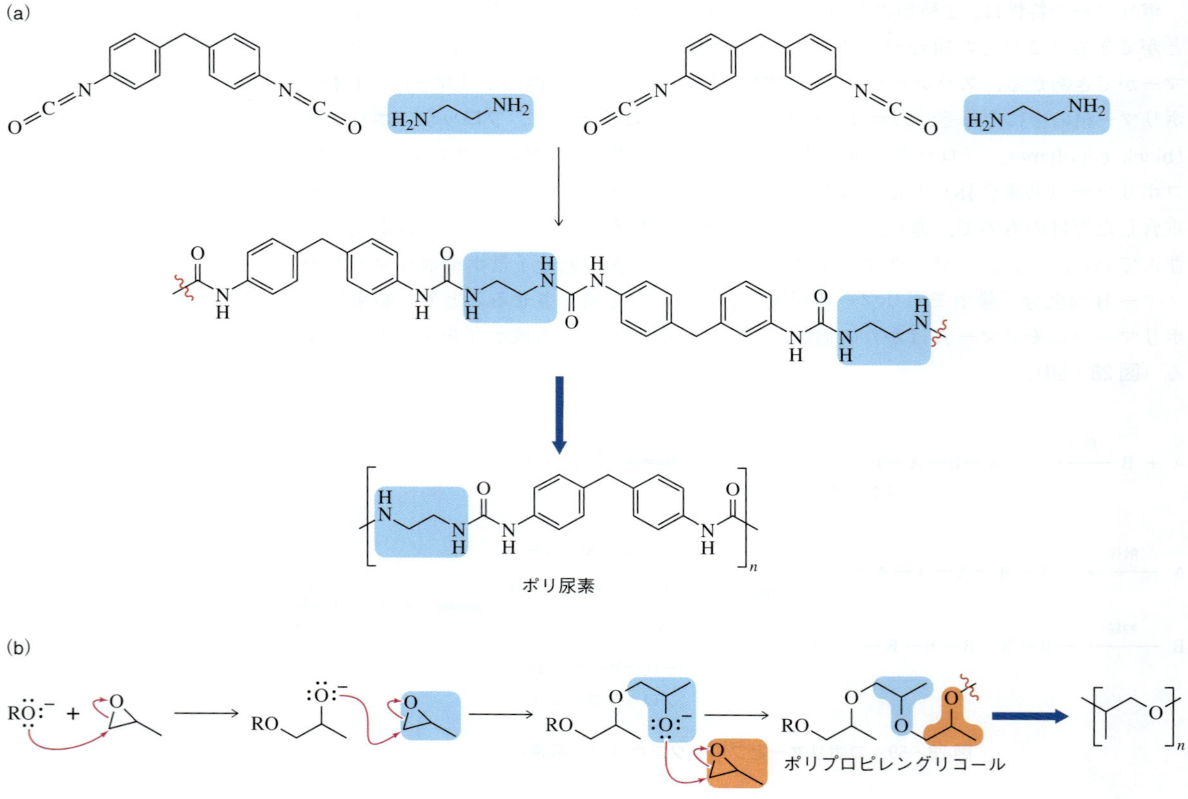

(a)

(b)

図 28・61　スパンデックスコポリマーの生成　　(a) ポリ尿素，(b) ポリプロピレングリコール．

　低分子量のポリエーテル/ジオールと低分子量のポリ尿素/ジイソシアナートを反応させると，スパンデックスになる（図 28・62）．この二つのコポリマーのカップリングは，§28・5・4のウレタン形成の反応機構で起こる．できあがったポリマーであるスパンデックスは，異なる特性をもつ二つの領域をもっている．ポリエーテル領域は柔軟性があり，ポリマーに伸縮性とゴムのような感触を与える．ポリ尿素領域は剛直で硬い．この二つが組合わさることで，スポーツウェアなどに使用される伸縮性のある繊維となる．このポリ尿素領域はケブラーと構造が似ていることから［§28・5・1を見よう］，スパンデックスが丈夫で耐久性に優れていることに特に驚きもしないだろう．

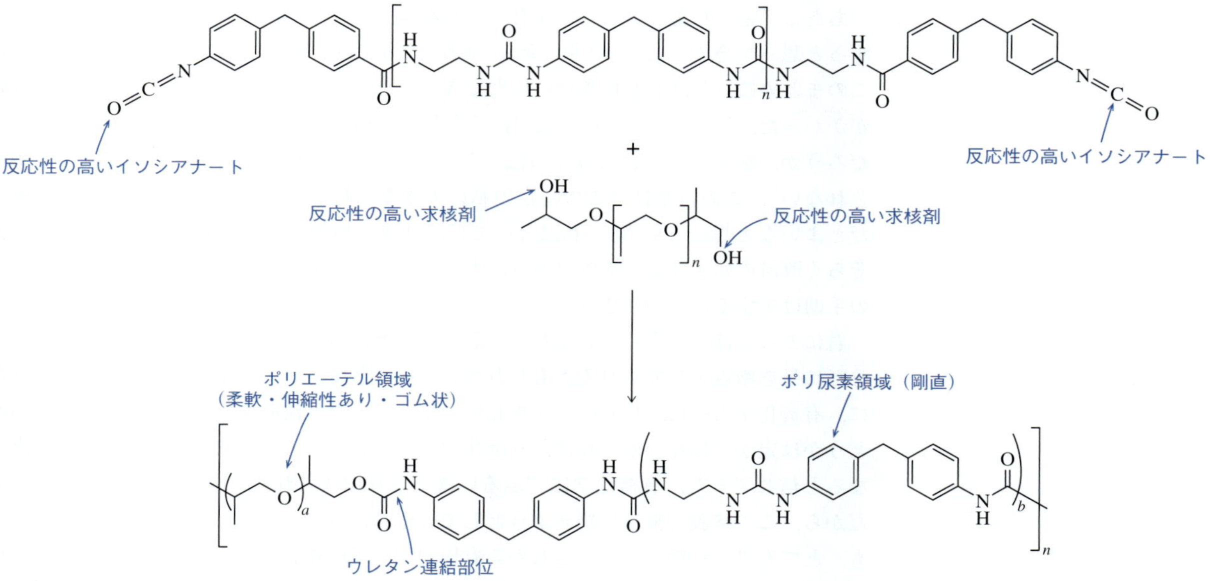

むすびに 1367

図 28・62 強くて伸縮性のあるスパンデックスはコポリマーのカップリングによってつくられる

アセスメント

28・31 次の重合反応式で得られるブロックコポリマーの構造を描け．［最初に(a)と(b)の各コポリマーをつくり，それらを組合わせて(c)をつくるんだ］

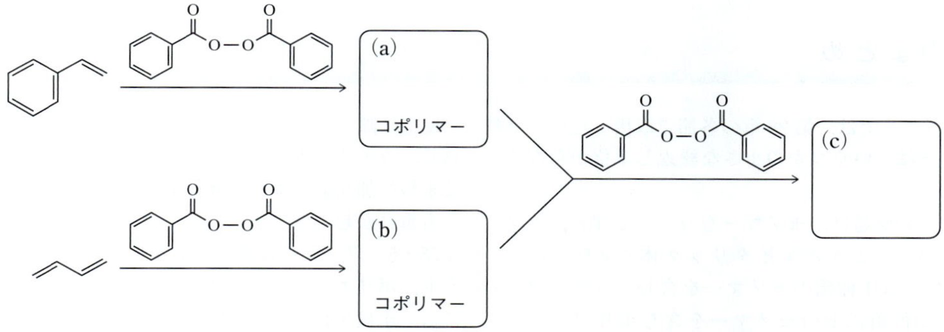

むすびに

　この章では，ポリマーでできた身近な製品に注目することで，ポリマー合成が確かに私たちの日常生活をよりよいものとしていることを見てきた．そして，こうした合成は基本的な有機反応を使って実現されていたのである．この数カ月の間，じっくりと取組んできた有機反応である．さらに，グリーンケミストリーの重要性も再度，確認することとなった．ポリマーは環境中に残留してしまうことから，環境に優しい反応剤や条件で，生分解性ポリマーを合成することは重要な目標となっている．この研究分野が発展していく中で，今これを読んでいる君こそが，解決策をいつか見つけるのかもしれない．

ああ… "完" の文字が見えてきた．この本は，著者と学生との会話のようなものだとずっと思ってきた．["有機化学：会話しよう" なんていうタイトルまで考えたんだ] だから，このまとめに，しばしお付き合いいただきたい．ここまで来るのには，長い，長い時間がかかった．[8年も] この章の最初に紹介した Winston Churchil の引用句を覚えているだろうか．締めくくりはこうだった："ただ，もしかすると，始まりの終わりなのかもしれない"．この言葉は今この時点の私に大きな意味がある（そして君にとってもそうだとよいなと思っている）．私にとっては，初版本の執筆の終わりであり，一方で，おそらく改訂の始まりでもあるだろう．もっと簡単に有機化学を学べるよう，未来の学生の手助けをするための始まりだ．

君にとっては…わからないよね．もしかすると，職業とすることを念頭に有機化学の分野に足を踏み入れてくれるかもしれないし，そして，この授業とこの本での経験を基に，有機化学こそ自分自身の将来を見いだすところだと決心するかもしれない．本当かどうかは定かではないが，私は，有機化学こそが将来の方向を決めるなかでの転換点となると信じてきた．有機化学は "ふるい落とされ淘汰される" 講義だと思う人は多い．だから，この講義を無事に終えようとしている君は今，たとえどんな職業に進むにしても，とても良い状態にある．これから有機化学の理解を必要とする試験を受けたり，生化学の講義の準備をするにしても，集中して取組むといい．[この本は準備に役立つから…まだ捨てないでね！] 学びの旅の始まりを終えようとする今，胸を張って次の段階へと足を踏み出そう．その旅がどこに行き着こうとも，少しの間でも一緒に旅ができたことを光栄に思っている．次に進む前に，一息ついて，ここまで来られたことをお祝いしよう．私も当然お祝いするから！

Yours in Organic Chemistry,
— RJM（著者）

第28章のまとめ

重要な概念　〔ここでは，第28章の各節で取扱った重要な概念（反応は除く）をまとめる〕

§28・1：ポリマーは，いくつかの小さな繰返し単位からなる大きな分子である．

§28・2：ポリマーの構造は，モノマーを [ ] で囲み，モノマーが繰返していることを示すイタリック体の n をつけて表す．ホモポリマーは1種類のモノマーを含む．コポリマー（共重合体）は，2種類以上のモノマーを含むポリマーである．

§28・3：ポリマーは，その合成に用いられる反応の種類によって分類される．連鎖重合ポリマーは，モノマーが一つずつ付加していくことで，一方向に成長していく．両端に官能基をもつ逐次重合ポリマーは，多方向に成長する．ポリマーには，さまざまな形状（線状，分岐，網目，星型，櫛型，ブラシ型）がある．一般的には，線状のポリマーは高い結晶性の構造を形成し，分岐ポリマーは非結晶性である．

§28・4：ポリマーは，すでに学んだ付加反応を用いて合成される．カチオン重合は求電子付加反応で進行し，アニオン重合は求核付加反応によって進行する．また，ラジカル反応によっても重合が起こる．

§28・5：ポリマーは縮合反応を用いても合成される．ポリアミド，ポリエステル，ポリカルボナート，ポリウレタンの合成には，求核アシル置換反応が用いられる．

§28・6：エポキシドは，エポキシ樹脂をつくるための重合反応の求電子剤として使用することができる．オレフィンメタセシスは開環メタセシス重合（ROMP）によるポリマーの合成に用いられる．また，パラジウム触媒を用いたカップリング反応でもポリマーを合成することができる．

§28・7：二つのポリマーが一つになることで，ブロックコポリマー（ブロック共重合体）が合成される．ブロックコポリマーは，各ポリマーブロックに関連した構造的特徴をもつ．

重要な反応と反応機構　〔これらの重合反応はすべて既習であるため，この章のそれぞれの重要な反応の例を，この本のどこで初めて学習したかを参照しながら示している〕

第28章のまとめ

重合反応		
カチオン重合 (§28・4・1 および §8・4)		
アニオン重合 (§28・4・2 および §21・5)		
ラジカル重合 (§28・4・3 および §8・3・4)		
縮合重合: ポリアミド (§28・5・1 および §19・7・3)		
縮合重合: ポリエステル (§28・5・2 および §18・7・2)		
縮合重合: ポリカルボナート (§28・5・3 および §19・7・2)		
エポキシ樹脂 (§28・6・1 および §13・13・2)		
開環メタセシス重合 (§28・6・2 および §16・6)		
遷移金属触媒重合 (§28・6・3 および §16・4)		

アセスメント〔●の数で難易度を示す (●●●●＝最高難度)〕

28・32 (●) 次の一般的な重合反応式を逐次重合と連鎖重合に分類せよ.

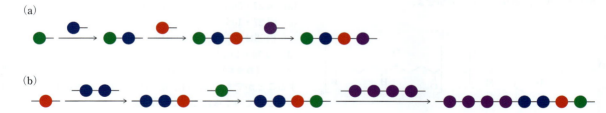

1370　28. 合成ポリマー

28・33（●●）　次のモノマー（またはモノマーの組合わせ）が重合するとき，逐次重合と連鎖重合のどちらの反応機構で重合するか．その理由とともに述べよ．

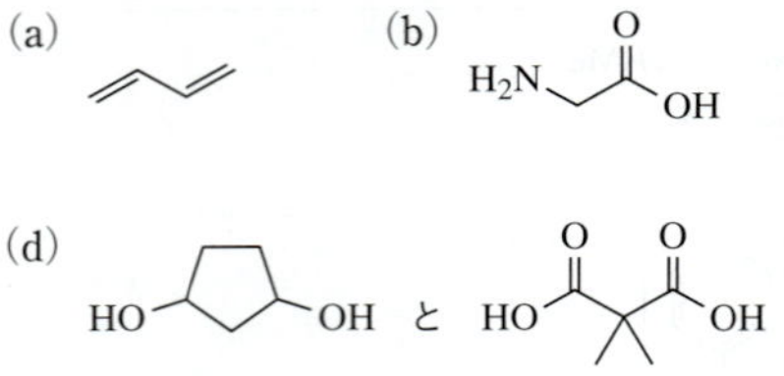

(a)　(b)　(c)

(d)

28・34（●）　次の(a)〜(d)の各組において，より高い T_m をもつと予想されるポリマーの種類を選べ．
(a) 線状と分岐　　(b) 分岐と星型
(c) 線状と櫛型　　(d) 星型とブラシ型

28・35（●●）　以下の各モノマーについて，ラジカル重合，カチオン重合，アニオン重合のいずれが最適であるかを示せ．選んだ理由も述べよ．

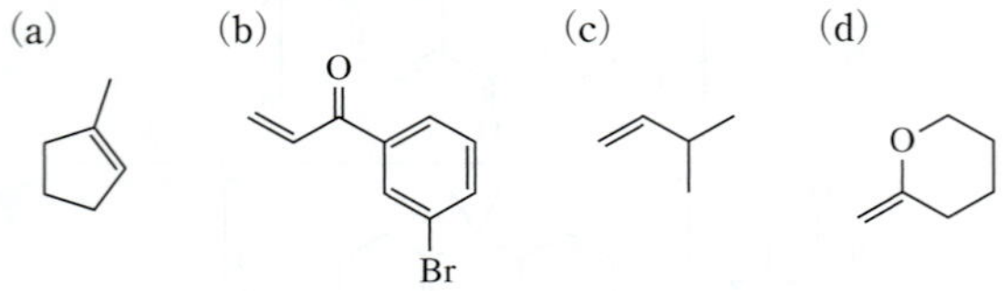

(a)　(b)　(c)　(d)

28・36（●●●）　アセスメント 28・35 のモノマーを重合してできるポリマーを描け．

28・37（●●）　アセスメント 28・35 のモノマーから生成されるポリマーは，縮合ポリマーと付加ポリマーのどちらに分類されるか．

28・38（●●●）　アセスメント 28・36 で描いたポリマーのうち一つは，架橋できるように設計されている．(a) それはどのポリマーだろうか．(b) このポリマーが架橋するように設定されている理由を述べよ．

28・39（●●●●）　アセスメント 28・38 で選んだポリマーを以下の反応条件で架橋させる際の反応機構を示せ．[詳細は第 16 章を参照しよう]

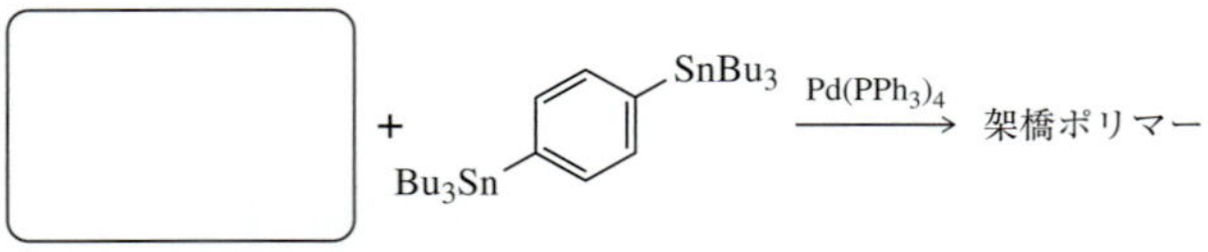

アセスメント 28・38
のポリマー

28・40（●●）　次のポリマーをポリウレタン，ポリカルボナート，ポリエステル，ポリアミドに分類せよ．

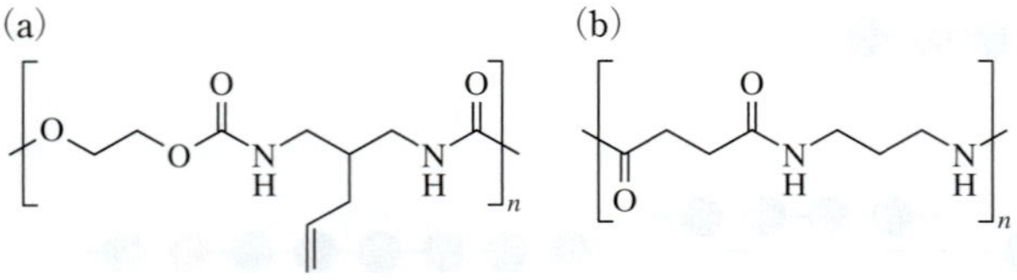

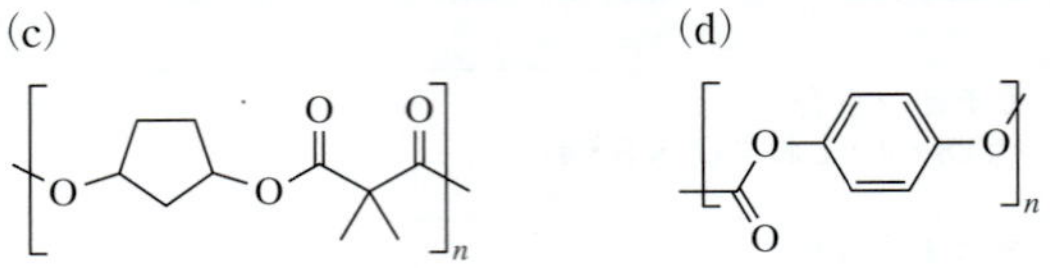

(a)　(b)

(c)　(d)

28・41（●）　アセスメント 28・40 のポリマーは，付加ポリマーまたは縮合ポリマーのどちらに分類されるか．

28・42（●●●）　アセスメント 28・40 の各ポリマーの合成方法を示せ．

28・43（●●●●）　(a) アセスメント 28・40 のどのポリマーが架橋に最適な設計となっているか．(b) そのポリマーを架橋する方法を示せ．(c) 架橋すると，できあがったポリマーの性質はどのように変わるかを説明せよ．

ポリ（*endo*-ジシクロペンタジエン）は，閉環メタセシスを用いてつくることができる．アセスメント 28・44〜28・47 はこの反応に関するものである．

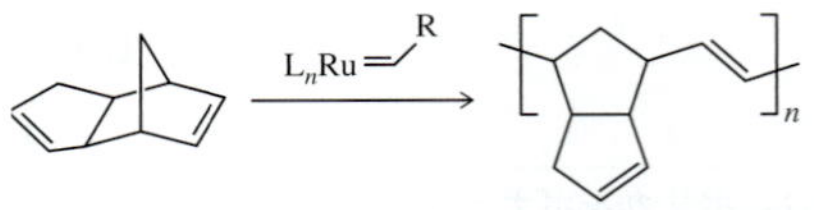

ポリ（*endo*-ジシクロペンタジエン）

28・44（●●●）　重合反応の反応機構を示せ．

28・45（●●●）　出発物質中の一つのアルケンのみがメタセシス反応を起こす．なぜ一方のアルケンだけが反応性が高いのだろうか．[まずどちらのアルケンが反応性が高いかを確認しよう]

28・46（●●●）　この重合で使うモノマーはどのように合成できるか．[この反応は第 22 章で学んだね]

28・47（●●●●）　ポリ（*endo*-ジシクロペンタジエン）は，さらに架橋された熱硬化性樹脂に変換することができる．(a) 架橋を起こすための反応剤と条件を示せ．(b) 熱硬化性樹脂の性質はどのように変化するか．(c) その変化の要因は何か．

28・48（●●●●）　庭用ホースの会社で働く化学者の君は，完璧な庭用ホースに必要な特性をすべて備えた新しいポリマーを発見した．しかし，残念なことに，低温（約 5 ℃）では，このポリマーは脆くなりすぎてしまう．このポリマーを非共有結合で変性させて，低温での使用に適したものにするにはどうしたらよいだろうか．

28・49（●）　第 26 章と第 27 章では，いくつかの生物学的なポリマー（生体高分子）について学んだ．次の図で使われている各ポリマーをつくるのに使われているモノマーを描け．
(a) 図 27・50(a)　　(b) 図 27・59(a)
(c) 図 27・105
　　[本当はポリマーではないけど，繰返し単位を探してみよう]
(d) 図 26・45(a)

28・50（●●●）　二つの官能基をもつアミノ酸は，逐次成長することができるが，自然界では，一方向に連鎖重合するポリマーとしてつくられている．なぜだろうか．

付録 A　問題解決のためのヒント

　以下に示した質問と助言を活用すれば，難しい問題に出会った場合でも，慌てずに対処できるようになるだろう．これらの質問・助言すべてが，いつなんどきでも当てはまるわけではないが，問題を解いていくに従って，どの質問・助言が，いつ，どういう場合に役立つかを学んでいくだろう．

1. ボールは下に向かって転がる．
2. 負が正を攻撃する．
3. 炭素の位置番号を記入する．
4. 形成された結合と切断された結合を明らかにする．
5. 何が電子豊富で，何が電子不足か．
6. 何が求核剤で，何が求電子剤か．
7. 何が Lewis 酸で，何が Lewis 塩基か．
8. 酸性プロトンの pK_a はいくつか．
9. 塩基や求核剤の共役酸の pK_a はいくつか．
10. どのような電子的要因があるか．超共役，誘起効果，共鳴はあるだろうか．
11. 反応に影響を及ぼす立体的な因子はあるか．
12. 反応物，中間体，生成物のすべての共鳴構造を描く．
13. 反応はエントロピー的に有利か．
14. 形成された結合と切断された結合から ΔH を推定する．
15. 反応を逆にたどる．
16. どの中間体（カルボカチオン，カルボアニオン，ラジカル）が最も安定か．また，その理由は何．
17. 反応は速度論支配，熱力学支配のどちらか．
18. その反応は可逆反応か．
19. 反応の平衡を偏らせるにはどうしたらよいか．
20. どちらの反応がより速いか．
21. どちらの反応がより起こりやすいか．
22. 分子は正しい立体配座になっているか．
23. NMR/IR スペクトルで，化合物の吸収はどこに現れると予想されるか．
24. 溶媒はプロトン性か，それとも非プロトン性か．
25. 求核剤の求核性は高いか，それとも低いか．塩基の塩基性は強いか，それとも弱いか．
26. 求電子剤の求電子性は高いか，それとも低いか．
27. カルボニル基がある場合，双性イオンの構造を描く．
28. 金属と非金属の結合は，非金属に負電荷，金属に正電荷をもつイオン性のものとして扱う．

このページには，まだまだたくさん書き込めるよ．もし，君にとって有効な“問題解決のためのヒント”を思いついたら，mullinsr@xavier.edu まで送ってね．次の版に掲載するかもしれないよ．

付録 B 命名法（概要）

命 名 の 手 順

1. 最も優先順位の高い官能基が置換した，最も長い炭素鎖（主鎖）を見つける.

優先順位[†]	化合物種類	接頭語	接尾語
1	カルボン酸 (carboxylic acid)		酸 (-oic acid)
2	エステル (ester)		酸アルキル (alkyl {parent}-oate)
3	酸塩化物 (acid chloride)		塩化［母核名］オイル (-oyl chloride)
3	酸無水物 (anhydride)		酸無水物 (-oic anhydride)
4	アミド (amide)		N–アルキル［母核名］アミド (N–alkyl{parent}-amide)
5	ニトリル (nitrile)	シアノ (-cyano-)	ニトリル (-nitrile)
6	アルデヒド (aldehyde)	オキソ (-oxo-)	アール (-al)
7	ケトン (ketone)	オキソ (-oxo-)	オン (-one)
8	アルコール (alcohol)	ヒドロキシ (-hydroxy-)	オール (-ol)
9	アミン (amine)	N–アルキルアミノ (-{N–alkyl}amino-)	アミン (-amine)
10	アルケン (alkene)	エン (-en-)	エン (-ene)
10	アルキン (alkyne)	イン (-yn-)	イン (-yne)
なし	エーテル (ether)	アルコキシ (-alkoxy-)	
なし	ハロゲン (halogen)	ハロ (-halo-)	
なし	アルキル (alkyl)	アルキル (-alkyl-)	

[†] 赤い数字は官能基の優先順位が同じであることを示す.

> ［訳注 1］ここにあげられている官能基について，IUPAC 2013 勧告における優先順位は以下の通りである. カルボン酸 ＞ 酸無水物 ＞ エステル ＞ 酸塩化物 ＞ アミド ＞ ニトリル ＞ アルデヒド ＞ ケトン ＞ アルコール ＞ アミン. アルケンおよびアルキンについては，これらを含むかどうかよりも炭素鎖の長さが優先される. アルケンやアルキンを含む最長の炭素鎖が複数ある場合，アルケン ＞ アルキン ＞ アルキルの優先順位に基づいて主鎖を選ぶ.

  a. 最長の鎖が複数ある場合は，分枝の多いものを優先する.

2. 主鎖の炭素原子に番号をつける.

  a. 最も優先順位の高い官能基の番号が小さくなるように，主鎖の端から番号をつける.

  b. 同じ官能基が複数あり，同じ番号となる場合は，次に優先順位の高い官能基の位置番号が最小になるように番号をつける.

  c. それでも同じ場合は，その次に（3番目に）優先順位の高い官能基の位置番号が最小になるように番号をつける. そしてこれを続ける.

  d. 分枝や置換基など，すべてが同じ場合は，両端から最初にある二つの官能基を，アルファベット順に並べたとき，より前になる官能基の位置番号が小さくなるように番号をつける.

  e. 環状分子の場合，優先順位の高い官能基の炭素の番号を 1 とし，次に優先順位の高い官能基の位置番号が最小になるように番号をつける.

3. 主鎖の命名

炭素数	飽和直鎖炭化水素の名称	炭素数	飽和直鎖炭化水素の名称	炭素数	飽和直鎖炭化水素の名称
1	メタン	5	ペンタン	9	ノナン
2	エタン	6	ヘキサン	10	デカン
3	プロパン	7	ヘプタン	11	ウンデカン
4	ブタン	8	オクタン	12	ドデカン

  a. 主鎖の名称は，不飽和結合をもつ場合（該当する場合）や優先順位の高い官能基に応じて変更する.

4. 置換基とその位置を特定する.

フラグメント	置換基名	略記
	メチル	Me
	エチル	Et
	n–プロピル	n-Pr
	イソプロピル	iPr
	n–ブチル	n-Bu
	sec–ブチル	s-Bu
	イソブチル	iBu
	tert–ブチル	t-Bu

[訳注2] IUPAC 2013 勧告において，直鎖アルキル基をさす接頭語の "n-" は廃止されている．したがって，n-プロピル，n-ブチルはそれぞれプロピル，ブチルとする．sec-ブチル，イソブチルの名称は廃止されており，それぞれの優先 IUPAC 名（preferred IUPAC name; PIN）はブタン-2-イル（butan-2-yl），2-メチルプロピル（2-methylpropyl）である．前者については，1-メチルプロピルも認められる．イソプロピルは保持されているが，PIN はプロパン-2-イル（propan-2-yl）である（1-メチルエチルも認められる）．tert-ブチルは PIN であり，2-メチルプロパン-2-イル，1,1-ジメチルエチルも認められる．なお，表に含まれない他のアルキル基の慣用名として以前用いられていたイソペンチル，ネオペンチル，tert-ペンチルは廃止されており，それぞれの PIN は 3-メチルブチル，2,2-ジメチルプロピル，2-メチルブタン-2-イル（1,1-ジメチルプロピルも認められる）である．また，分岐アルカンの慣用名として以前用いられていたイソブタン，イソペンタン，ネオペンタンも廃止されており，それぞれの PIN は 2-メチルプロパン，2-メチルブタン，2,2-ジメチルプロパンである．

a. 同一置換基が複数ある場合は，数字の修飾語〔ジ（di），トリ（tri），テトラ（tetra），ペンタ（penta）など〕を使用する．

b. ベンゼン環が置換基になっている場合は，"フェニル"基と命名する．

c. 置換基が分枝をもつ場合．

 i. 鎖全体を一つの小さな分子と見立てて命名し，最後に -yl をつけて置換基とする．

 ii. 主鎖に直接結合している置換基の炭素の番号を1とし，その炭素から順に置換基の番号をつける．

 iii. 置換基とその位置を特定する．

 iv. 複雑な置換基全体を（ ）内に入れる．

[訳注3] IUPAC 2013 勧告において，この手順で命名された置換基名は保持されるが，推奨される命名法（PIN の命名法）では，手順 ii が異なる．まず，置換基の中で，主鎖に結合した炭素を含む最も長い炭素鎖（置換基の主鎖）を特定する．この炭素鎖について，主鎖に結合した炭素の番号が小さくなるように端から番号をつける．この番号が 1（主鎖に結合した炭素が置換基主鎖の末端に相当する）の場合は，手順 i のように置換基を命名する．それ以外の場合，置換基名は "alkane-番号-yl" の形式で命名する（訳注2のブタン-2-イル，プロパン-2-イルを参照）．

5. 主鎖の前に各置換基をアルファベット順に記載する．

a. iso の i や cyclo の c はそれも含めた名前でアルファベット順に並べる．

b. n-，s-，t- や，di，tri，tetra などの数詞はアルファベット順に並べる際には無視する．

c. 複雑な置換基は，それが何であるかに関わらず，その最初の文字でアルファベット順に並べる．

d. 数字と数字をカンマで区切る．

e. 置換基名と数字をハイフンで区切る．

6. 分子内のすべての立体中心とアルケンの立体化学の情報を付与する．

a. 置換基の前に（ ）書きで立体化学の情報を書く．

ベンゼンの命名

1. 一置換ベンゼン

a. ベンゼン環を母核とする場合，置換基の後に "ベンゼン"をつけ命名する．

b. ベンゼン環よりも複雑な置換基がある場合は，ベンゼン環を置換基（フェニル基）として扱う．

2. 二置換ベンゼン

a. トルエン，フェノール，アニリン，アニソール骨格を含むベンゼン誘導体である場合，その置換基の炭素が1になるように番号をつける．

b. それ以外は，アルファベット順に番号をつける．

c. 置換基の相対的な配置を表すには，o-（オルト），m-（メタ），p-（パラ）を使用する．

[訳注4] IUPAC2013 勧告においては，接頭語 o-，m-，p- の使用は推奨されない．置換基の相対的な配置は，多置換ベンゼンの命名と同様に番号を用いて示す．

3. 多置換ベンゼン

a. トルエン，フェノール，アニリン，アニソール骨格を含むベンゼン誘導体である場合，その置換基の炭素が1になるように番号をつける．

b. それ以外は，全体の数字が最も小さくなるように番号をつける．

付録C 歪み

非環状系の歪み

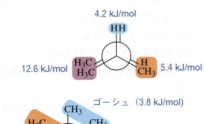

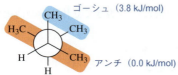

環歪み

シクロプロパン
115 kJ/mol
(27.6 kcal/mol)

シクロブタン
82.8 kJ/mol
(19.8 kcal/mol)

シクロペンタン
16 kJ/mol
(3.9 kcal/mol)

シクロヘキサン
0 kJ/mol
(0 kcal/mol)

A 値

エクアトリアル ⇌ アキシアル

安定な状態（エクアトリアル）から不安定な状態（アキシアル）に向かっているから、これらの値はすべて正の値になるよ．

X	ΔG（アキシアル−エクアトリアル）		X	ΔG（アキシアル−エクアトリアル）	
	(kJ/mol)	(kcal/mol)		(kJ/mol)	(kcal/mol)
−F	0.8	0.2	−COOH	5.9	1.4
−CN	0.8	0.2	−CH$_3$	7.6	1.8
−Cl	2.1	0.5	−CH$_2$CH$_3$	7.9	1.9
−Br	2.5	0.6	−CH(CH$_3$)$_2$	8.8	2.1
−OH	4.1	1.0	−C(CH$_3$)$_3$	23	5.4

付録 D　pK_a 値

　以下は，一般的な pK_a 値の一覧である．ほとんどの化合物の pK_a 値は，それと類似した表中の分子の pK_a 値から推測することができる．

酸 の 解 離						K_a	pK_a
強酸 強い酸	HCl 塩酸	$+ H_2O \rightleftharpoons$	H_3O^+	$+$	Cl^- 塩化物イオン　弱い塩基	1×10^7	-7
	HO$-$S$-$OH 硫酸	$+ H_2O \rightleftharpoons$	H_3O^+	$+$	HO$-$S$-$O$^-$ 硫酸水素イオン	1×10^3	-3
	H_3O^+ オキソニウムイオン	$+ H_2O \rightleftharpoons$	H_3O^+	$+$	H_2O 水	55.6	-1.7
	HF フッ化水素	$+ H_2O \rightleftharpoons$	H_3O^+	$+$	F^- フッ化物イオン	6.8×10^{-4}	3.17
	H$-$C$-$OH ギ酸	$+ H_2O \rightleftharpoons$	H_3O^+	$+$	H$-$C$-$O$^-$ ギ酸イオン	1.7×10^{-4}	3.76
	$CH_3$$-C-$OH 酢酸	$+ H_2O \rightleftharpoons$	H_3O^+	$+$	$CH_3$$-C-O^-$ 酢酸イオン	1.8×10^{-5}	4.74
弱酸	H$-$C$\equiv$N シアン化水素	$+ H_2O \rightleftharpoons$	H_3O^+	$+$	$^-$C$\equiv$N シアン化物イオン	6.0×10^{-10}	9.22
	$^+NH_4$ アンモニウムイオン	$+ H_2O \rightleftharpoons$	H_3O^+	$+$	NH_3 アンモニア	5.8×10^{-10}	9.24
	H_2O 水	$+ H_2O \rightleftharpoons$	H_3O^+	$+$	HO^- 水酸化物イオン	1.8×10^{-16}	15.7
	$CH_3CH_2$$-$OH エタノール	$+ H_2O \rightleftharpoons$	H_3O^+	$+$	$CH_3CH_2O^-$ エトキシドイオン	1.3×10^{-16}	15.9
非常に 弱い酸	アセトン H	$+ H_2O \rightleftharpoons$	H_3O^+	$+$	エノラート	10^{-20}	20
	H$-$C$\equiv$C$-$H アセチレン	$+ H_2O \rightleftharpoons$	H_3O^+	$+$	H$-$C$\equiv$C$^-$ アセチリドイオン	10^{-25}	25
	NH_3 アンモニア	$+ H_2O \rightleftharpoons$	H_3O^+	$+$	$^-NH_2$ アミドイオン	10^{-38}	38
非酸性の 化合物 弱い酸	CH_4 メタン	$+ H_2O \rightleftharpoons$	H_3O^+	$+$	$^-CH_3$ メチルアニオン　強い塩基	10^{-50}	50

1376 付録

以下は，この本に出てくる一般的な分子のpK_a値を示す図で，関連する化合物の相対的な酸性度を示している．[前の表のpK_a値とは少しの違うところもあるけど，気にしなくて大丈夫．pK_a値を使用するときは，ほとんどの場合，近い値であればよいんだ]

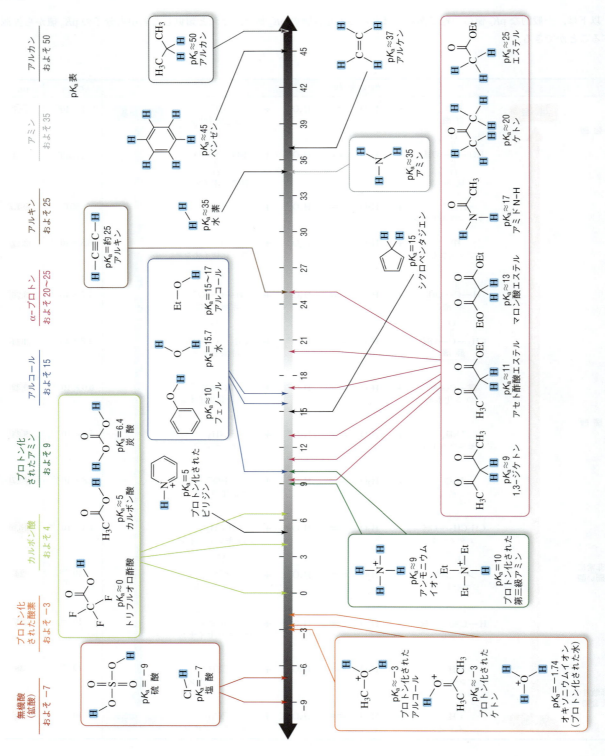

付　　録　1377

　以下は，pK_a 値のより網羅的な一覧表である．これらを覚えておくことは重要ではないが，表中の値を比較することで，さまざまな有機分子の相対的な酸性度をしっかりと理解できる．[繰返しになるけど，ここでの多少のズレは気にしないでね]

無機酸

H_2O　15.7	H_3O^+　−1.7	H_2S　7.00	HBr　−9.00
HCl　−8.0	HF　3.17	HCN　9.4	HN_3　4.72
HO–S(=O)(=O)–OH　−3.0, 1.99	HO–P(=O)(OH)–OH　2.12, 7.12, 12.32	HNO_3　−1.3	H_2　約 36
HO–Cr(=O)(=O)–OH　−0.98, 6.50	HO–S(=O)(=O)–CH$_3$　−2.6	HO–S(=O)(=O)–CF$_3$　−14	NH_4Cl　9.24

アルカンおよびアルケンの水素

CH_4　50	エチレン　44	ベンゼン　43	H–C≡C–H　25
	(cis-アルケン)　43	トルエン（ベンジル位）　41	シクロペンタジエン　15

カルボン酸

酢酸　4.76	ニトロ酢酸 NO_2　1.68	フルオロ酢酸 F　2.66	クロロ酢酸 Cl　2.86
ジクロロ酢酸　1.29	トリクロロ酢酸　0.65	トリフルオロ酢酸　−0.25	
安息香酸　4.2	4-メトキシ安息香酸　4.47	4-クロロ安息香酸　3.99	2-ニトロ安息香酸　2.17

アルコール

イソプロパノール　16.5	tert-ブタノール　17	HO–CH$_2$–CF$_3$　12.5

フェノール

フェノール　9.95	4-メトキシフェノール　10.20	4-ニトロフェノール　7.14

過酸化物

HO–OH　11.6	過酢酸　8.2

α-水素

2-ブタノン　19〜20	酢酸 tert-ブチル　24.5	NC–CH$_2$–H　25
2,4-ペンタンジオン　9	アセト酢酸エチル　11	マロン酸ジエチル　13	マロノニトリル　11

1378　付　　録

（つづき）

アンモニウムイオン

$^+NH_4$　9.2	$CH_3CH_2\overset{+}{N}H_3$　10.6	$i\text{Pr}_2\overset{+}{N}H_2$　11.05	$\text{Et}_3\overset{+}{N}H$　10.75

モルホリニウム　8.36 ／ 2,4,6-トリニトロアニリニウム（O_2N・NO_2・NO_2・$\overset{+}{N}H_2$）　−9.3 ／ シクロヘキシルアンモニウム（$\overset{+}{N}H_3$）　4.6

アミン

NH_3　38	$i\text{Pr}_2NH$　36	シクロヘキシルアミン（NH_2）　30.6	ピロリジン（NH）　44

アミド

$CH_3C(O)NH_2$　15.1	(4-Bn)オキサゾリジノン　12	$H_2N-S(O_2)-CH_3$　17.5	フタルイミド　8.30

含窒素複素環

ピリジニウム（$\overset{+}{N}H$）　5.21	イミダゾリウム（$HN\overset{+}{N}H$）　6.95	ピロール（NH）　23.0

チオール

$CH_3CH_2CH_2CH_2SH$　10	C_6H_5SH　7

付録 E 結合解離エネルギー

$$A:B \longrightarrow A\cdot + \cdot B$$

結　合	結合解離エンタルピー		結　合	結合解離エンタルピー	
	kJ/mol	kcal/mol		kJ/mol	kcal/mol
H−X 結合と X−X 結合			**第二級炭素との結合**		
H−H	435	104	$(CH_3)_2CH-H$	397	95
D−D	444	106	$(CH_3)_2CH-F$	444	106
F−F	159	38	$(CH_3)_2CH-Cl$	335	80
Cl−Cl	242	58	$(CH_3)_2CH-Br$	285	68
Br−Br	192	46	$(CH_3)_2CH-I$	222	53
I−I	151	36	$(CH_3)_2CH-OH$	381	91
H−F	569	136	**第三級炭素との結合**		
H−Cl	431	103	$(CH_3)_3C-H$	381	91
H−Br	368	88	$(CH_3)_3C-F$	444	106
H−I	297	71	$(CH_3)_3C-Cl$	331	79
HO−H	498	119	$(CH_3)_3C-Br$	272	65
HO−OH	213	51	$(CH_3)_3C-I$	209	50
RO−H	426	102	$(CH_3)_3C-OH$	381	91
メチル基との結合			**その他の C−H 結合**		
CH_3-H	435	104	$PhCH_2-H$ （ベンジル）	356	85
CH_3-F	456	109	$CH_2=CHCH_2-H$ （アリル）	364	87
CH_3-Cl	351	84	$CH_2=CH-H$ （ビニル）	464	111
CH_3-Br	293	70	$Ph-H$ （芳香族）	473	113
CH_3-I	234	56	$HC\equiv C-H$ （アセチレン）	523	125
CH_3-OH	381	91	**C−C 結合**		
第一級炭素との結合			CH_3-CH_3	368	88
CH_3CH_2-H	410	98	$CH_3CH_2-CH_3$	356	85
CH_3CH_2-F	448	107	$CH_3CH_2-CH_2CH_3$	343	82
CH_3CH_2-Cl	339	81	$(CH_3)_2CH-CH_3$	351	84
CH_3CH_2-Br	285	68	$(CH_3)_3CH-CH_3$	339	81
CH_3CH_2-I	222	53	**C=Y π 結合**		
CH_3CH_2-OH	381	91	C=C （推定）	272	65
			C=O （推定）	356	85

付録F 一般的な官能基とその反応性

この本で学んだ官能基をもつ化合物と，それぞれの一般的な反応性を以下に示す．

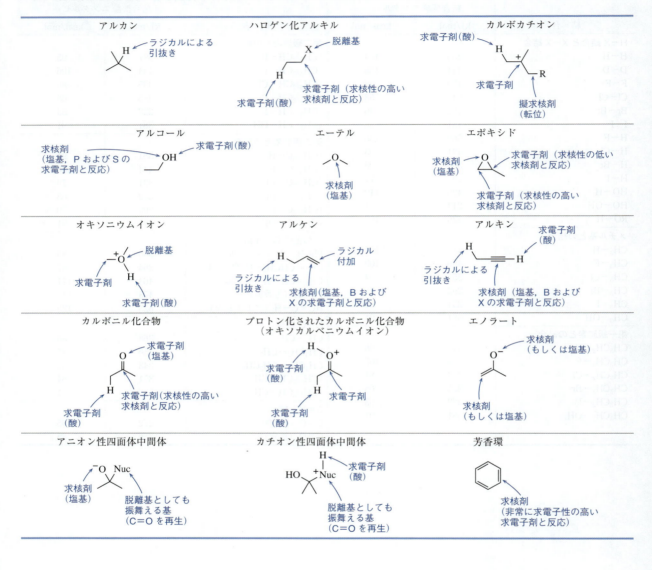

付録 G 酸化還元について

炭素の C-Z 結合の数に基づいて官能基をグループ分けすることができる．ここで，C-Z 結合は，陰性な原子との π 結合や σ 結合を表す．下図で，上下のグループ間を移動する反応は酸化還元反応である．同じグループ内で左右に移動する反応は，単なる酸塩基反応である．［各分子の中心となる炭素の酸化数も表示したよ．酸化数の計算方法は第 9 章で学んだよね］

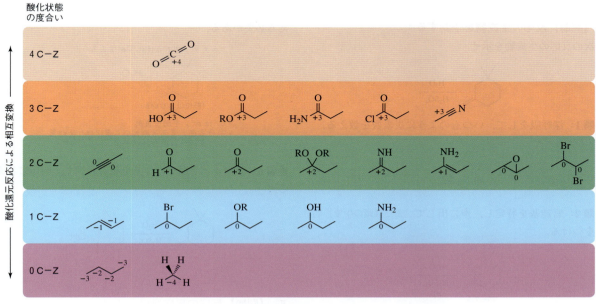

付録H　問題の解き方

［以下の手順はある程度一般的なものだけど，問題にはさまざまな種類があって，また官能基によって異なるアプローチを必要とするから，すべて問題に当てはまるわけではないからね．なので，ここに示す方法は問題を解くための最初の指針であると理解しておこう］

I. 【問題】反応の生成物を予測する

次の反応の生成物を示せ．

H2O
H2SO4

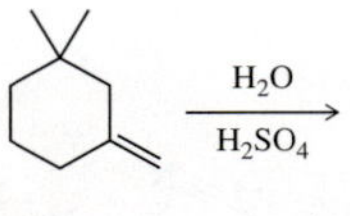

手順 1: 深呼吸をして，いつものように炭素数を数える．

9
8
6
5
7
4
2
3
1

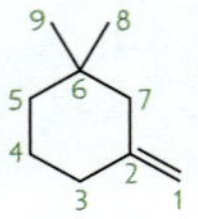

手順 2: 官能基を特定し，声に出して［または頭の中で］名前をつける．

水
H2O
H2SO4
酸
アルケン

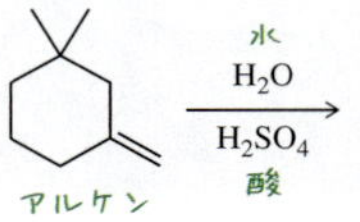

手順 3: 下記の反応を表す文章を作成する．

【官能基】が【反応剤】と反応して【生成物】を生成する．

【官能基】と【反応剤】が与えられている．君は【生成物】を答えることができるか．

アルケンは酸性条件で水と反応し，アルコールを生じる（Markovnikov則に従う）．

手順 4: 予想生成物を与える反応機構を描く．

H2O
H2SO4
OH
H—OH2
(脱プロトン)
H2O:
(転位はしない)

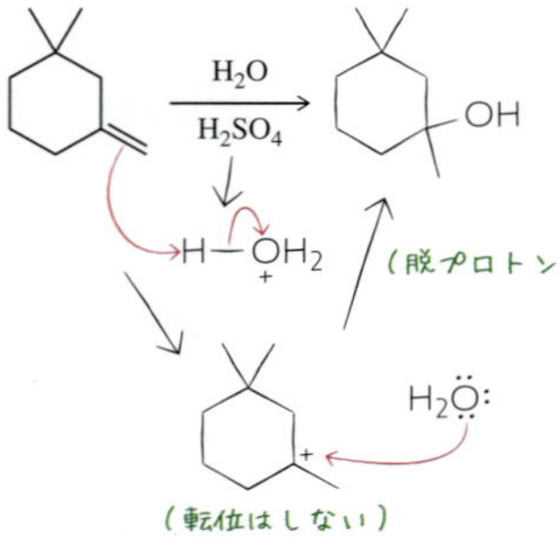

手順 5: 答えが立体化学を考慮していることを確認する．新しい立体中心がある場合は，これに対応した生成物を答える必要がある．

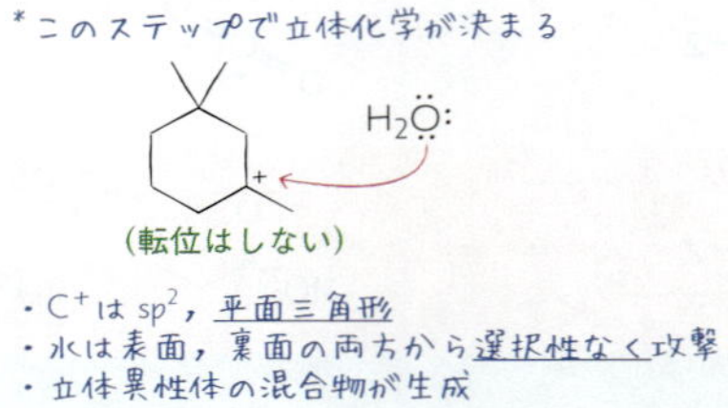

*このステップで立体化学が決まる
H2O:
(転位はしない)
・C+ は sp2，平面三角形
・水は表面，裏面の両方から選択性なく攻撃
・立体異性体の混合物が生成

手順 6: 手順 4 と手順 5 の作業を組合わせて，問題に答える．

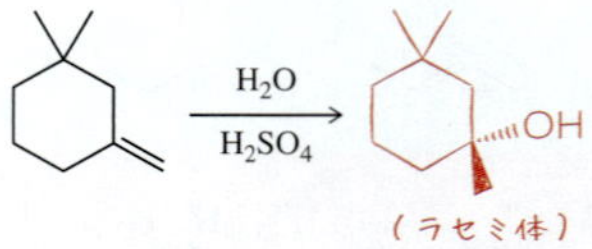

H2O
H2SO4
OH
(ラセミ体)

II. 【問題】反応の反応機構を予測する

次の反応の反応機構を巻矢印表記表を用いて示せ．

HBr
Br

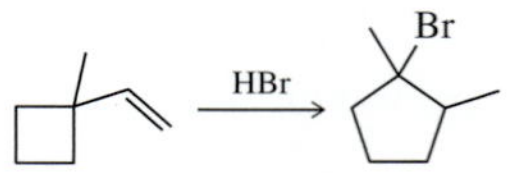

手順 1: どんなに複雑な反応であっても，落ち着いて，炭素数を数える．

HBr
Br

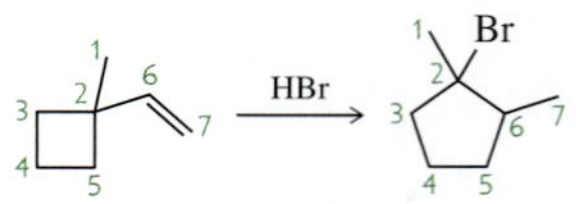

手順 2: 省略されている水素を描く（少なくとも反応点周辺）．

HBr
Br

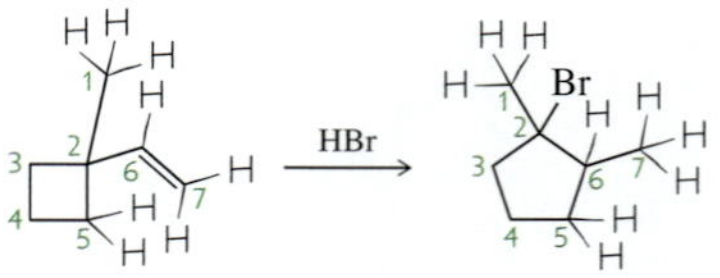

手順 3: 切断される結合と形成される結合のリストをつくる．

付録　1383

III．【問題】¹H NMR から構造を導く

以下の ¹H NMR で表される化合物（$C_6H_{12}O$）の構造を示せ．

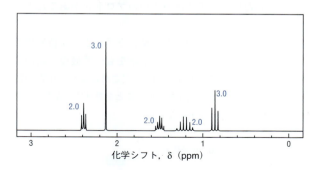

手順4：形成・切断された結合のリストを使って，反応物から生成物となるまでの過程を考える．

　π 結合は求核剤．おそらく，C6－C7 結合が最初に切断するのでは？C2 には最初に四つの結合があるが，どのように C2－Br 結合が生成するのだろうか？

手順5：手順4で考えた過程に基づいて，反応機構の最初の段階を描く．こうして描いた中間体を評価し，これから，さらに結合の形成・切断が起こり，予想したように反応が進むかどうかを確認する．

手順1：水素不足指数（IHD）を計算し，どのような官能基が存在するか，あるいは存在しないかを特定する．
  ・IHD＝1（一つの π 結合または一つの環）
  ・5 ppm から 12 ppm の間には ¹H NMR のシグナルがない．

これにより，アルケン，ベンゼン環，アルデヒド，カルボン酸などが除外される．

手順2：IR（赤外分光）や MS（質量分析）などのデータから，分子内にどのような官能基が存在するのか，あるいは存在しないのかについての情報を得る．

　残念ながら，この問題には追加の情報はない．しかし，問題によっては，他のスペクトルや他の情報があるかもしれない．

手順3：シグナルの情報の表をつくる．

手順6：手順5で生じた新しい中間体を使って，求核剤と求電子剤を特定し，生成物につながるように反応がどのように進んでいくか確認する．手順3で作成した結合の切断/形成リストも使い，反応機構を完成させる．

	化学シフト	積分比	シグナル形状	隣の水素の数	パズルのピース
A	2.4	2H	三重線	2	
B	2.1	3H	一重線	0	
C	1.5	2H	五重線	4	
D	1.3	2H	六重線	5	
E	0.9	3H	三重線	2	

手順4：以下の手順で，一つ目のシグナルに対応するパズルのピースをつくる．
  a．まずは化学シフトから考える．注目した水素の近くにはどんな官能基があるのか．ベンゼン環上なのか，アルデヒドの一部なのか，カルボニル基の隣にあるのか．

　　a．シグナルは 2.4 ppm 付近なので，カルボニルの α 位ではないか　　O=C－CH

b. 次は積分比から考える．積分比は，化合物の中にあるプロトンの直接的な証拠である．シグナルはプロトンに対応している．では，注目したプロトンが結合した炭素原子にはいくつのプロトンがあるだろうか．

その炭素が四つ以上の結合を示すような積分比であった場合は，同じ数の水素をもつ等価な炭素が二つ以上あることを意味する．［これはまた，分子全体，もしくは部分的に対称性があることを意味するんだ．これも構造解析のヒントになるね］

b. 積分比 = 2　　O
　　　　　　　　‖
　　　　　　　　C—CH₂

c. シグナル形状を調べる．シグナル形状は，分子内に他のプロトンが存在することを示す間接的な証拠である．その，分裂をひき起こすプロトンのシグナルは，スペクトルのどこかに必ずある．

そのシグナルを示すプロトンが置換した炭素の隣の炭素には，何個水素があるだろうか．シグナルがそのような形状であるのは，隣接する炭素に水素が置換しているからであり，隣接する炭素は一つの場合も複数の場合もある．したがって，観測されたシグナル形状を示す構造を最初から一つに絞ると誤ってしまうかもしれない．可能性を閉ざさないために，複数の選択肢を書き留めておくのは悪くない．

c. シグナル形状 = 三重線（トリプレット）
　　近くには二つの水素（2H）
　　二つの水素は，片側に 2H あるのか，それとも両側に
　　1H ずつあるのか

　　　　O
　　　　‖
　　　　C—CH₂—CH₂
　　　　　　または
　　　　O　　　　　*
　　　　‖　　　　　|
　　H—C—CH₂—CH—*

（9–10 ppm 付近にシグナルはないので，アルデヒドではないだろう）

d. 原子価を考慮して，残りの結合のつながりを考える．パズルのピースをつなげて，完全な分子を組上げなければならない．結合していない結合の手（open valence）を描いて，すべての結合と原子が記入されていることを確認する．

d.　　O
　　　‖
　—C—CH₂—CH₂—

手順 5: 手順 4 を繰返して，残りのシグナルのパズルのピースをつくる．

	化学シフト	積分比	シグナル形状	隣の水素の数	パズルのピース
A	2.4	2H	三重線	2	O‖ *—C—CH₂—CH₂—*
B	2.1	3H	一重線	0	O‖ H₃C—C—*
C	1.5	2H	五重線	4	*—CH₂—CH₂—CH₂—* または *—CH—CH₂—CH₃ （| *）
D	1.3	2H	六重線	5	*—CH₂—CH₂—CH₃
E	0.9	3H	三重線	2	*—CH₂—CH₃

手順 6: 手順 5 でつくったパズルのピースをつなげていく．端のピースから始め，相互に重なり合う部分を探してつなげていく．

メチル基，一置換ベンゼン環，アルデヒド，カルボン酸は，分子の末端でなければならない．末端を示す直接的な証拠となるシグナルを選ぶ．隣接するプロトン（間接的な証拠）は，スペクトル内に他のシグナルとして観測されることを思い出してほしい．つまり，CH_2 が隣にある CH_3 のシグナル（直接的な証拠）がある場合は，CH_3 が隣にある CH_2 のとなるシグナル（直接的な証拠）があるということである．これが ¹H NMR シグナルの相互関係性である．［もう一度読もう．¹H NMR の相互関係性の理解は，正しい構造を構築するための鍵なんだ］

足し算の問題のように，パズルのピースを加えていく．まず，シグナル（直接的な証拠）があるプロトン（　　で表示）をもつパズルピースを描く．その隣に，そのプロトン（　　で表示）と相互関係性があるパズルのピースをつないで描く．こうして，新たにより大きなパズルピースができ，さらにつなげていくと，構造を構築していくことができる．

パズルピース **E** は末端のピースである．

E　CH₃—CH₂—*
C　CH₃—CH₂—CH—*
　　　　　　　　　|
　　　　　　　　　*
――――――――――――――
EC　CH₃—CH₂—CH—*
　　　　　　　　　　|
間違い　　　　　　　*

CH を隣にもつ CH_2 を示す直接的な証拠がある．

しかし，CH が存在する直接的な証拠，ましてや CH_2 が隣にある CH の直接的な証拠となるパズルピースはない．したがって，**C** はここでの正しいパズルピースではない．

E	CH₃—CH₂—*	
D	CH₃—CH₂—CH₂—*	
ED	CH₃—CH₂—CH₂—*	正解

CH₂ を隣にもつ CH₂ を示す直接的な証拠がある．

ほかにも，CH₂ を隣にもつ CH₂ を示す直接的な証拠をもつパズルピースがある．これにより，正しい構造に近づいていると確信がもてる．

手順7：すべてのピースを使い終わるまで，相互関係性を示すものをつなげて構造を組上げていく．

E	CH₃—CH₂—*
D	CH₃—CH₂—CH₂—*
ED	CH₃—CH₂—CH₂—*
C	*—CH₂—CH₂—CH₂—*
EDC	CH₃—CH₂—CH₂—CH₂—*
A	*—CH₂—CH₂—C(=O)—*
EDCA	CH₃—CH₂—CH₂—CH₂—C(=O)—*
B	*—C(=O)—CH₃
EDCAB	CH₃—CH₂—CH₂—CH₂—C(=O)—CH₃

手順8：完成した推定構造から，¹H NMR スペクトルを予測し，問題に出されたスペクトルと比較し解答をダブルチェックする．

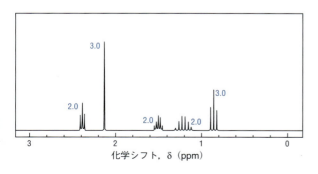

IV．【問題】合成

炭素数が3以下の有機化合物からヘプタン-2,3-ジオールを合成する方法を示せ．

(±)- ヘプタン-2,3-ジオール

手順1：炭素に番号をつける．

ここから考えていく　標的化合物

手順2：主要な官能基をリストアップする．

シンジオール

手順3：反応シートを使って，その官能基を構築する方法を考え，前駆体を考える．その前駆体が次の新しい標的分子となる．

　　　　　　　　　1. OsO₄
　　　　　　　　　2. NaHSO₃　　新しい標的

手順4：新しい C—C 結合構築の段階となるまで，手順1～3を繰返す．

　　　Na⁰
　　　液体 NH₃

↓ 1. OsO₄
　 2. NaHSO₃

(±)-

手順5：望みの官能基を構築し，C—C 結合を形成する反応を特定する．

　　　　　　　　1. OsO₄
　　　　　　　　2. NaHSO₃

　　　　Na⁰
　　　　液体 NH₃

　　NaNH₂

1386 付　　　録

手順6: 問題の条件（炭素数が3個以下）を満たすまで，手順1〜5を繰返す．

付録I 分 光 法

種々の結合の赤外吸収

官能基の種類	波数（cm^{-1}）	強 度
C≡N	2260〜2220	中
C≡C	2260〜2100	中から弱
C＝C	1680〜1600	中
C＝N	1650〜1550	中
⬡	約 1600 と約 1500〜1430	強から弱
C＝O	1780〜1650	強
C−O	1250〜1050	強
C−N	1230〜1020	中
O−H（アルコール）	3650〜3200	強，広い
O−H（カルボン酸）	3300〜2500	強，とても広い
N−H	3500〜3300	中，広い
C−H	3300〜2700	中

代表的な化合物の赤外吸収（単位：cm^{-1}）

1490 2950 / 3080 1650 / 2190 3300 / 664 / 3333（幅広い）1029

1718 / 1733 2742 / 1716 1240 2986（非常に幅広い）/ 1741 1203 1087 / 1752 1042

1651 1239 1430 3299 / 1792 693 / 2925 3032, 3068, 3099 1604, 1453 / 1143 3288

質量分析（MS）における一般的なフラグメント

アルカン

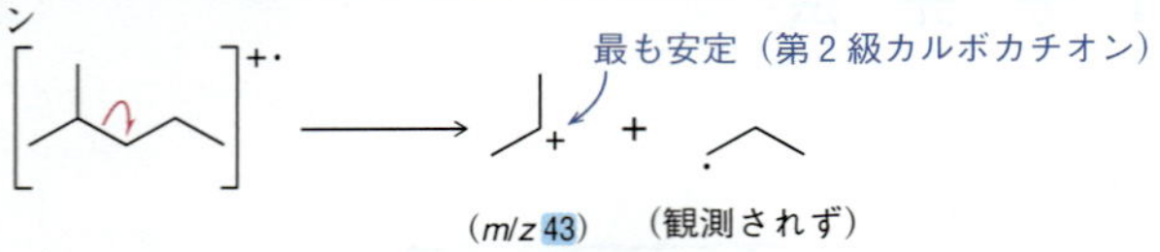

最も安定（第2級カルボカチオン）

(m/z 43) （観測されず）

アルケン

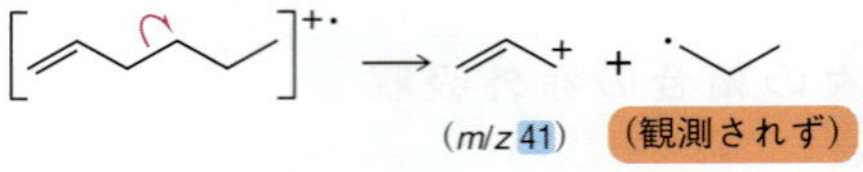

(m/z 41) （観測されず）

芳香族

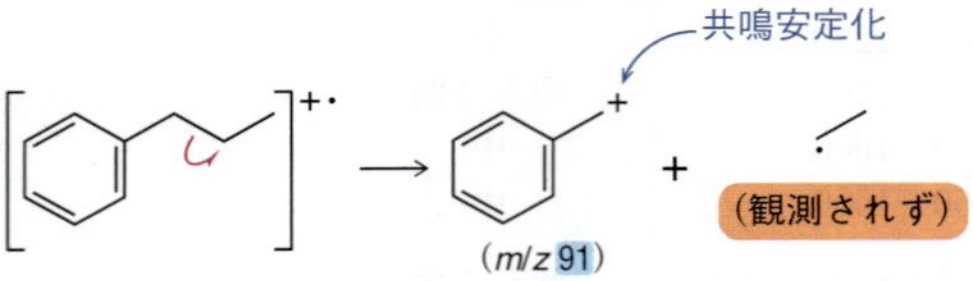

共鳴安定化

(m/z 91) （観測されず）

ハロゲン化アルキル

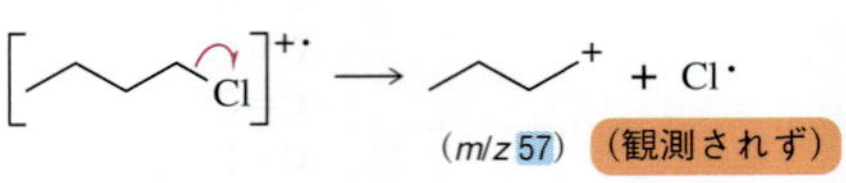

(m/z 57) （観測されず）

アルコール

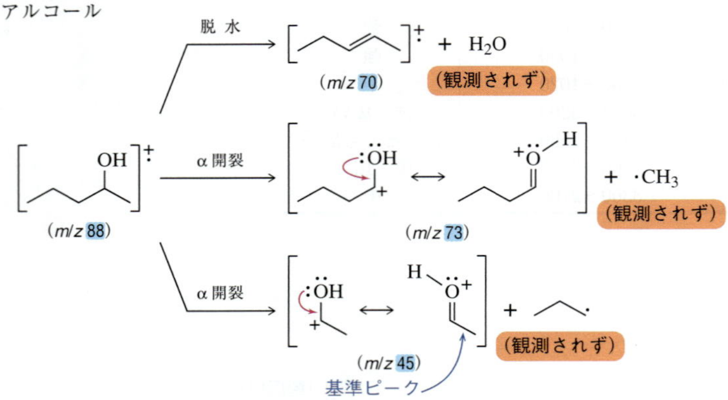

脱水 → + H_2O

(m/z 70) （観測されず）

α開裂 → + $\cdot CH_3$

(m/z 88) (m/z 73) （観測されず）

α開裂 →

(m/z 45)
基準ピーク （観測されず）

アミン

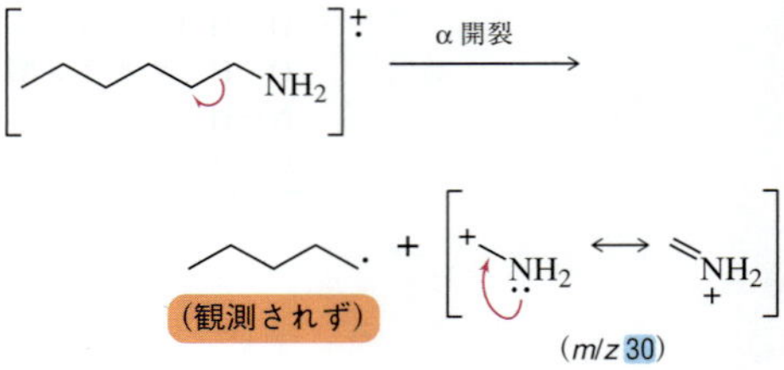

α開裂 →

（観測されず）

(m/z 30)

エーテル

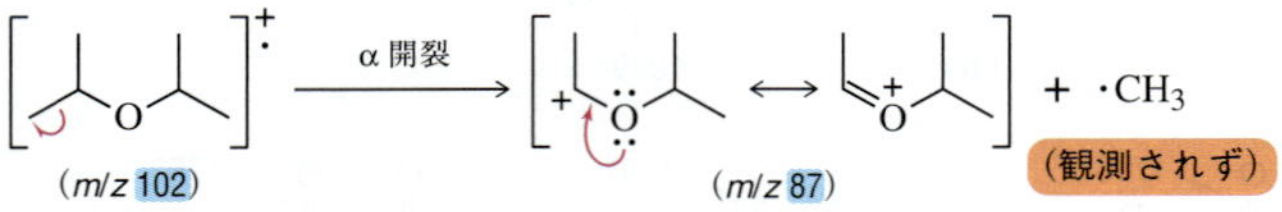

α開裂 → + $\cdot CH_3$

(m/z 102) (m/z 87) （観測されず）

アルデヒド

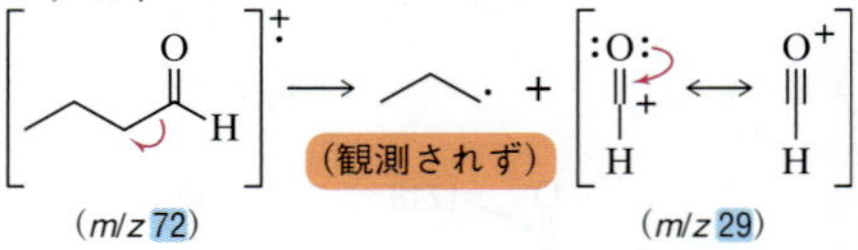

(m/z 72) （観測されず） (m/z 29)

ケトン

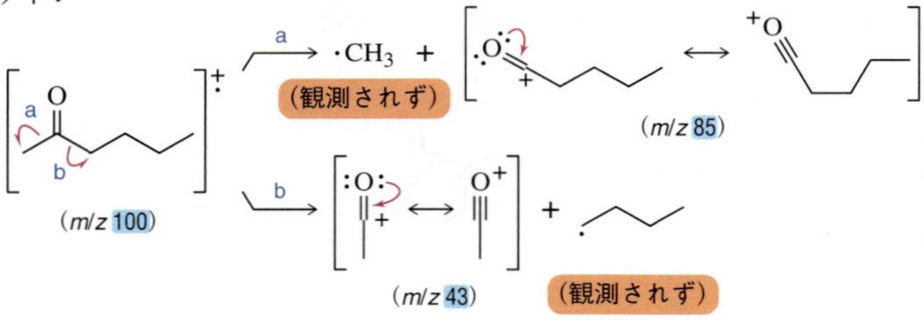

a → $\cdot CH_3$ +

（観測されず）

(m/z 85)

b →

(m/z 100) (m/z 43) （観測されず）

イオン化 →

6電子環状
遷移状態

(m/z 58) （観測されず）

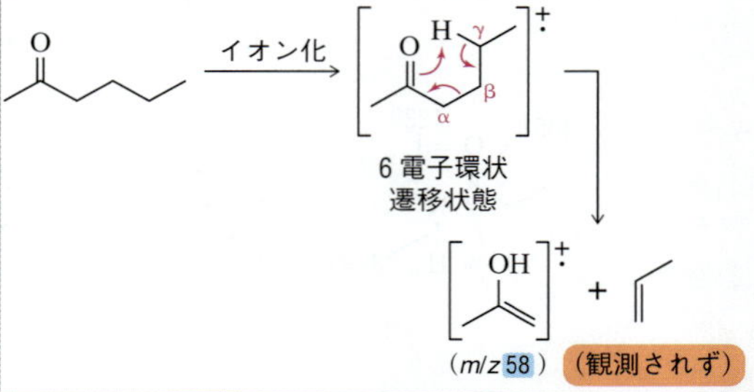

付　　録　　1389

^{1}H NMR の化学シフト

プロトンの種類	おおよその化学シフト δ（ppm）	プロトンの種類	おおよその化学シフト δ（ppm）	プロトンの種類	おおよその化学シフト δ（ppm）
アルカン（―C**H**₃）メチル	0.9	R―C**H**₂―X（X＝ハロゲン，O）	3〜4	O‖R―C―**H** アルデヒド	9〜10
アルカン（―C**H**₂―）メチレン	1.3	＼C＝C／ **H** ビニル	5〜6	O‖R―C―O**H** カルボン酸	10〜12
アルカン（―C**H**―）メチン	1.4	＼C＝C／ **CH₃** アリル	1.7	R―O**H** アルコール	条件により変動あり 約2〜5
O‖―C―C**H**₃ メチルケトン	2.1	Ph―**H** 芳香族	7.2	Ar―O**H** フェノール	条件により変動あり 約4〜7
―C≡C―**H** アセチレン	2.5	Ph―C**H**₃ ベンジル	2.3	R―N**H**₂ アミン	条件により変動あり 約1.5〜4

†　これらの値は目安であり，すべての化学シフトは近接する置換基によりさらに影響を受ける．ここに示した値はすべて，近くにアルキル基のみがある状況を仮定している．

代表的な化合物の ^{1}H NMR の化学シフト（単位：ppm，TMS ＝ 0 ppm）

[矢印が炭素をさす場合は，そこに結合している水素の化学シフトを示しているよ]

カップリング定数

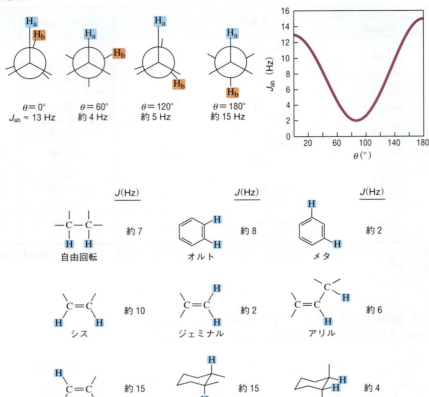

^{13}C NMR の化学シフト

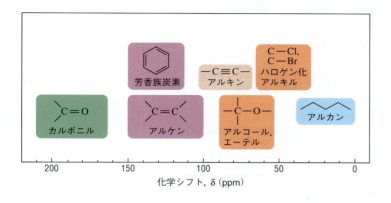

炭素をもつ構造	化学シフト (ppm)
sp³ C—C	0〜40
sp³ C—C (X＝電気陰性の原子)	40〜100
C≡C	80〜100
C＝C，芳香族	100〜150
O=C-X	150〜200
O=C(CH₃), O=CH	>200

代表的な化合物の ^{13}C NMR の化学シフト（単位：ppm，TMS = 0 ppm）

[矢印がさした炭素の化学シフトを示すよ]

24.9, 13.8

134.3, 116.4, 26.7

12.3, 86.0, 71.9

44.7, 34.8

62.3, 24.9

209.3, 7.9, 36.9

203.2, 37.3

181.5, 27.6

27.5, 51.5

170.4, 28.7

175.4, 29.5, 26.2

174.7, 41.0

128.3, 137.8, 21.4

44.1, 15.5

付録 J 反応座標図

Rが中間体 I を経て P になる反応（R→I→P）の反応座標図を示す．

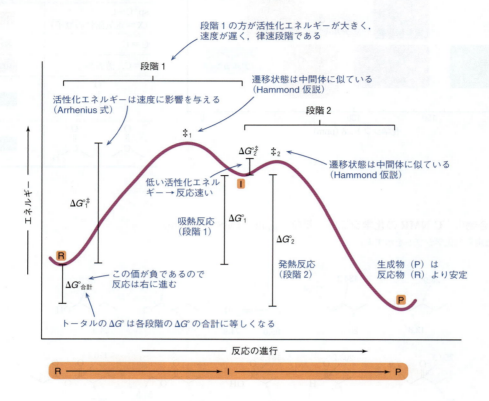

付録 K　官能基の構築法

アセタールの合成

1. 酸触媒によるアルコールのアルデヒドやケトンへの付加反応（§17・7・3）

酸無水物の合成

1. カルボキシラートイオンと酸塩化物の反応（§19・7・4）

酸塩化物の合成

1. カルボン酸と塩化チオニル $SOCl_2$ の反応（§18・7・5）

アルコールの合成

1. 酸触媒によるアルケンの水和反応（§8・4・1）
2. アルケンのオキシ水銀化-還元（§8・4・4）
3. アルケンのヒドロホウ素化-酸化（§8・4・5）
4. ハロゲン化アルキルと H_2O または ^-OH との反応（§12・2）
5. HX によるエーテルの酸開裂（§13・12・1）
6. アセチリドイオンによるエポキシドの開裂（§13・13・2）
7. 有機リチウムまたは Grignard 試薬によるエポキシドの開環（§16・2・3b）
8. Gilman 試薬によるエポキシドの開環（§16・5・2）
9. 有機リチウム試薬や Grignard 試薬のアルデヒドやケトンへの付加（§17・5・1，§17・5・2）
10. アルデヒドやケトンへのアセチリドイオンの付加（§17・5・3）
11. アルデヒドやケトンの触媒的水素化（§17・9・1）
12. ヒドリド反応剤を用いたアルデヒドやケトンの還元（§19・9・2）
13. $LiAlH_4$ によるカルボン酸の還元（§18・7・3）
14. $LiAlH_4$ によるエステルの還元（§19・8・1）
15. $LiAlH_4$ を用いた酸塩化物や酸無水物の還元（§19・8・1b）
16. エステルと Grignard 試薬（2 当量）の反応（§19・9・1）
17. シリルエノールと mCPBA の反応による α-ヒドロキシケトンの生成（§20・2・1d）
18. 現代的なアルドール反応（§20・3・1），塩基触媒を用いたアルドール反応（§20・3・2），分子内アルドール反応（§20・3・4）
19. ベンジルエーテルの水素化分解（§24・6）

アルデヒドの合成

1. アルケンのオゾン分解，続く CH_3SCH_3 による処理（§9・1・7）
2. 末端アルキンのヒドロホウ素化-酸化（§10・8・5）
3. クロロクロム酸ピリジウム（PCC）を用いた第一級アルコールの酸化（§13・9・3）
4. 第一級アルコールの Corey-Kim 酸化，Swern 酸化，Dess-Martin 酸化（§13・9・4）
5. 過ヨウ素酸 HIO_4 によるシスジオールの酸化的開裂（§13・9・5）
6. DIBAl-H によるエステルの還元（§19・8・2）
7. 酸塩化物の LiH$(Ot$-Bu$)_3$ による還元（§19・8・2）
8. DIBAl-H によるニトリルの還元（§19・8・3）

アルカンの合成

1. アルケン（§9・2）またはアルキン（§10・6・1）の接触水素化
2. アルケンとカルベンのシクロプロパン化（§16・3）
3. アルデヒドやケトンからアルカンへの Wolff-Kishner 還元（§19・9・3）
4. ［2+2］付加環化反応（§22・4・1）

アルケンの合成

1. Lindlar 触媒を用いた，アルキンの触媒的水素化によるシスアルケンの合成（§10・6・2）
2. 液体アンモニア中，金属ナトリウムを用いたアルキンの還元によるトランスアルケンの合成（§10・6・3）
3. ハロゲン化アルキルまたはトシル化アルキルの塩基を用いた脱離（§12・5，§13・7・1）
4. 酸触媒によるアルコールの脱水反応（§13・8）
5. オレフィンメタセシス（§16・6）
6. Wittig 反応：リンイリドとアルデヒドまたはケトンとの反応（§17・6）
7. シグマトロピー転位（Cope 転位/Claisen 転位）（§22・4・3）
8. Hofmann 脱離（§25・7・3）
9. Cope 脱離（§25・7・4）

アルキルアジドの合成

1. ハロゲン化アルキルまたはトシル化アルキルと N_3^- との反応（§12・2，§13・7・1）

ハロゲン化アルキルの合成

1. アルカンのラジカルハロゲン化（§5・3・3，§11・5・1）
2. アルケンへの HX の付加（§8・3）
3. 過酸化物を用いたアルケンへの HX のラジカル付加（§8・3・4）
4. アルキンへの HX（1当量）の付加によるハロゲン化アルケニルの合成，およびアルキンへの HX（2当量）の付加によるジハロゲン化アルキルの合成（§10・8・2）
5. 加熱条件での N–ブロモスクシンイミド（NBS）を用いたアリル位およびベンジル位の臭素化（§11・5・3，§24・3）
6. HX とアルコールの反応（§13・7・2）
7. アルコールと塩化チオニル $SOCl_2$ の反応によるハロゲン化アルキルの合成（§13・7・3）
8. アルコールと三臭化リン PBr_3 の反応による臭化アルキルの合成（§13・7・4）
9. HX によるエーテルの開裂（§13・12b）
10. エノールと X_2 の反応による α–ハロケトンまたはアルデヒドの合成（§20・2・1b）
11. 高温条件でのジエンと HX との反応による 1,4-付加体の生成（§21・4）
12. 低温条件でのジエンと HX との反応による 1,2-付加体の生成（§21・4）
13. Hell–Volhard–Zelinskii 反応による α–ブロモカルボン酸の合成（§26・4・2）

アルキンの合成

1. アセチリドイオンとハロゲン化アルキルやトシル化アルキルとの反応（§10・5）
2. ビシナルまたはジェミナルのジハロゲン化物の連続的な脱離反応（§12・5，アセスメント 12・63）

アミドの合成

1. 酸塩化物とアミン（2当量）の反応（§19・7・3a）
2. 酸無水物とアミン（2当量）の反応（§19・7・3b）
3. 穏やかな加熱条件でのエステルとアミン（2当量）の反応（§19・7・3c）
4. 常温，酸性条件でのニトリルと H_2O の反応（§19・10・1）
5. DCC を用いたカップリング（§26・9・2）

アミンの合成

1. $LiAlH_4$ によるアミドの還元（§19・8・1c，§25・6・1）
2. $LiAlH_4$ によるニトリルの還元（§19・10・4，§25・5・2）
3. $LiAlH_4$ によるアジドの還元（§25・5・3）
4. Staudinger 反応：Ph_3P を用いたアジドの還元（§25・5・3）
5. Gabriel アミン合成（§25・5・4）
6. 還元的アミノ化（§25・6・2）
7. ニトロ基の還元（§25・6・3）
8. Buchwald–Hartwig アミノ化（§25・6・4）

アミノ酸の合成

1. Gabriel マロン酸エステル合成（§26・4・3）
2. Strecker 合成（§26・4・4）

カルボン酸の合成

1. 第一級アルコールまたはアルデヒドのクロム酸と水による酸化（§13・9・3，§17・10）
2. 環状ケトンのジカルボン酸への徹底酸化（§17・10）
3. 塩基性条件下での，$KMnO_4$ を用いたアルケンやアルキンの酸化（§18・5・2a）
4. アルケンのオゾン分解，続く酸化的処理（H_2O_2 の添加）（§18・5・2b）
5. CO_2 と Grignard 試薬の反応（§18・5・3）
6. アルキルベンゼンのクロム酸酸化（§18・5・4，§24・5）
7. 水と酸塩化物の反応（§19・7・1a）
8. 水と酸無水物の反応（§19・7・1b）
9. 水とエステルの反応（多くの場合，酸や塩基の触媒を必要とする）（§19・7・1c）
10. 水とアミドの反応（高温，酸または塩基の触媒が必要）（§19・7・1d）
11. 酸性条件，高温下でのニトリルと水との反応（§19・10・1）

シアノヒドリンの合成

1. アルデヒドやケトンへの HCN の付加（§17・5・4）

ジハロゲン化物の合成

1. アルケンへの Br_2 や Cl_2 の付加（§9・1・2）
2. アルキンへの Br_2 や Cl_2（1当量）の付加によるジハロゲン化アルケニルの合成．アルキンと Br_2 や Cl_2（2当量）の付加反応によるテトラハロゲン化アルケニル合成（§10・8・7）

1,2-ジオールの合成

1. 四酸化オスミウムとアルケンの反応，続く亜硫酸水素ナトリウムによる処理（§9・1・5）
2. 低温条件，水酸化物イオンと H_2O 存在下での，アルケンと過マンガン酸カリウムの反応（§9・1・5）
3. エポキシドと H_2O，H_2SO_4 の反応，もしくは ¯OH との反応（§9・1・6，§13・13・2）

エナミンの合成

1. アルデヒドやケトンへの第二級アミンの付加（§17・8・3）

エポキシドの合成

1. アルケンと mCPBA の反応（§9・1・4）
2. アリルアルコールと Ti(OiPr)$_4$，(S,S)–酒石酸ジエチル，$tert$-ブチルペルオキシドとの反応（§9・3・2a）
3. アルケンと (S,S)–Mn(III)–サレン錯体，NaOCl との反応（§9・3・2b）

エーテルの合成

1. Williamson エーテル合成: 第一級ハロゲン化アルキルとアルコキシドイオンの反応（§12・2，§13・11・1，§24・2・2）
2. 酸触媒によるアルコールのアルケンへの付加反応（§13・11・2）
3. α,β–不飽和ケトン/アルデヒドとアルコキシドイオンの反応（§21・5・1）

エステルの合成

1. ハロゲン化アルキルとカルボキシラートイオンの反応（§12・2，§18・8・2）
2. Fischer エステル化: 酸触媒によるカルボン酸とアルコールの反応（§18・7・2）
3. カルボン酸とジアゾメタンの反応（§18・8・1）
4. 酸触媒によるアルケンへのカルボン酸の付加反応（§18・8・3）
5. 酸塩化物とアルコールの反応（§19・7・2a）
6. 酸無水物とアルコールの反応（§19・7・2b）
7. エステルとアルコールの反応（エステル交換反応）（§19・7・2c）

ハロヒドリンの合成

1. アルケンへの Br_2 や Cl_2 と H_2O の付加（§9・1・3）

イミンの合成

1. アルデヒドやケトンへのアンモニアや第一級アミンの付加（§17・8・1，§17・8・2）

ケトンの合成

1. アルケンのオゾン分解，続く CH_3SCH_3 による処理（§9・1・7）
2. アルキンのオキシ水銀化（§10・8・4）
3. 内部アルキンのヒドロホウ素化-酸化（§10・8・5）
4. ピナコール転位: 酸触媒による 1,2-ジオールの転位（§13・8・2）
5. クロロクロム酸ピリジウム（PCC）による第二級アルコールの酸化（§13・9・2）
6. 第二級アルコールの Corey-Kim 酸化，Swern 酸化，Dess-Martin 酸化（§13・9・4）
7. カルボン酸への有機リチウム（2 当量）の付加（§18・7・4）
8. β–ケト酸の脱炭酸反応（§18・8・4，§20・4・2）
9. 酸塩化物と Gilman 試薬との反応（§19・9・2）
10. ニトリルと有機リチウムや Grignard 試薬との反応（§19・10・2）
11. Claisen 縮合（§20・4），交差 Claisen 縮合（§20・4・1），Dieckmann 縮合（§20・4・2）
12. Stork エナミン合成: エナミンと酸塩化物の反応（§20・6）
13. フェノールの酸化（§24・2・4）

α,β–不飽和ケトン/アルデヒドの合成

1. 加熱条件でのアルドール反応: 酸触媒によるアルドール反応（§20・2・2），塩基触媒によるアルドール反応（§20・3・2），Claisen-Schmitt 縮合（交差アルドール縮合）（§20・3・3），分子内アルドール反応（§20・3・4）

ニトリルの合成

1. ハロゲン化アルキルやトシル化アルキルとシアン化物イオンの反応（§12・2，§13・7・1）
2. α,β–不飽和ケトンやアルデヒドとシアン化物イオンの反応（§21・5・1）

保護基の導入

1. アルコールの保護: シリルエーテル（§13・14・1，§27・4・2）
2. アルデヒドやケトンの保護: アセタール（§17・7・5）

3. アルコールの保護: エステル (§19・7・2b, §27・4・3)
4. アミンの保護: アミド (§19・7・3b)
5. アミンの保護: クロロギ酸ベンジル (§26・9・1)
6. アミンの保護: 二炭酸ジ-*tert*-ブチル (§26・9・2)
7. アルコールの保護: ベンジルエーテル (§24・6, §27・4・2)

置換ベンゼンの合成
1. 芳香族求電子置換反応: ハロゲン化 (§23・7・1)
2. 芳香族求電子置換反応: ニトロ化 (§23・7・2)
3. 芳香族求電子置換反応: スルホン化 (§23・7・3)
4. Friedel–Crafts アルキル化 (§23・7・4)
5. Friedel–Crafts アシル化 (§23・7・5)

6. ハロゲン化アリールの付加・脱離反応 (§23・9・1)
7. ベンザイン経由のベンゼンの置換 (§23・9・2)
8. ジアゾニウム塩を用いた反応 (§23・10・1)
9. Kolbe 反応: サリチル酸の生成 (§24・2・3)

チオールの合成
1. 第一級ハロゲン化アルキルへの HS⁻ の求核置換反応 (§12・3)

チオエーテルの合成
1. ハロゲン化アルキルやトシル化アルキルとチオラートイオンの反応 (§12・2, §13・7・1)
2. α,β-不飽和ケトンとチオラートイオンの反応 (§21・5・1)

付録L C-C結合形成反応

1. アセチリドイオンとハロゲン化アルキルやトシラートとの反応（§10・5, §13・7・1）
2. アセチリドイオンの付加によるエポキシドの開環（§13・13・2）
3. 有機リチウムやGrignard試薬の付加によるエポキシドの開環（§16・2・3b）
4. 有機リチウムやGrignard試薬とケトンやアルデヒドとの反応（§16・2・3c）
5. アルケンとカルベンの反応（§16・3）
6. 遷移金属触媒によるカップリング: 根岸カップリング（§16・4・2）, Stilleカップリング（§16・4・3）, 鈴木カップリング（§16・4・4）, 薗頭カップリング（§16・4・5）
7. Gilman試薬とハロゲン化アルキル, ハロゲン化アルケニル, ハロゲン化アリールとのクロスカップリング（§16・5・1）
8. Gilman試薬の付加によるエポキシドの開環（§16・5・2）
9. オレフィンメタセシス（§16・6）
10. ケトンやアルデヒドへのアセチリドイオンやシアン化物イオンの付加（§17・5・3, §17・5・4）
11. Wittig反応: リンイリドとアルデヒドやケトンの反応（§17・6）
12. カルボン酸およびカルボン酸誘導体とGrignard試薬の反応（§18・7・4, §19・9・1）
13. Gilman試薬と酸塩化物の反応（§19・9・2）
14. 有機リチウムやGrignard試薬を用いたニトリルの反応（§19・10・2）
15. 古典的な酸触媒によるアルドール反応（§20・2・2）, および古典的な塩基触媒によるアルドール反応（§20・3・2）
16. エノラートのアルキル化（§20・3）, 現代的なアルドール反応（§20・3・1）, 交差アルドール縮合（§20・3・3）, 分子内アルドール反応（§20・3・4）
17. Claisen縮合（§20・4）, 交差Claisen縮合（§20・4・1）とDieckmann縮合（§20・4・2）
18. 活性メチレンのアルキル化（§20・5）
19. Storkエナミン合成: エナミンと酸塩化物の反応（§20・6）
20. Michael反応: 安定エノラートの α, β-不飽和カルボニル化合物への共役付加（§21・5・2）
21. Robinson環化（§21・5・3）
22. Gilman試薬による α, β-不飽和カルボニル化合物への共役付加（§21・5・4）
23. Diels-Alder付加環化反応（§22・3）
24. [2+2]付加環化反応（§22・4・1）
25. 電子環状反応（§22・4・2）
26. シグマトロピー転位（Cope転位, Claisen転位）（§22・4・3）
27. Friedel-Craftsアルキル化（§23・7・4）
28. Friedel-Craftsアシル化（§23・7・5）
29. Gabrielマロン酸エステル合成（§26・4・3）
30. テルペンの合成（§27・13）
31. 付加重合: カチオン重合（§28・4・1）, アニオン重合（§28・4・2）, ラジカル重合（§28・4・3）
32. エポキシ樹脂（§28・6・1）
33. 開環メタセシス重合（§28・6・2）
34. 遷移金属触媒を用いた重合（§28・6・3）

付録 M　重要な式

式番号	説明	式
1・1	**グリッドの方程式1（スキル）**: スキルとは，才能と努力のかけ算である．	スキル＝才能 × 努力
1・2	**グリッドの方程式2（達成）**: 達成とは，スキルと努力のかけ算である．	達成＝スキル × 努力
1・3	**グリッドの方程式3（達成）**: 努力は2乗で効く．	達成＝（才能×努力）× 努力
2・1	**加重平均から算出される原子量**: ある元素の質量を，異なる同位体の相対的な存在比に基づいて加重平均したもの	$\text{加重平均から算出される原子量} = \dfrac{\left(\substack{\text{同位体1の}\\\text{質量}}\right)\left(\substack{\%\\\text{相対存在比}}\right) + \left(\substack{\text{同位体2の}\\\text{質量}}\right)\left(\substack{\%\\\text{相対存在比}}\right)}{100}$
2・2	**形式電荷**: 価電子数から非共有電子の数と共有電子数の半分を引いたもの	$\text{形式電荷}=\text{価電子数}-\dfrac{1}{2}(\text{共有電子数})-\text{非共有電子数}$
4・1	**pK_a に基づく pK_{eq}**: 酸塩基反応における酸と共役酸の pK_a 値に基づいて K_{eq} を計算できる．	$pK_{eq} = pK_a(\text{酸}) - pK_a(\text{共役酸})$ または $pK_{eq} = pK_a(\text{左側の酸}) - pK_a(\text{右側の酸})$
5・1	**エネルギー変化**: 生成物と反応物のエネルギー差	$\Delta E = E_{\text{生成物}} - E_{\text{反応物}}$
5・2	**$\Delta G°$ と K_{eq} の関係（自然対数）**: 標準 Gibbs 自由エネルギー変化と平衡定数の関係	$\Delta G° = -RT \ln K_{eq}$
5・3	**$\Delta G°$ と K_{eq} の関係（常用対数）**: 標準 Gibbs 自由エネルギー変化と平衡定数の関係．	$\Delta G° = -2.303\,RT \log_{10} K_{eq}$
5・4	**Gibbs 自由エネルギー**: エンタルピー（H）とエントロピー（S）の二つの要素からなる．	$\Delta G° = \Delta H° - T\Delta S°$
5・5	**Arrhenius 式**: 反応速度定数（k_r）と活性化エネルギー（E_a），温度（T），頻度因子（A）を関連づける．	$k_r = Ae^{-E_a/RT}$
5・6	**遷移状態の自由エネルギー**: E_a と同じ．温度（T），エントロピー（S），エンタルピー（H）の関数．式（5・4）と関連する．	$\Delta G°^{\ddagger} = \Delta H^{\ddagger} - T\Delta S°^{\ddagger}$
5・7	**速度式**: 全体の速度と速度定数（k_r），反応物の濃度との関係	$\text{反応速度} = k_r[\text{A}]^a[\text{B}]^b$
5・8	**Arrhenius 式の展開1**: 活性化エネルギー（E_a）と反応の選択性との関係	$E_a(1°) - E_a(2°) = RT \ln \dfrac{k_r(2°)}{k_r(1°)}$
6・1	**比旋光度**: 実測された旋光度をセルの経路長（l, 10 cm）および，濃度（c）で割ったもの	$\text{比旋光度} = [\alpha]_D^T = \dfrac{\alpha}{l \times c} = \dfrac{\text{旋光度 (deg)}}{\text{経路長 (dm)} \times \text{濃度 (g/mL)}}$
6・2	**エナンチオマー過剰率（ee）**: 混合物中の二つのエナンチオマーの割合の差	$\text{エナンチオマー過剰率 (ee)} = \%R - \%S$
6・3	**光学純度**: 混合物の比旋光度と純粋なエナンチオマーの比旋光度の比	$\text{光学純度 (\%)} = \dfrac{[\alpha]_{\text{混合物}}}{[\alpha]_{\text{純粋なエナンチオマー}}} \times 100$
6・4	**% ee**: 測定試料の比旋光度を純粋なエナンチオマーの比旋光度で割り，100%を乗じたもの	$\dfrac{\text{比旋光度}}{[\alpha]_{\text{純粋なエナンチオマー}}} \times 100\% = \%\,ee$
6・5	**過剰なエナンチオマーの割合**: エナンチオマーの混合物の% ee から，そのエナンチオマーの割合の導出	$\left(\dfrac{100 - \%\,ee}{2}\right) + \%\,ee = \text{過剰なエナンチオマーの割合 (\%)}$

付　　録　　1399

（つづき）

式番号	説　明	式
6・6	**立体異性体の数**: 立体異性体の数は,（メソ化合物がないと仮定して）不斉炭素原子の数と指数関数的な関係にある.	立体異性体の数 $= 2^n$　（n: 不斉炭素原子の数）
7・1	**アトムエコノミー（原子効率）**: 目的とする最終生成物の分子量を, 反応物およびすべての反応剤の分子量で割った値に100%を乗じたもの	アトムエコノミー（%）$= \dfrac{\text{生成物の分子量}}{\text{反応物の分子量}} \times 100\%$
8・1	**水素不足指数（IHD）**: 分子内の不飽和度を示す指標	$\text{IHD} = \text{炭素原子の数} - \left(\dfrac{\text{水素原子の数}}{2}\right) - \left(\dfrac{\text{ハロゲン原子の数}}{2}\right) - \left(\dfrac{\text{窒素原子の数}}{2}\right) + 1$
9・1	**Arrhenius 式の展開 2**: 活性化エネルギー（E_a）と反応の選択性の関係	$E_a(C) - E_a(B) = RT \ln\left(\dfrac{k_r(B)}{k_r(C)}\right)$
9・2	**Arrhenius 式の展開 3**: 活性化エネルギー（E_a）と反応の選択性の関係	$\left(\dfrac{k_r(B)}{k_r(C)}\right) = \exp\left(\dfrac{E_a(C) - E_a(B)}{RT}\right)$
14・1	**Planck–Einstein の関係**: エネルギー（E）はプランク定数（h）×振動数（v）に等しい.	$E = hv$
14・2	**光速を示す式**: 光の速さは, 波の振動数（v）と波長（λ）との積である.	$c = v\lambda$
14・3	**式（14・1）と式（14・2）の組合わせ**: 光の光子のエネルギーは, 光の波長に反比例する.	$E = hv = h\left(\dfrac{c}{\lambda}\right)$
14・4 (8・1)	**水素不足指数（IHD）**: 分子内の不飽和度を示す指標	$\text{IHD} = \text{炭素原子の数} - \left(\dfrac{\text{水素原子の数}}{2}\right) - \left(\dfrac{\text{ハロゲン原子の数}}{2}\right) - \left(\dfrac{\text{窒素原子の数}}{2}\right) + 1$
14・5	**Hooke の法則の展開 1**: 周期, 質量, ばね定数（k）の関係	$T = \dfrac{1}{v} = 2\pi\sqrt{\dfrac{m}{k}}$
14・6	**Hooke の法則の展開 2**: 波数（$\bar{v}$）, 結合の定数（k）, 原子の換算質量（μ）の関係	$\bar{v} = \dfrac{1}{2\pi}\sqrt{\dfrac{k}{\mu}}$
15・1 (14・1)	**Planck–Einstein の関係**: エネルギー（E）はプランク定数（h）×振動数（v）に等しい.	$E = hv$
15・2 (14・2)	**光の速度を示す式**: 光の速さ（c）は, その光の波の振動数（v）と波長（λ）の積である.	$c = v\lambda$
15・3 (14・3)	**式（14・1）と式（14・2）の組合わせ**: 光の光子のエネルギーは, 光の波長に反比例する.	$E = hv = h\left(\dfrac{c}{\lambda}\right)$
15・4 (8・1) (14・4)	**水素不足指数（IHD）**: 分子内の不飽和度を示す指標	$\text{IHD} = \text{炭素原子の数} - \left(\dfrac{\text{水素原子の数}}{2}\right) - \left(\dfrac{\text{ハロゲン原子の数}}{2}\right) - \left(\dfrac{\text{窒素原子の数}}{2}\right) + 1$
15・5	**化学シフトの式**: スペクトル上のシグナルの位置. ある核の共鳴振動数が基準物質の共鳴振動数とどれだけ違うかを示す.	化学シフト, δ（ppm）$= \dfrac{\text{TMS からの振動数のずれ（Hz）}}{\text{分光計の振動数（MHz）}}$
15・6	**$N+1$ ルール**: シグナルの分裂（多重度）と隣の炭素上の水素の数の和との関係. 隣の炭素に計 N 個の水素がある場合は, そのシグナルは $N+1$ 個の多重度（M）でスペクトルに現れる.	$N + 1 = M$

（つづき）

式番号	説　明	式
21・1	**最大吸収波長（λ_{max}）**: 紫外可視分光法において，最大吸収を示す波長のこと．共役系でよく用いられる．	$\lambda_{max} = (N_A \times h \times c)/\Delta E$
25・1	**塩基のpK_b**: 塩基の強さは，その共役酸の強さに反比例する．	$14 - pK_a(共役酸) = pK_b(塩基)$
26・1	**等電点の式**: アミノ酸全体として電荷をもたない pH が等電点であり，等電点ではほぼすべてのアミノ酸が双性イオンとなっている．アンモニウムイオンのプロトンとカルボン酸のプロトンの pK_a 値を平均化して求められる．	$pI = \dfrac{pK_{a(RNH_3^+)} + pK_{a(RCO_2H)}}{2}$

付録 N　一般的な記号

記号	意味	記号	意味	記号	意味
—	単結合	R:	非共有電子対をもつ基	⟶	反応の進行を表す矢印
═	二重結合	R^+	カチオン	⟷	共鳴を表す矢印
≡	三重結合	R^-	アニオン	⇌	可逆反応
‖‖‖‖	紙面に対して下側に伸びた結合	R·	ラジカル	⇀↽	右に偏る平衡
◀	紙面に対して上側にのびた結合	$\delta+$	部分正電荷	↼⇁	左に偏る平衡
(s軌道図)	s 軌道	$\delta-$	部分負電荷	$A \xrightarrow{B} C$	AとBが反応してCが生成
(p軌道図)	p 軌道	K_{eq}	平衡定数	$B \xrightarrow{A} C$	AとBが反応してCが生成
		ΔG	Gibbs 自由エネルギー変化		
		ΔH	エンタルピー変化		
(sp混成軌道図)	sp^x 混成軌道（$x=1,\ 2,\ 3$）	ΔS	エントロピー変化	$A+B \to C$	AとBが反応してCが生成
		k_r	反応速度定数	(曲がった両矢印)	2 電子の動きを表す矢印
(Newman投影式図)	Newman 投影式（立体配座を表す）	E_a	活性化エネルギー	(片羽矢印)	1 電子の動きを表す矢印
		A	頻度因子		
		$[A]$	A の濃度		
$[\ \ ]_n$	ポリマーの繰返し構造を示す	θ	二面角	equiv (eq)	当量
		$\overline{\nu}$	波数		
		M	分子イオン	(触媒)	その反応剤が触媒であることを示す
Δ	加熱また変化	δ	化学シフト		
$h\nu$	光照射	J_{ab}	a 原子と b 原子とのカップリング定数	H_3O^+処理	反応後，すべての負電荷をプロトン化する

付録O 結合長

結合	長さ (Å)	結合	長さ (Å)	結合	長さ (Å)	結合	長さ (Å)
単結合							
H−H	0.74	N−H	1.01	Si−H	1.48	S−H	1.34
H−F	0.92					S−S	2.04
H−Cl	1.27			Si−O	1.61		
H−Br	1.41	N−O	1.44			S−Cl	2.01
H−I	1.61			Si−F	1.56		
				Si−Cl	2.04		
C−H	1.09						
C−C	1.54					F−F	1.43
C−Si	1.86						
C−N	1.47	O−H	0.96	P−H	1.42		
C−O	1.43	O−P	1.60				
C−P	1.87	O−O	1.48			Cl−Cl	1.99
C−S	1.81	O−S	1.51				
C−F	1.33			P−Cl	2.04		
C−Cl	1.77	O−Cl	1.64	P−Br	2.22	Br−Br	2.28
C−Br	1.94						
C−I	2.13					I−I	2.66
多重結合							
C=C	1.34			C≡C	1.21	N≡N	1.10
C=N	1.27			C≡N	1.15		
C=O	1.23						

これらの値を覚える必要はないよ．でも，この表は結合長の傾向を把握するのに非常に役立つんだ．大きな原子間の結合は長く，多重結合は単結合よりも短いことに注意しよう．

Congratulations on completing this leg of your own marathon. You are one step closer to your "One Shining Moment." I am honored to have been a part of it.
— Robert J. M...

和 文 索 引*

あ

IR → 赤外分光法
IHD → 水素不足指数
Ile → イソロイシン
IPP → 3-イソペンテニル二リン酸
　　　（3-イソペンテニルピロリン酸）
IUPAC　86
IUPAC 命名規則　*1334*
IUPAC 命名法　85,*1163*
Aufbau 原理 → 構成原理
亜　鉛　*734,740,1119*
亜塩素酸　*823*
アキシアル（axial）　106
アキラル（achiral）　235
アグリコン（aglycone）　*1290*
アクリル酸メチル　*1001*
アザラシ肢症　229
アジド（azide）　*1177*
　—— の還元　*1177*
アジピン酸（adipic acid）　*823,843,1350*
亜硝酸イオン　*1196*
亜硝酸ナトリウム　*1195*
アシルキャリアタンパク質（ACP）　*1305*
アスコルビン酸　*874*
アスパラギン（asparagine）　*1212*
アスパラギン酸（aspartic acid）　*1212,1217*
アスパルテーム　228
アスピリン　*1138,1326*
アスファルト　89
アセタール（acetal）　*797,856,1274*
アセチリドイオン　*138,188,412,723,784,1027*
アセチル CoA　*1305*
N-アセチルグルコサミン　*896*
アセチル CoA（acetyl-CoA）　*945,973*
アセチルサリチル酸　*1326*
N-アセチルムラミン酸　*896*
アセチレン（acetylene）　51,58,*138,407*
　—— の pK_a 値　149
アセトアミド（acetamide）　69,*885*
アセトアルデヒド（acetaldehyde）
　　　　　　　　　　639,768,774
アセト酢酸エステル合成
　　　（acetoacetic ester synthesis）　*981*
アセト酢酸ナトリウム　*1026*
アセトニトリル（acetonitrile）　*582,885*

アセトン（acetone）　*138,502,582,626*
アゾ色素　*1093*
アデニン（adenine）　*1291*
アデノシン（adenosine）　*1291*
アデノシン 5′-一リン酸
　　　（adenosine 5′-monophosphate）　*1291*
アトムエコノミー（atom economy）
　　　　　　　　　278,598,791,1348
ADME　448
アトルバスタチン　23,44,*987*
アトロプ異性（atropisomerism）　264
Anastas, P.　275
アナフィラキシー　453
アニオン（anion）　31,32,144
アニオン重合（anionic polymerization）
　　　　　　　　　　　　1343,1344
アニオン性芳香族分子　*1082*
アニソール（anisole）　*133,580,649,1088*
アニリン（aniline）　*1088,1163,1171*
[18]-アヌレン（[18]-annulene）　*677*
アノード　*1144*
アノマー（anomer）　*1267*
α-アノマー　*1267*
β-アノマー　*1267*
アノマー炭素（anomeric carbon）　*1267*
アパルタミド　356
アビソマイシン C　*1055*
アブレミラスト　267
Avery, O.　*1293*
アボベンゾン　*1017*
アミダートイオン　*1179*
アミド（amide）　112,*195,632,767,836,885*
　—— の還元　*919*
　—— の共鳴構造　*887*
　—— の合成　*908*
　—— の生成　*1189*
アミドイオン　138
アミド結合　*1229*
1,2-アミノアルコール　*1184*
アミノ基（amino group）　112,*152,678,1210*
アミノ酸（amino acid）　*896,1210*
　—— の光学分割　*1227*
　—— の合成　*1218*
　—— の酸塩基反応　*1213*
　—— の側鎖　*1210*
　—— の反応　*1224*
　—— の pK_a　*1214*
　—— の立体化学　*1210*
α-アミノ酸　*1210*

アミノパラジウム（Ⅱ）　*1186*
γ-アミノ酪酸（γ-aminobutyric acid）　*1160*
アミロース（amylose）　*1287*
アミロペクチン（amylopectin）　*1287*
アミン（amine）　112,*632,648,908,1160*
　—— の塩基性　*1168,1187*
　—— の化学シフト　*678*
　—— の合成　*1180*
　—— の質量スペクトル　*1167*
　—— の赤外スペクトル　*1166*
　—— の反応　*1186*
　—— の沸点　*1165*
　—— の ^{1}H NMR スペクトル　*1166*
　—— の分子軌道　*1164*
　—— の分類　*1162*
　—— の命名　*1162*
　—— の融点　*1165*
　—— への還元　*932*
アモキサピン　*1161,1189,1206*
アモキシシリン　*935*
アラキジン酸（arachidic acid）　*1303*
アラキドン酸（arachidonic acid）　*1303,1323*
アラニン（alanine）　*1212,1215*
アラビノース（arabinose）　*1263*
アラン（alane）→ アルマン
アリピプラゾール　481
アリルアニオン　*1017*
アリルアルコール（allyl alcohol）　389
アリル位　*1005*
アリルカチオン　*1017*
アリルカルボカチオン　*1002,1005*
アリル基（allyl group）　469
アリール基（aryl group）　264,485
アリル系の分子軌道　*1017*
アリールジアゾニウムイオン　*1198*
アリル炭素（allylic carbon）　469,497
アリルビニルエーテル　*1066*
アリルラジカル　471,*1004,1017*
R　176,239
アール（-al）　769
rRNA　*1296*
Rh-DIPAMP 触媒　393
RNA　*1290*
ROS → 活性酸素種
ROMP → 開環メタセシス重合
アルカン（alkane）　77,*629*
　—— の性質　79
　—— の沸点　79
　—— のフラグメンテーション　*644*

---

*　立体の数字は上巻を，斜体の数字は下巻を示す.

1406 和文索引

—— の分子軌道 78
—— の密度 79
—— の命名 84
—— の融点 79
アルキニル水素 410,677
アルギニン（arginine）*1212*
アルキル化（alkylation）415,*978*
C-アルキル化（*C*-alkylation）*955*
O-アルキル化（*O*-alkylation）*955*
アルキルカルボカチオン 423
アルキル基（alkyl group）112
—— の移動 334
アルキル転位 344
アルキルベンゼン 645
アルキルボラン 342
アルキン（alkyne）77,112,405,629
—— のオキシ水銀化 *770*
—— の化学シフト 677
—— の還元 417
—— の結合長 409
—— の水素化 417
—— の水和 427
—— のヒドロホウ素化／酸化 *770*
—— の分子軌道 407
—— の分類 405
—— の命名 406
末端 —— 405
アルケニルアルコール 427
アルケニルカルボカチオン 423
アルケニル水素 677
アルケニルボラン 431
アルケン（alkene）77,112,302,629,645
—— の化学シフト 676
—— の還元 378
—— の求核性 314
—— の酸化 357
—— の水和反応 326
—— の性質 304
—— の付加反応 314
—— の沸点 304
—— の分子軌道 306
—— の密度 304
—— の命名 308
—— の融点 304
アルコキシ基（alkoxy group）112
アルコキシドイオン *775,1027*
アルコキシハロゲン化 314
アルコール（alcohol）112,326,542,630,*1131*
—— の化学シフト 678
—— の酸化 568,*770,843*
—— の置換様式 544
—— の付加 *795*
—— のフラグメンテーション 647
—— の分子軌道 547
—— の命名 543
アルコールデヒドロゲナーゼ
（alcohol dehydrogenase）*765,774,824*
アルゴン（argon）26,30
Alder, K. *1040*
アルダル酸 *1275*
アルテスナート 634
アルデヒド（aldehyde）
112,375,572,631,767,*921*
—— の化学シフト 676

—— の合成 769
—— の酸化 *823,843*
—— の沸点 767
—— のフラグメンテーション 649
—— の命名 768
—— の融点 767
—— への還元 *921,931*
アルデヒドデヒドロゲナーゼ
（aldehyde dehydrogease）*765,824*
アルドース（aldose）*1259*
アルドステロン（aldosterone）*1319*
アルドール（aldol）*951*
アルドール縮合 *1349*
アルドール反応（aldol reaction）*951,1004*
　分子内 —— *966*
アルトロース（altrose）*1263*
α-アノマー *1267*
α-アミノ酸 *1210*
α-エピマー *1266*
α 開裂（α-cleavage）647
α-ケト酸（α-keto acid）*874*
α-臭素化 *949*
α 水素 *949*
α スピン（α spin）667
α 脱離（α elimination）*733*
α 炭素（α-carbon）514,*811,947*
α 置換 *949*
α-ヒドロキシ化 *950*
α, β-不飽和アルデヒド
（α, β-unsaturated aldehyde）*953,1003*
α, β-不飽和カルボニル化合物
（α, β-unsaturated carbonyl compound）
1001,1031
α, β-不飽和ケトン *965,1001,1024*
α ヘリックス（α-helix）*1234*
アルマン（alumane）*818,859,920*
アルミニウム（aluminum）30,*1176*
Ru-BINAP 263
Arrhenius 塩基（Arrhenius base）123
Arrhenius 酸（Arrhenius acid）123
Arrhenius 式（Arrhenius equation）176,190
Arrhenius の定義 122
アレーニウムイオン（arenium ion）
1092,1093
アレーニウムイオン中間体 *1103*
アロース（allose）*1263*
アンジオテンシノーゲン *1230*
アンジオテンシン I *1230*
アンジオテンシン II *1230,1237*
アンジオテンシン変換酵素（ACE）*1230*
安息香酸（benzoic acid）
133,*838,848,1088,1147*
安息香酸誘導体 *1148*
アンチコドン *1298*
アンチジオール 591
アンチ配座（anti conformation）95,166,311
アンチペリプラナー（antiperiplaner）
526,*1191,1193*
安定イリド（stabilized ylide）*790*
アントシアニジン *999*
アントラセン（anthracene）*1079*
アンモニア（ammonia）
33,128,138,153,419,*805,1162,1169*
アンモニウムイオン 128,138,*1174,1214*

い

E 310
ee → エナンチオマー過剰率
E1cB（反応）機構（E1cB mechanism）
515,*1030*
E1 反応（E1 reaction）517
*E*a 176,177,190
EMY → 実効質量収率
硫黄（sulfur）30
硫黄マスタード 510,534
イオン（ion）30,40
イオン化（ionization）31,614
イオン結合（ionic bond）30,31,36,79
イオン源 638,639
イオン交換クロマトグラフィー *1239*
イオン性固体 502
胃 酸 121
いす形遷移状態 *1067*
いす形配座（chair confomation）102,104
—— の描画 106
異性体（isomer）84,233
E/Z 表示（*E/Z* system）309
イソ（iso-）85
イソアミル基 431
イソオクタン 582
イソクエン酸 *807*
イソクエン酸デヒドロゲナーゼ *807*
イソシアナート *1356,1357*
イソシアン酸メチル 273
イソチオシアナート（isothiocyanate）*1242*
イソブチル 89
イソブチレン 383,*1340*
イソプレン則（isoprene rule）313
イソプレン単位（isoprene unit）302,*1315*
イソプロピル（isopropyl）89
イソプロピルアミン（isopropylamine）*1163*
イソプロピルアルコール（isopropyl alcohol）
542
イソペンチル 89
3-イソペンテニル二リン酸（3-isopentenyl
diphosphate）（3-イソペンテニル
ピロリン酸）322,329,*1316*
イソロイシン（isoleucine）*1212,1215*
EWG → 電子求引基
1s 原子軌道 26
位置化学（regiochemistry）323
1,3-ジアキシアル相互作用
（1,3-diaxial interaction）109
一次構造（primary structure）*1233*
一重項カルベン（singlet carbene）*732*
一重線（singlet）663,684
位置選択性（regioselectivity）
212,319,320,524,527,*1055,1103*
1 電子移動 724
1 電子還元 724
1,2-ジオール 576
1,2-ジクロロエタン（1,2-dichloroethane）
454,582

和文索引　　1407

1,2-ジクロロベンゼン（1,2-dichlorobenzene）
　　　　　　　　　　　　454
1,2-ジメトキシエタン
　　　　　（1,2-dimethoxyethane）582
1,2-ヒドリド移動（1,2-hydride shift）333
1,2-付加（1,2-addition）*1021,1024*
　── を起こす求核剤　*1027*
1,2-付加体（1,2-addition product）
　　　　　　　　　　　　1018,1022
1,2-メチル移動（1,2-methyl shift）334
1分子求核置換反応　494
1,4-ジオキサン（1,4-dioxane）582
1,4-付加（1,4-addition）*1021,1024*
　── を起こす求核剤　*1027*
1,4-付加体（1,4-addition product）
　　　　　　　　　　　　1018,1022
EDC → *N*-（3-ジメチルアミノプロピル）-
　　　　　　　　N′-エチルカルボジイミド
EDG → 電子供与基
イドース（idose）*1263*
E2 脱離　*1190*
E2 反応（E2 reaction）517
イミグルセラーゼ　219
イミダゾール（imidazole）*1163,1172*
イミド（imide）*1179*
イミニウムイオン（imunium ion）
　　　　　　　　　808,811,1180
イミニウム塩　*985*
イミノアルミニウム種　*932*
イミノ基（imino group）112
イミノ二酢酸二ナトリウム　292
イミン（imine）*112,805,928,1182,1223*
　── の生成　*1189*
イリド（ylide）*789*
イル（-yl）86
E1cB 機構　*1116*
陰イオン → アニオン
引火性　281
陰極　*1144*
インジゴ（indigo）57,*1023*
インジナビル　356,388
インスリン　*1229*
in vitro　448
インフルエンザウイルス　*1283,1288*

　　　　　う

Wittig, G.　*791*
Wittig 反応（Wittig reaction）*789,1348*
Williamson エーテル合成
　　　　（Williamson ether synthesis）
　　　　　583,723,1135,1271
Wilkinson 触媒（Wilkinson catalyst）392
Wolff-Kishner 還元
　　　　（Wolff-Kishner reduction）*821,1100*
右旋性（dextrorotatory）248
Woodward-Hoffmann 則
　　　　（Woodward-Hoffmann rule）*1061*
うつ病　*1160*
ウラシル（uracil）*1291*
ウリジン（uridine）*1291*

ウリジン 5′- 一リン酸
　　　　（uridine 5′-monophosphate）*1291*
ウリジン二リン酸グルコース　171,184
ウルシオール（urushiol）*1132*
ウレタン（urethane）*1356*
ウンデカン（undecane）78

　　　　　え

A　*1291*
A　176,190
Arg → アルギニン
エイコサン（eicosane）78
H2 ブロッカー　124
Asn → アスパラギン
Asp → アスパラギン酸
AMP　*1291*
Ala → アラニン
ALDH → アルデヒドデヒドロゲナーゼ
エキソ（exo）*1053*
液相合成（solution phase synthesis）*1244*
エキソ遷移状態（exo transition state）*1054*
液体アンモニア　419
エクアトリアル（equatorial）106
ACE → アンジオテンシン変換酵素
ACP　*1305*
S　171,239
Ser → セリン
SSRI → 選択的セロトニン再取込み阻害薬
SNRI → セロトニン・ノルアドレナリン
　　　　　　　　再取込み阻害薬
S$_N$1 機構（S$_N$1 mechanism）555
S$_N$1 反応（S$_N$1 reaction）494,*1145*
S$_N$2 機構（S$_N$2 mechanism）555
S$_N$2 反応（S$_N$2 reaction）493,*1146,1173*
信号対雑音比 → S/N 比
SOMO → 半占分子軌道
s 軌道（s orbital）26,52
エステル（ester）112,628,632,767,835,885
　── の還元　*917*
　── の共鳴構造　887
　── の合成　*904*
エステル加水分解　857
エストロゲン（estrogen）*1319*
sp　49,52,188
sp^2　49,52
sp^3　47,49,52
エタノール（ethanol）
　　　　138,185,502,546,582,630,774,824
枝分かれ図（splitting tree）696
エタン（ethane）77,78,357
　── の単結合まわりの回転　91
　── の pK_a 値　149
　── の立体配座　91
エタンアミド　885
エタンアミン（ethanamine）*1163*
エタン酸（ethanoic acid）838
エタン酸無水物　885
エタン酸メチル　885
エタンニトリル　885
エタンブトール　228

エチルアミン（ethylamine）*1163*
エチルビニルエーテル（ethyl vinyl ether）
　　　　　　　　　　　　542
エチレン → エテン
エチレングリコール（ethylene glycol）
　　　　　　　　　576,803,1353
エチレンジアミン　*1366*
エチン（ethyne）→ アセチレン
X 線　612,614,660,*1014*
H　171
His → ヒスチジン
HIV → ヒト免疫不全ウイルス
HIV インテグラーゼ（HIV integrase）355
HIV プロテアーゼ（HIV protease）355
HETCOR　713
HSAB 理論　*956*
HSBM → 高速ボールミル
H/H 重なり相互作用　93,173
^{1}H NMR　661
HMG-CoA → β-ヒドロキシ-β-メチル
　　　　　　　　　　グルタリル CoA
HMG-CoA シンターゼ　945,*1040*
HMG-CoA レダクターゼ　44,945,987
HMBC　713
HOMO → 最高被占分子軌道
HVZ 反応 → Hell-Volhard-Zelinskii 反応
ADH → アルコールデヒドロゲナーゼ
ADME　448
ATP　868,1151
エーテル（ether）112,281,542,579,631,*726*
　── の切断　587
　── のフラグメンテーション　648
　── の命名　579
エーテル合成　*1135*
エーテル層　*1187*
エテン（ethene）42,50,*754,1009*
　── の重合　*1346*
　── の水素化熱　383
　── の pK_a 値　149
　── の分子軌道図　58,307
エトキシドイオン　138,146,185
Edman 分解（Edman degradation）*1240*
エナミン（enamine）*810,983*
　── の生成　*1189*
　── の反応性　*984*
エナラプリル　*1251*
エナンチオ選択性（enantioselectivity）
　　　　　　　　388,817
エナンチオ選択的　*1058*
エナンチオ選択的酸化還元　385
エナンチオ選択的水素化　816
エナンチオ選択的水素化反応　393
エナンチオマー（enantiomer）84,237,253
　── の性質　245
エナンチオマー過剰率
　　　　（enantiomeric excess）250
NaHMDS → ナトリウムヘキサメチル
　　　　　　　　　　ジシラジド
NAD$^+$ → ニコチンアミドアデニン
　　　　　　　　　　ジヌクレオチド
NADH　765,1151
NADPH　*1306*
NMR → 核磁気共鳴
NMR 活性　666

1408 和文索引

NMEs → 新規化合物
NMO → N-メチルモルホリン N-オキシド
N-オキシド（N-oxide）*1193*
NBS → N-ブロモスクシンイミド
N+1 ルール（N+1 rule）682
N 末端（N-terminal）*1229*
エネルギー準位 613
エノラート（enolate）
　　　　　138,431,*954,1002,1024*
エノラートイオン（enolate ion）*954*
エノール（enol）427,431,650,*947*
エピクロロヒドリン（epichlorohydrin）
　　　　　　　　　　　　　　1358
エピマー（epimer）*1264*
α-エピマー *1266*
エビリファイ 481
エフェドリン（ephedrine）658
FMO → フロンティア分子軌道
f 軌道 *736*
FT-IR 621
エポキシ化（epoxidation）365,367,*1321*
エポキシ硬化剤 *1360*
エポキシ樹脂（epoxy rasin）*1359*
エポキシド（epoxide）217,365,*1358*
── の開環 727,751
Emerson 試薬 *1159*
mRNA *1296*
MEK → メチルエチルケトン
Met → メチオニン
MS → 質量分析法
M 殻 26
mCPBA → m-クロロ過安息香酸
エリグルスタット 218
エリトロース（erythrose）*1263*
Leu → ロイシン
LAH → 水素化アルミニウムリチウム
L 殻 26,27,145
LCAO → 原子軌道の線形結合法
LDA → リチウムジイソプロピルアミド
LDH → 乳酸デヒドロゲナーゼ
LDL コレステロール *1312*
L-ドーパ 393
L 配置 *1211*
LUMO → 最低空分子軌道
Ehrlich, P. *1074*
エルロチニブ 160
Lys → リシン
エレオステアリン酸（eleostearic acid）*1303*
塩 32
塩化アセチル 885
塩化アンモニウム *1222*
塩化イソブチリル 652
塩化エタノイル 885
塩化スズ（Ⅳ）*1341*
塩化チオニル（thionyl chloride）
　　　　　　　　　　　　557,*866,915*
塩化ビニル 217
塩化ブチリル 652
塩化物イオン 138
塩化メチレン（methylene chloride）
　　　　　　　　　→ ジクロロメタン
塩基（base）122,185
塩基性度（basicity）136
塩橋 *1235*

塩酸 124,136,138
塩素（chlorine）30,449
塩素化 212,435,461
塩素ラジカル 326,456
エンタルピー（enthalpy）171,173
エンド（endo）*1053*
エンド遷移状態（endo transition state）
　　　　　　　　　　　　　　1053
エントロピー（entropy）171,174,530,643

お

O-アルキル化（O-alkylation）*955*
オイゲノール（eugenol）*1132*
オイルシェール 76
尾-尾（tail to tail）313
O 殻 145
オキサゾリジノン（oxazolidinone）697
オキサホスフェタン（oxaphosphetane）
　　　　　　　　　　　　789,*1178*
オキサロ酢酸 807,*986,1047*
オキシ水銀化（oxymercuration）
　　　　　　　　　　336,428,770
オキシ水銀化-還元 314,336
オキシベンゾン *1017*
オキシラン（oxiran）217,365
オキソ（oxo-）769
2-オキソグルタル酸 806
オキソニウムイオン（oxonium ion）
　　　　　　123,138,327,363,794
オクタデカン（octadecane）78
オクタ-1,3,5,7-テトラエン *1011,1012*
オクタン（octane）78
オクタン-1-オール 546
オクチサラート *1017*
オクチノキサート *1017*
オクテット（octet）684
オクテット則（octet rule）30
オクトクリレン *1017*
オスミン酸エステル（osmate ester）370
オセルタミビル *1289*
オゾニド（ozonide）377,845
オゾン（ozone）375
オゾン分解（ozonolysis）
　　　　　375,576,770,845,1042
オピオイド 653
オフレゾナンスデカップリング
　　　　　（off-resonance decoupling）708
オメプラゾール 124,160,*1206*
オメプラール 160
オリゴ糖（oligosaccharide）*1286*
オール（-ol）544
オルト（ortho, o-）*1090*
オルト-パラ配向基 *1105,1108*
オレイン酸（oleic acid）476,*1301～1303*
折れ線表記（line-angle drawing）82
オレフィンメタセシス（olefin metathesis）
　　　　　　　　　　　　　　753
温室効果ガス 78
温度依存性 178

か

[2+2]開環反応（[2+2]cycloreversion）
　　　　　　　　　　　　　　1361
開環メタセシス重合（ring-opening
　　　metathesis polymerization）*1362*
開始段階（initiation step）205
開始反応（initiation）460
回転エントロピー（rotational entropy）*797*
外部磁場（external magnetic field）667
解離定数 137
開裂反応 587
化学シフト（chemical shift）662,674
　アミンの── 678
　アルキニル水素の── 677
　アルケニル水素の── 677
　アルケンの── 676
　アルコールの── 678
　アルデヒドの── 676
　カルボン酸の── 678
　ベンゼンの── 676
　芳香族の── 676
可逆反応 *755*
架橋 *1354,1360*
角運動量 666
核酸（nucleic acid）*1289*
核磁気共鳴（nuclear magnetic resonance）
　　　　　　　　　　　　　659,660
核磁気共鳴分光法 659
核スピン（nuclear spin）614,666
角歪み（angle strain）100
重なり形配座（eclipsed conformation）92
過酸（peroxy acid）367
過酸化水素（hydrgen peroxide）
　　　　　　　　　　344,374,845
過酸化物（peroxide）324,467,589,*1135*
過酸化物効果（peroxide effect）324
過酸化ベンゾイル *1354*
可視光 612
可視光線 614
過剰アルキル化 *1175*
加水分解 802,857,929
　ペプチドの── *1238*
加水分解酵素 165
ガスクロマトグラフィー
　　　（gas chromatography）259,650
GC/MS 650
過スルホン酸 374
仮想原子 241
可塑剤（plasticizer）*1338*
カソード *1144*
ガソリン 78,89,285
硬い *956*
片羽矢印（fishhook arrow）203
カチオン（cation）31,32
カチオン重合（cationic polymerization）
　　　　　　　　　　　　　　1339,1340
香月勇 391
活性化エネルギー（activation energy）
　　　　　　44,177,287,364,386
活性化基 287,*1105*

和 文 索 引　　1409

活性酸素種（reactive oxygen species）574,*1032*
活性メチレン（activated methylene）972,978
カップリング（coupling）683
カップリング定数（coupling constant）684,693
カップリング反応（coupling reaction）736,1119
荷電分子 40
カフェイン（caffeine）455
カプトプリル *1250*
Karplus 曲線 693
Gabriel, S. *1179*
Gabriel アミン合成（Gabriel amine synthesis）*1179*
Gabriel マロン酸エステル合成法（Gabriel malonic ester synthesis）*1221*
カプリル酸（caprylic acid）*839*
カプリン酸（capric acid）*839*
カプロラクタム *1352*
カプロン酸（caproic acid）*839*
過マンガン酸カリウム（potassium permanganate）372,*844,1147*
過ヨウ素酸（periodic acid）576
過ヨウ素酸モノエステル 577
加溶媒分解（solvolysis）507
ガラクトース（galactose）*1263*
ガラス転移温度（glass transition temperature）*1337*
カラムクロマトグラフィー（column chromatography）259
カリウム tert-ブトキシド（potassium tert-butoxide）525,532
カリオフィレン *1301*
カルテット（quartet）684
カルノシン酸 480
カルバミン酸エステル *1189,1226*
カルバミン酸 tert-ブチル *1227*
カルバミン酸ベンジル *1226*
カルバリル 273,*1356*
カルベノイド（carbenoid）753
カルベン（carbene）183,731
カルボアニオン（carbanion）149,183,412,723
── の求核性 777
カルボカチオン（carbocation）157,183,315,412,494,776
── の相対的な安定性 498
カルボカチオン転位（carbocation rearrangement）333,563
カルボキシ基（carboxy group）678,*835,1147*
カルボキシペプチダーゼ（carboxypeptidase）*1241*
カルボキシラートイオン（carboxylate ion）148,*841,912,1212*
カルボナート（carbonate）*1355*
── の分子軌道 771
カルボニル基（carbonyl group）112,375,616,626,*767,1001*
── の共鳴構造 771
── への求核付加反応 775
カルボン酸（carboxylic acid）112,572,631,*767,835,1147,1210*

── の化学シフト 678,680
── の合成 *843*
── の酸性度 *841*
── のスペクトル *839*
── の抽出 *849*
── の反応 *849,851*
── の物理的性質 *838*
── の分子軌道 *838*
── の命名 *836*
カルボン酸誘導体（carboxylic acid derivative）*835,884*
── の還元 *917*
── の合成 *891,914*
── の相対的な反応性 *894*
── の物理的性質 *887*
── の分光分析 *888*
── の命名 *886*
β-カロテン（β-carotene）*999,1013,1015*
がん *1299*
Cahn-Ingold-Prelog 順位則（Cahn-Ingold-Prelog convention）239,265
環境係数（enviromental factor）276
還元(反応)（reduction）33,357,814,858,*1180*
　アジドの── *1177*
　アミドの── *919*
　アミンへの── *932*
　アルキンの── 417
　アルケンの── 378
　アルデヒドへの── *921,931*
　エステルの── *917*
　カルボン酸誘導体の── *917*
　酸塩化物の── *919*
　酸無水物の── *919*
　ニトリルの── *1175*
　ニトロ基の── *1184*
還元剤 *861,921,932*
還元/脱水銀（reduction/demercuration）336
還元的アミノ化（reductive amination）*1181,1183,1218*
還元的脱離（reductive elimination）736,738,*1150,1186*
還元糖（reducing sugar）*1271*
換算質量 625
環状アミド *885*
環状エステル *885*
環状化合物 527
環電流（ring current）676
官能基（functional group）86,111,629
環歪み（ring strain）100,*1059*
カンファー（camphor）313
漢方薬 650
γ-ケト酸（γ-keto acid）*874*
γ 線 612,660,*1014*
γ,δ-不飽和アルデヒド *1066*
慣用名（common name）89,*1088,1163*
還流温度（reflux temperature）580

き

貴ガス（noble gas）30

ギ酸（formic acid）138,835,838,839
── の分子軌道 *838*
ギ酸イオン 138
基準ピーク（base peak）644,646
基準物質 674
p-キシレン 582
キシロース（xylose）*1263*
奇数質量 642
奇数質量/窒素則 *1167*
気体定数 176
吉草酸（valeric acid）*839*
基底状態（ground state）29,47,57,613
軌道（orbital）25
軌道混成（orbital hybridization）47〜49
キニーネ *1023*
キノン（quinone）*1139,1144,1151*
Gibbs 自由エネルギー（Gibbs free energy）167
キモトリプシン（chymotrypsin）*1240*
逆位相 *1007*
逆 Claisen 縮合 974
逆合成（retrosynthesis）→ 逆合成解析
逆合成解析（retrosynthetic analysis）376,388,439
逆 Zaitsev 型アルケン 525
逆旋的（disrotatory）*1061*
逆転写酵素（reverse transcriptase）355
逆電子要請型 Diels-Alder 反応 *1047*
逆 Markovnikov 則（anti-Markovnikov's rule）340,431
逆 Markovnikov 付加（anti-Markovnikov addition）324
逆 Markovnikov 型 547
逆流性食道炎 124
GABA → γ-アミノ酪酸
吸エルゴン過程（endergonic process）182
求核アシル置換(反応)（nucleophilic acyl substitution）851,891,*1180,1349〜1351*
求核アシル置換反応 287
求核剤（nucleophile）153,158,314,775,891,*1046*
── の種類 159
　1,2-付加を起こす── *1027*
　1,4-付加を起こす── *1027*
求核性 500
── の高さ 777
求核付加 *1343*
　共役カルボニルへの── *1023*
求核付加反応（nucleophilic addition）775
求ジエン体 → ジエノフィル
吸収（absorption）448,623
球状タンパク質（globular protein）*1231*
求電子剤（electrophile）43,153,158,314,*1046,1092*
── の種類 159
求電子付加(反応)（electrophilic addition）315,423,*1339*
　共役系の── *1018*
吸熱反応（endothermic reaction）172,194
強塩基 131
強酸 131,138
共重合体 → コポリマー
鏡像 236
鏡像体過剰率 250

1410 和文索引

協奏的 (concerted) 337,*1044*
協奏的の開環反応 *1178*
協奏反応 (concerted reaction) 344,370,*754*
共沸混合物 (azeotrope) 799
共鳴 (resonance) 60,146,151,668,*771*,*1076*
共鳴効果 627,889,895,*1133*
共鳴構造 (resonance structure) 62,64,*1002*
　　エステルの —— 887
　　カルボニル基の —— 771
共鳴混成体 (resonance hybrid) 62
共鳴周波数 → 共鳴振動数
共鳴振動数 (resonance frequency) 669
共役 (conjugate) *1000*
共役アルケン (conjugated alkene)
　　　　　　　　　　 1001,*1002*
　　—— の分子軌道 *1006*
共役塩基 (conjugate base) 124
共役カルボニル *1001*,*1003*
　　—— への求核付加 *1023*
共役系 (conjugated system) *1001*
　　—— における安定性 *1002*
　　—— の求電子付加反応 *1018*
共役酸 (conjugate acid) 124,895,*1168*,*1186*
共役トリエン *1077*
共有結合 (covalent bond) 30,33,36
極性 45
極性共有結合 36
キラリティ (chirality) 236
キラル (chiral) 235,*1050*,*1058*
キラル環境 389
キラル試薬 731
キラル触媒 394,*816*
キラル中心 (chiral center,
　　　　　　　center of chirality) 236
キラルな添加剤 735
キラル分割 395
Kiliani-Fischer 合成
　　　　(Kiliani-Fischer synthesis) *1277*
Gilman 試薬 (Gilman reagent)
　　　　　　　　 748,926,*1031*
　　—— とのクロスカップリング 749
　　—— によるエポキシドの開環 751
禁煙補助薬 *1175*
銀鏡 *1271*
金属 31〜33,36,*721*
金属ナトリウム 33,583,*724*,*1137*
均等開裂 → ホモリシス

く

グアニン (guanine) *1291*
グアノシン (guanosine) *1291*
グアノシン 5′-一リン酸
　　(guanosine 5′-monophosphate) *1291*
クインテット 684
偶数質量 642
空分子軌道 *1011*
クエン酸 (citric acid) 807,*986*
クエン酸回路 (citric acid cycle) 806
Kwolek, S. *1352*
Knoevenagel 縮合 997

クプラート (cuprate) 748,752,*1031*
Claisen 縮合 (Claisen condensation)
　　　　　　　　　　969,*1349*
　　分子内 —— 975
Claisen-Schmidt 反応
　　　　(Claisen-Schmidt reaction) 965
Claisen 転位 (Claisen rearrangement) *1066*
クラシン A (curacin A) 659,666,*721*
　　—— の ^{1}H NMR 681
　　—— の ^{13}C NMR 707
GRAS 480
GRAS ステータス 874
Krapcho 反応 978
Grubbs, R. 753
Grubbs 型ルテニウム触媒 753
Grubbs 触媒 *1360*
Crafts, J. *1096*
クラブラン酸 935
Criegee 転位 377
グリコーゲン (glycogen) *1288*
グリコシド (glycoside) *1269*
グリコシド結合 165
Krische, M. 279
グリシン (glycine) 868,*1212*,*1215*
　　—— の滴定曲線 *1215*
グリセリン 286
グリセルアルデヒド (glyceraldehyde)
　　　　　　　　　　1262,*1263*
グリセルアルデヒド 3-リン酸 966
クリセン (chrysene) *1080*
Crick, F. *1294*
グリット (grit) 5
Grignard 試薬 (Grignard reagent)
　　　　581,725〜730,781,924,*1027*
Grignard 反応 279
グリーンケミストリー (green chemistry)
　　　　　　　115,274,757,*1331*
グリーンケミストリーチャレンジ年間賞
　　　　　　　　　　　　274
グリーンケミストリーの 12 原則 274,275
クルクミン 996
グルコシド (glucoside) *1269*
グルコシルセラミドシンターゼ
　　　　　　171,184,193,218
グルコース (glucose) 796,*1263*,*1269*
グルコセレブロシダーゼ 165
グルコセレブロシド 165,198,218
グルコピラノシド (glucopyranoside) *1269*
グルコピラノース (glucopyranose) *1266*
グルタミン (glutamine) *1212*
グルタミン酸 (glutamic acid) *1212*,*1216*
グルタミン酸デヒドロゲナーゼ 765,807
Krebs 回路 (Krebs cycle) 806
グロース (gulose) *1263*
クロスカップリング 749
クロスメタセシス (cross-metathesis)
　　　　　　　　　753,755
クロマトグラム 650
クロム (chromium) 574
クロム酸 (chromic acid) 570,823,*1140*,*1147*
クロム酸エステル 572,823,*1140*
クロム酸酸化 570,572,847
クロラムブシル 535,*1299*
クロルプロパミド 481

クロロ (chloro-) 450
m-クロロ過安息香酸
　　　(*m*-chloroperoxybenzoic acid)
　　　　　　367,590,*950*,*1193*
クロロギ酸ベンジル *1226*,*1244*
クロロクロム酸ピリジニウム (ピリジニウム
クロロクロマート)(pyridinium chlorochromate)
　　　　　　　570,770
クロロ酢酸 148
クロロニウムイオン 364
クロロヒドリン 289
クロロフェノール *1132*
1-クロロブタン 646
クロロブタン酸 148
クロロベンゼン 453
クロロホルム (chloroform) 454,582
クロロメタン 45,452,457

け

k_r 176,190,199
K_{eq} 167
計算精密質量 (exact mass) 640
形式電荷 (formal charge) 39,113
ケイ素 (silicon) 30
ケイ皮酸エチル 694,*1028*
K 殻 26
Kekulé, F. A. *1076*
Kekulé 構造 *1076*
血液脳関門 152
結合回転 614
結合解離エネルギー (bond-dissociation
　　　　　　energy) 202,408,456,461,*1143*
結合解離エンタルピー 203
結合角 44,49
結合強度 408
結合性軌道 *1043*
結合性相互作用 54,*1007*
結合性分子軌道 (bonding molecular orbital)
　　　　　　　　　　55,306
結合長 52,409
結晶化 (crystallite) *1337*
結晶化度 (crystallinity) *1337*
結晶溶融温度
　　(crystalline melting temperature) *1337*
ケト-エノール互変異性 427
ケト-エノール互変異性化 *1196*
α-ケト酸 (α-keto acid) 874
β-ケト酸 (β-keto acid) 872,*1042*
γ-ケト酸 (γ-keto acid) 874
ケトース (ketose) *1259*
ケトン (ketone) 112,375,427,631,*729*,767
　　—— の合成 769
　　—— の酸化 843
　　—— の沸点 767
　　—— の命名 768
　　—— の融点 767
　　—— のフラグメンテーション 649
ケブラー *1351*
ゲラニアール 303,*1315*
ゲラニオール 329,*1316*

和　文　索　引　　1411

ケロジェン　76
ケロシン　89
減圧留去　*1188*
けん化（saponification）　903,*1312*,*1350*
原子価殻電子対反発（valence shell
　　　electron pair repulsion）　43
原子核（atomic nucleus）　25
原子価結合理論（valence bond theory）　46
原子軌道（atomic orbital）　54
原子軌道線形結合法（linear combination of
　　　atomic orbitals, LCAO）　*1006*
原子軌道の線形結合法　53
原子質量単位（amu）　635
原子番号（atomic number）　25
検出器　619
原　油　89

こ

降圧薬　143
光学活性（optically active）　246
光学純度（optical purity）　250
光学不活性（optically inactive）　246
光学分割（optical resolution）　259
　アミノ酸の──　*1227*
抗がん剤　534
抗菌薬　*883*,*1074*
光　源　619
交差アルドール反応（crossed aldol reaction）
　　　　963
交差 Claisen 縮合
　　　（crossed Claisen condensation）　*974*
抗酸化物質　*999*
光子（photon）　611,660
高磁場（upfield）　675
合　成　488
合成オピオイド　653
構成原理（Aufbau principle）　28
抗生物質　*883*
合成ポリマー（synthetic polymer）　*1331*
酵素（enzyme）　23,44,261
構造異性体（constitutional isomer）　84,85
構造決定　614,659
構造式（structural formula）　82
光　速　612,660
酵素触媒　283,287
酵素触媒反応　*1040*
酵素阻害　44
抗　体　*1067*
高分解能　639
高分子 → ポリマー
抗マラリア薬　634
コールタール　*1075*
国際純正・応用化学連合（International
　　　Union of Pure and Applied Chemistry）　86
ゴーシェ病　165,218
五重線（quintet）　664,684
ゴーシュ配座（gauche conformation）
　　　　95,166,311
固相合成（solid phase synthesis）　*1246*
固相担体　*1244*
固体担体　*1348*

COX　*1325*
固定思考（fixed mindset）　7
Coates, Geoffrey　*1355*
コドン（codon）　*1298*
コハク酸　284,*807*
Cope 脱離（Cope elimination）　*1193*
Cope 転位（Cope rearragement）　*1064*
互変異性化（tautomerization）　427
互変異性体（tautomer）　427
コポリマー（copolymer）　*1333*
Corey-Kim 酸化（Corey-Kim oxidation）
　　　　574
孤立アルケン（isolated alkene）　*1001*,*1009*
孤立電子対（lone pair）→ 非共有電子対
コルチゾール（cortisol）　*1319*
Kolbe 反応（Kolbe reaction）　*1138*
コレステロール（cholesterol）　945,*1319*
　──の生合成　*987*
混成（hybridization）　48,52,151
混成軌道（hybridized orbital）　48

さ

再結晶（recrystallization）　259
最高被占分子軌道（highest occupied
　　　molecular orbital, HOMO）　*1011*,*1043*
歳差運動（precession）　668
再生可能な資源　284
再生可能な原材料　115
再生不可能な資源　114
Zaitsev 則（Zaitsev's rule）　524,*1191*
最低空分子軌道（lowest unoccupied
　　　molecular orbital, LUMO）　*1011*,*1043*
サイトゾル　*848*
細胞質基質　*848*
細胞壁　*911*
作業記憶　10
酢酸（acetic acid）　129,138,147,502,*838*
酢酸イオン（acetate ion）　129,138,146
酢酸イソプロピル　582
酢酸エチル　582
酢酸水銀(II)（mercury(II) acetate）　336
酢酸フェニル　709
酢酸 *tert*-ブチル　582
酢酸プロピル　582
酢酸メチル　582,*885*
酢酸ルテニウム(II)　393
サスティナビリティ（sustainability）　581
左旋性（levorotatory）　248
Suppes, G　286
サブスタンス P　*1229*
サリチル酸（salicylic acid）
　　　　658,*1132*,*1138*,*1326*
サリドマイド　227
サルファ剤　*883*
酸（acid）　122,185
　──の強さ　135
3 員環　337
酸塩化物（acid chloride）
　　　　112,652,*767*,*835*,*865*,*885*,*912*
　──の還元　*919*

酸塩基抽出　133
酸塩基反応　127,185,*849*,*1186*
酸化（反応）（oxidation）　357,*1139*,*1147*,*1151*
　アルケンの──　357
　アルコールの──　568,*770*,*843*
　アルデヒドの──　*823*,*843*
　ケトンの──　*843*
酸化亜鉛　*1017*
酸化アルミニウム（magnesium oxide）　33
酸化還元反応（redox reaction）　358
酸化剤　*844*,*1023*,*1140*,*1147*
酸化状態　405,568
酸化数（oxidation number）　32,357
酸化チタン　*1017*
酸化的開裂　576
酸化的付加（oxidative addition）　*736*,*1186*
酸化反応　*843*
酸化防止剤　478
酸化マグネシウム　32
三環系うつ薬　*1161*,*1189*
[3,3]シグマトロピー転位　*1065*
三次構造（tertiary structure）　*1233*,*1235*
三臭化リン　560
三重結合（triple bond）　44,77,112,405
三重線（triplet）　663,684
参照光　620
参照セル　620
酸触媒　*794*
酸触媒による水和（acid-catalyzed hydration）
　　　　327
酸触媒反応　327
酸処理（acid quench）　594
酸性度（acidity）　136,410,*1132*
酸素（oxygen）　30,113
酸素求核剤　*792*
酸素ラジカル　*1144*
ザンタック　160
Sandmeyer 反応（Sandmeyer reaction）
　　　　1118,*1198*
酸の解離定数（acid dissociation constant）
　　　　137
酸無水物（anhydride）　112,628,*885*
　──の還元　*919*
　──の合成　*912*
残留性有機汚染物質
　　　（persistent organic pollutants）　454

し

C　*1291*
G　*1291*
CIP 順位則　239
次亜塩素酸　*823*
次亜塩素酸ナトリウム
　　　（sodium hypochlorite）　569,*1023*
1,3-ジアキシアル相互作用
　　　（1,3-diaxial interaction）　109
ジアザビシクロウンデセン
　　　（diazabicycloundecene）　532
ジアザビシクロノネン（diazabicyclononene）
　　　　532

ジアステレオトピック（diastereotopic） 698
ジアステレオマー（diastereomer） 251,253,309,362,380
ジアゾキシド 1208
ジアゾニウム 870
ジアゾニウムイオン（diazonium ion） 1093,1117,1195
ジアゾニオ基 1196
ジアゾメタン（diazomethane） 733,869
ジアニオン 1139
シアノアクリラート 1341,1343
シアノ基（cyano group） 112
シアノ水素化ホウ素ナトリウム（sodium cyanoborohydride） 1182
シアノヒドリン（cyanohydrin） 786,1223
GRAS 480,874
C-アルキル化（C-alkylation） 955
シアル酸 1283,1288
シアン化水素 138
シアン化ナトリウム（sodium cyanide） 502,1175,1222
シアン化物 1223
シアン化物イオン 138,502,751,785,1027
GC/MS 650
ジイソシアナート 1366
ジイソプロピルアミド 129
ジイソプロピルアミン（diisopropylamine） 1163
N,N-ジイソプロピルエチルアミン（N,N-diisopropylethylamine） 1162
ジイソプロピルエーテル 582,648
Jacobsen, E. N. 391
Jacobsen エポキシ化 391
ジェイゾロフト 277
J 値 693
ジエチルアミン（diethylamine） 129,1162,1169
ジエチルアンモニウム 129
ジエチルエーテル（diethyl ether） 580,582,726
ジエチレントリアミン 1360
13C NMR 700
C≡N 伸縮 889
ジェネリック医薬品 746
ジエノフィル（dienophile） 1044,1051
ジエノラート 996
ジェミナル（geminal） 425
CMP 1291
GMP 1291
Gln → グルタミン
Glu → グルタミン酸
Gly → グリシン
ジエン（diene） 1022,1044,1051
四塩化炭素 45,582
四塩化チタン 277
COSY 713
COX 1325
1,4-ジオキサン（1,4-dioxane） 582
C=O 伸縮 889
COT → シクロオクタテトラエン
ジオール（diol） 369,844
1,2-ジオール 576
ジオルガノパラジウム 736

紫外-可視（UV-vis） 614
紫外-可視吸収スペクトル 1011
紫外-可視分光法 1014
紫外線（ultraviolet radiation） 612,614,660,1014
ジカチオン 152
色素体 848
ジギトキシン（digitoxin） 658
シキミ酸 848
シグナル（signal） 661,671
── の分裂 682
σ軌道 55
σ結合（σ bond） 46,166,1007
σ結合性軌道 306
σ*軌道（σ* orbital） 55,1007
σ*反結合性軌道 306,458
シグマトロピー転位（sigmatropic rearrangement） 1042,1064
ジグリセリド（diglyceride） 1301
シクロ（cyclo-） 98
シクロアルカノン 628
シクロアルカン（cycloalkane） 97,98
シクロアルケン 308
シクロオキシゲナーゼ（cyclooxygenase） 1325
シクロオクタテトラエン 1085
シクロオクタン 97
シクロブタジエン 1083
── の分子軌道 1087
シクロブタン（cyclobutane） 97,101
シクロブテン 1063
シクロプロパノン 628
シクロプロパン（cyclopropane） 97,101,734
シクロプロパン化 734
シクロヘキサノン 628
シクロヘキサン（cyclohexane） 97,102,582
シクロヘキシル 1361
シクロヘプタン（cycloheptane） 97
シクロペンタジエニルカチオン 1083
シクロペンタン（cyclopentane） 97,102
シクロペンチルメチルエーテル 582
1,2-ジクロロエタン（1,2-dichloroethane） 454,582
ジクロロ酢酸 825
ジクロロジフェニルトリクロロエタン（dichlorodiphenyltrichloroethane） 454
1,2-ジクロロベンゼン（1,2-dichlorobenzene） 454
ジクロロメタン（dichloromethane） 45,281,454,582
ジゴキシン（digoxin） 658
自己縮合（self-condensation） 962
自己触媒（autocatalysis） 898,905
四酸化オスミウム（osmium tetroxide） 290,369,578,844
ジシクロヘキシルカルボジイミド（dicyclohexylcarbodiimide） 1247
ジシクロヘキシル尿素（dicyclohexyl urea） 1248
ジシクロペンチルアミン（dicyclopentylamine） 1163
脂質（lipid） 1300
四重線（quartet） 684
シス（cis） 84,100,238,309

シスアルケン 384,1065,1310
── のカップリング定数 693
シスジオール 369,373,576
システイン（cysteine） 1212
シス-トランス異性（cis-trans isomerism） 99,309
s-シス配座 1049
ジスルフィド結合 1238
ジスルフィラム 825
示性式 82
持続可能性（sustainability） 581
シタグリプチン 287
シタロプラム 1161,1176
ジチオトレイトール（dithiothreitol） 1238
七重線（septet） 684
シチシン 433
シチジン（cytidine） 1291
シチジン 5'-一リン酸（cytidine 5'-monophosphate） 1291
失活 418
実効質量収率（effective mass yield） 276
質点 618
質量数（mass number） 25
質量スペクトル（mass spectrum） 636
質量電荷比 → 質量と電荷の比
質量と電荷の比（mass to cherge ratio） 638
質量分析計 638
質量分析法（mass spectrometry） 635
ジテルペン（diterpene） 313,1316
自動酸化（autoxidation） 477,589,1135
シトクロム P450（cytochrome P450） 481,1149
シトシン（cytosine） 1291
シトロネラール（citronellal） 303,313,1315
シーナイン 281
シナプス 1160
磁場 667
Cbz 1156
ジヒドロキシアセトンリン酸 966
ジヒドロキシ化（dihydroxylation） 314,369,577
ジヒドロキシベンゼン 1139,1144,1151
ジフェニルシラン 792
2,6-ジ-tert-ブチル-1,4-クレゾール 478
ジブチルヒドロキシトルエン（dibutylhydroxytoluene） 478,589,1135
ジペプチド 1229
ジベンゾ[a,h]ピレン（dibenzo[a,h]pyrene） 1080
脂肪酸（fatty acid） 84,476,477,1301
── の生合成 1305
脂肪族アルコール（aliphatic alcohol） 427
ジボロン酸エステル 1364
C 末端（C-terminal） 1230
DMSO → ジメチルスルホキシド
ジメチルアセトアミド（DMA） 582
N,N-ジメチルアニリン 133
N-(3-ジメチルアミノプロピル)-N'-エチルカルボジイミド 287
ジメチルアリル二リン酸（dimethylallyl diphosphate）（ジメチルアリルピロリン酸） 322,329,1316
ジメチルスルフィド（dimethyl sulfide） 542,845

和文索引　　1413

ジメチルスルホキシド（dimethyl sulfoxide）
502,582
2,3-ジメチルブタン-2,3-ジオール　565
ジメチルホルムアミド　582
1,2-ジメトキシエタン
（1,2-dimethoxyethane）　582
四面体中間体（tetrahedral intermediate）
852,892,1179
Simmons-Smith 試薬　734
Simmons-Smith 反応
（Simmons-Smith reaction）　734
指紋領域（fingerprint region）　622
弱塩基　131
弱　酸　131,138
ジャヌビア　287
Sharpless, K. B.　388
Sharpless 不斉エポキシ化
（Sharpless asymmetric epoxidation）　388
遮蔽（shield）　675
Chargaff, Erwin　1293
臭化アリル　474
自由回転　307
臭化 2,2-ジメチルプロピル　499
臭化水素　315
臭化鉄（Ⅲ）　1093
臭化 tert-ブチル　200
臭化物イオン　128,435
臭化ベンジル　1144
周期表（periodic table）　28,29
重合体 → ポリマー
重合（反応）（polymerization）　1332
重水素　680
重水素化クロロホルム　674
重水素置換　949
臭素（bromine）　449
臭素化　212,435,461,1142
α-臭素化　949
臭素ラジカル　326,456,1143
周波数 → 振動数
収率（percent yield）　278
縮合重合ポリマー（condensation polymer）
1335
縮合ポリマー（condensation polymer）
1349,1350
縮退軌道（degenerate orbital）　1086
主鎖（parent chain）　87
酒石酸（tartaric acid）　255
酒石酸ジエチル　389
Staudinger 反応（Staudinger reaction）　1177
主量子数　26
Schrock, R.　753
Schrock 型モリブデン触媒　753
Schrock 触媒　1360
Chauvin, Y.　753
硝　酸　1094
硝酸イオン　60,62
蒸留（distillation）　259
触媒（catalyst）　184,198,287,418,578
触媒活性種　754
触媒抗体　1067
触媒サイクル（catalytic cycle）
736,755,1186
触媒的水素化　378,1183
食品保存料　851

食用酢　121
ショ糖（sucrose）　1282
ジラジカル　1144
試料光　619,620
試料セル　619
シリルエーテル　597,1273
シリルエノールエーテル（silyl enol ether）
950
Cys → システイン
新規化合物（new molecular entities）　356
シングレット（singlet）　684
神経伝達物質　1160
S/N 比（signal-to-noise ratio）　701
シンジオール　591
伸縮振動（stretching vibration）　618
親水性（hydrophilicity）　453
シン脱離　1193
振動数（frequency）　611,660,669
振動モード（vibration mode）　618
シン付加（syn addition）　344,431
親油性（lipophilicity）　453

す

水銀（mercury）　336,428,578
水酸化アルミニウム　124
水酸化ナトリウム　1137
水酸化物イオン（hydroxide ion）
123,138,185,958
水酸化マグネシウム　124
水素（hydrogen）　379
── の電気陰性度　80
等価な ──　671
水素化（hydrogenation）　314,379,815,1077
不飽和油脂の ──　1311
ベンゼンの ──　1077
水素化アルミニウムリチウム
（lithium aluminium hydride）
818,858,917,1175～1180
水素化ジイソブチルアルミニウム
（diisobutylaluminium hydride）　922
水素化ナトリウム　583,723,818,980,1137
水素化熱（heat of hydrogenation）
382,1002,1077
水素化分解（hydrogenolysis）　1150,1246
水素化ホウ素ナトリウム（sodium
borohydride, sodium tetrahydroborate）
336,818,858
水素結合（hydrogen bond）　79,545,630,1294
水素不足指数（index of hydrogen deficiency）
305,306,406
水溶性　452
水和（反応）（hydration）　314,326,427,561,929
水和物（hydrate）　792,844
スクアレン（squalene）　346,1321
スクシニル-CoA　807
スクシンイミド（succinimide）　470
スクロース（sucrose）　23,966,1282
ス　ズ　742
鈴木カップリング（Suzuki coupling）
743,748,1119,1364
鈴木-宮浦カップリング　743

スタチン系薬　946,988,1040
スタンナン　742
スチリペントール　356
スチレン　1341,1344,1347
ステアリン酸（stearic acid）　476,839,1303
Stille カップリング（Stille coupling）
742,748,1119
ステロイド（steroid）　346,1301,1318
── の生合成　1319
Stork エナミン合成
（Stork enamine synthesis）　984
Stork, G.　985
Strecker 合成（Strecker synthesis）
292,1222
スパンデックス　1365,1366
スピノサド　290
スピン（spin）　666
スピン結合定数　684
スペクトル幅　701
スルファニルアミド　1091,1111
スルファニル基（sulfanyl group）　542,545
スルフィド（sulfide）　542,579
スルホキシド　866
スルホナート（sulfonate）　552
スルホニウムイオン　510
スルホニル尿素系　481
スルホンアミド系薬剤　1149
スルホン化（sulfonation）　1095
スルホン酸　1095
スルホン酸エステル　552
Swern 酸化（Swern oxidation）　574

せ

制酸薬　124
正四面体形　44
精　製　611
生体蓄積（bioaccumulation）　290
Saytzeff 則　524
成長思考（growth mind）　5,8
成長段階（propagation step）　205,1143
成長反応（propagation）　460
生物学的触媒　171
生物濃縮（bioamplification）　290
生分解性ポリマー　1354
精密質量　640
生理活性物質　659
赤外スペクトル（infrared spectrum）
614,839,888
赤外線（infrared radiation）
612,614,660,1014
赤外分光法（infrared spectroscopy）
292,614,618
積分比（integration ratio）　663,672
石油エーテル　582
セクステット（sextet）　684
セスキテルペン（sesquiterpene）　313,1316
接触水素化　378
絶対温度　176
絶対配置（absolute configuration）　238
Z　310
セビン　273

1414　和文索引

セプテット（septet）　684
セラミド　171,184,193,198,218
セリン（serine）　1212
セルトラリン　277,1161,1183
セルロース（cellulose）　1286,1287
セレギリン　251
セロケン　143
セロトニン（serotonin）　1160,1175
セロトニン・ノルアドレナリン
　　　　　再取込み阻害薬　1161
セロビオース（cellobiose）　1282
遷移金属（transition metal）　736
遷移金属触媒　815
遷移状態（transition state）　179,192,258
線維状タンパク質（fibrous protein）　1231
前駆イオン（precursor ion）　636
線形　44
旋光計（polarimeter）　247
先行鎖　1296
旋光度（observed rotation）　248
選択的還元　861
選択的セロトニン再取込み阻害薬
　　　　　1161,1175,1176
染料　57,1093

そ

双極子-双極子相互作用
　　　（dipole-dipole interaction）　79,767
双極子モーメント（dipole moment）
　　　　　45,451,545
双性イオン（zwitterion）　729,771,1024,1214
双性イオン共鳴構造
　（zwitterionic resonance structure）　626,730
相対配置（relative configuration）　238
相対立体化学　1053
側鎖　1210
測定精密質量（accurate mass）　640
測定対象分子（parent molecule）　638
速度式（rate equation）　199
速度則（rate raw）　199,492
速度定数（rate constant）　176,190,199,386
速度論解析　500
速度論支配（kinetic control）
　　　　　956,1021,1025,1054
速度論的光学分割（kinetic resolution）　261
Sousa, D. A.　10
疎水性（hydrophobicity）　452
薗頭カップリング（Sonogashira coupling）
　　　　　746,748,1119
薗頭-萩原カップリング　746
ソフト　956
SOMO → 半占分子軌道
ソーラーパネル　1364

た

第一級（primary）　88,210
第一級アミン　808,1162〜1165,1173
大うつ病性障害　1160

対カチオン　725,726
第三級（tertiary）　88,210
第三級アミン　1162〜1165
代謝（metabolism）　448
対称伸縮振動
　　　（symmetric stretching vibration）　618
対称な内部アルキン　405
対称面　230
第二級（secondary）　88,210
第二級アミン　810,1162〜1165
DIBAl-H　922
第四級（quaternary）　88
第四級アンモニウムイオン　1162
第四級アンモニウム塩　1174
多価不飽和脂肪酸
　　　（polyunsaturated fatty acid）　476,1301
多環式芳香族炭化水素
　　　（polycyclic aromatic hydrocarbon）　1080
多重線　682
多重度　663
脱アミノ　806
Duckworth, A. L.　5
脱脂剤　335
脱水銀（demercuration）　336
脱水素酵素　765
脱水反応（dehydration）　561
脱炭酸　806,977,1042,1227
脱プロトン（deprotonation）　124,412,431
脱保護（deprotection）　597,804,1273
脱離基（leaving group）　414,504,552,895
脱離反応（elimination）　488,489,513
多糖（polysaccharide）　1259,1286
ダブルダガー　191
ダブレット（doublet）　684
ダミー配位子（dummy ligand）　751
タミフル　1289
タルセバ　160
ダルトン（dalton）　25,635
タロース（talose）　1263
炭化水素（hydrocarbon）　77
短期記憶　10
単結合（single bond）　44,166
炭酸イオン　66
炭酸エステル　1355
炭酸カルシウム　124
炭酸ジメチル　582
単色フィルター　247
炭水化物（carbohydrate）　1258
炭素（carbon）　30,113
　── の電気陰性度　80
炭素求核剤　781
炭素-炭素結合　722
単置換（single replacement）　488
単糖（monosaccharide）　1259
　── の立体化学　1262
タンパク質（protein）　896,1229
　── の構造　1233
　球状 ──　1231
　線維状 ──　1231
　糖 ──　1232
　複合 ──　1232
　膜 ──　1231
　メタロ ──　1232
　リポ ──　1232

タンパク質生成アミノ酸
　　　（proteinogenic amino acid）　1212
単離　659,666
単量体 → モノマー

ち

チアゾリノン（thiazolinone）　1242
遅延鎖　1296
チオエステル　868,1305
チオエーテル（thioether）　542
チオ尿素（thiourea）　1242
チオフェン（thiophene）　1081
チオラーゼ　945,973
チオラートイオン　1027
チオール（thiol）　542,545
　── の命名　544
チオール基（thiol group）　510
置換基（substituent）　87
置換級数　88
置換反応（substitution）　413,488
置換ベンゼン　1110
逐次重合ポリマー（step-growth polymer）
　　　　　1336
チタン(IV)イソプロポキシド　388
窒素（nitrogen）　30,113
窒素塩基（nitrogenous base）　1290
窒素求核剤　804
窒素則（nitrogen rule）　642
窒素マスタード　529
チミン（thymine）　1291
中間体（intermediate）　206
抽出　849,1187
中性子（neutron）　25,666
長期記憶　10
超共役（hyperconjugation）
　　　　　213,320,1169,1174
直交（orthogonal）　407
チロシン（tyrosine）　1212

つ

対カチオン　725,726
通常電子要請型 Diels-Alder 反応　1047

て

T　1291
T　176
DIBAl-H　922
TIPS　597
tRNA　1296
Trp → トリプトファン
DEPT　710
Thr → トレオニン
THF → テトラヒドロフラン
DNA　23,510,529,1291
　── のアルキル化　1299

和文索引　　1415

DNA 複製　*1295*
DNA ポリメラーゼ　*1296*
DME → 1,2-ジメトキシエタン
DMA → ジメチルアセトアミド
TMS → テトラメチルシラン
DMSO → ジメチルスルホキシド
DMF → ジメチルホルムアミド
TLC → 薄層クロマトグラフィー
D/L 表示（D/L notation）　*1211,1262*
d/l 表示　247
d 軌道　*736,738*
Dieckmann, W.　*975*
Dieckmann 縮合（Dieckmann condensation）
　　　　975,1349
TCA → 三環系抗うつ薬
DCC → ジシクロヘキシルカルボジイミド
停止段階（termination step）　206
低磁場（downfield）　675
停止反応（termination）　460
DCU → ジシクロヘキシル尿素
ディーゼル燃料　78
DDT → ジクロロジフェニルトリクロロ
　　　　　　　　　　　　エタン
d 電子（d electron）　337,*737*
D 配置　*1211*
TBAF → フッ化テトラブチルアンモニウム
DBN → ジアザビシクロノネン
DPP → ジメチルアリル二リン酸,
　　　　ジメチルアリルピロリン酸
DBU → ジアザビシクロウンデセン
低分解能　639
Diels, O.　*1040*
Diels–Alder 反応（Diels–Alder reaction）
　　　　　　　　　　　　　　1044
ディールス・アルドラーゼ　*1041,1055*
Thiele, Johannes　*1076*
Tyr → チロシン
Dean–Stark 装置（Dean–Stark apparatus）
　　　　　　　　　　　　　　799
2′-デオキシアデノシン 5′-一リン酸
　　（2′-deoxyadenosine 5′-monophosphate）
　　　　　　　　　　　　　　1292
2′-デオキシグアノシン 5′-一リン酸
　　（2′-deoxyguanosine 5′-monophosphate）
　　　　　　　　　　　　　　1292
2′-デオキシシチジン 5′-一リン酸
　　（2′-deoxythymidine 5′-monophosphate）
　　　　　　　　　　　　　　1292
2′-デオキシチミジン 5′-一リン酸
　　（2′-deoxythymideine 5′-monophosphate）
　　　　　　　　　　　　　　1292
デオキシリボ核酸（deoxyribonucleic acid）
　　　　　　　　　　　　　→ DNA
デオキシリボース　*1291*
デカン（decane）　78
滴定曲線　*1215*
テストステロン（testosterone）　*1319*
Dess–Martin 酸化（Dess–Martin oxidation）
　　　　　　　　　　　　　　574
Dess–Martin ペルヨージナン　598
鉄　*1149*
徹底的な還元　*821*
テトラキス（トリフェニルホスフィン）
　　　　　　　　　パラジウム　736

テトラデカン（tetradecane）　78
テトラヒドロフラン（tetrahydrofuran）
　　　　281,502,580,582,*726*
テトラメチルシラン（TMS）　674
デバイ〔D〕　45
デヒドロゲナーゼ　*765*
デュロキセチン　*1161*
デルタ（δ）　36
ΔS°　171,174,187
ΔH°　171,173,187
ΔG　167
ΔG°　167,168,187
δ+　36
δ−　36
テルペノイド（terpenoid）　302
テルペン（terpene）　302,313,*1301,1315*
テルペン生合成　313
テレフタル酸（terephthalic acid）　*1353*
テレフタル酸塩化物　*1351*
テレフタル酸ジメチル　*1353*
転 位　333,528,563
電気陰性度（electronegativity）
　　34,151,451,627,676,*722*
電気泳動（electrophoresis）　*1216*
電気化学反応　*1144*
電子（electron）　25
　── の巻矢印表記法（arrow-pushing
　　formalism, electron-pushing formalism）
　　　　　　　　　　　　　　62
電子殻（electron shell）　26
電子環状反応（electrocyclic reaction）
　　　　　　　　　　　1042,1060
電子求引基（electron-withdrawing group）
　　　　　　152,*1046,1106*
電子求引性　*1132,1133*
電子供与基（electron-donating group）
　　　　　　　　　1046,1104
電子供与性　*1172*
電子効果　626
電子銃　638
電磁スペクトル（electromagnetic spectrum）
　　　　　　612,660,*1014*
電子遷移　*1014*
電子対（electron pair）　35,41,153
電子伝達　*1151*
電磁波　611
電子配置（electron configuration）　26,28,47
電子ビーム　639
電子不足な（electron-deficient）
　　　　315,*1047,1055,1048*
電磁放射線　611
電子豊富な（electron-rich）
　　　　314,315,*1047,1055*
電子密度　27,28
電子密度図　68
電子密度分布　*729,771*
電子密度領域（areas of electron density）　44
電子励起　614
電 池　121
天然ガス　78,89
天然存在比　640
天然物（natural product）　658,*721*
デンプン　*1287*

と

糖（sugar）　*1258*
銅　*1119*
　── のアシル化　*1273*
　── のアルキル化　*1271*
銅アセチリド　746,748
同位相　*1007*
同位体（isotope）　25,639,641
Dweck, C.　7,8
銅塩　748,*1118*
等価な水素（equivalent hydrogen）　671
同旋的（conrotatory）　*1061*
糖タンパク質　*1232*
同 定　611
等電点（isoelectric point, p*I*）　*1214*
頭-頭（head to head）　313
頭-尾（head to tail）　313
等方的（isotropic）　697
毒 性　280
特性吸収　622
トシラート（tosylate）　552
ドデカン（dodecane）　78
L-ドーパ　393
ドーパミン　393,433
ドーパミン再取込み阻害薬　*1161*
飛び跳ね矢印　316
Domagk, Gerhard　*1074*
ドラビリン　356
トランス（trans）　84,100,238,309,693
トランスアミド化　*911*
トランスアミナーゼ　287
トランスアルケン　384,*1065*
トランスエステル化（transesterification）
　　　　　　　　　　　　　　906
トランスジオール　373
トランス脂肪酸　381
s-トランス配座　*1049*
トランスファー RNA（transher RNA）　*1296*
トランス不飽和脂肪酸
　　　　（trans unsaturated fatty acid）　*1301*
トランスペプチダーゼ　*911*
トランスメタル化（transmetallation）
　　　　　　736,738,*1186*
トリアコンタン（triacontane）　78
トリアシルグリセロール（triacylglycerol）
　　　　　　　　　　　　　　1301
トリアゾラム　160
トリアルキルボラン　341,343,*745*
トリアルコキシボラン　344
トリイソプロピルシリルエーテル　597
トリエチルアミン（triethylamine）
　　　　　　　1163,1166,1169
トリグリセリド（triglyceride）
　　　　　　285,*1301,1310*
トリクロロ酢酸　147
トリデカン（tridecane）　78
トリフェニルホスフィン　*1177,1348*
トリフェニルホスフィンオキシド
　　　　（triphenylphosphine oxide）　791,*1348*
トリプシン（trypsin）　*1240*

1416 和文索引

トリブチルスズ 1119
トリブチルスズオキシド 281
トリプトファン (tryptophan) 1212
トリフラート 743
トリフルオロメチル基 1136
トリプレット (triplet) 684
トリペプチド 1229
トリメチルアンモニオ基 1191
トルエン (toluene) 281,582,847,1088,1147
p-トルエンスルホン酸エステル
(p-toluenesulfonate) 552
トルブタミド 481,1149
トレオース (threose) 1263
トレオニン (threonine) 1212
トレハロース (trehalose) 1282
トレミフェン 217
Tollens 試薬 (Tollens reagent) 1271
Trost, B. 278
トロピリウムイオン 645

な

ナイアシン (niacin) 765
ナイトロジェンマスタード 529,534,1299
ナイロン (nylon) 1350,1351
ナイロン6 1352
ナトリウム (sodium) 30,419,960
ナトリウムアセチリド 723
ナトリウムアミド 412,520,723
ナトリウム D 線 247,249
ナトリウムヘキサメチルジシラジド (sodium
hexamethyldisilazide) 525,532,1348
ナフサ 89
ナフタレン (naphthalene) 133,849,1079
ナプロキセン 248
ナプロキセンナトリウム 228

に

2s 原子軌道 27
ニコチンアミドアデニンジヌクレオチド
(nicotinamide adenine dinucleotide) 765
ニザチジン 124
二酸化炭素 (carbon dioxide) 78,357,1138
二次元 NMR 713
二次構造 (secondary structure) 1233,1234
二次代謝物 721
二重結合 (double bond) 44,77,112,771
二重線 (doublet) 663,684
二重置換 (double replacement) 488
二重に分裂した二重線 (doublet of doublets)
698
二重に分裂した三重線 (doublet of triplets)
700
二重に分裂した四重線 (doublet of quartets)
696
二重らせん 1294
二炭酸ジ-tert-ブチル 1226,1247
ニッケル (nickel) 417
二糖 (disaccharide) 1259,1281,1284

ニトリル (nitrile) 112,633,836,885
—— の加水分解 1223
—— の還元 1175
—— の反応 928
ニトロアルカン 1184
ニトロアルドール生成物 1184
ニトロエノラート (nitro enolate) 1184
ニトロ化 (nitration) 1094
ニトロ基 1046,1094,1112,1171
—— の還元 1175
ニトロシルカチオン (nitrosyl cation)
1117,1195
ニトロソアミン (nitrosamine) 1195
ニトロニウムイオン 1184
ニトロフェノール 1133
[2+2]付加環化反応 754,1059
2分子求核置換反応 493
二面角 (dihedral angle) 92,693
乳酸 (lactic acid) 838
乳酸デヒドロゲナーゼ
(lactate dehydrogenase) 765,821,825
乳糖 1281
Newman 投影式 (Newman projection) 91
ニューロン 1160
ニンヒドリン (ninhydrin) 1228

ぬ〜の

ヌクレオチド (nucleotide) 1290
ネオ (neo-) 85
ネオスチグミン 1208
ネオペンチル 89
ネオン (neon) 26,30
根岸カップリング (Negishi coupling)
281,740,748,1119
ねじれ形配座 (staggered conformation) 92
ねじれ歪み (torsional strain) 92,100
ねじれ舟形配座 (twist boat comformation)
105
熱可塑性樹脂 (thermoplastic) 1338
熱硬化 (thermosetting) 1354
熱的環化反応 1062
熱力学支配 (thermodynamic control)
953,1021,1025
ネリルカチオン 335
ネロール 329,1316
燃焼 (combustion) 311
燃焼分析 312,382
ノイラミニダーゼ 1283,1288
ノード 1007
ノナデカン (nonadecane) 78
ノナン (nonane) 78
ノーメックス 1352
野依触媒 393
野依良治 393
ノルアドレナリン (noradrenaline) 1160
Knowles, W. 392
ノルソレックス 1362
ノルボルネン 1362

は

ハード・ソフト Lewis 酸・塩基理論 956
配位 1150
配位子 1149
バイオアベイラビリティ 452
バイオディーゼル (biodiesel)
285,757,1313
バイオマス (biomass) 284
廃棄物 275
π結合 (π bond) 50,1007
π結合性軌道 306
配座 91
アンチ —— 95,166,311
いす形 —— 102,104
重なり形 —— 92
ゴーシュ —— 95,166,311
ねじれ形 —— 92
ねじれ舟形 —— 105
封筒形 —— 102
舟形 —— 104
配座異性体 (conformational isomer) 84,309
π錯体 426
π*軌道 (π* orbital) 56,1007
π*反結合性軌道 306,771
排泄 (excretion) 448
配糖体 1269
BINAP 264,363
π→π*遷移 1014
ハイブリッド型構造式 82
背面攻撃 496
背面置換 (backside displacement) 496
Baeyer, A. 1125
Pauli の排他原理 (Pauli exclusion principle)
28
Perkin, W. 1023
薄層クロマトグラフィー
(thin-layer chromatography) 1228
爆発性 281
バシトラシン A 1256
波数 (wavenumber) 622
Pascal の三角形 684
Haworth 投影式 (Haworth projection) 1265
旗ざお位相互作用 (flagpole interaction) 105
バタフライ遷移状態 590,1193
八重鎖 (octet) 684
波長 (wavelength) 612,660
発エルゴン過程 (exergonic process)
182,186
発がん性物質 1195
Buchwald, S. L. 1185
Buchwald–Hartwig アミノ化
(Buchwald–Hartwig amination) 1185
発熱反応 (exothermic reaction) 172,194
発泡スチロール 1341
発泡ポリウレタン 1357
ハード 956
Hartwig, J. F. 1185
馬尿酸 868
ばね定数 624

Hammond 仮説 (Hammond postulate) 194,214,318,462
パラ (para, p-) 1090
パラジウム (palladium) 417,736,1150
パラジウム触媒 379,1119,1185
パラジウム炭素 380
バリン (valine) 1212,1215
ハルシオン 160
パルミチン酸 (parmitic acid) 839,1301,1303
パルミチン酸 2-エチルヘキシル 283
パルミチン酸トリコンタニル 1301
バレニクリン 433
δ-バレロラクトン 709
ハロアルカン (haloalkane, ハロゲン化アルキルも見よ) 112,449,487
—— の極性 451
—— の合成 458
—— の分子軌道 457
—— の命名 450
ハロアルケン (haloalkene) 449
ハロアレーン (haloarene) 449
ハロゲン (halogen) 112,113,487
ハロゲン化 (halogenation) 202,314,359,1093
—— の立体化学 463
ハロゲン化アリール (aryl halide) 449
ハロゲン化アルキル (alkyl halide, ハロアルカンも見よ) 202,217,449,555,646,1173
ハロゲン化アルケニル (alkenyl halide) 449
ハロゲン化合物 736
ハロゲン化水素 314,315,458
ハロゲン化ビニル (vinyl halide) 449
ハロゲン化ベンジル 1130
ハロゲン化有機パラジウム 1186
ハロゲン化有機マグネシウム 725
ハロゲン系溶媒 281,454
ハロヒドリン (halohydrin) 363,458
反結合性軌道 1043
反結合性相互作用 55,1007
反結合性分子軌道 (antibonding molecular orbital) 55,306,458
半占分子軌道 (singly occupied molecular orbital) 1044
反応解析 500
反応機構 (reaction mechanism) 127
反応座標図 (reaction coordinate diagram) 103,134,182
反応次数 (reaction order) 199,492
反応性のスペクトル 495,518
反応速度 (reaction rate) 176
反芳香族性 (antiaromaticity) 1083
反芳香族分子 1083

ひ

pI → 等電点
BINAP 264,393
Pro → プロリン
PET → ポリエチレンテレフタラート
PAH → 多環式芳香族炭化水素

pH 811
Phe → フェニルアラニン
BHT → ジブチルヒドロキシトルエン
PMI → プロセス質量強度
Boc 保護基 1247
POPs → 残留性有機汚染物質
非還元糖 (nonreducing sugar) 1271
p 軌道 (p orbital) 28,50,52
非共役アルケン (nonconjugated alkene) 1001
非共有電子対 (unshared electron pair) 38,44,62,128,146
非局在化 146
非金属 32,36
ピーク (peak) 663
pK_a 1168
pK_a 値 (pKa value) 137,138,149,504
アミノ酸の —— 1214
pK_b 1168
飛行管 638
非再生可能資源 283
PG 1323
PGI_2 1324
PGE_2 1301,1323,1324
$PGF_{2\alpha}$ 1323
PCC → クロロクロム酸ピリジニウム
微視的可逆性の原理 (principle of microscopic reversibility) 196
ビシナル (vicinal) 359
ビシナルジオール 576
非遮蔽 (deshield) 675
非晶質 (amorphous) 1337
ヒスタミン 124
ヒスチジン (histidine) 1212
ビスフェノール A (bisphenol A) 1356
歪み (strain) 90
比旋光度 (specific rotation) 248
被占分子軌道 1011
非対称アルケン 319
非対称伸縮振動 (asymmetric stretching vibration) 618
非対称なジエン 1022
非対称な内部アルキン 405
ビタミン E 479,480,1134
必須アミノ酸 (essential amino acid) 1212
BDE → 結合解離エネルギー
PTS (polyoxyethanyl α -tocopheryl sebacate) 741
被 毒 418
ヒト免疫不全ウイルス (human immunodeficiency virus) 355
ヒドラジン (hydrazine) 822,1179
ヒドラゾン 822
ヒドリド (hydride) 140,339,919,933,1180
ヒドリド移動 1176
1,2-ヒドリド移動 (1,2-hydride shift) 333
ヒドリド還元 (hydride reduction) 817
ヒドリド還元剤 920,923,1182
β-ヒドロキシアルデヒド 1003
α-ヒドロキシ化 950
ヒドロキシ基 (hydroxy group) 112,340,478,542,630,678,1131
(S)-2-ヒドロキシプロパン酸 ((S)-2-hydroxypropanoic acid) 838

β-ヒドロキシ-β-メチルグルタリル CoA (HMG-CoA) 946
ヒドロキシルラジカル (hydroxyl radical) 324
ヒドロハロゲン化 314,315
ヒドロペルオキシド (hydroperoxide) 477,479
ヒドロホウ素化-酸化 (hydroboration-oxidation) 314,341,431,770
ピナコール (pinacol) 565
ピナコール転位 (pinacol rearrangement) 565
ピナコロン (pinacolone) 565
Pinnick 酸化 (Pinnick oxidation) 823
ビニルアルコール (vinyl alcohol) 427
尾-尾 (tail to tail) 313
PPI → プロトンポンプ阻害薬
ppm 674
PVC → ポリ塩化ビニル
非プロトン性極性溶媒 (polar aprotic solvent) 502
非プロトン性溶媒 580,726
ピペリジン (piperidine) 1162,1172
非芳香族 (nonaromatic) 1080
非芳香族分子 1083
Hückel, E. 1078
Hückel 則 (Hückel rule) 1078
Hückel/Breslow 則 (Hückel/Breslow rule) 1084
Bürgi-Dunitz 角 (Bürgi-Dunitz angle) 771,787,1007,1043
標準アミノ酸 (standard amino acid) 1212
標準 Gibbs 自由エネルギー変化 168
標準自由エネルギー変化 167
標準状態 169
漂白剤 569,1023
ピラノシド (pyranoside) 1269
ピラノース (pyranose) 1265,1266
ピリジニウムクロロクロマート → クロロクロム酸ピリジニウム
ピリジン (pyridine) 557,1080,1163,1172
ピリミジン (pyrimidine) 1291
ピリミジン塩基 (pyrimidine base) 1290,1294
ピルビン酸 821
ピロール (pyrrole) 1172
ピロリン酸ネリル 335
ピロール (pyrrole) 1080
頻度因子 (frequency factor) 176,190

ふ

Faraday, M. 1075
ファルネシル二リン酸 1319
ファルネソール (farnesol) 303,313,1315
不安定イリド (nonstabilized ylide) 790
van der Waals 力 (van der Waals force) 79
ファントム原子 241
Val → バリン
VSEPR → 原子価殻電子対反発
Fischer, E. 855,1275

1418 和文索引

Fischer エステル化 (Fischer esterification)
　　　855,901,1225,1349
Fischer エステル化反応　283
Fischer 投影式 (Fischer projection)
　　　256,1211,1260
封筒形配座 (envelope conformation)　102
フェナントレン (phenanthrene)　1079
フェニルアラニン (phenylalanine)
　　　1212,1219
フェニルチオヒダントイン　1242
フェニルピルビン酸　848
1-フェネチルアミン　1228
フェノキシドイオン　129,1132,1136
フェノキシルラジカル　1135
フェノール (phenol)
　　　129,478,542,1088,1112,1131
　── の酸性度　1132
フェロモン　329
フェンタニル (fentanyl)　653
フォコメリア　229
付加 (反応)(addition)　314,423,584,793,795
付加環化反応 (cycloaddition reaction)
　　　1042,1044
[2+2]付加環化反応 ([2+2] cycloaddition)
　　　1361
付加重合ポリマー (addition polymer)
　　　1335,1338,1339
付加・脱離機構 (addition/elimination
　　　mechanism)　852
不活性化基　1107,1108
不活性ガス　30
付加反応　845
不均一系触媒反応 (heterogeneous catalysis)
　　　379
不均等開裂 → ヘテロリシス
福井謙一　1043
複合タンパク質 (conjugated protein)　1232
複製フォーク　1296
複素環式芳香族化合物　1080
副反応　906
節 (node)　27,55,306,1007
不斉エポキシ化 (asymmetric epoxidation)
　　　388,590
不斉水素化 (asymmetric hydrogenation)
　　　392
不斉中心 (asymmetric center,
　　　center of asymmetry)　235
ブタ-1-エン　383
ブタ-2-エン　176,234,311
cis-ブタ-2-エン　383
trans-ブタ-2-エン　383
ブタ-1,3-ジエン　1009
フタルイミド　1221
フタルイミドカリウム　1179
フタル酸ジ(2-エチルヘキシル)　1338
ブタン (butane)　78～81,176
　── の立体配座　94
ブタン-1-オール　546,582
ブタン-2-オール　233,582
ブタン酸　148
ブタン-1,4-ジオール　286
sec-ブチル　89
tert-ブチル　89
tert-ブチルアミン (tert-butylamine)　1163

tert-ブチルアルコール　200,582
tert-ブチルメチルエーテル
　　　(tert-butyl methyl ether)　542,580～582,727
フッ化アルミニウム (aluminum fluoride)
　　　32,33
フッ化水素　129,138
フッ化テトラブチルアンモニウム　597
フッ化物イオン　138
フッ化ベンジル　646
Hooke の法則 (Hooke's law)　624
フッ素 (fluorine)　30,35,449
沸点 (boiling point)　79,546,580
　アミノの ──　1165
　アルカンの ──　78
　アルケンの ──　304
　アルデヒドの ──　767
　ケトンの ──　767
舟形配座 (boat comformation)　104
ブプロピオン　1161,1175,1219
部分水素添加油 (partially hydrogenated oil)
　　　381,1311
部分正電荷 (partial positive charge)　36
部分電荷 (partial charge)　36
部分負電荷 (partial negative charge)　36
不飽和 (unsaturated)　84,305,406
α,β-不飽和アルデヒド
　　　(α,β-unsaturated aldehyde)　953,1003
γ,δ-不飽和アルデヒド　1066
α,β-不飽和カルボニル化合物
　　　(α,β-unsaturated carbonyl compound)
　　　1001,1031
α,β-不飽和ケトン　965,1001,1024
不飽和脂肪酸 (unsaturated fatty acid)　1301
不飽和炭化水素 (unsaturated hydrocarbon)
　　　77
不飽和度 (degree of unsaturation)　305,615
不飽和油脂 (unsaturated fat)　381
フマル酸　807,1353
Brown, H. C.　341
Brown, P. C.　341
フラグメンテーション (fragmentation)
　　　635,637,643～650
フラグメント (fragment)　635,636
ブラジキニン　1236
プラスチド　848
+/-表示　247
プラチナ (platinum)　417
フラッグポール位相互作用
　　　→ 旗ざお位相互作用
フラノシド (furanoside)　1269
フラノース (furanose)　1265
フラン (furan)　1265
Planck 定数 (Planck constant)　611,660
Fourier 変換　669
Fourier 変換赤外 (FT-IR) 分光計　621
Fries 転位 (Fries rearrangement)　1125
Friedel, C.　1096
Friedel-Crafts アシル化
　　　(Friedel-Crafts acylation)　1099
Friedel-Crafts アルキル化
　　　(Friedel-Crafts alkylation)　1096
フリーラジカル (free radical)　203,1032
プリン (purine)　1291
プリン塩基 (purine base)　1290,1294

フルオキセチン　1135,1161,1175
フルオロ (fluoro-)　450
フルオロ酢酸　148
フルクトフラノシド (fructofuranoside)
　　　1269
フルリジック　480
フルリスロマイシン　481
Breslow, R.　1084
Fleming, A.　884
Brønsted-Lowry 塩基
　　　(Brønsted-Lowry base)　123
Brønsted-Lowry 酸
　　　(Brønsted-Lowry acid)　123
Brønsted-Lowry の定義　122
プロスタグランジン (prostaglandin)
　　　1301,1323
プロスタグランジン I₂ (PGI₂)　1324
プロスタグランジン E₂ (PGE₂)　1323,1324
プロスタグランジン F₂α (PGF₂α)　1323
Frost 円 (Frost circle)　1087
プロセス質量強度 (process mass intensity)
　　　276
プロダクトイオン (product ion)　636
ブロック共重合体　1365
ブロックコポリマー (block copolymer)
　　　1365
プロトン (proton)　123,667
プロトン供与体　123
プロトン受容体　123
プロトン性極性溶媒 (polar protic solvent)
　　　502
プロトン性溶媒 (protic solvent)　419
プロトンデカップリング
　　　(proton-decoupling)　702
　アミノの ──　1166
プロトンポンプ阻害薬　124,1206
プロパノール (propanol)　546
プロパノン　568
プロパン (propane)　77,78,640
　── の立体配座　93
プロパンアミン (propanamine)　1162
プロパン-2-アミン (propan-2-amine)
　　　1163
プロパン-1-オール　582
プロパン-2-オール　195,568,582
プロパン-2-オン　502
プロピオン酸 (propionic acid)　839
プロピレン　289,383
プロピレンオキシド　289,1358,1366
プロピレングリコール　286,1353
プロピン (propyne)　77,188,195
プロペン (propene)　77,289,383
ブロモ- (bromo-)　450
ブロモキシニル　217
N-ブロモスクシンイミド
　　　(N-bromosuccinimide)　470,1004,1130,1142
ブロモニウムイオン　359,363,435,468
1-ブロモブタン　646
プロリン (proline)　1212,1217
フロンティア分子軌道
　　　(frontier molecular orbital, FMO)　1043
プロントジル　1074,1090
分解(反応)(decomposition)　488,514
分割 (resolution)　259

和 文 索 引　　1419

分割剤（resolving agent）260
分極率（polarizabillity）451,634
分光法（spectroscopy）611,660
分子イオン（molecular ion）638
分子イオンピーク 635
分子間反応（intermolecular reaction）334
分子軌道（molecular orbital）46,54
　アミンの ── 1164
　アリル系の ── 1017
　アルカンの ── 78
　カルボニル化合物の ── 771
　カルボン酸の ── 838
　カルボン酸誘導体の ── 887
　ギ酸の ── 838
　共役アルケンの ── 1006
　シクロブタジエンの ── 1087
　ベンゼンの ── 1086
　ホルムアミドの ── 771,887
　ホルムアルデヒドの ── 771
分子軌道理論（molecular orbital theory）
　　　　　　　　　　　　53,1043
分子振動 614,618
分子内アルドール反応 966
分子内 Claisen 縮合 975
分子内反応（intramolecular reaction）334
分子内ヒドリド移動 932,933
Hund 則（Hund's rule）28
分布（distribution）448
分　離 1187
分裂（splitting）663,682,702

へ

閉環メタセシス（ring-closing metathesis）
　　　　　　　　　　　　　　755
平衡核間距離
　（equilibrium internuclear distance）618
平衡定数（equilibrium constant）130,167
米国環境保護庁 274
並進エントロピー（translational entropy）
　　　　　　　　　　　　　　797
平面三角形 44,306
平面偏光（plane-polarized light）246
ヘキサ-1-エン 383
ヘキサデカン（hexadecane）78
ヘキサ-1,3,5-トリエン 1008
ヘキサン（hexane）78,81,582
ヘキサンアミン 1171
ヘキサン-1-オール 546
ヘキサン-2-オン 649
ヘキサン-1,6-ジアミン 1350
ベースライン 701
β-アノマー 1267
β(1→4)結合 1281
β-エピマー 1266
β-カロテン（β-carotene）
　　　　　　313,613,999,1013,1015
β-グルコセレブロシド 171,184
β-ケト酸（β-keto acid）872,977,1042
β シート（β-sheet）1234
β ストランド（β-strand）1234

β スピン（β spin）667
β 脱離（β-elimination）514,733
β 炭素（β-carbon）514
β-ヒドロキシアルデヒド 1003
β-ヒドロキシ-β-メチルグルタリル CoA
　　　　　　　　　　（HMG-CoA）946
β-ラクタマーゼ 934
β-ラクタム 884
β-ラクタム系抗生物質 883,916
Heck 反応 763
PET → ポリエチレンテレフタラート
ペツニジン（petunidin）999,1013
ヘテロ原子（heteroatom）664
ヘテロ芳香環（heteroaromatic ring）1080
ヘテロ芳香族化合物 1080
ヘテロリシス（heterolysis）157
ペニシリン G 916
ペプシン 121
ヘプタデカン（heptadecane）78
ヘプタン（heptane）78,582
ヘプタン-1-オール 546
ペプチド（peptide）1229
　── の加水分解 1238
ペプチドグリカン 896,911
ペプチド結合（peptide bond）896,1229
ペプチド合成（peptide synthesis）1244
ヘマグルチニン 1283,1288
ヘミアセタール（hemiacetal）795
ヘミアミナール（hemiaminal）1181
ヘム（heme）1149
ヘモグロビン 1236
ペラルゴニジン（pelargonidin）999,1013
ヘリウム（helium）26
ペリ環状反応（pericyclic reaction）1041
ベリリウム（beryllium）30
ペルオキシルラジカル（peroxyl radical）
　　　　　　477,479,1032,1135
ヘルツ（Hz）611
Hell-Volhard-Zelinskii 反応
　（Hell-Volhard-Zelinskii reaction）1219
ヘロイン 653
変角振動（bending vibration）619
偏光フィルター 247
ベンザイン（benzyne）1116
ベンジルアニオン 1129
ベンジルアルコール 287
ベンジル位 1129
ベンジルエーテル 1150,1273
ベンジルカチオン 645,1130
ベンジル基 983
ベンジル位 1143
ベンジル炭素（benzylic carbon）1129,1142
ベンジルラジカル 1130,1143
ベンズアルデヒド（benzaldehyde）
　　　　　　　　　　848,1088
ベンゼン（benzene）
　　　　77,281,453,582,874,1075
　── の化学シフト 676
　── の水素化 1077
　── の分子軌道 1086
変旋光（mutarotation）1329
ベンゼン-1,4-ジアミン 1351
ベンゾ[a]アントラセン
　　　　　　（benz[a]anthracene）1080

ベンゾ[g,h,i]ペリレン
　　　　　　（benzo[g,h,i]perylene）1080
ペンタ-1-エン 383
cis-ペンタ-2-エン 383
trans-ペンタ-2-エン 383
ペンタデカン（pentadecane）78
ペンタン（pentane）78,81,726
ペンタン-1-オール 546
tert-ペンチル 89
Henry 反応（Henry reaction）997,1184

ほ

芳香環 676
芳香族（aromatic）77,632,1078
　── の化学シフト 676
芳香族求核置換反応
　（nucleophilic aromatic substitution）1112
芳香族求電子置換反応
　（electrophilc aromatic substitution）1092
芳香族性（aromaticity）1076
芳香族遷移状態（aromatic transition state）
　　　　　　　　　　　　　　873
芳香族倍音領域（aromatic overtone region）
　　　　　　　　　　　　　　622
芳香族分子 1083
ホウ素（boron）30,341
防腐剤 851
飽和（saturated）84,305
飽和脂肪酸（saturated fatty acid）1301
飽和炭化水素（saturated hydrocarbon）77
飽和油脂（saturated fat）381
補酵素 765
補酵素 Q 1151
保護基（protecting group）
　　　287,597,598,802,1150,1225,1284
ホジキン病 535
ホスゲン（phosgene）1355
ホスファジド（phosphazide）1178
ホスフィンイミド（phosphine imide）1178
ホスホン酸塩 791
保存料 480
POPs → 残留性有機汚染物質
Hofmann, A 1075,1190
Hofmann 脱離（Hofmann elimination）1190
ポマリドミド 267
HOMO → 最高被占分子軌道
ホモサラート 1017
ホモトリグリセリド（homotriglyceride）
　　　　　　　　　　　　　　1302
ホモポリマー（homopolymer）1333
ホモリシス（homolysis）203,725,1130,1143
ボラン（borane）153,341,431,923
ポリアミド（polyamide）1350
ポリアルキル化 1102
ポリイソブチレン（polyisobutylene）1340
ポリウレタン（polyurethane）280,1357
ポリエステル（polyester）1352
ポリエチレン 1346
ポリエチレンテレフタラート
　　　　　（polyethylene terephthalate）1353

1420 　和 文 索 引

ポリエン　310
ポリ塩化ビニル　23,217
ポリオール（polyol）　544
ポリカルボナート（polycarbonate）　1355
ポリスチレン（polystyrene）
　　　　　　　　　1341,1344,1347
ポリノルボルネン（polynorbornene）　1362
ポリ（3-ヒドロキシブタン酸）　1355
ポリフマル酸プロピレン　1353
ポリマー（polymer）　1246,1287,1333
　　── の分類　1335
　　── の命名　1334
　　合成 ──　1331
　　縮合 ──　1350
　　縮合重合 ──　1335
　　逐次重合 ──　1336
　　付加重合 ──　1335,1338,1339
　　連鎖重合 ──　1336
ポリマー連鎖反応　1346
Pauling, L.　1076
Pauling の電気陰性度
　　　　　　（Pauling electronegativity）　34
ポルフィリン（porphyrin）　1149
ホルムアミド　771,887
ホルムアルデヒド（formaldehyde）
　　　　　　　　　68,69,626,767
ボロナート　744
ボロン酸　748,1119
ボンベ熱量計　382

ま 行

マイクロ波　612,614,660,1014
Michael 受容体　1028
Michael 反応（Michael reaction）　1027,1343
Meisenheimer 錯体
　　　（Meisenheimer complex）　1113
マイトトキシン　758
マインドセット（mindset）　7
巻矢印表記法　61
マーキュリニウムイオン（mercurinium ion）
　　　　　　　　　336,429
Maxwell–Boltzmann 型分布
　　　（Maxwell–Boltzmann type distribution）　179
McDaniel, M. A.　10
膜タンパク質（membrane protein）　1231
マグネシウム（magnesium）　30,725
McLafferty 転位（McLafferty rearrangement）
　　　　　　　　　649
マクロホーム酸　1047
マクロライド系抗生物質　481
マススペクトル（mass spectrum）　636
マスタードガス　510,529
末端アルキン　405
Markovnikov, V　323
Markovnikov 則（Markovnikov's rule）
　　　　　　　　　323,437
マロン酸　1306
マロン酸エステル合成
　　　（malonic ester synthesis）　983
マロン酸ジエチル　982,1028

Mansfield, Charles　1075
慢性アルコール中毒　825
慢性毒性　281
マンノシド（mannoside）　1269
マンノース（mannose）　1263,1269
右田–小杉–Stille カップリング　742
右手と左手のルール　243
右ねじの法則　667
ミグルスタット　218
水（water）　138,185,502,726
　　── の付加　793
水 層　1187
Mitscherlich, E.　1075
密度（density）　79
　　アルカンの ──　78
　　アルケンの ──　304
　　ハロアルカンの ──　454
ミトコンドリア　848,1151
ミリスチン酸（myristic acid）
　　　　　　　　　839,1301,1303

無水（anhydrous）　557
無水安息香酸　921
無水酢酸　885,1226,1273
無水物（anhydride）　836
無水マレイン酸　1050

命 名
　　── における優先順位　837
　　アミンの ──　1162
　　アルカンの ──　84
　　アルキンの ──　406
　　アルケンの ──　308
　　アルコールの ──　543
　　アルデヒドの ──　768
　　エーテルの ──　579
　　カルボン酸の ──　836
　　カルボン酸誘導体の ──　886
　　ケトンの ──　768
　　シクロアルカンの ──　98
　　シクロアルケンの ──　308
　　チオールの ──　544
　　ハロアルカンの ──　450
　　ベンゼン誘導体の ──　1088
　　ポリエンの ──　310
　　ポリマーの ──　1334
命名法　84
メクロレタミン　534
メシラート（mesylate）　1175
メソ化合物（meso compound）　254
メタ（meta, m-）　1090
メタノール（methanol）　546,582
メタ配向基　1107
メタロタンパク質　1232
メタン（methane）　47,52,77,138
　　── の分子軌道　58
メタンアミン（methanamine）　1163
メタン酸（methanoic acid）　835,838
メタンチオール（methanethiol）　542
メチオニン（methionine）　1212
メチルアニオン　40,138,726
メチルアミン（methylamine）　1163
メチルイソシアネート　273

メチルイソブチルケトン　582
1,2-メチル移動（1,2-methyl shift）　334
メチルエチルケトン　582
2-メチルオキシラン　289
メチルカチオン　40,643
メチルカルボアニオン　59
メチルカルボカチオン　59
メチルケトン（methyl ketone）　430
2-メチルテトラヒドロフラン　581,582
N-メチルピロリドン　582
2-メチルプロパン（2-methylpropane）　80
2-メチルプロペン　383
2-メチルペンタン　582
N-メチルホルムアミド　582
N-メチルモルホリン　578
N-メチルモルホリン N-オキシド
　　　　　　　　　290,371,578
メチルラジカル　456,643
メチルリチウム　726
メッセンジャー RNA（messenger RNA）
　　　　　　　　　1296
2-メトキシエタノール　582
メトキシ基　1046,1172
メトキシドイオン　135
メトプロロール　143
メバロン酸　945,987
Merrifield 合成（Merrifield synthesis）　1247
Merrifield 樹脂（Merrifield resin）　1246
メルカプタン　542
メルファラン　535
Mendeleev, D.　25
メントール（menthol）　313

モノアルケン　305
モノカチオン　152
モノグリセリド（monoglyceride）　1302
モノクロメーター（monochromator）　619
モノマー（monomer）　1287,1333
モーベイン　1023
モリブデン（molybdenum）　753
モルオゾニド（molozonide）　377
モルヒネ（morphine）　653
モルホリン（morpholine）　1163
モレキュラーシーブ（molecular sieve）　799

や 行

薬動学 → 薬物動態学
薬物間相互作用　160
薬物動態学　448
薬力学　448
軟らかい　956

U　1291
誘起（induction）　148,151
有機亜鉛　740,748
有機亜鉛ハロゲン化物　281
有機化学　2,23
有機金属化学（organometallic chemistry）
　　　　　　　　　721
有機金属化合物　924

和文索引　　1421

有機金属反応剤（organometallic reagent）　217,722
有機クプラート　*748*
誘起効果（induced effect）　147,148,188,627,*841,1132*
誘起磁場（induced magnetic field）　676
有機スズ　*742,748*
有機太陽電池　*1364*
有機銅試薬　*1031*
有機リチウム化合物　217
有機リチウム試薬（organolithium reagent）　*725,783,863,924,931,1027*
優先順位　544
融点（melting point）　79
　アミンの——　*1165*
　アルカンの——　78
　アルケンの——　304
　アルデヒドの——　*767*
　ケトンの——　*767*
誘導化　287
UMP　*1291*
油　脂　84
UDPグルコース　171,184,193,198,218
IUPAC　86
IUPAC命名法　85

陽イオン → カチオン
溶解金属　*724*
溶解金属還元　419
溶解度積　*1190*
ヨウ化ベンジル　646
ヨウ化メチル　726
陽　極　*1144*
葉　酸　*1091*
陽子（proton）　25,666,667
ヨウ素（Iodine）　449
ヨウ素ラジカル　326
溶媒（solvent）　277,419,506,546,580
溶媒和　*1169*
ヨード-（iodo-）　450
4員環　754,*1060,1083*
四次構造（quaternary structure）　*1233,1236*
[4+2]付加環化反応　*1059*

ら

LAH → 水素化アルミニウムリチウム
ラウリン酸（lauric acid）　839,*1302,1303*
ラギング鎖　*1296*
酪酸（butyric acid）　*839*
β-ラクタマーゼ　*934*
ラクタム（lactam）　885,916
β-ラクタム　884
β-ラクタム系抗生物質　883,916
ラクツロース（lactulose）　*1282*
ラクトース（lactose）　*1281*
ラクトン（lactone）　885,916
ラジオ波　612,614,660,*1014*
ラジカル（radical）　183,320,325
ラジカルアニオン（radical anion）　33,419,*1144*

ラジカル塩素化　206
ラジカルカチオン（radical cation）　638,643
ラジカル重合（radical polymerization）　*1345,1346*
ラジカル臭素化　206,*1143*
ラジカルハロゲン化　205,324,458,468,*1143*
ラジカルヒドロハロゲン化　467
ラジカル付加（反応）　458,467
ラジカル捕捉剤　589
ラセミ化（racemization）　556,*950*
ラセミ混合物（racemic mixture）　238,344,362,464,*816,1051*
ラセミ体（racemate）→ ラセミ混合物
ラニチジン　160
ラノステロール（lanosterol）　303,346,*1301,1319*
ラマン散乱　634
ラマンスペクトル　634
ラマン分光法（Raman spectroscopy）　634

り

リアルタイム分析　291
リキソース（lyxose）　*1263*
リコピン（lycopene）　*999,1013,1015*
Richet, C　453
リシノプリル　*1251*
リシン（lysine）　*1212,1216*
リソソーム　165
リチウム（lithium）　30,35,*725*
リチウムジイソプロピルアミド（lithium diisopropyl amide）　525,532,*954*
リチウムジオルガノクプラート　*1031*
律速段階（rate-determining step）　200,492
立体異性体（stereoisomer）　84,100,233,253,309
立体化学（stereochemistry）　227,510,525,*1210*
　単糖の——　*1262*
立体障害（steric hindrance）　361,364
立体障壁　*1021*
立体選択性（stereoselectivity）　386,790
立体中心（stereocenter, stereogenic center）　233,253
立体特異的　*1051*
立体特異的反応（stereospecific reaction）　344
立体配座（conformation）　91
立体配座解析　90
立体反転　558
立体歪み（steric strain）　93
立体保持　559
リーディング鎖　*1296*
リード化合物　*1296*
リナロール　303,*1315*
リノール酸（linoleic acid）　476,*1301～1303*
リノレン酸（linolenic acid）　476,*1303*
リピトール　23,44,*987*
Lipshutz, B.　282
リボ核酸（ribonucleic acid）　*1290*
リボース（ribose）　*1263,1290*
リボソームRNA（ribosomal RNA）　*1296*

リポタンパク質　*1232*
リモネン　248,303,335,*1315*
硫酸（sulfuric acid）　138,561,*1094*
硫酸水素イオン　138
粒　子　611
量子（quantum）　611,660
量子数（quantum number）　26
量子力学　26,28
両親媒性分子　282,*741*
リン（phosphorus）　30,*1178*
リンイリド（phosphorus ylide）　*789*
リンゴ酸　*807*
リン酸（phosphoric acid）　561
リン酸エステル（phosphate）　112
リン酸化　*868*
リン酸基（phosphate group）　329,*1290*
リン酸ジエステル結合　*1292*
隣接基関与（neighboring group participation, anchimeric assistance）　500
隣接水素　682
Lindlar触媒（Lindlar catalyst）　418

る

Lewis塩基（Lewis base）　123,153
Lewis構造式（Lewis structure）　30
Lewis酸（Lewis acid）　123,153,*1096*
Lewisの定義　122,153
累積アルケン（comulated alkene）　*1001*
Le Châtelierの原理　754
ルテニウム（ruthenium）　*753*
ルテニウムカルベノイド　*754*
ルテニウムカルベン錯体　*1361*
Ru-BINAP　263
Ruff分解（Ruff degradation）　*1276*
LUMO → 最低空分子軌道

れ

励　起　*1014,1018*
励起状態（excited state）　48,57,613
レゾルシノール（resorcinol）　*1132*
レナリドミド　267
レニン-アンジオテンシン系　*1230*
Reformatsky反応（Reformatsky reaction）　*997*
連鎖重合ポリマー（chain-growth polymer）　*1336*
連鎖反応（chain reaction）　205,460,477,*1135*

ろ

ロイシン（leucine）　*1212,1215*
6員環　*1076*
六重線（sextet）　664,684

6電子環状遷移状態
577,873,1042,1066,1193
ロサルタン　746
Rh–DIPAMP 触媒　393
ロスマリン酸　480
ロチゴチン　433
6価クロム　574
Roediger Ⅲ, H. L.　10

ロバスタチン　1055
Robinson, R.　1029
Robinson 環化（Robinson annulation）　1029
ローブ　1045
ロラカルベフ　217
ロルラチニブ　356
London 分散力（London dispersion force）
79

わ

ワックス　78,1301
Watson, J.　1294
Warner, J.　275
Warburg 効果　825

欧 文 索 引*

A

A *1291*
A 176,190
absolute configuration 238
absorption 448
α,β-unsaturated aldehyde *953*
α,β-unsaturated carbonyl compound *1001*
α-carbon 514,*811*
accurate mass 640
ACE *1230*
acetal *797*
acetaldehyde 639
acetamide 69
acetate ion 146
acetic acid 502,*838*
acetoacetic ester synthesis *981*
acetone 502
acetyl-CoA *945*
acetylene 51
achiral 235
acid 122
acid-catalyzed hydration 327
acid chloride 112,*835,885*
acid dissociation constant 137
acidity 136
acid quench *594*
α-cleavage 647
ACP *1305*
activated methylene *972*
activation energy 176,177,190
addition 314
1,2-addition *1021*
1,4-addition *1021*
addition/elimination *892*
addition/elimination mechanism *852*
addition polymer *1335,1339*
1,2-addition product *1018*
1,4-addition product *1018*
adenine *1291*
adenosine *1291*
adenosine 5′-monophosphate *1291*
ADH 774,*824*
adipic acid *823*
ADME 448
α-elimination *733*
aglycone *1290*
α-helix *1234*

α-keto acid *874*
-al *769*
Ala *1212*
alane *820*
alanine *1212*
alcohol 112,542
alcohol dehydrogenase *824*
aldehyde 112,*767*
aldehyde dehydrogease *824*
Alder, K. *1040*
ALDH *824*
aldol *951*
aldol reaction *951*
aldose *1259*
aldosterone *1319*
aliphatic alcohol 427
alkane 77
alkene 112
alkenyl halide 449
alkylation 415
C-alkylation *955*
O-alkylation *955*
alkyl halide 449
alkyne 112,405
allose *1263*
allyl alcohol 389
allyl group 469
allylic carbon 469
altrose *1263*
aluminum 30
aluminum fluoride 32,33
amide 112,*836*
amine 112,*1162*
amino acid *1210*
γ-aminobutyric acid *1160*
amino group 112
ammonia 128,*1162*
amorphous *1337*
AMP *1291*
amu 635
amylopectin *1287*
amylose *1287*
Anastas, P. 275
anchimeric assistance 500
angle strain 100
anhydride 112,*836*
anhydrous 557
aniline *1088,1163*
anion 31,144
anionic polymerization *1344*

anisole 133,580,*1088*
[18]-annulene 677
anomer *1267*
anomeric carbon *1267*
anthracene *1079*
antiaromaticity *1083*
antibonding molecular orbital 55
anti conformation 95
anti-Markovnikov addition 324
anti-Markovnikov's rule 340
antiperiplaner 526
arabinose *1263*
arachidic acid *1303*
arachidonic acid *1303*
areas of electron density 44
arenium ion *1092*
Arg *1212*
arginine *1212*
argon 30
aromatic *1078*
aromaticity *1076*
aromatic overtone region 622
aromatic transition state *873*
Arrhenius acid 123
Arrhenius base 123
Arrhenius equation 176
arrow-pushing formalism 62
aryl halide 449
Asn *1212*
Asp *1212*
asparagine *1212*
aspartic acid *1212*
α spin 667
asymmetric center 235
asymmetric epoxidation 388
asymmetric hydrogenation 392
asymmetric stretching vibration 618
atom economy 278
atomic nucleus 25
atomic number 25
atomic orbital 54
ATP 868,*1151*
atropisomerism 264
Aufbau principle 28
autocatalysis *898,905*
autoxidation 477
Avery, O. *1293*
axial 106
azeotrope *799*
azide *1177*

---

* 立体の数字は上巻を，斜体の数字は下巻を示す．

B

backside displacement　496
Baeyer, A.　*1125*
base　122
base peak　644,646
basicity　136
β-carbon　514
β-carotene　*999*
BDE　456,461
β-elimination　514
bending vibration　619
benzaldehyde　*1088*
benz[*a*]anthracene　*1080*
benzene　453,*1075*
benzoic acid　133,*835*,*1088*
benzo[*g,h,i*]perylene　*1080*
benzylic carbon　*1129*
benzyne　*1116*
beryllium　30
BHT　478,480,589
BINAP　264,393
bioaccumulation　290
bioamplification　290
biodiesel　*1313*
bisphenol A　*1356*
β-keto acid　*872*
block copolymer　*1365*
boat comformation　104
boiling point　79
bond-dissociation energy　202
borane　153
boron　30
Breslow, R.　*1084*
bromo　450
N-bromosuccinimide　470
Brønsted-Lowry acid　123
Brønsted-Lowry base　123
Brown, H. C.　341
Brown, P. C.　10
β-sheet　*1234*
β spin　667
β-strand　*1234*
Buchwald-Hartwig amination　*1185*
Buchwald, S. L.　*1185*
Bürgi-Dunitz angle　*771*
butane　78,80
tert-butylamine　*1163*
tert-butyl methyl ether　542,580
butyric acid　*839*

C

C　*1291*
caffeine　455
Cahn-Ingold-Prelog convention　239,265
C-alkylation　*955*
camphor　313
capric acid　*839*

caproic acid　*839*
caprylic acid　*839*
carbanion　149,183,412
carbene　183
carbenoid　*753*
carbocation　157,183,315,412
carbocation rearrangement　333
carbohydrate　*1258*
carbon　30,113
α-carbon　514,*811*
β-carbon　514
carbonate　*1355*
carbonyl group　112,*767*
carboxy group　*835*
carboxylate ion　*841*
carboxylic acid　112,*835*
carboxylic acid derivative　*835,884*
carboxypeptidase　*1241*
β-carotene　313,*999*
catalyst　184
catalytic cycle　*736*
cation　31
cationic polymerization　*1340*
Cbz　*1156*
cellobiose　*1282*
cellulose　*1286,1287*
center of asymmetry　235
center of chirality　236
chain-growth polymer　*1336*
chain reaction　205
chair comfomation　102,104
Chargaff, Erwin　*1293*
Chauvin, Y.　*753*
chemical shift　662
chiral　235
chiral center　236
chiralty　236
chlorine　30
chloro　450
chloroform　454
m-chloroperoxybenzoic acid　590
cholesterol　945,*1319*
chromic acid　570,*823*
chrysene　*1080*
chymotrypsin　*1240*
cis　84,100
cis-trans isomerism　99
citric acid cycle　*806*
citronellal　313
Claisen condensation　*969*
Claisen rearragement　*1066*
Claisen-Schmidt reaction　965
α-cleavage　647
CMP　*1291*
¹³C NMR　700
Coates, Geoffrey　*1355*
codon　*1298*
column chromatography　259
combustion　311
common name　89
comulated alkene　*1001*
concerted　337
concerted reaction　370
condensation polymer　*1335,1350*

conformation　91
conformational isomer　84
conjugate　*1000*
conjugate acid　124
conjugate base　124
conjugated alkene　*1001*
conjugated protein　*1232*
conjugated system　*1001*
conrotatory　*1061*
constitutional isomer　84,85
Cope elimination　*1193*
Cope rearragement　*1064*
copolymer　*1333*
Corey-Kim oxidation　574
cortisol　*1319*
COSY　713
COT　*1085*
coupling　683
coupling constant　684
coupling reaction　*736*
covalent bond　33
COX　*1325*
Crafts, J.　*1096*
Crick, F.　*1294*
crossed aldol reaction　*963*
crossed Claisen condensation　*974*
cross-metathesis　*755*
crystalline melting temperature　*1337*
crystallinity　*1337*
crystallite　*1337*
C-terminal　*1230*
cuprate　748
curacin A　666
cyano group　112
cyanohydrin　*786*
cyclo-　98
[2+2]cycloaddition　*1361*
cycloaddition reaction　*1044*
cycloalkane　97
cyclobutane　97
cycloheptane　97
cyclohexane　97
cyclooxygenase　*1325*
cyclopentane　97
cyclopropane　97
[2+2]cycloreversion　*1361*
Cys　*1212*
cysteine　*1212*
cytidine　*1291*
cytidine 5′-monophosphate　*1291*
cytochrome P450　*1149*
cytosine　*1291*

D

Da　635
dalton　25
DBN　532
DBU　532
DCC　*1247*
DCU　*1248*
DDT　454

欧 文 索 引　1425

Dean–Stark apparatus　*799*
decane　78
decomposition reaction　514
degenerate orbital　*1086*
degree of unsaturation　305
dehydration　561
d electron　337
demercuration　336
density　79
2′-deoxyadenosine 5′-monophosphate
　　　　　　　　　　　　　1292
2′-deoxyguanosine 5′-monophosphate
　　　　　　　　　　　　　1292
deoxyribonucleic acid　*1291*
2′-deoxythymideine 5′-monophosphate
　　　　　　　　　　　　　1292
2′-deoxythymidine 5′-monophosphate
　　　　　　　　　　　　　1292
deprotection　597
deprotonation　124
DEPT（distortionless enhanced polarization
　　　　　　　　　　transfer）　710
deshield　675
Dess–Martin oxidation　574
dextrorotatory　248
diastereomer　251
diastereotopic　698
1,3-diaxial interaction　109
diazabicyclononene　532
diazabicycloundecene　532
diazomethane　869
diazonium ion　*1117,1195*
DIBAl–H　*922*
dibenzo[*a,h*]pyrene　*1080*
dibutylhydroxytoluene　478
1,2-dichlorobenzene　454
dichlorodiphenyltrichloroethane　454
1,2-dichloroethane　454
dichloromethane　45,454
dicyclohexylcarbodiimide　*1247*
dicyclohexyl urea　*1248*
dicyclopentylamine　*1163*
Dieckmann condensation　975
Dieckmann, W.　975
Diels, O.　*1040*
Diels–Alder reaction　*1044*
diene　*1044*
dienophile　*1044*
diethylamine　*1162*
diethyl ether　580
digitoxin　658
diglyceride　*1301*
digoxin　658
dihedral angle　92
dihydroxylation　369
diisobutylaluminium hydride　*922*
diisopropylamine　*1163*
N,N-diisopropylethylamine　*1162*
1,2-dimethoxyethane　582
dimethylallyl diphosphate　*1316*
dimethylallyl pyrophosphate　*1316*
dimethyl sulfide　542
dimethyl sulfoxide　502
diol　369

1,4-dioxane　582
dipole–dipole interaction　79
dipole moment　45
disaccharide　*1259,1281*
disrotatory　*1061*
distillation　259
distortionless enhanced polarization
　　　　　　　　　　transfer　710
distribution　448
diterpene　*1316*
dithiothreitol　*1238*
D/L notation　*1262*
DMA　582
DME　582
DMF　582
DMSO　502
DNA　23,510,529,*1291*
dodecane　78
Doebner method　*997*
Domagk, Gerhard　*1074*
double replacement　488
doublet　663,684
doublet of doublets　698
doublet of quartets　696
doublet of triplets　700
downfield　675
DPP　322,329,*1316*
Duckworth, A. L.　5
dummy ligand　*751*
Dweck, C.　7,8

E

E　310
*E*ₐ　176,177,190
E1cB mechanism　515
eclipsed conformation　92
EDC　287
EDG　*1110*
Edman degradation　*1240*
ee　250
E-factor　276
effective mass yield　276
Ehrlich, P.　*1074*
eicosane　78
electrocyclic reaction　*1060*
electromagnetic spectrum　612
electron　25
electron configuration　26
electron-deficient　315
electron-donating group　*1104*
electronegativity　34
electron pair　35
electron-pushing formalism　62
electron-rich　315
electron shell　26
electron-withdrawing group　152,*1106*
electrophilc aromatic substitution　*1092*
electrophile　153
electrophilic addition　315
electrophoresis　*1216*
eleostearic acid　*1303*

elimination　488,489,513
α-elimination　*733*
β-elimination　514
EMY　276
enamine　*810,983*
enantiomer　84,237
enantiomeric excess　250
enantioselectivity　386,388
endergonic process　182
endo　*1053*
endothermic reaction　172
endo transition state　*1053*
enol　427,*947*
enolate　431,*954*
enolate ion　*954*
enthalpy　171
entropy　171
envelope conformation　102
enviromental factor　276
enzyme　44
ephedrine　658
epichlorohydrin　*1359*
epimer　*1264*
epoxidation　367
epoxide　365
epoxy rasin　*1359*
equatorial　106
equilibrium constant　130,167
equilibrium internuclear distance　618
equivalent hydrogen　671
E1 reaction　517
E2 reaction　517
erythrose　*1263*
essential amino acid　*1212*
ester　112,*835*
estrogen　*1319*
ethanamine　*1163*
ethane　77,78
ethanoic acid　*838*
ethanol　502,546
ether　112,542,579
ethylamine　*1163*
ethylene glycol　576,*1353*
ethyl vinyl ether　542
ethyne　51
eugenol　*1132*
EWG　*1110*
exact mass　640
excited state　48
excretion　448
exergonic process　182
exo　*1053*
exothermic reaction　172
exo transition state　*1054*
external magnetic field　667
E/Z system　309

F

Faraday, M.　*1075*
farnesol　313
fatty acid　*1301*

1426　欧 文 索 引

fentanyl　653
fibrous protein　*1231*
fingerprint region　622
Fischer, E.　*855,1275*
Fischer esterification　855
Fischer projection　256
fishhook arrow　203
fixed mindset　7
flagpole interaction　105
Fleming, A.　*884*
fluorine　30
fluoro　450
FMO　*1043*
formal charge　39
formaldehyde　69,767
formic acid　*835,839*
fragment　635
fragmentation　635,643
free radical　203
frequency　611,660
frequency factor　176,190
Friedel, C.　*1096*
Friedel–Crafts acylation　*1099*
Friedel–Crafts alkylation　*1096*
Fries rearrangement　*1125*
frontier molecular orbital　*1043*
Frost circle　*1087*
fructofuranoside　*1269*
FT–IR　621
functional group　86,111
furan　*1265*
furanose　*1265*
furanoside　*1269*

G

G　*1291*
GABA　*1160*
Gabriel amine synthesis　*1179*
Gabriel malonic ester synthesis　*1221*
Gabriel, S.　*1179*
galactose　*1263*
γ-aminobutyric acid　*1160*
gas chromatography　259
gauche conformation　95
GC/MS　650
geminal　425
Gibbs free energy　167
Gilman reagent　*748,926*
γ-keto acid　*874*
glass transition temperature　*1337*
Gln　*1212*
globular protein　*1231*
Glu　*1212*
glucopyranose　*1266*
glucopyranoside　*1269*
glucose　*1263,1269*
glucoside　*1269*
glutamic acid　*1212*
glutamine　*1212*
Gly　*1212*
glyceraldehyde　*1263*

glycine　*1212*
glycogen　*1288*
glycoside　*1269*
GMP　*1291*
GRAS　480
green chemistry　274
Grignard reagent　581,*725*
grit　5
ground state　48
growth mind　5,8
Grubbs, R.　*753*
guanine　*1291*
guanosine　*1291*
guanosine 5′-monophosphate　*1291*
gulose　*1263*

H

H　171
haloalkane　112,449
haloalkene　449
haloarene　449
halogen　113
halogenation　202,359,*1093*
halohydrin　363
Hammond postulate　194,214
Hartwig, J. F.　*1185*
Haworth projection　*1265*
head to head　313
head to tail　313
heat of hydrogenation　382
Hell–Volhard–Zelinskii reaction　*1219*
heme　*1149*
hemiacetal　*795*
hemiaminal　*808*
Henry reaction　*997*
heptadecane　78
heptane　78
HETCOR　713
heteroaromatic ring　*1080*
heteroatom　664
heterogeneous catalysis　379
heterolysis　157
hexadecane　78
hexane　78
highest occupied molecular orbital　*1011*
His　*1212*
histidine　*1212*
HIV　355
HIV integrase　355
HIV protease　355
HMBC　713
HMG–CoA　*946*
¹H NMR　661
Hofmann, A.　*1075,1190*
Hofmann elimination　*1190*
HOMO　*1011,1043*
homolysis　203
homopolymer　*1333*
homotriglyceride　*1302*
Hooke's law　624

HSBM　*820*
Hückel, E.　*1078*
Hückel/Breslow rule　*1084*
Hückel rule　*1078*
human immunodeficiency virus　355
Hund's rule　28
hybridization　48
hybridized orbital　48
hydrate　*792*
hydration　326
hydrazine　*1179*
hydrgen peroxide　344
hydride reduction　*817*
1,2-hydride shift　333
hydroboration–oxidation　341
hydrocarbon　77
hydrogenated oil　381
hydrogenation　379
hydrogen bond　79
hydrogenolysis　*1150*
hydroperoxide　477
hydrophilicity　453
hydrophobicity　452
hydroxide ion　123
hydroxy group　112,542
(*S*)-2-hydroxypropanoic acid　*838*
hyperconjugation　213,320
Hz　611

I

idose　*1263*
IHD　305,615,664,688
Ile　*1212*
imidazole　*1163,1172*
imide　*1179*
imine　112,*805,928*
iminium ion　*811*
imino group　112
imunium ion　*808*
index of hydrogen deficiency　305
indigo　57
induced effect　148
induced magnetic field　676
induction　148
infrared spectroscopy　614
infrared spectrum　614
initiation　460
initiation step　205
integration ratio　663
intermediate　206
intermolecular reaction　334
International Union of Pure and Applied
　　　　　　　　　　　　　Chemistry　85
intramolecular reaction　334
in vitro　448
iodo　450
ion　30
ionic bond　31,79
ionization　31
IPP　322,329,*1316*
IR　614

欧 文 索 引 1427

iso- 85
isoelectric point *1214*
isolated alkene *1001*
isoleucine *1212*
isomer 84
3-isopentenyl diphosphate
　　(3-isopentenyl pyrophosphate) *1316*
isoprene rule 313
isoprene unit 302,*1315*
isopropyl 89
isopropyl alcohol 542
isopropylamine *1163*
isothiocyanate *1242*
isotope 25
isotropic 697
IUPAC 85

J

Jacobsen, E. N. 391

K

Kekulé, F. A. *1076*
Keq 167
α-keto acid *874*
β-keto acid *872*
γ-keto acid *874*
ketone 112,*767*
ketose *1259*
Kiliani-Fischer synthesis *1277*
kinetic control *956*
kinetic resolution 261
Knoevenagel condensation *997*
Knowles, W. 392
Kolbe reaction *1138*
k_r 176,190,199
Krebs cycle *806*
Krische, M. 279
Kwolek, S. *1352*

L

lactam *885*
lactate dehydrogenase *821*
lactic acid *838*
lactone *885*
lactose *1281*
lactulose *1282*
LAH *858,917*
lanosterol *1319*
lauric acid *839,1303*
LCAO 53,*1006*
LDA 525,532,*954*
LDH *821*
leaving group 414,552
Leu *1212*
leucine *1212*

levorotatory 248
Lewis acid 123
Lewis base 123
Lewis (dot) structure 30
Lindlar catalyst 418
line-angle drawing 82
linear combination of atomic orbitals *1006*
linoleic acid 476,*1303*
linolenic acid *1303*
lipid *1300*
lipophilicity 453
Lipshutz, B. 282
lithium 30
lithium aluminium hydride *818,917*
lithium diisopropylamide 525,532,*954*
lone pair 38
lowest unoccupied molecular orbital *1011*
LUMO *1011,1043*
lycopene *999*
Lys *1212*
lysine *1212*
lyxose *1263*

M

m- *1090*
magnesium 30
magnesium oxide 33
malonic ester synthesis *983*
mannose *1263,1269*
mannoside *1269*
Mansfield, C. *1075*
Markovnikov, V 323
Markovnikov's rule 323
mass number 25
mass spectrometry 635
mass spectrum 636
mass to cherge ratio 638
Maxwell-Boltzmann type distribution 179
McDaniel, M. A. 10
McLafferty rearrangement 649
*m*CPBA 367,590,*950,1193*
Meisenheimer complex *1113*
MEK 582
melting point 79
membrane protein *1231*
Mendeleev, D. 25
menthol 313
mercurinium ion 336
mercury(Ⅱ) acetate 336
Merrifield resin *1246*
Merrifield synthesis *1247*
meso compound 254
messenger RNA *1296*
mesylate *1175*
Met *1212*
meta *1090*
metabolism 448
methanamine *1163*
methane 77,78
methanethiol 542
methanoic acid *835,838*

methanol 546,582
methionine *1212*
methylamine *1163*
methylene chloride 454
methyl ketone 430
N-methyl morpholine-*N*-oxide 578
2-methylpropane 80
1,2-methyl shift 334
Michael reaction *1027*
mindset 7
Mitscherlich, Eilhard *1075*
MO 53
molecular ion 638
molecular orbital 46,54
molecular orbital theory 53
molecular sieve *799*
molozonide 377
monochromator 619
monoglyceride *1302*
monomer *1333*
monosaccharide *1259*
morphine 653
morpholine *1163*
mRNA *1296*
MS 635
mutarotation *1329*
myristic acid *839,1303*

N

NAD$^+$ *765*
NADH *765,1151*
NADPH *1306*
NaHMDS 525,532,*1348*
naphthalene *849,1079*
natural product 658
NBS 470,*1142*
Negishi coupling *740*
neighboring group participation 500
neo- 85
neon 30
neutron 25
Newman projection 91
new molecular entities 356
niacin *765*
nicotinamide adenine dinucleotide *765*
ninhydrin *1228*
nitration *1094*
nitrile 112,*836,885*
nitro enolate *1184*
nitrogen 30,113
nitrogenous base *1290*
nitrogen rule 642
nitrosamine *1195*
nitrosyl cation *1196*
NMEs 356
NMO 290,371,578
NMR 659,660
noble gas 30
node 27,55,*1007*
nonadecane 78

1428　欧 文 索 引

nonane　78
nonaromatic　*1080*
nonconjugated alkene　*1001*
nonreducing sugar　*1271*
nonstabilized ylide　*790*
noradrenaline　*1160*
N-oxide　*1193*
N+1 rule　682
N-terminal　*1229*
nuclear magnetic resonance　660
nuclear spin　666
nucleic acid　*1289*
nucleophile　153
nucleophilic acyl substitution　*851,891*
nucleophilic addition　775
nucleophilic aromatic substitution　*1112*
nucleoside　*1290*
nucleotide　*1290*
nylon　*1351*

O

o-　*1090*
O-alkylation　*955*
observed rotation　248
octadecane　78
octane　78
octet　684
octet rule　30
odd mass/nitrogen rule　642
off-resonance decoupling　708
-ol　544
olefin metathesis　*753*
oleic acid　476,*1303*
oligosaccharide　*1286*
optically active　246
optically inactive　246
optical purity　250
optical resolution　259
orbital　25
orbital hybridization　48
organolithium reagent　725,*924*
organometallic chemistry　*721*
organometallic reagent　*722*
ortho　*1090*
orthogonal　407
osmate ester　370
osmiun tetroxide　369
oxaphosphetane　*789*
oxazolidinone　697
oxidation　357
oxidation number　32
oxidative addition　*736*
oxiran　365
oxo-　*769*
oxonium ion　123
oxygen　30,113
oxymercuration　336
ozone　375
ozonide　377
ozonolysis　375

P

p-　*1090*
PAH　*1080*
palladium　*736*
palmitic acid　*1303*
para　*1090*
parent chain　87
parent molecule　638
parmitic acid　*839*
partial charge　36
partial negative charge　36
partial positive charge　36
Pauli exclusion principle　28
Pauling, L.　*1076*
Pauling electronegativity　34
π bond　50
PCC　570,*770*
peak　663
pelargonidin　*999*
pentadecane　78
pentane　78
peptide　*1229*
peptide bond　*1229*
peptide synthesis　*1244*
percent yield　278
pericyclic reaction　*1041*
periodic acid　576
periodic table　28
Perkin, W.　*1023*
peroxide　324
peroxide effect　324
peroxy acid　367
peroxyl radical　477
persistent organic pollutants　454
PET　*1353*
petunidin　*999*
PG　*1323*
PGE_2　*1301,1323*
$PGF_{2\alpha}$　*1323*
PGI_2　*1324*
pH　*811*
Phe　*1212*
phenanthrene　*1079*
phenol　542
phenylalanine　*1212*
phosgene　*1355*
phosphate　112
phosphazide　*1178*
phosphine imide　*1178*
phosphorus　30
phosphorus ylide　*789*
photon　611,660
p*I*　*1214*
pinacol　565
pinacolone　565
pinacol rearrangement　565
Pinnick oxidation　*823*
piperidine　*1162,1172*

pK_a　504,*1168*
pK_a value　137
pK_b　*1168*
Planck constant　611
plane-polarized light　246
plasticizer　*1338*
PMI　276
polar aprotic solvent　502
polarimeter　247
polarizabillity　451
polar protic solvent　502
polyamide　*1350*
polycarbonate　*1355*
polycyclic aromatic hydrocarbon　*1080*
polyester　*1352*
polyethylene terephthalate　*1353*
polyisobutylene　*1340*
polymer　*1333*
polynorbornene　*1362*
polyol　544
polyoxyethanyl α-tocopheryl sebacate　*741*
polysaccharide　*1259,1286*
polystyrene　*1341*
polyunsaturated fatty acid　*1301*
polyurethane　*1357*
POPs　454
p orbital　28
π^* orbital　56,*1007*
porphyrin　*1149*
potassium *tert*-butoxide　525,532
potassium permanganate　372
PPI　124
ppm　674
precession　668
precursor ion　636
primary　88
primary structure　*1233*
principle of microscopic reversibility　196
Pro　*1212*
process mass intensity　277
product ion　636
proline　*1212*
propagation　460
propagation step　205
propanamine　*1162*
propane　77,78
propanol　546
propene　77
propionic acid　*839*
propyne　77
prostaglandin　*1323*
protecting group　597,*802*
protein　*1229*
proteinogenic amino acid　*1212*
protic solvent　419
proton　25,123
proton-decoupling　702
PTS　*741*
purine　*1291*
purine base　*1290*
PVC　23,217
pyranose　*1265*
pyranoside　*1269*
pyridine　557,*1081,1163,1172*

欧 文 索 引　　1429

pyridinium chlorochromate　570
pyrimidine　*1291*
pyrimidine base　*1290*
pyrrole　*1080,1172*

Q

quantum　611,660
quantum number　26
quartet　684
quaternary　88
quaternary structure　*1233*
quinone　*1139*
quint　664
quintet　664,684

R

R　176,239
racemate　238
racemic mixture　238
racemization　556
radical　183
radical anion　33,419
radical cation　638,643
radical polymerization　*1346*
Raman spectroscopy　634
rate constant　176,199
rate-determining step　200
rate equation　199
rate raw　199
reaction coordinate diagram　103,134
reaction mechanism　127
reaction order　199
reaction rate　176
reactive oxygen species　574
recrystallization　259
redox reaction　358
reducing sugar　*1271*
reduction　357
reduction/demercuration　336
reductive amination　*1181*
reductive elimination　*736*
reflux temperature　580
Reformatsky reaction　*997*
regiochemistry　323
regioselectivity　212,319,*1103*
relative configuration　238
resolution　259
resolving agent　260
resonance　668
resonance frequency　669
resonance hybrid　62
resonance structure　62
resorcinol　*1132*
retrosynthesis　439
retrosynthetic analysis　376,388,439
reverse transcriptase　355
ribonucleic acid　*1290*

ribose　*1263,1290*
ribosomal RNA　*1296*
Richet, C　453
ring-closing metathesis　*755*
ring current　676
ring-opening metathesis polymerization　*1362*
ring strain　100
RNA　*1290*
Robinson, R.　*1029*
Robinson annulation　*1029*
Roediger Ⅲ, H. L.　10
ROMP　*1362*
ROS　574
rotational entropy　*797*
rRNA　*1296*
Ru–BINAP　263
Ruff degradation　*1276*

S

S　171,239
salicylic acid　658,*1132*
Sandmeyer reaction　*1118,1198*
saponification　*903,1312*
saturated　305
saturated fat　381
saturated fatty acid　*1301*
saturated hydrocarbon　77
σ bond　46
Schrock, R.　*753*
sec-　89
secondary　88
secondary structure　*1233*
self-condensation　*962*
septet　684
Ser　*1212*
serine　*1212*
serotonin　*1160*
sesquiterpene　*1316*
sext　664
sextet　664,684
Sharpless, K. B.　*388*
Sharpless asymmetric epoxidation　388
shield　675
sigmatropic rearrangement　*1064*
signal　661,662
signal-to-noise ratio　701
silicon　30
silyl enol ether　*950*
Simmons–Smith reaction　*734*
single replacement　488
singlet　663,684
singlet carbene　*732*
singly occupied molecular orbital　*1044*
S_N1 mechanism　555
S_N1 reaction　494
S_N2 mechanism　555
S_N2 reaction　493
SNRI　*1161*
sodium　30
sodium borohydride　336,*818*

sodium cyanide　502
sodium cyanoborohydride　*1182*
sodium hexamethyldisilazide　525,532
sodium hypochlorite　569
sodium tetrahydroborate　*818*
solid phase synthesis　*1246*
solution phase synthesis　*1244*
solvent　419
solvolysis　507
SOMO　*1044*
Sonogashira coupling　*746*
s orbital　26
σ* orbital　55,*1007*
Sousa, D. A.　10
sp　49,52
sp^2　49,52
sp^3　47,49,52
specific rotation　248
spin　666
splitting　663
splitting tree　696
squalene　346,*1321*
SSRI　*1161,1175*
stabilized ylide　*790*
staggered conformation　92
standard amino acid　*1212*
Staudinger reaction　*1177*
stearic acid　476,*839,1303*
step-growth polymer　*1336*
stereocenter　233
stereochemistry　227
stereogenic center　233
stereoisomer　84,100,233
stereoselectivity　386
stereospecific reaction　344
steric hindrance　361
steric strain　94
steroid　346,*1318*
Stille coupling　*742,748*
Stork enamine synthesis　*984*
Stork, G.　*985*
strain　90
Strecker synthesis　292,*1222*
stretching vibration　618
structural formula　82
structural isomer　84,85
substituent　87
substitution　488
substitution reaction　413
succinimide　470
sucrose　23,*1282*
sugar　*1258*
sulfanyl group　542
sulfide　542,579
sulfonate　552
sulfonation　*1095*
sulfur　30
Suppes, G　286
sustainability　581
Suzuki coupling　*743*
Swern oxidation　574
symmetric stretching vibration　618
syn addition　344
synthetic polymer　*1331*

1430 欧 文 索 引

T

T *1291*
T 176
tail to tail 313
talose *1263*
tartaric acid 255
tautomer 428
tautomerization 427
TBAF 597
TCA *1161,1189*
terephthalic acid *1353*
termination 460
termination step 206
terpene 302,*1315,1316*
terpenoid 302
tert- 89
tertiary 88
tertiary structure *1233*
testosterone *1319*
tetradecane 78
tetrahedral intermediate *852,892*
tetrahydrofuran 281,502,580,582
thermodynamic control *953*
thermoplastic *1338*
thermosetting *1354*
THF 281,502,580,582
thiazolinone *1242*
Thiele, Johannes *1076*
thin-layer chromatography *1228*
thioether 542
thiol 542,545
thiol group 510
thionyl chloride *915*
thiophene *1081*
thiourea *1242*
Thr *1212*
threonine *1212*
threose *1263*
thymine *1291*
TIPS 597
TLC *1228*
TMS 674
Tollens reagent *1271*
toluene *1088*
p-toluenesulfonate 552
torsional strain 92,100
tosylate 552

trans 84,100
transesterification *906*
transher RNA *1296*
transition metal *736*
transition state 179
translational entropy *797*
transmetallation *736,738*
trans unsaturated fatty acid *1301*
trehalose *1282*
triacontane 78
triacylglycerol *1301*
tridecane 78
triethylamine *1163*
triglyceride *1301*
triphenylphosphine oxide *791*
triplet 663,664,684
tRNA *1296*
Trost, B. 278
Trp *1212*
trypsin *1240*
tryptophan *1212*
twist boat comformation 105
Tyr *1212*
tyrosine *1212*

U

U *1291*
UMP *1291*
undecane 78
unsaturated 305
α,β-unsaturated aldehyde *953*
α,β-unsaturated carbonyl compound *1001*
unsaturated fat 381
unsaturated fatty acid *1301*
unsaturated hydrocarbon 77
unshared electron pair 38
upfield 675
uracil *1291*
urethane *1356*
uridine *1291*
uridine 5′-monophosphate *1291*
urushiol *1132*
UV-vis 614

V

Val *1212*

valence bond theory 46
valence shell electron pair repulsion 43
valeric acid *839*
valine *1212*
van der Waals force 79
vibration mode 618
vicinal 359
vinyl alcohol 427
vinyl halide 449
VSEPR 43

W

Warner, J. 275
water 502
Watson, J. *1294*
wavelength 612,660
wavenumber 622
Wilkinson catalyst 392
Williamson ether synthesis 583
Wittig, G. *791*
Wittig reaction *789*
Wolff-Kishner reduction *821*
Woodward-Hoffmann rule *1061*

X

xylose *1263*

Y

-yl 86
ylide *789*

Z

Z 310
Zaitsev's rule 524
zwitterion *771*
zwitterionic resonance structure 626

掲載図・引用文出典

【図】

第 17 章　p.765　Carlos Yudica/Shutterstock.com

第 21 章　p.1018　Efirso/Shutterstock.com

第 26 章　p.1236　vbacarin/123RF.com

第 27 章　p.1271　MARTYN F. CHILLMAID/Science Source,
p.1287　nokblacksheep/123RF.com

第28 章　p.1337　slaystorm/123RF.com

【引用文】

第 16章　p.721　Alexander Robertus Todd, "Perspectives in Organic Chemistry," Interscience Publishers, 1956.

第 17 章　p.765　Jeff Hutchens, "The Coaching Calendar: daily inspiration from the 'Stress-less' Coach," Lulu.com, 2013.

第 18 章　p.834　Neil deGrasse Tyson, "Death by Black Hole And Other Cosmic Quandaries", W. W. Norton & Company, 2007., p.839-p.840 National Institute of Advanced Industrial Science and Technology（AIST）, p.874-p.875 Leo M.L. Nollet, Fidel Toldra, "Food Analysis by HPLC," CRC Press, 2012.

第 19 章　p.884　"The history of ［bacterial］ liberty is a history of ［antibiotic］ resistance."

第 20 章　p.946　Chemically modified proverb

第 21 章　p.1000　Pierre Hadot, Mark Aurel（Römisches Reich, Kaiser）, Emperor of Rome Marcus Aurelius, "The Inner Citadel: The Meditations of Marcus Aurelius," Harvard University Press, 1998.

第 22 章　p.1040　Quoted in Maureen M. Julian in G. KassSimon and Patricia Farnes（eds.）, Women of Science（1990）, 368.

第 23 章　p.1074　Robert W. Weisberg, "Creativity: Understanding Innovation in Problem Solving, Science, Invention, and the Arts," John Wiley & Sons, 2006.

第 24 章　p.1128　Alfred Armand Montapert, "Words of Wisdom to Live by: An Encyclopedia of Wisdom in Condensed Form," Books of Value, 1986.

第 25 章　p.1161　Will Darbyshire, "This Modern Love," Simon and Schuster, 2016.

第 26 章　p.1209　Jack Horn, "Manager's Factomatic," Prentice Hall, 1992.

第 27 章　p.1258　Rosalind Franklin, p.1300 Charles A. Pasternak, "The Molecules Within US: Our Body in Health and Disease," Springer US, 1998.

第 28 章　p.1331　Institute of Medicine, Committee on Treatment of Alcohol Problems, "Broadening the Base of Treatment for Alcohol Problems," National Academies Press, 1990.

磯 部 寛 之
いそ べ ひろ ゆき
1970 年 東京都に生まれる
1994 年 東京工業大学理学部 卒
現 東京大学大学院理学系研究科 教授
専門 有機化学
博士(理学)

草 間 博 之
くさ ま ひろ ゆき
1965 年 埼玉県に生まれる
1989 年 東京大学理学部 卒
現 学習院大学理学部 教授
専門 有機合成化学
博士(理学)

吉 戒 直 彦
よし かい なお ひこ
1978 年 東京都に生まれる
2000 年 東京大学理学部 卒
現 東北大学大学院薬学研究科 教授
専門 有機化学
博士(理学)

北 村 充
きた むら みつる
1971 年 香川県に生まれる
1994 年 慶應義塾大学理工学部 卒
現 九州工業大学大学院工学研究院 教授
専門 有機合成化学
博士(理学)

山 下 誠
やま した まこと
1974 年 広島県に生まれる
1997 年 広島大学理学部 卒
現 東京工業大学理学院化学系 教授
専門 有機典型元素化学, 有機金属化学, 触媒
博士(理学)

第 1 版 第 1 刷 2024 年 10 月 1 日 発 行

マリンス有機化学(下)
ー学び手の視点からー

© 2 0 2 4

訳者代表 磯 部 寛 之
発 行 者 石 田 勝 彦
発 行 株式会社 東京化学同人
東京都文京区千石 3 丁目 36-7(〒112-0011)
電話 03-3946-5311 ・ FAX 03-3946-5317
URL: https://www.tkd-pbl.com/

印刷・製本 日本ハイコム株式会社

ISBN978-4-8079-2047-1
Printed in Japan
無断転載および複製物(コピー, 電子デー
タなど) の無断配布, 配信を禁じます.

大学院講義 有機化学
第2版

編集　野依良治

中筋一弘・玉尾皓平・奈良坂紘一・柴﨑正勝
橋本俊一・鈴木啓介・山本陽介・村田道雄

次世代を担う有機化学者に必要な共通の知識基盤と「考える力」「つくり出す能力」を確実に与えられるように企画された教科書の改訂版．原理，概念，方法論を明確に記述し，最新の成果を加え，さらに内容の充実を図った．

Ⅰ. 分子構造と反応・有機金属化学

B5判上製　2色刷　578ページ　定価7590円

主要目次 **第Ⅰ部 有機化学の基礎：結合と構造**（化学結合の基礎と軌道相互作用／共役電子系／有機分子の構造）**第Ⅱ部 有機化学反応**（有機化学反応Ⅰ／反応中間体／有機化学反応Ⅱ）**第Ⅲ部 有機金属化学および有機典型元素化学**（有機元素化合物の構造／有機典型元素化学／有機遷移金属化学Ⅰ：錯体の構造と結合／有機遷移金属化学Ⅱ：錯体の反応）**第Ⅳ部 超分子化学および高分子化学**（超分子化学／高分子化学）

Ⅱ. 有機合成化学・生物有機化学

B5判上製　2色刷　476ページ　定価6820円

主要目次 **第Ⅰ部 有機合成化学：有機合成反応**（有機合成反応における選択性／骨格形成反応／官能基変換／不斉合成反応）**第Ⅱ部 有機合成化学：多段階合成**（多段階合成のデザイン／標的化合物の全合成）**第Ⅲ部 生物有機化学**（生体高分子：核酸, タンパク質, 糖質／生体低分子／生命現象にかかわる分子機構）

定価は10%税込（2024年10月現在）

有機合成のための
新触媒反応 101

有機合成化学協会 編

編 集：檜山爲次郎・野崎京子・中尾佳亮・中野幸司

B5 判　2 色刷　224 ページ　定価 4620 円

有機合成に役立つ触媒反応101項目をピックアップ．最近の進歩を取入れて，わが国を代表する有機化学者64名が，各合成反応と実験手法について見開きで簡潔に解説．有機化学，錯体化学，触媒化学，高分子化学を専攻する学部学生から大学院生，研究者まで有用．

主要目次 酸化／還元／付加／カルベン錯体, カルビン錯体の反応／カップリング／C–H官能基化／縮合／重合

知っておきたい
有機反応 100 第2版

日本薬学会 編

B6 判　2 色刷　304 ページ　定価 2970 円

理・工・薬・農系学部学生が有機化学を学ぶのに必要な基本の有機反応をすべて載せるとともに，最先端の反応にもふれた便利なハンドブック．重要な反応を繰返し確認でき，有機反応を効率的に学べる便利な一冊．

主要目次 反応を考える基礎／求核置換反応／脱離反応／アルケンへの付加反応／カルボニルの反応／カルボン酸およびカルボン酸誘導体／芳香族求電子置換反応／芳香族求核置換反応／複素環式芳香族化合物の合成と反応／中性な活性中間体の関与する反応／ペリ環状反応／酸化反応／還元反応／転位反応／遷移金属触媒反応

定価は10%税込(2024年10月現在)

有機化学演習 III
大学院入試問題を中心に

豊田真司 著

A5　248 ページ　定価 3410 円

2008 年以降の主要大学の大学院入学試験問題を中心に，最近の傾向を踏まえ 296 題を収載．章ごとに例題があり，その解説を読むことで知識が整理され，続く演習問題を解くことにより有機化学の力が確実に身につく．全問解答付．

主要目次 命名法／結合，構造と異性／酸・塩基／立体化学／反応機構／アルカン，アルケン，アルキン／芳香族化合物／ハロゲン化アルキル／アルコール，フェノール，エーテルおよび硫黄類縁体／アルデヒド，ケトン／カルボン酸とその誘導体／アミンと含窒素化合物／有機金属化合物／ペリ環状反応／糖質，アミノ酸／スペクトルによる構造解析／総合問題／演習問題解答

有機化学演習
基本から大学院入試まで

山本　学・伊与田正彦・豊田真司　著

A5　298 ページ　定価 4180 円

一般的な有機化学の教科書に準じた章立てから構成され，各章には詳しい解説の例題（計 91 題）が示されている．各章末の演習問題（計 158 題）は初歩的な問題から大学院レベルの問題まで広範囲にわたる．巻末にすべての演習問題の解答つき．

主要目次 有機化学の基礎／アルカンとシクロアルカン／アルケンとアルキン／芳香族化合物／立体化学／ハロゲン化アルキル／アルコール，フェノール，エーテルおよびその硫黄類縁体／アルデヒドとケトン／カルボン酸とその誘導体／カルボニル化合物の α 置換と縮合／アミン／ペリ環状反応／スペクトルによる構造解析

定価は10%税込（2024 年 10 月現在）